ISBN 978-0-666-01009-4
PIBN 10490668

Oesterreichische Zeitschrift

für

Berg- und Hüttenwesen.

Redigirt

von

Dr. Otto Freiherrn von Hingenau.

Siebzehnter Jahrgang

1869.

WIEN.
Verlag der G. J. Manz'schen Buchhandlung.

Inhalts-Verzeichniss.

Sach-Register.

Associationswesen.

(Vereine, Gesellschaften, Versammlungen, Bruderladen, Eisenbahnunternehmungen, Feierlichkeiten etc.)

Bergbau.

(Allgemeines und Erzbergbau mit Ausschluss des Eisens und der Kohle.)

Bergrecht, Bergwirthschaft und Verwaltung.

(Einschliesslich Statistik.)

Eisenwesen.

Hüttenwesen

(einschliesslich Chemie).

Kohlenbergbau.

Literatur.

Maschinenwesen

(Nebst Aufbereitung und Bauwesen).

Personal-Nachrichten.

Salinenwesen.

Unglücksfälle

(einschliesslich der Mittel dagegen).

Unterrichtswesen.

Wien. Druck von Carl Fromme.

№ 1.
XVII. Jahrgang.

1869.
4. Jänner.

Oesterreichische Zeitschrift für Berg- und Hüttenwesen.

Verantwortlicher Redacteur: Dr. Otto Freiherr von Hingenau,
k. k. Ministerialrath im Finanzministerium.

Verlag der G. J. Manz'schen Buchhandlung (Kohlmarkt 7) in Wien.

Aus Wieliczka.

Nachdem ich am 24. December selbst nach Wieliczka entsendet wurde, muss ich die Bearbeitung ämtlicher Berichte über Wieliczka sistiren, da ich eben an Ort und Stelle eigene Anschauungen und authentische Daten zu sammeln berufen bin. Ohne denselben vorzugreifen, muss ich jetzt schon ein Paar Stellen meines Artikels: „Zur Geschichte des Wassereinbruches in Wieliczka" in Nr. 52 v. J. berichtigen. welche aus der ihrer Natur nach gegebenen Kürze der meist telegraphischen Nachrichten entstanden.

1. Es ist nicht richtig, dass der auf Urlaub abwesende Kunstmeister Janota erst vom Ministerialrath v. Rittinger zurückberufen wurde, der Kunstmeister wurde noch vor Rittinger's Ankunft durch Bergrath Leo telegraphisch einberufen, allein das Telegramm verfehlte ihn in Stassfurt, wohin er sich zu seiner eigenen Instruction begeben hatte und erst ein zweites Telegramm erreichte ihn, und er war schon auf dem Heimwege, als das dritte von Rittinger erlassene Telegramm in Stassfurt anlangte.

2. Die Ursache, warum der fast horizontale Kloski-Querschlag zum Aufschlussbau erwählt wurde, war, weil derselbe durch seine Nähe am Franz Josef-Schachte die Ableitung der etwa zu erschrottenden Wässer leichter machte und man mit der Wasserhebemaschine auf diese Schächte sie dann zu heben hoffen durfte. Dass gerade als am 23. und 24. Nov. die Maschine wirken sollte, eines der Pumpengestänge brach, war ein durch den Zeitpunkt, in welchem es geschah, besonders ungünstiges und wohl nicht vorherzusehendes Ereigniss!

Als Ergänzung muss noch hinzugefügt werden, dass bis zum 29. December der Kloski-Schlag nach Durchbrechung der Dämme schon bis auf 38 Klafter hinein gewältigt war und dass man der Einbruchstelle mit möglichster Energie näher rückt, um so nahe als thunlich vor derselben in salzfreieren Thon eine Verdämmung zu schlagen. Eine der neuen Maschinen, die auf Franz Josef Schacht aufgestellt ist, wurde am 29. December in Betrieb gesetzt, — und die Salzförderung wurde nun neben der Wasserhebung unbehindert betrieben; das Wasser steht noch 1 Klafter, 1 Schuh, 10 Zoll unter dem Niveau des Wassereinbruches — (Kloski-Querschlag, Horizont Haus Oesterreich. O. H.

Wieliczka, den 29. December 1868.

Das k. k. Montanwerk Brixlegg in den Jahren 1857—1866.

Die Brixlegger Hüttenprocesse.*)

Es liegt nicht in meiner Absicht, eine Kritik oder detaillirte Beschreibung unseres altehrwürdigen Hüttenprocesses zu liefern, sondern ich begnüge mich einfach aus Schmelzausweisen Zahlen zu geben, welche dem Fachmanne genügenden Aufschluss über die Resultate der hiesigen Manipulationen gewähren.

Das Wesen des Processes selbst ist zur Genüge bekannt, ich füge daher meinen tabellarischen Zusammenstellungen nur das Nothwendigste über Ofenzustellung, Beschickung und Natur der Hüttenproducte bei.

Die Hauptmomente der hiesigen Manipulation sind das Rohschmelzen, Verbleien, Saigern, Treiben, die Abdarrarbeiten, das Kupfersteindurchschmelzen und Rosettiren und die Nacharbeiten.

Ich beginne naturgemäss mit dem Rohschmelzen.

A. Rohschmelzen.

Dasselbe wird in einem einförmigen Halbhochofen

*) Vergl. Jahrg. XVI. Nr. 39 und 49.

(Sumpfofen), der 13′ Höhe, 4′ Länge, Brandmauernabstand 2′ 6″, Vorderwand 2′ 3″ besitzt, vorgenommen. Die Ofensteine sind eine Abart von Chloritschiefer und werden zu Ried im Zillerthale gebrochen. Der Durchmesser der Form ist 2″, die Neigung derselben 1°, ihre Höhe von der Sumpfsohle beträgt 18″ und geblasen wird mit schwach gewärmtem Wind von circa 4—6^{m} Hg. Pressung.

Verschmolzen werden:

1. Fahlerze mit einem mittleren Halte von 0·1 Mz. ℔. Silber und 10 Pfd. Kupfer.

2. Fahlerzschliche von einem ähnlichen Halte.

3. Kupferkiese von ca. 9 Pfd. Kupfer*).

4. Flugstaub von ca. 0·07 Mz. ℔. Silber und ca. 6 Pfd. Kupfer.

5. Ofenbrüche, Ofenkrätz von ca. 0·07 Mz. ℔. Silber und 7—8 Pfd. Kupfer.

6. Als Zuschlag ein Thonschiefer.

Ausgebracht werden:

1. Rohlech mit 0·24—0·28 Mz. ℔. Silber und 26 bis 28 Pfd. Kupfer.

2. Kobalt (Speise) mit 0·8—1·0 Mz. ℔. Silber und 15—18 Pfd. Kupfer, fällt jedoch selten und nur in geringer Menge.

3. Flugstaub mit 0·07 Mz. ℔. Silber und 6 Pfd. Kupfer.

4. Ofenbruch mit 0·07 Mz. ℔. Silber und 7—8 Pfd. Kupfer.

5. Schlacke, welche nur Spuren von Silber (gewöhnlich nicht mehr als 2—3 Tausendstel) und einen Kupferhalt von höchstens 0·1 Proc. hat.

Folgende Tabelle mag einen Ueberblick über das Rohschmelzen innerhalb von 10 Jahren geben. Fast in allen Jahren sehen wir einen Kupferzugang und in den zwei ersten Jahren sogar einen weniger leicht erklärlichen Silberzugang. Im zehnjährigen Durchschnitte finden wir ein Ausbringen von ca. 98 Proc. des Silbers und 103 Proc. des Kupfers. Die in allen Tabellen ersichtliche bedeutend geringere Erzeugung in den Jahren 1859 und 1865 hat ihren Grund in dem damaligen Kriege und später in dem Einbaue des neuen Gebläses.

Tabelle über das Rohschmelzen in den Jahren 1857—1866.

Jahr	Aufgeschlagen			Ausgebracht													
	Ctr. Erz	Halt der Beschickung		Rohlech			Kobalt			Ofenkratz			Flugstaub			Summe des Ausbringens	
		Mz. ℔ ☽	Ctr. ♀	Ctr.	Mz. ℔ ☽	Ctr. ♀	Ctr.	Mz. ℔ ☽	Ctr. ♀	Ctr.	Mz. ℔ ☽	Ctr. ♀	Ctr.	Mz. ℔ ☽	Ctr. ♀	Mz. ℔ ☽	Ctr. ♀
1857	2497	215·6	267·6	1059	212·6	286·0	10	7·8	2·3	84	6·8	7·2	47	2·9	2·0	230	298
1858	2040	146·5	233·7	867	166·0	249·2	2·8	2·4	0·8	128	9·0	9·0	43	2·6	2·0	180	261
1859	1736	168·8	194·8	625	150·1	182·3	1·8	1·2	0·5	109	8·3	10·2	58	4·6	4·1	164.2	197
1860	3112	257·7	319·6	1140	212·4	298·0	11·4	9·7	3·1	163	15·2	13·8	93	6·7	5·4	244	320
1861	3136	353·2	312·9	1086	275·0	284·6	30	32·9	8·8	227	18·8	16·7	115	9·6	5·9	336·3	316
1862	3376	320·8	329·8	1222	276·0	301·8	24	24·8	6·8	167	12·9	16·8	94	4·3	4·8	317·9	330
1863	2999	306·2	298·6	1084	260·6	274·2	16·5	11·2	4·8	199	16·6	15·1	69	5·0	3·0	293·4	297
1864	3170	349·6	363·2	1164	316·4	329·4	15·5	13·7	4·9	174	12·9	14·2	45	2·7	3·0	345·7	351
1865	1478	170·8	142·5	445	133·5	118·0	6·3	4·1	2·2	203	25·3	21·8	42	2·5	2·5	165·3	144·5
1866	6053	690·0	588·8	1693	556·2	522·5	50	44·7	8·0	362	47·3	42·0	159	10·7	9·5	659·7	582

B. Verbleien.

Das Verbleien wird in einem Krummofen von folgenden Dimensionen vorgenommen.

Die Höhe beträgt 3′, die Länge 2′ 9″, Brandmauern 2′ 6″, Vorderwand 2′ 3″. Die Form liegt horizontal, hat 2″ im Durchmesser, ihre Höhe ober der Ofensohle beträgt 1½″.

Die Arbeit zerfällt in Reich- und Armverbleien.

Der Aufschlag beim Reichverbleien besteht in:

1. Rohleche vom Rohschmelzen.

2. Reiche Bleierze mit 0·087—0·210 Mz. ℔. Silber und 50—60 Pfd. Blei.

3. Glätte vom Treiben mit 0·004—0·008 Mz. ℔. Silber und 86 Pfd. Blei.

4. Herd vom Treiben mit 0·008—0·026 Mz. ℔. Silber und ca. 70 Pfd. Blei.

5. Reiche Kienstöcke vom Saigern mit 0·087 Mz. ℔. Silber, 50 Pfd. Blei und 15 Pfd. Kupfer.

6. Bleischlackengröb vom Bleischlackenschmelzen mit 0·14—0·21 Mz. ℔. Silber, 60—70 Pfd. Blei und 15 Pfd. Kupfer.

7. Fettes Hartwerk vom ersten Abdarren mit 0·21 bis 0·28 Mz. ℔. Silber, 60—70 Pfd. Blei und ca. 25 Pfd. Kupfer.

8. Dürres Hartwerk mit 0·105—0·157 Mz. ℔. Silber und 68—75 Pfd. Kupfer oder noch besser.

9. Schwarzkupfer von Klausen.

Das Ausbringen.

1. Reiche Saigerstücke, welche zum Saigern kommen.

2. Einmal verbleiter Lech mit ca. 0·14 Mz. ℔. Silber, 32—34 Pfd. Kupfer und 20—24 Pfd. Blei.

3. Ofenkrätz, welches zur gleichen Manipulation zurückkommt.

4. Flugstaub und hältige Schlacken, welche dem Bleischlackenschmelzen zugetheilt werden.

*) Wird nur hie und da angewendet, um schwefelhältigere Leche zu erhalten.

Aufschlag beim Armverbleien.

1. Einmal verbleiter Lech.
2. Arme Bleierze und Schliche, theils geröstet mit 0·026—0·070 Mz. ℔ Silber und 45—60 Pfd. Blei.
3. Glätte }
4. Herd } vom Silbertreiben.
5. Abstrich }
6. Arme Kienstöcke vom Armbleisaigern.

C. Saigern.

Diese Manipulation wird auf einem gewöhnlichen Saigerherde vorgenommen. Gewöhnlich werden zwei 10 bis 12 Ctr. schwere Saigerstücke darauf abgesaigert. Das erhaltene Blei läuft in eine Grube und wird mit Schöpflöffeln in gusseiserne Schalen gegossen und werden dadurch Kuchen von 12 bis 15 Pfd. gewonnen. Das erhaltene Reich- oder Armblei ist höchst spröde und zerspringt unter dem Hammer, was für die Annahme spricht, dass es sehr antimonialisch sei, obwohl es in alten Rechnungen mit 100, später mit $99^1/_2$ Pfd. Blei angenommen wurde. Dieses mag auch eine Hauptursache des ziemlich beträchtlichen Bleiabganges beim Silbertreiben sein.

Schon in dem vorigen Abschnitte machte ich auf die grossen Unregelmässigkeiten der Probenahme beim Saigern aufmerksam; ich theile nun die Resultate eines deshalb abgeführten Versuches mit. Ich liess von jeder siebenten Schale eine kleine Probe in einen Inguss schütten und erhielt dadurch 15 Bleiregulusse, die ich der docimastischen Probe auf ihren Silberhalt unterzog. Von den Proben Nr. 1, 5, 10, 15 wurden ausserdem mit dem Meissel Segmente herausgehauen und dieselben zum Vergleich mit den behufs bequemerer Zerkleinerung umgeschmolzenen Stücken auch probirt.

№	Halt Mz. ℔ Silber	№	Halt Mz. ℔ Silber	№	Halt Mz. ℔ Silber	№	Halt Mz. ℔ Silber
1	0·555	5	0·492	9	0·368	13	0·278
2	0·550	6	0·469	10	0·368	14	0·270
3	0·558	7	0·450	11	0·355	15	0·255
4	0·545	8	0·430	12	0·348	—	—

Die Segmente von Nr. 1, 5, 10, 15 hielten 0·550, 0·486, 0·355, 0·250 Mz. ℔ Silber, ein neuerlicher Beweis der Anreicherung des Silberhaltes durch das Umschmelzen der Proben.

Die beim Saigern erhaltenen reichen und armen Werkbleie werden abgetrieben, während die erhaltenen Kienstöcke zur Manipulation zurückkommen. Die Reichbleie halten 0·350 — 0·42, die Armbleie 0·210 — 0·245 Mz. ℔ Silber.

Folgende Tabelle behandelt die Verbleiarbeiten im weitesten Sinne des Wortes, indem nicht nur das eigentliche Verbleien, sondern auch das Saigern, die Abdarrarbeiten und das Bleischlackenschmelzen darin zusammengefasst sind.

Tabelle über die Verbleiarbeiten von 1857—1866.

Jahr	Aufgeschlagen				Ausgebracht			
	Ctr.	Halt			Ctr.	Halt		
		Ctr. ♄	Mz. ℔ ☽	Ctr. ♀		Ctr. ♄	Mz. ℔ ☽	Ctr. ♀
1857	6551	2795	690·4	1467	4531	2384	697·4	1466
1858	6072	2672	719·2	1253	5275	2465	764·3	1398
1859	4683	1953	539·5	1062	3148	1572	522·9	1068
1860	8475	3476	794·4	1962	5595	2782	795·4	1964
1861	8307	3291	816·3	1908	5876	2792	801·7	1890
1862	8052	2968	763·7	2029	5325	2440	751·6	2043
1863	9099	3836	828·9	2423	6606	3281	879·6	2422
1864	8188	3728	845·9	1979	5973	3262	857·5	1971
1865	5480	2150	588·8	1354	3622	1775	579·8	1347
1866	7774	3589	929·1	1478	5074	2839	942·6	1476

D. Silbertreiben.

Zum Abtreiben der Werkbleie wird ein Treibherd benützt, der seinen Platz weit passender in einem archäologischen Museum finden würde, als in einer Hütte des neunzehnten Jahrhunderts.

Der abentheuerlich verschnörkelte Treibhut hat ein Gewicht von 75 Ctrn. und trägt die Jahreszahl 1708.

Er wird mittelst einer höchst primitiven Winde gehoben, eine Arbeit, welche nicht wenig Geschicklichkeit von Seite der Arbeiter erfordert. Der Herd hat einen Durchmesser von 11′, die 2 Glättgassen befinden sich seitwärts der Feuerung und diese geschieht mittelst 4 bis 5 Klafter langer gespaltener Fichtenstämme, welche auf Rollen aufruhen und nach und nach zwischen Herd und Haube eingeschoben werden. Abgesehen davon, dass diese Hölzer den Werth guter Bauhölzer haben, fallen sehr oft riesige Kohlenbrocken von den Stangen ab und reduciren das, was vor wenig Augenblicken oxydirt wurde. Die Herdmasse wird aus Holzasche und fein gesiebtem Lehm bereitet.

Der **Aufschlag** beträgt ca. 80 Ctr. Reichblei und

70 Ctr. Armblei. Zuweilen setzt man auch in geringer Menge reiche Speisen (hier Kobalt genannt) zu und bringt ihren Silberhalt auf diese Art zu Gute.

Das Ausbringen ist:

1. Bleisilber von einigen dreissig bis vierzig Münzpfunden Gewicht, welches dann fein gebrannt wird.

2. Abstrich mit 0·004—0·008 Mz. ℔. Silber und 70 Pfd. Blei.

3. Glätte von gleichem Silberhalt und ca. 86 Pfd. Blei. Die rothe Verkaufsglätte hält fast gar kein Silber.

4. Herd mit 0·008—0·026 Mz. ℔. Silber und 70 Pfd. Blei.

Die folgende Tabelle versinnlicht die Resultate des Silbertreibens innerhalb der zehnjährigen Periode von 1857—1866.

Tabelle über das Silbertreiben innerhalb der Jahre 1857—1866.

Jahr	Aufgeschlagen				Ausgebracht										
	Ctr. der Beschick.	Halt			Mz. ℔ Feinsilber	Glätte			Herd				Summe des Ausbringens		
						Ctr.	Halt		Ctr.	Halt					
		Ctr. ♄	Mz. ℔ ☽	Ctr. ♀			Ctr. ♄	Ctr. ♀		Ctr. ♄	Mz. ℔ ☽	Ctr. ♀	Ctr. ♄	Mz. ℔ ☽	Ctr. ♀
1857	2488	2159	560·9	20·0	469·7	1183	1017	10·4	1305	966	63·0	20·0	1983	543·1	20·0
1858	2094	2082	630.9	19·5	544·6	1109	954	9·7	1301	963	68·5	19·5	1917	622·8	19·5
1859	1398	1379	429·8	10·7	368·9	717	634	5·9	751	630	42·9	11·8	1264	419·7	11·8
1860	2501	2459	670·3	19·6	579·0	1351	1092	9·2	1515	1108	68·1	20·8	2200	656·3	20·8
1861	2153	2128	664·3	11·0	495·7	1128	959	9·0	1324	956	38·3	10·2	1915	543·0	10·2
1862	2486	2475	671·5	—	443·4	1459	1055	7·6	1376	984	13·8	—	2039	464·8	—
1863	2469	2452	642·4	3·4	607·6	1429	1232	6·5	1360	987	17·3	—	2219	631·4	—
1864	2310	2281	595·3	14·6	468·7	1536	1130	6·5	1289	935	15·8	12·9	2065	491·0	12·9
1865	1511	1501	448·2	—	400·2	845	744	8·5	819	606	28·7	—	1350	437·4	—
1866	3230	3187	1015·8	—	917·7	1965	1743	41·6	1380	1012	47·4	—	2755	1006·1	—

E. Das Abdarren.

Das Abdarren umfasst 3 Schmelzoperationen und wird in gewöhnlichen 4' hohen Krummöfen mit offenem Auge vorgenommen. Alle diese Manipulationen haben den Zweck, den auf der Bleischicht erzeugten Lech so weit als möglich zu entsilbern, an Kupfer hingegen anzureichern.

1. Abdarren. Aufschlag.

1. Zweimal verbleiter Lech mit ca. 0·087—0·105 Mz. ℔. Silber, ca. 34—40 Pfd. Kupfer und ca. 20 Pfd. Blei. (Vom Armverbleien.)

2. Mittelhartwerk (vom zweiten Abdarren) mit 0·175 bis 0·245 Mz. ℔. Silber, 50 Pfd. Kupfer, 30—35 Pfd. Blei.

Ausbringen:

1. Einmal abgedarrter Stein mit 0·078—0·096 Mz. ℔. Silber, 38—45 Pfd. Kupfer und ca. 15 Pfd. Blei.

2. Fettes Hartwerk mit 0·210—0·298 Mz. ℔. Silber, 60—70 Pfd. Blei und ca. 25 Pfd. Kupfer.

3. Flugstaub und Schlacke kommen zum Schlackenschmelzen.

2. Abdarren.

Diese, „zweites Abdarren" genannte Manipulation geht dem ersten Abdarren voran und wird in demselben Ofen vorgenommen. Alles beim zweiten Abdarren erzeugte Mittelhartwerk wird immer beim ersten Abdarren aufgeschlagen.

Aufschlag:

1. Einmal abgedarrter Lech mit 0·078—0·096 Mz. ℔. Silber, 38—45 Pfd. Kupfer und ca. 15 Pfd. Blei.

2. Dürres Hartwerk vom 3. Abdarren mit 0·140 bis 0·175 Mz. ℔. Silber, ca. 12 Pfd. Blei und 68—74 Pfd. Kupfer.

3. Bleischlackenleche mit 0·070 Mz. ℔. Silber, 20 bis 30 Pfd. Blei und 30—35 Pfd. Kupfer.

Ausbringen:

1. Zweimal abgedarrter Stein (Hartwerkstein) mit 0·070 Mz. ℔. Silber, 54—58 Pfd. Kupfer.

2. Mittelhartwerk mit 0·175—0·245 Mz. ℔. Silber, 50 Pfd. Kupfer und 30—35 Pfd. Blei. (Kommt zum ersten Abdarren.)

3. Flugstaub und Schlacken (zum Schlackenschmelzen.)

3. Abdarren oder Rostschmelzen.

Dieser Arbeit geht ein Rösten des vom zweiten Abdarren erhaltenen Lechs oder Hartsteins voran, welches durch 1—2 schwache Feuer bezweckt wird. Als Zuschlag dient die Schlacke von derselben Manipulation.

Aufschlag:

1. Gerösteter Hartwerkstein mit 0·070 Mz. ℔. Silber und 54—58 Pfd. Kupfer.

2. Als Zuschlag Schlacke.

Ausbringen:

1. Kupferstein mit 0·05 Mz. ℔. Silber, 66—70 Pfd. Kupfer.

2. Dürres Hartwerk mit 0·105 —0·157 Mz. ℔. Silber und 68—75 Pfd. Kupfer.

3. Flugstaub und Schlacke. Die hältige Schlacke wird dem Rostschlackenschmelzen zugesetzt.

F. Rosettiren.

Vor dem Rosettiren wird der Kupferstein in Partien

von 200 Ctrn. mit 7—8 Feuern in Roststadeln nach und nach todtgeröstet, dann in einem Krummofen durchgestochen und in dem nebenbei befindlichen Rosettirherde auf Rohkupfer verarbeitet. Es wird der geröstete Kupferstein, Kupferschlackenhartwerk und als Zuschlag Rostschlacken und Hochofenschlacken zugesetzt. Das Ausbringen ist Rosettenkupfer, hältige Schlacke und Flugstaub.

Tabelle über das Rosettiren in den Jahren 1857—1866.

Jahr	Aufgeschlagen			Ausgebracht		
	Ctr.	Halt		Rosettenkupfer Ctr.	Hartwerk Ctr.	Halt
		Mz. ☾	Ctr. ♀			Ctr. ♀
1857	2068	48·4	1352	1299	63	53·0
1858	2139	41·8	1462	1374	111	91·0
1859	1745	61·0	1146	1074	91	79·6
1860	2028	48·0	1372	1166	234	207·4
1861	2121	69·8	1362	1387	11	9·4
1862	2180	57·4	1485	1427	67	59·2
1863	2145	60·0	1447	1270	210	191·0
1864	2265	58·7	1653	1305	394	357·7
1865	1264	30·6	636	537	169	116·6
1866	2427	24·7	1654	1540	153	121·0

G. Nacharbeiten.

Der Zweck der Nacharbeiten ist, hältige Schlacken und Flugstaub von den verschiedenen Manipulationen noch zu verarbeiten. Man unterscheidet ein Blei- und Steinschlackenschmelzen, das Rostschlackenschmelzen und das Kupferschlackenschmelzen. Die Producte dieser Arbeiten sind: Von der ersten Arbeit Bleischlackenlech mit circa 0·07 Mz. ☾ Silber, 20—30 Pfd. Blei und 30—35 Pfd. Kupfer, dann Bleischlackengröb mit 0·140—0·210 Mz. ☾ Silber, 60—70 Pfd. Blei und 15 Pfd. Kupfer, ferner Schlackenblei mit 0·175—0·245 Mz. ☾ Silber.

Vom Rostschlackenschmelzen: Der Rostschlackenoberlech mit ca. 0·035 Mz. ☾ Silber und 65—75 Pfd. Kupfer (kommt zum Kupfersteinrösten), das Rostschlackenhartwerk mit 0·105—0·175 Mz. ☾ Silber und 68—75 Pfd. Kupfer.

Das Kupferschlackenschmelzen ergibt das Kupferschlackenhartwerk, welches 72—78 Pfd. Kupfer hält und beim Durchstechen des Kupfersteins zugetheilt wird.

Schliesslich erlaube ich mir noch eine Berichtigung über eine in dem ersten Theile dieser Abhandlung (Nr. 39 dieser Zeitschrift v. 1868) eingeschlichene Irrung zu geben.

Die Bergbaue am Falkenstein wurden schon im Jahre 1826 aufgelassen; die in den Rechnungen als Falkensteiner Erze bezeichneten Erze rühren von Arbeitern her, die auf eigene Rechnung fortbauten und dabei vom Aerar nur beaufsichtigt wurden.

Brixlegg, 21. December 1868.

Max. R. v. Wolfskron.

Zur Viehsalzfrage.

Nr. 47 dieser geschätzten Zeitschrift von 1868 hat zwei Aufsätze gebracht, welche die gegenwärtig noch schwebende Frage zum Gegenstand haben, mit welchen unausscheidbaren Stoffen das Speisesalz zu versetzen wäre, um es so zu entarten, dass es dem menschlichen Genusse unzugänglich, dem Vieh aber demungeachtet nicht unangenehm oder schädlich werde.

Ich habe mich seit dem Jahre 1849, wo ich im Auftrage des hohen Ministeriums für Landescultur und Bergwesen die königl. bairischen Salinen bereiste, um die dortige Methode der Viehsalzbereitung kennen zu lernen und darüber zu berichten, viel mit der Viehsalzfrage beschäftigt und habe als Amtsvorsteher einer Saline, welche landwirthschaftliche Salze erzeugt und verschleisst, vielfach Gelegenheit gehabt, über die Mängel der bisher in Oesterreich als Viehsalz in Anwendung gestandenen Gemenge Erfahrungen zu sammeln, sowie ich auch als Nutzniesser beträchtlicher Dienstgründe selbst Landwirthschaft betreibend seit 17 Jahren in der Lage war, die Tauglichkeit der fraglichen Salzgemenge für das Vieh durch eigene Anwendung zu erproben und die dagegen erhobenen Einwendungen praktisch zu prüfen.

Auf Grund dieser Erfahrungen und vielfältig abgeführten Versuche erlaube ich mir über die Vorschläge obiger zwei Artikel Nachfolgendes zu bemerken.

Herr Bergrath Patera beantragt in seinem mit vieler Sachkenntniss und Gründlichkeit geschriebenen Artikel das Kochsalz mit Oelkuchenmehl zu vermengen.

Auch ich mit einem noch andern sehr ehrenwerthen Fachgenossen trug mich eine Zeit lang mit derselben Idee, da mir Oelkuchen als ein bewährtes Viehfutter aus Erfahrung bekannt sind und als solches mir daher zur Darstellung des Viehsalzes vorzugsweise geeignet schienen, allein es hat dieser Zusatz als Entartungsmittel in einer Richtung die Probe nicht bestanden, es hat sich nämlich durch Versuche ergeben, dass die dem Salze in Pulverform beigesetzten Leinkuchen, da sie im getrockneten Zustande specifisch viel leichter als das Kochsalz sind, ebenso wie es mit dem Enzian geschah, auf mechanischem Wege, nämlich mittelst Windräder, wozu man sich der gewöhnlichen Getreideputzmühlen bediente, austreiben lassen.

Mein geehrter Herr Collega will diesem Uebelstande zwar dadurch begegnen, dass er den Beisatz auf 20 bis

25 Proc. verstärkt, in der Absicht, die Mühe der Ausscheidung bis zur Nutzlosigkeit zu erhöhen.

Dabei ist aber ausser der Steigerung der eigenen Gestehung zu bedenken, dass der Landwirth bei seiner Arbeit, der Ausscheidung, welche durch eine grössere Menge des Beisatzes wohl erschwert, aber nicht unmöglich gemacht wird, im vorliegenden Falle nebst der Gewinnung des werthvolleren Speisesalzes auch noch im ausgeschiedenen Oelkuchenmehle einen kostbaren Futterstoff und zwar im Verhältnisse der stärkeren Beimengung auch in grösserer Menge erhält, somit in seiner diesfälligen Industrie in zweifacher Weise begünstigt, sicher seine Rechnung findet.

Die Erwägung dieser Umstände gegenüber den mit der Preisfrage gestellten Bedingungen hat mich bei der diesfälligen Concurrenz von dem Vorschlage der Oelkuchen, so viel er sonst in mehrfacher Beziehung für sich hat, wieder abgebracht, indem ich auch überhaupt glaube, dass mit einer blos mechanischen Vermengung des Salzes der vorgesehene Zweck schwerlich erreicht werden dürfte.

Mein eingereichter Vorschlag lautet auf Denaturirung mittelst Durchdringung (Imprägnirung) des Salzes mit einem dem Viehe angenehmen, der Gesundheit zuträglichen, den menschlichen Genuss aber ausschliessenden vegetabilischen Stoffe.

Uebrigens hat die Viehsalzfrage inzwischen durch die eingetretene Salzpreisermässigung wesentlich an Schwierigkeit verloren, da hiedurch die allzugrosse Preisdifferenz zwischen den beiden Salzgattungen jedenfalls behoben und somit auch die Rentabilität der gefällswidrigen Zerlegungs- und Benützungsarten wesentlich eingeschränkt worden ist.

Für die Folge, wenn, wie es bei den dermaligen Kochsalzpreisen nun wohl kaum anders mehr sein kann, der Unterschied der Preise für Speise- und Viehsalz nur ein mässiger sein wird, werden complicirtere Ausscheidungen der Mengstoffe durch Wasser oder Feuer, wobei überdies auch ein nicht unbeträchtlicher Calo in Rechnung kommt, sich nicht mehr lohnen, und dürfte daher bei der künftigen Viehsalzbereitung mehr nur der mechanischen Zerlegung der Bestandtheile vorzubeugen sein.

Der zweite Artikel vom Herrn Spacier bietet keinen Anlass zu einer Discussion, nachdem die darin vorgeschlagenen Mengstoffe als die Bestandtheile der Tinte mit 4 Procent Eisenvitriol durch das Urtheil des landwirthschaftlichen Publicums als dem Vieh geschmack- und gesundheitswidrig bereits gerichtet sind.

Ich habe, der Einladung der geehrten Redaction folgend, hiemit meine Ansicht über die obigen Vorschläge ausgesprochen; habe ich damit zur Beleuchtung oder Lösung der schwebenden Frage etwas beigetragen, so ist meine Absicht erreicht und erübrigt mir nur noch, mich der geehrten Redaction mit dem lebhaften Wunsche anzuschliessen, die Abgabe von Viehsalz zum Besten der in unserem Vaterlande noch mehrfach unterstützungsbedürftigen Viehzucht, namentlich aber auch im Interesse der Salinen wieder ins Leben gerufen zu sehen, welchen durch die Abstellung dieses Artikels eine vortheilhafte Verwerthung von Abfällen und Ausschusswaare entzogen worden ist.

Cornelius Hafner,
k. k. Bergrath.

Nekrolog.

Alois Altmann, jubilirter k. k. Berghauptmann und Oberbergrath, ist am 17. December 1868 im Schlosse Tivoli zu Laibach vom irdischen Schauplatze mit Tod abgegangen.

1803 in Marburg geboren, trat er, nach in Graz und Schemnitz absolvirten juridischen und bergakademischen Studien bei dem k. k. Oberbergamte und Berggerichte zu Leoben in den Staatsdienst, wo er den ersten Diensteid am 23. November 1826 ablegte. Seine weitere Verwendung fand derselbe sodann bei dem k. k. Hauptmünzamte in Wien, Anfangs als Conceptspraktikant, dann als Werkmeister, Actuar und Gegenprobirer; 1837 trat Altmann in die Dienste der k. k. Hofkammer für Münz- und Bergwesen als Hofconcipist über und wurde am 27. Juni 1839 zum Bergrath und Bergrichter des Berggerichtes in Steyr und 1850 zum Berghauptmann ebendaselbst ernannt. In Folge der neuen Organisirung der Bergbehörden wurde er 1859 als Leiter der krainischen und küstenländischen Berghauptmannschaft nach Laibach übersetzt und trat im Mai 1867 in den wohlverdienten Ruhestand. Anlässlich seines segenreichen Wirkens wurden demselben mehrfache Auszeichnungen zu Theil. So wurde er für die den Bewohnern Steyrs nach dem grossen Brandunglücke im Jahre 1842 durch seine Verwendung zugekommene bedeutende Unterstützung zum Ehrenbürger dieser Stadt ernannt. Seiner patriotischen Haltung, seiner Hingebung für den allerh. Dienst, seiner tüchtigen ämtlichen und ausserämtlichen Verwendung wurden wiederholte Anerkennungen höheren Orts zu Theil. Im Jahre 1859 wurde der Verstorbene für seine vieljährige, treue und erspriessliche Dienstleistung durch die Verleihung des Franz Josef-Ordens und im Jahre 1866 mit dem Titel eines k. k. Oberbergrathes ausgezeichnet.

Ausser diesen befriedigenden Erfolgen seines hervorragenden ämtlichen Wirkens errang der Verblichene durch sein tüchtiges fachmännisches Wissen, durch sein warmes Interesse für die Förderung des Montanwesens, seine herzgewinnende Milde im socialen Verkehr, durch das ihm tief innewohnende Bestreben, mit Güte und Schonung seine Zielpunkte zu erreichen, nicht minder glückliche moralische Erfolge im Kreise der Fachgenossen und Freunde und insonderheit mag das Andenken an ihn am wärmsten in den Herzen der bergbehördlichen und bergrichterlichen Beamtenwelt nachzittern, da ein erheblicher Theil derselben unter seiner äusserst leutseligen, humanen und liberalen Dienstleitung gestanden war.

Es mag unseren Fachkreisen das Bewusstsein zur innigen Befriedigung gereichen, dass diesem durch Charaktereigenschaften hervorragenden Manne noch der Spätabend seines Lebens durch eine wohlverdiente, ihm am 5. Jänner 1868 von der berg- und hüttenmännischen Versammlung in Laibach dargebrachte sinnige Ovation in Form einer feierlichen Ansprache und Ueberreichung eines prachtvollen Albums, an welchem sich besonders viele Fachgenossen verschiedener Provinzen betheiligten, in erhebender Weise verschönert worden ist.

An seinem Grabe trauert dessen treffliche Gattin, geborne Reich, mit welcher derselbe 1839 in Wien die eheliche Verbindung geschlossen hat, und 5 herangewachsene Kinder. Mit deren Segenswünschen für den Verstorbenen mischen sich auch die seiner zahlreichen Verehrer, die an ihm, sowie die Allgemeinheit eine Zierde der Montanwelt, einen warmen Freund, einen werthvollen Charakter, ein wohlwollendes Herz verloren haben.

W. F.

Berg- und hüttenmännischer Verein für Südsteiermark.

Am 19. December 1868 fand die dritte Generalversammlung des berg- und hüttenmännischen Vereines für Südsteiermark in Cilli statt.

Nachdem der Vereinsvorstand Frey die Sitzung eröffnet hat, liest derselbe einen an den Verein gerichteten Erlass der Grazer Statthalterei vor, zufolge dessen sich das Ackerbauministerium bestimmt gefunden hat, über die von dem Vereine unmittelbar dort überreichte Eingabe, von der angeregten Auflassung der beiden Berghauptmannschaften Cilli und Leoben, und Aufstellung einer Landesberghauptmannschaft in Graz Umgang zu nehmen, welche Eröffnung mit ungetheiltem Beifalle aufgenommen wird.

Hierauf wird die, von der Grazer Handelskammer an die Cillier Berghauptmannschaft gestellte und von letzterer dem Vereine zur Beantwortung vorgelegte Frage: welche Grubenmassensteuer einem Erwerbsteuerbetrage von 8 fl. 40 kr., durch den die Wahlberechtigung in der Kammer erworben wird, gleich komme, dahin beantwortet: dass kein Bergwerksbesitzer von dieser Wahlberechtigung ausgeschlossen werden sollte, weil der Bergbau schon seiner Natur nach eine Classification auch der Massengebühr nicht zulasse, indem ein Bergwerk, das blos ein Grubenmass mit einer Jahresgebühr von 4 fl. umfasst, oft im schwunghafteren Betriebe stehen und von grösserer industrieller Bedeutung sein könne, als ein anderes mit einem grösseren Massencomplexe.

Ferner berichtet das Ausschussmitglied Tuscany über die in Leoben zu errichtende Bergschule zur Heranbildung von Berg- und Hüttenarbeitern. Er erwähnt, dass der Bestand dieser Bergschule durch Beiträge des Staates und mehrerer Gewerksbesitzer vorläufig auf 4 Jahre gesichert sei, dass am 28. December 1868 eine Berathung des vorliegenden Statutes über die Gründung dieses Institutes in Leoben stattgefunden hat, an welcher der Verein durch einen Vertreter theilzunehmen eingeladen worden sei. Letzterer beschliesst, dieser Einladung Folge zu leisten, unterzieht, um den Abgeordneten die nöthigen Instructionen in dieser Richtung ertheilen zu können, das Statut einer Vorberathung, und wählt, nachdem dieses mit geringen Abänderungen für zweckentsprechend befunden, ferner die Erklärung abgegeben wurde, diesem zeitgemässen Institute auch für die Zukunft alle Unterstützung angedeihen zu lassen, das Ausschussmitglied Kalliwoda als Abgeordneten.

Vereinsmitglied Bischof producirt eine von ihm construirte Grubenlampe zur Anwendung von Petroleum. Dieselbe liefert eine verhältnissmässig viel hellere Flamme als eine Oellampe, eignet sich jedoch des Geruches halber vorzüglich für gut ventilirte Grubenräume; sie verzehrt den angestellten Versuchen zufolge 9 Loth Petroleum innerhalb 10 Stunden, weshalb sich der Verbrauchspreis dieses Brennmaterials gegenüber dem Oel um 1 kr. in der Schicht billiger herausstellt. Ausschussmitglied Kalliwoda erinnert bei dieser Gelegenheit an einen, bei dem Hrastniger Bergbau angestellten Versuch, welcher das interessante Resultat lieferte, dass in solchen Grubenräumen, in denen matter Wetter wegen jede Oellampe erlosch, eine Petroleumlampe fortbrannte. Der Verein beschliesst, eine Lampe obiger Construction probeweise anzuschaffen.

Ausschussmitglied Kalliwoda referirt über den Ausschussantrag, betreffend die Verfassung einer allgemeinen Arbeiterdienstordnung. Er motivirt den Ausschussantrag durch Auseinandersetzung zahlreicher Mängel der jetzt bei verschiedenen Werken bestehenden Dienstordnungen, deutet auf mehrfach wünschenswerthe Verbesserungen hin und betont insbesondere den Umstand, dass die innere Disciplinargewalt verstärkt werden müsse. Er unterstützt den Ausschussantrag, es möge ein Comité von 5 Mitgliedern gewählt werden, welches eine allgemeine Arbeiterordnung für den Rayon des Vereines zu entwerfen und dieselbe der nächsten Generalversammlung, die auf das Ende des Monats Februar 1869 festgesetzt wurde, vorzulegen habe. Dieser Antrag wird angenommen und das Comité mit dem Obmann Kalliwoda gewählt. Ein auf der Tagesordnung stehender Vortrag über die Bildung eines allgemeinen Bruderladestatutes musste der vorgerückten Zeit halber auf die nächste Generalversammlung verschoben werden, für welche gleichzeitig eine Abhandlung über die geologischen Verhältnisse des Hrastniger Bergbaucomplexes angemeldet wurde.

Cilli, am 20. December 1868. T—y.

Amtliche Mittheilungen.

Ernennungen.

Vom Finanzministerium:

Der Bergwesensexpectant Eugen Hofmann zum Finanzconcipisten bei der niederösterreichischen Finanz-Landesdirection unter Belassung in der Dienstesverwendung beim Finanzministerium.

Bei dem Hauptmünzamte in Wien: Der Secretär daselbst Friedrich Schneider zum Zeugschaffer; der Cassaofficial Carl Ritter v. Ernst zum Secretär, der disponible Venediger Münzprobirer Franz Pechan zum Gegenprobirer, der Zeugschreiber Josef Polt zum Zeugschafferscontrolor, endlich der Praktikant Anton v. Wasserfall zum Cassaofficial.

Aus Anlass der Allerhöchst angeordneten Auflösung der Salinen- und Forstdirection in Gmunden, der erste Directions-Concipist Alois Kaltenbach zum Controlor bei der Salzverschleisscassa in Gmunden, der zweite Directions-Kanzlist Jacob Ritter zum zweiten Official bei dem Salzverschleissmagazinsamte daselbst, der Directions-Rechnungsofficial Josef Saherpökh zum Cassier bei der Salinenverwaltung in Hallstadt, der Directions-Registrant Anton Ritter zum zweiten Official bei der Salzverschleisscassa in Gmunden, der dritte Directions-Kanzlist Ludwig Kirsch zum Official bei dem Salzverschleissmagazinsamte zu Aussee, der Assistent der dermaligen Salzmaterial- und Zeugverwaltung in Gmunden Matthäus Ramm zum Material-Rechnungsführer bei der Salinenverwaltung Ebensee, der erste Directions-Accessist Alber Zeppezauer zum Assistenten der Salzmaterial- und Zeugverwaltung in Ebensee; der Materialrechnungsführer in Hallstadt Carl Krischnitzka zum Cassacontrolor, der dortige Amtsschreiber Johann Zierler zum Materialrechnungsführer und der zweite Directionsaccessist Leopold Berger zum Amtsschreiber bei der Salinenverwaltung in Hallstadt.

Montan-Verwaltung. — (Auflösung der Salinen- und Forstdirection zu Gmunden.) Zufolge Allerhöchster Entschliessung vom 15. October 1868 wird die Salinen- und Forstdirection zu Gmunden mit Schluss des Jahres 1868 aufgelöst und werden die Salinenverwaltungen zu Ebensee, Ischl, Hallstadt und Aussee, dann das für die Forstangelegenheiten des bisherigen Gmundner Directionsbezirkes provisorisch bestellte Oberforstamt zu Ebensee vom 1. Jänner 1869 angefangen unmittelbar dem Finanzministerium und die Salzverschleiss-Magazinsämter zu Gmunden und Aussee den Finanz-Landesbehörden zu Linz und zu Graz unterstellt. Zugleich wird die Salzmaterial- und Zeugverwaltung zu Gmunden als selbstständiges Amt aufgelöst und mit der bisherigen Gmundner Directions- und Salzverschleisscassa vereiniget, welche vom Jahre 1869 angefangen als „Salzverschleisscassa und Factorie Gmunden" fungiren wird.

Auflösung der bisherigen Bergoberämter in Příbram und Joachimsthal in Böhmen, der Berg-und Salinen-Direction in Hall und des montanistischen Fachrechnungs-Departements der Finanz-Direction in Salzburg. In Vollzug der Allerhöchsten Entschliessung vom 10. December 1867 und mit A. h. Genehmigung vom 29. November 1868 werden mit 31. December 1868 die bisherigen Bergoberämter in Příbram und Joachimsthal in Böhmen, die Berg- und Salinen-Direction in Hall und das montanistische Fachrechnungs-Departement der Finanz-Direction in Salzburg als solche aufgelöst und beziehungsweise die Erstere in eine Bergdirection in Příbram, eine Berg- und Hüttenverwaltung in Joachimsthal mit unmittelbarer Unterordnung unter das Finanzministerium umgestaltet. Die bisher der Berg- und Salinendirection in Hall, sowie der Finanzdirection in Salzburg unterstellten Berg- und Hüttenverwaltungen werden vom 1. Jänner 1869 unmittelbar dem Finanzministerium unterstellt, die bisher schon in dieser unmittelbaren Unterordnung stehenden Bergämter und Verwaltungen verbleiben in dieser, ebenso das in eine Bergdirection zu Neuberg zusammengezogenen Oberverwesämter Neuberg und Mariazell in Steiermark.

ANKÜNDIGUNGEN.

Diese Zeitschrift erscheint wöchentlich einen Bogen stark mit den nöthigen artistischen Beigaben. Der Pränumerationspreis ist jährlich loco Wien 8 fl. ö. W. oder 5 Thlr. 10 Ngr. Mit franco Postversendung 8 fl. 80 kr. ö. W. Die Jahresabonnenten erhalten einen officiellen Bericht über die Erfahrungen im berg- und hüttenmännischen Maschinen-, Bau- und Aufbereitungswesen sammt Atlas als Gratisbeilage. Inserate finden gegen 8 kr. ö. W. oder 1 1/2 Ngr. die gespaltene Nonpareillezeile Aufnahme. Zuschriften jeder Art können nur franco angenommen werden.

Druck von Carl Fromme in Wien. Für den Verlag verantwortlich: Carl Reger.

№ 2. XVII. Jahrgang. — Oesterreichische Zeitschrift für Berg- und Hüttenwesen. — 1869. 11. Jänner.

Oesterreichische Zeitschrift für Berg- und Hüttenwesen.

Verantwortlicher Redacteur: Dr. Otto Freiherr von Hingenau, k. k. Ministerialrath im Finanzministerium.

Verlag der G. J. Manz'schen Buchhandlung (Kohlmarkt 7) in Wien.

An die P. T. Herren Pränumeranten.

Zur Verhütung von Unterbrechungen in der Zusendung unserer Zeitschrift bitten wir ebenso höflich als dringend um gef. **recht baldige Erneuerung des Abonnements:**

Ganzjährig mit Zusendung fl. 8.80
Halbjährig „ „ „ 4.40

Ganzjährige Abonnements empfangen Ende des Jahres die Gratisprämie. Die Expedition.

Aus Wieliczka.

Die Gewältigungsarbeiten im Kloski-Querschlag sowie die Aufstellungsarbeiten und Bauten bei den Maschinen nehmen ihren ungestörten Fortgang. Der Wasserzufluss schwankt zwischen 35 und 40 Cubikfuss per Minute; das Steigen des Wassers in dem untersten Horizonte zwischen 4—5 Zoll in 24 Stunden. Der Betrieb in den oberen Horizonten sowie die Salzversendungen sind im regelmässigen Gange. Die bisherige üble Witterung hat die Tagbauten erschwert, aber nicht unterbrochen.

Was die Erhebung der Ursachen und der Vorgeschichte des Wassereinbruches betrifft, so kann mit denselben nur nach Massgabe der dringenderen Rettungsarbeiten vorgeschritten werden, und es kommen an Ort und Stelle viele Ergänzungen zu den bisher in Wien liegenden Berichten hinzu. So z. B. ist das Befahrungsprotokoll, von welchem in der letzten Nummer 1868 die Rede ist, allerdings im April 1868 eingesendet worden; die Befahrung selbst ist aber vom dort genannten Oberleiter schon im Herbste 1867 vorgenommen worden und das Datum April bezieht sich daher nicht auf die Befahrung selbst, sondern auf die Vorlage des Protokolls, welche somit allerdings ein halbes Jahr später erfolgte.

Man sieht aus diesen kleinen Umständen, dass eine Darstellung der ganzen Geschichte dieses Vorfalls objectiv nicht früher geschrieben werden kann, als bis die localen Erhebungen beendet sein werden, von denen mancher Umstand sich erst nach Gewältigung des Wassers wird an Ort und Stelle constatiren lassen. Wir können daher, ohne uns Irrthümern auszusetzen, mit der begonnenen Geschichte des Wassereinbruches nicht fortfahren und müssen die Leser bitten, sich in dieser Beziehung noch ein wenig gedulden zu wollen. O. H.

Wieliczka, 2. Jänner 1869.

Ein Beitrag zur Analyse des Spectrums der Bessemerflamme.

Die Bessemerflamme, durch das Spectroskop beobachtet, zeigt mehrere grüne und blaue Liniengruppen, deren Natur man bisher nicht kannte.

Zur Erklärung dieser Erscheinung hat man wohl auf verschiedene Körper gerathen, ist aber über den Bereich der Vermuthung nicht hinausgekommen.

Die in der Bessemerhütte des k. k. Eisenwerkes Neuberg über diesen Gegenstand angestellten vergleichenden Versuche, welche in dieser Art auf jeder anderen Bessemerhütte leicht wiederholt werden können, geben nun Aufklärung über die Natur dieser Linien und sollen im Folgenden beschrieben werden.

Das zur Verfügung stehende Taschenspectroskop von M. Hofmann in Paris enthält in einer 6 Zoll langen Röhre von $^3/_4$ Zoll Durchmesser 5 Prismen, 2 von Flint-, 3 von Croveglas und zwischen diesen und der, an dem einen Ende der Röhren befindlichen Spalte eine Linse, welche die durch die Spalte eintretenden Lichtstrahlen parallel macht. An dem anderen Ende der Röhre ist ein aus 4 Gläsern bestehendes kleines Fernrohr mittelst eines Kniegelenkes befestigt, so, dass jeder beliebige einfache Strahl in die Mitte des Gesichtsfeldes gebracht werden kann. Dem Apparate ist ausserdem ein kleines Glasprisma von $3^1/_2$ Linien Seitenlänge beigegeben, welches vor der Spalte, diese zur Hälfte bedeckend, befestigt werden kann und zur gleichzeitigen Beobachtung zweier Lichtquellen dient.

Die seitwärts befindliche Bessemerflamme wird mittelst des Prismas, welches die Lichtstrahlen durch totale Reflexion in die Spalte wirft, beobachtet und gleichzeitig durch den frei gebliebenen Theil der Spalte eine gerade vor dem Apparate befindliche Weingeistflamme, in welcher Körper von bekannter Zusammensetzung verflüchtigt werden. In dem Gesichtsfelde des Fernrohres entstehen die Spectra der beiden Flammen nebeneinander und wenn in beiden Flammen derselbe Körper flüchtig ist, so müssen die entsprechenden Linien des einen Spectrums in die Verlängerungen der Linien des anderen fallen, weil Lichtbündel von derselben Beschaffenheit durch dieselbe Spalte eindringen und von denselben Prismen zerstreut werden. Es ist dies die verlässlichste spectralanalytische Methode.

Von den zur Vergleichung bestimmten Körpern sind Lösungen in absolutem Alkohol dargestellt. Der Verdampfungsapparat besteht aus einem möglichst stark glühenden Platinschälchen, auf welches mit einem Löffelchen die Probeflüssigkeit geschüttet wird. Eine möglichst starke und heisse Flamme ist von Wesenheit, weil neben dem lichtstarken Spectrum der Bessemerflamme ein lichtschwaches nur sehr schwer sichtbar ist.

Zur Durchführung des Versuches im freien Hüttenraume dient eine 18 Zoll hohe Laterne aus Holz von dreieckigem Querschnitte mit 12 Zoll Seitenlänge; die eine Seite hat ein Loch von 3 Zoll Durchmesser, durch welches das Ende des Spectralapparates hereinragt; die zweite, der Bessemerflamme zugekehrte Seite besitzt ein Glasfenster und die dritte eine Glasthüre, in deren halber Höhe ein horizontaler, mit einem Schuber verschliessbarer Schlitz angebracht ist; dieser dient zum Eintragen der Probeflüssigkeit. In der Ecke zwischen den zuletzt genannten Seiten ist ein zum Tragen des Platinschälchens bestimmter Ständer mit verschiebbarem Arme angebracht.

Beim Beginne des Versuches wird der Apparat, mit vertical stehender Spalte, zuerst mittelst des Prismas auf die Bessemerflamme eingestellt, hierauf das Platinschälchen in die richtige Lage gebracht, durch eine untergestellte Lampe erhitzt und endlich die Probeflüssigkeit aufgeschüttet.

Verbrennender Alkohol zeigt nur die Natriumlinie; bei den Spectra des Calciums (angewendet als Chlorcalcium) und des Kupfers (angewendet als salpetersaures Kupferoxyd) wurde keine Uebereinstimmung gefunden, um so vollkommener aber bei dem Mangan (angewendet als Manganchlorür). Nach Simmler (Fresenius Zeitschrift 1862) entsprechen dem Mangan 4 breite grüne Streifen und eine violette Linie, welche mit der violetten Kaliumlinie beinahe zusammenfällt; die grünen Streifen zeigen sich nun hier als Liniengruppen, deren Bestandtheile mit den einzelnen Bestandtheilen der grünen Liniengruppen des Bessemerspectrums übereinstimmen; zwei Gruppen sind sehr deutlich sichtbar, die beiden gegen das blaue Feld zu liegenden schwächer. Die violette Linie konnte mit dem vorhandenen Apparate weder in dem Bessemerspectrum noch in dem Manganspectrum mit Sicherheit nachgewiesen werden.

Das Räthsel ist somit als zum grössten Theil gelöst zu betrachten, indem durch den vorliegenden Versuch nachgewiesen ist, dass die grünen Liniengruppen des Bessemerspectrums dem Mangan angehören; auch wird es auf diese Weise gelingen, die noch zweifelhaften blauen Linien zu bestimmen und es ist im Interesse der Wissenschaft nur zu wünschen, dass die Versuche mit grösseren Apparaten und heisseren Flammen wiederholt und vervollständigt werden.*)

Neuberg, 23. December 1868.

A. v. Lichtenfels.

Der Steinsalzabbau in Erfurt.

Von August Aigner, k. k. Bergmeister in Aussee.

Unter den wellenförmigen Hügeln und fruchtreichen Thalmulden der thüring'schen Vorlande bergen die Gebilde des Muschelkalkes ein ausgedehntes Steinsalzlager, welches durch seine im Jahre 1862 stattgefundene Erschliessung der nahe gelegenen Stadt Erfurt keinen geringen Zuwachs an Industrie zu bieten verspricht.

Es gewährt eine Vorstellung von der Energie, mit welcher diese junge Anlage ins Dasein gelangte, wenn man erwägt, dass diese zwei 1200 Fuss tiefen schwierigen Schächte und Ausrichtungsbaue mit einer jährlichen Erzeugung von 500.000 Ctrn., seine Mühlen, Eisenbahn und Telegraph seit dem Jahre 1858 geschaffen wurden, und welche alle jüngsten Erfahrungen der montanistischen Technik, des Dampfes und der Elektricität, wie in einem Brennpunkte concentrirt

Das ganze oberirdische Etablissement besteht aus einem länglichen Schachtgebäude, einer Steinsalzmühle, einem Dampfkesselraume, einer kleinen Wasserkunst, einem Magazine, Kanzlei und Knappenwohnung. Die von Erfurt zum Steinsalzwerke eine Stunde lange Bahn gehört der königl. Regierung, die Locomotive und Waggons stellt die Thüringer Bahn. Die Schienenwege laufen parallel unter die längs des Schachtgebäudes aufgestellten Sturzvorrichtungen, in welche die von den Schächten gehobenen Hunde eingesetzt und entleert werden. Das Schachtgebäude besteht aus 2 thurmförmigen, 3 Stock hohen Gebäuden, welche durch einen länglichen Maschinenraum verbunden sind.

Die Mittelpunkte der beiden Schächte, Süd- und Nordschacht (von denen nach preussischen Gesetzen immer zwei vorhanden sein müssen) sind 120 Fuss von einander entfernt und haben 11 × 10 und 13 × 16 Fuss in dem Längen- und Breitenmasse. Der Südschacht hat eine Dampfmaschine von 45, der Nordschacht eine solche von 90 Pferdekräften.

Die Pumpe, welche pro Minute 9 Cubikfuss Wässer löst, hebt dieselben aus 200 Fuss Tiefe, bis wohin die Schächte in Mauerung stehen, und wo sie in dem Verbindungsschlage der Schächte aufgefangen werden.

Die in dem Schachte eingebauten Gestänge ragen bis in den dritten Stock des Thurmes, um die ausgeförderten Hunde nach dem Bedarf der Horizonte dislociren zu können.

Die Hunde stehen in mit Fangvorrichtungen versehenen eisernen Förderkörben und es werden stets 2 Hunde auf einmal von je 18 Ctrn. Gewicht gehoben.

Sie sind aus Eisenblech, laufen unmittelbar von den Schachtkränzen auf glatten Eisenböden und dann auf den Schienen zur Stürze oder zu den Mühlen.

*) Dieses Versuchsresultat bestätigt die von Herrn A. Brunner schon in Nr. 29 v. J. ausgesprochene Ansicht, dass der Spectralapparat kein Indicator der Entkohlung beim Bessemerprocesse sein könne, weil die Linien des Bessemerspectrums nicht dem Kohlenoxyde, sondern dem Mangan und anderen Elementen des Roheisens angehören dürften. Die Red.

Die Abteufung der Schächte erfolgte in den Schichten des Muschelkalkes und es wurde das Steinsalz in 1069 Fuss Teufe erreicht.

Diese Schichten sind von oben nach unten:

	43 Fuss	Aluvium, Kiese,
	649 „	Mergel,
	377 „	Muschelkalk,
	7 „	Anhydrit,
	78 „	unreines Salz mit Anhydritschnüren, welche kein Gegenstand des Abbaues sind,
	$5\frac{1}{2}$ „	Anhydrit, welcher stehen bleibt,
III.	13 „	Steinsalz, Object des Firstenbaues,
II.	2 „	Anhydrit (grau) wird gewonnen und theilweise als Dungmittel für Kleefelder verkauft,
I.	5 „	Steinsalz, wird gewonnen,
	4 „	Anhydrit, das Liegende des Salzlagers,
	800 „	Kalk, durch Bohrung constatirt.

Die Ausrichtung des Lagers erfolgt von Norden nach Süden und von Osten nach Westen durch schmale Strecken von einer bedeutend grösseren Höhe und Weite, als dies bei uns üblich ist und zwar $1\frac{1}{2}$ Lachter breit und 1 Lachter hoch; in die durch schmale Strecken aufgerissenen Abbaufelder werden nun die Einbruchsstrassen stufenförmig nach einander ausgelegt und rücken so in den Quadranten des Abbaues in unbegrenzte Ferne; dies wird aus diesem Grunde möglich, weil die in Zwischenabständen von 80 Fuss stehen gelassenen, 4 Lachter starken Stützpfeiler jeden Einsturz verhindern.

Jede Sohlenstrasse hat eine Stosslänge von 7 Lachtern, auf der eine Kameradschaft von 4 bis 5 Mann angreift.

Durch die natürliche Lagerung ist der Abbau auch natürlich festgestellt. In der Zone I erfolgt der Einbruch, in der Zone II seine Fortsetzung und in der Zone III der Firstenbau.

Der Einbruch geschieht unmittelbar auf der Sohle, indem mittelst eines zweispitzigen Kreuzhakens ein Schram 7 Lachter lang auf 20 Zoll Tiefe eingehauen und der überstehende Theil bis zur Sohle des Anhydrites abgeschossen wird.

Für diesen 5 Fuss hohen Einbruch erhält die Kameradschaft per Cubiklachter 12 Thlr. 5 Sgr.

Das Schiessen hat aber seine Eigenthümlichkeiten; es stehen nämlich hier seit einiger Zeit die an manchen Orten misslungenen Versuche mit Bohrmaschinen in einer ganz praktischen Ausführung und die von Herrn Cr. Hagans in Erfurt modificirten Bohrer auf Steinsalz leisten wirklich Ausserordentliches; ich sah von zwei Mann innerhalb 8 Minuten ein Loch von 21 Zoll Tiefe im festen Steinsalze erbohren; das Ansetzen der Bohrlöcher über dem Sohlenschrame geschieht aber nicht auf der Stirnfläche des Salzstockes, sondern immer schief von den Seiten.

Durch das Zusammenstehen von Kameradschaften ist es aber möglich, die Arbeit so zu erleichtern, dass die Vorrichtungen sich gegenseitig ergänzen und keine arbeitslose Lücke entsteht, und hierin liegt bei einer auf freien Verdienst arbeitenden Masse ein weiterer sehr gewichtiger Grund für die Erhöhung der mechanischen Leistung.

Der Einbruch in die 2 Fuss mächtige Mittelanhydritschicht H geschieht nun in dem Masse, als der unterliegende Einbruch es gestattet, mit Bohrlöchern, wobei auch gleichzeitig Keile und Brechstangen in Anwendung kommen.

Diese Arbeit ist wegen der freien Unterfläche schon eine leichtere und wird mit 2 Thlr. 10 Sgr. pro Quadratlachter verdingt.

Der Firstenbetrieb. Durch den Einbruch von I und H ist die 13 Schuh hohe Steinsalzlage auf der Sohle vollkommen frei und kann nun die steigende Absprengung ohne Anstand vor sich gehen.

Das abfallende Hauwerk lässt man vorerst liegen, um auf dessen Trümmern die Arbeit vollführen zu können; in dem Masse, als der Firstenbau vorschreitet, wird das rückstehende abgezogen und nach Beschaffenheit an Ort und Stelle sortirt.

Das Ansetzen der Schüsse geschieht ebenfalls mit der Bohrmaschine und zwar senkrecht auf der Ortsfläche; die Verdingung geschieht ebenfalls in Kameradschaften und es beträgt das Geding im Firstenbetriebe pro Cubiklachter 2 Thlr. 10 Sgr.

Das Gedinge für die schmale Strecke beträgt pro Cubiklachter 17 Thlr.

Die Anzahl der gesammten disponiblen Mannschaft ist 70 und der dermalige jährliche Erzeug 500.000 Zoll-Centner.

Die von einem Mann per Woche verfahrene 8stündige Schichtenanzahl ist gleich 6. Die Arbeitsleistung möge ungefähr aus folgendem Beispiele ersehen werden: Nach einem Ausweise wurden von 50 Mann in einem Monate 50 Cubiklachter (à $6\frac{2}{3} \times 6\frac{2}{3} \times 6\frac{2}{3}$ Cubikf.) im Einbruch, 11·4 Cubiklachter im mittelbreiten Anhydrit, 57·7 Cubiklachter in der Firste und 18·6 Cubiklachter in der schmalen Strecke, in Summe 117·7 Cubiklachter Steinsalz erzeugt, was per Mann und Schicht 34 Ctr. entspricht, und wobei nach Abzug der Unkosten von 275 Thlr. ein durchschnittliches Verdienen von $\frac{3}{4}$ Thlr. = 1 fl. 12 kr. öst. W. sich ergibt.

Dies kann natürlich nur als ein grosser Durchschnitt der verschiedensten Abbaumethoden angesehen werden; in der Firste aber können, wenn die Verhältnisse günstig, und Fleiss mit Geschicklichkeit gepaart sind, unter Anwendung verschiedenartigster Bohrstücke fast unglaubliche Leistungen erzielt werden; so hatte eine Kameradschaft von 6 Mann im October 1868 mit 161 Schichten 138 Cubiklachter Steinsalz erzeugt, was per Mann und Schicht 293 Zollctr. gibt und wobei sich ein durchschnittliches Verdienen von 42 Sgr. herausstellt. Die Gestehung eines Centner Salzes ist inclusive aller Kosten circa 20 Pfennige = 8 kr. öst. W., welche jedoch bei der einmal vollständig durchgebildeten Bohrmethode und der Anwendung der Schrammaschine, von der bereits sehr gelungene Versuche vorliegen, einer noch weiteren Reduction fähig sind.

Der Verkaufspreis des feinsten gemahlenen Speisesalzes ist 2 Thlr. 7 Sgr., wobei die königl. Steuer mit 2 Thlr. mit inbegriffen ist.

Das Erfurter Steinsalz ist sehr rein, von etwas grauer Farbe und nur an den wechselnden Lagen mit Anhydritschnüren verwachsen. Je nach dieser Reinheit wird es theilweise schon in der Grube sortirt und das reine Steinsalz ausgesucht, das übrige Salz gleich direct als rohes Blocksalz auf die Waggons geladen oder vermahlen, und als Vieh-, Fabriks- und Gewerbesalz in den Handel gesetzt.

Das Vermahlen des Salzes geschieht in Dampfkunstmühlen. Eine solche Mühle besteht aus 4 Stockwerken; in dem untersten sind 2 grosse Kaffeemühlen, welche zusammen per Stunde 200 Ctr. verschrotten, der 2. Stock enthält 6 Mahlgänge für das Feinmahlen mit 6 schiefen Lutten, welche der Hauptgasse des 3. Stockwerkes zulaufen, der 3. Stock, die Hauptgasse, der 4. Stock die Enden der Paternoster-Lutten, welche durch alle Stockwerke laufen. Der ganze Mechanismus wird durch eine Dampfmaschine von 50 Pferdekräften in Bewegung gesetzt.

Die aus den Schächten geförderten Hunde laufen zu den 2 Kaffeemühlen, überkippen dort ihren Inhalt, der hier zu Bohnengrösse geschrotten und durch eine Paternosterlutte in den 3. Stock zur Hauptgasse geführt wird, wo er durch die schiefen Lutten auf die 6 Mahlgänge vertheilt wird; aus letzteren gelangt das Mahlgut durch ein zweites Paternoster in den 4. Stock und von da durch Sturzlutten in den 3. Stock zurück, von wo es durch Hunde in das Magazin geführt wird.

Um das reine von dem mit Anhydrit durchzogenen Steinsalz noch auszuscheiden, dient auch noch eine eigene Separationsmaschine; sie besteht aus dem Steinbrecher, der Separationstrommel und aus dem Lesetisch.

In dem Steinbrecher, einer Art Quetsche, werden die eingefüllten Stücke zermalmt; letztere gelangen von da zur Separationstrommel, welche aus einem Cylinder von Eisenblech besteht, in dessen Mantelfläche der Reihe nach Löcher von $1/2$, 1, $1\,1/2$ und 2 Zoll Durchmesser sich befinden, durch welche die zermalmten Stücke nach ihrer Grösse fallen. Diese Trommel macht per Minute einen Umgang, die hiedurch separirten Stücke fallen auf die unterstehenden Lesetische; es sind dies kreisrunde in der Mitte offene Tische, an deren Peripherie kleine Burschen während des in einer Minute einmal stattgefundenen Umganges die unreinen Stücke in die Mitte schleudern und das Reine passiren lassen, welches durch einen Streifen abgekratzt wird.

Die gesammte in einer gedehnten Ebene befindliche Anlage dieses Werkes ist von der Art, dass bestimmte mechanische Verrichtungen an bestimmte Niveauverhältnisse gebunden sind. So richtet sich natürlich die ganze Bewegung nach dem Waggon, der zum Magazine führt und so ist es erforderlich, dass die aus den Separationslutten tiefer fallenden Stücke und Haldenrückstände wieder etwas gehoben werden müssen, und da jede Menschenhand hiebei strenge vermieden wird, so geschieht es wieder auf Kosten des Dampfes, welcher die aus dem Schachte gepumpten Wässer um die erforderliche Differenz hebt, und welche in ihrem Falle die nothwendigen Arbeiten verrichten müssen und die aufgezogenen Anhydritstücke über eine hängende Eisenbahn auf die umliegenden ausgedehnten Halden senden.

So ist alles in der unaufhörlichsten Bewegung und Harmonie ohne Rast, ein steter Wettkampf der Muskel und Dampfkraft, die nur eine Seele bewegt, der Geist der an der unendlichen Kette sich entrollenden Naturgesetze.

Zur Reform des Hohofenwesens.

Documente, betreffend den Hohofen zur Darstellung von Roheisen, von C. Schinz. Berlin, Ernst & Korn 1868.

Der auf dem Felde der Wärmemesskunst als Autorität bekannte Verfasser veröffentlicht in dem vorliegenden Werke die Frucht eines sechsjährigen tiefen Studiums und fleissiger, angestrengter, auf die Production und Anwendung der Wärme im Hohofen gerichteter Arbeit, wie sie in ähnlicher Art die einschlägige Literatur noch nicht besessen. Die „Documente“ sind berechtigt, die vollkommenste Aufmerksamkeit unserer Hohofeningenieure auf sich zu ziehen, umsomehr als, bestätigt die Praxis die wissenschaftlichen Berechnungen und Folgerungen des Verfassers, sich ergibt, dass durch die Anwendung des demselben patentirten Verfahrens die Schlussfolgerung aus allen seinen Untersuchungen —: „den Stickstoff in den Verbrennungsproducten theilweise zu eliminiren“, wirklich das „Ideal der Hohofenindustrie „die möglichst ökonomische Darstellung des Roheisens neben der möglichsten Vollkommenheit desselben“, — wenn auch nur annähernd erreicht werden kann, naturgemäss sich ein grosser Umschwung bei unseren Roheisenhütten vollziehen muss.

Freilich ist mit einiger Bestimmtheit vorauszusehen, dass nicht ohne Weiteres die Gesammtheit der deutschen Eisenhüttenmänner durch das Studium der Schinz'schen Documente auch zum Standpunkte des Verfassers bekehrt werde, wir hoffen jedoch zuversichtlich, dass durch die gewiss nicht ausbleibende Debatte darüber für die Hohofenindustrie wesentlich Förderndes zu Tage treten wird und dass deren Resultat nicht allein darin bestehe, dass der Verfasser wieder in eine Stimmung versetzt wird, wie sie sich aus der seinem Werke vorgedruckten Vorrede vom Mai vorigen Jahres wiederspiegelt.

Es ist nicht möglich in beschränktem Rahmen eine erschöpfende Besprechung des vorliegenden Werkes zu geben, sollte sie diesen Namen verdienen, würde sie den hier disponiblen Raum weitaus überschreiten; wir können deshalb auch nur in kurzen Worten den Weg, welchen Schinz dabei verfolgte, andeuten. Dem Verfasser hat sich die Ueberzeugung aufgedrängt, dass das jetzige Wissen des Hohöfners noch sehr weit davon entfernt sei, auf den Namen einer Wissenschaft Anspruch machen zu dürfen. Selbst die mehr wissenschaftlichen Bestrebungen, sagt er, die Constitution des Roheisens, der Schlacken und der Erze festzustellen, reihen sich auf keine Weise in ein System ein, das alle Erscheinungen zusammenfasst und deren Abhängigkeit von einander darthut. Ja, die Einseitigkeit solcher Bestrebungen hat sogar Vorurtheile hervorgebracht, die dem wahren Fortschritte sich entgegensetzten. Wenn z. B. behufs der Gattirung der Erze der einzige Gesichtspunkt der ist, eine Schlacke hervorzubringen, die ein Bi- oder Tri-Silicat bildet, so wird dabei offenbar das Hauptmoment übersehen, denn die grössere oder geringere Quantität weit mehr, als die Qualität des Schlackenmaterials, bedingt den Erfolg der Roheisen-Production. Es ist die Menge des Schlackenmaterials, die zusammen mit dem Eisenoxyde, dem Raume nach, in grösserem oder kleinerem Verhältnisse den Schacht erfüllt, daher bei kleinem Volumen des Schlackenmaterials verhältnissmässig mehr Eisenoxyd den reducirenden Gasen dargeboten wird, als wenn jenes gross ist; es bestimmt daher das Volumen des Schlackenmaterials die Zeit, während welcher Eisenoxyd und reducirende Gase mit einander in Contact bleiben, und das ist es, worauf es hauptsächlich ankommt. Der Ausgangspunkt eines wissenschaftlichen Hohofen-Systems, in dem alle übrigen Factoren zusammentreffen müssen, ist die möglichst vollständige Reduction der Erze, ehe dieselben in den Raum gelangen, dessen Temperatur hinreicht, das Schlackenmaterial zum Sintern zu bringen.

Welches ist aber diese Temperatur und in welchem Querschnitte des Hohofens findet dieselbe statt?

Diese erste Frage schon und viele andere, welche die Beantwortung der zweiten bedingen, erfordert zu ihrer Lösung ein Instrument, eine Methode, welche eine genaue Erhebung höherer Temperaturen gestattet. Die Beschreibung dieses thermoelektrischen Pyrometers, dessen Construction die schwierige Aufgabe war, ist dem ganzen Werke vorangestellt und durch eine Reihe schön ausgeführter Zeichnungen illustrirt. Hierauf folgen Studien über den Verbrennungsprocess und alle Factoren, welche auf denselben Einfluss haben, die möglichst numerisch bestimmt werden. Diesen schliessen sich an: Bestimmung der Werthe für die specifische Wärme der Materialien, die im Hohofen vorkommen, bei höheren Temperaturen, die der latenten und der Verbindungswärme, das Volum der Materialien und die mechanischen Widerstände der Schmelzsäule gegen den aufsteigenden Gasstrom, die Transmission der Ofenwände, die Gesetze der Reduction der Eisenerze durch reducirende Gase, Zeit, Quantität und Qualität der Gase, physikalischer Zustand der Erze und Temperatur.

Die so gewonnenen Werthe ermöglichten zu den Wechselwirkungen der verschiedenen Factoren überzugehen und namentlich die Bestimmung der einzelnen Zonenvolumina, die mit den Namen: Vergasungs-, Schmelz-, Reductions- und Vorwärmzone bezeichnet werden.

Aus den cubischen Inhalten der einzelnen Zonen folgen die Durchsetzzeiten und schliesslich ist der Eisengehalt der Beschickung, die Kohlung des Eisens, die Form der Hohöfen und Aehnliches in Betracht gezogen, was den Gang und das Endresultat der Operation mit bestimmt.

Die Folgerungen, die sich aus den gemachten Bestimmungen und Vergleichungen mit bestehenden Betriebsweisen ziehen lassen, zeigen, dass die aus dem Kohlenstoffe entwickelte Wärmemenge und Intensität grösser sind, als die Schmelzung von Eisen und Schlacken sie bedürfen, dass dadurch das Volumen der Schmelzzone unnütz auf Kosten der Reductionszone vergrössert wird und daher ein Wärmeverlust kein Verlust für den Hohofen ist, insofern wenigstens nicht die Production an Roheisen auf Kosten der Qualität gesteigert werden soll. Das Studium der Gesetze der Reduction zeigt, dass bei gleichem Volumen der Reductionszone die Wirkung in derselben sehr wesentlich gesteigert werden kann, wenn die Gase reicher an Kohlenoxyd sind.

Darauf begründet der Verfasser ein Verfahren, das durch theilweise Elimination des Stickstoffes in den Verbrennungsproducten diesen Zweck erreicht, für das sich derselbe ein Patent erwarb, und dessen Beschreibung und Anwendung auf den Hohofen den Schluss der „Documente“ bildet. Von ganz besonderem Interesse finden wir das Capitel, welches die Transmission der Wärme durch die Ofenwände behandelt. Aus demselben folgt, dass die gegenwärtige Praxis eine völlig unrichtige ist, welche die Gestellwände so dick als möglich, die Schachtwände aber so dünn als möglich construirt und überdies noch dem Winde und allem Wetter aussetzt. Die während der letzten Jahrzehnte erlangte Brennstoffersparniss beim Hohofenbetriebe wird der minderen Transmission grosser Oefen gutgebracht, welche es erlaubt, weniger Kohlenstoff zu verbrennen, um dieselbe Temperatur zu erreichen; durch diese geringere Kohlenmenge wird aber auch der Schacht weit weniger Kohlenoxyd empfangen und die Reduction der Erze weniger vollständig, so dass directe Reduction durch festen Kohlenstoff stattfindet, welche denn die Ursache des höheren Silicium-Gehaltes des Productes ist. Die Form eines rationellen Hohofens ergibt sich deshalb in einem späteren Abschnitte als die des Raschette'schen.

Die Quintessenz des ganzen Werkes findet sich in den Artikeln 39—43 niedergelegt, deren Inhalt sich natürlich in Auszügen nicht wiedergeben lässt. Der letzte Artikel zeigt, welche Ergebnisse ein nach dem neuen Systeme ausgerüsteter und betriebener Ofen zu liefern im Stande sei.

Zur Anschaulichmachung ist ein in Mägdesprung auf Giesserei-Roheisen betriebener Ofen gewählt, welcher 94 Kilogr. Roheisen per Stunde bei einem Volum der Reductionszone von $10^3/_4$ Cubikmeter und $14^3/_{20}$ Stunden Durchsetzzeit mit einem Kohlenstoffaufwande von 1·373 Kilogr. auf 1 Kilogr. Roheisen producirt und dessen totaler Schachtinhalt 26·55 Cubikmeter beträgt. Ihm wird gegenüber gestellt ein Raschette'scher Ofen mit 81·3 Cubikmeter Schachtinhalt, der Holzkohle werden Coaks von 80 Proc. Kohlenstoffgehalt substituirt und statt des früher behandelten 27procentigen Eisenerzes ein solches von 36 Proc. Eisen unter Anwendung partieller Elimination des Stickstoffes bei einer Durchsetzzeit von 18 Stunden 11 Minuten verblasen. Als Resultate dieser Schmelzerei ergeben sich stündliche 238 Kilogr. Roheisen bei einem Aufwande von 161 Kilo Coaks, ein ökonomisches Ergebniss, dessen sich allerdings bis jetzt noch kein Schmelzer zu rühmen gehabt hat. Warum Herr Schinz als Anschaulichkeitsmittel sich gerade eines so kleinen Ofens bediente, der sicherlich keinem unserer jetzigen Hohofentechniker als Vorbild genügen wird, will uns nicht recht einleuchten, wir meinen, von grösserem Interesse wäre es gewesen, hätte der geehrte Herr Verfasser die berechneten Resultate den Betriebsergebnissen eines Ofens der Charlottenhütte, der Georgs-Marienhütte oder des Hörder Werkes gegenüber gestellt.

Wir sprechen es nochmals aus, die Schinz'schen Documente gewähren des Interessanten ungemein viel und verdienen das eingehendste Studium unserer Hüttentechniker, dem sie hiermit auf angelegentliche Weise empfohlen seien; wünschen möchten wir noch, dass Herr Schinz recht bald die praktische Ausnützung seines Patentes finde.

Ueber die äussere Ausstattung des Werkes enthalten wir uns weiterer Auslassung, sie ist der bekannten Sorgsamkeit der Verlagshandlung entsprechend.

(„Berggeist.“)

Giessen von Eisen unter Druck.

Nach R. Mallet.

Das specifische Gewicht von Gusseisen schwankt zwischen 6·2 und 7·8, der Unterschied hängt zum grossen Theil von der chemischen Zusammensetzung ab und es kann daher recht wohl ein Eisen, das ein geringeres spec. Gewicht besitzt als ein anderes, eine grössere Festigkeit als dieses besitzen. Eine Vergleichung des spec. Gewichtes verschiedener Eisensorten gestattet daher, wie vielfache Versuche bewiesen haben, keinen Schluss auf deren Festigkeit. Anderseits aber ist jedenfalls für eine und dieselbe Eisensorte die Festigkeit um so grösser, je höher das spec. Gewicht ist, obwohl die Abhängigkeit zwischen beiden Verhältnissen durch Versuch noch nicht festgestellt ist. Es lässt sich aber wohl annehmen, dass die Festigkeit einer und derselben Eisensorte direct wie das spec. Gewicht zunimmt und zwar weil die Festigkeit eines Volumen von bestimmtem Querschnitt und bestimmter Länge dem darin enthaltenen Material und dieses wieder dem spec. Gewichte proportional ist. Der bekannte englische Ingenieur R. Mallet hat nun zu ermitteln gesucht, in wie weit sich das spec. Gewicht einer bestimmten Eisensorte durch Druck erhöhen lasse und zwar brachte er den Druck durch flüssiges Eisen hervor, das unter einer Druckhöhe von 0—14′ auf das betr. Gussstück beim Guss desselben einwirkte. Die Versuche wurden an drei verschiedenen charakteristischen Eisensorten angestellt, nämlich an Eisen von Calder in Schottland, an dem durch grosse Festigkeit und bedeutende Zusammenziehung beim Erstarren ausgezeichneten Eisen von Blaenavon in Südwales und endlich an Eisen von Apedale in Derbyshire. In allen Fällen erhielten die Gussstücke dieselbe Form und Grösse, nämlich die eines Cylinders von ca. 10 Cent. Durchmesser und wurden in fettem Sand derart gegossen, dass das flüssige Eisen von unten in die Form eintrat. Die Temperatur beim Guss und die Abkühlung des Gussstückes wurde in allen Fällen möglichst gleich erhalten. Die Versuche ergaben nun folgende Resultate:

Calder Eisen, kalt erblasen.

Höhe der drückenden Eisensäule in Zollen engl.	Der Eisensäule entsprechender Druck in Klgrm. pro Quadratcent.	Spec. Gewicht	Differenz
0	0	6·9551	—
24	0·45	6·9633	0·0082
48	0·90	7·0145	0·0512
72	1·35	7·0506	0·0361
96	1·80	7·0642	0·0136
120	2·25	7·0776	0·0134
144	2·70	7·0907	0·0131
168	3·15	7·1035	0·0128

Blaenavon Eisen Nr. 1, kalt erblasen.

Höhe der drückenden Eisensäule in Zollen engl.	Der Eisensäule entsprechender Druck in Klgrm. pro Quadratcent.	Spec. Gewicht	Differenz
0	0	7·0479	—
24	0·45	7·0576	0·0097
48	0·90	7·0777	0·0201
72	1·35	7·0890	0·0113
96	1·80	7·1012	0·0132
120	2·25	7·1148	0·0136
144	2·70	7·1238	0·0140
168	3·15	7·1430	0·0142

Apedale Eisen Nr. 2, heiss erblasen.

Höhe	Druck	Spec. Gewicht	Differenz
0	0	7·0328	—
24	0·45	7·0417	0·0089
48	0·90	7·0558	0·0141
72	1·35	7·0669	0·0111
96	1·80	7·0789	0·0120
120	2·25	7·0915	0·0126
144	2·70	7·1046	0·0131
168	3·15	7·1183	0·0137

Es betrug also das spec. Gewicht:

	unter dem Drucke = 0	unter dem Drucke einer Eisensäule von 14′ Höhe	Gesammtzunahme
für Calder Eisen	6·9551	7·1035	0·1484
für Blaenavon Eisen	7·0479	7·1430	0·0931
für Apedale Eisen	7·0328	7·1183	0·0855

Das spec. Gewicht wächst mit der Höhe der drückenden Eisensäule, aber in langsam abnehmendem Verhältniss. Anfänglich ist die Zunahme eine rasche, für Caldereisen bis zu einer Druckhöhe von ca. 6′ Eisen, für Blaenavon und Apedale bis zu 4—5′; dann nimmt die Zunahme ab und bildet eine langsam convergirende Reihe mit ca. 0·013 Differenz für je 2 Fuss Differenz in der Höhe der Eisensäule innerhalb der Grenzen der Versuchsreihe. Diese Resultate gestatten noch keinen genauen Ausdruck für die Zunahme des spec. Gewichtes unter noch höherem Druck aufzustellen, sie scheinen aber darauf hinzuweisen, dass die Zunahme auch bei einem 3—4mal so hohen Druck als dem höchsten hier angewendeten noch nicht verschwinden wird.

Im Durchschnitt für die drei Eisensorten nimmt das spec. Gewicht im Verhältniss von 7·01193 : 7·12160 oder wie 1·000 : 1·015 zu und nimmt man nach dem Obigen an, dass die Festigkeit einer und derselben Eisensorte wie deren spec. Gewicht wächst, so ist also in dem vorliegenden Falle die Festigkeit des Gussstückes dadurch, dass man dasselbe unter dem Drucke einer Eisensäule von 14′ gegossen hat, um die ganz beachtenswerthe Grösse von $1\frac{1}{2}$ Proc. gesteigert worden. Dies ist aber nicht der einzige Vortheil, den man durch das Giessen unter Druck erreicht; das Eisen ist nämlich in diesem Falle nicht nur freier von Luftblasen, sondern es sind auch die einzelnen Krystalltheilchen kleiner und feiner und dies trägt jedenfalls sehr zur Vermehrung der Festigkeit bei, da unzweifelhaft die Flächen zwischen den einzelnen Krystallen Flächen von geringerer Festigkeit sind und je grösser sie sind, eine desto grössere Schwächung des Eisens veranlassen. — Die Vortheile, die sich durch Giessen von Eisen unter Druck erreichen lassen, wurden schon vor ca. 50 Jahren von John Oldham sen., Ingenieur der Bank von Irland und John Mallet anerkannt, welche so die Tafeln von Banknotenpressen giessen wollten. Sie wollten dazu das Eisen in luftleer gemachte Formen von fettem Sand giessen, so dass dasselbe sofort dem Drucke von einer Atmosphäre ausgesetzt worden wäre; dann sollte der Druck beliebig dadurch gesteigert werden, dass man von oben comprimirte Luft einwirken liess. Später liess sich Bessemer ein sehr ähnliches Verfahren patentiren, um geschmolzenes Glas für optische und andere Zwecke dicht und blasenfrei zu machen. In neuerer Zeit hat Whitworth hohen mechanischen Druck beim Giessen von Eisen und Stahl in praktische Anwendung gebracht, allerdings hauptsächlich, wenn nicht ausschliesslich, in der Absicht, dadurch die Metalle blasenfrei zu erhalten; es wird aber damit nothwendig auch der Vortheil eines höheren spec Gewichtes erreicht. Für gewöhnliche Giessereiarbeit bietet die Dammgrube ein leichtes Mittel, durch senkrechten Guss die Qualität von Gussstücken im Vergleich zu den horizontal oder geneigt gegossenen zu verbessern; doch hat dieselbe für diesen Zweck bisher nur erst in einzelnen Fällen, namentlich für Röhrenguss, Anwendung gefunden. (Deutsche Industrie-Zeitung.)

Literatur.

Leitfaden zur Bergbaukunde. Nach den an der königl. Bergakademie zu Berlin gehaltenen Vorlesungen von Bergrath Heinrich Lottner. Nach dessen Tode und in dessen Auftrag bearbeitet und herausgegeben von Albert Serlo, Berghauptmann. I. Band, mit 174 Holzschnitten und 2 lith. Tafeln. Berlin 1869. Verlag von Julius Springer.

Obwohl erst eine Lieferung (etwa ein Drittel des ganzen Werkes) erschienen ist, lässt sich doch jetzt schon beurtheilen, dass dieses Werk eine werthvolle Bereicherung unserer Fachliteratur bilden wird. Die Behandlung der Materien ist eine hinlänglich ausführliche, ohne wortwendig und ermüdend detaillirt zu sein; das Vorgetragene ist gut geordnet, so dass Wiederholungen thunlichst vermieden sind und die neueste Literatur ist in allen wesentlichen Partien benützt und mit dem Ganzen verarbeitet, dabei auch mit kritischer Wahl und kritischen Zusätzen, so dass das lediglich von irgend einem Autor Behauptete nicht gleichmässig mit dem Geprüften und Bewährten in einen Topf geworfen erscheint. Es hält sich dabei die Darstellung immer an die in deutschen ersten Werken übliche Systematik und Gliederung, welche wir bei französischen und noch mehr bei englischen Werken mitunter vermissen, und doch ist ein zu pedantischer Lehrbuchzopf glücklich vermieden, so dass es sich gut liest und noch genug zu denken oder beim mündlichen Vortrag zu Excursen auf der Praxis Spielraum lässt. Unbedingte Vollständigkeit und gleichwerthige Behandlung aller Partien oder innerhalb derselben aller localen Uebungen und Gewohnheiten in einzelnen Districten, fordern wir nicht vom Leitfaden oder Lehrbuche, und am wenigsten dann, wenn es wie dieses ein selbständig geordnetes Ganze und nicht ein Sammelsummarium von Belesenheit des Autors dem Leser bietet. Manche Partien sind an sich aus Specialwerken schon bekannter und mehr bearbeitet, z. B. die Lehre vom Vorkommen nutzbarer Mineralien (I. Abschnitt), vom Aufsuchen der Lagerstätten, Schürfen und Bohren (II. Abschnitt), aber auch darin sind gerade die stricte bergmännischen Unterabtheilungen eingehender behandelt, z. B. die Regeln zur Ausrichtung von Verwerfungen. Bei den Gewinnungsarbeiten (III. Abschnitt) ist die Handarbeit (A) von der Maschinenarbeit (B) getrennt. Bei A findet man V. b „Sprengmaterialien", alle neueren Sprengmittel kritisch und übersichtlich erörtert, als: gewöhnliches Schiesspulver, gemengtes Pulver, Pulver von Davey, Lithofracteur, Schulzes chemisches Schiesspulver, das Brandeisler Pulver, die Pulverarten von Küp und von Neumeyer, Haloxylin, Nobel's Sprengpulver, desselben Dynamit und Nitroglycerin, die Schiessbaumwolle und das Schiesspapier!

Neben dem Feuersetzen ist auch die Anwendung des Wassers nicht übergangen und dadurch das sonst nicht selten bei Seite gelassene Salinenwesen mit in das Bereich des Werkes gezogen. Unter der Maschinenarbeit (B) finden wir aufgeführt die Stossbohrmaschinen von Schumann und Bergström, Bartlett, Someiller, Schwartzkopf und Hipp, Sachs, Haupt, Dolking, die Drehbohrmaschinen von Lisbet, Richard und Abegy, und von de la Roche Tolay; endlich die Schräm- und Schlitzmaschinen von Firth und Doncsthorpe, von Grafton Jones und von Carret Marschall & Co.! — Es sind hier die neuesten Weltausstellungen von Vortheil für die Möglichkeit solcher Zusammenstellungen gewesen. Die Abbaumethoden sind recht eingehend behandelt, diesen folgt der Tagbau, dem sich der Beginn der Zimmerung anschliesst, welcher aber schon vorwiegend in die II. Lieferung fällt. Dem Berichterstatter, der diese Anzeige gerade in Wieliczka niederschreibt, war die Ausführlichkeit der lit. E des vierten Abschnittes (Grubenbau), nämlich die „Lösung alter Baue" ganz besonders interessant, weil dabei überhaupt alle Vorsichtsmassregeln bei Erschrottung von Wässern erörtert sind und zwar so, dass sie nicht blos auf den in der Ueberschrift benannten Fall, „Lösung alter Baue", sondern auch auf gar nicht speciell detaillirte Fälle passen, wie eben der Berichterstatter einen unter den Händen hat. In solcher Lage merkt man recht mit Freuden, wenn man ein allgemein systematisches Buch und nicht ein blosses Receptirbuch für einzelne Fälle vor sich hat!

Die Ausstattung ist gut, der Druck correct, die Holzschnitte deutlich. Berghauptmann Serlo hat mit diesem Werke nicht nur seinem verewigten Freunde Lottner ein würdiges Denkmal gesetzt, sondern auch sich selbst ein wahres Verdienst um seine Fachgenossen erworben. Sollten wir am Schlusse noch Einiges vermissen, so werden wir ohne Scheu darauf aufmerksam machen; es ist uns aber ein Bedürfniss gewesen, diese erste Lieferung schon, welche auf 336 Seiten so viel des Guten bringt, rückhaltslos als eine erfreuliche Erscheinung anzeigen zu können.

O. H.

Notizen.

Nagyáger Bergwerksfond. Am 31. December 1868 hat der Reservefond des Nagyáger k. und mitgew. Goldbergwerkes

in Salinen-Anweisungen zu $4\frac{1}{2}$ % mit fl. 137.200.—
und baar . . . . „ 13.09$\frac{1}{10}$

und der Ergänzungsfond desselben

in Salinen-Anweisungen zu $4\frac{1}{2}$ % mit fl. 53.750.—
und baar . . . . „ 25.84$\frac{5}{10}$

bestanden.

Frequenz der Bergschüler zu Přibram und Wieliczka im Schuljahre 1868/69.

An beiden Bergschulen wurden im Ganzen 75 Schüler aufgenommen und zwar:

in Přibram . . . . 40 Schüler
„ Wieliczka . . . 35 „
Summe 75 Schüler.

Von diesen sind:

in Přibram . . . . 20 Aerarialbergarbeiter
„ „ . . . . 20 Privatbergarbeiter
in Summe 40 Schüler

in Wieliczka . . . 16 Aerarialbergarbeiter
„ „ . . . 19 Privatbergarbeiter
in Summe 35 Schüler.

Der Unterricht wird in diesem Jahre in Přibram blos im I. Jahrgang und nur in deutscher Sprache ertheilt, da alle Aufgenommenen dieser Sprache mächtig sind.

In Wieliczka wird im II. Jahrgang gelehrt, für welchen Jahrgang 12 Schüler eingeschrieben sind, die andern 23 Schüler hören den Vorbereitungsjahrgang.

Im Vergleiche mit den früheren Jahren hat sich sowohl in Příbram wie in Wieliczka die Schüleranzahl namhaft vermehrt, denn es wurden aufgenommen im Unterrichtsjahre 1867/68:

in Příbram . . . . 26 Schüler (II. Jahrgang)
„ Wieliczka . . . 21 „ (I. Jahrgang)
in Summe 47 Schüler;

im Unterrichtsjahre 1866/67:

in Příbram . . . . 30 Schüler (I. Jahrgang)
„ Wieliczka . . . 10 „ (II Jahrgang u. Vorbereitungscurs)
in Summe 40 Schüler.

Nach ihren Geburtsorten vertheilen sich die für das laufende Schuljahr Aufgenommenen:

	in Příbram	in Wieliczka
Böhmen	34	2
Mähren	3	1
Schlesien	—	2
Kärnten	1	—
Krain	1	—
Tirol	1	—
Galizien	—	29
Preussisch-Polen .	—	1
in Summe	40 Schüler	35 Schüler

Der heutigen Nummer liegt eine literarische Mittheilung von C. W. Kreidel's Verlag in Wiesbaden bei.

Diese Zeitschrift erscheint wöchentlich einen Bogen stark mit den nöthigen artistischen Beigaben. Der Pränumerationspreis ist jährlich loco Wien 8 fl. ö. W. oder 5 Thlr. 10 Ngr. Mit franco Postversendung 8 fl. 80 kr. ö. W. Die Jahresabonnenten erhalten einen officiellen Bericht über die Erfahrungen im berg- und hüttenmännischen Maschinen-, Bau- und Aufbereitungswesen sammt Atlas als Gratisbeilage. Inserate finden gegen 8 kr. ö. W. oder $1\frac{1}{2}$ Ngr. die gespaltene Nonpareillezeile Aufnahme. Zuschriften jeder Art können nur franco angenommen werden.

Druck von Carl Fromme in Wien. Für den Verlag verantwortlich: Carl Reger.

№ 3. XVII. Jahrgang.

Oesterreichische Zeitschrift für Berg- und Hüttenwesen.

1869. 18. Jänner.

Verantwortlicher Redacteur: Dr. Otto Freiherr von Hingenau, k. k. Ministerialrath im Finanzministerium.

Verlag der G. J. Manz'schen Buchhandlung (Kohlmarkt 7) in Wien.

Vergleich zwischen den ostgalizischen und englischen Sudsalzkosten.

Von Eduard Windakiewicz, k. k. Salinenverwalter in Stebnik.

Die englischen Sudsalzgestehungskosten gelten als die billigsten, während die galizische Salzgebirgsablagerung als eine der reichsten genannt wird. Es liegt zwischen beiden so viel Verwandtes, dass man unwillkürlich zu einem Vergleich hingezogen wird, zumal auch die Selbstkosten des ostgalizischen Sudsalzes und namentlich jene von Stebnik über 60 Nkr. per Wr. Centner betragen, während das gleichartige englische feinkörnige Sudsalz in Formen (Lump-salt) um 20 Nkr. per Wr. Ctr. erzeugt und um 40 Nkr. per Wr. Ctr. höchstens verkauft wird.

Zum Vergleich nehme ich die Selbstkosten einer der ostgalizischen Mustersalinen in Stebnik vom Jahre 1866 an, weil sie da normal sind und jene der englischen Salinen zu Cheshire und Worcestershire vom Jahre 1856, weil mir keine späteren zu Gebote stehen, was aber der Sache keinen Eintrag macht, indem ja in 10 Jahren auch bei den englischen Salinen ein Fortschritt eher zum Besseren eingetreten sein dürfte und deshalb das Salz nicht theuerer zu stehen kommen wird.

Ostgalizien.

Saline Stebnik.

I. Soole.

Die Soole von 1·20 spec. Gewicht kostet per 1 Wr. Ctr. erzeugtes Salz:

a) natürliche = ... 2·73 kr.
b) künstliche = ... 29·12 kr.

Im Ganzen per 1 Wr. Ctr. kostete die Soole = ... 11·71 „

II. Brennstoff.

Bei dem Preise 1 Klafter 36" gemischten Brennholzes entfielen auf 1 Wr. Ctr. Salz = . . . 19.33 kr.

III. Arbeit.

Im Jahre 1866 erscheint die Arbeit mit den Gemeinkosten vereinigt und beide betragen 15·81 Nkr., doch lässt sich dieselbe durch die Analogie nach dem Jahre 1867, wo sie getrennt erscheint, mit 8·65 Nkr. per 1 Wr. Ctr., wobei nur das Feuern, Sieden, Formen und Trocknen bis zum Aufstellen auf den Eisenbahnwagen, also nur die reine Arbeit enthalten ist, bestimmen.

IV. Materialien.

Im Jahre 1866 erscheinen per 1 Wr. Ctr. 7·12 Nkr. an Zeugmaterialien und im Jahre 1867 aber 4·36 Nkr., im Mittel dürften 5·75 Nkr. ausreichen.

V. Verwaltung.

Die Verwaltung, worunter die Erhaltung der Verwaltungsgebäude, Strassen etc. enthalten ist, kostete im Jahre 1866 bei einer Production von 119.548 Ctr. per 1 Wr. Ctr. = ... 7·19 kr.

VI. Gemeinkosten.

Die Gemeinkosten berechnen sich pro 1866 auf ca. 7·16 Nkr. per 1 Wr. Ctr. Salz und es erscheinen darunter vorwaltend die Löhne der Pfannenaufseher und Meister vertreten.

England.

British-Salt-Company bei Northwich.

I. Soole.

Die englische Soolenerzeugung ist in national-ökonomischer Beziehung nicht anzuempfehlen, denn das Süsswasser wird in die Salzschächte hineingeleitet und als Soole dann gehoben.

Entweder liefert der Grundeigenthümer gegen Entschädigung per Tonne fertiges Salz die Soole, oder wird dafür bei eigenen Förderkosten per Tonne Salz ein sehr geringer Pachtzins (royalty) entrichtet, wie bei der erwähnten Company der Fall ist.

Es kostet in diesem Falle zusammen die Soole von 1·20 spec. Gewicht per 1 Wr. Ctr. Salz = 1·70 Nkr.

II. Brennstoff.

Bei einem Preise der Steinkohle von 20·25 kr. loco Saline per 1 Wr. Ctr. sind zur Erzeugung eines Wr. Ctr. Salz 50 Pfd. Steinkohle, daher rund 10 kr. erforderlich.

III. Arbeit.

Für Feuerung, Siedung, Aufstellung der (Lumps) Fuderl von ca. 30 Wr. Pfd. im Trockenraume, ferner für das Trocknen, Umstellen der Lumps im Trockenraume, Reinigen derselben und Aufladen wird per 1 Wr. Ctr. gezahlt = 5·63 Nkr.

IV. Materialien.

Die englischen Salinen weisen ausser Brennstoff keine anderen Materialien auf, sondern fassen dieselben mit den Unterhaltungskosten der sämmtlichen Anlagen zusammen, was aber im Ganzen sehr wenig ausmacht.

V. Verwaltung.

Die British-Salt-Company erzeugt auf 31 Sudpfannen, die in zwei Reihen gestellt sind, jährlich ca. 50.000 Tons oder bei 880.000 Wr. Ctr. Salz, und es kostet sie die Verwaltung, die aus einem Dirigenten, der andere Privatgeschäfte noch für sich führt, einem Geschäftsführer und 1 Gehilfen besteht, per 1 Wr. Ctr. kaum 0·75 Nkr.

VI. Unterhaltungskosten der sämmtlichen Anlagen.

Diese betragen per 1 Ctr. Sudsalz nahe an 2 Nkr. Von unseren Gemeinkosten gehören die Löhne der Pfannenaufseher und Meister zu den englischen Verwaltungskosten und von unseren Verwaltungskosten gehört die Erhaltung der Verwaltungsgebäude wieder unter diese Rubrik der englischen Selbstkosten des Sudsalzes, so dass ein Vergleich der drei einzelnen hier zuletzt angeführten Elemente für sich schwierig ist und nur cumulativ Anhaltspunkte zum Vergleich sich finden werden.

Nachdem wir beiderseits ohne Rücksicht auf Verzinsung und Amortisation des Anlagecapitals die Elemente der Selbstkosten wo möglich gleichartig geordnet haben, so wollen wir näher in den Vergleich eingehen.

Soole.

Die ostgalizische Soole, namentlich in Stebnik, kostet per Wr. Ctr. Sudsalz 11·71 kr., die englische Soole 1·70 kr.; ein zu gewaltiger Unterschied, um ihn stillschweigend zu übergehen. Ostgalizien hat natürliche und künstliche Soole, und erstere in Pilgen mit Pferden gehoben kostet nur 2·73 Nkr., sie nähert sich schon bedeutend den englischen Kosten, welche sich auf Dampfmaschinen-Betrieb beziehen und würde sich noch mehr nähern, wenn man auch die oft mitgehobene schwächere Soole als von 1·20 spec. Gewicht, wo es geht, mit reichem Salzgebirge anreichern würde, statt sie in die wilde Fluth zu lassen.

Natürliche Soolen sind in hinreichender Menge zu Lande vorhanden und wollte man nachhelfen, theils durch Abteufen neuer Quellschächte, theils durch Zusammenleiten der Soole von den bestehenden Schächten und Quellen, die man jedes Jahr mit nicht geringen Kosten zu verschlagen sucht, so würde man der künstlichen Soole gar nicht oder nur bei grösseren Anlagen im äussersten Nothfalle benöthigen.

Man muss die natürlichen Verhältnisse, wo es sich thun lässt, benützen, nicht aber ihnen mit Gewalt und Opfer eine Zwangsjacke anlegen, denn das Hauptziel einer jeden industriellen Unternehmung bleibt immer doch die möglichst billigste Erzeugung.

Die vielen Soolquellen kommen, trotzdem man sie verschlägt, doch immer wieder zum Vorschein.

Naturam expellas furca tamen usque recurret.

Man wird doch die Veränderungen, die im Inneren der Erde vor sich gehen, nicht aufhalten wollen, deshalb wäre auch volkswirthschaftlich hier vor Allem die natürliche Soole zu benützen und man würde gewiss nicht viel theuerer als die Engländer die nöthige Soole erzeugen können.

Die Engländer werden zwar immer einen Vorsprung haben, weil sie bei nicht tiefen Schächten grosse Quantitäten aus einem Schacht mit Dampfmaschinen fördern, wo wir hingegen, wenn wir nicht in den Fehler der Engländer, nämlich der Verwüstung, verfallen wollen, bei den vielen Punkten und geringeren Quantitäten der aus einem Quellschacht zu hebenden Soole meist auf den Pferdebetrieb mit Pumpen angewiesen sein werden.

Brennstoff.

Bei den ostgalizischen Salinen und namentlich in Stebnik kostet 1 Klafter gemischten Brennholzes 5 fl. 26 kr. und es werden mit 1 Wr. Ctr. dieses Holzes 1·25 Wr. Ctr. Sudsalz erzeugt.

Die englische Kohle von Lancashire, wie sie meist in Cheshire verwendet wird, entwickelt, wenn sie bei 100 Grad Celsius getrocknet wird, beim Verbrennen 7·218 Wärme-Calorien, während so ein gemischtes Brennholz, bei 100 Grad Celsius getrocknet, annähernd 4·224 Calorien gibt; es ist also das Verhältniss der Brennkraft wie 7 : 4 oder 1 Wr. Ctr. engl. Kohle ist aequivalent mit 1·75 Ctr. Holz. Sind also in Stebnik mit 1 Ctr. Holz 1·25 Wr. Ctr. Salz erzeugt, so entsprechen 1·75 Wr. Ctr. Holz rund 2 Ctr. Salz.

Die Engländer erzeugen trotz ihrer Unwirthschaftlichkeit mit Steinkohle auch 2 Ctr. Salz mit 1 Wr. Ctr. Kohlen, daher wir in technischer Ausnützung des uns zu Gebote stehenden Brennstoffes auf gleicher Stufe stehen, nicht so aber bezüglich der Brennstoffkosten.

Bei den englischen Salinen betragen die Brennstoffkosten per 1 Ctr. Salz 10 Nkr., bei uns aber 19·33 Nkr., also beinahe doppelt so viel.

Um diesen grossen Unterschied auszugleichen, müssen wir, da wir den Preis des Brennstoffes vorläufig nicht ändern können, demselben mehr Brennkraft abzugewinnen trachten, und dieses lässt sich nur durch Anwendung der Gasfeuerung thun. Bei der gewöhnlichen Rost- oder Pultfeuerung wird der Kohlenstoff im Brennholz nur meist zu Kohlenoxydgas verbrannt.

Beim Verbrennen eines Theiles Kohlenstoffes zu Kohlenoxydgas werden nach Scheerer 2473 Wärmeeinheiten frei, beim Verbrennen 1 Theiles Kohlenstoffes zu Kohlensäure aber entwickeln sich 8080 Wärmeeinheiten. Sechs Theile Kohlenstoff und 8 Theile Sauerstoff verbinden sich zu 14 Theilen Kohlenoxydgas, demnach entsprechen

1 Theile Kohlenstoff $\frac{14}{6}$ = $2^1/_3$ Kohlenoxydgas. 1 Theil Kohlenoxydgas aber entwickelt nach Scheerer bei der Verbrennung zu Kohlensäure 2403 Calorien, daher werden $2^1/_3$ Theile $2^1/_3 \times 2403 = 5607$ Calorien entwickeln.

Im ersteren Falle werden $^3/_{10}$, im letzteren Falle aber $^7/_{10}$ der überhaupt beim Verbrennen des Kohlenstoffes auftretenden Wärmemenge erzeugt und auf dieses Verfahren ist die Heizung mit Gasgeneratoren gegründet, weil das erzeugte Kohlenoxydgas durch Zutreten der Luft unter der Pfanne zur Kohlensäure verbrannt wird.

Auch bezüglich der Kosten des Brennstoffes ist Möglichkeit vorhanden, den Kosten der Engländer sich zu nähern, daher die Gasheizung für die ostgalizischen Salinen höchst wichtig ist und mit Opfern angestrebt werden muss.

Arbeit.

Die englische Soole von Northwich enthält bei einem spec. Gewicht von 1·2042 25·312 Chlornatrium und 1·562 fremde Bestandtheile; die Stebniker gemischte Soole von 1·1919 spec. Gewicht enthält nach von Kripp's Analyse 24·521 Chlornatrium und 0·702 fremde Bestandtheile.

Sowohl bei den ostgalizischen als englischen Pfannen gibt es keine Vorwärmpfannen.

Das Trocknen wird in England von dem Stoved-Lumpsalt in separaten Kammern, das Trocknen der Hurmanen in Galizien in den von der Ueberhitze erwärmten Dörrapparaten bewirkt.

In England wird meist loses ungetrocknetes Salz, in Galizien fast nur geformtes und getrocknetes Salz erzeugt.

Das lose, nicht getrocknete Butler- und Comon-salt wird so billig erzeugt, dass es sich mit der hiesigen Salzerzeugung nicht vergleichen lässt, nur das geformte Salz wird unter ganz gleichen Verhältnissen wie hier erzeugt und es kostet die Arbeit eines Wr. Centners dieses Sudsalzes 5·63 Nkr., während bei uns 1 Wr. Ctr. Hurmanensalz 8·65 Nkr. an Arbeitskosten erfordert.

Die kleinere Form unserer Hurmanen mit 1·4 Pfd. und der englischen Lumps mit 30 Pfd. per 1 Stück muss ausser dem Bereich des Vergleiches bleiben, trotzdem sie bei uns das Salz wesentlich vertheuert, der Hauptsache nach liegt aber die billige Erzeugung in England in der Anordnung der Etablissements und der einzelnen Pfannen darin. Während in Stebnik 4 Sudhäuser mit je einer Pfanne zerstreut liegen und jede einen Pfannenaufseher, Feuerschürer, Sieder und Meister bei Tag und Nacht erfordern, liegen die englischen Pfannen, 17 Stück, geschlossen nebeneinander mit ihren Feuerungen in einer Linie, so dass ein Feuerschürer viele Feuerungen und 1 Sieder mit dem Meister viele Pfannen besorgen und 1 Aufseher auch 2 solche Anlagen, die vis-à-vis einander gelegen und nur durch eine Eisenbahn getrennt sind, übersehen kann. Würde man in Stebnik die Pfannen nebeneinander, die Feuerungen in einer Linie stellen, so würde auch das halbe Personal die nämliche Arbeit besorgen können, also zweckmässige Gruppirung der Pfannen ist hier die Zauberformel und wir werden gewiss die Engländer mit den Arbeitskosten erreichen.

Material, Verwaltung, Gemeinkosten.

Die geringe Erzeugung einzelner Salinen in Galizien, die grosse Aengstlichkeit, mit der man bei allen Bauten und Reparaturen vorgeht, weil jeder die Verantwortung von sich abzuwälzen sucht, also eher mehr des Guten, Festen, als zu wenig macht, die lästigen Monopolrücksichten, dann die überflüssigen, unzweckmässigen, kostspieligen Pfannhausbauten, in welchen die Pfannen den geringsten Raum einnehmen, machen es, dass wir mit den Engländern in dieser Richtung nicht concurriren können. Grösseres Vertrauen in die Beamten, Aufhebung des Monopols und die Beschränkung auf einfachere Bauten könnten da sehr Vieles leisten und den grellen Unterschied von 20 Nkrn. bei unseren Salinen gegen 3 Nkr. dieser Kosten per 1 Wr. Ctr. bei den englischen Salinen zum grossen Theil ausgleichen.

Hiemit schliesse ich diesmal mit diesem Vergleich und wünsche, dass mein guter Wille in der weiteren Anregung die volle Befriedigung findet.

Stebnik, am 4. Jänner 1869.

Die Stahlfabrikation, wie solche in der Pariser Welt-Ausstellung des Jahres 1867 aufgetreten ist.

(Aus dem österreichischen officiellen Ausstellungsberichte. IX. Lieferung. Von P. Ritter von Tunner, Director der kais. königl. Bergakademie in Leoben.)

Die Fortschritte, welche das gesammte Eisenwesen nach den sichtbaren und insoweit unzweifelhaften Zeugnissen der Pariser Ausstellung von 1867 in quantitativer, qualitativer und technischer Beziehung im Verlaufe des letzten Decenniums gemacht hat, sind in allen Zweigen desselben sehr bedeutend; allein am hervorragendsten von allen trat die Stahlfabrikation dem Besucher entgegen.

Die meisten dem Eisenwesen angehörigen Ausstellungen, insbesondere in der französischen Abtheilung, brachten eine oder die andere gewöhnlich mehrere Sorten von Stahl zur Anschauung.

Frankreich producirte, nach den statistischen Ausweisen, auf Zollcentner reducirt, an:

im Jahre	Herd- u. Puddlingsstahl	Cementstahl	Gussstahl	Bessemerstahl	Zusammen
1847	6.760	14.140	4.440	—	25.340
1857	227.350	172.056	113.134	—	512.540
1867	350.000	150.000	160.000	500.000	1,160.000

Die Zahlen für 1867 sind allerdings nur einer nicht ganz genauen Schätzung von Fachmännern entnommen, soviel ist daraus jedoch mit Bestimmtheit zu folgern, dass die französische Stahlerzeugung im letzten Decennium sich mehr als verdoppelt, um mehr als 600.000 Ctr. zugenommen hat. Von 1847 auf 1857 ist dieselbe ebenfalls um nahe 500.000 Ctr. gewachsen, welche Zunahme hauptsächlich durch die Einführung des damals neuen Processes der Puddlingsstahlarbeit hervorgerufen worden war, während die Steigerung im letzten Decennium grösstentheils dem erst seit 3 — 4 Jahren zur currenten Fabrikation gelangten Bessemern zu verdanken ist.

1. Das Bessemern.

Das Bessemern hat nicht allein in Frankreich, sondern noch mehr und früher in England und theilweise auch in Preussen, Schweden, Oesterreich, Belgien und in Russland die Stahlerzeugung gehoben, wenn man, wie das gewöhnlich geschieht, das Bessemermetall in seiner ganzen Grösse zur Stahlproduction rechnet. Selbst Italien hat an zwei Stellen mit der Einführung des Bessemerprocesses begonnen, wiewohl diese Methode der Stahlerzeugung dort bisher weniger gelungen zu sein scheint, als die gleichfalls erst seit Kurzem eingeführte Puddlingsstahl-Manipulation. Auffallend ist, dass Nordamerica mit der Einführung des Bessemerns so lange gezögert hat; dafür aber hat man daselbst mit der Errichtung von Bessemer-Hütten im letztverflossenen Jahre an 6 verschiedenen Stellen begonnen, von denen die Hütte zu Troy bei New-York mit einem englischen Ofen für 50 Ctr. Roheiseneinsatz zu Anfang dieses Jahres in Betrieb kam, aber gleichzeitig auch schon mit der Errichtung zweier Oefen mit je 100 Ctr. Roheiseneinsatz vorgegangen ist.

In technischer Beziehung möchten wir bezüglich des Bessemerns drei Umstände besonders hervorheben. Der eine, bei der Ausstellung der *Société anonyme des fonderies et forges de Terre Noire, La Voulte et Bessèges* in Zeichnungen ersichtlich gemacht, besteht darin, dass man daselbst ursprünglich zwar das Roheisen im Flammofen umgeschmolzen hat, jetzt aber meist direct vom Hohofen verwendet, welches bekanntlich bei uns in Innerreich vom Anfange an die vorwaltende Methode war und ist. Der zweite, im „Engineering" vom 5. April 1867 erörtert, liegt darin, dass man in den *Mersey Iron and Steelworks* mit Vortheil angefangen hat, das Umschmelzen des Roheisens statt im Flammofen im Kupolofen vorzunehmen, was bei uns zu Turrach, Heft und Neuberg gleich im Beginn eingerichtet worden ist. Der dritte Umstand endlich, welcher bei uns bisher zu wenig beachtet wurde, ist die Erzeugung von Gusswaaren aus Bessemermetall, wie aus Gussstahl, wovon in der französischen und preussischen Abtheilung der Ausstellung mehrere Beispiele vorlagen. Einen Hauptartikel solcher Gusswaaren bilden Zahnräder, insbesondere die sogenannten Krauseln, Kuppelungsräder bei den Walzwerken, welche von besonderer Stärke sein müssen.

So entmuthigend die Wahrnehmungen in der Ausstellung für den österreichischen Hüttenmann in mancher Beziehung, wie namentlich in den quantitativen Fortschritten der Eisenproduction, sein müssen, so ist doch gerade die Exposition des Bessemermetalles in qualitativer und technischer Hinsicht für die betreffenden österreichischen Hütten ein wahrer Glanzpunkt. Ohne Widerspruch wurde anerkannt, dass die Ausstellung der Bessemerhütte zu Neuberg in dieser Art die schönste und instructivste von allen war und dass man daselbst im technischen und wissenschaftlichen Theile dieses wichtigsten Processes des Eisenhüttenwesens am weitesten vorgeschritten ist und die beste Qualität, wenigstens in den weicheren Sorten des Bessemermetalls erzeugt. Auch die Ausstellungen der Bessemerhütten von Heft, Turrach und Graz gaben denselben ein ehrenvolles Zeugniss.

Neben den innerösterreichischen Bessemerhütten, Neuberg am nächsten kommend, macht sich die Ausstellung der schwedischen Bessemerhütte zu Fagersta, vornehmlich in den härteren Sorten des Bessemermetalls, bemerkbar. An Stelle des Sortiments nach Nummern, wie dieses von den innerösterreichischen Hütten allgemein angenommen ist, pflegen die schwedischen nur nach dem von jeder Charge bestimmten Kohlengehalte zu sortiren. Offenbar ist jedoch das innerösterreichische Sortiment, bei welchem (wenigstens in Neuberg) ausser den Härtegraden auch die absolute Festigkeit und die Qualität in Beziehung auf die Zähigkeit berücksichtigt werden, für die Praxis das vollständigere, verlässlichere und somit entsprechendere.

In den ausgestellten Bessemer-Producten der übrigen Länder war von einem Sortimente nichts zu bemerken, was jedenfalls als ein wesentlicher Mangel, als ein Hauptgrund der öfteren Klagen über die Unverlässlichkeit des Bessemermetalls erscheint. Sehr auffallend ist der Umstand, dass von einigen Ausstellern, von denen es notorisch ist, dass sie das Bessemern in grosser Ausdehnung betreiben, die ausgestellten Gegenstände alle als Tiegelgussstahl aufgeführt erschienen.

Es dürfte von Interesse sein, eine wenigstens beiläufige Uebersicht von der gegenwärtigen Ausdehnung des Bessemerns in verschiedenen Ländern zu geben.

Gegenwärtige Production von Bessemermetall.

Bessemerhütte	Zahl der Converters	Zahl der Tonnen per Charge	Wöchentliche Productions-Menge: Tonnen
I. England.			
Henry Bessemer und Comp. zu Sheffield	2	3	100
Gebrüder Bessemer in London	2	3	100
John Brown und Comp. zu Sheffield	4 {2, 2}	3, 10	500
Carl Cammel und Comp. zu Sheffield	2	3	500 (zusammen)
Carl Cammel und Comp. zu Penictown	4	5	
Fox und Sohn zu Sheffield	2	3	100
Manchester Stahl-Compagnie in Manchester	2	5	200
Lancashire Stahl-Compagnie in Manchester	2	5	200
Bolton-Stahlwerke in Manchester	2	5	200
Crewe-Werke in Crewe . .	2	5	400
Barrow-Stahlwerke in Barrow	10 {4, 6}	5, 7	2200
Roman und Comp. zu Glasgow	2	3	100
Chessey-Stahlwerke zu Liverpool	2	5	200
Dowlais-Werke zu Dowlais .	6	5	600
Ebbw-Vale-Werke zu Ebbw-Vale	6	5	600

Zusammen eine Productionsfähigkeit von 6000 d. i. jährlich 300.000 Tonnen = 6 Millionen Zollcentner. Im Jahre 1866 dürfte die wirkliche Production jedoch nicht ganz drei Millionen betragen haben*).

*) Nachdem die an Herrn Bessemer zu entrichtende Patenttaxe in England per Centner einen halben Gulden beträgt, so erhellt daraus, dass Bessemer von seiner Erfindung eine Belohnung erntet, wie vor ihm vielleicht noch kein Erfinder erhalten hat.

Bessemerhütte	Zahl der Converters	Zahl der Tonnen per Charge	Wöchentliche Productions-Menge: Tonnen
II. Preussen.			
Krupp in Essen	10?	3—5?	700?
Bochum	4 {2, 2}	{3, 5}	300
Hörde bei Dortmund . . .	2	3	100
Pönsgen bei Düsseldorf . .	2	3	100
Königshütte in Oberschlesien	2	3	100
Oberhausen in Westphalen (im Bau)	2	4	160
Erzeugungsfähigkeit in vollem Betriebe			1460

d. i. jährlich 73.000 = 1,460.000 Zollcentner; allein im Jahre 1866 kann die Erzeugung nicht über 500.000 Zollcentner betragen haben.

Bessemerhütte	Zahl der Converters	Zahl der Tonnen per Charge	Wöchentliche Productions-Menge: Tonnen
III. Frankreich.			
Petin Gaudet u. Comp. (Loire)	2	6	220
Jacson und Comp. zu Imphy-Saint-Seurin	2	5	200
Terre-Noire	2	4	160
Gebrüder von Dietrich in Niederbronn	2	3	100
Menans und Comp. zu Feaisens (Jura)	2	3	100
Chatillon und Commentry .	2	3	100
Zusammen eine Productionsfähigkeit von			880

d. i. jährlich 44.000 Tonnen = 880.000 Zollcentner. Im Jahre 1866 dürfte die wirkliche Production indess nicht ganz 400.000 Zollcentner erreicht haben.

Bessemerhütte	Zahl der Converters	Zahl der Tonnen per Charge	Wöchentliche Productions-Menge: Tonnen
IV. Oesterreich.			
Südbahngesellschaft zu Graz (Steiermark)	2	3	100
Compagnie Rauscher zu Heft (Kärnten)	8 schwed. Oefen	2	120
Neuberg in Steiermark . .	2 {1, 1}	{3, 4}	120
Turrach in Steiermark . .	3	2	60
Witkowitz in Mähren . . .	2	3	100
Reschitza im Banate (im Bau)	2	5	150
Zusammen eine Productionsfähigkeit bei vollem Betriebe			650

d. i. jährlich 32.000 Tonnen = 650.000 Zollcentner. Im Jahre 1866 dürften aber nicht ganz 200.000 Zollcentner wirklich dargestellt worden sein.

Bessemerhütte	Zahl der Converters	Zahl der Tonnen per Charge	Wöchentliche Productions-Menge: Tonnen
V. Schweden.			
Gesellschaft von Högbo in Sandviken	2	4	160
C. Aspelin in Fagersta . .	8 schwed. Oefen	2	100
Karlsdahl	2	$1\frac{1}{2}$—2 (für Karlsdahl bis Söderanfors zusammen)	270 (für Karlsdahl bis Söderanfors zusammen)
Siljansfors	2		
Kloster	2		
Gesellschaft von Dannemora, zu Dannemora	2		
Söderanfors (Norland) . . .	2		
Erzeugungsfähigkeit in vollem Betriebe			530

d. i. jährlich 26.500 Tonnen = 530.000 Zollcentner. Im Jahre 1866 hat die Production jedoch 150.000 Zollcentner nicht erreicht.

In Belgien soll eine einzige Bessemerhütte, in Seraing, bestehen, welche vielleicht bei 100.000 Zollcentner producirt.

In Italien bestehen zwei Bessemerhütten, die von Novelle-Ponsard-Gigli zu Pisa und jene von Perseveranza bei Pisa; nach ihrer Ausstellung zu urtheilen, dürften dieselben, namentlich die erstere, nicht weit gekommen sein und beide zusammen vielleicht noch nicht 50.000 Zollcentner Jahresproduction erlangt haben.

In Nordamerica ist, wie bereits bemerkt, erst im laufenden Jahre die Hütte zu Troy (New-York) in Betrieb gekommen; aber es sollten Bessemerhütten zu Wyendotte (Michigan), Harrisburg (Pensylvanien), Cleveland (Ohio), Freeton (Pensylvanien) und zu Chester (Pensylvanien) in der Errichtung begriffen sein; war auch schon zu Anfang des verflossenen Jahres ein deutscher Ingenieur zum Studium des Bessemerns durch einige Wochen in Neuberg, um dasselbe sofort in Nordamerica einzuführen.

Es zeigt sich demnach, dass die Bessemerhütten von Europa schon jetzt eine Productionsfähigkeit von jährlichen nahezu $9\frac{1}{2}$ Millionen Zollcentnern erreicht haben, wenngleich im letztverflossenen Jahre die wirkliche Production nicht viel über 4 Millionen Centner betragen haben dürfte. Nahezu $\frac{2}{3}$ der Productionsfähigkeit wie der wirklichen Erzeugung entfallen davon auf England und ist vorauszusehen, dass wir mit diesem Riesen in der Eisenproduction auch bezüglich des Bessemermetalls nur in der Qualität, aber durchaus nicht in der Billigkeit der Preise die Concurrenz werden bestehen können.

2. Zwei neue Stahlprocesse.

Ausser dem Bessemern waren auf der Pariser Ausstellung noch zwei neue Stahlprocesse repräsentirt und zwar beide in der französischen Abtheilung. Der eine, von Herrn **Berard** erfunden und zu Montataire seit einiger Zeit in Versuch stehend, ist nur eine Modification, wie der Erfinder vorgibt, ein Verbesserung des Bessemerns. Der ausgestellte Stahl sieht allerdings recht schön aus; allein wir müssen denselben nur für ein zufällig gelungenes Product halten und können nach dem, was wir davon bei einem Besuche in Montataire selbst gesehen und beobachtet haben, dieser Neuerung keine Zukunft zuerkennen, weshalb wir nicht länger dabei verweilen.

Viel wichtiger ist der andere, bereits in einiger Ausdehnung und seit mehr als zwei Jahren angewendete Stahlprocess, dessen Producte in Paris ausgestellt waren. Es ist dies der von Herrn **Emil Martin** erfundene, oder richtiger gesagt, combinirte Process; denn derselbe enthält durchgehends bereits bekannte, im gewissen Grade erprobte Vorgänge und erregt eben dadurch von vorneherein mehr Vertrauen auf seine Brauchbarkeit. Im Wesentlichen entlehnt dieser Martin'sche Process den chemischen Vorgang von dem Uchatius'schen Verfahren der Gussstahlerzeugung, ausgeführt jedoch ohne Tiegel, wodurch er um vieles billiger wird. Anstatt in Tiegel führt Martin den Schmelzprocess in einem Gasofen mit Siemens'schen Wärme-Regeneratoren durch, die bekanntlich eine so hohe Temperatur geben, dass man in verhältnissmässig kurzer Zeit und in grösseren Quantitäten nicht nur

Stahl, sondern selbst Stabeisen in Tiegeln zu schmelzen im Stande ist. Auch das Stahlschmelzen ohne Tiegel ist nicht mehr neu; denn es ist bereits auf Veranlassung des Kaisers Napoleon in dem Jahre 1860 und 1861 zu Montataire nicht ohne Erfolg versucht worden; allein damals, sowie später an einem anderen Orte in Frankreich, hat man schon fertigen Stahl, also ein kostspieligeres Material umgeschmolzen und dabei denn doch die Qualität nicht gut einhalten können; wahrscheinlich hat man damals auch keine entsprechenden Regeneratoren zur Erhitzung der Luft und der Gase angewendet.

Wir halten diese Martin'sche Methode gerade für unsere halbirten und weissen Roheisensorten in Inneröstorreich und Ungarn von besonderer Wichtigkeit, — umsomehr, als dieselbe im Vergleich mit dem Bessemern mit viel geringeren Vorauslagen und bei einer mässigeren Erzeugung vortheilhaft durchzuführen sein dürfte. So viel wir von dem Detail dieses Processes in Erfahrung bringen konnten, zweifeln wir nicht im Geringsten an der praktischen, ökonomisch vortheilhaften Durchführung, auch ohne alle fremde Beihilfe*). — Bei geeigneten Roheisensorten und bei einer grösseren Erzeugung ist der Bessemerprocess dem von Martin jedenfalls vorzuziehen; allein in vielen Localitäten, wo das Bessemern nicht wohl anzuwenden ist, dürfte Martin's Methode am Platze sein. Wie die Ausstellung zeigte und wie aus der Natur der Sache selbst einleuchtet, kann nach dieser Methode nicht blos Stahl, sondern selbst Stabeisen, mindestens Feinkorneisen, in vollkommen flüssigem Zustande erhalten werden, und können aus den etwas härteren Sorten auch verschiedene Gusswaaren dargestellt werden, sowie dies in neuester Zeit bei dem Bessemermetall vielseitig ausgeführt ist.

Ein Hauptartikel der bisherigen Erzeugnisse nach Martin's Methode sind die Gewehrläufe, wovon durch die Regierung in letzter Zeit wieder 150.000 Stück bestellt wurden, die auch schon Anfangs Mai 1867 grösstentheils abgeliefert waren. Das dazu verwendete Materiale zeichnet sich durch seine Zähigkeit aus; als Beleg dafür war unter andern ein Lauf ausgestellt, der bei den damit vorgenommenen Sprengproben nicht in Stücke zersprang, sondern nur an einer Seite platzte, ohne einen Splitter wegzuschleudern. Die Methode ist in Frankreich patentirt, und hat in neuester Zeit Herr **Verdie** für die Werke in Firminy das Patent gekauft, wo dieselbe in grösserer Ausdehnung betrieben werden soll, während bisher bei Herrn Martin nur monatlich an 2000 Ctr. erzeugt worden sein sollen.

3. Andere Fortschritte.

In der englischen Abtheilung war von **Burys** und **Comp.** in Sheffield in Tiegeln geschmolzenes Stabeisen ausgestellt, welches sofort zu verschiedenen Werkzeugen, wie z. B. für Schraubenschneidzeuge verarbeitet und schliesslich durch Cementation an der Oberfläche in Stahl verwandelt wird. Dieser eigenthümliche Vorgang soll bezwecken, dass man ein gleichförmiges, möglichst hartes Werkzeug erhält, indem die aus hartem Gussstahl erzeugten Werkzeuge bei voller Härtung zu spröde werden, sonach im Gebrauche leicht springen. Würde hierzu ein Stabeisen, ohne durch das Umschmelzen im Tiegel in eine homogene Masse verwandelt worden zu sein, verwendet, so möchten die fertigen Werkzeuge nicht dieselbe Sicherheit bieten, indem sie gleich den aus hartem Gussstahl dargestellten oft schon beim Härten, oder aber im Gebrauche öfters springen oder ausbrechen.

In der schwedischen Abtheilung war von dem Werke in Wikmanshyttan, sowie dies im Jahre 1862 bei der Londoner Ausstellung der Fall war, Gussstahl zur Anschauung gebracht, welcher nach der dort in Anwendung verbliebenen Methode von Uchatius dargestellt wurde. Durch die dieser Hütte zu Gebote stehenden vorzüglichen, reichen und reinen Magneteisensteine von Bisberg scheint dort dieser Process eine befriedigende Sicherheit erlangt zu haben, und soll der erzeugte Stahl bei seiner Härte einen hohen Grad von Zähigkeit besitzen. Es ist davon alljährlich ein nicht unbedeutendes Quantum in Stäben von verschiedenen Dimensionen und zwar je nach den Dimensionen loco Gefle der Zollcentner um 63—71 Frcs. verkauft. Die Münze in Stockholm soll zu ihren Prägestempeln und Walzen diesen Stahl allen anderen vorziehen.

Bei Durchführung der Uchatius'schen Methode, Stahl zu erzeugen, ohne dabei Schmelztiegel zu gebrauchen, wie es Martin macht, ergibt sich nebst anderen der wesentliche Vortheil, dass die entstandene Schlacke abgezogen und eine neue Partie Erze oder Roheisen nachgetragen werden kann, je nachdem dies die genommene Probe als nöthig oder wünschenswerth erscheinen lässt. Aus diesem Grunde ist das Princip der Uchatius'schen Stahlerzeugungs-Methode bei der Durchführung ohne Tiegel von viel allgemeinerer Brauchbarkeit als bei der Tiegelschmelzerei.

Weiter zeigt die Bessemerhütte der vereinigten Dannemora-Werke insoferne einen bemerkenswerthen Fortschritt, als diese die Bahn betreten hat, an Stelle des altberühmten, durch die Wallonschmiede dargestellten Cementstabeisens Bessemerstahl zu setzen, welcher zur Darstellung der vorzüglichsten Gussstahlsorten, nach einem vorhergehenden genauen Sortimente, in Tiegeln auf den englischen Gussstahlhütten umgeschmolzen wird. Die bedeutenden Kosten der viel Holzkohle consumirenden Wallonschmiede, wie die Cementation, werden hiedurch grösstentheils in Ersparung gebracht.

In der italienischen Abtheilung war von **Glisenti** in Pisogne ein hauptsächlich zur Anfertigung von Revolvern verwendeter Gussstahl ausgestellt, welcher nach der jetzt schon allgemein bekannten und verbreiteten Methode durch Zusammenschmelzen von Spiegeleisen und Stabeisen erzeugt wird. Das Eigenthümliche dabei besteht jedoch darin, dass für diesen Stahl, sowie überhaupt, wenn eine bessere Stahlqualität dargestellt werden soll, das von den Hohöfen erhaltene Spiegeleisen vorerst mit einem Zusatze von 5 Proc. Mangan (nach Heath's Verfahren) durch Umschmelzen in Tiegeln gereinigt wird. Es sieht dieses raffinirte Spiegeleisen sehr schön aus und erscheint dieser Vorgang unter besonderen Umständen als zweckdienlich.

J. A. Gregorini in Lovere hat Puddlingsstahl ausgestellt, welcher bei Verwendung von gemischten, min-

*) Seit März 1868 ist dieser Stahlprocess auch bereits von Herrn **Franz v. Mayr** in Kapfenberg (Steiermark) in Gang gesetzt worden und damit ein Ausstellungs-Resultat für Oesterreich nutzbringend gemacht.

deren Brennmaterialien in Oefen mit Siemens'schen Wärme-Regeneratoren erzeugt wird und von guter Qualität zu sein scheint. Es sollen daselbst jährlich bei 16.000 Ctr. Stahl und circa 10.000 Ctr. hartes Eisen für Ackergeräthe producirt werden. Die Bergbohrer für den Tunnel-Betrieb am Mont Cenis sollen aus diesem Stahl dargestellt werden.

Wie aus den vorgeschickten Daten über das Bessemern erhellt, hat dieser Process in Preussen sehr bedeutende Fortschritte, wenigstens in der Quantität, gemacht. Ueberhaupt hat die Stahlerzeugung in Preussen in den letzten Jahren ganz ausserordentlich in allen Sorten, mit alleiniger Ausnahme des Herdfrischstahles, zugenommen. Nach der sehr instructiven Darstellung der statistischen Daten über die Werthe der preussischen Metallproduction hat der Werth derselben betragen, im Jahre:

1860 die Gesammtproduction an 47 $^1/_2$ Millionen Thaler, davon das Eisen bei 26 Millionen Thaler, der Stahl bei 3 Millionen Thaler.

1861 die Gesammtproduction an 49 $^1/_4$ Millionen Thaler, davon das Eisen bei 24 $^1/_4$ Millionen Thaler, der Stahl bei 5 Millionen Thaler.

1862 die Gesammtproduction an 56 $^1/_2$ Millionen Thaler, das Eisen bei 28 $^1/_2$ Millionen Thaler, der Stahl bei 5 $^1/_2$ Millionen Thaler.

1863 die Gesammtproduction an 61 Millionen Thaler, davon das Eisen bei 30 Millionen Thaler, der Stahl bei 7 Millionen Thaler.

1864 die Gesammtproduction an 71 Millionen Thaler, davon das Eisen bei 33 $^1/_2$ Millionen Thaler, der Stahl bei 13 Millionen Thaler.

1865 die Gesammtproduction an 70 Millionen Thaler davon das Eisen bei 35 Millionen Thaler, der Stahl bei 15 $^1/_4$ Millionen Thaler.

Es ist demnach der Werth der Eisenproduction im Verlaufe von 5 Jahren (von 1861 bis einschliesslich 1865) dem Werthe der Production nach um ein $^1/_4$ gestiegen, während der Werth der Stahlproduction in demselben Zeitraume fünfmal so gross geworden ist.

(Zeitschr. f. d. deutsch-österr. Eisen-, Stahl- u. Masch.-Ind.)

Notizen.

Die Bahn von Leibnitz nach Eibiswald. Zur Förderung der Kohlenproduction in den Bergbauen bei Eibiswald, Wies und Schwanberg hat die Berghauptmannschaft in Cilli die Nothwendigkeit einer gründlichen Verbesserung der von Eibiswald über Wies nach Leibnitz führenden Bezirksstrasse hervorgehoben. Dies hatte zur Folge, dass die Frage wegen der Eisenbahn, welche diese Bergbauorte mit der Südbahn in Verbindung bringen sollte, wieder in Erwägung gezogen wurde. Es ist nämlich bereits im Jahre 1866 der Grazer Zucker-Raffinerie und mehreren Kohlenwerks- und Fabriksbesitzern die Concession zum Baue und Betriebe einer Locomotiv-Eisenbahn von der Südbahnstation Leibnitz über Wies nach Schwanberg und Eibiswald ertheilt worden. Der Bau sollte binnen einem Jahre begonnen und binnen drei Jahren vollendet und dem öffentlichen Verkehre übergeben werden. Da der Bau bisher nicht begonnen wurde, so hat das k. k. Handelsministerium den Concessionären eine peremtorische Frist von sechs Monaten zur Nachweisung der Geldbeschaffung und des Baubeginnes gegeben, nach deren fruchtlosem Verlaufe die Erlöschung der Concession ausgesprochen werden müsste.

W. Thompson's Verfahren, gusseiserne Gegenstände mit schmiedeeisernen Gerippen zu versehen. Bekanntlich wird eine Menge Gusswaaren dargestellt, deren Bestimmung eigentlich eine etwas grössere Festigkeit erfordert, als auf dem Gusswege erzielt werden könnte. Die Darstellung in Schmiedeeisen oder schmiedbarem Guss macht ihre Fabrikation so theuer, dass man vorgezogen hat, etwas mehr Gusseisen in die Gegenstände zu bringen, um sie in Bezug auf Festigkeit und genügende Solidität befriedigend herzustellen. Schon wiederholt kam man auf den Gedanken, ein festeres Material in das Gusseisen einzugiessen und namentlich die hauptsächlichsten Bruchrichtungen dadurch zu verstärken; alle Versuche der Art scheiterten fast immer an der Schwierigkeit, eine innige Verbindung zwischen dem flüssigen Gusseisen und dem eingelegten Gerippe jener festeren Substanz zu erzielen. Von allen Körpern ist Schmiedeeisen derjenige, welcher am leichtesten zu erhalten ist und auch am ehesten in die passendste Form gebracht werden kann, welche ein solches Gerippe stets haben muss; es verdient deshalb ein Verfahren, welches darauf ausgeht, das Schmiedeeisen in Gusseisen fest zu giessen, die Aufmerksamkeit sämmtlicher Techniker. Ein solches ist das in einer Notiz des Mechanics' Magazine, 1868, vol. LXXXIX p. 352 erwähnte, Hrn. W. Thompson zu Canningtown (Essex) patentirte Verfahren. Dasselbe besteht im Wesentlichen darin, schmiedeeiserne Anker, Stäbe und Ringe in diverse Gusswaaren einzugiessen, indem diese Theile, in blank geätztem oder geputztem Zustande zunächst in einem Bade von flüssigem Roheisen so lange eingetaucht werden, bis sie sich mit einer fest anhängenden Schale von Gusseisen bedeckt haben. Dann erst legt man sie in die Formen ein und umgiesst sie mit dem zum Abguss bestimmten Gusseisen. Es bildet sich dann ein inniger Zusammenhang, den wir nicht bezweifeln, sobald nur das Verhältniss der Masse des Gusses zum eingelegten Ankerstab der Art ist, dass die Wärmemenge des Gusses hinreicht, um in kürzester Zeit, d. h. vor dem Erstarren desselben, die Rinde des Ankerstabes aufzuweichen. In diesem Falle allein ist von einem Gelingen der Operation die Rede, während sonst das Resultat des Verfahrens ein bedeutend schlechteres sein würde als ohne die Anwendung des Ankerstabes. Sobald man es möglich machen kann, den Ankerstab in glühendem Zustand in die Form zu bringen, diese rasch zu schliessen und nun ungesäumt zum Guss zu schreiten, ist das Gelingen weit weniger in Zweifel. Dazu wären, um zeitraubende Belastung zu ersparen, besonders construirte Formkästen erforderlich und auch die Eingüsse müssten in anderer Weise aufgesetzt werden als bisher. Doch verdient die Methode von den Fabrikanten kleiner Maschinen geprüft zu werden. (Berggeist 1868.)

Amtliche Mittheilungen.

Seine k. und k. Apostolische Majestät haben mit Allerh. Entschliessung vom 20. December 1868 zu genehmigen geruht, dass die Bergakademien zu Leoben und Přibram aus dem Ressort des Finanzministeriums in jenen des Ackerbauministeriums übergehen.

Personalnachrichten.

Seine k. und k. Apostolische Majestät haben mit Allerh. Entschliessung vom 24. December v. J. dem Vorstande der aufgelösten Salinen- und Forstdirection in Gmunden, Ministerialrathe Rudolf Peithner Ritter von Lichtenfels, bei seiner Uebernahme in den wohlverdienten Ruhestand die Allerhöchste Zufriedenheit mit seiner vieljährigen und erfolgreichen Dienstleistung allergnädigst bekannt zu geben geruht.

Seine k. und k. Apostolische Majestät haben mit Allerh. Entschliessung vom 28. December 1868 den Bergrath und Bergamts-Vorstand in Idria, Marcus Vincenz Lipoldt, zum Vorstande der neu organisirten Bergdirection Idria und den dirigirenden Bergrath und Vorstand des Oberverwesamtes zu Neuberg, Eduard Stockher, zum Vorstande der neu organisirten vereinigten Eisenwerks-Direction für Neuberg und Mariazell, beide mit den im provisorischen neuen Status systemisirten Genüssen und dem Titel und Charakter von Oberbergräthen allergnädigst zu ernennen geruht.

Berichtigung.

Mit Beziehung auf den in Nr. 52 v. J. enthaltenen Artikel: „Versuche über das Verhalten des Steinsalzes und des Haselgebirges (Salzthones) zum Wasser etc.“ erhalten wir gleichzeitig ein Schreiben von Bergmeister A. Aigner in Alt-Aussee und von Hauptprobirer A. von Kripp in Hall. Herr Bergmeister A. Aigner ersucht um den Widerruf der in Nr. 52 enthaltenen Angabe, dass er der Verfasser des Artikels sei; Herr Hauptprobirer von Kripp dagegen theilt uns mit, dass die erwähnten Versuche zwar von ihm schon im Jahre 1860 abgeführt worden seien, dass er aber die Veröffentlichung derselben niemals beabsichtigt habe, hauptsächlich aus dem Grunde, weil sie lediglich auf den Wunsch und für specielle Zwecke eines Salzbergmannes angestellt worden waren.

Indem wir dem Wunsche beider geehrten Herren willfahren, erklären wir, dass die bezeichnete Arbeit wirklich von Herrn Hauptprobirer von Kripp herrührt und ohne sein Wissen veröffentlicht wurde, ferners, dass Herr Bergmeister A. Aigner nur in Folge eines sehr unangenehmen Versehens als Verfasser bezeichnet worden ist.

Wenn der Herr Hauptprobirer von Kripp aber uns weiter mittheilt, dass dieser, sowie der in Nr. 46 unter seinem Namen erschienene Artikel für eine Publication zu wenig vollkommen gewesen seien, so müssen wir dieser allzu bescheidenen Ansicht widersprechen, indem wir nur wünschen können, dass derlei Versuche möglichst oft und an möglichst vielen Salinen wiederholt werden mögen. Uebrigens haben wir eben jenem ausgezeichneten Salzbergmanne, auf dessen Wunsch die in Nr. 52 v. J. veröffentlichten Versuche unternommen worden waren, die Mittheilung dieser Arbeit zum Zwecke der Veröffentlichung zu danken.
Die Redaction.

ANKÜNDIGUNGEN.

Bergschule in Karbitz.

Im Monate Februar 1869 wird in Karbitz eine Bergschule eröffnet, welche den Zweck hat, strebsamen Bergarbeitern solche Kenntniss beizubringen, dass sie für den Steigers- oder Aufsehersdienst bei Braunkohlenwerken befähigt werden.

Zur Aufnahme sind nur solche Bergarbeiter geeignet, welche das 17. Lebensjahr vollendet haben, körperlich und geistig gesund, unbescholten, im Lesen, Schreiben und den vier Hauptrechnungsarten bewandert sind, durch mindestens 3 Jahre als Förderer und Häuer in einem Kohlenwerke gedient haben und seit mindestens 3 Jahren an einer inländischen Bergbruderlade betheiligt sind.

Jeder Bewerber muss sich einer Aufnahmsprüfung unterziehen und hierbei den Nachweis der nöthigen Vorkenntnisse liefern.

Die Schüler haben für ihren Lebensunterhalt selbst zu sorgen, und sind sowohl aus diesem Grunde, als insbesondere der praktischen Ausbildung wegen verpflichtet, regelmässig auf einem der benachbarten Kohlenwerke als Arbeiter anzufahren.

Die Würdigsten werden überdies, wenn sie mittellos sind, durch Stipendien unterstützt. Der Unterricht dauert zwei Jahre, wird nur in deutscher Sprache und unentgeltlich nur Jenen ertheilt, welche mindestens 3 Jahre in einem der, in den Bezirken der Berghauptmannschaften zu Elbogen und Komotau befindlichen Kohlenwerke gedient haben.

Gelehrt werden in dem, für den Schulzweck nöthigen Umfange: Arithmetik, Geometrie, Gebirgskunde, Bergbaukunde, Bergmaschinenlehre und Maschinenwartung, Markscheidekunde, Grubenhaushalt, Berggesetz, schriftliche Aufsätze und Zeichnen.

Bergarbeiter, welche in diese Schule aufgenommen werden wollen, haben ihre eigenhändig geschriebenen und mit den Zeugnissen über ihre Eignung versehenen Gesuche an das Directorat der Bergschule zu richten und bis 31. Jänner l. J. bei dem gefertigten k. k. Berghauptmann einzubringen.

Komotau, am 1. Jänner 1869.

(3—1) Johann Lindner.

Diese Zeitschrift erscheint wöchentlich einen Bogen stark mit den nöthigen artistischen Beigaben. Der Pränumerationspreis ist jährlich loco Wien 8 fl. ö. W. oder 5 Thlr. 10 Ngr. Mit franco Postversendung 8 fl. 80 kr. ö. W. Die Jahresabonnenten erhalten einen officiellen Bericht über die Erfahrungen im berg- und hüttenmännischen Maschinen-, Bau- und Aufbereitungswesen sammt Atlas als Gratisbeilage. Inserate finden gegen 8 kr. ö. W. oder 1½ Ngr. die gespaltene Nonpareillezeile Aufnahme. Zuschriften jeder Art können nur franco angenommen werden.

Druck von Carl Fromme in Wien. Für den Verlag verantwortlich Carl Reger

№ 4. XVII. Jahrgang.

Oesterreichische Zeitschrift

für

Berg- und Hüttenwesen.

1869. 25. Jänner.

Verantwortlicher Redacteur: Dr. Otto Freiherr von Hingenau, k. k. Ministerialrath im Finanzministerium.

Verlag der G. J. Manz'schen Buchhandlung (Kohlmarkt 7) in Wien.

Ueber das Martin'sche Verfahren der Stahlerzeugung.

Von Ferdinand Kohn. Aus dem Practical Mechanics' Journal, durch Dingler's polyt. Journal.

In der letzten Versammlung der British Association zu Dundee habe ich auf ein neues Verfahren zur Stahlerzeugung aufmerksam gemacht, welches zu jener Zeit auf dem Continente Boden zu gewinnen begonnen hatte, in Britannien dagegen noch in keiner einzigen der zahlreichen Stahlhütten eingeführt worden war.

Ich meine hiermit das Verfahren, nach welchem auf dem offenen Herde eines Siemens'schen Ofens Stahl erzeugt wird durch die gegenseitige Einwirkung von Roheisen und entkohltem oder Schmiedeeisen — ein Verfahren, welches in Frankreich als Martin's Process bezeichnet wird, nach seinen Erfindern Emil und Peter Martin in Paris, welches aber, um den beiden Erfindern, denen der praktische und commercielle Erfolg dieses neuen Verfahrens zu verdanken ist, gleich gerecht zu werden, den Namen Siemens-Martin'sches Verfahren erhalten müsste. Im Verlaufe des letzten Jahres ist dieser Process nun auch in England eingeführt worden und ich lege der Versammlung einige Proben von Stahl vor, welcher nach dem neuen Verfahren im Cleveland-Districte und zwar zum grössten Theile aus Cleveland-Eisen dargestellt worden ist.

Ich gebe im Folgenden eine kurze Darstellung der technischen Einzelheiten dieser neuen Methode der Stahlerzeugung und füge einige Bemerkungen über die commerciellen Aussichten derselben hinzu, so weit sich über letztere gegenwärtig urtheilen lässt.

Der Siemens-Martin'sche Process realisirt den alten, wiederholt angeregten Gedanken, Stab- oder Schmiedeeisen in einem Bade von flüssigem Roheisen einzuschmelzen und auf diese Weise die ganze Masse in Stahl zu verwandeln. Die Hauptelemente einer erfolgreichen Ausführung dieser Idee und die Punkte, durch welche sich dieselbe von allen früheren misslungenen Versuchen unterscheidet, bestehen erstlich in der sehr hohen Temperatur und in der neutralen, nicht oxydirenden Flamme, welche durch den Siemens'schen Regenerativofen erzeugt werden; zweitens in dem Verfahren beim Einsetzen des entkohlten Eisens in das Roheisenbad in abgewogenen Chargen.

Diese Dosen oder Chargen von Schmiedeeisen oder Stahl werden in regelmässigen Zwischenräumen in das Bad eingetragen, so dass jede Charge beim Einschmelzen oder bei ihrer Auflösung in dem Bade die Menge der flüssigen Masse vermehrt und das Lösungsvermögen des Bades verstärkt, bis das Stadium der vollständigen Entkohlung eingetreten ist. Dann wird die Charge durch Zusatz eines bestimmten Quantums von Roheisen oder von der bekannten Eisenmanganlegirung, dem Spiegeleisen, zu der entkohlten Masse vervollständigt. Von der Menge dieses letzten Zusatzes wird der Härtegrad des erzeugten Stahles bedingt.

Der im Vorstehenden charakterisirte Process ist von Siemens auf den *Model Steel Works* zu Birmingham versuchsweise und auf den *Bolton Steel Works* in grösserem Massstabe zur Ausführung gebracht worden. Von der letztgenannten Stahlhütte ist eine auf dem offenen Herde eines Siemens'schen Ofens aus Bessemerstahlabfällen und Roheisen angefertigte Radbandage für einen Eisenbahnwagen zur Ausstellung in dieser Versammlung eingesendet worden. Die erste und bis jetzt noch einzige englische Stahlhütte, auf welcher das Verfahren eingeführt ist und die ausschliesslich zur Stahlfabrikation nach dem Siemens-Martin'schen Processe angelegt wurde, sind die *Newport Steel Works* zu *Middlesbro'-on-Tees*, Eigenthum der wohlbekannten Firma B. Samuelson und Comp.

Diese Werke kamen erst vor etwa zwei Monaten in Betrieb und haben seit dieser Zeit mit grosser Regelmässigkeit und beinahe ohne Unterbrechung Tag und Nacht hindurch gearbeitet. Es ist dort jetzt ein nach den Angaben von C. W. Siemens construirter Ofen im Betrieb; ein zweiter ebensolcher soll in der nächsten Zeit gebaut werden.

Das Gewölbe dieses Ofens besteht aus Dinassteinen, die Sohle, auf welcher die Chargen eingeschmolzen werden, aus Ganister oder einem Gemenge von reinem Kieselsande und einem rothen, etwas thonerdehaltigen Sande, welche beiden Sandsorten im Clevelanddistricte vorkommen. Die Herstellung der Ofensohle erfordert grosse Sorgfalt und einen grossen Grad von Geschicklichkeit von Seiten der Arbeiter. Sämmtliche Materialien, mit welchen der Ofen beschickt wird, werden vorher in einem besonderen Glühofen zur Rothgluth erhitzt. Das zum Bade verwendete Roheisen ist hauptsächlich schwedisches Holzkohlenroheisen und macht dem Gewicht nach etwa ein Drittel der ganzen Charge aus. Die nachfolgenden Tabellen — den über mehrere interessante Chargen geführten Betriebsregistern entnommen, welche ich den Herren Samuelson und Comp. verdanke — geben eine klare Uebersicht der Leitung des Betriebes.

Tabelle I. betrifft eine aus schwedischem Holzkohlenroheisen (1680 Pfd.) und Rohschienen aus Clevelandeisen (3136 Pfd.) zusammengesetzte Charge; derselben wurde während der Operation eine geringe Menge von Eisenstein (Hämatit) in der Absicht zugesetzt, den für den Process erforderlichen Zeitaufwand, welcher dreizehn Stunden betrug, zu vermindern; allein aus der bedeutenden Menge Spiegeleisen (1560 Pfd.), welche im letzten Stadium des Processes zugesetzt werden musste, geht hervor, dass die Entkohlung zu weit getrieben worden war und die Charge einige Stunden früher hätte vollendet werden können. Dabei zeigt dieses Beispiel, wie leicht es bei dem Siemens-Martin'schen Processe ist, die bei der Betriebsführung begangenen Fehler zu verbessern. Auf die Erzeugung jeder gewünschten Stahlsorte kann man sich mit absoluter Gewissheit verlassen, da der schliessliche Erfolg blos Sache der Zeit ist und verhältnissmässig wenig darauf ankommt, in welchem Masse der gewünschte Grad von Entkohlung während der Operation zu weit getrieben worden oder zurückgeblieben ist, wenn nur die Charge mittelst des letzten Zusatzes in gehörigem Grade rückgekohlt wird.

Tabelle I.

Montag, 20. Juli 1868, Abends.

Zeit des Chargirens		Chargirt wurden:				Producirt wurden:	
		Schwedisches Roheisen	Puddelschienen von K. und J.	Eisenstein (Hämatit)	Spiegeleisen	Stahlzaine (Inguss)	Stahlabfälle
Uhr	Min.	Pfd.	Pfd.	Pfd.	Pfd.	Pfd.	Pfd.
8	0	1680	—	—	—	—	—
9	40	—	224	—	—	—	—
10	0	—	224	—	—	—	—
10	30	—	224	—	—	—	—
11	0	—	224	—	—	—	—
11	45	—	224	15	—	—	—
12	30	—	224	15	—	—	—
1	0	—	224	15	—	—	—
1	40	—	224	15	—	—	—
2	40	—	224	—	—	—	—
3	20	—	224	—	—	—	—
4	0	—	224	15	—	—	—
4	40	—	224	—	—	—	—
5	30	—	224	15	—	—	—
6	10	—	224	—	—	—	—
7	15	—	—	—	224	—	—
8	5	—	—	—	112	—	—
8	45	—	—	—	224	—	—
9	0	—	—	Weich.	Stahl	4962	116
5466 Pfd.		1680	3136	90	560	4962	116
Ctr. ℔ Unz.		Ctr.	Ctr.	℔ Unz.	Ctr.	Ctr. ℔ Unz.	Ctr. ℔ Unz.
48 3 6		15	28	3 6	5	44 1 6	1 0 4

Abbrand . . . . 7·10 Proc.

Tabelle II.

Donnerstag, 30. Juli 1868.

Zeit des Chargirens		Chargirt wurden:					Producirt wurden:
		Graues Cleveland-Roheisen	Puddelschienen von K. und J.	Patentschlacke von K. und J.	Ilmenit	Spiegeleisen	Stahlmasseln (Abfälle)
Uhr	Min.	Pfd.	Pfd.	Pfd.	Pfd.	Pfd.	Pfd.
5	0	2240	—	—	—	—	—
6	30	—	—	280	—	—	—
7	5	—	—	280	—	—	—
8	5	—	—	—	—	—	—
8	35	—	224	—	—	—	—
9	5	—	224	—	—	—	—
9	30	—	224	—	—	—	—
10	0	—	224	—	—	—	—
10	30	—	224	—	—	—	—
11	5	—	224	—	—	—	—
11	45	—	224	—		-	—
12	20	—	224	—	—	—	—
12	55	—	224	—	—	—	—
1	30	—	224	—	—	—	—
2	0	—	224	—	35	-	—
2	30	—	224	—	35	—	—
3	0	—	224	—	35	—	—
3	30	—	—	—	35	—	—
4	0	—	—	—	35	—	—
4	25	—	—	—	35	—	—
6	15	—	—	—	—	448	—
7	0	—	—	—	—	—	5446
6594 Pfd.		2240	3136	560	210	448	5446
Ctr. ℔ Unz.		Ctr.	Ctr.	Ctr.	Ctr. ℔ Unz.	Ctr.	Ctr. ℔ Unz.
58 3 14		20	28	5	1 3 14	4	48 2 14

Das erhaltene Product war kaltbrüchig, spröde und liess sich im Stahlofen nicht schmelzen. Der Verlust betrug 17·41 Proc.

Tabelle II betrifft einen Versuch, Cleveland-Roheisen zu dem Bade zu verwenden. Die der Charge zugesetzten Puddelschienen waren von derselben Art wie die mit dem schwedischen Roheisen verarbeiteten und der Zuschlag von Ilmenit (bekanntlich einem stark titanhaltigen Erze) geschah in der Hoffnung, Phosphor aus dem Bade zu beseitigen. In ähnlicher Absicht wurde eine sogen. „Patentschlacke“ zugeschlagen (ein Gemenge von verschiedenartigen Ingredienzien, dem man im Clevelanddistricte ein ähnliches Wirkungsvermögen zuschreibt), indessen ohne Erfolg; das erhaltene Product war kaltbrüchig und spröde, und das Cleveland-Roheisen erwies sich somit als ungeeignet zur Verarbeitung nach dem Siemens-Martin'schen Verfahren.

Tabelle III bezieht sich auf einen mit grauem Hämatitroheisen und Clevelandpuddeleisen abgeführten Versuch. Das Product ist ein Stahl, welcher geringere Streckbarkeit und Hämmerbarkeit besitzt als der mit schwedischem Roheisen dargestellte. Aus der Tabelle ergibt sich gleichzeitig ein ausserordentlich starker, 17·04 Proc. vom Gewichte der gesammten Charge betragender Abbrand; dies scheint auf einen hohen Siliciumgehalt des Roheisens hinzuweisen, von dessen nur theilweiser und unvollständiger Beseitigung die Härte des producirten Stahles sowohl, als der bedeutende Abbrand herrühren mag. Es ist indessen nicht möglich, aus den Resultaten dieses vereinzelten Versuches einen zuverlässigen Schluss hinsichtlich dieser Classe von Roheisen zu ziehen.

Die Tabellen IV und V geben einen Ueberblick der zwei gelungensten Chargen auf den Samuelson'schen Werken. Das Roheisenbad bestand dabei aus einem Gemenge von weissem schwedischem Roheisen und Spiegeleisen; ausserdem wurde am Ende der Operation noch ein Quantum Spiegeleisen zugesetzt. Bei diesen Chargen wurde ungefähr die Hälfte Clevelandrohschienen zugesetzt. Der auf diese Weise producirte Stahl ist sehr weich und von sehr guter Qualität; er wird zu Kesselblech und ähnlichen Artikeln verarbeitet. Er wird jetzt in Kirkaldy's Probiranstalt auf seine Festigkeit und Elasticität geprüft; von den Resultaten dieser Proben ist mir indessen noch Nichts bekannt geworden.

Tabelle III.

Dienstag, 4. August 1868.

Zeit des Chargirens		Chargirt wurden:					Producirt wurden:	
		Aus Hämatit erblas. graues Mil.-Roheis.	Puddelschien. von K. u. J.	Eisenstein (Hämatit)	Ilmenit	Spiegeleisen	Stahlzaine (Inguss)	Stahlabfälle
Uhr	Min.	Pfd.	Pfd.	Pfd.	Pfd.	Pfd.	Pfd.	Pfd.
9	5	1344	—	—	—	448	—	—
10	45	—	224	—	—	—	—	—
11	0	—	224	—	56	—	—	—
11	30	—	224	—	—	—	—	—
11	50	—	224	—	56	—	—	—
12	15	—	224	—	—	—	—	—
1	0	—	224	—	—	—	—	—
1	45	—	224	—	—	—	—	—
2	15	—	224	—	—	—	—	—
3	20	—	—	56	—	—	—	—
4	45	—	—	56	—	—	—	—
6	0	—	—	—	—	—	—	—
6	45	—	—	—	—	—	—	—
7	20	—	—	—	—	—	—	—
7	45	—	—	—	—	224	—	—
8	20	—	—	—	—	224	—	—
9	0	—	—	—	—	—	4536	124
5376 Pfd.		1344	2912	112	112	896	4536	124
48 Ctr.		12 Ct.	26 Ct.	1 Ctr.	1 Ct	8 Ctr.	40Ct.2Pf.	1Ct.12Pf.

Zu Schienen verarbeitet. — Abbrand 17·02 Proc.

Tabelle IV.

Mittwoch, 5. August 1868.

Zeit des Chargirens		Chargirt wurden:				Produc. wurden:	
		Schwedisches Roheisen	Ausschuss-Rohschienen von K. u. J.	Eisenstein (Hämatit)	Spiegeleisen	Stahlzaine (Inguss)	Stahlabfälle
Uhr	Min.	Pfd.	Pfd.	Pfd.	Pfd.	Pfd.	Pfd.
5	15	1680	—	—	1008	—	—
7	10	—	448	—	—	—	—
7	50	—	448	—	—	—	—
8	30	—	448	—	—	—	—
9	5	—	448	—	—	—	—
9	50	—	448	—	—	—	—
10	35	—	448	—	—	—	—
11	15	—	448	—	—	—	—
12	5	—	448	—	—	—	—
12	55	—	448	—	—	—	—
1	55	—	448	—	—	—	—
2	30	—	448	—	—	—	—
3	20	—	448	—	—	—	—
4	10	—	224	28	—	—	—
4	40	—	224	28	—	—	—
5	15	—	224	28	—	—	—
5	50	—	224	28	—	—	—
6	35	—	224	—	—	—	—
7	10	—	224	—	244	—	—
7	50	—	—	—	—	—	—
8	30	—	—	Weich.	Stahl .	8624	304
9764 Pfd.		1680	6720	112	1252	8624	304
Ctr.&. Unz.		Ctr.	Ctr.	Ctr.	Ctr.&. Unz.	Ctr.	Ctr.&. Unz.
87 0 20		15	60	1	11 0 20	77	2 2 24

Das Product war sehr weich. Der Abbrand belief sich auf 8·50 Proc.

Tabelle V.

Mittwoch, 5. August 1868, Abends.

Zeit des Chargirens		Chargirt wurden:					Producirt wurden	
		Schwedisches Roheisen	Puddelschienen v. K. u. J.	Stahlabfälle	Hämatit	Spiegeleisen	Stahlzaine	Stahlabfälle
Uhr	Min.	Pfd.	Pfd.	Pfd.	Pfd.	Pfd.	Pfd.	Pfd.
12	0	1680	—	—	—	560	—	—
1	35	—	—	224	—	—	—	—
2	0	—	—	224	—	—	—	—
2	30	—	448	—	—	—	—	—
3	5	—	448	—	—	—	—	—
3	40	—	448	—	—	—	—	—
4	15	—	448	—	—	—	—	—
4	50	—	448	—	—	—	—	—
5	25	—	448	—	—	—	—	—
6	5	—	448	—	—	—	—	—
6	45	—	448	—	—	—	—	—
7	30	—	448	—	—	—	—	—
8	30	—	448	—	28	—	—	—
9	25	—	448	—	28	—	—	—
10	45	—	224	—	—	—	—	—
11	15	—	—	—	—	224	—	—
12	0	—	—	—	Weich.	Stahl	6972	148

Das Product war sehr weich. Der Abbrand betrug 12·32 Proc.

Der **Brennmaterialverbrauch** bei diesem Stahlschmelzprocesse einschliesslich des für das Wärmen der Glühöfen verbrauchten Brennstoffes beträgt etwa eine Tonne Kohlen per Tonne erzeugten Stahles.

Aus den obigen Daten lassen sich die Productionskosten näherungsweise berechnen.

Nehmen wir den Preis des schwedischen und des Spiegeleisens zu 6 Pfd. Sterl. an, den der Clevelandschienen zu 5 Pfd. Sterl. per Tonne und den durchschnittlichen Ofenbrand zu 10 Proc.,*) so bedürfen wir zu einer Tonne Stahlzaine (Inguss):

11 Ctr. (engl.) Roheisen à 6 Pfd. Sterl.	3 Pfd. St.	6 Shill.
11 „ Puddelschienen à 5 „ „	2 „	„ 15 „
1 Tonne Steinkohlen	— „	„ 5 „
	6 Pfd. St.	6 Shill.

Die Ausgaben für Arbeitslöhne, Reparaturen und Abgaben an beide Patentträger erhöhen die Productionskosten des Siemens-Martin'schen Zainstahles auf etwa 7 Pfd. Sterl. 10 Shill. per Tonne, also genau auf dieselbe Summe, welche die Productionskosten des Bessemerstahl-Ingusses aus Hämatit-Roheisen in England repräsentiren.

Allem Anschein nach ist der Siemens-Martin'sche Process für die Eisenhüttenbesitzer in vielen Gegenden von grosser Bedeutung. Derselbe ist zur Umwandlung von altem Material (Stabeisen und Stahl) anwendbar; mittelst desselben lässt sich der von allen anderen Stahlerzeugungsmethoden herrührende Abfall und Ausschuss verwerthen; seine Anwendbarkeit ist nicht auf graues oder stark gekohltes Roheisen beschränkt, und aus allen diesen Gründen kann das Verfahren in Gegenden eingeführt werden, welche sich bisher in Bezug auf Stahlfabrikation in ungünstigen Verhältnissen befanden.

*) Der Herausgeber des Practical Mechanic's Journal (V. Day) hält die oben angenommenen Preise des schwedischen Weisseisens und des Spiegeleisens, sowie den Abbrand, für zu niedrig gegriffen.

Es entsteht nun die Frage, in welcher Weise das neue Verfahren auf die Fortschritte des Bessemerprocesses einwirken wird, als dessen Nebenbuhler es aufzutreten scheint. Meiner Ansicht nach wird der einzige Einfluss, welchen der Siemens-Martin'sche Process auf das Bessemerstahlgeschäft ausüben kann, darin bestehen, das letztere anzuregen und zur Erweiterung seiner Sphäre beizutragen. Beide Processe können, da sie zwei verschiedene Classen von Rohmaterial verarbeiten, niemals in directe Concurrenz mit einander gerathen. Wo graues Roheisen von einer zur directen Umwandlung hinlänglichen Reinheit zu haben ist, wird das Bessemerverfahren die vortheilhafteste und in der That die allein geeignete Methode zur Stahlfabrikation sein;*) in allen Fällen aber, wo das Rohmaterial in Stabeisen, weissem Roheisen oder in solchem Roheisen besteht, welches erst durch den Puddelprocess gereinigt werden muss, bevor es als Material für die Stahlfabrikation benutzt werden kann, wird das Siemens-Martin'sche Verfahren an seinem Platze sein. Durch Aufarbeitung und Verwerthung des Abfalles und Ausschusses der Bessemerstahlhütten, der Abschroter von Stahlschienen und anderer Abfallproducte ähnlicher Art wird der neue Process dazu beitragen, die Productionskosten des Bessemerstahles, bei denen jene Abfallproducte eine grosse Rolle spielen, zu vermindern.

Obschon bei dem neuen Verfahren Roheisensorten von geringer Qualität zur directen Stahlerzeugung nicht benutzt werden können, lässt sich dasselbe dagegen sehr vortheilhaft zur Fabrikation von Stahl aus geringeren Sorten von Stabeisen anwenden. Es wird demnach allen denjenigen grossen Mittelpunkten einer lange bestehenden Eisenfabrikation sehr wichtige Dienste leisten können, deren zukünftige Existenz durch die unwiderstehliche Concurrenz des Bessemerprocesses (welcher selbst auf das in diesen Localitäten verfügbare Rohmaterial nicht angewendet werden kann) gefährdet ist.

Somit wird das Siemens-Martin'sche Verfahren dem Bessemerprocesse, sowie dem Stahlhüttenwesen im Allgemeinen, noch in anderer Hinsicht einen wichtigen Dienst leisten, indem es die Einführung der Stahlfabrikation in Gegenden ermöglicht, welche von diesem Industriezweige bisher durch ungünstige natürliche Verhältnisse abgesperrt waren. Dadurch aber wird die so wünschenswerthe Einführung des Stahles an Stelle des Schmiedeeisens zu Ingenieurzwecken bedeutend befördert werden.

Chemisch-technische Notizen vom Salinen-Betriebe.

1. Chemische Veränderungen der Nymphenburger feuerfesten Ziegel, welche bei den Braunkohlenfeuerungen der Haller Saline in Verwendung stehen.

Vom chemischen Standpunkte aus sind diese Veränderungen von einigem Interesse und es dürfte daher die Mittheilung derselben gerechtfertigt erscheinen.

*) Nach V. Day dürfte sich diese Behauptung binnen sehr kurzer Zeit als eine viel zu unbedingte erweisen.

Die Bestandtheile dieser Ziegel sind:

vor der Benützung

72·077% Kieselsäure
24·010 „ Thonerde
2·922 „ Eisenoxyd
0·433 „ Kalkerde
0·558 „ Verlust und Alkalien
100·000

nach der Benützung (die verschlackten Theile)

38·112% Kieselsäure
24·043 „ Thonerde
9·948 „ Eisenoxydul
1·642 „ Eisenoxyd
25·433 „ Kalkerde
0·822 „ Verlust und Alkalien
100·000

Im frischen Ziegel waren durch Salzsäure nur 3·510 Theile zersetzbar, während im verschlackten 68·876 Proc. von denselben aufgeschlossen wurden.

Diese 68·876 Proc. bestehen aus:

a) 27·301% Kieselerde
16·982 „ Thonerde
4·307 „ Eisenoxydul mit Spuren Oxyd
20·286 „ Kalkerde

Die durch Salzsäure nicht zersetzbaren 30·263 Proc. enthalten:

b) 10·811% Kieselsäure
7·061 „ Thonerde
5·601 „ Eisenoxydul
1·642 „ Eisenoxyd
5·147 „ Kalkerde

Das Sauerstoff-Verhältniss der Säure und der Basen ist demnach in *a* 14·01 : 15·17 und in *b* 5·61 : 6·49.

Beide Silicate sind somit Singulo-Silicate, gemengt mit etwas Subsilicat, wobei es jedoch in Frage steht, ob in *b* Eisenoxyd und Thonerde nicht theilweise die Rolle von Säure spielen, wofür die Nichtzersetzbarkeit durch Salzsäure sprechen könnte.

Es wird demnach durch die Feuerungstemperatur grösstentheils nur kieselsaures Eisenoxydul, so zu sagen, ausgesaigert, während eine starke Concentration der Kalkerde, wovon der frische Ziegel nur 0·433 Proc. enthält, vor sich geht. Der Kieselerdegehalt hat sich um nahezu 50 Proc. vermindert, in welchem Verhältniss die andern Stoffe zugenommen haben, wobei vorzugsweise die Kalkerde betheiligt sein musste, indem die Kalkerde-Silicate über 2000° zur Schmelzung benöthigen, während die Eisenoxydul-Silicate bei einer der Gusseisen-Schmelzhitze nahen Temperatur weich werden. Möglich, dass durch den starken Zug auch von der an Eisenoxyd reichen Steinkohlenasche dem Gewölbe zugeführt wird, wodurch die Bildung von Eisenoxydul-Silicat gefördert werden konnte.

2. Analyse der Gase, die bei der Haller Sudpfanne Nr. 2 bei Braunkohlenfeuerung aus der Esse abziehen.

a) Vor Zuführung von Gebläseluft durch Ventilatoren wurde die Zusammensetzung dieser Gase gefunden:

1·006 Volumsprocente Kohlensäure
0·214 „ Kohlenoxyd
0·010 Volumsprocente Wasserdampf
2·090 „ Wasserstoff
96·680 „ Stickstoff und Sauerstoff.

b) Bei Zuführung von Gebläseluft:

2·709% Kohlensäure
0·036 „ Kohlenoxyd
0·002 „ Wasserdampf
1·282 „ Wasserstoff
95·971 „ Stickstoff und Sauerstoff.

c) Bei Holzfeuerung (ohne Gebläseluft):

9·100% Kohlensäure
0·200 „ Kohlenoxyd
4·800 „ Wasserdampf
1·500 „ Wasserstoff
84·400 „ Stickstoff und Sauerstoff.

Wenn auch diese Ziffern keine präcisen Vergleiche gestatten, da die Einfluss nehmenden Momente viel zu veränderlich sind, so geben sie doch ein Bild von der grossen Differenz der abziehenden Gase bei Holz- und Braunkohlenfeuerung.

3. Klärung unreiner Salzsoole durch Kalkmilch.

Eine Soole vom Haller Salzberg wurde zur Untersuchung von einer Badeanstalt eingesendet, wo sie durch lange Zeit in alten hölzernen Behältern gestanden hatte. Sie bekam dadurch eine braungelbe Farbe und gab beim Abdampfen, wobei sie sich immer dunkler färbte und einen bräunlichen Schaum ausstiess, ein schmutzig gelbes Salz, das folgende Zusammensetzung hatte:

96·411% Chlornatrium
0·360 „ Chlorcalcium
0·513 „ Chlormagnesium
0·782 „ Schwefelsaure Kalkerde
1·732 „ Wasser
0·202 „ Organische Substanz und Verlust.
100·000

Zur Reinigung dieser Soole vom Extractiv-Stoff wurde 1 Litre derselben abgedampft und gleich beim Auftreten des Schaumes mit 5 Cubikcent. Kalkmilch versetzt. Dieses geringe Quantum (1/2 Volumsprocent) reichte hin, den Schaum käseartig gerinnen zu machen, in welchem Zustande er sehr leicht von der Oberfläche abzustreifen war. Das hernach ausgezogene Salz war sehr feinkörnig und hatte nur noch einen Anflug von röthlich gelber Farbe, wie sie häufig von Eisenoxyd gefärbtes Salz zu zeigen pflegt. Es enthält 0·444 Proc. Chlorcalcium und 0·487 Proc. Chlormagnesium, also eine sehr wenig erhebliche Zunahme des ersteren, die überdies durch eine Abnahme des letzteren aufgewogen wird. Es ist eine längst bekannte Sache, dass man durch Kalkmilch organische Substanzen und Magnesia aus unreinen Soolen entfernen kann, und man wollte durch diesen Versuch nur zeigen, wie in manchen, wenn auch nicht in allen Fällen, durch geringe Kosten das Ziel erreicht werden kann.

(Fortsetzung folgt.)

Vortrag eines der Delegirten des Zollvereinsländischen Eisen-Hütten-Vereins,

gehalten vor einer grösseren Versammlung von Mitgliedern des deutschen Zoll-Parlaments am Freitag den 8. Mai 1868.

Bei der bevorstehenden Tarif-Reform treten folgende Fragen an uns heran:

I. Welches ist die Rentabilität der Eisen-Hüttenwerke in den letzten 3 Jahren und welche Einflüsse haben darauf gewirkt?

II. Welche Bedingungen müssen erfüllt werden, damit die Eisenindustrie eine Ermässigung des Einfuhrzolles ertragen kann?

Die nachstehende Zusammenstellung der officiell nach Massgabe des Handels-Gesetzbuches veröffentlichten Resultate der letztjährigen Bilanzen derjenigen bedeutenderen Eisenhüttenwerke, welche in Form von Actien-Gesellschaften constituirt sind, geben in ihrer Gesammtheit ein vollständig massgebendes Bild über den Stand dieser Industrie. — Es sind in der Zusammenstellung sowohl die

Firmen der Hüttenwerke	Actien-Capital excl. der hypothekarischen Anleihen und Obligationen Thlr.	Auf das Actien-Capital enthaltene Gesammt-Rente incl. Zinsen pro			Bemerkungen
		1864/65 Thlr.	1865/66 Thlr.	1866/67 Thlr.	
1. Aachener Hütten-Actien-Verein „Rothe Erde“ in Aachen	425.000	21.250	53.125	38.250	
2. Bergbau- und Hütten-Actien-Gesellschaft „Lenne Ruhr“ zu Meggen	400.800	16.100	—	—	Ist momentan im Concurs.
3. Schlesische Hütten-Gesellschaft „Minerva“ zu Breslau	4,000.000	—	40.000	—	
4. Gustav Arndt und Cie. in Dortmund	600.000	12.500	12.500	26.875	Arbeitete früher unter der Firma „Dortmunder Hütte“ u. fand eine Liquidation des Geschäftes statt, bei welcher das ganze Actiencapital von 1,500.000 Thlr. verloren ging.
5. Sieg-Rheinischer Berg- und Hütten-Actienverein zu Cöln	1,000.000	—	—	—	
6. Hütten-Verein „Leopold“ in Dortmund	380.000	—	—	—	
7. Rheinische Bergbau- und Hütten-Actien-Gesellschaft in Duisburg	1,060.000	—	—	—	
8. Carl Ruetz und Cie. in Dortmund	325.000	26.000	26.000	26.000	Arbeitete früher unter der Firma „Paulinen-Hütte.“
9. Bergischer Gruben- und Hütten-Verein zu Hochdahl	1,000.000	60.000	80.000	60.000	Musste liquidiren und ging das Actiencapital im Betrage v. 800.000 Thlr. verloren.
10. Hoerder Bergwerks- und Hütten-Verein zu Hoerde	3,031.100	272.790	303.100	272.790	
11. Deutsch-Holländischer Actien-Verein für Bergbau und Hütten-Betrieb	1,000.000	—	—	—	
12. Preussische Bergbau- und Hütten-Actien-Gesellschaft in Düsseldorf	800.000	war 1864/65 noch nicht in Betrieb	war 1865/66 noch nicht in Betrieb	—	Liquidirte früher unter der Firma „Vulcan“, wobei das Actiencapital im Betrage v. 1,500.000 Thlr. ganz verloren ging.
13. Cöln-Müsener Bergwerks- und Hütten-Verein zu Cöln	1,500.000	45.000	45.000	—	
14. Berg- und Hütten-Actien-Verein „Neuschottland“ zu Steele	2,000.000	60.000	—	—	
15. Actien-Gesellschaft „Phönix“ zu Laar und Ruhrort	3,100.000	319.000	337.500	357.800	Das ursprüngliche Actiencapital v. 4,800.000 Thlr. wurde reducirt und darauf durch Emission neuer Actien das Actiencapital wieder auf 3,100.000 Thlr. erhöht.
16. Bergwerks-Verein „Friedrich-Wilhelms-Hütte“ zu Mühlheim an der Ruhr	545.000	23.525	23.525	23.525	
17. Neu-Oeger Bergwerks- und Hütten-Verein zu Neu-Oege	936.000	46.830	46.830	46 830	
18. Georgs-Marien-Bergwerks- und Hütten-Verein zu Osnabrück	1,800.000	108.000	162.000	162.000	
19. Ilseder Hütte zu Peine bei Hannover	1,252.000	—	30.520	44.610	Liquidirte bereits einmal, wobei das ursprüngliche Actiencapital v. 1,000.000 Thlr. verloren ging.
20. Actien-Gesellschaft „Porta Westphalica“ zu Porta	401.250	—	—	—	
21. Actien-Gesellschaft für Eisen-Industrie zu Styrum	500.000	45.000	38.750	40.000	
22. Tarnowitzer Actien-Gesellschaft für Bergbau und Eisen-Hüttenbetrieb	400.000	20.000	24.000	16.000	
23. „Vulcan“, Schlesische Bergwerks- und Hütten-Gesellschaft zu Beuthen	458.400	13.752	—	—	
24. Bergwerks- und Hütten-Gesellschaft „Concordia“ zu Eschweiler	875.000	52.500	61.250	17.500	
In Summe	27,789.450	1,142.247	1,284.090	1,113.655	

Durchschnittlich verzinste sich also das in der Eisenindustrie von Gesellschaften angelegte Capital

in den Jahren 1864/65 mit 4·23 Proc.
„ „ „ 1865/66 „ 4·75 „
„ „ „ 1866/67 „ 4·00 „

bestsituirten und unter den relativ günstigsten Verhältnissen arbeitenden Werke enthalten, wie auch die minder günstig arbeitenden Werke.

Die Werke, welche Jahre lang keine Rente aufweisen, haben meistens *de facto* mit einem Verluste gearbeitet, der gar nicht bei Ermittelung der Durchschnitts-Rente in Rücksicht gezogen ist.

Andere Werke, welche im Laufe der Zeit fallirten und nachdem sie das ursprüngliche Capital, mit dem sie gegründet wurden, gänzlich verloren hatten, sich dann wieder neu constituirten, sind nur mit dem Capital in Anschlag gebracht, mit dem sie auf's Neue arbeiten und die bei diesen Transactionen verloren gegangenen Capitalien beziffern sich nach vielen Millionen.

Wenn die Zusammenstellung nur die Werke nennt, die unter der Verwaltung von Actien-Gesellschaften stehen, so hat dies seinen Grund darin, dass nur über diese die Resultate der Bilanzen veröffentlicht werden. Es ist aber eine notorische Thatsache, dass auch die Resultate der übrigen Hüttenwerke, die theils Privaten gehören, theils in den Händen von Corporationen, die in einem Societäts-Verhältniss zu einander stehen, sich befinden und welche aus nahe liegenden Gründen die Resultate ihrer Bilanzen nicht in die Oeffentlichkeit bringen, im grossen Durchschnitt nicht günstiger gewesen sind.

Es ist in diesen, in allen Theilen des Zollvereins gelegenen Hüttenwerken, welche ihre Resultate nicht veröffentlichen, ausserdem mindestens das dreifache Capital der in der Zusammenstellung angeführten Werke engagirt, so dass in der zollvereinsländischen Eisenindustrie weit über hundert Millionen Thaler angelegt sind.

Aus der Zusammenstellung ergibt sich eine Rente pro 1864/65 von 4·11 Proc., pro 1865/66 von 4·26 Proc., pro 1866/67 von 4·00 Proc.

Einer Industrie, welche jedoch nicht mehr Rente wie 4 Proc. gewährt, entfremdet sich das Capital, namentlich aber dann, wenn ihr die Vorbedingungen vorenthalten werden, die nothwendig sind, ihre Entwicklung zu befördern und sie zu dem gewaltigen Hebel zu machen, zu dem die Eisenindustrie eigentlich berufen ist.

Die Einflüsse, unter denen diese ungünstigen Resultate entstanden, sind:

Die in den letzten Jahren durch ganz Europa gehenden ungünstigen Conjuncturen; — die Concurrenz des Auslandes und die missbräuchliche Handhabung der *acquits à caution.*

Zu den Bedingungen, unter denen eine Ermässigung der Eisenzölle Platz greifen könnte, wären zunächst zu rechnen:

a) Die Gegenseitigkeit der Zolltarife mit den benachbarten Industrie-Staaten Frankreich und Oesterreich, weil die geographische Lage der zollvereinsländischen Eisen-Industrie dies bedingt. Der Export hat in einzelnen Qualitäts-Fabrikaten bereits begonnen und würde bei Erfüllung der obigen Voraussetzung der zollvereinsländischen Eisenindustrie Gelegenheit zur weiteren Entwicklung geboten.

b) Die Herabsetzung der Fracht-Tarife. Den Einfluss, welchen eine solche auf die Productionskosten haben würde, beweist nachfolgende Rechnung.

Die zur Zeit massgebenden Eisensteins-Vorkommen für die rheinisch-westphälische Eisenindustrie sind in Nassau und dem Siegener Lande.

Die durchschnittliche Entfernung, auf welcher sämmtliche Eisensteine transportirt werden müssen, bis zu den Hohöfen, woselbst sie zur Verwendung kommen, beträgt 20 Meilen. — Der mittlere Tarifsatz pro Centner und Meile für Erze ist gegenwärtig, einschliesslich der Expeditionsgebühr, 1·5 Pfg., folglich gegen den in Aussicht gestellten Einpfennig-Tarif um 0·5 Pfg. zu hoch.

Zu 1000 Pfd. Roheisen sind erforderlich im Mittel 2500 Pfd. Eisenstein. Die Differenz von 0·5 Pfg. pro Centner und Meile macht pro 20 Meilen 20 Sgr. 10 Pfg.

In Betreff des Kohlentransports ist darauf Rücksicht zu nehmen, dass zwar der Schwerpunkt der Eisenindustrie in dem Kohlenrevier selbst liegt, so dass viele der da gelegenen Eisenhütten nur wenige Meilen Kohlentransporte haben. Dahingegen liegen aber sehr bedeutende Werke, z. B. die Hannover'schen Hütten, die Nassauer Hütten und die Siegener Hütten, auf grosse Entfernungen von den Kohlenwerken, so dass man im mittleren Durchschnitt die Entfernung sämmtlicher Eisenhütten von den Kohlengruben zu 6 Meilen annehmen kann.

Die durchschnittlichen Frachten auf die Kohlen bei den gegenwärtigen Tarifen betragen im Mittel einschliesslich der Expeditionsgebühr 2 Pfg. (Wenn einzelne Bahnen auch bei durchgehenden Transporten ihren Tarif bis 1 ¼ Pfg. pro Centner und Meile neben 1 Thlr. Expeditionsgebühr gestellt haben, so calculirt sich durch diese Expeditionsgebühr der Frachtsatz auf vielen Bahnen bis 6 Meilen über 2, meistens 2·5 Pfg.) 1000 Pfd. Roheisen erfordern im Durchschnitt 2200 Pfd. Kohlen, was bei einer Entfernung von 6 Meilen und 1 Pfg. Differenz pro Centner und Meile 6 Pfg., auf die 22 Ctr. Kohlen also 11 Sgr. ausmacht.

Die Entfernung des Kalkes von den Eisenhütten beträgt im Durchschnitt 4 Meilen. Der mittlere Tarif für Kalk ist 1 ½ Pfg.

Zu 1000 Pfd. Roheisen gehören 1000 Pfd. Kalkstein; demnach Differenz pro Centner und Meile ½ Pfg., auf 4 Meilen 2 Pfg. oder auf 10 Ctr. Kalk 1 Sgr. 8 Pfg.

Durch Einführung des Einpfennig-Tarifs würden folglich die Productionskosten des Roheisens herabgemindert werden:

A. Auf Erze	um . .		20 Sgr.	10 Pfg.
B. „ Kohlen	„ . .		11 „	— „
C. „ Kalk	„ . .		1 „	8 „
Zusammen		1 Thlr.	3 Sgr.	6 Pfg.

Rechnet man zu dieser Summe noch hinzu, dass die bedeutenden Massen, die der Hüttenbetrieb an Baumaterial, feuerfesten Steinen u. dgl. consumirt, ebenfalls in den höheren Tarifclassen transportirt werden, so ist die Differenz auf 1000 Pfd. Roheisen ebenfalls zu 1 ½ Sgr. anzuschlagen; es würden also die Productionskosten des Roheisens durch den Einpfennig-Tarif auf die Rohmaterialien, aus denen dasselbe dargestellt wird, pro 1000 Pfd. rund 1 Thlr. 5 Sgr. weniger betragen.

Es liegen specielle Calculs von den grösseren Eisenhütten vor, für ihre besonderen Verhältnisse berechnet, je nach ihrer Lage zu den Erzen, Kohlen und Kalksteinen, die in etwas mit den obigen Resultaten differiren. (Dieselben schwanken zwischen 25 Sgr. bis 1 Thlr. 15 Sgr. pro 1000 Pfd.) Die angeführten Resultate repräsentiren aber den Durchschnitt, wie sich derselbe für die rheinisch-westphälische Eisenindustrie herausstellt.

Die durchschnittliche Entfernung, in der Roheisen von den Hochöfen zu den Puddlings- und Walzwerken zu transportiren ist, beträgt wie bei den Kohlen circa 6 Meilen. Der durchschnittliche Frachtsatz für Roheisen pro Centner und Meile ist 2 Pfg., was eine Differenz auf 10 Ctr. Roheisen an den Consumtionsstätten auf den Walzwerken von $6 \times 1 \times 10 = 60$ Pfg. $= 5$ Sgr. macht. Mithin wird sich das Roheisen durch Einführung des Einpfennig-Tarifs an den Consumtionsstätten der Walzwerke um circa $1\frac{1}{3}$ Thaler billiger legen, wie gegenwärtig.

Da Eisenbahnschienen, Stabeisen, Bleche etc. aus dem Roheisen dargestellt werden, so pflanzt sich die durch den Einpfennig-Tarif auf die Productionskosten entstandene Verminderung in folgender Weise auf die Walzwerksfabrikate fort:

Zu 1000 Pfd. Stabeisen etc. sind im grossen Durchschnitt 1500 Pfd. Roheisen erforderlich, was einer Differenz zu Gunsten der Productionskosten für Stabeisen, Schienen etc. von 2 Thlr. pro 1000 Pfd. gleichkommt.

Zu 1000 Pfd. Stabeisen etc. sind erforderlich 3000 Pfd. Steinkohlen. — Bei einer mittleren Entfernung der Walzwerke von den Steinkohlengruben von 6 Meilen, in einer Differenz des Kohlentransportes (wie oben) von 1 Pfg. $=$ 6 Pfg. auf die 6 Meilen oder auf 30 Ctr. Kohlen $= 15$ Sgr.

Der Einfluss des Einpfennig-Tarifes auf die Verminderung der Productionskosten des Stabeisens etc. beträgt also pro 1000 Pfd. $2\frac{1}{2}$ Thlr.

Nimmt man nun den Mittelpunkt der rheinisch-westphälischen Eisenindustrie in Oberhausen — Ruhrort an, und als Mittelpunkt des bedeutendsten Absatzgebietes für Eisen an den Knotenpunkten bedeutender Eisenbahnen, in einer Gegend, die keine Eisenproduction hat, wohin die rheinisch-westphälische Eisenindustrie ihre Fabrikate schickt, Magdeburg (56·3 Meilen) — Berlin (76·3 Meilen), im Mittel also 66 Meilen, so kostet auf diese 66 Meilen nach den heutigen Tarifen die Fracht für Roheisen pro Centner und Meile 1·4 Pfg., für Stabeisen, Schienen etc. 2 Pfg.; würde also für diese Fabrikate der naturgemässe Einpfennig-Tarif eingeführt, so würde sich daraus eine Differenz für das Roheisen von $\frac{4}{10} \times 66 = 2$ Sgr. 2 Pfg. ergeben oder pro 1000 Pfd. von 22 Sgr. Für Stabeisen und Schienen beträgt die Differenz $1 \times 66 = 5\frac{1}{2}$ Sgr. pro Ctr. oder 1 Thlr. 25 Sgr. pro 1000 Pfd.

Für die Consumtionsplätze Magdeburg, Berlin würde also das Roheisen durch den Einfluss des Einpfennig-Tarifs um nahezu 2 Thlr. pro 1000 Pfd. sich billiger stellen, und das Stabeisen, Schienen etc. um $4\frac{1}{3}$ Thlr.

Eines ferneren Umstandes sei noch erwähnt, der für die Eisenindustrie bei Einführung des Einpfennig-Tarifs von grosser Bedeutung ist. Durch den Einpfennig-Tarif wird das Einkaufsgebiet der Eisensteine ein wesentlich vergrössertes. Es ist anzunehmen, dass, wenn zur Zeit die mittlere Entfernung von den Productionsstellen des Eisensteines zu den Productionsstellen des Roheisens zu 20 Meilen angenommen wird, diese Entfernung bis zu 30 Meilen heranrücken würde. — Damit würde sich aber nicht das Einkaufsgebiet im Verhältniss von 20 : 30 vergrössern, sondern im Verhältniss der Flächeninhalte der Kreise von 20 Meilen Radius zu 30 Meilen Radius; oder im Verhältnisse von $20 \times 20 : 30 \times 30 = 4 : 9$, das heisst also sich mehr wie verdoppeln, und damit würden unter Anderen für einen der bedeutendsten Eisenindustrie-Districte des Zollvereins, den rheinisch-westphälischen, die werthvollen Eisensteingruben des Harzes, des Thüringer Landes und der Eifel auch für die Gewinnung grösserer Erzmassen gewonnen werden, während heute auf diesen Gruben nur ein verschwindend kleiner Betrieb in einigen aussergewöhnlichen Qualitätserzen geführt wird.

Rechnet man zu oben angegebenen 100—110 Millionen Thalern, die unmittelbar in der Eisenindustrie angelegt sind, nun noch hinzu, dass der tägliche Consum einer Eisenhütte mit einer Million Thaler Capital 5000 Ctr. Kohlen beträgt, und eine Kohlenzeche mit dieser Tagesförderung ca. $\frac{1}{2}$ Mill. Thlr. kostet und ein für das Ganze verschwindend kleiner Theil der Eisenwerke selbst Kohlenförderung hat, so kommen zu obigem unmittelbar engagirtem Capital noch 50 Mill. Thaler, die unmittelbar durch die Eisenindustrie im Kohlen-Bergbau angelegt sind, der in den letzten Jahren keine höhere Rente als die Eisenindustrie gewährt hat. Bedenkt man nun, dass der Werth des Eisens vornehmlich aus Arbeitslöhnen und Frachten zusammengesetzt, und für die Einrichtungen der Werke ein so enormes Capital von 150 Mill. Thlr. engagirt ist, so liegt es auf der Hand, dass diese Industrie, welche ihren Geldumsatz hauptsächlich in Arbeitslöhnen und Frachten hat und nicht grosse Summen für Beschaffung des Rohmaterials in's Ausland schickt, nicht unterschätzt werden sollte und mit allen ihren Consequenzen nicht gefährdet werden darf.

Es geschieht aber auf die bedenklichste Weise, wenn zu einer Zeit der schlimmsten Conjunctur, wie sie gegenwärtig für die Eisenindustrie besteht, ohne dass die Vorbedingungen erfüllt sind, der Eingangszoll reducirt würde. (Zeitschr. f. d. deutsch-österr. Eisen-, Stahl- u. Masch.-Ind.)

Amtliche Mittheilung.

Der Landespräsident für Krain hat die Kanzlei-Officialsstelle bei der k. k. Berghauptmannschaft in Laibach dem dortigen berghauptmannschaftlichen Kanzlisten Josef Jaroschka verliehen.

Diese Zeitschrift erscheint wöchentlich einen Bogen stark mit den nöthigen artistischen Beigaben. Der Pränumerationspreis ist jährlich loco Wien 8 fl. ö. W. oder 5 Thlr. 10 Ngr. Mit franco Postversendung 8 fl. 80 kr. ö. W. Die Jahresabonnenten erhalten einen officiellen Bericht über die Erfahrungen im berg- und hüttenmännischen Maschinen-, Bau- und Aufbereitungswesen sammt Atlas als Gratisbeilage. Inserate finden gegen 8 kr. ö. W. oder $1\frac{1}{2}$ Ngr. die gespaltene Nonpareillezeile Aufnahme. Zuschriften jeder Art können nur franco angenommen werden.

Druck von Carl Fromme in Wien. Für den Verlag verantwortlich Carl Reger.

№ 5. XVII. Jahrgang.

Oesterreichische Zeitschrift für Berg- und Hüttenwesen.

1869. 1. Februar.

Verantwortlicher Redacteur: Dr. Otto Freiherr von Hingenau, k. k. Ministerialrath im Finanzministerium.

Verlag der G. J. Manz'schen Buchhandlung (Kohlmarkt 7) in Wien.

Ueber die Pflege des Bergbaues durch Bildungsanstalten.

I.

So lange der montanistische Unterricht einen Theil des dem Verfasser dieser Zeilen und Redacteur dieser Zeitschrift anvertrauten ämtlichen Wirkungskreises ausmachte, konnten öffentliche Besprechungen von seiner Seite manchen Bedenken unterliegen, und dies umsomehr, als schon seit seinem Amtsantritte (im Spätherbste 1866) Verhandlungen über die Ausscheidung des montanistischen Unterrichtswesens aus dem Ressort des Finanzministeriums begonnen hatten.

Das natürlichste Auskunftsmittel zu einer Lösung dieser Frage wäre wohl nach der Wiederherstellung eines Unterrichtsministeriums die Verweisung des bergmännischen Unterrichtes an dasselbe gewesen, welches unserer Ansicht nach zunächst berufen erscheint, den gesammten Unterricht zu concentriren. Nachdem dies nicht geschah, wozu wahrscheinlich die Rücksicht auf die Facheigenthümlichkeiten dieses Bildungszweiges beigetragen haben mochte, konnte die Frage sich nur mehr dahin spalten, ob die oberste Verwaltung des Staatsbergbaues oder die oberste Behörde für die Pflege des Bergbaues im Allgemeinen hiezu geeigneter erscheinen könnten? Fast gleichzeitig — nämlich mit der Schöpfung eines parlamentarischen Ministeriums für die nichtungarischen Länder — traten zwei Umstände ein, welche zur Klärung der Frage beitragen mussten, nämlich der Beschluss, einen grossen Theil der Staatsbergbaue, insbesondere die Kohlen- und Eisenwerke, an die Privatindustrie zu veräussern, und die Errichtung eines selbständigen Ackerbauministeriums, welches auch „die Pflege des Bergbaues“ in seinem schönen Wirkungskreise umfasste und diese Aufgabe gleich vom Beginne an mit Wärme und Eifer in die Hände nahm.

Wollte oder musste man von der Concentrirung aller Unterrichtszweige in dem Ressort des Unterrichtsministeriums absehen, so war nun die Entscheidung nicht mehr so schwer. Der bergmännische Unterricht ist nicht blos eine Basis des Staatsbergbaues, sondern auch des Privatbergbaues, er ist eines der ausgiebigsten Mittel zur „Pflege des Bergbaues“ und konnte daher mit vollem Rechte unter den gegebenen Verhältnissen dem Ackerbauministerium zugewiesen werden. Dieses hat vorerst den ganz richtigen und praktischen Weg betreten, das niedere Bergschulwesen durch Selbstthätigkeit des bergmännischen Associationsgeistes unter Subvention und Führung der obersten Bergbehörde ins Leben zu rufen und rasch sahen wir solche Bergschulen in Leoben, in Klagenfurt, in Karbitz entstehen, welche aus den nächstbetheiligten Kreisen selbst hervorwachsen und eben deshalb berufen sind, eben diesen Kreisen auch unmittelbar von Nutzen zu sein.

Neuestens sind auch die Bergakademien dem Ackerbauministerium überwiesen worden, so dass auch hier die „Pflege des Bergbaues“ in Wirksamkeit tritt, und die Reform dieser Anstalten unabhängig von dem speciellen Bedürfnisse des Staatsbergbaues und dessen Verhältnissen möglich wird.

Wir nehmen nun von dieser wichtigen und hoffnungsvollen Thatsache mit Vergnügen Kenntniss und eröffnen nun frei von bisher für uns massgebenden Rücksicht auch auf diesem Felde die freieste Discussion, an welcher wir uns nun unbehindert selbst, sei es auch nur durch Anmerkungen und Anregungen, betheiligen können und betheiligen wollen. O. H.

Zum Wassereinbruch in der Saline Wieliczka.

Die in der Sitzung des Abgeordnetenhauses am 20. Jänner l. J. vorgelegte „Darstellung über den in der Saline Wieliczka erfolgten Wassereinbruch“ lautet wörtlich:

„In Berücksichtigung der grossen Wichtigkeit, welche die Kalisalze für die Industrie und Landwirthschaft haben, wurde bereits in den Jahren 1864/5 eine chemische Analyse der Salinenproducte der alpinen Salinen vorgenommen.

Die Resultate dieser Analyse werden durch den Druck veröffentlicht werden.

In Folge dieses Auftrages hatte die Berg- und Salinendirection zu Wieliczka Anlass genommen, die bergmännische Aufsuchung von Kalisalzen im Wieliczkaer Becken vorzunehmen. Dieselbe erstattete unter dem 12. December 1866 einen Bericht an das Finanzministerium, in welchem erwähnt wird, dass die noch ungelöste Frage über die Natur der primitiven Grenzscheiden der Salzstrecken schon in der Vorzeit die Erforschung derselben durch zahlreiche Querschläge ins Hangende und Liegende mit der Richtung nach Nord und Süd veranlasst habe, dass aber alle diese Versuche an dem Hereinbrechen des Süsswassers gescheitert seien.

Ferner wird in dem Berichte erwähnt, dass die Begleiter des Salzes, Gyps und Anhydrit, in diesen Richtungen in veränderten Lagen vorgefunden werden und das muthmassliche Ende der Salzthone und mit diesem die Süsswasserscheide andeuten.

Mit Rücksicht darauf, dass die nicht apodiktisch abläugbare Möglichkeit des Vorhandenseins von Kalisalzen unberechenbaren Vortheil nach sich ziehen müsste und mit Rücksicht auf den erwähnten Erlass des Finanzministeriums glaubte die Bergdirection in Wieliczka, in an einem für den Abfluss der Wässer geeigneten Punkte nach Süden gebohrten, hart an der Wasserscheide eingestellten Querschlage den Betrieb fortsetzen und hiebei alle diejenigen Vorsichtsmassregeln, die zur Abwehr eines plötzlichen Wasserdurchbruches zu dienen haben, in Ausführung bringen zu sollen. Zu diesem Versuche wurde der am Horizonte „Haus Oesterreich“ gelegene Querschlag Kloski geeignet befunden.

Der Inhalt dieses Berichtes wurde vom Finanzministerium mit dem Bemerken zur Kenntniss genommen, dass die k. k. Salinendirection alle Vorsichtsmassregeln wegen Vermeidung jeder Wassergefahr anzuwenden habe.

Es erfolgten über die Vorkommnisse im Querschlage Kloski keine weiteren Berichte als die Monatsrapporte, welche übrigens keine besondere Anzeige darüber machten, dass der Querschlag nicht in südlicher, sondern in nördlicher Richtung fortgesetzt wurde. Mit Rücksicht darauf ergingen auch von Wien aus keine Weisungen über diesen Punkt, zumal mit 1. December 1867 die Auflösung der Salinendirection Wieliczka und die Unterordnung der an deren Stelle tretenden Salinenverwaltung unter die Finanzlandesdirection zugestanden und durchgeführt worden war.

Von dem Referenten der Finanzlandesdirection in Lemberg wurde eine Hauptbefahrung vorgenommen; in dem über dieselbe aufgenommenen Protokolle kommt bezüglich des Schlages Kloski folgende Stelle vor: Es wäre unter Beobachtung der nöthigen Vorsichtsmassregeln der Betrieb so lange fortzusetzen, als man sich in den tertiären Thonen bewege und bis die jungen tertiären Sande, die das Gebilde überragen, geritzt werden.

Welche Vorsichtsmassregeln eingeleitet werden sollen, findet sich in dem Protokolle nicht erwähnt, obwohl die ausgesprochene Tendenz, bis in den Sand vorzudringen, welcher durchaus wasserhältiger Schwemmsand ist, geradezu nothwendig gemacht hätte, Schutzthüren, Rinnen und Einbrüche in den Thon für allfällige Dämme rechtzeitig vorzubereiten.

Nach diesem Protokolle haben sich alle Vorsichtsmassregeln auf die Anwendung des Vorbohrens beschränkt, was aber hier, wo man wissentlich auf Verritzung des Schwemmsandes hinarbeitete, nicht genügend war.

Am 19. November 1868 Nachmittags wurde zuerst an dem Endpunkte des Schlages in der Sohle eine Quelle erreicht, deren Wassermenge ungefähr $^1/_4$ Cubikfuss per Minute betrug und welche aus dem das Salzgebirge nördlich überlagernden Sand kommen musste. Man schritt jetzt noch nicht zu einer Verdämmung, weil man irriger Weise glaubte, es mit Drusenwasser zu thun zu haben.

Am 22. November beobachtete man eine Wasserzunahme von $^1/_2$ Cubikfuss per Minute.

Man scheint noch immer an gar keine Gefahr gedacht zu haben, denn der auf Urlaub abwesende Kunstmeister wurde nicht einberufen und eine Anzeige nach Wien nicht erstattet, auch scheint über den Sonntag Niemand an dem bedenklichen Orte gewesen zu sein.*)

Am 23. November Morgens wurde gemeldet, dass das Wasser aus dem Querschlag „Kloski“ in grosser Menge, man schätzte den Zufluss auf 120 Cubikfuss per Minute, herausströme.

Das Finanzministerium in Wien hatte noch immer keine Nachricht von dem Vorfalle, sondern erst am 24. November Nachmittags gelangte ein Telegramm der Finanzlandesdirection in Lemberg an den Finanzminister, des Inhaltes, dass Wasser in die Saline Wieliczka eingebrochen sei und der Wasserandrang mit den vorhandenen Maschinen nicht bewältigt werden könne.

Wäre der Wassereinbruch schon am 20. gemeldet worden, so hätten sieben kostbare Tage gewonnen werden können.

Am 25. November endlich kam aus Wieliczka ein Telegramm des mittlerweile dort angelangten Salinenrefe-

---

*) Zur Ergänzung dieser Darstellung erlauben wir uns auf Grund der seither an Ort und Stelle gepflogenen Erhebungen Folgendes zu bemerken:

a) Das Befahrungsprotokoll hat allerdings keine concreten Vorsichtsmassregeln vorgeschrieben, aber wie aus meinen Erhebungen an Ort und Stelle hervorgeht, waren lange vor dem Wassereinbruche durch die Betriebsbeamten Bergmeister Belbinski und Bergverwalter Ott Holz zu einem Klötzdamm und 120 Tonnen Thon zu einer allfälligen Dammanstauchung in nächster Nähe der Strecke in Bereitschaft gehalten und vorbereitet.

b) Ist der auf Urlaub abwesende Kunstmeister schon am 24. November vom Vorstande der Salinenverwaltung telegraphisch zurückgerufen worden, doch erhielt er das Telegramm erst am 26. in Stassfurt, wo er am 25. angekommen war und begab sich sogleich auf den Rückweg, so dass ein späteres Telegramm sich mit seiner Rückreise kreuzte. Er traf am 28. Nachts in Wieliczka ein.

c) Am Sonntag, 22. November, waren Tag und Nacht Leute in der Grube und mit der Rinnenlegung für das Wasser beschäftiget, welches süss, klar und ohne Sandführung war. Erst gegen Morgen kam es stärker und trübe. O. H.

renten, Oberfinanzrathes Balasits mit dem Berichte, man hoffe, sofern nicht unvorhergesehene Fälle eintreten, in sechs Tagen das Wasser zu bewältigen und mit der Bitte um Entsendung eines Ministerialcommissärs zur Begutachtung der getroffenen Massregeln.

Noch am 27. November Abends entsandte der Finanzminister den als montanistische Autorität anerkannten Ministerialrath v. Rittinger nach Wieliczka, um die Leitung der Arbeiten zu übernehmen.

Verschiedene Versuche, das Wasser zurückzudämmen, waren misslungen, man war immer mehr zurückgedrängt worden und hatte sich entschliessen müssen, am Eingange des Kloski-Schlages drei Dämme aus Cementmauerwerk zu errichten.

Ministerialrath v. Rittinger, der am 28. in Wieliczka eintraf, fand es zwar sehr beunruhigend, dass zwei Dämme im reichen Salzthone und der dritte im Steinsalz ausgehauen waren, allein eine rationelle Anlage der Verdämmung ausser dem Bereiche des Salzgebirges im salzlosen Thone erschien nicht ausführbar, weil der Querschlag bereits hoch mit Sand verlegt war. Das Wasser, welches in einer Rinne aufgesammelt und in den Wodnagora-Schacht abgeleitet wurde, breitete sich in dem tiefer gelegenen Horizonte und den dort befindlichen Verhauen aus, wo es sich zunächst mit den in der Tiefe angehäuften ungeheuren Massen von Kleinsalz (Abfälle, Minutien), welches über 40 Proc. der Erzeugung betrug, sättigte, noch ehe eine Abätzung der Grubenwände sich einstellen konnte; das Wasser kam beim Elisabeth-Schacht vollkommen gesättigt heraus, eine Gefahr für die Sicherheit der Grube war deshalb jetzt noch nicht zu besorgen.

Die Errichtung der Dämme im Salzthone erwies sich auch alsbald als unzulänglich, sie blieben zwar anfangs wasserdicht, wurden aber nach kurzer Zeit umgelaugt, d. h. das Wasser quoll an der Peripherie der Dämme hervor. Man glaubte nunmehr die Verdämmungsarbeiten definitiv einstellen zu müssen. (10. December.)

Inzwischen hatte Ministerialrath von Rittinger den Oberkunstmeister Nowak von Přibram nach Wieliczka berufen, um dessen Erfahrungen in Aufstellung und Einbau von Dampfmaschinen dort in Anspruch zu nehmen.

Am 3. December entsandte der Finanzminister den Generalinspector Freiherrn v. Beust in Begleitung des Bergrathes Foetterle nach Wieliczka. Unter dessen Leitung wurden über die Massregeln zur Bewältigung der Wässer eingehende Berathungen gepflogen und Folgendes festgesetzt:

1. Die 40pferdekräftige Wasserhebemaschine vom Franz Josephs-Schachte zur Wasserhebung zu verwenden und die Lipowiecer Maschine von 30 Pferdekräften neben ihr zur Förderung aufzustellen, damit wären per Minute 16 Cubikfuss Wasser zu heben;

2. die 60pferdekräftige Fördermaschine vom Albrechtsschachte mit grösseren Wasserkästen zu versehen, womit 12 Cubikfuss per Minute gehoben werden könnten;

3. ausserdem sollte im Josephsschachte eine 50pferdekräftige Dampfmaschine aufgestellt werden, welche 18 Cubikfuss Soole zu heben vermag.

Der Wasserzufluss hatte sich auf 40 Cubikfuss vermindert, man konnte also hoffen, mit Hilfe dieser drei Maschinen das weitere Steigen der Grubenwässer aufzuhalten.

Zur eigentlichen Entwässerung sollte auf dem Elisabethschachte eine 250pferdekräftige Dampfmaschine aufgestellt werden, welche bei der Kohlengrube Pechnik unweit Krakau vorräthig war und von der Nordbahndirection überlassen wurde. Die Leistung dieser Maschine würde 70 bis 90 Cubikfuss per Minute betragen. Die Arbeiten der Maschinenfundamentirung wurden deshalb in Angriff genommen, nur die Lieferung der Pumpensätze, welche erst angefertigt werden müssen und das Einbauen derselben werden mehrere Monate in Anspruch nehmen, dann aber das gänzliche Auspumpen des Wassers in verhältnissmässig kurzer Frist möglich sein.

Ungefähr vom 10. December an verringerte sich der Zufluss des Wassers beträchtlich, und nachdem diese Erscheinung sich als constant bewährte, schritt die Salinenverwaltung zur Entfernung der eingebauten Dämme und wurde dieselbe unterm 21. December vom Finanzministerium angewiesen, die Gewältigung des Schlages Kloski mit der äussersten Beschleunigung vorzunehmen. Die Gewältigung nahm auch einen erwünschten Fortgang und wurde mit dem möglichsten Schwunge betrieben, ohne deshalb in dem früher geplanten Maschinenbaue für eine baldmögliche Entsumpfung der Tiefbaue irgend eine Unterbrechung eintreten zu lassen. — In Erwägung der ausserordentlichen und vielseitigen Thätigkeit, welche unter diesen Umständen in Wieliczka entfaltet werden musste, wurde am 24. December der Ministerialrath Baron v. Hingenau mit ausgedehnten Vollmachten entsendet, um die obere Leitung sämmtlicher Arbeiten in der Saline Wieliczka zu übernehmen.

Ueber den Stand des Wasserspiegels, die Menge des Wasserzuflusses und den Fortgang der Gewältigungsarbeiten gelangen täglich Telegramme an das Finanzministerium. Der Querschlag Kloski ist bis jetzt auf 58 Klftr. festgezimmert; ob es gelingen wird, die Gewältigung bis in den salzfreien Thon, welcher eine sichere Verdämmung gestatten würde, fortzusetzen, kann augenblicklich nicht beurtheilt werden.

Man hat jedoch bereits* angefangen, von dem 35 Klafter über dem Kloskischacht gelegenen Albrecht-Horizont einen Schacht abzuteufen, um den Verdämmungspunkt auch von oben zugänglich zu machen.

Ueber Ansuchen der Gemeinde Wieliczka um Entsendung einer Commission von Fachmännern, welche von der Regierung unabhängig sind, ergingen unter dem 19. December von Seite des Finanzministeriums Einladungen an die Herren Reichsrathsabgeordneten Ministerialrath P. v. Tunner, Generalinspector Bochkolz von der k. k. pr. Staatsbahngesellschaft in Wien, Oberingenieur Jucho von der Bergdirection in Klausenburg und Oberingenieur Kleszczinski von der Kaiser Ferdinands-Nordbahn zur Uebernahme der beantragten commissionellen Erhebungen.

Das Gutachten dieser Commission sprach sich dahin aus, dass, wenn die Verdämmung des Wassers im Schlage Kloski vor Ertränkung des Horizontes „Haus Oesterreich" gelingen sollte, eine Gefahr für die Stadt in keinem Falle zu besorgen sei; im schlimmsten Falle aber, wenn die Wässer bis auf den 15 Klafter über „Haus Oesterreich" gelegenen Horizont Rittinger steigen sollten, eine Gefahr für die Stadt noch nicht zu ersehen sei, weil die alsdann in den Gruben möglicher Weise entstehenden Brüche sich keineswegs so weit erstrecken könnten, um die Tagesober-

*

fläche zu gefährden, dass aber endlich nach der grössten Wahrscheinlichkeit das Wasser nicht mehr als 3 Klafter über den Horizont „Haus Oesterreich“ steigen werde und, selbst wenn eine nicht vorauszusehende beträchtliche Verzögerung in der Aufstellung der neuen Maschinen eintreten sollte, eine Höhe des Wasserspiegels von 6 Klftrn. über „Haus Oesterreich“ das Aeusserste sei, was erwartet werden könne.

Unter diesen Umständen steht zu hoffen, dass, wenn auch die Abdämmung des Wassers vor der Ertränkung des Horizontes „Haus Oesterreich“ noch nicht gelingen sollte, eine Gefahr für die Oberfläche gar nicht und für die Grubenbaue möglicher Weise nur in ihren untersten Theilen entstehen werde.

Mit dem Einbaue der neuen Wasserhebungsmaschinen auf dem Elisabethschachte und dem Josephsschachte wird fortgefahren und es wird nur von der rechtzeitigen Ablieferung der verschiedenen Maschinentheile und Pumpen abhängen, um mit der Entwässerung so zeitig beginnen zu können, dass die Verdämmung des Wassereinbruches auch im ungünstigsten Falle noch vor Ablauf des ersten halben Jahres bewirkt sein kann.“

Ueber den Stahlschmelzofen für das Martin'sche Verfahren.

Von C. Schinz.

Herr Professor Kupelwieser weist in einem sehr interessanten Artikel nach, dass die Unkosten aller Art zur Darstellung von Stahl nach dem Martin'schen Verfahren diejenigen nach dem Bessemer'schen Verfahren nicht übersteigen, obgleich nach seinen eigenen Angaben der Consum an Braunkohle zum Schmelzen von Gusseisen, Puddeleisen und Stahl die enorme Höhe von 1·5 Kil. für 1 Kil. Stahl ist.

Daher bin ich nicht der Meinung des Herrn Kupelwieser, dass der Regenerativ-Ofen vor allen anderen sich zur Durchführung dieses Processes eigne.

Unter allen Umständen ist bei Schmelzprocessen der Nutzeffect um so kleiner, als die dazu nothwendige Temperatur höher ist, weil einerseits mehr Wärme aus dem Ofen evacuirt wird und andererseits mehr durch Transmission der Ofenwände verloren geht; wenn aber eine Construction wie der Regenerativ-Ofen die transmittirende Ofenwandfläche durch die Einführungs- und Abführungs-Kanäle um mehr als das Doppelte grösser macht als sie nothwendig sein muss, so ist es kein Wunder, wenn selbst bei sehr hohem Consume in der Zeiteinheit die Temperatur der Oefen eben kaum diejenige erreicht, welche zum Schmelzprocesse nothwendig ist, und das ist nun bei dem in Rede stehenden Ofen der Fall; denn wäre die Ofentemperatur irgendwie höher als der Schmelzpunkt, so könnte die Operation unmöglich 7 bis 8 Stunden dauern.

Die in den Chargen enthaltenen Materialien haben alle eine so grosse Leitungsfähigkeit für die Wärme, dass selbst dann, wenn durch Hinzufügen von Fe^2O^3 in solcher Menge CO entwickelt wird, dass die Masse zu ihrem doppelten Volumen anschwillt, dieselbe dennoch in wenigen Minuten die Temperatur des Ofens annimmt.

Nach der Angabe von Herrn Prof. Kupelwieser bestehen die Chargen aus:

Kil. 888 weissem Roheisen,
     664 Puddeleisen und Rohstahl

Kil. 1552 = 0·21555 Cubikmeter, spec. Gewicht = 7·2.

Geben wir dem Metalle auf der Sohle eine Schichthöhe von 0·15 Met., so wird die Oberfläche $= \frac{0 \cdot 21555}{0 \cdot 15} = 1 \cdot 437$ Quadratmeter und nehmen wir 0·5 Met. Breite, so wird die Länge = 1·8 Met.

Nun habe ich eine Zeichnung von einem Schweissofen mit Regeneratoren vor mir, welcher eine 3·3 Met. lange Sohle hat, aber die Länge des Ofens vermehrt sich durch die zwei Dämme an beiden Enden, Scheidewand und Gas- und Luftcanäle auf 5·9 Met., so dass also den 1·8 Met. Sohlenlänge noch 2·6 Met. zuzufügen sind.

Dadurch werden die Gewölbe und Ofenwandflächen = 10·24 Q. M., während ohne die den Regenerativ-Oefen nothwendigen Zuthaten dieselben 3·42 Quadratmeter sein würden.

Wir werden nun sogleich sehen, welchen Einfluss diese vermehrte Transmissions-Fläche auf den Erfolg hat.

Die theoretische Transmission berechnet sich nach der bekannten Formel von Dulong =

$$Q = \frac{s\,m\,a\,\varphi\,(a^t - s) + L\,n\,t^b}{t}.$$

$(s = 3 \cdot 62,\ L = 1 \cdot 938,\ \varphi = 20^0)$

und dann t' = Temperatur der Ofenwandfläche,

$$t' = \frac{t - t''}{1 + Q\frac{e}{C}} + t'', \text{ und dann } t'Q,$$

wo t = mittlere Temperatur des Ofens,
t'' = „ „ der äusseren Luft,
e = Wanddicke = 0·2 Met.,
C = Leitungsfähigkeit des Materiales, aus dem die Wand besteht, = 0·8.

E. Becquerel hat den Schmelzpunkt von Schmiedeeisen bestimmt und denselben zwischen 1350° und 1400° C. gefunden.

Nehmen wir nun letztere Zahl an, so ist:

$$t' = \frac{1400 - 20}{1 + 17 \cdot 92 . \frac{0 \cdot 2}{0 \cdot 8}} + 20 = 273^0, \text{ und } t'Q = 4892$$

per Stunde und per 1 Quadratmeter.

Die effective Transmission ist aber sehr viel grösser, wie ich früher experimentell gezeigt habe, indem die Luft in Bewegung kommt und unendlich viel Wärme wegführt. Sie ist um so grösser, als t' selbst grösser ist, und in diesem Falle wenigstens 13 . 4892 = 63596 W. E.

Allerdings ist dabei zu berücksichtigen, dass ein verhältnissmässig grosser Theil der transmittirenden Fläche horizontal ist, was den Werth L um die Hälfte kleiner macht. Wir können daher diesem Umstande Rechnung tragen, indem wir von $^2/_3$ dieser Transmission $^1/_3$ in Abzug bringen, was dann für die 10·24 Quadratmeter 579722 W. E. ausmacht.

1 Kil. Metall erfordert zu seiner Schmelzung

spec. Wärme von F (bei 1400° = 0·16585) 1400 . 0·16585 = 232 W. E.
ferner für latente Wärme
160 + (0·16585 = 0·11379) . 1400 = 233

465 W. E.

$\frac{90210}{}$, per Kil. = 1552 und per Stunde $\frac{1552 . 465}{8}$.

669932 W. E. verwendet zum Schmelzen im Ofen.

Das in Leoben angewandte Brennmaterial ist Braunkohle, deren calorisches Aequivalent = 5419 W. E., folglich das pyrometrische Aequivalent für 1400° Ofentemperatur = 5419 — 1400 . 2·15525 = 2402 W. E. per 1 Kil. Braunkohle, während 3017 W. E. evacuirt werden.

Der Bedarf zum Schmelzen an Braunkohle ist also

$$\frac{669932}{2402} = 279 \text{ Kil.}$$

In der Wirklichkeit werden aber per Stunde verbrannt = 291 Kil.

Dieser Mehrconsum von 12 Kil. ist jedoch kein Beweis, dass unsere Berechnung der Transmission noch zu niedrig ist; er erklärt sich leicht aus dem Umstande, dass in diesen Regenerativ-Oefen die Gase nur allmälig zur Verbrennung kommen; selbst in sehr grossen Glasöfen sieht man die Flamme von einem Ende zum anderen des Ofens reichen, es ist daher leicht erklärlich, dass bei viel kürzerem Wege ein Theil des Gases unverbrannt aus dem Ofen abzieht und erst im Regenerator verbrennt.

Die Wärmemengen, welche wir somit dem Regenerator zuführen, sind:

279 Kil. à 3017 = 841743 }
12 Kil. à 5419 = 65028 } 906771 W. E.

Der Inhalt der vier Regenerator-Kammern ist 42·336 Kubikmeter, wovon $^1/_3$ durch feuerfeste Steine = 14·112 Kubikmeter eingenommen ist; diese wiegen 1·9 = Kil. 26812 und deren Wärmecapacität ist dann 26812 . 0·24 = 6435 W. E.

Der Regenerator enthält das Maximum von Wärme, wenn die Verbrennungsproducte ihre Periode der Durchströmung vollendet haben;

seine mittlere Temperatur ist dann $\frac{906771}{291 . 2·15525} = 1466°$

und $\frac{1446° + 300}{2} = 873°$.

Daher dessen Wärmegehalt = 873 . 6435 = 5617755 W. E.

Er enthält das Minimum, wenn Gas und Luft ihre Durchströmungs-Periode vollendet haben: dieses ist dann 5617755 — 906771 = 4710984 W. E.; dann ist die mittlere Temperatur in demselben $\frac{4710984}{6435} = 732°$.

Daher ist nun die mittlere Temperatur zwischen beiden Perioden $= \frac{873 + 732}{2} = 802°$, und nach dieser berechnet sich die Transmission.

Wir haben dann für die theoretische Transmission

$$t' = \frac{802 - 20}{1 + Q\frac{0·3}{0·6}} + 20 = 141° = t'Q = 1537 \text{ W. E.},$$

wenn e = 0·3 und C für gewöhnliche Backsteine = 0·6 ist.

Die effective Transmission ist dann für diese Temperatur = 7753 W. E., und da die Gesammtfläche der 0·3 Met. dicken Umfangsmauern = 46·2 Quadratmeter ist, so werden per Stunde 46·2 . 7753 = 358188 W. E. evacuirt werden.

300 . 2·15525 . 291 = 188100 W. E. und der Nutzeffect des Regenerators ist

360483 { W. E. zum Erwärmen von Luft und Gas, die in den Ofen strömen,

906771 { W. E. gleich der per Stunde eingeführten Wärmemenge.

Bekanntlich ist man bei den Regenerativ-Oefen genöthigt die aus dem Gas-Generator kommenden Gase abzukühlen, um die Theerdämpfe zu condensiren, da sonst diese sich zwischen den glühenden Steinen im Regenerator zersetzen und Kohle ablagern, welche dann den Durchgang erschweren würde. Die so verloren gegebene Wärme beträgt für 261 Kil. Lignit 303804 W. E., und die wirkliche Leistung des Regenerators beschränkt sich auf 56679 W. E., welche eben genügt, um die nöthige Luft auf 289° zu erwärmen.

Diese Berechnung ist das Resultat sehr sorgfältiger, langer, durch viele Experimente unterstützter und controlirter Studien; dass deren Resultat ein richtiges ist, beweist die Thatsache, dass die Operation zur Darstellung des Stahles 7 bis 8 Stunden Zeit in Anspruch nimmt, was sicher nicht der Fall sein würde, wenn die Ofentemperatur irgendwie höher wäre als der Schmelzpunkt des Productes.

Wenn es nicht gelungen ist, auf andere Weise Stahl zu schmelzen, so wird dies wohl an der Ausführung, nicht an der Methode gelegen haben.

Aber um nach dem Martin'schen Verfahren, welches bessere Producte gibt als das Bessemer'sche, Stahl mit möglichst geringem Aufwande darzustellen, ist es vor Allem nothwendig, dem Ofen eine Temperatur zu geben, die höher ist als der Schmelzpunkt, um die Schmelzzeit zu verkürzen.

Dies wird nun zwar auch mit der gewöhnlichen Gasfeuerung ohne Regeneratoren möglich sein, aber in höherem Maasse noch mit weit weniger Brennstoffaufwand, wenn das Verfahren der Elimination des Stickstoffes zur Anwendung gebracht wird.

Dieses mir patentirte Verfahren besteht darin, reines Kohlenoxyd darzustellen und dasselbe mitten in einer Quantität Brennstoff zu verbrennen, wodurch die gebildete Kohlensäure in CO umgesetzt wird, dem aber dann nur halb so viel Stickstoff beigemischt ist als sonst.

Zum vorliegenden speciellen Zwecke wird das CO am besten so dargestellt werden, dass man Kalkstein bei 1000° C. zersetzt und dann die ausgetriebene Kohlensäure über Coaksabfälle oder dergleichen leitet, welche ebenfalls auf 1000° erhitzt sind, wodurch vollkommen reines CO erhalten wird.

1 Kil. Kohlenstoff producirt, als CO verbrannt, 2400 W. E.,

hat dieses CO die Temperatur, welche es in der Reductions-Retorte erhält, = 1000 Grad, so bringt es zu
$1000^0 . 0·2479 . 2·3333$ = 578 „ „
gibt man der zur Verbrennung nöthigen Luft 300^0, so bringt das
$5·7515 . 0·2377 . 300^0$ = 410 „ „
3388 W. E.

Dagegen werden durch die Aufnahme von 1. Kil. Kohlenstoff wieder absorbirt = 2400 „ „
und es bleiben = 988 W. E.

Das producirte Gas besteht aus

Kil. 4·6666 CO = spec. Wärme = 1·1568 } 1·9966
3·4418 N = „ „ = 0·8398 }

daher wird die Temperatur dieser Gase sein = 495^0.

Werden nun die Kil. 4·6666 CO abermals verbrannt, so entwickeln sich
4·6666 . 2400 = 11200 W. E.
das Gas enthielt = 988 „ „
und die auf 300^0 erwärmten Kil. 11·503 Luft = 820 „ „
13008 W. E.

Die Producte sind

Kil. 7·3333 CO^2 = spec. Wärme 1·587 } 4·160
10·5458 N = „ „ 2·573 }

und die Initial-Temperatur ist $\frac{13008}{4·16} = 3127^0$ C.

Um aber eine Vergleichung anstellen zu können, müssen wir Braunkohle als Brennstoff annehmen.

Kil. $^1/_3$ dieses Brennstoffes wird dann der Kohlensäure aus dem Kalkstein den Kohlenstoff liefern, um diese zu CO zu reduciren, und $^2/_3$ Kil. zur zweiten Umwandlung in CO dienen.

Da $^1/_3$ Kil. Braunkohle 0·20563 C enthält, so muss die zugebrachte Kohlensäure ebensoviel C enthalten, daher müssen Kil. 1·7136 $CaO + CO^2$ für je 1 Kil. Braunkohle zersetzt werden.

Kil. 0·41126 C = Kil. 0·95961 CO brauchen dann zu ihrer Verbrennung Kil. 0·54835 O + 1·8171 N = Kil. 2·36545 Luft.

Die dadurch gebildete CO^2 nimmt, indem sie sich auf's Neue zu CO reducirt, Kil. 0·41126 C auf, welche sie in Kil. $^2/_3$ Braunkohle findet.

Diese enthält aber nebst Kohlenstoff noch:
Kil. 0·17994 Elemente des Wassers und
0·01346 freien Wasserstoff.

Daher enthalten die producirten Gase:

Kil. 1·91922 CO, welche zur Verbrennung verlangen = Kil. 1·0967 O
0·01346 H, welche zur Verbrennung verlangen = 0·10768
0·17994 HO 1·20438 O
1·8171 N mitgehend = 3·9908 N
5·19518 Luft

Da das in erster Instanz verbrannte Kohlenoxyd ebenso viel Wärme producirt als nachher wieder vom Kohlenstoff aufgenommen wird, so heben sich diese zwei Operationen auf.

Dagegen bringt das
CO = 0·95961 . 0·2479 . 1000^0 = 238 W. E.
die Luft 2·36545 . 0·2377 . 300 = 168
406 W. E.
wovon aber noch für die Verflüchtigung von 0·17994 Kil. Wasser abgehen (× 536·67) = 96 „ „
somit enthalten die Gase = 310 W. E.

die spec. Wärme derselben ist 1·0504,

daher deren Temperatur = $\frac{310}{1·0504}$ = 295^0.

Durch Verbrennung dieser Gase im Ofen werden producirt:
Kil. 1·91922 CO à 2400 = 4606 W. E.
Kil. 0·01346 H à 34000 = 457 „ „
Vorwärmen von Luft 5·19518 . 300^0 . 0·2377 = 370 „ „
Zugebracht von dem Gase = 310 „ „
5743 W. E.

Die spec. Wärme der Producte ist:

Kil. 3·01592 CO^2 . 0·2164 = 0·65262 }
Kil. 0·30108 HO . 0·475 = 0·14301 } 2·21273
Kil. 5·8079 N . 0·244 = 1·41710 }

Die Initial-Temperatur = $\frac{5743}{2·21273} = 2595^0$.

Mit Hilfe dieser Werthe ergeben sich nun die pyrometrischen Aequivalente für die Ofentemperaturen

	1400^0	1450^0	1500^0 u.	1550^0
	2645	2535	2424	2314 W. E.
Evacuation per 1 Kil.	3098	3208	3319	3429 W. E.

Somit gibt durch dieses Verfahren derselbe Brennstoff eine Ofentemperatur von 1500^0, wenn ohne dasselbe sie nur 1400^0 wird.

Es ist nun zu untersuchen, ob die aus dem Schmelzofen evacuirte Wärmemenge genügen werde, um hinreichende Mengen von CaO, CO^2 zu zersetzen und die erhaltene Kohlensäure wieder zu CO zu reduciren.

Wir dürfen annehmen, dass bei den Ofentemperaturen

turen	1400^0	1450^0	1500^0	1550^0
sich die Schmelzzeiten verhalten werden wie:	8	$6^1/_2$	5	$4^1/_2$ Stunden.

Alsdann würde der Nutzeffect per Stunde

$\frac{721680}{8}$ = 90210 W. E. $\frac{721680}{6·5}$ = 111028 W. E.

$\frac{721680}{5}$ = 144336 W. E. $\frac{721680}{4·5}$ = 162573 W. E.

Die Transmission der Ofenwände und des Gewölbes, das nur die Hälfte der totalen Fläche ausmacht, berechnet sich dann für diese Temperatur per 1 Quadratmeter per Stunde:

	47697	49187	51114	53109
was für Q. M. 3·42 ausmacht =	163123	168219	174810	181633
plus Nutzeffect wie oben =	90210	111028	144336	162573
Wärmebedarf im Ofen =	253333	279247	319146	344206 W. E.

Dividiren wir nun diesen durch die pyrometrischen Aequivalente, so erhalten wir den Brennstoff-Consum per Stunde.

Braunkohle =
Kil. 96 110 132 149
die evacuirten Wärmequantitäten
297408 W.E. 352880 W.E. 438108 W. E. 510921 W. E.

Per 1 Kil. Braunkohle sind Kil. 1·7136 CaO, CO^2 zu zersetzen; sie brauchen, um sie auf 1000° zu erwärmen,

1000 . 1·7136 . 0·675083 = 1157 W. E.
an Verbindungswärme 1·7136 . 251 = 430 „ „
Verbindungswärme um 0·20563 . C in CO
überzuführen 0·20563 . 2400 = 493 „ „
2080 W. E.

für oben berechnete Gewichte macht das:
199680 W.E. 228800 W.E. 274560 W.E. 309920 W.E.

(Schluss folgt.)

Amtliche Mittheilungen.

Kundmachung.

Nachdem das aus vier Doppelmassen bestehende Braunkohlen-Grubenfeld Theresia zu Klutscharowetz, Bezirk Pettau, im Marburger Kreise, des Kronlandes Steiermark, seit längerer Zeit ausser Betrieb steht und gänzlich verfallen ist, wird der nunmehrige Alleinbesitzer obigen Bergbaues Johann Kopfstein derzeit unbekannten Aufenthaltes aufgefordert, binnen längstens 90 Tagen von der ersten Einschaltung dieser Kundmachung in das amtliche Anzeigeblatt der Grazer Zeitung seinen Aufenthalt bekannt zu geben, oder im Falle er sich ausser dem Amtsbezirke der Cillier Berghauptmannschaft befinden sollte, gemäss §. 188 allg. Berggesetzes einen in diesem Bezirke wohnhaften Bevollmächtigten aufzustellen und anher anzuzeigen und den bezeichneten Braunkohlenbergbau in Gemässheit des §. 174 a. B. G. in Betrieb zu setzen, die bisherige Vernachlässigung der Bauhafthaltungsvorschriften standhaft zu rechtfertigen, endlich die bis zum Schlusse des IV. Quartals 1868 mit 125 fl. 20 kr. rückständigen Massengebühren bei dem k. k. Steueramte Friedau zu berichtigen, widrigens auf Grund der §§. 243 und 244 a. B. G. auf die Entziehung der fraglichen Bergbauberechtigung nach §. 253 allg. Berggesetzes erkannt werden wird.

Von der k. k. Berghauptmannschaft
Cilli, am 7. Jänner 1869.

Erkenntniss.

Nachdem die Erben, resp. Rechtsnachfolger des Jacob Sappl, welcher im Bergbuche des k. k. Landesgerichtes Salzburg sub Fol. 157 als Eigenthümer des aus 2 Grubenmassen bestehenden Kupferbergbaues Untersulsbach eingetragen ist, der an sie mittelst öffentlicher Kundmachung vom 23. April 1864, Z. 344, dann mittelst neuerlicher Verordnung vom 10. October 1868, Z. 589, wiederholt ergangenen Aufforderung zur bergbücherlichen Besitzanschreibung, Zahlung der rückständigen Massengebühren, Inbetriebsetzung dieses Bergbaues und Bestellung eines gemeinschaftlichen Bevollmächtigten innerhalb der gestellten Praeclusiv-Frist nicht nachgekommen sind, wird nach Vorschrift der §§. 243 und 244 des allg. Berggesetzes auf Entziehung dieses Bergbaues mit dem Beisatze hiemit erkannt, dass nach Rechtskräftigwerdung dieses Erkenntnisses das weitere Amt gehandelt wird.

Von der k. k. Berghauptmannschaft
Hall, am 10. Jänner 1869.

Edict.

Zufolge von der k. k. Bezirkshauptmannschaft Littai im Wege der Ortsgemeinden Sagor, Kotredesch und Arschische gepflogenen Erhebungen befinden sich die in dem Bergbuche zu Laibach Tom. I, Fol. 223 und 251 vorgetragenen durch Heinrich Gottlieb Goedicke vertretenen gesellschaftlichen Braunkohlenbaue: Hermann-Mass nebst Ueberschar in der Catastralgemeinde Schemnig, Ortsgemeinde Arschische, und das einfache Grubenmass Daniel in der Catastralgemeinde Locke, Ortsgemeinde Arschische, im politischen Bezirke Littai, sowie die auf den Namen Heinrich G. Goedicke selbst in dem Freischurfcataster Tom. VI, Fol. 1 vorgeschriebenen, in den Gemeinden Sagor, Kotredesch und Arschische ebenfalls im Bezirke Littai gelegenen Freischürfe Nr. 143/d, 143/e, 178/a, 179/b de 1856, Nr. 1835 de 1857 und Nr. 1058 de 1860 seit einer Reihe von Jahren in einem Zustande gänzlichen Verfalles, beziehungsweise mehrjähriger gänzlicher Betriebslosigkeit.

Behufs Beseitigung jedweder weiterer Gebirgssperre ergeht somit an den oben genannten Herrn Heinrich Gottlieb Goedicke, derzeit unbekannten Aufenthaltes, mit Bezug auf die §§. 170, 174, 178, 179—181 und 228 a. B. G. die Aufforderung, binnen 90 Tagen von der letzten Einschaltung dieses Edictes in das Amtsblatt der Laibacher Zeitung, die fraglichen Bergwerke und Freischürfe in Betrieb zu setzen, dieselben im bauhaften Zustande und steten Betriebe zu erhalten, die rückständigen Bergwerkssteuern an das k. k. Steueramt Littai zu berichtigen, bezüglich dieser Bergbauberechtigungen einen im Amtsbezirke dieser k. k. Berghauptmannschaft wohnhaften Bevollmächtigten zu benennen und sich über die Ausserachtlassung des Bergbau- und Freischurfbetriebes um so gewisser anher zu rechtfertigen, widrigens nach Ablauf obiger Frist wegen fortgesetzter und ausgedehnter Vernachlässigung nach §. 244 und 241 a. B. G. mit der Entziehung obgenannter Bergbauberechtigungen vorgegangen werden wird.

Von der k. k. Berghauptmannschaft
Laibach, am 4. Jänner 1869.

6—3)

Berg- und Hüttenschule.

Am 1. Mai 1869 wird in Leoben in Obersteiermark eine Berg- und Hüttenschule eröffnet, welche zum Zwecke hat, durch technische Ausbildung junger Berg- und Hüttenarbeiter ein vollkommen tüchtiges Aufsichtspersonale für den Bergbau und das Hüttenwesen, mit vorzugsweiser Berücksichtigung der Verhältnisse von Steiermark, Ober- und Niederösterreich, zu erziehen.

Die ganze Dauer des Unterrichtes zerfällt:

In den Vorcurs, welcher den Berg- und den Hüttenarbeitern gemeinsam ist, und in den Hauptcurs, in welchem der Unterricht für die Bergschüler und für die Hüttenschüler gleichzeitig, jedoch für jene und diese abgesondert ertheilt wird.

Jeder Curs, u. z. in abwechselnder Folge, dauert in der Regel vom 1. Mai bis 31. October, kann jedoch nöthigenfalls um 1, höchstens 2 Monate verlängert werden.

Der Vorcurs umfasst folgende Gegenstände: Rechenkunst (einschliesslich Flächen- und Körperberechnung) Elemente der Buchstabenrechnung, das Nothwendigste aus der Naturlehre, Zeichnen und praktische Messkunde.

Die Gegenstände des Vorcurses werden angemessen vertheilt von den beiden anzustellenden Fachlehrern gelehrt.

Der Hauptcurs umfasst folgende Gegenstände und zwar:

a) Der Fachcurs für die Bergleute: Mineralogie, Geognosie, Bergbaukunde mit der Aufbereitung und dem Kunst-Maschinenwesen, Markscheidekunst, Zeichnen, Grubenrechnungsführung und Bergrecht;

b) der Fachcurs für die Hüttenleute: metallurgische Chemie, Hüttenmechanik, Zeichnen, allgemeine und specielle Hüttenkunde, Probirkunde und Hüttenrechnungsführung.

Die Gegenstände eines jeden Fachcurses werden von dem dafür bestimmten Fachlehrer, welchem ein Assistent zur Aushilfe beigegeben wird, gelehrt.

Der Gesammtunterricht wird praktisch, möglichst demonstrativ und leicht fasslich gehalten, und auf das Bedürfniss von Berg- und Hüttenaufsehern beschränkt. Mit dem Unterrichte werden öftere examinatorische Wiederholungen, geognostische Begehungen, Grubenbefahrungen, Markscheideverwendungen und Besuche von Hüttenwerken verbunden, worüber Berichte zu erstatten sind. Ausserdem sind im Fachcurse der Berg- und Hüttenschüler 14 Tage zu ausgedehnteren Excursionen und zur Verfassung der darüber zu erstattenden Berichte bestimmt. Bei diesen Excursionen sollen die Schüler auch mehrere entferntere Berg- oder Hüttenwerke kennen lernen und die Anleitung bekommen, wie sie in Zukunft ähnliche Werksbesuche vornehmen und dabei ihre Notizen führen sollen.

In diese Schule werden befähigte Arbeiter im Alter von 22 Jahren und nur in besonders berücksichtigungswürdigen Fällen auch solche unter 22, jedoch keinenfalls unter 20 Jahren aufgenommen, welche einerseits bereits eine solche Schulbildung genossen haben, wie sie auf einer guten Landschule zu erlangen ist und sich in der deutschen Sprache mündlich und schriftlich ziemlich gut auszudrücken vermögen; andererseits aber auch im Berg- oder Hüttenfache, oder in unmittelbaren Hilfswerkstätten von Berg- oder Hüttenwerken mindestens ein volles Jahr als selbstständige Arbeiter bedienstet waren.

Alle Zöglinge werden für die Dauer des Unterrichtes von Seite der Schule in gänzliche Verpflegung genommen, wofür sammt Wohnung, sowie für Anschaffung der nöthigen Schul- und Zeichnen-Requisiten und Instrumente, dann für den Prämienfond jeder Zögling die durch den Schulausschuss festgestellten Beträge u. z. für den Schulcurs 1869 im Falle einer nur sechsmonatlichen Dauer desselben: 100 fl. + 25 fl. + 5 fl., zusammen 130 fl.; im Falle einer längeren Dauer aber einen verhältnissmässigen Betrag für die Verpflegung sammt Wohnung zu entrichten und hievon 80 fl. vor Beginn des Curses, den Rest aber nach Verlauf der ersten drei Monate zu erlegen hat.

Die Gesuche um die Aufnahme in diese Schule sind von den Bewerbern eigenhändig geschrieben durch ihr vorgesetztes Amt oder ihren Dienstherrn, versehen mit den von diesen ausgestellten Qualifications-Tabellen oder Dienstzeugnissen, worin nebst der Kategorie und Dauer der Dienstleistung auch über Fleiss, Anstelligkeit, Ausdauer, Verlässlichkeit und sittliches Betragen, sowie über die erlangte Schulbildung ein genaues wahrheitsgetreues Urtheil abzugeben ist, wenn möglich bis 1. April 1869 an die Direction der Berg- und Hüttenschule in Leoben einzusenden, welche über die Aufnahme entscheidet. In Fällen, in denen es nothwendig erscheint, wird der Eintritt in die Schule von dem Erfolge einer Aufnahmsprüfung abhängig gemacht.

Leoben, am 18. Jänner 1869.

Der Schulausschuss.

Berg- und Hüttenschul-Lehrer-Stellen.

An der am 1. Mai 1869 in Leoben in Obersteiermark zu eröffnenden Berg- und Hüttenschule sind die Stellen zweier Lehrer, nämlich eines Lehrers für das Bergfach und eines Lehrers für das Hüttenfach provisorisch zu besetzen.

Die Obliegenheiten beider Lehrer sind aus dem in vorstehender Kundmachung enthaltenen Lehrplane zu entnehmen.

Mit jeder dieser Lehrerstellen ist ein Jahresgehalt von 1000 fl. verbunden, welcher bei besonders vorzüglicher Leistung des Lehrers bis auf 1200 fl. erhöht werden kann.

Bewerber um eine oder die andere dieser Lehrerstellen haben ihre Eignung für die gewünschte ausdrücklich zu bezeichnende Stelle überhaupt, insbesondere aber nachzuweisen, dass sie die bergakademischen Studien mit gutem Erfolge absolvirt und durch mehrere Jahre praktische Dienste entweder bei dem Bergwesen, insbesondere beim Kohlenbergbau oder beim Hüttenwesen, insbesondere bei Eisenwerken geleistet haben.

Die an den Ausschuss der Berg- und Hüttenschule in Leoben zu richtenden Competenz-Gesuche sind bis 1. März 1869 bei dem gefertigten Berghauptmanne einzubringen.

Leoben, am 18. Jänner 1869.

Baumayer.

Diese Zeitschrift erscheint wöchentlich einen Bogen stark mit den nöthigen artistischen Beigaben. Der Pränumerationspreis ist jährlich loco Wien 8 fl. ö. W. oder 5 Thlr. 10 Ngr. Mit franco Postversendung 8 fl. 80 kr. ö. W. Die Jahresabonnenten erhalten einen officiellen Bericht über die Erfahrungen im berg- und hüttenmännischen Maschinen-, Bau- und Aufbereitungswesen sammt Atlas als Gratisbeilage. Inserate finden gegen 8 kr. ö. W. oder $1\frac{1}{2}$ Ngr. die gespaltene Nonpareillezeile Aufnahme. Zuschriften jeder Art können nur franco angenommen werden.

Druck von Carl Fromme in Wien. Für den Verlag verantwortlich Carl Reger.

№ 6. XVII. Jahrgang.

Oesterreichische Zeitschrift für Berg- und Hüttenwesen.

1869. 8. Februar.

Verantwortlicher Redacteur: Dr. Otto Freiherr von Hingenau, k. k. Ministerialrath im Finanzministerium.

Verlag der G. J. Manz'schen Buchhandlung (Kohlmarkt 7) in Wien.

Die neuesten Veränderungen in der Verwaltung der Bergwesens-Angelegenheiten.

Die wesentlichen Veränderungen, welche der Staatsorganismus der österreichisch-ungarischen Monarchie seit etwas mehr als einem Jahre erfahren, haben sich auch auf die Bergwesensverwaltung erstreckt, in welcher seit dem Amtsantritte des neuen parlamentarischen Ministeriums (1. Jänner 1868) mancherlei Modificationen theils vorbereitet, theils durchgeführt wurden. Sie sind gegenwärtig zu einer Art Abschluss gelangt, so dass sich eine Uebersicht derselben geben lässt.

Durch das Gesetz vom 20. Juni 1868 wurde ein grosser Theil der Staatsbergwerke zum Verkauf bestimmt, und es sind seither auch in Folge desselben bereits nachstehende Staatsmontanwerke in den Besitz der Privatindustrie übergegangen:

a) In Böhmen das schon seit einigen Jahren eingestellte Zinnbergwerk Schlaggenwald und die Zbirover Eisenwerke zu Franzensthal, Straschitz, Dobřiv und Holaubkau, dann das Steinkohlenwerk Wejvánow.

b) In Steiermark und im Erzherzogthum Oesterreich die ärarischen (mehr als $^{99}/_{100}$ betragenden) Antheile an den Innerberger Eisenwerken (Eisenerz, Hieflau, Donnersbach, Kleinreifling, Weyer Reichraming, Reichenau und Hollenstein.

c) In Kärnten die ärarischen Antheile am Bleibergwerke in Bleiberg.

d) In Tirol die kleinen Eisenwerke Kleinboden und Primör.

Einige andere Werke befinden sich im Stadium der Verkaufsverhandlung.

Diese Verkäufe, sowie die schon im Jahre 1867 erfolgte Ausscheidung der ungarischen Montanwerke machten eine Vereinfachung des Verwaltungsapparates zulässig, der durch die Aufhebung der Mittelinstanzen (Bergoberämter und Directionen) und durch unmittelbare Unterordnung der localen Verwaltungsämter unter das Finanzministerium bewerkstelligt wurde und nun noch durch die wesentliche Erweiterung des selbstständigen Wirkungskreises der Local-Verwaltungen ergänzt werden wird, welche eine wesentliche Bedingung einer freieren und industrielleren Bewegung des Staatsbergbaubetriebes ist, der zwar in oberster Linie im Finanzministerium concentrirt, aber keineswegs in beengender Weise centralisirt werden soll.

Das Verrechnungswesen ist bereits seit 1. Jänner 1868 nach den Principien der mercantilen Buchführung umgestaltet und trotz der unvermeidlichen Schwierigkeiten des Ueberganges ist derselbe nunmehr mit Erfolg durchgeführt.

Das früher vom Bergwesen getrennte Münzwesen ist wieder mit dem Bergwesens-Departement vereinigt worden, und ebenso nach dem ehrenvollen Uebertritte des Salinenreferenten Ritter v. Schwind in den Ruhestand seit 8. Juli 1868 auch das Salinen-Departement und seit 1. Februar 1869 das Salzverschleisswesen dem Bergwesens-Departement einverleibt*).

Dagegen sind die Angelegenheiten des bergmännischen Unterrichtes aus dem Ressort des Finanzministeriums ausgeschieden und dem Ackerbauministerium übertragen worden.

Mit 1. Februar 1868 hat endlich auch die innere Organisation des Finanzministeriums selbst einen Abschluss gefunden, nachdem seit mehr als zwei Jahren

*) Es ist daher irrig, wenn ein Artikel der „Presse" vom 24. Jänner den Ministerialrath B. Hingenau als Referenten des Salinenwesens zur Zeit der Kloski-Schlages-Anregung bezeichnet, da diese noch in den Anfang des Jahres 1867 fällt! Demselben war damals in Ermangelung eines Sectionschefs nur die Expedition der Ausfertigungen jenes Departements übertragen.

eine Art Provisorium darin geherrscht und die frühere Gliederung in Sectionen aufgehört gehabt hatte.

Nunmehr zerfällt das Finanzministerium in Wien in 3 Sectionen, deren jede unter einen Sectionschef gestellt ist. Wir berühren nur in Kürze die Sectionen II und III, welche die Angelegenheiten der directen und indirecten Besteuerung (Sect. II) und der Budget-Cassa-Rechnungs- und Creditangelegenheiten (Sect. III) umfassen, und gehen unmittelbar auf die unser Fach zunächst betreffenden Angelegenheiten des Bergwesens über, die in der Section I ihren Platz gefunden haben.

Diese I. Section umfasst überhaupt nachstehende Departements des Finanzministeriums:

Departement III. Eisenbahnsubventionen, und sonstige finanzielle Eisenbahnsachen, Dicasterial-Gebäude und Regieangelegenheiten.

Departement II. Veräusserungen und Heimfalls-Objecte; dann Personal- und Regieangelegenheiten der Finanzprocuraturen.

Departement VI. Allgemeine Pensions- und Gnadensachen.

Departement XV. Staatsforste und Domänen, endlich

Departement XVI. Berg-, Hütten- und Salinenwesen, Bergwerksproducten- und Salzverschleiss*), dann die technischen Angelegenheiten des Münzwesens. (Die legislativen Münzwesensachen fallen in die Section III.)

Im Departement XVI haben als Referenten zu fungiren die Ministerialräthe: Freiherr von Hingenau, Generalinspector Freiherr v. Beust und Ritter v. Rittinger. Viele der ineinandergreifenden Angelegenheiten werden von denselben im gegenseitigen Einvernehmen behandelt, in Angelegenheiten des Betriebes beim Montan- und Salinenwesen bleibt auch das den Ministerialräthen B. v. Hingenau und B. v. Beust bisher eingeräumte Approbations-Befugniss aufrecht, wogegen die Approbation und Ausfertigung in allgemeinen administrativen Agenden dem Sectionschef zusteht.

Im Wesentlichen vertheilen sich die Geschäfte unter den drei genannten Referenten dieses Departements — unbeschadet des gegenseitigen Zusammenwirkens durch Einvernehmen auf kurzem Wege, — folgender Art:

Ministerialrath Freiherr v. Hingenau hat: Allgemeine administrative Angelegenheiten und Rechtssachen; Erwerbung, Veräusserung und Auflassung der Montanobjecte; Preisbestimmung und Verschleiss der Berg- und Hüttenproducte und des Salzes; Organisirungen, Dienstinstructionen, Wirkungskreise; Regulirung der Besoldungen, Löhne, Gebühren; Besetzungen aller administrativen Manipulations- und Verschleissbeamten-Stellen **); Evidenzhaltung sämmtlicher Montanbeamten; Montanistische Pensionen, Quiescirungen und Gnadensachen.

Ausserdem fungirt derselbe als ständiges Mitglied der Staatsgüter-Veräusserungs- und der allgemeinen Disciplinar-Commission des Finanzministeriums und derzeit bis auf Weiteres als ausserordentlicher Ministerial-Commissär für die technische Oberleitung in Wieliczka.

*) Letzterer war seit Jahren von der Salzerzeugung getrennt und in einem besonderen Departement behandelt worden.

**) Welche übrigens in der Regel in Sitzungen unter dem Vorsitze Sr. Excellenz des Ministers oder des Sectionschefs vorgenommen werden.

Generalinspector Freiherr v. Beust hat: den technischen Betrieb sämmtlicher Berg-, Hütten- und Salzwerke und der Schwefelsäurefabrik überhaupt, Feststellung der Betriebspläne und des Staatsvoranschlages im Einvernehmen mit Ministerialrath Freiherrn v. Hingenau; dann die technische Prüfung der Betriebsnachweise und Rechnungen. Er ist ebenfalls ständiges Mitglied der Veräusserungs-Commission. Die vorgenannten beiden Ministerialräthe vertreten sich in Abwesenheits- oder Verhinderungsfällen wechselseitig.

Ministerialrath v. Rittinger hat:

a) als selbstständigen Wirkungskreis: das Münz- und Punzirungswesen, die Bruderladen, Disposition und Evidenz der Praktikanten und Exspectanten, Montanbibliothek, statistische Zusammenstellungen;

b) als consultativen Wirkungskreis: Bau- und Maschinenwesen, dann die Erzaufbereitung.

Durch die Vereinigung dieser drei Unterabtheilungen in Ein Departement ist der innere Zusammenhang der nicht vollständig von einander zu trennenden Agenden gewahrt und das kurze persönliche Einvernehmen der drei Mitglieder desselben ermöglicht. Diese Eintheilung entspricht auch im Wesentlichen dem bisher von den genannten drei Ministerialräthen beobachteten Modus ihrer Geschäftsgebarung.

Als Hilfsarbeiter sind zugetheilt diesem Departement der Ministerialsecretär F. M. Friese, der Vicedirector der Verschleissdirection G. Wallach, die Ministerialconcipisten: Wiesner, Spornrafft, Hamerák und Wurm, der Bergrath v Kendler, der Finanz-Concipist E. Hofmann und die Exspectanten Habermann und Stöhr.

Die Fachrechnungsabtheilungen des Finanzministeriums sind je nach ihrer verschiedenen Competenz für Berg-, Münz-, Verschleiss- und Veräusserungswesen, zum Theil Hilfsorgane des Departements.

Die oberste Leitung der ganzen Section I führt der Sectionschef, zugleich Präsident der Ministerial-Commission für Evidenzhaltung und Veräusserung des unbeweglichen Staatseigenthums Dr. Gobbi, welcher bei den Sitzungen in Verhinderung Sr. Excellenz des Finanzministers den Vorsitz hat und ermächtigt ist, von Fall zu Fall Berathungen mit einzelnen der Herren Referenten über die ihm geeignet scheinenden Gegenstände zu veranlassen.

Nachrichten über Wieliczka.

Anschliessend an die officielle Mittheilung über den Stand der Dinge in Wieliczka, welche am 20. Jänner l. J. dem Abgeordnetenhause vorgelegt* und in unserer Nr. 5 abgedruckt worden ist, bringen wir nachstehend weitere Berichte über das seit jener Zeit dort Vorgefallene.

Es wurde in der Vorlage an das Abgeordnetenhaus erwähnt, dass die rechtzeitige Ablieferung der verschiedenen Maschinentheile und Pumpen die Bedingung sei, von welcher raschere Erfolge der Arbeiten in Wieliczka abhängen werden. Nachdem nun die am 30. December 1868 vom Eisenwerke Blansko als „Eilgut“ der Eisenbahn übergebenen Pumpensätze für die zweite Pumpentour im Franz Joseph-Schacht mehrere Tage verspätet, erst am 6. Jänner 1869 in Wieliczka anlangten, konnte deren Einbau erst am 10. Jänner vollendet werden und selbstverständlich gab es in der ersten Woche nach dem Beginn der Hebung durch diese Pumpen noch mancherlei kleine Nachbesserungen, welche bei dem engen Raume der Kunstabtheilung des Schachtes, in dem nun zwei Pumpentouren nebeneinander sich befinden, wiederholte Unterbrechungen veranlassten. Auch am Elisabeth-Schachte fanden vorübergehende Störungen statt, durch Reparaturen der Speisepumpen und Aufstellung einer Reservepumpe, durch Brüche von Seilscheiben und Auswechselung mit denen eines anderen Schachtes, durch Ausbesserung an den Ventilen der hölzernen Wasserhebungskästen, welche bis zum Eintreffen der bestellten eisernen mit verhältnissmässig gutem Erfolge Dienste leisteten; so dass die Wasserhebungsapparate nicht ausreichten, um den ganzen Zufluss zu heben und das Steigen des Wassers gänzlich zu hindern, welches auch gerade in engere Räume tretend, welche die Kammern des untersten Horizontes mit denen des vorletzten (Haus Oesterreich) verbinden, täglich um 3 — 5 Zoll stieg, und dadurch die verspätete Ablieferung der Pumpen Seitens der Eisenbahnverwaltungen doppelt schmerzlich empfinden machte. Um die bei der Gewältigung des Kloski-Schlages beschäftigten Arbeiter vor dem Abgeschnittenwerden durch Wasser zu bewahren, welches bereits die mit einer Grubeneisenbahn belegte Zugangsstrecke zu unterwaschen begann und deren Senkung verursachte, wurde über diese Grubenbahn eine Nothbrücke von mehreren Klaftern Länge geschlagen und so gelang es mit beträchtlichen Anstrengungen, die Gewältigung des Kloski-Schlages bis zur 67. Klafter fortzusetzen und selben bis dahin in Zimmerung zu setzen, ja selbst recognoscirend bis über die 70. Klafter vorzudringen. Eine zwar nicht ganz salzfreie, aber durch Aussüssungsversuche im Kleinen ziemlich wasserhaltbar befundene Partie von Thon hielt leider! nur eine Klafter weit an (in der 60. Klafter) und machte bald wieder starken Ausweitungen Platz, da von da an bis in die 70. Klafter Haselgebirge mit starken Lagen von Fasersalz dem Wasser Spielraum und Nahrung genug geboten hatte, um in solchen Räumen und bei solcher Gesteinsbeschaffenheit jede Dammanlage unstatthaft zu machen.

Am 22. war der Zugang bereits so gefährlich geworden, dass an diesem Tage ein Arbeiter neben dem mit den Oberbeamten an Ort und Stelle Nachschau haltenden Ministerialcommissär sammt dem Boden, auf dem er stand, ins Wasser einbrach und zwar sogleich wieder auf die Brücke gezogen wurde; aber auch einem zweiten Arbeiter geschah eine Stunde später dasselbe in Gegenwart des Bergofficials Russ, der ihm durch ein mitgeführtes Seil rasch heraushalf; aber unter diesen Umständen konnte man neuen Mannschaftswechsel nicht mehr vornehmen. Da sohin ohne die entschiedenste Gefahr für Menschenleben, die an sich wegen Mangels salzfreien Gesteins problematisch gewordene Gewältigung nicht mehr fortgesetzt werden konnte, so wurde am 22. Jänner die weitere Gewältigung eingestellt und nur die nöthigen Versicherungsarbeiten an der Zimmerung der Strecke und am Franz Joseph-Schachte vollendet, das vorbereitete Material zur Verdämmung in etwas höhere Räume gebracht und am 24. Jänner der nun mit dem Wasser in gleichem Niveau sich befindende Horizont Haus Oesterreich vorläufig verlassen, um sich ausschliesslich auf die Durchführung des Programms der maschinellen Wasserhebung zu beschränken, bis nach Ingangsetzung der grossen Maschine die Wiederaufnahme dieser unmittelbaren Verdämmungsarbeiten im Kloski-Schlag würde eintreten können.

Inzwischen hatte Se. Excellenz der Finanzminister unterm 24. Jänner verfügt, dass der ausserordentliche Ministerial-Commissär Freiherr v. Hingenau zwar vorläufig nach Wien zurückzukehren, jedoch auch während seines zeitweiligen Aufenthaltes in Wien in seiner Function zu verbleiben, die (unmittelbare) Oberleitung aller technischen Arbeiten in Wieliczka beizubehalten und sich in vollständigster Kenntniss der Fortschritte und des Erfolges der Arbeiten und des technischen Betriebes zu erhalten habe.

Derselbe ist auch am 28. Jänner Abends wieder in Wien eingetroffen und erhält fortlaufende Nachrichten vom Stand der Dinge. Diesen entnehmen wir, dass die Maschinenbauten am Elisabeth-Schacht bis 31. Jänner namhaft fortgeschritten waren und die Aufstellung und Montirung der 250pferdekräftigen Maschine nur noch durch das Nichtanlangen der schon am 27. Jänner in Blansko der Eisenbahn übergebenen eisernen Stützsäulen aufgehalten war, deren Ankunft am 3. Februar täglich erwartet wurde. Auch am Joseph-Schachte sind die Arbeiten soweit gediehen, dass in 10—14 Tagen die Aufstellung der dortigen Maschine wird beendet sein können. Der Einbau der Pumpen, mit welchen der Bau von Kunstbühnen in den bisher anderen Zwecken dienenden Abtheilungen der beiden Schächte Hand in Hand geht, wird allerdings noch einige Wochen dauern, da man damit 113 Klafter tief hinabgehen muss; allein der grösste Theil der Steigröhren für den Elisabeth-Schacht ist bereits eingeliefert und in der Kunstabtheilung des Joseph-Schachtes sind in der letzten Woche 15½ Klafter hergestellt worden. Im Franz Joseph-Schacht haben zwischen dem 25. Jänner und 3. Februar ein Paar grössere Reparaturen vorgenommen werden müssen, in Folge eines Fundamentschraubenbruches, welcher das Kurbellager und die Sohlplatte gegenüber dem Lager zerbrach und die Wasserhebung auf 36 Stunden einzustellen zwang. Im Ganzen aber ging in der letzten Woche die Wasserhebung gut von Statten und das Steigen des Wassers hielt sich zwischen 2 und 3 Zoll in 24 Stunden. Es stand am 3. Februar noch nicht höher als 20 Klftr., 3 Schuh, 3 Zoll über dem untersten Horizont Regis, also im Niveau des Horizontes Haus Oesterreich, hatte aber die Nothbrücken bereits unzugänglich gemacht. Vom Niveau des Wassers bis zum Tage sind noch 112—113 Klafter wasserfrei.

Die Salzerzeugung und Salzförderung findet ununterbrochen statt.

Ueber den sogenannten Verrieb der Holzkohle bei ihrer Magazinirung und Einiges über die Verwendung des hiebei abfallenden Kohlenkleins (Praschen und Lösche).

Die grossen Mengen an Holzkohle, welche die metallurgischen Processe jährlich consumiren, der immer höher steigende Preis derselben und der beträchtliche Einfluss auf die wirthschaftliche Gebarung jener Industriezweige, welche an dieses Material angewiesen sind, das sind Motive genug für einen umsichtigen Werksleiter, sich um diesen Gegenstand wohl zu bekümmern, und es wird wohl kaum Einen geben, der nicht die auf die Oekonomie dieses Materials Einfluss nehmenden Factoren genau kennen und der namentlich über die Grösse der bei der Verwendung der Holzkohle vorkommenden wirklichen und scheinbaren Verluste und über die Ursachen derselben nicht genau unterrichtet sein sollte.

So wichtig aber die genaue Kenntniss dieser Verluste und ihrer Ursachen ist, so schwierig ist es auch, sich dieselben zu verschaffen.

Diese Schwierigkeit liegt jedoch nicht nur in dem Gegensatze der Interessen bei den dabei betheiligten Personen und in der an sich schon sehr verschiedenen Natur des Materials, sondern in einer Menge ausserhalb dieser liegenden Ursachen und je nachdem diese verschiedenen Einflüsse in mehr oder minder günstigen Combinationen auftreten, ist auch der Erfolg ein verschiedener.

Das mag auch der Grund sein, weshalb Mancher seine über diesen Gegenstand mit Mühe gesammelten Erfahrungen wohl für sich benützte, aber nicht der Oeffentlichkeit übergab, indem er von der Richtigkeit und Verlässlichkeit dieser Erfahrungen unter den gegebenen speciellen Verhältnissen wohl überzeugt sein mochte, nicht aber von ihrer allgemeinen Geltung für alle und jede Verhältnisse.

Da nun einmal dieser Gegenstand durch Stimmen aus Kärnten (Nr. 47 und 50 dieses Blattes vom vorigen Jahre) angeregt ist, so mag es vielleicht doch manchen Fachgenossen nicht ohne Interesse sein, die an einem und demselben Orte durch längere Zeit gesammelten Erfahrungen kennen zu lernen, selbst wenn sie durchaus keinen Anspruch auf allgemeinere Geltung machen können, weil sie eben die Resultate ganz bestimmter localer Verhältnisse sind.

Dabei möchte ich jedoch auch des weiteren ausführen, dass der sogenannte Verrieb der Holzkohle nichts weniger als lauter absoluter Verlust ist und dass ein grosser Theil, oft viel mehr als die Hälfte, nur ein scheinbarer ist, einfach und ganz unvermeidlich entstanden durch die beim öfteren Uebermessen der Holzkohle jedesmal entstehenden Mass-Differenzen.

Ebenso möchte ich durch diese Zeilen constatiren, dass über die Verwendung der Holzkohlen-Abfälle seit Jahren schon Vieles gedacht und versucht worden ist, wenn auch nicht immer mit guten Erfolgen, und dass der Mangel guter Erfolge in dieser Richtung vorzugsweise in den nicht so leicht zu besiegenden Schwierigkeiten zu suchen ist. Haben wir denn nicht denselben Fall bei der Verwerthung des nicht backenden Staubes der Steinkohlen und Braunkohlen?

Ist etwa die Briquettfabrikation schon auf jenem Standpunkte, dass sie den an sie zu stellenden Forderungen mehr als nur nothdürftig entspricht?

Zum Gegenstand zurückkehrend, ist es zur Beurtheilung der nachstehenden Erfahrungsdaten nothwendig, die hiesigen Localverhältnisse kurz zu skizziren.

Die ungefähr zu gleichen Quantitäten von eigenen Forsten und von Privaten eingelieferte Holzkohle wird in Magazinen von 12 bis 14 Fuss Höhe nach Qualitäten gesondert, abgestürzt und ebenso in bestimmten Verhältnissen der Qualitäten verbraucht.

Die Kohlenmagazine sind in unmittelbarer Nähe der Verbrauchsstätten und nur ausnahmsweise wird die Kohle aus entfernteren Vorrathsmagazinen, die aus früherer Zeit stammen, zugeführt, es wird somit die überwiegende Mehrheit der Kohle nur einmal abgestürzt.

Beim Einfassen der Kohle in die Verbrauchsgefässe bedient man sich hölzerner Gabeln mit einer lichten Zinkenweite von 1 bis $^1/_2$ Zoll.

So lange man frisch herabrollende Kohle auffasst, genügt die Gabel. In dem Masse, als der Verbrauch gegen die Mitte einer Magazins-Abtheilung vorrückt, ist die Kohle schon mehr mit Klein (Praschen und Lösche), welches durch die Gabel fällt, gemengt, und man muss dann die unteren Partien von Zeit zu Zeit durch ein Drahtgitter von ungefähr $^3/_4$ Zoll weiten Maschen und 45 Grad Neigung werfen. Was nicht durchfällt, wird noch als Kohle verbraucht, der Durchfall aber wird, sobald sich eine genügende Menge gesammelt hat, wieder durch ein Gitter von circa 1 Zoll Maschenweite geworfen.

Was nicht durchfällt, ist Praschen und wird im Hochofen aufgegeben (aus den Magazinen der Zeugschmieden bei den kleinen Zeugfeuern) und beim Hochofen mit der Vorsicht, dass zwischen je zwei Praschengichten mindestens 10 Gichten mit grober Kohle aufgegeben werden.

Was durch das letzte Gitter durchgefallen ist, die Lösche, ist für die Hochöfen und Zeugfeuer Abfall. Dieser aber wird hier ausschliesslich und ohne Rest zur Eisensteinröstung verwendet*).

Diese Röstung findet beim Bergbau statt, ungefähr eine Meile von den Hochöfen, und der Transport der Lösche bis zu jenem geschieht im Gedinge nach dem Volumen als theilweise Rückfracht beim Erztransporte.

Dieser Umstand gibt zufällig eine gute Gelegenheit, die im Grossen abfallenden Löschmengen genau zu kennen.

Nachstehende Tabelle gibt den gesammten Kohlenverbrauch bei den hiesigen Werken und die jährlich erzeugten Mengen an Holzkohlenlösche.

Jahr	Gesammtverbrauch an Holzkohle Vordernberger Fass	Holzkohlenlösche abgegeben an die Röstung Vordernberg. Fass
1861	217.563	4.561
1862	202.294	7.925
1863	235.174	9.173
1864	191.145	8.469
1865	244.694	11.846
1866	211.566	8.810
1867	209.495	8.502
1868	203.380	8.846
Summe	1715.311	68.132

Aus dieser Tabelle ersieht man, dass mit Ausnahme des ersten Jahres das Verhältniss zwischen Kohle und Lösche nahezu constant und im Durchschnitte bei $^4/_{100}$ ist. Die bei den Hochöfen wieder aufgegichteten Praschen sind ziemlich genau $^1/_2$ Procent der Gichtenkohle und unter den Holzkohlen mit eingerechnet.

*) Diese Löschmengen sind in der Regel genügend für den Bedarf der Erzröstung, es werden jedoch noch kleine Mengen von Holzspänen und zuweilen auch Steinkohlenlösche verwendet, deren Zufuhr nach dem Gewichte gezahlt wird.

Die abgefallene Löschemenge entspricht jedoch nicht einem gleichen Volumen wirklichen Kohlenverlustes; denn da ein Volumen trockener Lösche fast genau 1 ½mal schwerer ist als ein gleiches Volumen Holzkohle, so entsprechen 4 Proc. Kohlenlösche einem wirklichen Kohlenverluste von 6 Proc. des gesammten Kohlenverbrauches.

Nun hat sich aber aus grösseren speciellen Versuchen, welche von mir unter strenger Controle ausgeführt wurden, ergeben, dass bei einmaligem Absturze der Kohle der sogenannte Verrieb, das ist die Differenz zwischen dem eingelieferten und verbrauchten Volumen, 10 bis 12 Proc. von der verbrauchten Kohle beträgt, mit welcher Ziffer auch der Erfolg der laufenden Betriebs-Aufschreibungen in vollkommen befriedigender Uebereinstimmung ist.

Obige Differenz, das ist der Verrieb, welcher selbstverständlich das Ergebniss grösserer Durchschnittszahlen ist, ist regelmässig bei guter und fester Fichtenkohle am geringsten, grösser bei leichter Kohle und bei Stockkohle, am grössten aber bei Buchenkohle.

Es frägt sich nun, wohin sind die anderen 4 bis 6 Proc. der Kohle gekommen, denn der Fall einer etwa unrichtigen Uebernahme wird bei obigen Ziffern ausgeschlossen.

Dass dieser weitere Kohlenabgang nur ein scheinbarer ist, weiss jeder praktische Hüttenmann, es wird aber dieses jedem unbefangenen Beobachter sogleich klar werden, sobald er die Form und die physikalischen Eigenschaften des Materials näher betrachtet. Die aus den Meilern kommenden Kohlen sind lauter Bruchstücke mit scharfen Kanten, Ecken, Schiefern und Spitzen, und sind in diesem Zustande wenig geeignet, irgend einen Hohlraum dicht anzufüllen, überdies ist die Holzkohle ein spröder mehr oder weniger leicht zerreiblicher Körper.

Denkt man sich nun die vielen unregelmässig vorspringenden Spitzen und Kanten nach und nach abgebrochen und abgestumpft, so wird die Kohle in demselben Verhältnisse ein Gefäss dichter ausfüllen und die Volumsverminderung des Haufwerkes wird jedenfalls beträchtlich grösser sein, als die Menge des abgefallenen Kohlenkleins.

Zudem zerfallen die frischen, noch grösseren Kohlenstücke nicht nur blos durch die mechanische Einwirkung des Stürzens und des Druckes der übereinander gelagerten Massen, sondern auch spontan in kleinere Stücke, wovon schon das Knistern Zeugniss gibt, welches man in einem mit frischer Kohle gefüllten Magazin häufig hören kann.

Insbesondere ist es die Buchenkohle, welche bei längerem Lagern stark in kleinere Stücke zerfällt.

Hiemit stimmt auch die allgemeine Ansicht der Praktiker, dass abgelagerte Kohle ausgiebiger sei, als frische Kohle; es lässt sich eben mehr Masse in den Verbrauchsgefässen von der ersteren wie von der letzteren unterbringen.

Noch möchte ich eines Versuches erwähnen, welchen ich vor einigen Jahren abführen liess, um das Verhältniss zwischen dem Inhalte eines Magazins und dem in demselben untergebrachten Kohlenquantum zu ermitteln.

Es wurde eine Magazinsabtheilung von 35·6 Fuss Länge und 34 Fuss Breite auf 12 Fuss Höhe mit Kohle angestürzt, somit ein Hohlraum von 14.525 Cubikfuss ausgefüllt.

Die Kohle, welche Krippe für Krippe mit dem vorgeschriebenen Masse, (Vordernberger Fass) gemessen wurde, ergab jedoch 15.500 Cubikfuss, mithin nahe 7 Procent mehr.

Man darf jedoch nicht glauben, dass dieses Verhältniss immer dasselbe bleiben wird, denn nichts ist schwieriger, als das Messen von so unregelmässig gestalteten, bald in grösseren bald in kleineren Stücken, bald gemischt vorkommenden Körpern.

Hunderte von Gefässen kann man übermessen lassen, und nie wird man auf eine halbwegs constante Verhältnisszahl kommen, nur der grosse Durchschnitt allein ist da massgebend. Ja es würden selbst grosse Durchschnittszahlen nicht bei allen Hüttenwerken ganz übereinstimmen, denn es sind der Factoren zu viele, welche auf den Verrieb von Einfluss sind und deren Vermeidung nicht immer in der Macht eines Betriebsleiters steht. Wem ist nicht bekannt der grosse Einfluss der Holzart und ihres Standortes, der Einfluss der Verkohlungsmethode, die Art und Zeit der Magazinirung u. s. w. auf die Grösse des wirklichen und scheinbaren Kohlenabganges. Hiezu kommen noch die verschiedenen Gewohnheiten beim Einfüllen in die Verbrauchsgefässe, endlich die Grösse und Gestalt der letzteren.

Was den Verrieb der Kohle bei zweimaligem Stürzen betrifft, so ist dieser zwar um Vieles grösser als bei einmaligem Absturz, selbstverständlich aber nicht doppelt so gross, denn die einmal abgeriebenen Kanten widerstehen schon mehr der weiteren Abstumpfung.

Die Erzröstung beim hiesigen Bergbau geschieht in den bekannten Schachtöfen, ähnlich wie in Eisenerz, und es wird dabei die Lösche so verwendet, wie sie durch das 1zöllige Gitter durchgefallen ist, ohne Entfernung des Staubes.

Diese Röstung wird seit ungefähr 15 Jahren hier mit ganz befriedigendem Erfolg betrieben und es verursacht der Staub keinerlei Anstände.

Es wird jedoch dabei der Kunstgriff angewendet, dass man die Lösche, ehe sie auf der Gicht des Röstofens ausgearbeitet wird, stark mit Wasser angiesst, damit sie nicht durchrolle. Der hiesige k. k. Bergmeister Herr Karl Egger, unter dessen Leitung die Röstanstalt steht, hat die Erfahrung gemacht, dass das Begiessen mit Wasser auch auf die Röstung selbst von vortheilhaftem Einflusse sei, was mit einer ähnlichen Erfahrung beim Kalkbrennen ganz übereinstimmt, bei welchem man in einer bestimmten Höhe über der Ausziehöffnung überhitzte Dämpfe zuleitet, um die Entbindung der Kohlensäure zu befördern.

Häufig hat man hier auch ausser der Lösche noch Holzspäne von den Zimmerwerkplätzen und von der Holzspaltung zur Verfügung, von welchen dann dem Volumen nach der 6. bis 8. Theil der Lösche mitverwendet werden.

Eine sehr zweckmässige Verwendung findet die Holzkohlenlösche beim Kalkbrennen in Schachtöfen mit continuirlichem oder intermittirendem Betriebe. Hier gemachte Versuche haben gezeigt, dass das Kalkbrennen mit Holzkohlen-Lösche sehr gut und ohne Anstand vor sich geht, während dieselbe Operation mit Braunkohlenlösche nicht recht gelingen wollte und hiezu nur staubfreies Braunkohlenklein verwendbar war.

Die Verwendung der Holzkohlenlösche in Gasgeneratoren wurde schon vor vielen Jahren versucht.

Der ehemalige Oberverweser Rischner zu Hammerau und Aachthal in Baiern hatte schon um das Jahr 1848 ein Patent auf einen Gasgenerator mit Holzkohlenlösche erworben; wenn ich nicht irre, wurden um jene Zeit auch von Director Thoman in Russland und unter dem jetzigen k. k. Bergrathe Herrn Carl Wagner in St. Stefan ähnliche Versuche gemacht, deren Resultate ich nicht kenne. Auch bei der Maximilians-Hütte in Bergen (Baiern) sah ich im Jahre 1850 einen Gasgenerator, welcher mit Holzkohlenlösche betrieben wurde, die jedoch mit Holzspänen und anderen Brennstoffabfällen gemischt aufgegeben wurde.

Der Grund, warum Rischner's Bemühungen scheiterten, waren die öfteren Explosionen, welche besonders dann bei der Lösche gefährlich sind, wenn sie feucht ist, wodurch sie nicht geneigt ist, regelmässig nachzurollen, sondern Brücken bildet.*) Wahrscheinlich diesem Uebelstande verdankt eine andere Idee, die Lösche zu vergasen, ihre Entstehung, deren Ursprung mir jedoch unbekannt ist. Sie ist, wie mir mitgetheilt worden ist, vor circa 8 Jahren zu Rhonitz in Ungarn versucht worden und bestand darin, dass man dieselbe durch einen Cylinder von Unten auf mechanischem Wege in den Verbrennungsraum continuirlich einführte.

Bei allen mit Holzkohlenlösche betriebenen Gasöfen ist es aber schwer, die Gase von dem vielen mitgerissenen Staube zu reinigen.

Der Lundinische Gasreiniger hat allerdings die Bestimmung, ausser den Wasserdämpfen auch den Staub und andere schädliche Stoffe aus den Generatorgasen niederzuschlagen, und die hüttenmännische Welt Inner-Österreichs ist dieser interessanten Erfindung mit vielem Interesse und Vertrauen entgegen gekommen. Leider ist es aber seit einer geraumen Zeit mit derselben wieder ziemlich stille geworden und man hört auch nichts weiter von ihrer grösseren Ausbreitung in Schweden.

Auf speciellere Verhältnisse beschränkte Verwendungs-Arten der Holzkohle sind die als Zuschlag bei der Verhüttung der Frischschlacken nach der Methode von Lang Frey, dann zur Bereitung des Kohlenstaubes als Zuschlag beim Bessemerprocesse nach dem Patente des Herrn Ober-Bergrathes Stockher.

Wenn nun auch der wirkliche Verlust an Kohlenmasse durch den Verrieb lange nicht so gross ist, als man auf den ersten Blick zu glauben versucht ist, und wenn auch der Abfall, die Lösche, schon seit Jahren mancherlei nützliche Verwendung gefunden hat; so sind doch diese Verwendungs-Arten immerhin noch an ganz locale Verhältnisse gebunden und die Mengen der einer weiteren Verwendung entbehrenden Lösche sind immer noch gross; es wird daher gewiss allezeit das Bestreben eines Jeden, einen Schritt in dieser Richtung weiter zu thun, des Beifalles der hüttenmännischen Fachgenossen gewiss sein.

Nicht nur Beifall, sondern die höchste Anerkennung und einen entsprechenden materiellen Gewinn würde aber derjenige verdienen, welchem es gelänge, der Frage mit einem positiven praktisch ausführbaren Vorschlage näher zu rücken oder dieselbe durch einen glücklich durchgeführten Versuch endgiltig zu lösen.

Neuberg, den 15. Jänner 1869.

Jos. Schmidhammer,
k. k. Hüttenverwalter.

*) Auch ist die dichte Uebereinanderlagerung der für sich allein verwendeten Kohlenlösche im Gasgenerator ein grosses Hinderniss.

Ueber den Stahlschmelzofen für das Martin'sche Verfahren.

Von C. Schinz.

(Fortsetzung und Schluss.)

Werden diese Quantitäten von der evacuirten Wärmemenge abgezogen, so bleiben für die Ofentransmission disponibel:

97728 W. E. 124080 W. E. 163548 W. E. 201001 W. E.

Die per Stunde zu zersetzenden Gewichte von CaO, CO^2 sind:

Kil. 164 188 226 255.

Da aber bei 1000° die Zersetzung 2 Stunden dauert, so müssen wir doppelt so grosse Volumina annehmen, als diesen Gewichten entsprechen; wir erhalten:

Kub. M. 0·246 K. M. 0·285 K. M. 0·338 K. M. 0·382

was je 2 Retorten hoch

	Met. 1	Met. 1	Met. 1	Met. 1
tief	„ 0·5	0·6	0·7	0·8
breit	„ 0·25	0·25	0·25	0·25

erfordert. Für die Kohle zur Reduction der aus CaO, CO^2 stammenden CO^2 sind, wenn solche nicht allzu oft gefüllt werden sollen, nothwendig:

Retorten	3	3	4	4
hoch Met.	1	1	1	1
tief „	1·2	1·5	1·4	1·5
breit „	0·25	0·25	0·25	0 25.

Neben diesen Retorten sind im Ofen noch die Gasgeneratoren anzubringen, da, wie wir gezeigt haben, die Temperatur der in diesen gebildeten Gase nur 395° ist, was kaum eine vollständige und rasche Reduction zuliesse; werden hingegen diese Generatoren von aussen auf 1000° erwärmt, so kann man sicher sein, dass keine CO^2 unzersetzt durchgeht.

Diese Generatoren können unter solchen Umständen haben:

0·8 Met. Länge, 0·45 Met. Breite und 0·8 Met. Höhe

Werden nun diese Retorten und Generatoren im Ofen so zusammengestellt, dass sie den möglich kleinsten Raum einnehmen und doch zugänglich sind, ebenso den Verbrennungsproducten noch hinlänglichen Spielraum lassen, und umgeben wir dieselben mit $= e = 0·5$ Met. dicken Mauern von der Leitungsfähigkeit $C = 0·6$, so wird die Ofenwandfläche im Maximum = 20·66 Q. M. und im Minimum = 15·97 Q. M.

Die theoretische Transmission per 1 Q. M. und per Stunde ist dann:

$$t' = \frac{1000 - 20}{1 + Q\frac{0·5}{0·6}} + 20 = 122^0 \text{ und } tQ = 122.10·197,$$

die effective Transmission = 4·6mal grösser = 5721 W. E.

Somit verbraucht die Transmission für die kleinsten Dimensionen:

15·97 × 5722 = 91380 W. E.

und für die grössten Dimensionen = 20·66 × 5722 = 118216 W. E.

Zur Verfügung sind im Minimum = 97728 W. E.

im Maximum = 201001 W. E.

Es wird also die aus dem Schmelzofen evacuirte Wärme mehr als genügen, um den eben aufgezählten Bedarf zu befriedigen.

Unter der Voraussetzung, dass unsere Annahme betreffend die Dauer der Schmelzen richtig sei, was kaum zu bezweifeln ist, würde dann der Consum per 1 Kil. Stahl = Braunkohle

$\frac{96.8}{1552}$ = Kil. 0·495; $\frac{100 . 0·5}{1552}$ = Kil. 0·461;

$\frac{132·5}{1552}$ = Kil. 0·425; $\frac{149·4 . 5}{1552}$ = Kil. 0·431,

während mit dem Regenerativ-Ofen, ohne Elimination von Stickstoff, der Consum $\frac{291·8}{1552}$ = Kil. 1·500 ist.

Die Betriebsresultate, welche Herr Kohn im Octoberheft des Practical Mechanic's Journal über denselben Gegenstand mittheilt, sind identisch mit denen, die Herr Prof. Kupelwieser angibt, nur sind die Chargen, welche in Newport Steelworks gemacht werden, bedeutend grösser und entsprechend auch die Zeiten, welche von der Operation in Anspruch genommen werden. Der Brennstoff ist natürlich Steinkohle statt Braunkohle.

Wir haben gesehen, dass für die Ofentemperatur = 1400° das pyrometrische Aequivalent = 2402 W. E. für Braunkohle ist; für Steinkohle ist es: 7580—1400 . 2·82138 = 3630 W. E., so dass Kil. 1·5 Braunkohle gerade Kil. 1 Steinkohle entsprechen, und in der That ist auch der Consum für die Gewichtseinheit Stahl zu einer Gewichtseinheit Steinkohle angegeben.

Von 5 Versuchen sind die Gewichte der Chargen in engl. Pfunden und die Schmelzzeiten folgendermassen angegeben:

	Pfd.	5466	Stunden	13
	„	6594	„	14
	„	5376	„	12
	„	9764	„	15
(bestes Resultat unter vielen)	„	7616	„	12
Mittel	Pfd.	6963	Stunden	13·2
	(Kil. 3158)			

was für Kil. 1552 = 16·27 Stunden machen würde; es sind also durch die grösseren Chargen 16·27 — 13·2 = 3·05 Stunden erspart worden, was nicht viel ist und einen weiteren Beleg liefert, dass die Ofentemperaturen eben nicht höher waren als der Schmelzpunkt des Eisens, denn sonst hätte die Ersparniss an Zeit von einer Ersparniss an Brennstoff begleitet sein müssen.

Strassburg, im November 1868.

Amtliche Mittheilungen.

Abschrift einer Verordnung des k. k. Handelsministeriums ddo. 15. December 1868, Z. $\frac{15956}{1625}$ an die k. k. Postämter.

Verordnung für das Verordnungsblatt.

Verbot der Beförderung von Nobel's Sprengpulver „Dynamit" mittelst der Post.

Den k. k. Postämtern wird zur Darnachachtung bekannt gegeben, dass das von Alfred Nobel erfundene Sprengpulver „Dynamit" als ein leicht entzündlicher Gegenstand zur Versendung mittelst der Post in Gemässheit des §. 2 der Fahrpostordnung vom Jahre 1838 nicht angenommen werden darf.

Wien, am 15. December 1868.

Plener m./p.

Abschrift eines Erlasses des k. k. Handelsministeriums ddo. 15. December 1868, Z. $\frac{15956}{1625}$ an sämmtliche Verwaltungen der innerhalb der, im Reichsrathe vertretenen Länder befindlichen Eisenbahnen.

Die Versuche, welche mit dem unter dem Namen „Dynamit" im Handelsverkehr vorkommenden Sprengpulver vorgenommen wurden, haben zu dem Ergebnisse geführt, dass dieses Sprengpulver leicht der Selbstentzündung unterliegt.

Das Handelsministerium findet sich somit im Einvernehmen mit dem königl. ungarischen Ministerium für öffentliche Arbeiten und Communicationen bestimmt, diesen Artikel vom Transporte per Eisenbahn auszuschliessen.

Wien, am 15. December 1868.

Plener m./p.

Ernennungen.

Vom Finanzministerium:

In Ausführung der mit Allerhöchster Entschliessung vom 29. November 1868 genehmigten provisorischen Organisation der Montanverwaltungen wurden ernannt: Der Berg- und Hüttenverwalter zu Kitzbichl Carl Sternberger zum Vorstande der Berg- und Hüttenverwaltung in Joachimsthal mit dem Titel und Charakter eines dirigirenden Bergrathes; — der Berg- und Hüttenverwalter in Brixlegg Sigmund Lasser v. Zollheim zum Verwalter zugleich Cassier, der Schichtmeister in Klausenburg Josef v. Hohenbalken zum Verwaltersadjuncten zugleich Controlor, der zweite Schichtmeister in Kitzbichl Ferdinand Pfund zum ersten und der Bergwesens-Exspectant in Kitzbichl Gerhard Dörler zum zweiten Bergmeister der Berg- und Hüttenverwaltung in Kitzbichl; — der Berg- und Hüttenverwalter zu Lend Leo Turner zum Verwalter zugleich Cassier und der Bergwesens-Exspectant in Brixlegg Franz Aichinger zum Bergmeister bei der Berg- und Hüttenverwaltung in Brixlegg; — der Schichtmeister in Klausen Florian Schneider zum Verwalter zugleich Cassier, der Schichtmeister in Brixlegg Gottfried Freiherr v. Sternbach zum Bergmeister zugleich Controlor, endlich der Bergwesens-Exspectant in Klausen Franz Löffler zum Rechnungsführer der Berg- und Hüttenverwaltung in Klausen.

Der Ackerbauminister hat den Krakauer Oberberg-Commissär Heinrich Wachtel zum Berghauptmann in Kuttenberg ernannt.

ANKÜNDIGUNGEN.

(6—2)

Berg- und Hüttenschule.

Am 1. Mai 1869 wird in Leoben in Obersteiermark eine Berg- und Hüttenschule eröffnet, welche zum Zwecke hat, durch technische Ausbildung junger Berg- und Hüttenarbeiter ein vollkommen tüchtiges Aufsichtspersonale für den Bergbau und das Hüttenwesen, mit vorzugsweiser Berücksichtigung der Verhältnisse von Steiermark, Ober- und Niederösterreich, zu erziehen.

Die ganze Dauer des Unterrichtes zerfällt:

In den Vorcurs, welcher den Berg- und den Hüttenarbeitern gemeinsam ist, und in den Hauptcurs, in welchem der Unterricht für die Bergschüler und für die Hüttenschüler gleichzeitig, jedoch für jene und diese abgesondert ertheilt wird.

Jeder Curs, u. z. in abwechselnder Folge, dauert in der Regel vom 1. Mai bis 31. October, kann jedoch nöthigenfalls um 1, höchstens 2 Monate verlängert werden.

Der Vorcurs umfasst folgende Gegenstände: Rechenkunst (einschliesslich Flächen- und Körperberechnung) Elemente der Buchstabenrechnung, das Nothwendigste aus der Naturlehre, Zeichnen und praktische Messkunde.

Die Gegenstände des Vorcurses werden angemessen vertheilt von den beiden anzustellenden Fachlehrern gelehrt.

Der Hauptcurs umfasst folgende Gegenstände und zwar:

a) Der Fachcurs für die Bergleute: Mineralogie, Geognosie, Bergbaukunde mit der Aufbereitung und dem Kunst-Maschinenwesen, Markscheidekunst, Zeichnen, Grubenrechnungsführung und Bergrecht;

b) der Fachcurs für die Hüttenleute: metallurgische Chemie, Hüttenmechanik, Zeichnen, allgemeine und specielle Hüttenkunde, Probirkunde und Hüttenrechnungsführung.

Die Gegenstände eines jeden Fachcurses werden von dem dafür bestimmten Fachlehrer, welchem ein Assistent zur Aushilfe beigegeben wird, gelehrt.

Der Gesammtunterricht wird praktisch, möglichst demonstrativ und leicht fasslich gehalten, und auf das Bedürfniss von Berg- und Hüttenaufsehern beschränkt. Mit dem Unterrichte werden öftere examinatorische Wiederholungen, geognostische Begehungen, Grubenbefahrungen, Markscheideverwendungen und Besuche von Hüttenwerken verbunden, worüber Berichte zu erstatten sind. Ausserdem sind im Fachcurse der Berg- und Hüttenschüler 14 Tage zu ausgedehnteren Excursionen und zur Verfassung der darüber zu erstattenden Berichte bestimmt. Bei diesen Excursionen sollen die Schüler auch mehrere entferntere Berg- oder Hüttenwerke kennen lernen und die Anleitung bekommen, wie sie in Zukunft ähnliche Werksbesuche vornehmen und dabei ihre Notizen führen sollen.

In diese Schule werden befähigte Arbeiter im Alter von 22 Jahren und nur in besonders berücksichtigungswürdigen Fällen auch solche unter 22, jedoch keinenfalls unter 20 Jahren aufgenommen, welche einerseits bereits eine solche Schulbildung genossen haben, wie sie auf einer guten Landschule zu erlangen ist und sich in der deutschen Sprache mündlich und schriftlich ziemlich gut auszudrücken vermögen; andererseits aber auch im Berg- oder Hüttenfache, oder in unmittelbaren Hilfswerkstätten von Berg- oder Hüttenwerken mindestens ein volles Jahr als selbstständige Arbeiter bedienstet waren.

Alle Zöglinge werden für die Dauer des Unterrichtes von Seite der Schule in gänzliche Verpflegung genommen, wofür sammt Wohnung, sowie für Anschaffung der nöthigen Schul- und Zeichnen-Requisiten und Instrumente, dann für den Prämienfond jeder Zögling die durch den Schulausschuss festgestellten Beträge u. z. für den Schulcurs 1869 im Falle einer nur sechsmonatlichen Dauer desselben: 100 fl. + 25 fl. + 5 fl., zusammen 130 fl.; im Falle einer längeren Dauer aber einen verhältnissmässigen Betrag für die Verpflegung sammt Wohnung zu entrichten und hievon 80 fl. vor Beginn des Curses, den Rest aber nach Verlauf der ersten drei Monate zu erlegen hat.

Die Gesuche um die Aufnahme in diese Schule sind von den Bewerbern eigenhändig geschrieben durch ihr vorgesetztes Amt oder ihren Dienstherrn, versehen mit den von diesen ausgestellten Qualifications-Tabellen oder Dienstzeugnissen, worin nebst der Kategorie und Dauer der Dienstleistung auch über Fleiss, Anstelligkeit, Ausdauer, Verlässlichkeit und sittliches Betragen, sowie über die erlangte Schulbildung ein genaues wahrheitsgetreues Urtheil abzugeben ist, wenn möglich bis 1. April 1869 an die Direction der Berg- und Hüttenschule in Leoben einzusenden, welche über die Aufnahme entscheidet. In Fällen, in denen es nothwendig erscheint, wird der Eintritt in die Schule von dem Erfolge einer Aufnahmsprüfung abhängig gemacht.

Leoben, am 18. Jänner 1869.

Der Schulausschuss.

Berg- und Hüttenschul-Lehrer-Stellen.

An der am 1. Mai 1869 in Leoben in Obersteiermark zu eröffnenden Berg- und Hüttenschule sind die Stellen zweier Lehrer, nämlich eines Lehrers für das Bergfach und eines Lehrers für das Hüttenfach provisorisch zu besetzen.

Die Obliegenheiten beider Lehrer sind aus dem in vorstehender Kundmachung enthaltenen Lehrplane zu entnehmen.

Mit jeder dieser Lehrerstellen ist ein Jahresgehalt von 1000 fl. verbunden, welcher bei besonders vorzüglicher Leistung des Lehrers bis auf 1200 fl. erhöht werden kann.

Bewerber um eine oder die andere dieser Lehrerstellen haben ihre Eignung für die gewünschte ausdrücklich zu bezeichnende Stelle überhaupt, insbesondere aber nachzuweisen, dass sie die bergakademischen Studien mit gutem Erfolge absolvirt und durch mehrere Jahre praktische Dienste entweder bei dem Bergwesen, insbesondere beim Kohlenbergbau oder beim Hüttenwesen, insbesondere bei Eisenwerken geleistet haben.

Die an den Ausschuss der Berg- und Hüttenschule in Leoben zu richtenden Competenz-Gesuche sind bis 1. März 1869 bei dem gefertigten Berghauptmanne einzubringen.

Leoben, am 18. Jänner 1869.

Baumayer.

Diese Zeitschrift erscheint wöchentlich einen Bogen stark mit den nöthigen artistischen Beigaben. Der Pränumerationspreis ist jährlich loco Wien 8 fl. ö. W. oder 5 Thlr. 10 Ngr. Mit franco Postversendung 8 fl. 80 kr. ö. W. Die Jahresabonnenten erhalten einen officiellen Bericht über die Erfahrungen im berg- und hüttenmännischen Maschinen-, Bau- und Aufbereitungswesen sammt Atlas als Gratisbeilage. Inserate finden gegen 8 kr. ö. W. oder $1\frac{1}{2}$ Ngr. die gespaltene Nonpareillezeile Aufnahme. Zuschriften jeder Art können nur franco angenommen werden.

Druck von Carl Fromme in Wien. Für den Verlag verantwortlich Carl Reger.

№ 7. XVII. Jahrgang.

1869. 15. Februar.

Oesterreichische Zeitschrift für Berg- und Hüttenwesen.

Verantwortlicher Redacteur: Dr. Otto Freiherr von Hingenau, k. k. Ministerialrath im Finanzministerium.

Verlag der G. J. Manz'schen Buchhandlung (Kohlmarkt 7) in Wien.

Entwurf allgemeiner Bergpolizei-Vorschriften.

Das k. k. Ackerbauministerium hat vor einem Jahre den Bergcommissär Simon Dwořak eine Instructionsreise in Deutschland und Belgien machen lassen, deren Resultate in einem gedruckten Bericht veröffentlicht wurden. Wir haben unter Mittheilung einer der darin enthaltenen Bemerkungen in Nr. 23 des Jahres 1868 auf diesen werthvollen Bericht aufmerksam gemacht und sehen uns veranlasst, neuerdings wieder auf jene Mission des Herrn S. Dvořak und dessen Bericht zurückzukommen, weil eine weitere Frucht desselben vor uns liegt, welche bestimmt ist, auch praktisch in die Reform der Bergwesens-Pflege einzugreifen.

Es ist dies ein wesentlich durch jene Vorarbeit angeregter Entwurf von allgemeinen Bergpolizei-Vorschriften, welchen das k. k. Ackerbauministerium als Manuscript in Druck gelegt und auch uns übersendet hat, um demselben Verbreitung zu geben und fachgenossenschaftliche Urtheile und Bemerkungen darüber hervorzurufen.

Wir begrüssen diesen Vorgang mit aufrichtigem Beifalle und wollen daher nicht säumen, diesen Entwurf — mit einem Auszuge aus den demselben beigegebenen Motiven auch in unserer Zeitschrift den Lesern derselben vorzuführen und zwar so, dass wir nach jedem Hauptabschnitte die dazu gehörenden motivirten Bemerkungen folgen lassen, welche demselben als Erläuterung dienen. Unser eigenes Urtheil versparen wir auf später, wollen jedoch jetzt schon Besprechungen aus den Fachkreisen die Spalten dieser Zeitschrift zur Verfügung stellen, damit durch Discussion der gegebene Anstoss weiter verbreitet und die gebotenen Anträge vom Standpunkte der Bergbau-Interessenten beleuchtet werden mögen. O. H.

Der Entwurf lautet:

„Zur Erzielung der Sicherheit der Bergbaue für Personen und Eigenthum, sowie zum Schutze gegen gemeinschädliche Einwirkungen des Bergbaues, werden in Ausführung des allgemeinen Berggesetzes vom 23. Mai 1854, R. G. Bl. Nr. 146, nachstehende allgemeine Bergpolizei-Vorschriften erlassen.

Wenn örtliche Verhältnisse überdies besondere Bergpolizei-Vorschriften für einzelne Theile oder für den ganzen Umfang eines oberbergbehördlichen Verwaltungsgebietes nothwendig machen sollten, wird die Feststellung und Genehmigung derselben den Oberbergbehörden überlassen.

I. Allgemeine Bestimmungen.

Sicherheit der Personen.

§. 1.

Die unterirdischen Grubenbaue sind bei der Anlage gegen das Hereinbrechen des Gesteins sicher zu stellen und, so lange sie benützt werden, in gesichertem Zustande zu erhalten.

§. 2.

Es wird verboten Kinder unter zwölf Jahren zur Schachtbefahrung zuzulassen oder in die Grubenarbeit aufzunehmen.

Im trunkenen oder kranken Zustande darf ein Bergarbeiter zur Arbeit nicht zugelassen werden.

Fremde dürfen ohne Erlaubniss des Besitzers oder seines Betriebsleiters und ohne Begleitung eines Grubenaufsehers eine Grubenbefahrung nicht vornehmen.

§. 3.

Als Aufseher bei den verschiedenen Abtheilungen des Bergbau- und Grubenbetriebes dürfen nur solche Individuen bestellt werden, welche wenigstens drei Jahre nacheinander die Arbeit, der sie vorzustehen haben, verrichteten und dabei ihre Fähigkeit erprobt haben.

§. 4.

Jedem Bergarbeiter ist eine solche Arbeit zuzuweisen, welche seiner Befähigung und seinen körperlichen Kräften angemessen ist.

Sicherheit des Eigenthums.

§. 5.

Die Gewinnung der nutzbaren Mineralien soll so erfolgen, dass die Grube in ihrer Nachhaltigkeit erhalten wird. Es soll daher der Abbau möglichst vollkommen und auf solche Weise geschehen, dass der weitere Aufschluss und die vollständige Gewinnung nicht erschwert oder gar verhindert werde.

§. 6.

Bei den, unter dem jüngeren wasserreichen Gebirge bauenden Bergwerken ist unter der Auflagerungsebene des ersteren ein Sicherheitspfeiler von hinreichender Mächtigkeit zur Verhütung von Wasserdurchbrüchen unverritzt stehen zu lassen.

An der Markscheide zweier Tiefbauanlagen innerhalb des Steinkohlengebirges ist, sofern sich nicht ihre Besitzer zu einer gemeinschaftlichen Wasserhaltung geeinigt haben, unterhalb der Soole der tiefsten natürlichen Wasserlösung ein Sicherheitspfeiler von fünf Klaftern Stärke, rechtwinklig gegen die Markscheide gemessen, auf jeder Seite stehen zu lassen.

Werden für einzelne Bergwerke hinsichtlich der Sicherheitspfeiler durch die Verleihungsurkunde oder durch anderweitige Anordnungen andere Bestimmungen getroffen, so hat es bei denselben zu verbleiben.

§. 7.

Bohrlöcher und Schächte jeder Art, welche durch das jüngere wasserreiche Gebirge in das Steinkohlengebirge niedergebracht werden, sind derart einzurichten und abzuschliessen, dass die oberen Wasser nicht durch dieselben in das Steinkohlengebirge eindringen können.

§. 8.

Bei dem Betriebe von Grubenbauen, in deren Nähe Standwasser oder jüngeres wasserreiches Gebirge bekannt oder zu vermuthen ist, soll durch Vorbohren und andere zweckentsprechende Sicherungsmassregeln der Gefahr eines plötzlichen Wasserdurchbruches vorgebeugt werden.

In diesen Fällen sind besondere Tabellen zu führen, in welche die Zahl, Stellung und Tiefe der Bohrlöcher täglich einzutragen ist.

Motive zur Einleitung und zu I.

Die vorliegenden bergpolizeilichen Vorschriften setzen eine Gliederung der Bergbehörden in Revierbeamte, Ober-Bergbehörden und das Ministerium voraus. Da diese Gliederung von dem §. 225 des allgemeinen Berggesetzes abweicht, so bedingen diese Bergpolizei-Vorschriften eine Abänderung des §. 225 allg. Bergg. In den Bergpolizei-Vorschriften wird auf die Ober-Bergbehörden das Hauptgewicht der bergbehördlichen Wirksamkeit gelegt. Bei dieser Gliederung würden die österreichischen Bergbehörden einen ähnlichen Instanzenzug erhalten, wie er in Preussen besteht. Im Interesse des Bergbaues dürfte die Aufhebung der gegenwärtigen und die Einführung einer neuen Organisirung der Bergbehörden liegen. Bei Voraussetzung dieses Umstandes würde sowohl der Inhalt dieser Vorschriften rücksichtlich des Instanzenzuges, als auch die Erlassung derselben im Verordnungswege gerechtfertigt erscheinen.

Die Tendenz dieser Vorschriften ist im Eingange ausgedrückt; sie ist auf die Sicherheit der Person und des Eigenthums gerichtet. Diese Vorschriften erscheinen daher nur als nähere Entwickelung des einen Theils der im §. 170 allgemeinen Berggesetz ausgesprochenen Pflicht der Bauhafthaltung.

Die bergpolizeilichen Vorschriften Frankreichs, Belgiens, Preussens und Sachsens, soweit sie für die österreichischen Verhältnisse anwendbar erscheinen, wurden benützt und entsprechend berücksichtigt.

Als sehr wichtig erscheinen die Sanitäts-Vorschriften für die Bergarbeiter und die Rettungs-Vorschriften bei unglücklichen Ereignissen beim Bergbaubetriebe. Die anzuhoffende Hebung und Erweiterung des österreichischen Bergbaues wird es erheischen, dass auch dieser Theil der Bergpolizei einer näheren Beachtung gewürdigt werde. Diesem Gegenstande der Bergpolizei eine abgesonderte Behandlung zu widmen, dürfte entsprechender sein, als wenn derselbe in die gegenwärtige allgemeine Vorschrift einbezogen würde, denn er beansprucht offenbar eine andere Form in der Behandlung.

Die Sicherheit der Person und des Eigenthums wird bei dem Bergbaue durch Handlungen und Unterlassungen und durch das Eintreten von Umständen gefährdet, deren Voraussicht auch der schärfsten und sorgfältigsten Beobachtung sich entzieht.

Sowie sich die vielen Ursachen und Veranlassungen der Gefahr bei dem Bergbaue nicht in ein System gliedern lassen, so ist dies auch mit den Vorschriften, welche die Abwendung der Gefahr beabsichtigen, der Fall. Es erübrigt daher kein anderer Anhaltspunkt für die Eintheilung dieser Vorschriften, als der, welcher durch die wichtigsten Arbeiten und Erscheinungen beim Bergbau bezeichnet erscheint, bei welchen die Sicherheit der Person und des Eigenthums gefährdet werden kann.

I. Allgemeine Bestimmungen.

Sicherheit der Person.

§. 1.

Steht im Einklange mit §. 1 der allgemeinen Bergpolizei-Verordnung des Oberbergamtes Bonn vom 8. November 1867 mit geringen meist die Textirung betreffenden Unterschieden.

Mit dem §. 1 ist die Nothwendigkeit des Grubenausbaues, welcher die Schacht- und Streckenzimmerung und Mauerung umfasst, bezeichnet.

§. 2.

Dieser ist eine getreue Uebersetzung des Art. 29 des Napoleonischen Decrets vom 3. Jänner 1813 mit der Abweichung, dass statt 10 Jahre vorgezogen wurde zu setzen 12 Jahre. Die Annahme des ganzen Inhaltes dieses Paragraphes empfiehlt sich durch seine Wichtigkeit.

§. 3.

Stimmt überein mit dem Art. 25 des französischen Decrets vom 3. Jänner 1813 und wird für sehr wichtig gehalten. Er hält aufrecht die Disciplin unter den Arbeitern und ist der Ausdruck der dem Verdienste gebührenden Anerkennung. Der Vorgesetzte soll, wenn nicht mehr, doch wenigstens in demselben Grade seine Arbeit verstehen, wie sie der ihm untergeordnete Arbeiter versteht. Wo dies nicht stattfindet, ist der geordnete Gang des Geschäftes gestört. Bei grösserer Ausdehnung eines Geschäftszweiges kann die Bestellung ungeschickter Aufseher den Bestand und die Fortdauer desselben sogar gefährden.

§. 4.

Ist dem §. 2 der sächsischen Vorschrift vom Jahre 1867 „Von der Annahme und Anlegung der Arbeiter“ entlehnt worden, wobei für eine präcisere Fassung gesorgt wurde. Die Befolgung dieses Paragraphes ist von grosser Wichtigkeit, weil die unrichtige Anweisung der Arbeit die Ursache von grossen Unglücksfällen werden kann. Die richtige Zuweisung der Arbeit setzt voraus, dass der Vorgesetzte die Arbeit kenne und die Fähigkeit des Arbeiters zu beurtheilen im Stande sei. In diesem Punkte wird von Werksvorständen viel im Dunkel herumgetappt und man findet es sehr häufig, dass sie die Fähigkeit ihrer Arbeiter nur nach dem Hörensagen beurtheilen.

Die Beobachtung dieses Paragraphes erfordert die Beobachtung des §. 3.

Ein Beitrag zur Entwicklung der ostgalizischen Salinen*).

In Nr. 3 der österreichischen Zeitschrift für Berg- und Hüttenwesen vom Jahre 1869 in dem Artikel: „Vergleich zwischen den ostgalizischen und englischen Sudsalzkosten“ könnte aus dem vorletzten Absatz „Material, Verwaltung und Gemeinkosten“ gedeutet werden, als wenn er gegen die Verdienste des gegenwärtigen Leiters des Salinenwesens in Galizien um dasselbe gerichtet wäre, was nicht im entferntesten meine Absicht war.

Meine Absicht ist und bleibt objectiv und mein Ueberblick der Verhältnisse geht von dem gegenwärtigen Stande des Salinenwesens in der Gegend zwischen Drohobycz und Stebnik aus, unbekümmert was alles geschehen, projectirt und gebaut worden ist, da ich erst einige Monate in Galizien bin und die Vergangenheit noch nicht kenne, sondern rein individuell aus der Anschauung der Thatsachen urtheile.

Ich muss aber zur Steuer der Wahrheit in Folge der mir mitgetheilten Aufschlüsse anführen, dass alle diese überflüssigen Baulichkeiten aus einer viel früheren Epoche herstammen, und dass die neueren Pfannhausbauten, die mir bekannt geworden sind, wie in Kalusz, zweckentsprechend hergestellt wurden.

So kosten die früheren Bauten an Anlagecapital per 1 Ctr. jährlicher Erzeugungsfähigkeit 2 fl., während die neueren Bauten nur 30 Nkr. kosten sollen, also den siebenten Theil davon.

Der Leiter des galizischen Salinenwesens soll auch schon im Jahre 1853 den Antrag gestellt haben, Gasfeuerungsversuche hierlands einzuleiten.

Man kann überhaupt, wenn man das Productionsquantum und die Gestehungskosten der galizischen Salinen seit dem Jahre 1860—1867 verfolgt, insbesondere jene, wo neue Einrichtungen bestehen, wie in Lacko, den Fortschritt nicht verkennen, und man muss auch dem System die Rechnung tragen, wenn manche Ausführung unterblieben ist.

Gestehungskosten des geformten Sudsalzes der ostgalizischen Salinen per 1 Wiener Centner seit 1860 bis 1867.

Jahr	Lacko,	Drohobycz,	Stebnik,	Bolechow,	Kalusz,	Dolina,	Delatyn,	Kossow.
1860 =	1 fl. 20·1 kr. =	82·7 kr. =	67 kr. =	59 kr. =	88·1 kr. =	57·05 kr.	war im Bau gewesen	= 87 kr.
1861 =	1 „ 08·6 „ =	72·3 „ =	89 „ =	51·2 „ =	76·2 „ =	57·2 „		= 74 „
1862 =	1 „ 13·5 „ =	74·7 „ =	79 „ =	58 3 „ =	85·9 „ =	57·6 „		= 75 „
1863 =	1 „ 30 „ =	— „ =	87 „ =	59·9 „ =	97·8 „ =	63·9 „		= 81 „
1864 =	1 „ 09 „ =	68·1 „ =	69 „ =	59·6 „ =	1 fl. 03·5 „ =	57·3 „		= 81 „
1865 =	— „ 97·9 „ =	69·8 „ =	62 „ =	60·9 „ =	1 „ 00·2 „ =	62·5 „		= 87 „
1866 =	— „ 77·4 „ =	71·51 „ =	61·78 „ =	56·87 „ =	99·41 „ =	59·91 „		= 75·9 „
1867 =	— „ 65·95 „ =	62·77 „ (xx)	54·95 „ =	52·87 „ (x)	94·03 „ (x)	49·00 „		(x) 95·02 „

(x) Bei Kalusz, Kossow und Dolina sind die Gestehungskosten ohne Capitalsanlage angesetzt, mit Capitalsanlage betragen sie im ersten Fall 1 fl. 52·44 kr., im zweiten Fall 1 fl. 07·76 kr., im dritten Fall 60·80 kr., bei den übrigen im Betrieb stehenden Salinen wurden in diesem Jahre keine grösseren Bauanlagen ausgeführt.

(xx) Wegen irrigerweise einer zu grossen angenommenen Soolenerzeugung zu nieder gegen die Wirklichkeit.

Production des geformten Sudsalzes in Wiener Centnern.

Jahr	Lacko	Drohobycz	Stebnik	Bolechow	Kalusz	Dolina	Delatyn	Kossow
1860	67.699	75.583	67.517	75.718	62.766	54.849	statt Delatyn wurden die jetzt aufgelassenen Salinen Lanczyn und Utorop betrieben	43.445
1861	75.351	84.088	69.605	93.382	76.679	65.691		49.861
1862	70.899	82.975	73.386	85.242	60.558	58.376		45.754
1863	57.054	72.664	74.230	92.275	47.193	52.860		45.396
1864	91.480	77.379	74.131	101.587	54.338	63.078		41.206
1865	73.879	78.611	92.136	85.511	53.421	51.481		37.498
1866	71.602	79.040	119.548	90.752	62.908	58.480		46.627
1867	84.070	76.760	103.797	93.054	55.487	65.639		31.554

An einigen Salinen mussten die einmal begonnenen kolossalen Pfannhausbauten ausgebaut und benützt werden, weil sie einmal schon dastanden.

In Stebnik sind auch die 4 Sudhütten zum Abtragen bestimmt und sollen in dem neuen kolossalen Sudhaus aus der früheren Zeit 2 Haupt- und 2 Nachpfannen eingerichtet werden.

Interessant wäre es, wenn einer meiner Fachgenossen der in dem erwähnten Artikel gemachten Aufforderung folgen und den Fortschritt des galizischen Salinenwesens seit den letzten 10 Jahren als Augenzeuge umständlicher skizziren würde, was ich vom Herzen wünsche.

Stebnik, den 31. Jänner 1869.

Eduard Windakiewicz,
k. k. Salinenverwalter.

*) Einen kurz nach Einlangen dieser Zusendung uns zugekommenen Artikel mit „Bemerkungen“ über die in Nr. 3 d. J. enthaltene Vergleichung englischer und ostgalizischer Sudsalzkosten bringen wir in nächster Nummer, da wir unseren Lesern in einer und derselben Nummer nicht zu viel Salz auftischen dürfen. Die Red.

Concurrenz des Bessemerverfahrens mit dem Heaton'schen Entkohlungsprocess des Roheisens mittelst Salpeters.

Bekanntlich wurden seit mehr als zwei Jahren anhaltende Versuche gemacht, auch solches Roheisen zur Stabeisen- und Stahl-Darstellung zu verwerthen, welches nicht geeignet ist, im Converter des Bessemer'schen Apparates zu einem brauchbaren Product verarbeitet zu werden.

Dahin gehören unter anderen die Bestrebungen von Richardson, welcher mittelst hohler Gezähe Windströme in die Puddelöfen einführte und die unreinen Schlacken durch zeitiges Abstechen entfernte; Hargreaves wandte Gemische von Chilisalpeter und Eisen- oder Manganoxyden an, die entweder in Form von Kugeln an passende Gezähe befestigt, in den Herd der Puddelöfen eingeführt und darin umherbewegt — oder auf den Boden eines passenden Ofens fest aufgestampft und mit dem zu frischenden Eisen übergossen werden sollten.

Endlich trat Heaton auf und führte auf der Langley-Mill, Erewash Valley ein Verfahren ein, welches wesentlich darin besteht, in einem Ofen einen Boden von reinem oder mit Sand gemischten Chilisalpeter einzustampfen (ähnlich also wie bei Hargreaves), diesen wagerecht abgestrichenen Boden mit einer durchlöcherten Eisenplatte zu bedecken und darauf den hitzigen Abstich eines Ireland'schen Cupolofens fliessen zu lassen. Der entstandene Rohstahl wird entweder abgestochen oder besser noch in teigiger Consistenz gewonnen, sofort in mehrere Luppen getheilt und in einem Flammofen soweit erhitzt, dass er sich ausschweissen und bearbeiten lässt. Gussstahl wird aus diesem Product und durch nochmalige Schmelzung in thönernen Schmelztiegeln von 60 Pfd. Fassung dargestellt. (S. a. Berggeist, S. 472, 1868.) Die Resultate des Processes ergaben sich als ausserordentlich befriedigend, da sowohl die Analysen von Miller als auch die Urtheile von R. Mallet und Dr. Kirkaldy die guten Eigenschaften der Producte constatiren und es war daher nicht wunderbar, dass die gesammte Handels- und Industriepresse Englands in dem neuen Verfahren das Mittel erblickte, die schlechten Roheisenmarken des englischen Marktes, namentlich das Roheisen von Cleveland und Northampton zu einem ebenso guten Product zu verwerthen, als es die Bessemer-Apparate aus den besten und theuersten Marken von Cumberland und Lancaster fabricirten.

In diesem Sinne sprach sich u. A. auch ein sogenannter City-Artikel der Londoner Times vom 21. October v. J. aus, und rief durch eine Behauptung in demselben eine Erwiderung von H. Bessemer und demnächst eine polemisirende Correspondenz zwischen Bessemer und Heaton hervor, die auch von technischem Interesse ist.

Jene Behauptung stellte die Producte des Bessemer'schen und Heaton'schen Processes in eine Reihe und sprach die Hoffnung aus, dass es nun möglich sein würde, aus dem schlechtesten Rohmaterial eben solchen Gussstahl darzustellen, als er von Bessemer aus den besten Marken geliefert würde.

H. Bessemer griff in einer Zuschrift vom 1. December (Times, 2. December) 1868 jene Voraussetzung als irrig an, welche den Heaton'schen Rohstahl und seinen Rohstahl als ähnliche Dinge anzusehen schien und zu einem Missverstehen des ganzen Verhältnisses Veranlassung gab.

H. Bessemer ging indessen in der Begründung seiner Einwürfe ebenfalls zu weit; denn er stellte den Gussstahl und seinen Converterstahl in eine Reihe, indem er als Eigenschaften des ersteren vor Allem die Homogenität des Korns und das Freisein von jeder lamellaren Structur hinstellte und diese für sein Product in Anspruch nahm. Dabei gestand er allerdings die Möglichkeit zu, den Heaton'schen Stahl wie jeden andern Puddelstahl z. B. durch Tiegelschmelzung in Gussstahl zu verwandeln, betont aber den Kostenpunkt dieser Schmelzung, der incl. Löhne und Tiegelbeschaffung auf 5 — 6 Pfd. pro 1 Tonne Product komme.

Wenn nun auch durch Verwendung eines billigen Roheisens das Heaton'sche Verfahren einen Vorzug von 20 — 30 Schilling pro 1 Tonne Rohmaterial bringe, so sei andererseits nach dem Bericht von Miller eine Menge von 270 Pfd. Chilisalpeter pro Tonne Einsatz erforderlich und diese entspreche bei einem (dermaligen) Marktpreis von 15 Schilling einem Werthe von 36 Schilling. Dadurch wird das aus schlechterem Rohmaterial erzeugte Product ebenso theuer, als der aus bestem Rohmaterial dargestellte Bessemerstahl — die übrigen Fabrikationskosten als gleich angenommen.

Aus all dem Gesagten glaubt H. Bessemer den Schluss ziehen zu dürfen, dass der Heaton'sche Gussstahl nicht im Stande ist, mit dem Bessemer-Stahl dauernd zu concurriren.

Die Antwort Heaton's erschien in der Times vom 14. December und constatirte im Eingang sogleich, dass, da die erste Notiz über das Verfahren am 21. October, Bessemer's Angriff aber erst am 21. December geschehen sei, Henry Bessemer 6 Wochen gebraucht habe, um die Gründe zu sammeln, die jenen Angriff stützen sollten. Nachdem Heaton noch ausdrücklich die vollkommene Oeffentlichkeit der Arbeiten zu Langley-Mill hervorgehoben und gesagt, dass es Jedermann freistehe, mit einem beliebigen Material daselbst zu erscheinen, das Material unter seiner Aufsicht frischen zu lassen und dann alle weitere Verarbeitung und alle Proben anderwärts nach Belieben auszuführen, spricht er die allerdings vergeblich gewesene Erwartung aus, dass Bessemer jene 6 Wochen benutzt haben dürfte, um sich den Heaton'schen Process genau anzusehen; er habe es aber nicht gethan.

Die streitigen Punkte resumirt Heaton in drei Fragen, die in folgender Form zur Aufstellung gelangen:

1. Kann Heaton ebenso guten Stahl und mit geringeren Kosten herstellen als Bessemer, sobald er dasselbe Material in einem bedeutend wohlfeileren Apparat verarbeitet?

2. Kann Heaton gutes Eisen und guten Stahl aus Cleveland- und Northampton-Eisen darstellen, welches bekanntlich wegen seines Phosphor- und Schwefelgehaltes zum Bessemern untauglich ist?

3. Kann Heaton gute Producte ebenso billig oder billiger aus dem ordinärsten Roheisen darstellen als es Bessemer durch Verwendung der theuersten Roheisensorten möglich ist?

Den in der ersten Frage motivirten Kostenpunkt der Anlagen stellt Heaton als vollkommen fest hin, da bereits die kleineren Hüttenwerke angefangen hätten, an seine Apparate zu denken, während ihnen die Errichtung von Bessemeranlagen unmöglich gewesen wäre.

Die erste Frage bejahet sich nach Heaton von selbst, obwohl Bessemer die Gleichheit der Producte bestreitet und dem Heaton'schen Stahl die bestimmenden Eigenschaften des Gussstahles abspricht. Heaton behauptet, dass sein Stahl in vollkommen homogenem Zustand sich befindet, weil während der Stahlbildung das Metall noch ganz flüssig sich zeige und später erst ein Abkühlen eintrete. Bessemer's Einwurf, dass die Entwicklung des Sauerstoffes aus dem Salpeter Wärme binde, fällt nach Heaton von selbst, sobald man die während des Bessemerns durch den Converter gehende Luftmasse mit der Gasmenge von 275 Pfd. Salpeter vergleicht, die doch nur nach Massgabe ihrer Menge abkühlen kann.

Die weitere Ansicht Bessemer's, dass Heaton's Stahlluppen aus Gemengen von Schlacken und Stahl beständen, bestreitet der Letztere ebenfalls und führt an, dass sich die leichtere Schlacke stets über dem Metallbad sammle und sich deshalb ganz leicht von dem Stahlklumpen trennen lasse. Uebrigens enthielten die Converter nach der Beendigung des Frischens ebenfalls ganz steife Schlacken, welche ebenso wohl die Qualität resp. Homogenität des Productes beeinträchtigen könnten.

Gegen die Behauptung streite noch die Thatsache, dass Heaton's Stahl, baldmöglichst nach dem Fertigwerden in einen seiner Patentflammöfen oder in einen Siemens'schen Ofen gebracht, zu einem ebenso homogenen und guten Stahl, als der Bessemerstahl ist, sich ausgiessen lässt. Dazu fügt Heaton noch die Bemerkung, dass auch der Bessemerstahl sich bedeutend in der Qualität verbessere, wenn er in einem Flammofen oder einem Siemens'schen Ofen nochmals flüssig gemacht werde.

Was endlich die Bessemer'sche Kostenberechnung anbetrifft, so sagt Heaton mit Recht, dass die Darstellung gewöhnlichen ordinären Stahls zu Schienen etc. weder bei seinem, noch bei Bessemer's, noch bei Siemens' Stahlfrischprocess unter Anwendung von Tiegeln, sondern dass nur Werkzeugstahl mit Hilfe des Tiegelgusses dargestellt werde. Bessemer selbst arbeitet mit Tiegeln, wenn er Werkzeugstahl fabricirt, und es lässt sich schwer rechtfertigen, warum er geflissentlich zur Meinung induciren will, seine Schienen und groben Gegenstände beständen aus Tiegelgussstahl, ähnlich wie ihn Heaton mit 50 Pfd. per Tonne bezahlt erhält, während sie doch nach Gruner und anderen Autoritäten nichts seien, als feinkörniges, sehr homogenes Eisen, kein wirklicher Stahl also, sondern höchstens eine stahlartige Substanz.

In Betreff der Umschmelzkosten führt Heaton noch an, dass Bessemer's Meinung eine falsche sei, denn Siemens habe mittelst der Anwendung seines Ofenprincipes auf Tiegelgussstahl die Umschmelzkosten auf weniger denn 1 Pfd. pro 1 Tonne heruntergedrückt. Schliesslich findet noch die Notiz Platz, dass Heaton in letzter Zeit 40 Schienen direct aus seinem Converterstahl gemacht habe, welche in keiner Beziehung, weder im Aussehen des Bruches, noch im Ausfall der mechanischen Proben den Bessemerstahlschienen nachgestanden hätten.

Die zweite der oben erwähnten Fragen enthält den Punkt, der nach Heaton eine für Bessemer unangenehme Wirklichkeit besitzt, denn den beiden aufgeführten Eisensorten gegenüber hat sich der Bessemerprocess wirkungs- und werthlos gezeigt, während Heaton's Patent gerade die Ausfüllung dieser Lücke als Kern enthält. Es ist von Interesse zu erfahren, dass halbzöllige Stäbe von Werkzeugstahl aus Middlesbrough-Roheisen (Claylane Forge Nr. 4) bei den von Kirkaldy ausgeführten Brechungsversuchen eine absolute Festigkeit von über 53 Tonnen per Quadratzoll zeigten.

Die dritte Frage gibt Heaton von Neuem Veranlassung, Bessemer's Aussagen corrigiren zu müssen und als Beweis deren Unsicherheit hervorzuheben, dass dabei ein beharrliches Schweigen im Bezug auf die Verluste beim Bessemern, auf die Preissteigerung des Roheisens durch die erwachsende Ausdehnung der Bessemeranstalten, auf die ungeheueren Anlagekosten der letzteren und auf die Kosten der fortdauernden Unterhaltung beobachtet werde.

Was endlich die Annahme von 270 Pfd. Salpeter per Tonne nach Miller's Angaben anbetrifft, so bezogen sich letztere auf Versuchschargen, welche unter Ausnahmeverhältnissen stattgefunden hätten.

Anstatt 270 Pfd. Salpeter von 36 Schilling Werth würden per Tonne nur 224 Pfd. des Salzes von $28\frac{1}{2}$ Schilling Werth verbraucht, wenn man den ungewöhnlich hohen gegenwärtigen Marktpreis des Salzes in Betracht zieht.

Gewöhnlich erforderte 1 Tonne Stahl aus schlechtem Material nur 10 Proc. Salpeter, während bei der Verarbeitung besseren Materials bedeutend weniger gebraucht würde.

Am Schlusse seines Briefes constatirt Heaton, dass lange Zeit vor der Entnahme seines Patentes Bessemer bereits 3 Patente auf die Verwendung salpetersaurer Salze zum Eisen- und Stahlfrischen genommen habe, und dass sein jetzt sich kundgebender Widerwille gegen das Heaton'sche Verfahren mindestens als starke Inconsequenz bezeichnet werden müsste.

Die Polemik schliesst mit einem längeren und ausführlichen Brief von H. Bessemer, der aber wenig Neues enthält und die Behauptungen des ersten Schreibens aufrecht erhält und ausführlicher discutirt.

Bei dem Vergleich des Abbrandes berechnet Bessemer den seinigen aus 10.000 Tonnen Material auf 12·45 bis 12·50 Proc. und rechnet den Abbrand des Heaton'schen Processes auf 11·5 Proc., indem er zu den von Miller gefundenen $7\frac{1}{2}$ Proc. an fremden Substanzen im schlechten Eisen noch 4 Proc. Abbrand beim Schmelzen des Gusseisens rechnet.

Diese Schätzungsmethode ist wohl kaum richtig zu nennen, da die Factoren des Verlustes anders zusammenwirken, als es von Bessemer angenommen wurde.

Der grösste Theil des Briefes bespricht die Geschichte der von Heaton angeführten 3 Patente Bessemer's auf die Verwendung von Salpeter und sind ohne allgemeines Interesse. Bessemer's Zuschrift bringt überhaupt keine positiven Beweise seiner Behauptung vor, so das der hohe Ton derselben nur in dem sicheren Bewusstsein des materiellen Besitzes, nicht in der Unwiderleglichkeit eigener Ansichten begründet sein kann. D.

(Berg- u. hüttenm. Zeitschr. Nr. 4 v. 1869.)

Neuestes aus Wieliczka.

Aus Wieliczka sind seit 3. Februar, bis zu welchem Tage unsere Mittheilungen in Nr. 6 dieser Zeitschrift reichen, folgende Nachrichten ämtlich eingelaufen:

Die Zunahme des Wasserstandes betrug nach den Messungen am Wasserspiegel im Franz Joseph-Schachte täglich nur 2 Zoll (an einem Tage nur 1 Zoll) und die gesammte Höhe des Wassers, vom Horizonte „Tiefstes Regis" an gemessen, betrug am 10. Februar 20 Klafter, 4 Fuss, 3 Zoll, also circa 1 ½ Klafter über dem Horizont Haus Oesterreich.

Die zwei Pumpentouren im Franz Joseph-Schacht haben die ganze Woche vom 4. bis 10. Februar beinahe ununterbrochen 23—24 Stunden gearbeitet; bei der Wasserförderung in Kästen kam im Franz Joseph-Schacht ein Seilbruch vor, welcher zur Einstellung dieser Förderung nöthigte, da die Kästen den Schacht hinabstürzten und die Abtheilung, in welcher sie sich bewegen, beschädigten. Am Elisabeth-Schacht ging jedoch die Wasserhebung in Kästen mit einigen kürzeren Unterbrechungen ihren Gang fort. Diese Unterbrechungen rührten her von der Reparatur einer gesprungenen Seilscheibe und dem Leckwerden der Dampfkessel, welche auch einer Reparatur unterzogen wurden.

Die Maschinenbauten am Elisabeth- und am Joseph-Schacht waren durch die mildere Witterung wesentlich gefördert, die sämmtlichen neuen 6 Kessel für die 250-pferdekräftige Maschine stehen bereits vollendet eingebaut da und es hat die Kesselprobe schon stattgefunden, die Süsswasserleitung zum Joseph-Schacht ist fertig und die Fortsetzung derselben zum Elisabeth-Schacht in voller Arbeit, das Schachtgebäude am Joseph-Schacht und das Kohlenmagazin beim Elisabeth-Schacht, welche ganz neu aufgeführt werden mussten, sind vollendet und werden eben eingedeckt. Die Montirung der beiden Maschinen auf diesen Schächten geht ohne Anstände von Statten.

Einen Aufenthalt von ein paar Tagen machte die Verspätung der eisernen Tragsäulen für die Elisabeth-Schachter (250 Pfd.) Maschine, welche erst am 3. Februar anlangten. Sie waren am 29. Jänner in Blansko aufgegeben worden, und wie es bei unseren Eisenbahnen vorzukommen pflegt, irgendwo liegen geblieben. Auf ein am 2. Februar erhaltenes Telegramm wandte sich Ministerialrath B. Hingenau persönlich an das k. k. Handelsministerium, welches mit dankenswerther Energie eingriff und bewirkte, dass 24 Stunden darnach die Frachtstücke an Ort und Stelle waren. Die Steigröhren für die grosse Maschine sind auch schon angelangt und die Sockelmauerung für die ebenfalls schon bereitliegenden zwei Blechessen der Maschinen am Joseph- und am Elisabethschachte ist beendet.

Im Innern der Grube sind ausser dem oben bezifferten Steigen des Wassers keine Veränderungen beobachtet worden. Die Salzgewinnung in den oberen Horizonten und die Salzabgabe an die Consumenten und Vertragsparteien hat ihren ungestörten Fortgang.

Literatur.

Aphorismen über Giessereibetrieb von E. F. Dürre. Lieferung 3 und 4. Mit 6 Tafeln. Leipzig, Verlag von Arthur Felix. 1868.

Schon vor mehr als einem Jahre hat E. F. Dürre eine Reihe von Abhandlungen, welche einzeln in der berg- und hüttenmännischen Zeitung erschienen waren, in gesammeltem Sonderabdruck als Broschüre erscheinen lassen und es wurde diese kleine Schrift in Fachkreisen mit wohlverdienter Anerkennung aufgenommen, und erfreute sich einer einführenden Vorrede von Professor Bruno Kerl. Diese Broschüre (1. und 2. Liefg. der Aphorismen) enthielt ausser der Einleitung von den Betriebsmaterialien die Beschreibung des Roheisens, seiner verschiedenen Arten und Verwendbarkeit, und das allgemeine Verhalten in physikalischer und chemischer Beziehung. Nun ist vor Kurzem ein zweites Heft (3. und 4. Lieferung) nachgefolgt, welches von den Brennmaterialien, den Formmaterialien, von den Oefen und ihren speciellen Arten handelt. Trotz des Titels, welcher eine mehr aphoristische als systematische Form andeutet, kann dieser Reihenfolge von Besprechungen eine strammere Form nicht abgesprochen werden, als jener Titel erwarten liess. Es ist mit diesen sogenannten „Aphorismen" wirklich eine Monographie des Giessereibetriebes gegeben worden, welche ganz natürlich gegliederte Eintheilung den Gegenstand behandelt und nur den gelehrten Apparat eines Lehrbuches vermeidet, ohne der wissenschaftlichen Begründung aus dem Wege zu gehen. Wir glauben, dass Fachgenossen diese Aphorismen mit Interesse in die Hand nehmen und nicht ohne Nutzen aus der Hand legen werden. Insbesondere sind in dieser 3. und 4. Lieferung über die Beschaffenheit und die Formen der verschiedenen Oefen sehr viele Erfahrungen enthalten und die Beschreibung mit Zeichnungen gut erläutert. Wir wünschen eine baldige Fortsetzung dieser Publication, welche einen wichtigen Theil des Eisenwesens in der unserer Ansicht nach stets fruchtbaren monographischen Weise behandelt und dadurch Anregung zu specielleren Beobachtungen gibt, welche wieder geeignet sein können, das, was aphoristisch an dieser Veröffentlichung ist, weiter zu bilden und zu ergänzen.

O. H.

Ueber die Constitution des Roheisens und den Werth seiner physikalischen Eigenschaften zur Begründung eines allgemeinen Constitutionsgesetzes für dasselbe. — Inaugural-Dissertation zur Erlangung der philosophischen Doctorwürde an der Universität Göttingen von Ernst Friedrich Dürre, Assistenten am Probirlaboratorium der k. Bergakademie in Berlin. Leipzig. Verlag von Arthur Felix. 1868.

Im scheinbaren Gegensatz mit den oben angezeigten „Aphorismen" trägt das hier vorliegende Werk auch in seiner äusseren Form das systematische Gepräge, welches sein Zweck — als Inaugural-Dissertation die Wissenschaftlichkeit des Verfassers darzuthun — erfordert. Bei dem Vielen, was in jüngster Zeit über die Constitution des Roheisens gearbeitet worden ist, scheint uns dieser neueste Versuch zu einem allgemeinen Constitutionsgesetze für das Roheisen zu gelangen, an und für sich von fachwissenschaftlicher Bedeutung. Wir möchten den praktischen Eisenhüttenmännern nicht vorgreifen, welche zunächst berufen sein dürften, sich über das vom Verfasser gesuchte Constitutionsgesetz auszusprechen, wozu vor Allem gehört, die in den letzten (III. Abschnitt) enthaltenen Beobachtungen und Grundsätze an der Hand der eigenen Erfahrung zu prüfen.

Um jedoch unseren Lesern, welchen wir hiemit diese vielfach interessante Abhandlung anzeigen, über deren Inhalt und Methode einen Ueberblick zu geben, halten wir es für das Zweckmässigste, das Inhaltsverzeichniss in ganzer Ausführlichkeit hier mitzutheilen.

Einleitung. Geschichtliche sowie chronologische Zusammenstellung der hauptsächlichsten Resultate aller auf die Erforschung der Constitutionslehre gerichteten Arbeiten.

I. Abschnitt. Von dem Roheisen überhaupt und der Roheisendarstellung. 1. Capitel. Von dem Spiegeleisen. *a)* Von dem weissstrahligen Eisen; *b)* von den blumigen und luckigen Flossen. 2. Capitel. Von dem grauen körnigen Roheisen. *a)* Von dem graphitreichen Eisen; *b)* von dem silicium- und graphitreichen Eisen; *c)* von dem grobblättrigen, einen Graphitüberschuss enthaltenden grauen Eisen. 3. Capitel. Von dem halbirten Eisen.

II. Abschnitt. Zusammenstellung der charakteristischen Eigenschaften sämmtlicher Roheisensorten. Abtheilung A. Ueber das Verhalten des Roheisens bei gewöhnlicher Temperatur. 1. Capitel. Von der Farbe des Roheisens. 2. Capitel. Von dem Glanz des Roheisens. 3. Capitel. Von der

Krystallform des Roheisens. I. Eisenkrystallisationen *a*) Blättrige Krystallisation des gaaren weissen Eisens (Rhombisch-prismatische Krystallisation). 1. Fall. Gewöhnliche Spiegelbildung. 2. Fall. Krystallbildung bei Gemischen von weissem und grauem Eisen. 3. Fall. Undeutliche Krystallisation. *b*) Körnige Krystallisation des grauen Roheisens (Oktaëdrische Krystallisation). 1. Fall. Krystallbildungen in geschlossenen Drusen im Innern grosser Gusskörper. 2. Fall. Krystallbildungen, welche die ganze Masse des plötzlich erstarrenden Eisens vollständig erfüllen, so dass der Zusammenhang aufhört und sich lauter Fragmente von Krystallhaufwerken bilden. 3. Fall. Krystallbildungen in Folge mechanischer Trennung halbflüssigen Roheisens. 4. Fall. Krystallbildungen in Folge zufälliger künstlich eingeleiteter Erstarrung unter partieller Entleerung flüssiger Massen, z. B. bei Fehlgüssen. 5. Fall. Krystallbildungen bei Gemischen von grauem und weissem Roheisen. II. Krystallisationen von nicht metallischen Bestandtheilen des Roheisens — vorzugsweise des Graphits. 1. Fall. Vorkommen des Graphits im Spiegeleisen. 2. Fall. Vorkommen des Graphits im halbirten und grauen Roheisen. 4. Capitel. Von dem Gefüge des Roheisens: *a*) Weisses Roheisen. 1. Fall. Textur des Spiegeleisens. 2. Fall. Textur des weissstrahligen Eisens. 3. Fall. Textur des Spiegeleisens mit grauem Saum oder grauer Nath. 4. Fall. Textur des weissen Eisens, welches aus leicht reducirbaren Erzen unter Zuschlag von Flussmitteln zu der sonst strengflüssigen Beschickung erblasen wird. 5. Fall. Textur des weissen Eisens vom Rohgang (des grellen Eisens). 6. Fall. Textur des blumigen und luckigen Eisens. 7. Fall. Textur des gefeinten Roheisens, Feinmetall. *b*) Graues Roheisen. Allgemeines. 1. Fall. Textur des bei kaltem Wind erblasenen grauen Holzkohlen-Roheisens. 2. Fall. Textur eines festen grauen Coaks-Roheisens, bei kaltem Wind erblasen. 3. Fall. Textur des reinen und festen Giessereiroheisens, bei Coaks und warmem Wind aus strengflüssigen Beschickungen erblasen. 4. Fall. Textur des Giessereiroheisens vom gröbsten Korn. *a*) Hämatiteisen von Workington in Cumberland, Roheisen von Mathildenhütte bei Harzburg. *b*) Schottisches Giessereiroheisen von Langloan u. a. O. 5. Fall. Textur des ungleichförmigen grauen Roheisens. 6. Fall. Textur des bei verzögerter Erkaltung erstarrten grauen Roheisens. 7. Fall. Textur des langsam erkalteten aber bei der Erstarrung gestörten Roheisens. *c*) Halbirtes Roheisen. 1. Fall. Halbirtes Spiegeleisen. 2. Fall. Halbirtes weissstrahliges Eisen. 3. Fall. Halbirtes blumiges Eisen. 4. Fall. Halbirtes splitteriges Eisen. 5. Fall. Halbirt körniges Eisen. 6. Fall. Halbirte Roheisensorten von ungleichmässigem Gefüge. Recapitulation des Gefüges und seiner Aenderungen. 5. Capitel. Von der Schwere des Roheisens. 1. Messungen des specifischen Gewichtes verschiedener Roheisensorten unter normalen Verhältnissen. *a*) Spiegeleisen und andere weisse Eisensorten. *b*) Melirte und graue Sorten. Notizen von Scheerer, Kerl, Karmarsch, Weisbach, Guettier, Rammelsberg, Bromeis. 2. Von den Veränderungen des specifischen Gewichtes durch Einwirkung verschiedenartiger Umstände auf das Roheisen. 6. Capitel. Von der Expansionskraft im Roheisen. 1. Von der Sprödigkeit des Roh- oder Gusseisens. 2. Von der Härte des Gusseisens. 7. Capitel. Von der Festigkeit und der Cohäsionskraft des Roheisens.

Abtheilung B. Das Verhalten des Roheisens bei höherer Temperatur und im flüssigen Aggregatzustand. 1. Capitel. Von den Erscheinungen beim Erhitzen und Schmelzen. 1. Anlaufen des Roheisens. 2. Glühen des Roheisens. 3. Schmelzen des Roheisens. 2. Capitel. Von den Erscheinungen während des flüssigen Zustandes des Roheisens. 1. Von der Farbe des geschmolzenen Roheisens. 2. Vom Spiel des geschmolzenen Roheisens. 3. Von den im flüssigen Roheisen sich bildenden Ausscheidungen. 4. Von der Schwere des geschmolzenen Roheisens. 3. Capitel. Von den Erscheinungen während des Erstarrens des Roheisens. 1. Von der Abkühlung des Roheisens (bei noch flüssigem Aggregatzustand) bis zum Erstarren. 2. Vom Erstarren des Roheisens bis zur völligen Abkühlung.

III. Abschnitt. Entwicklung eines Constitutionsgesetzes aus den dargelegten Eigenschaften des Roheisens und Anwendung desselben. 1. Frage: Welche Annahmen lassen sich für die Zusammensetzung des Spiegeleisens begründen? 2. Frage: Welche sind die Bestandtheile des graukörnigen Roheisens, wie es im I. Abschnitt als Typus der grauen Roheisensorten aufgestellt wurde? 3. Frage: Wie verhalten sich die erkannten Bestandtheile in den übrigen, namentlich in den weniger reinen Roheisensorten? 4. Frage: Was haben nach dem Vorigen sämmtliche Roheisensorten im Auftreten ihrer Bestandtheile mit einander gemein? 5. Frage? Wie verhalten sich die gegenseitigen Beziehungen der Bestandtheile des Roheisens in der Hitze? Schluss.

Man sieht aus diesem Inhalte, dass sich hier Theorie und Praxis die Hand reichen, um in das immer noch nicht genug erhellte Gebiet der Kenntniss vom Eisen Licht zu bringen. Als charakteristisch für den Gang des Verfassers, welcher sich gegen einseitiges Anlehnen an blos chemische Analysen erklärt, mögen die Schlussworte des Büchleins (S. 185 und 186) hier Platz finden:

Aus dem Gesagten erhellt die Wichtigkeit der physikalischen Eigenschaften des Roheisens zur Genüge und erst ein eingehenderes Studium derselben, verbunden mit sorgfältigen Analysen, wird für die zahllosen Schwankungen im Hohofenbetriebe selbst und bei seinen Producten die richtige Erklärung herbeiführen.

Nach den von mir mitgetheilten zahlreichen, doch immerhin noch nicht genügenden Erfahrungen erscheint es aber als hinreichend begründet, wenn ich dem Roheisen den Charakter der Mischung vindicire, die einerseits aus einer chemischen Verbindung von Eisen und Kohle (Silicium, Schwefel, Phosphor u. s. w.); andererseits aus den Bestandtheilen derselben, metallischem Eisen und (graphitischem) Kohlenstoff (Silicium u. s. w.) besteht und deshalb, weil jede Veränderung des Aggregatzustandes eine Dissociation herbeiführen kann, einen ausserordentlich veränderlichen Charakter besitzt.

Dieser Charakter wird am besten durch die mikroskopische Untersuchung des Gefüges, durch sorgfältige Beobachtung einzelner Krystallisationserscheinungen erforscht und lediglich auf diesem letzteren Weg bin ich dahin gelangt, eine allgemeinere Erklärung für räthselhafte Erscheinungen, wie Expandiren und Schwimmen, Schwinden und elastisches Verhalten aufzustellen.

Die chemische Analyse wird erst dann sichere Aufschlüsse gewähren, wenn sie sich herablässt, an der Hand der Mikrographie dieses Gebiet von Neuem zu beschreiten und von den physikalischen Charakteren der untersuchten Eisensorten sorgfältig Act zu nehmen.

Wenn Herkunft, Farbe, Structur, Krystallisation, Verhalten in der Hitze bei jedem Eisen genannt sind, von dem eine Analyse vorliegt, ist der Forscher im Stande, auch die feinen chemischen Einflüsse zu verfolgen, in ihrer wirklichen Gestalt bloss zulegen und das Gesammtbild der Roheisenarten und ihrer Eigenschaften mit einigem Anspruch auf Vollständigkeit zu entwickeln.

Bis dahin ist das Schicksal jedes scharfformulirten Constitutionsgesetzes in den Worten Hofmann's gegeben: „Langsam folgt der unerbittliche Versuch dem Fluge leichtbeschwingter Theorie."

Amtliche Mittheilungen.

Kundmachung.

Von der k. k. Berghauptmannschaft zu Pilsen wird in Gemeinschaft der k. k. Berghauptmannschaft zu Prag öffentlich bekannt gemacht, dass zu Folge herabgelangten h. k. k. Ministerial-Erlasses vom 28. December 1868, Z. 14761, die Wahl des Ersatzmannes eines bergbaukundigen Beisitzers beim k. k. Kreisgerichte als Bergsenate zu Pilsen aus der Mitte der in Pilsen wohnhaften befähigten Bergbaukundigen am 18. März l. J. um 10 Uhr Früh in der k. k. Berghauptmannschaftskanzlei zu Pilsen vorgenommen werden wird.

Hievon werden alle Besitzer der im Pilsner k. k. Berggerichtsbezirke gelegenen, der k. k. Berghauptmannschaft zu Prag und Pilsen unterstehenden verliehenen und concessionirten Berg- und Hüttenwerke mit dem Bemerken vorgeladen, dass für diesen Wahlact die mit der hohen k. k. Ministerial-Verordnung vom 5. Juni 1850, Z. 865, vorgezeichneten Vorschriften zu gelten haben.

Von der k. k. Berghauptmannschaft

Pilsen, am 8. Februar 1869.

Concurs-Ausschreibung.

Eine Berggeschworenenstelle im Concretalstande der k. k. Berghauptmannschaften ist zu besetzen.

Mit derselben ist ein Jahresgehalt von 630 fl., das eventuelle Vorrückungsrecht in den höheren Gehalt von 735 fl. und der Rang der X. Diätenclasse verbunden.

Erfordert werden: absolvirte rechts- und staatswissenschaftliche, dann bergakademische Studien, eine genaue Kenntniss des bergbehördlichen Dienstes, endlich die Kenntniss der Landessprachen.

Gesuche sind nach Vorschrift der §§. 10 und 11 des Amtsunterrichtes für die k. k. Berghauptmannschaften einzurichten und bis 22. Februar 1869 hieramts einzubringen.

Von der k. k. Berghauptmannschaft

Komotau, am 1. Februar 1869.

ANKÜNDIGUNGEN.

(6—1)

Berg- und Hüttenschule.

Am 1. Mai 1869 wird in Leoben in Obersteiermark eine Berg- und Hüttenschule eröffnet, welche zum Zwecke hat, durch technische Ausbildung junger Berg- und Hüttenarbeiter ein vollkommen tüchtiges Aufsichtspersonale für den Bergbau und das Hüttenwesen, mit vorzugsweiser Berücksichtigung der Verhältnisse von Steiermark, Ober- und Niederösterreich, zu erziehen.

Die ganze Dauer des Unterrichtes zerfällt:

In den Vorcurs, welcher den Berg- und den Hüttenarbeitern gemeinsam ist, und in den Hauptcurs, in welchem der Unterricht für die Bergschüler und für die Hüttenschüler gleichzeitig, jedoch für jene und diese abgesondert ertheilt wird.

Jeder Curs, u. z. in abwechselnder Folge, dauert in der Regel vom 1. Mai bis 31. October, kann jedoch nöthigenfalls um 1, höchstens 2 Monate verlängert werden.

Der Vorcurs umfasst folgende Gegenstände: Rechenkunst (einschliesslich Flächen- und Körperberechnung) Elemente der Buchstabenrechnung, das Nothwendigste aus der Naturlehre, Zeichnen und praktische Messkunde.

Die Gegenstände des Vorcurses werden angemessen vertheilt von den beiden anzustellenden Fachlehrern gelehrt.

Der Hauptcurs umfasst folgende Gegenstände und zwar:

a) Der Fachcurs für die Bergleute: Mineralogie, Geognosie, Bergbaukunde mit der Aufbereitung und dem Kunst-Maschinenwesen, Markscheidekunst, Zeichnen, Grubenrechnungsführung und Bergrecht;

b) der Fachcurs für die Hüttenleute: metallurgische Chemie, Hüttenmechanik, Zeichnen, allgemeine und specielle Hüttenkunde, Probirkunde und Hüttenrechnungsführung.

Die Gegenstände eines jeden Fachcurses werden von dem dafür bestimmten Fachlehrer, welchem ein Assistent zur Aushilfe beigegeben wird, gelehrt.

Der Gesammtunterricht wird praktisch, möglichst demonstrativ und leicht fasslich gehalten, und auf das Bedürfniss von Berg- und Hüttenaufsehern beschränkt. Mit dem Unterrichte werden öftere examinatorische Wiederholungen, geognostische Begehungen, Grubenbefahrungen, Markscheideverwendungen und Besuche von Hüttenwerken verbunden, worüber Berichte zu erstatten sind. Ausserdem sind im Fachcurse der Berg- und Hüttenschüler 14 Tage zu ausgedehnteren Excursionen und zur Verfassung der darüber zu erstattenden Berichte bestimmt. Bei diesen Excursionen sollen die Schüler auch mehrere entferntere Berg- oder Hüttenwerke kennen lernen und die Anleitung bekommen, wie sie in Zukunft ähnliche Werksbesuche vornehmen und dabei ihre Notizen führen sollen.

In diese Schule werden befähigte Arbeiter im Alter von 22 Jahren und nur in besonders berücksichtigungswürdigen Fällen auch solche unter 22, jedoch keinenfalls unter 20 Jahren aufgenommen, welche einerseits bereits eine solche Schulbildung genossen haben, wie sie auf einer guten Landschule zu erlangen ist und sich in der deutschen Sprache mündlich und schriftlich ziemlich gut auszudrücken vermögen; andererseits aber auch im Berg- oder Hüttenfache, oder in unmittelbaren Hilfswerkstätten von Berg- oder Hüttenwerken mindestens ein volles Jahr als selbstständige Arbeiter bedienstet waren.

Alle Zöglinge werden für die Dauer des Unterrichtes von Seite der Schule in gänzliche Verpflegung genommen, wofür sammt Wohnung, sowie für Anschaffung der nöthigen Schul- und Zeichnen-Requisiten und Instrumente, dann für den Prämienfond jeder Zögling die durch den Schulausschuss festgestellten Beträge u. z. für den Schulcurs 1869 im Falle einer nur sechsmonatlichen Dauer desselben: 100 fl. + 25 fl. + 5 fl., zusammen 130 fl.; im Falle einer längeren Dauer aber einen verhältnissmässigen Betrag für die Verpflegung sammt Wohnung zu entrichten und hievon 80 fl. vor Beginn des Curses, den Rest aber nach Verlauf der ersten drei Monate zu erlegen hat.

Die Gesuche um die Aufnahme in diese Schule sind von den Bewerbern eigenhändig geschrieben durch ihr vorgesetztes Amt oder ihren Dienstherrn, versehen mit den von diesen ausgestellten Qualifications-Tabellen oder Dienstzeugnissen, worin nebst der Kategorie und Dauer der Dienstleistung auch über Fleiss, Anstelligkeit, Ausdauer, Verlässlichkeit und sittliches Betragen, sowie über die erlangte Schulbildung ein genaues wahrheitsgetreues Urtheil abzugeben ist, wenn möglich bis 1. April 1869 an die Direction der Berg- und Hüttenschule in Leoben einzusenden, welche über die Aufnahme entscheidet. In Fällen, in denen es nothwendig erscheint, wird der Eintritt in die Schule von dem Erfolge einer Aufnahmsprüfung abhängig gemacht.

Leoben, am 18. Jänner 1869.

Der Schulausschuss.

Berg- und Hüttenschul-Lehrer-Stellen.

An der am 1. Mai 1869 in Leoben in Obersteiermark zu eröffnenden Berg- und Hüttenschule sind die Stellen zweier Lehrer, nämlich eines Lehrers für das Bergfach und eines Lehrers für das Hüttenfach provisorisch zu besetzen.

Die Obliegenheiten beider Lehrer sind aus dem in vorstehender Kundmachung enthaltenen Lehrplane zu entnehmen.

Mit jeder dieser Lehrerstellen ist ein Jahresgehalt von 1000 fl. verbunden, welcher bei besonders vorzüglicher Leistung des Lehrers bis auf 1200 fl. erhöht werden kann.

Bewerber um eine oder die andere dieser Lehrerstellen haben ihre Eignung für die gewünschte ausdrücklich zu bezeichnende Stelle überhaupt, insbesondere aber nachzuweisen, dass sie die bergakademischen Studien mit gutem Erfolge absolvirt und durch mehrere Jahre praktische Dienste entweder bei dem Bergwesen, insbesondere beim Kohlenbergbau oder beim Hüttenwesen, insbesondere bei Eisenwerken geleistet haben.

Die an den Ausschuss der Berg- und Hüttenschule in Leoben zu richtenden Competenz-Gesuche sind bis 1. März 1869 bei dem gefertigten Berghauptmanne einzubringen.

Leoben, am 18. Jänner 1869.

Baumayer.

Diese Zeitschrift erscheint wöchentlich einen Bogen stark mit den nöthigen artistischen Beigaben. Der Pränumerationspreis ist jährlich loco Wien 8 fl. ö. W. oder 5 Thlr. 10 Ngr. Mit franco Postversendung 8 fl. 80 kr. ö. W. Die Jahresabonnenten erhalten einen officiellen Bericht über die Erfahrungen im berg- und hüttenmännischen Maschinen-, Bau- und Aufbereitungswesen sammt Atlas als Gratisbeilage. Inserate finden gegen 8 kr. ö. W. oder 1½ Ngr. die gespaltene Nonpareillezeile Aufnahme. Zuschriften jeder Art können nur franco angenommen werden.

Druck von Carl Fromme in Wien. Für den Verlag verantwortlich Carl Reger.

№ 8. XVII. Jahrgang.

Oesterreichische Zeitschrift für Berg- und Hüttenwesen.

1869. 22. Februar.

Verantwortlicher Redacteur: Dr. Otto Freiherr von Hingenau,
k. k. Ministerialrath im Finanzministerium.

Verlag der G. J. Manz'schen Buchhandlung (Kohlmarkt 7) in Wien.

Entwurf allgemeiner Bergpolizei-Vorschriften.

(Fortsetzung.)

II. Häuerarbeiten.

Schiessarbeit.

§. 9.

Die zur Schiessarbeit nothwendigen Zündstoffe sind in einem mit festem Verschlusse versehenen Behälter mitzuführen und in angemessener Entfernung vom Arbeitsorte aufzubewahren.

Diese Behälter dürfen in der Khauenstube weder aufbewahrt noch geöffnet werden. Auch darf sich der Bergmann damit an keinen Ort begeben, wo gefeuert wird; wie in Schmieden, Schmelzhütten, Kesselhäusern u. s. w.

§. 10.

Wenn ein Grubenbau zum Schutze der Arbeiter gegen den Schuss keinen sicheren und nahegelegenen Stand darbietet, so ist ein solcher auf künstliche Weise in entsprechender Entfernung vom Arbeitsorte herzustellen.

§. 11.

Das Laden des Bohrloches ohne Patrone und die Anwendung eiserner Raumnadeln ist untersagt.

§. 12.

Als Besatzmaterial sind nur Lettennudeln oder milde Gesteinsarten, welche keine Funken reissen, zu verwenden.

§. 13.

Vor dem Anzünden eines jeden Schusses ist den in der Nähe befindlichen Personen durch den lauten Ruf „Es brennt" Kenntniss zu geben.

§. 14.

Versagt der Schuss, so dürfen sich die Arbeiter vor Ablauf einer Viertelstunde dem Arbeitsorte nicht nähern.

§. 15.

Das Ausbohren eines nicht losgegangenen Schusses ist untersagt.

§. 16.

Beim Anfertigen der Patronen sowie beim Besetzen und Wegthun der Schüsse ist das Tabakrauchen verboten.

§. 17.

Der verlässlichste Häuer einer jeden mit Schiessarbeit beschäftigten Kameradschaft hat die Verpflichtung, die Beobachtung der vorstehenden Sicherheitsvorschriften bei der Schiessarbeit zu überwachen, und es haben die übrigen Mitarbeiter seinen Befehlen unweigerlich Folge zu leisten.

Die für die Schiessarbeit als verlässlich erprobten Häuer sind in der Arbeiterliste als solche zu bezeichnen.

§. 18.

Vor Anwendung eines neuen Sprengmittels zu bergmänischen Arbeiten ist acht Tage vorher diese Absicht dem Revierbeamten anzuzeigen.

§. 19.

Bei Anwendung eines neuen Sprengmittels sind ausser den hier angeführten auch jene Sicherheitsvorschriften zu befolgen, welche von dem Revierbeamten in einem solchen Falle noch insbesondere angeordnet werden.

Schrämarbeit.

§. 20.

Bei der Schrämarbeit sind die verschrämten Stösse durch Unterstempeln oder durch Stehenlassen kleiner Pfeiler im Schrame gegen ein vorzeitiges Niedergehen zu sichern.

Motive zu I und II.

Sicherheit des Eigenthums.

§. 5.

Dieser Paragraph ist seinem ganzen Inhalte nach auf den §. 174 des österreichischen Berggesetzes basirt. Der erste Satz sagt, wie die Gewinnung erfolgen soll, und der zweite Satz gibt die nähere Erklärung, wie sie der §. 174 wörtlich enthält.

Diese Verbindung der zwei Sätze zu einer Vorschrift begründet einen richtigen Causalnexus.

§. 6.

Bei diesem Paragraphe wurde der Inhalt des §. 4 der allgemeinen Bergpolizei-Verordnung des Ober-Bergamtes zu Bonn vom 8. November 1867 zu Grunde gelegt, welcher wieder aus französischen und belgischen Quellen entspringt. — Das Stehenlassen von Sicherheitspfeilern an den Markscheiden war in der älteren Praxis in Böhmen üblich; die neuere Praxis kennt das Stehenlassen der Sicherheitspfeiler wenig oder gar nicht, obwohl deren Anwendung von grosser Wichtigkeit für die Sicherheit des Bergwerks-Eigenthums ist. Durch die Sicherheitspfeiler wird auch die oft sehr schwierige Frage über das Wassereinfallgeld auf eine einfache Weise gelöst.

Ein wichtiger Punkt in dieser Beziehung ist z. B. die Kohlenablagerung im Bezirke der Berghauptmannschaft Komotau bei Seestadtl und Kommern nächst Brüx. Hier dürfte es unumgänglich nothwendig werden, die Sicherheitspfeiler zwischen den Grubennachbarn einzuführen, weil das Nichtvorhandensein von Sicherheitspfeilern sogar zum Ruine einer Grube werden könnte.

§. 7.

Stimmt überein mit dem §. 5 der Bergpolizei-Verordnung des Ober-Bergamtes zu Bonn. Für die Wichtigkeit dieser Vorschrift, die zugleich eine werthvolle Belehrung in sich schliesst, spricht ein im Rakonicer Reviere, Gemeinde Lhota, vorgekommener Fall.

Bei einer Freifahrung für den Fürsten Fürstenberg wurde in der Tiefe von 35 Klaftern ein ausgedehnter Aufschluss eines 6 Schuh mächtigen Kohlenflötzes besichtigt. Die Grube war ganz trocken, ungeachtet die in 24 Klaftern Tiefe vorkommende Sandsteinschicht sehr wasserreich war. Wie wurde in diesem Falle geholfen? Der Fahrschacht hatte eine doppelte Abtheilung: zur Förderung, zugleich Wasserhebung und zur Fahrung. Dieser Schacht hatte weiter zwei Teufen auf 25 Klafter, um die Wässer im Sumpfe zu sammeln und anschliessend die Fortsetzung der Teufe auf 35 Klafter. In einer Entfernung von 5 Klaftern von diesem Schachte war ein zweiter Schacht, 26 Klafter tief, bis zur Sumpfsohle und mit dem ersten mittelst einer Strecke in Communication gesetzt. In dem zweiten Schachte wurden die Wässer mittelst Kübeln gezogen, in dem ersten Schachte wurden Wässer und Kohlen gehoben. Man liess also die in der Tiefe von 24 Klaftern zusitzenden Wässer nicht tiefer kommen und zog sie nur von 25 und 26 Klafter Tiefe. Hätte man den ersten Schacht fort abgeteuft, so wären die Wässer immer der Schachtsohle nachgefolgt, so dass es unmöglich gewesen wäre, den Schacht bis auf die Kohle ohne Anlage einer Maschine abzuteufen.

Dieser glückliche Gedanke eines einfachen Bergmannes verdient es, dass er den Erfahrungen im Bergbaue angereiht werde, was durch den §. 7 geschieht.

§. 8.

Steht in Uebereinstimmung mit §. 6 der Bergpolizei-Verordnung des Ober-Bergamtes zu Bonn und ist eine weitere Entwicklung der im §. 7. des Entwurfes ausgedrückten Erfahrung.

Hätte die Bergverwaltung der Staatseisenbahn-Gesellschaft im Jahre 1857 diese Lehre vor Augen gehalten, so wäre es nicht zu dem gewaltigen Wasserdurchbruche im Kohlenbergbaue bei Brandeisl gekommen, der die ganze Grube unter Wasser setzte. Wenn dieses Ereigniss in der Grube eines anderen Besitzers sich ergeben hätte, so wäre es um das Eigenthum geschehen gewesen. Die Staatseisenbahn-Gesellschaft beseitigte die Wässer durch die Aufstellung einer Wasserhebungsmaschine von 450 Pferdekraft und arbeitete durch sechs Jahre weiter; den hierauf eingetretenen Hindernissen konnte sie aber mit den erforderlichen Kräften nicht entgegentreten, und so kam dieser grossartige Bau zum Verfalle und liegt gegenwärtig todt. Wann derselbe wieder in's Leben gerufen wird, lässt sich dermal nicht sagen. Welche Vorsichten bei der auf unbestimmte Zeit erfolgten Auflassung unterblieben sind, soll später erörtert werden, bis von der Vorlage der Grubenkarten gesprochen werden wird, deren Bedeutung noch nicht gehörig erkannt und beachtet wird.

II. Häuerarbeiten.

Schiessarbeit.

Die Bemerkungen zu den §§. 9—18 beziehen sich blos auf ihre textuellen Abweichungen von den Bergpolizei-Verordnungen der preussischen Oberbergämter Bonn, Hall und Dortmund, und konnten hier wegbleiben.

§. 18.

Dieser Paragraph kommt in keiner der preussischen Bergpolizei-Verordnungen vor; bei näherer Erwägung wird aber seine Wichtigkeit ersichtlich. Die Veranlassung zur Fassung dieses Paragraphes in der vorliegenden Form gab der §. 35 der sächsischen Bergpolizei-Vorschriften.

Im dritten Absatze dieses Paragraphes, Seite 31, heisst es: „Eine von den im Vorstehenden, sowie in den Vorschriften für die Bergarbeiter zur Verhütung von Unglücksfällen ertheilten Anordnungen abweichende Besetzmethode oder ein anderes Sprengmittel als Pulver darf nur erst nach eingeholter oberbergamtlicher Genehmigung bei einem Berggebäude eingeführt werden."

Bei diesem Absatze ist die Bemerkung unter dem Striche von Beachtung, welche sagt: „Diese Beschränkung will uns nicht zweckmässig scheinen, da sie die Oberbehörde zu sehr in Anspruch nimmt und von Versuchen mit Neuen, die doch immerhin wünschenswerth sind, abzuhalten geeignet ist."

Im vorliegenden §. 18 wurde ein Mittelweg eingeschlagen.

Nebst dem Pulver sind bisher beim Bergbaue als Sprengmittel bekannt: Haloxylin, Nitroglycerin und der Dynamit. Der §. 49 der Bonner Bergpolizei-Verordnung nimmt auch hierauf theilweise Rücksicht, indem er sagt: „Die §§. 43, 44, 45, 47 und 48 sind auch für die Verwendung von Sprengöl (Nitroglycerin) massgebend, unbeschadet der durch besondere polizeiliche Anordnungen noch zu treffenden Bestimmungen." Dieser Paragraph erscheint jedoch mit Beziehung auf die angeführten Sprengmittel als unvollständig und ungenügend, wurde daher in die gegenwärtigen bergpolizeilichen Vorschriften nicht aufgenommen. — Die bisherigen Erfahrungen über das Sprengöl reichen bisher nicht aus, um positive polizeiliche Gebote und Verbote mit genügender Sicherheit erlassen zu können, und es steht zu erwarten, dass das Nitroglycerin durch den minder gefährlichen Dynamit verdrängt werden wird.

Ueber die Aufbewahrung und Anwendung des Nitroglycerins und anderer, Sprengöle enthaltender Sprengmaterialien wurde vom preussischen Handelsminister unter dem 16. October 1867 eine Anweisung erlassen und zur Kenntniss der Grubenverwaltungen gebracht.

§. 19.

Ist neu und hat den vorhergehenden Paragraph zur Basis. Man kann diesen Paragraph zur Seite stellen dem §. 49 der Bonner Bergpolizei-Verordnung, der im §. 18 wörtlich angeführt worden ist. Wenn auch die gemachten Erfahrungen noch nicht hinreichen, um positive Vorschriften mit genügender Sicherheit erlassen zu können, so kann von den Revierbeamten doch schon die nöthige Rücksicht auf dieselben genommen werden. Dieser Paragraph erscheint gegen den Bonner §. 49 als ein Fortschritt; er ermöglicht dem Bergwerks-Besitzer die Aneignung des technischen Fortschrittes, den Revierbeamten aber drängt er zu demselben.

Schrämarbeit.

§. 20.

Diese Vorschrift erscheint als zweckmässig, weil in Folge eines vorzeitigen Niedergehens nicht gehörig gesicherter Stösse schon viele Unglücksfälle vorgekommen sind. Die Bestimmung dieses Paragraphes gilt nicht blos für den unterirdischen Betrieb, sondern auch für Tagbaue.

Der als Grundlage dienende §. 50 der Bonner Bergpolizei-Verordnung lautet: „Bei allen Schrämarbeiten müssen die verschrämten Stösse durch Verspreizung oder durch Stehenlassen kleiner Pfeiler im Schrame hinreichend gegen ein vorzeitiges Niedergehen gesichert werden." „Unterstempeln" deutet bei der Schrämarbeit die sichernde Arbeit viel richtiger an als „Verspreizung." Ferner ist es bestimmter, wenn gesagt wird, „bei der Schrämarbeit" für „bei allen Schrämarbeiten."

Verzeichniss*)

der bei nachbenannten Schwarz- und Braunkohlen-Bergbauen bestehenden Verschleisspreise per Wiener Centner loco Grube.

Post-Nr.	Exh.-Nr.	Bei den Bergbauen		Verschleisspreise der Schwarzkohlen: Stück	Grob	Mittel	Würfel	Gries	Nuss	Klein	Heiz- oder gemischte	Schmied	Ziegel	Braunkohlen	Coaks	Briquettes	Anmerkung
1	1231	der k. k. a. priv. Kaiser Ferdinand-Nordbahn und zwar:	beim Franzschachte in Přiwos, wie beim Hubert- und Albertschachte in Hruschan	39·20	—	—	33·60	—	28·00	21·28	—	26·88	gew.	—	44·80	—	Frachtgebühr zur Bahnstation M.-Ostr. 1 kr. pr. Zollctr.
			beim Heinrichschachte in Mähr.-Ostrau	38·08	—	—	32·48	—	26·85	20·16	—	25·76	—	—	43·68	34·72	
			beim Hermenegild- und Wilhelmschachte in Pol.-Ostrau	36·96	—	—	31·36	—	25·76	20·16	—	—	—	—	—	—	„ 2 „ „ „
			bei den Schächten in Michalowitz	34·72	—	—	29·12	—	23·52	16·80	—	—	—	—	—	—	„ 4 „ „ „
2	1224	des Freiherrn v. Rothschild u. z.:	beim Carolinenschachte in Mähr.-Ostrau und beim Tiefbau in Witkowitz	44·80	—	—	40·32	33·60	22·40	21·28	—	24·64	—	—	48·16	1. Sorte	„ 2 „ „ „
			bei den 3 Schächten am Jaklowetz in Pol.-Ostrau	43·68	—	—	39·20	32·48	21·28	20·16	—	23·52	—	—	47·04	—	
3	1230	des Grafen Wilczek in Pol.-Ostrau		44·80	—	—	39·20	—	31·36	24·64	—	—	16·80	—	—	—	„ 3 „ „ „
4	1278	der Zwierzina'schen Erben in Pol.-Ostrau		—	30·88	—	—	—	—	18·11	—	—	—	—	—	—	„ 3 „ „ „
5	1210	des Fürsten Salm in Pol.-Ostrau		36·96	—	—	32·48	28·00	—	21·28	—	—	—	—	—	—	„ 3 „ „ „
6	1288	des Grafen Eugen Larisch in Peterswald		40·32	—	—	33·60	—	25·76	16·80	—	—	—	—	—	—	„ 3 „ „ „
7	1250	des Olmützer Fürsterzbisthums in Orlan-Lazy		39·20	—	—	35·84	31·36	24·64	17·92	—	—	—	—	—	—	
8	1211	der Dombrau-Orlauer Pachtgesellschaft in Dombrau-Orlau		39·26	—	—	35·84	31·36	24·64	17·92	—	20·16	—	—	—	—	
9	1251	des Grafen Johann Larisch in Karwin		39·20 bis 41·44	—	—	33·60 bis 35·84	—	29·12	19·04	—	—	—	—	—	—	
10	1317	Sr. kais. Hoheit des Erzherzogs Albrecht in Karwin	für den Grossverkauf	26·00	—	24·00	—	—	—	—	—	—	—	—	—	—	
			für den Eigenbedarf und Kleinverkauf	34·00	—	30·00	—	26·00	—	16·00	—	—	—	—	—	—	
11	1241	der Rossitzer Steinkohlen-Gewerkschaft	für grössere Abnehmer der Umgebung	40·00	—	—	—	—	—	—	30·00	40·00	—	—	—	—	
			für Wien	—	—	—	—	—	—	—	24·00	36·00 1. Qual. 27·00 2. „		—	—	—	
12	1232	der Liebegottes-Gewerkschaft in Zbeschan bei Rossitz		42·00	—	—	—	—	—	—	30·00	42·00	—	—	—	—	
13	1223	des Heinrich Drasche in Luschitz nächst Göding		—	—	—	—	—	—	—	—	—	—	13·00	—	—	
14	1242	der Gräfin de Castries bei Zerawitz nächst Bisenz		—	—	—	—	—	—	—	—	—	—	11·75 bis 13·00	—	—	

Bei den Bergbauen der Brüder Müller in Zbeschan und Oslawan wird Stück- und Schmiedkohle um 42 kr., Heiz- oder gemischte Kohle um 21 bis 34 kr. per Wiener Centner loco Grube verkauft.

Im südmährischen Braunkohlen-Revier differiren die Grubenpreise per Wiener Centner von 9 bis 16 kr.

K. k. mährisch-schlesische Berghauptmannschaft

Olmütz, den 18. October 1868.

*) Amtliche Mittheilung.

Aus Wieliczka.

Einem Betriebsberichte aus Wieliczka entnehmen wir, dass am 14. Februar die Montirung der 250pferdekräftigen Maschine so weit vorgeschritten war, dass ihre Beendigung in wenigen Tagen mit Bestimmtheit erwartet werden konnte. Von den bereits vollzählig eingelieferten 2 Klafter langen Steigröhren werden eben je 2 und 2 zusammengeschraubt, um in Stücken von 4 Klaftern eingesenkt zu werden. Auch ein grosser Theil der eisernen Pumpengestänge ist von dem Teschner Eisenwerke bereits geliefert worden. Die Pumpengerüste im Elisabethschacht sind hergestellt, so dass die Pumpen nach ihrem Anlangen ohne weiteren Aufenthalt werden eingesenkt werden können. Zwei der untersten Saugsätze sind auch schon angekommen (18. Februar). Das Kohlenmagazin und die Einmauerung sämmtlicher Kessel ist vollendet und von den neuen Kesseln sind zwei vorläufig schon für die jetzt bestehende Maschine in Verwendung, da deren alte Kessel in Reparatur genommen werden mussten.

Im Josephschacht, dessen Schachtgebäude trotz ungünstiger Bauwitterung nun auch schon bis zur Dacheindeckung gediehen ist, werden ebenfalls die Kessel eingemauert und die Aufstellung der schon vorbereiteten Blechesse wurde wegen der zu Ende der vorigen Woche herrschenden Stürme aufgeschoben, welche diese Arbeit unmöglich oder dech gefährlich gemacht haben würden, wurde aber am 17. Februar anstandslos bewerkstelligt.

Die ganze Wasserhöhe betrug am 14. Februar 20 Klafter, 5 Fuss, 4 Zoll über dem Horizont „Tiefstes Regis," beim Franz Josephschacht gemessen*); die Wasserzunahme daselbst schwankte von 2 zu 3 Zoll in 24 Stunden und erreichte an einem Tage (11. Februar) 4 Zoll, da an diesem Tage wegen Aufstellung der Dampfleitung zu neuen Dampfkesseln im Elisabethschacht ein Stillstand der Wasserhebung von 24 Stunden und gleichzeitig ein Stillstand der Pumpen im Franz Josephschacht von 7 Stunden eingetreten war.

Die fortgesetzten kleineren Reparaturen an den alten Maschinen und bei der Wasserhebung in Kästen sind ein Uebelstand, welcher nach Vollendung der neuen Maschinen entfallen wird.

Die Förderung und Erzeugung von Salz geht ungestört fort und es wurde die Saline am 12. Februar von dem kais. russischen Finanzdirector in Warschau v. Semenow und dem russischen Commissär Hofrath Kowalski befahren und die Erzeugung vollkommen hinreichend befunden, um den vertragsmässigen Absatz nach Russland zu decken.

Ministerialcommissär Freiherr von Hingenau ist am 18. Februar Abends wieder nach Wieliczka abgereist, um die vollendeten Bauten zu besichtigen und für den Einbau der Pumpen an Ort und Stelle die erforderlichen Verfügungen im Einvernehmen mit dem Oberkunstmeister Nowák und dem Ingenieur Janota zu treffen.

*) Am 17. waren 21 Klafter, so dass das Wasser 4 Schuh über dem Horizont Haus Oesterreich stand.

Bemerkungen zu dem Vergleich zwischen den ostgalizischen und englischen Sudsalzkosten.

Der in der Nr. 3 dieser Zeitschrift vom Jahre 1869 veröffentlichte Vergleich zwischen den ostgalizischen und englischen Sudsalzkosten veranlasst mich zu einigen ergänzenden und erläuternden Bemerkungen und zwar:

a) Soole. Es braucht wohl keiner weiteren Erörterung, um zu beweisen, dass die Gestehungskosten der natürlichen Soole viel geringer sind als jene der künstlichen, und wenn man ohne näheres Eingehen in die Verhältnisse der ostgalizischen Salinen die Sache betrachtet, so wirft sich die Frage unwillkürlich auf, warum man in Ostgalizien künstlich Soole erzeugt, da es doch der natürlichen Quellen so viele gibt und in früheren Zeiten nur natürliche Soolenzuflüsse benützt wurden?

Obgleich in früheren Zeiten in Ostgalizien so viele Salinen bestanden haben und die Erzeugung einer Saline jährlich blos 20.000 bis 50.000 Ctr. betrug, daher sehr gering war, so kamen doch sehr häufig Soolenverlegenheiten vor; so z. B. musste die Saline Starasol aufgelassen werden, weil sie nur schwache $16\frac{1}{2}$grädige, sehr hepatische, mit fremden Salzen vermengte und mit Naphta verunreinigte Soole hatte.

Die Saline Drohobycz hatte in dem trockenen Sommer des Jahres 1826 Soolenmangel, desgleichen war der Soolenzufluss bei der Saline Modrycz von dem Einflusse einer trockenen oder nassen Jahreszeit abhängig und es geschah oft, dass bei anhaltendem Regenwetter die Soole sehr diluirt und mit thonigen Theilen verunreinigt wurde. Auch die Saline Solec litt bei trockener Witterung Soolenmangel, ja die Soolenzuflüsse blieben oft ganz aus, so dass man bemüssigt war, aus dem entfernten Kolpiecer Schachte die Soole zuzuleiten. Auf der Saline Stebnik ist der Schacht, aus dem die natürliche Soole gewonnen wird, in der Nähe eines Baches abgeteuft, dessen Wasser sich den Weg durch die Schotterlage zum Schachte bahnt und demselben so zusitzt, dass bei Beginn der Förderung nach jedem, wenn auch kurzem Stillstande, immer mehrere Klafter diluirter und verunreinigter Soole abgeschöpft werden müssen. Auf der Saline in Rosulna ist im Jahre 1849 der Soolenzufluss zum Schacht in einer Nacht ganz ausgeblieben, so dass der Betrieb dieses Werkes eingestellt werden musste.

Diese Thatsachen beweisen zur Genüge, dass sich auf die natürlichen Soolenzuflüsse nicht immer zu verlassen sei*).

Als daher im Jahre 1846 die Concentrirung der ostgalizischen Salinen beschlossen und der Grundsatz aufgestellt wurde, dass die verbleibenden 7 Salinen gleichförmig von einander entfernt seien, um dem Publicum die Zufuhr des Salzes zu erleichtern, musste daher vor allem andern der Urstoff, das ist die Soole, auf den zur Beibehaltung bestimmten Salinen Lacko, Stebnik, Bolechow, Kalusz, Delatyn, Kossow und Kaczyka sichergestellt werden.

*) Oder wenigstens, dass für die natürlichen Soolen etwas rationelle Nachhilfe z. B. Tiefbohrungen, Fassung der Soole in Reservoirs, die vom Zufluss der Wildwässer gesichert sind, u. dgl. hätte geschehen müssen, wie das anderwärts auch geschehen ist. O. H.

Eine vieljährige Erfahrung hat bei der Saline Bolochow kein Beispiel von einer Wandelbarkeit oder Unsicherheit der Soolenzuflüsse aufgestellt, sondern vielmehr diese als unerschöpflich dargestellt, da bei dem stärksten Betriebe kein Sinken des Soolenspiegels im Schachte wahrgenommen wurde. Ebenso haben frühere Erfahrungen und die angestellten Bohrversuche auf der Saline Delatyn gezeigt, dass bei ziemlich seichten Schächten die Soolenzuflüsse bedeutend sind. Die Saline Kaczyka in der Bukowina erzeugt nur wenig Sudsalz und ist für diesen schwachen Betrieb hinlänglich mit natürlicher Soole versehen. Bei diesen 3 Salinen wurden daher auch keine künstlichen Laugwerke errichtet, sondern es wird blos die natürliche Soole versotten.

Anders verhält es sich mit den anderen 4 Salinen. Lacko, diese am meisten westlich gelegene Saline hatte ein im Jahre 1814 angelegtes künstliches Laugwerk, welches bald nach dem ersten Einlassen der Laugwässer durch den Zudrang natürlicher Soolenzuflüsse in ein natürliches verwandelt wurde. Dieser natürliche Soolenzufluss hat aber nur für eine Erzeugung jährlicher 8000 Ctr. ausgereicht und man war daher schon im Jahre 1840 bemüssigt, das Laugwerk durch zweckmässig angebrachte Verdämmungen von jedem schädlichen Einflusse der Süss- und natürlichen Laugwässer sicher zu stellen, um den Betrieb desselben nach Willkür und Bedarf leiten zu können, umsomehr, als diese Saline, ganz isolirt durch Gebirge, welche die Wassertheiler für die Ostsee und das Schwarze Meer bilden, von der nächsten aufgelassenen Saline Starasol getrennt ist, so dass eine Zuleitung der Soole nicht ausführbar ist.

Die Saline Kaluss hatte schon im Jahre 1814 Soolenmangel und es musste aus diesem Anlasse daselbst ein künstliches Laugwerk angelegt werden. Diese Saline ist von anderen bereits aufgelassenen weit entfernt und durch Gebirge getrennt, daher eine Zuleitung der Soole von anderwärts nicht möglich ist.

Die Saline Kossow hatte ebenfalls seit jeher an Soolenmangel gelitten, deshalb schon im Jahre 1830 daselbst ein künstliches Laugwerk errichtet werden musste, welches aber durch unvorsichtiges vorzeitiges Einlassen der Laugwässer in ein mildes Laugwerk verwandelt wurde. Da man den Betrieb dieses Laugwerkes nicht in der Hand hatte und dasselbe nicht hinreichend Soole lieferte, musste im Jahre 1847 ein neues künstliches Laugwerk errichtet werden, aus welchem sowie durch die natürlichen Zuflüsse in einen zweiten Schacht der Soolenbedarf gedeckt wird.

Bei der Saline Stebnik wäre wohl eine Zuleitung der Soole von den aufgelassenen Salinen Modrycz und Solec möglich. Da jedoch, wie früher erwähnt, die Soolenzuflüsse daselbst prekär waren und in Anbetracht, dass die Erhaltung der Strennleitungen, dann der Schacht- und Göppelgebäude, das Aufstellen von Strennleitungs- und Schachtwächtern bedeutende Kosten verursacht hätte, ferner, dass doch immerhin Soolenfrevel nicht vermieden werden könnten, hat man es vorgezogen, auf dem mächtigen und ziemlich reichen in Stebnik aufgeschlossenen Salzflötz ein künstliches Laugwerk zu errichten.

Aus dieser Darstellung ist zu entnehmen, dass die Behauptung bezüglich des grossen Reichthums an natürlichen Soolenquellen in Ostgalizien und der Entbehrlichkeit künstlicher Laugwerke eine irrige ist*).

b) Der Brennstoff. Der wichtigste und bedeutendste Factor in den Gestehungskosten des Sudsalzes sind die Kosten des Brennstoffes. Aus der Vergleichung des Ausfalls per 1 Ctr. Holz bei den ostgalizischen Salinen und per 1 Crt. Kohle in England stellt sich mit Rücksicht auf das Verhältniss der Brennkraft heraus, dass die Sudmanipulation in Galizien jener in England nicht nachsteht, ja dass diese mit Rücksicht auf die kleine Form der Hurmanen und die bedingte vollkommene Dörrung derselben der englischen Sudmanipulation vorangeht. Durch Verbesserungen in der Feuerung und Dörrung dürfte wohl noch ein grösserer Ausfall an Salz per 1 Klafter Holz erzielt werden, dieser wird aber kaum einen wesentlichen Einfluss auf die Herabminderung der Gestehungskosten haben**).

Der Grund der bedeutenden Brennstoffkosten liegt in den hohen Preisen des Brennholzes, welches aus den Cameral-Waldungen bezogen wird. Nachdem die Vergütung für das Holz aus einer Staatscassa in die andere geschieht, so wird von Seiten der Salinen auf eine Herabsetzung der Holzpreise nicht sehr gedrungen. Jedenfalls aber wäre die Aufgabe der Forstverwaltungen durch Anlage vortheilhafter Holztransportsmittel, wie solche bereits im Jahre 1854 vorgeschlagen wurden, die Preise für Brennholz so niedrig als möglich zu stellen, denn gewiss würden die Cameralforste, wenn das Salz nicht ein Monopolsgegenstand wäre, gar kein Holz an die Salinen absetzen, da in diesem Falle die Salinen das nöthige Brennholz von dort beziehen würden, woher es sie billiger zu stehen kommt, was offenbar aus den Privatwaldungen der Fall wäre. (!!)

c) Die Arbeit. Der Grund, dass die Arbeitskosten per 1 Ctr. Salz bei den ostgalizischen Salinen um 3 kr. mehr betragen, als bei den englischen Salinen ist wohl meist in dem kleinen Format, in welchem das Salz in Verschleiss kommt, zu suchen, und es wäre eine bedeutende Ersparniss an Brennstoff und Arbeit, wenn das Salz lose oder in Fässern verpackt in Verschleiss gesetzt werden würde.

Wenn jedoch berücksichtigt wird, dass dieses kleine Format beim Publicum sehr beliebt ist, und dass jeder industrielle Unternehmer dem erzeugten Product jene Form und Ausstattung zu geben sich bemüht, welche für die Abnehmer die bequemste und gefälligste ist, so wäre es nicht angedeutet, dieses Format zu ändern, und es würde dies umsoweniger dann ausführbar sein, wenn das Salz kein Monopolsgegenstand wäre.

Wohl haben auf den Kostenpunkt die häufig wieder-

*) Diesem Urtheile vermögen wir nicht beizustimmen. Weil die bisherige Benützung und Behandlung der natürlichen Soolquellen nicht zu finanziellen Resultaten geführt hat, muss die Ansicht vom Reichthum an natürlichen Quellen noch nicht irrig sein! Gelänge es nach dem Beispiele auswärtiger Soolensalinen auch bei uns, eine vortheilhaftere Benützung der bisher ungenügenden Soolquellen zu ermöglichen, so würden die künstlichen Laugwerke gewiss theilweise entbehrlich, und manches, was 1814—1846 nicht gelang, kann vielleicht 1870—1890 gelingen! O. H.

**) Das ist auch, wie eben Herr Windakiewicz in einem neuerlichen in letzter Nummer abgedruckten Berichte nachweist, in sehr anerkennenswerther Weise in den letzten Jahren geschehen! O. H.

kehrenden Reparaturen der Pfannen und Pfannenöfen, dann ein nicht ganz günstiges Verhältniss der Bedienungsmannschaft einer Pfanne zu deren Arbeitsleistung noch einen wesentlichen Einfluss auf den Kostenpunkt. Durch Einführung der Pfannen mit Dampfkesselniethung und Aufstellung der Pfannen von 560 Quadrat-Klaftern Flächenraum würden die Pfannenreparaturen seltener und das Verhältniss der Bedienungsmannschaft zu deren Arbeitsleistung günstiger werden.

d) Materialverwendung. Unter den Materialien, welche bei den Salinen zur Verwendung kommen, spielt die wichtigste Rolle das Eisen. Bei der dermaligen Einrichtung der Pfannenöfen und der Sudpfannen ist der Verbrauch desselben bedeutend, und da das Eisen von dem Aerarialwerk Mizun um hohe Preise bezogen wird*), so sind natürlich die Anschaffungskosten beträchtlich. Es lässt sich jedoch ein günstiger Erfolg in dieser Hinsicht von den Pfannen mit Dampfkesselniethung und von den Oefen mit Pultfeuerung versprechen.

e) Verwaltungskosten. Bezüglich der Verwaltungskosten ist die Behauptung ganz richtig, dass die geringe Erzeugung einzelner Salinen, dann die Controlsmassregeln und die hiedurch bedingte grössere Zahl der Beamten es machen, dass wir nicht allein mit den Engländern, sondern auch mit jedem Privaten nicht concurriren können. Da eine grössere Concentrirung der Salinen aus nationalökonomischen Gründen **) nicht angeht, so wäre auf einen gesteigerten Absatz, d. h. den Export in's Ausland hinzuwirken. Uebrigens steigt auch erfahrungsmässig der inländische Verschleiss alljährig und es ist zu hoffen, dass die Verwaltungskosten sich immer günstiger herausstellen werden.

f) Gemeinkosten. Zur Verminderung der Gemeinkosten wäre es sehr wünschenswerth, wenn die in Bau begriffenen Pfannhäuser und sonstigen Werksgaden beendet und die alten Pfannhäuser, welche mit je einer oder zwei kleinen 360 Quadrat-Klafter Flächeninhalt haltenden Pfannen zerstreut liegen und je einen Pfannenaufseher bei Tag und Nacht erfordern, abgetragen werden. Hiedurch könnte der Stand der Pfannenaufseher und Werksmeister vermindert werden und es würden auch die bedeutenden Reparaturs- und Erhaltungskosten dieser meist sehr baufälligen Gebäude wegfallen.

Bochnia, 31. Jänner 1869.

Julius Drak,
k. k. Bergmeister.

*) Wenn das richtig ist, so wäre es also auch besser, das Eisen daher zu nehmen, wo es billiger ist und Mizun zu veräussern! Wir werden nächstens einen Artikel aus dem alpinen Salinenbezirk, in welchem der äusserst geringe Verbrauch der Pfannen daselbst nachgewiesen wird, bringen. O. H.

**) Das wohl nicht. Denn Rücksichten auf eine Bevölkerung, die von den Salinen lebt und einen anderen Erwerb nicht finden kann oder nicht suchen will, können wohl politische, humane, volksthümliche etc. genannt werden; nationalökonomisch aber können wir sie nicht finden. Wir wollen aber gerne zugeben, dass momentan die Forderungen einer gesunden Nationalökonomie solchen nicht ganz unberechtigten Rücksichten weichen können. O. H.

Ueber ein neues Verfahren zur Erzeugung von Schmiedeeisen und Stahl aus Roheisensorten minderer Qualität mittelst Anwendung salpetersaurer Salze, nach dem von Mr. Heaton in Langley Mill patentirten Verfahren.

(Bericht an das k. und k. General-Consulat in London.)

Von Ferdinand Kohn, Civil-Ingenieur*).

Der ergebenst Gefertigte hat die ihm von dem löbl. k. k. General-Consulate zur Beurtheilung und Berichterstattung übergebenen Actenstücke sorgfältig geprüft und sich auch des Näheren über den neuen, für Mr. Heaton patentirten Process der Stahlfabrikation und über die Glaubwürdigkeit der in genannten Actenstücken enthaltenen Daten erkundigt. Der Gefertigte hat namentlich mit Mr. Henry Bessemer, Mr. C. W. Siemens und mehreren anderen Metallurgen ersten Ranges über den Gegenstand des Heaton-Processes Rücksprache gehalten. um sich nach Möglichkeit vor einem irrigen Urtheile zu wahren.

Als das Resultat dieser Studien hat der ergebenst Gefertigte die Ehre, dem löbl. k. k. General-Consulate das Folgende zu unterbreiten.

Das Verfahren des M. Heaton besteht in der Anwendung von Salpeter und ähnlichen sauerstoffreichen Salzen für die Umwandlung von Roheisen in ein mehr oder weniger gereinigtes Product, welches Mr. Heaton Rohstahl nennt, welches aber nach der Analyse des Dr. Miller nicht weniger als 1·8 Proc. Kohlenstoff und 0·266 Proc. Silicium enthält, also keineswegs den Namen Stahl verdient. Dieses Halbproduct wird in einem Puddelofen oder Flammofen zu Luppen von Schmiedeeisen geballt und weiter verarbeitet, oder es wird gehämmert, in Stücke gebrochen und im Tiegel auf Gussstahl umgeschmolzen.

Die Reaction zwischen Salpeter und Roheisen geschieht, indem der Salpeter, mit Sand und Eisenerz gemischt, auf den Boden eines Ofens gebracht und darauf mittelst einer durchlöcherten Gusseisenplatte festgehalten wird, während das flüssige Roheisen darübergegossen wird und den Ofen oder Tiegel bis zu einer gewissen Höhe füllt. Der Salpeter, der in seiner Mischung mit anderen Körpern nicht augenblicklich explodiren kann, zersetzt sich langsam, erzeugt Sauerstoff, der als Gas durch die flüssige Eisenmasse aufsteigt, und es entsteht dadurch eine Reaction auf das Roheisen, welche jener des Bessemer-Verfahrens ähnlich ist.

Die besondere Absicht oder Grundidee des Heaton-Processes besteht in der möglichen Reaction zwischen dem Schwefel und Phosphor des Roheisens und dem Natron oder den anderen Basen der gebrauchten salpetersauren Salze.

Der Bericht des Dr. Miller, welcher bereits früher citirt wurde, enthält auch über diesen Punkt analytische Daten. Aus einem Roheisen, welches 1·455 Proc. Phosphor enthielt, wurde mittelst des Heaton-Processes ein

*) Aus den Mittheilungen des niederösterreichischen Gewerbe-Vereins. — Wir haben vor Kurzem einen Artikel über die Streitsache zwischen Bessemer und Heaton gebracht (Nr. 7 d. Jahrganges), welcher auf Seite des Letzteren stand; hier bringen wir einen anderen Artikel, welcher ungünstiger für Heaton lautet. Zuletzt wird doch der praktische Versuch an einer österreichischen Hütte entscheiden müssen. O. H.

Halbproduct erzeugt, welches im gehämmerten Zustande nur 0·288 Proc. Phosphor zeigte. In Bezug auf dieses Resultat muss man bemerken, dass der übrig gebliebene Phosphorgehalt noch viel zu gross ist, um brauchbaren Stahl zu geben. Die mittelmässigen Qualitäten von Bessemerstahl erreichen nie den dritten Theil dieses Gehaltes, und guter Gussstahl oder Bessemerstahl darf nicht mehr als 0·055 Proc. Phosphor haben. Es ist des Weiteren auch noch zweifelhaft, ob das Verschwinden eines Theiles des Phosphorgehaltes wirklich der Gegenwart der Basen zuzuschreiben sei, und der ergebenst Gefertigte hat seine Ansicht über diese Frage im Journal „Engineering" ausgesprochen.

Der Hauptpunkt, um den sich der praktische Werth und die Lebensfähigkeit des neuen Processes dreht, ist die Kostenfrage. Wenn es nämlich gelingen sollte, aus Erzen und Roheisensorten von minderer Reinheit guten Stahl zu erzeugen und die Erzeugungsweise die Kosten anderer Stahlprocesse nicht wesentlich überschreitet, so würde ein besonderer Vortheil und ein wichtiger Fortschritt durch den Heaton-Process erreicht werden.

In dieser Beziehung glaubt der ergebenst Gefertigte dem Heaton-Processe kein günstiges Prognostikon stellen zu können.

Der Bezug salpetersaurer Salze ist bekanntlich schwierig und der Bedarf in allen Branchen der Industrie ziemlich gross. Der Preis des Chilisalpeters ist selbst jetzt in England 10 Lstr. pr. Tonne, oder ungefähr 500 fl. ö. W. in Silber pr. Zollcentner.

Die Quantität dieses Salzes würde sich nach dem Berichte des Dr. Miller ungefähr auf 3 Zollcentner pr. Tonne Roheisen stellen; es kostet daher der Chilisalpeter 15 fl. pr. Tonne oder 75 kr. pr. Ctr. Roheisen. Wenn man den Abbrand und andere Verluste in Betracht zieht, so muss man pr. Ctr. erzeugten Stahles mindestens 1 fl. ö. W. Silber für „Soda" rechnen. In Oesterreich würde sich diese Ziffer noch höher stellen, weil der Chilisalpeter daselbst einen höheren Marktpreis hat.

Der Unterschied im Preise zwischen phosphorfreien und phosphorhältigen Roheisensorten ist ungefähr eben so gross, als der Preis des Chilisalpeters, der soeben gefunden wurde; es ist also jedenfalls einfacher, das Roheisen etwas theurer zu bezahlen und ganz reine Stahlsorten zu erzeugen, als die unreinen Sorten von Roheisen einer Reinigung zu unterziehen, die jedenfalls sehr unvollkommen ist und die für die angewendeten Chemikalien allein die ganze Differenz im Preise zwischen gutem und schlechtem Roheisen verbraucht.

Das soeben ausgesprochene ungünstige Urtheil über den praktisch-commerciellen Werth des Heaton-Processes bezieht sich auf das Verfahren im Allgemeinen und ohne Rücksicht auf specielle Localverhältnisse. Es basirt auf der Mittheilung im Berichte des Prof. Miller, dass das Quantum Chilisalpeter für die Conversion von 12½ Ctr. Roheisen 160 Pfd war. (Die einzige Mittheilung, welche von glaubwürdiger Seite bis jetzt in das Publicum gedrungen ist.)

Was die Bedeutung des Heaton-Processes speciell für Oesterreich betrifft, so würde dieselbe selbst im Falle eines günstigeren Erfolges eine verhältnissmässig sehr geringe sein, weil die Mehrzahl der österreichischen Eisenerzlager Materiale von eminenter Reinheit und vorzüglicher Qualität liefert, daher die österreichischen Eisenwerke einer solchen künstlichen Reinigung des Roheisens gar nicht bedürfen.

Verticale und horizontale Cylindergebläse.

Am vortheilhaftesten sind Gebläse mit directer Bewegungsübertragung, also ohne Balancier, bei welchen die einfach verlängerte Dampfkolbenstange unmittelbar den Gebläsekolben treibt, und zwar kann dabei ein horizontales oder ein stehendes System zur Anwendung kommen. Letzterem gehören die Maschinen des sogenannten Systems von Seraing an, bald mit einem, bald mit doppeltem Woolf'schen Dampfcylinder. Diesen wird in einer Broschüre sehr das Wort geredet, welche von der Société John Cockerill in Betreff einer von derselben in Paris ausgestellt gewesenen Maschine der Art abgefasst ist. Sie sollen folgende Vortheile gewähren: directe Wirkung; einfache und bequeme Anwendung des Woolf'schen Systems, dessen Vortheile allgemein anerkannt; Raumersparniss oder weit geringere Aufstellungsfläche als bei jedem anderen Systeme; Theilung des Anfangsschubes und Verlegung des Druckes auf zwei feste Stützpunkte durch Vermittlung der Pleuelstangen, wodurch das Fundament ausgezeichnete Stabilität erhält; die Schwungradwelle wird nicht auf Torsion beansprucht; das sehr einfache Fundament beschränkt sich auf einen einzigen ganz homogenen Mauerkörper; vollständige Neutralisation der verschiedenen Pressungen und Auffangen derselben im Gerüste selbst, wodurch das Fundament nur als tragendes Glied fungirt; Vereinigung der Vortheile eines sehr langen Hubes mit geringen Aufstellungskosten.

Dem entgegen nimmt Herr Peters die horizontalen Maschinen in Schutz. Der Vorwurf, dass es unmöglich sei, fünf von einander unabhängige Stützpunkte der sich hin und her bewegenden Massen in genau richtiger Lage zu erhalten, ist unbegründet, da mit einer einfachen Wasserwage und einem guten Lineal die beiden Hauptlager und die drei Leitbahnen richtig zu montiren sind. Auch hat dies die Erfahrung bestätigt, sowie auch die Thatsache, dass die Abnutzung der Gleitflächen bei genügender Grösse, selbst bei bedeutendem Druck nach mehreren Jahren kaum eine messbare Grösse ist, wenn nur der Windkolben oben nicht streift und sämmtlichen erreichbaren Spielraum unten frei lässt. Man braucht dann nur nach Jahren die Gleitbahnen ein Wenig zu heben, um den guten Gang des Gebläses wieder auf längere Zeit zu sichern.

Ungegründet ist auch der Vorwurf, dass die durch die Bewegung und den Druck der hin- und hergehenden Theile der horizontalen Gebläse erzeugte Reibung auf den Gleitbahnen einen so bedeutenden Kraftaufwand verursache, dass dadurch ihr Nutzeffect wesentlich hinter dem der verticalen und der Balanciermaschinen zurückbleibe. Denn angestellte Versuche haben ergeben, dass die Nutzleistung im Windcylinder bei horizontalen Maschinen 78·3 Proc. betrug, während sie bei den Seraingschen Maschinen zu 76 Proc. angegeben wird.

(Berg- u. hüttenm. Zeitschr. Nr. 7 v. 1869.)

Notiz.

Ueber das Schienenwalzwerk in Graz. Das Schienenwalzwerk in Graz hat auch in dem Betriebsjahre 1867 gute Resultate geliefert. Während der Preis der Schienen in Oesterreich in den letzten Zeiten um mehr als 50 Proc. gestiegen ist, sind die Preise des Grazer Werkes, da daselbst grösstentheils die alten Schienen der Gesellschaft zur Fabrikation verwendet werden, nahezu dieselben geblieben. Die Fabrikation der Schienen mit Stahlköpfen, sowie der Schienen ganz aus Stahl, hat sich mehr und mehr vervollkommnet. Die am Brenner verwendeten Schienen mit Stahlköpfen haben sich sehr gut bewährt, die hie und da befürchteten Trennungen an der Schweissstelle haben sich nicht eingestellt. Nichtsdestoweniger beabsichtigt die Bahnverwaltung in dem Masse, als der Herstellungspreis der Stahlschienen sich ermässigt, diese letzteren an Stelle der Schienen mit Stahlköpfen zu verwenden. Das Schienenwalzwerk in Graz hat im Jahre 1867 ausser einer grösseren Zahl von Weichen und Kreuzungen folgende Erzeugnisse geliefert:

Schienen mit Köpfen von Feinkorneisen 261.080 Ctr.
" " " " Stahl . . . 55.240 "
" ganz aus Stahl . . . . . . 2.680 "

(Steierm. Ind. u. Handelsblatt.)

Amtliche Mittheilung.

Concurs-Ausschreibung.

Bei der k. k. Berghauptmannschaft Krakau ist die Oberberg-Commissärsstelle mit dem Jahresgehalte von 1260 fl. ö. W., dem Vorrückungsrechte in die höhere Gehaltsstufe und der VIII. Diätenclasse, eventuell die Bergcommissärsstelle mit dem Jahresgehalte von 840 fl., dem Vorrückungsrechte in die höheren Gehaltsstufen, in der IX. Diätenclasse zu besetzen.

Bewerber um diese Stelle haben ihre gehörig documentirten Gesuche bis 15. März 1869 im vorgeschriebenen Dienstwege bei der gefertigten k. k. Berghauptmannschaft einzubringen und in denselben ihr Alter, ihre montanistisch-technischen Studien, dann rechts- und staatswissenschaftlichen Kenntnisse, wie auch die Sprachkenntnisse nachzuweisen und auch anzuführen, ob und in welchem Grade sie mit einem Angestellten der Krakauer k. k. Berghauptmannschaft oder mit einem Bergwerksbesitzer oder Beamten des Districtes dieser Berghauptmannschaft verwandt oder verschwägert sind, dann ob sie selbst oder ihre Ehegattinnen oder unter älterlicher Gewalt stehenden Kinder in diesem Districte einen Bergbau besitzen oder an einer Bergwerksunternehmung betheiligt sind.

Von der k. k. Berghauptmannschaft

Krakau, den 14. Februar 1869.

ANKÜNDIGUNGEN.

(78—2) **Feldschmieden** 36 Thlr.

C. Schiele in Frankfurt a. M. Neue Mainzerstrasse Nr. 12.

(10—2) **Ein Zinkhütten-Assistent,**

unverheiratet, wird gesucht. Kenntniss einer slavischen Sprache ist wünschenswerth. Näheres brieflich bei Herrn H. Talpa Landstrasse, Gärtnergasse Nr. 5, in Wien.

(12—3)

Geschmiedete Decimalwaage viereckiger Form. — Balancewaage.

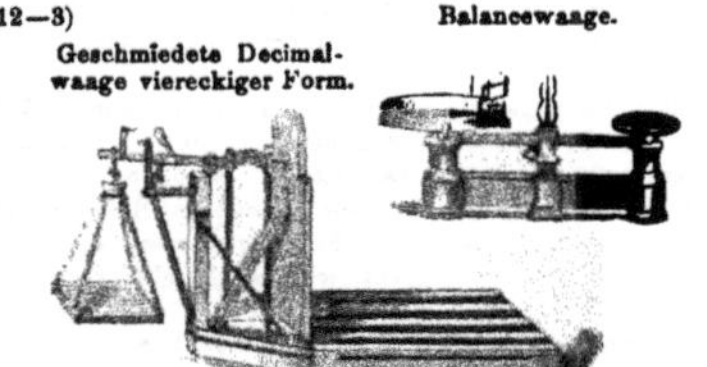

Geschmiedete, von der k. k. Zimentirungsbehörde in Wien geprüfte und gestempelte

Decimal-Waagen

viereckiger Form, unter achtjähriger Garantie sind zu folgenden Preisen immer vorräthig:

Tragkraft:	1,	2,	3,	5,	10,	15,	20,	25,	30,	40,	50 Ctr.
Preis fl.	18,	21,	25,	35,	45,	55,	70,	80,	90,	100,	110.

Die zu diesen Waagen nöthigen Gewichte zu den billigsten Preisen.

Ferner **Balancewaagen**, welche sehr dauerhaft und praktisch sind, auf denen, wo immer hingestellt, gewogen werden kann.

Tragkraft:	1,	2,	4,	10,	20,	30,	40,	50,	60,	80 Ctr.
Preis: fl.	5,	6,	7·50,	12,	15,	18,	20,	22,	25,	30

Viehwaagen, um darauf Ochsen, Kühe, Schweine, Kälber und Schafe zu wiegen, aus geschmiedetem Eisen gebaut mit zehnjähriger Garantie.

Tragkraft:	15,	20,	25 Ctr.
Preis fl.	100,	120,	130

Brückenwaagen, um darauf beladene Lastwägen zu wiegen, aus gehämmertem Eisen, zehnjährige Garantie.

Tragkraft:	50,	60,	70,	80,	100,	150,	200 Ctr.
Preis: fl.	350,	400,	450,	500,	550,	600,	750.

Bestellungen aus den Provinzen werden entweder gegen Nachnahme oder Einsendung des Betrages sofort effectuirt.

L. Bugányi & Comp.,

Waagen- und Gewichte-Fabrikanten.

Hauptniederlage: Stadt, Singerstrasse Nr. 10, in Wien.

(7—5) **Wichtig für Maschinen-Werkstätten.**

Unzerreissbare animalisch doppelt geleimte Zeichnenpapiere in Rollen von 18 Fuss Länge, 27 Zoll Breite, per Rolle Thlr. $4\frac{2}{3}$ empfehlen

Carl Schleicher & Schüll in Düren.

(Rhein-Preussen.)

Diese Zeitschrift erscheint wöchentlich einen Bogen stark mit den nöthigen artistischen Beigaben. Der Pränumerationspreis ist jährlich loco **Wien** 8 fl. ö. W. oder 5 Thlr. 10 Ngr. **Mit franco Postversendung** 8 fl. 80 kr. ö. W. Die Jahresabonnenten erhalten einen officiellen Bericht über die **Erfahrungen im berg- und hüttenmännischen Maschinen-, Bau- und Aufbereitungswesen sammt Atlas** als Gratisbeilage. Inserate finden gegen 8 kr. ö. W. oder $1\frac{1}{2}$ Ngr. die gespaltene Nonpareillezeile Aufnahme. Zuschriften jeder Art können nur franco angenommen werden.

Druck von Carl Fromme in Wien. — Für den Verlag verantwortlich Carl Reger

№ 9. XVII. Jahrgang.

Oesterreichische Zeitschrift für Berg- und Hüttenwesen.

1869. 1. März.

Verantwortlicher Redacteur: Dr. Otto Freiherr von Hingenau, k. k. Ministerialrath im Finanzministerium.

Verlag der G. J. Manz'schen Buchhandlung (Kohlmarkt 7) in Wien.

Entwurf allgemeiner Bergpolizei-Vorschriften.

(Fortsetzung.)

III. Schächte.

§. 21.

Die Oeffnungen der Schächte und die Zugänge zu denselben über oder unter Tage sind mit einem festen Verschlusse zu versehen, so dass Niemand in den Schachtraum gelangen kann, ohne den Verschluss zu öffnen.

§. 22.

Gezähstücke, Holz, Steine und andere lose Gegenstände dürfen nur in solcher Entfernung von Schächten niedergelegt und geduldet werden, dass ein Hinabfallen derselben nicht erfolgen kann.

§. 23.

An den Mündungen der Schächte sind Abstreicheisen anzubringen, und es sind sowohl die Fahrten und Bühnen als auch die Umgebung der Schachtmündungen von Schmand, Schnee, Eis u. s. w. rein zu halten, damit nicht ein Ausgleiten erfolge.

§. 24.

In den Fahrschächten, welche mehr als 70 Grade Neigung haben, sind in den geringsten Abständen von vier zu vier Klaftern Ruhebühnen anzubringen.

§. 25.

Die Fahrten müssen stark gezimmert sein, und haben wegen der bequemen und sicheren Fahrung eine Neigung zu erhalten.

Zur sicheren Fahrung sollen die Fahrten an der Hängebank sowie an jeder Ruhebühne wenigstens drei Fuss hervorstehen; wo dies nicht thunlich ist, sind eiserne Klammern anzubringen.

§. 26.

Wenn die zur Fahrung benützten Schächte so ausfrieren, dass sie vom Eise nicht frei gehalten werden können, so ist die Vorkehrung zu treffen, dass die Ein- und Ausfahrt durch Schächte erfolge, durch welche die Wetter ausziehen.

§. 27.

Auf jedem Bergwerke, in welchem die Befahrung nicht ausschliesslich durch Stollen oder einfallende Strecken stattfindet, soll ein von allen Punkten des Grubengebäudes ohne Gefahr erreichbarer, mit Fahrten versehener Schacht vorhanden sein.

§. 28.

Bei Tiefbauten, wo durch das Aufsteigen der Wässer in der tiefsten Sohle eine Abschliessung des Fahrschachtes von den Grubenbauen eintreten kann, soll zur Sicherheit der Arbeiter ein zweiter Zugang zu dem Fahrschachte mindestens vier Klafter oberhalb der tiefsten Sohle vorhanden sein.

§. 29.

Bildet der Fahrschacht nur eine Abtheilung eines auch zu anderen Zwecken dienenden Schachtes, so ist derselbe von den übrigen Abtheilungen durch Einstriche und Bekleidung derart abzuschneiden, dass die Fahrenden vor Beschädigung gesichert sind.

§. 30.

Es ist verboten, auf einem beladenen Fördergefässe aus- oder einzufahren.

In einer und derselben Schachtabtheilung ist das Fahren während der Förderung untersagt.

§. 31.

Bei der Förderung in Schächten ist die Verbindung zwischen Förderseil und Fördergefäss so herzustellen, dass eine zufällige Lösung derselben nicht stattfinden kann.

§. 32.

Während der Förderung ist das Betreten der Förderabtheilung untersagt.

An jedem Anschlagspunkte sind zur Sicherung der Arbeiter Füllorte zu errichten.

Wird in einem Förderschachte die Verbindung der gegenüberstehenden Schachtseiten nothwendig, so ist hiezu ein zweckentsprechender Umbruch zu führen.

§. 33.

In Förderschächten, welche so tief sind, dass zwischen den Arbeitern an den Anschlagspunkten und an der Hängebank durch Zurufen eine deutliche Verständigung nicht erfolgen kann, sollen zweckmässig construirte Signalvorrichtungen vorhanden sein, welche es ermöglichen, dass zwischen den einzelnen Anschlagspunkten untereinander, dann zwischen diesen und der Hängebank Zeichen gewechselt werden.

§. 34.

Fördervorrichtungen, welche mittelst Dampfkraft betrieben werden, sind mit einer entsprechenden Bremsvorrichtung derart zu versehen, dass der Maschinenwärter, ohne die Maschine zu verlassen, die Bremse sowohl während des Ganges als auch beim Stillstande der Maschine in oder ausser Wirksamkeit setzen kann.

§. 35.

Es ist verboten, in einer und derselben Schachtabtheilung Bergwerksproducte, Berge oder Geräthe zugleich mit Menschen zu fördern.

§. 36.

Den Haspeln soll eine solche Einrichtung gegeben werden, dass das Einhängen und Abziehen der Fördergefässe ohne Gefahr für die damit beschäftigten Arbeiter erfolgen kann.

Jeder Haspel soll zum Sperren mit zwei Vorstecknägeln oder mit einer anderen sicheren Vorrichtung versehen sein.

Motive zu III.

III. Schächte.

§. 22*).

Stimmt überein mit §. 8 der Bonner Bergpolizei-Verordnung bis auf die kleine Abweichung, dass statt „ein Hinabfallen derselben in letztere“ blos gesagt wurde, „ein Hinabfallen derselben nicht erfolgen kann.“

Die Vorschrift dieses Paragraphes ist so gefasst, dass auch diejenigen Personen straffällig werden, welche das Niederlegen von Gegenständen in verbotswidriger Nähe von Schächten dulden, also namentlich die an der Schachtöffnung (Hängebank, Abhubsohle) angestellten Abzieher, Aufkerber etc.

§. 23.

Ist nach dem §. 43 der sächsischen Bergpolizei-Vorschriften gefasst. Die preussischen Bergpolizei-Verordnungen haben diese Vorschrift nicht; so unbedeutend dieselbe scheint, mag sie doch eine Aufnahme unter die österreichischen bergpolizeilichen Vorschriften finden, weil sie Ordnung und Sicherheit befördert.

§. 24.

Wurde nach §. 4 der Dortmunder und nach §. 19 der Bonner Bergpolizei-Verordnung entworfen. Die Bonner Verordnung schreibt die Ruhebühnen in Abständen von fünf, die Dortmunder hingegen in Abständen von vier Lachtern vor; die Aufnahme des zweiten Abstandes wurde vorgezogen.

In der Textirung dürfte der Entwurf nach der preussischen Textirung vorzuziehen sein, jenem nach der sächsischen Vorschrift.

§. 19 der Bonner Verordnung hat noch einen zweiten Absatz, welcher lautet: „Diese Bestimmung findet keine Anwendung auf Reifenschächte, sowie auf solche enge und nicht tiefe Schächte, in welchen saigere Fahrten ohne Gefahr benutzt werden können“.

Die Anwendung der Reifenschächte beschränkt sich im Berg-Oberbezirke Bonn fast ausschliesslich auf den Eisenerzbergbau der Eifel und des Oberbergischen, während dieselbe in sehr ausgedehntem Masse bei dem Braunstein-Bergbau im nassauischen Gebiete stattfindet. Für die österreichischen Verhältnisse scheint die Aufnahme der Vorschrift wegen Reifenschächten überflüssig zu sein, weil diese nur äusserst selten in Oesterreich vorkommen dürften.

§. 25.

Sein Inhalt stimmt mit dem des §. 20 der Bonner Verordnung überein, welche lautet: „Sämmtliche Fahrten müssen hinlänglich stark construirt und dauerhaft befestigt sein“.

„An der Hängebank, sowie an jeder Ruhebühne müssen entweder die Fahrten wenigstens drei Fuss hervorstehen, oder feste Handgriffe angebracht sein“.

Bei diesem Paragraphe wurde auch der Inhalt des §. 39 der sächsischen Bergpolizei-Vorschrift berücksichtigt.

Im ersten Absatze wurde gegen den des §. 20 zugesetzt und weggelassen.

Zugesetzt wurde, dass die Fahrten eine Neigung zu erhalten haben, weil dies nicht blos zur Bequemlichkeit, sondern auch zur Sicherheit der Fahrung beiträgt. Dieser Beisatz enthält in einer anderen Form auch die sächsische Bergpolizei-Vorschrift. Weggelassen wurde, dass die Fahrten dauerhaft befestigt sein müssen, weil sich das von selbst versteht. Wichtiger, als dieser Beisatz wäre die Bemerkung, wo die Befestigung geschehen soll; der Haken soll nämlich die Fahrtsäule von aussen und nicht von innen umfangen, weil bei der letzteren Befestigung die Fahrenden sehr belästigt werden und mit den Knieen an den Befestigungshaken anstossen.

§. 26.

Ist entworfen nach dem zweiten Absatze des §. 43 der sächsischen Vorschriften, welcher lautet: „Wenn die als Fahrschächte zu benützenden Tagschächte im Winter nicht ganz von Schnee und Eis freigehalten werden können, so sind sie wenigstens vor dem Einfahren der Arbeiter auszueisen. Ist das Ausfrieren des Schachtes dagegen so bedeutend, dass das Auseisen desselben unausführbar erscheint, so ist möglichst dahin Vorkehrung zu treffen, dass die Ein- und Ausfahrt durch Schächte erfolge, wo die Wetter ausziehen“.

Diese Vorschrift ist zu berücksichtigen, weil sie zur Sicherheit der Arbeiter beiträgt. Wer eine Schachtbefahrung auf beeisten Sprossen nur einmal durchmachte, wird diese Vorschrift zu schätzen wissen.

Die Textirung im Entwurfe dürfte in der sächsischen Vorschrift vorzuziehen sein.

§. 27.

Stimmt überein mit dem ersten Absatze des §. 17 der Bonner Bergpolizei-Verordnung, dem sich §. 2 der Dortmunder Verordnung sehr nähert.

Diesem Paragraph liegt der Gedanke zu Grunde, dass zur Sicherheit der Person jedes Bergwerk mit zwei fahrbaren Ausgängen versehen sein solle, wie es in der neuen Zeit das englische Gesetz verlangt. Diese Bestimmung war auch in den vorläufigen Entwurf des preussischen Berggesetzes aufgenommen. Da bei der Revision des Entwurfes der Abschnitt, welcher die allgemeinen bergpolizeilichen Vorschriften enthielt, gänzlich weggelassen wurde, so blieb die Frage in Schwebe, und wurde erst bei Berathung der neuen Bergpolizei-Verordnung wieder aufgenommen. Hiezu gab der traurige Fall von Lugau, der sich am 1. Juli 1867 auf dem Steinkohlenbergwerke „Neue Fundgrube“ ereignete, Veranlassung. Bei der Berathung hat es an gewichtigen Stimmen nicht gefehlt, welche zur Aufnahme des angeführten Gebotes riethen. Schliesslich wurde jedoch die Ansicht festgehalten, dass zu dieser Vorschrift nicht zurückzukehren, sondern ein vermittelnder Ausweg vorzuziehen sei. Denn bei jedem

---

*) Bemerkungen, die blos Varianten der Textirung sprechen, haben wir hier weggelassen. Die Red.

Bergwerke zwei fahrbare Ausgänge vorzuschreiben, wäre eine drückende Auslage und wohl bei der Mehrzahl von Fällen entbehrlich.

Bei grösserer Ausdehnung eines Bergwerkes wird die Bergbehörde in der Lage sein, zu beurtheilen, ob die Anlage eines zweiten fahrbaren Ausganges erforderlich sei; die Anordnung dieser Vorsichtsmassregel von Fall zu Fall dürfte einer allgemeinen Vorschrift vorzuziehen sein, und der §. 27 lässt hiezu den Weg offen.

§. 28.

Die Verhütung von Wassergefahren ist der leitende Gedanke bei diesem Paragraph. Es soll bei Tiefbauanlagen die Gefahr beseitigt werden, dass die Mannschaft schon bei einem geringen Aufgange der Grubenwässer von dem Fahrschachte abgeschnitten und an der Rettung verhindert werde.

Dieser Paragraph stimmt mit dem zweiten Absatze der Bonner Bergpolizei-Verordnung §. 17 der Sache nach überein; nur in der Fassung ist eine Abweichung, welche sich dadurch empfiehlt, dass der zweite Absatz zu einem selbstständigen Paragraph gemacht wurde. In diesem Absatze heisst es: „Wo bei Tiefbauten durch das Aufgehen der Wässer . . . eintreten kann". Da dieser Absatz offenbar einen andern Gegenstand behandelt, als der erste Absatz des §. 17, so schien die Aufnahme desselben in einen eigenen Paragraph für die formelle Behandlung als geeigneter.

§. 29.

Ist gleichlautend mit dem ersten Absatze der Bonner Bergpolizei-Verordnung §. 18. Der zweite Absatz dieses Paragraphes lautet: „Dient bei kleinen Schächten der Förderraum zugleich als Fahrschacht, so ist das Fahren während der Förderung gänzlich untersagt". Er enthält demnach eine Vorschrift, die mit der des ersten Absatzes nicht im Zusammenhange steht und wurde desshalb abgesondert in dem nachfolgenden §. 30 dem Sinne nach aufgenommen.

§. 31.

Die §§. 21 bis inclusive 30 beziehen sich auf die Sicherung der Schächte im Allgemeinen und auf die Sicherung der Fahrung in den Schächten; die §§. 31 bis inclusive 36 enthalten die Vorschriften, welche sich auf die Sicherheit der Förderung in den Schächten beziehen. §. 31 stimmt mit §. 10 der Bonner Verordnung überein bis auf die Weglassung von Gesenken. §. 10 lautet: „Bei der Förderung in Schächten und Gesenken . . . .". Von Gesenken soll in diesem Paragraphe aus dem Grunde nicht die Rede sein, weil die Abtheilung III ausschliesslich nur die Schächte behandelt, von den Gesenken aber in der IV. Abtheilung gehandelt wird. Uebrigens schien es überflüssig zu sein, diese Vorschrift bei den Gesenken noch zu wiederholen, weil sich die Anwendung der Vorschrift des §. 31 für die Gesenke von selbst versteht.

Eine zweckmässige, das zufällige Aushaken verhindernde Verbindung zwischen Fördergefäss trägt wesentlich dazu bei, die Gefahren bei der Förderung in Schächten zu vermindern, während die Vernachlässigung dieser Sicherungsmassregel schon wiederholt Unglücksfälle herbeigeführt hat. Eine bestimmte Construction vorzuschreiben, wäre nicht entsprechend.

Durch diesen Paragraph wird der Revierbeamte in den Stand gesetzt, die Entfernung unsicherer Vorrichtungen zu verlangen.

§. 34.

Das Vorbild dieses Paragraphes ist der §. 12 der Bonner Bergpolizei-Verordnung, welcher lautet: „Sämmtliche Förder-Vorrichtungen, welche mittelst Dampfkraft in Bewegung gesetzt werden, müssen mit einer auf der Seilkorbachse befindlichen Bremsvorrichtung versehen sein. Diese Vorrichtung muss so eingerichtet sein, dass der Maschinenwärter, ohne die Steuerung zu verlassen, dieselbe sowohl während des Ganges der Maschine, als auch beim Stillstande der letzteren in und ausser Wirksamkeit setzen kann".

„Wo bei bereits vorhandenen Maschinen eine andere Brems-Vorrichtung seither gestattet war, kann dieselbe beibehalten werden".

Bei dem steten Fortschreiten der technischen Wissenschaften scheint es nicht entsprechend zu sein, in eine bergpolizeiliche Vorschrift das Detail aufzunehmen, wie die Brems-Vorrichtung eingerichtet sein soll, und es dürfte genügen, die Verpflichtung nur im Allgemeinen auszusprechen, wie dies im §. 34 geschehen ist.

Der zweite Absatz des §. 12 der Bonner Bergpolizei-Verordnung schien ganz entbehrlich und könnte sogar einen Widerspruch hervorrufen mit dem ersten Absatze des §. 12.

§. 36.

Der Inhalt stimmt überein mit dem §. 14 der Bonner Verordnung und weicht nur in der Textirung von diesem Paragraphe ab. §. 14 lautet: „Allen über der Mündung von Schächten und Gesenken angebrachten Haspel-Vorrichtungen muss eine solche Einrichtung gegeben werden, dass das Abziehen und Einhängen der Fördergefässe ohne Gefahr für die damit beschäftigten Arbeiter erfolgen kann".

„Jeder Haspel muss mit Vorstecknägeln oder einer andern sicheren Sperrvorrichtung versehen sein". Die Fassung des Paragraphes im Entwurfe ist der des §. 14 vorzuziehen. Denn der Ausdruck „über der Mündung von Schächten und Gesenken" ist pleonastisch. Im zweiten Absatze schien es entsprechend, eine Aenderung vorzunehmen, wie sie im Entwurfe vorkommt; Zweck und Mittel sind entsprechend aneinandergereiht.

Der Inhalt dieses Paragraphes ist von bedeutender Wichtigkeit und die genaue Befolgung desselben wird die grosse Zahl von Verunglückungen, welche beim Fördern mit dem Haspel vorkommen, gewiss vermindern. Das Vorhandensein von Vorstecknägeln oder einer andern sicheren Sperrvorrichtung muss ausnahmslos verlangt werden, um das plötzliche Niedergehen des belasteten Förderseiles und die dadurch häufig veranlassten Unglücksfälle zu verhüten.

Chemische Zusammensetzung einiger Eisenerze aus dem nordwestlichen Böhmen.

Von Carl A. M. Balling.

In meiner Abhandlung über die „Eisenindustrie Böhmens" (Jahrbuch der k. k. Bergakademien, Band XVII, Wien, 1868) habe ich ausgesprochen, dass, soweit mir die Eisensteine Böhmens bekannt sind, ich die im nordwestlichen Theile Böhmens gewonnenen in Rücksicht ihres Gehaltes an Phosphorsäure als die reinsten finde.

Ich habe damals für diese Behauptung keinen vollkommenen Nachweis liefern können, indem ich nur die Erze, welche auf der Hütte „Eleonora" zu Lidítzau bei Schlackenwerth verschmolzen werden, zu analysiren Gelegenheit hatte; diese Analysen wurden in der oben citirten Abhandlung pag. 226 (Nr. 102—107) mitgetheilt.

Ueber die geologischen Verhältnisse der dortigen Eisenerzlagerstätten haben wir durch die Abhandlungen Joh. Jokely's: „Zur Kenntniss der geologischen Beschaffenheit des Egerer Kreises in Böhmen" (Jahrbuch der k. k. geologischen Reichsanstalt, Bd. VIII, Jahrgang 1857, pag. 1—82), dann: „Die geologische Beschaffenheit des Erzgebirges im Saazer Kreise in Böhmen" (ebendaselbst pag. 516—607) bereits Kenntniss erhalten.

Ueber die chemischen Eigenschaften einiger dieser Erze mögen die nachfolgenden Analysen, welche ich im verflossenen Jahre begonnen und heuer beendet habe, Aufschluss geben. Ich bedauere nur, dass mir hiezu nicht Durchschnittsproben zu Gebote standen; die Proben sind von Handstücken genommen.

Ich werde umsomehr aufgefordert, durch diesen Nachweis meine damals ausgesprochene Ueberzeugung weiters zu begründen, als in der im September vorigen Jahres von den Eisenindustriellen Böhmens im Gewerbeverein zu Prag abgehaltenen Versammlung bei Erörterung der Frage*)

*) Die genaue Wortfolge derselben ist mir nicht mehr erinnerlich.

eines möglichen Bessemerns in Böhmen ausgesprochen wurde, die Eisensteine Böhmens seien noch nicht genügend untersucht und müsse man erst Eisensteinlager aufsuchen, welche an Phosphorsäure arme oder davon freie Erze enthalten, und aus mündlichen Mittheilungen ist mir bekannt, dass man diesbezüglich seine Hoffnung auf die Eisensteinlager der Silurformation setzt.

In Königshütte in Preussisch-Schlesien ist es gelungen, solche Lager aufzufinden.

Dass die auf den böhmischen Eisenhütten zur Verschmelzung gelangenden Erze noch bei weitem nicht alle untersucht sind, ist richtig und die wenigsten der vorgenommenen Eisensteinanalysen rühren von Durchschnittsproben grösserer Haufwerke her; allein nach meiner Ueberzeugung ist in der böhmischen Silurformation der gehoffte Bergsegen nicht zu finden und die nachfolgenden Analysen haben deshalb den Zweck, zu zeigen, dass man solche Erze nicht erst suchen müsse, sondern bereits über die gewünschten Erzlagerstätten verfügt wird.

Im Anschluss an die oben angezogenen Analysen wurden noch folgende vorgenommen.

1. Rotheisenstein aus Magneteisenstein von der Fräuleinzeche am Orpes bei Pressnitz

Fe_2O_3	66·26
FeO	1·48
Al_2O_3	6·04
CaO	Spur
PO_5	Spur
Mn	Spur
SiO_3	25·50
Zusammen	99·28

2. und 3. Magneteisenstein vom Orpes.

	2.	3.
Fe_2O_3	40·84	21·16
FeO	9·45	26·86
Al_2O_3	6·41	1·49
CaO	5·49	1·68
MgO	2·14	0·83
SiO_3	33·80	47·20
PO_5	Spur	0·16
Mn	Spur	Spur
Zusammen	98·13	99·38

Nr. 3 enthält auch Spuren von Schwefelsäure.

4. Rotheisenstein von der rothen Adlerzeche bei Rothenhaus.

Fe_2O_3	50·93
FeO	2·70
Al_2O_3	2·01
CaO	Spur
SiO_3	44·00
PO_5, Mn	Spur
Zusammen	99·64

5. Magneteisenstein vom Gremsinger Gebirge bei Pressnitz.

Fe_2O_3	46·53
FeO	29·50
Al_2O_3	1·69
CaO	1·35
MgO	Spur
SiO_3	19·90
PO_5	0·22
Mn	Spur
Zusammen	99·19

6. Magneteisenstein von der rothen Sudelzeche bei Pressnitz.

Fe_2O_3	32·41
FeO	10·26
Al_2O_3	3·29
CaO, MgO	Spur
SiO_3	53·00
PO_5, Mn	Spur
Zusammen	98·96

7. Rotheisenstein von der Gabrielshütte.

Fe_2O_3	28·73
Al_2O_3	10·52
CaO	Spur
MgO	0·46
SiO_3	56.05
PO_5	0·06
HO	3·30
Mn	Spur
Zusammen	99·12

8. Magneteisenstein von Hohenstein bei Pressnitz.

Fe_2O_3	59·10
FeO	16·85
Al_2O_3	0·17
CaO	Spur
MgO	1·89
SiO_3	20·50
PO_5	0·09
Zusammen	98·60

9. Rotheisenstein von der rothen Sudelzeche bei Pressnitz.

Fe_2O_3	32·83
FeO	3·64
Al_2O_3	2·63
CaO	21·92
MgO	4·74
SiO_3	7·45
PO_5	0·06
HO	4·10
CO_2	22·34
Mn	Spur
Zusammen	99·71

10. Magneteisenstein von der Engelsburgzeche bei Pressnitz.

Fe_2O_3	41·82
FeO	25·78
Al_2O_3	1·78
CaO	Spur
MgO	1·84
SiO_3	22·30
SO_3	Spur
PO_5	Spur

HO	6·10
Mn Cu	Spur
Zusammen	99·62

Es sind selbst diese Erze nicht absolut phosphorfrei, aber in dieser Hinsicht aus Böhmen die reinsten, die ich kenne.

11. Ich habe auch einen Brauneisenstein von Elsch untersucht, welcher sehr rein ist; derselbe wurde auf der nun aufgelassenen Hütte zu Ferdinandsthal bei Bischofteinitz verhüttet. Die Analyse ergab:

Fe_2O_3	68·85
FeO	2·83
SiO_3	9·00
SO_3	1·71
PO_5	Spur
HO	17·00
Zusammen	99·71

Přibram, im Februar 1869.

Chemisch-technische Notizen vom Salinen-Betriebe und ihre praktischen Ergebnisse.

(Fortsetzung.)

4. Sudbetriebsversuche bei der Saline Hall in Tirol.

Obgleich die Gebläsefeuerung, seit deren Einführung im Jahre 1859, und sofortige Ausdehnung auf 4 Pfannen das Ihrige dadurch geleistet hat, dass im Laufe von 9½ Jahren 477.000 Ctr. Kohlenklein mit wenigstens 70 Proc. = 335.000 Ctr. Staub unter 3‴ Stangenweite aufgebrannt und hiemit 851.000 Ctr. oder 176 Pfd. Salz per Centner Kleinkohle erzeugt wurden, ein Betriebsresultat, das in früheren Jahren nur mit Grobkohle, gemengt mit höchstens 30 Proc. Klein erzeugt werden konnte, so hafteten dieser Feuerungsart dennoch ein paar Mängel an, deren möglichste Beseitigung in jeder Beziehung wünschens- und gewinnreich war.

Vorerst war dem schnellen Verbrand der Pfannenbleche über den beiden Gebläse-Rösten, wodurch häufige Reparationen nothwendig wurden, entgegenzuwirken, nicht minder aber auch der starken Rauchentwicklung, als man vor 4 Jahren zu einer forcirteren Feuerung überging. Hatte die unvollkommene Verbrennung einen nicht ausser Acht zu lassenden Wärmeverlust zur Folge, so bedingte der erstgenannte Uebelstand nebst grösserem Eisen- und Schichten-Aufwand eine geringere Erzeugungsfähigkeit der Pfannen.

Um nun diesen doppelten Zweck: Pfannenschonung und bessere Verbrennung durch eine einfache, wenig Auslagen verursachende Ofenzustellung zu erreichen, wurde der ungeändert gebliebene Gebläserost (Fig. 1) mit feuerfesten Nymphenburger Ziegeln überwölbt (*a*) und 2 Zoll unter diesem an der Brust des Ofens ein feuerfester Bogen *b* angebracht. Durch die gebildete Spalte *c*, welche mittelst Schuber regulirbar ist, strömt nun die zur Verbrennung der Kohlenoxyd- und Kohlenwasserstoffgase noch nothwendige Luft mit Vehemenz in den Feuerraum *A* ein, wird im Gewölbabsatz *d* abgestossen und vermengt sich

Fig. 1.

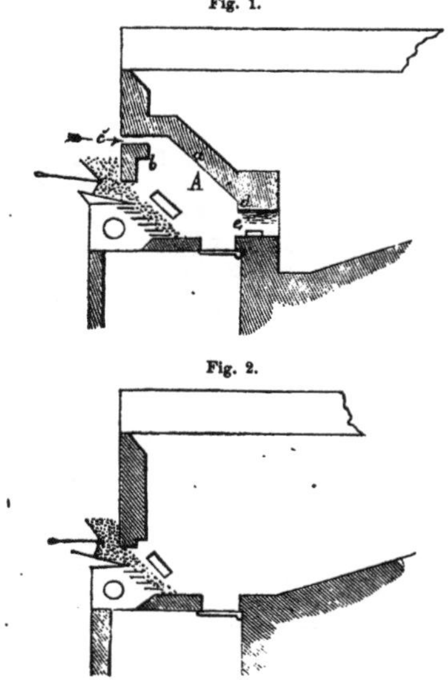

Fig. 2.

um so leichter mit den, den Fuchs *e* (eigentlicher Gasverbrennungspunkt) passirenden Gasen. Ein Versuch mit Weglassung des Absatzes *d* gab weniger günstige Verbrennung.

Bei Pfanne IV ist derselbe Gebläserost (Fig. 2), nur fällt der Rauchverbrennungsapparat *c a d* fort; im Uebrigen haben beide Pfannen vollkommen gleichen Feuerbau.

In der nachfolgenden Gegenüberstellung der einzelnen Manipulations-Ergebnisse von den drei Versuchsjahren 1866—1868 in tabellarischer Form dürfte der bis jetzt erreichte Erfolg am einfachsten ersichtlich gemacht werden*).

ad Post 5. Die Verschürung von Holz bei Gebläsefeuerungen hat seinen Grund in zeitweisen Störungen des Ventilatoren-Betriebes durch Versandung des Wasserkanals und dessen nothwendige Räumung auf eine bedeutende Strecke.

ad Post 7 und 8. Bei Pfanne III wurde über dem westlichen Roste, wo der Rauchverbrenner im October 1865 zuerst eingebaut wurde, bis Ende Sept. J. 1868 d. i. durch 3¼ Jahre, und über dem östlichen Roste, wo der Einbau im April 1866 erfolgte, durch 2¼ Jahre, trotz einem 2—3 Proc. Schwefel haltenden Brennmateriale nicht ein einziges Blech ausgelöst. Zudem ist der gegenwärtige Zustand der Pfannbleche über den beiden Feuern derart gut, dass man fast mit Sicherheit zur Hoff-

*) Siehe Tabelle pag. 70.

Vergleich des Sudbetriebes bei

Nr.		Einheit	Pfanne III mit Rauchverbrenner 1866	1867	1868	Zusammen	Pfanne IV ohne Rauchverbrenner 1866	1867	1868	Zusammen
1	Grösse der Sudpfanne	Quadratfuss	951	—	—	—	980	—	—	—
2	„ „ zwei Vorwärmpfannen	„	360	—	—	—	360	—	—	—
3	„ „ „ Dörren	„	429	—	—	—	429	—	—	—
4	Die beiden Röste einer Pfanne haben zusammen (3'×1¼')	„	$7\frac{1}{2}$	—	—	—	$7\frac{1}{2}$	—	—	—
5	Brennmaterialverbrauch: Wiener Klafter Fichtenholz	Klftr.	2	11	$16\frac{6}{8}$	$29\frac{6}{8}$	$2\frac{2}{8}$	$11\frac{2}{8}$	$17\frac{6}{8}$	$31\frac{2}{8}$
	Brennmaterialverbrauch: Kleinkohlen	Ctr.	16928	21910	22211	61049	17782	19383	17907	55072
6	Durchschnittlicher Kohlenstoffgehalt der Kleinkohle	Proc.	54·5	53	50	52·3	dto.	dto.	dto.	dto.*)
	„ Aschengehalt der Kleinkohle	„	12·7	13·1	16·2	13				
	„ Nässe	„	10	10·5	10·5	10·5				
7	Sudtage		263	312	328	903	249	273	267	789
8	Durch Auswechslung schadhafter Pfannbleche gingen Sudtage verloren		8	—	—	8	44	33	34	111
9	Durchschnittliche tägliche Schürung von Kleinkohlen	Ctr.	64	70	68	68	72	71	67	70
10	Salzerzeugung im ganzen Jahre	„	29453	39220	37215	105888	31233	34716	30175	96124
11	„ per Sudtag	„	112·00	125·70	113·46	117·26	125·43	127·16	113·01	121·83
12	„ „ Quadratfuss Pfannfläche	Pfd.	11·8	13·2	12	12·8	12·7	13	11·6	12·4
13	„ mit 100 Pfd. Kleinkohle	„	174	178	165	171·5	175	178	165	172·5
14	„ mit 100 Pfd. reinem Kohlenstoff laut Post 6	„	320	334	330	328	321	334	330	329
15	Eisenverbrauch im Ganzen (für Kernpfannen, Vorwärmpfannen u. Röste)	„	5356	521	260	6139	7996	3067	3177	14240
16	Darunter Pfannenbleche	„	334	—	—	334	2027	2063	2694	6784
17	Schichten 12stündige (Sieden, Schüren, Salztransport u. Kohlenzuführen)	Zahl	3372	3696	3628	10696	3181	3577	3494	10252
18	„ „ unter Post 17 auf Pfannenreparation	„	44	—	—	44	207	279	450	936
19	Per 1000 Ctr. Salz Eisenverbrauch (nach Post 15)	Pfd.	180	13	7	57	255	88	105	148
20	„ 1000 „ „ Pfannenbleche (nach Post 16)	„	11·3	—	—	3	65	60	89	75
21	„ 1000 „ „ Kleinkohle	Ctr.	575	558	605	584	572	558	605	580
22	„ 1000 „ „ 12stündige Schichten im Ganzen nach Post 17		114	94	97	101	102	103	115	107
23	„ 1000 „ „ „ Pfannenreparations-Schicht (nach Post 18)		1·5	—	—	0·4	6·62	8·03	14·5	9·7
24	Temperatur der Gase (bei beiden Pfannen am selben Tage abgenommen, somit bei gleicher Kohlenqualität Barom. und Thermometerstand etc.): Am Fuchs des Ofens	R.°	—	—	—	1200—1300	—	—	a. d. Rost	1000 — 1100
25	beim Austritt aus der Pfannstatt in	„	—	—	—	300 — 332	—	—	—	188—248
26	im Schlott	„	—	—	—	115—132	—	—	—	97—120
27	Temperatur der Soole in der Vorwärmpfanne	„	—	—	—	40—46	—	—	—	27—32
28	„ auf der Dörr	„	—	—	—	78—84	—	—	—	65—70
29	Dauer eines Sudes	Tage	—	—	—	28	—	—	—	14

*) D. h. sowie bei Pfanne III.

nung berechtigt ist, mehr als ein Jahr noch ohne Reparation fortsieden zu können.

Bei Pfanne IV hingegen mussten durchschnittlich nach 2—3 Suden (30—40 Tagen) einige schadhafte Bleche ausgewechselt werden.

ad Post 10, 16, 18, 19, 20, 23. Aus Obigem erklärt sich die grössere Erzeugungsfähigkeit der Pfanne III, ungeachtet der per Sudtag entfallenden kleineren Schürung (Post 9), der geringere Pfanneisenverbrauch von 2150 Pfd. per Jahr oder 72 Pfd. per 1000 Ctr. Salz; der geringere Schichtenaufwand wegen Pfannreparation von 297 per Jahr oder 9·3 auf 1000 Ctr. Salzerzeugung.

Pecunialiter werden dadurch jährlich bei allen 4 Wiczek-Pfannen für Pfannbleche, Nieten und wegfallende Reparations-Schichten u. z. 2100 fl. erspart; schlägt man hievon selbst 15 Proc., was sicher genug, auf Bestreitung der nach 4—5 Jahren denn doch einmal nothwendig werdenden Reparation ab, so bleiben noch immer per Jahr 1800 fl.; das gibt eine Gestehungskosten-Verminderung eines Centners Salzes von 1·2 kr. ö. W.

ad Post 25—28. Ausser dem bedeutend lichteren Rauche des Schlotts der Pfanne III geben den schlagendsten Beweis für die erzielte bessere Verbrennung die constant wahrzunehmenden Temperaturs-Differenzen der aus der Pfannstatt entweichenden Gase mit durchschnittlich 100° R., des Schlottes mit 15—20° R. und der Soole in den Vorwärmpfannen mit 15° R., wobei bemerkt werden muss, dass sich diese viel höheren Temperaturen der Pfanne III auf eine durchschnittlich kleinere Schürung beziehen. Auf den Trockenherden dörrt ein gleiches Quantum Kochsalz in 12 Stunden ebenso gut, als bei Pfanne IV in 21 Stunden. Die Ursache liegt vorzüglich in der viel geringeren Russbildung an der unteren Dörrfläche.

Die Wärmeleitungsfähigkeit des Russes ist nach Brix' Versuchen fast 100 mal geringer als die des Eisens. Daraus erklärt sich auch die mindere Dörrfähigkeit ein und derselben Trockenherdfläche bei Holz- und Steinkohlenschürung.

Während eines speciellen Versuches von
56 : 72 Ctrn. Kleinkohlenschürung
wurde gefunden bei

Pfanne	III	IV
Die Temperatur der Gase aus der Pfannstatt	243°R.	248°R.
Die Temperatur der Gase im Schlott	125° „	130° „
Die Temperatur auf der Dörre	73° „	69° „
Die Temperatur der Soole in der Vorwärmpfanne	39° „	22° „

somit bei 16 Ctrn. Schürungs-Differenz beinahe gleiche Temperaturen.

Da nach Davis' und Ebelman's umfassenden Versuchen 340·8° R. die niedrigste Temperatur ist, bei der noch glühende, aber wegen Mangel an *O* nicht brennende Gase noch eine chemische Verbindung mit *O* eingehen, die mittlere Temperatur in der Pfannstatt von Pfanne III noch 700—800° R. ist, so dürfte eine Verbrennung dieser Gasarten auch noch ausserhalb des Feuerraumes *A* stattfinden.

Der obige Versuch repräsentirt annäherungsweise die durch Rauchverbrennen hierorts zu erzielende Kohlenersparung, wenn die erzeugte Wärme durch zweckmässigen Pfannenbau möglichst vollkommen ausgenützt würde, was bei Gebläsefeuerung um so leichter ausführbar ist, als selbe keine höhere Schlott-Temperatur als 65—70° R. erfordert.

ad Post 29. Bei Pfanne III präcipitirte sich der $SO_3\ CaO$ in beinahe gleicher Menge über die ganze Pfannenfläche, bei Pfanne IV vorzüglich nur über den zwei Feuerpunkten; die Gypsschilfen waren dort nach 14tägigem Sud doppelt so dick als in Pfanne III. Die Ursache liegt in der gleich hohen Soolentemperatur vom Feuerdrittel bis Pehrgrand obiger Pfanne, während dieselbe bei anderen nicht mit Rauchverbrennern versehenen Pfannen an diesen zwei Punkten um 5—6° R. differirt. Diese Erscheinung wies im Verhältnisse der Gypsschilfendicke auf eine doppelt so lange Suddauer hin, wodurch je ein Kachlschlagen, d. i. ein halber Sudtag, und die auf diese Arbeit erlaufenden Löhne von 8 Mann in Ersparung kamen. Andererseits gibt die hohe Soolentemperatur nahe dem Pehrgrand, vereint mit der zu hohen Endtemperatur der Gase beim Austritt aus der Pfannstatt, den Fingerzeig, dass die gegenwärtigen Pfannen für Feuerungen mit Rauchverbrennen viel zu kurz seien.

Aus Wieliczka.

Diese Woche hat wenig Neues aus Wieliczka gebracht. Der dahin abgegangene und am 25. Februar wieder nach Wien zurückgekehrte Ministerial-Commissär Freiherr von Hingenau hatte die Maschinenbauten am Elisabeth- und Joseph-Schacht so sehr fortgeschritten gefunden, dass am 23. schon mit dem Einbau der untersten Saugröhren am Elisabeth-Schacht begonnen werden konnte und nächste Woche am Joseph-Schacht bereits die Salzförderung wird begonnen werden können. Die Wasserzunahme hielt sich zwischen 2 und 3 Zoll in 24 Stunden. Senkungen sind keine wahrnehmbar. Am 19. Februar besuchte eine kleine Gesellschaft, die von Krakau gekommen war, die Grube und die Mitglieder derselben, worunter auch eine Dame, dehnten ihre Befahrung über das Mass der gewöhnlichen Gasttour bis an den Rand des Wasserstandes über dem Horizont Haus Oesterreich aus, wo das Wasser ganz ruhig stehend, ohne Strömung oder Bewegung angetroffen wurde. Bei dieser Gesellschaft befanden sich der wegen einer Eisenbahn-Enquête eben damals nach Krakau gekommene k. k. Ministerialrath Dr. Hamm vom Ackerbauministerium, mehrere höhere Beamte der Carl Ludwigs-Bahn, der k. k. Oberingenieur Möser aus Krakau, welcher an jenem Tage die Kesselprobe am Franz Joseph-Schacht vorgenommen hatte, der k. k. Statthaltereirath v. Proborcski aus Krakau und der Bezirkshauptmann Potuczek aus Wieliczka, welche sich mit sichtlicher Befriedigung über den Zustand der Grube und über die Fortschritte bei der Maschinenaufstellung gegen den sie begleitenden Ministerial-Commissär aussprachen. Eben weil dieser Besuch nicht den officiellen Charakter einer Enquête hatte, welcher demselben von einigen Tagesblättern beigelegt worden ist, dürfte der bei den anwesenden technischen Fachmännern gleichmässig wie bei den Laien sich äusserude beruhigende Eindruck geeignet sein, manchen übertriebenen Gerüchten zu begegnen, aber auch unter den Besuchern selbst die Ueberzeugung begründet haben, dass, wenn auch der Beginn der Auspumpung erst in etwa 4 Wochen zu erwarten steht, doch bis nun die schwierigen Vorarbeiten dazu nicht zurückgeblieben sind.

Die Salzförderung und Abgabe beträgt 5000 Ctr. bis 8000 Ctr. in 24 Stunden. Im Monate Jänner wurden über 80.000 Ctr. Salz erzeugt. Im Monate Februar dürfte die Erzeugung 100.000 Ctr. übersteigen.

Amtliche Mittheilungen.

Personalnachrichten.

Der k. k. Ackerbauminister hat den neu ernannten Kuttenberger Berghauptmann Heinrich Wachtel nach Krakau und den Krakauer Berghauptmann Mathias Lumbe nach Kuttenberg in ihrer Diensteigenschaft von Amtswegen übersetzt.

Concurs.

An der k. k. Bergakademie Leoben ist die Stelle des Aushilfsassistenten für Berg- und Hüttenmaschinenlehre mit dem Genusse eines Taggeldes nach den Bestimmungen für k. k. Bergwesens-Exspectanten und einer täglichen Zulage von 50 kr. ö. W. zu besetzen.

Bewerber um diese Stelle haben ihre an das hohe k. k. Ackerbauministerium stylisirten Gesuche, unter Nachweisung der absolvirten bergakademischen Studien, der bisherigen Dienstleistung, besonders der Gewandtheit im Zeichnen, sowie in der Berechnung und Construction von Maschinen längstens bis 13. März d. J. bei der gefertigten Direction einzubringen.

K. k. Bergakademie-Direction

Leoben, am 12. Februar 1869.

(Auflassung der Bergwerksproducten-Verschleissfactorie in Triest.) Die Bergwerksproducten-Verschleissfactorie in Triest ist als selbstständiges Amt am 31. December 1868 aufgelassen und der Verkauf ärarischer Bergwerksproducte am Triester Platze vom 1. Jänner 1869 dem dortigen k. k. Punzirungsamte übertragen worden. (Z. 3739, ddo. 5. Februar 1869.)

Concurs-Ausschreibung.

Bei der k. k. Berghauptmannschaft Krakau ist die Oberberg-Commissärsstelle mit dem Jahresgehalte von 1260 fl. ö. W., dem Vorrückungsrechte in die höhere Gehaltsstufe, und der VIII. Diätenclasse, eventuell die Berg-Commissärsstelle mit dem Jahresgehalte von 840 fl., dem Vorrückungsrechte in die höheren Gehaltsstufen in der IX. Diätenclasse zu besetzen.

Bewerber um diese Stelle haben ihre gehörig documentirten Gesuche bis 15. März 1869 im vorgeschriebenen Dienstwege bei der gefertigten k. k. Berghauptmannschaft einzubringen und in denselben ihr Alter, ihre montanistisch-technischen Studien, dann rechts- und staatswissenschaftlichen Kenntnisse, wie auch die Sprachkenntnisse nachzuweisen, und auch anzuführen, ob und in welchem Grade sie mit einem Angestellten der Krakauer k. k. Berghauptmannschaft oder mit einem Bergwerksbesitzer oder Beamten des Districtes dieser Berghauptmannschaft verwandt oder verschwägert sind, dann ob sie selbst oder ihre Ehegattinen oder unter älterlicher Gewalt stehenden Kinder in diesem Districte einen Bergbau besitzen, oder an einer Bergwerksunternehmung betheiligt sind.

Von der k. k. Berghauptmannschaft

Krakau, den 14. Februar 1869.

ANKÜNDIGUNGEN.

Briefkasten der Expedition.

Löbliche Z . . . . a'sche Steinkohlengewerkschaft in M. O . . . . u und Gewerkschaft in L . . . . . g. Wir ersuchen um gefällige Nachsendung von 80 kr., da die ganzjährige Pränumeration fl. 8.80 beträgt und Sie uns nur 8 fl. eingesendet haben.

Löbliche kaiserl. Werksdirection in B . . . . d, Graf W . . . a'sche Berg- und Hüttenverwaltung in Br s und Herrn J. W . . a in K . . . . o. Auf die uns eingeschickten fl. 8.40 bitten wir, da die ganzjährige Pränumeration fl. 8 80 ist, uns die restlichen 40 kr. nachzahlen zu wollen.

Löbliche Bleiberger Bergwerks-Union. Für das mit dem zweiten Quartale abbestellte Exemplar haben wir Ihnen auf den Jahrgang 1870 fl. 6.60 gutgeschrieben.

Diese Zeitschrift erscheint wöchentlich einen Bogen stark mit den nöthigen artistischen Beigaben. Der **Pränumerationspreis** ist jährlich **loco Wien** 8 fl. ö. W. oder 5 Thlr. 10 Ngr. **Mit franco Postversendung** 8 fl. 80 kr. ö. W. Die Jahresabonnenten erhalten einen officiellen Bericht über die **Erfahrungen im berg- und hüttenmännischen Maschinen-, Bau- und Aufbereitungswesen sammt Atlas** als Gratisbeilage. Inserate finden gegen 8 kr. ö. W. oder 1½ Ngr. die gespaltene Nonpareillezeile Aufnahme. Zuschriften jeder Art können nur franco angenommen werden.

Druck von Carl Fromme in Wien. Für den Verlag verantwortlich Carl Reger.

№ 10. XVII. Jahrgang.

Oesterreichische Zeitschrift

1869. 8. März.

für

Berg- und Hüttenwesen.

Verantwortlicher Redacteur: Dr. Otto Freiherr von Hingenau,

k. k. Ministerialrath im Finanzministerium.

Verlag der G. J. Manz'schen Buchhandlung (Kohlmarkt 7) in Wien.

Entwurf allgemeiner Bergpolizei-Vorschriften.

(Fortsetzung.)

IV. Bremsberge, Bremsschächte, Gesenke, Rolllöcher, Lichtlöcher und Ueberhauen.

§. 37.

Die Oeffnungen der Bremsberge, Bremsschächte, Gesenke, Rolllöcher, Lichtlöcher und Ueberhauen, sowie die Zugänge zu denselben sind so abzusperren, dass Niemand ohne eigene Schuld hineinstürzen kann.

Münden solche Grubenbaue unmittelbar in eine Förderstrecke, so ist die Befahrung der letzteren durch geeignete Vorrichtungen wie z. B. Umbruchsorte, Verschläge u. s. w. sicher zu stellen.

§. 38.

Alle im Betriebe stehenden Bremsberge, Bremsschächte, Gesenke und Rolllöcher, welche zur Förderung von mehreren Punkten dienen, sollen besondere Fahrabtheilungen oder Fahrüberhauen haben, damit die Arbeiter nicht gezwungen wären, in der Förderabtheilung zu fahren, um vor ihre Arbeit zu gelangen.

§. 39.

Das Befahren der Förderabtheilung der Bremsberge, Bremsschächte, Gesenke und Rolllöcher ist nur den mit der Reparatur derselben beauftragten Personen und dem Aufsichtspersonale gestattet.

§. 40.

Die Bremswerke sind mit einer verlässlichen Bremsvorrichtung zu versehen.

Vor dem gehenden Zuge der Bremswerke ist ein hinreichend starker Lattenverschlag anzubringen, durch den blos die Seile durchgehen.

§. 41.

Aus einem Bremsberge, Bremsschachte, Gesenke oder Rollloche dürfen gleichzeitig mehrere Orte über einander nicht angesetzt werden.

§. 42.

In Bremsbergen und Bremsschächten sind Signalvorrichtungen anzubringen, welche es möglich machen, dass von jedem Anschlagspunkte aus Zeichen nach oben und nach unten gegeben werden.

§. 43.

Der Stand des Bremsers ist seitwärts des Bremswerkes und so einzurichten, dass er ohne Gefahr in bequemer Stellung seine Arbeit verrichten kann.

V. Maschinen-Streckenförderung.

§. 44.

Das Fahren in horizontalen Strecken, in welchen Förderung mittelst Maschinen stattfindet, ist während der Förderung nur dem Dienst- und Aufsichtspersonale gestattet.

In solchen Strecken ist eine Signalvorrichtung anzubringen, mittelst welcher von jedem Punkte der Strecke dem Maschinenwärter das Zeichen gegeben werden kann.

Die Motive zu diesen §§. 37—44 enthalten meist nur Vergleichungen mit den ähnlichen Dortmunder und Bonner Vorschriften und konnten hier ohne Nachtheil für das Verständniss der Abschnitte IV und V weggelassen werden.

VI. Seilfahrung.

§. 45.

Will ein Bergwerksbesitzer die Seilfahrung einführen, so hat er hievon die Anzeige an den Revierbeamten vor der Herrichtung zu machen.

Dieser Anzeige ist eine Beschreibung der für diesen Zweck bestimmten Betriebseinrichtungen und der Entwurf einer Fahrordnung beizuschliessen.

§. 46.

Der Revierbeamte hat an Ort und Stelle die Einrichtungen der Seilfahrung hinsichtlich ihrer Sicherheit zu prüfen Nach dem Befunde dieser Prüfung und, wo es nothwendig erscheint, nach vorgängiger Anhörung des Bergwerksbesitzers oder seines Bevollmächtigten entscheidet die Oberbergbehörde, ob und welche Sicherheitsvorkehrungen bei der Einrichtung und Benützung der Seilfahrung zu treffen sind.

Vor Entscheidung der Oberbergbehörde und vor Erfüllung der angeordneten Sicherheitsvorkehrungen ist die Benützung der Seilfahrung nicht gestattet.

§. 47.

Das Seil, die Befestigung desselben am Seilkorbe und am Fördergefässe, sowie das Fördergefäss selbst, sollen täglich vor der Benützung zur Seilfahrt von einer damit betrauten verlässlichen Person auf ihre Haltbarkeit untersucht werden. Auch ist das Seil in ihrer Anwesenheit wenigstens einmal im Schachte ab- und aufzuwinden.

Ein Reserve-Fahrseil ist auf dem Bergwerke stets vorräthig zu halten.

§. 48.

Zu Wärtern bei den zur Seilfahrung benützen Maschinen dürfen nur verlässliche, im Lenken der Maschine erfahrene Personen aufgenommen werden. Diese sind für die Beobachtung der vorgeschriebenen Sicherheitsmassregeln beim Betriebe der Maschine verantwortlich.

§. 49.

An jedem Punkte, wo bei der Seilfahrung ein- und ausgestiegen wird, soll ein erfahrener und besonnener Mann zugegen sein, welcher für die Aufrechthaltung der Ordnung beim Ein- und Aussteigen verantwortlich ist, die erforderlichen Signale zu geben hat, und dessen Befehlen die Fahrenden Folge zu leisten haben.

§. 50.

Die Namen der in den §§. 47, 48 und 49 bezeichneten Wärter und Aufseher, sowie die bei der Seilfahrung zu beobachtende Fahrordnung sind durch Anschlag am Schachte bekannt zu machen.

§. 51.

Während des Ein- und Ausfahrens von Personen mittelst des Seiles hat jede andere Förderung im Schachte zu ruhen.

§. 52.

Wo die Seilfahrung bereits besteht, ist nach §. 46 dieser Verordnung nachträglich vorzugehen.

Eine Anzeige des Bergwerksbesitzers ist hiezu nicht erforderlich.

VII. Fahrkünste.

§. 53.

Beabsichtiget ein Bergwerksbesitzer zum Ein- und Ausfahren der Mannschaft eine Fahrkunst zu errichten, so hat er dieses dem Revierbeamten vor deren Errichtung anzuzeigen und seine Anzeige nach §. 45 dieser Verordnung zu belegen.

§. 54.

Hinsichtlich der Inbetriebsetzung der Fahrkunst ist nach §. 46 dieser Verordnung vorzugehen.

§. 55.

Die bei dem Fahren auf der Fahrkunst zu befolgende Fahrordnung soll am Schachte angeschlagen sein.

§. 56.

Bei allen künftig anzulegenden Fahrkünsten sind im Schachte gewöhnliche Fahrten derart anzubringen, dass der Fahrende während der Ruhepausen oder während des Stillstandes der Kunst auf die Fahrten übertreten kann.

Auch die den vorstehenden Paragraphen beigegebenen Motive enthalten im Wesentlichen meist nur die Varianten in den analogen Bestimmungen preussischer Bergwerksdistricte.

Motive zu VI.

VI. Seilfahrung.

§. 45.

Die Sicherheit der Personen bei der Seilfahrung muss das Interesse der Bergbehörde in Anspruch nehmen, desshalb wurde es für nothwendig gehalten, den Vorgang nach Absatz 2, §. 133, österreichischen Berggesetzes vorzuschreiben, wenn ein Bergwerksbesitzer die Seilfahrung einführen will. Dieser Absatz lautet: „Beabsichtiget der Bergwerks-Besitzer in der Grube Maschinen, welche nicht von Menschenkräften betrieben werden, zu errichten, so hat er dieses der Bergbehörde vor deren Errichtung anzuzeigen.“

Der angeführte Absatz kann als giltige Basis für die Vorschrift des §. 45 angenommen werden, sowie er auch später den §§. 53 und 54 des Entwurfes bei den „Fahrkünsten“ zu Grunde gelegt wird.

§. 46.

Dieser Paragraph ist nach dem dritten Absatze des §. 1 der Breslauer Verordnung und mit Berücksichtigung seines ersten Absatzes entworfen worden. Der dritte Absatz lautet: „die Einführung der Seilfahrung darf erst geschehen, nachdem der Revierbeamte an Ort und Stelle die bezüglichen Einrichtungen hinsichtlich ihrer Sicherheit geprüft, und das Ober-Bergamt nach dem Befunde dieser Prüfung und vorgängiger Anhörung des Bergwerks-Eigenthümers oder dessen Vertreters darüber entschieden hat, ob und welche besonderen Sicherheits-Vorkehrungen bei der Einrichtung und Benützung der Seilfahrung zu treffen sind.

Die Breslauer Verordnung gibt den ganzen Vorgang ar. von der Anzeige des Bergwerks-Besitzers an den Revierbeamten bis zum Momente, von welchem an die Benützung der Seilfahrung gestattet ist und lässt darüber keinen Zweifel zurück.

Ueber die Verröstung und Auslaugung der Matzenköpfel-Erze in Brixlegg.

Vom k. k. Hüttenmeister Wagmeister.

Von diesen Erzen und von einigen Röstproducten derselben sind im December 1866 vom Herrn Hauptprobirer in Hall Analysen abgeführt worden, und ich verweise auf die vom Herrn Hauptprobirer selbst in dieser montanistischen Zeitschrift Nr. IX, Jahrgang 1867, darüber gemachten Veröffentlichungen.

Im Jahre 1853, zur Zeit als das Matzenköpfel-Erzlager vom Herrn Bergrath J Trinker, k. k. Berghauptmann in Laibach, als damaligem k. k. Schichtmeister in Brixlegg angefahren wurde, sind Erze dieses Vorkommens bei der geologischen Reichsanstalt einer analytischen Untersuchung unterworfen und der Befund in 100 Theilen mit 12·86 Eisen, 3·68 Nickel, 1·14 Kobalt, 12·94 Arsen, 22·76 Kupfer, 33·56 Schwefel, 10·12 kohlensaurer Kalk und 2·04 kohlensaure Magnesia angegeben worden. Dieses Mineral repräsentirt sich als eine Mengung von Eisenkies, Glanzkobalt, Kupfernickel und Kupferglanz (?) mit verschiedenem Silberhalte; silberhältiger Bleiglanz tritt mehr abgesondert auf und in geringen Quantitäten; derselbe wird möglichst beim Berge ausgeschieden und als Bleierz zur Hütte geliefert.

Die ersteren Schwefel- und Arsenmetalle sind in den verschiedensten Verhältnissen zusammengesetzt, das Erz hat das Aussehen wie ein lichtes Fahlerz mit Schwefelkies verwachsen und tritt die röthliche Farbe von den Kobalt- und Nickel-Schwefelarsen-Erzen oft stark hervor.

Die Gangart besteht nach den analytischen Angaben aus Talk und thonhältigem Kalke, und ist mehr weniger von silber- und kupferarmem Schwefelkiese durchdrungen.

Der Hütte werden diese Erze in Form von Gröbe, Scheideklein und in geringer Quantität als derbe Erze bis zur Faustgrösse übergeben*).

Diese Erze waren vom Anfange her bei der k. k. Hütte in Brixlegg wegen ihrer complicirten Zusammensetzung nicht beliebt und es wurden dieselben im Jahre 1865, als ich als Hüttenmeister nach Brixlegg kam, in theilweise geröstetem, zum Theile verwittertem Zustande dem Fahlerzrohschmelzen zu 20 Proc. zugegeben.

Die Verhüttung dieser Erze für sich allein, wie ich es Anfangs beabsichtigte, musste aus verschiedenen Gründen unterbleiben.

Röstung.

Ich liess die Erze in offenen Haufen unter einem Roststadel rösten, um möglichst das Arsen fortzubringen, Sulphate zu erzeugen, durch Auslaugung der gerösteten Erze *Co*, *Ni* und *Fe* als schwefelsaure Salze zu lösen und das extrahirte *Cu* und eventuell aufgelöste *Ag* mittelst Kupfer und Eisen zu fällen.

Bei den Röstversuchen leiteten mich meine Erfahrungen, welche ich während meiner vieljährigen Dienstleistung beim Kupferwerk in Agordo mir erworben habe, und wurden dieselben unter Modificationen nach dem dortigen bekannten Röstungsverfahren durchgeführt.

Die feineren Erze wurden zu Schlich gepocht, mit entkupfertem Vitriolwasser gehörig angefeuchtet und in gusseisernen Formen zu Stöckeln geschlagen.

Die derben Erze und die Erzstöckeln wurden für sich allein und gemengt unter Zutheilung von Erzgraupen in Rost gesetzt

Von der Röstung der derben Erze erhielt ich bestimmte Resultate, nicht so bei jener der Erzstöckeln. Ich machte die ersten Versuche mit der Stöckelröstung im Winter 1866—1867, und im Mai 1867 erhielt ich den ersten gut ausgebrannten Rost davon. Zur selben Zeit wurde ich vom hohen k. k. Finanzministerium zu einer dienstlichen Mission bestimmt und war in Folge derselben sowie erlittener Erkrankung bis October d. J. von Brixlegg entfernt; es blieben daher alle meine Versuche mit den Matzenköpfelerzen seit Juni 1867 sistirt

Als Rostproducte von den derben Erzen erhielt ich schöne kupfer- und silberreiche Kernerze, während in den Rinden derselben (nach den Analysen des Herrn Hauptprobirers in Hall) hauptsächlich Oxyde und Sulphate von Eisen, Nickel, Kobalt und Kupfer und sehr wenig Silber enthalten waren. Die Verflüchtigung von Arsen ausser Schwefel war sehr gross und die Rostdecke zeigte sich ganz durchzogen von verschiedenen Schwefelarsen-Verbindungen und krystallisirter arseniger Säure.

In dem Stöckelroste fanden sich nur einzelne zum Theil schön ausgebildete Kerne, und durchgehends fand man die Stöckeln zu Oxyden und Salzen geröstet. Aus diesem Versuche lässt sich annehmen, dass bei der Haufenröstung der Stöckeln, obschon schwieriger Kerne sich bilden können, insoferne die Erze nicht zu sehr mit Gangart gemengt sind und im Roste eine Temperatur erzeugt wird, damit die Erztheilchen sich solviren.

*) Der Silberhalt wechselt darin von 0·100 bis 0·600 Mz.℔, an Kupfer von 4—8 Proc.

In verschieden ausgebildeten Kernen wurden auf docimastischem Wege folgende Hälte gefunden:

Nr.	1.	34	Proc.	*Cu*,	0 830	Proc.	Mz.℔.	*Ag*
„	2.	51	„	„	1·092	„	„	„
„	3.	29	„	„	0·815	„	„	„
„	4.	40	„	„	1·805	„	„	„
„	5.	—	„	„	0·920	„	„	„

In einer Probe von gutgerösteten Kernerzrinden wurden vom Herrn Hauptprobirer in Hall 0·026 Proc. Mz.℔. *Ag* gefunden und analytisch 1·90 Proc. Arsensäure; in einer Probe von Kernen ergab sich 0·22 Proc. Arsen, 0·73 Proc. Nickel und Kobalt, 1·12 Proc. Nickel-Kobaltoxydul. Das Arsen verflüchtigt sich also bei der Röstung grösstentheils und von dem in den Erzen bedeutenden Nickel- und Kobalthalt geht nur wenig in die Kerne.

Was die Erscheinung betrifft, dass die Kerne das meiste Silber des Erzes in sich aufnehmen, so glaube ich dafür Folgendes anführen zu dürfen.

Nach Plattner scheidet sich bei der Kernröstung aus Schwefelsilber viel Silber in metallischem Zustande in dem Kupferkerne.

Nach Fournet hat das *Cu* die stärkste Verwandtschaft von den meisten Metallen zum Schwefel und ist die Verwandtschaft der übrigen Metalle zum *S* um so grösser, je näher sie dem *Cu* stehen. Das Silber wird daher bei der Kernröstung sich leicht mit dem Schwefelkupfer verbinden, um so mehr *Ag* mit *Fe*, *Ni*, *Co* wenig verwandt ist.

Nach Bruno Kerl können ausser dem Fournet'schen Gesetze die elektro-chemischen Wechselwirkungen der Schwefel- und Arsenmetalle nicht sicher begründet werden; aber es ist thatsächlich geworden, dass bei der Kernröstung so beschaffener Erze durch die erfolgende Contact-Wirkung der verschiedenen Schwefel- und Arsenmetalle das Silber sich im Schwefelkupfer der Kerne concentrirt und wahrscheinlich in der Weise, dass das Schwefelsilber im Moment, als es in der Rothglühhitze (denn bei dieser Haufenröstung werden die Erze nicht stärker erhitzt) sich in metallisches Silber und schweflige Säure zersetzt, auch vom geschmolzenen Schwefelkupfer aufgenommen wird; und wird das Silber dann während des ganzen Rostprocesses auch von den elektropositiveren Metallen als *Fe*, *Ni* und *Co*, sowie von dem entweichenden Schwefel und Arsendampfe vor Oxydation durch den nur allmälig einwirkenden Sauerstoff der äusseren Atmosphäre und durch die gebildete Schwefelsäure geschützt.

Eine Ausscheidung von metallischem Silber oder Bildung von schwefelsaurem Silberoxyd dürfte erst bei einer höheren Temperatur unter hinreichender Einwirkung von Luft stattfinden.

Die mittelmässig gut von den Rinden geschiedenen Kerne wurden mit einem Silberhalte von 0·3 bis 0·5 Mz.℔. per Procent und 15—20 Proc. an Kupfer dem Reichverbleien zugetheilt. Der Abfall an Rinden bei der Kernscheidung betrug 40—50 Proc. mit einem Halte von 0·08—0·09 Mz.℔. an *Ag* und 4—5 Proc. an Kupfer. Der minder hohe Halt an *Cu* und *Ag* in den Kernen und der reiche Halt von diesen Metallen in den Rinden beruhte auf der nicht gehörigen Scheidung, weil dieselbe von noch ungeübten Jungen geschah.

Auslaugung.

Die Rinden der gerösteten derben Erze wurden in hölzernen Bottichen der Extraction unterworfen. Der Fassungsraum eines Bottichs ist für beiläufig 100 Ctr. Material. In der Höhe von $^1/_2$ Fuss über dem eigentlichen Boden wurde ein zweiter aus durchlöcherten Brettern aufgestellt und dazwischen reine Schlackenstücke gegeben, damit die erhaltenen Laugen möglichst rein abfliessen. Damit das Material in den Bottichen keine feste Masse bilde, kam in der halben Höhe derselben noch ein durchlöcherter Boden.

Eine Post wurde gewöhnlich fünfmal in dem nämlichen Bottich ausgelaugt, wobei man jedesmal 30 — 33 Cubikfuss Lauge erhielt und zwar:

vom ersten Auslaugen mit 33—45° B. C.'
„ zweiten „ „ 28—32° „
„ dritten „ „ 20—30° „
„ vierten „ „ 15—18° „
„ fünften „ „ 5—15%.

Die Laugen der drei ersten Extractionen von circa 30° B. C.' und $1^1/_4 — 1^1/_2$ Pfd. *Cu* per 1 C.' Soole gelangten zur Cementation, während die letzten zur Auslaugung von frischem Materiale anstatt reinem Wasser verwendet wurden.

Der Gewichtsverlust bei der Auslaugung war 20 bis 30 Proc.

Silber wurde in den Laugen niemals gefunden, in dem erhaltenen Cementkupfer wurde auf 100 Feinkupfer 0·010 Mz.*Ш.* gefunden.

Das Kupferausbringen auf nassem Wege betrug nur im Ganzen 28·7 Proc. mit einen Abgang an Kupfer von 1·8 Proc., an Silber von 0·13 Proc.

Durch zwei Versuche im Kleinen mit 1 Pfd. gut geröstetem und von Kernen reinem Stöckelmaterial ergaben sich bessere Resultate für das Kupferausbringen, wobei auch dasselbe vollständiger ausgewaschen wurde. Das eine Mal wurden 58 Proc., das andere Mal 69 Proc. *Cu* extrahirt.

Da sich beim Auslaugen, besonders der Stöckeln, welche, wie gesagt, beinahe keine Kerne gaben, nur Spuren von Silber (nach Befund im Cement *Cu*) auflösen, so nehme ich an, dass das *Ag* als metallisches Silber oder auch als arsensaures Silberoxyd im Röstgute (ohne Kerne) enthalten war.

In dem ausgelaugten Materiale ergaben die docimastischen Proben im Mittel noch einen Kupferhalt von 5·5 Proc., weil Kerne, die sehr leicht in Splitter zerschlagen werden, als solche besonders enthalten waren; auch wird, ob eine stärkere oder schwächere Röstung stattfand, mehr oder weniger Kupferoxydul oder Oxyd gebildet.

Nachdem das ausgelaugte Röstgut dennoch verschmolzen wurde, so verfuhr man beim Extrahiren nicht strenge. Der Silberhalt wurde in Folge des Gewichtsverlustes durch die Auslaugung um durchschnittlich 0·05 Mz.*Ш.* Proc. gehoben und betrug derselbe per Procent 0·160 bis 0·260 Mz.*Ш.*

Von der Auslaugung weg wurden bisher die ärmeren Erze dem Rohschmelzen der Silber-Fahlerze zugetheilt, die reicheren der Verbleiarbeit. (Es wird aber besser sein, künftig sämmtliche ausgelaugten Matzenköpfler Erze, abgesehen von den geschiedenen Kernen, dem Entsilberungsdurch den Verbleiungsprocess zu unterwerfen.)

Cementation.

Aus den gewonnenen Vitriollaugen wurde das *Cu* durch *Fe* gefällt, mit Hilfe eines Apparates, der von mir combinirt wurde Derselbe beruht auf dem Princip, die zu entkupfernde Lauge in eine stärker rotirende Bewegung zu versetzen, um die chemische Wirkung zwischen *Cu*-Vitriol und Eisen zu verstärken.

Ein Quirl, welcher durch ein kleines Wasserrad in Bewegung gesetzt wird, kreist in dem Fällbottich herum. Der Bottich fasst nach Abzug des Raumes für Fälleisen, Quirl etc. 120 Cubikfuss Lauge. Der Zapfen der Quirlsäule ist aus Kupfer und das Lager dafür aus Hartblei. Die 2 Wellen des Quirls sind durchbrochen, damit die Lauge nicht aus dem Bottich geschleudert wird, und um die Bewegung zu erleichtern. Der Bottich selbst wird, nachdem er mit Lauge mittelst einer Pumpe gefüllt ist, mit einem Deckel geschlossen, um das Hinausspritzen der Lauge zu verhindern und auch um den Zutritt der Luft abzuhalten und die Lauge warm zu erhalten.

1 Fuss hoch über dem Boden des Bottichs ist ringsum eine Bank von $1^1/_4$' Breite angebracht, worauf das Eisen geschichtet wird. Der Quirl macht 20 Umdrehungen per Minute, was hinreichend ist. Als Fälleisen gebrauchte ich zur Hälfte altes Gusseisen und zur Hälfte Grobeisen, letzteres in Form flacher abgehackter Schienen.

Die Resultate dieser Cementationsweise sind folgende:

Laugen mit 25—30° B. C.' und $1^1/_4 — 1^1/_2$ Pfd. *Cu* per 1 Cubikfuss entkupfern sich vollständig (so dass ein blankes Eisen keine Kupferreaction mehr zeigt, oder höchstens sich nur schwärzt) in 40 — 60 Std. Reichere Laugen brauchen bekanntlich mehr, ärmere weniger Zeit, und durch Schmiedeisen geschieht die Kupferfällung auch schneller. Während der Cementation erhitzen sich die Laugen auf 20—25° R., so dass sie zur Winterszeit stark dampfen; sie brechen sich (Trübewerden durch Ausscheidung von basischen Salzen) sehr wenig. Das Kupfer fällt in Form von Schwarten und als grober Schlich, erstere wurden nur in einem kleinen Bottich von anhängenden basischen Salzen und vom Graphite des Gusseisens rein gewaschen, letztere auf einem kleinen Waschwerke. Die cem. Kupfer-Lamellen hatten einen Halt von 90 Proc., der verwaschene Schlich wurde auf 75 bis 86 Proc. *Cu* gebracht, wobei man 4 — 5 Proc. arme Cementschliche mit 24 Proc. *Cu* erhielt Die Cementschliche lassen sich leicht verwaschen, weil sie sehr reich und grobkörnig waren.

Der Verbrauch an Fälleisen betrug 110—125 Pfd. auf 100 Pfd. Feinkupfer. Mit diesem Apparate, der einfach ist, wenig kostet, bereits gar keine Bedienung während des Ganges benöthigt, habe ich relativ weniger Zeit zur Kupferfällung gebraucht, ein reicheres Cementkupfer mit sehr geringem Eisenverbrauch erzeugt, als es bei den sonst üblichen mir bekannten kalten und warmen Cementationsverfahren der Fall ist.

Nur einmal wurde es versucht, das Cementkupfer zu rosettiren, durch Einschmelzen über der Grube; dabei wurde aber das Kupfer sehr übergar und erkaltete schon so, dass man es weder in Scheiben reihen, noch auch bohlen konnte. Dadurch schon und durch Auflösen einer

Probe in verdünnter Salpetersäure liess sich auf die sehr **reine** Beschaffenheit des Kupfers schliessen.

Nach dem Vorausgelassenen lassen sich die Resultate von der Röstung und Auslaugung zusammenfassen:

1. In der Entfernung und Trennung des Arsens, Nickels und Kobalts aus den Erzen;

2. der Anreicherung und Concentrirung des Silbers durch die Auslaugung der Erze und der Kernbildung;

3. in der Gewinnung von reichem Cementkupfer.

Mit der Gewinnung von mercantilen Kobalt- und Nickelproducten, oder von Nickelmetall aus den entkupferten Vitriolwässern, bin ich nicht vertraut, da ich zuvor nie Gelegenheit hatte mitzuarbeiten, und es wird mir auch hiefür nicht die geringste Zeit erübrigen, mich damit befassen zu können.

Die Matzenköpfel-Erze würden sich nicht nur für Zugutebringung auf nassem Wege besser eignen als die silberhältigen Fahlerze, sondern man könnte sie auch auf pyrotechnischem Wege vortheilhafter als letztere verhütten und ein besseres Kupfer daraus erzeugen. Es bleibt daher nur zu wünschen übrig, dass die jüngst eingeleiteten Hoffnungsarbeiten in diesem jungen Bergbaue, nachdem das bis jetzt aufgeschlossene Erzlager leider nur eine geringe Ausdehnung besitzt, von bestem Erfolge gesegnet werden möchten.

Brixlegg, im December 1867*).

Statut der Berg- und Hüttenschule zu Leoben**).

I. Zweck der Berg- und Hüttenschule.

Der Zweck der Berg- und Hüttenschule ist die technische Ausbildung junger Berg- und Hüttenarbeiter, um für den Bergbau und das Hüttenwesen, mit vorzugsweiser Berücksichtigung der Verhältnisse von Steiermark, Ober- und Niederösterreich, ein vollkommen tüchtiges Aufsichtspersonale (Steiger, Hutleute, Schmelz-, Guss-, Frisch-, Puddlings-, Walzmeister u. s. w.) zu erziehen.

II. Aufnahms-Bedingungen.

Zur Aufnahme in die Berg- und Hüttenschule eignen sich nur befähigte jüngere Arbeiter, welche einerseits bereits eine solche Schulbildung genossen haben, wie sie auf einer guten Landschule zu erlangen ist und andererseits im Berg- und Hüttenfache, oder in deren unmittelbaren Hilfswerkstätten (mechanischen Werkstätten, einer Dreherei oder Modelltischlerei) mindestens ein volles Jahr als selbstständige Arbeiter bedienstet waren.

Das erforderliche Alter zur Aufnahme in die Berg- und Hüttenschule wird auf das zurückgelegte 22. Lebensjahr festgestellt und kann nur in besonders berücksichtigungswürdigen Fällen, nämlich dann eine Ausnahme eintreten, wenn der Bewerber ungeachtet seines geringeren Alters dennoch in hervorragender Weise die obgenannte Handfertigkeit und Schulbildung besitzt. Unter erreichtem 20. Lebensjahre kann die Aufnahme in keinem Falle erfolgen. Insbesondere werden alle Aufnahmswerber darauf aufmerksam gemacht, dass es nothwendig sei, die deutsche Sprache gut leserlich, ziemlich geläufig und ohne grosse orthographische Fehler, nach mündlicher Angabe schreiben zu können; denn Recht- und Schönschreiben ist kein Lehrgegenstand an dieser Schule, weil ein Jeder die darin verlangte Fertigkeit nöthigenfalls durch vorausgegangene Selbstübung erlangen kann.

Die Gesuche um die Aufnahme sind von den Bewerbern eigenhändig geschrieben, durch ihr vorgesetztes Amt oder ihren Dienstherrn, und versehen mit den von diesen ausgestellten Qualifications-Tabellen (Dienstzeugniss, worin nebst der Kategorie und Dauer der Dienstleistung auch über Fleiss, Anstelligkeit, Ausdauer, Verlässlichkeit und sittliches Betragen, sowie über die erlangte Schulbildung ein genaues, wahrheitsgetreues Urtheil abgegeben ist) an die Direction der Schule einzusenden, welche über die Aufnahme entscheidet. In Fällen, wo es nothwendig erscheint, wird der Eintritt in die Schule von dem Erfolge einer Aufnahmsprüfung abhängig gemacht.

Alle Zöglinge werden für die Dauer des Unterrichtes von Seite der Schule in gänzliche Verpflegung genommen, wofür dieselben die durch den Ausschuss festzustellenden Beträge zu entrichten haben.

Es ist nicht unumgänglich nothwendig, dass ein Zögling durch eine Gewerkschaft gesendet werde, sondern die Aufnahme wird auch dann bewilliget, wenn sich der Bewerber mit den erforderlichen Dienst- und Schulzeugnissen und den Subsistenzmitteln ausweisen kann; derselbe muss sich aber, wie alle anderen Zöglinge, in die Verpflegung und Bequartierung aufnehmen lassen, und der von der Direction festgesetzten Hausordnung fügen.

Der Curs beginnt in der Regel mit 1. Mai und endet mit 31. October; nöthigenfalls kann er jedoch um 1, höchstens 2 Monate verlängert werden.

Die Zeit zwischen zwei Cursen kann und soll wieder zur Handarbeit verwendet werden. Die ganze Schulzeit umfasst zwei solche Curse und werden neue Schüler nur jedes zweite Jahr, d. i. in den Jahren 1869, 1871 u. s. w. aufgenommen. Die Aufnahmsgesuche sind ordnungsmässig vier Wochen vor Beginn eines neuen Curses, d. i. längstens bis Ende März einzusenden.

III. Unterricht.

Die ganze Dauer des Schulunterrichtes zerfällt:

A. in den Vorcurs, welcher den Berg- und Hüttenschülern gemeinsam ist, und

B. in den Hauptcurs, in welchem der Unterricht für die Bergschüler gleichzeitig, aber gesondert von jenem der Hüttenschüler gehalten wird.

Während der ganzen Dauer eines jeden Curses wird der Unterricht an allen Wochentagen gehalten, und zwar sind in der Regel Vormittags 4 Lehrstunden, Nachmittags 3 Zeichnen- und 1 Wiederholungsstunde. Eigentliche Ferialtage sind nur die Sonn- und gebotenen Feiertage.

A. Im Vorcurse.

Der Vorcurs hat den Zweck, die Schüler in den Elementar- und Hilfsfächern soweit heranzubilden, als dies mit Rücksicht auf den dem berg- oder hüttenmännischen Fachcurse folgenden technischen Unterricht zum Verständ-

*) So steht es im Manuscript, welches wir aber erst vor wenigen Wochen erhalten haben. Vielleicht sollte es richtiger 1868 heissen! Die Red.

**) Wir publiciren hier das Statut der neu errichteten Berg- und Hüttenschule in Leoben und werden dies mit den Statuten der anderen noch ins Leben tretenden Bergschulen ebenfalls thun, sobald uns selbe zugesendet werden. Die Red.

nisse erforderlich und in einem gemeinschaftlichen Curse zulässig ist. Er umfasst folgende Gegenstände:

1. Rechenkunst (einschliesslich Flächen- und Körperberechnung);
2. Elemente der Buchstabenrechnung;
3. das Nothwendigste aus der Naturlehre;
4. Zeichnen;
5. praktische Messkunde.

B. Im Hauptcurse.

Im Hauptcurse wird hauptsächlich der technische Unterricht ertheilt und werden auch noch jene Hilfsfächer gelehrt, die im Vorcurse nicht behandelt werden konnten.

Der Hauptcurs ist in zwei Abtheilungen getrennt, wovon die eine den Fachcurs für Bergleute, die andere den Fachcurs für Hüttenleute umfasst. Hiernach theilen sich die Schüler in Berg- und Hüttenschüler.

a) Der Fachcurs für Bergleute umfasst folgende Gegenstände:

1. Mineralógie;
2. Geognosie;
3. Bergbaukunde mit der Aufbereitung und dem Kunst-Maschinen-Wesen;
4. Markscheidekunst;
5. Zeichnen;
6. Grubenrechnungsführung und Bergrecht.

b) Der Fachcurs für Hüttenleute umfasst folgende Gegenstände:

1. Metallurgische Chemie;
2. Hüttenmechanik;
3. Zeichnen;
4. allgemeine und specielle Hüttenkunde;
5. Probirkunde;
6. Hüttenrechnungsführung.

Der Gesammtunterricht ist praktisch, möglichst demonstrativ und leicht fasslich zu halten, und auf das Bedürfniss von Berg- und Hüttenaufsehern zu beschränken. In eine Ableitung von Formeln oder in Beweise für ihre Giltigkeit ist nicht einzugehen, Beispiele und Uebungsaufgaben sind aus der berg- und hüttenmännischen Praxis zu nehmen, und der Unterricht ist mit öfteren examinatorischen Wiederholungen, mit geognostischen Begehungen, Grubenbefahrungen, Markscheideverwendungen, Besuchen von Hüttenwerken zu verbinden, worüber Berichte zu erstatten sind.

Ausserdem sind im Fachcurse der Berg- und Hüttenschüler vierzehn Tage zu ausgedehnteren Excursionen und zur Verfassung der darüber zu erstattenden Berichte bestimmt. Bei diesen Excursionen sollen die Schüler als Ergänzung zu den Werksbesuchen während des Curses mehrere der entfernteren Berg- oder Hüttenwerke kennen lernen und zugleich die Anleitung bekommen, wie sie in Zukunft ähnliche Werksbesuche vornehmen und dabei ihre Notizen führen sollen.

IV. Benützung der Lehrmittel.

Den Zöglingen der Berg- und Hüttenschule ist behufs ihres Unterrichtes die Benützung der Sammlungen und der Hilfsmittel der k. k. Berg-Akademie unter den zu ihrer Erhaltung vorgeschriebenen Bedingungen gestattet, wozu ihnen der Lehrer die erforderliche Anweisung ertheilt.

V. Prüfungen.

Am Schlusse eines jeden Curses finden aus den vorgetragenen Lehrgegenständen öffentliche Prüfungen unter dem Vorsitze des Directors der Schule statt, welchen Prüfungen sich bei Vermeidung des Ausschliessens aus der Schule jeder Zögling unterziehen muss. Für die öffentlichen Prüfungen wird nur ein Zeitraum von 1 bis 2 Tagen festgesetzt, indem die Classification wesentlich durch die Leistungen während des Schuljahres bestimmt wird.

Der Fortgang der Schüler in den einzelnen Gegenständen im abgelaufenen Curse wird nach fünf Abtheilungen classificirt und zwar mit:

ausgezeichnet,
sehr gut,
gut,
ungenügend und
schlecht.

Der im Laufe des Curses an den Tag gelegte Fleiss der Schüler im Besuche des Unterrichtes und in den Uebungen zu Hause, sowie die Aufmerksamkeit bei den Vorträgen werden in Abstufungen mit:

sehr fleissig,
fleissig und
nicht fleissig

bezeichnet, das sittliche Verhalten mit den Ausdrücken

vollkommen entsprechend,
entsprechend und
nicht entsprechend.

Nach dem Gesammtergebniss der Leistungen und des Betragens an der Schule werden die einzelnen Schüler gereiht, und die ersten unter ihnen, nach Massgabe des Prämienfondes mit passenden Prämien betheilt.

VI. Behandlung schlecht oder ungenügend classificirter, dann nachlässiger Schüler.

Mehrere ungenügende oder eine schlechte Fortgangsclasse aus was immer für Gegenständen des Vorcurses hindern den Eintritt in den Fachcurs. Wiederholungsprüfungen können vor Beginn des Fachcurses vorgenommen werden.

Verbesserungen von Classen der Fachcurse können bei Beginn des nächsten Curses und zwar nur einmal vorgenommen werden. Ingleichen ist gestattet, einen Curs Einmal zu wiederholen.

Hat ein Schüler bei einer ungünstigen Fleissclasse auch eine ungenügende Fortgangsclasse erhalten, so darf er weder einzelne Prüfungen, noch einen ganzen Curs wiederholen.

Offenbar unfähige oder nachlässige Schüler, dann solche von schlechter Aufführung werden schon während des Curses entlassen. Im Falle einer Entlassung wird der bereits eingezahlte Betrag für die Verpflegung und Bequartierung nicht zurückbezahlt. Die für den Entlassenen angeschafften Bücher und Zeichnungsmaterialien bleiben dessen Eigenthum.

Ungenügende Fortgangsclassen im Zeichnen und den schriftlichen Aufsätzen müssen durch verdoppelte Anstrengung im nächsten Curse verbessert werden. Im Gegenfalle können nur sehr gute Leistungen des Schülers in den anderen Lehrgegenständen für seine Belassung in der Schule sprechen.

Verzögerung in der Vorlage, sowie unterlassene Ausfertigung der Zeichnungen oder Aufgaben hat, wenn keine genügende Rechtfertigung erfolgt, eine ungünstige Fleissclasse zur Folge.

(Schluss folgt.)

Aus Wieliczka.

Aus ämtlichen Berichten vom 28. Februar und 3. März entnehmen wir Nachstehendes:

Die 250pferdekräftige Maschine am Elisabeth-Schachte ist complet aufgestellt, montirt und mit den Kesseln in Verbindung gesetzt, wurde auch schon probeweise in Gang gesetzt, wobei wesentlichere Anstände sich nicht ergeben haben, als dass die Schuberschliessen noch nicht vollständig waren und die Steuerungshebel noch richtig gestellt werden müssen. Der erste Saugsatz (von Unten) ist eingelassen und auch der erste Drucksatz schon eingebaut. Am 4. sollte der Einbau der Gestänge begonnen werden.

Das Aufziehen der 60 Fuss langen, 4 Fuss weiten und 140 Ctr. schweren Esse wurde am 27. Februar mittelst 3 Kranichen in Angriff genommen, und war beinahe vollendet (sie stand schon vertical), als eines der zur Verhinderung des Umschlagens der Esse angebrachten Spannseile riss; doch fiel die Esse nicht, sondern wurde durch die am Gerüste angebrachten Flaschenzüge in einer Neigung von 50 Grad hängend erhalten, worauf die Gerüste verstärkt und die Aufstellung drei Tage später vollendet wurde, ohne dass dabei ein Unfall vorkam. Gleichzeitig wurden die Riegelwände zum Abschluss der Maschine vom übrigen Schachtlocale fertig und die neuen Speisepumpen in Betrieb gesetzt.

Am Joseph-Schachte ist die Wasserhebe- und Fördermaschine sammt Kunstwinkeln vollständig montirt, das Seilscheiben-Gerüste aufgestellt und es werden eben die Dampfleitung und andere Vollendungsarbeiten ausgeführt. Die Schachtzimmerung ist ebenfalls vollendet.

In dem zur Verbindung mit dem Kloski-Schlag bestimmten Albrecht-Gesenk sind ca. 8 Klafter abgeteuft. In der 6. Klafter wurde ein festes Salzlager (Spizasalz) angefahren, wodurch es möglich ist, den Betrieb ohne Zimmerung im festen Gestein zu treiben, so lange dieses Lager anhält.

Der Wasserstand hat nach den Messungen im Franz Joseph-Schachte am 22. Februar 21 Klafter, 1 Fuss über dem Horizont »Tiefstes Regis« oder 5 Fuss, 3 Zoll über dem Horizont »Haus Oesterreich« betragen. Am 3 März wurde er mit 21 Klafter, 3 Schuh, 4 Zoll über „Tiefstes Regis" oder 1 Klafter, 1 Fuss, 7 Zoll über „Haus Oesterreich" gemessen. Das durchschnittliche Steigen beträgt daher in 10 Tagen 28 Zoll oder $2^8/_{10}$ Zoll in 24 Stunden. Es vertheilt sich auf diese Tage ungleich und zwar war das Steigen in den drei ersten Tagen des März etwas grösser, wozu ein wiederholter mehrstündiger Stillstand der gegenwärtigen Wasserhebung beigetragen, welcher wegen des Einbaues des Pumpensatzes für die grosse Maschine auf Elisabeth und einer Hebung des Saugsatzes und untersten Drucksatzes auf Franz Joseph eintreten musste. Senkungen sind nirgends wahrnehmbar. Die Salzgewinnung und Förderung ist in dieser Periode ohne Umstand ununterbrochen in Gang gewesen.

Bei diesen Verhältnissen kann mit grosser Wahrscheinlichkeit erwartet werden, dass mit Ende des laufenden Monats die Wasserhebung mit der grossen Maschine von 250 Pferdekräften in Wirksamkeit treten werde.

Amtliche Mittheilungen.

Ernennungen.

Vom Finanzministerium:

In Ausführung des mit Allerhöchster Entschliessung vom 29. November 1868 genehmigten Personal- und Besoldungsstatus der ärarischen Montanverwaltungen wurden weiters ernannt:

a) Der Schichtmeister Andreas Mitterer zu Häring zum Bergmeister der Bergverwaltung in Häring; — der Bauingenieur Franz Rochelt in Hall zum k. k. Kunstmeister und Markscheider und der Hauptprobirer daselbst Anton v. Kripp zu Krippach und Brunnberg zum k. k. Probirer, beide für den ganzen Tiroler Bezirk; — der Amtsofficial Carl Jäger in Brixlegg zum Kanzleiofficial der Berg- und Hüttenverwaltung zu Brixlegg; — endlich der Amtsofficial Ludwig Steffan zu Kitzbichl zum Kanzleiofficial und der dortige Bergschreiber Thomas Gremblich zum Bergschreiber der neu organisirten Bergverwaltung in Kitzbichl. (Z. 4515, ddo. 18. Februar 1869.)

b) Bei der Bergdirection in Idria: der gegenwärtige Bergverwalter Peter Grübler zum Bergverwalter, der gegenwärtige Hütten- und Fabriks Adjunct Silver Miszke zum Hüttenadjuncten, der dermalige Zeugamts- und Wirthschaftsverwalter Eugen Kellner zum Materialverwalter, der dermalige Zeug- und Wirthschaftsamts-Controlor Josef Podobnik zum Material-Controlor, der dermalige Cassier Paul Potiorek zum Cassier, endlich der bisherige Cassacontrolor Rudolf Gabriel zum Cassacontrolor. (Z. 38792, ddo. 18. Februar 1869.)

c) Bei der Bergdirection und Hauptwerksverwaltung in Přibram: der bisherige Bergrath und Vorstand der Rechnungsabtheilung bei dem bestandenen Bergoberamte zu Přibram Bernhard Czerkauer zum Vorstandsstellvertreter und Bergrathe, der bisherige zweite Bergoberamts-Secretär Carl Reytt v. Baumgarten zum Secretär, der Rechnungsofficial bei dem bestandenen Bergoberamte Wenzel Hutter und der bisherige Dobřiwer Eisenwerks-Amtsschreiber Emanuel Poche zu Rechnungsofficialen, dann der Expeditor und Protokollist des Bergoberamtes Johann Korb zum Registrator und Expeditor bei der Bergdirection. Der bisherige Bergoberamts-Cassier Josef Spoth zum Cassier, der bisherige Cassacontrolor Josef Hošna zum Cassacontrolor und der gewesene Eisenwerks-Controlor und substituirte Casseamtsschreiber Johann Wirnitzer zum Cassaofficial bei der Bergdirections- und Hauptwerkscasse. — Bei der Hauptwerks-Verwaltung: der bisherige Bergverwalter Franz Koschin zum Bergverwalter; der bisherige Oberkunstmeister Johann Novak zum Oberkunstmeister, der bisherige Kunstwesens-Adjunct Josef Hrábak zum Kunstwesens-Adjuncten, der bisherige Markscheider Leo Schreiter zum Markscheider; die bisherigen Berggeschwornen Wenzel Synek, Eduard Babanek, Eduard Kaser, dann der Bergwesens-Exspectant und substituirte Berggeschworne Carl Brož zu Bergmeistern; der bisherige Pochwerksinspector Aegid Jarolimek zum Pochwerksinspector; der bisherige Bergrechnungsführer Franz Zabalka zum Bergrechnungsführer; der Exspectant und substituirte Actuar Wenzel Nemeček zum Bergverwaltungs-Actuar; der bisherige Zeugamts-Verwalter Rudolf Günther zum Materialverwalter und der bisherige Zeugamts-Controlor Wenzel Roth zum Material-Controlor; der bisherige Hüttenamts-Adjunct Josef Czermák zum Hüttenverwalter; der bisherige Probirer Adolf Exeli zum Probirer und der Exspectant und substituirte Zeugschaffer Carl Balzar zum Hütten-Adjuncten. (Z. 40372, ddo. 18. Februar 1869.)

Erledigte Dienststellen.

Die Adjunctenstelle bei der Bergverwaltung zu Häring in der X. Diätenclasse, mit dem Gehalte jährl. 600 fl. und einem Quartiergelde jährl. 60 fl. und gegen Erlag einer Caution im Betrage des Jahresgehaltes.

Gesuche sind, unter Nachweisung der bergakademischen Studien und der Kenntnisse im Bergbau, sowie im bergmännischen Casse- und Rechnungswesen, binnen sechs Wochen an das k. k. Finanzministerium einzusenden.

Die Verwalters-Adjuncten-, zugleich Controlorsstelle, dann eine Hüttenmeistersstelle bei der Berg- und Hüttenverwaltung zu Brixlegg, die erstere in der IX. Diätenclasse, mit dem Gehalte jährl. 900 fl., die zweite in der X. Diätenclasse, mit dem Gehalte jährl. 800 fl. — jede mit dem Genusse einer Naturalwohnung oder eines Quartiergeldes im Betrage von 10% des Jahresgehaltes, dann eines Gartens, insoferne derselbe nicht anderweitig benöthiget wird, und mit der Verpflichtung zum Erlage einer Caution im Gehaltsbetrage.

Gesuche sind, unter Nachweisung der bergakademischen Studien, der Kenntnisse und Erfahrungen im Metallhüttenwesen und im bergmännischen Verrechnungswesen, dann bei Bewerbung um die Verwalters-Adjuncten-, zugleich Controlorsstelle auch der montanistischen Cassavorschriften, binnen acht Wochen bei der Berg- und Hüttenverwaltung zu Brixlegg einzubringen.

Personalnachricht.

Se. k. und k. Majestät haben mit Allerh. Entschliessung vom 1. März d. J. dem Ministerialrathe im Finanzministerium Rudolf Ritter v. Feistmantel aus Anlass der von ihm angesuchten Versetzung in den bleibenden Ruhestand die Allerh. Zufriedenheit mit seiner vieljährigen treuen und vorzüglichen Dienstleistung allergnädigst bekannt zu geben geruht.

Correspondenz der Redaction.

Herrn R. Elsner. — Ueber Siemens Regenerator-Oefen finden sich zahlreiche Notizen und Abhandlungen in den technischen Zeitschriften, welche vollständig aufzuzählen schwer sein würde. Eine Kritik derselben von Herrn Schinz ist in Dingler's polytechnischem Journal, 182. Bd., S. 216, enthalten, in welcher Zeitschrift, 180. Bd., S. 127, schon früher eine Abhandlung über den Siemens-Ofen steht. Auch Dr. Stamm's „Neueste Erfindungen" haben wiederholt die Siemens'schen Regeneratoren besprochen. Ein Vortrag über diese Regeneratoren von Professor Dr. Scheerer in Freiberg ist in (B. Kerl's) berg- und hüttenmännischer Zeitung 1860, Nr. 51, abgedruckt. Dessgleichen gibt Kerpély in seinem „Bericht über die Fortschritte der Eisenhütten-Technik" sowohl in dem ersten Jahrgang (1866 erschienen bei Arthur Felix) als in dem dritten Jahrgang (1868 bei demselben Verleger) und zwar auf S. 209 des ersten und S. 152 des dritten Jahrganges Mittheilungen darüber. Wollen Sie aber selbst einen bauen, so thun sie am besten, sich an Herrn Emil Seybel in Wien zu wenden, welcher der Patent-Bevollmächtigte des Herrn Siemens ist und Ihnen auch Gelegenheit, solche Oefen in Thätigkeit zu sehen, wird verschaffen können. O. H.

ANKÜNDIGUNGEN.

Diese Zeitschrift erscheint wöchentlich einen Bogen stark mit den nöthigen artistischen Beigaben. Der Pränumerationspreis ist jährlich loco Wien 8 fl. ö. W. oder 5 Thlr. 10 Ngr. Mit franco Postversendung 8 fl. 80 kr. ö. W. Die Jahresabonnenten erhalten einen officiellen Bericht über die Erfahrungen im berg- und hüttenmännischen Maschinen-, Bau- und Aufbereitungswesen sammt Atlas als Gratisbeilage. Inserate finden gegen 8 kr. ö. W. oder 1½ Ngr. die gespaltene Nonpareillezeile Aufnahme. Zuschriften jeder Art können nur franco angenommen werden.

Druck von Carl Fromme in Wien. Für den Verlag verantwortlich Carl Reger.

№ 11.
XVII. Jahrgang.

1869.
15. März.

Oesterreichische Zeitschrift für Berg- und Hüttenwesen.

Verantwortlicher Redacteur: Dr. Otto Freiherr von Hingenau,
k. k. Ministerialrath im Finanzministerium.

Verlag der G. J. Manz'schen Buchhandlung (Kohlmarkt 7) in Wien.

Entwurf allgemeiner Bergpolizei-Vorschriften.

(Fortsetzung.)

VIII. Wetterführung.

§. 57.

Bei jedem unterirdischen Bergbaue ist für die Reinigung aller zugänglichen Punkte durch einen wirksamen und regelmässigen Zug gesunder Wetter zu sorgen.

§. 58.

Die Grubenstrecken sollen in allen ihren Theilen leicht zugänglich sein.

Die Menge der zuströmenden Wetter und ihre Geschwindigkeit, sowie der Querschnitt der Grubenstrecken hat sich zu richten nach der Zahl der beschäftigten Arbeiter, nach der Ausdehnung der Grubenräume und nach der natürlichen Ausströmung der Grubengase.

§. 59.

Die Ventilation der Grube soll durch ausgiebige und gefahrlose Mittel bewirkt und unterhalten werden.

§. 60.

Auf jedem Bergwerke, wo es der Revierbeamte für erforderlich hält, muss ein Wetterriss vorhanden sein, aus welchem die Wetterführung überhaupt, sowie die sämmtlichen zur Wetterversorgung dienenden Einrichtungen zu ersehen sind.

§. 61.

Der Versatz, welcher sowohl zur Unterstützung des Hangenden als auch zur Scheidung der im Zusammenhange stehenden Förder- und Wetterstrecken zu dienen hat, soll so dicht und undurchdringlich als nur möglich hergestellt und erhalten werden.

§. 62.

Mit dem Versatze soll stets in einer geringen Entfernung vom Arbeitsorte und zwar so nachgerückt werden, dass die Verzögerung des Wetterzuges und die Stockung der schädlichen Gase verhindert wird.

§. 63.

Die Arbeiten sollen in der Weise vertheilt werden, dass zur Regelung und Vertheilung des Wetterzuges Thüren soviel als möglich entbehrlich werden.

Jede zur Vertheilung des Wetterzuges bestimmte Thür soll mit einem Schieber versehen sein, dessen Oeffnung nach Verhältniss des Bedarfes zu regeln ist.

§. 64.

Mehrere Wetterthüren, entsprechend vertheilt, sind in jenen Strecken unumgänglich nothwendig, in welchen dieselben für den Grubenbetrieb geöffnet werden müssen.

§. 65.

Verdorbene Grubenwetter sollen von jedem Betriebsorte und von den in Benützung stehenden Fahr- und Förderstrecken sorgfältig beseitigt werden.

§. 66.

Alle Grubenbaue, insbesondere Schächte, Gesenke und Tiefbaue, welche nicht mit anderen frische Wetter führenden Bauen in Verbindung stehen, sollen vor dem jedesmaligen Anfahren der Mannschaft von einem Grubenaufseher auf die Reinheit der Grubenwetter untersucht werden.

Vor der Untersuchung ist das Betreten solcher Baue den Arbeitern verboten.

Zeigen sich stickende Wetter, so darf erst nach ihrer Beseitigung den Arbeitern das Einfahren gestattet werden.

§. 67.

Alle Zugänge zu nicht belegten Grubenräumen, in welchen schädliche Wetter irgend einer Art vorkommen, sind so abzusperren, dass Niemand, ohne die Sperrung zu öffnen, dieselben betreten kann.

Vor der Wiederbelegung ist ihre Gefahrlosigkeit von dem verantwortlichen Betriebsbeamten durch Untersuchung sicher zu stellen. Das unbefugte Betreten derartig abgesperrter Grubenbaue ist untersagt.

Motive zu VIII.

VIII. Wetterführung*).

§. 57.

Diesem Theile der Grubenwirthschaft gebührt eine grosse Aufmerksamkeit und Pflege, weil eine gute Wetterführung die erste Bedingung für die Existenz eines Bergbaues ist. Bei Unterlassung einer rationellen Behandlung der Wetterführung werden Bergwerke den traurigsten Zufällen ausgesetzt, deren Reihenfolge mit Explosionen und Grubenbränden schliesst.

Die in den preussischen Bergpolizei-Verordnungen über die Wetterführung vorkommenden Vorschriften sind so wenig genügend, dass es nothwendig wurde, sich nach einer anderen Quelle umzusehen. Diese wurde gefunden in der belgischen Vorschrift vom 1. März 1850, welche als das allgemeine Reglement betrachtet werden kann. Diese Vorschrift hat durch die königliche Entscheidung vom 8. April 1858 Modificationen erfahren, die seiner Zeit zur Benützung kommen werden. Bei der Vortrefflichkeit des Materials, das in der königlichen Entscheidung vom 1. März 1850 liegt, wurde diese bei Entwerfung der bergpolizeilichen Vorschriften hinsichtlich der Wetterführung, mit Berücksichtigung der preussischen Bergpolizei-Verordnungen im erschöpfenden Masse benützt.

§. 57. entspricht dem ersten Absatze des Art. 1 der belgischen Vorschrift, der lautet: *„Dans toute exploitation souterraine, l'assainissement de tous les points de travaux accessibles aux ouvriers sera assuré par un courant actif et régulier d'air pur.“*

§. 57 wurde nach diesem Absatze des Art. 1 entworfen, es wurde jedoch nur gesagt „aller zugänglichen Punkte“ statt „aller den Arbeitern zugänglichen Punkte,“ wie es nach dem Originale *„de tous les points des travaux accessibles aux ouvriers“* sein sollte, weil der Beisatz *„aux ouvriers“* für einen Pleonasmus gehalten wird.

§. 32. Die Bonner Bergpolizei-Verordnung weicht zwar vom Art. 1 des belgischen Reglement ab; es ist jedoch ersichtlich, dass ihm dieser zur Grundlage diente. §. 32 lautet: „Bei allen Bergwerken muss für ausreichenden Wetterwechsel derartig gesorgt sein, dass sämmtliche in Betrieb stehende Arbeitspunkte und die zu befahrenden Strecken unter gewöhnlichen Umständen sich in einem zur Arbeit und Befahrung geeigneten Zustande befinden.“

Die Worte „unter gewöhnlichen Umständen“ des §. 32 sind dem englischen Gesetze entlehnt, das *„under ordinary circumstances“* sagt. Diese Worte haben jedoch selbst in England einen Widerspruch gefunden, weil man darin eine bedenkliche Einschränkung der Vorschrift gesehen hat.

Es ist zu sehen, dass der Sinn und die Fassung dieses Paragraphes nach dem Art. 1 des belgischen Reglement der Sache am besten entspricht. Der zweite Absatz des Art. 1 enthält eine specielle Vorschrift, deshalb wurde er für entsprechend gehalten, denselben als einen selbstständigen Paragraph aufzunehmen.

Bei diesem Anlasse der ersten Benützung einer belgischen Quelle wird auf die Ausdrucksweise des Gebotes aufmerksam gemacht; im belgischen Texte heisst es: *„sera assuré,“* während in der preussischen Verordnung gesagt wird, „muss für . . . . gesorgt sein.“

§. 58.

Dieser Paragraph entspricht dem zweiten Absatze des Art. 1 des belgischen Reglement, welcher lautet: *„La vitesse et l'abondance de ce courant, ainsi que la section des galeries qui doivent etre facilement accessibles dans toutes leurs parties, seront partout réglées en raison du nombre des ouvriers, de l'étendue des travaux et des émanations naturelles de la mine.*

Diese Vorschrift enthält eine so wichtige materielle Bestimmung, dass die Aufnahme derselben durch das Interesse der Bergwerksbesitzer geboten erscheint. Dieser Charakter ist bei dem ganzen belgischen Reglement zu finden, die Bestimmungen desselben gründen sich auf Studium und Erfahrung; wo die Resultate der Arbeit diesem Reglement entsprechen, dort ist die Grubenwirthschaft sicher auf dem rechten Wege.

Es kann nicht unerwähnt gelassen werden, dass man den belgischen Erfahrungen sich mit Ruhe bei der Wetterführung anschliessen darf; denn sie sind durch die Verhältnisse, d. i. durch die geringe Mächtigkeit der Flötze und durch die Eigenschaft derselben, viel explodirendes Gas zu liefern, im hohen Grade genöthigt, die eintretenden Schwierigkeiten durch eine Wetterführung zu beseitigen.

Die Menge der zuströmenden Wetter, ihre Geschwindigkeit, der Querschnitt der Grubenstrecken sind für eine gute Wetterführung Fragen von der höchsten Wichtigkeit. Die Menge der zuströmenden Wetter und ihre Geschwindigkeit bedingen einander wechselseitig. Die mittlere Geschwindigkeit der Grubenwetter wurde mit 0·6 Meter ermittelt, sie darf und muss unter Umständen gesteigert werden.

Doch soll sie nicht über 1·2 Meter steigen, weil dann die Wetter dem Arbeiter lästig, und wenn explodirende Gase vorkommen, sogar gefährlich werden können. Mit der Menge der Grubenwetter und mit deren Geschwindigkeit hängt der Querschnitt der Strecken zusammen. Bei derselben Geschwindigkeit und bei einer grösseren Wettermenge muss offenbar der Querschnitt der Strecken grösser werden. Zu der von Aussen eintretenden Luft treten bei ihrem Durchzuge durch die Grube auch die Grubengase und die Ausdünstung der Arbeiter hinzu; die austretenden Grubenwetter nehmen, als gesättigt durch diese Zusätze grössere Volumina an, deshalb sollen auch die Auszugstrecken grössere Dimensionen haben, was bei Gruben mit schlagenden Wettern von der äussersten Wichtigkeit ist und sorgfältig beobachtet werden soll. Die in diesem Paragraphe angeführten Umstände sind so verständlich, der Inhalt des ganzen Paragraphes ist so einfach, dass es überraschen muss, wie in dieser Einfachheit die grosse Masse der Erfahrungen mit Wissenschaft und Gründlichkeit aneinander gereiht, ausgedrückt werden kann. Dieser Paragraph enthält eine einfache Vorschrift, welche sich auf die Wissenschaft und Erfahrung gründet.

§. 59.

Gibt die unveränderte Vorschrift des Art. 2 des belgischen Reglement, welcher lautet: *„La ventilation sera déterminée et entretenue par des moyens efficaces et exempts de tout danger.“*

§. 60.

Nach §. 2 der Bergpolizei-Verordnung des Ober-Bergamtes Dortmund vom 9. März 1863, welcher lautet: „Auf jedem Bergwerke muss auf Erfordern ein Wetterriss vorhanden sein, aus welchem zu jeder Zeit sämmtliche zur Wetterversorgung dienende Einrichtungen zu ersehen sind.“ Es wurde gesetzt im §. 60 statt „auf Erfordern“ die nähere Bestimmung, „wo es der Revierbeamte für erforderlich hält;“ ferner wurde dieser Paragraph in dem Theile abgeändert, welcher ausdrückt, was aus dem Wetterrisse zu ersehen sein soll. Der Beisatz des Dortmunder §. 2 „zu jeder Zeit“ wurde als überflüssig weggelassen.

Die Bonner Bergpolizei-Verordnung, obwohl sie vom 8. November 1867, also eines späteren Datums ist, enthält diese Vorschrift nicht, welche von grosser Wichtigkeit, ja unentbehrlich ist bei Gruben mit schlagenden Wettern.

Das Anfertigen der Wetterrisse muss als ein Fortschritt betrachtet werden und erscheint demnach die Aufnahme einer Vorschrift, welche dieselben einführt, als wünschenswerth.

§. 61.

Stimmt überein mit dem Art. 4 des belgischen Reglement vom Jahre 1850, welcher lautet: *„Les remblais établis tant pour soutenir les roches que pour séparer les voies de roulage des voies d'aérage correspondentes, seront partout rendus aussi serrés et entretenus aussi imperméables que possible.“* Die Führung eines ordentlichen Versatzes ist eine Grundbedingung, wenn die Wetterführung geregelt werden soll, denn durch den Versatz wird der Querschnitt der Strecke eingehalten. Auf die Wichtigkeit des Querschnittes bei Grubenstrecken hinsichtlich der Wetterführung wurde bei dem §. 58 hingewiesen. Soll der Versatz die Wetterführung fördern, muss er so eingerichtet sein, dass er auf die Bestimmung des Querschnittes der Wetterstrecke von entscheidendem Einflusse ist; er muss daher dicht und undurchdringlich sein, er soll die Wetter zwingen, sich durch die mit dem Versatze gemachte Wetterstrecke zu ziehen, und darf den-

*) Bei der Wichtigkeit dieses Abschnittes haben wir geglaubt die Motive vollinhaltlich wiedergeben zu sollen, da sie auch in technischer Beziehung viel Beachtenswerthes enthalten, obwohl wir nicht in allen Punkten mit der Textirung einverstanden sind.

Die Red.

selben nicht ein Auslenken in die leeren und unversetzten Räume ermöglichen.

§. 62.

Steht in Uebereinstimmung mit dem Art. 5 des belgischen Reglement, welcher lautet: *„Ces remblais seront avancés en tout temps à une petite distance des fronts de travail des ouvriers (tailles), de manière à empêcher, vers ces points le ralentissement du courant d'air et la stagnation de gaz nuisibles."*

Dieser Paragraph, im Zusammenhange mit dem vorhergehenden §. 61, umfassen die gesammten Vorschriften des belgischen Reglement rücksichtlich des Versatzes, und sind so unveränderlich, dass sie ohne Rücksicht auf die Abbaumethode und unter allen Verhältnissen Geltung haben. Durch die in diesem Paragraphe vorgeschriebene Nachrückung des Versatzes wird der gleiche Querschnitt der Wetterstrecke erhalten und dadurch der gleichförmige Zug befördert.

Würde der Versatz nicht gleichmässig nachrücken, sondern zurückbleiben, so würde dadurch ein grösserer Querschnitt entstehen und durch einen grösseren Querschnitt würde die Geschwindigkeit verzögert werden.

Brassert erkennt an in seinen Bemerkungen zu der Bonner Bergpolizei-Verordnung vom 8. November 1867, (Zeitschrift für Bergrecht, 1868, 1. Heft), dass eine gut eingerichtete, ausreichende Wetterführung, namentlich bei dem Steinkohlenbergbaue, unstreitig das wichtigste Erforderniss eines für Leben und Gesundheit der Arbeiter gefahrlosen Betriebes ist. Doch sagt er weiter, dass dieselbe indess mit dem angewandten Betriebssysteme und insbesondere mit der Abbaumethode so innig zusammenhängt, dass es weit über die Grenzen einer allgemeinen Bergpolizei-Verordnung hinausführen würde, wenn man in derselben specielle, alle einzelnen Verhältnisse berücksichtigende Einrichtungen vorschreiben wollte.

Von den vorangehenden aus dem belgischen Reglement entnommenen Vorschriften lässt sich das angeführte Bedenken nicht aussprechen, ihre Wichtigkeit für die Wetterführung muss aber allgemein anerkannt werden.

§. 63.

Dieser Paragraph entspricht dem ersten und zweiten Absatze des Art. 6 des belgischen Reglement, welche lauten: *„Les travaux seront disposés de manière à se passer, autant que possible, de portes pour diriger ou pour partager le courant d'air."*

„Toute porte destinée à la répartition de l'aérage sera munie d'un guichet dont l'ouverture sera reglée en raison des besoins."

Diese einfache Vorschrift ist von Wichtigkeit und enthält zugleich die Belehrung, dass man es vermeiden soll, viele Wetterthüren anzubringen, weil durch diese dem natürlichen Zuge der Wetter ein Zwang angethan wird.

§. 64.

Entspricht dem dritten Absatze des Art. 6 des belgischen Reglement, welcher lautet: *„L'usage de portes multiples, convenablement espacées, sera de rigueur dans les voies où elles doivent être ouvertes fréquement pour le service de la mine."*

Diese einfache Vorschrift ist für die Wetterführung sehr wichtig, und es wird für entsprechend gehalten, dieselbe in die österreichische Bergpolizei-Vorschrift aufzunehmen. Sie gibt auf einfache Weise das dem gebildeten Bergmanne und dem Empiriker bekannte Resultat gründlicher Beobachtungen und auf die Wissenschaft gestützter Erfahrungen. Derlei Resultate sollen nicht zerstreut herumliegen oder nur in Büchern gesammelt werden*), sie sollen durch die Gesetzgebung im Interesse des Bergbaues aus dem Dunkel an das Tageslicht gefördert und als untrügliche Leuchten und Wegweiser dem bergbautreibenden Publicum hingestellt werden.

*) Eine sehr richtige Bemerkung! Manche Vorsichtsmassregel, die in irgend einem Lehrbuche, einer Zeitschrift oder Abhandlung steht, bleibt vielen praktischen Bergmännern unbekannt oder wird übersehen und vergessen; ist sie in einer gesetzlichen Bestimmung aufgenommen, so kann ein Nichtkennen derselben nicht so leicht vorkommen und leitende Beamte können dafür verantwortlich gemacht werden; für das Nichtlesen eines Buches oder einer Zeitschrift kann aber Niemand verantwortlich erklärt werden; ebenso wenig dafür, dass ihm eine praktische oder nützliche Einrichtung oder Vorkehrung nicht selbst im rechten Momente einfällt, oder dass er eine Erfahrung zu machen nicht Gelegenheit hatte, welche ihn auf eine Vorsichtsmassregel aufmerksam gemacht hätte. Die Red.

Man sollte nicht meinen, dass die Circulation der Wetter durch einen so einfachen Umstand, wie z. B. das Oeffnen der Wetterthür, irritirt werde, und doch ist dem so; wiederholt sich aber öfter nach einander das Oeffnen einer solchen Wetterthür, so kann dies zu gewissen Zeiten selbst ein Stocken der Wetter zur Folge haben. Um diesen Einfluss zu paralysiren, ist es daher nothwendig, in der entsprechenden Nähe eine zweite Wetterthür anzubringen.

§. 65.

Stimmt überein mit dem ersten Absatze des Art. 3 des belgischen Reglement, welcher lautet: *„Tout courant d'air notablement vicié par le mélange de gaz délétères ou inflammables, sera soigneusement écarté d'un atelier quelconque et des voies fréquentées."*

Da bei diesem Paragraphe auch der zweite Absatz des Art. 3 in die Discussion einbezogen wird, erscheint es als entsprechend, auch den zweiten Absatz sammt Uebersetzung anzuführen, welcher lautet:

„L'étendue des divers ateliers de travail sera limitée, au besoin, de manière a soustraire les ouvriers, placés sur le retour du courant, aux effets nuisibles d'une trop grande altération de l'air."

„Die Ausdehnung der verschiedenen Arbeitsorte soll nöthigenfalls in der Weise eingeschränkt werden, dass die auf dem Auszugswege der Wetter beschäftigten Arbeiter gegen die schädlichen Wirkungen einer zur grossen Verschlechterung der Grubenluft geschützt werden."

Der erste Absatz wurde nicht getreu als §. 65 aufgenommen, denn im französischen Texte heisst es: *par le mélange de gaz délétères ou inflammables,"* während im §. 65 nur „verdorbene Grubenwetter" gesagt wird.

Die Ursache dieser Abweichung liegt darin, dass in der Abtheilung VIII von der Wetterführung im Allgemeinen, in der Abtheilung IX aber von schlagenden Wettern oder entzündbaren Gasen gesprochen wird, daher der Ausdruck „schlagende Wetter" im §. 65 nicht aufgenommen werden konnte. Uebrigens sind die schlagenden Wetter in dem allgemeinen Ausdrucke „verdorbene Grubenwetter" inbegriffen.

Durch die Weglassung des *„notablement vicié"* hat die Fassung an Bestimmtheit gewonnen, die bei gesetzlichen Vorschriften sorgfältig angestrebt werden soll.

Den verdorbenen Wettern, zu welchen insbesondere die Stick- und kohlensauren Gase gerechnet werden, wird noch nicht in dem Masse die Aufmerksamkeit zugewendet, als es im Interesse des Wohles der Arbeiter geschehen sollte. Eine durch das englische Parlament zur Untersuchung dieses Gegenstandes zusammengesetzte Commission hat nach sorgfältigen Erhebungen als Resultat gefunden, dass verdorbene Wetter bei weitem mehrere Opfer hinraffen, als dies bei den schlagenden Wettern der Fall ist. Die Ursache ist, dass bei verdorbenen Wettern der Tod heranschleicht, während er bei schlagenden Wettern mit Getöse auftritt, daher die Aufmerksamkeit in erhöhtem Grade anregt und zur Hilfe anspornt.

§. 66.

Der Inhalt stimmt überein mit §. 42 der Bonner Bergpolizei-Verordnung, welcher lautet: „Alle Grubenbaue, insbesondere Schächte, Gesenke und Tiefbaue, welche nicht mit anderen, frische Wetter führenden Bauen in Verbindung stehen, müssen vor dem jedesmaligen Anfahren der Belegschaft von dem Betriebsbeamten oder einem zuverlässigen Arbeiter auf das Vorhandensein stickender Wetter mit brennendem Lichte untersucht werden."

„Das Betreten solcher Baue vor der Untersuchung seitens der Arbeiter ist verboten."

„Zeigen sich stickende Wetter, so darf das Einfahren erst nach deren vollständiger Beseitigung gestattet werden."

Die vorgenommenen Veränderungen sind:

1. Statt „Belegschaft" wurde „Mannschaft" gesetzt, was in der ganzen Vorschrift beobachtet worden ist.

2. Statt „von dem Betriebsbeamten oder einem zuverlässigen Arbeiter" wurde gesetzt: „von einem Grubenaufseher;"

denn zwischen Betriebsbeamten und einem zuverlässigen Arbeiter ist ein Abstand, der dadurch ausgeglichen wird, dass man die Sachen so nimmt, wie sie in Wirklichkeit vorkommen. Die Untersuchung der Grubenwetter wird aber in der Regel durch Grubenaufseher vorgenommen, wie es sich später zeigen wird, und zu derlei Wetteraufsehern oder Grubenaufsehern können auch verlässliche Arbeiter bestimmt werden.

3. Statt „mit brennendem Lichte" wurde gesagt: „auf die Reinheit der Grubenwetter untersucht werden;" denn man untersucht die angeführten Baue „auf die Reinheit der Grubenwetter." Da diese nicht anders (?) als mit brennendem Lichte vorgenommen werden kann, so ist „mit brennendem Licht" als Pleonasmus weggelassen worden.

4. Dem zweiten und dritten Absatze wurde eine ungezwungenere Form gegeben.

§. 67.

Dieser Paragraph entspricht dem §. 33 der Bonner Bergpolizei-Verordnung, welcher lautet: „Alle Zugänge zu nicht belegten Betriebspunkten von Bergwerken, in welchen schädliche Wetter irgend einer Art vorkommen, sind derartig abzusperren, dass Niemand ohne Oeffnung des Abschlusses dieselben betreten kann."

„Vor der Wiederbelegung derselben muss die Gefahrlosigkeit von dem verantwortlichen Betriebsbeamten durch Untersuchung festgestellt werden."

„Das unbefugte Betreten derartig abgesperrter Grubenbaue ist untersagt."

Die im Ausdrucke vorgenommene Veränderung dürfte entsprechender sein; so statt: „zu nicht belegten Betriebspunkten von Bergwerken" der kürzere Ausdruck „zu nicht belegten Grubenräumen," dem auch „zu nicht belegten Grubenbauen" substituirt werden könnte, wenn man den ersten Absatz des §. 33 mit dem dritten in Einklang bringen wollte. Die im zweiten Absatze vorgenommene Veränderung: „Vor der Wiederbelegung ist ihre Gefahrlosigkeit" statt: „Vor der Wiederbelegung derselben muss die Gefahrlosigkeit" festgestellt werden, dürfte entsprechender sein.

Chemisch-technische Notizen vom Salinen-Betriebe.

5. Versuche über die Einwirkung von schwefeliger Säure und Schwefelsäure auf die Sudpfannen-Bleche.

In Nr. 4 dieser Aufsätze wurde die namhafte Ersparung an Pfanneneisen rechnungsmässig nachgewiesen, welche Schonung kaum anderswo als in der veränderten Herd-Zustellung gesucht werden kann. Diese letztere besteht nämlich, wie es aus der im Vorigen mitgetheilten Skizze ersichtlich ist, darin, dass man durch die über dem Treppenroste angebrachten Oeffnungen Luft zuströmen lässt, die einen bedeutenden Einfluss auf den Verbrennungs-Process äussert, der mit den schwefelkiesreichen Häringer Braunkohlen geführt werden muss. Wenn auch durch diese Anordnung vorzugsweise die stichflammartige Wirkung des Feuers behoben wird, wodurch die Flamme eine sehr vortheilhafte Vertheilung unter die ganze Pfannenfläche erhält, worin in der Hauptsache die Pfannenschonung ihren Grund haben wird, so sind doch unzweifelhaft auch andere Momente von Einfluss, da bei der alten Feuerzustellung sämmtliche Pfannennieten in einer Weise zerstört werden, wie es bei der neuen Einrichtung nicht annähernd zu bemerken ist. Dass durch über dem Roste zugeführte Luft die aus der Kohle sich entwickelnden Gase einer Modification in ihrer Zusammensetzung unterliegen werden, ist nicht zu bezweifeln, und es lässt sich vermuthen, dass namentlich die zerstörenden Angriffe der flüchtigen Producte des Schwefelkieses auf den Pfannenboden vermindert werden. Es war dennoch von einigem Interesse, den Versuch anzustellen, wie sich Schmiedeeisen bei hoher Temperatur gegen die gasförmig auftretenden Säuren des Schwefels verhalte.

Zu diesem Zwecke wurden zwei gleich schwere Pfanneneisenstückchen von gleicher Form, also ganz gleichen Angriffsflächen, jedes für sich in Porzellan-Röhren gebracht und diese Röhren in ein und demselben Verbrennungsofen eingelegt. Die eine der Röhren verband man mit einem Apparat, aus dem wasserfreie Schwefeldämpfe und die andere mit zwei Apparaten, aus deren einem Schwefelsäure und dem andern schweflige Säuredämpfe entwickelt wurden. Das Schwierige dieses Versuches lag in der Zustandebringung eines gleichmässigen Gasstromes in beiden Röhren, was selbstverständlich das erste Erforderniss zu dem Experimente war. Nach mehreren Versuchen gelang es in einer Weise, dass sich eine ziemliche Gleichmässigkeit in der Gasentwicklung beider Apparate zu erkennen gab. Die Röhren wurden nun während des Durchstreichens der Gasgemenge möglichst stark erhitzt und nachdem angenommen werden konnte, dass auf beide Eisenstückchen ein gleiches Gasquantum bei derselben Temperatur und Zeitdauer gewirkt haben musste, wurden die Apparate zerlegt und die zwei Eisenstückchen sorgfältig von den gebildeten Schwefelsäuren und Schwefelverbindungen gereinigt und abermals gewogen. Der Versuch wurde nur eine Stunde fortgesetzt, weil ein sichereres Resultat zu erwarten war, als bei längerer Einwirkung, indem tiefer hinein zersetzte Oberflächen das beziehungsweise Verhalten möglicherweise mehr alteriren konnten.

Das den Schwefelsäuredämpfen ausgesetzte Eisen hatte um 0·649 Proc., das von dem Gemenge von schwefelsauren und schwefeligsauren Gasen bestrichene dagegen um 0·911 Proc. an Gewicht verloren. Es wird demnach der Schluss gestattet sein, dass ein Gemenge von Schwefelsäure und schwefliger Säure durch erhitztes Eisen energischer zersetzt wird und dass die über dem Roste einströmende Luft die Ueberführung eines bedeutenden Antheils von schwefliger Säure in Schwefelsäure befördert.

Dass beim Abrösten von Eisenkiesen nicht nur schwefelige Säure, sondern auch wasserfreie Schwefelsäure und wahrscheinlich sogar in überwiegender Menge gebildet wird, findet sich genauen Versuchen zu Folge in Dingler's Journal, Band 187, Seite 155, nachgewiesen, und darauf gestützt ist vielleicht eben die Annahme gerechtfertigt, dass die Schonung der Pfanneneisen seit Einführung der neuen Herdzustellung nebst den oben in erster Reihe angeführten Gründen zum Theil auch in der Abnahme der Entwicklung des Gasgemenges von schwefeliger Säure und Schwefelsäure zu suchen sei.

Wenn man den hohen Gehalt der Häringer Braunkohlen an Schwefelkies in Betracht zieht, so dürfte es dieser Ansicht nicht ganz an Unterstützung fehlen. Man erlaubt sich deshalb die Resultate der bereits im Jahre 1846 mit diesen Kohlen vorgenommenen Untersuchungen schliesslich noch beizufügen.

	Aschengehalt	Kohlenstoff	Schwefel	Entspricht Eisenkies	Wasser, mechan. eingeschl.
	Procente				
Reine Kohle . . .	3·6	65·6	1·862	3·247	7·34
Unreine Kohle . . .	48·0	24·8	2·849	5·232	8·07
Kohle mit Schalthierresten	15·2	46·8	3·732	6·877	7·23
Liegend-Kohle v. Barbara	14·2	44·8	4·691	8 625	8·96
Mürbe Kohle v. Ferdinand	22·0	45·6	2·690	4·957	5·86
Liegend-Kohle v. „	28·8	34·4	4·435	8·173	7·88

(Fortsetzung folgt.)

Statut der Berg- und Hüttenschule zu Leoben.

(Fortsetzung und Schluss.)

VII. Zeugnisse.

Nach jedem vollendeten Lehrcurse erhalten die Schüler ein Zeugniss über ihren Fortgang nach Massgabe der Prüfungsausfälle und nach dem Werthe der eingebrachten Ausarbeitungen und Pläne, sowie über Fleiss und sittliche Aufführung. In das Zeugniss wird ferner noch aufgenommen, in wie weit der Schüler befähigt ist, einen Gruben- oder Hüttenaufseherposten zu bekleiden und für welchen Zweig er sich besonders qualificirt. Das hiebei gebrauchte Prädicat ist:

vorzüglich befähigt,
befähigt,
bedingungsweise (z. B. nach 1 Jahr Praxis) befähigt,
kaum befähigt und
nicht befähigt.

VIII. Verwaltung.

Die Verwaltung der Schule obliegt einem Ausschusse, welcher aus dem Director der Bergakademie und dem Berghauptmanne von Leoben, dann aus drei zu den Kosten der Schule beitragenden Werksbesitzern oder ihren Bevollmächtigten besteht.

Die Oberaufsicht steht dem k. k. Ackerbau-Ministerium zu.

Der Ausschuss wählt sich den Vorsitzenden; er ist beschlussfähig, wenn drei Mitglieder anwesend sind. Bei der Beschlussfassung entscheidet die Majorität, — bei Gleichheit der Stimmen gilt jene Ansicht, welcher der Vorsitzende beigetreten ist.

Die Wahl der aus dem Stande der Werksbesitzer in den Ausschuss tretenden Mitglieder und zweier Ersatzmänner erfolgt in einer allgemeinen Versammlung der zu den Kosten der Schule beitragenden Werksbesitzer.

Der Vorsitzende des Ausschusses schreibt solche allgemeine Versammlungen aus, so oft Neu- oder Ergänzungswahlen nothwendig sind, oder eine Anzahl von sieben zu den Kosten der Schule beitragenden Werksbesitzern, oder die Majorität des Ausschusses die Ausschreibung verlangt.

Die Wahl des Vorsitzenden und der Mitglieder des Ausschusses, dann der Ersatzmänner gilt auf die Dauer von vier Jahren.

Die Versammlungen des Ausschusses finden über Einladung des Vorsitzenden mindestens jährlich zweimal, und ausserdem so oft statt, als es zur Erledigung von Geschäften nothwendig ist.

In den Wirkungskreis des Ausschusses gehört:

1. Die Eintheilung des Unterrichtes und die Feststellung des Studienplanes, sowie der Dauer des Schulcurses;

2. die Feststellung der für die Verpflegung der Schüler (II) zu entrichtenden Beträge;

3. die Ernennung und Entlassung des Lehr- oder Dienstpersonales, der Abschluss und die Kündigung von Verträgen mit denselben, die Feststellung ihrer Bezüge;

4. die Vorsorge für die Einbringung und Verwahrung der für die Erhaltung der Schule nöthigen Beträge;

5. die Aufstellung des Jahresbudget und die Prüfung der Jahresrechnung;

6. die Stellung von Anträgen auf Abänderung der Statuten;

7. endlich ist es auch wünschenswerth, dass bei den Schlussprüfungen der Ausschuss wenigstens durch Eines seiner aus dem Stande der Werksbesitzer gewählten Mitglieder vertreten sei.

Der Director der Bergakademie in Leoben ist zugleich Director der Berg- und Hüttenschule.

In den Wirkungskreis des Directors gehört:

1. Die Controle der Lehrer, die Aufnahme der Schüler und die Handhabung der Disciplin über dieselben;

2. die Ueberwachung des Unterrichtes, die Sorge für Instandhaltung der Localitäten und der Lehrmittel;

3. die Ueberwachung der entsprechenden Bequartierung und Verpflegung der Schüler;

4. die Geldanweisungen innerhalb der durch das Budget festgestellten Beträge;

5. die Durchführung der durch den Ausschuss gefassten Beschlüsse;

6. die Vertretung der Schule nach Aussen;

7. die Erstattung eines Jahresberichtes an das Ackerbau-Ministerium.

IX. Verhaltungsregeln für die Schüler.

1. Bei den in die Schule eintretenden Berg- und Hüttenarbeitern kann ein Gewöhntsein an Ordnung und Mannszucht vorausgesetzt werden. Nachdem die Mehrzahl der Eintretenden von ihrem Amte, Werke oder Dienstherrn zur Aufnahme empfohlen wurde, so lässt sich um so mehr erwarten, dass sie den Zweck des Schulbesuches und ihres Hierseins, nämlich die Ausbildung für ihren künftigen Beruf wohl begreifen und sich bestreben werden, der Wohlthaten eines unentgeltlichen Unterrichtes wenigstens durch Fleiss und gute Aufführung sich allezeit würdig zu machen.

2. In ihrer Beziehung zur Schule haben die Zöglinge den Anordnungen des Directors und der Lehrer willige Folge zu leisten und ihnen gegenüber stets die schuldige Achtung an den Tag zu legen. Ingleichen haben sie sich an die von der Direction gegebene Hausordnung zu halten. — Grobe Vergehen dieser Art können mit allsogleicher Entfernung aus der Schule geahndet werden.

3. Ununterbrochener und regelmässiger Besuch der Vorträge und praktischen Uebungen und Verwendungen, dann rechtzeitiges Einfinden bei denselben und die ge-

spannteste Aufmerksamkeit auf den Unterricht, sowie auch unablässiger Fleiss zu Hause im Erlernen und Wiederholen des Vorgetragenen, werden jedem Schüler zur Pflicht gemacht. Es hängt hievon der Fortgang in den Lehrgegenständen ab.

4. Nur nach vorausgegangener Meldung und eingeholter Erlaubniss des Lehrers darf der Schüler vom Unterrichte wegbleiben. Bei plötzlichen Verhinderungen (z. B. durch Krankheit) hat er den Lehrer davon zu benachrichtigen und beim Wiedereinfinden in der Schule sein Ausbleiben grundhältig zu entschuldigen. Es liegt dem Schüler bezüglich des gehörigen Anmeldens beim Lehrer dieselbe Pflicht ob, wie sie bei allen ordentlichen Gruben und Hütten jeder Arbeiter bezüglich des Ausbleibens zu erfüllen hat.

5. Urlaube auf mehrere Tage können nur in den dringendsten Fällen bewilligt werden. Die Bewilligung zu einem Urlaube bis auf 1 Tag wird vom Lehrer, über 1 Tag aber vom Director, nach gepflogenem Einvernehmen des Lehrers, ertheilt. — Unangemeldetes Ausbleiben zieht eine ungünstige Fleissclasse und die in 6 angesetzten Strafen nach sich.

6. Die Strafen, welche den Schüler treffen, bestehen:

a) in einem formellen Verweise durch den Lehrer;

b) in einem Verweise durch den Director vor den Lehrern;

c) in der Entfernung von der Berg- und Hüttenschule auf Grund eines vom Director im Einvernehmen mit den Lehrern gefassten Beschlusses.

7. Jeder Schüler hat die Verpflichtung, durch ein sittsames und anständiges Verhalten und Benehmen in und ausser der Schule, sowie auch durch Mässigkeit, Sparsamkeit und Ordnungsliebe sich hervorzuthun. Ausschweifungen jeder Art, nächtliches Herumschwärmen und Lärmen in den Wirthshäusern und auf den Gassen, Trinkgelage, Schuldenmachen u. s. w. sind strengstens untersagt und werden im Wiederholungsfalle und nach Umständen auch gleich mit Ausschliessung aus der Schule bestraft.

Das Betragen unter sich sei allezeit ein einträchtiges, brüderliches, kameradschaftliches, zumal Verschiedenheit im Lebensalter, längeres Verweilen an der Schule, und um so weniger Familien- oder Vermögensverhältnisse durchaus keine Bevorzugung des einen vor den andern mit sich bringen.

8. Die Schüler haben sich gegen Jedermann bescheiden und anständig zu benehmen, und insbesondere den Bergwerksverwandten mit der gebührenden Achtung und bergmännischem Gruss zu begegnen.

Peter Ritter v. Tunner m. p.

Ed. Baumayr m. p.	Für H. Drasche:
Berghauptmann.	Ig. Schmued m. p.
Für Franz Edlen v. Mayr:	Für Carl v. Mayr's Söhne:
Sprung m. p.	Josef Danzinger m. p.

52/14.

Dieses Statut der Berg- und Hüttenschule zu Leoben wird von Seite des k. k. Ackerbau-Ministeriums genehmiget.

Wien, am 9. Jänner 1869.

Potocki m. p.

Aus Wieliczka.

Nach den vorliegenden amtlichen Berichten vom 7. und 10. März wurde die grosse Dampfmaschine am Elisabeth-Schachte in der abgelaufenen Woche wiederholt probeweise in Bewegung gesetzt, die Steuerung vollkommen präcis gefunden, jedoch, um einen langsamen und sicheren Gang des schweren Gestänges zu erreichen, noch Einiges an den Drosselungen geändert.

Der erste Pumpensatz ist complet eingebaut; der zweite soll nächste Woche eingebaut werden und weiters sind noch 8 Klafter Gestänge und 8 Klafter Steigröhren eingesenkt. Die Appretur der von verschiedenen Eisenwerken gelieferten Bestandtheile, welche stärkeres Nachfeilen bedurften, um zusammengefasst zu werden, verlängerte diesen Einbau bis über 24 Stunden, wogegen die folgenden Gestänge und Steigröhren nur je 8 Stunden Zeit zur Einsenkung bedürfen.

Am Joseph-Schachte wurden in abgelaufener Woche auch die Schachtsäulen und das Seilscheibengerüst aufgestellt, die Seilscheiben aufgezogen und gelegt, die Dampf- und Ableitungsröhren fertig montirt und die Maschine probeweise in Betrieb gesetzt; die Probe fiel sehr gut aus.

Das Steigen des Wassers im Franz Joseph-Schachte betrug vom ersten bis einschliesslich 7. März etwas über 4 1/2 Zoll, vom 7. bis 10. bei 5 Zoll, da das Wasser in engere Räume gelangte. Es stand am 10. März 22 Klafter, 0 Schuh, 6 Zoll über dem Horizont „Tiefstes Regis“ und 1 Klafter, 4 Schuh, 9 Zoll über dem Horizont „Haus Oesterreich.“

Die Thätigkeit der bestehenden Wasserhebungen wurde durch die Einbau-Arbeiten der neuen Maschinen und Pumpen öfters gestört, jedoch nie gänzlich unterbrochen. Die Salzgewinnung dagegen hat im Monate Februar 96.985 Ctr. betragen, von welchen 91.009 Ctr. zu Tage gefördert worden sind.

Das Abteufen des Verbindungs-Gesenkes vom Albrecht-Schlag ist auf 9 Klafter Tiefe gediehen und steht gegenwärtig in festem Grünsalz an.

Notiz.

Berg- und hüttenmännischer Verein für Südsteiermark. In der am 27. Februar d. J. stattgefundenen Generalversammlung des berg- und hüttenmännischen Vereines für Südsteiermark bildeten die Einläufe seit der letzten Generalversammlung den ersten Gegenstand der Tagesordnung. Unter diesen ist zu erwähnen ein Antwortschreiben der Finanzbezirksdirection Marburg auf die von Seite des Vereines gestellte Anfrage, betreffend die Besteuerung der von den Bergwerksbesitzern an ihre Arbeiter ohne gewerbsmässigen Gewinn verabreichten Lebensmittel und die mannigfachen mit der Einhebung dieser Steuern von Seite der Verzehrungssteuerpächter und deren Organe verbundenen Vexationen. Der Inhalt desselben lautet dahin, der §. 131 des allg. Berggesetzes gestatte zwar, dem eigenen Arbeiterpersonale die nöthigen Lebensmittel zu verabreichen, worunter aber die Enthebung von der Beobachtung der Verzehrungssteuervorschriften keineswegs inbegriffen sei; sonach wäre jeder Bergwerksbesitzer verpflichtet, die entfallende Verzehrungssteuer von den erwähnten Artikeln zu entrichten, und es liege nicht im Wirkungskreise der Finanzbehörden, Ausnahmen vom Gesetze zuzugestehen, übrigens würde gegen allfällige Uebergriffe von Seite der Gefällspächter oder deren Organe jederzeit das Amt gehandelt werden. Nachdem von dem Vereinsmitgliede Kammerlander die Grundzüge eines für Südsteiermark zu bildenden Knappschaftsvereines vorgetragen worden sind, wählt die Versammlung ein Comité von 7 Mitgliedern, welches hiernach einen Statutenentwurf zu verfassen und der Generalversammlung vorzulegen haben wird. Hierauf verliest V. M. Kalliwoda den Comité-Entwurf einer gemeinsamen Arbeiter-Ordnung für jene Werke, welche sich dem berg- und hüttenmännischen Verein für Südsteiermark angeschlossen haben. Es wird beschlossen, dieselben autographiren zu lassen, jedem der betheiligten Werke, behufs näherer Instruction, ein Exemplar zuzusenden, und erst hierauf bei einer der folgenden Generalversammlungen die Berathungen darüber vorzunehmen. Vereinsvorstand Frey stellt den Antrag, der Vereinsausschuss möge die Berghauptmannschaft Cilli um Verlängerung der bis zum 10. März d. J. gesetzten Frist zur Vorlage des Gutachtens über die vom Ackerbau-Ministerium verfassten Bergpolizei-Vorschriften sowie um Betheilung mehrerer Exemplare derselben ersuchen.

Zum Schlusse berichtet V. M. Kalliwoda über die Resultate der am 28. December 1868 in Leoben stattgefundenen Versammlung wegen einer daselbst zu errichtenden Bergschule. T—y.

Amtliche Mittheilungen.

Edict.

Von der k. k. Berghauptmannschaft zu Klagenfurt als Bergbehörde für das Herzogthum Kärnten wird den Herren Spiridion Mühlbacher und Johann Posch als bücherlich eingetragenen Besitzern des Bleibergwerkes Brennach, resp. deren Erben und Rechtsnachfolgern sowie dem Werksbevollmächtigten Herrn Alois Hinterlechner hiemit erinnert, dass nach Inhalt der im Wege der k. k. Bezirkshauptmannschaft Hermagor gepflogenen Erhebung das genannte Bergwerk, bestehend aus dem einfachen Grubenmasse Florian-Stollen, sonnseits im Gailthale im sogenannten Brennach, in der Pfarre und im politischen Bezirke Hermagor, seit einer Reihe von Jahren ausser Betrieb und im Zustande gänzlicher Verlassenheit und des Verfalles sich befinde.

Mit Bezug auf die §§. 170, 174 und 228 a. B. G. ergeht demnach an den genannten Herrn Werksbevollmächtigten die Aufforderung, binnen längstens 60 Tagen, von der ersten Einschaltung dieses Edictes in das Amtsblatt der Klagenfurter Zeitung an gerechnet, das besagte Bergwerk in ordnungsmässigen Betrieb zu setzen, nach Vorschrift des a. B. G. bauhaft zu erhalten und sich über die vieljährige Unterlassung des Betriebes um so gewisser hieramts zu rechtfertigen, als nach fruchtlosem Ablaufen dieser Frist wegen lange fortgesetzter und ausgedehnter Vernachlässigung nach §§. 243 und 244 a. B. G. das Erkenntniss auf Entziehung des Bleibergwerkes Brennach gefällt werden würde.

Von der k. k. Berghauptmannschaft
Klagenfurt, am 19. Februar 1869.

Erledigte Dienststellen.

Dienststellen im neuen provisorischen Personal- und Besoldungsstatus der Bergdirection zu Idria.

1. Die Hüttenverwalterstelle in der VIII. Diätenclasse mit einem Jahresgehalte von 1200 fl. und gegen Erlag einer Caution im Betrage des Jahresgehaltes;

2. die Kunstmeisterstelle in der IX. Diätenclasse mit einem Jahresgehalte von 900 fl.;

3. die Bergmeisterstelle in der X. Diätenclasse mit einem Jahresgehalte von 800 fl. und gegen Erlag einer Caution im Gehaltsbetrage;

4. die Probirerstelle in der X. Diätenclasse mit einem Jahresgehalte von 800 fl.; endlich

5. die Kanzleiofficialenstelle in der XI. Diätenclasse mit einem Jahresgehalte von 600 fl.

Mit jeder dieser Stellen ist der Genuss einer Naturalwohnung oder in Ermangelung einer solchen eines Quartiergeldes mit zehn Procent des Jahresgehaltes verbunden.

Gesuche sind — für die ersten vier technischen Dienstesstellen unter Nachweisung der mit gutem Erfolge zurückgelegten bergakademischen Studien, Uebung im Conceptfache und im montanistischen Verrechnungswesen, und die Kenntniss der deutschen und slovenischen oder einer andern slavischen Sprache, dann insbesondere ad 1 der Erfahrungen im Metall-Hütten- und Fabrikswesen; ad 2 im Bau-, Maschinen- und Markscheidswesen, ad 3 im Gangbergbaue und in der Aufbereitung, und ad 4 im Probir- und Hüttenwesen; — für die Kanzleiofficialsstelle der Kenntniss der deutschen und slovenischen Sprache in Wort und Schrift und der Erfahrungen im Kanzlei-, Einreichungsprotokolls-, Expedits- und Registraturswesen — binnen acht Wochen bei der Bergdirecton in Idria einzubringen.

Apparate zum Wiedergewinnen des noch nutzbaren Coaks

aus den Aschen der Steinkohlenfeuerungen

(17—1) liefern

Sievers & Co.,

Maschinenfabrik in Kalk bei Deutz am Rhein.

Die Darstellungskosten von einem Centner Coaks aus diesen Aschen betragen etwa 3 Pfennige. In den meisten Aschen sind über 50% Coaks enthalten.

Soeben wurde ausgegeben und ist durch alle Buchhandlungen und Postanstalten zu beziehen: (30—1)

Baierisches Industrie- u. Gewerbeblatt.

Herausgegeben vom Centralverwaltungsausschusse des polytechnischen Vereins für Baiern unter Mitwirkung des Ministerial-Secretärs Dr. **Schneider** und der Professoren **Beylich** und Dr. **Zängerle,** redigirt von **A. Schels,** Secretär der kgl. polytechnischen Schule in München.

Erster Jahrgang. Januarheft. (Preis des Jahrganges von 12 Heften 7 fl. = 4 Thlr.) Jedes Heft enthält ca. 4 Quartbogen Text mit einer grossen lithogr. Tafel oder einer entsprechenden Anzahl von Holzschnitten.

Inhalt des Januarheftes. Programm. Prospect. Amtl. und statistische Mittheilungen. Verordnungen über den Feingehalt von Gold- und Silberwaaren, über die Handels- und Gewerbekammern, über die Handels-, Fabrik- und Gewerberäthe. Denaturirung von Salz zu gewerblichen Zwecken. Tarifirung von Kolben-Packungsmaterial, Jahresbericht des Industrievereins Ansbach. Technische Mittheil. Verb. Methode der Herstellung von Gewindebohrern von Prof. O. Beylich. Reductions-Druck-Regulator von Dehne in Halle. Mech. Kernspindel von Maschinenmeister Troger in Achthal. Die leonische Drahtfabrikation Nürnbergs von Bergmeister Kieser. Selbstwirkende ventilirte Darre zum Trocknen und Darren des Getreides vom Civil-Ingenieur Jul. de Bary. Kühlmaschine der Maschinenfabrik von Johann Schweizer sen. in Mannheim. Das Horsford'sche Backpulver zur Erhöhung des Nährwerthes des Backmehls. Ueber die Bleiglasur der Töpfergeschirre von Prof. Dr. Aug. Vogel. Technische Notizen. Journalschau etc.

Das Erscheinen dieser neuen auch typographisch sauber ausgestatteten Monatsschrift wird von allen Fachmännern, Behörden, Schulen, Bibliotheken, Lesevereinen, Industriellen und Gewerbetreibenden mit lebhaftem Interesse aufgenommen. Der Preis ist ein verhältnissmässig niedriger. Wir laden zu einer zahlreichen Abonnements-Betheiligung ein.

E. A. Fleischmann's Buchhandlung in München.

Ein junger Hüttenmann, der seine Studien mit sehr guten Zeugnissen beendet hat und bereits bei der Verhüttung silberhältiger Blei- und Kupfererze thätig gewesen ist, sucht eine entsprechende Stellung. Gef. Zuschriften sub **E. G.** (Nummer der Annonce) befördert die Expedition dieses Blattes. (14—1)

(12—1) Balancewaage.

Geschmiedete Decimalwaage viereckiger Form.

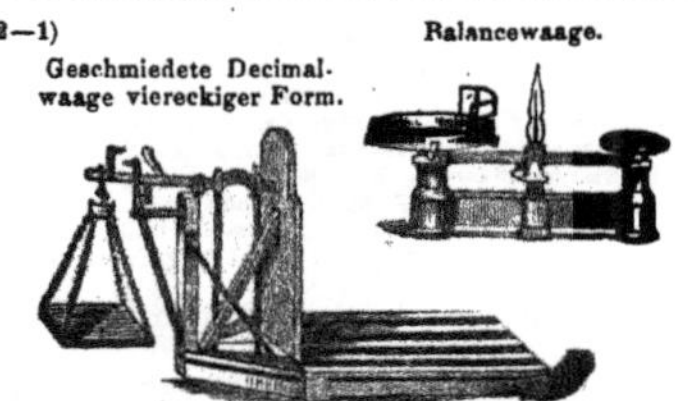

Geschmiedete, von der k. k. Zimentirungsbehörde in Wien geprüfte und gestempelte

Decimal-Waagen

viereckiger Form, unter achtjähriger Garantie sind zu folgenden Preisen immer vorräthig:

Tragkraft: 1, 2, 3, 5, 10, 15, 20, 25, 30, 40, 50 Ctr.
Preis fl. 18, 21, 25, 35, 45, 55, 70, 80, 90, 100, 110.

Die zu diesen Waagen nöthigen Gewichte zu den billigsten Preisen.

Ferner **Balancewaagen,** welche sehr dauerhaft und praktisch sind, auf denen, wo immer hingestellt, gewogen werden kann.

Tragkraft: 1, 2, 4, 10, 20, 30, 40, 50, 60, 80 Pfd.
Preis: fl. 5, 6, 7·50, 12, 15, 18, 20, 22, 25, 30

Viehwaagen, um darauf Ochsen, Kühe, Schweine, Kälber und Schafe zu wiegen, aus geschmiedetem Eisen gebaut, mit zehnjähriger Garantie

Tragkraft: 15, 20, 25 Ctr.
Preis fl. 100, 120, 150.

Brückenwaagen, um darauf beladene Lastwägen zu wiegen, aus gehämmertem Eisen, zehnjährige Garantie.

Tragkraft: 50, 60, 70, 80, 100, 150, 200 Ctr.
Preis: fl. 350, 400, 450, 500, 550, 600, 750.

Bestellungen aus den Provinzen werden entweder gegen Nachnahme oder Einsendung des Betrages sofort effectuirt:

L. Bugányi & Comp.,

Waagen- und Gewichte-Fabrikanten.

Hauptniederlage: Stadt, Singerstrasse Nr. 10, in Wien.

(7—8)

Wichtig für Maschinen-Werkstätten.

Unzerreissbare animalisch doppelt geleimte Zeichnenpapiere in Rollen von 18 Fuss Länge 27 Zoll Breite, per Rolle Thlr. $4\frac{2}{3}$ empfehlen

Carl Schleicher & Schüll in Düren.

(Rhein-Preussen.)

Diese Zeitschrift erscheint wöchentlich einen Bogen stark mit den nöthigen artistischen Beigaben. Der Pränumerationspre ist jährlich loco Wien 8 fl. ö. W. oder 5 Thlr. 10 Ngr. Mit franco Postversendung 8 fl. 80 kr. ö. W. Die Jahresabonnente erhalten einen officiellen Bericht über die Erfahrungen im berg- und hüttenmännischen Maschinen-, Bau- und Aufbereitungswes sammt Atlas als Gratisbeilage. Inserate finden gegen 8 kr. ö. W. oder $1\frac{1}{2}$ Ngr. die gespaltene Nonpareillezeile Aufnahr Zuschriften jeder Art können nur franco angenommen werden.

Druck von Carl Fromme in Wien. Für den Verlag verantwortlich Carl Rege

№ 12. XVII. Jahrgang. Oesterreichische Zeitschrift 1869. 22. März.

für

Berg- und Hüttenwesen.

Verantwortlicher Redacteur: Dr. Otto Freiherr von Hingenau,
k. k. Ministerialrath im Finanzministerium.

Verlag der G. J. Manz'schen Buchhandlung (Kohlmarkt 7) in Wien.

Entwurf allgemeiner Bergpolizei-Vorschriften.

(Fortsetzung.)

IX. Schlagende Wetter.

§. 68.

In Gruben mit schlagenden Wettern soll der Bau so viel als nur möglich mit fallendem Hiebe, und zwar so geführt werden, dass derselbe nach und nach zu den tieferen Punkten gelangt.

Der Grubenbetrieb soll im Ganzen und in allen seinen Theilen so eingerichtet sein, dass nicht eine mit entzündlichen Gasen gemengte Grubenluft genöthigt werde, hinab zu gehen. Soll von dieser Regel eine Ausnahme stattfinden, so ist hiezu die Bewilligung des Reviersbeamten erforderlich.

§. 69.

Der Austritt der Grubenwetter soll durch einen besonderen zu diesem Zwecke ausschliesslich bestimmten Schacht stattfinden, welcher von anderen Schächten durch hinreichend starke Pfeiler geschieden sein muss, damit diese im Falle einer Explosion nicht beschädigt werden.

§. 70.

Auf Kohlengruben mit schlagenden Wettern muss ein Anemometer von bewährter Construction vorhanden sein.

§. 71.

Die Errichtung von Wetteröfen über oder unter Tage, welchen aus der Grube ziehende Wetter zuströmen sollen, ferner das Einhängen von Feuerkörben oder das Einkesseln ist auf Gruben mit schlagenden Wettern untersagt.

§. 72.

In Kohlengruben mit schlagenden Wettern ist der Gebrauch von erprobten und als verlässlich bewährten Sicherheitslampen vorgeschrieben.

Welche Sicherheitslampen gebraucht werden dürfen, sowie die in der Verbesserung der Sicherheitslampe gemachten Fortschritte werden durch die Oberbergbehörde kundgemacht.

§. 73.

Die Sicherheitslampen sind mit einem Schlüssel zu versperren und auf dem Bergwerke aufzubewahren.

Es sind verlässliche Arbeiter zu bestimmen, welchen die Pflicht obliegt, die Sicherheitslampen täglich zu untersuchen, zu reinigen und in gutem Zustande zu halten.

§. 74.

Bei dem Einfahren ist die Sicherheitslampe jedem Arbeiter angezündet zu übergeben; dieser hat sich zu überzeugen, dass sie mit dem Schlüssel versperrt ist.

§. 75.

Es ist streng untersagt, die Lampe bei der Arbeit zu öffnen.

Lampen, welche während der Arbeit auslöschen, sind verschlossen entweder über Tag zu senden oder auf einen bezeichneten Punkt innerhalb der Grube zu bringen, wo sie durch Arbeiter, welchen diese Sorge ausschliesslich obliegt, untersucht, angezündet und mit dem Schlüssel versperrt werden.

Motive zu IX.

IX. Schlagende Wetter.

§. 68.

Dieser Paragraph steht in Uebereinstimmung mit Art. 7 des belgischen Reglement, welcher lautet: „*Dans les mines a grisou, l'exploitation aura lieu, autant que possible, par tranches prises successivement en descendant. Sauf les exceptions autorisées par l'administration, l'ensemble et toutes les parties des travaux seront disposés de manière à ne pas forcer à descendre un air plus ou moins chargé de gaz inflammables.*“

In diesem Paragraphe liegt ein reicher Schatz von belgischen Erfahrungen, welche in der Wissenschaft ihren Grund haben und auch durch diese angeregt worden sind. Es wurde für gut gehalten, den Art. 7, dessen zwei Sätze in einem Absatz gefasst sind, in zwei Absätze zu theilen, weil jeder Satz für sich eine sehr wesentliche Bestimmung enthält. In Gruben und schlagenden Wettern soll man nach dem ersten Absatze mit dem Baue nur nach und nach zu den tieferen Punkten gelangen, also nicht etwa die Grube in drei oder vier Horizonte theilen und in jedem derselben einen Abbau einleiten. Wird nur in einem Horizonte gebaut und werden in dem tieferen Horizonte nur die Aufschluss- und Ausrichtungs-Arbeiten vorgenommen, so ist eine grosse Ansammlung der schlagenden Wetter nicht möglich und die angesammelten können bei ordentlicher Wetterführung leicht aus der Grube geschafft werden.

Anders verhält es sich aber, wenn in verschiedenen Horizonten gebaut wird; es wird nicht leicht möglich sein, den schlagenden Wettern, welche sich in den tieferen Horizonten entwickelt haben, den Zutritt zu den oberen Horizonten ganz abzusperren. Dadurch wird eine grössere Ansammlung von schlagenden Wettern begünstigt und daher die Gefahr gesteigert, dass Explosionen geschehen.

Es wird also bei einem nach der ersten Vorschrift geführten Baue die Gefahr der Explosionen beseitigt, und das ist hier die Hauptsache.

Bei diesem Vorgange mit dem Abbaue ist aber auch die wirthschaftliche Frage nicht zu übersehen. Es ist durch die Erfahrung nachgewiesen, dass die Kohle durch den Zutritt der Luft bedeutend an Güte verliert; man soll daher nie grosse Aufschlüsse in Kohlengruben machen, damit die Kohle nicht lange den Einflüssen der Luft ausgesetzt und dadurch in der Qualität herabgesetzt werde. So haben auch wieder die Belgier die Erfahrung gemacht, dass es nicht gut sei, die Kohlenflötze vorzeitig zu entwässern, und überzeugten sich, dass durch eine vorzeitige Entwässerung die Kohle an Qualität sehr verliere. Sie fanden, dass durch eine gute Coakskohle, wenn sie durch Entwässerung und ausgedehnte Ausrichtungs- und Aufschlussbaue früher blosgelegt wurde, als nothwendig war, die Eigenschaft zum Coaks verloren hat. Die Belgier gehen daher nach und nach in einem Flötze in die tieferen Horizonte, und wo mehrere Flötze übereinander sind, greifen sie zuerst das oberste Flötz an, und erst dann die tieferen Flötze, wenn durch die Arbeiten am unteren Flötze dem oberen Flötze kein Nachtheil zugefügt werden kann.

Und ebenso ist es auch mit der Entwässerung der Fall; sie entwässern nach und nach die tieferen Punkte in dem Verhältnisse, als der Abbau in die Tiefe vordringt.

Der Ausdruck: „*par tranches prises successivement en descendant*“ lässt sich im Deutschen in der französischen Kürze mit Genauigkeit nicht wieder geben, deshalb wurde in der Umschreibung das Mittel gesucht, um den Gedanken ganz auszudrücken.

Die im zweiten Absatze enthaltene Vorschrift, „dass nicht eine mit entzündlichen Gasen gemengte Grubenluft genöthigt werde, hinabzugehen,“ ist wegen Vermeidung von Unglücksfällen ebenfalls sehr wichtig. Diese Vorschrift steht aber nicht für sich allein da und stützt sich in der Möglichkeit der Ausführung auf die erste Vorschrift. Ist nach derselben mit der Arbeit vorgegangen worden, so wird nicht die Zwangslage eintreten, welche durch die Vorschrift des zweiten Absatzes beseitigt werden soll. Bei gewöhnlichen Grubenwettern ist es nicht raisonmässig, dieselben nach oben und wieder nach unten zu nöthigen, der Wetterzug erleidet bei derlei Unterbrechungen sehr bedeutende Störungen.

Bei schlagenden Wettern ist die Störung des Wetterzuges in einem noch höheren Masse vorhanden.

Die schlagenden Wetter haben bei dem geringen specifischen Gewichte von 0·5 nicht das Bestreben nach unten zu fallen, sondern steigen in die Höhe, und wenn sie doch genöthigt werden nach unten zu gehen, so verzögern sie die Geschwindigkeit des Wetterzuges.

Die in diesem Paragraphe ausgesprochenen zwei Vorschriften können als die Cardinalregeln für Grubenbaue angesehen werden, in welchen schlagende Wetter vorkommen. Bei Befolgung derselben würden Leben und Eigenthum gesichert und von der Grubenwirthschaft viele Vortheile erzielt werden. Diese kostbaren Erfahrungen der Belgier eignen sich daher in hohem Grade zur Aufnahme in eine Bergpolizei-Vorschrift.

Brassert führt in seinen Bemerkungen zu der Bonner Verordnung vom 8. November 1867, §. 32 an, dass es unter andern in Preussen zur Sprache kam, ob und eventuell welche Vorschriften des belgischen Reglement vom 1. März 1850 und des Nachtrages dazu vom 8. April 1858 sich zur Aufnahme in eine Polizei-Verordnung eignen würden, wobei insbesondere die Bestimmung im Art. 7 des Reglements berücksichtigt werden sollte, dass der Wetterstrom in Gruben mit schlagenden Wettern in der Regel nicht in absteigender Richtung geführt werden dürfte. Gegen eine Anlehnung an das belgische Reglement wurde indess geltend gemacht, dass der Schwerpunkt weniger in den allgemein und unbestimmt gefassten Vorschriften des Reglements selbst, als vielmehr in den auf Grund des letzteren getroffenen besonderen Anordnungen der Ingenieure zu finden, und dass der diesseitigen (Bonner) Bergbehörde durch Art. 10 der Verordnung vom 3. März 1826 ermöglicht sei, derartige Anordnungen bei dem Steinkohlenbergbau ebenfalls zu treffen.

Wie das belgische Reglement in dieser Weise vom preussischen Standpunkte aufgefasst und beurtheilt werden konnte, ist nicht einzusehen. Als eine Unrichtigkeit muss jedoch die Bemerkung bezeichnet werden, „dass die belgischen Vorschriften „unbestimmt“ gefasst sind.“ Vorschriften müssen allgemein gehalten werden und dürfen nicht in eine Casuistik übergehen. Dass die wichtigen Vorschriften des Art. 7 aber nicht unbestimmt gegeben sind, dürfte aus den zu diesem Paragraphe angeführten Bemerkungen genügend klar hervorgehen.

Die belgischen Erfahrungen fanden bei den preussischen Bergbehörden nicht jene Anerkennung, welche sie im Interesse der Humanität und des montanistischen Fortschrittes mit Recht beanspruchen.

§. 69.

Ist entstanden aus dem ersten Absatze des Art. 8 und aus dem Art 9. des belgischen Reglement.

Art 8 lautet: „*La sortie de l'air aura lieu par un puits special, affecté exclusivement à cet usage, et isolé des autres puits par un massif de roche suffisant.*“

„*L'appel y sera provoqué soit par des moyens mécaniques, soit par échauffement, à l'exclusion des toque-feux ou foyers alimentés par l'air sortant de la mine.*“

Art. 9 lautet: „*Les voies d'entrée et de retour de l'air seront séparées par des massifs assez épais pour qu'une explosion ne puisse les endommager.*“

Art. 8 enthält mehrere Vorschriften und zwar: 1. wegen des Wetterschachtes, 2. wegen der Feuerkörbe und Wetteröfen und 3. wegen der Wetter, die den Wetteröfen zugeführt werden. Das Zusammenlegen so verschiedener Vorschriften in einen Paragraph schien nicht entsprechend, deshalb wurde nur das streng zu einander gehörige in den §. 69 aufgenommen. Der Art. 9 ist als eine Ergänzung des ersten Absatzes des Art. 8 anzusehen, deshalb wurde er mit dem ersten Absatze des Art. 8 zu einem Paragraph vereinigt. Die übrigen Absätze wurden in den §. 71 des Entwurfes einbezogen, der erste Theil des zweiten Absatzes, welcher sagt, dass der Zug in dem Wetterschachte entweder durch mechanische Mittel oder durch Erwärmung bewirkt wird, wurde ganz weggelassen, weil er zur Aufnahme in diese Vorschriften nicht geeignet schien.

§. 70.

Entspricht dem §. 3 der Dortmunder Bergpolizei-Verordnung vom 9. März 1863, welcher lautet: „Auf allen mit schlagenden Wettern behafteten Bergwerken muss ein Anemometer von bewährter Construction vorhanden sein.“

Die Aufnahme dieses Paragraphes aus der Dortmunder Verordnung schien wichtig, weil der Wetterführung in Gruben mit schlagenden Wettern die möglichste Aufmerksamkeit zugewendet werden soll.

Brassert sagt in seinen Bemerkungen zur Bonner Bergpolizei-Verordnung (Zeitschrift für Bergrecht 1868, erstes Heft, Seite 73): „Von der in den §§. 1 und 3 der Dortmunder Verordnung den Bergwerksbesitzern auferlegten Verpflichtung zur Beschaffung eines Wetterrisses und eines Anemometers ist dagegen abgesehen worden, weil angenommen wurde, dass ein Bedürfniss, diese an sich sehr nützlichen Einrichtungen polizeilich vorzuschreiben, im Bezirke nicht vorhanden sei.“

In England geht man mit den Beobachtungen über Wetterführung noch etwas weiter. So beobachten englische Ingenieure auch genau den Barometerstand, weil man die Erfahrung machte, dass bei hohem Barometerstand die explodirenden Gase sich in geringerer Menge entwickeln, während die Entwicklung derselben bei niedrigerem Barometerstand in erhöhtem Masse stattfindet. Sie pflegen daher bei niedrigerem Barometerstande die Geschwindigkeit der Grubenwetter zu erhöhen und mehr Grubenwetter herauszubringen, und so das Ansammeln der schlagenden Wetter zu verhindern.

§. 71.

Diesem Paragraphe liegen die §§. 5 und 6 der Dortmunder Verordnung vom 9. März 1863, dann die bei dem §. 69 des Entwurfes weggelassenen Absätze des belgischen Reglement, Art. 8, zu Grunde.

§. 5 lautet: „Wetteröfen oder Wetterherde über oder unter Tage dürfen auf Gruben mit schlagenden Wettern nur mit Erlaubniss des Revier-Bergbeamten angelegt werden.“

§. 6 lautet: „Das Einkesseln ist auf Bergwerken mit schlagenden Wettern unbedingt untersagt, auf anderen Bergwerken aber nur mit Erlaubniss des Revier-Bergbeamten und unter Aufsicht eines verantwortlichen Grubenbeamten gestattet.“

Die Abänderung der §§. 5 und 6 schien nothwendig und es wurde für nothwendig gehalten, zu zeigen, wo die Gefahr herrührt. Der Paragraph wurde als ein Verbot gefasst und es ist der positive Theil der §§. 5 und 6 aus diesem Paragraphe leicht abzuleiten. „Was nicht verboten ist, das ist gestattet,“ also auch die Anlage von Wetteröfen oder Wetterherden über oder unter Tage, welchen Wetter zugeführt werden vom Tage.

Der positive Theil der Vorschrift ist enthalten in der allgemeinen Vorschrift des §. 59 des Entwurfes. So können die Feuerkörbe (*toque-feux*) ohne Anstand in Kohlengruben eingehängt werden, in welchen keine schlagenden Wetter vorkommen. Ebenso ist das Einkesseln nach §. 59 gestattet, wo es als ein gefahrloses Mittel erscheint, die Ventilation der Grube zu bewirken.

§. 72.

Die Fassung des ersten Absatzes dieses Paragraphes ist nach dem Art. 11 des belgischen Reglement; der zweite Absatz kömmt nirgends vor, weder in den preussischen Bergpolizei-Verordnungen, noch in dem belgischen Reglement. Die Aufnahme dieses Absatzes wurde mit Rücksicht auf die Gepflogenheit in Frankreich und Belgien als wohlthätig und anregend gehalten.

Art. 11 lautet: „*L'emploi de lampes de sûreté, admises par l'administration des mines, est obligatoire pour les houillères à grisou.*

Humphrey Davy hat im Jahre 1815 die Sicherheitslampe erfunden, die von England nach und nach in die Gruben des Continents sich verpflanzt hat. In England selbst hat man nach Einführung der Davy'schen Lampe die Erfahrung gemacht, dass sich häufigere Unglücksfälle ereigneten, als dies vor der Erfindung derselben der Fall war. Die Ursache dieser Erscheinung lag darin, dass nach der Einführung der Davy'schen Lampe eine grosse Zahl von Bergbauen wieder aufgenommen wurde, die früher wegen schlagenden Wettern aufgelassen werden mussten.

Im Jahre 1817 kam die Davy'sche Lampe nach Belgien, die Unglücksfälle wiederholten sich periodisch, so dass man zu der Ansicht gelangte, die Davy'sche Lampe müsse gründlich verbessert werden, wenn man die traurigen Unglücksfälle zu beseitigen beabsichtigt. Die königliche Akademie der Wissenschaften zu Bruxelles hat im Jahre 1840 zur Lösung der Frage „durch welches Mittel den Explosionen vorgebeugt werden könnte,“ einen Concurs ausgeschrieben. Diese Aufforderung war für den Lütticher Ingenieur Mueseler die schöne Veranlassung, der Verbesserung der Davy'schen Lampe nachzudenken. Seine Verbesserungen sind so hervorragend, dass sie als eine wahre Erfindung betrachtet werden können.

Seit dem Jahre 1841 verbreitete sich die Mueseler Lampe von Jahr zu Jahr mehr, so dass man am 1. Jänner 1860 in Belgien 40.000 Sicherheitslampen zählte und von diesen 14.597 nach dem System Mueseler in der Provinz Lüttich im Gebrauche standen. In Belgien werden fortwährende Bemühungen angewendet, den Gebrauch der Mueseler Lampe noch mehr zu verbessern, und haben die Bestrebungen der Belgier zur Verbesserung der Mueseler Lampe keinen Stillstand.

In England geht man von der Davy'schen Lampe nicht ab, und dieses Festhalten der englischen Ingenieure an dieser Lampe veranlasst manche Unglücksfälle.

Die Mueseler Lampe ist in Preussen allgemein verbreitet; in Frankreich stehen neben der Mueseler noch die du Mesnil-, Roberts-Lampe und andere, die Modificationen der Mueseler Lampe sind.

In Frankreich und Belgien sind es die obersten Behörden, welche dafür Sorge tragen, dass die Bergwerksbesitzer zur Kenntniss der Fortschritte gelangen, welche auf dem Felde des Bergwesens gemacht worden sind; möge sich nun dieser Fortschritt auf Verbesserungen in der Montanwirthschaft oder auf humanitäre Bestrebungen im Interesse der Bergarbeiter erstrecken.

In Preussen ist bei den Ober-Bergbehörden ein sehr reges Leben wahrzunehmen und jede dieser Behörden nimmt an den angedeuteten Bestrebungen der höchsten Montanbehörden in Frankreich und Belgien den regsten Antheil und wirkt auf die in den Bergdistricten vertheilten Revier-Beamten, deren beständigen Verkehr mit den Bergwerksbesitzern sie zur Verbreitung der strebsamen Bemühungen auf dem montanistischen Gebiete vorzüglich geeignet macht. In dieser Richtung sollten auch die neuen österreichischen Ober-Bergbehörden vorgehen, und enthält der zweite Absatz dieses Paragraphes hiezu einen geeigneten Anlass.

§. 73.

Art. 12 des belgischen Reglement wurde bei diesem Paragraphe als Muster gewählt und lautet: „*Les lampes de sureté fermeront a clef. Elles resteront deposées à l'établissement où des ouvriers spéciaux seront chargés de les visiter, de les nettoyer et de les maintenir chaque jour en bon etat.*“

In Frankreich wird diese Vorschrift mit Genauigkeit und Gewissenhaftigkeit ausgeübt, was durch den Charakter des französischen Arbeiters wesentlich unterstützt wird, der in der Subordination und Pünktlichkeit als ein Muster aufgeführt werden kann.

§. 74.

Dieser Paragraph steht in Uebereinstimmung mit Art. 13 des belgischen Reglement, welcher lautet: „*Au moment de la descente la lampe est remise à chaque ouvrier; celui-ci est tenu de s'assurer qu'elle est fermée à clef.*“

In den Entwurf wurde aufgenommen, dass die Sicherheitslampe „angezündet“ zu übergeben ist. Im französischen Texte steht „angezündet“ nicht, weil sich das in Frankreich bei der bestehenden Einführung von selbst versteht. Dieser Ausdruck wurde nur mit Rücksicht auf die in Preussen bestehenden Vorschriften aufgenommen, nach welchen die Sicherheitslampe erst in der Grube (je nach Umständen) angezündet wird. Das Anzünden der Sicherheitslampen in der Grube geschieht durch die Vorfahrer oder Compagniemänner. Die nähere Ordnung hiebei soll im weiteren Verlaufe der Vorschriften angeführt werden.

§. 75.

Entspricht vollkommen dem Art. 14 des belgischen Reglement, welcher lautet:

„*Il est expréssement défendu d'ouvrir les lampes dans les travaux; celles qui viendraient à s'éteindre pendant le travail seront renvoyées fermées, soit à la surface, soit en quelque point designé de l'intérieur, où elles seront visitées, rallumées et refermées à clef par des hommes exclusivement prèposés à ce soin.*“

Die preussischen Bergpolizei-Verordnungen stehen mit dieser Vorschrift in Uebereinstimmung. Die Nothwendigkeit dieser Vorschrift ist klar, so dass es überflüssig wäre, darüber etwas bemerken zu wollen. Die Dortmunder Bergpolizei-Verordnung vom 9. März 1863 enthält diese Vorschrift ausdrücklich in dem §. 14. Die Bonner Bergpolizei-Verordnung vom 8. November 1867 enthält diese Vorschrift unmittelbar nicht; sie verweiset dieselbe in das Reglement, welches laut §. 37 derselben für jedes Bergwerk, in welchem schlagende Wetter auftreten, von dem Bergwerksbesitzer, Repräsentanten oder Betriebsdirector zu erlassen ist. Ueber dieses Reglement wird das Umständlichere später angeführt werden.

(Fortsetzung folgt.)

Der Ellershausen-Process*).

Ein deutscher Hütten-Ingenieur Namens Ellershausen in Pittsburg (Pensylvanien) hat sich jüngst einen Process für Schmiedeisen-Erzeugung patentiren lassen, welcher ganz ungemein rasch Aufsehen und Vertrauen unter den Eisen-Industriellen der Vereinigten Staaten erregt hat. Der Process beruht auf der nicht gerade ganz neuen Idee, Roheisen und reiche Eisenerze gemischt zu

*) Dieser Artikel wurde uns direct aus Troy bei New-York eingesendet und der Einsender gibt sich uns nicht blos als einen freundlichen Leser unserer Zeitschrift, sondern auch als den Verfasser jenes Artikels über „Anfertigung von Bessemer-Tyres“ zu erkennen, welchen wir in Nr. 21 des Jahrganges 1868 in auszugsweiser Uebersetzung nach einem amerikanischen Blatte wiedergegeben haben. Wir danken für die Mittheilung unseres transatlantischen Fachgenossen vom Herzen. Die Red.

verarbeiten. Es ist dies schon früher in mehrfacher Weise versucht worden. Auch ist bekannt, dass eine Beimischung von reichen, selbst nicht ganz reinen Eisenerzen oder Eisenoxyden die Qualität der Puddelofen-Producte verbessert.

Es werden auch im Martin'schen Stahlprocess, wie er jetzt bei **Samuelson & Co.** in Middlesborough in Nordengland mit dem ziemlich unreinen Cleveland-Eisen mit Erfolg betrieben wird, wohl aus demselben Grunde reiche Eisenerze zugeschlagen. Der im Nachstehenden näher zu beschreibende Ellershausen'sche Process scheint aber zu zeigen, dass eine sorgfältig ausgeführte Beimischung von reichen Eisenerzen es ermöglicht, ein Roheisen, das wegen seiner Unreinheit bei der gewöhnlichen Stabeisenfabrikation gar nicht verwendet werden kann, mit Leichtigkeit und Sicherheit in gutes Schmiedeisen zu verarbeiten. Der Process wird in dem Werke der Herren **Schönberger & Co.** in Pittsburg, wo er, unter des Erfinders eigenen Leitung eingeführt, schon seit Monaten in regelmässigem und erfolgreichem Betrieb ist, in folgender Weise durchgeführt

Man verarbeitete daselbst in einem gewöhnlichen Coaks-Hohofen eine Erzbeschickung, die zur Hälfte aus guten Erzen vom Lake Superior und vom Iron Mountain (Missouri), zur anderen Hälfte aber aus sonst wegen ihres Schwefelgehaltes unbrauchbaren Erzen aus Canada besteht. In den letzterwähnten Erzen ist der Eisenkies deutlich sichtbar und offenbar in grosser Menge vorhanden.

Das so erhaltene Roheisen wird beim Abstechen sofort zum Process vorbereitet. Zu diesem Zwecke ist vom Abstich des Hohofens nach dem Ellershausen'schen Mischungsapparat eine Rinne gelegt, welche über dem Apparat in einen 20 Zoll breiten Ausguss endigt, über welchen sich das flüssige Eisen in einem dünnen Strom in die Mischungskästen des Apparates ergiesst. Bevor jedoch das niederfliessende Eisen die Kästen erreicht, trifft es mit einem ebenfalls 20 Zoll weiten und sehr dünnen, im rechten Winkel einfallenden Strom von gepulverten Magneteisenerz zusammen, welches aus einem oberhalb befindlichen Behälter stetig ausströmt. In 100 Gewichtstheile Roheisen werden ungefähr 30 Theile Magneteisenerz eingemengt. Ein Arbeiter am Gussloch des Hohofens regulirt den Zufluss des Eisens. Das so bewirkte flüssige Gemisch strömt auf einen durch eine kleine Dampfmaschine in langsame Umdrehung gesetzten runden gusseisernen Tisch, auf welchem 20 Zoll weite gusseiserne Kästen angebracht sind, in die das Gemisch fliesst und wo es sogleich erstarrt und eine etwa $^1/_4$ Zoll dicke Lage bildet. Da der Tisch sich gleichzeitig und fortwährend in langsamer Rotation befindet, so bildet sich in jedem der auf dem Mischungstisch angebrachten Kästen nach und nach ein Kuchen, der aus einer Anzahl von etwa $^1/_4$ Zoll starken Lagen des erstarrten Erz- und Eisengemenges besteht.

Mehrere mit Masse ausgekleidete Ausflussstücke für das Eisen sind vorgesehen zum schnellen Auswechseln während der Operation, wenn dies für nöthig erachtet wird.

Sind die Kästen des Mischungstisches gefüllt, so wird der äussere hohe Tischrand, welcher die Aussenwände der Mischungskästen bildet, hinweggenommen und die Kuchen, deren jeder etwa 250 Pfd. wiegt, vom Tische herabgezogen. Je 4 von den so erhaltenen Mischungskuchen werden zusammen in einem Puddel- oder sonstigen Flammofen auf eine mässige Weisshitze gebracht. Sie schmelzen dabei nicht, da sich ihre Roheisennatur bereits während des Anheizens verloren hat. Sie werden dagegen rasch weich und lassen sich nach etwa halbstündigen Heizen leicht aufbrechen und ballen. Es werden aus den 4 Kuchen acht Luppen geformt, welche wie gewöhnliche Puddelluppen gezängt, gequetscht und direct ausgewalzt werden. Das erhaltene Product ist aber in diesem Fall nicht das, was man meist unter Rohschiene versteht, sondern es ist ein zum unmittelbaren Verkauf geeignetes Schmiedeisen von guter Qualität und schönem Aussehen im Aeussern wie im Bruch.

Nachdem dieser Process an mehreren Werken in Pittsburg mit gleich entschiedenem Erfolg versucht und eingeführt war, wurden die Eisenfabrikanten der östlichen Landestheile darauf aufmerksam.

Zwei der hiesigen Hüttenwerke machten Versuche, und zwar ohne besondere Auslagen, mit den zu ihrer Disposition stehenden Einrichtungen. Es wurde Roheisen, welches so geringer Qualität ist, dass es, für sich allein im Puddelofen verarbeitet, kein brauchbares Product liefert, in einem zum Abstechen hergerichteten Puddelofen (in Ermangelung eines Kupolofens) eingeschmolzen und von da langsam in einen gusseisernen Kasten abgestochen und gleichzeitig feines, jedoch apatithaltiges Magneteisenerz dazwischen gestreut. Der so dargestellte Mischungskuchen wurde in einem anderen Puddelofen etwa 40 Minuten lang erhitzt, hierauf in den Squeezer gegeben und sofort im Luppenwalzwerk in die Gestalt einer Rohschiene gebracht. Solche Schienen hatten, trotz der Unvollkommenheit der eben erwähnten Operationen, glatte Oberflächen, scharfe Kanten, schönen sehnigen Bruch und verhielten sich auch in der Verarbeitung wie gutes geschweisstes Schmiedeisen. Kurz, der Erfolg der Versuche war an beiden hiesigen Werken übereinstimmend ein guter, so dass das eine, welches Hohöfen besitzt, bereits mit regelrechter Einführung des Processes beschäftigt ist, während die Eigenthümer des andern, welches keine Hohöfen umfasst, über Errichtung von Kupolöfen in Verbindung mit dem Process in Berathung sind. Es wird überhaupt an der Wirksamkeit und Bedeutung dieses Processes hier nicht gezweifelt.

Die Hauptvorzüge desselben, gegenüber dem Puddelprocess, sind in der Möglichkeit der Verwendung weniger reiner Materialien, in der Ersparung an Zeit und Arbeit und in der Entbehrlichkeit von geschickten und besonders eingeübten Arbeitskräften zu suchen.

Die Menge des zu verwendenden Erzes hängt natürlich von dessen Gehalt an freien Eisenoxyden oder Oxydulen ab, oder vielmehr von der Menge Sauerstoff, welche in dem Erze an Eisen gebunden und mit demselben zu freien Oxyden verbunden ist. Die Erzverwendung wird auch bei verschiedenen Roheisengattungen verschieden sein müssen. Doch versichert man, dass ein nicht gar zu grosser Ueberschuss an Erz den Process nicht beeinträchtigt, da das Zuviel im Squeezer (Quetscher) als Schlacke entfernt werde.

Ueber das Ausbringen ist mir bis jetzt noch nichts Näheres bekannt. Manche sagen, dass die Gleichförmigkeit der Producte noch Einiges zu wünschen übrig lasse. Versuche, die an unserem Werk bevorstehen, sollen über diese Punkte näheren Aufschluss geben.

Es hat sich eine Gesellschaft grosser Industrieller und Finanzleute, mit dem Hauptsitz in Pittsburg, gebildet, mit einem bereits gezeichneten Capital von einer Million Dollars, zur vollständigen Durch- und Einführung des Processes im Grossen.

Obgleich der Process für die Vereinigten Staaten, wo sich sehr viele sehr reiche, wenn auch nicht immer schwefel- und phosphorfreie Magnet- und Rotheisensteine vorfinden, vielleicht von grösserer Bedeutung ist, als für viele andere Länder, so werden ihm obige Vorzüge doch vielleicht eine ausgedehntere Verbreitung verschaffen, was nicht etwa bei längerer Erfahrung damit auch Schattenseiten davon hervortreten. Ich zweifle nicht, dass auch reiche stark geröstete Spatheisensteine mit Vortheil zur Mischung verwendet werden können.

Bessemer Steel Works. Troy. New-York. Nordamerika. den 16 Februar 1869.

Dr. Adolf Schmidt.

Zur Theorie der Separation*)

[illegible] sich eine von Julius von Sparre verfasste und bei Spaarmann, Oberhausen 1869, erschienene Broschüre, welche vorzugsweise auf Grundlage der im 21. und 22. Bande des „Bergwerksfreundes" veröffentlichten „Beiträge zur Aufbereitungskunde" desselben Verfassers [illegible] ähnlichen Absatz in R. von Rittinger's Lehrbuch der Aufbereitungskunde (§§. 42 bis 49) kritisch bespricht.

Da wir wohl mit Recht voraussetzen, dass das Rittinger'sche Werk in dem Lesekreise dieses Blattes sehr verbreitet ist, so glauben wir, die Ansichten und Behauptungen von Sparre wenigstens in den Hauptpunkten hier beleuchten zu sollen.

Was den zunächst behandelten „Fall fester Körper in Flüssigkeiten" betrifft, so stützt sich Sparre bezüglich der eingeführten Erfahrungs Coëfficienten nur auf die schwankenden Angaben „anderer Physiker;" so wird angeführt, dass Du Buat und Thibault den Widerstands-Coëfficienten beim Stosse des Wassers gegen eine rechtwinklig entgegenstehende Platte zu 1·86, respective 1·25, [illegible], ebenso dass jenen für Kugeln Weissbach mit Eytelwein mit 0·7886 angibt.

Es ist also nur ein Verdienst, wenn von Rittinger bei dieser Unsicherheit der bisherigen Angaben durch eine grosse Zahl directer Versuche diesen Coëfficienten für verschiedene Körperformen näher bestimmen liess und es dürfte der Werth der diesfälligen Untersuchungen erst dann angezweifelt werden können, wenn man offenbar genauere Versuchsresultate entgegenzustellen vermag.

Wenn von Sparre die Abweichungen einzelner Versuche citirt, so vergisst er, dass das aus einer grossen Zahl von Versuchen bestimmte Mittel durch eine Methode berechnet ward, welche die allerdings unvermeidlichen Beobachtungsfehler möglichst eliminirt.

Uebrigens kann den bezüglichen Zweifeln überhaupt kein besonderer Werth beigemessen werden, da der erstbehandelte Fall kugelförmiger Körper bei der Aufbereitung nicht vorkommt und von Rittinger den für unregelmässige Körper bestimmten Coëfficienten selbst nur eine annähernde Richtigkeit innerhalb gewisser Voraussetzungen zuschreibt, während die entwickelten Gesetze von der Grösse des Erfahrungscoëfficienten unabhängig sind.

Dass von Rittinger einige der letzteren nach von Sparre und von dem Borne blos wieder gibt, ist unrichtig, da Ersterer einen eigenen und zwar einfacheren Weg ihrer Entwicklung selbstständig durchgeführt hat; dass er hiebei zu denselben Schlussresultaten gelangte, ist wohl ganz natürlich, da es bei mathematischen Forschungen stets nur ein Ziel: die Wahrheit gibt.

Mehr Berücksichtigung verdient die Bemerkung, dass bei der Siebsetzarbeit so kleine Fallzeiten vorkommen, dass auf dieselben die Gleichungen für die Maximal-Geschwindigkeiten nicht mehr Anwendung finden können, sowie jene, dass die Anfangsgeschwindigkeit für alle Korngrössen gleichen specifischen Gewichtes dieselbe sei.

Wenn nun aber von Sparre weiterhin den Satz, „dass beim Klassiren die grössten und kleinsten Durchmesser der in jedem für sich zu separirenden Gemenge enthaltenen Körner stets in demselben geometrischen Verhältnisse stehen müssen" als für die Praxis sehr wichtig hinstellt, so hätte er zugleich besonders stark betonen und berücksichtigen müssen, dass dieser Satz eben auch nur dann gilt, wenn man bei der nachfolgenden Separation nahe ausschliesslich die Maximalgeschwindigkeiten, d. i. ununterbrochene, grössere Fallräume anwendet.

Nun ist aber, wenigstens unseres Wissens, eine Separation von auf Sieben nach dem Korne klassirter Gefälle mittelst ununterbrochenen Falles auf grössere Höhe noch sehr wenig in Anwendung, vielmehr dient das Klassiren viel allgemeiner als Vorarbeit für das Siebsetzen.

Für das letztere müssten aber eben nach von Sparre's eigener Theorie, je nach den Fallzeiten, wie sie für die einzelnen Kornsorten in Anwendung sind, erst die Fallräume der verschiedenen, nach dem specifischen Gewichte zu trennenden Gemengtheile von Fall zu Fall für die beiden Korngrenzen jeder Sorte genau berechnet werden, wenn man sich über den Werth der angewandten Siebscala ein ganz richtiges Urtheil verschaffen wollte.

Indessen hat es seine Schwierigkeiten, nicht nur die Fallzeiten, sondern überhaupt die auf- und absteigende Bewegung der ober dem Setzsieb dichtgedrängten Körner, wegen ihrer gegenseitigen Beeinflussung, richtig in die Rechnung zu ziehen, auch kann man die Theorie ganz

---

*) Wie vorauszusehen war, ist der polemischen Schrift [illegible] Sparre gegen Rittinger eine Entgegnung bald gefolgt und [illegible] der Feder eines praktischen Aufbereitungsmannes, von [illegible] wir bezeugen können, dass er bisher in weniger per[illegible] Beziehungen zu v. Rittinger stand, als andere seiner [illegible], welche gewissermassen als dessen directe Schüler an[illegible] sind. Wir müssen auf diesen Umstand aufmerksam ma[illegible] dies den Standpunkt der Entgegnung als einen objec[illegible] darstellt. Die ausführliche „Buchhändleranzeige" im Inse[illegible] der letzten Nummer dieser Zeitschrift enthebt uns [illegible] speciellen Literatur-Anzeige dieser vorwiegend pole[illegible] Schrift von Sparres, wogegen wir die obige eingehen[illegible] des Inhaltes an die Stelle treten lassen.

Die Red.

folgerecht nur auf Körper von regelmässiger Gestalt anwenden und so werden wohl auch weiterhin nur directe Versuche berufen sein, den praktischen Massstab hierin abzugeben.

Aus den gleichen Anfangsgeschwindigkeiten verschieden grosser Körper gleichen specifischen Gewichtes fliesst aber ein anderer, praktisch ungleich wichtigerer Grundsatz, der nämlich, dass man unvollkommenere Klassirung innerhalb bestimmter Grenzen durch zulässig reducirte und dafür öfter wiederholte Fallräume parallelisiren könne.

Ob eine Setzpumpe in der Minute 75 Hübe von $^3/_4$ Zoll Höhe oder 150 Hübe von $^3/_8$ Zoll Höhe machen soll, gibt für die praktische Ausführung keinen wesentlichen Unterschied, und doch kann dieselbe Pumpe im letzteren Falle, wenn der zwar kleinere, aber doch mit gleicher Geschwindigkeit erfolgende Hub dem Vorrathe noch entspricht, ein schlechter klassirtes Korn mit gleich gutem Erfolge (wenn auch mit etwas mehr Zeitaufwand) verarbeiten.

Dies wird nun insbesondere für die Verarbeitung feinerer Gefälle sehr wichtig.

Sparre gesteht selbst zu (Bergwerksfreund, Band 21, Seite 363, 390, 393), dass die Klassirung des Kornes desto unvollkommener werde, je feiner dasselbe sei, und dennoch arbeiten die Oberharzer Feinkornsetzmaschinen sowohl auf Sieben klassirte, als auch nach der Gleichfälligkeit sortirte feine Mehlgattungen mit ausgezeichneten Erfolgen auf, eben weil dieselben kleine und dafür rasch wiederholte Hübe verrichten.

Bei den Setzapparaten hat man überhaupt die Hubgrösse und Hubzahl ungleich besser in der Hand als conforme Aenderungen an rotirenden Fallapparaten (Setzrad, Drehpeter, Hundtsche Stromsetzmaschine), und da diese Apparate ausserdem ein sehr gut klassirtes Korn und eine grosse Gleichförmigkeit der Umgangsgeschwindigkeit fordern, so werden sie den in neuerer Zeit vielfach vervollkommten und gleichfalls auf Continuität der Arbeit eingerichteten Setzapparaten kaum den Rang ablaufen können.

Es bleibt indessen v. Sparre unbenommen, sich bezüglich der Feststellung des Principes der Separation durch Fall in rotirenden Apparaten überhaupt die übrigens nicht bestrittene Priorität zu wahren, allein er wird doch auch zugestehen, dass zwischen „Setzrad" und „Drehpeter" wesentliche und nicht blos constructive Unterschiede bestehen. So bewegt sich beim Drehpeter der Eintrag mit der Spindel mit und der Fall der zu separirenden Körner erfolgt im (nahe) ruhenden Wasser, während beim Setzrad der Eintrag fix ist und der Fall im rotirenden Strom erfolgt. Dass hiedurch das Setzrad einen ungleich einfacheren Austrag der separirten Sorten und überhaupt eine recht praktische Gestalt gewann, wird wohl Jedermann anerkennen.

Die Prioritätspolemik bezüglich des „Setzrades" und der „Hundtschen Stromsetzmaschine", welche beiden Maschinen von Sparre als identisch bezeichnet werden, ist aber bereits seinerzeit geführt worden, so dass wir uns enthoben glauben, in diese ebenso unerquickliche, als unfruchtbare Frage neuerdings einzugehen.

Was nun weiterhin die Theorie der Herdseparation anbelangt, so stützt sie v. Sparre vorzugsweise auf die wälzende Bewegung. Er erwähnt, dass in den auf Herden verarbeiteten Mehlsorten die Bergtheilchen in der Regel grösser als die Erztheilchen sind, wodurch der Reibungswiderstand für erstere verhältnissmässig geringer werde und zwar wird nach „Dupuit" der Satz in die Rechnung eingeführt, dass die wälzende Reibung zwar dem Drucke direct, übrigens aber nur der Quadratwurzel aus dem Walzenhalbmesser des (cylindrisch geformt gedachten) Körpers umgekehrt proportional sei.

Wir geben zu, dass ein Motiv der Herdseparation hierin richtig erkannt sei und dass die sehr ausführlichen Auseinandersetzungen v. Sparre's unter den von ihm selbst bezeichneten Beschränkungen Geltung besitzen, hätten aber zugleich gewünscht, dass dem in Rittinger's Lehrbuch erwähnten zweiten Erklärungsgrund der Herdseparation: der in jedem Wasserstrom stattfindenden Abnahme der Geschwindigkeit gegen den Boden, mehr Rücksicht gewidmet worden wäre, als dies wirklich geschehen ist.

Zwar führt der Herr Verfasser Seite 748, des Bandes 21 im „Bergwerksfreund" anmerkungsweise selbst an, „dass die Geschwindigkeit der Wasserströmung nicht in dem ganzen Querschnitt des Gerinnes die gleiche sei, sondern in der Nähe des Bodens in Folge der Reibung schichtenweise sehr rasch abnehme" etc. etc., ohne jedoch von diesem Momente bei den Deductionen selbst umfassenderen Gebrauch zu machen, da er doch andererseits, wenn auch unter Vorbehalt, den nur sehr aproximativ bestimmten Reibungscoëfficienten selbst auf numerische Beispiele vielfach anwendet.

Die von Sparre bestrittene Ansicht geht dahin, dass besonders in dünnen, die gröberen Bergtheilchen eben nur bedeckenden Strömen diese von einer ungleich grösseren Geschwindigkeit getroffen werden, als die kleineren Erztheilchen des nach der Gleichfälligkeit sortirten Gemenges, weil erstere bis nahe an die Oberfläche des Stromes reichen, während diese sich nur wenig über den Boden erheben.

Diese uns sehr richtig erscheinende Ansicht ist aber zugleich ganz geeignet, mit jener von Sparre in Verbindung gebracht zu werden, indem vermöge derselben insbesondere in dünnen Strömen die Bergtheilchen an ihrer oberen Hälfte von einer ungleich stärkeren Geschwindigkeit getroffen werden, als an der unteren, wodurch sie zu der wälzenden Bewegung auf Herden weiter disponirt werden.

Wenn Sparre dem entgegen anführt, dass die Geschwindigkeitsabnahme in höheren Wasserströmen noch grösser sei, als in dünnen, so vergisst er ganz, dass in solchen Strömen die Bergtheilchen nicht mehr von der Oberfläche bis zum Boden reichen, vielmehr auch nur mehr in den Bodenschichten des Stromes sich bewegen.

Von einer „zu geringen Wasserbedeckung" zu sprechen, so dass die Bergtheilchen aus dem Strome theilweise emporragen, war wohl sehr unnöthig, da Sparre eine derlei Separationsmethode Niemanden im Ernste zumuthen wird.

Bei der im „Bergwerksfreund" ausführlich gegebenen Theorie des Stossherdes hätte auch (sowie für Vollherde überhaupt) auf die Unebenheit der Unterlage mehr Rücksicht genommen werden sollen, da sie relativ d. i. für die kleinen sich über den Herdsatz bewegenden Theilchen sehr **bedeutend** ist.

Man denke sich nur, Deutlichkeit halber, dass auf gleiche Weise ein Gemenge von Schottergrösse separirt werden soll.

Dann wird man leicht einsehen, dass die **kleineren** ohnehin von einer geringeren Stromgeschwindigkeit getroffenen Erztheile **vorzüglich** disponirt und geeignet sind, in die im Herdsatz reichlich vorhandenen Vertiefungen ganz oder zum grossen Theil zu versinken, wodurch sie auch dem Strome grösstentheils entzogen und überhaupt zur fortschreitenden Bewegung ungeeignet werden.

Es findet, wenn man sich so ausdrücken darf, auf den Vollherden eine, wenn auch höchst unvollkommene Art Siebung durch die Theilchen selbst statt, welche, neben den anderen Momenten, der Separation nicht ungünstig ist.

Mag nun auch v. Sparre's „Inclinations-“ sowie der „Centrifugal-Herd“ auf Grund der gegebenen Theorie Vortheile versprechen, so sind doch beide Apparate wenigstens in der projectirten Weise unpraktisch zur Ausführung und werden schon aus dem Grunde schwerlich in der Praxis allgemeineren Eingang finden, weil beide nur intermittirend wirken, während man in neuerer Zeit die wichtige Continuität der Arbeit mit Erfolg für alle Mehlsorten erzielt hat.

Wenn aber v. Sparre die Rittinger'schen Herde „als auf falschen Principien beruhend, als wesentliche Vervollkommnungen der Aufbereitung nicht betrachten kann,“ so ist dies eine ebenso kurze, als unrichtige Kritik.

Den Rittinger'schen Herden liegt das sehr gesunde Princip der Continuität der Arbeit auf Grundlage der Diagonalbewegung zu Grunde und es wird schon völlig unklar, wenn v. Sparre auch bei dem stetig wirkenden Stossherde den Stoss, der doch **allein** den Erztheilchen die **seitliche** Bewegung ertheilt, als der Separation **ungünstig** bezeichnet.

Ueberhaupt müssen wir, wenn wir auch gerne anerkennen, dass das Studium der im „Bergwerksfreund“ veröffentlichten Sparre'schen Arbeit recht lehrreich ist, andererseits bedauern, dass die eben erschienene Broschüre nicht genug objectiv gehalten ist und die vielen und grossen Vorzüge des Rittinger'schen Lehrbuches nur nebenbei mit wenigen Worten abfinden zu können glaubt.

Zwar meint der Herr Verfasser, die „Schärfe“ der Kritik, wie er seine Ausfälle nennt, entschuldigen zu können, wir indessen hegen die Ueberzeugung, dass dem verständigen Fachmanne (und nur für diesen kann v. Sparre seine Broschüre geschrieben haben) unter allen Umständen eine rein sachliche Besprechung des Gegenstandes zur Schöpfung des richtigen Urtheiles genügt.

Příbram, im März 1869.

Egid. **Jarolimek**,
k. k. Pochwerksinspector.

Aus Wieliczka.

18. März 1869.

Die amtlichen Nachrichten der letzten Woche weisen nach, dass am Elisabeth-Schacht der Einbau des zweiten Plungersatzes nahezu vollendet und die Gestänge und Steigröhren bis zum oberen Drucksatze aufgestellt sind und die Vernietung derselben begonnen hat. Einige Ergänzungstheile zur 250pferdekräftigen Maschine, welche nachgefordert wurden, sind bereits geliefert worden.

Im Joseph-Schachte ist die Maschinenaufstellung vollendet und die Fördermaschine seit Anfang der abgelaufenen Woche mit Förderung der Salzerzeugung beschäftigt.

Das Gesenk im Albrecht-Schlage hat beinahe 11 Klftr. erreicht und steht in Grünsalz und salzreichem Thon an. Um für die Zeit nach der Entfernung des Wassers aus den unteren Räumen mit dem erforderlichen Holz für die Zimmerung und Unterstützung jener Räume nicht in Verlegenheit zu kommen, ist ein ansehnlicher Stammholz-Vorrath über den Bedarf des Voranschlages im öffentlichen Offertwege gesichert worden.

Das Wasser, welches in den ersten Tagen der Woche bis zu 6 Zoll in 24 Stunden zugenommen hatte, war am 16. und 17. März wieder nur um 4 Zoll und um 3 Zoll in 24 Stunden gestiegen. Es steht jetzt nach Messungen im Franz Joseph-Schacht 22 Klafter, 3 Schuh, 2 Zoll über „Tiefstes Regis“ und nach Messungen im Elisabeth-Schacht 2 Klafter, 1 Schuh, 5 Zoll über dem Horizont „Haus Oesterreich“.

Die Wasserhebung ging in der Woche gut von Statten und es kamen keine längeren Unterbrechungen vor, als einige Stunden, welche zum Maschinen-Einbau in der Wasserhebungs-Abtheilung des Schachtes erfordert wurden.

Notiz.

Verfahren beim Gussstahlschweissen. Zum Gussstahlschweissen nimmt man: 4 Pfd. Borax, $\frac{1}{4}$ Pfd. blausaures Kali (grob gestossen), $\frac{1}{4}$ Pfd. Salmiak (grob gestossen), gibt dieses in eine circa 18" im Durchmesser und 4" hohe Eisenpfanne, giesst ein halbes Trinkglas voll Wasser dazu und lässt es auf einem Kohlenfeuer so lange kochen, bis es eine solide weisse Masse bildet. Sodann wird diese Masse in einem Mörser gestossen und mit 3 Loth gestossenem Pariserblau vermengt und ist alsdann als Schweissepulver geeignet. Zum Härten nimmt man $\frac{1}{2}$ Pfd. Salpeter, $\frac{1}{4}$ Pfd. Colophonium, 2 Loth Drachenblut. — Diese Theile werden in einem Mörser fein gestossen, dann miteinander vermengt und das so entstandene Pulver zum Härten gebraucht. Man verfährt damit auf folgende Weise: das zu härtende Stück wird dunkelroth warm gemacht und auf dasselbe so viel Härtepulver gestreut, bis eine Art Glasur gebildet ist; sodann wird das Stück abermals warm gemacht (auch dunkelroth) und auf die gewöhnliche Weise im Wasser abgekühlt. — Wenn ein geschweisstes Gussstahlstück nicht gehärtet werden soll, so streut man demnach Härtepulver, wie oben erwähnt, auf dasselbe, wodurch der Stahl wieder seine ursprüngliche Güte erhält. Wenn zwei Stücke zusammengeschweisst werden sollen, so werden sie bis zu einem Grade erhitzt, in welchem sie weisswarm, bereits einige Funken (Schwaben) zu sprühen beginnen. Während dieses Hitzgrades und auch etwas früher gibt man mittelst eines etwa 4" langen, 7''' dicken Eisenstängelchens, welches am vorderen Ende löffelförmig geschmiedet ist, 3 bis 4 Löffel voll Schweisspulver (das in einem blechernen Kästchen auf der Esse bereit steht), auf die zu schweissenden Enden, dann werden anfänglich die Stücke mit leichten Hämmern zusammengeschlagen, bis sie sich etwas vereinigt haben, und hernach entweder mit schweren Hämmern oder mittelst des Dampfhammers ausgeschmiedet. Hat das geschweisste Stück die gehörige Dimension erhalten, so wird im dunkelrothwarmen Zustande ein wenig

Härtepulver auf die ganze Schweissstelle gestreut, bis dieses eine glasurförmige dünne Schichte bildet. Ist das geschweisste Stück zu einem Werkzeuge bestimmt, so gibt man zuerst, wie oben, bei einem nicht zu härtenden Stücke etwas Härtepulver darauf und lässt es abbrennen, dann aber wird es noch einmal dunkelroth gemacht und auf gewöhnliche Weise gehärtet. — Ist das Stück aussergewöhnlich hart zu machen, so streut man im dunkelrothen Zustande etwas Schweisspulver auf dasselbe, lässt es abbrennen, erwärmt das Stück wieder, gibt nun erst Härtepulver darauf und verfährt dann wie oben.

(Zeitschr. f. d. deutsch-öst. Eisen-, Masch.- u. Stahl-Ind.)

ANKÜNDIGUNGEN.

Diese Zeitschrift erscheint wöchentlich einen Bogen stark mit den nöthigen artistischen Beigaben. Der Pränumeration ist jährlich loco Wien 8 fl. ö. W. oder 5 Thlr. 10 Ngr. Mit franco Postversendung 8 fl. 80 kr. ö. W. Die Jahresabonn[enten] erhalten einen officiellen Bericht über die Erfahrungen im berg- und hüttenmännischen Maschinen-, Bau- und Aufbereitungs[wesen] sammt Atlas als Gratisbeilage. Inserate finden gegen 8 kr. ö. W. oder 1½ Ngr. die gespaltene Nonpareillezeile Auf[nahme]. Zuschriften jeder Art können nur franco angenommen werden.

Druck von Carl Fromme in Wien. Für den Verlag verantwortlich Carl R[...]

№ 13. XVII. Jahrgang.

Oesterreichische Zeitschrift für Berg- und Hüttenwesen.

1869. 29. März.

Verantwortlicher Redacteur: Dr. Otto Freiherr von Hingenau,
k. k. Ministerialrath im Finanzministerium.

Verlag der G. J. Manz'schen Buchhandlung (Kohlmarkt 7) in Wien.

Zur Verminderung von Unglücksfällen beim Bergbaue.

Hierüber spricht sich der Berg- und Eisenwerks-Director Franz Sprung in einer dem k. k. Ackerbauministerium vorliegenden Aeusserung, deren Veröffentlichung der Verfasser gestattet, in folgender Weise aus:

1. Weitaus die Mehrzahl der Verunglückungen wird durch das Verschulden der Arbeiter herbeigeführt. Allerdings liegt dieses Verschulden, häufiger als man glauben sollte, in einem gewissen Uebermuthe oder der Sorglosigkeit der vom Unglücke getroffenen Arbeiter, meistens aber wird doch nur die Unwissenheit, die Unfähigkeit richtiger Beurtheilung der Folgen, Schuld tragen.

Nur durch Verwendung guter Arbeiter ist die Zahl dieser Unglücksfälle einzuschränken; leider ist es nicht möglich, wirklich intelligente und vorsichtige Arbeiter in genügender Zahl für den Grubendienst aufzutreiben, meistens muss man sehr zufrieden sein, nur eine mässige Zahl von Bergarbeitern zu besitzen, welche sich im Laufe der Jahre einige mechanische Routine verschafft haben, und so dem grossen Reste der ganz Ungebildeten als Führer dienen.

Der Kohlenbergbau ist hiebei in mehrfacher Richtung im Nachtheile gegen den Gangbergbau auf Erze.

Der Erzbergbau liegt fast immer mehr isolirt von anderen Erwerbsquellen und es bildet sich daher leichter eine eigenthümliche Knappenbevölkerung, welche ihre Kenntnisse und Erfahrungen von Vater auf Sohn fortpflanzt, während der Kohlenbergbau gewöhnlich im Flachlande und in der Nähe von Industriewerken gelegen, seine befähigsten Kinder an andere besser bezahlte Erwerbszweige verliert und entgegen seinen ausser Verhältniss grösseren und immer steigenden Arbeiterbedarf aus der ganz ungeübten und rohen Masse rekrutiren muss, von welcher ein grosser Theil nur aus Noth zur Bergarbeit greift und sobald als möglich wieder zu anderen, weniger gefährlichen und angenehmeren Erwerbszweigen übertritt.

Dieser stets wechselnde Theil der Knappschaft ist eine grosse Unbequemlichkeit und häufig von Uebel.

Um gute Arbeiter bei einer so wenig dankbaren und aufreibenden Arbeit zu erhalten, als die Bergarbeit ist, müssen ihnen andere Vortheile geboten und für ihr Wohlbefinden gesorgt werden. Bequeme Wohnungen, Besorgung der wesentlichsten Nahrungsmittel, Zutheilung von Grundstücken, gute Spitäler, Provisionen u. dgl. sind die Mittel, um gute Bergarbeiter zu erziehen und zu erhalten. Wenn dem Bergarbeiter durch solche Einrichtungen die Hauptsorgen des gewöhnlichen Lebens abgenommen werden, so widmet er sich mit Lust und Liebe seinem Berufe, er studirt denselben mit offenen Blick und wendet manche Gefahr von sich und seinen Mitarbeitern, welche der Unzufriedene stumpfsinnig über sich hereinbrechen lässt.

Ohne natürlich die Nothwendigkeit und den Einfluss der Dienstordnungen verkennen zu wollen, und mit Berufung darauf, dass die von mir entworfene und eingeführte Dienstordnung die strengsten Strafen dort setzt, wo die persönliche Sicherheit der Arbeiter gefährdet ist, glaube ich doch meine Ueberzeugung aussprechen zu müssen, dass die Vorsorge für das Wohlbefinden der Arbeiter und deren Ueberzeugung, dass Vorgesetzte und Dienstherren ihnen wohlwollen, ebenso starke Triebfedern der Ordnung sind, als das strengste Gesetz.

Wenn es ausführbar wäre, die Bergarbeiter durch die bezeichneten Vorkehrungen sicher und angenehmer zu stellen als andere Arbeiter, so würde es auch leichter sein, gute Arbeiter neu anzuwerben, dem steht aber leider die Rücksicht auf den finanziellen Bestand der Bergbauunternehmungen entgegen und das sicherste und natürlichste Contingent werden daher immer die Kinder der Bergleute liefern.

Alle Einrichtungen, welche einen körperlich kräftigen und geistig aufgeweckten Nachwuchs aus den Bergarbeitern begünstigen, werden daher am meisten für die Verminderung von Unglücksfällen aus Unverstand oder Ungeschick wirken. Hier muss ich vor Allem auf die Errichtung von Schulen für die Bergmannskinder hinweisen. Wenn diese Schulen auch in der allgemeinen Einrichtung von jenen der Volksschulen nicht verschieden sein können, so wäre doch genug Gelegenheit gegeben, in Gesprächen, Aufgaben, Lesestücken u. s. f. eine Auswahl des Stoffes zu treffen, welche den Kindern einige, für ihren künftigen Beruf als Bergleute werthvolle specielle Kenntnisse bieten würde.

2. Den durch Zufall herbeigeführten Unglücksfällen kann wohl durch gar keine Bestimmung vorgebeugt werden, insoferne eben der Zufall das Eintreten eines nicht berechenbaren oder nicht vorauszusehenden Ereignisses ist. Oft aber wird etwas für Zufall erklärt, was bei mehr Kenntniss und schärferer Beobachtung ganz wohl hätte vorausgesehen und gehindert werden können.

Hier tritt nun der Mangel eines höher als die ordinären Arbeiter gebildeten und verlässlichen Aufsichtspersonales besonders scharf hervor, denn gerade von diesem Aufsichtspersonale sollten die drohenden Zufälle rechtzeitig wahrgenommen und gemeldet werden, um ihnen vorzubeugen.

Die Nothwendigkeit von Bergschulen in genügender Zahl und gehöriger Vertheilung auszuführen, unterlasse ich, nachdem ja ohnehin das h. k. k. Ministerium bereits den Gegenstand in die Hand genommen hat.

Diese Bergschulen, so dringend sie nothwendig sind und so wohlthätig sie wirken werden, können jedoch ihrer Natur nach nur den Bedarf in den höheren Schichten des Aufsichtspersonales abhelfen, der untere Theil desselben, Vorhäuer, Vorzimmerer u. dgl. werden doch noch immer aus der Masse der Knappschaft geschöpft werden müssen, und da drängt sich denen neuerdings die Nothwendigkeit auf, für die Bildung dieser Masse, wenn auch in bescheidenen Grenzen, etwas zu thun und sich nicht auf die höhere Bildung einiger weniger ausgewählten Arbeiter und Aufseher zu beschränken, welche eben durch den Besuch der Bergschule mehr oder minder aus der Gemeinschaft mit den Arbeitern losgeschält und dadurch in ihrer Wirksamkeit beschränkt werden. Auch diese Betrachtung führt also eben wieder auf die Nothwendigkeit guter Elementarschulen zurück. Wenn die Bergmannskinder im Allgemeinen etwas gebildet werden, dann wird es auch leichter, aus denselben die richtigen Individuen zur Fortbildung an den Bergschulen auszuwählen. Leider ist sogar die Kenntniss des Lesens und Schreibens unter den Knappen so wenig verbreitet, dass manche Gewerke Leute, welche diese Kenntnisse besitzen, bloss deshalb zu Grubenvorstehern oder Hutleuten machen, obwohl dieselben als Bergarbeiter ganz unzuverlässig und häufig gewissenlos sind.

Hierin liesse sich vielleicht eine provisorische Abhilfe schon jetzt treffen, wenn alle Bergarbeiter, welche im Innern der Grube als Hutmann, Vorsteher oder wie immer genannt, eine Aufsicht ausüben sollen, einer praktischen Prüfung über den Dienst, insbesondere über die Grubenversicherung, unterzogen, und die Anstellung eines nicht geprüften Aufsehers bestraft würde.

Auch der beste Aufseher kann nicht allen Anforderungen entsprechen, wenn er übermässig angestrengt ist. Eine genügende, nach der Grösse der Mannschaft, Ausdehnung der Grube und Beschwerlichkeit des Dienstes zu bemessende Anzahl von Aufsehern ist daher wesentliche Bedingung.

Ebenso sollte darauf gedrungen werden, dass für den Tag- und Nachtbetrieb auch die doppelte Anzahl von Aufsehern angestellt und nicht Ein und Denselben, ausser in Nothfällen, der Grubendienst in der aufeinanderfolgenden Tag- und Nachtschicht zugemuthet werde.

Durch einige Vorschriften in dieser Beziehung könnte ohne wesentlichen Eingriff in die Privat-Verwaltung das Oberaufsichtsrecht der k. k. Bergbehörden im allgemeinen Interesse geltend gemacht werden.

Diesen vom k. k. Ackerbauministerium uns zur Veröffentlichung freundlichst mitgetheilten Betrachtungen müssen wir in allen wesentlichen Punkten beistimmen, und theilen insbesondere die Ansicht, dass tüchtige Elementarschulen für die Masse der Bergarbeiter ein dringendes Bedürfniss sind. Allein ausser dem blossen Schulunterrichte ist auch ein charakterbildendes moralisches Element unentbehrlich zu der vom Verfasser warm gefühlten „Selbstsicherung der Arbeiter vor Unglücksfällen," und mit Recht betont er den Unterschied zwischen der mehr proletarischen und fluctuirenden Arbeiterschaft der Kohlengruben und der mehr ständigen — man könnte sagen — erblichen Knappschaft der Gangbergbaue! Allein bei dieser tritt an manchen Orten ein anderer Uebelstand ein, nämlich die zu grosse Ständigkeit, wir meinen jenes Festwachsen mit einem speciellen Bergwerksorte oder Districte, welches in manchen Gegenden den Nachwuchs und Zudrang zur Bergarbeit des Heimathsortes so sehr steigert, dass dadurch naturgemäss, weil die Nachfrage nach Arbeit grösser wird als der Bedarf und ein Abzug des Ueberschusses durch das „Kleben an der heimathlichen Scholle" verhindert wird, der Ertrag der Arbeit geschmälert und jenes „Wohlbefinden" der Arbeiterschaft behindert wird, auf welches der Verfasser und zwar aus sehr guten Gründen ein so grosses Gewicht legt. Ich werde mir erlauben, auf diesen Gegenstand zurückzukommen, und die obige Skizze, welcher vorwiegend Erfahrungen aus den Alpenländern und speciell aus Steiermark zu Grunde liegen, in der angegebenen Richtung weiter auszuführen. Diese Anregung selbst aber erscheint uns sehr dankenswerth und verdiente von möglichst vielen Seiten aufgenommen und weitergesponnen zu werden. Die Arbeiterfrage, welche seit Altersher beim Bergbau eine weit geregeltere war, als bei den meisten anderen Grossgewerben, ist heutzutage auch in ein Stadium der Entwicklung getreten, welches eindringlichstes Studium erheischt. Viele vortreffliche ältere Einrichtungen, welche mit dem patriarchalischen Wesen einer noch nicht ganz der Erinnerung entschwundenen Vergangenheit zusammenhingen, sind mit dem modernen Geiste unserer Zeit ganz oder theilweise in Gegensatz gerathen, oder haben einen Theil ihrer Wirksamkeit verloren, und dennoch passt andererseits der atomistische Zug des individualisirenden, anticorporativen Zeitgeistes, welcher in unseren heutigen Arbeiterbewegungen mit einem noch unfertigen socialen Streben ringt, für den Bergbau keineswegs. Verwirrende Schlagworte reichen aus anderen niemals so wie bei Bergbau organisirten Arbeiterkreisen auch in den Verband unserer Berufsgenossen hinein; zähes Hängen an alten Gewohnheiten, die sich überlebt haben, hemmt einerseits zeitgemässen Fortschritt; überstürztes oder nachahmendes Neuern und Rütteln an bestehenden Zuständen andererseits gibt Anlass zu Unbehagen und Unzufriedenheit. Die Verkehrs- und Lebensverhältnisse ganzer Gaue und Länder haben sich gänzlich geändert, Preise des Unterhaltsbedarfes, Lebensweise, Bedürfnisse im Allgemeinen sind gewissermassen potenzirt worden und über den Rahmen hinausgewachsen, der Jahrzehnte, ja! Jahrhunderte lang den ganzen Berufstand umschloss! Alles dies will erwogen und beachtet sein und stellt eben in seiner Unfertigkeit und seinem noch unklaren Werdezustande vielen berechtigten Wünschen und Strebungen ungeahnte Schwierigkeiten bei der Ausführung entgegen. Wir glauben daher, selbst von dem zunächst angeregten Standpunkte der „Unglücksfälle" ausgehend, in diesem Artikel einen Anlass zu sehr vielen Erörterungen zu finden, an denen wir, so weit uns Zeit gegönnt ist, selbst Theil zu nehmen beabsichtigen, wobei wir möglichst Bedacht nehmen wollen, wirklich vorhandene Zustände und thatsächliche Erfahrungen zur Grundlage zu nehmen, wie es eben Herr Sprung auch in dem vorstehenden Artikel gethan hat. O. H.

Entwurf allgemeiner Bergpolizei-Vorschriften.

(Fortsetzung.)

IX. Schlagende Wetter.

§. 76.

Wenn sich schlagende Wetter vor dem Arbeitsorte oder in einer Strecke in einer so grossen Menge zeigen, dass sie eine anhaltende Verlängerung der Lampenflamme verursachen, so ist daselbst die Arbeit sogleich und auf so lange einzustellen, bis die Gefahr beseitigt worden ist.

§. 77.

In Grubenräumen, wo bei der Sicherheitslampe gearbeitet wird, ist das Mitführen von offenen Grubenlampen, Tabakspfeifen und Feuerzeugen — ausser Stahl, Stein und Schwamm — untersagt.

§. 78.

Auf jeder Steinkohlengrube sind, auch dann, wenn sich noch keine schlagenden Wetter gezeigt haben, wenigstens zwei brauchbare Sicherheitslampen zu halten.

§. 79.

Das Vorbohren ist in Kohlengruben nur bei der Sicherheitslampe gestattet.

§. 80.

Der Gebrauch des Pulvers zum Hereinbrechen der Kohle auf Flötzen mit schlagenden Wettern ist untersagt.

§. 81.

In Gruben mit schlagenden Wettern ist der Gebrauch des Pulvers bei den Arbeiten am Gesteine nur unter Beobachtung nachstehender Vorsichtsmassregeln gestattet:

1. Darf zum Losbrennen des Schusses keine Substanz verwendet werden, welche mit Flamme brennen könnte. Es sind daher den Arbeitern zum Anzünden der Schüsse Sicherheitszünder oder Schwamm, welcher nicht mit Pulver oder ähnlichen, die Verbrennung beschleunigenden Stoffen behandelt ist, von der Grubenverwaltung zu liefern.

2. Der Schuss darf nicht früher losgebrannt werden, als nachdem man sich durch die Beobachtung der Lampenflamme auf das sorgfältigste überzeugt hat, dass in der Abtheilung, wo geschossen werden soll, keine schlagenden Wetter vorhanden sind.

3. Zur Schiessarbeit an solchen Punkten sind nur erfahrene Bergarbeiter zuzulassen und diese sind in der Arbeiterliste als solche zu bezeichnen.

§. 82.

In Gruben mit schlagenden Wettern darf die Schiessarbeit nur auf Anweisung und unter der Verantwortlichkeit des Grubenleiters erfolgen, welcher darauf zu sehen hat, dass die Gefahr einer Wetterexplosion in Folge der Entzündung des Pulvers oder der sonstigen Sprengstoffe durch hinreichende Wetterversorgung beseitigt und die Ausführung der im vorhergehenden Paragraph angeordneten Vorsichtsmassregeln genau überwacht werde.

Motive zu IX.

IX. Schlagende Wetter.

§. 76.

Steht in Uebereinstimmung mit dem Art. 15 des belgischen Reglement, welcher lautet: *„Lorsque le grisou apparaîtra dans une taille ou dans une galerie en assez grande quantité pour déterminer un allongement soutenu de la flamme des lampes, le travail y sera immédiatement suspendu jusque à ce que le danger ait cessé.“*

Diese Vorschrift ist von grosser Wichtigkeit, weil sie auch sagt, wann das noch weitere Verbleiben mit der Lampe an einer Stelle der Grube gefährlich ist.

Dieses Merkmal der drohenden Gefahr ist für Jedermann erkenntlich und darum von grossem Werthe. Die preussischen Bergverordnungen mit Ausnahme der Dortmunder Bergverordnung, §. 12, enthalten diese Vorschrift nicht, und man sollte meinen, dass es in dem Reglement, von welchem im vorhergehenden Paragraphe gesprochen wurde, geschieht; doch auch dies ist nicht der Fall. Wenn jedoch in einer Bergpolizei-Vorschrift beständig von der Gefährlichkeit der schlagenden Wetter gesprochen wird, so ist es doch auch nothwendig, zu sagen, wann diese Gefährlichkeit vorhanden ist und an welchem Zeichen man dieselbe erkennt. Die Aufnahme dieser Vorschrift ist demnach nicht überflüssig, sie muss sogar für nothwendig gehalten werden.

§. 77.

Steht bis auf eine unbedeutende Abweichung in wörtlicher Uebereinstimmung mit dem §. 41 der Bonner Verordnung, welcher lautet: „In allen Grubenräumen, wo bei der Sicherheitslampe gearbeitet wird, ist das Mitführen von offenen Grubenlampen, Tabakspfeifen und Feuerzeugen — ausser Stahl, Stein und Schwamm — untersagt.“

Diese Vorschrift ist ganz allgemein gehalten und es wäre ein Missverstehen dieses Paragraphes, wenn man meinen würde, dass die Bergarbeiter Stahl, Stein und Schwamm mitführen dürften. Das darf nicht sein, und hier sind unter den Arbeitern, welche Stahl, Stein und Schwamm mitführen dürfen, jene gemeint, welche die Schiessarbeiten leiten, daher zu diesem Zwecke die angeführten Zünd-Requisiten haben müssen. Wird in der Grube nicht geschossen, so sollen selbstverständlich auch diese Arbeiter nicht Stahl, Stein und Schwamm mitführen. Um nicht in einem besonderen Paragraphe oder Absatze die Ausnahme für die Schiessarbeit anführen zu müssen, geschah es hier durch die allgemein gehaltene Stylisirung des Paragraphes. Die strenge Einhaltung dieser Vorschrift ist von Wichtigkeit und ihre Aufnahme erscheint nothwendig.

§. 78.

Die Aufnahme dieses Paragraphes geschah nach §. 8 der Dortmunder Bergpolizei-Verordnung vom 9. März 1863, welcher lautet: „Auf jedem Steinkohlen- und Kohleneisenstein-Bergwerke sind auch dann, wenn sich noch keine schlagenden Wetter gezeigt haben, mindestens zwei brauchbare Sicherheitslampen vorräthig zu halten.“ Diese Vorschrift erscheint auch in der Bonner Verordnung §. 34, der lautet: „Auf jedem Steinkohlen-Bergwerke müssen zweckmässig construirte Sicherheitslampen von guter Beschaffenheit, welche ein willkürliches Oeffnen nicht gestatten, in ausreichender Zahl und, so lange sich schlagende Wetter noch nicht gezeigt haben, deren mindestens zwei vorhanden sein.“ Die Bonner Verordnung hat das Weglassen der „Kohleneisenstein-Bergwerke“ aus dem Dortmunder §. 8 für gut gehalten, wie das auch im §. 78 des Entwurfes geschah, weil deren Einbeziehung bei uns noch nicht nothwendig ist.

Der Inhalt dieses Paragraphes ist von Wichtigkeit, denn die Sicherheitslampen sind nicht nur bei schlagenden Wettern nothwendig, sondern auch bei Grubenbränden, da das Auftreten von Grubenbränden in Steinkohlengruben nicht so unbedeutend ist, und sich sogar bei der steigenden Kohlen-Production vermehren dürfte, so ist die Aufnahme dieses Paragraphes als Vorsichtsmassregel gerechtfertigt.

Das Kohlenoxyd, wenn es rein ist, hat die Eigenschaft, sich bei Berührung mit dem Lichte zu entzünden, ist es unrein, verursacht es dann Explosion und löscht das Licht aus.

Bei solchen Vorkommnissen erscheint es deshalb nothwendig, die Sicherheitslampe in Anwendung zu bringen, damit von den Arbeitern die Gefahr beseitigt werde, wegen Mangel an Licht bei der Arbeit zu Grunde zu gehen.

§. 79.

Die Vorschrift dieses Paragraphes ist nach dem §. 15 der Dortmunder Verordnung vom Jahre 1863, der auch in die Bonner Verordnung als §. 39 aufgenommen worden ist. Durch diese Vorsicht soll einer plötzlichen massenhaften Verbreitung schlagender Wetter in die Grubenbaue vorgebeugt werden. Werden beim Vorbohren schlagende Wetter angebohrt, so zeigt es die Sicherheitslampe und dann muss die Verspundung des Bohrloches vorgenommen werden.

Im §. 8 des Entwurfes ist das Vorbohren vorgeschrieben, wenn bei dem Betriebe von Grubenbauen Standwasser oder jüngeres wasserreiches Gebirge in der Nähe bekannt oder zu vermuthen ist.

Es wird die allgemeine Fassung dieses Paragraphes und das Weglassen jedes Details in dieser Vorschrift für entsprechend gehalten. Die sächsischen Vorschriften vom Jahre 1867 enthalten diese Vorsichtsmassregeln im VI. Abschnitte, §. 22, und es dürfte von Interesse sein, zu sehen, wie dieser Gegenstand dort behandelt wird. §. 22. lautet: „Zum Schutze der bei dem Betriebe von Durchschlägen in Brandfelder oder in Grubenbaue, aus denen ein stärkerer Zudrang schädlicher Wetter zu erwarten steht, beschäftigten Arbeiter sind je nach Lage der Verhältnisse folgende Vorkehrungen in mehr oder minder umfänglicher Weise zu treffen:

1. Der Durchschlag ist nur mittelst Strecken oder Bohrlöchern, nie unmittelbar mit weiteren Abbauörtern, Schachtabteufen u. s. w. zu bewirken;

2. in der Durchschlagsstrecke ist längstens 10 Lachter vom Ortsstosse eine gute, sich leicht schliessende Wetterblende anzubringen;

3. hinter der Blende ist zur Beleuchtung des Fahrraumes eine verschlossene Laterne oder, wenn man Schlagwetter zu erschroten fürchtet, eine Sicherheitslampe aufzuhängen;

4. wenigstens im letzteren Falle ist der Durchschlag zunächst jedesmal durch ein dem Ortsstosse je nach der Klüftigkeit des Gesteins oder der Kohle ein oder mehrere Lachter vorausgehendes Bohrloch zu bewirken;

5. den Arbeitern sind dem Durchmesser des Bohrloches entsprechende Holzpfröpfe zu übergeben, damit sie im Falle zu starken Zudringens erbohrter schädlicher Wetter das Bohrloch rasch wieder schliessen können;

6. zur Beleuchtung bei Wetterdurchschlägen sind, wenn die zu erschrottenden Wetter schlagend sind, sobald nur ein Zutritt solcher Wetter zu dem Arbeitspunkte möglich gedacht werden kann, Sicherheitslampen zu verwenden.“

Eine nähere Besprechung dieser sächsischen Vorschrift wäre nicht am Platze, es möge daher nur die Anführung derselben genügen.

§. 80.

Bei diesem Paragraphe wurde der Art. 16 des belgischen Reglement als Grundlage genommen, welcher lautet:

„L'usage de la poudre est interdit pour l'abattage de la houille dans l'exploitation des couches à grisou, sauf les exceptions qui seraient préalablement admises par l'administration.“

Im §. 80 des Entwurfes wird der Gebrauch des Pulvers auf Flötzen mit schlagenden Wettern zum Hereinbrechen der Kohle unbedingt untersagt und wurde die Ausnahme des Art. 16 *„sauf les exceptions . . . . par l'administration“* nicht berücksichtigt, weil die Einbeziehung einer solchen Ausnahme den österreichischen Bergbauverhältnissen nicht entspricht.

Die Bonner Bergpolizei-Verordnung fasst sich über die Schiessarbeit der Gruben mit schlagenden Wettern ganz kurz. Die Dortmunder Verordnung vom Jahre 1863 geht weiter ein und hat offenbar das belgische Reglement vom Jahre 1850 sich zur Richtschnur genommen. In der Dortmunder Verordnung ist jedoch die Ausschliessung des Gebrauches des Pulvers auf Flötzen mit schlagenden Wettern nicht ausdrücklich im §. 26 aufgenommen; dieser Paragraph wird bei dem folgenden §. 81 wörtlich angeführt werden, weil er mit demselben im engen Zusammenhange steht.

§. 81.

Dieser Paragraph wurde entworfen nach dem Art. 17 des belgischen Reglement und nach dem §. 26 der Dortmunder Verordnung vom Jahre 1863. Art. 17 des belgischen Reglement lautet:

„L'emploi de cet auxiliaire n'est toléré pour les traveaux à la pierre, que sous réserve des conditions ci-après:

1re de n'employer, pour mettre le feu à la mine, aucune substance susceptible de bruler avec flamme;

2de de ne faire sauter la mine qu'après s'être scrupuleusement assuré, par l'inspection de la flamme des lampes, qu'il n'y a pas de gaz inflammables dans cette partie des traveaux;

3e de désigner, pour l'exécution de cette mesure et pour l'office de boute-feu, des maîtres-ouvriers ou des mineurs expérimentés, préalablement exercés à ce service.“

§. 26 der Dortmunder Verordnung lautet: „In Grubenräumen, welche mit schlagenden Wettern behaftet sind, ist das Schiessen nur unter Beobachtung folgender Vorsichtsmassregeln gestattet:

1. Die Schiessarbeit darf nur auf Anweisung und unter der Verantwortlichkeit des Betriebsführers erfolgen, welcher darauf zu achten hat, dass die Gefahr einer Wetterexplosion in Folge der Entzündung des Pulvers oder der sonstigen Sprengstoffe durch hinreichende Wetterversorgung beseitigt wird.

2. Zum Anzünden der Schüsse sind den Arbeitern die Sicherheitszünder oder der Schwamm, welcher nicht mit Pulver, Salpeter oder ähnlichen, die Verbrennung beschleunigenden Stoffen behandelt sein darf, seitens der Grubenverwaltung zu liefern.

3. Zur Schiessarbeit an solchen Punkten sind nur erfahrene Bergleute zuzulassen.

Bei Vergleichung des §. 81 des Entwurfes mit den angeführten Grundlagen ist zu ersehen, dass der Eingang des Paragraphes und der Punkt 1 der Vorsichtsmassregeln mit dem Inhalte des Art. 17 übereinstimmt. Es schien aber nothwendig, hier den Absatz 2 aus dem §. 26 der Dortmunder Verordnung anzuschliessen, weil dieser anführt, wann die zum Losbrennen des Schusses verwendeten Substanzen mit Flamme brennen könnten und zugleich der Grubenverwaltung vorschreibt, das zum Losbrennen des Schusses nöthige Materiale zu liefern.

Punkt 2 steht in Uebereinstimmung mit dem gleichbezeichneten des belgischen Reglements. Punkt 3 des Entwurfes stimmt überein mit dem 3. Punkte des Art. 17 und mit dem gleichen Punkte des §. 26 der Dortmunder Verordnung. Der Punkt 1 des §. 26 wurde in den Entwurf als §. 82 aufgenommen, weil es nothwendig schien, in einem besonderen Paragraphe auszusprechen, über wessen Anweisung und unter wessen Verantwortlichkeit diese Schiessarbeit vorgenommen werden darf.

§. 82.

Dieser Paragraph stimmt überein mit dem 1. Punkte des §. 26 der Dortmunder Verordnung und steht im innigen Zusammenhange mit dem vorhergehenden Paragraphe. Zu der in diesem Punkte ausgesprochenen Verpflichtung des Grubenleiters wurde noch die weitere Verpflichtung beigesetzt, dass er darauf zu sehen habe, dass die Ausführung der in dem §. 81 angeordneten Vorsichtsmassregeln genau überwacht werde.

Statt des im §. 26 der Dortmunder Verordnung gebrauchten Ausdruckes „Betriebsführers“ wurde vorgezogen zu sagen „Grubenleiters“, weil unter dem Ausdrucke „Betriebsführer“ auch der Leiter einer Grubenabtheilung, also ein Aufseher oder ein untergeordneter Beamte verstanden werden könnte, und weil es für entsprechender gehalten wird, den Leiter der ganzen Grube für die Befolgung der bei dieser gefährlichen Arbeit einzuhaltenden Vorschriften verantwortlich zu machen.

(Fortsetzung folgt.)

Ueber die Verröstung und Auslaugung der Matzenköpfel-Erze in Brixlegg.

(Nachtrag zum gleichnamigen Artikel in Nr. 10 dieses Jahrg.)

Alsbald nach geschehener Einsendung des erwähnten Artikels vom December 1868 an die hochgeehrte Redaction dieser Zeitschrift liess ich die genannten Erze für sich allein mit Treibproducte und etwas Bleischlich verbleien. Die Erze waren in der beschriebenen Weise verröstet und ausgelaugt, und man erhielt beim Reichverbleien als Nebenproduct noch eine *Co—Ni*-Speise, beiläufig 3 Procent vom aufgeschlagenen Erze.

Ein anderes Mal, gleich nach dem ersten Versuche, wobei 70 Theile nur gerösteter und 60 Theile ausgelaugter Erze von der Post, die beim ersten Verbleien genommen wurde, zusammen aufgeschlagen wurden, fielen 5 Proc. Speise ab, wovon man etwas wenig auch noch vom zweiten (Arm-) Verbleien erhielt.

Diese Speisen wurden bereits vom subst. k. k. Gegenprobirer Herrn **Wagner** analysirt und von demselben der Joachimsthaler **Concentrationsspeise** nahezu analog gefunden.

Bei der vorhergegangenen Haufenröstung dieser Erze scheinen daher hinsichtlich des Verhaltens des darin enthaltenen *Ni* und *Co* nicht vorzüglich **lösliche** schwefelsaure *Co*- und *Ni*-Salze sich zu bilden, sondern mehr noch in Wasser **unlösliche** *Co*- und *Ni*-Verbindungen, wie $Ni^4 As$ und $Co^4 As$, arseniksaures *Ni*- und *Co*-Oxydul, und bei stärkerer Röstung basisch arsensaure Metalloxyde.

Nachdem die Zugutebringung des *Co*- und *Ni*haltes aus diesen Erzen auf nassem Wege ebenso schwierig als unpraktisch erscheint gegenüber der leichten Gewinnung einer werthvollen *Co*- und *Ni*-Speise (mit geringem *Cu*- und *Ag*halte) als Nebenproduct aus den gerösteten Erzen, so verliert die Extraction derselben die ganze Bedeutung, da die Gewinnung an Speise dadurch vermindert würde.

Brixlegg, am 14. März 1869. W.

Ueber das Grubenbeleuchtungsmaterial.

Zu den wesentlicheren Auslagen eines jeden Bergbaues gehören unstreitig die Kosten der Grubenbeleuchtung. So haben bei der Bochniaer Saline, wo ausschliesslich mit Unschlitt geleuchtet wurde, die Anschaffungskosten desselben alljährig zwischen 7000 bis 8000 fl. betragen. Es muss daher die Aufgabe jeder Bergverwaltung sein, diese Auslage möglichst herabzumindern.

In dieser Absicht wurde im vorigen Jahre versucht, Naphta oder Petroleum zu verwenden. Jedoch die bedeutenden Auslagen, welche die Anschaffung und Reparatur der Lampen verursacht, die Unbequemlichkeit des Hantirens damit, die Zerbrechlichkeit der Glascylinder, endlich aber vorzüglich die Besorgniss, dass nicht Glassplitter beim Zerspringen eines Cylinders sich mit dem Minutien[illegible] vermengen, machen eine allgemeinere Anwendung dieses Beleuchtungsmaterials nicht zulässig und der Gebrauch desselben ist nur auf die Schachthäuser, Füllörter und Werkstätten beschränkt.

In neuester Zeit wurde die Verwendung des Paraffins, das ist des durch Schmelzen in offenen Kesseln von [illegible] anhängenden Erdtheilen gereinigten und durch Druck [illegible] hydraulischen Pressen von dem flüssigen Petro[illegible] befreiten Erdwachses versucht, und nachdem dieses gegenüber dem Unschlitte manche wesentliche Vortheile gewährt, so findet dasselbe trotz der vielen Anstände von Seiten der Arbeiter, welche stets gegen jede Neuerung sind, immer mehr Verwendung, und es wird dieses Beleuchtungsmaterial mit der Zeit das Unschlitt, wenn auch nicht ganz, doch zum grossen Theil verdrängen; denn nicht allein, dass der Preis eines Centners Paraffin um 5 fl. geringer ist als jener des Unschlittes, so brennt auch ein Pfund Paraffin, bei gleich grosser Flamme, um 2 Stunden länger als ein Pfund Unschlitt, hat ein helleres reineres Licht und wird von Mäusen und Ratten nicht beschädigt.

Das Paraffin hat blos den Nachtheil, dass das Licht leicht verlischt, daher dasselbe bei Streckenförderungen, dann in Orten, wo ein grosser Luftzug ist, nicht verwendet werden kann*).

Durch die Einführung dieses Beleuchtungsmaterials werden bei der Bochniaer Saline jährlich bei 1000 fl. in Ersparung gebracht werden, und es wird der Gebrauch desselben bei allen Bergwerken, insbesondere aber bei Salzbergwerken, wo gewöhnlich frische Wetter sind, anempfohlen.

Die Bochniaer Saline bezieht das Paraffin von der Paraffin- und Petroleumfabrik „Concordia" in Drohobycz um den vertragsmässigen Lieferungspreis von 28 fl. per Wiener Centner loco Bochnia.

Bochnia, am 13. März 1869.

Julius **Drak**,
k. k. Bergmeister.

Ein Versuch mit dem Nobel'schen Sprengpulver „Dynamit"**).

So grossartig die Erfolge des Nitroglycerins auch sind, so haben mannigfaltige Unglücksfälle mit diesem Stoffe dennoch eine gewisse nicht ganz ungerechtfertigte Scheu vor seiner Anwendung bewirkt.

Es gibt zwar Länder, in denen seit Jahren mit Nitroglycerin geschossen wird (wie z. B. in Baiern), ohne dass sich ein Unglück ereignet hätte, und ein solches ist auch bei nöthiger Vorsicht nicht gut möglich, allein man kennt die Fahrlässigkeit der Arbeiter zu gut, die, sobald sie mit einer gefährlichen Arbeit vertraut sind, jedwede Vorsicht versäumen und dadurch oft Veranlassung zu den furchtbarsten Unglücksfällen geben. Eine gewisse Zersetzbarkeit hat jedoch das Nitroglycerin mit allen Nitroverbindungen gemein und diese bietet in zweifacher Beziehung gefährliche Momente, indem durch die sauren Zersetzungsproducte erstens die Löthstellen der Blechflaschen undicht werden und das Sprengöl herausrinnt und durch Zufälligkeiten entzündet werden kann, und auch andererseits eine mit Explosion verbundene Selbstzersetzung ganz gut möglich ist. Jedenfalls sollte Sprengöl, das sich zu zersetzen beginnt, was durch Ausstossung rother Dämpfe sich ersichtlich macht, sogleich vertilgt werden.

Es darf deshalb nicht Wunder nehmen, dass in Berücksichtigung dieser nicht zu läugnenden gefährlichen Eigenschaften die Einfuhr und der Transport dieses Stoffes in mehreren Staaten und auch bei uns verboten wurde, nur kam dabei ein ganz unschuldiges Präparat, „**das Dynamit**", welches auch in jene Verordnung miteinbezogen wurde, ungerechter Weise zu Schaden.

Das Dynamit ist ausgeglühte Kieselguhr von der Lünneburger Haide, welche ausser einem Zusatze, der das Präparat vor Selbstentzündung schützt, mit 75 Proc. Nitroglycerin getränkt ist. Das Präparat sieht wie Pfeffer-

*) Sollte dieser Nachtheil nicht durch eine andere Construction der Dochte zu vermindern sein? Es käme auf Versuche an. Die Red.

**) Der Verfasser dieses Artikels hat als Specialberichterstatter für diese Zeitschrift den am 22. März l. J. vor einer Commission des öst. Ingenieur- und Architekten-Vereins zu Hütteldorf nächst Wien abgeführten Versuchen beigewohnt. Die Red.

kuchen aus und wird bei + 7° Celsius hart, indem bei dieser Temperatur das darin enthaltene Nitroglycerin gefriert. In diesem Zustande lässt es sich nicht durch die gewöhnlichen Mittel zur Explosion bringen, welche Eigenschaft auch wieder grosse Sicherheit gewährt. In den Schusslöchern eingefrorene Ladungen explodiren nur, wenn man darauf eine Patrone gibt, in der das Zündkapsel steckt, die eine höhere Temperatur als 7° hat, was die Arbeiter dadurch bewirken, dass sie diese kleinen Patronen bei sich tragen.

Seit 1866 wird dieser Stoff von Nobel in Hamburg fabricirt, seit derselben Zeit wird er in Schweden allgemein bei den Bergwerken und Steinbrüchen angewendet und ist in der Nähe von Stockholm eine Dynamit-Fabrik im vollsten Betriebe. In Preussisch-Schlesien werden monatlich circa 8000 Pfd. verbraucht, gross ist auch seine Verwendung in Saarbrücken, Westphalen, Nassau und Thüringen. In England und Belgien findet es seit 1868 auch vielseitige Anwendung.

In St. Franzisco in Californien wurde im März 1868 ebenfalls eine Dynamitfabrik errichtet und schon im Juli desselben Jahres war dieser Stoff so verbreitet, dass täglich 1 Ctr. abgesetzt wurde. Ausser in den dortigen Minen, wird es auch noch in Mexico und bei den Sprengungen der Pacificobahn gebraucht.

Auch dort hatte man Anfangs grosse Sorge vor Unfällen und keine Transportunternehmung wollte das neue Sprengmittel weiter befördern, bis vor einer eigens zu diesem Zwecke eingeladenen Versammlung sämmtlicher Vertreter der dortigen Transportcompagnien durch vielfältige Experimente nachgewiesen war, dass eine Explosion beim Transporte nicht zu befürchten sei, worauf das Dynamit auf allen Bahnen, Dampfboten und Postwägen aufgenommen wurde.

Einen ähnlichen Zweck hatten die von den Vertretern des Herrn Nobel am 22. März in Hütteldorf vor einer Commission des Wiener Ingenieur-Vereins veranstalteten Versuche.

Ein Fässchen mit Dynamitpatronen gefüllt, wurde von einer Wand des dortigen Steinbruches circa 15 Klafter hoch heruntergeschleudert. Obwohl es zu wiederholten Malen auf den Felsen aufschlug, fand doch keinerlei Explosion statt. Ebenso wenig explodirten 2 Patronen, die man an der unteren Fläche eines schweren Steinwürfels befestigt hatte und von einer Höhe von 3 Klafter auf eine Steinunterlage fallen liess. Die aufgefundenen Patronenreste waren ganz glatt gequetscht und sonst das Dynamit ganz unverändert. Hierauf wurden die als Stichproben aus dem Fässchen genommenen Patronen untersucht. Man schnitt jede in 2 Theile, einen liess man mittelst Zündschnur und Kapsel explodiren, während der andere Theil angezündet ruhig mit Hinterlassung von Kieselguhr abbrannte. Auf einem Eisenbleche über Feuer erhitzt, verdampfte das darin enthaltene Nitroglycerin ohne Explosion, ebenso wenig konnte man eine in das Feuer geworfene mit Dynamit gefüllte Blechbüchse zur Explosion bringen und das Anfangs erwähnte Fässchen ins Feuer gelegt, brannte ganz ruhig ab. Um zu zeigen, dass sich das Dynamit nur durch die starken Kapseln entzünden lasse, wurde eine damit gefüllte Blechbüchse mit einer Zündschnur angezündet, jedoch versagte es total.

Nachdem durch diese Experimente die Ungefährlichkeit des Dynamits hinlänglich dargethan war, begann der zweite Theil der Versuche, der die mächtigen Wirkungen dieses neuen Sprengmaterials zeigen sollte.

Auf eine 2″ dicke Bohle von Ahornholz wurde eine Patrone gelegt und selbe entzündet. Sie schlug mit heftigem Knalle ein grosses Loch durch.

Da jedoch vielseitig das Vorurtheil herrscht, das Dynamit wirke nur nach unten, so wurde auch auf der unteren Seite einer ebenso dicken Bohle eine Patrone befestigt und abgethan, welcher Versuch von demselben Erfolge war. Ein in die Erde eingerammter Balken von 4″—5″ Querschnitt wurde durch eine 1/2 Zollpfund schwere Patrone abgerissen.

Hierauf liess man auf einer 8mm dicken Eisenplatte 1/2 Pfd. Dynamit explodiren; die Platte wurde durchlöchert und zerrissen, ein beträchtliches rundes Stück herausgerissen und weit weggeschleudert. Die riesige Wirkung des Dynamits wurde aber durch folgendes Experiment ins hellste Licht gestellt.

Ein schmiedeiserner Cylinder von 8″ Durchmesser und 13″ Höhe, mit einem durchgehenden Bohrloche von 10‴ Weite, wurde mit 8 Zollloth Dynamit gefüllt und mittelst der Batterie von Markus gezündet.

Die Wirkung war eine Staunen erregende. Der Cylinder war in 2 Theile zerrissen, ausserdem zeigten die Stücke 2 Fuss durchgehende und viele kleinere Risse. Die Bohrung war erweitert, an einer Stelle sogar von 3‴ auf fast 21‴, das Gefüge der Stücke ganz verändert und es wäre gar nicht im Bereiche der Unmöglichkeit, dass vielleicht eben in einer plötzlichen Ummünderung der Gruppirung der Moleküle der Körper das Hauptmoment der Riesenkraft des Dynamits liegt. Schliesslich wurde ein Stein ohne Bohrloch gesprengt und einige Schusslöcher ohne Besatz abgethan. Es waren 4 Löcher von 1 1/2″ Durchmesser und zwar 3′, 2 1/2′, 2′ und 16″ Tiefe. Das erste war mit 2 Pfd., das zweite mit 20 Loth, das dritte mit 16 Loth und das vierte im Gewölbe angebrachte mit 2 Loth geladen. Das erste und dritte wurde gleichzeitig, das zweite später mit der Batterie von Markus gesprengt, die auch hier ihren Ruf bewährte. Das vierte Loch wurde mit einem Guttaperchazünder gesprengt. Der Effect war gut, obwohl das lassige Gestein zu solchen Versuchen nicht gut geeignet war.

Max v. Wolfskron.

Bemerkungen über die bei Bergwerkspumpen vorkommenden Zerstörungen und Mittel zu deren Sicherung*).

In jüngster Zeit ist wiederholt der Fall vorgekommen, dass kurz nach der ersten Inbetriebsetzung d Saugeventilkasten von Drucksätzen geplatzt sind; so der drei auf der Zeche Centrum und zwei auf der Zec Nachtigall. Die Construction dieser Pumpen zeichnet si dadurch aus, dass sie die arbeitenden Theile auf d äusserste Mass zusammendrängt, und beiden Ventilen ei verhältnissmässig geringe freie Oeffnung gibt, dadurch a ermöglicht, in engen Schächten Pumpen von bedeut grösseren Dimensionen einzubauen, als die bis dahin übli

*) Aus der berg- und hüttenmännischen Zeitung „Glück. Nr. 9 d. J.

Construction zuliess. Diesem grossen Vorzuge stehen aber erhebliche Nachtheile gegenüber.

Zunächst fällt nothwendig bei dem Saugeventilkasten sowohl, wie bei dem Fusstück und Steigeventilkasten, welcher letztere mit einem Theil des Plunscherrohrs gleichfalls ein einziges Gusstück bildet, der Steg zwischen den beiden Oeffnungen ungemein schmal aus, und zwar wie bei dem 60 Ltr.-Satz der Zeche ver. Präsident nur 7 $\frac{1}{2}$ Zoll. Um nun dem gewaltigen gegen die langen Innenseiten der Ventilkasten wirkenden hydrostatischen Druck den nöthigen Widerstand entgegen zu setzen, war es nothwendig, dem auf absolute Festigkeit in Anspruch genommenen Steg 7 $\frac{1}{2}$ bis 8 Zoll Höhe zu geben, während die Wandstärke nur 2 $\frac{1}{2}$ Zoll beträgt. Beim Giessen solcher Stücke erfolgt also im Steg, und besonders wo dieser mit der äussern Wand zusammentrifft, eine unverhältnissmässige Zusammendrängung und Häufung des flüssigen Eisens in unmittelbarer Nachbarschaft von geringen Quantitäten desselben, und zwar, ohne einen allmählichen Übergang zu den letzteren zu vermitteln, wodurch in kaum zu vermeidender, wenigstens nicht mit Sicherheit zu beherrschender Weise die Veranlassung zum Zurückbleiben von Spannung in der erstarrten Masse gegeben ist. Letztere hat sich unverkennbar auch in den vorgenannten fünf Fällen geltend gemacht, wie sich schon aus dem Umstande ergibt, dass der Riss genau an derselben Stelle erfolgte, und zwar stets bei dem Saugeventilkasten in einer der Ecken, wo der dicke, massige Steg mit der äussern Wand zusammenkommt.

Ein anderer erheblicher Nachtheil erwächst aus dem Missverhältniss zwischen dem Plunscherquerschnitt und der freien Ventilöffnung. Bei den neuen Pumpen auf Zeche Centrum ist dies Verhältniss wie 7:1, und ähnlich bei den neuen Pumpenanlagen auf den Zechen ver. Präsident Nachtigall, Gewalt, Wasserschneppe etc. etc. Aus einem solchen Missverhältniss entsteht natürlich eine grosse Vermehrung der Reibungshindernisse, welche bei raschem Pumpenbetriebe recht wohl von verderblichem Einfluss sein können, und jedenfalls hindern, die Maschine ebenso rasch zu betreiben, wie wenn Plunscherquerschnitt und freie Ventilöffnung einen ganz oder doch nahezu gleichen Flächeninhalt besitzen. Es ist also jenes Verhältniss mit einem Verlust an Nutzeffect bei Maschine und Pumpe ident, woraus weiter folgt, dass man einen gleichen Effect mit einer kleinern Maschine und einem leichteren Gestänge, also mit geringeren Kosten, hätte erzielen können, wenn man dem Plunscherquerschnitt und der Ventilöffnung jenes günstigere Verhältniss zu einander ertheilt hätte. Aber die Grösse dieses Verlustes, ob er der Leistung eines halben oder ganzen Hubes oder mehr noch pro Minute [illegible]kommt, ist vorläufig wohl noch nicht zu ermitteln, weil es an den Grundlagen und Materialien zu genauen Vergleichungen noch fehlt. So lange dies der Fall, ist wird aber auch jener Vortheil der geringen Kosten in der Wirklichkeit als ein illusorischer, unerreichbarer zu betrachten.

Ein breiter und dünner Steg zwischen den Oeffnungen des Ventilkastens, und ein wo möglich ganz gleicher Flächeninhalt des Plunscherquerschnitts und der freien Ventilöffnung, sind sonach unverkennbar grosse Vorzüge der Pumpenconstruction, — es fragt sich nur, ob sie auch überall in Anwendung zu bringen sind.

Jeder dieser Vorzüge nimmt für sich einen grösseren Schachtraum in Anspruch. Steht dieser zur Disposition, so ist kein Zweifel, dass unter ihrer Berücksichtigung und zu ihrer vollen Erlangung die Pumpen einzurichten sind. Ist dagegen der verfügbare Schachtraum beengt, und sind beim fortgesetzten Betriebe der Grube, wie es doch fast immer der Fall ist, noch namhafte Zuflüsse zu erwarten, so wird in der Regel die Aufgabe gestellt werden, so grosse Pumpen zu construiren, wie die dafür bestimmten Räume aufzunehmen im Stande sind. Die Lösung dieser Aufgabe führt nun unabweislich zu einem möglichsten Zusammendrängen der Pumpentheile, — zu schmalen und dicken Stegen und engen Ventilöffnungen. Man vermag auf diese Weise ein Pumpensystem zu construiren, welches, was die Quantität der Leistung anlangt, die beengten Schachtdimensionen vortheilhafter ausnutzt, als ein System, bei dessen Construction man sich vorwiegend von den Vorzügen breiter Stege und weiter Ventile leiten lässt. So oft aber, wie in dem vorausgesetzten Falle, die grösstmögliche Leistung die Hauptabsicht ist, wird jener Construction vor dieser der Vorzug zuzuerkennen sein. Dabei ist noch zu bedenken, dass auch Ventilkasten nach alter Construction mit breitem und dünnem Steg weit entfernt sind, Sicherheit gegen das Vorhandensein und die Wirkung von Spannung in der starren Masse zu garantiren, — wie hinlänglich viele Beispiele lehren, darunter auch eines, welches vor wenigen Jahren die Zeche ver. Präsident lieferte.

Soweit nur die Construction in Frage kommt, ist nun jene Aufgabe bei den neuen Pumpenanlagen auf den obengenannten Zechen meines Erachtens recht gut gelöst worden. Es wird der heutigen Pumpentechnik schwerlich schon gelingen, dem Constructeur nachzuweisen, wie viel er der Weite seiner Plunscher hätte abnehmen und dem Steg und Ventil zusetzen können, um für seine Pumpen eine grössere Haltbarkeit und Sicherheit bei gleicher Leistung resp. eine grössere Leistung bei gleicher Sicherheit zu erzielen.

Ein Anderes aber ist die Ausführung der Construction, und hier wird zugestanden werden, dass die Technik der Giesserei theoretisch wie practisch die Spannungsverhältnisse noch nicht genug zu beherrschen vermag; sie ist noch zu wenig im Stande, die in der flüssigen Eisenmasse gegeneinander wirksamen Kräfte der Ausdehnung und Zusammenziehung mit einander ins Gleichgewicht zu setzen, bevor die Gussmasse erstarrt und erkaltet ist! —

(Schluss folgt.)

Aus Wieliczka.

25. März 1869.

Die Arbeiten des Einbauens der Röhren- und Pumpentouren in dem Elisabeth-Schacht sind nach den letzten Berichten so weit fortgeschritten, dass ihre Vollendung mit Ende des Monats März in Aussicht steht. Im Joseph-Schacht ist die neu aufgestellte Maschine mit der Salzförderung beschäftigt. Die Wasserhebung ist noch auf die Pumpen im Franz Joseph-Schacht und auf die Wassertiefe im Elisabeth-Schacht beschränkt. Das Steigen des Wassers in der letzten Woche hat im Durchschnitte zwischen 3 und 4 Zoll in 24 Stunden betragen und der Wasserstand war im Elisabeth-Schacht 2 Klafter 3 Fuss über dem Horizonte „Haus Oesterreich“.

Amtliche Mittheilungen.

Um den im Jahre 1868 in Druck gelegten Bericht des k. k. Bergcommissärs Simon Dvořak über seine Reise nach Preussen, Frankreich und Belgien, den Bergbautreibenden leichter zugänglich zu machen, wurde der Verschleisspreis für die bei der k. k. Hof- und Staatsdruckerei noch vorräthigen Exemplare auf 1 fl. 20 kr. per Exemplar herabgesetzt.

Kundmachung.

Die im Bergbuche auf den Namen der Leopoldinen-Gewerkschaft eingetragenen, auf Silbererze verliehenen drei Grubenmassen Leopoldine Nr. I, II und III in der Katastralgemeinde Klostergrab, Teplitzer politischen Bezirkes im Kronlande Böhmen, werden, nachdem dieselben laut Mittheilung des k. k. Kreis- als Berggerichtes in Brüx vom 29. December 1868, Z. 1099, bei der, in Folge hierämtlichen Entziehungs-Erkenntnisses vom 31. August 1867, Z. 3263, anberaumten executiven Feilbietung wegen Mangels an Käufern nicht veräussert werden konnten, auf Grund der §§. 259 und 260 allg. B.-G. für aufgelassen erklärt und sowohl in den bergbehördlichen Vormerkbüchern als auch im kreisgerichtlichen Bergbuche gelöscht.

Von der k. k. Berghauptmannschaft

Komotau, am 2. Februar 1869.

Kundmachung.

Nachdem die mit hierbehördlichem rechtskräftigen Erkenntnisse vom 7. Februar 1868 Nr. 192 entzogenen, im politischen Bezirke Böhmisch-Brod, in den Katastral-Gemeinden Pristoupin und Tismitz situirten Kupfererzgrubenmassen und zwar:

a) Das Budecer Emanuel-Mass,
b) das Schmidt Ferdinand-Mass sammt Ueberschar pr. 140 Quadrat-Klafter,
c) das Theer Barbara-Mass,
d) das Manger Rudolf-Mass,
e) das Martin Pokorny-Mass,
f) das Korb Josef-Mass, und
g) das Franz Josef-Mass

bei der durch das k. k. Kreisgericht als Bergsenat in Pilsen am 25. Mai 1857 vorgenommenen executiven Abschätzung als völlig werthlos befunden wurden und da auch die im Delegationswege durch das k. k. Bezirksgericht in Böhmisch-Brod am 21. October 1868 neuerlich vollzogene executive Schätzung der vorbezeichneten Kupfererzgrubenmassen kein günstigeres Resultat zur Folge gehabt hat, so werden diese Grubenmasse nach §§. 259 und 260 des allgemeinen Berggesetzes für aufgelassen und die gesammte Bergbauberechtigung für erloschen erklärt, mit dem Bemerken, dass deren Löschung in den berghauptmannschaftlichen Vormerkbüchern, wie auch im Bergbuche eingeleitet worden ist.

Von der k. k. Berghauptmannschaft

Prag, am 20. März 1869.

Diese Zeitschrift erscheint wöchentlich einen Bogen stark mit den nöthigen artistischen Beigaben. Der Pränumerationspreis ist jährlich loco Wien 8 fl. ö. W. oder 5 Thlr. 10 Ngr. Mit franco Postversendung 8 fl. 80 kr. ö. W. Die Jahresabonnenten erhalten einen officiellen Bericht über die Erfahrungen im berg- und hüttenmännischen Maschinen-, Bau- und Aufbereitungswesen sammt Atlas als Gratisbeilage. Inserate finden gegen 8 kr. ö. W. oder 1½ Ngr. die gespaltene Nonpareillezeile Aufnahme. Zuschriften jeder Art können nur franco angenommen werden.

Druck von Carl Fromme in Wien. Für den Verlag verantwortlich Carl Reger.

№ 14. XVII. Jahrgang.

1869. 5. April.

Oesterreichische Zeitschrift für Berg- und Hüttenwesen.

Verantwortlicher Redacteur: Dr. Otto Freiherr von Hingenau,
k. k. Ministerialrath im Finanzministerium.

Verlag der G. J. Manz'schen Buchhandlung (Kohlmarkt 7) in Wien.

Inhalt:

Entwurf allgemeiner Bergpolizei-Vorschriften.

(Fortsetzung.)

IX. Schlagende Wetter.

§. 83.

Auf Kohlengruben mit schlagenden Wettern soll ausser den Arbeitsaufsehern eine Anzahl von verlässlichen Bergarbeitern bestimmt werden, welche insbesondere mit der sorgfältigen täglichen Ueberwachung der Wetterführung und Beleuchtung beauftragt sind.

Die Zahl dieser überwachenden Bergarbeiter (Grubenwachen) ist zu bestimmen nach der Ausdehnung der Arbeiten, nach der sich entwickelnden Menge der schlagenden Wetter und nach dem Grade der Sicherheit, welche die in Anwendung stehende Ventilationsmethode bietet.

Diese Bergarbeiter sind in der Arbeiterliste als Grubenwachen zu bezeichnen.

§. 84.

Die Aufgabe und Bestimmung der Grubenwache ist:

1. Vor dem Anfahren der Mannschaft alle Theile ihres zugewiesenen Reviers zu untersuchen und das Ergebniss ihrer Untersuchung an den Zugängen zu den Bauen durch bekannte Zeichen anzugeben.

2. Den Zutritt zur Arbeit einer ganzen Kühr oder einem einzelnen Arbeiter nicht früher zu gestatten, als nachdem sie sich überzeugt hat, dass die Wetter rein sind, dass die Ventilation hinreichend wirksam ist, dass alles in Ordnung und keine sichtliche Ursache zur Gefährdung der Arbeiter vorhanden ist.

3. Die Wetterstrecken sorgfältig zu untersuchen und in guten Stande erhalten zu lassen.

4. Während der ganzen Dauer der Arbeit in den Abbauorten und auf den am meisten befahrenen Strecken eine strenge Aufsicht zu führen hinsichtlich der Behandlung der Lampen, des Kohlhauens, des Ansammelns des Förderproductes und der Handhabung der Wetterthüren; mit einem Worte hinsichtlich alles dessen, was zur Wirksamkeit der Wetterführung und zur Sicherheit der Beleuchtung wesentlich beiträgt.

5. Die Urheber jeder Uebertretung der Vorschriften der Klugheit oder der Subordination anzuzeigen, damit sie nach der Bedeutung des Falles gestraft werden. Dasselbe haben sie zu thun rücksichtlich eines jeden Arbeiters, der eine Pfeife, ein Feuerzeug oder irgend eine Masse mit sich führen würde, die zum Feuermachen geeignet ist.

6. Die Arbeit vor einem jeden Orte, wo sich die Anwesenheit von schlagenden Wettern zeigt, einzustellen und den Rückzug der Arbeiter mit Klugheit und Vorsicht zu leiten.

§. 85.

Für jedes Bergwerk, in welchem schlagende Wetter auftreten, ist von dem Bergwerksbesitzer oder Betriebsleiter eine Vorschrift zu erlassen, welche bestimmt:

1. Die Art und Weise, wie und durch welche Personen die Untersuchung der Grubenbaue auf schlagende Wetter zu besorgen ist.

2. Die Bezeichnung solcher Strecken und Orte, welche nur mit der Sicherheitslampe betreten werden dürfen.

3. Die Untersuchung, Instandhaltung und Aufbewahrung der Sicherheitslampen, sowie die damit beauftragten Personen.

4. Wie die Sicherheitslampe angezündet und ausgelöscht, geöffnet und verschlossen wird.

5. Die Vorsichtsmassregeln bei dem Gebrauche der Sicherheitslampe und bei der Schiessarbeit.

Diese Vorschrift unterliegt der Bestätigung der Oberbergbehörde und ist durch Verlesen und Aushang auf dem Werke der Mannschaft bekannt zu machen.

Sollte diese Vorschrift nach ergangener Aufforderung nicht vorgelegt werden, so ist sie von der Oberbergbehörde zu erlassen.

Motive zu IX.

IX. Schlagende Wetter.

§. 83.

Die Grundlage dieses Paragraphes bildet der Art. 18 des belgischen Reglement, welcher lautet:

„*Il y aura dans chaque exploitation, notamment dans les mines à grisou, indépendamment des maîtres-ouvriers* (*porions*), *un nombre déterminé de mineurs* (*surveillants*), *spécialement chargés des details de la surveillance journalière des moyens d'aérage et d'éclairage.*"

„*Le nombre de ces surveillants sera fixé par les ingénieurs des mines, d'àprès l'entendue de travaux, la nature et l'abondance de gaz et le degré de sécurité que presente le système de ventilation.*"

Zur Fassung des §. 83 wurde noch der Art. 19 des belgischen Reglements benützt, welcher lautet: „*Ces mineurs, ainsi que les boute-feu, seront désignés comme tels, par le directeur, sur le registre de controle des ouvriers.*"

Der Art. 19 fand beim §. 81 und so auch beim gegenwärtigen §. 83 die nöthige Berücksichtigung. Im §. 83 wird zum Schlusse gesagt: Diese Bergarbeiter sind in der Arbeiterliste als Grubenwachen zu bezeichnen. Im §. 81 wird als dritte Vorsichtsmassregel angeführt, „dass zur Schiessarbeit an solchen Punkten nur erfahrene Bergarbeiter zuzulassen und dass diese in der Arbeiterliste als solche zu bezeichnen sind. Die „*surveillants*" des Art. 18 werden in diesem Paragraphe Grubenwache genannt; in dem bei dem §. 85 angeführten Reglement für die Grubenabtheilung Altenwald wird die Grubenwache „Wettermann" genannt, was dem älteren englischen Ausdrucke „*fireman*" wahrscheinlich nachgebildet worden ist. Der frühere „*fireman*", der die explodirenden Gase vor der Anfahrt der Bergarbeiter anzündete, hiess im Französischen „*penitent.*"

Dass mit der Ueberwachung der Ventilation und der Beleuchtungsmittel Bergarbeiter beauftragt werden, ist sehr gut; denn diese sind durch die ganze Schicht in der Grube, daher sie durch den Trieb der Selbsterhaltung zur sorgfältigen Untersuchung gedrängt werden.

Zur guten Ueberwachung in Gruben mit schlagenden Wettern wird es unstreitig sehr viel beitragen, wenn die Schichteneintheilung für die Arbeit in der Grube nach der Ansicht des englischen Ingenieurs vorgenommen wird, welche die österreichische Zeitschrift für Berg- und Hüttenwesen Nr. 11 vom Jahre 1868, Seite 84 und 85 anführt.

§. 84.

Bei diesem Paragraphe bildet die Grundlage der Art. 20 des belgischen Reglement, wobei auf den §. 12 der Dortmunder Verordnung vom Jahre 1863, dann auf den §. 35 der Bonner Bergpolizei-Verordnung die nöthige Rücksicht genommen worden ist. Art. 20 lautet: „*Les mineurs-surveillants auront mission, chacun dans les parties qui lui seront assignées:*

A. De visiter avec soin les voies d'aérage et de les faire entretenir en bon état; de ne permettre l'accès du travail à tout ou partie d'un poste d'ouvriers, qu'àprès s'être assurés que l'air yest pur, que la ventilation est suffisamment active, que tout est en ordre, et qu'il n'existe aucune cause saisissable de danger pour les ouvriers;

B. de maintenir, pendant toute la durée de travail, une police sévère dans les tailles et dans les voies les plus frequentées, en ce qui concerne le maniement des lampes, l'abatage et le depot des produits de l'extraction, la manoeuvre des portes; en un mot, tout ce qui import essentiellement á l'efficacité de l'aérage et l'aérage et à la sécurité de l'eclairage;

C. de signaler, pour être punis suivant la gravité de cas, les auteurs de toute infraction aux règles de la prudence et de la subordination; d'agir de même à l'égard de tout ouvrier qui serait porteur d'une pipe, d'un briquet ou de quelque matière propre à se procurer du feu dans les travaux où l'emploi des lampes de sureté est obligatoire;

D. de faire cesser le travail de tout atelier exposé á la présence de gaz imflammables, et de diriger prudemment la retraite des ouvriers."

§. 12 der Dortmunder Verordnung lautet: Alle Theile eines Grubengebäudes, in denen das Auftreten schlagender Wetter zu besorgen ist, müssen vor dem Anfahren der Mannschaft durch besonders damit beauftragte und in der Arbeiterliste als solche bezeichnete zuverlässige Personen mit der Sicherheitslampe untersucht werden. Dieselben haben das Resultat der Untersuchung an den Zugängen zu diesem Raume durch in die Augen fallende, der Belegschaft bekannt zu machende Zeichen anzugeben, ausserdem aber die anfahrenden Bergleute an bestimmten, zu diesem Zwecke näher zu bezeichnenden Stationen von dem Befunde der Arbeitspunkte in Kenntniss zu setzen und denjenigen Mannschaften, welche die Sicherheitslampen benützen müssen, dieselben einzuhändigen, dagegen deren offene Lampen in Empfang zu nehmen und bis zum Ende der Schicht aufzubewahren."

Der nachfolgende zweite Absatz dieses Paragraphes bildet den Inhalt des §. 76 des Entwurfes und lautet: „Diejenigen Betriebspunkte, in welchen die Flamme den Korb der Sicherheitslampe erfüllt, sollen nicht eher belegt werden, bis die Gefahr behoben ist. Bis dahin sind deren Zugänge abzusperren."

§. 35. endlich der Bonner Verordnung lautet: „Alle Theile eines Grubengebäudes, in welchem schlagende Wetter vorkommen oder zu besorgen sind, müssen vor dem Anfahren der Belegschaft durch besonders damit beauftragte, zuverlässige Personen mit der Sicherheitslampe untersucht werden.

Nach dem Ergebnisse dieser Untersuchung hat der verantwortliche Betriebsbeamte zu bestimmen, welche Grubenbaue

1. mit der offenen Lampe,
2. nur mit der Sicherheitslampe und
3. gar nicht betreten werden dürfen.

Die zu 2 bezeichneten Baue müssen durch besondere Zeichen hinreichend kenntlich gemacht, die zu 3 bezeichneten dagegen gänzlich abgesperrt werden."

§. 35 der Bonner Verordnung ist nicht genug deutlich und verleitet zu der Annahme, dass nach dem täglichen Ergebnisse der Untersuchung der Betriebsbeamte die Bezeichnung bestimmt. Der zweite Absatz dieses Paragraphes kömmt in dem §. 37 genauer vor und ist im Detail in dem Reglement, das der §. 37 der Bonner Bergverordnung vorschreibt, angeführt.

Bei Vergleichung des §. 84 mit seinen Quellen dürfte zu ersehen sein, dass derselbe Dasjenige vereinigt, was die Quellen einzeln Gutes enthalten.

§. 85.

Dieser Paragraph steht bis auf unbedeutende Abweichungen in der Stylisirung in Uebereinstimmung mit dem §. 37 der Bonner Verordnung, welche lautet: „Für jedes Bergwerk, in welchem schlagende Wetter auftreten, ist von dem Bergwerksbesitzer, Repräsentanten oder Betriebsdirector ein Reglement zu erlassen, welches Bestimmungen trifft:

über die Art und Weise, wie und durch welche Personen die Untersuchung der Grubenbaue auf schlagende Wetter zu bewirken ist;

über die Bezeichnung solcher Strecken und Oerter, welche nur mit der Sicherheitslampe betreten werden dürfen;

über die Aufbewahrung, Instandhaltung und Revision der Sicherheitslampen und die damit zu beauftragenden Personen;

über das Anzünden und Auslöschen, das Oeffnen und den Verschluss der Sicherheitslampen;

über die Vorsichtsmassregeln bei dem Gebrauche der letzteren und bei der Schiessarbeit.

Dieses Reglement unterliegt der Bestätigung des Oberbergamtes und muss durch Verlesen und Aushang auf dem Werke der Belegschaft bekannt gemacht werden.

Wird auf ergangene Aufforderung das Reglement nich[t] vorgelegt, so wird solches von dem Oberbergamte erlassen.

Die Bestimmungen des Reglements hat Jeder, welcher a[uf] dem Werke beschäftigt ist oder dasselbe befährt, zu beobachten.

Betreff der Sicherheitsvorschriften bei dem Gebrauche d[er] Sicherheitslampe sagt Brassert in seinen Bemerkungen zu d[er] Bergpolizei-Verordnung des Oberbergamtes zu Bonn vom 8. N[o]vember 1867 Folgendes: „Die im Laufe der Jahre gesammelt[en] Erfahrungen haben ausser Zweifel gestellt, dass die seitherig[en] Vorschriften über den Gebrauch der Sicherheitslampen in ma[n]chen Punkten der Abänderung und Ergänzung bedürfen, u[nd] es hat daher auch nicht an Versuchen gefehlt, eine sachgemä[sse] Erneuerung dieses Theiles der Bergpolizei vorzunehmen; [die] Verhandlungen hierüber sind indess erst jetzt zu einem Abschlu[ss] gelangt. Nach wie vor würde es aber wegen der localen V[er]schiedenheiten bei den Steinkohlenbergwerken des Bezirkes [un]ausführbar gewesen sein, in einer allgemeinen Verordnung [die] Bestimmungen so zu specialisiren, wie es anderseits gerade die[ser] Gegenstand erheischt. Der allein richtige Weg konnte nur [der] sein, die allgemeine Verordnung auf die hauptsächlichsten, übe[rall] anzuwendenden Gebots- und Verbotsvorschriften zu beschränk[en,] ausserdem aber die ausdrückliche Bestimmung hinzuzufüg[en,] dass für jedes Bergwerk, in welchem schlagende Wetter auf[tre]ten, von dem Bergwerksbesitzer oder dessen Vertreter ein [der] Bestätigung des Oberbergamtes unterliegendes Reglement zu [er]lassen ist, durch welches die speciellen Vorschriften bezüg[lich] der Anwendung der Sicherheitslampe getroffen werden. Der wesentliche Theil dieses — bekanntlich auch in dem englischen Gesetze vom 28. August 1860 eingeschlagenen — Verfahrens liegt eben darin, dass die Sicherheitsmassregeln auf jedem Werke genau den concreten Verhältnissen und Bedürfnissen angepasst und im Reglement bis in's Einzelne vorgesehen worden können. Je vollständiger dies unter der Mitwirkung und Mitverantwortlichkeit des Bergwerksbesitzers oder seines Vertreters gelingt, um so wirksamer wird den durch die schlagenden Wetter drohenden Gefahren vorgebeugt werden, vorausgesetzt, dass auch die Handhabung des Reglements mit der erforderlichen Pünktlichkeit und Strenge erfolgt. Ausserdem werden durch den Erlass solcher Reglements Ausnahmsbestimmungen in der allgemeinen Bergpolizei-Verordnung entbehrlich, welche nothwendigerweise in grosser Zahl getroffen werden müssten, wenn man diese Verordnung auch auf die Details ausdehnen wollte."

Diesen von Brassert ausgesprochenen Bemerkungen, welche die Ansicht des Oberbergamtes Bonn über diesen Gegenstand repräsentiren, kann nicht beigetreten werden; denn auf diesem Wege käme man sehr leicht dahin, zu erklären, dass für Oesterreich die allgemeine Bergpolizei-Vorschrift im §. 171 enhalten sei, daher kein Bedürfniss vorliege, eine allgemeine Bergpolizei-Vorschrift zu erlassen, wenn nur dafür gesorgt würde, dass bei jedem Bergwerke das entsprechende Reglement bestehe. Einer solchen Erklärung dürfte bei uns Niemand beitreten. (?!) Sehr gut ist der Beisatz, den Brassert macht, „vorausgesetzt, dass auch die Handhabung des Reglements mit der erforderlichen Pünktlichkeit und Strenge erfolgt." Wo bleibt die Sanction der allgemeinen Vorschrift bei dem Reglement? Eine allgemeine Bergpolizei-Vorschrift ist eine Nothwendigkeit, sie wird aber stets besondere Reglements, welche als die passenden localen Formen der allgemeinen Bergpolizei-Vorschrift angesehen werden können, wünschenswerth machen.

(Fortsetzung folgt.)

Ueber ein neues Verfahren zur Erzeugung von Schmiedeeisen und Stahl aus Roheisensorten minderer Qualität mittelst Anwenduug salpetersaurer Salze, nach dem von Mr. Heaton in Langly Mill patentirten Verfahren.

(Bericht an das k. u. k. General-Consulat in London.

Von Ferdinand Kohn, Civil-Ingenieur*).

Der Gefertigte hat die ihm von dem löbl. k. und k. General-Consulate zur Beurtheilung und Berichterstattung übergebenen Actenstücke sorgfältig geprüft und sich auch des Näheren über den neuen, für Mr. Heaton patentirten Process der Stahlfabrication und über die Glaubwürdigkeit der in genannten Actenstücken enthaltenen Daten erkundigt. Der Gefertigte hat namentlich mit Mr. Henry Bessemer, Mr. C. W. Siemens und mehreren anderen Metallurgen ersten Ranges über den Gegenstand des Heaton-Processes Rücksprache gehalten, um sich nach Möglichkeit vor irrigem Urtheile zu wahren.

Als das Resultat dieser Studien hat der Gefertigte die Ehre, dem löbl. k. u. k. General-Consulate das Folgende zu unterbreiten.

Das Verfahren des Mr. Heaton besteht in der Anwendung von Salpeter und ähnlichen sauerstoffreichen Salzen für die Umwandlung von Roheisen in ein mehr oder weniger gereinigtes Product, welches Mr. Heaton Rohstahl nennt, welches aber nach der Analyse des Dr. Miller nicht weniger als 1·8 Proc. Kohlenstoff und 0·266 Proc. Silicium enthält, also keineswegs den Namen Stahl verdient. Dieses Halbproduct wird in einem Puddelofen oder Flammofen zu Luppen von Schmiedeeisen geballt und weiter verarbeitet, oder es wird gehämmert, in Stücke gebrochen und im Tiegel auf Gussstahl umgeschmolzen.

Die Reaction zwischen Salpeter und Roheisen geschieht, indem der Salpeter, mit Sand und Eisenerz gemischt, auf den Boden eines Ofens gebracht und darauf mittelst einer durchlöcherten Gusseisenplatte festgehalten wird, während das flüssige Roheisen darübergegossen wird und den Ofen oder Tiegel bis zu einer gewissen Höhe füllt. Der Salpeter, der in seiner Mischung mit anderen Körpern nicht augenblicklich explodiren kann, zersetzt sich langsam, erzeugt Sauerstoff, der als Gas durch die flüssige Eisenmasse aufsteigt, und es entsteht dadurch eine Reaction auf das Roheisen, welche jener des Bessemer Verfahrens ähnlich ist.

Die besondere Absicht oder Grundidee des Heaton-Processes besteht in der möglichen Reaction zwischen dem Schwefel und Phosphor des Roheisens und dem Natron oder den anderen Basen der gebrauchten salpetersauren Salze.

Der Bericht des Dr. Miller, welcher bereits früher citirt wurde, enthält auch über diesen Punkt analytische Daten. Aus einem Roheisen, welches 1·455 Proc. Phosphor enthielt, wurde mittelst des Heaton-Processes ein Halbproduct erzeugt, welches im gehämmerten Zustande nur 0·298 Proc. Phosphor zeigte. In Bezug auf dieses Resultat muss man bemerken, dass der übrig gebliebene Phosphorgehalt noch viel zu gross ist, um brauchbaren Stahl zu geben. Die mittelmässigen Qualitäten von Bessemerstahl erreichen nie den dritten Theil dieses Gehaltes, und guter Gussstahl oder Bessemerstahl darf nicht mehr als 0·055 Proc. Phosphor haben. Es ist des Weitern auch noch zweifelhaft, ob das Verschwinden eines Theiles des Phosphorgehaltes wirklich der Gegenwart der Blasen zuzuschreiben sei, und der Gefertigte hat seine Ansicht über diese Frage im Journal „Engineering" ausgesprochen.

Der Hauptpunkt, um den sich der praktische Werth und die Lebensfähigkeit des neuen Processes dreht, ist die Kostenfrage. Wenn es nämlich gelingen sollte, aus Erzen und Roheisensorten von minderer Reinheit guten Stahl zu erzeugen und die Erzeugungsweise die Kosten anderer Stahlprocesse nicht wesentlich überschreitet, so würde ein besonderer Vortheil und ein wichtiger Fortschritt durch den Heaton-Process erreicht werden.

In dieser Beziehung glaubt der Gefertigte dem Heaton-Processe kein günstiges Prognostikon stellen zu können.

Der Bezug salpetersaurer Salze ist bekanntlich schwierig und der Bedarf in allen Branchen der Industrie ziemlich gross. Der Preis des Chilisalpeters ist selbst jetzt in England 10 Lstr. per Tonne, oder ungefähr 500 fl. ö. W. in Silber per Zollcentner.

Die Quantität dieses Salzes würde sich nach dem Berichte des Dr. Miller ungefähr auf 3 Zollctr. per Tonne Roheisen stellen; es kostet daher der Chilisalpeter 15 fl. per Tonne oder 75 kr. per Centner Roheisen. Wenn man den Abbrand und andere Verluste in Betracht zieht, so

*) Wir bringen nach den Verhandlungen des niederösterr. Gewerbevereins hier noch einen Artikel über Heaton's Verfahren, der allerdings von einem entschiedenen „Bessemerianer" herrührt; allein wir wollen eben die Sache von allen Seiten beleuchten lassen. Die Red. d. ö. Z. f. B. u. H.

muss man per Centner erzeugten Stahles mindesten 1 fl. ö. W. Silber für „Soda" rechnen. In Oesterreich würde sich diese Ziffer noch höher stellen, weil der Chilisalpeter daselbst einen höheren Marktpreis hat.

Der Unterschied im Preise zwischen phosphorfreien und phosphorhältigen Roheisensorten ist ungefähr ebenso gross, als der Preis des Chilisalpeters, der soeben gefunden wurde; es ist jedenfalls einfacher, das Roheisen etwas theuerer zu bezahlen und ganz reine Stahlsorten zu erzeugen, als die unreinen Sorten von Roheisen einer Reinigung zu unterziehen, die jedenfalls sehr unvollkommen ist und die für die angewendeten Chemikalien allein die ganze Differenz im Preise zwischen gutem und schlechtem Roheisen verbraucht.

Das soeben ausgesprochene ungünstige Urtheil über den praktisch-commerziellen Werth des Heaton-Processes bezieht sich auf das Verfahren im Allgemeinen und ohne Rücksicht auf specielle Localverhältnisse. Es basirt auf der Mittheilung im Berichte des Prof. Miller, dass das Quantum Chilisalpeter für die Conversion von 12 ½ Ctr. Roheisen 169 Pfd. war. (Die einzige Mittheilung, welche von glaubwürdiger Seite bis jetzt in das Publicum gedrungen ist.)*)

Was die Bedeutung des Heaton-Processes speciell für Oesterreich betrifft, so würde dieselbe selbst im Falle eines günstigeren Erfolges eine verhältnissmässig sehr geringe sein, weil die Mehrzahl der österreichischen Eisenerzlager Materiale von eminenter Reinheit und vorzüglicher Qualität liefert, daher die österreichischen Eisenwerke einer solchen künstlichen Reinigung des Roheisens gar nicht bedürfen.

(Verhandl. d. niederösterr. Gewerbevereins in Wien.)

*) ? ?

Aus der General-Versammlung der Wolfsegg-Traunthaler Kohlenwerks- und Eisenbahn-Gesellschaft.

Am 18. März l. J. hielt die oben genannte Gesellschaft ihre XIV. ordentliche Generalversammlung, wobei ein ausführlicher Geschäftsbericht über den Erfolg des abgelaufenen Jahres vorgelegt wurde. Wir entnehmen demselben nachstehende Daten:

„Der grosse Kohlenbedarf, welcher gegen Ende des Jahres 1867 auftrat und mit den grössten Anstrengungen von Seite des Bergbaues kaum befriedigt werden konnte, hatte sich auch in der ersten Hälfte des Jahres 1868 noch erhalten und war dadurch Veranlassung zur Steigerung der Production, welche in der Höhe von mehr als 4 Mil. Centner die Erzeugung des Vorjahres um 1 Mil. Centner überstieg.

Wenn dieses Resultat, welches bei den ungenügenden Betriebsmitteln nur mit grösster Anstrengung zu erreichen möglich war, einen erfreulichen Beweis über die Leistungsfähigkeit der gesellschaftlichen Werke gibt, so ist eben nur zu bedauern, dass der Bedarf in Folge des geringeren via Salzburg erfolgenden Getreide-Exportes in der zweiten Hälfte des verflossenen Jahres bedeutend abgenommen hat, somit ein gleich hoher Absatz für das Jahr 1869 kaum in Aussicht genommen werden kann. Es zeigt dieser Fall, welch' grossen Schwankungen jene Werke, die hauptsächlich den Verbrauch der Eisenbahnen decken, unterworfen sind und wie es dieselben stets als Hauptaufgabe betrachten müssen, durch die Vermehrung ihres Absatzes an die stabilere Industrie die ungünstigen Folgen jener ungleichen Anforderungen möglichst zu beheben.

Andererseits lässt sich aber daraus auch für die Zukunft voraussehen, dass solche Abnormitäten zeitweilig wiederkehren werden und dass die Ausbildung der gesellschaftlichen Betriebsmittel, welche in diesem Jahre eine bedeutende Vermehrung erfahren haben, nothwendig ist, um den grösstmöglichen Nutzen aus solchen, wenngleich nur vorübergehenden, günstigen Conjuncturen ziehen zu können

Unter den günstigen Ergebnissen des Absatzes tritt insbesondere die namhafte Vermehrung desselben auf dem Wiener Platze hervor und gibt das Zeugniss, dass die Consumenten den Brennwerth und die Vorzüge der Braunkohle mehr zu würdigen beginnen, und es wird dies umsomehr der Fall sein, wenn dieselben die unserem Brennmateriale entsprechenden Feuerungsvorrichtungen zur Anwendung bringen.

Diese Anschauung wird auch durch ein dem hohen k. k. Handels-Ministerium vorgelegtes Exposé des k. Rathes und Directors der Kaiserin Elisabeth-Bahn Herrn Ritter v. Keissler begründet, wornach vielfache, mit diversen Kohlen auf dem Zeh'schen Roste angestellte Versuche das Resultat ergeben haben, dass 1 Ctr. Pilsner Kohle im Nutzeffecte: 1 ½ Ctr. Wolfsegg-Traunthaler und ebenso 1 Ctr. schlesische Kohle: 1 ¾ Ctr. Wolfsegg-Traunthaler Kohle gleichkommt Durch dieses Ergebniss ist constatirt, dass gegenwärtig die Wolfsegg-Traunthaler Kohle das billigste Brennmaterial für Wien ist.

Der Bergbau-Betrieb ergab im Jahre 1868 eine Erzeugung von . . . . 4,300.017 Zollctr.

Die Erzeugung dieses Jahres gegenüber den vorhergehenden stellt sich also:

im Jahre	Erzeugungsmenge	daher im Jahre 1868 mehr
1867 . .	3,285.685 Zollctr. . .	1,014.332 Zollctr.
1866 . .	1,637.059 „ . .	2,662.958 „
1865 . .	2,909.305 „ . .	1,390.712 „

Die in Angriff genommenen Ausrichtungsarbeiten wurden theils fortgesetzt, theils zu Ende geführt.

Bezüglich der Schurfarbeiten wurde die Freifahrung der im Complexe Feitzing-Windischhub gemachten Aufschlüsse vorgenommen und im Kobernauserwalde, wo eine Concurrenz in der Aufschürfung von Kohlen auftrat, das am geeignetsten erscheinende Terrain durch Freischürfe gedeckt. Die daselbst vorgenommenen Schurfarbeiten haben zwar das Vorkommen der Kohle in dieser Gegend constatirt, jedoch sind die aufgeschlossenen Flötze von so geringer Mächtigkeit, dass sie nicht abbauwürdig erscheinen.

Bei der oben angeführten Erzeugung sammt Nebenarbeiten waren beschäftiget:

22 Aufseher,
418 Häuer,
89 Förderer,
214 Arbeiter bei verschiedenen Verrichtungen
12 Knaben,
7 Weiber

in Summa 762 Personen.

Die Häuerleistung, welche im Jahre 1860 noch 24·8 Zollcentner betrug und einen Häuerverdienst von 68 kr. per Schicht ergab, ist insbesondere in Folge des im Jahre 1864 eingeführten Centner-Gedinges im Jahre 1868 auf 39 Zollctr. per Schicht und einen reinen Häuerverdienst von fl. 1.20 kr. per Schicht gestiegen.

Nicht uninteressant ist die Vertheilung des Absatzes dieser Braunkohlen.

Die ziffermässige Zusammenstellung der Absatzmengen ergibt für das Jahr 1868 nachstehende Daten:

An Vorräthen vom Jahre 1867 waren mit 1. Jänner 1868 auf den Kohlenlagern . . . . . 81.351 Zollctr.
Im Jahre 1868 wurden erbeutet . . 4,300.017 „
Zusammen 4,381.368 Zollctr.

Davon wurden verkauft 4,165.039 Zollcentner, welche zuzüglich des Calo von 50.254 Zollctr. die Summe von 4,215.293 „
bilden und es verbleibt Vorrath mit 31. December 1868 . . . . . 166.075 „

Von diesem Gesammtverschleisse entfallen auf:

die Kaiserin Elisabeth-Bahn . . .	2,612.350 „
„ königl. baier. Staatsbahn . . .	493.770 „
„ k. k. Saline Gmunden	184.115 „
„ Südbahn loco Kufstein	30.000 „
„ Kronprinz Rudolf-Bahn	15.000 „
„ k. baier. Bau-Section Neu-Oetting	15.000 „
kleinere Abnehmer und Fabriken . .	814.804 „

Zieht man den Verkauf an Fabriksunternehmungen und Kleinconsumenten vorzugsweise in Betracht, so ergibt sich gegen das Vorjahr bei demselben eine Zunahme des Absatzes von circa 170.000 Ctr., wovon auf den Wiener Platz allein 95.000 Ctr. entfallen.

Aus dem Verkaufe dieser 4,165.039 Zollctr. wurde eine Brutto-Einnahme erzielt von fl. 745.457 55 kr.
Die Erzeugungskosten mit Einrechnung sämmtlicher Bergbau-Auslagen, Frachtspesen bis zu den Verkaufsstationen, Regiekosten, Inventars-Abschreibungen beziffern sich auf „ 537.381 41 „

Sohin erübrigen als Ertrag pro 1868 fl. 208.076 14 kr.

Davon wurden bestritten:

a) die 5perc. Zinsen der Hypothekarschuld mit fl. 5250 — kr.
b) die Zinsen der Traunthaler Prioritäts-Obligationen . . . . . „ 363.30 „ *)
c) die Zins. des Reserve- und Dispositionsfondes mit . . . . . „ 6007.28 „
d) die Quote in dem Amortisationsfond mit „ 2580 — „ fl. 14.200 58 kr.

Von dem Reste per . . . fl. 193.875 56 kr.
sind noch zu bezahlen:

e) die Coupons v. 1052 Stück Prioritäts-Actien Serie II vom 1. April und 1. October 1869 mit 6% à fl. 7.50 fl. 15.780 — kr.   Fürtrag fl. 193.875 56 kr.
f) die noch nicht bemessene Einkommensteuer mit circa fl. 24.000 — kr.
g) für die Actien Serie I nach §. 24 der Statuten ebenfalls eine Verzinsung von 6%, wonach für die am 1. April und 1. October 1869 fälligen Coupons von 4878 Stück je fl. 7 50 kr. . . . . . fl. 73.170 — kr.

in Summa daher . . . . . . fl. 112.950 — kr.
zur Auszahlung kommen.

Hiernach bleiben verfügbar . . . fl. 80.925 56 kr.
welche den Gegenstand der Verhandlung nach Massgabe des §. 24 der Statuten bildeten.

Es wurde die Vertheilung von 2 Proc. Superdividende beschlossen (somit im Ganzen 8 Proc. per Actie), dann die Tantièmen für den Verwaltungsrath mit 10 Proc., für die Beamten mit 10 Proc. und ein Reservefondbeitrag von 20 Proc. daraus bestritten.

Der Reservefond, einschliessig eines für unvorhergesehene Auslagen verfügbaren und eines Amortisationsfondes hat schon mit Schluss 1868 die Höhe von mehr als 137.000 fl. erreicht und dürfte somit durch die neuen Zuflüsse aus den Ueberschüssen des Jahres 1868 sich auf über 150.000 fl. erhöhen.

*) Welches im Jahre 1852 von der früheren Traunthaler Gewerkschaft contrahirte und von der neuen Gesellschaft übernommene Anlehen mit dem März 1869 durch die Auszahlung der letzten 2 noch unverlosten Obligationen gänzlich getilgt worden ist. Die Red.

Bemerkungen über die bei Bergwerkspumpen vorkommenden Zerstörungen und Mittel zu deren Sicherung.

(Fortsetzung und Schluss.)

Die vorerwähnten bedauerlichen Ereignisse, wo für den Bergwerksbetrieb so überaus wichtige Pumpentheile sehr wahrscheinlich weit vorwiegend in Folge von im Guss zurückgebliebener Spannung, also von inneren Mängeln, ausser Function traten, haben in den hiesigen berg- und hüttenmännischen Kreisen allgemeines Aufsehen, in den ersteren zugleich vielfach grosse Besorgniss hervorgerufen. Für diese zunächst bei der Sache Betheiligten entsteht die Frage, wie sie für ihre bereits fertigen Pumpenanlagen am sichersten Schutz gegen Unfälle der gedachten Art finden können, und bei der Wichtigkeit derselben kann es nur von Nutzen sein, sie der allgemeinen Discussion zu empfehlen. Jn diesem Sinne stehe ich nicht an, meine Ansichten über einige Schutzmittel des Pumpenbetriebes hierdurch der Oeffentlichkeit zu übergeben.

Zuvor sei daran erinnert, dass wohl die grössten und verderblichsten Erschütterungen, denen die Pumpen ausgesetzt sind, entstehen, wenn der Plunscher beim Niedergehen erst ein wasserleeres Medium zu durchwandern hat, und nun, nachdem er bereits eine erhebliche Geschwindigkeit angenommen, plötzlich die Oberfläche des Wassers trifft. Der Zerstörung durch diesen Anlass sind daher vorzugsweise die sogenannten Arbeitstheile der Pumpe und unter diesen erfahrungsmässig bei weitem am häufigsten der Saugeventilkasten ausgesetzt, welcher durch seine äussere Form und die vorhin erwähnte Schwierigkeit seiner fehlerlosen Herstellung die geringste Widerstandsfähigkeit besitzt und dabei nächst dem Plunscherrohr dem Ursprungsorte der Erschütterung am nächsten sich befindet. Dieser Ventilkasten bedarf daher auch vorzugsweise eines Schutzmittels.

Meine Ueberlegung führte mich auf den Gedanken, einen Apparat in die Wandung des Kastens einzuschalten, welcher einem nur um ein weniges grösserem Drucke nachgibt, als welchen die Wandung bei normalem Pumpenbetriebe auszuhalten hat, der dann aber, sobald das Gleichgewicht zwischen ihm und dem Wasserdrucke im Innern des Kastens wiederhergestelt ist, in seine Stellung zurücktritt, ohne ferner Wasser aus- und Luft einzulassen. Es wäre somit ein solcher Apparat ein integrirender Theil der Rohrwand, und zwar der schwächste Theil derselben, der, indem er selbst dem Ueberdrucke nachgibt, alle übrigen Theile der Wand vor dem Nachgeben und damit vor der Zerstörung bewahrt.

Einen solchen Dienst leistet genau auch das Sicherheitsventil bei den Dampfkesseln, und etwas anderes, als ein solches Sicherheitsventil ist seiner wesentlichen Einrichtung nach der für den Ventilkasten in Anwendung zu bringende und bereits in Auftrag gegebene Apparat auch nicht. Es wird für jeden der neuen und schon in Betrieb befindlichen Pumpensätze — zwei 27zöllige Drucksätze, der obere von 60, der untere von 20 Ltr. Höhe, betrieben von einer direct und doppelt wirkenden 80zölligen Maschine mit 12 Fuss Hubhöhe — eine neue Ventilthür angefertigt, in der Mitte mit einem kurzen Rohrstupper von 4 Zoll lichter Weite versehen, an welchen sich ein gleich weites, mit einem Sicherheitsventil versehenes Rohr anschliesst. Die freie Oeffnung dieses Ventils wird der lichten Rohrweite genau entsprechen und die Belastung desselben mittelst eines einarmigen Hebels mit angehängtem Gewichte bewirkt und so regulirt werden, dass ein Oeffnen des Ventils schon erfolgt, wenn der Gang der Maschine ein gewisses, dem Maschinenwärter vorgeschriebenes Maass überschreitet. Andere Einrichtungen bezwecken ein stetes Unterwasserstehen der Oberfläche des Ventils, sowie den Schutz desselben gegen unbefugte Einwirkungen, die Signalgebung an den Maschinenwärter, die Angabe, wie oft das Ventil functionirt hat, und endlich die Anstellung von Beobachtungen über den wechselnden Wasserdruck während des Betriebes der Pumpen, letztere mit Hülfe eines Federmanometers mit Maximumzeiger.

Es ist kaum ein Zweifel, dass ein solcher mit Sorgfalt ausgeführter und genau für den jedesmaligen Pumpengang abgewogener und abgemessener Apparat früher functioniren wird, als der Stoss oder Schlag des Plunschers die schwächste Stelle der eigentlichen Wand zersprengt, denn dazu bedarf es, dass der grosse und durch seine Form nicht unbedeutend elastische Kasten sich über seine Elastizitätsgrenze hinaus ausdehnt. In der dazu erforderlichen Zeit wird die Wirkung des Schlages sich auch schon bis zu dem nur unbedeutend weiter entfernten Ventil fortgepflanzt, und dasselbe, weil es den geringsten Widerstand leistet, emporgehoben haben.

Bei neu herzustellenden Ventilkästen würde das Sicherheitsventil am vortheilhaftesten in der Mitte einer Längswand anzubringen sein.

Ein zweites Mittel, welches wohl gleichfalls nicht unbedeutend beitragen würde, die Wirkung des Plunschers in dem vorhin vorausgesetzten Falle abzuschwächen, würde sein, wenn man denselben statt in einer geraden oder nur wenig gewölbten Fläche, wie es bis jetzt Regel ist, in einer kegelförmigen Spitze endigen liesse. Der momentane und dadurch verderblich wirkende Schlag der Fläche im Augenblick ihrer Berührung mit dem Wasser würde sich in eine in verlängertem Zeitraume ruhig und daher unschädlich verlaufende verwandeln. Wasserkästen zum Zweck der Wasserförderung pflegt man doch auch nicht mit flachem, sondern mit dachförmigem Boden herzustellen, der wie ein Keil das Wasser zertheilt, und dem nachfolgenden Kasten Platz schafft; nur wirken hier die Wassereinlassklappen im dachförmigen Boden zugleich für die Haltbarkeit der Kästen als Sicherheitsventile.

Zeche ver. Präsident, im Februar 1869.

L. Busch, Gruben-Director.

Die königliche Bergakademie zu Berlin*).

Von Bergrath Hauchecorne, Director der kgl. Bergakademie.

Seit der Veröffentlichung der ausführlichen Mittheilungen über die königliche Bergakademie in Berlin von dem Berghauptmann Dr. Noeggerath in dem Jahrgange 1865 der Zeitschrift für Berg-, Hütten- und Salinenwesen im preussischen Staate sind die Einrichtungen dieser Anstalt sowohl hinsichtlich des Lehrplanes als in den Lehrmitteln wesentlich erweitert und vervollständigt worden. Auch die Lehrkräfte sind verstärkt und zum Theil andere geworden. Ein erneuter Ueberblick über den gegenwärtigen Zustand der Anstalt wird deshalb erwünscht sein.

Was zunächst den allgemeinen Lehrplan der Bergakademie betrifft, so war man bei der ursprünglichen Anordnung desselben von der Voraussetzung ausgegangen, dass die grosse Mehrzahl der Studirenden bei der Bergakademie nur ihre technische Ausbildung, ihre allgemeine wissenschaftliche Ausbildung aber bei den Landes-Universitäten suchen würde.

Der Inhalt der Vorlesungen beschränkte sich deshalb ausschliesslich auf die technischen Fachwissenschaften. Da das Triennium von den meisten Studirenden für die Dauer der akademischen Ausbildung nicht überschritten zu werden pflegt — es wird auch nach den Vorschriften für die Vorbereitung der Aspiranten zum preussischen Bergstaatsdienste als die normale Studienzeit zu Grunde gelegt —, so rechnete man darauf, dass im Allgemeinen dem rein wissenschaftlichen Studium zwei Jahre, demjenigen der Fachwissenschaften ein Jahr werde gewidmet werden und richtete deshalb den Vorlesungsplan der Bergakademie so ein, dass innerhalb eines Jahres das ganze Gebiet der Fachwissenschaften ohne Collision der

*) Aus der berg- und hüttenmännischen Zeitung Nr. 11 d. J. Da es sich auch bei uns um Reformen des bergmännischen Unterrichtes handelt, dürfte eine Verbreitung obigen Artikels von Interesse sein. Die Red.

Vorlesungen erschöpft wurde. Diejenigen Studirenden, welche etwa 2 Jahre hindurch Provinzial-Universitäten besucht hatten, vermochten bei dieser Einrichtung in dem letzten Jahre ihr Fachstudium unter angestrengtem Fleisse auf der Bergakademie zu vollenden, während solche, welche mehrere Jahre in Berlin studirten, den Besuch der technischen Vorlesungen auf eine längere Zeit vertheilen konnten.

Dieser Lehrplan war zutreffend, besonders für diejenigen jungen Männer, welche sich auf den Eintritt in den **Bergstaatsdienst** vorbereiteten. Bei dem bedeutenden Umfange der naturwissenschaftlichen, staatswissenschaftlichen und technischen Kenntnisse, welche in den Staatsprüfungen verlangt werden, kann man wohl annehmen, dass die Verwendung des dritten Theiles der akademischen Studienzeit auf das technische Fachstudium angemessen sei. Weniger zutreffend war der Lehrplan für solche Studirende, welche sich für den **Privatdienst** in der Bergwerks- und Hütteniudustrie vorbereiten.

Bei diesen fallen die Staatswissenschaften meist ganz weg; selbst die Naturwissenschaften pflegen nicht in der umfassenden und vielseitigen Weise betrieben zu werden, wie es in den Prüfungsvorschriften für den Bergstaatsdienst vorgeschrieben ist. Andererseits ist es für diese letzteren Studirenden wünschenswerth, die technischen Fächer in weiterem Umfange und in speciellerer Gliederung und Behandlung kennen zu lernen, als dies bei der Erschöpfung des ganzen Gebietes in einem Jahre überhaupt möglich ist.

Mit Rücksicht darauf, dass der letzteren Kategorie bereits seit einigen Jahren bei Weitem die Mehrzahl der Studirenden der Bergakademie angehört, während die Zahl der Aspiranten für den Bergstaatsdienst fortwährend abnimmt, und dass insbesondere die Frequenz an solchen Studirenden im Steigen begriffen ist, welche ihre ganze Ausbildung in möglichst abgerundetem Zusammenhange bei der Bergakademie zu erlangen suchen, ist der allgemeine Lehrplan derselben seit Jahresfrist in folgender Weise umgestaltet worden.

Es wird vorausgesetzt, dass die Studirenden die Reife des Abgangs von Gymnasien oder Realschulen erster Classe mitbringen, dass im Allgemeinen die **ganze Dauer des akademischen Studiums eine dreijährige** und dass in dieser Zeit sowohl die wissenschaftliche als die Fachausbildung zu erlangen sei.

Die Fortdauer der Verbindung des Studiums bei der Bergakademie mit demjenigen bei der Universität ist zugleich mit dem Grundsatz festgehalten, dass eine gründliche und umfassende Kenntniss der Naturwissenschaften für den tüchtigen Techniker im Berg- und Hüttenwesen ebenso nothwendig sei, wie die technischen Kenntnisse selbst und dass der Studienplan die Erlangung derselben möglich zu machen habe. Die Beschäftigung mit den Naturwissenschaften ist nicht der Zeitfolge nach von dem Studium der technischen Fachwissenschaften getrennt, vielmehr durcheinandergreifend mit demselben so geordnet, dass in beiden Richtungen von dem Allgemeinen zum Speciellern fortgeschritten wird. Abgesehen von anderen Gründen wurde dies schon deshalb als wünschenswerth erachtet, weil die Beschäftigung mit den Naturwissenschaften erfrischend und anregend auf die ganze Geistesthätigkeit der Studirenden wirkt. Das **erste Studienjahr** ist ganz vorzugsweise für allgemeine Naturwissenschaften und Mathematik bestimmt; im **zweiten Jahre** treten die meisten technischen Fächer, Mechanik und speciellere Zweige der Naturwissenschaften hinzu; für das **dritte Jahr** bilden Maschinenlehre und Construction, Uebungen in der Mineralanalyse und die Beschäftigung in den naturwissenschaftlichen Sammlungen der Akademie die Hauptaufgabe, wozu wenige technische Specialitäten hinzutreten. Die grösste Zahl der Vorlesungen und Vorlesungsstunden fällt bei dieser Eintheilung in das zweite Jahr, die geringste in das dritte, so dass in letzterem Zeit für Uebungen und Wiederholungen gewonnen wird. Diejenigen Studirenden, welche neben den naturwissenschaftlichen und technischen Fächern sich zur Vorbereitung auf den Berg-Staatsdienst staatswissenschaftliche Kenntnisse zu erwerben haben, finden im Laufe des Trienniums bei jener Studieneintheilung Raum, darauf bezügliche Vorlesungen einzufügen. — Von diesen Gesichtspunkten aus ist der **Studienplan für das Triennium** in folgender Weise vertheilt:

Im I. Jahre:

1. Mathematik, 2. Experimental-Chemie, 3. Experimental-Phisik, 4. Mineralogie, 5. Paläontologie, 6. Allgemeine Hüttenkunde, 7. Zeichnen.

ad 2, 3, 4, 5 bei der Universität,
ad 1, 6, 7 bei der Bergakademie.

Im II. Jahre:

1. Bergbaukunde, 2. Eisenhüttenkunde, 3. Salinenkunde, 4. Allgemeine Probirkunst, 5. Löthrohrprobirkunst, 6. Metallurgische Technologie, 7. Markscheide- und Messkunst, 8. Mechanik, 9. Bergmännisches und markscheiderisches Zeichnen, 10. Geognosie, 11. Petrographie, 12. Mineralogisches Praktikum, 13. Mineralogische Colloquien und Repetitorien.

ad. 1 bis 12 bei der Bergakademie,
ad 13 bei der Universität.

Im III. Jahre.

1. Maschinenlehre und Maschinen-Construction, 2. Mineralanalyse und Repetitorien über dieselbe, 3. Mineralchemie, 4. Eisenprobirkunst, 5. Chemische Technologie, 6. Geologie, 7. Bergrecht,
sämmtlich bei der Bergakademie.

(Schluss folgt.)

Aus Wieliczka.

In der letzten Woche des März wurden am Elisabeth-Schachte alle Steigröhren und Kunstgestänge eingebaut und es waren mit Schluss des Monats nur noch die Verbindung des letzten Gestänges mit der Maschinen-Kolbenstange und einige kleinere Nacharbeiten übrig, z. B. die Vollendung des Abflusskanals für das zu hebende Wasser, der wegen der herrschenden ungünstigen Witterung, welche die Arbeiten ober Tage störte, erst jetzt bewerkstelligt werden kann.

Im Joseph-Schachte findet die Förderung von Salz ohne Unterbrechung statt.

Das Albrecht-Gesenk hat die Tiefe von 14 Klafter 4 Fuss erreicht und bewegt sich in Salzthongebilden.

Das Steigen des Wassers hat in der Woche vom 22. bis 31. März durchschnittlich 4 Zoll in 24 Stunden betragen. Die Wasserhebung im Franz Joseph-Schacht war ungestört im Gange, die im Elisabeth-Schacht durch Wasserkästen nach Zulass der Arbeiten beim Maschinen-Einbau.

Am 31. März stand das Wasser 3 Klafter, 0 Fuss, 3 Zoll über dem Horizonte „Haus Oesterreich“.

Die 250pferdekräftige Maschine wird nun, da sie vollendet ist, erst einige Tage versuchsweise und allmälig in Gang gesetzt, um die bei neuen noch nicht in Bewegung gewesenen Verbindungstheilen Anfangs vorhandenen kleinen Reibungen und Stockungen leichter zu überwinden und keine Unterbrechungen durch Bruch von Maschinentheilen zu besorgen. Um die Maschine und deren nach der Tiefe eingebauten Bestandtheile möglichst fest und stabil zu erhalten, wurden die unteren Theile durch starke Ketten verbunden und an einem vor jeder Senkung sicheren Horizonte aufgehangen. Wir hoffen in nächster Nummer schon über die ersten Proben des Ganges der Maschine berichten zu können.

Literatur.

Druckschriften des Central-Vereines für genossenschaftliche Selbsthilfe in Wien. Heft I. Die Arbeiter-Häuser auf der Pariser Weltausstellung von 1867. Gewidmet dem österreichischen Arbeiter von Friedrich Bömches, Ingenieur der k. k. priv. Südbahngesellschaft, Berichterstatter der österr. Regierung bei der Pariser Ausstellung von 1867 und Comitémitglied des Central-Vereines für genossenschaftliche Selbsthilfe. — Wien 1868. Herausgabe und Verlag der „Allgem. Bauzeitung.“ Druck von R. v. Waldheim. Preis 2 fl. öst. W.

Dieser Quartband von 24 Seiten Text und 13 Foliotafeln Abbildungen bietet eine sehr gute, mit Umsicht und Fleiss zusammengestellte Beschreibung der zweckmässigsten Wohnungen für Arbeiter nebst Angabe ihrer Einrichtung und Kosten. Die Einsicht dieses Werkes ist daher jeder Berg- oder Hüttenwerks-Verwaltung, welche für die Unterbringung ihrer Arbeiter zu sorgen hat, dringend zu empfehlen. F. M. F.

Amtliche Mittheilungen.

Personalnachrichten.

Seine k. und k. Apostolische Majestät haben mit Allerh. Entschliessung vom 21. März d. J. dem mit dem Titel und Charakter eines Sectionsrathes bekleideten Ministerial- zugleich Präsidialsecretär im k. k. Finanzministerium Rudolf Ritter v. Prechtl eine systemisirte Sectionsrathsstelle in diesem Ministerium allergnädigst zu verleihen geruht. (Z. 859-FM., ddo. 22. März 1869.)

Se. k. u. k. Apostolische Majestät haben mit Allerh. Entschliessung vom 24. März d. J. dem Bergrathe Rudolf Edlen v. Kendler eine systemisirte Ministerialsecretärs-Stelle im Finanzministerium allergnädigst zu verleihen geruht.

Brestl m. p.

Seine k. und k. Apostolische Majestät haben mit Allerh. Entschliessung vom 27. Februar d. J. dem Amtsdiener des k. k. Hauptmünzamtes Thomas Döpfner in Anerkennung seiner vieljährigen und treuen Dienstleistung das silberne Verdienstkreuz allergnädigst zu verleihen geruht. (Z. 6979, ddo. 9. März 1869.)

Ernennungen.

Vom Finanzministerium:

Bei dem Hauptpunzirungsamte in Wien: der dortige Official II. Cl. Johann Hrabak zum Official I. Cl., die dortigen Officiale III. Cl. Josef Müller und Josef Pickel zu Officialen II. Cl., endlich der Praktikant des General-Probiramtes Rudolf Zahrl und der Praktikant des Hauptpunzirungsamtes Franz Steuer zu Officialen III. Cl. (Z. 40620, ddo. 9. März 1869.)

Diese Zeitschrift erscheint wöchentlich einen Bogen stark mit den nöthigen artistischen Beigaben. Der Pränumerationspreis ist jährlich loco Wien 8 fl. ö. W. oder 5 Thlr. 10 Ngr. Mit franco Postversendung 8 fl. 80 kr. ö. W. Die Jahresabonnenten erhalten einen officiellen Bericht über die Erfahrungen im berg- und hüttenmännischen Maschinen-, Bau- und Aufbereitungswesen sammt Atlas als Gratisbeilage. Inserate finden gegen 8 kr. ö. W. oder 1½ Ngr. die gespaltene Nonpareillezeile Aufnahme. Zuschriften jeder Art können nur franco angenommen werden.

Druck von Carl Fromme in Wien. — Für den Verlag verantwortlich Carl Reger.

№ 15.
XVII. Jahrgang.

1869.
12. April.

Oesterreichische Zeitschrift für Berg- und Hüttenwesen.

Verantwortlicher Redacteur: Dr. Otto Freiherr von Hingenau,
k. k. Ministerialrath im Finanzministerium.

Verlag der G. J. Manz'schen Buchhandlung (Kohlmarkt 7) in Wien.

Entwurf allgemeiner Bergpolizei-Vorschriften.

(Fortsetzung.)

X. Grubenbrände.

§. 86.

Zur Verhütung von Grubenbränden wird vorgeschrieben:

1. Ein möglichst reiner Abbau der Kohlenflötze und eine reine Förderung des gefallenen Kohlenkleins.

2. Die Unterlassung von grösseren Aufschlüssen der Kohlenflötze.

3. Die Einhaltung von geringeren Querschnitts-Dimensionen bei Führung von Aufschluss- und Ausrichtungsstrecken in brüchigen und mächtigeren Kohlenflötzen.

4. Eine sorgfältige Beobachtung der Störungen und Verwerfungen der Flötze, sowie aller in Folge der Bauführung in denselben entstandenen Risse und Sprünge.

5. Ein rascher Abbau und eine sichere Zimmerung bei brüchigen Kohlenflötzen und Flötzstörungen, wie dieselben nach Punkt 4 beobachtet worden sind.

6. Die Zuführung von frischen Wettern in Abbaue auf solchen Flötzen, deren Kohle zur Entzündung sehr geeignet ist.

7. Die Durchfahrung des Kohlenfeldes mit Wetterstrecken zur Bewirkung eines lebhaften Wetterzuges, wenn eine Erhöhung der Temperatur in demselben wahrgenommen wird.

8. Vorsicht bei Handhabung des Lichtes, bei Anwendung der Feuerkörbe und beim Einkesseln, dann bei der Anlage von Wetteröfen in Kohlengruben und bei der Feuerung derselben.

§. 87.

Als Mittel, entstandene Grubenbrände zu unterdrücken, wurden erprobt und sind nach den vorkommenden Umständen anzuwenden:

1. Das Bespritzen des entzündeten Kohlenmittels mit Wasser und ein rasches Wegräumen desselben.

2. Ein Einschliessen des Brandfeldes mit luftdichten Dämmen.

3. Die Zuführung von Stickstoff und kohlensauren Gasen in das Brandfeld.

4. Bei dichter Verdämmung und bei unzerklüfteten Kohlenpfeilern das Niederteufen eines Schachtes oder eines Bohrloches über dem Brandherde zur Abführung der Brandwetter.

5. Das Versetzen und Vorrücken der Dämme zur engeren Begränzung des Brandfeldes und Ausschliessung der bauwürdigen Kohlenpfeiler von demselben, wenn die Ueberzeugung vorhanden, dass die Heftigkeit des Brandes nachgelassen hat.

6. Das letzte aber auch bedenklichste Mittel ist das Unterwassersetzen des brennenden Kohlenfeldes.

§. 88.

Wird die Entstehung eines Grubenbrandes wahrgenommen, so hat dies der Bergwerksbesitzer oder dessen Bevollmächtigte dem Revierbeamten sogleich anzuzeigen, damit schleunigst Hilfe geschaffen werde.

§. 89.

In Grubenräumen, welche zur Communication zwischen den Arbeitspunkten und der Tagesoberfläche benützt werden, insbesondere in Schächten und Tagestrecken, welche zum Ein- und Ausfahren der Mannschaft dienen, in Querschlägen und Hauptstrecken, durch welche die Fahrung geht, ist der Einbau von Hölzern, welche mit leicht entzündbaren Substanzen getränkt sind, wegen der Feuergefährlichkeit solcher Zimmerung verboten.

Die Motive folgen für sich in nächster Nummer, weil sie zu lang für diese Nummer sind und nicht wohl ohne Zerreissung des Zusammenhanges beliebig abgetheilt werden konnten.

(Fortsetzung folgt.)

Die Erzgänge im Bergdistrikte von Nagybánya in Ungarn.

(Hiezu eine Tafel, welche auch die in den späteren Nummern nachfolgenden Gangbeschreibungen von Felsőbánya und Kapnik enthält.)

I.

Veresviz.

Nordwestlich (siehe die Tafel) vom Nagybányaer-Hauptthale mündet ein Seitenthal, von dem von Eisenoxydul röthlich gefärbten Wasser, Veresviz (Rothwasserthal) genannt, das sich in die 3 Nebenthäler: Fekete, Keves und Hoszupatak verzweigt, in welchen ein ausgedehnter Bergbau auf gold-, silber-, blei- und kupferführende Gänge im Grünstein-Porphyr betrieben wird.

Diese Gänge streichen von Morgen gegen Abend, verflächen theils gegen Mittag, theils gegen Mitternacht 60 — 80 Klftr. und besitzen eine sehr verschiedene, oft mehrere Klafter betragende Mächtigkeit. Scharrungen sind die vorzüglichsten Sitzpunkte des Metall-Adels. Das Gold kommt hauptsächlich mit Eisenkies und im Quarze, die Silbererze, nämlich: Sprödglaserz, Rothgülden und Silberschwärze im Thone und mit Kalkspäthen vor.

Der Laurenzi-Gang ist in viele Trümmer getheilt und nimmt mit diesen eine Mächtigkeit von 16 Klafter ein. Seine Ausdehnung im Streichen beträgt auf der Maria-Heimsuchung-Erbstollensohle 380 Klafter. Er hat in ältester Zeit, wie aus seinen bis an Tag reichenden Verhauen zu schliessen ist, einen grossen Metall-Reichthum entwickelt. Im sogenannten Ladányi-Schacht sollen 1000löthige Silbererze eingebrochen sein.

Der Michaeli-Gang zeigt mit seinen Trümmern eine Mächtigkeit von 5 — 7 Klafter, ist durch den gewerkschaftlichen Michaeli-Stollen bis nahe auf die Maria-Heimsuchung-Stollensohle verhauen und wurde in neuerer Zeit auf dieser Sohle durch den Dongáser-Flügelschlag in reichen Erzen aufgeschlossen. Vom Jahre 1844 bis 1847 wurden von diesem Gange Gefälle im Werthe von 76.715 fl. erbeutet.

Der Johann-Nep.-Gang besitzt eine Mächtigkeit von 6—7 Fuss mit unterbrochenem Adel.

Der Leopold-Gang hat eine Mächtigkeit von 2—5 Fuss und ist vom Tag nieder durch den Elisabeth- und Leopold-Stollen bis auf Maria-Heimsuchung-Stollen verhauen.

Der Martin-Gang ist im gewerkschaftlichen Felde 9' mächtig bereits abgebaut. Bei verhältnissmässig nur sehr schwacher Belegung wurden von diesem Gange in 10 Jahren Metalle im Werthe von 45.275 fl. zur Einlösung gebracht.

Auf der Sohle des benannten Erbstollen ist aber dieser Gang mit dem Kövespataker Flügelschlag unedel überfahren worden.

Der aus vielen Trümmern bestehende Johann-Evangelisten-Gang erstreckt sich im Streichen auf 220 Klftr. Sein reicher Goldgehalt hat in früherer Zeit sehr namhafte Ausbeuten gegeben und das hier ausnahmsweise stattgefundene lange Ausdauern eines erbauten Adels lässt auch ein regelmässiges Anhalten desselben in weiterer Teufe mit Sicherheit erwarten.

Seit den Jahren 1846 bis 1854 war dieser Gang in fortwährendem Segen, so zwar, dass die für das Aerar angekauften gewerkschaftlichen 22 Grubenantheile in obiger Periode einen reinen Ertrag von 52.360 fl. eingebracht haben.

Von den Trümmern dieses Ganges verdient die sogenannte Goldkluft wegen ihres reichen Goldadels eine besondere Erwähnung.

Der 9 Fuss mächtige Stefan-Gang, einer der reichsten des Reviers, hat der Sage nach in früheren Zeiten einen Adel entwickelt, welcher jenem des Johann-Evangelisten-Ganges, mit dem er übrigens identisch ist, noch übertroffen haben soll; er ist jedoch so gross gehauen wie der Lorenz-Gang, wenn auch nicht auf die nämliche Teufe wie dieser.

In den 3 letzten Jahren seiner Belegung, nämlich von 1844 bis 1846, lieferte derselbe Metalle im Werthe von 2355 fl., welche nur durch Herumsuchen in alten Zechen gewonnen wurden. Auch dieser Gang ist mit dem Kövespatak-Schlage auf Maria Heimsuchung-Erbstollensohle nicht edel getroffen worden und sonst im Aerar-Felde nirgends bekannt.

Der Franz- oder Susanna-Gang führte hochgüldische Erze und die grossen im Zusammenhange fortlaufenden Tagverhaue zeigen von einem bedeutenden Anhalten des Ganges.

Der Salvator-Gang ist durch ein über 200 Klafter breites, noch nicht genügend untersuchtes Gebirgsmittel von den übrigen Veresvizer Gängen getrennt. Er hat sich erst ungefähr 50 Klafter vom Mundloche des seinem Streichen nach betriebenen Salvator-Stollens edel gestaltet und ist von dort auf circa 150 Klafter ununterbrochen bis an Tag u. z. hie und da in 9 Fuss Breite, wahrscheinlich aber nur in ärmeren Erzen verhauen, zu deren Aufbereitung ein Pochwerk mit 18 Eisen bestand. Seine dermaligen Anstände sowohl im Salvator- als Breuner-Unterbau-Stollen sind für die gegenwärtigen Verhältnisse nicht gewinnungswürdig.

Der Josef-Calasanci-Gang verdient wegen seinen an Mühlgold ungemein reichen Pochgängen, sowie auch wegen den mit eingebrochenen edlen Silbererzen zu den reichsten Veresvizer Gängen gezählt zu werden.

Sämmtliche Veresvizer Gänge sind in ihren oberen Mitteln zum grössten Theil schon in der Vorzeit verhauen worden und standen sodann in Ermangelung tieferer Einbaue durch viele Jahre ausser allen Betrieb Vor ungefähr 50 Jahren haben dieselben aber wieder zu einem regeren Bergbaubetrieb Veranlassung gegeben, der jedoch fast nur im Nachnehmen der in den bereits abgebauten Mitteln stehen gebliebenen Erz- und Pochgang-Resten bestanden hat. Im Jahre 1836 haben die ärarialischen Gruben 12 Mark, $10^1/_4$ Loth Feingold und 40 Mark Feinsilber mit einer Zubusse von 7411 fl. geliefert.

Im Jahre 1850 wurde die Prüfung der Sohlenmittel des Laurenz-Ganges am Maria Heimsuchungs-Erbstollen mittelst Abteufen auf 8° eingeleitet, und da sich hiebei schon in der ersten Hälfte des Jahres ein reiner Ertrag von 29.900 fl. 55 kr. herausstellte, am 25. April 1850 der Svaiczer-Unterbau mit 9 Mann in Betrieb gesetzt. Das Resultat dieses mittelst Vor- und Gegenbaue aus 2 Hilfsschächten in kurzer Zeit mit dem inneren Bau durchschlägig gewordenen tiefen Stollens entsprach bisher noch nicht allen Erwartungen, es wurden zwar die Wässer vom Laurenz-Gange abgezogen und durch eine Reihe von Jahren grosse Erträgnisse in den oberen Mitteln erzielt, aber zur Sohle dieses Stollens noch keine Erze erschlossen, obschon der Laurenz-Gang daselbst auf nahe 80 Klafter ausgerichtet ist. Auch eine im Hauptschlage vor dem Laurenz-Gange erbaute 2 Schuh mächtige Kluft lieferte keine besseren Resultate. Das meiste Bedenken erweckt der Umstand, dass man sich mit dem nördlichen Feldorte bis auf 5 Klafter dem reichen Abteufen näherte, ohne eine Veredlung wahrzunehmen.

Die Betriebsergebnisse in den Jahren 1862—1866 waren folgende:

Jahr	Erz und Schliche Ctr.	⊙ Münzpfunde	☽ Münzpfunde	Ertrag fl.
1862	4.297	21	1515	12.076
1863	8.303	38	3445	88.682
1864	9.457	39	3538	69.019
1865	7.086	24	2682	34.880
1866	11.375	28	2881	58.739
1867	14.225	29	2096	20.123

Im Jahre 1867 wurden erobert:

Pochgänge . . . 94.559 Ctr. — Pfd.
Scheideerze . . . 3.541 „ 11 „
Amalgamationsgefälle
(1—2löthige Erze) 2.737 „ 11 „

Aus den Pochgängen wurden ausgebracht:

Kiesschliche . . . 7.946 Ctr. 57 Pfd.
Mühlgold . . . . 15.827 Mz. ℔.

darin waren enthalten:

Feingold . . . . 28.692 Mz. ℔.
Feinsilber . . . . 2095.543 „

mit dem ausbringbaren vollen Metallwerthe von 107.002 fl. $92\frac{1}{2}$ kr.

Der Werth eines Centners Pochgang war $50\frac{1}{10}$ kr., 1 Ctr. Scheideerzes 17 fl. $11\frac{1}{10}$ kr., 1 Ctr. Kiesschliches 5 fl. $25\frac{7}{10}$ kr. und 1 Münzpfund Mühlgoldes 357 fl. $40\frac{5}{10}$ kr.

Die königliche Bergakademie zu Berlin.

Von Bergrath Hauchecorne, Director der kgl. Bergakademie.
(Fortsetzung und Schluss.)

Die fachwissenschaftlichen Hauptvorlesungen, Bergbaukunde, Allgemeine Hüttenkunde, Eisenhüttenkunde, Allgemeine Probirkunst, Mechanik und Maschinenlehre, Löthrohrprobirkunst, Markscheide- und Messkunst und der mathematische Cursus beginnen mit dem Wintersemester und erstrecken sich über das Sommersemester; die übrigen Vorlesungen nehmen nur ein Semester in Anspruch, so dass das ganze Lehrpensum in jedem Jahre vollständig zum Abschluss kommt.

Die Stunden des Studienplanes sind so gelegt, dass mit Ausschluss der Paläontologie und der Petrographie alle oben angegebenen Vorlesungen im äussersten Falle auch in 2 Jahren gehört werden können. Es kommen dann:

auf das I. Jahr:

Mineralogie, Experimental-Chemie, Experimental-Physik, Mathematik, Mechanik, Geognosie, Bergbaukunde, Allgemeine Probirkunst, Markscheide- und Messkunst, Zeichnen;

auf das II. Jahr:

Mineralogische Uebungen, Mineral-Chemie, Mineral-Analyse, Chemische Technologie, Eisenhüttenkunde, Eisenprobirkunst, Löthrohrprobirkunst, Metallurgische Technologie, Salinenkunde, Maschinenlehre, Bergrecht und Geologie.

Mit diesem zweijährigen Lehrplane ist in jedem der beiden Studienjahre die Fülle des Lehrstoffes eine sehr grosse. Nur wenigen, durch ausserordentliche Arbeitskraft ausgezeichneten Studirenden wird es möglich sein, innerhalb der kurzen zweijährigen Studienzeit denselben in seinem ganzen Umfange zu bewältigen.

Es ist weiter unvermeidlich, dass zu gleicher Zeit Vorlesungen gehört werden müssen, deren eine die Kenntniss des Stoffes der andern voraussetzt, wie Mathematik und Mechanik, Mineralogie und Geognosie, Mathematik und Markscheide- und Messkunst. Für solche Studirende, welche Realschulvorbildung besitzen, ist diese Häufung der Vorlesungen allenfalls ausführbar, da sie mit einem etwas grösseren Masse mathematischer und naturwissenschaftlicher Kenntniss ausgerüstet sind; auf den Gymnasien zum Studium Vorbereitete dagegen werden jene Schwierigkeit kaum zu überwinden im Stande sein.

Unter allen Umständen aber ist das Zusammendrängen der ganzen Masse des Lehrstoffes auf 2 Jahre auch schon aus dem Grunde bedenklich, dass selbst bei der rüstigsten Arbeitskraft die Freude am Studium und jede Hingebung an einzelne Lieblingsmaterien durch die Last der Arbeit unterdrückt werden muss. Schon der oben mitgetheilte dreijährige Lehrplan nimmt den mit Ernst und Gründlichkeit Studirenden vollkommen in Anspruch.

Für solche Studirende dagegen, welche sich mit den reinen Naturwissenschaften bereits in früheren Semestern beschäftigt haben und die Bergakademie nur zu ihrer technischen Ausbildung beziehen, wird dieser zweijährige Lehrplan einen zweckmässigen Anhalt für die allgemeine Eintheilung der Studien bieten.

Es bedarf kaum der Erwähnung, dass die angegebenen Lehrpläne in keiner Weise obligatorisch sind, sondern hinsichtlich der Wahl und Folge der Vorlesungen vollständige Lernfreiheit besteht.

In Betreff der einzelnen Lehrgegenstände ist Folgendes zu bemerken:

I. Naturwissenschaftliche Fächer.

In der Mineralogie ist die Hauptvorlesung die von G. Rose, welche die Bergakademiker in der Universität besuchen, 6 Stunden im Wintersemester. An dieselben schliessen sich in 4 Wochenstunden Colloquien über den Stoff der Vorlesung.

Um den Studirenden Gelegenheit zur eingehenderen Beschäftigung mit der Mineralogie zu geben, ist die Mineraliensammlung der Bergakademie durch Ankauf mehrerer zum Theil umfangreicher und werthvoller Sammlungen in der jüngsten Zeit erweitert worden, deren Aufstellung unter Glasschränken im Werke ist. In einem von dem Dr. Eck abgehaltenen mineralogischen Praktikum (4 Std. wöchentlich im Wintersemester) werden diese Sammlungen benutzt. Sie sind in eine aufgestellte Hauptsammlung, eine für das mineralogische Praktikum bestimmte und eine den Studirenden zur Benutzung überwiesene Studiensammlung getheilt.

Paläontologie und Geognosie werden von Professor Beyrich im Wintersemester gelesen, erstere Vorlesung 5stündig in der Universität, letztere 4stündig in der Bergakademie. Die paläontologischen Sammlungen der Bergakademie sind im Jahre 1867 durch den Ankauf einer bedeutenden, namentlich bezüglich der Geognosie des norddeutschen Flötzgebirges werthvollen Sammlung (von Lasard) und andere Erwerbungen bereichert worden. Aus denselben ist eine Studiensammlung zum Gebrauche bei der vorzugsweise das Flötzgebirge berücksichtigenden Vorlesung und zur Benützung der Studirenden ausgeschieden.

Ueber Geognosie des Urgebirges und des vulkanischen Gebirges liest G. Rose im Sommersemester 4stündig in der Universität, an die Vorlesungen schliessen sich Colloquien über den Inhalt derselben an.

Petrographie liest Dr. Laspeyres 4stündig im Wintersemester in der Bergakademie unter Benützung der petrographischen Sammlungen derselben.

Ueber Mineralchemie liest Professor Rammelsberg im Wintersemester 3stündig in der Bergakademie.

Im laufenden Wintersemester lesen ausserdem in der Bergakademie Dr. Lossen über den geologischen Bau der festen Erde (2stündig) und Professor Roth über Vulcane (1stündig).

Experimental-Chemie und Physik hören die Studirenden in der Universität. Uebungen in der Mineral-Analyse finden in dem Laboratorium der Bergakademie unter Leitung des Dr. Finkener für Geübtere täglich, für Anfänger in 4 Stunden wöchentlich statt. Repetitorien über Mineral-Analyse werden in 4 Stunden wöchentlich im Jahrescursus vom Dr. Finkener gehalten.

Aus dem Gebiete der Mathematik wurden früher nur Repetitorien über Analysis und Differenzial- und Integral-Rechnung in der Bergakademie gehalten.

Die Mehrzahl der Studirenden besass jedoch nicht eine ausreichende Vorbildung, um diesen Repetitorien folgen zu können und fand auch bei den anderen Hochschulen Berlins nur schwer Gelegenheit, in passenden Stunden mathematische Vorlesungen neben den übrigen Lehrgegenständen zu besuchen. Es ist deshalb bei der Bergakademie ein sich über ein Jahr erstreckender mathematischer Cursus von 5 Stunden in der Woche eingerichtet worden, in welchem von dem Professor Dr. Bertram, an den gewöhnlichen Grad der durch die Gymnasien erlangten mathematischen Kenntnisse anknüpfend, im Wintersemester ebene und sphärische Trigonometrie und Stereometrie wiederholt und ergänzt, Projectionslehre, analytische Geometrie, die Analysis des Endlichen, im Sommersemester Differenzial- und Integral-Rechnung vorgetragen werden.

II. Technische Wissenschaften.

Bergbaukunde liest Bergrath Hauchecorne im Wintersemester 5stündig über Lagerstättenlehre, Aufsuchung und Gewinnung der Mineralien und Grubenausbau; im Sommersemester 4stündig über Förderung, Wasserhaltung, Wetterführung und Aufbereitung.

Derselbe trägt die Grundzüge der Salinenkunde in einer Stunde wöchentlich im Wintersemester vor.

Allgemeine Hüttenkunde wird vom Professor Kerl im Winter- und Sommersemester in 4 Stunden wöchentlich gelesen, und zwar im Winter der allgemeine Theil: die Lehre von dem metallurgisch-chemischen Verhalten der Metalle und ihrer hüttenmännisch wichtigen Verbindungen, von den Hüttenprocessen, von den Hüttenmaterialien, von den Hüttenapparaten und von den Hüttenproducten; im Sommer über die Gewinnung der einzelnen Metalle. Derselbe ist zugleich Vorsteher des Probirlaboratoriums, in welchem im Winter und Sommer in 6 Stunden wöchentlich Allgemeine Probirkunst auf trockenem und nassem Wege und ausserdem in 2 Stunden Löthrohrprobirkunst gelehrt und praktisch geübt wird.

Eisenhüttenkunde trägt Bergrath Wedding in 4 Stunden wöchentlich vor und zwar im Wintersemester die Gewinnung des Roheisens, im Sommersemester die Stahlerzeugung und Eisenfabrikation. Derselbe lehrt ausserdem im Wintersemester specielle Eisenprobirkunst in 3 Stunden wöchentlich.

Die weitere Verarbeitung der Metalle, insbesondere der Eisengiessereibetrieb, bildet den Gegenstand einer besonderen Vorlesung über metallurgische Technologie, welche von Dr. Dürre in einem Jahrescursus in 2wöchentlichen Stunden behandelt wird.

Mechanik und Maschinenlehre werden von dem Lehrer Hörmann in Jahrescursen, erstere in 6 Stunden, letztere in 4 Stunden wöchentlich vorgetragen und mit den Vorlesungen über Maschinenlehre in weiteren 4 Stunden wöchentlich Uebungen im Construiren und Entwerfen verbunden.

Auf Markscheide- und Messkunst, welche früher nur in ihren allgemeinsten Grundzügen in einer wöchentlichen Stunde im Sommersemester behandelt wurde, werden neuerdings in einem Jahrescurse 4 wöchentliche Stunden verwendet und ausser den Vorträgen praktische Uebungen im Aufnehmen und Zulegen gehalten. Ausserdem wird in dem in 6 Stunden wöchentlich stattfindenden Zeichnen-Unterrichte neben den Uebungen im Aufnehmen und Construiren, welchen eine kurze Behandlung der beschreibenden Geometrie vorangeht, markscheiderisches Zeichnen speciell geübt. Als Lehrer der Markscheide- und Messkunst und Zeichnenlehre fungirt der Bergassessor Kauth.

Chemische Technologie wird im Wintersemester zweistündlich vom Professor Kerl vorgetragen.

Endlich liest der geheime Oberbergrath Dr. Achenbach in einem Jahrescurses in 2 Stunden wöchentlich über Bergrecht.

Im Laufe der Semester werden die industriellen Anlagen in Berlin und der Umgegend besucht und in den Herbstferien Studienreisen in entferntere Bergwerks-Reviere unter Leitung der Docenten der Akademie unternommen, in der Regel auch in den Pfingstferien geognostische Excursionen veranstaltet. Diejenigen Studirenden, welche sich auf preussischen Werken praktisch fortbilden wollen, werden von der Direction der Bergakademie mit Empfehlungen an die Werksverwaltungen versehen, welche meist aufs Freundlichste berücksichtigt werden.

Wie die naturwissenschaftlichen Sammlungen der Bergakademie, so sind auch ihre Lehrmittelsammlungen für die technischen Wissenschaften durch Zeichnungen und Modelle wesentlich erweitert und vervollständigt worden.

Von grossem Nutzen für die Anstalt ist es ferner, dass sie in dem mit ihr verbundenen Museum für Bergbau und Hüttenwesen Sammlungen der Erzeugnisse des ganzen preussischen Bergbaues, Hüttenbetriebes und Salzwerksbetriebes von ausgezeichneter Vollständigkeit und

Reichhaltigkeit erlangt hat, welche, in übersichtlicher Weise aufgestellt, den Studirenden es ermöglichen, sich mit dem Vorkommen und der Verarbeitung nutzbarer Mineralien in Preussen genau bekannt zu machen.

Ausserdem ist auch für den Unterricht in der chemischen Technologie eine besondere technologische Sammlung angelegt worden.

In den Räumen der Bergakademie ist die aus circa 30.000 Bänden bestehende Ministerial-Bergwerks-Bibliothek aufgestellt und damit ein Lesezimmer verbunden, in welchem die technischen Zeitschriften ausgelegt sind. Das Lesezimmer ist täglich von 9 bis 2 Uhr geöffnet.

Gegen Caventschein des Directors erhalten die Studirenden die Bücher auch zur häuslichen Benützung.

Die allgemeinen Vorschriften oder Statuten der Bergakademie vom 28. September 1863 (Anlage A.) haben nur insofern eine Modification erfahren, als neuerdings dem Director die Befugniss ertheilt worden ist, in Fällen besonderer nachgewiesener Bedürftigkeit vollständige Befreiung von den Collegiengeldern zu gewähren mit alleinigem Ausschluss der Honorare für die praktischen Uebungen in den Laboratorien.

Die Collegiengelder sind übrigens mit einem Thaler für die wöchentliche Stunde pro Semester äusserst mässig bestimmt.

Um den Studirenden Gelegenheit zu geben, sich nach Zurücklegung des Studiums einen Nachweis über ihre erworbenen Kenntnisse zu verschaffen, ist neuerdings die Einrichtung getroffen worden, dass dieselben sich in jedem der Lehrfächer einer Prüfung unterziehen können, über welche ihnen ein Zeugniss ertheilt wird. Die Wahl und Zahl der Gegenstände, in welchen sie sich prüfen lassen wollen, ist den Studirenden freigestellt.

Die Vorschriften über die Einrichtung der Bergakademie und diejenigen für die letzterwähnten Prüfungen sind in Anlage B. beigefügt.

Es darf schliesslich nicht unterlassen werden, eines Verhältnisses zu erwähnen, welches für die Bergakademie von ganz besonderem Werthe ist, nämlich der Verbindung derselben mit der geologischen Landesanstalt für Preussen.

Die Lehrer der mineralogischen Wissenschaften bei der Bergakademie sind bis auf Einen im Sommer bei der Ausführung geologischer Aufnahmen und Karten, im Winter neben den Vorlesungen in den sich auf das ganze Staatsgebiet beziehenden geologischen Landessammlungen beschäftigt, welche in den Räumen der Bergakademie aufgestellt sind. Auch ist für die Ausführung chemischer Untersuchungen von Gesteinen und Mineralien im Interesse der geologischen Landesuntersuchung in dem Laboratorium eine unter Leitung des Vorstehers desselben stehende besondere Station errichtet. Schon der Gewinn, welchen diese Verbindung der Sammlungen für die Lehrzwecke der Bergakademie gewährt, ist ein grosser; höher aber anzuschlagen ist es, dass die Lehrer und ihre Vorträge durch dieses Ineinandergreifen stets auf der Höhe der neuesten Forschungen stehen, und dass fortdauernd das Interesse der ganzen Anstalt an der für den Bergmann wichtigsten Wissenschaft, der Geologie, und speciell an der Kenntniss des vaterländischen Bodens aufs wirksamste rege erhalten wird.

Berlin, im Februar 1869.

Anlage A.

Vorschriften für die königliche Bergakademie zu Berlin.

Zweck der Akademie. §. 1. Die königliche Bergakademie in Berlin hat den Zweck, Denjenigen, welche sich im Berg-, Hütten- und Salinenwesen ausbilden wollen, Gelegenheit zur Erwerbung der erforderlichen Fachkenntnisse zu geben.

Leitung und Verwaltung. §. 2. Der vom Könige ernannte Director führt die Leitung der Bergakademie. Dieselbe ist dem Minister für Handel, Gewerbe und öffentliche Arbeiten untergeordnet. Die Kassen- und Bureaugeschäfte werden von Beamten der Ministerial-Abtheilung für das Berg-, Hütten- und Salinenwesen wahrgenommen.

Curatorium. §. 3. Das Curatorium der Akademie besteht aus fünf von dem Könige ernannten Mitgliedern. Dasselbe hat bei den organischen Einrichtungen, bei der Feststellung des Lehrplanes, sowie bei der Anstellung der Docenten mitzuwirken.

Obliegenheiten des Directors. §. 4. Ausser der allgemeinen Leitung der Lehranstalt liegt dem Director im Besonderen ob:

1. Die Ertheilung der Erlaubniss zum Besuche der Akademie, nach Massgabe der Bestimmungen in §§. 10—12;
2. die Ueberwachung des planmässigen Ganges der Lehrvorträge und des Unterrichtes;
3. die Controle über die Sammlungen und Lehrmittel, für welche zunächst die betheiligten Docenten verantwortlich zu machen sind, sowie über Instandhaltung der Locale und des Inventariums;
4. die Aufstellung und Einreichung der Etats-Entwürfe;
5. die Anschaffung von Utensilien, Mobilien und Lehrmitteln und die Vollziehung der Zahlungs-Anweisungen an die Casse innerhalb der Grenzen des Etats;
6. die Einreichung der Jahresrechnungen, die Bearbeitung und Erledigung der Notaten und Monita;
7. die Erstattung eines Jahresberichtes;
8. die Berufung der ordentlichen Docenten zu Berathungen über den Lehrplan und andere den Unterricht betreffende Verhältnisse, so oft dergleichen erforderlich sind, in der Regel aber halbjährlich einmal.

Ordentlicher Unterricht. §. 5. Für die Hauptgegenstände des Unterrichtes werden ordentliche Docenten mit der Verpflichtung, bestimmte Vorträge zu halten und bestimmten Unterricht zu ertheilen, von dem Minister für Handel, Gewerbe und öffentliche Arbeiten auf Vorschlag des Directors und gutachtlichen Bericht des Curatoriums angestellt.

Ausserordentlicher Unterricht. §. 6. Ausserdem kann der Director mit Zustimmung des Curatoriums jedem ordentlichen Docenten der Bergakademie, jedem Professor und Lehrer einer anderen höheren Lehranstalt und sonstigen geeigneten Personen gestatten, Vorträge über hierher gehörige Gegenstände zu halten.

Allgemeiner Lehrplan. §. 7. Die Vorlesungen an der Bergakademie dauern vom 15. October bis zum 15. August des folgenden Jahres.

Zu Ostern finden dreiwöchentliche Ferien statt.

Lehrgegenstände. §. 8. Der ordentliche Unterricht umfasst folgende Lehrgegenstände:

1. Bergbaukunde,
2. Salinenkunde,
3. Allgemeine Hüttenkunde,
4. Eisenhüttenkunde,
5. Mechanik,
6. Maschinenlehre,
7. Markscheide- und Messkunst,
8. Zeichnen und Construiren, mit Vorträgen über Projections-Methoden und Schatten-Constructionen,
9. Repetitorien und Colloquien über Mineralogie und Geognosie,

10. Repetitorien und Colloquien über mathematische Disciplin,
11. Allgemeine chemische Analyse, mit praktischen Arbeiten im Laboratorium,
12. Probirkunst auf trockenem und auf nassem Wege, theoretisch und praktisch.

Das specielle Verzeichniss der Lectionen und der dafür zu entrichtenden Honorare wird halbjährlich bekannt gemacht.

Aufnahme der Studirenden. §. 9. Die Erlaubniss zum Besuche der Akademie wird nach Massgabe der Bestimmungen in §§. 10 — 12 auf vorgängige, innerhalb der ersten vierzehn Tage jedes Semesters unter Ueberreichung der erforderlichen Atteste anzubringende Meldung durch den Director ertheilt und auf dem Anmeldebogen vermerkt, welchen der Studirende bei dem Registraturbeamten der Akademie persönlich in Empfang zu nehmen hat.

Berechtigung zum Besuche der Akademie. §. 10. Zum Besuche der Akademie sind berechtigt:

1. Diejenigen Berg-, Hütten- und Salinen-Beflissenen, welche sich dem preussischen Staatsdienste widmen wollen;
2. die immatriculirten Studirenden der königlichen Friedrich-Wilhelms-Universität hierselbst;
3. die immatriculirten Studirenden des königlichen Gewerbe-Institutes.

Zulassung von Hospitanten. §. 11. Ausserdem ist der Director befugt, anderen Personen den Besuch einzelner Vorträge zu gestatten.

Die betreffenden Vorträge werden auf dem Anmeldebogen namhaft gemacht.

Meldung zu den Vorträgen. §. 12. Die nach §§. 10 und 11 zugelassenen Studirenden zeichnen diejenigen Vorträge, welche sie während des Semesters zu hören wünschen, in die dafür bestimmte Columne des Anmeldebogens ein und legen denselben alsdann dem Registrator der Akademie zur Signatur vor.

§. 13. Demnächst und längstens innerhalb vier Wochen nach Beginn des Semesters erfolgt die Zahlung der Honorare (§. 16) an die Casse und die Vorlegung des Anmeldebogens (§§. 11 und 12), sowie die persönliche Meldung der Studirenden bei den Docenten.

§. 14. Kein Docent ist befugt, die Meldung eines Studirenden anzunehmen oder den Besuch der Vorträge und des Unterrichtes zuzulassen, bevor nicht das Honorar gezahlt und darüber von der Casse auf dem Anmeldebogen quittirt, beziehungsweise die Stundung nachgewiesen ist.

Honorare. §. 15. Die Vorlesungen und Uebungen werden theils gegen Honorar (privatim), theils unentgeltlich (publice) gehalten.

§. 16. Für die zum ordentlichen Unterricht gehörigen Privat-Vorlesungen soll das Honorar auf jede wöchentliche Lehrstunde $1\frac{1}{2}$ Thaler — also beispielsweise bei einem wöchentlich 5stündigen Vortrage $7\frac{1}{2}$ Thaler — pro Semester nicht übersteigen.

Die Festsetzung der Honorare für den Zeichnen-Unterricht und für die Arbeiten im Laboratorium bleibt vorbehalten.

§. 17. Den Betrag des Honorars für ausserordentliche Vorträge setzen die Docenten im Einverständniss mit dem Curatorium fest, worüber der Casse Nachricht zu geben ist. Hierbei soll im Allgemeinen der für die ordentlichen Vorträge angenommene Satz nicht überschritten werden.

§. 18. Das für den ausserordentlichen Unterricht entrichtete Honorar wird den betreffenden Lehrern am Schlusse des Semesters ausgezahlt.

Stundung. §. 19. Im Falle der nachgewiesenen Bedürftigkeit kann der Director Inländern Stundung der Hälfte der Honorare und in besonderen Fällen gänzlichen Erlass der Honorare bewilligen.

§. 20. Die Bewilligung der Stundung oder des Erlasses der Honorare wird von dem Director auf dem Anmeldebogen bescheinigt.

Im Falle der Stundung übernimmt der Studirende durch einen schriftlichen Revers die Verpflichtung, die gestundeten Beträge spätestens in sechs Jahren nach dem Abgange von der Akademie an deren Casse zu zahlen.

Rückstattung des Honorars. §. 21. Rückzahlung des Honorars erfolgt, wenn die Vorlesungen nicht zu Stande gekommen, oder innerhalb der ersten Hälfte des Semesters abgebrochen, oder auf eine andere als die angekündigte Zeit verlegt worden sind. Die Beträge müssen jedoch in den ersten vier Monaten des laufenden Semesters bei der Casse abgehoben werden, widrigenfalls der Anspruch auf Rückerstattung erlischt.

Zeugnisse. §. 22. Die Testate werden am Schlusse jedes Semesters durch Eintragung in die dafür bestimmte Columne des Anmeldebogens ertheilt.

Auf Verlangen werden den Studirenden Zeugnisse über den Besuch der Bergakademie durch den Director gegen Rückgabe des Anmeldebogens ausgestellt.

Anlage B.

Vorschriften für die Prüfungen bei der königlichen Bergakademie in Berlin. Vom 6. October 1866.

§. 1. Die Studirenden der königlichen Bergakademie können sich bei dem Abgange von derselben, um einen Nachweis über ihre erworbenen Kenntnisse zu erlangen, einer Prüfung unterziehen, über deren Ausfall ihnen ein amtliches Zeugniss ausgestellt wird.

§. 2. Zu der Prüfung können sich nur solche Studirende melden, welche mindestens während zweier Semester Vorlesungen besucht oder an den Uebungen an der Bergakademie Theil genommen haben.

Weiterer Nachweise als desjenigen dieses Besuches bedarf es zu der Zulassung nicht.

§. 3. Die Prüfung kann in allen denjenigen Wissenschaften und Fertigkeiten erfolgen, welche an der Bergakademie gelehrt werden. Die Candidaten haben diejenigen Fächer, in welchen sie sich prüfen lassen wollen, zu nennen.

§. 4. Die Prüfungscommission besteht aus dem Director der Bergakademie als Vorsitzenden und den Lehrern derjenigen Wissenschaften, in welchen die Prüfung beantragt ist, und zwar mindestens aus 3 Mitgliedern.

§. 5. Die Prüfung ist eine schriftliche und eine mündliche.

Jeder Candidat muss eine schriftliche Probearbeit liefern, deren Gegenstand von der Prüfungs-Commission aufgegeben und zu deren Ausführung ihm eine Frist von 6 Wochen gestattet wird.

Wer sich in mehreren Wissenschaften prüfen lassen will, kann diejenigen wählen, aus deren Gebiet er das Thema zu der schriftlichen Arbeit zu erhalten wünscht. Es steht indessen den Candidaten frei, ausser der einen obligatorischen Arbeit noch mehrere schriftliche Arbeiten und Zeichnungen vorzulegen.

Alle Vorlagen sind mit der schriftlichen Versicherung zu begleiten, dass sie ohne fremde Beihilfe angefertigt sind.

Die aufgegebene Arbeit ist von dem Candidaten eigenhändig zu schreiben.

§. 6. Die Meldungen zu den Prüfungen müssen mindestens 6 Wochen vor Schluss eines Semesters durch schriftliche Eingabe an die Direction der Bergakademie und unter Beifügung des oben erwähnten Nachweises erfolgen.

Die Prüfungscommission ertheilt alsdann die Aufgabe zur schriftlichen Probearbeit vor Schluss desselben Semesters, so dass dieselbe während der Ferienzeit ausgeführt werden kann. Die vollendete Arbeit ist innerhalb der oben erwähnten Frist an die Prüfungscommission einzureichen. Nur in Fällen aussergewöhnlicher Hindernisse kann die letztere eine Verlängerung der Frist nach ihrem Ermessen gestatten.

Die mündliche Prüfung findet alsdann zu Anfang des folgenden Semesters statt.

§. 7. Ueber das Resultat der Prüfung der schriftlichen Probearbeit und über den Ausfall der mündlichen Prüfung wird von der Prüfungscommission ein Zeugniss ausgestellt. Die für jeden Prüfungsgegenstand besonders aufzunehmenden Censuren lauten:

mit Auszeichnung,
gut,
genügend.

Die Ertheilung derselben wird auf den Vorschlag eines jeden Examinatoren für sein Fach von der Mehrheit der Prüfungscommission beschlossen. Für diejenigen Fächer, in welchen der Candidat nicht genügend bestanden hat, wird keine Censur ertheilt.

§. 8. Es steht dem Candidaten frei, sich hinsichtlich derjenigen Wissenschaften, in welchen er nicht genügend bestanden hat, einer wiederholten Prüfung zu unterwerfen, jedoch vor Ablauf eines halben Jahres. Es wird nur eine einmalige Wiederholung der Prüfung gestattet.

§. 9. Für die Prüfung ist bei der Meldung zu derselben eine Gebühr von zehn Thalern an die Bergakademiecasse zu zahlen, wenn die Prüfung sich auf nicht mehr als vier Fächer erstreckt. Soll dieselbe in mehr als vier Fächern erfolgen, so ist für jedes weitere eine Gebühr von drei Thalern, keinesfalls jedoch im Ganzen mehr als zwanzig Thaler zu entrichten.

Berlin, den 6. October 1866.

Die Direction der königlichen Bergakademie.

Entzündungen schlagender Wetter auf den englischen Steinkohlengruben*).

Die verflossenen Wintermonate haben uns wieder die Nachrichten von einer auffallend grossen Zahl von Explosionen schlagender Wetter auf den englischen Steinkohlengruben gebracht und hiedurch den allgemeinen Erfahrungssatz auch diesmal in trauriger Weise bestätigt, dass der häufige Witterungswechsel und niedrige Barometerstand jener Monate eine wesentliche Steigerung dieser grösseren Gefahr des Kohlenbergbaues mit sich bringt.

Es scheint, dass bei den klimatischen Verhältnissen Englands diese Einwirkungen noch mehr hervortreten, als bei uns, da es nicht so sehr der tiefe Barometerstand an sich ist, welcher am meisten Gefahr bringt, sondern zunächst der schnellere Wechsel in den Barometerständen, sodann die im Winter dort regelmässige Erscheinung einer Zunahme der Temperatur beim Sinken des Barometers, die wieder mit bestimmten herrschenden Windrichtungen zusammenhängt, und drittens der Feuchtigkeits-Zustand der Luft und die Nebelbildung, welche auch einen bestimmten Einfluss zu üben scheinen.

Die grosse Bedeutung meteorologischer Beobachtungen für den Steinkohlenbergbau wird deshalb auch in keiner Weise mehr verkannt; — leider aber sind bisher noch wenige in der Praxis recht wirksame Mittel aus diesen Beobachtungen gefolgert; — oder die grosse Zahl anderer Zufälligkeiten, die immer die unmittelbare Ursache dieser Unglücksfälle sind, haben bisher die Erfolge der ausgebreiteten Barometer-Beobachtungen auf den Kohlengruben noch nicht hervortreten lassen. Immermehr bleibt es anzuerkennen, wenn man jetzt in englischen Zeitungen nicht selten, gerade wie die Sturmwarnungen für die Schiffer, so auch Warnungen für die Aufseher von Kohlengruben findet, falls die meteorologischen Beobachtungen eine besondere Steigerung des Austretens der Gase vorhersehen lassen.

Aus der grossen Zahl der einzelnen Unglücksfälle greifen wir nur drei und zwar aus ein und demselben Distrikt heraus, welche sich in dem Zeitraume von 5 Wochen in dem Kohlendistrikte von Wigan in Lancashire zugetragen haben.

Das erste Unglück auf der Hindley-Green-Grube am [illegible] November hat 62 Menschenleben fortgerafft; die zweite Explosion am 21. December auf der Horley-Hall-Grube kostete 8 Menschen das Leben; die dritte auf der Haydock-Grube am 30. December ergab 26 Todte, zusammen 96 Todte, die der Explosion schlagender Wetter erliegen mussten*).

Verfolgt man die Verhandlungen der Gerichts-Commissionen, die bei solchen Unglücksfällen jedesmal zusammentreten, und deren Entscheidungen sich stets auf ausführliche Gutachten und Verhöre bewährter Berg-Ingenieure gründen, so ist es allerdings traurig, zu sehen, wie aus den vielen eingehenden Erörterungen doch immer dieselbe Unsicherheit über den eigentlichen Entstehungsgrund und statt praktischer schnell durchführbarer Regeln, immer nur allgemeine Betrachtungen und Rathschläge aufgestellt werden, die meist so unbestimmt oder so oft schon ausgesprochen sind, dass sie ebenso schnell, wie das unmittelbare Interesse an dem Unglücksfalle selbst verschwindet, auch wieder vergessen und vernachlässigt zu werden scheinen. Es liegt noch ein gewisser Vorwurf für den menschlichen Scharfsinn darin, dass es ihm bei den grössten Erfolgen in anderen Richtungen doch noch nicht gelingt, genügende Mittel zu ersinnen, um die Gefahren dieser Gasentwickelungen in den Kohlengruben zu beseitigen, oder dieselben wenigstens so sicher und zeitig zu erkennen, dass die zahlreichen wiederkehrenden Menschenverluste vermieden werden, ohne zugleich die nothwendige Entwicklung der grossen Kohlenindustrie zu hemmen.

Wenn auch bei den allermeisten dieser Unglücksfälle die unmittelbare Schuld auf die Unvorsichtigkeit und Leichtfertigkeit eines Arbeiters fällt, so befreit dieses doch nicht die leitenden Beamten und Grubenbesitzer von dem drückenden Vorwurfe, die anderen Opfer in solche Gefahr geführt zu haben, dass durch die Unbesonnenheit eines Einzelnen, oder durch kleine Zufälligkeiten, wie ein unbedeutender Steinfall aus dem Dache oder die Beschädigung eines Wetterscheiders durch den Stoss eines Förderwagens, die Uebrigen willenlos dahingerafft und Hunderte von Familiengliedern plötzlich in das Elend gestürzt werden.

Wie will man dem einzelnen ungebildeten und unerfahrenen Arbeiter wegen momentaner Unvorsichtigkeit in einer ihm unklaren Gefahr allein die ganze Schuld aufbürden, wenn der Beamte selbst, der ihn an seine Arbeit gestellt hat, weder die Grösse noch die Ausdehnung der Gefahr, die dadurch einer grossen Belegschaft bereitet werden kann, übersehen kann; ja, wenn der Aufseher, der speciell zur Verhütung dieser Gefahren berufen ist, aus eigener Unkenntniss gerade die Entzündung mit herbeiführt!

(Schluss folgt.)

*) Dieser Artikel, den wir der Beilage der Essener Zeitung „Glückauf!" entnehmen, schliesst sich sehr instructiv an die in vorliegender Nummer enthaltenen Paragraphe des Bergpolizei-Entwurfes an. Die Red.

*) Seither ist eine neuerliche Katastrophe in den jüngsten Tagen hinzugekommen, deren Opfer man nicht einmal noch alle kennt. Bis heute werden 33 gezählt. O. H.

Aus Wieliczka.

Am 9. April 1869.

Nachdem mit Anfang April die Hauptarbeiten zur Aufstellung und Ingangsetzung der 250pferdekräftigen Maschine am Elisabeth-Schacht vollendet und die Verbindung der Pumpen mit der Dampfmaschine bewerkstelligt war, wurde am 5. April mit dem Betriebe der Pumpen begonnen.

Wie bei jedem Betriebsanfang einer neuen Maschine zeigten Anfangs sich einige Anstände, insbesondere mussten nach dem ersten Anlassen am 5. April die Dichtungen beim unteren Drucksatz mehrmals wieder hergestellt werden.

Am 6. April begann die Wasserhebung um 8 Uhr früh. Die Maschine arbeitete mit $1\frac{1}{2}$ bis 2 Hub per Minute sehr ruhig und gut; dennoch war durch die wiederholt vorgenommenen Reparaturen der Flantschen-Dichtung bei den Luftventilen kein vollständiger Abschluss erzielt worden und es mussten endlich die Luftventile gänzlich beseitigt und die vorhandene kleine Oeffnung im Kolbenrohr und Steigrohr durch einen hölzernen Spund verschlossen werden. Nachdem die Maschine hierauf wieder in Gang gesetzt und nun wieder 3 Stunden, das ist im Ganzen 6 Stunden im Betriebe war, erfolgte ein Bruch des oberen Ventilkastens beim unteren Drucksatz.

Da eine Reparatur des Bruches nicht thunlich war, so wurde um den schon vor längerer Zeit bestellten Reserve-Ventilkasten an das Eisenwerk Blansko telegrafirt; dieser auch gleich nach seiner Ankunft in Wieliczka schon am 9. April eingebaut, bis zu welcher Zeit der gebrochene Ventilkasten entfernt worden war. Bei Schluss des Blattes kam die Nachricht, dass am 10. die Wasserhebung wieder beginnen könne. Neue stärkere Reserve-Ventilkästen für beide Drucksätze sind bestellt. Sonstige Störungen sind nicht vorgefallen. Die Wasserzunahme in den letzten 10 Tagen gibt nachstehende Ziffern:

Am 29. März	3 Zoll	in 24 Stunden	daher im Durchschnitt $3\frac{4}{10}$ Zoll per 24 Stunden.
„ 30. „	4 „	„ „ „	
„ 31. „	3 „	„ „ „	
„ 1. April	3 „	„ „ „	
„ 2. „	5 „	„ „ „	
„ 3. „	3 „	„ „ „	
„ 4. „	4 „	„ „ „	
„ 5. „	4 „	„ „ „	
„ 6. „	3 „	„ „ „	
„ 7. „	2 „	„ „ „	

Der Wasserstand war:

	a) Ueber den Horizont Tiefstes Regis:*)	b) über den Horizont Haus Oesterreich:**)
Am 29. März	23° 1′ 5″	2° 5′ 8″
„ 7. April	23° 4′ 0″	3° 2′ 3″

Der Salzgewinnungsbetrieb war durch die ganze Zeit über ungestört. Im Monat März wurden 106.791 Ctr. gewonnen und 105.165 Ctr. an die Salzabnehmer abgegeben, was der präliminirten Jahresproduction von 1,200.000 bis 1,300.000 Ctr. entspricht.

*) Gemessen im Franz Joseph-Schacht.
**) Gemessen im Elisabeth-Schacht.

Amtliche Mittheilungen.

Personalnachrichten.

Der Ackerbauminister hat den Pilsner Berghauptmann Adalbert Eckl über sein Ansuchen in den bleibenden Ruhestand versetzt und den Berghauptmann Georg Hofmann in gleicher Diensteigenschaft von Elbogen nach Pilsen überstellt.

Der Ackerbauminister hat den bergbehördlichen Conceptspraktikanten Franz Schalscha zum Berggeschworenen bei der Berghauptmannschaft in Elbogen ernannt.

Se. k. u. k. Apostolische Majestät haben mit Allerhöchster Entschliessung vom 24. März d. J. dem Oberverwalter Bergrath Julius Leo in Wieliczka die Annahme und das Tragen des ihm verliehenen Ritterkreuzes des päbstl. St. Gregor-Ordens allergnädigst zu gestatten geruht.

ANKÜNDIGUNGEN.

Hiezu eine Beilage mit Zeichnungen.

Diese Zeitschrift erscheint wöchentlich einen Bogen stark mit den nöthigen artistischen Beigaben. Der Pränumeration[spreis] ist jährlich loco Wien 8 fl. ö. W. oder 5 Thlr. 10 Ngr. Mit franco Postversendung 8 fl. 80 kr. ö. W. Die Jahresabonnen[ten] erhalten einen officiellen Bericht über die Erfahrungen im berg- und hüttenmännischen Maschinen-, Bau- und Aufbereitungs[wesen] sammt Atlas als Gratisbeilage. Inserate finden gegen 8 kr. ö. W. oder $1\frac{1}{2}$ Ngr. die gespaltene Nonpareillezeile Auf[nahme.] Zuschriften jeder Art können nur franco angenommen werden.

Druck von Carl Fromme in Wien. Für den Verlag verantwortlich Carl R[...]

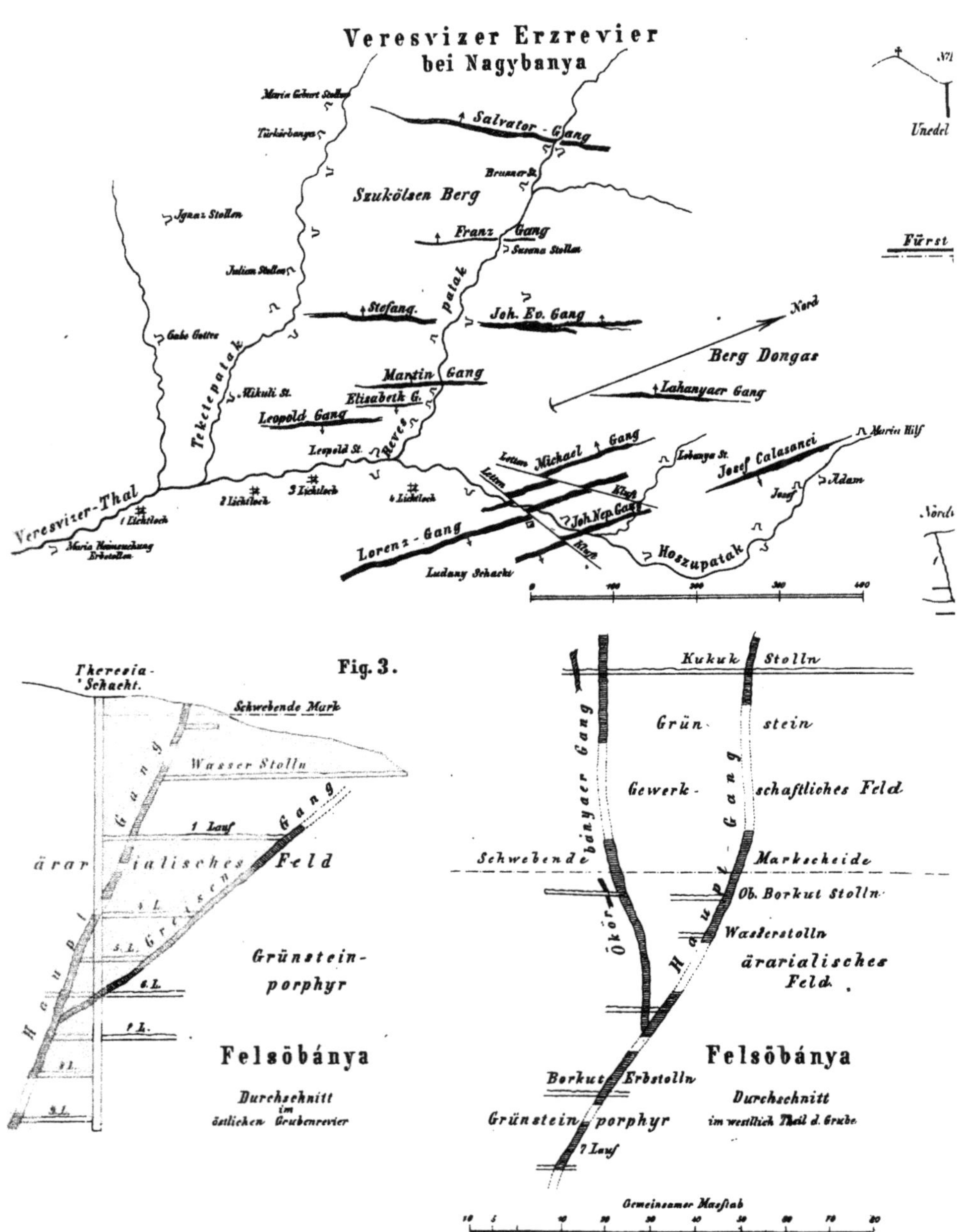

Veresvizer Erzrevier
bei Nagybanya
Salvator - Gang
Szukölsen Berg
Franz Gang
Stefang.
Joh. Ev. Gang
Martin Gang
Elisabeth G.
Leopold Gang
Berg Dongas
Lahanyaer Gang
Michael Gang
Josef Calasanci
Joh. Nep. Gang
Lorenz - Gang
Hoszupatak
Veresvizer-Thal
Tekelepatak
Veres patak
Ludany Schacht
Nord
Fig. 3.
Theresia-Schacht.
Schwebende Mark
Wasser Stolln
1 Lauf
ärarialisches Feld
Haupt Gang
Greisen Gang
Grünstein-porphyr
Felsöbánya
Durchschnitt im östlichen Grubenrevier
Kukuk Stolln
Grünstein
Gewerkschaftliches Feld
Ökörbányaer Gang
Haupt - Gang
Schwebende Markscheide
Ob. Borkut Stolln
Waßerstolln
ärarialisches Feld
Borkut Erbstolln
Grünstein porphyr
7 Lauf
Felsöbánya
Durchschnitt im westlich Theil d. Grube
Gemeinsamer Maßstab

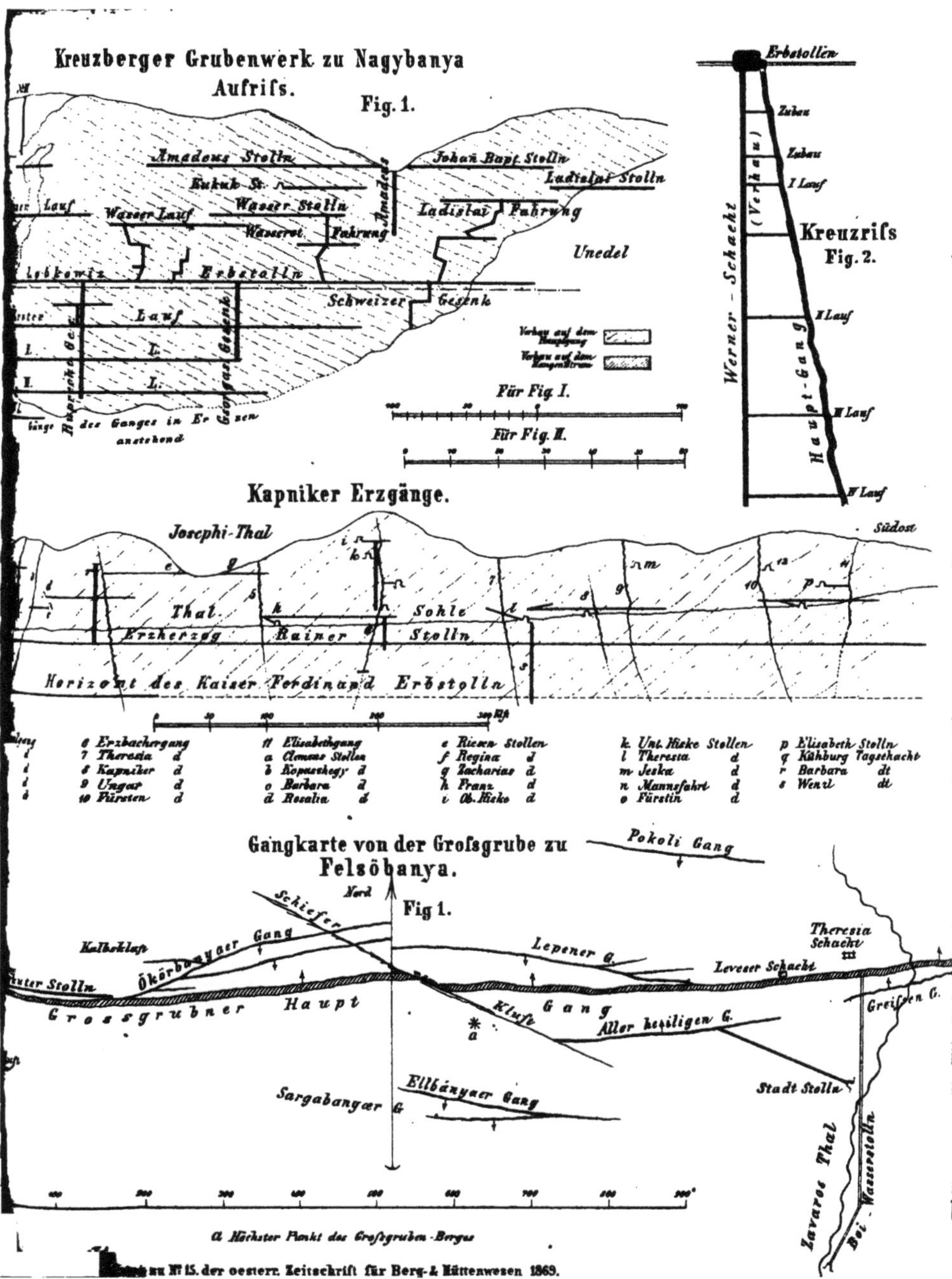

Kreuzberger Grubenwerk zu Nagybanya
Aufrifs.
Fig. 1.
Amadeus Stolln
Johan Bapt. Stolln
Ladislai Stolln
Kukuk St.
Lauf
Waser Lauf
Waser Stolln
Wasserst.
Fahrung
Amadeus
Ladislai Fahrung
Unedel
Lobkowitz
Erbstolln
Schweizer Gesenk
Lauf
Ruprecht Ges.
Georgius Gesenk
des Ganges in Erzen anstehend
Für Fig. I.
Für Fig. II.
Erbstollen
Zubau
Zubau
I Lauf
(Verhau)
Werner - Schacht
Kreuzrifs
Fig. 2.
II Lauf
Haupt-Gang
III Lauf
IV Lauf
Kapniker Erzgänge.
Josephi-Thal
Südost
Thal Sohle
Erzherzog Rainer Stolln
Horizont des Kaiser Ferdinand Erbstolln
6 Erzbachergang
7 Theresia d
8 Kapniker d
9 Ungar d
10 Fürsten d
11 Elisabethgang
a Clemens Stollen
b Kopaszhegy d
c Barbara d
d Rosalia d
e Riesen Stollen
f Regina d
g Zacharias d
h Franz d
i Ob. Hiske d
k Unt. Hiske Stollen
l Theresia d
m Jeska d
n Mannsfahrt d
o Fürstin d
p Elisabeth Stolln
q Kühburg Tagschacht
r Barbara dt
s Wenzl dt
Gangkarte von der Grofsgrube zu Felsöbanya.
Pokoli Gang
Nord
Fig 1.
Schiefer Kluft
Kalbeklaft
Ökörbanyaer Gang
Lepener G.
Theresia Schacht
Leveer Schacht
Stolln
Grossgrubner Haupt Gang
Aller heiligen G.
Greifsen G.
Sargabanyaer G.
Ellbányaer Gang
Stadt Stolln
Zavaros Thal
Boi Wasserstolln
a Höchster Punkt des Grofsgruben-Berges

zu Nr 15. der oesterr. Zeitschrift für Berg- & Hüttenwesen 1869.

№ 16. XVII. Jahrgang. **Oesterreichische Zeitschrift** 1869. 19. April.

für

Berg- und Hüttenwesen.

Verantwortlicher Redacteur: **Dr. Otto Freiherr von Hingenau**,

k. k. Ministerialrath im Finanzministerium.

Verlag der G. J. Manz'schen Buchhandlung (Kohlmarkt 7) in Wien.

Die Erzlagerstätten und neueren Bergbau-Erfolge im Bergdistrikte von Nagybánya in Ungarn.

II.

Kreuzberg.

(Hiezu die Tafel zu der vorigen Nummer. Figur I und II.)

In der östlichen Fortsetzung des Veresviser Erzgebirges, $^1/_8$ Meile nördlich von der Stadt Nagybánya liegt der Kreuzberg. Die Lagerstätten des dortigen uralten Grubenbaues sind ein Hauptgang und eine Hangendkluft, wiewohl ausser diesen vorzüglich gegen Nordost theils sich vom Hauptgange abtheilende Trümmer, theils selbstständige Gänge und Klüfte vorkommen. Die Mächtigkeit des Hauptganges wechselt von mehreren Fussen bis auf einige Klafter, die Mächtigkeit der Nebenklüfte hingegen beschränkt sich auf 2 — 3 Schuhe. Gegen Südwest seines Streichens zertrümmert sich der Hauptgang; nordostseits dagegen wird der Bau auf solch einzelnen Trümmern noch fortgesetzt.

Die Erze bestehen aus Röschgewächs, Rothgülden, Schwarzerz, goldhältigen Eisenkiesen und Gold im Quarze. Der grösste Adel war auch in Scharungen, vorzüglich in jener der Hangendkluft mit dem Hauptgange ausgeschieden.

Der bedeutende Goldgehalt, den geringhältige Silbererze inne haben, hat in der grauen Vorzeit ausgedehnte Verhaue auf dem Hauptgange herbeigeführt, so zwar, dass sich solcher vom Tage bis zum Lobkowitz-Erbstollen in einer Höhe von 125 Klafter und Länge von 370 Klafter fast in einem Continuo abgebaut befindet. Unter der Sohle des genannten Erbstollens, welcher an der Thalebene angelegt ist, sollen sich die Verhaue nach einem Berichte des Oberkammergrafen Torday an Kaiser Ferdinand vom Jahre 1552 bis auf 80 Klafter in die Teufe erstrecken; jedoch die Erze unter der 40. Klafter bedeutend abgenommen haben.

Nach den in den letzten Jahrzehnten noch hie und da vorgefundenen erzigen Bergfesten zu schliessen, müssen diese Lagerstätten ungemein ergiebig gewesen sein.

Zur Zeit des grössten Glanzes, vom Jahre 1550 bis 1567, waren beim Kreuzberge 14 Pochwerke, zusammen mit 206 Eisen im Betriebe.

Nordostseits gibt es am Hauptgange noch bauwürdige Mittel in der Tiefe und nach dieser Weltgegend ist auch die meist pochwürdige Sohle des Erbstollens in Gänze. Nicht minder bieten die höheren Punkte ganze Mittel zur Prüfung und zum Abbau dar.

Als eine besondere Erscheinung verdient erwähnt zu werden, dass die Erze des Hauptganges und auch einiger Nebentrümmer in die Teufe im Silbergehalte ab-, dagegen im Goldgehalte zunehmen.

Die Zukunft des Kreuzberger Grubenbaues beruht hauptsächlich in dem Angriffe der ertränkten Teufe. Um den Gang bezüglich seines Adels und sein sonstiges Verhalten in dieser Richtung zu prüfen, wurde im Jahre 1845 der Werner-Grubenschacht im Liegenden des Ganges an der Fürst Lobkowitz-Erbstollensohle angelegt und daselbst anstatt der bestandenen Rosskunst, welche in 24 Stunden 9000 Eimer Wasser aus einer Tiefe von 13 Klafter unter der Erbstollensohle gehoben hat, eine Dampfmaschine zur Wasserhaltung und Förderung eingebaut.

Das Kunstgesenk wird den Zechen oder dem Gange nach abgeteuft und haltet mit dem seigeren Schachtabsinken gleichen Schritt. Schacht und Gesenk werden in angemessenen Distanzen durch Querschläge zum Behufe der Wetterführung in Verbindung gesetzt (Fig. II).

Die Dampfmaschine übt die Kraft von 30 Pferden und hebt 20 Cubikfuss per Minute. Der Wasserzufluss beträgt 11 — 20 Cubikfuss. Das Wasser sinkt beim guten Gang der Maschine 5 Zoll in der 8stündigen Schicht.

Diese Gewältigungs-Arbeit erforderte, besonders in den ersteren Betriebsjahren, einen ungeheuern Kostenaufwand. Die Herstellung der Dampfmaschine und des Maschinenraumes dauerte vom Jahre 1836 bis 1848 und verschlang eine Summe von 69.687 fl. 50 kr. Conv. M. An vielen Stellen musste der Erbstollen erweitert werden, damit die grösseren Maschinenbestandtheile in die Grube geschafft werden konnten.

Die Abteufung des Werner-Hauptschachtes begann im Jahre 1845, ging aber beispiellos langsam vorwärts. Im Jahre 1852 wurden $6\frac{1}{4}$ Klafter mit dem Kostenbetrage von circa 28.000 fl. und im Jahre 1853, in welchem Jahre der Vorort durch 6 und die Maschine durch 4 Monate feierte, nur um $1\frac{1}{6}$ Klafter bei einer Zubusse von 27.700 fl. abgeteuft. Am Schlusse des Jahres 1855 waren im Ganzen erst 39 Klafter $4\frac{1}{2}$ Fuss abgesunken. Es entfallen demnach in dieser 11jährigen Betriebsperiode auf 1 Jahr im Durchschnitte nicht mehr als 3 Klafter 5 Fuss 9 Zoll Schachtausschlag.

Die Hauptursache dieses so langsamen Vorwärtskommens war und ist zum Theil noch der Umstand, dass bei Witterungsveränderungen der Rauch von der Dampfmaschine anstatt durch die bis zu Tag ausgehenden Verhaue und 130 Klafter hoch liegenden alten Göppelschächte zu entweichen, sich zurückschlug und den Ausweg durch den Erbstollen suchte, wodurch die Arbeiter vom Orte vertrieben und die Grube oft längere Zeit unzugänglich gemacht wurde.

Zudem verging kaum eine Woche, in welcher nicht eine Reparatur an der Maschine oder im Kunstgezeuge vorgenommen werden musste. Es dauerte gewöhnlich 2 bis 3 Wochen, bis ein zur Eisenhütte Poduroj gesendeter Maschinenbestandtheil zurückgelangte. Während dem Stillstande der Maschine stiegen wieder die Wässer empor und ertränkten zum Oefteren die mühsam gewältigte Teufe. Während dieser bergmännischen Sisiphus-Arbeit suchte man emsig die alten Rücklässe ober und unter der Erbstollensohle zu gewinnen.

In dem Zeitraume von 1847 bis einschliesslich 1854 wurden durch das Nachnehmen der sogenannten Ulmschwarten erobert:

In den Erzen und Schlichen:

	Feingold	406 M.	9 L.	1 Qn.
	Feinsilber	2857 „	11 „	1 „
An Mühlgold:	Feingold	207 „	5 „	2 „
	Feinsilber	142 „	10 „	1 „
Zusammen:	Feingold	693 „	15 „	
	Feinsilber	3000 „	5 „	

im Werthe von	234.003 fl.	23 kr.	C. M.
Der Kostenaufwand war . . .	410.319 „	57 „	„
Mithin ergab sich eine Zubusse von	176.316 „	34 „	„
welche nach Zuguterechnung der Frohne per	26.011 „	15 „	„
sich auf	150.305 „	19 „	„

vermindert. Als durchschnittliche Einbusse entfallen demnach auf 1 Jahr rund 18.788 fl.

In Ansehung dieses beträchtlichen, unverhältnissmässig grossen Kostenaufwandes hat man sich später entschlossen, die Wasserkraft zur Trockenhaltung des Schachtgesenkes anzuwenden und wurde zu diesem Behufe eine Wassersäulenmaschine mit einem Gefäll von 44 Klafter erbaut und die alte 12.000 Klafter lange Wasserleitung von Turzo aus dem sogenannten Römerthale mit 38 Durchschlägen = 1799 Klftr. wieder hergestellt. Nachdem aber diese Leitung nicht so viel Wasser gibt als die Maschine benöthigt, ja in der meisten Zeit des Jahres gar kein Wasser zuführt und der später erbaute Teichdamm missglückte, so wird noch immer unter den alten Uebelständen mit Dampf gearbeitet und seit Jahren darüber deliberirt, ob Kreuzberg mit Dampf oder Wasser trocken gehalten werden soll.

Der Werner-Hauptförderungs-Schacht ist dermalen 95 Klftr. tief. In der 47. Klafter unter dem Lobkowitz-Erbstollen würde bereits die Gänze des Ganges erreicht. In der Mitte des Adels, das ist in der Gegend des Rupert-Gesenkes, gehen die Verhaue bis 80 Klafter unter dem gedachten Stollen nieder. Die horizontale Ausdehnung der Verhaue auf dem dritten 70 Klafter vom Erbstollen abstehenden Laufe beträgt noch über 200 Klafter.

Die Mächtigkeit des Ganges, welcher am 4. Laufe in einer Teufe von 88 Klafter bisher überall in der Gänze ansteht, wechselt zwischen 2 Fuss und 8 Fuss, im östlichen Abgestämme am 3. Laufe aber misst seine Mächtigkeit 30 Fuss. Im westlichen Theile ist der Gang besonders goldreich; 1000 Ctr. geben im Durchschnitte 60 Loth Mühlgold, auch treten hier Golderze auf. Im östlichen Theile wechselt der Goldgehalt zwischen 10 bis 30 Loth an Mühlgold per 1000 Ctr., allein es kommen daselbst auch goldhältige Silbererze in grosser Menge vor, die von 1 Loth bis 3 Pfund in göldischen Silber halten.

In den letzten 6 Jahren hat man wieder eine Menge Rücklässe sowohl auf dem Hauptgange als auch an den Nebenklüften gefunden, auf welchen ein ergiebiger und lohnender Abbau betrieben wird. Im Jahre 1865 wurden 19.674 fl. und im Jahre 1866 10.398 fl. als Ertrag ausgewiesen.

Die Erfolge des gesammten Kreuzberger Werksbetriebes in den 6 Jahren von 1862 inclusive 1867 sind aus nachstehender Tabelle zu ersehen.

Jahr	Pochgang-Erzeugung Ctr.	Erze und Schliche Ctr.	Gold (Münzpfunde)	Silber (Münzpfunde)	Ertrag fl.	Einbusse fl.
1862	52.000	3.222	75·398	84·279	—	101.358
1863	68.380	6.085	98·032	444·949	—	32.137
1864	95.650	8.596	170·418	486·871	9.759	—
1865	104.717	11.928	170·286	439·316	8.220	—
1866	119.889	17.076	178·266	1482·922	49.209	—
1867	99.594	14.473	133·721	1006·838	15.999	—

Im letzten Jahre war 1 Ctr. Pochgang werth 54 kr., früher auch bis 1 fl. 32 kr., 1 Ctr. Scheideerz 4 fl. 80 kr, früher 6—9 fl.; 1 Ctr. Kiesschlich 3 fl. 83 kr., früher 4—6 fl.; 1 Münzpfd Mühlgold 383 fl. 89 kr., früher 428 fl. bis 457 fl.

Der volle ausbringbare Werth der Metallerzeugung im Jahre 1867 beträgt 122.604 fl. $28\frac{1}{2}$ kr. Auf den Ertrag in obiger Betriebsperiode haben die ausserordentlichen Auslagen auf Neubauten ungünstig eingewirkt, indem im Jahre 1862 . . . . 80.944 fl.
„ „ 1863 . . . . 32.975 „
„ „ 1864 . . . . 28.581 „
„ „ 1865 . . . . 18.210 „
auf Baulichkeiten verrechnet und im Ertrags-Calcul nicht berücksichtigt worden sind.

Im Jahre 1868 zeigte sich dagegen wieder ein Verhauen von 16.116 fl. ö. W., wozu nicht allein die geringere Erzerzeugung wegen Austränkung der Teufe durch beinahe 6 Monate, sondern auch ein ungewöhnlich grosse

Wassermangel in Folge der ausserordentlichen Dürre durch volle 4 Monate beigetragen hat.

Günstiger werden die Abschlüsse ausfallen, wenn einmal eine continuirliche Wasserhaltung und Förderung aus der Teufe bestehen wird und die dortigen Mittel in kräftigen Angriff genommen werden können.

Die grosse Ausdehnung und Mächtigkeit des Ganges, sowie sein Goldgehalt geben sogar der Hoffnung Raum, dass der Kreuzberg sich zu dem bedeutendsten Bergwerke Ungarns gestalten werde.

Motive zum Entwurf allgemeiner Bergpolizei-Vorschriften.

(Fortsetzung.)

X. Grubenbrände.

§. 86.

Dieser Theil der Bergpolizei hat in den preussischen Bergpolizei-Verordnungen noch keine Vorschriften; es ist dies eine Folge des zu behandelnden Gegenstandes. In einem vorkommenden Falle die Mittel an die Hand zu geben, wie einem Grubenbrande vorgebeugt werden könnte oder wie ein entstandener Grubenbrand zu überwältigen wäre, ist eine viel einfachere Aufgabe als die: allgemein giltige Regeln aufzustellen, wie Grubenbränden überhaupt vorgebeugt werden kann und wie die entstandenen Grubenbrände zu bewältigen sind. Darin mag der Grund liegen, dass über diesen Gegenstand der Bergpolizei bisher wenig oder nur Ungenügendes normirt wurde. — Der Grubenbrand ist so alt und sogar noch älter als der Kohlenbergbau, ja die Grubenbrände mehren sich von Tag zu Tag. Und es ist unter den Bergmännern noch keiner aufgestanden, der gleich Archimedes für seinen Hebel den letzten Grund und die Grundursache des Grubenbrandes, zugleich aber auch die Mittel zur Beseitigung desselben angegeben hätte. Archimedes hatte ein Leichtes, bis auf den letzten Grund mit seiner Schlussfolgerung zu gelangen; das Gebiet der Schlüsse und Folgerungen ist ein unendlich weites, ein unbegrenztes, wie das Gebiet der Phantasie; und in dieses Gebiet ist Archimedes mit seinem Schlusse gelangt. Beim Grubenbrande hat man es mit concreten Massen und mit concreten Verhältnissen zu thun, ja man kann sagen: mit Combinationen von Massen und Verhältnissen, und diese lassen sich durch Schlussfolgerungen nicht heben und beheben.

Die Schwierigkeiten, diesen Gegenstand in Form von Verordnungen entsprechend zu behandeln, mag auch die Ursache sein, dass man diesen Theil der Bergpolizei noch nicht in Angriff nahm, obwohl bereits reiche Erfahrungen über Grubenbrände gemacht worden sind. Nur in Sachsen findet man in der bergpolizeilichen Vorschrift vom Jahre 1867 einige Andeutungen, wie Grubenbrände zu verhüten sind; sie sollen am geeigneten Platze im Verfolge dieses Gegenstandes angeführt werden.

Die Erfahrungen über die Entstehung der Grubenbrände und über die Mittel, denselben mit Erfolg vorzubeugen, lassen sich in zwei sehr einfachen Sätzen aussprechen, und diese sind:

1. Bei mächtigen Kohlenflötzen ist bei der ersten Anlage der Arbeit daran zu denken, dass ein Grubenbrand eintreten werde.

2. Der Abbau mit vollständigem Versatze ist das sicherste Mittel gegen Grubenbrände.

Dass aber bei diesen erprobten Erfahrungen dennoch so zahlreiche Grubenbrände die Schätze an Mineralkohle verwüsten, hat seinen letzten Grund:

a) In der Unfähigkeit der Grubenleiter;
b) in der Kostspieligkeit der Arbeit mit Versatz; und
c) in der Habsucht der Bergwerksbesitzer.

Bei Erörterung der einzelnen Punkte des §. 86 wird es nothwendig sein, die Quellen anzuführen, aus welchen sie geschöpft worden sind. Diese Anführung der Quellen und die zergliedernde Besprechung der einzelnen Punkte wird die Erfahrungen nachweisen, auf welche diese einzelnen Punkte beruhen.

Ad 1. Darüber ist eine sehr belehrende Abhandlung zu finden in Karsten's Archiv, VIII. Band, Seite 137 bis 153 vom Jahre 1835 *). Nachdem der Verfasser die Ursachen angeführt hat, welche sich einem ganz reinen Abbaue und einer reinen Förderung der Kohle hindernd entgegenstellen, sagt er auf Seite 142: „Das sicherste Mittel, um Selbstentzündungen und Grubenbränden vorzubauen, ist reiner Abbau und reine Förderung aller Kohlen, und darauf nach Möglichkeit zu halten, Pflicht der Grubenbeamten."

Die Ursachen, welche sich im Allgemeinen einem reinen Kohlenabbaue hindernd entgegenstellen, wurden bereits angeführt.

Einer der reinsten Abbaue auf mächtigen Flötzen dürfte in der Kohlengrube des Grafen von Sternberg zu Břas in Böhmen anzutreffen sein, und wäre zu wünschen, dass die dort eingeführte vollständige Abbaumethode den Kohlenbergbesitzern näher zur Kenntniss gebracht würde.

Es dürfte kaum einem Zweifel unterliegen, dass diese zweckmässige Abbaumethode auch im Ausland Bemerkung und bereitwilligste Aufnahme finden würde.

Ad 2. Grössere Aufschlüsse vorzeitig gemacht, setzen das Kohlenflötz den Einflüssen der Grubenwetter aus und führen Verwitterung herbei. Dadurch leidet die Festigkeit und werden auf diese Weise für den bevorstehenden Abbau nur Brüche vorbereitet. Grössere Aufschlüsse vor der Zeit gemacht, sind auch Ursache, dass viel Kohlenklein fällt; da dieses nicht gern gefördert, sondern wo möglich lieber in der Grube gelassen wird, so bildet es ein gefährliches Material in der Grube, das, in grösseren Massen angehäuft, sehr leicht einen Grubenbrand herbeiführen kann.

Das Kohlenklein wird in der Praxis als brandgefährliches Grubengefälle angesehen, von welchem der §. 171 allgemeines Berggesetz lit. e gelten soll. Aber nicht kleine Ansammlungen von Kohlenklein, sondern grosses Anhäufen desselben ist als brandgefährlich anzusehen; dies ist schon eine alte Erfahrung. Nachstehende Worte mögen dies unterstützen.

„Man hat es zum Gegenstande physikalischer Untersuchungen gemacht, auszumitteln, durch welchen chemischen Process wohl ein solches Kohl, in welchem viel Schwefelkies vorhanden ist, zur Selbstentzündung gebracht wird. Zutritt von Luft und Feuchtigkeit scheinen unerlässlich nothwendig dabei zu sein, sowie auch, dass das Grubenklein (*coal rubbish*) sehr dick aufgeschüttet sein muss — denn wenn es nur ein oder zwei Fuss dick liegt, so geht die Zersetzung nur mit einer sehr geringen Wärme-Erzeugung vor sich und es wird hieraus kein Brand entstehen. In einem solchen Falle scheint es, dass sich die Hitze, sowie sie entsteht, auch wieder vertheilt; wenn dagegen der Haufen mehrere Fuss hoch aufgeschüttet ist, so entsteht ein Druck, und die Erhitzung, die sich erzeugt, häuft sich dann zugleich an. Diese Anhäufung von Wärmestoff beschleunigt umsomehr die chemische Zersetzung der Masse, so dass also auch die Erhitzung um so schneller von Statten geht, und dies bis zu solchem Grade, dass wirkliche Selbstentzündung ausbricht. Die Erhitzung und Entzündung des nassen Heues scheint von ähnlichen Umständen herzurühren; denn ohne grosses Anhäufen und ohne Druck wird auch hier kein wirkliches Feuer entstehen" **).

Ad 3. Hierüber hat man im Saarbrücker Revier auf den Flötzen Blücher und Müffling Erfahrungen gesammelt. Statt breiten Strecken macht man schmale und statt lange Pfeiler von 70 bis 80 Klafter macht man nur 30 bis 40 Klafter lange Pfeiler. Diese in Saarbrücken gemachten Erfahrungen liefern auch einen Beleg zum Punkte 2 ***).

Aeltere Erfahrungen hat man in der Fuchsgrube bei Waldenburg in Nieder-Schlesien gemacht: „Gewöhnlich, vorzüglich aber auf den starken Flötzen, bedient man sich auf der Fuchsgrube der schmalen Vorrichtungsstrecken, weil damit schneller vorgerückt wird und weil der Pfeilerbau dann mehr Sicherheit für die Arbeiter deshalb gewährt, weil sie in der schmalen Strecke bei einem etwa stattfindenden Pfeilerbruche einen sicheren Zufluchtsort finden, was bei breiten Vorrichtungsstrecken nicht immer der Fall ist, indem zugleich mit dem Pfeilerbruch häufig

---

*) Ueber die Abtheilungen der brandigen Wetter auf der Kohlengrube Königsgrube, nebst allgemeinen Bemerkungen über die Grubenbrände in Oberschlesien.

**) Siehe Karsten's Archiv I Band, Seite 388, über den Brand in mehreren englischen Gruben in Clackmannanshire.

***) Siehe Dvořak's Reisebericht Seite 3 und 5.

auch ein Stück Streckenbruch verbunden ist. Die breiten Vorrichtungsstrecken haben ausserdem, bei etwas schlechtem Hangenden, gewöhnlich den Nachtheil, dass der Pfeiler schon beim Angriff vor der breiten Strecke her in Druck geräth, wovon ein grösserer Holzverbrauch und ein geringerer Stückkohlenfall die gewöhnlichen Folgen sind."

„Nur bei niedrigen Flötzen wird noch breite Vorrichtung angewendet, weil hier der Förderung wegen Strosse oder Firste nachgerissen werden muss. Die breite Strecke wird dann soviel als möglich mit Bergen versetzt, theils um die*) Strecke gegen den Druck zu sichern, welches auf mächtigen Flötzen, wegen des Mangels an Bergen, nicht ausführbar ist."

Ad 4. Unter den Hindernissen, welche in Ober-Schlesien einem reinen Abbau entgegenstehen, wird angeführt**).

6. Kann selten an den Springen, am Ausgehenden und an den Rändern der tauben Kohlenmittel die Kohle rein abgebaut werden, weil sie hier meist unbrauchbar und gerade diese Kohle beim Verbrechen am meisten zur Selbstentzündung geeignet ist.

Durch die Erfahrung ist nachgewiesen, dass Grubenbrände immer dort entstehen, wo die Kohle zerrieben, kurzklüftig ist; also an Rutschungen, Sprüngen und Rissen in Brüchen, im abgebauten Felde oder im alten Manne. Es ist auch ganz natürlich, dass flache Splitter in Staubgrösse, scharfe Kanten, nicht eines hohen Wärmegrades bedürfen, um sich zu entzünden, und derlei Splitter bilden sich am meisten auf Punkten, in welchen das Flötz gestört ist.

Ad 5. Der rasche Abbau und die Anwendung einer guten Zimmerung ist eine nothwendige Folge des brüchigen Mittels, und es ist darüber Weiters anzuführen entbehrlich.

Ad 6 und 7. Durch Zuführung von frischen Wettern und mittelst Durchfahrung des Kohlenfeldes mit Wetterstrecken, wird das Anhäufen der entzündbaren Gase verhindert und die Temperatur derselben abgekühlt. Hierüber hat man sehr werthvolle Erfahrungen in Schlesien gemacht, von welchen hier zur Begründung Einiges:***)

„In dem abgebauten Felde, welches in kurzer Zeit zusammenbricht und oft einen dicht verschlossenen Raum bildet, kann um so ungestörter diese wechselseitige Zersetzung des Schwefelkieses und des Wassers vor sich gehen, und die dabei sich entwickelnde Wärme zu einem um so höheren Grade gesteigert werden, je weniger sie in diesem verschlossenen Raume einen freien Abzug findet und je stärker der Druck ist, den das zusammengebrochene Gebirge ausübt. Wenn sich die bis zum Glühen erhitzte eingeschlossene Luft mit der Zeit nicht durch eigene Kraft einen Ausweg bahnt, wobei nicht selten Explosionen zu erwarten sind, so bedarf ein solches gleichsam in Gährung stehendes Feld nur wieder eines neuen Aufschlusses durch den Grubenbetrieb und dadurch des Zutrittes frischer Wetter, um die in dem alten Abbaue zurückgebliebenen Kohlentheile völlig bis zum Glühen, selbst bis zur Flamme zu entzünden, und endlich dadurch in völligen Grubenbrand überzugehen."

„Noch mehr wird dieser Uebergang aus dem Zustande der bis zum Glühen gesteigerten Erhitzung zum wirklichen Ausbruch des Grubenbrandes alsdann begünstigt, wenn das Flötz durch Schieferthonlagen in mehrere Bänke getheilt ist, wenn die Kohle dadurch unrein wird, wenn sie nicht völlig abgebaut und zu Tage gefördert werden kann, und endlich — was sehr häufig eine Quelle des Brandes werden kann — wenn das Hangende des Flötzes nicht aus einem festen, aber beim Zusammenbrechen viele Spalten und Klüfte bildenden Gestein, sondern aus lettigem Schieferthon besteht, der beim Niederbrechen des ausgehauenen Raumes eine dichte Decke darüber bildet. Die Wärme-Entwickelung wird dann um so stärker fortschreiten, je dichter der Raum durch das zusammengebrochene Hangende verschlossen bleibt. Bei einem auf diese Weise verschlossenen Raume kann die Wärme nicht in dem Verhältnisse entweichen, wie sie fortwährend durch das Zuströmen von frischen Wässern, die sich leicht auf dem Liegenden des Flötzes Zugang verschaffen, auf's Neue erzeugt wird. Bei Flötzen dagegen, die ein festes Hangendes besitzen, welches in massiven Stücken über den ausgehauenen Raum zusammenbricht, aus welchen die Wärme, durch die alsdann immer entstehenden offenen Klüfte, einen ununterbrochenen Abzug erhält, wird fast nie ein so grosser Grad der Wärmeentwicklung stattfinden können, dass man einen wirklichen Grubenbrand zu befürchten Ursache hätte, auch wenn sonst alle übrigen Umstände sich dazu günstig zeigen sollten, wie den in der Regel mit solchem Hangenden, das beim Niederbrechen sich in Massen zerklüftet, immer auch starke Wasserzuflüsse in Verbindung stehen."

„Einen sprechenden Beweis hievon gibt das David-Kohlenflötz im Waldenburger Reviere. Ein so ausgebreiteter Bau auf diesem Flötze auch schon in verschiedenen Teufen ausgeführt worden ist, so hat man auf demselben doch noch nie eine bedeutende Erhöhung der Temperatur, viel weniger eine Entzündung bemerkt; und dieses glückliche Ereigniss darf nur allein dem Umstande zugeschrieben werden, dass: wenn auch hier eine wechselseitige Zersetzung des Schwefelkieses und des Wassers in der gewöhnlichen Temperatur wirklich schon erfolgen sollte, die dabei sich entwickelnde Wärme doch sogleich durch die Klüfte einen fortwährenden Abzug findet, so dass die Grubenluft nicht bis zu dem Grade erhitzt werden kann, welcher dem Ausbruche des Grubenbrandes nothwendig vorangehen muss."

Ad 8. Während sich die vorangehenden sieben Punkte auf die Selbstentzündung der Kohlenflötze beziehen, hat dieser Punkt die mittelbare Entstehung des Grubenbrandes anzudeuten. Obwohl die mittelbare Entstehung eines Grubenbrandes zu den seltensten Fällen gehört, so ist es doch ausser Zweifel, dass auch auf diese Weise ein Grubenbrand entstehen kann. Die vollständige Behandlung des Gegenstandes machte deshalb die Anführung dieses Punktes nothwendig. Deshalb kann auch das was in Karsten's Archiv II. Band, Seite 235, über die mittelbare Entstehung des Grubenbrandes gesagt wird, seinem ganzen Inhalte nach nicht als richtig angenommen werden. Darin heisst es nämlich: „Man ist längst von der älteren Annahme zurückgekommen, dass der Grubenbrand durch Anlegung oder durch Verwahrlosung des Feuers in der Grube entstehe, und es erscheint auch in der That fast unmöglich — wenn natürliche Umstände dazu nicht mitwirken, auf künstlichem Wege den Brand in der Grube erzeugen zu wollen."

Dass durch das Einkesseln Feuer in der Grube und weiter ein Grubenbrand entstehen kann, soll durch eine Beziehung auf Karsten's Archiv Band I., pag. 380, nachgewiesen werden. „Auf der Polton-Grube zeigte es sich im November vorigen Jahres (d. i. 1828), dass es im abgebauten Felde des acht Fuss mächtigen Flötzes brenne. Weil die Brandwetter nicht gehörig abgezogen und für die Gesundheit der Mannschaft schädlich wurden, so ward ein grosser eiserner Rost, der eingerichtet war, brennende Kohlen aufzunehmen, mit diesen gefüllt, in den Schacht hineingehängt, um eine Luftverdünnung zu bewirken, um so eine Circulation der Wetter zu erhalten, welches Verfahren auch den gewünschten Erfolg hatte. Allein eines Tages liessen einige lose Buben den Haspel laufen, an welchem dieser Kessel oben über dem Schacht angehängt war. Derselbe rann daher bis auf die Schachtsohle und steckte dort einige Korbflechten für kleine Kohlen in Brand, welcher sich dem dabei befindlichen Kohlengemülle mittheilte, und seit der Zeit ist dies Feuer immer langsam vorgeschritten. Man wollte mit Wasser löschen, aber es half wenig. Auch versuchte man mehrmals die brennende Masse wegzufördern und so das Feuer zu tilgen; allein das in Brand gerathene Feld war schon gegen sechzig Fuss im Durchmesser und griff so rasch um sich, dass die Grubenaufseher sich entschlossen, das Feuer mit aller Kühnheit anzugreifen, welches sie auch ausführten, indem sie die ganze in Brand gerathene Masse loshauen und zu Tage herausfördern liessen. Durch grosse Ausdauer, ungemeine Anstrengung und theilsweise Anwendung von Wasser wurde endlich das Feuer gedämpft, und die Grube ist jetzt im besten Zustande*). Diese Arbeit war höchst gefährlich und ermüdend für die Mannschaft wegen der so schlimmen Wetter und der sengenden Hitze. Zum Glück kam bei dieser Arbeit Keiner ums Leben. (Aus Jameson's *Edinburgh new philosophical Journal*, April bis Juni 1828.)

(Fortsetzung folgt.)

---

*) Karsten's Archiv IV. Band, Seite 227.
**) Karsten's Archiv VIII. Band, Seite 142.
***) Karsten's Archiv II. Band, pag. 236 bis 239.

*) Dieses Citat zeigt in dem weiteren Verfolge auch das Mittel an, wie ein Grubenbrand unterdrückt werden soll und passt auch für den §. 87, Punkt 1.

Entzündungen schlagender Wetter auf den englischen Steinkohlengruben.

(Fortsetzung und Schluss.)

Bei uns in Deutschland sind grössere derartige Katastrophen zum Glück noch seltener. Nur soll man sich deshalb nicht der besseren Einrichtungen, besserer Aufsicht oder strengerer Controle rühmen, sondern sich vielmehr klar machen, wie auch bei uns mit grösseren Tiefen, grösserer Concentration und schnellerem Abbau die Gefahren wachsen, und dass uns ein um so grösserer Vorwurf treffen würde, wenn wir aus den Erfahrungen der Engländer, die den schwierigen Weg vorausgehen müssen, nicht Lehren für den eigenen Betrieb zu sammeln suchten.

Sind es daher auch, wie schon erwähnt, nicht immer unmittelbar anwendbare Regeln, die aus den Betrachtungen der grösseren Unglücksfälle zu ziehen sind, so wird doch ihre Erörterung im Einzelnen in mancher Richtung nicht ohne Werth sein.

Der Kohlendistrikt von Wigan und St. Helens gehört gerade zu denjenigen Distrikten Englands, wo die technischen Einrichtungen der Kohlengruben sehr vollkommen und die Betriebführung unter intelligenter Leitung steht, da die Gruben hier meist aus neueren einheitlichen Tiefbau-Anlagen bestehen. So findet man hier meist eine sorgfältige systematische Theilung der Wetter in mehrere Distrikte, dabei sehr grosse Wetteröfen von 60 bis 64 Quadratfuss Fläche, die Quantitäten von 90 bis 110.000 Cubikfuss Luft pro Minute liefern (z. B. die Gruben Rosebridge, Douglasbank u. a.), und meist Barometer, sowohl über Tage als in der Grube. — Dagegen sind die Flötze dort bekannt als reich an schlagenden Wettern und namentlich gefährlich durch plötzliches Hervortreten von sogenannten „Gasbläsern" aus dem Liegenden der Flötze. Ueberwiegend wird daher auch nur dort mit der Sicherheitslampe gearbeitet. Die Entzündung auf Hindley-Green am 26. November ereignete sich in Vorrichtungsarbeiten, welche unterhalb der Bausohle auf dem sehr flach fallenden Arley-Flötze betrieben wurden. Man fand vor Ort einer Vorrichtungsstrecke zwei verschlossene Sicherheitslampen mit abgerissenen Drahtnetzen, und schien einer der verunglückten Arbeiter, der erst 14 Tage auf dieser Grube arbeitete, an dem betreffenden Tage kurz vor der Entzündung einen Schuss abgefeuert zu haben. Man suchte deshalb die Entstehungsursache hier umsomehr, als zur Wetterführung Wetterscheider von Leinwand bis zu einer Länge von fast 30 Lachter benutzt waren, die bei ihrer Durchdringlichkeit leicht einen geringeren Wetterstrom vor Ort, und deshalb eine schnellere Anhäufung des dort ausströmenden Gases herbeiführen. Die Aeusserung des betreffenden Aufsehers vor den Richtern lautete zugleich, dass ein anderer erfahrener Arbeiter an jener Stelle gewiss nicht geschossen haben würde, da dort in der Sohle durch Hebung der Gase eine ca. 3 Fuss lange Spalte vorhanden war. — Wen trifft also hier der grösste Vorwurf, den unglücklichen, erst 14 Tage auf der Grube angelegten Arbeiter, oder den Aufseher, der Jenen ohne specielle Instruction dort anstellte?

Die Explosion an sich war nicht unbedeutend, da mehrere der Todten Brandwunden zeigten, aber das Unglück würde lange nicht die grosse Zahl von 62 Todten gefordert haben, wenn nicht der Umschlag der Wetter am Wetterofen gefolgt und die ganze Belegschaft aus oberen Bauen, die, durch die Detonation erschreckt, sich retten wollte, nun beim Fliehen in die von dem Wetterofen in die Hauptstrecke zurücktretenden Stickgase gerathen und hier umgekommen wäre. Wären diese vor ihrer Arbeit geblieben, so wären sie wohl alle gerettet.

Der Stoss der Explosion drang durch den 156 Lachter tiefen Einfallschacht bis zu Tage; unmittelbar darauf schlug der Wetterstrom in dem ca. 20 Lachter entfernten Wetterschachte um und drängte die ganze Rauchmenge und verbrannte Luftmasse des Wetterofens, der vorher ca. 54.000 Cubikfuss pro Minute angezogen hatte, in die Grube zurück, so dass sogar an der zurückschlagenden Flamme des Wetterofens Arbeiter unabhängig von der Explosion verbrannten.

An ein Decken des Feuers war nicht zu denken, und nur durch starkes Eingiessen von Wasser in den Wetterschacht konnte man den richtigen Strom wieder herstellen; doch waren inzwischen die Opfer unrettbar.

Es ergibt sich hierbei aus den Verhandlungen, dass die besondere Wetterstrecke oder „*dumb-drift*", welche die verbrauchte Grubenluft oberhalb des Rostes in den Wetterschacht führen sollte, in der Ausführung aber leider noch nicht vollendet war.

Der zweite und dritte Unglücksfall auf der Nordley- und Haydock-Grube sind in Bezug auf die Entstehung dem ersten ganz ähnlich. Auf der Nordley-Grube scheint nur der mit dem Anzünden der Schüsse besonders beauftragte Aufseher, welcher todt neben dem Bohrloche gefunden wurde, selbst den Schuss unvorsichtig angezündet zu haben, während durch mangelhafte Wetterscheider eine Gasanhäufung eingetreten war. Auch auf der Haydock-Grube führten mangehalfte Leinwandscheider zur Anhäufung der Gase vor Ort einer Vorrichtungsstrecke. Ein Arbeiter, der jene in einem alten Durchsiebe repariren wollte, trieb hierdurch gerade die Wetter zurück, so dass sich die Wetter an einem angesteckten Schusse entzündeten. Auch hier fand man die grösste Zahl der 26 Todten durch Nachdämpfe erstickt.

Die Aufmerksamkeit muss nun bei Betrachtung dieser Vorgänge auf eine Reihe erheblicher Fragen gelenkt werden: Zunächst die Schiessarbeiten. — Die Schiessarbeit auf gasreichen Flötzen ohne besondere Controle ist eine dauernde unvermeidliche Quelle von Gefahren. — Dieser Satz ist allgemein bekannt und gerade in Lancashire bei den früheren sehr häufigen Entzündungen der schlagenden Wetter jedesmal hervorgehoben; trotzdem findet man dort immer noch Gruben, die noch kein besonderes Lehrgeld hierin zu tragen hatten und wo daher jedem Arbeiter ohne besondere Vorsicht jeder Zeit das Schiessen gestattet ist, trotzdem dieselben ausschliesslich bei der Sicherheitslampe arbeiten. — Zu diesen Gruben gehörte auch Hindley-Green. — Wo letzteres der Fall ist, da sollte unumstösslich als gleichzeitige Regel feststehen, dass das Schiessen in der Kohle den Arbeitern ganz untersagt ist, oder das Anzünden der Schüsse besonders zuverlässigen Aufsehern anvertraut und nur mit den sichersten Zündmitteln gestattet wird, nicht aber, wie in England, durch Glühendmachen eines Eisendrahtes an der Sicherheitslampe.

Schwieriger und der schwächste Punkt in Bezug auf die Sicherheit ist der, wo offene Lampen aufhören und Sicherheitslampen anfangen, d. h. wo beide gemeinschaftlich angewandt werden, da auf dieser leicht zu überschreitenden Linie der Arbeiter, welcher weiss, dass in den Strecken nebenan offene Lichter brennen, dass die Gefahr also nicht so gross sein kann, bei dem Gebrauch der Sicherheitslampe gewissermassen zuversichtlich gemacht wird, statt sie sich zur Warnung dienen zu lassen.

Auch hier, und sobald überhaupt eine tägliche Revision der Arbeitspunkte auf schlagende Wetter nöthig gehalten wird, sollte man das Schiessen in der Kohle nur zuverlässigen Vorarbeitern oder Aufsehern anvertrauen und überhaupt möglichst beschränken. Bei intelligenter Betriebsleitung wird durch derartige Aufseher entschieden keine Steigerung der Kosten, sondern nur Erhöhung der Leistung eintreten, und hoffentlich wird ja auch die Technik bald dahin gelangt sein, dass sie das Schiessen in der Kohle ganz beseitigt, da durch das Antreiben von Stahlkeilen oder kleine hydraulische Handpressen der Zweck in den meisten Fällen eben so gut erreicht werden kann.

Die Verschärfung und die besondere Controle der unmittelbaren Aufsicht sind nun diejenigen Gegenstände, auf welche die englischen Ingenieure bei den vorerwähnten Unglücksfällen am meisten hinwiesen. Der erste Unglücksfall passirte an dem Tage nach den grossen Parlamentswahlen, der zweite an einem Montage, der dritte am Jahresschlusse, wo die Aufseher durch andere Geschäfte von der Controle abgehalten waren; also gerade wie bei uns, wo die Tage nach Festtagen etc. etc. mit der schlechteren Controle auch immer eine Steigerung der Zahl der Unglücksfälle mit sich bringen.

Einer der bewährtesten Ingenieure, P. Higson, sprach sich deshalb auch auf das Dringeudste dahin aus, dass nicht nur die Betriebsführer selbst periodisch systematische Instructionen ihrer Unterbeamten vornehmen möchten, dass die speciellen Sicherheitsvorschriften der Grube mindestens alle 14 Tage der Belegschaft, womöglich vor der Arbeit, vorzulesen, und namentlich allen neu angenommenen Arbeitern zunächst eine specielle Instruction zu ertheilen sei, sondern dass auch zur Controle der Wettermänner vor jeder Arbeit auf einer Tafel das Datum der Revision des Arbeitspunktes aufzuschreiben sei, um sich überzeugen zu können, dass derselbe wirklich an dem betreffenden Morgen revidirt sei.

Ein zweiter Gegenstand der Aufmerksamkeit sind die Leinwandscheider, die zur Ventilation in Strecken, zu Wetterthüren u. s. m. in England ausgedehnter angewandt werden, als bei uns, und ja manche erhebliche Vortheile gewähren. — Wo aber das Auftreten starker schlagender Wetter bekannt ist, sind sie allerdings durch leichtere Dringlichkeit und Zerstörbarkeit, namentlich bei grösseren Längen, nicht ohne Bedenken, und dürfen wenigstens die Parallelstrecken nicht ersetzen! Es wurde ferner, namentlich bei der Grube Hindley-Green, die Art der Vorrichtung und des Abbaues überhaupt getadelt, indem man bei Eröffnung von ganz frischen Grubenfeldern, welche in keiner Weise bisher entgast sind, zunächst so wenig Arbeitsraum wie möglich offen halten, also nicht sogleich den Abbau beginnen und nach allen Richtungen Vorrichtungsstrecken treiben soll, sondern unter Zusammenhalten des Wetterstromes die Grundstrecken zu Felde treiben und bei Beginn des Abbaues die Vorrichtungsstrecken nicht mehr, als der Abbau es erfordert ausdehnen soll. Allerdings eine Lehre, die häufig durch die Nothwendigkeit, den Abbau zur Deckung der ersten grossen Anlagekosten sogleich zu forciren, vereitelt wird!

Was nun die Wetterversorgung überhaupt betrifft, so liegt die Hauptaufgabe darin, eine bedeutende Reserve an Luft bereit zu haben, oder eine Steigerung derselben über die „unter gewöhnlichen Verhältnissen" erforderlichen Quantitäten so schnell beschaffen zu können, dass zur Ausgleichung aussergewöhnlicher Verluste oder Unschädlichmachung grösserer ausströmender Gasmengen Mittel gegeben sind. Dieses ist bei Wettermaschinen allerdings leichter, als bei Wetteröfen. Es soll deshalb über die Wetteröfen an sich durchaus nicht der Stab gebrochen werden, die ja ihre vielfachen Vorzüge immer behaupten werden, aber dass sie bei schlagenden Wettern eine wesentliche Steigerung der Gefahren mit sich bringen, beweist wieder dieser Fall von Hindley-Green und ein anderes gleichzeitiges Unglück auf einer benachbarten Grube Rainford, wo am 7. Januar c. dadurch, dass sich das Feuer des Wetterofens der Kohle mitgetheilt hatte, durch Zurückschlagen der Gase bei den Löscharbeiten 9 Arbeiter umkamen!

Bei den Nachwirkungen grösserer Explosionen haben die Wetteröfen sich fast immer nachtheilig gezeigt, da der Umschlag des Wetterstromes den Wetterofen fast immer auf kürzere oder längere Zeit unzugänglich machte. — Wenn dagegen bisher die einzelnen Wettermaschinen die Leistungen sehr grosser Wetteröfen noch nicht erreicht haben, so ist dieses kein erschöpfender Grund, dass man nicht durch Fortschritte der Construction denselben mechanischen Effect erreichen sollte. Auf der Kohlengrube Page-Bank in Northumberland ist ganz kürzlich ein Lemielle'scher Ventilator von 32 Fuss Axenlänge und 23 Fuss Durchmesser aufgestellt, der pro Minute 130.000 Cubikfuss Luft liefert; und zwei nebeneinander aufgestellte Wettermaschinen werden schon jetzt immer grössere Leistungen und weit grössere Sicherheit liefern, als die Wetteröfen. Wenn irgendwo es nicht auf die blose Berücksichtigung des Kostenpunktes ankommt, so ist es bei der Wetterversorgung der Fall. Schafft man nur die Kraft, um ein Uebermass von Luft liefern zu können, so wird die praktische Erfahrung auch bald zur richtigen Vertheilung derselben gelangen. Es ist daher das zuerst in Belgien ausgeführte, in Nordfrankreich und jetzt auch auf einzelnen Saarbrücker Gruben angewandte System zweier Wettermaschinen auf demselben Hauptwetterschachte gewiss der Nachahmung in vieler Beziehung zu empfehlen.

Ueber Martin's Verfahren der Gussstahlfabrikation*).

Von Constantin Peipers, Vertreter und Ingenieur der Herrn Martin.

Solingen, im März 1869.

Bei der wichtigen Stellung, welche der Gussstahl in unserer heutigen Industrie einnimmt, darf es nic

*) Aus dem Berggeist Nr. 21 d. J.

Wunder nehmen, wenn die Methoden, durch welche man denselben darstellt, die Erfindungslust unserer Techniker energisch wach rufen und auf immer neue Bahnen lenken, so dass die Erfindungen, welche, heute gemacht, das Grösste in ihrer Art zu leisten scheinen, morgen schon durch eine neue in den Schatten gestellt werden.

Während früher Menschenalter dazu gehörten, einer durchgreifenden Neuerung Eingang in der Industrie zu verschaffen, sichert heute das Bedürfniss nach einem guten und billigen Stahl dem Erfinder einer neuen lebensfähigen Methode einen schnellen, glänzenden Erfolg. So ist der Erfinder des Bessemerns nach wenigen Jahren schon, durch eine vollständige Umwälzung in der Stahlindustrie, jedoch auch durch ein fürstliches Vermögen für seine Erfindung belohnt worden. Das Geniale und Grossartige seiner Erfindung, der ausserordentliche Aufwand von Capital, Arbeit und Ausdauer, die dem kühnen Gedanken zum Siege über die praktischen Schwierigkeiten verholfen, die Umgestaltung eines wichtigstens Theiles der Eisenindustrie werden den Namen des Erfinders in ferne Zeiten unvergessen machen.

Die Erfolge dieser Methode sind indess hinter den Erwartungen zurückgeblieben, der Wirkungskreis derselben ein verhältnissmässig beschränkter geblieben, und kaum hatte sich die Existenz von unausgefüllt gebliebenen Lücken fühlbahr gemacht, als man auch schon unermüdlich zur Auffindung neuer Methoden andere Bahnen einschlug.

Unter den vielen nach Bessemer auftauchenden Ideen hat sich nur Martin's Verfahren der Gussstahlfabrikation demselben als ebenbürtig durch die Praxis documentirt. Weniger durch Originelles und Neues, als durch seinen ausserordentlichen praktischen Werth fesselt der Martin'sche Ofen unsere Aufmerksamkeit, und dieses ist es, was demselben eine so schnelle Verbreitung verschafft hat und seine allgemeinste Einführung in sichere Aussicht stellt.

Am 4. April 1864 machte Herr Martin in seinem Etablissement zu Sireuil bei Angoulême zum ersten Male mit Erfolg den Versuch, Gussstahl auf der Sohle eines Regenerator-Flammofens herzustellen, und liess sich am 10. August desselben Jahres das Verfahren für Frankreich patentiren; heute, fünf Jahre nach jenem Versuche, sind die Ofen in ganz Frankreich verbreitet, in England, Deutschland, Oesterreich, Schweden und Amerika viele Anlagen nach diesem System theils ausgeführt, theils in der Anlage begriffen. Bedeutende Etablissements übernehmen grosse Lieferungen an Eisenbahnschienen und Bandagen aus Martin'schem Gussstahl; Martin selbst erzeugt seit 1865 ununterbrochen Gewebrläufe, mit einem Ofen, dessen Jahresproduction $1\frac{1}{2}$ Millionen Pfund beträgt, und kann durch solche Leistungen die Methode als in der Praxis eingebürgert bezeichnet werden. Den Erfolgen entsprechend hat die technische Journalistik entschieden zu Gunsten dieses Verfahrens Partei ergriffen, zumal die bedeutendsten Fachmänner der Sache ein günstiges Prognostikon stellten.

Eine grosse Anzahl von Fabrikanten und Ingenieuren, darunter die im Fache hervorragendsten Persönlichkeiten, führten, nachdem sie den Ofen bei Martin functioniren sahen, bedeutende Anlagen nach diesem System aus und gaben dadurch ein stillschweigendes Zeugniss für die überraschende Sicherheit und die fast ausnahmslose Anwendbarkeit der Methode. Nur in Ausnahmsfällen ist die Ausführung des Processes im Martin'schen Ofen auf Schwierigkeiten gestossen, da Herr Martin seinen Klienten nicht allein mit vollständigen Plänen und ausgebildeten Meistern an die Hand geht, sondern ihnen auch das Studium des Verfahrens in den eigenen Werken gestattet. Wo dennoch ein Fabrikant nicht sofort reussirte, hat man sich entweder in der Wahl der Materialien geirrt, oder die angelernten Arbeiter verstanden den Ofen nicht zu behandeln, während an anderen Orten die Intelligenz der gewählten Arbeiter bei Ueberwindung schwieriger Verhältnisse oftmals den Ausschlag gab. Der Mangel an tüchtigen Arbeitern und besonders an tüchtigen Meistern ist indess eine Schwierigkeit, mit der jede neue Methode zu kämpfen hat. Das Vertrauen zur Sache selbst kann durch solche einzelne Fälle nicht erschüttert werden. In den Werken des Herrn Martin, wo die Ausführung des Processes in den Händen eines lange Jahre eingeschulten Arbeiterstandes liegt, verläuft derselbe mit grösster Sicherheit und gehört das Misslingen einer Charge fast zu den Unmöglichkeiten.

Die Idee der Martin'schen Methode hat den Technikern schon lange vorgeschwebt und liess sich Heath schon 1839 auf dieselbe ein Patent geben, auch sind in dieser Richtung viele Versuche angestellt worden, die, mehr oder minder gelungen, sich nicht aus dem Stadium der Versuche herauszuarbeiten vermochten. Martin's specielles Verdienst ist es, durch viele kostspielige, mit Umsicht und Ausdauer geleitete Versuche zur Auffindung der richtigen Verhältnisse des Ofens und Generators, der Materialien und der diesem Process eigenthümlichen Operationen, der Industrie eine in sich vollendete Fabrikation übergeben zu haben, die von jedem Anscheine unbeholfener Neuheit frei war und welche Martin als Erfinder mindestens ebenso hoch stellen, als ob auch die Grund-Idee sein Eigenthum gewesen. Die mehrjährigen Betriebsresultate der eigenen Werke, die Ausführung und Inbetriebsetzung einer grossen Zahl von Oefen in fremden Werken aller Länder haben Martin seitdem eine Sicherheit in dieser Methode verschafft, wie sie neue Erfindungen unter anderen Umständen oft erst nach Jahrzehnten erreichen.

Obschon das Princip des Martin'schen Ofens zu viel schon besprochen, um dasselbe nicht als dem technischen Publicum bekannt vorauszusetzen, so führen wir es doch nochmals in kurzen Umrissen zur Orientirung beim Lesen des Nachstehenden vor:

Auf der muldenförmigen Sohle eines Flammofens wird eine Partie Roheisen eingeschmolzen und in das unter einer Schlackendecke stehende Bad in gewissen Zwischenräumen Schmiedeeisen so lange eingetragen, bis eine genommene Schöpfprobe nachweist, dass die ganze Masse die sehnige Natur des Schmiedeeisens angenommen hat. Durch Zusatz einer bestimmten Menge Roheisen wird alsdann die Masse wieder in Stahl verwandelt. Die zu dieser Operation erforderliche Hitze liefert ein mit dem Flammofen verbundener Regenerator. Das Schmiedeeisen wird entweder als noch glühende, eben gaare Luppe aus einem benachbarten Puddelofen eingetragen, oder es werden Schmiedeeisen-Abfälle benutzt, in einem besonderen Wärmofen, resp. mit der Ueberhitze eines benachbarten Schweissofens vorgewärmt. Das fertige Bad wird durch ein Abstichloch in prismatischen Formen abgestochen oder in Gussformen, die keiner weiteren Verarbeitung unterliegen, erhalten.

Das Folgende soll zeigen, welche Vorzüge dieses Verfahren vor den heute geläufigen Gussstahlfabrikationsmethoden, vor dem Tiegelgussstahl- und dem Bessemer-Process hat, wodurch er berechtigt erscheint, beiden ebenbürtig zur Seite zu treten; dass das Martin'sche Verfahren beide Methoden nicht allein in den meisten Fällen zu ersetzen im Stande ist, sondern auch eine zwischen beiden bestehende Lücke glücklich ausfüllt, während er beiden Methoden gegenüber wesentliche Vortheile aufzuweisen hat.

(Schluss folgt.)

Aus Wieliczka.

Seit dem 10. April ist die grosse Maschine am Elisabeth-Schacht nach dem rasch bewerkstelligten Einbau eines Reserve-Ventilkastens wieder in Thätigkeit und seitdem der Wasserspiegel in constanter Abnahme. Nachdem mit Rücksicht auf die Neuheit der Maschine mit grösster Vorsicht und sehr langsamen Gange derselben fortgefahren wird, ist ihre Leistung noch weiterer Steigerung fähig, welche auch allmälig und mit Rücksicht auf das Eintreffen von Reservebestandtheilen für allfällige Beschädigungen angestrebt wird.

Am Morgen des 10. April war der Wasserstand über dem Horizonte „Haus Oesterreich" 3° 3' 5".

An diesem Tage Nachmittags wurde die Maschine wieder in Betrieb gesetzt und am 14. April Morgens wurde der Wasserstand über Haus Oesterreich mit 3° 2' 2" gemessen, ist also um 1' 3" gefallen. Die neue Maschine hat also nicht blos den ganzen Zufluss des Wassers, welcher vorher 3—4" täglich betrug, gehoben, sondern ausserdem den Wasserstand um circa $3\frac{1}{2}$—4" täglich vermindert, obwohl man sie bisher nicht über 2 Hub in der Minute machen liess.

Der sonstige Betrieb in der Grube geht ungestört fort, das Abteufen des Albrecht-Gesenkes hat 16 Klafter Teufe erreicht.

Notiz.

Eine Edelsteinsammlung. Wir waren in der Lage, eine Sammlung von Edelsteinen zu sehen, welche der vor nicht langer Zeit verstorbene Herr Fladung hinterlassen hat, dessen populäre Schriften über einige Zweige der Naturkunde vor etwa 30 Jahren insbesondere in Damenkreisen in Wien eine Notorietät besassen. — Sie besteht aus zwar kleinen aber nett zusammengestellten Exemplaren aller Edelsteine und Halbedelsteine in kleinen Kästchen und zeichnet sich durch ihre Vollständigkeit aus. Gegenwärtig ist diese Sammlung zu verkaufen, da die einzige Erbin des in hohem Alter verstorbenen Sammlers, selbst schon sehr bejahrt, bereit ist, dieselbe gegen eine feste Summe oder eine kleine Leibrente zu veräussern. Wir wünschten, dass diese ihrem kleinen Format nach mehr für Private als für öffentliche Anstalten geeignete Sammlung im Ganzen bliebe, und Freunde mineralogischer Sammlungen werden uns bereit finden, weitere Auskünfte darüber zu geben. Briefe an die Redaction dieser Zeitschrift werden nach unmittelbarer Rücksprache mit den betheiligten Personen beantwortet werden.

Amtliche Mittheilungen.

Personalnachrichten.

Ernennungen.

Vom Finanzministerium:

Der Salzfactor Leopold v. Erlach zum Sudhüttenmeister bei der Salinenverwaltung in Hallein. (Z. 37129, ddo. 3. April 1869.)

Der Cassacontrolor des königl. ungarischen Hauptpunzirungsamtes in Pest Adolf Mader zum Official I. Classe bei dem Hauptpunzirungsamte in Wien (Z. 10536, ddo. 4. April 1869).

Diese Zeitschrift erscheint wöchentlich einen Bogen stark mit den nöthigen artistischen Beigaben. Der Pränumerationspr[eis] ist jährlich loco Wien 8 fl. ö. W. oder 5 Thlr. 10 Ngr. Mit franco Postversendung 8 fl. 80 kr. ö. W. Die Jahresabonnent[en] erhalten einen officiellen Bericht über die Erfahrungen im berg- und hüttenmännischen Maschinen-, Bau- und Aufbereitungswe[sen] sammt Atlas als Gratisbeilage. Inserate finden gegen 8 kr. ö. W. oder $1\frac{1}{2}$ Ngr. die gespaltene Nonpareillezeile Aufnah[me]. Zuschriften jeder Art können nur franco angenommen werden.

Druck von Carl Fromme in Wien. Für den Verlag verantwortlich Carl Reg[er].

№ 17.
XVII. Jahrgang.

Oesterreichische Zeitschrift

1869.
26. April.

für

Berg- und Hüttenwesen.

Verantwortlicher Redacteur: Dr. Otto Freiherr von Hingenau,
k. k. Ministerialrath im Finanzministerium.

Verlag der G. J. Manz'schen Buchhandlung (Kohlmarkt 7) in Wien.

Ueber den bergmännischen Unterricht.

Wir haben in Nr. 14 und 15 dieses Jahrganges das Programm der preussischen Bergakademie in Berlin gegeben, welche in ihrer gegenwärtigen Entwicklung als selbstständige Hochschule des Berg-, Hütten- und Salinenwesens, und zugleich im innigen Anschlusse an die geologische Landesanstalt, sowie mit Benützung der Lehrkräfte der Universität und auf der Grundlage der Lehrfreiheit uns allen gerechten Ansprüchen der heutigen Zeit zu entsprechen scheint. Am Vorabende einer Berathung über diese Frage im Ackerbauministerium, als derzeitiger oberster Bergbehörde, glauben wir mit unserer Ansicht über diese Frage nicht zurückhalten zu sollen und können dieselbe im Hinblick auf das Programm der preussischen Bergakademie, das wir als mustergiltig anerkennen, kurz fassen.

Nachdem durch die Selbstthätigkeit der Privatgewerken unter Initiative des Ackerbauministeriums und mit Subvention des Staates durch die neu entstandenen (niederen und mittleren) Bergschulen in Klagenfurt, Leoben, Karbitz, sowie durch die ärarischen Bergschulen in Přibram und Wieliczka für die locale Ausbildung eines tüchtigen Aufsichts- und Manipulationsleiter-Personales mit dankenswerther Mannigfaltigkeit gesorgt ist, nachdem der verbesserte Realschulunterricht und die reorganisirten technischen Institute viele Förderung bergmännischer Vorbildung an den verschiedensten Orten möglich gemacht haben, scheint uns die von uns stets gewünschte Errichtung einer Hochschule des Faches in der Residenz bei weitem weniger Einwendungen ausgesetzt, als es vielleicht noch vor kurzem der Fall gewesen wäre.

Ein Centralpunkt der Wissenschaft, wie Wien es geworden ist, der im Umkreise von nicht mehr als 10—20 Meilen in der Runde*) und durch Bahnen verbunden, die Kohlenwerke von Brennberg, Zillingdorf, Thallern, Neudorf, Göding, Rossitz, Oslavan, Gloggnitz, Muthmannsdorf, Klaus und Lilienfeld, die Eisenwerke von Rossitz, Blansko, Adamsthal, Zwischenbrücken (bei Wien), Reichenau, Ternitz, Pitten, Neuberg, Mariazell u. a. zahlreiche Maschinenfabriken in und um Wien und die Directionen der Staatswerke sowie vieler grosser Privat-Montanwerke im Weichbilde der Stadt selbst besitzt, kann keineswegs als ein der Montan-Industrie abseits liegender Ort angesehen werden. Wissenschaftliche Anregung und Förderung durch Universität, Polytechnik, geologische Reichsanstalt, Hofmineraliencabinet, Akademie der Wissenschaften, Hauptmünzamt, Ingenieur- und Gewerbeverein u. s. w., der Umgang mit den Mitgliedern dieser Anstalten und Vereine, mit den Leitern und Beamten zahlreicher Montan- und Industrie-Unternehmungen, bieten für Lehrer und Schüler einer Bergakademie Hilfsmittel der Ausbildung, wie sie eine kleine Bergstadt niemals gewähren kann.

Praktischer Aufenthalt an Berg- und Hüttenwerken vor und nach dem Cursus ergänzen, was etwa an praktischer Anschauung noch fehlen kann.

Was aber heutzutage dem Montanisten unentbehrlich ist und oft selbst bei den tüchtigsten Fachkenntnissen bisher schmerzlich vermisst wird: mercantile und volkswirthschaftliche Bildung, Kenntniss des Staatswesens und des productiven Volkslebens im Grossen und Ganzen, ist eben nur in der Grossstadt zu erreichen.

Die Pariser Ausstellung hat gewiss manchem der zahlreichen Besucher derselben aus unseren Kreisen gezeigt, welche Anschauungen eine Gross- und Weltstadt auch für die engeren Fachbeziehungen gewähren kann!

Es kann daher, da für locale praktische Ausbildung gesorgt ist, die Verlegung einer montanistischen Hochschule nach der Metropole, für uns wenigstens, keinem ernstgemeinten Einwande unterliegen.

*) Das ist mit Eisenbahnen 4—5 Stunden Entfernung. Zwischen 1 und 16 Meilen liegen: Zwischenbrücken, Zillingdorf, Brennberg, Lilienfeld, Muthmannsdorf, Klaus, Gloggnitz, Thallern, Reichenau, Ternitz, Pitten; zwischen 10 und 15 Meilen liegen: Neudorf, Göding, Mariazell, Neuberg; zwischen 15 und 20 Meilen: Rossitz, Oslavan, Blansko; ja selbst Leoben, Eisenerz und Vordenberg liegen noch im Umkreise von 20 Meilen, wenngleich letztere dermal noch minder zugänglich als z. B. Witkowitz und Ostrau, welches von Wien in 10 Stunden erreichbar ist.

Nach manchem Schwanken, ob selbe an eine andere Hochschule oder ein analoges Institut »anzulehnen« wäre, als Facultät einer Universität (wie in Lüttich) oder einer technischen Schule, glauben wir doch in einer selbstständigen Organisation und Leitung der bergmännischen Hochschule allein eine Garantie für einen fachlichen Charakter einer solchen Schule und für eine praktische Wirkung derselben auf den Bergbau selbst zu erkennen. Wir stimmen daher für eine selbstständige Bergakademie! Dies schliesst jedoch nicht aus, dass sie durch gemeinsame Professoren und Vorlesungen mit anderen wissenschaftlichen Lehranstalten (Universität, Polytechnicum) in Verbindung trete, wie es auch in Berlin geschieht, oder durch locale Nähe an anderen Instituten deren Sammlungen mitbenütze, sich gemeinsamer Publicationen bedienen und in Wechselbeziehungen förderlichster Art treten könne.

Wir halten ferner dafür, dass Gelegenheit geboten sein müsse, das Studium der Volkswirthschaft, der Handelskenntnisse, sowie der modernen Sprachen, englisch und französisch vorzugsweise, mit den technischen Studien zu verbinden.

Wir glauben ferner, dass eine geringere Zahl, aber eine bessere Dotirung der Stipendien geeignet sein würde, wahrhaft Talentvollen den Zugang zur Akademie und der Subsistenz daselbst zu erleichtern; die Mittelmässigkeit soll an einer Hochschule sich nicht zu breit machen und die rein praktische Richtung ist durch die Local-Bergschulen vertreten.

Endlich befürworten wir möglichste Lehrfreiheit und das Princip der Staatsprüfungen, bei welchen es nicht auf das »Wie, wann und wo? und in welcher Ordnung? man frequentirt und gehört", sondern Was? man sich angeeignet habe, anzukommen hätte!

Staatsprüfungen vor wechselnden Commissionen, die aus Lehrern und aus hervorragenden Autoritäten des praktischen Betriebes zusammengesetzt sind, scheinen mir der rechte Schlussstein einer echt freien und wissenschaftlichen Ausbildung zu sein, wenn sie im rechten Geiste vorgehen!

Die innere Einrichtung kann mannigfaltig sein. Auch hier empfehlen wir das bereits erprobte Muster der Berliner Akademie mit denjenigen Modificationen, die durch unsere Studienanstalten bedingt sind!

Endlich empfehlen wir ein Statut für fünf Jahre, nach deren Ablauf eine Revision desselben eintreten solle, um die gemachten Erfahrungen benützen und darnach zweckmässige Aenderungen vornehmen zu können. Zu rasche Aenderungen, so oft irgend etwas nicht recht den Wünschen entspricht, sind vom Uebel. Auch eine solche Hochschule bildet sich erst aus sich selbst heraus und bedarf einer stetigeren Leitung in administrativer Beziehung, bei möglichster Freiheit in wissenschaftlicher Richtung. Dies ist in wenigen Worten unser Glaubensbekenntniss in der hochwichtigen Frage des höheren bergmännischen Unterrichtes.

Wien, den 17. April 1869.

Hingenau.

Die Erzgänge und neueren Bergbau-Erfolge im Bergdistrikte von Nagybánya in Ungarn.

III.

Felsöbánya.

(Hiezu die Tafel zu der Nummer 15, Figur I, II und III.)

Der kegelförmige Grossgrubner Berg, welcher sich nördlich von der Stadt Felsöbánya erhebt, besteht aus Grünstein, der tiefer im Gebirge in Grünstein-Porphyr und gegen Westen in eine körnige, aufgelöste Gebirgsmasse übergeht und östlich über den Zavaros-Bach mehr einem Trachyt ähnlich sieht. In diesem Gebirge setzen ein Haupt- und mehrere zum Theile mächtige Nebengänge auf, welch' letztere an beiden Seiten des Hauptganges sich wie Aeste aus einem Hauptstamme in die Höhe ziehen (Fig. 2 und 3)

Die mächtigeren Nebengänge sind im Hangenden: Der Ökörbányaer und Leppener Gang; im Liegenden: der Greissen-, Ellbányaer, Allerheiligen- und Jobi-Gang.

1. Der Hauptgang ist in seinem Streichen bei 850 Klafter durch den Grubenbau eröffnet, verflächt vom Tag an bis auf circa 20 Klafter Tiefe gegen Süden, wird dann steil und erhält endlich ein entgegengesetztes Fallen von 80 Klafter, welches bis zur tiefsten Strecke (den 9. Lauf) 50 Klafter unter dem Borkuter Erbstollen, unverändert bleibt. Seine Mächtigkeit beträgt 10 bis 12 Klafter, die aber gegen Westen bedeutend abnimmt.

In einer aus Quarz, dunkelgrauem Hornstein, Schwerspath und tauben Keilen vom Nebengestein bestehendem Ausfüllungsmasse führt der Hauptgang und zwar im östlichen Felde ausschliesslich silberhältigen Bleiglanz, theils derb, theils eingesprengt, selten in krystallinischem Zustande, im westlichen Felde dagegen treten Rothgüldig und Schilferze, letztere jedoch höchst selten auf. Ferner erscheinen Braunspath, Leberkies und dodekaedrische Granatblende. Der Schwerspath ist oft mit nadelförmigem Antimon und Realgar durchzogen.

Das Gold, zumeist an prismatischen Eisenkies und Quarz gebunden, kommt in fein zertheiltem Zustande vor.

Der Hauptgang wird beiläufig in der Mitte seiner Längenerstreckung von einer antrazitführenden 2 bis 4 Klafter mächtigen Thonschiefer-Kluft durchsetzt und in Unordnung gebracht. Dieser Schiefer, in dessen Nähe auch das Nebengestein äusserst milde und brüchig ist, hat dem Bergbau schon mehrere Verlegenheiten bereitet und öfters Brüche in der Grube verursacht.

Die Ausdehnung des Hauptganges nach dem Streichen nimmt mit der Tiefe ab und zwar so rapid, dass die zur Sohle des Erbstollens auf 800 Klafter sich erstreckende Länge des bauwürdigen Ganges zur Sohle des 9. Laufes nur noch 450 Klafter beträgt. In der westlichen Abtheilung wurde im Monat October 1868 das edle Gangmittel unter dem Revay-Abteufen angefahren. Die genommenen Proben sind befriedigend, da der Durchschnittswerth der Geschicke per 1 Ctr. circa 1 fl. 90 kr. betrug. Im östlichen Felde ist der Gang ebenfalls 2 bis 3 Klafter mächtig und bleiisch, allein weit ärmer im Golde als in den oberen Horizonten.

2. Der Ökörbányaer Gang besteht aus mehreren Trümmern, läuft in östlicher Richtung zwischen Stunde 4 — 5 vom Hauptgange aus und endigt an der Schieferkluft.

Ueber Tags ist dessen Streichenausdehnung 135 Klftr. und am Borkuter Erbstollen 80 Klftr. Er verflächt widersinnisch gegen den Hauptgang, sitzt diesem zu und schleppt sich mit demselben vom Oberborkuter Stollen bis auf den Horizont des 4. Laufes, wo er sich mit dem Hauptgange vereinigt. Seine Mächtigkeit beträgt 9 —12 Fuss; die Ausfüllung ist Quarz und Eisenkies, welcher Gold und Silber führt. Das Vorkommen von Rothgüldigerz ist diesem Gange eigenthümlich.

Mehrere in den oberen Horizonten in der Gegend seines Streichens unter verschiedenen Namen reich abgebaute Klüfte scheinen nur Trümmer dieses Ganges zu sein.

3. Der Leppener Gang geht vom Hauptgange in westlicher Richtung aus und endigt an der Thonschieferkluft. Seine grösste Entfernung vom Hauptgange beträgt am 1. Laufe bei 19 Klafter und die aufgeschlossene Länge 190 Klafter. Dem Verflächen nach sitzt er dem Hauptgange am 4. Laufe, bei Ignazi, auf und schleppt sich mit demselben bis in die Teufe. Er ist meistens in drei Trümmer getheilt, die in ihrer Mächtigkeit stark wechseln und oft bis auf eine Steinscheidung verdrückt sind. Die Gangart ist fast dieselbe wie beim Hauptgange, mit dem Unterschiede, dass der weisse Quarz nierenförmig und bandartig, oft neben einem seifenartigen weissen Letten erscheint.

Ausser den verschiedenen Späthen führt dieser Gang Leberkies, Realgar, sehr häufig prismatoidischen Antimonglanz, dessen Nadeln oft bis 4 Zoll lang und 3 bis 5 Zoll dick mit Endkrystallisation vorkommen. An Mühlgold ist derselbe bedeutend reicher, dagegen an silberhältigem Blei viel ärmer als der Hauptgang.

4. Der Greissen-Gang entspringt im äussersten Morgenfelde aus dem Hauptgange, scharrt dem Verflächen nach diesem Gange zu und steht am 7. Laufe mit demselben in Verbindung, ohne dass eine scharfe Grenze wahrzunehmen wäre. Er zeichnet sich von den übrigen Gängen durch die grossen, oft 1—2 Klafter langen Quarzdrusen aus, in welchen nebst dem rhomboedrischen, schneeweissen, glänzenden Quarz Fahlerz, Antimonglanz mit Endflächen und gold- und silberhältiger Bleiglanz, oft mit Kupferkies imprägnirt, vorkommt. Das Verhältniss zwischen den edlen Metallen und dem Blei ist dasselbe wie beim Hauptgange. Die Mächtigkeit des Greissenganges wechselt von 4—8 Fuss.

5. Der 4—6 Fuss mächtige, in Beziehung auf den Hauptgang wiedersinnisch verflächende Ellbányaer Gang ist vom ersteren Gange 90 – 100 Klafter entfernt und nur über der schwebenden Markstatt an mehreren Punkten edel bekannt, im tieferen Felde aber theils blos 2 Fuss mächtig und etwas Bleiglanz führend, theils ganz ungestaltig überbrochen.

6. Der Allerheiligen-Gang, welcher in den oberen Mitteln durch die Gewerken edel verhauen wurde, ist bis jetzt in der Grossgrube nicht sicher bekannt; es scheint, dass derselbe mit dem Johann Bapt.-Stollen taub überfahren worden sei.

7. Der Jobi-Gang endlich wurde in den oberen Horizonten, wo er auch Rothgüldigerz führte, nicht ohne Vortheil abgebaut, in der Teufe steht derselbe, am Borkuter Erbstollen in zwei Trümmer getheilt, unedel an.

Alle diese Gänge und Klüfte halten im Streichen über den Grossgrubner Berg hinaus nicht an und die Versuche, dieselben in den anstossenden Gebirgen auszurichten, haben zu keinem günstigen Erfolge geführt, woran die veränderte Beschaffenheit dieser Gebirge Ursache sein dürfte.

Der Grossgrubner Bergbau war bei meiner Befahrung desselben im Jahre 1855 noch in ungeordnetem Zustande. Man beschäftigte sich damals mit Einlegen einer Schienenbahn am Borkuter Erbstollen, es mangelte eine entsprechende Wasserhebemaschine, um die Teufe mit den erforderlichen Kräften in Angriff zu nehmen, und an einer rationellen Aufbereitung der Bleierze. In letzterer Beziehung wurden in den späteren Jahren in Folge meiner Anordnung Versuche mit der Harzer Aufbereitungs-Methode, nach welcher ich als Distrikts-Markscheider schon in den Jahren 1840 und 1841 die Erzaufbereitung bei den Kitzbichler Bergbauen eingerichtet hatte, durch längere Zeit vorgenommen. Es hat mich sehr überrascht, aus einer jüngst von Nagybánya erhaltenen Mittheilung zu entnehmen, dass die Versuche mit der Quetsch- und Siebsetzmanipulation bis zur Evidenz nachgewiesen hätten, dass die dortigen ärmeren Bleierze wegen ihrer allzugrossen Festigkeit und ihrem geringen Silberhalt sich zu dieser Behandlung nicht eignen und dass nur bei den grob eingesprengten Geschicken mit einem Bleihalte von 22 Pfd. mittelst der genannten Manipulation, gegenüber des Feinpochens, Vortheile zu erzielen wären, nachdem doch zu Kitzbichl auf diesem Wege aus den fein eingesprengten und specifisch leichteren Kupferkiesen schmelzwürdige Geschicke, und zwar zum Theil bis zu einem Halt von 18—20 Proc. Kupfer erzeugt werden und das Werk hauptsächlich dieser Manipulations-Einrichtung die günstigen Betriebserfolge und die höhere Kupfererzeugung zu verdanken hat.

Dafür werden jetzt in Felsöbánya anstatt den früheren kleinen, grosse Pochwerke mit continuirlichen Stossherden gebaut. Diese Manipulation erfordert nicht nur geringere Pochwerkskosten, sondern scheidet auch die Bleischliche von der Zinkblende scharf ab, wodurch die Hüttenmanipulation wesentlich befördert wird.

Erst seit einem Jahre spielen zwei beim Theresia-Hauptschachte erbaute Wassersäulen-Maschinen und ist auch das Niedersinken des Schachtes unter dem 9. Laufe zur Aufschliessung frischer Erzmittel im Betriebe*).

Der volle ausbringbare Metallwerth der Erzeugung pro 1867 war 201.914 fl. öst. W. Ein Centner Pochgang repräsentirte einen Werth von $35^1/_{10}$ kr.; 1 Ctr. Bleischlich 8 fl. 28 kr.; 1 Ctr. Kiesschlich 1 fl. 21 kr. und 1 Münzpfund Mühlgold 503 fl. 71 kr.

Die Erzeugung in Silber und Blei ist gegen früher bedeutend gesunken. Die Ursache liegt darin, weil wegen

*) Siehe Tabelle auf Seite 132.

Betriebs-Ergebnisse des Bergbaues und der Aufbereitung.

Jahr	Erzeugte		Metallinhalt der Berg- und Pochgefälle				Ohne Rücksicht auf die Hütte		Ausserordentliche Bauten
	Pochgänge Ctr.	Erze und Schliche Ctr.	Gold Mark Loth	Silber Mark Loth	Kupfer Ctr.	Blei Ctr.	Ertrag fl.	Einbusse fl.	fl.
1854	313·313	63 524	159·12	6841·15	—	7894½	unbekannt		
			Münzpfunde						
1862	303·076	49·447	141·791	2180·907	15·37	6664	5.591	—	—
1863	268·839	41·554	118·001	1831·830	7·73	5976	—	2.039	424
1864	376·863	50·676	142·787	2160·196	2·19	7066	6.138	—	21.646
1865	347·663	54·864	157·594	2185·462	—	6061	17.818	—	10.959
1866	428·741	48·889	134·330	1914·612	2·41	5773	—	28.704	28.859
1867	312·534	50·504	126·079	1830·184	—	5516	—	25.283	5.786

verspätetem Einbau der Wassersäulenmaschinen in der Tiefe, wo die silberhältigen Bleierze vorwalten, keine Mittel zum Abbau rechtzeitig vorbereitet werden konnten und die Vermuthung, dass in den oberen Horizonten noch beträchtliche Erzanstände aufzufinden sein dürften, sich als illusorisch erwiesen hatte.

Motive zum Entwurf allgemeiner Bergpolizei-Vorschriften.

(Fortsetzung.)

X. Grubenbrände.

§. 87.

Mittel, die Grubenbrände zu bekämpfen.

1. John Hedley bespricht das sub 1 und 6 angeführte Mittel nachstehend: „Die bisher angewendeten Mittel zur Erstickung von Grubenbränden sind entweder Luftabsperrung oder Wasserstrahl-Anwendung, oder gänzliche Ertränkung der Grube. Das erste Mittel ist fast immer gefährlich, da es Gasexplosionen erzeugen kann und ist auch in vielen Fällen gar nicht anwendbar. Die Erträнkung kommt sehr hoch zu stehen und nur im äussersten Nothfall angezeigt. Wasser in die Grube zu bringen ist leicht; es herauszubringen oft sehr kostspielig, auch beschädigt es die Strecken und Pfeiler, und durch die Nachwirkung der Feuchtigkeit auf die Zersetzung der Schwefelkiese bricht manchmal das Feuer, das man eben bewältigt hat, von selbst neuerdings aus.

Ueber die Löschung des Grubenbrandes durch Bespritzen des entzündeten Kohlenmittels mit Wasser und ein rasches Wegräumen desselben, wurde beim §. 86, des Zusammenhanges wegen, ein Fall angeführt.

2. Zu dem oben angeführten Punkt sagt Combes:*) „Wenn sich ein Grubenbrand unvorgesehen zeigt, oder sich in einem Theile der Baue, den man gegen ihre Angriffe gesichert hielt, schnell verbreitet, so muss man sich beeilen, den Herd mit einem Ringe von Dämmen, aus Mauerwerk oder fettem Thon zu umschliessen. Die Herstellung dieser Dämme ist schwierig, mühevoll und oft gefährlich, indem die Brandwetter den Arbeitern hinderlich und ihrer Gesundheit nachtheilig sind. Eine diese Wetter zu Tage führende Esse würde alsdann sehr zweckmässig und ein Mittel sein, die Grube fortbauen zu können. Bei heftigen Bränden sieht man sich gewöhnlich genöthigt, mehrere Kohlenpfeiler in die Verdämmung einzuschliessen, die mit Vortheil gewonnen werden könnten. Nach dem Verlaufe von mehreren Monaten hat der geringe Luftzutritt die Fortschritte des Brandes gehemmt; man konnte den Herd in engere Grenzen einschliessen, und zwar dadurch, dass man es versuchte, die Dämme mehr vorwärts zu bringen, um die bauwürdigen Kohlenpfeiler ausserhalb derselben zu lassen. Die Versetzung der Dämme muss mit der grössten Vorsicht ausgeführt werden, und es darf damit erst dann angefangen werden, bis man sich überzeugt hat, dass die Heftigkeit des Brandes nachlässt."

*) Band 2, Seite 167. Uebersetzung von Hartmann.

Ueber die Aufführung von Dämmen in der Fuchsgrube bei Waldenburg berichtet Bergmeister Erdmenger:*) „Die Wurfdämme halte ich für das einfachste Mittel, einem ausgebrochenen Grubenbrande nicht nur augenblicklich Grenzen zu setzen, sondern denselben in offenen Strecken auch auf grössere Distanzen zurückzudrängen. Besonders aber gewähren sie das beste Mittel, um Zeit zu gewinnen, einen massiven Damm ohne alle Hindernisse aufführen zu können. Hat man zu einem Wurfdamm die Auswahl des Materials, so spricht die Erfahrung für Sand und Ziegelstücke, weil sich diese in grosser Hitze gleich in eine Masse verbinden, wogegen Lehm schnell zu Staub verbrennt. Nur da ist Lehm besser, wo die Hitze nicht gleich sehr heftig wirkt und wo der Lehm daher erst etwas abtrocknen und erhärten kann. Solche Dämme werden gleich 1 bis 1½ Lachter stark angelegt, wobei der Sand mit langen Stangen und Kratzen im Orte vorwärts gestossen und die Ziegelstücke mit der Hand soweit als möglich vorgeworfen werden. Hat man die Absicht, den Brand zurückzudrängen, so fängt man in demselben Augenblicke, wenn der Damm die Fiste erreicht hat, auch schon wieder an, denselben vorne wegzufördern und das gewonnene Material mit Wasser abzulöschen, um es zum zweiten Male zu benützen. Damit wird so lange fortgefahren, bis man zur Spitze des Dammes gelangt ist, da dann sogleich die Firste desselben durchgestossen und nochmals frisches Material eine Lachter lang vorgeworfen und wieder festgestampft wird. Auf diese Weise ist eine völlig in Brand gerathene Strecke 2½ Lachter lang vom Feuer gereinigt worden."

„Als der Wurfdamm bis fast in die Firste aufgeführt war, nahm auch die noch darüber schlagende Flamme ab, und das völlige Schliessen des Dammes konnte leichter bewirkt werden. Nach Vollendung dieser mühsamen und gefährlichen Arbeit musste der erste Hauptdamm, der in der Eile aus losen, nicht mit Mörtel gebundenen Ziegeln, deren Fugen nur eine Ausfüllung von Sand erhalten hatten, aufgeführt worden war, mit neuer Kraft vollendet werden, denn dieser Damm war, ehe der zweite Hauptdamm angefangen werden konnte, deshalb sehr nöthig, weil die Wurfdämme, wenn das Material derselben sich durch plötzliche Hitze stark zusammenzieht, in der Firste leichte Oeffnungen bekommen und dann ein neues Hervorbrechen des Feuers veranlassen**)."

„Nachdem auch dieser Damm mit ¼ Lachter Stärke beendigt war, konnte zur Aufführung des zweiten Hauptdammes mit mehr Besonnenheit geschritten werden, die auch nothwendig war, weil derselbe in ½ Lachter Stärke bogenförmig aufgeführt werden musste, so dass viel Zeit auf das Einhauen der Schlitze

*) Karsten's Archiv Band IV, Seite 241.

**) Karsten's Archiv Band IV, Seite 240.

in die Stösse, Firste und Sohle erfordert ward. Dämme müssen in allen schwebenden Strecken bogenförmig construirt werden, weil sie sonst dem Drucke, welcher durch davorgeschobene Gebirgsmassen und durch sich anhäufende Wässer bewirkt wird, nicht widerstehen."

3. Hierüber sagt John Hedley:*) „Herr G. Gurney, Erfinder der Anwendung des Hochdruck-Dampfes zur Wetterlösung der Gruben, hat vor 2 Jahren einer in Brand gerathenen Grube vorgeschlagen, dieselbe mit desoxydirter Luft, d. i. mit einem Gemenge von Stickstoff und Kohlensäure anzufüllen. Diese erhält man, indem man atmosphärische Luft durch einen Feuerherd streichen lässt. Die so vorbereitete Luft wurde direct in die Strecken geleitet und mittelst Wasserdampf-Injection durch die Förder- und Wetterschächte wieder nach oben aufgesaugt. Der Versuch hatte vollen Erfolg."

4. **) Wenn der Hauptherd in einer geringen Teufe unter Tage befindlich ist, und wenn die Steinkohlenpfeiler, welche in die erste Linie der Dämme eingeschlossen, fest und unzerklüftet sind, so könnte es vortheilhaft sein, die Arbeiten damit zu beginnen, einen kleinen saigern Schacht abzusinken, oder besser noch ein 0·30 bis 0·50 Meter (oder 12 bis 20 Zoll) weites Bohrloch unmittelbar über dem Herde abzubohren. Dieses Bohrloch würde dann als Esse für Brandwetter dienen und man könnte es nach Belieben gänzlich verschlossen oder gänzlich oder theilweise geöffnet erhalten, je nachdem es erforderlich wäre. Man könnte alsdann die Verdämmungen rasch vorwärts bringen, ohne durch die brandigen, unathembaren Gase gehindert zu werden, indem dieselben zu Tage ausströmen können.

Weiter kann dafür als Beleg dienen, was Bergmeister Erdmenger in Karsten's Archiv, IV. Band, Seite 247 anführt: „In dem ganzen Waldenburger Reviere, so weit ich es kenne, ist mir bis jetzt noch kein Fall vorgekommen, dass beim Abbau eines Flötzes, welches Sandstein oder grobes Conglomerat zum Hangenden hat, Grubenbrand ausgebrochen wäre, weil ein solches Hangende beim Verbrechen nach dem Abbau grosse Wände zurücklässt, zwischen denen sich weite Räume bilden, durch die dem Abbau immer frische Wetter folgen können. Solche durch verbrochenes Gebirge gebildete natürliche Wetterzüge halten sich Jahre lange offen und wirken dann in derselben Art vortheilhaft auf Beseitigung des Grubenbraudes, wie die Kanäle in den Kohlenhalden."

5. Zu diesem Punkt kann das für den Punkt 2 Angeführte gelten und geschieht hier nur die Beziehung auf diesen Punkt.

6. Hierüber sagt Combes, Band 2, Seite 167: „In schlecht betriebenen Steinkohlengruben, in denen das ganze Feld durch zu breite Strecken in Pfeiler getheilt worden ist, sowie es das hangende Gebirge ebenfalls ist, ist es fast unmöglich, das Fortschreiten des Grubenbrandes anders als dadurch zu hemmen, dass man die Baue unter Wasser setzt. Es ist ein Mittel, zu welchem man zu allerletzt seine Zuflucht nimmt. Wenn der Brandherd unter der Sohle des Stollens liegt, so verlässt man die Grube und lässt die Grundwässer in derselben aufgehen, die man bei dem Betriebe auf den Stollen hob. Man beschleunigt, wo es sein kann, das Unterwassersetzen, indem man der Grube die Tagwässer zuführt. Wenn die in Brand gerathenen Baue über der Stollensohle liegen, so muss man dieselben verdämmen, damit die Wässer, die auf dieselben abfliessen, aufgestaut werden. Hat man sich dahin entschieden, eine Grube unter Wasser zu setzen, um den Brand zu ersticken, so muss man das Wasser so lange darin lassen, dass die Steine gehörig abgekühlt sind. Wenn die Grube wieder von den Wässern befreit worden ist, so muss man so rasch als möglich das Brandfeld befahren und die nothwendigen Massregeln ergreifen, dass der Brand nach Verlauf von einiger Zeit unterdrückt werde. Verdämmungen sind immer unnütz, wegen der in der Gebirgsmasse und in den Kohlenpfeilern vorhandenen Klüfte. Das beste Mittel besteht im Gegentheile darin, das Brandfeld mit einer oder mit mehreren Strecken zu durchfahren, so dass ein lebhafter Wetterzug darin erzeugt wird, der das Gestein abkühlt und keine Erhöhung der Temperatur unter dem Einflusse der sich mitten in den zu Bruche gegangenen Materien entwickelnden chemischen Einwirkungen zulässt."

*) *Traité partique de l'exploitation des mines de houille, John Hedley, pag. 79.*

**) Combes, Handbuch der Bergbaukunde, II. Bd., S. 167.

Zum Schlusse dürfte es hier am Orte sein, anzuführen, was die sächsische Vorschrift über Grubenbrände in den §§. 61 und 62 sagt:

§. 61. Verhütung des Eintrittes von Grubenbränden.

Zur Verhütung des Eintrittes von Grubenbränden ist Alles das sorgfältig zu vermeiden, was zu einer Selbstentzündung von Kohlen in offenen und verlassenen Grubenbauen und Brüchen oder zu einer mittelbaren oder unmittelbaren Uebertragung von Feuer auf anstehende oder gewonnene Kohlen Veranlassung geben kann.

Es ist daher darauf zu halten:

1. Dass den jeweiligen Verhältnissen entsprechend zur Vermeidung zu stark in Druck kommender Kohlenpfeiler, Vorrichtung und Abbau genügend rasch hinter einander folgen;

2. dass in den Abbauen weder anstehende noch gewonnene Kohle verbreche;

3. dass in hohen Druck stehende oder eine ungewöhnliche Erhöhung der Temperatur jedoch noch keine Spuren von Entzündung zeigende Baue mit möglichst frischen Wettern versorgt werden;

4. dass Licht und Feuer in der Grube auf das Vorsichtigste gehandhabt werde;

5. dass Brüche, in denen nach Beschaffenheit der darin verbleibenden Bergmittel des Flötzes oder des zum Bruche getriebenen Dachgebirges eine Entzündung zu befürchten steht, nach vollendetem Abbaue an ihren Zugängen, so weit dies thunlich, durch dicht gemauerte und glatt verputzte Dämme sofort abgeschlossen, und dass, wo dieser Fall voraussichtlich, schon bei der Vorrichtung durch die gegenseitige Lage der zum Abschluss geeigneten Strecken und durch möglichst geringe Querschnittsdimensionen derselben Vorkehrungen dazu getroffen werden, und

6. dass über Tage gewonnene Berge oder sonstige Massen, welche zur Selbstentzündung geeignet sind, oder wohl gar brennen, niemals zur Verfüllung von Grubenbauen verwendet werden.

§. 62. Vorkehrungen bei entstandenen Grubenbränden.

Bei entstandenen Grubenbränden ist im Allgemeinen das Brandfeld oder der Brandherd möglichst eng und luftdicht vom übrigen Grubenfelde abzuschliessen.

Durch Ersaufung darf ein Grubenbrand nur in ganz isolirten Grubenfeldern gelöscht werden.

Es ist die Schwierigkeit nicht zu verkennen, über Grubenbrände Vorschriften zu normiren, deshalb konnten in der gegenwärtigen Vorschrift nur allgemeine Umrisse gegeben werden. Es wäre von Wichtigkeit für den österreichischen Bergbau im Allgemeinen, wenn Fachmänner ihre Erfahrungen über Grubenbrände veröffentlichen möchten.

§. 88.

Die Bergpolizei soll das wichtigste Feld der ersten Instanzen des bergbehördlichen Dienstes bilden, und auf diesem werden die als erste Instanz exponirten bergbehördlichen Revierbeamten im Interesse des Bergbaues sehr erspriesslich wirken können, ihre einflussnehmende wohlthätige Wirksamkeit wird so lange bestehen, als der Bergbau dauern wird. Den wohlthätigsten volkswirthschaftlichen Einfluss werden die Revierbeamten durch die Beaufsichtigung der Bergbaue ausüben, und hier wird der rationelle Abbau und die Abwehr der Grubenbrände den ersten Platz einnehmen. Durch eine gewissenhafte Pflege der Bergpolizei wird aber auch den Pflichten der Humanität nachgekommen und die Wahrung der Sicherheit der Personen wird zur Wahrheit werden. Die Anzeige im Sinne dieses Paragraphes dürfte bei exponirten Revierbeamten nicht in der Weise zu nehmen sein, wie dies gegenwärtig bei den Bergbehörden erster Instanz nothwendig erscheint und wie dies die §§. 221 und 222 allgemeines Berggesetz andeuten. Der sich stets in vollkommener Kenntniss der Verhältnisse erhaltende Revierbeamte wird hiedurch in der Lage sein, das Eintreten von Grubenbränden vorherzusehen und die in diesem Paragraphe für nothwendig gehaltene Anzeige dürfte sich somit auf die Erscheinung der wichtigsten und gefährlichsten Momente beziehen.

§. 89.

Ueber die mittelbare Entstehung des Grubenbrandes wurde

im §. 86, Punkt 8, das Nöthige angeführt und vorgeschrieben. Der §. 89 spricht aber ein Verbot der Anwendung einer feuergefährlichen Zimmerung aus und wird nicht für überflüssig gehalten.

Dieser Paragraph wurde nach der Polizei-Verordnung des Oberbergamtes Halle vom 31. Juli 1866 entworfen, und ist mit dieser bis auf den Schluss des Paragraphes, der allgemein gehalten ist, übereinstimmend. In der Haller Verordnung lautet nämlich der Schluss derselben: ist der Einbau von Hölzern, „welche mit Kreosotöl getränkt sind, wegen der Feuergefährlichkeit solcher Zimmerung verboten. Auf Kreosotnatrium bezieht sich das Verbot nicht."

(Fortsetzung folgt.)

Ueber Martin's Verfahren der Gussstahlfabrikation.

Von Constantin Peipers, Vertreter und Ingenieur der Herren Martin.

(Fortsetzung und Schluss.)

Dass die Methode der **Tiegelfabrikation** gegenüber den Vortheil grösserer Billigkeit hat, braucht kaum erwähnt zu werden. Professor **Kupelwieser** in Leoben beweist in einem Vergleich der Martin'schen und Bessemer-Methode, in der österr. Zeitschrift für Berg- und Hüttenwesen, mit Zahlen, dass die Martin'sche Methode mit dem Bessemer-Process den Vortheil des billigen Preises in unverkürztem Masse theilt und bestätigt dies endgiltig die Thatsache, dass beide Processe unter gleichen Preisen bei grossen Lieferungen mit einander concurrirt haben. Obgleich das Martin'sche Verfahren sich bisher fast ausschliesslich mit der Darstellung von Massengussstahl beschäftigt hat, die Herstellung der feinsten Stahlsorten, wie Werkzeugstahl, Stahl für Schneidwaaren etc. nur auf den Martin'schen Werken und auch da nur zeitweise, indess mit bestem Erfolg versucht worden ist, so lässt sich doch durch Thatsachen nachweisen, dass Stahl feinster Qualität in gleicher Güte im Martin'schen Ofen wie im Tiegel hergestellt werden könne, obschon nichts der Annahme entgegenspricht, dass dieses Resultat zu erzielen sei. Ist doch der Martin'sche **Ofen** nichts als ein **grosser Tiegel**, dessen Verschluss durch die Schlackendecke bewirkt wird. Das in Westphalen jetzt allgemein, in Oesterreich zum grossen Theil angewandte Verfahren, Schmiedeeisen mit Roheisen im Tiegel zusammen einzuschmelzen, ist das im Martin'schen Ofen gleichfalls übliche und muss schon deshalb bei Verwenduug gleich vorzüglicher Materialien das Letztere ein gleich gutes Product liefern, wie jene Specialität der Tiegelstahl-Schmelzmethode. Wenn dieser Schlussfolgerung auch der Einwand entgegengestellt werden kann, dass der Tiegelstahl 9 Pct., der Martin'sche Stahl 30 Pct. (auch 50 Pct.) Roheisen bedarf, so wird dieser Nachtheil durch den Vortheil der ausgedehnteren Anwendung von Chemikalien, als im Tiegel zulässig, vollständig aufgehoben. So liegt denn die Möglichkeit nahe, dass das Martin'sche Verfahren überall die Tiegelstahl-Fabrikation voraussichtlich da ersetzen wird, wo nicht die Rücksicht auf vorzüglichste Qualität vollständig vom Preise absehen lässt.

Was indess den Fabrikanten von Tiegelgussstahl mehr bestimmen wird, neben seinen Tiegelöfen einen Martinschen anzulegen, ist die Möglichkeit, mit Aufwand eines sehr geringen Anlagecapitals (der Ofen kostet incl. sämmtlicher Werkzeuge nur ca. 5000 Thlr.) seine meist geforderten Stahlsorten unverhältnissmässig billiger herstellen zu können, die sich ihrer Form halber nur schwer oder gar nicht im Tiegel einschmelzen liessen (dünne Blechabfälle, Draht, Drehspäne etc.). Die Sicherheit über den Härtegrad seines im Tiegel erzeugten Stahls gibt ihm nur die genaue Bekanntschaft mit den Härtegraden der angewandten Materialien, während ihm oft die Verwerthung von ganz werthvollen Materialien, z. B. Stahlabfälle von unbekannten und verschiedenen Härtegraden, unmöglich ist, da er nicht jeden Tiegel auf seine Härte prüfen kann. Der Martin'sche Ofen, in welchem 5- bis 15.000 Pfd. zusammen eingeschmolzen werden, erlaubt nicht allein, die Härte zu prüfen, sondern beliebig während der Schmelzung zu reguliren und zu ändern. Während es ferner schon bei der Erzeugung von Gussstahl gewöhnlicher Härte nicht ohne Tiegelbruch hergeht, ist die Herstellung von ganz weichem unhärtbarem Stahl, sogar geschmolzenem Eisen im Tiegel, besonders schwierig, während sämmtliche Härtegrade vom weichsten Eisen bis zum härtesten Stahl im Martin'schen Ofen ohne jeden Verlust mit gleicher Sicherheit herzustellen sind. Dies sind Vortheile der Tiegelstahl-Fabrikation gegenüber, welche die so höchst kostspielige und peinliche Tiegelschmelzerei vielleicht nicht ganz beseitigen. ihr aber bedeutend engere Grenzen ziehen wird.

Nach dem Gesagten stellt sich nun auch, der **Bessemermethode** gegenüber, zu Gunsten des Martin'schen Verfahrens, der grosse Vortheil heraus, dass letzteres ein gleich billiges und doch wesentlich besseres Material liefert, was indess in Folgendem noch näher begründet werden soll. Es tritt hinzu, dass der Martin'sche Ofen, ohne an die ausschliessliche Verwendung bestimmter Roheisensorten, wie die Bessemerbirne, in welcher nur tief graues Roheisen verschmolzen werden kann, gebunden zu sein, mit allen Roheisenmodificationen ein gleich sicheres Resultat liefert und nicht wie der Bessemerprocess die Verwendung von Stahl- und Eisenabfällen (fast) ausschliesst. Dass in der Bessemer-Retorte nur Materialien ersten Ranges verwerthet werden können, und dass dieser Process obgleich ein wirklicher Frischprocess, nicht im Stande ist Schwefel und Phosphor aus dem Roheisen auch nur theil weise zu entfernen, ist bekannt; ebenso wenig wird man nach dem heutigen Standpunkte der Methode den Bessemerprocess einen sicheren nennen wollen. Die Zeit, welch die Operation des Bessemerns in Anspruch nimmt, ist z kurz, um Schöpfproben machen zu können und bleibt dem Auge des Meisters überlassen, nach der Intensität und Farbe der Flamme und nach dem Aussehen de Schlacke das Fortschreiten des Processes zu beobachte sein Ende zu bestimmen. Nach dem Mischen des in Eis verwandelten Bades mit Roheisen ist ein nochmalig Durchpressen von Wind erforderlich, zu kurz, um Gaaren des Roheisens zu bewirken, und genügend, das ohnehin unsichere Resultat noch mehr ungenau machen. Die seltene Verwendung des Spectrums bewe wie auch dieses Mittel dem Uebelstande noch wenig den zu entziehen im Stande war. Während so der ga Verlauf des Bessemerprocesses schon äusserlich den E druck des Hastigen und Unsichern macht, wird Je welcher einer Schmelzung im Martin'schen Ofen b wohnt, die Sicherheit und Genauigkeit bewundert ha mit der die einzelnen Operationen ineinandergreifen und das gewünschte Resultat erhalten wird. Während die Schöpfproben an sich schon ein getreues Bild von dem Verlauf der Schmelzung geben und einen sicheren Schluss auf die Qualität ermöglichen, ergibt die letzte derselben genau den Moment, in welchem die Masse in sehniges Eisen übergegangen sein wird. Das in diesem Moment zugesetzte, genau abgewogene Quantum Roheisen hat $^3/_4$ Stunde Zeit auszukochen und sich mit dem Bade zu verbinden, und überzeugt eine nochmalige Schöpfprobe, mit welcher Biege-, Bruch-, Härteproben, ja sogar analytische Proben zu machen reichlich Zeit vorhanden, dass der gewünschte Härtegrad vorhanden ist.

Während der fertige Stahl aus der Bessemerbirne in eine Pfanne abgestochen, aus Mangel an Zeit nicht in keine, wie bei der Tiegelstahl-Fabrikation übliche, Formen gegossen werden kann, ferner das Abstechen aus der Pfanne, durch ein Versagen des Stopfens im Boden derselben, allerlei Uebelstände im Gefolge hat, ja das Gelingen der ganzen Operation oft noch im letzten Augenblick gefährdet, erfolgt das Giessen aus Martin's Ofen mit grösster Sicherheit und in einem beliebig feinen Strahl, weil das Bad während des Giessens der Einwirkung der Generatorgase ausgesetzt bleibt und daher unverändert flüssig bleibt. Der Ofen erlaubt aus diesem Grunde nicht allein beliebig grosse Stücke zu giessen, sondern er eignet sich ganz besonders zur Herstellung kleiner Formstücke und kleiner Blöcke.

Die Verwendbarkeit eines Materials zur Stahlbereitung ist wesentlich abhängig von seinem Phosphorgehalt. Da nun der Puddlingsprocess eine mindere Roheisenqualität von Phosphor bedeutend reinigt, so steht das aus dem geringeren Roheisen erzeugte Schmiedeeisen als Stahlbereitungsmaterial auf gleicher Stufe mit besserem Roheisen. Aus diesem Umstand ist einer Gegend, der nur geringere Roheisensorten zu Gebote stehen, durch Verwendung des aus demselben gepuddelten Schmiedeeisens (oder Abfälle) im Martin'schen Ofen Gelegenheit geboten, vortheilhaft Gussstahl herzustellen, der ebenso gut ist, als der aus besserem Roheisen erhaltene Bessemerstahl, während das Bessemer-Verfahren sich an diesem Orte nicht ausführen liesse. Besonders wichtig wird dies für eine Gegend, der ausserdem noch ein billiges Abfallmaterial zu Gebote steht. — Aus Obigem folgt ferner, dass bei Verwendung von gleich guten Rohmaterialien der Martin'sche Ofen einen besseren Stahl liefern muss als die Bessemerbirne. — Es ist beispielsweise eine Thatsache, dass in dem Neuberger Bessemerwerke der aus den bekannt vorzüglichen Materialien hergestellte Bessemerstahl nicht so rein ist, wie das aus denselben Materialien erzeugte Puddlingseisen, so dass die Abfälle von Puddlingseisen sehr gesucht werden, während die Abfälle der Bessemerblechen, selbst zu bedeutend ermässigten Preisen, nicht verkauft werden können. Beide liefern im Ofen umgeschmolzen einen ganz verschiedenen Gussstahl, und zwar ist der aus Bessemerblechen erzeugte Stahl von geringerer Qualität. Setzt man also im Martin'schen Ofen einem Bade Neuberger Roheisen, dessen doppeltes Gewicht gepuddeltes, oder sogar gefrischtes Eisen, aus demselben Rohmaterial zu, so würde man ein bedeutend besseres Product erhalten als in der Bessemerbirne. Während dieser Umstand schon in vielen Fällen, zur Erzeugung besserer Stahlsorten, Veranlassung zur Anlage eines Martin'schen Ofens auf Bessemerwerken gab, tritt er als fast unentbehrliche Zugabe derselben durch den Umstand auf, dass er in vortheilhaftester Weise auch die **Abfälle** der Bessemer-Fabrikation zur Verwendung bringt, die sich schwierig und nur theilweise in der Bessemerbirne wieder einschmelzen lassen, ja, je grössere Fortschritte die Bessemer-Fabrikation in der Herstellung von Schienen und Bandagen macht, desto unentbehrlicher wird ihr der Martin'sche Ofen werden, um diese, nachdem sie verbraucht sind, wieder einzuschmelzen.

Wie beim Bessemerprocess kann auch im Martin-schen Ofen aus purem Roheisen Gussstahl erzeugt werden, jedoch ist bei beiden ein vorzügliches Roheisen Haupterforderniss; während jedoch bei der Bessemer-Methode, wie schon bemerkt, nur tief graues Roheisen sich gut verarbeiten lässt, verwendet man im Martin'schen Ofen gleich vortheilhaft **graues Eisen**, **Spiegeleisen** und **weisses Roheisen**. Das Spiegeleisen, welches in der gegesammten Stahlfabrikation eine so bedeutende Rolle spielt, bringt seine trefflichen Eigenschaften auch im Martin'schen Ofen recht zur Geltung. So erhielt man bei der Bandagen-Fabrikation ganz überraschende Resultate, indem man nur Spiegeleisen als Grundmaterial verwendete. Die hohe natürliche Härte, verbunden mit der grösstmöglichsten Zähigkeit des daraus erhaltenen Gussstahls, werden dem Spiegeleisen seine ausgedehnte Verwendung im Martin'schen Ofen sichern. Ist mit dem Martin'schen Ofen noch ein Puddelofen verbunden, so tritt hier noch der Vortheil hinzu, dass durch diesen der Betrieb eines Vorwärmofens erspart wird, indem das zum Steigen gebrachte Bad im Puddelofen noch vor dem Umsetzen abgelassen und in das Stahlbad eingetragen wird. Die Verwendung von Chemikalien kommt besonders bei dieser Gelegenheit recht zur Geltung, denn das noch halbflüssige Bad im Puddelofen eignet sich zum Mischen mit allen möglichen Reagentien, welche beim Eintragen in den Martin'schen Ofen mit dem Stahlbad in innigste Berührung gelangen. Martin hat die eingehendsten Versuche mit **Reagentien** angestellt und die überraschendsten Resultate damit erzielt; besonders in Fällen, wo mindere Roheisensorten verarbeitet wurden. Jedenfalls eignet sich keine der bekannten Stahlbereitungsmethoden so sehr zur Anwendung von Chemikalien wie diese, wie denn überhaupt dem Verfahren in jeder Richtung eine solche Dehnbarkeit eigen ist, dass die Vermuthung nahe liegt, es werde dasselbe sich durch neue Entdeckungen im Gebiete der Stahlfabrikation (wir erinnern an **Heaton's** Patent) wohl bedeutend vervollkommnen, und scheint uns die demselben bevorstehende Zukunft eine nicht minder grosse, als sie irgend welche Stahlbereitungs-Methode bisher erlebt hat.

Professor **Kupelwieser** nennt in dem oben erwähnten Vergleich die Martin'sche Methode einen gewaltigen **Concurrenten** des Bessemer-Verfahrens, indem er beiden Processen, Schritt für Schritt folgend, nachweist, dass die Herstellungskosten bei beiden die gleichen sind, resp. sich unter Umständen beim Martin'schen Verfahren **billiger** stellen.

Weit in das Gebiet der Tiegelstahl-Fabrikation eingreifend, dem kleinen Capitalisten durch geringes Anlagecapital zugänglich und jeder allmäligen, dem Bedürfniss entsprechenden Vergrösserung fähig, wird das Martin'sche Verfahren in Bessemerwerken ein unentbehrlicher Abzugskanal für die dort nicht verwendbaren Materialien werden, wird den Bessemerstahl ersetzen, weil er besser ist, und wird mit ihm concurriren, weil er nicht theuerer wird. Da endlich die vielfach verbreitete Ansicht, dass nicht alle zum Bau des Ofens erforderlichen Materialien im Inlande zu finden seien, eine durchaus irrige ist, so glauben wir nicht zu weit zu gehen, wenn wir eine allgemeinste Einführung der Martin'schen Methode auch in Deutschland in nächste Aussicht stellen.

Aus Wieliczka.

Wir können uns diesmal kurz fassen. Die Elisabethschachter Maschine hat, ohne dass neuerdings ein Bruch vorgekommen wäre, fortgearbeitet, wenn auch immer noch langsam im Hube, da es die Vorsicht erfordert, nicht früher die volle Kraft leisten zu lassen, bis man nicht des ungestörten Spieles der Maschine vollkommen sicher ist. Gegenwärtig wurden bei schnellerem Gange des Gestänges oder bei einer rascheren Umsteuerung noch bisweilen Stösse beobachtet, welche darauf deuten, dass der Steuerungs-Apparat noch nicht präcis genug arbeitet. Es scheint dies mehr in der Neuheit der Maschine zu liegen, denn man hat, um die Ursachen zu erforschen, den Oelkatarakt auseinandergenommen, die Ventile und den Kolben untersucht, aber keinen Grund dafür in diesen Bestandtheilen gefunden.

Der Wasserspiegel hat vom 18. auf den 19. April um 8 Zoll, vom 19. auf den 20. um 2 Zoll (an diesem Tage fand die Untersuchung des Steuerungs-Apparates, mithin ein Stillstand von mehreren Stunden statt) und vom 20. auf den 21. April um 5 Zoll abgenommen, und die Höhe über dem Horizonte „Haus Oesterreich" betrug am 21. Morgens nur mehr 3° und 2".

Das Abteufen des Albrecht-Gesenkes ist auf 17 Klftr. 4 Fuss Tiefe gebracht. Nach der 17. Klafter kam man aus dem Grünsalzflötz heraus und arbeitet nun in einem von vielen stärkeren und schwächeren Salzadern durchzogenen Salzthone weiter. — Die Salzgewinnung ist ungestört.

Notiz.

Goldfelder in Südafrica. Petermann's Mittheilungen bringen neueste Berichte über die von K. Mausch zwischen Limpopo und Zambesi entdeckten Goldfelder, aus denen so viel mit Sicherheit hervorgeht, dass sehr goldreicher Quarz in meilenweiter Ausdehnung vorhanden ist, wogegen goldhaltiger Sand, der die Mühe des Waschens lohnte, noch nicht aufgefunden wurde. Ein Capitän Black, welcher die seitherigen Arbeiten nach seinen californischen Erfahrungen leitete, wünscht die Goldfelder der Capcolonie zu annectiren und hat deren Gebiet einstweilen „Victoria" getauft. In Natal, der Transvaal-Republik und in der Capcolonie organisirten sich Gesellschaften zur Ausbeutung jenes Goldgebietes; aber auch europäische Geologen sind dahin unterwegs. Ein englischer Gelehrter soll demnächst dahin abgeschickt werden, und unser Deutschland hat bereits im October sein Contigent gestellt in der Person des vielerfahrenen Ed. Mohr, der in Südafrica kein Neuling ist, begleitet von O. Hübener von der Bergakademie Freiberg, welche beide nach Natal und der Transvaal-Republik abgegangen sind, um u. a. jenes Goldgebiet einer näheren Untersuchung zu unterziehen.

Amtliche Mittheilungen.

Personalnachrichten.

Seine k. und k. Apostolische Majestät haben mit allerh. Entschliessung vom 9. April l. J. dem Grubensteiger Franz Aubrecht zu Bras in Böhmen für die unter sehr grosser Gefahr mit Entschlossenheit und Ausdauer ausgeführte Verdämmung eines ausgebrochenen bedeutenden Grubenbrandes das silberne Verdienstkreuz mit der Krone allergnädigst zu verleihen geruht.

Der Ackerbauminister hat dem, sich bei der Verdämmung eines bedeutenden Grubenbrandes in Bras um das allgemeine Wohl verdient gemachten Edlen von Stark'schen Bergverwalter Josef Stark und dem Franz Wanka'schen Bergverweser Vincenz Ritschel seine Anerkennung ausdrücken lassen*).

*) Eine Darstellung der Verhältnisse, unter welchen diese Brand-Verdämmung stattgefunden hat, werden wir wegen Raummangel in diesem Blatte in nächster Nummer bringen.

Die Red.

Diese Zeitschrift erscheint wöchentlich einen Bogen stark mit den nöthigen artistischen Beigaben. Der Pränumerati[onspreis] ist jährlich loco Wien 8 fl. ö. W. oder 5 Thlr. 10 Ngr. Mit franco Postversendung 8 fl. 80 kr. ö. W. Die Jahresabon[nenten] erhalten einen officiellen Bericht über die Erfahrungen im berg- und hüttenmännischen Maschinen-, Bau- und Aufbereitu[ngswesen] sammt Atlas als Gratisbeilage. Inserate finden gegen 8 kr. ö. W. oder 1½ Ngr. die gespaltene Nonpareillezeile A[ufnahme]. Zuschriften jeder Art können nur franco angenommen werden.

Druck von Carl Fromme in Wien. Für den Verlag verantwortlich Carl

№ 18. XVII. Jahrgang.

Oesterreichische Zeitschrift für Berg- und Hüttenwesen.

1869. 3. Mai.

Verantwortlicher Redacteur: Dr. Otto Freiherr von Hingenau, k. k. Ministerialrath im Finanzministerium.

Verlag der G. J. Manz'schen Buchhandlung (Kohlmarkt 7) in Wien.

Beitrag zur Theorie des Siebsetzens.

Von Egid. Jarolimek, k. k. Pochwerks-Inspector in Příbram.

Ich habe bereits bei Besprechung der v. Sparre'schen Theorie der Separation in Nr. 12 l. J. dieser Zeitschrift erwähnt, dass der zuerst von demselben Autor aufgestellte Satz der gleichen Anfangsgeschwindigkeiten für den Fall verschieden grosser kugelförmiger Körper von gleichem specifischen Gewichte im ruhenden Wasser für die Beurtheilung der Siebsetzarbeit von Wesenheit sei.

Da nun die Setzarbeit nicht nur speciell für Příbram, sondern für die grössere Zahl der Erzbergbaue überhaupt sehr wichtig ist und in neuerer Zeit immer ausgebreitetere Anwendung auch für feinere Gefällssorten findet, so hielt ich es für meine Pflicht, auf den Gegenstand mit Rücksicht auf die v. Sparre'sche Arbeit etwas näher einzugehen und erlaube mir die Resultate meiner bezüglichen Betrachtungen im Nachfolgenden den geehrten Herren Fachgenossen in der Hoffnung sofort mitzutheilen, dass dieselben den Gegenstand von genügendem Interesse finden werden, um denselben weiter auszubauen und sonach auch im praktischen Leben zu verwerthen.

Ich halte diesen Vorgang aus dem Grunde für zweckmässiger als jenen: den Gegenstand durch lange fortgesetztes Studium selbst vollkommen erschöpfen zu wollen, weil dies wohl nur sehr selten gelingt, während auf dem ersteren Wege durch Ergänzungen und Berichtigungen dritter Interessenten das Ziel ungleich rascher erreicht wird, ohne dass ich diesfalls gerechte Gründe wahrnehme, gegen objective Vervollkommnungen der früheren Arbeiten empfindlich werden zu müssen.

Die alleinige Betrachtung des Falles fester Körper im ruhenden Wasser ist auf die Siebsetzarbeit streng genommen nie anwendbar und doch wurde bislang vorzüglich nur dieser Gegenstand eingehender behandelt.

Nimmt man nämlich auch vorerst den einfacheren und mehr angenäherten Fall des Stauchsiebes, durch Menschenhände bewegt, in Betracht, so erfolgt hier bekanntlich der Niedergang des Siebes rasch, worauf ein Moment der Ruhe und diesem ein langsamerer Aufgang folgt.

Bei dem raschen Niedergang des Siebes entsteht ohne Frage ein heftigerer, schon auch durch die todte Fläche des Siebes gesteigerter Stoss des durch letzteres aufwärts dringenden Wassers gegen das Setzgut und die unbedingt nöthige Lockerung, sowie eine wenn auch geringere Hebung des letzteren erfolgt, also vermöge der Wirkung eines aufwärts gerichteten Stromes.

Die Wirkung dieses Stromes wird allerdings beim Handstauchsieb dadurch wesentlich geschwächt, weil das Wasser vor dem sinkenden Sieb in dem offenen Setzfasse auch seitlich ausweichen kann.

Man nimmt zwar gewöhnlich an, dass das Sieb beim raschen Niederstoss nur einfach dem Setzgut voreile; denkt man sich indessen den Boden des Stauchbottichs geschlossen, so wird wohl nicht behauptet werden können, dass der Bottichboden dem Setzgute vorauseilen wird, denn der Wasserdruck von oben wird nie die Bildung eines leeren Raumes zwischen beiden gestatten; man ersieht also, dass factisch nur der durch die Siebmaschen sehr vehement eintretende aufwärts gerichtete Strom das Setzgut in Schwebe bringt.

Tritt nach dem Niedergange des Siebes ein genügender Moment der Ruhe ein, der bei den hier geringen Fallhöhen nicht lange währen muss, so erfolgt der Niederfall der zu separirenden Körner allerdings im ruhenden Wasser, worauf der Siebaufgang eigentlich für die Separation ganz ausser Acht gelassen werden darf und ähnliche Vorgänge können auch bei mechanischen Stauchsieben, dann nicht sehr verschiedene bei hydraulischen fixen Setzsieben durch Daumenbewegungen für Sieb oder Kolben erzielt werden.

Am allgemeinsten angewendet ist indessen neuerer Zeit jene Maschinenarbeit beim Siebsetzen, wo für die Bewegung des Pumpenkolbens bei fixem Sieb Kurbel oder Excenter dienen und hier treten nun ganz andere Vorgänge auf.

Betrachtet man zunächst ein hydraulisches Setzsieb mit Seitenkolben, so erfolgt der Aufgang des Wassers durch das Sieb anfänglich, d. i. in den ersten Momenten, nachdem die Kurbel den todten Punkt passirt hat, sehr langsam.

Da indessen das Wasser nahe incompressibel ist, so muss das Setzgut dem, wenn auch noch langsamen und zu seiner Durchbrechung unfähigen Strome dennoch weichen, und dies ist die Ursache, warum im ersten Momente und insbesondere bei feinen, nur sehr enge Zwischenräume bietenden Vorräthen die ganze Setzgutschicht als eine compacte Masse, gleichsam als Gegenkolben, gehoben wird.

Bei rasch steigender Stromgeschwindigkeit, wobei wieder zu berücksichtigen ist, dass das Sieb den Strom gleichsam in viele einzelne Strahlen von vehementerer Bewegung trennt, wird indessen das Setzgut bald durchbrochen, die einzelnen Körner werden freier beweglich und sind nun zumeist in aufsteigender Bewegung begriffen.

Ebenso rasch verlangsamt sich indessen der aufsteigende Strom, die zu separirenden Körner beginnen nach einander im aufsteigenden Strome zu sinken; nun tritt ein Moment nahe völliger Ruhe ein, die Körner fallen im ruhenden Wasser, worauf sie beim Eintritt des Kolbenaufganges gleich rasch ein niedergehender Strom ergreift.

Bei den Setzpumpen mit Unterkolben, bei welchen das gehobene Wasser seitlich abtreten und nicht durch den Setzvorrath und das Sieb rückgehen soll, tritt zwar scheinbar eine weitere Modification des letzteren Vorganges ein; bedenkt man aber, dass der Hub dieser Pumpe in der Regel 1 bis 2, höchstens 3 Zoll beträgt und dass sich die Ventile keineswegs momentan schliessen können, auch ein ganz dichter Schluss derselben, da reichlich meist nicht ganz feine Körner durch das Sieb auf dieselben fallen, kaum denkbar ist; dass ferner der schon vor dem Ende des Kolbenaufganges begonnene Niederfall der zu separirenden Körner sehr rasch vollendet ist und eben nur den ersteren Momenten des Kolbenniederganges angehört: so kann man mit Sicherheit behaupten, dass auch bei diesem Apparate der Schluss des Niederfalles im niedergehenden Strome erfolge.

Bei den continuirlich austragenden Setzapparaten tritt nun noch zumeist ein horizontaler Strom in der Richtung gegen den Austrag ein und da alle diese Ströme bei den kleinen Fallhöhen auf die zu separirenden Körner nur durch sehr kleine Zeiträume einwirken, so erscheint es zur vollständigeren Beurtheilung der gegenwärtig allgemeineren Maschinensetzarbeit nothwendig, die Bewegung fester Körper für kleine Zeiten ausser

1. im ruhenden Wasser

noch in nachfolgenden Wasserströmen darzuthun;

2. im aufsteigenden Strome, und zwar:
   a) aufsteigend,
   b) sinkend;
3. im niedergehenden (2 und 3 vertical gedacht), und endlich
4. im horizontalen Strome.

1. Fall fester Körper im ruhenden Wasser.

Da die Richtigkeit der von Rittinger für die Bewegung fester Körper in ruhenden Flüssigkeiten und verschiedenen Strömen entwickelten Gleichungen eine unbestrittene ist, die in die numerischen Beispiele eingeführten Erfahrungscoëfficienten aber, wie schliesslich dieses Aufsatzes dargethan werden wird, sich jedenfalls der Wahrheit sehr nähern und die ersichtlich gemachten Gesetze keinesfalls alteriren, so nehme ich im Nachfolgenden das im Leserkreise dieses Blattes wohl allgemein bekannte Rittinger'sche Lehrbuch der Aufbereitungskunde zum Anhalte.

Die Gleichungen für den Fall im ruhenden Wasser entwickelt nun v. Rittinger, und zwar:

Die Gleichung (66) für die Geschwindigkeit

$$v = \frac{1}{A}\left(\frac{e^{2Bt} - 1}{e^{2Bt} + 1}\right)$$

und jene (69) für den Weg

$$s = \frac{1}{AB} \; log. \; nat. \left(\frac{e^{Bt} + e^{-Bt}}{2}\right)$$

worin

$$e = 2{\cdot}71828$$

die Grundzahl des natürlichen Logarithmensystems, t die Fallzeit und für die Bewegung im Wasser

$$A = \sqrt{\frac{3\,\alpha_3}{2\,d\,\gamma\,(\delta - 1)}},$$

$$B = \frac{g}{\delta}\sqrt{\frac{3\,\alpha_3\,(\delta - 1)}{2\,\gamma\,d}} = \frac{g\,(\delta - 1)}{\delta}\,.\,A$$

betreffs eines und desselben Körpers zwei constante Grössen bezeichnen.

In letzteren bedeutet wieder:

d den Durchmesser des kugelförmig gedachten festen Körpers;

$g = 9{\cdot}8088$ Meter die Beschleunigung der Schwere;

α_3 einen Erfahrungscoëfficienten, für Kugeln von Rittinger bestimmt mit 25·5 Kilogramm;

$\gamma = 1000$ Kilogr., das Gewicht von 1 Cubikmeter Wasser und

δ die Dichte (das specifische Gewicht) des festen Körpers.

Für unregelmässige Körper kann man

$$d = \mu\,D$$

setzen, wo

μ wieder einen Erfahrungscoëfficienten und

D die Siebclasse des Körpers, d. i. den Lochdurchmesser des letzten Siebes bedeutet, durch welchen derselbe noch durchgefallen ist.

Von Rittinger nimmt zu seinen Untersuchungen classirter unregelmässiger Körper die Siebscala $q = \sqrt{2} =$ 1·414 zur Grundlage, d. i. jene Scala, bei der die Lochdurchmesser der aufeinanderfolgenden Siebe um das 1·414fache wachsen.

Sodann findet derselbe Autor für die bei der Aufbereitung gewöhnlich vorkommenden unregelmässigen Körper im grossen Durchschnitte (Seite 188 u. s. w.)

$$\alpha_3 = 85$$

und

$$\mu = 0{\cdot}73.$$

Nach diesen Daten wurde nun die folgende Tabelle I berechnet, welche die Geschwindigkeiten und zurückgelegten Räume beim Fall im ruhenden Wasser für kugelförmige Körper sowohl, als auch die durchschnittliche Bewegung für unregelmässige Körper von Kornclassen der Siebscala $q = \sqrt{2}$, und zwar für kleine Fallzeiten er

Tabelle I.

Ueber den Fall einiger fester Körper im ruhenden Wasser.

Post-Nr.	Gattung des Körpers	Dichte	Durchmesser oder Siebclasse Millim.	Erreichte Fallgeschwindigkeit in der Zeit von $^1/_{10000}$	$^1/_{1000}$	$^1/_{100}$	$^1/_{10}$	1	Zurückgelegte Wege in der Zeit von $^1/_{100}$	$^1/_{90}$	$^1/_{80}$	$^1/_{70}$	$^1/_{60}$	$^1/_{50}$	$^1/_{40}$	$^1/_{30}$	$^1/_{20}$	$^1/_{10}$	$^1/_{8}$	$^1/_{4}$	$^1/_{2}$	1
				Secunden in hunderttausend Theilen des Meters.																		
	a) Kugelförmige Körper.																					
1	Bleiglanz . . .	7·5	16	85	849	8493	78202	164914	42	52	66	86	118	169	280	470	1051	4073	6758	22987	60986	142730
2	" . . .	"	4	85	849	8476	63846	82457	42	52	66	86	117	168	263	463	1018	3659	5348	15115	35682	76905
3	" . . .	"	1	85	849	8382	39979	41228	42	52	66	85	116	165	254	439	915	2768	3808	8921	19183	39836
4	" . . .	"	¼	85	849	8050	20603	20614	41	51	64	82	110	154	229	372	692	1715	2230	4796	9959	20264
5	Schwefelkies . .	5·0	16	78	783	7826	70073	129357	39	48	62	79	108	155	244	433	967	3704	5619	18561	49943	114590
6	" . .	"	4	78	783	7807	54174	64678	39	48	61	79	108	154	242	424	926	3224	4640	12486	28647	60979
7	" . .	"	1	78	783	7697	31888	32339	39	48	60	78	106	151	231	395	806	2320	3121	7162	15245	31414
8	" . .	"	¼	78	783	7284	16167	16169	38	46	58	74	99	137	201	321	580	1386	1790	3811	7853	15937
9	Quarz	2·6	16	60	602	6014	51342	81820	30	37	48	61	83	120	187	331	737	2775	4159	13038	33198	74070
10	"	"	4	60	602	5989	36835	40910	30	37	47	61	83	119	184	322	694	2308	3257	8299	18517	38955
11	"	"	1	60	602	5861	20393	20450	30	37	46	60	81	114	173	292	577	1565	2075	4629	9739	19959
12	"	"	¼	60	602	5417	10225	10225	29	35	43	55	73	100	144	224	391	902	1157	2435	4990	10100
	b) Durchschnitt für unregelmässige nach der Siebsetzscala $q = \sqrt{2}$ classirte Körper.																					
13	Bleiglanz . . .	7·5	16	85	850	8461	61841	77254	42	52	66	86	117	169	262	462	1013	3595	5223	14474	33757	72386
14	" . . .	"	4	85	850	8362	37690	38627	42	52	66	85	115	165	253	435	899	2667	3618	8439	18096	37409
15	" . . .	"	1	85	849	7988	19307	19313	41	51	63	81	109	152	225	362	667	1627	2110	4524	9352	19009
16	" . .	"	¼	85	847	6821	9657	9657	38	46	56	70	91	120	167	246	407	889	1131	2338	4752	9580
17	Schwefelkies . .	5·0	16	78	784	7802	52140	60609	39	48	61	79	108	155	241	423	919	3154	4511	11914	27052	57364
18	" . .	"	4	78	784	7621	29964	30304	39	48	60	78	106	150	230	391	789	2225	2978	6763	14341	29488
19	" . .	"	1	78	784	7212	15151	15152	38	46	57	74	98	135	197	311	556	1812	1691	3585	7372	14949
20	" . .	"	¼	78	782	5880	7576	7576	34	40	49	61	78	102	139	202	328	707	896	1848	3787	75[illegible]
21	Quarz	2·6	16	60	608	5986	85177	[illegible]	30	37	47	61	88	119	184	321	687	2248	3151	7896	17478	[illegible]
22	"	"	4	60	608	5843	[illegible]	[illegible]	[illegible]	[illegible]	46	60	80	113	179	287	602	1496	1074	[illegible]	[illegible]	[illegible]
23	"	"	1	60	608	5846	[illegible]	[illegible]	[illegible]	[illegible]	43	[illegible]	72	94	[illegible]	216	[illegible]	[illegible]	[illegible]	[illegible]	[illegible]	[illegible]
24	"	"	¼	60	[illegible]	4077	[illegible]	[illegible]	[illegible]	[illegible]	36	[illegible]	[illegible]	70	[illegible]	[illegible]	[illegible]	[illegible]	[illegible]	[illegible]	[illegible]	[illegible]

Bei Prüfung dieser tabellarischen Uebersicht ergibt sich sofort nicht nur der Sparre'sche Satz: **dass die Anfangsgeschwindigkeiten kugelförmiger Körper beim Fall im ruhenden Wasser für gleiches specifisches Gewicht unabhängig von der Grösse derselben sind,** sondern auch der Beisatz: **dass auch die Form derselben ohne Einfluss auf die Anfangsgeschwindigkeit sei.**

Dieser Satz lässt sich übrigens auch allgemein ableiten.

Wenn man nämlich in der Gleichung für die Geschwindigkeit

$v = \frac{1}{A} \left(\frac{e^{2Bt} - 1}{e^{2Bt} + 1} \right)$ den Ausdruck e^{2Bt} nach der Reihe

$e^x = 1 + x + \frac{x^2}{1.2} + \frac{x^3}{1.2.3} + \ldots$ entwickelt,

so ist

$$v = \frac{1}{A} \cdot \frac{2Bt + B^2 t^2 + \frac{B^3 t^3}{3} + \ldots}{2 + 2Bt + B^2 t^2 + \frac{B^3 t^3}{3} + \ldots}.$$

Für sehr kleine Zeiten t kann man nun im Zähler alle späteren Glieder gegen $2Bt$ und im Nenner alle Glieder gegen 2 vernachlässigen, und erhält

$v = \frac{1}{A} \cdot \frac{2Bt}{2} = \frac{B}{A} \cdot t$. Setzt man hier den Werth

$B = \frac{g(\delta - 1)}{\delta} \cdot A$ ein, so übergeht die Gleichung für v in

$v = \frac{g(\delta - 1)}{\delta} \cdot t$, d. i. **die Anfangsgeschwindigkeit beim Fall fester Körper im ruhenden Wasser ist weder von Grösse noch Form, sondern einzig und allein von ihrem specifischen Gewichte abhängig,** was eben zu beweisen war.

Berechnet man aus oberer Gleichung die Geschwindigkeiten für sehr kleine Zeiten und die in der Tabelle I vorkommenden Körper, so erhält man nachstehende Werthe:

Post-Nr.	Gattung des Körpers	Dichte	Fallgeschwindigkeit in $^1/_{10000}$	$^1/_{1000}$
			Secunden in $^1/_{100000}$ Metern	
1	Bleiglanz	7·5	85	850
2	Schwefelkies	5·0	78	784
3	Quarz	2·6	60	603

Diese Werthe stimmen mit jenen in der Tabelle I enthaltenen vollkommen überein.

Die Bewegung erfolgt laut Tabelle anfänglich gleichförmig beschleunigt.

Wollte man deren Acceleration bestimmen, so ist $g_1 = \frac{dv}{dt} = \frac{g(\delta - 1)}{\delta}$ d. h. **dieselbe bildet einen aliquoten Theil der Beschleunigung der Schwere und ist desto grösser, je specifisch schwerer der fallende Körper ist.**

Bei weiterer Beurtheilung der vorstehenden Tabelle ersieht man, dass, wie dies schon v. **Rittinger** erwähnt, die nach der Siebscala $q = \sqrt{2}$ classirten unregelmässigen Körper durchschnittlich nur nahe **die halbe Maximal-Fallgeschwindigkeit** den kugelförmigen gegenüber erreichen, sich indessen die für die Beurtheilung der Separation durch Setzen wichtigeren Wege **für kleine Zeiten sehr nähern.**

Für kleine Zeiten kann also die Fallbewegung der kugelförmigen Körper auch auf solche von unregelmässiger Form gleichen specifischen Gewichtes nahe genau massgebend gemacht werden, worauf bei Verfassung auch der späteren Tabellen Rücksicht genommen ward.

(Fortsetzung folgt.)

Der Grubenbrand bei Břas in Böhmen*).

Nachdem der in Folge von Tageinbrüchen im Vorjahre in der St. Josefi-Steinkohlengrube des Franz **Wanka** in Břas entstandene bedeutende Grubenbrand bereits mehrere Tage gewüthet und alle angewendeten Mittel, ihm in der Grube durch Aufführung von Mauern Schranken zu setzen, sich als erfolglos erwiesen haben, beschloss die vom bergbehördlichen Commissionsleiter Oberbergcommissär Theodor **Borufka** einberufene Versammlung sämmtlicher Bergbauleiter von Břas noch als letztes Mittel die vom Edlen von Stark'schen Bergverwalter Josef **Stark** empfohlene Herstellung von drei Verdämmungsmauern in der unmittelbaren Nähe des Göppelschachtes, um sowohl denselben als auch den übrigen noch unversehrten Theil der Josefi-Grube und die oberhalb derselben befindlichen Taggebäude, sowie auch um die benachbarten Grubenfelder vor Zerstörung zu retten.

Doch verkannte die Versammlung der Bergbaukun digen die äusserst gefahrvolle Lage nicht, unter welche die so nothwendigen und zweckmässigen Versicherungs arbeiten in der Grube ausgeführt werden sollten, und tru insbesondere der bergbehördliche Leiter der Commissio Bedenken, unter solchen Umständen das Leben von A beitern so grossen Gefahren auszusetzen.

*) Nach amtlichen Mittheilungen des k. k. Ackerbaumi steriums. — Wir glauben diesen Bericht passend zwischen Fortsetzung des Bergpolizei-Gesetz-Entwurfes einschalten sollen, da er gewissermassen eine praktische Illustration zu de selben gibt. Die Red

In der Grube herrschten nämlich ausserordentliche Hitze und schlechte Wetter, und bei dem tagelang währenden Brande der Kohle waren neuerliche Tagbrüche stündlich zu erwarten, welche sodann den in der Grube beschäftigten Arbeitern höchst gefährlich werden müssten.

Nach einer stundenlangen Berathung der Sachverständigen über die beste Weise, wie dennoch die Mauern aufgeführt werden könnten, trat endlich der Steiger der Josefizeche Franz Aubrecht, ein ausgedienter Soldat und Vater von vier unversorgten Kindern, mit einer Staunen erregenden Entschlossenheit vor den Commissionsleiter und erbat sich die Bewilligung zur Einfahrt in die Grube und Aufführung der drei Versicherungsmauern. Nachdem ihm diese ertheilt und zugleich die äusserste Vorsicht empfohlen wurde, fand sich jedoch Niemand, der ihm bei dem gefährlichen Werke behilflich sein wollte. Erst auf sein Zureden, Bitten, Versprechen und die Vorstellung, dass die Gefahr doch nicht so gross wäre, entschlossen sich endlich einige muthige Bergleute, ihm zu folgen.

Das schwierige Verdämmungswerk wurde nun vom Steiger Aubrecht in Abwechslung bei Erschöpfung seiner Kräfte mit dem Werksleiter Vinc. Ritschel Tag und Nacht ununterbrochen fortgesetzt, und eine Mauer war gänzlich, die beiden anderen aber zu zwei Drittheilen bereits beendet, als die besorgten und vorausgesehenen Einstürze in der Grube erfolgten, wodurch die Grubenlichter der Arbeiter erloschen, sie selbst an die Ulmen geworfen wurden und ihr Leben in hoher Gefahr war.

Glücklicherweise währte dieser Zustand nicht lange, die guten Wetter drangen bald wieder in die Grube und ermöglichten es den Arbeitern, die Mauern vollends aufzuführen und zu schliessen. Hiedurch waren dem Fortschreiten des entfesselten Elementes gegen die Nachbargruben der Edlen von Stark'schen Erben die wirksamsten Schranken gestellt und das Braser Steinkohlenflötz, ein sehr werthvolles Nationalgut, vor weiterer Zerstörung gerettet.

Unstreitig gebührt hieran dem muthvollen aufopfernden Benehmen des Steigers Franz Aubrecht das Hauptverdienst, denn hätte er sich zur Ausführung der Verdämmungsarbeiten nicht entschlossen, so wären dieselben, die doch für die Rettung der Nachbargruben und eines Theiles der eigenen Wanka'schen Grube so nothwendig waren, wahrscheinlich unausgeführt geblieben, und ist nicht abzusehen, welche weiteren Verheerungen und Unglücksfälle der um sich greifende Grubenbrand noch angerichtet hätte.

Der Steiger Franz Aubrecht hat sich durch sein unter so gefährlichen Umständen und mit Hintansetzung der Rücksichten für sein Leben unternommenes Rettungswerk auch um das allgemeine Wohl besonders verdient gemacht, was Seine Majestät auch durch die Verleihung des silbernen Verdienstkreuzes mit der Krone an denselben allergnädigst anzuerkennen geruhten.

Wien, am 16. April 1869*).

*) Vergleiche die „Amtlichen Mittheilungen" in der vorigen Nummer. Die Red.

Chemisch-technische Notizen vom Salinen-Betrieb.

(Fortsetzung von Nr. 6.)

Verbrennungsversuche von 3 Sorten Traunthaler Lignit mit und ohne Gebläsefeuerung.

ad III. Die Versuche mit ungesiebten Lignit bei Gebläsefeuerung begannen leider erst im Spätherbste unter sehr ungünstigen Verhältnissen.

Fortwährender Wassermangel bedingte schwachen Gang der Turbine, daher nur 3—5''' Windpressung, statt der normalen 8—9'''. In Folge eines zufälligen Bruches der Ventilatoraxe waren die Oefen durch 28 Stunden ohne Wind, daher auf natürlichen Essenzug angewiesen. Die Soole, gegenüber dem Versuche I um 0·14 Proc. ärmer an Salzgehalt, kam noch überdies mit $7^1/_2{}^0$ Reaum. minderer Temperatur zum Sud. Der dadurch erwachsene Wärme- oder Lignit-Verlust berechnet sich bei 22.865 Cubikfuss = 1,545.674 Pfd. Soole (analog. Post II) auf 14,374.768 Calorien = 112 Ctr. Lignit.

Demgemäss würde die Erzeugung mit 1 Ctr. ungesiebten Lignit bei gleichen Witterungsverhältnissen $\frac{364.350}{3037 - 112} = 125$ Pfd. Salz, und das Aequivalent in Wiener Klaftern Fichtenholz $= \frac{3200}{125} = 25{\cdot}6$ Ctr. ungesiebter Lignit gewesen sein.

ad. IV. Es erübrigt noch des kurzen achttägigen Sudes mit Lignit-Gries zu erwähnen, der eigentlich der interessanteste von der ganzen Versuchsreihe war, indem es sich um die Verwerthung der schlechtesten Sorte dieses Brennmaterials handelte. Leider war das zu Gebot stehende Quantum von 700 Ctr. viel zu klein, um damit ein endgiltiges Resultat erreichen zu können.

Dieser Gries bestand aus Staub und Stückchen von 2—3 Cubiklinien, hatte 39—40 Proc. Nässe, 31·5 Proc. Kohlenstoff und nur 7·15 Proc. Asche. Auf Trockengewicht reducirt aber 51·5 Proc. C. und 11·7 Proc. Asche, während die beste Sorte, d. i. gesiebter Lignit von Post I auf Trockengewicht reducirt nur 50·2 Proc. C. und 12·1 Proc. Asche gab.

Wenn daher dieser Gries auf eine praktisch leicht ausführbare Art etwas getrocknet würde, so kann selber mit Gebläsefeuerung ein sehr wohlfeiles und dabei ganz gutes Brennmaterial abgeben.

Die Röste von 41⁰ Neigungswinkel bewiesen sich zu steil, der Versuch musste dieserwegen auf Pfanne III übertragen werden, deren 2 Röste, à $4^1/_2$ Quadratfuss Fläche, für Häringer Kohlenklein mit 32⁰ Neigungswinkel eingebaut waren. Der Böschungswinkel entsprach, man konnte jedoch in 24 Stunden bei 5—6''' Wasserpressung nur 87 Ctr. Gries aufbrennen, während sich für eine Pfanne von 1000 Quadratfuss Fläche wenigstens 130 bis 140 Ctr. solchen Brennmaterials als tägliche Schürrung (bei Blanksalzerzeugung) und demgemäss 14 Quadratfuss Rostfläche berechnen.

Bei gleicher Soolentemperatur wie Post I entsprechender Rostgrösse und Schürrung, und 8—9''' Windpressung, dürfte ein Aequivalent von 35 Ctr. Gries per 38—40 Proc. Nässegehalt = 1 Wiener Klafter Fichtenholz erreicht werden.

Es verhalten sich daher die auf gleiche Betriebsverhältnisse mit Gebläsefeuerung reducirten Lignit-Aequivalente von gesiebten : ungesiebten
Gries = 23 : 25·6 : 35 Ctr. = 1 Wien.^{0}, oder
= 100 : 112 : 152 Ctr.

Diesen Manipulationsresultaten reihen sich die diesfälligen Arbeiten des k. k. Hauptprobiramtes an, und zwar: Die Elementar-Analyse von zwei Lignitstücken verschiedener Beschaffenheit. Post I war dunkelbraun gefärbt, ähnlich den Braunkohlen, liess aber die Holztextur noch gut erkennen. Spaltbarkeit sehr gering, Gefüge sehr dicht. Post II war viel lichter, stellenweis röthlich, mit deutlicher Holztextur und Spaltbarkeit.

Beide Posten wurden von der Analyse bei 110^0 Celsius vollkommen getrocknet und die Verbrennung mit chromsauren Pl.-Oxyd im Liebig'schen Apparate ausgeführt.

Man erhielt bei	Post I	Post II
Kohlenstoff	50·5%	61·71%
Wasserstoff	6·1 „	7·01 „
Sauerstoff	25·7 „	28·88 „
Asche	17·7 „	2·40 „
	100·00%	100·00%

Wird blos die organische Substanz berücksichtiget, d. h. werden die organischen Elemente ohne Rücksicht auf den Aschengehalt in Procenten berechnet, so ergibt sich:

	Post I	Post 2
C	61·3	63·2
H	7·4	7·2
O	31·3	29·6
	100·00	100·00

Aus diesem Resultate folgt, dass die organische Substanz in den verschiedenen Partien des Lignits ziemlich gleich bleibt, dass somit die Heizkraft dieses Brennmaterials wesentlich von dem Aschen- und Nässegehalt desselben bedingt wird, und man daher schon durch alleinige Bestimmung dieser, mit Zuhilfenahme obiger Daten, die Heizkraft des Lignits ziemlich verlässlich bestimmen kann.

Zur Bestimmung der hygroskopischen Beschaffenheit des Lignits wurden 3 Stücke vollkommen getrocknet, einige Tage der Luft ausgesetzt und wieder gewogen.

Es ergaben sich hiebei folgende Resultate:

	Post I	Post II	Post III	Durchschn.
Ursprünglich. Nässegehalt . . .	33·8%	34·4%	35·1%	34·43%
Zog nach dem vollständigen Trocknen wieder Wasser an . . .	8·2%	5·9%	7·9%	7·33%

Die Analyse der bei den Versuchen abfallenden Schlacke ergab:

Kieselerde	42·41%
Thonerde	22·82 „
Eisenoxyd	10·05 „
Kalkerde	17·17 „
Talkerde	2·69 „
Schwefelsäure . . .	5·48 „
Phosphorsäure u. Cl.	Spuren
	100·62%

Hieraus ergibt sich der *O*gehalt der Säure ($Si\,O_3$) = 22·0
und jener der Basen . . . . = 19·6,
ihr Verhältniss ist also annähernd 1 : 1, wodurch die Bildung einer leicht flüssigen Singulosilicatschlacke bedingt wird.

Neuere Methode, Eisen und Stahl auf andere als die gewöhnliche Weise darzustellen.

Durch die Arbeiten von Heaton, Hargreaves, Siemens u. A. angeregt, sind viele Techniker damit beschäftigt, die Eisendarstellung zu modificiren und nach billigeren und sicheren Methoden zu suchen, um Eisen und Stahl zu fabriciren. Dass nicht alle diese Versuche zu Resultaten führen können, ist natürlich, und es ist die Aufgabe der wissenschaftlichen Kritik, durch genaue und unparteiische Referate zur Ernüchterung des technischen Publicums beizutragen. Diese Pflicht einer gewissenhaften Publicistik wird leider nicht immer geübt und noch immerwährend füllen unverständliche, manchesmal sogar unverstandene Berichte über neue Erfindungen die Spalten unserer besten Zeitschriften — die den ganzen Humbug englischer und americanischer Quellen ohne Weiteres abdrucken und als Gewähr für den wahrscheinlichen Erfolg der neuen Wege zu acceptiren scheinen.

Die Herren Ponsard und F. E. Boyenval von Paris haben sich eine Erfindung patentiren lassen, durch deren Anwendung zur Eisenerzeugung der kostspielige Hohofenbetrieb umgangen und ganz überflüssig werden soll. Jedenfalls ist die Anregung zu der Construction des neuen Apparates durch die in neuester Zeit vervollkommnete Einrichtung der Flammöfen gegeben worden und es soll der Process nach der Anordnung der Erfinder in jedem mit einem Sumpf oder vertieften Herd versehenen Ofen mit Flammenfeuerung ausgeführt werden können.

In einem solchen Herdraume stehen eine beliebige Zahl von feuerfesten Thongefässen ohne Böden, welche nach oben hin durch das Gewölbe des Ofens gesteckt sind, um von aussen zugänglich zu sein. Diese „Tiegel ohne Böden", wie der ausländische Bericht sagt, dem wir unsere Notizen entnehmen, stellen ebenso viele kleine Hohofenschächte dar, in welchen das Schmelzmaterial nebst Zuschlägen und etwas guten Brennstoff als Reductionsmaterial aufeinander geschichtet werden Das Ofengewölbe ist wie bei dem Siemens'schen Gussstahlofen mit einer eisernen Platte gedeckt, in welcher Oeffnungen sich befinden, die den Reductionsgefäss-Mündungen entsprechen und mit gefütterten Deckeln ganz wie Siemens'sche Gussstahlöfen gedeckt werden können.

Man gibt absichtlich nur so viel guten reinen Brennstoff unter das Erzgemenge, als stricte zur Reduction des Erzes nothwendig ist. Die Schmelzung wird lediglich durch die Flammen des Ofens bewirkt, und nur für den einen Fall, dass man das Reductionsproduct noch kohlen will gibt man etwas mehr reinen Brennstoff in die Gefässe Der Herd ist so eingerichtet, dass das aus den Letzteren austretende Gemisch von Schlacken und Metall nach einen hinter oder vor den Gefässen befindlichen Sumpfe rinnt aus dem es abgestochen werden kann.

Es findet zwischen der Darstellung des **Roheisens** und des **Schmiede-Eisens** insofern eine Abweichung statt, als im ersten Falle die Erze direct im Ofen reducirt und ausgebracht werden, während im anderen Falle die Erze zunächst ohne Schmelzung in einem Schachtofen reducirt und dann in den Gefässofen ohne Beimengung von Brennstoff niedergeschmolzen werden. Bei der Stahlbereitung wird ebenso verfahren, wie bei der Schmiede-Eisenbereitung, nur mit dem Unterschiede, dass zur nachherigen Kohlung des Productes das geröstete Erz mit Gusseisenbrocken gemischt und niedergeschmolzen wird. — Ein Urtheil über die dem Patente zu Grunde liegende Idee ist schwer abzugeben.

Zunächst muss bemerkt werden, dass die Anwendung hinreichend grosser Flammöfen von kräftiger Wirkung nicht weniger kostbar sein wird, als die Anlage von Schachtöfen nebst Gebläsen. Wenigstens hat die Untersuchung des Gusseisen-Schmelzprocesses dargethan, dass Gebläseschachtöfen in fast allen Fällen den Flammöfen vorzuziehen seien, auch wo es sich nicht um Reduction oder Vermeidung oxydirender Einflüsse handelt. Um das Productionsquantum eines Hohofens herzustellen, werden wenigstens 3 grosse Flammofen-Anlagen in Betrieb sein müssen, wenn man annimmt, dass die Reduction und Schmelzung des Eisens ungefähr die doppelte Zeit des blossen Roheisenschmelzens in Tiegeln erfordert und dass der Flammofen nur 6—7 Tage continuirlich betrieben werden kann. Jeder Flammofen erfordert eine separate wenigstens 70 Fuss hohe Esse, wenn er mit blossem Zug arbeiten soll, oder es ist nothwendig, eine noch höhere gemeinschaftliche Esse für die ganze Ofengruppe einzurichten.

Bei der Anwendung von **Siemens**'schen Oefen ist zur Luftzuführung eine mechanische Kraft ebenso nothwendig, wie bei dem Schachtofenbetriebe, und endlich bildet der Consum an Gefässen ein Ausgabeobject, dessen Bedeutung aus dem Betriebe der Gussstahl-Fabrication hinlänglich bekannt ist.

Alle diese Punkte sind zu bedenken, ehe man zur Anwendung des Flammofens zu combinirten Reductions- und Schmelzprocessen in der Eisenerzeugung schreitet.

Es ist nicht zu leugnen, dass die neueren Erfolge der Pyrotechnik, dass die Rechnungen von **Schinz**, die Arbeiten von **Lundin**, **Vicaise** und **Siemens** der Anwendung von rationeller construirten Apparaten entschieden das Wort reden, aber es muss jede neue Erfindung zunächst gründlich kritisirt und von den verschiedensten Standpunkten aus beleuchtet werden, ehe zu ihrer Empfehlung geschritten werden kann. Indessen fehlt es noch zu sehr an einem wissenschaftlichen Vergleich der Wirkungsweise von Schacht- und Flammöfen, so dass es nicht hinlänglich motivirt scheint, von der einen auf die andere Ofensorte ohne Weiteres überzugehen.

Wir benutzen diese Veranlassung, um die Techniker und die Werksbesitzer, mit deren Interesse die Angelegenheit zusammenhängt, wiederholt darauf aufmerksam zu machen, dass der Fortschritt in solchen Dingen oft von der richtigen Beurtheilung der einfachsten Apparate und Vorgänge abhängig ist und dass in der öffentlichen Besprechung solcher Erfahrungen keinerlei Vergehen gegen das „Geschäftsprincip" des Geheimhaltens liegen kann.

(Berggeist Nr. 31.)

Aus Wieliczka.

30. April. 1869.

Bei der grossen Maschine am Elisabeth-Schacht sind vorübergehende Störungen zwar, immer noch nicht überwunden und eine präcise und rasche Arbeit derselben noch nicht erreicht; dennoch aber sind es Unregelmässigkeiten im Steuerungsapparte und Unvollkommenheiten der Construction der Maschinenbestandtheile, aber keine Brüche, welche diese Störungen veranlassten.

Seit 24. April arbeitete die Maschine schon befriedigender als in der vorigen Woche, der Gang derselben konnte etwas beschleunigt werden, ohne bedenkliche Stösse zu verursachen. Der herbeigerufene Ingenieur der Maschinenfabrik, in welcher die fertig von der Nordbahn angekaufte Maschine gebaut war, hat an Ort und Stelle mit den leitenden Kunstwesensbeamten die erforderlichen Abänderungen an der Steuerung vereinbart, welche nun ausgeführt werden. An den unteren Bestandtheilen, den Steig- und Saugröhren-Pumpen u. s. w. ist Alles in gutem Stande verblieben, und die trotz der vorübergehenden Störungen fortgesetzte Arbeit derselben bewirkt ein stetiges Fallen des Wassers.

Der Wasserstand über dem Horizont „Haus Oesterreich" hat:

am 10. April noch 3° 3' 5" betragen; er wurde
am 20. „ mit 3° 0' 7½",
am 28. „ „ 2° 4' 5" abgelesen, obwohl in dieser Zeit der Bruch des Ventilkastens und wiederholte Störungen in der Steuerung der Wirkung aufhielten.

Die Salzgewinnung geht ungestört fort. Das Albrecht-Gesenk ist auf circa 20 Klafter Tiefe vorgeschritten und bewegt sich in salzreichem Thon.

Literatur.

Bericht über die Fortschritte der Eisenhütten-Technik im Jahre 1866. Nebst einem Anhange, enthaltend die Fortschritte der andern metallurgischen Gewerbe. Von A. K. Kerpély, prov. akademischer Professor der Metallurgie in Schemnitz. 3. Jahrgang. Mit 7 lithografirten Tafeln. Leipzig, Verlag von Arthur Felix 1868.

Den Lesern der früheren beiden Jahrgänge und der diesen vorangehenden ähnlichen C. **Hartmann**'schen Publicationen ist die Einrichtung dieses Repertoriums der literarischen Fachmittheilungen des letztabgelaufenen Jahres (es bezieht sich auf 1866) wohl bekannt; es kann aber doch wiederholt werden, dass dies Buch kein dürres Repertorium, sondern ein ziemlich ausführlicher Auszug und stellenweiser Abdruck der aus metallurgischen Fächern erschienenen neuen Mittheilungen verschiedener Fachwerke und Fachzeitschriften ist. Selbstverständlich sind die deutschen periodischen Blätter dieser Art vorwiegend benützt worden („**Dürre**'s" Hohofenartikel ganz vorzüglich), aber auch aus dem Civil-Engineer, Armengaud's génie industriel, Comptes rendus, Mechanics Magasine, London Journel of arts, Practical Mechanics Journal sind fremdländische Artikel mit in den Auszug aufgenommen.

Ist das auch noch nicht Alles, was man an Vollständigkeit erwarten könnte (die nicht unbedeutende amerikanische Fachliteratur fehlt), so ist es doch für den oft von den Literaturquellen abgeschnittenen praktischen Fachmann von Werth, indem es ihm ermöglicht, die Fortschritte seines Zweiges der Technik an einer genügend ausführlichen und, was sehr hervorgehoben werden muss, systematisch geordneten Revue zu überschauen und nachzuholen, und ihn aufmerksam zu machen, ob er das Nähere finden kann.

Ueberflüssig scheint uns die glücklicherweise nun ganz kurze erste Abtheilung „Geschichtliches". Was sollen in diesem Werke über technische Fortschritte 2½ **Seiten**, auf denen ein paar Worte vom Bronce-Zeitalter, Eisen-Zeitalter und höchst unvollständige Notizen über Eisenprivilegien der Bürger von Stadt Steier, Weyer, Waidhofen an der Ibbs aus den 14. Jahrhundert stehen? Die Geschichte des innerösterreichischen Eisenwidmungswesen lässt sich in 23 Zeilen (so viel sind dem Gegenstande gewidmet) nicht einmal andeuten, geschweige denn verständlich machen. Da es aber nur zwei Seiten sind, welche als nicht in dem Buch passend erkannt werden müssen, so wäre es nicht des Erwähnens werth, wenn nicht damit der Wunsch ausgedrückt werden wollte, dass diese an sich nützliche Publication sich nicht auf dieses ferner abliegende Feld verirren möge.

Druck und Tafeln sind sehr nett und die Haltung des ganzen Werkes vortheilhaft von den Hartmann'schen Compilationen durch Sorgfalt in der Auswahl und Behandlung unterschieden. O. H.

Notiz.

Eine bergmännische Abschiedsfeier. Am 27. April d. J. verliess der k. k. Berghauptmann Herr Mathias Lumbe seinen bisherigen Wirkungkreis in Krakau, um seiner Berufung an die Spitze der Berghauptmannschaft Kuttenberg zu folgen. Unsere Fachgenossen haben während der kurzen Zeit seiner hiesigen Amtsleitung die humane, freundliche und willfährige Gesinnung des Herrn Berghauptmannes anerkannt, welche, gepaart mit einem regen Diensteifer und der strengsten Unpartheilichkeit, ihm in allen Kreisen die herzlichste und aufrichtigste Hochachtung erworben hat. Am 17. v. M. vereinigte eine Abschiedsfeier an der sich auch die hiesige Liedertafel betheiligte, alle Freunde des aus unserem Kreise Scheidenden, welche die damals ausgesprochenen besten Wünsche nunmehr wiederholt dem Abgehenden in seine ferne Heimat nachrufen, mit einem herzlichen Glück auf!

Amtliche Mittheilungen.

Auszeichnung.

Der Werksdirector zu Lölling Ferdinand Seeland ist durch Verleihung des Ritterkreuzes des Franz Josephs-Ordens ausgezeichnet worden.

Concurs-Ausschreibung.

Bei der k. k. Berghauptmannschaft in Elbogen ist die Berghauptmanns-Stelle, mit welcher eine Jahres-Besoldung von 1680 Gulden ö. W. nebst dem Genusse einer Naturalwohnung oder eines den Ortsverhältnissen angemessenen Quartirgeldes und dem eventuellen Vorrückungsrechte in die höheren Gehaltsstufen von 1890 fl. und 2100 fl. ö. W. nebst der VII. Diätenklasse verbunden ist, in Erledigung gekommen.

Die Bewerber um diese Stelle haben ihre gehörig documentirten Gesuche bis 30. Mai 1869 im vorgeschriebenen Dienstwege bei der k. k. böhmischen Statthalterei als Oberbergbehörde einzubringen, und in denselben legale Zeugnisse über die zurückgelegten rechts- und staatswissenschaftlichen, dann montanistischen Studien, über erprobte Geschäftskenntniss und Erfahrung im berghauptmannschaftlichen Dienste, sowie auch über ihre bisherige Verwendung im Bergwesen, über ihr Lebensalter und über ihre Sprachkenntnisse beizubringen, auch anzugeben, ob und in welchem Grade sie etwa mit einen Angestellten der Elbogner Berghauptmannschaft verwandt oder verschwägert seien.

Von der k. k. Statthalterei als Oberbergbehörde zu Prag, am 13. April 1869.

Erkenntniss.

Nachdem die an Herrn H. G. Goedicke am 4. Jänner l. J. unter der Geschäftszahl 28 gerichtete Aufforderung zur Rechtfertigung wegen des mehrjährigen Nichtbetriebes der in dem Bergbuche zu Laibach Tom. I, Fol. 223 u. 251 vorgetragenen zwei einfachen Grubenmassen „Daniel und Hermann" nebst einer Ueberschaar auf Braunkohlen, in den Catastralgemeinden Schemnig und Locke, Ortsgemeinde Arschische, politischen Bezirke Littai, sowie der im Freischurfcataster Tom. I, Fol. 1 vorgetragenen in den Ortsgemeinden Sagor, Kotredesch und Arschische, in demselben politischen Bezirke gelegenen Freischürfe E.-Nr. 143*d*, 143*e*, 178*a*, 179*b* de 1856, E.-Nr. 1835 de 1857 und E.-Nr. 1058 de 1860 fruchtlos verstrichen und innerhalb der edictalen am 20. d. M. abgelaufenen 90tägigen Frist sich Niemand gemeldet hat, noch sonst wie die auf obigen Berechtigungen aushaftenden Bergwerkssteuern berichtiget worden sind: so wird nach den Bestimmungen der §§. 243 und 244, dann 241 allg. Berggesetzes auf die Entziehung obiger Bergwerksmassen und Freischürfe mit dem Beifügen erkannt, dass nach Rechtskräftigwerdung dieses Erkenntnisses zum weiteren Verfahren wegen executiver Schätzung und Feilbietung der Bergwerksmassen im Sinne des §. 253 allg. Berggesetzes, beziehungsweise zur Löschung der entzogenen Freischürfe in den berghauptmannschaftlichen Vormerkbüchern, geschritten werden wird.

Von der k. k. Berghauptmannschaft

Laibach, am 21. April 1869.

Diese Zeitschrift erscheint wöchentlich einen Bogen stark mit den nöthigen artistischen Beigaben. Der Pränumerationspreis ist jährlich loco Wien 8 fl. ö. W. oder 5 Thlr. 10 Ngr. Mit franco Postversendung 8 fl. 80 kr. ö. W. Die Jahresabonnenten erhalten einen officiellen Bericht über die Erfahrungen im berg- und hüttenmännischen Maschinen-, Bau- und Aufbereitungswesen sammt Atlas als Gratisbeilage. Inserate finden gegen 8 kr. ö. W. oder $1^1/_2$ Ngr. die gespaltene Nonpareillezeile Aufnahme. Zuschriften jeder Art können nur franco angenommen werden.

Druck von Carl Fromme in Wien. Für den Verlag verantwortlich Carl Reger.

№ 19.
XVII. Jahrgang.

Oesterreichische Zeitschrift

für

Berg- und Hüttenwesen.

1869.
10. Mai.

Verantwortlicher Redacteur: Dr. Otto Freiherr von Hingenau,
k. k. Ministerialrath im Finanzministerium.

Verlag der G. J. Manz'schen Buchhandlung (Kohlmarkt 7) in Wien.

Ueber das Verfahren der directen Titrirung des Eisens mit unterschwefligsaurem Natron nach Oudemans jun.

Von Carl A. M. Balling.

Die Zeitschrift für analytische Chemie von Fresenius, Jahrgang VI 1867, bringt auf pag. 129 — 136 ein von Oudemans jun. in Delft angegebenes verbessertes Verfahren der directen Titrirung des Eisens in Form von Oxyd mittelst unterschwefligsauren Natrons; die Verbesserung dieser Titrirmethode besteht in der Anwendung eines Kupferoxydsalzes, welches, der Eisenoxydlösung zugesetzt, die Reduction des Eisenoxydes vermittelt und selbst nicht früher zersetzt wird, bevor nicht alles Eisenoxyd zu Oxydul reducirt worden ist. Die in der citirten Arbeit angeführten Belege für die Genauigkeit dieser Titriranalyse sind so übereinstimmend, dass sich diese Probe sowohl wegen der Einfachheit des Verfahrens selbst, als auch wegen der Kürze der Zeit, die sie zu ihrer Ausführung bedarf, der Anwendung in praxi empfiehlt.

Ich habe aus diesem Grunde vielfache Versuche angestellt und kann die von Oudemans gemachten Angaben bestätigen; die Probe ist richtig und genau, wenn nicht zu viel des Kupfersalzes hinzugesetzt wird; weder freie Säure noch Verdünnung wirken nachtheilig, wenn nicht zu viel von ersterer vorhanden ist, und die Gegenwart der Salze der Magnesia- und Eisengruppe sind, wenn von den gefärbten Salzen (*Ni Co*) nicht viel in der Lösung enthalten ist, ebenfalls ohne Einfluss auf die Proben-Resultate.

Ich fand bei den von mir angestellten Versuchen die einzelnen Ablesungen von 0·1 — 0·3 im Mittel 0·2 *C. C.* differirend; da 1 *C. C.* einer Zehntel-Normallösung des unterschwefligsauren Natrons ($NaO, S_2O_2 + HO = 124$) 0·0056 Gramm Eisen entspricht, so macht diese mittlere Differenz bei den einzelnen Bestimmungen nur 0·0011 Gramm Eisen, bei einer Probe, die von 2 Gramm der zu untersuchenden Probesubstanz herrührt, nur 0·055 Procent, und in jener Art ausgeführt, wie sie zum Schlusse angegeben werden wird, erst 0·275 Procent aus*). Hinsichtlich der Genauigkeit für praktische Zwecke lässt diese Probe also nichts zu wünschen übrig.

Auch die Menge der zuzusetzenden Kupfersalzlösung ist eine bestimmte; dieselbe darf nämlich nur sehr gering sein und ich habe zu diesem Behufe eine Kupfervitriollösung von etwa 5 Gramm des Salzes in beiläufig $^1/_4$ Litre Wasser am besten gefunden. Von dieser Kupfersalzlösung werden 2, höchstens 3 Tropfen zugesetzt; hat man mehr davon genommen, so wird die zu titrirende Eisenlösung sehr bald trübe, der Verbrauch an Natronsalzlösung wird zu hoch und die Schlussreaction undeutlich. Ein kleiner Uebelstand erwächst aber der Probe dadurch, dass die anfangs von dem zugesetzten Rhodankalium dunkelroth gefärbte Probeflüssigkeit bei Zusatz der Natronlösung in Folge der fortschreitenden Reduction eine rothgelbe Farbe annimmt, dass die rothgelb gewordene Flüssigkeit bei weiterem Zusatz des Reactivs sehr rasch entfärbt wird und dass in Folge dessen die endliche Entfärbung, das ist der Eintritt der völligen Reduction, sehr leicht überschritten werden kann. Man muss demnach bei Eintritt der rothgelben Farbe der Probelösung sehr behutsam von dem unterschwefligsauren Natron zusetzen; mässiges Schwenken des Kolbens, in welchem man titrirt, befördert die Reduction.

In dieser Hinsicht steht die Probe der Marguerritte'schen nach, weil es hier eines Zuwartens nicht bedarf, sondern der Schluss der beendeten Oxydation bei derselben augenblicklich angezeigt wird.

Zur Vermeidung dieses Uebelstandes ist es gut, entweder eine schwächere Natronsalzlösung, als ein Zehntel normal, anzuwenden, indem man die erste Probe nach völliger Entfärbung als „überschritten" ansieht, eine zweite Probe in einem anderen Gefässe vornimmt und vorsichtiger titrirt; die zuerst angestellte Probe wird fast immer einen zu reichlichen Verbrauch an unterschwefligsaurem Natron ausweisen. Selbst dann, wenn man bereits einige Uebung in Beurtheilung der Probe erlangt hat, wird ein

*) Weil sich der ursprünglich gemachte Fehler bei der Berechnung multiplicirt.

wenigstens einmaliges Wiederholen der Probe immer sehr von Nutzen sein.

Da es bei Bestimmung des Eisens in salzsaurer Lösung nach Margueritte ebenfalls eines mehrmaligen Titrirens bedarf, so stehen sich beide Proben hinsichtlich der Schnelligkeit ihrer Ausführung gleich.

Ich habe allerdings in den seltensten Fällen bei 2—3 aufeinderfolgenden Titrirungen mit gleichen Mengen Probelösung auch allemal genau gleiche Verbrauchsmengen an Natronsalzlösung ablesen können, und dieser Fehler wird für die Probe selbst, wie ich Eingangs nachgewiesen habe, sehr unbedeutend; für die Bestimmung des Titers des Natronsalzes ist dieser Umstand dafür um so wichtiger. Es ist nun am allerbesten, den Titer des unterschwefligsauren Natrons mit Jodlösung (ein Zehntel normal) richtig zu stellen (F. Mohr, Lehrbuch der chem. anal. Titrir-Methoden, 1862, pag. 232); kann es in dieser Art nicht geschehen, so muss der Titer mit Beobachtung aller Vorsichten auf eine Eisenoxydlösung von bekannten Gehalt an Eisen bestimmt und es darf nicht vergessen werden, dass dieser Titer veränderlich ist und zeitweilig von Neuem festgestellt werden muss.

Die Probe selbst ist für die Praxis zu empfehlen*). Bei Vornahme derselben zur Untersuchung der Eisenerze wägt man 2 Gramm des Erzes ab, schliesst mit starker Salzsäure möglichst vollständig auf, oxydirt mit chlorsaurem Kali und kocht bis alles freie Chlor entwichen ist; sodann filtrirt man die Lösung, wenn nöthig, verdünnt auf $1/2$ Litre und pipetirt davon 100 *C. C.* in einen geräumigen Kolben. Zu der Probelösung wird nun so viel Rhodankaliumlösung zugesetzt, bis die Flüssigkeit dunkelroth gefärbt erscheint, und hierauf 2—3 Tropfen der Kupfervitriollösung zugegeben, gut umgeschwenkt und verdünnt; man lässt nun unter zeitweiligem Umschwenken des Kolbens das unterschwefligsaure Natron anfangs rascher zufliessen, sobald jedoch die rothgelbe Farbe der Probeflüssigkeit eintritt, setzt man nur sehr vorsichtig zu, schwenkt um und wartet einige Secunden. Schliesslich belässt man der Probe einen schwach rothgelben Stich, welcher nach kurzer Zeit auch verschwindet; die Flüssigkeit bleibt lange ganz klar und wasserhell. Man wiederhole die Probe ein-, oder wenn sich grössere Differenzen zeigen sollten, mehrmal.

Mittelst dieser Probe kann ebenfalls der Gehalt des Erzes an Eisenoxyd neben Eisenoxydul bestimmt werden, indem man zwei Proben anstellt, und in der einen in der angegebenen Art den gesammelten Eisengehalt bestimmt, die andere aber bei Ausschluss der atmosphärischen Luft zur Lösung bringt und darin blos jenen Eisengehalt ermittelt, der als Eisenoxyd in dem Erze enthalten war.

Přibram, im April 1869.

*) Ueberhaupt können wir nicht genug empfehlen, das beim Eisenwesen viel zu lange gering geachtete Probirwesen für die Praxis auf das angelegentlichste zu pflegen. Die lebhafte Bewegung der neuen Eisenindustrie fordert unabweisliche wissenschaftliche Grundlagen für die Praxis. O. H.

Verbesserte Förderwagen.

Aus der Fabrik von K. und Th. Möller in Brakwede bei Bielefeld.

Die gewöhnlichen Förderwagen mit losen, auf festen Axen laufenden Rädern sind aus mancherlei Gründen in hohem Grade unvollkommen und mangelhaft, sie erfordern bedeutende Ausgaben für Schmiermaterial und das Schmieren selbst bedingt einen nicht unwesentlichen Zeitverlust, ja das auf der Hängebank ausgeführte Schmieren reicht oft nicht einmal aus und die Schlepper sind gezwungen, mit eigenem Oel nachzuhelfen. Die demnach stets mangelhafte Schmierung und das Eindringen des Schmutzes in die Naben bedingt eine schnelle Abnutzung der Naben und Axen, sowie einen schwereren Gang der Wagen. Gleichzeitig hat das Schlottern der Räder auf den Axen zur Folge, dass die Wagen häufig aus den Schienen springen und zwischen dieselben fallen, wodurch der ganze Betrieb gestört wird. Wenn solche Uebelstände schon bei dem Schleppen durch Menschenkraft höchst störend wirken, so sind sie nach der Einführung der Pferdeförderung noch fühlbarer und erfordern dringend Abhilfe.

Es sind deshalb vielfache Versuche gemacht worden, verbesserte Förderwagen herzustellen, ohne dass man zu einem durchweg befriedigenden Resultate gelangte. Erst in neuerer Zeit haben die Bemühungen der Herren K. und Th. Möller, gestützt auf die Angaben der Herren Bergmeister Feldmann und Maschinenmeiste Köepe, zur Construction eines Wagens geführt, der allen Anforderungen nach jeder Richtung dauernd zu genügen scheint.

Der Kölner Bergwerksverein, der diese Wagen zuerst bei sich einführte, ist durch deren Vorzüge dem Vernehmen nach bestimmt worden, die Wagen ausschliesslich bei sich einzuführen.

Wir gehen jetzt zur Beschreibung dieser Wagen über:

Der Boden des Wagens besteht aus einem Eisenrahmen, der an den Längsseiten aus *U*-Eisen, an den beiden Kopfenden aus Flacheisen gebildet ist, welches letztere die in den Rahmen gesetzte Bohle von $1\,1/4$ Zoll Eichenholz schützt. Durch diesen Eisenrahmen erhält der Wagen eine grosse Stabilität, derselbe macht es namentlich möglich, die Lager gut zu befestigen, was für den leichten Gang der Wagen wichtig ist. Das Mehrgewicht der eisernen Rahmen wird durch die geringere Holzstärke der Bohle zum Theil ausgeglichen. Die Axen laufen in gusseisernen Lagern und sind zweckmässig von Stahl genommen, weil Stahlaxen beträchtlich dünner genommen werden können und in Folge des geringeren Durchmessers und des Umstandes, dass der Stahl sich beim Laufen vollkommen polirt, sich leichter drehen, wie Axen von Schmiede-Eisen. Die Stahlaxen haben gleichzeitig den Vortheil, dass sie sich weniger abnutzen. Auf den Axen befinden sich zwei Bunde, welche gleichzeitig das Verschieben der Axen und das Eindringen des Schmutzes verhindern. Die Bunde liegen in einer vorspringenden Kammer, welche an das Lager angegossen ist und das Eindringen des Schmutzes noch vollständiger verhindert, als die Bunde allein thun würden. An dem Zwischenraum zwischen beiden Lagern sind die Axen mit schmiedeeisernen Röhren um geben, welche das Eindringen des Schmutzes von dieser Seite verhindern. Die Lager sind oben mit einer Schmierkammer versehen, welche von oben durch ein im *U*-Eisen befindliches Loch gefüllt wird. Eine Schraube mit Lederscheibe vermag dieses Füllloch völlig dicht zu verschliessen. In dem von unten angezogenen Lagerdeckel befindet sich eine Kammer zum Auffangen der gebrauchten Schmiere. Die Räder sind Scheibenräder von Gusseisen, die mit drei Löchern versehen sind, um beim Hemmen der Wagen eine Stange durchstecken zu können. Derartige Scheibenräder springen nicht so leicht, wie Speichenräder, die stets eine gewisse Spannung haben. Die Räder sind ausgebohrt und auf den Axen drehbar, weshalb auch scharfe Curven mit diesen Wagen leicht umfahren werden können. Bei der gewöhnlichen Bewegung der Wagen dreht sich die Axe in den Lagern, weil hier geschmiert ist, während die Räder ohne Schmiere laufen und nur etwas geölt zu werden brauchen, um ein Anrosten zu vermeiden; bei Umfahrung von Kurven dagegen drehen sich auch die Räder der äusseren Seite. Die Lager, welche an dem *U*-Eisen durch die Lagerdeckelschrauben befestigt sind, sind gegen das Verschieben durch Flacheisenstücke, die an das *U*-Eisen genietet sind, selbst dann geschützt, wenn eine Lagerschraube sich lockern sollte. Gegen das Lösen sind die Lagerdeckelschrauben durch Splinte geschützt

Die Zugringe sind durch besondere Bügel mit dem eisernen Rahmen verbunden.

Die Wagen werden mit einem verseiften (consistenten) Vulcanöl geschmiert und brauchen die Kammern nur alle Monate einmal mit neuer Schmiere gefüllt zu werden.

Die Vortheile dieser Construction sind:

1. Schmierersparniss. Ein mit Rüböl geschmierter Förderwagen gewöhnlicher Construction mit festliegenden Axen kostet pro Jahr mindestens 4 Thlr. an Auslagen für Oel. Ein Wagen der neueren Construction kostet pro Jahr höchstens 1 $^1/_2$ Thlr.
2. Arbeitsersparniss und Vermeiden von Zeitverlust beim Schmieren. Während diese Operation jetzt während jeder Schicht zwei Arbeiter beschäftigt, fällt dieselbe bei den neuen Wagen fast ganz fort und kann einmonatlich zu gelegener Zeit ausser der Förderung vorgenommen werden.
3. Viel leichterer Gang der Wagen. Messungen über die Reibungswiderstände bei Wagen älterer und neuerer Construction liegen uns nicht vor, doch lehrt der einfachste Versuch, dass die letzteren ungleich leichter bewegt werden können. Der Vortheil des leichteren Ganges tritt namentlich bei Pferdeförderung hervor.
4. Geringere Abnutzung der Räder. Eine merkliche Abnutzung der Räder in den Naben findet bei diesen Wagen überhaupt nicht statt, weil sich die Räder nur beim Umfahren der Curven etwas drehen. Die Abnutzung der Räder an den gewöhnlichen Förderwagen ist nur deshalb so gross, weil sie nicht gehörig geschmiert werden können. Die Abnutzung der Lager und Stablaxen ist bei der guten Schmierung der neuen Wagen äusserst gering.
5. Die Wagen springen nicht so leicht aus dem Geleise, weil die Spurweite unverändert bleibt, indem eine Abnutzung an den Naben der Räder, weil sie sich mit den Axen drehen, nicht stattfindet, während bei den gewöhnlichen Förderwagen die Räder in Folge der Nabenabnutzung viel Spiel haben und deshalb leicht aus den Schienen springen.

Die Vortheile, welche die Möller'schen Wagen bieten, sind so gross, dass sie trotz des 8 bis 10 Thlr. pro Stück betragenden Mehrpreises zur Anschaffung entschieden empfohlen werden können.

(Essener Zeitung. Beilage „Glück auf“.)

Beitrag zur Theorie des Siebsetzens.

Von Egid. Jarolimek, k. k. Pochwerks-Inspector in Příbram.

(Fortsetzung.)

So viel leuchtet ferner schon aus der vorstehenden Tabelle ein, dass man sehr ungleichförmige Vorräthe der Separation mit günstigen Erfolgen unterziehen kann, wenn es gelingt, die Fallhöhen sehr zu ermässigen; zur Beurtheilung des Ganges der gebräuchlichen Siebsetzarbeit ist dieselbe aber weniger geeignet.

Zu der Setzarbeit gelangen nämlich in der Regel entweder nach der Gleichfälligkeit sortirte Vorräthe, so insbesondere feinere Gefällssorten auf die Feinkornsetzmaschinen, oder aber, und dies ungleich häufiger, auf Sieben classirtes Gut.

Leider mangeln bisher zureichende Erfahrungen über die in den gebräuchlichen Gleichfälligkeitssorten vorkommenden extremen Körner (d. i. langsamsten Erz- und raschesten Bergkörner), und so begnügte ich mich, in der Tabelle II vorerst nur den Fall von genau gleichfälligen, dann aber auch gleichgrossen Kugeln verschiedenen specifischen Gewichtes zu berechnen.

Die Eigenschaften der nach der öfter angewandten Siebscala $q = \sqrt{2}$ separirten Kornclassen hat indessen v. Rittinger, wie bereits erwähnt, näher erheben lassen (Aufbereitungskunde §. 45 und 52).

Er theilt die in einer solchen Classe enthaltenen Körner in rundliche, platte und längliche und findet den Widerstandscoëfficienten für dieselben der Reihe nach (Seite 189) mit $\alpha_4 = 65$, 120 und 90.

Es sind also bei sonst gleichen Verhältnissen die rundlichen Körner die raschesten, die platten dagegen die langsamsten, oder die in einer solchen Kornclasse voraussichtlich durch Setzen am schwierigsten zu trennenden Körner werden die kleinsten platten Erzkörner gegenüber den gröbsten rundlichen Bergkörnern sein.

Nun findet Rittinger (Seite 231) μ in $d = \mu D$ für rundliche Körner höchstens mit 0·93 und für platte mit mindestens 0·53, und nach diesen Daten wurden die in der nachfolgenden Tabelle II für einige Kornclassen angeführten Wege nebst ihren Differenzen für den Fall zu trennender extremer Körper im ruhenden Wasser berechnet.

Tabelle II.

Ueber den Fall gleichfälliger, gleich grosser und extremer Körper im ruhenden Wasser.

Post-Nr.	Gattung des Körpers	Dichte	Durchmesser oder Siebscala Millim.	Zurückgelegter Weg in der Zeit von (Secunden in hunderttausend Theilen des Meters.) 1/100	1/90	1/80	1/70	1/60	1/50	1/40	1/30	1/20	1/10	1/8	1/4	1/2	1
Kugelförmige Körper.																	
1	Bleiglanz	7·5	4·0	42	52	66	86	117	168	263	463	1018	3659	5348	15115	35682	76905
2	Gleichf. Zinkblende	4·1	8·38709	37	46	58	76	103	148	230	407	899	3259	4872	14360	34872	76092
3	„ Quarz . .	2·6	16·25	30	37	48	62	84	121	188	332	737	2782	4176	13092	33426	74641
4	Gleich gr. Zinkblende	4·1	4·0	37	46	57	75	102	147	228	400	868	2975	4253	11212	25439	53909
5	„ „ Quarz . .	2·6	4·0	30	37	47	61	83	119	184	322	694	2308	3257	8299	18517	38955
Extreme unregelmässige Körper von Kornclassen der Siebscala $q = \sqrt{2}$.																	
6	Kleinste platte Bleiglanz	7·5	16	42	52	66	86	115	167	259	453	972	3200	4497	11339	25171	52839
7	Gröbste rundliche Zinkblende . . .	4·1	„	37	46	58	75	102	147	229	403	885	3155	4593	12803	29970	64360
8	Gröbste rundliche Quarz	2·6	„	30	37	47	61	83	119	186	326	711	2475	3559	9559	21903	46611
9	Kleinste platte Schwefelkies . .	5·0	„	39	48	61	79	107	153	237	412	871	2740	3788	9188	20041	41746
10	Kleinste platte Zinkblende	4·1	„	37	45	57	75	101	145	223	386	810	2497	3427	8189	17741	36848
11	Kl. platte Bleiglanz	7·5	4	42	52	65	86	114	160	243	407	800	2144	2835	6293	13210	27043
12	Gr. rundl. Zinkblende	4·1	„	37	46	57	76	101	144	221	381	789	2355	3201	7492	16090	33285
13	Gröbste rundl. Quarz	2·6	„	30	37	46	60	82	116	178	304	619	1777	2390	5476	11653	24006
14	Kl. pl. Schwefelkies	5·0	„	38	47	59	77	103	145	218	359	685	1755	2297	5010	10437	21288
15	Kl. platte Zinkblende	4·1	„	36	44	56	72	97	135	202	331	624	1570	2047	4435	9212	18765
16	Kl. platte Bleiglanz	7·5	1	40	49	61	77	102	139	200	309	536	1227	1573	3302	6761	13678
17	Gr. rundl. Zinkblende	4·1	„	36	44	55	71	95	133	197	319	589	1443	1873	4022	8321	16919
18	Gröbste rundl. Quarz	2·6	„	29	36	44	57	76	105	155	246	444	1060	1369	2913	6002	12178
19	Kl. pl. Schwefelkies	5·0	„	36	44	54	69	90	124	171	259	439	981	1253	2609	5322	10749
20	Kl. platte Zinkblende	4·1	„	34	41	51	64	83	111	156	234	392	870	1109	2303	4691	9468
21	Kl. platte Bleiglanz	7·5	1/4	35	41	50	61	77	100	134	192	307	653	826	1690	3419	6878
12	Gr. rundl. Zinkblende	4·1	„	33	40	49	62	80	106	147	218	361	791	1006	2080	4230	8528
23	Gröbste rundl. Quarz	2·6	„	26	32	39	48	62	81	111	162	265	574	728	1500	3045	6138
24	Kl. pl. Schwefelkies	5·0	„	31	36	48	52	65	83	110	155	245	517	652	1330	2687	5400
25	Kl. platte Zinkblende	4·1	„	28	32	39	47	58	74	98	138	217	456	576	1173	2367	4755

Post-Nr.	Zwischen den Posten Nr.	Differenz der Wege vertical abwärts gerechnet in der Zeit von (Secunden in hunderttausend Theilen des Meters.) 1/100	1/90	1/80	1/70	1/60	1/50	1/40	1/30	1/20	1/10	1/5	1/4	1/2	1
Kugelförmige Körper.															
1	—					—	—	—	—	—	—	—	—	—	—
2	1—2	5	6	8	10	14	20	33	56	119	400	476	755	810	813
3	1—3	12	15	8	24	33	47	75	131	281	877	1172	2023	2256	2264
4	1—4	5	6	9	11	15	21	35	63	150	684	1095	3903	10243	22996
5	1—5	2	15	9	25	34	49	79	141	324	1351	2091	6816	17165	37950
Extreme unregelmässige Körper von Kornclassen der Siebscala $q = \sqrt{2}$.															
6	—	—	—	—	—	—	—	—	—	—	—	—	—	—	—
7	6—7	5	6	8	11	13	20	30	50	87	45	— 96	—1464	—4799	-11521
8	6—8	12	15	19	25	32	48	73	127	261	725	938	1780	3268	6228
9	9—8	9	11	14	18	24	34	51	86	160	265	229	— 371	—1962	- 4865
10	10—8	7	8	10	14	18	26	37	60	99	22	—132	1370	—4162	—9763
11	—	—	—	—	—	—	—	—	—	—	—	—	—	—	—
12	11—12	5	6	8	10	13	16	22	26	11	—211	—366	—1199	—2880	—6242
13	11—13	12	15	19	26	32	44	65	103	181	367	445	817	1557	3087
14	14—13	8	0	13	17	21	29	40	55	66	— 22	— 93	— 466	—1216	—2718
15	15—13	6	7	10	12	15	19	24	27	8	—207	—343	—1041	—2441	—5241
16	—				—	—	—	—	—	—	—	—	—	—	—
17	16—17	4	5	6	6	7	6	3	—10	— 53	—216	—300	— 720	—1560	—3241
18	16—18	11	13	17	20	26	34	45	63	92	167	204	389	759	1500
19	19—18	7	8	10	12	14	19	16	13	— 5	— 79	—116	— 304	— 680	—1429
20	20—18	5	5	7	7	7	6	1	—12	—52	—190	—260	— 610	—1311	—2710
21	—				—	—	—	—	—	—	—	—	—	—	—
12	21—22	2	1	1	— 1	— 3	— 6	—13	—26	—54	—138	—180	— 390	— 811	—1650
23	21—23	9	9	1	13	15	19	28	30	42	79	98	190	374	745
24	24—23	5	4	4	4	3	2	— 1	— 7	—20	57	— 76	— 170	— 358	— 783
25	25—23	2	0	0	— 1	— 4	7	— 13	—24	— 48	—118	—152	— 327	— 678	—1378

Bei Beurtheilung der vorstehenden Tabelle ergibt sich vorerst der schon von Sparre aufgestellte und auch aus Tabelle I abzuleitende Satz: dass sich bei Herabsetzung der Fallhöhen nicht nur gleichfällige Körper, sondern der Endgeschwindigkeit nach langsamere Erzkörner von rascheren Bergkörnern, wie dieselben auch factisch in den Kornclassen der öfter gebräuchlichen Siebscala $q = \sqrt{2}$ zumeist vorkommen, in der gewöhnlichen Weise, d. i. nach abwärts trennen lassen, indem diese anfänglich langsamer fallen und erst später jene überholen.

Für jede Kornclasse und jede Grösse des Unterschiedes der specifischen Gewichte gibt es hiebei eine bestimmte Fallzeit, der das Maximum der Wegdifferenz zu Gunsten der Separation entspricht; wird diese Zeit nur wenig überschritten, so treten negative Wegdifferenzen auf, d. i. die Separation wird für solche extreme Körper im gleichen Sinne, d. i. nach abwärts, unmöglich.

Je kleiner der Unterschied der specifischen Gewichte und folgerecht auch je schlechter classirt das Korn ist, desto kleiner werden die günstigen Wegdifferenzen und bei desto kleineren Zeiten tritt ihr Maximum ein; in gleicher Weise wirkt die zunehmende Feinheit des Setzgutes.

Gleichfällige Körner erreichen ein Maximum der günstigen Wegdifferenzen, welches sodann für beliebig verlängerte Fallzeiten ungeändert bleibt.

Für gleich grosse Körner ist die günstige Wegdifferenz in fortdauerndem Steigen begriffen.

Aus diesen Betrachtungen lassen sich nachfolgende Sätze ableiten.

Für die Separation durch Fall im ruhenden Wasser ist die vorangehende Classirung nach der Korngrösse keinesfalls ohne Werth, und wird ein sehr gut classirtes Korn am besten durch ununterbrochenen Fall auf grössere Höhe (also im Setzrade, Drehpeter, der Hundt'schen Stromsetzmaschine) separirt werden können.

Je schlechter classirt aber das Setzgut ist, desto mehr müssen die Fallhöhen behufs richtiger oder überhaupt nur möglicher Separation ermässigt werden.

So lässt die Siebscala $q = \sqrt{2}$ falls Bleiglanz von Zinkblende, oder Zinkblende von Quarz, oder Schwefelkies von Quarz zu trennen ist, in den extremen Körnern einer und derselben Classe sogar ungleich fällige Körper zurück, d. i. in den obgenannten Fallapparaten wird bei zugleicher Anwendung der bezeichneten Siebscala eine vollständige Trennung der eben erwähnten Körpergattungen absolut nie gelingen können und nur Quarz könnte von Bleiglanz dieserart vollständig separirt werden.

In den früher erwähnten Fällen oder wenn man noch schwieriger zu trennende Körper oder noch schlechter classirte Vorräthe zu verarbeiten hat, kann ein vollständiger Erfolg der Arbeit nur durch geeignete Verminderung der Fallhöhe erzielt werden, und zwar müssen letztere um so kleiner sein,

a) je näher die zu trennenden Körper im specifischen Gewichte zu einander stehen,

b) je schlechter classirt, und

c) je feiner der zu verarbeitende Vorrath ist.

Erst nähere Untersuchungen der Gleichfälligkeitssorten, insbesondere der feineren, deren Classirung schwieriger ist, müssen beweisen, ob man nicht das Sieben als Vorarbeit für die Setzarbeit durch Sortiren in Gleichfälligkeitsapparaten (rotirenden Fallapparaten, Spitzkästen, Spitzlutten, Fallgräben) als einfacher und billiger ersetzen könne.

Denn allerdings sind in den Gleichfälligkeitssorten nicht blos streng gleichfällige Körner (d. s. solche, die beim Fall im ruhenden Wasser genau dieselbe Maximalgeschwindigkeit annehmen, sondern je nach der erzeugten Sortenzahl mehr oder weniger Reihen derselben enthalten, die untereinander ungleichfällig sind, allein wie bereits aus Tabelle II wiederholt betont, sind auch in den Kornclassen der Siebscala $q = \sqrt{2}$ in der Regel ungleichfällige Körner enthalten und gelingt das Setzen wenigstens feinerer Gleichfälligkeitssorten auf den Feinkornsetzmaschinen ganz gut.

Ja bei den feinsten Sorten dürfte eine zu weit getriebene Classirung aus einem anderen Grunde sogar schädlich werden können.

Je feiner der Vorrath nämlich ist, desto schwieriger lockert er sich am Setzsieb und wird vielmehr zusammenhängend gehoben und fällt auch als mehr compacte Masse wieder zurück.

Hier ist also, insoweit bei möglichst reducirten Fallhöhen die Trennung ungleichförmiger Vorräthe noch vollständig gelingt, das gröbere Korn im Gemenge sogar von Vortheil, indem es die Lockerung und gleichförmigere Durchbrechung des Setzgutes begünstigt.

Weiters ersieht man, dass beim Setzen vorzüglich die kleinsten platten Erzkörner der Gewinnung sich entziehen können.

Sollte also die Separation durch Setzen bei feineren Vorräthen nicht vollständig gelingen und eine wiederholte Verarbeitung des Abfallenden nöthig sein, so wird dies am besten auf Herden geschehen, da auf diesen gerade wieder die kleineren und platten Erzkörner leichter ausgeschieden werden, als etwa gröbere und rundliche.

Eine noch detaillirtere Prüfung der unstreitig sehr interessanten vorstehenden Tabelle II überlasse ich, um nicht unnöthig breit zu werden, meinen geehrten Fachgenossen, hebe jedoch nochmals den Satz hervor: „dass von 2 gleichfälligen Körnern anfänglich der specifisch schwerere sich rascher bewege."

Es wird nämlich für die später folgenden Betrachtungen wichtig, die Ursache dieser Thatsache zu finden, da sie ganz conform mit jener ist, welche auch bei der anfänglichen Bewegung in auf- und absteigenden Wasserströmen auf den ersten Blick überraschend erscheinende Resultate fördert.

Anscheinend wirken nämlich auf die im ruhenden Wasser sinkenden Körper von allem Anfange an nur dieselben Kräfte, d. i. die um den Auftrieb vermindert gedachte Schwerkraft nach abwärts und der Widerstand des Wassers entgegen.

Wenn also 2 Körper schliesslich die gleiche Maximalgeschwindigkeit erreichen, so sollten sie, vermöge dieser blossen 2 Kräfte, auch von allem Anfang an die ganz gleiche Fallbewegung besitzen.

Bei der anfänglich beschleunigten Bewegung tritt indessen ein dritter Factor als Widerstand auf und dies ist die Trägheit der Masse.

Jeder Körper consumirt bekanntlich, wenn er aus der Ruhe in Bewegung gebracht werden soll, eine gewisse Wirkung, die gleich der sogenannten „lebendigen Kraft“ der bewegten Masse ist.

Nennt man G das Gewicht des Körpers, M seine Masse, so ist seine lebendige Kraft für die Geschwindigkeit v

$$L = G. \frac{v^2}{2g} = {}^1/_2 \, M. \, v^2$$

Bezeichnen ferner $d_1 - d_2$ die Durchmesser, $\delta_1 - \delta_2$ die Dichten zweier gleichfälliger Körper, so besteht für das Verhältniss ihrer absoluten Gewichte nach Rittinger die Gleichung (81)

$$\frac{G_1}{G_2} = \frac{\delta_1 \, (\delta_2 - 1)^3}{\delta_2 \, (\delta_1 - 1)^3}.$$

Beispielsweise für Bleiglanz $\delta_1 = 7{\cdot}5$ und Quarz $\delta_2 = 2{\cdot}6$ gesetzt, ist

$$G_2 = 23{\cdot}24 \; G_1$$

d. h. das absolute Gewicht der Quarzkugel ist 23·24mal grösser, als jenes der mit ihr gleichfälligen Bleiglanzkugel.

Da nun die Masse stets proportional dem Gewichte ist und beide Körper die gleiche Maximalgeschwindigkeit erreichen, so kann man sagen, dass nach Erreichung der letzteren die Quarzkugel 23·24mal mehr Wirkung für ihre lebendige Kraft consumirt hat, als die gleichfällige Bleiglanzkugel zu demselben Zwecke benöthigte, und dies ist die Ursache, weshalb die erstere anfänglich, d. i. so lange die Bewegung beschleunigt erfolgt, sich langsamer bewegt.

Nach Erreichung der Maximalgeschwindigkeit wird die Bewegung gleichförmig; die lebendigen Kräfte bleiben constant und beide Körper bewegen sich fortan mit ganz gleicher Geschwindigkeit.

Je grösser die Körper und die Unterschiede ihrer specifischen Gewichte sind, desto grösser ist der numerische Unterschied ihrer lebendigen Kräfte und somit auch die Grösse der consumirten Wirkung, welche sich durch die Wegdifferenz äussert, wie dies auch aus der Tabelle zu ersehen ist.

Es ist wohl der Beweis kaum nöthig, dass die Trägheit der Massen schon durch Zugrundelegung der Fundamentalgleichung der theoretischen Mechanik: dass nämlich die Beschleunigungen den Kräften proportional sind, vollständig in den vorstehenden und nachfolgenden Bewegungsgesetzen berücksichtigt sei.

Derselbe ist indessen sehr einfach folgends zu führen, ohne dass das wegen dem variablen Widerstand schwieriger anwendbare Princip der Thätigkeit der Kräfte zu Hilfe genommen werden müsste.

Die beschleunigende Kraft K beim Falle fester Körper vom Gewichte k im ruhenden Wasser ist nach dem Vorausgelassenen

$$K = k \left(1 - \frac{1}{\delta}\right) - \alpha_3 \, v^2. \, f$$ und für kugelförmige Körper

$$K = \pi \, d^2 \left(\frac{\gamma}{6} \, d \, (\delta - 1) - \frac{\alpha_3}{4} . \, v^2\right).$$

Da nun für 2 gleichfällige Körper $d\,(\delta - 1)$ gleich ist, so ersieht man, dass K für kleine Geschwindigkeiten v desto grösser sei, je grösser d, d. i. je specifisch leichter der Körper ist. Es ist also die beschleunigende Kraft unter gleichfälligen Körpern für den specifisch leichteren anfänglich grösser, und dennoch findet man für denselben langsamere Bewegung, eben weil er wegen der Trägheit seiner grösseren Masse mehr Kraft consumirt.

Führt man in obere Gleichung jene (67) v. Rittinger's $v = \sqrt{\frac{2\,\gamma}{3\,\alpha_3} \, d\,(\delta - 1)}$ für die Maximalgeschwindigkeit ein, so findet man in allen Fällen die beschleunigende Kraft $K = o$, eben weil nach Erreichung dieser Geschwindigkeit die Bewegung gleichförmig wird.

(Fortsetzung folgt.)

Aus Wieliczka.

Seit den letzteingelaufenen Nachrichten arbeitet die 250pferdekräftige Maschine am Elisabeth-Schacht viel besser und der Gang derselben war selbst bei 3 Hub in der Minute ruhig und ohne Erschütterung der Pumpengerüste, welche Anfangs bemerkt worden war. Doch wird, um allfällig wiederkehrende Störungen zu begegnen, eine Abänderung in der Steuerung hergestellt werden.

Ausser ein paar unwesentlichen Auswechselungen und Nachbesserungen an den Ventilen der oberen Druckpumpe und des Dampfanlassventils kamen keine Stillstände vor, so dass die grosse Maschine an 3 Tagen der letztabgelaufenen Woche, 26. April bis einschliesslich 2. Mai, volle 24 Stunden, an 2 Tagen 21 ½ und 22 Stunden, an einem Tage 19 und an einem Tage 12 Stunden in Thätigkeit war.

Bei den kleinen Pumpen am Franz Joseph-Schacht, welche seit Mitte Januar im Gange sind, waren durch Senken der Pumpensätze (wegen des stetig fallenden Wasserspiegels), Auswechseln eines Ventilkastens, Reparaturen am Knierohr und Piston mehrere Unterbrechungen.

Der Wasserstand ist in jener Woche um 36 ½ Zoll gefallen und wurde am 2. Mai Morgens mit 2°, 2′, 5 ½″ gemessen.

Kleinere aber zeitraubendere Reparaturen an verschiedenen Bestandtheilen der Maschine und der Pumpen bewirkten am 3., 4. und 5. Mai eine geringere Leistung, so dass verhältnissmässig im Ganzen das Wasser in geringerer Masse gefallen ist (3 ½ Zoll in 3 Tagen) und am Morgen des 5. Mai 2°, 2′, 2″ über dem Horizont „Ham Oesterreich“ stand. Das Albrecht-Abteufen bewegt sich in der 21. Klafter. Sonst ist Betrieb und Förderung im normalen Gange.

Die Verwerthung der Hohofenschlacke zu Mörtelbereitung.

(Auszug aus „Ueber die Verwendung der Hohofenschlacken zu baulichen und anderen Zwecken“, Zeitschrift des Vereins deutscher Ingenieure.)

Anstatt des Sandes zur Mörtelbereitung verwendet bietet granulirte Hohofenschlacke den grossen Vortheil, dass man zur Herstellung eines gut bindenden Mörtels viel weniger Kalk nöthig hat, als wenn man Sand verwendet.

Die meisten Hohofenschlacken, wenigstens alle diejenigen, welche ein gewisses Verhältniss der Basen Thonerde, Kalkerde etc. zur Kieselsäure enthalten, werden durch Säuren ganz aufgelöst, die Kieselsäure wird in gelatinösem Zustande ausgeschieden. Dasselbe beobachtet man bei der gleichen Behandlung des Cementes; die Hohofenschlacken enthalten die Kieselsäure in gleichem Zustande wie der Trass und Cement. In diesem Zustande ist dieselbe sehr geneigt, neue chemische Verbindungen einzugehen.

Die Kieselsäure des Sandes oder Quarzes geht nach sehr langer Zeit auch eine solche Verbindung ein mit dem Kalke, dem er bei der Mörtelbereitung beigemischt wird; der hauptsächlichste Grund der Erhärtung des Sandmörtels ist die Erhärtung des Kalkes durch Aufnahme von Kohlensäure.

Diese Aufnahme findet nur von Aussen nach Innen allmälig und sehr langsam statt, so dass man in der ersten Zeit immer nur eine Masse mit harter Schale und weichem, nicht erhärtetem Kern hat, die nur geringe Festigkeit gewährt.

Nimmt man zur Mörtelbereitung Hohofenschlacke von gewisser Zusammensetzung, so wirkt auf diese auch der beigemischte kaustische Kalk ein und bildet dabei eine chemische Verbindung, wie das auch beim Trass und Cement der Fall ist, welche ebenfalls Kieselsäure in aufgeschlossenem Zustande enthalten.

Die Erhärtung eines Mörtels aus Hohofenschlacke und Kalk wird also bewirkt:

1. durch Bildung von kohlensauerem Kalk, wie bei gewöhnlichem Mörtel,

2. durch Bildung von chemischen Verbindungen zwischen der Kieselerde, der Schlacke und dem beigemengten Kalk.

Diese Verbindung wird durch wiederholte Einwirkung von Wasser und Luft begünstigt.

Während also beim gewöhnlichen Mörtel der Sand oder Kies nur dazu dient, um dem Kalke eine grössere Oberfläche bei der Bildung von kohlensaurem Kalke darzubieten und erst nach langer Zeit eine chemische Verbindung zwischen Kalk und Sand stattfindet, ist die Hohofenschlacke wie der Trass im Stande, rascher als der Sand eine feste Verbindung mit dem Kalk einzugehen: man braucht deshalb um einen guten Mörtel zu bereiten weniger Kalk, oder, was dasselbe ist, man hat zu einem bestimmten Quantum Kalk mehr Schlacke zu nehmen und hat ausserdem einen Mörtel, welcher auch im Innern, wie Trass- und Cementmörtel, erhärtet ist.

Wird die granulirte Schlacke fein gemahlen, so qualificirt sie sich noch bedeutend besser zur Mörtelbereitung und ist dann ein vollständiger Ersatz für Trass und kann besonders auch sehr gut zum Verputzen verwendet werden. — Als Beweis hiefür diene das Ergebniss einer durch eine Commission Sachverständiger vorgenommenen Untersuchung.

Auf Veranlassung des Director Langen auf Friedrich-Wilhelmshütte waren am 17. October 1861 im Beisein und unter Controle des Bauunternehmers Homberg eine Anzahl Mörtelproben aus verschiedenen Materialien, behufs genauer Untersuchung der erzielten Festigkeit, gefertigt worden. Diese Materialien bestanden: 1. aus frisch gebranntem Ruppichterrother Kalk, 2. aus frisch angelieferten rheinischen Trass, 3. aus gewöhnlichem scharfen Mauersande, 4. aus granulirter Schlacke, Körner in Linsengrösse, 5. aus derselben, aber fein gemahlen, 6. aus Portlandcement des Bonner Bergwerks- und Hüttenvereins.

Jene Materialien waren in verschiedenen Mischungsverhältnissen zu Mörtel angemacht, sämmtlich in genau gleichen Holzkästchen zu Würfeln von 0.130 m. Quadrat bei 0.065 m. Höhe geformt und unter Aufsicht des Hrn. Homberg zur Hälfte einem Erhärten in der Luft, zur Hälfte dem Erhärten in nassem Erdreich ausgesetzt worden.

Am 12. März 1862 wurde eine Untersuchung der verschiedenen Proben und ihrer Festigkeit vorgenommen.

Man schritt zuerst zu einer Untersuchung der Mörtelstücke, um deren äusserlich erkennbare Härte zu vergleichen, und ging darnach zur Constatirung der rückwirkenden Festigkeit durch Zerdrückungsproben über, zu welchem Zwecke eine für ähnliche Versuche gebaute Hebelpresse benutzt wurde. Die zur Erzeugung des Druckes zu belastende Waageschale wurde langsam fortschreitend belastet, so dass die einzelnen Stücke längere Zeit den Druck aushalten mussten und deren Zerstörungsmoment mit Genauigkeit beobachtet werden konnte.

Vergleich der 7 an der Luft erhärteten Mörtelproben:

Nr.	Mischungsverhältniss	Ergebniss der äusseren Besichtigung und Härteuntersuchung	Ergebniss der Zerdrückungsprobe, es erfolgt die Zertrümmerung bei einer Belastung von Pfunden
1	1 Kalk, 2 scharfer Mauersand	Die Probe war wie gewöhnlich. Mauermörtel erhärtet	1.980
11	1 Kalk, $1\frac{1}{2}$ rhein. Trass, $1\frac{1}{2}$ Mauersand	Merklich fester wie Nr. 1	7·380
3	1 Kalk, 3 feiner Schlackensand	Erhebl. härter wie Nr. 1 und 11 von feinem Gefüge	17·820
7	1 Kalk, 5 feiner Schlackensand	Noch härter als Nr. 3, von gleich feinem Gefüge	32·400
10	1 Kalk, 2 feiner, $1\frac{1}{2}$ grob. Schlackensand	Noch härt. als Nr. 7, Gefüge weniger fein, die Anwend. gröb. Sand deutlich erkennbar	21·420
13	1 Kalk, $1\frac{1}{2}$ feiner, $1\frac{1}{2}$ grob. Schlackensand	Noch ein geringes härter als Nr. 10, Gef. wie bei Nr. 10	15·080
5	Reiner Portlandcement ohne Sand und Kalk	Am härtesten	41·400
Vergleich der 5 in der Nässe erhärteten Mörtelproben.			
12	1 Kalk, $\frac{1}{2}$ rh. Trass $1\frac{1}{2}$ Mauersand	Am wenigsten feste der 5 Proben	5·600
4	1 Kalk, 3 feiner Schlackensand	Merklich härter wie Nr. 12, feines dichtes Gefüge	11·700
14	1 Kalk, $1\frac{1}{2}$ feiner und $1\frac{1}{2}$ grober Schlackensand	Härter als Nr. 4, weniger feines Gefüge	11·580
8	1 Kalk, 5 feiner Schlackensand	Härter wie Nr. 14, feines dichtes Gefüge	25·200
6	Reiner Portlandcement ohne Sand und Kalk	Am härtesten	42·800

Aus vorstehenden Resultaten geht hervor, dass präparirte Hohofenschlacke sowohl für Luft- wie Wasserbauten ein äusserst schätzbares Material bietet, welches bei sehr geringem Kalkzusatze einen aussergewöhnlich festen Mörtel liefert und, in dieser Hinsicht zwischen dem rheinischen Trass und Cement stehend, dem Ersteren erheblich vorzuziehen ist.

Die Mischungen 7 und 8, 1 Theil Kalk und 5 Theile feinen Schlackensandes, hat sich in beiden Richtungen als die vorzüglichste bewährt, während für Luftmörtel ein Gemenge von feinerem und groberem Schlackensande (No. 10) schon sich sehr empfiehlt.

Das neue Material würde wegen seiner erheblichen Mehrleistung als der rheinische Trass, nicht nur diesen an Werth übersteigend, sondern auch bei gewöhnlichen Luftbauten wegen des in geringerem Masse erforderlichen Kalkzuschlages, also diesen zum Theile ersetzend, einen unverhältnissmässig höheren Werth repräsentiren, als der beste Sand.

Der fein gemahlene Schlackensand hat ganz das Ansehen des Cementes; er erhält, wie die Versuche überzeugten, dem Kalkbrei, selbst bei einem Zusatze von 5 Theilen dieses Sandes, eine auffallende Fette; er wird sich bei dem erzielten dichten, feinen Gefüge zu Verputzarbeiten besonders empfehlen, als Zusatz zu Cement vorzüglich eignen und bei der (im Vergleiche zu gewöhnlichem Mauersande) möglichen, sehr starken Beimengung die Cementbenutzung billiger machen und daher allgemeiner gestatten.

Literatur.

Az érczek előkészitésének elvei és gyakorlati szabályai (Principien und practische Regeln der Erzaufbereitung). Von Anton Péch, Sectionsrath im k. ung. Finanzministerium. Pest 1869.

Der Herr Verfasser constatirt selbst, nach dem Erscheinen des Rittinger'schen Lehrbuches der Aufbereitungskunde wenig mehr des Neuen bieten zu können, nachdem indessen der Beschluss: an der Schemnitzer königl. Bergakademie die Vorträge in ungarischer Sprache einzuführen, theilweise durchgeführt ist und demnächst völlig zur Thatsache werden soll, auch das sehr klar und bündig geschriebene Werk manchem Industriellen in Ungarn leichter benützbar werden dürfte, so ist der Entschluss: die bereits früher beabsichtigte Herausgabe des Werkes nicht zu sistiren, nur zu billigen.

Der Herr Verfasser trennt und behandelt die einzelnen Aufbereitungsarbeiten der Reihe nach wie sie in der Praxis erfolgen, in das Waschen, Zerkleinern, Sortiren und Concentriren, worauf schliesslich noch das Projectiren von Aufbereitungsanlagen und der Bau von Wasserrädern folgt.

Das Werk enthält bei aller Bündigkeit des Textes doch alles in Betreff des gegenwärtigen Standes der Erzaufbereitung Wissenswertheste und sind auch zahlreiche Daten aus den neueren Jahrgängen der „Erfahrungen" aufgenommen, sowie die im Auslande beliebten stetig wirkenden Setzsiebe mit geneigten Sieben gleichfalls nicht fehlen.

Die auf 24 Tafeln beigeschlossenen Zeichnungen sind sämmtliche nach entsprechenden Massstäben sehr deutlich ausgeführt, welche verhältnissmässig reichliche Beigabe wesentlich eine nachtheillose Kürze des Textes gefördert hat.

Nachdem die Nationalisirung des Montanwesens in Ungarn ein Ziel geworden ist, so können wir schliesslich im wohlverstandenen Interesse desselben nur den Wunsch aussprechen, dass sich die ungarische montanistische Fachliteratur auch in den anderen Berufszweigen recht bald in gleich entsprechender Weise bereichern möge.

E. J.

Notizen.

Saline Kalusz. Telegramme vom 5. und 6. Mai meldeten, dass das im vorigen Jahre erst vollendete aus Holz erbaute Sudhaus der Saline Kalusz in Galizien nebst Magazin und Nebengebäude ein Raub der Flammen geworden ist. Näheres wird auf schriftlichem Wege erwartet. Der Sturm war an jenem Tage heftig. Die Wohngebäude sollen unversehrt sein. Wir werden das Weitere nach Eintreffen detaillirter Nachrichten in nächster Nummer mittheilen.

Kolbenstangen aus Bessemerstahl bei Dampfhämmern. Die Kolbenstangen von bedeutendem Durchmesser nach System Daelen, welche mit dem Hammerkopfe aus einem Stück bestehen, wurden bisher meist aus Gusseisen hergestellt. Die unvermeidlichen schiefen Stösse indessen wirken so verderblich, dass in Folge der häufigen Brüche jede beträchtliche Schmiede genöthigt ist, Reserve-Kolbenstangen zu besitzen. Abgesehen von den hieraus entstehenden bedeutenden Kosten ist die durch Auswechselung der gebrochenen Kolbenstangen hervorgerufene Störung im Betriebe so bedeutend, dass man lieber Schmiedeeisen anstatt Gusseisen nahm; die grosse Weichheit des ersteren lässt jedoch noch Manches zu wünschen übrig. Es lag deshalb nahe, das Schmiede-Eisen durch den im Preise nicht sehr verschiedenen Bessemerstahl zu ersetzen. Versuche in dieser Art fielen in der That so befriedigend aus, dass man nunmehr von kleineren Stangen mit 5½"*) Durchmesser und darunter zu grösseren übergeht. Die eben in Ausführung begriffene Kolbenstange eines 40 Centner schweren doppeltwirkenden Hammers (System Daelen) besteht mit dem Kolben und Kopfe aus einem Stücke Der Durchmesser des Kolbens beträgt 21", der Stange 11"; der Kopf misst 22¼" Breite, 17½" Dicke bei 15¼" Höhe. Die Länge des ganzen Stückes beträgt 6' 5". Die Hammerbahn wird auf gewöhnliche Art mittelst Schwalbenschwanz und Keil im Kopfe befestigt. Es ist klar, dass die Mehrkosten der Anschaffung gegenüber dem Gusseisen sehr bald gedeckt sind, indem nach allen bisherigen Erfahrungen voraussichtlich die Brüche, welche sich sonst im Jahre mehrere Male wiederholten, vollständig vermieden sind. (Praktischer Maschinen-Constructeur.)

*) Wiener Maass und Gewicht.

Diese Zeitschrift erscheint wöchentlich einen Bogen stark mit den nöthigen artistischen Beigaben. Der Pränumerati[onspreis] ist jährlich loco Wien 8 fl. ö. W. oder 5 Thlr. 10 Ngr. Mit franco Postversendung 8 fl. 80 kr. ö. W. Die Jahresabon[nenten] erhalten einen officiellen Bericht über die Erfahrungen im berg- und hüttenmännischen Maschinen-, Bau- und Aufbereitun[gswesen] sammt Atlas als Gratisbeilage. Inserate finden gegen 8 kr. ö. W. oder 1½ Ngr. die gespaltene Nonpareillezeile Au[fnahme]. Zuschriften jeder Art können nur franco angenommen werden.

Druck von Carl Fromme in Wien. Für den Verlag verantwortlich Carl [...]

№ 20. XVII. Jahrgang.

Oesterreichische Zeitschrift

für

Berg- und Hüttenwesen.

1869. 17. Mai.

Verantwortlicher Redacteur: Dr. Otto Freiherr von Hingenau, k. k. Ministerialrath im Finanzministerium.

Verlag der G. J. Manz'schen Buchhandlung (Kohlmarkt 7) in Wien.

Resultate über die Mitanwendung und alleinige Verwendung unverkohlten Holzes beim Betriebe der ärarialen Eisenhochöfen in Rohnitz.

Es braucht wohl nicht erst hervorgehoben zu werden, weil es eben zur Genüge bekannt und allgemein anerkannt ist, dass die vom k. k. Ministerialrathe Ritter von Tunner in den betreffenden Fachzeitschriften seit Decennien unablässig veröffentlichten Abhandlungen und anregenden Aufsätze über jeden ferrotechnischen und öconomischen Fortschritt, somit auch über die vortheilhafte Anwendung unverkohlten Holzes bei den Eisenhochöfen den wirksamsten Impuls zur Verfolgung dieses Gegenstandes zweifellos gaben und noch geben.

Der in dieser geehrten Zeitschrift Nr. 15 vom Jahre 1861 bekannt gemachte diesbezügliche **Hieflauer Versuch** und unter anderen auch einige im Jahre 1852 bis 1853 in **Reschitza** abgeführten Schmelzproben über Verwendung der Steinkohle anstatt Holzkohle veranlassten mich für den „Bericht über die zweite allgemeine 1861er Versammlung der Berg- und Hüttenmänner zu Wien" (pag. 114 und 119) eine Programmskizze für die hier beabsichtigte Einführung der **theilweisen Holzaufgichtung** einzusenden.

Es wurde damals erwähnt, dass bereits Versuche mit gemischter Anwendung von Holz und Kohle und Mitverschmelzung von eigenthümlich granulirter Frischschlacke bei den **alten** Rohnitzer Schmelzöfen in der Absicht vorgenommen wurden, um einige diesbezügliche locale Erfahrungen vorläufig zu sammeln, welche als Fingerzeig geeignet wären, bei der anzulassenden **neuen** Schmelzhütte zur weiteren Entwicklung derselben in Anwendung zu treten.

Auch wurde gesagt, dass diese Einführungen im Drange der Noth wegen Bedeckung der hiesigen ausgesetzten Raffinirwerke mit genügendem Roheisen ohne zu [illegible]r, sondern nur mit opportuner Inanspruchnahme des schwankenden Roheisenmarktes zum Durchbruche [illegible]en müssten, wenn es gelingen sollte, eine billige und vermehrte eigene Rohproduction, trotz der in öconomischer und qualitativer Beziehung grossen Ungunst des Rohnitzer Erzbezuges, zu erzielen.

Nachdem die zu diesem unverrückbar verfolgten Ziele nothwendigen, in dem erwähnten Berichte (pag. 116 und 118), dann in den „Erfahrungen" (pag. 37 von 1861 und vom Jahre 1863 pag. 34) etc. beschriebenen Vorbereitungen: als Gichtgas-Apparat, Holzspaltmaschine, Darröfen, Schlackengranulation etc. getroffen waren, wurde in dem neu hergestellten, im Jahre 1862 angelassenen Schmelzwerke zerkleinertes, gedarrtes Triftholz in Mengen von 3, 5, 10, 15 etc. Procenten des Kohlensatzes mit steter Rücksichtnahme auf die Wahrung des normalen Schmelzganges und nur nach Zulass desselben, daher **mit Vermeidung eigentlicher Versuchsauslagen** nach und nach mitaufgegichtet.

Während nun die Lendkohlung in demselben Verhältnisse restringirt und endlich ganz eingestellt werden konnte; gelangte man allmälig, freilich oft nach langen Pausen unter Beibehaltung eines und desselben procentuellen Mischungsgrades von Holz und Kohle, zu dem anfänglich nicht vorgesetzten Ziele: **beide Oefen mit unverkohltem Holze** seit dem Beginne des Jahres 1866 u. s. f. **ausschliesslich** zu betreiben.

Um die Betriebsresultate der gesammten Schmelzperiode vom Jahre 1862 bis inclusive 1868 bei den Hochöfen I und II mit beziehungsweisen 331 und 231 Betriebswochen, in welchen der Brennstoff entweder als Kohle allein oder als Kohle und Holz (in den verschiedensten Verhältnissen gemischt) oder nur als Holz aufgegichtet wurde, vergleichend überschauen zu können: wird im Folgenden der relative Brennstoffaufwand per Centner Roheisen nicht nach dem Volumen, sondern nach dem erfahrungsgemässen Kohlengewichte angegeben.

Bei einer Gesammtverschmelzung von:

581.657 Wr. Ctr.		grössttheilig Ankeriten, armen Spath- und Brauneisensteinen,
371.832	„	granulirter Puddel- und Schweissofen-Schlacke,
296.917	„	kalk- u. bittererdehältigen Zuschlägen,
1,250.406 Wr. Ctr.;		

bei einer Brennstoffaufgichtung von:
4,981.974 räuml. Cubikfussen weicher Kohle inclusive 10 Proc. Einrieb, und
4,709.899 massiv. Cubikfussen Tannen- und Fichtenholz;
mit einer Production von:
294.760·16 Ctr. vorwaltend grauen Frischroheisen und
71.699·86 „ Gusswaaren: Maschinentheile, Poterie, Hüttengeräthe etc.
366.460·02 Ctr. ergaben sich bei einem Gattirungs- und Beschickungshalte von beziehungsweisen 38·45 und 29·30 Proc. per 100 Pfd. Frisch- und Gussroheisen:

a) bei alleiniger Wald- und Lendkohlenverwendung mit beziehungsweise 7 Pfd. und 6·17 Pfd. per Cubikfuss Kohle im grossen Durchschnitte inclusive 10 Proc. Einrieb . . . . 195·09 Pfd.

b) bei gemischtem Brennstoffe, und zwar:
13·58 räuml. Cubikfuss weiche Waldkohle à 7 Pfd. = 95·06 Pfd.
12·84 mass. Cub.' Triftholz à 31 Pfd., im Kohlengewichte
$\left(\frac{12·84 \times 31 \times 19·08}{100}\right) = 75·95$ Pfd.
171·01 Pfd.

c) bei der vom Jahre 1866 ab durch 121 Betriebswochen ohne Unterbrechung stattgefundenen, alleinigen Holzaufgichtung, und zwar:
α) für den erstern 25wöchentlichen Betrieb 28·66 mass. Cubikfuss, reducirt auf das Kohlgewicht
$\left(\frac{28·66 \times 31 \times 19·08}{100}\right)$ . . . 169·52 Pfd.
β) bei dem darauffolgenden und gegenwärtigen Holzbetriebe:
27·02 mass. Cubikfuss im Kohlgewichte ausgedrückt
$\left(\frac{27·02 \times 31 \times 19·08}{100}\right) =$ 159·82 Pfd.

Zur Erläuterung obiger Volums- und Gewichts-Reductionen und behufs Ermittlung der materiellen und pecuniellen Ersparung des Brennstoffes bei alleiniger Holzverwendung (*c* β) gegenüber der Kohlaufgichtung (*a*) wird aber Nachstehendes angeführt:

Es hat eine aus 5 Schuh langen Triftscheiten bestehende Klafter von 180 räumlichen = 120 massiven Cubikfussen = ... 37 Ctr. 27 Pfd. (lufttrocken gewogen) an Kohle im günstigen Falle . . . . 115·20 Cubikf. à 6·17 Pfd. gegeben, mithin dem Volumen nach 64%
nach Gewicht . . . . 19·08%;
während bei der Waldverkohlung das Ausbringen von Einer Normalklafter = 100 massiv. = 144 räuml. Cubikf. an Kohle 57·6 Cubikf. à 7 Pfd., also im Durchschnitte 40%
dem Volumen nach beträgt.

Der Preis der Wald- und Lendkohle mit den respectiven Gewichten von 7 und 6·17 Pfd. per Cubikfuss stellt sich dermalen (auf die Gewichtseinheit per Pfund bezogen) loco Hütte nahezu auf 0·81 kr.

Eine Klafter geschwemmter Holzkloben von 120 massiven Cubikfuss kostet loco Lendplatz . . . 4 fl. 68 kr.,
das Zuführen, Spalten, Trocknen etc. loco Hütte . . . . — „ 98 „
5 fl. 66 kr.;
mithin der Cubikfuss solide Holzmasse loco Gichtplatz = ... 4·720 kr.

Auf Grundlage dieser Daten beziffert sich bei dem Schmelzwerksbetriebe nach *c* β gegenüber jenem nach *a* per Centner Roheisen ein kleinerer Brennstoffaufwand mit (195·09—159·82 Pfd.) 35·27 Pfd. = 5·71 C.' Kohle = 8·9 C.' räumliche = 5·93 massive Cubikfuss Triftholz, was demnach einer sicheren Kohlersparung von 18 Proc. entspricht.

In pecunieller Beziehung resultirt per Centner Roheisen eine kleinere Auslage von . . . 30·49 kr.
weil 195·09 Pfd. Kohle à 0·81 kr. auf 1 fl. 58·02 „
während 27·02 solide Cubikfuss Holz à 4·720 kr. nur auf . . . . 1 „ 27·53 „
zu stehen kommen.

Nach den rechnungsmässigen Nachweisungen des vollen Jahres 1866, in welchem beide Hochöfen ohne Unterbrechung mit unverkohltem Holze unter gleichzeitiger Mitverschmelzung von 50 Proc. Puddel- und Schweissofenschlacke betrieben wurden, ergeben sich demnach folgende Selbstkosten per 100 Pfd. Holzroheisen, als:

1. Für das verw. Holz 1 fl. 27·53 kr., für die im Gegenstandsjahre gegen jetzt grösseren Holzaufbereitungskosten mit — fl. 09·15 kr.	1 fl.	36·68 kr.
2. für aufgebrachte Beschickung . .	— „	59·95 „
3. für den Verbrauch an Betriebsmaterialien	— „	06·46 „
4. für den Verbrauch an Gefällsmaterialien	— „	04·16 „
5. für Meister und Arbeiterlöhne etc.	— „	23·16 „
6. die Quote der Verwaltungsregie	— „	4·14 „
es kam somit 1 Ctr. Holzroheisen auf	2 fl.	34·55 kr.
zu stehen. Der relative Roheisenmarktpreis per Centner beträgt dermalen loco Rohnitz-Brezova	3 fl.	26 kr.

Bei der jährlichen Erzeugungsfähigkeit beider Hochöfen per Jahr mit circa 70.000 Ctr. Frisch- und Gussroheisen ergibt sich durch die alleinige Verwendung des rohen Holzes gegenüber der Lendkohle, aber auch gegenüber der Waldkohle, weil die gegenwärtigen Erkaufswerthe beider, auf die Gewichtseinheit bezogen, loco Hütte nahe gleich sind, eine jährliche Materialersparung von
$\left(\frac{70.000 \times 5·93}{120}\right)$ 34·60 Lendklafter Holz und eine jährliche geringere Auslage von (70.000 × 30·49 kr.) 21.300 fl.

Natürlich wird dieser Vortheil desto grösser, je höher der Kohlenpreis bei gleichbleibendem Holzpreise steigt

Der dermalige Kohlenpreis wird aber demnächst zweifellos gesteigert werden, weil die Forstverwaltung bei demselben gar keinen Nutzen erhält, wohl aber einen sicheren Gewinn bei dem an die Schmelzhütte verkauften Triftholze im bestehenden Preise stets gefunden hat und findet.

Wird ferner bei der eingangs angegebenen Gesammtproduction von 366.640 Ctr. Roheisen die unter *b* als gemischt angenommene Brennstoffverwendung gegenüber der alleinigen Kohlaufgichtung *a* mit Rücksicht auf das pecunielle Ergebniss combinirt, so stellt sich in jenem Falle eine kleinere Auslage von [(195·09—171·01) 0·81 × 366.640] 71.494 fl. heraus.

Bis zum Jahre 1867 bestand aber der Preis der Waldkohle loco Hütte per Pfund mit . . . 1·04 kr.,
mithin gegenüber dem dermaligen Waldkohlenpreise von . . . . 0·81 „
dem auch der frühere und gegenwärtige Lendkohlenpreis gleicht, um . . . . 0·23 kr.
höher. Somit hätte sich die Gestehung per Centner Roheisen bei der alleinigen Verwendung der Waldkohle mit diesem bestandenen Preise gegenüber der alleinigen Verwendung der Lendkohle
[(195·09 × 1·04) — (195·09 × 0·81)] um 44·87 kr.
gegenüber der blossen Holzaufgichtung
sogar mit [(195·09 × 1·04) — (27·02 × 4·720)] 75·36 „
per Centner Roheisen ungünstiger gestellt.

Bei der langen Dauer der vor dem Jahre 1867 für das Eisenhüttenwesen bestandenen Bedrängniss wäre die gänzliche Einstellung der hiesigen Frischroheisen-Production im Falle der alleinigen Kohlaufgichtung und bei der sonst sehr ungünstigen Erzbedeckung, indem grösstheilig mit Schiefer und Quarz gemengte Eisensteine zur Verschmelzung gelangen, umsomehr die nothwendige Folge gewesen, als man das Rohproduct vom Gömörer Roheisenmarkte fast um den Betrag der Waldkohlenkosten bei der eigenen Rohproduction per Centner Roheisen, nämlich um 2 fl. 5 kr. loco Rohnitz erkaufen konnte und factisch erkauft hat.

Zunächst war es daher diese Zwangslage, welche die hiesige Schmelzhütte bei dem unverhältnissmässig hohen Waldkohlenpreise gegenüber dem des Triftholzes zur ausschliesslichen Verwendung des unverkohlten Brennstoffes unter gleichzeitiger Mitverwerthung von granulirter Puddel- und Schweissofenschlacke mit aller Macht gedrängt hat!

Wenn wir uns auch die detaillirte Beschreibung der hier angewendeten Apparate zur Holzaufgichtung und die nähere Darstellung des Holzofenbetriebes selbst für einen nachträglichen Aufsatz vorbehalten, so glauben wir doch schon hierüber im Allgemeinen Nachstehendes mittheilen zu sollen:

Die beiden Hochöfen, deren rundes Rauhschachtgemäuer auf einem von 6 gusseisernen Säulen gestützten Tragkranze ruht, sind „Blauöfen" (mit geschlossener Brust und rückwärtigem Schlackenabstiche). Dieselben haben eine Höhe von 42 Fuss und am Bodenstein eine Weite von 3·75 Fuss, im Kohlensacke 12—13 Fuss und an der mit einem Deckel verschliessbaren Gicht 6 Fuss. Sie sind mit 4 geschlossenen Düsen und Formen à 26‴ Diam. versehen; die Pressung des auf 160—200 R.° erwärmten Windes beträgt 1·5 Zoll bis 2 Zoll Quecksilbersäule an den Düsen gemessen.

Der Apparat zur Auffangung und Ableitung der Gichtgase zu den Dampfkesseln, Lufterhitzungs-Apparaten und Darröfen ist eigenthümlich construirt und bildet zugleich den Gichtmantel. Derselbe besteht zunächst aus 7 verticalen, entsprechend um die Gicht vertheilten Röhren, welche auf einer die Gichtmündung einfassenden Rundplatte sitzen und mit dem Inneren des Ofens communiciren, um die Gase im Niveau der Gicht abfangen zu können.

Der die Gicht begrenzende Theil der Rundplatte hat zwei 3 Zoll hohe und 4 Zoll von einander entfernte Ansätze, welche die Liederungsrinne für den Gichtendeckel bilden. Der Gichtencylinder reicht 3 Fuss in den Ofen und verhindert einerseits das Eindringen der atmosphärischen Luft in den Gasapparat und bezweckt andererseits die Ansammlung der Gichtgase hinter der inneren Wand desselben, wodurch auf eine vom Aufgeben unabhängige Art trockene Gase abgeleitet werden, da die Wasserdämpfe, theils unter dem Gichtendeckel sich ansammelnd, durch die mit mulmigen Erzen bewirkte Liederung des Deckels mit dem Gichtencylinder sich verflüchtigen, theils bei dem durch das Aufgeben bedingte Heben des Deckels entweichen.

Auf den genannten Röhrensäulen ruht eine mit denselben communicirende, horizontale Gesimsröhre, welche einen mit Schuber verschliessbaren Röhrenansatz hat, an dem die zur Fortleitung der Gase bestimmte blecherne Röhre angebracht ist. Die Gesimsröhre hat, entsprechend den Säulenröhren, nach oben Röhrenvorsprünge, die mit blechernen Kapseln geschlossen sind.

Diese letzteren passen nur gerade so fest in die Röhrenansätze, als nothwendig ist, um die in dem Gasauffangungsapparat bestehende Spannung zu überwinden. Sie dienen als Putzthüren des Apparates, als Sicherheitsventile bei etwa vorkommenden Explosionen und vorzugsweise als Ableitung der häufig noch überschüssigen Gase in die Luft, während die Ableitungsröhren für die zu benützenden Gase sich vertical bis nahezu an die Sohle der Hütte, d. i. zum Verbrennungsraum auf 47 Fuss und horizontal bis auf 156 Fuss weit erstrecken.

Die gleichzeitig wirkende Holzschneid- und Spaltmaschine besteht im Wesentlichen aus einer oberen beweglichen, halbrunden und aus einer unteren fixen entsprechend gebogenen, ovalen Stahlschneide.

Das bewegliche Halbrundmesser lauft in einem Rahmen vertical auf und ab und wirkt auf das zwischen diesem und dem fixen Messer beliebig lang vorgeschobene Holzscheit nach Art einer verticalen Scheere.

Auch werden durch den ovalen rings um die Scheite allmälig wirkenden Schnitt die sonst zu heftigen Stösse vermieden. Die eigenthümliche Wirksamkeit dieser senkrecht oval ausgearbeiteten und horizontal im Halbkreise gebogenen Schneid- und Spaltmesser ist Ursache, dass die aus oft mehr als 12 Zoll dicken Viertelkloben beliebig lang, gewöhnlich 3 bis 6 Zoll, erzeugten Holzklötzchen mehrfach der Länge nach zerspalten, mehr zerklüftet und gebrochen, als scharf geschnitten werden.

Dieselben bieten demnach mehr Oberfläche zur Verdampfung der Feuchtigkeit in dem Darrofen und sonach auch eine schnellere Vorbereitung und Verkohlung im Hochofen, als die mit Säge und Hacke zerkleinerten Holzstücke, dar.

Der Gedinglohn beträgt für das Zerkleinern und Trocknen einer Lendklafter von 180 räuml. Cubikf. nach Massgabe der Arbeiter-Concurrenz 32 bis 40 kr., während das Schneiden und Spalten einer Lendklafter mit Säge und Hacke im Durchschnitte 95 kr. ohne Darren kostet. Die Spaltmaschine zerkleinert Tag und Nacht bei 30—40 Lendklafter Holz.

Das mit Spaltmaschine zerkleinerte Holz wird unmittelbar in die Holzwägen (gewöhnliche Kohl-Kippwägen) geworfen, welche ganz von Eisen mit durchbrochenen Wänden und möglichst leicht construirt, einen Fassungsraum von 20 Cubikfuss haben. Ebenso werden diese gefüllten Wägen unmittelbar von der Spaltmaschine weg in die Darröfen geschoben und von diesen ohne Umladen, was namentlich beim Holzmateriale des Kostenpunktes wegen möglichst anzustreben ist, auf die Gicht gebracht.

Der Holzdarrofen, ganz feuersicher gebaut, besteht aus 4 nebeneinander befindlichen Abtheilungen, deren jede 8 Klafter lang, 4·5 Fuss breit und 5 Fuss hoch ist. Sie werden mit den Hochofengasen geheizt und sind mit einer Treppenrostfeuerung versehen, um vor dem Anzünden der Gase alle Räume vorzuwärmen und auch das Anzünden derselben nach jeder Gichtung zur Vermeidung von Explosionen zu erleichtern.

Die Darrung geschieht durch Vereinigung der beiden Haupt-Darrmethoden: der sogenannten „Strahlungstrocknung" und „Rauchdarrung".

Die Flamme theilt sich (bei der Austragthür) für jede Darrofen-Abtheilung in einem gemauerten Längenkanal unter der Kammersohle und geht bis zum entgegengesetzten Ende, d. i. dem Eingange in die Kammer; von da durch Querkanäle beiderseits in die hohlen Seitenmauern wieder zurück; sodann werden diese Verbrennungsproducte am Gewölbe bei der Austragthür in die unmittelbare Berührung mit dem zu trocknenden Holze gebracht, um schliesslich mit den flüchtig gewordenen Wasserdämpfen durch einen bei der Füllthür in der Sohle des Ofens angebrachten regulirbaren Schlitz in die Esse zu entweichen.

Die Kammersohle und die darauf liegende Eisenbahn hat eine Neigung von 3 Proc., damit die darauf stehenden Wägen vorrollen können. Das Holz kommt in Wägen, wie oben erwähnt, unmittelbar von der Spaltmaschine in die Kammer, passirt nach und nach den Darrraum durch successives Zuführen desselben in immer heisseren und trockeneren Zonen und wird mit demselben Wagen auf die Gicht und in den Hochofen gebracht.

Eine solche Darrofenabtheilung fasst bei 12 Wägen à 20 Fuss, daher die 4 Abtheilungen . . 48 „
wovon sich aber in dem Darrofen gleichzeitig nur . . . . 30 „
die andern in der Bewegung zur und von der Gicht und bei der Spaltmaschine in der Füllung befinden.

Da der Verbrauch beim alleinigen Holzbetriebe beider Hochöfen per Stunde durchschnittlich 18 Wägen beträgt, so verweilt das Holz längstens 1·6 Stunden im Darrraume. Der Wasserverlust des vor einem Jahre gefällten und geschwemmten Holzes kann daher nur gegen 8 Proc. angenommen werden.

Nach den hierortigen Erfahrungen, wie solche dermalen vorliegen, unterscheidet sich der praktische Betrieb dieser Hochöfen mit theilweiser oder alleiniger Holzaufgichtung gegenüber der blossen Kohlenverwendung im Wesentlichen gar nicht.

Nur wird in jenem Falle die schwierige Reinigung der Gasleitungsröhren von den Destillationsproducten häufiger erfordert, als beim Kohlenbetriebe von dem mitgerissenen Kohlenstaube und Gichtensande.

Das Anlassen eines neu zugestellten Ofens wird wohl mit Kohle vorgenommen, welche aber schon nach den ersten Tagen des Betriebes durch Holz anstandslos ersetzt werden kann, wenn der Ersatz der erfahrungsgemässen Tragfähigkeit der Kohle zum Holze entsprechend geregelt und wenn, was vorzugsweise zu beachten ist, der Holzsatz um circa 60 Proc. des gewöhnlichen Kohlensatzes dem Volum nach vergrössert, wenn weiters die Windtemperatur möglichst erhöht und die Pressung des Windes um 10—20 Proc. verstärkt wird.

(Schluss folgt.)

Beitrag zur Theorie des Siebsetzens.

Von Egid. Jarolimek, k. k. Pochwerks-Inspector in Příbram.

(Fortsetzung.)

2. Bewegung fester Körper im vertical aufsteigenden Wasserstrom.

Der durch die Kurbelbewegung erzeugte Wasserstrom erfolgt zwar mit variabler, d. i von Null an zunehmender, dann wieder bis Null abnehmender Geschwindigkeit, doch kann man die Bewegungsgesetze fester Körper in einem solchen Strome wohl schwer entwickeln und dürfte die Betrachtug eines constanten Stromes für unsere Zwecke genügen.

Für diesen Fall hat v. Rittinger die Gleichung für den Weg (108) mit

$$s = \frac{(A\,C + 1)}{A} \cdot t - \frac{1}{A\,B}\,log.\,nat.\,\frac{(A\,C + 1)\,e^{2Bt} - (A\,C - 1)}{2}$$

bestimmt, wo alle Grössen die bereits früher angegebenen Bedeutungen besitzen, C aber die Stromgeschwindigkeit bezeichnet.

Man ersieht, dass bei entsprechend hoher Stromgeschwindigkeit C die Gleichung positive Werthe gibt und dann erhält man die Wege für

a) das Steigen der festen Körper im aufsteigenden Strom.

Ist hingegen C klein, so überwiegt das zweite negative Glied, die berechneten Wege werden negativ und gelten

b) für den Niederfall fester Körper in dem gleichen Strom.

Die nachfolgende Tabelle III enthält nun einige numerische Beispiele für beide Fälle, und zwar wieder für kugelförmige, gleichfällige und gleich grosse, dann unregelmässige extreme Körper von Kornclassen der Siebscala $q = \sqrt{2}$.

[illegible] Wasserstrom.

a) Steigen fester Körper im vertical aufsteigenden Wasserstrom.

Kugelförmige Körper $C = 1^m$.

Nr.	Bezeichnung des Körpers	[illegible]	[illegible] Millim.	[illegible]	[illegible]	[illegible]	[illegible]	[illegible]	[illegible]	[illegible]	[illegible]	[illegible]	[illegible]	[illegible]	[illegible]	1/2	1	Entfernung der Position	[illegible]	[illegible]	[illegible]	[illegible]	[illegible]	1/50	1/40	1/30	1/20	1/10	1/8	1/4	1/2	1
1	Bleiglanz	7·5	4·0	18	23	29	37	49	69	108	174	349	1046	1445	3596	7975	16760	—	—	—	—	—	—	—	—	—	—	—	—	—	—	—
2	Gleichfällige Zinkblende	4·1	8·38709	15	20	25	32	44	61	92	155	317	975	1359	3470	7845	16617	1—2	—3	—3	—4	—5	—5	—8	—11	—19	—32	—71	—86	—126	—130	—143
3	Gleichfällige Quarz	2·6	16·25	13	16	21	27	36	50	77	131	272	868	1228	3273	7631	16401	1—3	—5	—7	—8	—10	—13	—19	—26	—43	—77	—178	—217	—323	—344	—359
4	Gleich grosse Zinkblende	4·1	4·0	67	82	102	129	170	237	349	568	1090	2993	4025	9363	20126	41650	1—4	49	59	73	92	121	168	246	394	741	1947	2580	5767	12151	24890
5	Gleich grosse Quarz	2·6	4·0	122	148	182	231	300	409	593	938	1730	4471	5916	13283	28072	57650	1—5	104	125	153	194	251	340	490	764	1381	3425	4471	9687	20079	40890

Extreme unregelmässige Körper der Siebscala $q = \sqrt{2}$, $C = 1^m$.

Nr.	Bezeichnung des Körpers																															
6	Kleinste platte Bleiglanz	7·5	16	88	108	134	170	224	307	449	719	1349	3565	4748	10738	22777	46856	—	—	—	—	—	—	—	—	—	—	—	—	—	—	—
7	Gröbste rundliche Zinkblende	4·1		38	45	57	73	97	137	204	338	671	1955	2677	6507	14306	29916	6—7	—50	—63	—77	—97	—127	—170	—245	—381	—678	—1610	—2071	—4231	—8471	—16940

b) Fall fester Körper im vertical aufsteigenden Wasserstrom.

Kugelförmige Körper $C = 0{\cdot}25^m$.

Nr.	Bezeichnung des Körpers																															
8	Bleiglanz	7·5	4·0	38	46	59	77	102	147	227	394	842	2845	4071	10960	25292	54013	—	—	—	—	—	—	—	—	—	—	—	—	—	—	—
9	Gleichfällige Zinkblende	4·1	8·38709	36	40	52	68	90	130	200	347	750	2596	3757	10489	24793	53512	8—9	2	6	7	9	12	17	27	47	92	249	314	471	499	501
10	Gleichfällige Quarz	2·6	16·25	28	33	42	55	73	104	162	284	601	2224	3271	9690	23898	52614	8—10	10	13	17	22	29	43	65	110	241	621	800	1270	1394	1399
11	Gleich grosse Zinkblende	4·1	4·0	29	35	45	57	77	110	169	287	598	1880	2620	6551	14534	30502	8—11	9	11	14	20	25	37	58	107	244	965	1451	4409	10758	23511
12	Gleich grosse Quarz	2·6	4·0	17	21	27	35	47	66	100	168	342	1020	1397	3363	7322	15244	8—12	21	23	32	42	55	81	127	226	500	1825	2674	7597	17970	38769

Extreme unregelmässige Körper der Siebscala $q = \sqrt{2}$, $C = 0{\cdot}4^m$.

Nr.	Bezeichnung des Körpers																															
13	Kleinste platte Bleiglanz	7·5	16	19	24	29	37	50	69	106	176	352	1023	1393	3297	7129	14799	—	—	—	—	—	—	—	—	—	—	—	—	—	—	—
14	Gröbste rundliche Zinkblende	4·1		23	29	36	47	63	89	130	235	492	1572	2213	5705	12890	27280	13—14	—4	—5	—7	—10	—13	—20	—24	—59	—140	—549	—820	—2408	—5761	—12481

Bei zunächstiger Betrachtung des Aufsteigens gleichfälliger kugelförmiger Körper findet man, dass der specifisch schwerere anfänglich, und zwar durch verhältnissmässig längere Zeiträume rascher gehoben werde, als der specifisch leichtere.

Dieser Satz steht in directem Widerspruch mit jenem, welchen von Sparre mit so grossem Nachdruck nach v. d. Borne wiedergibt, und es ist also wohl nothwendig, seine Giltigkeit auch allgemein zu beweisen.

Dies lässt sich am einfachsten aus der Rittinger'schen Gleichung (100) für die Zeit

$$t = \frac{1}{2B} \, log. \, nat. \left(\frac{1 + A\,(C - v)}{1 - A\,(C - v)} \cdot \frac{1 - A\,C}{1 + A\,C}\right)$$

erzielen.

A ist hier nämlich der reciproce Werth der Maximal-Fallgeschwindigkeit beim Fall im ruhenden Wasser und ist somit für gleichfällige Körper constant, ebenso C für einen gegebenen Strom.

Es wird also von zwei gleichfälligen Körpern derjenige in kleinerer Zeit t, d. i. desto rascher eine gewisse Geschwindigkeit v im aufsteigenden Strom erreichen, für den der Werth B grösser ist.

Nun ist nach (104)

$$B = \frac{g\,(\delta - 1)}{\delta} \cdot A$$

also zwischen gleichfälligen Körpern desto grösser, je grösser δ, d. i. das specifische Gewicht des Körpers ist, was eben zu beweisen war.

v. Sparre behauptet das Gegentheil nach von dem Borne, welcher letztere in der Zeitschrift für das Berg-, Hütten- und Salinenwesen im preussischen Staate, 4. Band, Berlin 1857, Abtheilung »Abhandlungen« Seite 227 in die Gleichung

$$\alpha\beta = \frac{g}{p} \sqrt{\frac{c}{D}\,(p - 1)} \quad . \; . \; . \; . \; (1)$$

für gleichfällige Körper

$$D\,(p - 1) = D_1\,(p_1 - 1) = \lambda^2$$

einführt, und zu dem Schlusse kommt

$$\alpha\beta = \frac{g}{\lambda} \frac{1}{\sqrt{p}} \left(1 - \frac{1}{p}\right) \quad . \; . \; . \; . \; (2)$$

worin g die Beschleunigung der Schwere, $D\,D_1$ die Durchmesser, $p\,p_1$ die specifischen Gewichte der kugelförmig gedachten Körper und

$$c = \frac{f \cdot a}{\gamma\,a}$$

für eine bestimmte Körperform eine constante Grösse bedeutet.

So ist für kugelförmige Körper eine $a = \frac{\pi}{4}$ und $b = \frac{\pi}{6}$ und f ein Erfahrungscoëfficient (nach Eytelwein mit 0·838 erwähnt), während für Metermass $\gamma = 1000$ Kil. das Gewicht einer Cubikeinheit Wasser bedeutet.

Setzt man nun Gleichung (1) gleich (2), die eben im Falle richtiger Ableitung gleich sein sollen, so erhält man sogleich für λ den Werth

$$\lambda = \sqrt{D\,(p - 1)}$$

substituirt

$$\frac{g}{p} \sqrt{\frac{c}{D}\,(p - 1)} = \frac{g}{\sqrt{D\,(p - 1)}} \cdot \frac{1}{\sqrt{p}} \left(1 - \frac{1}{p}\right)$$

oder

$$\frac{(p - 1)}{p} \sqrt{c} = \frac{1}{\sqrt{p}} \left(1 - \frac{1}{p}\right)$$

und

$$\sqrt{c} = \frac{1}{\sqrt{p}}.$$

Quadrirt und den Werth für kugelförmige Körper eingesetzt, erhält man

$$p = \frac{1}{c} = \frac{1}{0{\cdot}0015\,f},$$

d. h. das specifische Gewicht eines kugelförmigen Körpers abhängig von einem Erfahrungscoëfficienten!

Richtiger hätte die Gleichung folgends entwickelt werden sollen.

Dividirt und multiplicirt man zugleich

$$\alpha\beta = \frac{g}{p} \sqrt{\frac{c}{D}\,(p - 1)} \text{ mit } \lambda = \sqrt{D\,(p - 1)}, \text{ so erhält man}$$

$$\alpha\beta = \frac{g\,(p - 1)}{\lambda\,p} \cdot \sqrt{c} = \frac{g}{\lambda} \left(1 - \frac{1}{p}\right) \sqrt{c}.$$

Es wird also $\alpha\,\beta$ für gleichfällige Körper (gleiches λ) desto grösser, je grösser p ist, während von dem Borne nach der oberen unrichtigen Gleichung (2) das Gegentheil behauptet und somit auch bezüglich der anfänglichen Bewegung solcher Körper den umgekehrten Schluss zieht.

Wenn also von Sparre Jahre verfliessen lässt, um sodann mit einer geharnischten Kritik aufzutreten und mit besonderem Nachdruck hervorzuheben, wie wicht[ig] der von dem Borne'sche, von Rittinger nicht acceptirt[e] eben besprochene Grundsatz für die Aufbereitung sei, [so] wäre man eher versucht, es als unverantwortlich zu b[e]zeichnen, wenn v. Sparre sich unter solchen Umständ[en] nicht einmal die Mühe nahm, die von dem Borne'sc[he] Deduction in der oben gegebenen, so höchst einfach[en] Weise zu berichtigen, sondern eben, auf die Autori[tät] Anderer selbst bauend, einen unrichtigen Satz von vor[n] herein als wahr annahm.

Hätte v. Sparre, als er die anfänglichen Wegdi[ffe]renzen für gleichfällige Körper fand, nur der Ursa[che] derselben, d. i. der Trägheit der Masse nachgefors[cht], so hätte er auch ohne jede Rechnung die Unrichtig[keit] des von dem Borne'schen Satzes erkennen müssen.

Denn von zwei gleichfälligen Körpern hat, [wie] bereits dargethan, der specifisch leichtere m[ehr] Masse, er ist also bei der Annahme der Beweg[ung] nicht nur den Wirkungen der Schwerkraft, s[on]dern auch jenen eines jeden beliebigen Stro[mes] gegenüber träger, als der weniger Masse [be]sitzende specifisch schwerere Körper.

Bei weiterer Beurtheilung der vorstehenden Ta[belle] ersieht man, dass von zwei gleich grossen kuge[lför]migen Körpern der specifisch schwerere ungl[eich] langsamer aufsteigt als der specifisch leicht[ere], weil sich eben hier der Widerstand der grösseren Sc[hwer]kraft und die grössere Trägheit des nunmehr i[n]...

Masse überwiegenderen specifisch schwereren Körpers summiren.

Von den extremen Körpern einer Kornclasse der oftbenannten Siebscala bewegt sich aber, aus den hier gegen gleichfällige Körner noch verstärkten Ursachen, der specifisch schwerere Bleiglanz rascher als die specifisch leichtere Zinkblende.

Ein constanter und starker aufsteigender Wasserstrom, in welchem die festen Körper zum Aufsteigen gelangen, ist also zur Separation im gebräuchlichen Sinne (d. i. nach abwärts) nur für sehr gut classirte Gefälle günstig, für schlecht classirte oder gleichfällige Vorräthe aber ungünstig.

Es wäre indessen sehr gefehlt, wollte man die besprochene Bewegung fester Körper im constanten aufsteigenden Strom und für blos diese eine Bewegungsrichtung der letzteren auf die Siebsetzarbeit anwenden.

Bei der Maschinen-Setzarbeit ist nämlich, wie bereits erwähnt, ein Strom von variabler, und zwar anfangs zunehmender, später abnehmender Geschwindigkeit vorhanden.

In den Strom von abnehmender Geschwindigkeit treten die Körner somit mit einer höheren Anfangsgeschwindigkeit und bis zu ihrer Umkehr, d. i. bis zum Beginne ihres Niederfalles, muss ihre für die Aufwärtsbewegung angenommene lebendige Kraft wieder völlig consumirt sein.

Die massigeren Körner also, die im zunehmenden Strom die Bewegung langsamer annahmen, da sie mehr Kraft für ihre lebendige Kraft consumirten, werden dieselbe somit im abnehmenden Strom um den gleichen Betrag wieder langsamer verlieren oder mit anderen Worten: der Einfluss der Massen hebt sich im Verlaufe des ganzen Aufstieges, d. i. vom Anfange der Aufwärtsbewegung bis zur Umkehr oder von der Geschwindigkeit Null wieder bis zu Null, gänzlich auf.

Ganz ähnliche Verhältnisse treten auf, wenn der constante aufsteigende Strom (am Stauchsieb) plötzlich unterbrochen wird, indem die in der Aufwärtsbewegung begriffenen festen Körper diese Bewegung bis zur Aufzehrung ihrer lebendigen Kräfte fortsetzen.

Von zwei gleich grossen Körpern verschiedenen specifischen Gewichtes wird also im vertical aufsteigenden Wasserstrom der specifisch leichtere höher gehoben, zwei gleichfällige Korper steigen gleich hoch und von zwei extremen Körnern wird das vermöge der Maximal-Fallgeschwindigkeit raschere weniger gehoben.

Betrachtet man fernerhin den in der Tabelle III dargestellten zweiten Fall, wo nämlich die festen Körper in einem schwächeren aufsteigenden Strom niedersinken, so findet man, dass ein solcher Niederfall gleichfälliger Körner zwar der Separation günstig, jedoch weniger günstig als beim Fall im ruhenden Wasser ist, dagegen gestaltet sich der Fall gleich grosser Körper günstiger, jener der extremen unregelmässigen Körner, wenigstens für die berechnete Stromgeschwindigkeit und kürzeste Fallzeit, aber ganz ungünstig.

Auch diese Resultate sind ganz erklärlich, wenn man die Verhältnisse der Massen in Rücksicht zieht und bedenkt, dass sich der Fall fester Körper im aufsteigenden Wasserstrom immer mehr jenem im ruhenden Wasser nähert, je kleiner die Stromgeschwindigkeit ist.

Im Allgemeinen wird man also den Grundsatz aufstellen können: der verticale, aufsteigende Wasserstrom ist für die Separation gut classirter Gefälle günstig, für jene gleichfälliger Körper nahe oder ganz indifferent, für jene extremer Körper aber nicht günstig.

Zwar ist es richtig, dass bei Hebung und Durchbrechung des Setzgutes der centrale verticale Wasserstoss nach aufwärts auf die Theilchen wenigstens allgemein nicht einwirke, indem beim Durchbrechen der Schichte das Wasser gleichsam nur durch enge Kanäle passire und die Körner vielfach auch seitlich treffe, dies ist indessen im stärksten Masse eben nur beim Durchbrechen des Vorrathes der Fall und ist die Wirkung, sobald den einzelnen Körnen die freie Beweglichkeit zukommt, eine wenigstens annähernd gleiche, während sich andere Vorgänge kaum in Rechnung ziehen lassen.

(Fortsetzung folgt.)

Aus Wieliczka.

In der Woche vom 3. bis 9. Mai einschliesslich fiel der Wasserstand um 20 Zoll im Ganzen, und zwar von 22°, 3', 4" am 3. Mai Früh auf 22°, 2', 4 1/2" am Morgen des 9. Mai. Doch war in dieser Woche eine Reparatur eines gesprungenen Knierohres an der Franz Josephs-Pumpe und eine Ventilkastenreparatur am zweiten Satze der Elisabeth-Kunst vorgekommen, während welcher der Wasserstand am 5. Mai etwas gestiegen und am 6. stationär geblieben war.

Inzwischen waren die bestellten, in ihrer Construction verbesserten Ventilkasten aus Blansko angelangt und wurde mit deren Auswechselung anstatt der beiden nicht vollkommen entsprechenden Ventilkasten begonnen, was wegen des mittlerweiligen Stillstandes der Pumpen am 10. Mai ein geringeres Fallen (nur um 1") und am 11. und 12. selbst ein Steigen des Wasserstandes zur Folge hatte (+ 6 und + 5 1/2").

Am 12. Mai Morgens wurde der Wasserstand mit 22°, 3', 3" über dem Tiefsten oder 2°, 1', 8" über Horizont »Haus Oesterreich« gemessen.

Das Albrecht-Gesenk hatte am 12. Mai die Tiefe von 2°, 5' erreicht, stets noch in salzigen Thonen.

Erzeugung und Förderung gehen ungestört fort. Die Salzgewinnung hat im Monat April 114.510 Ctr. betragen, von denen 108.256 Ctr. zu Tage gefördert worden sind.

In Kalusz

ist bezüglich des am 5. stattgehabten Brandes constatirt, dass derselbe die aus Holz construirte Sudhütte nebst dem ärarischen Salzmagazin, dann das sogenannte alte Pfannhaus (jetzt der Kalifabrik gehörend) und Bauvorräthe ober Tage zerstört hat. Im Sudhause war seit 29. April nicht mehr Feuer gemacht worden und die Pfanne stand seit jenem Tage kalt. Es ist daher der Verdacht der Brandlegung naheliegend und die Untersuchung im Gange. In dem Magazin ist nicht alles Salz zerstört, sondern es dürfte ein Theil desselben gerettet sein, da nicht alle Abtheilungen des Magazins von der Flamme gelitten haben.

Entwurf allgemeiner Bergpolizei-Vorschriften.

(Fortsetzung.*)

IX. Grubenkarten.

§. 90.

Das allgemeine Berggesetz bestimmt, wann die Grubenkarten anzulegen und wie sie nachzutragen sind.

Grubenkarten über die mit Tagbauen betriebenen Bergbaue sind in jedem Kalenderjahre einmal nachzutragen.

§. 91.

Die Grubenkarten sind anzulegen in dem Massstabe: Ein Wiener Zoll gleich 10 Klaftern, oder Ein Millimetre gleich Einem Metre; das ist in dem Verhältnisse von 1:720 bei Anwendung des Wiener Masses und in dem Verhältnisse von 1 : 1000 bei Anwendung des metrischen Masses.

§. 92.

Taggebäude, Teiche, Klärsümpfe, Eisenbahnen, Strassen, Wege und alle Gegenstände der Tagessituation, auf deren Erhaltung beim Grubenbetriebe Rücksicht genommen werden muss, ebenso die Grenzen der zur Erhaltung dieser Gegenstände festgestellten Sicherheitspfeiler sind auf die Grubenkarten sogleich aufzutragen.

§. 93.

Wird auf einer Grube der Betrieb eingestellt, so muss vorher die vollständige Nachtragung der Grubenkarte erfolgen.

Ebenso sind alle einzelnen unterirdischen Baue, bevor sie durch den Abbau oder auf andere Weise unfahrbar werden, vollständig zu Risse zu bringen.

(Schluss folgt.)

Amtliche Mittheilung.

Montanverwaltung.

Auflösung der k. k. provisorischen Direction der vereinigten Staats-Domäne Zbirow in Přibram. Mit Genehmigung des Finanzministeriums vom 28. Februar 1869, Z. 40615, übergehen von nun an alle für das k. k. Aerar noch durchzuführenden Amtsgeschäfte bezüglich der verkauften Staats-Domänen: Zbirow, Točnik, Miröschau und Wosek, dann der mitverkauften Aerarial-Eisenwerke Franzensthal, Holoubkau, Straschitz und Dobřiw, an die k. k. Bergdirection in Přibram, und ist die bestandene k. k. provisorische Direction der vereinten Staats-Domäne Zbirow in Přibram zugleich als vollständig aufgelöst anzusehen (Z. 12519, ddo. 29. April 1869).

*) Vergleiche Nr. 15 und 16.

ANKÜNDIGUNGEN.

Diese Zeitschrift erscheint wöchentlich einen Bogen stark mit den nöthigen artistischen Beigaben. Der Pränumerationspr ist jährlich loco Wien 8 fl. ö. W. oder 5 Thlr. 10 Ngr. Mit franco Postversendung 8 fl. 80 kr. ö. W. Die Jahresabonnent erhalten einen officiellen Bericht über die Erfahrungen im berg- und hüttenmännischen Maschinen-, Bau- und Aufbereitungswe sammt Atlas als Gratisbeilage. Inserate finden gegen 8 kr. ö. W. oder 1½ Ngr. die gespaltene Nonpareillezeile Aufnah Zuschriften jeder Art können nur franco angenommen werden.

Druck von Carl Fromme in Wien. Für den Verlag verantwortlich Carl Rege

№ 21. XVII. Jahrgang.

Oesterreichische Zeitschrift für Berg- und Hüttenwesen

1869. 24. Mai.

Verantwortlicher Redacteur: Dr. Otto Freiherr von Hingenau,
k. k. Ministerialrath im Finanzministerium.

Verlag der G. J. Manz'schen Buchhandlung (Kohlmarkt 7) in Wien.

Die Berathungen im Ackerbauministerium über die Reform der Bergbehörden und des bergmännischen Unterrichtes.

Ueber diese Gegenstände fanden in den letzten Tagen des Monates April Berathungen unter dem Vorsitze theils des Ackerbauministers, theils des Sectionschefs Freiherrn v. Weis statt.

Diesen Berathungen wurden die Mitglieder des Reichsrathes v. Mayr, v. Stark, Lohninger, Dr. Stamm, dann der Generalbergbau-Inspector Freiherr v. Beust nebst den beiden Bergwesensreferenten des Ackerbauministeriums zugezogen. Ausserdem wohnten der Berathung, welche die Bergbehörden betraf, Ministerial-Rath Freih. v. Hingenau, die Bergbaudirectoren Wala aus Kladno und Hillinger aus Klagenfurt und die Berghauptmänner Hübl und Kronig, dann der Berathung, welche den bergmännischen Unterricht betraf, Ministerialrath v. Rittinger, die Directoren der Bergakademie Tunner und Grimm, der Director der geologischen Reichsanstalt v. Hauer, Universitätsprofessor Suess, die Professoren des polytechnischen Institutes Jenny und v. Grimburg und der Director der Innerberger Gewerkschaft Prohaska bei. Wir sind in der Lage, über diese Berathungen Nachstehendes mitzutheilen:

In Betreff des bergbehördlichen Organismus wurde allgemein zugegeben, dass die politischen Landesbehörden, welche seit nunmehr 15 Jahren provisorisch als Oberbergbehörden fungiren, dieser Aufgabe nicht entsprechen können und dass überhaupt nach der Natur der bergbehördlichen Geschäfte ein dreigliederiger Instanzenzug nicht zu den Nothwendigkeiten gehöre, wenn den übrigbleibenden zwei Instanzen eine solche Organisation gegeben werde, dass sich eine richtige und objective Handhabung des Gesetzes erwarten lasse. Dies führte dahin, den Bergbehörden schon in erster Instanz eine collegiale Verfassung zu geben. Da aber die collegiale Behandlung durchaus nicht bei allen Geschäften der Bergbehörden nothwendig oder auch nur zweckmässig wäre, da insbesondere diese Geschäfte theils juridischer, theils volkswirthschaftlich-technischer Natur sind, so führte dies weiter dahin, eine gewisse Arbeitstheilung einzuführen. Es sollen hienach die genau festgestellten wichtigeren Gegenstände, namentlich die Verleihungs- und Streitsachen und überhaupt die Geschäfte von vorwiegend juridischer Natur vier collegial organisirten Berghauptmannschaften in Prag, Krakau, Leoben und Klagenfurt übertragen und für die übrigen Geschäfte, namentlich die Schurfsachen, die Ueberwachung des Bergbaues, die Mitwirkung bei der Besteuerung desselben, die behufs der weiteren Entscheidung nöthigen Erhebungen, Revierbeamte in den Mittelpunkten einer intensiveren Bergbauthätigkeit exponirt werden.

Die Revierbeamten werden durch die stete Berührung mit dem Bergbau sich jenen praktischen Sinn und jenes technische Wissen bewahren können, welche der volkswirthschaftlich-technische Theil ihrer Aufgabe erheischt. Gegen die in ihrem Wirkungskreise liegenden Verfügungen würde der Recurs nur an die Berghauptmannschaft und gegen Entscheidungen, welche die Berghauptmannschaft in zweiter Instanz gefällt hat, ein weiterer Recurs nicht zulässig sein. Ein nach diesen Grundsätzen im Ackerbauministerium ausgearbeiteter Organisirungsentwurf hat die allgemeine Billigung der Versammlung erhalten. Nur in Betreff der Ueberwachung des Bergbaues sind von zwei Seiten Bedenken ausgesprochen worden, welche durch einen vor einiger Zeit zur Begutachtung hinausgegebenen Entwurf einer allgemeinen Bergpolizeivorschrift veranlasst worden sind. Dieser zwar über Anregung, aber ohne jede weitere Beeinflussung des Ackerbauministeriums verfasste Entwurf steht übrigens mit der Organisirung der Bergbehörden in keinem Zusammenhang, und der Umstand, dass derselbe vor allen zur Begutachtung an die Bergwerksinteressenten hinausgegeben wurde, zeigt wohl, dass die Furcht vor Bevormundung und schädlicher Einmischung nicht begründet ist.

In Betreff der Reform des bergmännischen Unterrichtes wurde allgemein anerkannt, dass eine statt der gegenwärtig bestehenden zwei Bergakademien in Leoben und Příbram dem vorhandenen Bedürfnisse vollkommen entsprechen und dass es durch Concentrirung der zu Gebote stehenden Mittel und Kräfte auf eine Schule möglich sein werde, Vollkommeneres zu leisten als bisher. Weiter wurde mit überwiegender Majorität anerkannt, dass die aus der Situirung der Bergakademien in Bergorten entstehende Absonderung geeignet sei, den intellectuellen Fortschritt zu beeinträchtigen, dass nicht die praktische, sondern die höchste wissenschaftliche Ausbildung Zweck der Bergakademien sei, dass der hiezu nöthige Anschauungsunterricht die Verlegung derselben in die Stätten des Betriebes nicht nothwendig mache, sondern auch in anderer Weise beschafft werden könne, und dass daher der höchste bergmännische Unterricht in die Mittelpunkte des wissenschaftlichen und geschäftlichen Lebens verlegt werden solle, wie dies auch in Petersburg, Paris, Lüttich, London und Berlin geschehen sei.

Diese Gründe führten zu dem Majoritätsbeschlusse, dass der höchste bergmännische Unterricht nach Wien verlegt werden solle. Nun entstand die Frage, ob dieser Unterricht an einer für wissenschaftliche oder Lehrzwecke bereits bestehenden Anstalt ertheilt oder ob für denselben eine selbständige Lehranstalt errichtet werden solle. Gegen die Vereinigung mit der Universität wurde die in jenen Fächern, welche gemeinschaftlich wären, bereits jetzt stattfindende Ueberfüllung, gegen die Vereinigung mit der geologischen Reichsanstalt wurde geltend gemacht, dass dieselbe der ihr gestellten Aufgabe gemäss eine zu einseitige Richtung verfolge, um eine bergmännische Fachschule an sie anschliessen zu können. Es bildeten sich hierauf unter den anwesenden Experten zwei gleich starke Parteien, deren eine die Errichtung einer bergmännischen Fachschule an dem polytechnischen Institute, die andere die Errichtung einer selbständigen Berg-Akademie in Wien vertritt.

Für die erste Ansicht wurde geltend gemacht, dass die bergmännischen Studien überwiegend technischer Natur seien, dass für dasjenige, was daran abweichend ist, durch die Errichtung der speciellen Fachschule gesorgt werden könne, wie dies an den übrigen vier Fachschulen des Polytechnicums der Fall sei, dass der Unterricht am Polytechnicum nach gewissen feststehenden allgemeinen Grundsätzen eingerichtet sei, sonach geringeren Schwankungen ausgesetzt sein werde als an einer eigenen montanistischen Lehranstalt, dass die Vereinigung mit dem Polytechnicum aus mannigfachen Gründen weniger kosten werde, dass die wünschenswerthe allgemeine Wechselwirkung zwischen der allgemeinen Technik und den bergmännischen Fächern nur durch die Vereinigung mit dem Polytechnicum stattfinden werde.

Für die selbständige Bergakademie wurde geltend gemacht, dass das Bergwesen wie das Forstwesen von den allgemeinen Berufszweigen scharf gesondert sei, daher auch anderwärts für dasselbe selbständige Anstalten bestehen, während die übrigen technischen Fächer auch anderwärts vereinigt seien, dass die an polytechnischen Instituten herrschende rücksichtslose Verallgemeinerung dem bergmännischen Bedürfnisse nicht genügen werde, dass die beabsichtigte Concentrirung des bergmännischen Unterrichtes durch die Vereinigung mit dem Wiener Polytechnikum wieder verloren gehen würde, weil dann gewiss auch andere technische Anstalten in ähnlicher Weise nachfolgen wollten, dass es mit Rücksicht auf Zeitöconomie wünschenswerth sei, auch schon einige Vorbereitungsfächer speciell für das bergmännische Bedürfniss vorzutragen, dass aber, wenn dies geschehen, die Vereinigung mit der Technik keine wesentliche Ersparung hervorrufen werde, dass namentlich in Fächern, wo zum Vortrage noch einige Anschauung und praktische Verwendung hinzutreten muss, eine noch grössere Ueberfüllung, als sie schon gegenwärtig am Polytechnikum statthat, nur nachtheilig sein könnte, dass durch die Vereinigung mit dem Politechnikum die wünschenswerthe Ingerenz des Fachministers für Bergwesen wahrscheinlich verloren gehen würde, dass eine Wechselwirkung zwischen Technikern und Montanisten auch ohne Vereinigung stattfinden werde, wenn diese veranlasst würden, einige Gegenstände am Polytechnikum zu hören.

Die Frage, ob eine selbständige bergmännische Lehranstalt oder eine bergmännische Fachschule an dem Polytechnikum in Wien zu errichten wäre, ist hienach eine offene. Es scheint hierin eine Aufforderung für alle Jene, welche an der wissenschaftlichen bergmännischen Ausbildung und an dem Gedeihen des Bergbaues Interesse haben, zu liegen, sich mit dieser Frage zu beschäftigen und mit ihrer Ansicht hervorzutreten. Was die innere Einrichtung des Unterrichtes betrifft, so war diese nicht Gegenstand der Berathung, es wurde jedoch im Allgemeinen für das Princip der Lernfreiheit und der Einführung von Staatsprüfungen gestimmt.

Beitrag zur Theorie des Siebsetzens.

Von Egid. Jarolimek, k. k. Pochwerks-Inspector in Přibram.

(Fortsetzung.)

3. Fall fester Körper im vertical niedergehenden Wasserstrom.

Für diesen Fall wurden bislang die Bewegungsgesetze, meines Wissens, noch nicht entwickelt, und es soll dies also hier, selbstverständlich wieder für einen Strom von constanter Geschwindigkeit, geschehen.

Der Vorgang beim Fall fester Körper im niedergehenden Strom muss in zwei Theile gesondert werden.

Der erste: wo der fallende Körper die Stromgeschwindigkeit noch nicht erreicht hat. Hier wirkt die um den Auftrieb verminderte Schwerkraft und der Wasserstoss vereint im Sinne der Bewegung.

Der zweite: wo nach Annahme der Stromgeschwindigkeit der feste Körper dem Strome voreilt. Dieser zweite Vorgang findet ebenso statt, als ob der Körper im ruhenden Wasser fallen würde, denn es wirkt wie dort die um den Auftrieb verminderte Schwerkraft im Sinne der Bewegung, der Wasserstoss aber entgegengesetzt.

a) Der Fall fester Körper im vertical niedergehenden Wasserstrom bis zur Annahme der Stromgeschwindigkeit.

Bedeutet

k das absolute Gewicht,

v die Geschwindigkeit und

f den Querschnitt des fallenden Körpers, sowie

K die denselben bewegende Kraft, so ist bei sonst gleichen Bezeichnungen wie früher

$K = k\left(1 = \frac{1}{\delta}\right) + a_3 (C - v)^2 f$, wo

$k\left(1 - \frac{1}{\delta}\right)$ die um den Auftrieb verminderte Schwerkraft und

$a_3 (C - v)^2 f$ den Wasserstoss bezeichnet, weil der fallende Körper von der relativen Geschwindigkeit $C - v$ getroffen wird.

Nun gilt der Fundamentalsatz für die Beschleunigung der Bewegung

$$G = \frac{dv}{dt} = g . \frac{K}{k},$$

somit bei Substitution der Werthe

$$G = \frac{g}{k}\left(k\left(1 - \frac{1}{\delta}\right) + a_3 (C - v)^2 f\right) \text{ oder}$$

$$G = \frac{g}{\delta}\left((\delta - 1) + \frac{a_3 (C - v)^2 . \delta . f}{k}\right).$$

Für die Annahme kugelförmiger Körper ist

$$f = \frac{\pi d^2}{4}$$

und

$$k = \frac{4}{3}\left(\frac{d}{2}\right)^3 . \pi . \gamma . \delta,$$

somit

$$G = \frac{g(\delta - 1)}{\delta}\left(1 + \frac{3 a_3}{2 \gamma d (\delta - 1)} . (C - v)^2\right).$$

Setzt man wieder conform wie früher

$$\frac{3 a_3}{2 \gamma d (\delta - 1)} = A^2,$$

so ist

$$G = \frac{dv}{dt} = \frac{g(\delta - 1}{\delta} (1 + A^2 (C - v)^2)$$

oder

$$dt = \frac{\delta}{g(\delta - 1)} . \frac{dv}{1 + A^2 (C - v)^2}.$$

Wird

$$A (C - v) = x$$

so ist

$$dv = -\frac{dx}{A}$$

$$\frac{dv}{1 + A^2 (C - v)^2} = -\frac{dx}{A(1 + x^2)},$$

$$\frac{dv}{1 + A^2 (C - v)^2} = -\frac{1}{A}\int\frac{dx}{1 + x^2} = \frac{1}{A} \text{ arc. cotng. } x + \text{Const.}$$

In die Gleichung für dt substituirt, erhält man

$$t = \frac{\delta}{g(\delta - 1) A} . \text{ arc. cotang. } A (C - v) + \text{Const.}$$

Zur Bestimmung der Constanten bedenke man, dass $t = o$ auch $v = o$ ist, somit

$$\text{Const.} = -\frac{\delta}{g(\delta - 1) A} \text{ arc. cotang. } A C,$$

$$= \frac{\delta}{g(\delta - 1) . A}(\text{arc. cotang. } A (C - v) - \text{arc. cotang. } A C)$$

Gleichung für die Zeit.

Sucht man hingegen die Geschwindigkeit, so ist

$$\text{arc. cotang. } A (C - v) = \frac{g(\delta - 1) . A .}{\delta} t + \text{arc cotang. } A C$$

oder

$$A (C - v) = \text{Cotang.}\left(\frac{g(\delta - 1)}{\delta} . A t + \text{arc. cotang. } A C\right).$$

Setzt man wieder conform wie in den früheren Gleichungen

$$\frac{g(\delta - 1)}{\delta} . A = B$$

und weiterer Einfachheit zu lieb

$$\text{arc. cotang. } A C = D,$$

so ist

$$v = C - \frac{1}{A} \text{ Cotang } (Bt + D)$$

die Gleichung für die Geschwindigkeit.

Will man aus dieser Gleichung die Zeit finden, in welcher der fallende Körper im vertical niedergehenden Strom die Stromgeschwindigkeit erreicht, so ist

$$v = C$$

oder

$$-\frac{1}{A} \text{ Cotang. } (Bt + D) = 0$$

zu setzen.

Dieser Fall tritt aber für

$$Bt + D = 90^0 \text{ ein.}$$

Da man ursprünglich $Bt + D$ als Bogenlänge für den Radius 1 findet, so ist besser hier zu setzen

$$Bt + D = \frac{90^0 . 2\pi}{360^0} = 1 \cdot 5708$$

oder die gesuchte Zeit

$$t = \frac{1 \cdot 5708 - \text{arc. cotang. } A C}{B}$$

wenn man für D seinen Werth substituirt.

Will man ferner die Gleichung für den Weg im vertical niedergehenden Strom entwickeln, so ist

$$ds = v\, dt$$

zu setzen. Somit für v den Werth eingeführt

$$ds = C dt - \frac{1}{A} \zeta \text{ Cotang. } (Bt + D) \zeta dt$$

oder

$$ds = C . dt - \frac{1}{AB} \zeta \text{ Cotang. } (Bt + D) \zeta B dt.$$

Setzt man

$$Bt + D = x;$$

so ist

$$dx = B dt,$$

daher

$$\int \zeta \text{ Cotang } (Bt + D) \zeta B dt = \int \text{Cotang } x . dx = \log. \sin x + \text{Const.}$$

In die Gleichung für ds substituirt, erhält man

$$s = Ct - \frac{1}{AB} \log. \text{ nat. } \sin. (Bt = D) + \text{Const.}$$

Zur Bestimmung der Constanten bedenke man wieder, dass für $t = o$ auch $s = o$ ist, somit

$$\text{Const.} = \frac{1}{AB} \log. \text{ nat. } \sin. D$$

und

$$s = Ct - \frac{1}{AB}(\log. \text{ nat. } \sin. (Bt + D) - \log. \text{ nat. } \sin. D)$$

oder schliesslich

$$s = C.t - \frac{1}{AB} \log. nat. \frac{\sin. (Bt + D)}{\sin. D}$$

die Gleichung für den Weg.

Nach dieser Gleichung nun wurden die in der nachfolgenden Tabelle (IV)*) angeführten Wege für kugelförmige gleichfällige und gleich grosse, dann unregelmässige extreme nach der Siebscala $q = \sqrt{2}$ classirte Körper berechnet, wobei man sich im Sinne des Vorausgelassenen nur auf jene Zeiten beschränkte, innerhalb welcher der fallende Körper die Stromgeschwindigkeit noch nicht erreicht hat.

Aus der nachstehenden Tabelle IV ist vorerst ersichtlich, dass der niedergehende Strom die Separation gleichfälliger Körper anfänglich sehr begünstigt, indem der specifisch schwerere Körper sich rascher und zwar desto rascher dem specifisch leichteren gegenüber bewegt, je stärker der Wasserstrom ist.

Dies lässt sich übrigens auch allgemein aus der Gleichung für die Geschwindigkeit

$$v = C - \frac{1}{A}. cotang. (Bt + D)$$

schliessen.

Denn für gleichfällige Körper ist

$$D = arc. cotang. AC$$

bei gegebener Stromgeschwindigkeit constant, somit *cotang* $(Bt + D)$ um so kleiner oder v um so grösser, je grösser

$$B = \frac{g(\delta - 1)}{\delta}. A,$$

d. i. je grösser das specifische Gewicht des Körpers ist.

Von zwei gleich grossen Körpern fällt im niedergehenden starken Strom anfänglich der specifisch leichtere bedeutend rascher als der specifisch schwerere, im schwachen gleichgerichteten Strom findet zwar das Gegentheil statt, die Separationswirkung ist aber geringer als beim Fall im ruhenden Wasser.

Dieses im ersten Augenblick vielleicht überraschend erscheinende Resultat wird sogleich klar, wenn man wieder die Trägheit der Massen berücksichtigt.

Von zwei gleich grossen Körpern ist nämlich der specifisch schwerere träger; überwiegt also in einem starken Strom der Wasserstoss die Schwerkraft, so wird, da ohnehin die anfänglichen Wegdifferenzen zu Gunsten der specifisch schwereren Körper vermöge der Schwere gering sind, die erstere Kraft dadurch massgebend, dass der Strom den specifisch leichteren Körper von geringerer Masse ungleich rascher ergreift, als den massigeren schwereren. In schwachen Strömen hingegen nähert sich der Fall wieder mehr jenem im ruhenden Wasser.

Betrachtet man ferner die Wirkung des niedergehenden Wasserstromes auf extreme unregelmässige Körper der oftbezeichneten Kornclassen, so ersieht man, dass derselbe auf deren Separation günstig einwirkt, und zwar um so günstiger, je stärker derselbe ist.

Hat man somit gut classirte Vorräthe, so sollen dieselben in möglichst ruhigem Wasser fallen gelassen werden, während schlecht classirte Vorräthe, immer nur auf die anfängliche Bewegung reflectirt, einen günstigeren Erfolg im stärkeren Rückstrom gestatten.

Allerdings muss auch hier beachtet werden, dass der Niederfall der Körner am Maschinen-Setzsieb bei Annahme der gebräuchlichen Kurbelbewegung für den Pumpenkolben in einem Strom von variabler Geschwindigkeit erfolgt; nachdem derselbe indessen lange vor Beendigung des Kolbenlaufes vollendet ist, so erfolgt er blos in dem zunehmenden Strom, dessen günstige Separationswirkung für die extremen Körner also in stets steigendem Masse ausgenützt wird, da sie sich gleichsam stetig in der anfänglichen Bewegung dem Strome gegenüber befinden.

Vergleicht man ferner die Resultate für den niedergehenden Strom mit jenen für den aufsteigenden, so findet man sie — wie auch ganz natürlich — betreffs der anfänglichen Bewegung fester Körper gerade entgegengesetzt.

b) Fall fester Körper im vertical niedergehenden Wasserstrom nach Erreichung der Stromgeschwindigkeit.

Die weitere Bewegung fester Körper im niedergehenden Strom nach Erreichung der Stromgeschwindigkeit finde ich aus Anlass nachfolgender Betrachtung unnöthig, detaillirter zu berechnen.

Bei dieser Bewegung wirkt nämlich die um den Auftrieb verminderte Schwerkraft im Sinne derselben und dem Wasserstoss direct entgegengesetzt; man erhält somit die Beschleunigung

$$G = \frac{g(\delta - 1)}{\delta} (1 - A^2 (v - C)^2)$$

ganz conform mit v. Rittingers Gleichung (60) für den Fall fester Körper im ruhenden Wasser, nur dass hier statt v, selbstverständlich $v - C$, d. i. die relative Geschwindigkeit des Körpers im Strom angesetzt erscheint.

Man erhält also auch conform mit (66)

$$v - C = \frac{1}{A}. \frac{e^{2Bt} - 1}{e^{2Bt} + 1}$$

oder

$$v = C + \frac{1}{A}. \frac{e^{2Bt} - 1}{e^{2Bt} + 1}.$$

Die Bewegung des im niedergehenden Strom fallenden Körpers erfolgt also nach Erreichung der Stromgeschwindigkeit relativ, d. i. gegen den Strom voreilend, ganz so, wie der Fall im ruhenden Wasser, und man kann also allgemein sagen, dass der niedergehende Strom späterhin, d. h. nach Erreichung der Stromgeschwindigkeit von Seite des sinkenden Körpers, dem Fall im ruhenden Wasser gegenüber nur wie eine Ermässigung der Fallhöhe wirkt, indem die Differenzen der Wege für gleiche Zeiten dieselben bleiben wie im ersteren Fall, in einer und derselben Zeit aber in dem letzteren Falle desto grössere absolute Wege zurückgelegt werden, je stärker die Stromgeschwindigkeit ist.

Nachdem nun extreme Körner desto eher und sicherer geschieden werden können, je kleiner die Fallhöhen sind, so muss der niedergehende Strom auf die Trennung derselben auch aus dieser Rücksicht als günstig wirkend angesehen werden.

*) Siehe Seite 165.

Tabelle IV.

Gleichfälliger, gleich grosser und extremer Körper im vertical niedergehend

Post-Nr.	Gattung des Körpers	Dichte	Durchmesser oder Siebclasse Millim.	Zurückgelegter Weg in der Zeit von $^1/_{100}$	$^1/_{90}$	$^1/_{80}$	$^1/_{70}$	$^1/_{60}$	$^1/_{50}$	$^1/_{40}$	$^1/_{30}$	$^1/_{20}$	Zwischen des Posten Nr.	Differenz der Wege vertical abwärts gerechnet in der Zeit von $^1/_{100}$	$^1/_{90}$	$^1/_{80}$	$^1/_{70}$	$^1/_{60}$	$^1/_{50}$	$^1/_{40}$	$^1/_{30}$	$^1/_{20}$
				Secunden in hunderttausend Theilen des Meters.										Secunden in hunderttausend Theilen des Meters.								
	Kugelförmige Körper. Stromgeschwindigkeit $C = 1·0^m$.																					
1	Bleiglanz	7·5	4·0	98	120	150	194	259	364	552	934	1934	—	—	—	—	—	—	—	—	—	—
2	Gleichf. Zinkblende	4·1	8·38709	86	106	133	172	280	324	491	835	1738	1—2	12	14	17	22	29	40	61	99	196
3	„ Quarz . .	2·6	16·25	71	87	110	142	191	269	411	702	1475	1—3	27	33	40	52	68	95	141	232	459
4	Gleich gr. Zinkblende	4·1	4·0	133	161	201	257	341	473	702	1156	2290	1—4	— 35	— 41	— 51	— 63	— 82	— 109	150	— 222	— 356
5	„ „ Quarz . .	2·6	4·0	172	208	257	326	426	583	850	1363	2592	1—5	— 74	— 88	— 107	— 132	— 167	— 219	— 298	— 429	— 658
	Stromgeschwindigkeit $C = 0·25^m$.																					
6	Bleiglanz	7·5	4·0	46	56	70	92	126	179	279	—	—	—	—	—	—	—	—	—	—	—	—
7	Gleichf. Zinkblende	4·1	8·38709	39	49	61	80	110	157	244	—	—	6—7	7	7	9	12	16	22	35	—	—
8	„ Quarz . .	2·6	16·25	32	40	49	65	89	128	199	—	—	6—8	14	16	21	27	37	51	80	—	—
9	Gleich gr. Zinkblende	4·1	4·0	43	53	66	86	117	166	257	—	—	6—9	3	3	4	6	9	13	22	—	—
10	„ „ Quarz . .	2·6	4·4	39	49	60	79	106	151	236	—	—	6—10	7	7	10	13	20	28	43	—	—
	Extreme unregelmässige Körper classirt nach der Siebscala $q = \sqrt{2}$. Stromgeschwindigkeit $C = 0·64^m$.																					
11	Kleinste platte Bleiglanz	7·5	16	89	109	136	175	234	327	491	824	1686	—	—	—	—	—	—	—	—	—	—
12	Gröbste rundliche Zinkblende . . .	4·1		65	80	100	129	175	247	376	642	1354	11—12	24	29	36	46	59	80	115	182	322
	Stromgeschwindigkeit $C = 0·16^m$.																					
13	Kleinste platte Bleiglanz	7·5	16	45	56	70	90	123	—	—	—	—	—	—	—	—	—	—	—	—	—	—
14	Gröbste rundliche Zinkblende . . .	4·1		39	48	61	78	106	—	—	—	—	13—14	6	8	9	12	17	—	—	—	—

Für grosse Zeiten t kann näherungsweise geschrieben werden

$$v = C + \frac{1}{A},$$

d. h. der Körper eilt dem niedergehenden Strom gleichförmig mit einer Geschwindigkeit vor, welche der Maximal-Fallgeschwindigkeit im ruhenden Wasser gleich ist.

(Schluss folgt.)

Resultate über die Mitanwendung und alleinige Verwendung unverkohlten Holzes beim Betriebe der ärarialen Eisenhochöfen in Rohnitz.

(Fortsetzung und Schluss.)

Das Letztere ist um so nothwendiger, als die im Hochofen unter einem hohen Druck stattfindende Verkohlung viel dichtere Kohlen gegenüber jener der Meilerverkohlung beim Zutritte der atmosphärischen Luft erzeugt, wie man sich an den beim Schlackenabstiche diesbezüglich herausgezogenen Kohlen überzeugen kann.

Unter diesen Cautelen pflegt man hier von der Aufgichtung der Waldkohle, da die Lendkohle natürlich nicht mehr erzeugt wird, theilweise oder ganz zu jener des Holzes und umgekehrt, wie es gerade der grössere oder kleinere Vorrath oder der Mangel des einen oder anderen Brennstoffes erfordert, ohne Störung des Ofenganges zu übergehen.

Es ist daher ausser Zweifel, dass das unverkohlte Brennmaterial in Hochöfen von mindestens 1200 Cubikf. Rauminhalt und in welchen die Erze die Reductions-Kohlungs- und Schmelzzonen nicht unter 10 Stunden durchlaufen, nur mit Vortheil verwendet werden kann.

Diese Verwendung wird stets eine vortheilhafte und anstandslose sein, wenn das Holz im harmonischen Ineinandergreifen der Vorbereitung desselben vom Lendplatze bis zur Gicht billig und gut zerkleinert, getrocknet und aus den Darröfen noch warm in den Schmelzofen gegeben; wenn die Gicht, falls die Gase in tieferen Horizonten verwendet werden, geschlossen wird, um durch die sonst zu vehemente Hitze das „Gichten" nicht zu erschweren, und um die sonstigen Uebelstände einer offenen, zu heissen Gicht zu vermeiden.

Wenn nun Versuche: unverkohltes Holz in den Schachtöfen mit Nutzen zu verwenden, trotzdem, dass die ersten Anregungen hiezu schon aus der letzten Hälfte des vorigen Jahrhunderts datiren, an einigen Versuchs-Orten bis jetzt nicht gelungen sind, so glauben wir nach unseren diesfälligen Erfahrungen als Ursache anzugeben, dass man diese Proben in Oefen von zu kleinen Dimensionen und mit offener Gicht anstellte, dass die in der Regel zu kostspielige Aufbereitung des Holzes keine der groben Kohle annähernde Form und Dimension der Holzklötzchen gab, namentlich aber, dass der Holzsatz zu klein genommen wurde, wodurch bei dem bedeutenden Schwinden des Holzes das nachtheilige Vorrollen der Beschickung entstehen musste.

Bezüglich der sonst angegebenen Betriebsanstände („Scheerer's Metallurgie", Band II, pag. 181) und namentlich betreffend die als abschreckend häufig geschilderten Explosionen in den Schmelzöfen schon bei Mitverwendung des Holzes (*Ann. d. mines, 3ième série p. 167*), so kann hierüber nur gesagt werden, dass man in den hiesigen Schmelzöfen keine wahrgenommen hat.

Ganz unschädliche Detonationen fanden wohl und namentlich im Anfange des Betriebes in den Gasleitungen statt, wenn selbe undicht waren und während dem „Gichten" Luft einsaugten.

Obwohl man die durch Anwendung unverkohlten Holzes herbeigeführte Kohlersparniss bei den Rohnitzer Hochöfen bestimmt und ziffermässig nachzuweisen im Stande ist, so gibt der Holzbetrieb im Allgemeinen (für andere Hüttenwerke) kein vollständiges Bild von dem dadurch zu erreichenden grösseren oder kleineren öconomischen Vortheile, weil hierüber nur locale Verhältnisse entscheiden können.

Im Allgemeinen lassen sich die Vor- und Nachtheile der Holzaufgichtung gegenüber der Kohlverwendung so zusammenfassen, wie folgt:

1. Man erspart durch die Anwendung des Holzes und selbst der für die Verkohlung nicht geeigneten Holzabfälle: kleine Aeste, Wipfel, Späne etc., einen beträchtlichen Theil Kohle, welcher qualitativ und quantitativ desto mehr beträgt, je weniger und unqualitätmässiger die Ausbeute bei der Verkohlung derselben Holzart betragen hätte;

2. man erspart die Kosten der Verkohlung, welchen Process der Hochofen weit besser, als jede andere Verkohlungsart vollbringt, und beseitigt die unvermeidlichen Material-Verluste der Köhlerei;

3. die Holzverwendung gibt einen regelmässigen Ofengang und eine grosse Reinlichkeit im Gestelle, ohne die Dauer der Schmelzreihe zu beeinträchtigen, wie dies die fast 7jährige Campagne des hiesigen, grösstheilig mit gemischtem Brennstoffe und alleinigem Holze betriebenen Hochofens I constatirt hat;

4. die Holzaufgichtung befördert die Reductio[illegible] leicht, flüssiger, aber schwer reducirbarer Schmelzmate[illegible] alien, gleichwie die Zulässigkeit einer weit grösseren A[illegible] nahme der Frischschlacke in die Beschickung zur [illegible] zeugung des Gussroheisens, wie ja selbst die probewei[illegible] alleinige Schlackenverschmelzung mit blossem Holze [illegible] Genüge gezeigt hat.

Dagegen hat man zu tragen:

1. die Kosten der Zerkleinerung und Darr[illegible] des Holzes, welche (Kosten) übrigens nach den Rohni[illegible] Einrichtungen, wobei selbst der sonstige Abfall der S[illegible] späne vermieden wird, fast geringer sind als die der L[illegible] verkohlung;

2. den Mehrbetrag der Transportkosten, dad[illegible] veranlasst, dass man das Holz nach der Hütte sch[illegible] muss, während man früher nur die Kohlen dahin zu sch[illegible] brauchte.

Bei Schmelzhütten, welche die Lendkohlung ga[illegible] ihrer Nähe haben, kommt der letztere Umstand nat[illegible] wenig oder gar nicht in Betracht. Auch fällt zur La[illegible]

3. die häufigere Reinigung der Gasleit[illegible] röhren von den Destillationsproducten, welche Arbe[illegible]

so schwieriger wird, je tiefer die Gase von ihrem Auffangungspunkte und je weiter dieselben zu ihrer Verwendung fortgeleitet werden.

Dort, wo eine vollständige Ausnützung der vielen brennbaren Verkohlungsgase aus dem ausgegichteten Holze stattfinden kann und ebenso eine entsprechende Verwerthung des Holztheeres, der sich weit leichter als bei der Köhlerei gewinnen lässt, dürfte diese Reinigungs-Auslage compensirt werden.

Es ist übrigens die Beseitigung dieses, vor der Hand hier vorkommenden Anstandes nur eine Frage der Zeit.

Durch die Anwendung des im II. Bande, Seite 614 der „theoretisch-praktisch-analytischen Chemie" von Dr. Sh. Muspratt beschriebenen diesbezüglichen Apparates unter gleichzeitiger Condensation der in den Gasen enthaltenen Wasserdämpfe wird man diese Unbequemlichkeit sicher beseitigen und es werden die so leicht nebenbei gewinnbaren Destillationsproducte des Holzes einen besonderen Betriebszweig ohne Zweifel bilden.

Man ersieht nun aus dieser Zusammenstellung, dass der aus der Verwendung des unverkohlten Holzes hervorgehende öconomische Vortheil beim Schmelzbetriebe gegen jede in der Nähe eines Hüttenwerkes befindliche Lendkohlung entschieden spricht, sonst aber zum nicht geringen Theile von localen Holz-Bezugs- und Kosten-Verhältnissen bedingt wird, und dass derselbe daher auf verschiedenen Hüttenwerken sehr verschieden ausfallen kann.

Dieser Gewinn dürfte in einer nicht mehr fernen Zukunft die Anwendung vervollkommneter Communicationsmittel zur Aus- und Anfuhr des Holzes und der sonst werthlosen Holzabfälle zur Hütte besonders anregen.

Es ist eine für die Oeconomie des Hüttenhaushaltes im hohen Grade wichtige Aufgabe, das zur Disposition stehende, durch seine überwiegende Reinheit, gleichmässige Zusammensetzung, durch seinen äusserst geringen Aschengehalt sich auszeichnende Holz als solches bei den metallurgischen Processen so vollständig wie möglich zu benützen, weil es gilt, den Kampf der auf Benützung des vegetabilischen Brennstoffes angewiesenen Eisenhüttenwerke gegen die Hütten mit Steinkohlenbetrieb immer mehr zu bestehen.

Rohnitz, April 1869.

Martin Moschitz,
königl. ungar. Bergrath.

Entwurf allgemeiner Bergpolizei-Vorschriften.

(Schluss.)

XII. Aufbereitung.

§. 94.

Bergwerksbesitzer, welche zum Zwecke der Aufbereitung ihrer Erze oder Kohlen besondere Anstalten errichten, haben mindestens vier Wochen vor Eröffnung des Betriebes dieser Anstalten die Anzeige hierüber bei der Oberbergbehörde einzubringen. Dieser Anzeige ist eine kurze Beschreibung der Anstalt und der Oertlichkeit beizufügen.

§ 95.

Bei jeder Aufbereitungsanstalt müssen die benützten trüben Wässer entweder zur Aufbereitung wieder zurückgeführt, oder es müssen die zur Abwendung von Beschädigungen erforderlichen Abklärungsvorrichtungen, Klärsümpfe, Sand und Schlammfänge in hinreichender Zahl und Grösse angelegt werden.

§. 96.

Klärsümpfe und Teiche, Sand- und Schlammfänge müssen, ehe sie gefüllt sind, ausgeschlagen, Sand- und Schlammhalden aber gegen ein Fortführen durch Wind und Wasser mittelst Lehm- oder Rasenbedeckung, oder durch feste Dämme, Flecht- oder Krippwerk gesichert werden. Halden müssen in einer solchen Entfernung von Bächen und anderen natürlichen Wasserläufen angelegt werden, dass ein Abspühlen derselben auch bei Fluthzeiten nicht stattfinden kann.

XIII. Schlussbestimmungen.

§. 97.

Bei Arbeiten unter Tage dürfen weibliche Arbeiter nicht beschäftigt werden.

§. 98.

Arbeiter, welche in der Nähe umgehender Maschinentheile beschäftigt sind, dürfen während der Arbeit nur solche Kleidung tragen, deren Theile dem Körper enge anliegen.

§. 99.

Die von den Bergbehörden erlassenen bergpolizeilichen Verordnungen, welche mit der gegenwärtigen Bergpolizei-Vorschrift im Widerspruche stehen, werden aufgehoben.

§. 100.

Derjenige, der diese Vorschrift nicht befolgt, wird nach den Bestimmungen des allgemeinen Berggesetzes bestraft.

(Motive dazu folgen in nächster Nummer.)

Aus Wieliczka.

Aus Berichten vom 16. und 19. Mai l. J. geht hervor, dass die Auswechselung des gesprungenen unteren Ventilkastens beim oberen Drucksatze der Elisabeth-Schachter Maschine in verhältnissmässig kurzer Zeit bewerkstelligt und die Wasserhebung Mittwoch den 12. Mai Abends schon wieder im Gange war; ebenso erfolgte auch die schadhaft gewordene Dichtung beim unteren Pumpensatz zwischen Fundamentplatte und unterem Ventilkasten binnen 8 Stunden. Wesentlich beschleunigt wurde diese an sich schwierige Arbeit dadurch, dass, nachdem die Steigröhren gehoben waren, der Pumpensatz am Kreuzkopf befestigt und dann das Ganze mit der Maschine 2" gehoben und nach eingelegtem neuen Dichtungsringe wieder mit der Maschine aufgesetzt wurde. Von da an ist wieder das Fallen des Wasserspiegels eingetreten, und zwar am 14. um 6", am 15. um 7", am 16. um 1" (wegen eines Steigrohrbruches an der kleineren Franz Joseph-Schachter Pumpe, welcher deren Einstellung zur Folge hatte), am 17. um 6", am 18. um 5", am 19. um 7", so dass der

13. Morgens mit 22°, 3', 5" ober dem Horizont „Haus Oesterreich" gemessene Wasserstand am 19. Mai Morgens auf 22°, 0', 9" reducirt war.

Allein die Störungen bei der kleineren Franz Joseph-Schachter Maschine sind noch nicht behoben, weil sich an den unteren Theilen des Franz Joseph-Schachtes Senkungen gezeigt haben, welche ein weiteres Tieferstellen der tiefsten Saugpumpen verhinderten. Es sind sowohl bezüglich der Reactivirung der Franz Joseph-Schachter Maschine als auch wegen Beschleunigung der Wasserhebung im Elisabeth-Schachte durch die Wasserförderung in Kisten Stimmen für als wider erhoben worden, je nachdem die Forcirung der Wasserhebung oder die Fortsetzung der Salzförderung im Elisabeth-Schachte betont werden will.

Nachdem nun auch die abgeänderten Ventilkasten, sowie die Bestandtheile zur Abänderung der Steuerung und zum besseren Verschluss der Dampfleitungssäulen der 250pferdekräftigen Maschine in Wieliczka eingetroffen sind, begibt sich dieser Tage Herr Ministerialrath v. Rittinger persönlich nach Wieliczka, und es werden diese Punkte dort erörtert und festgestellt werden.

Eine interessante Erfahrung hat sich nach Auswechselung des Ventilkastens an den beseitigten älteren Kasten gezeigt. Das Innere desselben war nämlich von der Salzsorte nicht nur nicht angegriffen, sondern vielmehr ganz frei von Rost gefunden worden. Ebenso auffallend war bei dem oberen Ventilkasten die Erscheinung, dass er Anfangs vollkommen dicht, zuletzt zwei ganz kleine Poren im Eisen offen hatte, durch welche beim Niedergange des Gestänges ganz feine Strahlen von Soole zum Vorschein kamen, was dem sonstigen Vorgang bei süssen Wässern ganz entgegengesetzt ist, bei welchen letzteren solche Poren stets verrosten statt sich zu öffnen.

Auf die Wahrnehmungen, dass mit dem Sinken des Wasserstandes stärkere Auslaugungen in den unter Wasser gestandenen Theilen der Gruben sich zeigen würden, musste man gefasst sein. Dies ist auch, wie gesagt, beim Franz Joseph-Schacht durch Senkungen im unteren Theile desselben eingetreten; der neuere Elisabeth-Schacht hat aber noch nicht die geringste Senkung erfahren.

Das Albrecht-Gesenk wird fortgesetzt und bewegt sich noch in salzführenden Gebilden.

ANKÜNDIGUNGEN.

Diese Zeitschrift erscheint wöchentlich einen Bogen stark mit den nöthigen artistischen Beigaben. Der **Pränumerationspreis** ist jährlich loco Wien 8 fl. ö. W. oder 5 Thlr. 10 Ngr. **Mit franco Postversendung** 8 fl. 80 kr. ö. W. Die **Jahresabonnenten** erhalten einen officiellen Bericht über die **Erfahrungen im berg- und hüttenmännischen Maschinen-, Bau- und Aufbereitungswesen** sammt Atlas als **Gratisbeilage.** Inserate finden gegen 8 kr. ö. W. oder 1½ Ngr. die gespaltene Nonpareillezeile **Aufnahme.** Zuschriften jeder Art können nur franco angenommen werden.

Druck von Carl Fromme in Wien. Für den Verlag verantwortlich Carl Reger.

№ 22. XVII. Jahrgang.

Oesterreichische Zeitschrift

1869. 31. Mai.

für

Berg- und Hüttenwesen.

Verantwortlicher Redacteur: Dr. Otto Freiherr von Hingenau,
k. k. Ministerialrath im Finanzministerium.

Verlag der G. J. Manz'schen Buchhandlung (Kohlmarkt 7) in Wien.

Die Erzgänge und neueren Betriebs-Erfolge im Bergdistrikte von Nagybánya in Ungarn.

IV.

Kapnik.

(Hiezu die Tafel zu der Nummer 15. Mit einem Durchschnitte Fig. I.)

Das Gebirgsgestein, in welchem die Kapniker Erzgänge aufsetzen, ist, wie am Kreuzberge, grösstentheils fester Grünstein-Porphyr*).

Die Gänge haben, mit Ausnahme der Barbara-Kluft, ein mehr weniger paralleles Streichen zwischen Stunde 2 bis 3; gegen Nordost ändern einige ihre Streichensrichtung und bilden Scharrungen, namentlich der Clemens- mit dem Borkuter Gange und der Josephi-Gang mit der Josephine-Kluft. Dasselbe dürfte auch bei dem Kapniker und Ungar-Gange, dann beim Johann- und Theresia-Gange der Fall sein. Die Barbara-Kluft streicht in diagonaler Richtung zwischen dem Borkuter und dem Josephi-Gange.

Fast alle Gänge haben einen ziemlich gleichen Verflächungswinkel von 60—80 Klafter, grösstentheils gegen Südost. Oertlich stellen sich dieselben oft senkrecht und nehmen dann nicht selten ein entgegengesetztes Fallen an.

Bei den meisten Gängen ist eine gewisse Ordnung in der Ausscheidung der Erze und Gangmassen und eine lagerförmige Structur als ein bemerkenswerthes Vorkommen wahrzunehmen. Sie weisen selten deutliche Salbänder und Bestege auf, sondern sind gewöhnlich mit dem Nebengesteine verwachsen.

In der Mächtigkeit herrscht oft auf ein und demselben Gange die grösste Verschiedenheit, indem solche von der Gesteinscheide bis auf 18 Fuss wechselt. Die durchschnittliche Mächtigkeit beträgt aber nicht über 2 Fuss.

Eine sehr gewöhnliche Erscheinung ist die Theilung der Gänge in mehrere Trümmer; diese fliessen entweder wieder zusammen, bilden Linsen, oder verlieren sich allmählig in der Gebirgsmasse, oft erst in einer Erstreckung von 10 und mehr Klaftern.

Im Allgemeinen erstrecken sich die Gänge im Streichen auf 200 bis 600 Klafter, und es ist sehr charakteristisch, dass alle Gänge, ausser dem Wenzel-Gange, bei ihrer Annäherung zum Kapniker Thal sich verunedeln, ja mehrere sogar verschwinden, und jene, welche in das südwestlich vom Thal aufsteigende Gebirg übersetzen, nur ungestaltig anhalten und überhaupt ihre Eigenschaften wesentlich ändern; doch dürfte sich die Unhältigkeit im weiteren Gebirge und in einer grösseren Teufe nicht bewähren. Eine andere besondere Erscheinung sind die ziemlich gleichen Abstände von 100 bis 130 Klaftern, in welchen die Gänge nacheinander folgen.

Die Erzführung besteht aus Gediegen Gold, Silberfahlerz, Bleiglanz, Zinkblende, Eisen- und Kupferkies, selten Antimon und Realgar, letzteres nur in der südöstlichen unedlen Fortsetzung der Gänge. Sie verbreitet sich über den grössten Theil der Gangausdehnung; die reicheren Mittel kommen jedoch meistens mehr absätzig vor und haben in der Regel auf den Bleischen Gängen ein stätigeres Anhalten als auf den Fahlerzgängen, wo sie mehr linsenförmig ausgeschieden einbrechen.

Die Hauptausfüllungsmasse aller Gänge bildet Quarz und dichter Manganspath. In Drusen werden verschiedene, oft ausgezeichnet schön krystallisirte Mineralien gefunden.

Die Gänge unterscheiden sich in der Erzführung nur in quantitativer Hinsicht von einander. Der Bleiglanz kommt meistens auf den nordwestlichen, das Fahlerz dagegen auf den südöstlichen Gängen vor. Die mittleren Gänge vereinigen beide Erzgattungen in so ziemlich gleichem Verhältnisse und machen somit den Uebergang von der Fahlerz- in die Bleierz-Zone.

Gold führt jeder Gang, jedoch sind in der Regel die Blei'schen Gänge an diesem Metalle reicher als die Fahlerzgänge.

Mit dem Erzherzog Rainer-Stollen sind folgende Gänge verkreuzt worden, und zwar:

---

*) So wird nämlich das Gestein dort genannt, es sind aber trachytische Gebilde tertiären Alters (Timazit nach Breithaupt und Cotta) und von dem sonst „Porphyr“ genannten Gestein wesentlich verschieden. O. H.

1. Der Peter- und Paul-Gang. Derselbe ist in einer Ausdehnung von 250 Klafter bekannt, ober dem Rainer-Stollen längs des Streichens 161 Klafter und nach dem Verflächen bis zu Tage 90 Klafter verhauen. Er besitzt eine Mächtigkeit von 3—4 Fuss, in einigen Mitteln auch 7 Fuss, und besteht aus zwei Trümmer, die oft beide, meistens aber bald das eine, bald das andere bauwürdig sind. Die Gangart ist grauer, fester, hie und da stark goldhältiger Quarz und Manganspath, worin vorzüglich Bleiglanz, dann Blende und Eisenkies vorkommen.

2. Der Clemens-Gang unterscheidet sich von den übrigen Gängen vorzüglich durch seine vorwaltend aus Manganspath bestehende Ausfüllungsmasse, erstreckt sich auf der Rainer-Stollensohle im Streichen bis zur Scharrung mit dem Borkuter Gang auf 210 Klafter und ist dem Verflächen nach über sich 80—90 Klafter bekannt. Er führt in einer Mächtigkeit von 2—3 Fuss vorzüglich Bleiglanz und Silberblende, dann auch Silberfahlerz, Kupfer- und Schwefelkies, aber wenig Gold, höchstens 2 Loth in 1000 Ctr. Unter 2 Loth ist die Mühlgoldgewinnung nicht mehr lohnend.

3. Der Borkuter Gang charakterisirt sich durch seine vielfältige Zertrümmerung ins Hangende und Liegende, dann durch grosse Festigkeit der mit dem Nebengestein stark verwachsenen, aus Quarz und Manganspath bestehenden Gangfüllung. Mit dem Rainer-Erbstollen ist derselbe auf 244 Klafter verstreckt, an mehreren Stellen zusammen mit der Länge von 124 Klafter bis zu Tage und in die Sohle 10 Klafter auf eine Länge von 45 Klftr. verhauen. Die Erzführung besteht hauptsächlich aus silberhältigen Bleiglanz, der einen Bleigehalt bis 60 Proc. besitzt, dann aus Zinkblende und Kies. Aus 1000 Ctr. Erzen werden durch die Verpochung höchstens 4 Loth Gold gezogen.

4. Der Joseph-Gang zeichnet sich durch lange anhaltenden Adel, grosse Mächtigkeit, bedeutenden Goldhalt, regelmässiges Streichen und lagerförmige Structur der Gangfüllung, endlich durch einen lettigen Schramm in der Mitte der Mächtigkeit aus, welch' letzterer Umstand die Bearbeitung wesentlich erleichtert, indem auf einen Schuss oft 5—6 Ctr. gewonnen werden können.

Dieser Gang ist an der Rainer-Stollensohle in einer Länge von 374 Klafter aufgeschlossen, wovon 330 Klafter ununterbrochen bis zu Tag auf eine Höhe von 80—90 Klafter edel verhauen sind, und auch im reichsten Mittel unter die Sohle gegen 100 Klafter lang und 12 Klafter tief abgebaut, sodann wegen allzugrossem Wasserzudrang in Erzen anstehend verlassen worden. Seine Mächtigkeit wächst oft bis 17 Fuss. Der Goldgehalt beträgt im Durchschnitte auf die Mark Silber 24 Denär.

5. Franz-Gang. Die aufgedeckte Erstreckung dieses Ganges im Streichen misst über 400 Klafter, dem Verflächen nach 90 Klafter. Er führt im südwestlichen Theile vorzüglich Fahlerz im Quarz und Manganspath eingesprengt, in Begleitung von Eisen- und Kupferkies; im nordöstlichen Theile aber Bleiglanz. An Gold ist dieser Gang arm. Die Veredlung fand sich vorzüglich auf 3 Mittel vertheilt, die zusammen im Streichen circa 160 bis 170 Klafter betragen.

6. Der Erzbacher Gang ist meist aus mehreren Trümmern zusammengesetzt und auf Rainer-Stollensohle 486 Klafter ausgelängt, wovon 336 Klafter auf 5 Mitteln bis gegen den Tag verhauen sind. Im südwestlichen Theile bricht in einer dem Joseph-Gang ähnlichen Ausfüllung vorwaltend Bleiglanz, im nordöstlichen Theile aber reines Fahlerz, oft als sogenanntes Radlerz, im Quarze ein; im mittleren Theile kommen beide Erzgattungen mit ihren eigenthümlichen Gangarten vor.

Der Erzbacher Gang ist der reichste an Silber.

7. Wenzel- und Theresia-Gang. Die bekannte Längenerstreckung dieses Ganges auf Rainer-Stollen beträgt 600 Klafter, die veredelten Theile mit Einschluss einiger unbedeutenden tauben Zwischenmittel gegen 500 Klafter. Die Erzführung gleicht im Wesentlichen jener des Erzbacher Ganges mit dem Unterschiede, dass der Wenzel-Gang auch goldhältig und in dieser Beziehung der reichste ist. Auch bricht auf Wenzel- ausgezeichnet schönes Realgar und auf Theresia-Gang häufig Zinkblende ein.

8. Der Kapniker Gang wurde nur auf eine Länge von 120 Klafter verfolgt und an mehreren Punkten abgebaut. Gegenwärtig ist dieser Gang nicht mehr zugänglich.

9. Der Ungar-Gang dehnt sich im Streichen bei 338 Klafter aus, ist bei 10 Fuss mächtig und in einer Länge von 182 Klafter in mehreren Mitteln bis zu Tag verhauen. Er führt derbes und krystallisirtes Silberfahlerz, Mühl- und Freigold, Bleiglanz, vorzüglich im Nebentrum Realgar, dann die gewöhnlichen Kiese und Blenden.

10. Fürsten-Gang. Dieser Gang ist wahrscheinlich der zuerst entdeckte Gang des Kapniker Bergbaues. Er zeichnet sich unter allen Gängen nicht nur durch lang anhaltende Veredlung, sondern auch durch die Ergiebig keit derselben aus. An der Rainer-Stollensohle ist er nu auf einem Punkt mit einem Gesenke angegriffen, im Uebri gen noch ganz unverritzt.

Der Fürstengang wirft mehrere Hangend- und Liegend trümmer, die mitunter auf kurzen Mitteln Erze führe Von diesen Klüften ist besonders die Mathäi-Kluft e wähnungswerth, da dieselbe an Gold und Silber reich war als der Hauptgang selbst.

11. Elisabeth-Gang. Derselbe ist dem Streiche nach im höheren Revier über 100 Klafter, am Raine Stollen aber erst 60 Klafter lang und im Verflächen gleic falls bei 60 Klafter ausgefahren. Seine Erzausscheidung haben linsenförmige Gestalt und sind bis jetzt 3 solc Adelspunkte von 15—20 Klafter Ausdehnung bekannt u abgebaut. Unter den Erzen ist hier die Zinkbleu vorherrschend, die im Vereine mit Fahlerz, Bleigla und Schwefelkies, öfters auch mit Kupferkies mengt, einbricht. Der Silberhalt der Erze beträgt gewö lich 5—6 Loth, steigt aber ausnahmsweise auch bis Loth per Centner.

Nebst diesen gibt es noch minder bedeutende La stätten, als: die Pojanka-Kluft, ausgezeichnet durch Vorkommen der schönsten Radlerze, die Ignaz-, sephine-, Borkuter Hangend-, Erzbacher un und Regina-Kluft, die nur punktweise einigen absetzen.

Zur Zeit meiner commissionellen Anwesenheit in Kapnik, im Jahre 1855, bestand der Grubenbetrieb hauptsächlich im Abbaue der noch über dem Erzherzog Rainer-Stollen in alten Verhauen anstehenden Rücklässen und einigen ganzen Mitteln, in dem Angriffe der besseren Erzmittel unter der Rainer-Stollensohle, insoweit dies die zusitzenden Wässer zuliessen, dann in der Ausrichtung der Gänge nach ihren Streichen in das nordöstliche Feld und in der Abteufung des Wenzel-Tagschachtes.

Die Grubengefälls-Erzeugung betrug im Jahre 1854:

12.250 Ctr. Scheiderze,
37.820 „ Wascherze und
186.950 „ Pochgänge

mit dem Metallinhalte von

67 Mark Gold,
4871 „ Silber und
2012 Ctr. Blei,

im Werthe von 91.459 fl. öst. W.

Die Totalkosten des Werksbetriebes, mit Einschluss eines Betrages von 20.221 fl. für Bauten, beliefen sich auf 117.917 fl.

Das Kapniker Grubenwerk stand schon mehrere Jahre in Einbusse, ungeachtet der kostspielige Betrieb des Kaiser Ferdinand-Erbstollens damals schon mehrere Jahre aus [illegible]rücksichten sistirt war.

[illegible] genannte Erbstollen unterteuft den Rainer-Stollen [illegible] Klafter. Die markscheiderisch bestimmte Länge desselben beträgt:

[illegible] Mundloche bis zur Hauptwendung im Gangrevier . . . . 1477 Klafter,
b) querschlägig in dem Erzreviere bis zum Elisabeth-Gange . . . . 839 „
im Ganzen . . . . 2316 Klafter.
Davon waren im Jahre 1855 vom ersteren Theile aufgefahren . . . . 935 Klafter.

Nach einer mehrere Jahre früher gepflogenen genauen Erhebung der auf Sohle Rainer anstehenden Erzmittel und Berechnung ihres Werthes hat sich ergeben, dass wenn die Anstände nur bis auf $^2/_3$ der mit dem Stollen einzubringenden Teufe im Ganzen sich nicht [illegible]lich verändern, aus derselben nach Abschlag aller [illegible]ations-Verluste eine Eroberung von circa

1.700 Mark Gold,
298.600 „ Silber und
81.800 Ctr. Blei

[illegible]t werden könnte.

Die Lösung der mir als Bergbau-Inspector gestellten Aufgabe: dem vieljährigen bedeutenden Verbau des Werkes Einhalt zu thun und die Ertragsfähigkeit desselben anzubahnen, konnte demnach nur durch den Ausbau des Ferdinand-Erbstollens gehofft werden. Sonach ist über meinen Antrag im Jahre 1855 der Betrieb dieses Erbstollens durch Vor- und Gegenbaue wieder eingeleitet und seitdem energisch fortgesetzt worden. Bislang sind im Ganzen 1795 Klafter aufgefahren und die drei nordwestlichen Gänge: Peter-Paul, Borkut und Josephi angequert. Die ersteren zwei Gänge waren an den Durchkreuzungspunkten blos durch Gesteinsklüfte zu erkennen, aus welchen Klüften, besonders vom Borkuter Gang sehr viele Wässer entströmen. Der Joseph-Gang wurde an der Abquerung in der Mächtigkeit von 1 Klafter sehr gestaltig angefahren, führt Bleiglanz, göldischen Eisenkies und Quarz, ist jedoch bei seiner Ausrichtung nach beiden Weltgegenden ärmer geworden.

Der Theresia-Gang, welcher auf Sohle Ferdinand vom 50 Klafter tiefen Wenzel-Tagschachte aus gegen Nordost geprüft wurde, führt ebenso wie in den oberen Horizonten in absätzigen Mitteln silberhältige Pochgänge, aber keine Scheideerze. Den Silberhalt verleihen den Pochgängen die einbrechenden Fahlerze, die aber nur sehr sparsam vorkommen. Die Eisenkiese enthalten nur wenig Gold.

Der Wenzel-Gang wurde am 1. Laufe 25 Klafter unter dem Rainer-Stollen südlich weit verfolgt, ist aber durchaus unedel und unbauwürdig angestanden.

Obwohl erst drei Gänge mit dem Erbstollen unterteuft wurden, so sind doch von allen Gängen im Aerarial-Revier die Wässer abgezogen, und konnte selbst auf dem 400 Klafter vom Hauptfeldorte entfernten Fürsten-Gange von der Rainer-Stollensohle 30 Klafter in die Teufe vorgedrungen und dort der Abbau eingeleitet werden. In eine ebenso grosse Teufe drang man auch auf dem Ungar-Gange ein und baut dermalen den anstehenden Gang von dem daselbst angelegten Mittellaufe firstenmässig ab.

In Folge der Erbstollen-Vorrückung, wodurch die Wässer gelöst wurden, haben sich nun die Betriebsausfälle wesentlich gebessert, indem die frühere Einbusse schon vor mehreren Jahren verschwunden ist und der Bergbau seither in ununterbrochenem Ertrag steht, wie aus folgender Tabelle zu ersehen:

Jahr	Erzeugte Erze und Schliche	Metallinhalt der Grubengefälle				Ertrag	Ausser-ordentliche Bauten
		Gold	Silber	Kupfer	Blei		
	Centner	Münzpfunde		Centner		fl.	fl.
1862	31.841	27·003	3446·731	149·93	3923	9.176	2.641
1863	27.420	28·946	3237·351	185·23	3356	12.244	9.191
1864	30.409	32·801	3637·46	269·26	3721	24.753	11.726
1865	28.563	32·667	3065·098	235·16	3530	19.675	—
1866	28.803	29·282	3080·377	205·26	3609	10.399	8.414
1867	31.370	38·658	3007·906	241·49	4136	16.002	9.265
1868	—	34·000	2458·000	118·00	2359	16.116	—

Zur letztjährigen geringen Metall-Erzeugung hat nicht [illegible] Adelsabnahme der Gänge, sondern auch eine ungewöhnliche Trockene durch volle 4 Monate beigetragen.

Im Jahre 1867 betrug der freie Anschlagswerth eines Centners Pochgang 39·5 kr., 1 Ctr. Mittelerz 1 fl. 37·1 kr., 1 Ctr. Scheideerz 4 fl. 82·5 kr., 1 Ctr. Bleischlich 9 fl. 70·1 kr. und 1 Ctr. Kiesschlich 2 fl. 99·2 kr.

An beiden Hauptschächten bestehen vortreffliche Förderungsmaschinen und im Wenzel-Schachte ist eine vollkommen entsprechende Wasserhebmaschine eingebaut.

In höchstens 4 Jahren wird der Ferdinand-Erbstollen mit dem Wenzel-Schachte durchschlägig.

In zwei neu erbauten grossen Pochwerken wird mit continuirlichen Stossherden gearbeitet.

Nachdem die Beschaffenheit der mit dem Ferdinand-Erbstollen bisher durchfahrenen Gangmittel auch in den oberen Horizonten nicht viel besser gewesen war, so lässt sich aus den bisherigen Aufschlüssen auf das Verhalten der Gänge in der Teufe nicht mit Sicherheit schliessen. Der Umstand jedoch, dass der Joseph-Gang in den ausgerichteten Mitteln einen bedeutend geringeren Goldhalt zeigt und die reichen Erzausscheidungen auf dem Erzbacher Gange in den Ludovika- und Allerheiligen-Mitteln unter dem 1. Laufe, daher gegen die Tiefe, in der Erzführung bedeutend abgenommen haben, erwecken unwillkührlich die Besorgniss, dass der Adel der Kapniker Gänge in weiterer Tiefe sich verliert.

Der Umstand, dass die Gänge Peter-Paul und Borkut schon im Horizonte des Erbstollens nur eine Gesteinsscheide bilden, dürfte wieder ein Beweis sein, dass die Ausfüllung der Gangspalten nicht von unten nach oben erfolgt sein könne*).

*) Wir wollen, als zu wenig vertraut mit den Local-Verhältnissen, diese Vermuthung nicht anfechten. Nur im Allgemeinen möchten wir den Schluss aus der Mächtigkeits-Abnahme nach Unten, welche sich vielleicht noch weiter unten wieder aufthun kann, noch nicht als „Beweis" für oder gegen eine bestimmte Art der Gangausfüllung gelten lassen, sumal in trachytischen Gebirgen.

Beitrag zur Theorie des Siebsetzens.

Von Egid. Jarolimek, k. k. Pochwerks-Inspector in Příbram.

(Schluss.)

Fall fester Körper im horizontalen Wasserstrom.

Die von Rittinger für diesen Fall entwickelten Gleichungen sind die folgenden:

Der verticale Weg des in einem horizontalen Strom sich bewegenden festen Körpers ist für dieselbe Zeit gleich jenem beim Fall im ruhenden Wasser, also nach (69)

$$y = \frac{1}{AB} \; log.\; nat. \; \frac{e^{Bt} + e^{-Bt}}{2};$$

der horizontale Weg dagegen ist nach (117)

$$x = Ct - \frac{1}{a} \; log.\; nat. \; (a\, Ct + 1),$$

wo

$$a = \frac{3\, \alpha_3\, g}{2\, \gamma\, d\,.\, \delta} \text{ gesetzt ist.}$$

Beide diese Bewegungen setzen sich zu einer diagonalen zusammen, deren Neigungswinkel β zum Horizont für die gegebene Zeit t sich aus $tang.\ \beta = \frac{y}{x}$ berechnen lässt.

Nach diesen Gleichungen nun wurde die nachstehende Tabelle V*) zusammengestellt.

Man ersieht, dass im horizontalen Strom gleichfällige Körner unter nahe gleichen Neigungswinkeln fallen, der specifisch schwerere jedoch rascher sinkt; von gleich grossen Körpern fällt der specifisch schwerere sowohl steiler, als rascher.

Von extremen Körnern einer Kornclasse der Siebscala $q = \sqrt{2}$ fällt in dem gewählten Beispiele das gröbste rundliche Zinkblendekorn steiler und anfänglich langsamer, später rascher als das kleinste platte Bleiglanzkorn derselben Classe.

Ferner ist ersichtlich, dass für die beim Siebsetzen vorkommenden kleinen Fallhöhen selbst in sehr starken Wasserströmen der horizontale Weg nicht sehr bedeutend ist.

So bewegt sich das kleinste platte Bleiglanzkorn der Siebclasse $D = 16^{mm}$ für eine Fallhöhe von 3^{cm} (so ziemlich das vorkommende Maximum der factischen Fallhöhe bei den hierortigen Setzapparaten) und in der Stromgeschwindigkeit von $0{\cdot}64^{m}$ nur circa $2^{1}/_{2}{}^{cm}$ horizontal, es müsste also selbst bei dieser rapiden und kaum je am Setzsieb vorkommenden Stromgeschwindigkeit dennoch 36 Hübe durchmachen, ehe es ein 90^{cm} langes Sieb passirt.

Für mässige Stromgeschwindigkeiten, z. B. $C = 0{\cdot}08^{m}$ aber bewegt sich dasselbe Korn nahe vertical oder es alterirt hier der horizontale Strom die Bewegung des sinkenden festen Körpers dem Falle im ruhenden Wasser gegenüber nahe gar nicht, und ähnliche Verhältnisse trete[n] auch für die feinsten Kornsorten auf.

Da auch sonst der verticale Weg von dem horizo[n]talen Strom nicht beeinflusst wird, so kann man also a[ll]gemein sagen: dass der horizontale Strom auf d[en] stetig wirkenden Setzsieben nur die Zahl d[er] Hube bestimmt, welchen der Vorrath ausgeset[zt] wird, ehe er den Austrag erreicht.

Ausserdem ersieht man, dass zwar in allen Fäll[en] die diagonale Bewegung des in einem horizontalen W[as]serstrome sinkenden festen Körpers nach einer Curve folgt, diese aber nur dann bedeutend von der Gera[den] abweicht, wenn der Strom ziemlich starke und bei [der] Aufbereitung kaum zur Anwendung gelangende Gesch[win]digkeiten besitzt.

Zwar könnte man auch hier massgebend ma[chen] wollen, dass im horizontalen Wasserstrom die St[rom]geschwindigkeit nicht in allen Punkten des Querschn[itts] eine gleichförmige, vielmehr nach abwärts eine ab[neh]mende sei.

Indessen ist zu bedenken, dass der horizontale S[trom] am stetig wirkenden Setzsieb kein ruhiger und nur [aus]schliesslich in dieser einen Richtung ausgeprägte[r], sondern ohne Unterlass in kurzen Intervallen und g[erade] in den für die Separation massgebenden Momenten [von] vehementeren verticalen Strömen durchbrochen wi[rd], dass die in ruhigen horizontalen Wasserströmen [statt]findende Geschwindigkeitsabnahme gegen den Bod[en auf] diesen Fall kaum angewendet werden kann.

*) Siehe Seite 173.

Tabelle V.

Ueber den Fall gleichfälliger, gleich grosser und extremer Körper im horizontalen Wasserstrom.

Post-Nr.	Gattung des Körpers	Dichte	Durchmesser od. Siebclasse Millim.	Stromgeschwindigkeit Meter	Zurückgelegter Weg in der Zeit von														Neigung der Bahn zum Horisont in der Zeit von													
					1/100	1/90	1/80	1/70	1/60	1/50	1/40	1/30	1/20	1/10	1/8	1/4	1/2	1	1/100	1/90	1/80	1/70	1/60	1/50	1/40	1/30	1/20	1/10	1/8	1/4	1/2	1
					Secunden in hunderttausend Theilen des Meters.														Secunden in Graden.													
	Kugelförmige Körper.																															
1	Bleiglanz horizontal . .	7·5	4·0	1·0m	58	71	89	115	153	215	324	547	1117	3514	4973	13666	34156	79186	—	—	—	—	—	—	—	—	—	—	—	—	—	—
2	vertical . . .				42	52	66	86	117	168	263	463	1018	3659	5348	15115	35682	76905	36	36	37	37	37	38	39	40	42	46	47	48	46	44
3	Gleichf. Zinkbl. hor. . . .	4·1	8·38709	"	51	63	78	101	136	191	289	490	1010	3239	4615	12940	32908	77294	—	—	—	—	—	—	—	—	—	—	—	—	—	—
4	vert. . . .				37	46	58	76	103	148	230	407	899	3259	4872	14360	34872	76092	36	36	37	37	37	38	39	40	42	45	47	48	47	44
5	Gleichf. Quarz hor. . . .	2·6	16·25	"	42	51	65	85	113	159	242	413	862	2844	4092	11831	30926	74206	—	—	—	—	—	—		—	—	—	—	—	—	—
6	vert. . . .				30	37	48	62	84	121	188	332	737	2782	4176	13092	33426	74641	36	36	36	36	37	37	38	39	41	44	46	47	47	45
7	Gleich gr. Zinkbl. hor. . . .	4·1	4·0	"	99	121	151	193	255	354	523	856	1667	4797	6596	16673	38982	86131	—	—	—	—	—	—	—	—	—	—	—	—	—	—
8	vert. . . .				37	46	57	75	102	147	228	400	868	2975	4253	11212	25439	53909	20	20	20	21	22	23	23	25	28	32	33	34	33	32
9	Gleich gr. Quarz. hor. . . .	2·6	4·0	"	146	177	218	277	362	494	718	1144	2142	5765	7770	18612	41833	89985	—	—	—	—	—	—	—	—	—	—	—	—	—	—
10	vert. . . .				30	37	47	61	83	119	184	322	694	2308	3257	8299	18517	38955	12	12	12	12	13	14	14	16	18	22	23	24	24	23
	Extreme unregelmässige Körper classirt nach der Siebscala $q = \sqrt{2}$.																															
11	Kleinste pl. Bleiglanz hor.	7·5	16	0·64	51	62	78	99	133	185	276	457	910	2721	3787	9898	23748	53438	—	—	—	—	—	—	—	—	—	—	—	—	—	—
12	vert.				42	52	66	86	115	167	259	453	972	3200	4497	11339	25[illegible]71	52839	40	40	40	41	41	42	43	45	47	49	50	49	47	45
13	Gr. rundl. Zinkblende hor.	4·1	"	"	30	37	46	60	80	114	173	292	607	1968	2827	7994	20553	48684	—	—	—	—	—	—	—	—	—	—	—	—	—	—
14	vert.				37	46	58	75	102	147	229	403	885	3155	4593	12803	29970	64360	51	51	51	51	52	52	53	54	56	58	58	58	55	53
15	Kleinste pl. Bleiglanz hor. (vert. wie unter Post Nr. 12)	7·5	"	0·08	1	1	1	2	2	4	5	9	21	78	118	409	1310	3787	89	89	89	89	89	89	89	89	89	89	89	88	87	86
16	Gr. rundl. Zinkblende hor. (vert. wie unter Post Nr. 14)	4·1	"	"	1	1	1	1	1	2	3	5	12	46	71	261	895	2816	89	89	89	89	89	89	89	89	89	89	89	89	88	87
17	Kleinste pl. Bleiglanz hor.	7·5	1/4	"	30	36	43	52	65	84	115	168	282	647	835	1798	3759	7721	—	—	—	—	—	—	—	—	—	—	—	—	—	—
18	vert.				35	41	50	61	77	100	134	192	307	653	826	1690	3419	6878	49	49	49	49	50	50	49	49	47	45	45	43	42	42
19	Gr. rundl. Zinkblende hor.	4·1	"	"	21	25	31	38	48	65	90	136	239	581	761	1696	3630	7562	—	—	—	—	—	—	—	—	—	—	—	—	—	—
20	vert.				33	40	49	62	80	106	147	218	361	791	1006	2080	4230	8528	57	58	58	59	59	59	59	58	57	54	53	51	49	48
21	Kleinste pl. Bleiglanz hor. (vert. wie unter Post Nr. 18)	7·5	"	0·01	1	1	1	1	2	3	4	7	14	43	59	155	371	835	88	89	89	89	89	88	88	88	87	86	86	85	84	83
22	Gr. rundl. Zinkblende hor. (vert. wie unter Post Nr. 20)	4·1	"	"	—	—	—	1	2	2	3	4	9	31	44	125	322	761	90	90	90	89	89	89	89	89	88	88	87	87	86	85

Höchstens könnte man sagen, dass in den Zwischenmomenten der Ruhe, d. i. von dem erfolgten Niederfall des Setzgutes an bis zum wiederbeginnenden Anhub desselben, der horizontale Strom ähnlich, jedoch wegen höherer Wasserschicht in minderem Grade wie auf Herden, günstig auf die Separation einwirke, allein auch diese Wirkung beschränkt sich wieder blos nur auf die Oberfläche der Setzgutschicht, so dass der horizontale Wasserstrom am Setzsieb kaum in anderer als in der oben angegebenen Weise für die Separation massgebend gemacht werden kann.

Es erübrigt mir noch zu beweisen, dass factisch bei der Kurbelbewegung für den Pumpenkolben die Separation im auf- dann niedergehenden Strom erfolge, d. h. dass der Niederfall des Setzgutes einer Zeit entspricht, die dem Durchlaufen eines bedeutenderen Theiles des Kurbelkreises gleichkommt, als dass man, in Rücksicht der in der Nähe des todten Punktes äusserst langsamen Bewegung, für den ganzen Niederfall nahe völlige Ruhe des Wassers rechnen könnte.

Hiefür müssen vorerst die Fallverhältnisse am Setzsieb etwas näher erhoben werden.

Die factische Fallhöhe der Körner wird schon durch das relative Verhältniss der specifisch schwereren und leichteren Gattungen derselben im Setzgut verändert.

Wie schon von Sparre darthut (Bergwerksfreund, Band 21, Seite 415), vermindert sich der Fallraum für die langsameren Körner je mehr die specifisch schwereren Körper im Setzgut vorwalten, und umgekehrt, weil die voreilenden Körner nach jedem Hub einen Boden im anderen Niveau bilden.

Von Sparre zieht auch hieraus den Schluss, warum das Setzen durch Repetition angereicherter Vorräthe (das Reinsetzen) besser gelingt, als wenn man durch einmaliges Setzen sogleich ganz reines Produkt erzielen will.

Sodann ist zu berücksichtigen, dass man auf das Setzen den Fall im unbegrenzten Wasser streng genommen nicht anwenden kann, denn die ober dem Setzsieb ziemlich dicht gedrängten Theilchen berühren sich vielseitig, prallen an einander an etc., wodurch ihre Aufwärtsbewegung sowohl, als ihr Niederfall vielfach den theoretisch behandelten Fällen gegenüber modificirt wird.

Solche Vorgänge lassen sich indess nicht in Rechnung ziehen, allgemein kann man aber beobachten, dass die factische Fallhöhe der Körner immer kleiner sei als der Kolbenhub.

Denn nicht nur, dass selbst bei angenommen ganz dicht gelidertem Kolben für Kurbelbewegung der Schluss des Hubes so langsam erfolgt, dass die Körner kaum vermöge der mitgebrachten grösseren lebendigen Kraft bis zum Hubende aufwärts zu gehen oder gar den Hub zu überdauern vermögen sollten, sondern schon das Aufsteigen der Körner im Strom erfolgt langsamer und es wird somit ihr Hub, abgesehen von rapidem Durchbrechen des Setzgutes an einzelnen Stellen, nie ganz der Grösse des Kolbenlaufes entsprechen können.

Mit den Feinkornsetzmaschinen verarbeitet man hierorts bei 120 Hüben à 2^{cm} per 1 Minute gegenwärtig die Kornclassen 1 bis $2{\cdot}8^{mm}$.

Die Schwebegeschwindigkeit im vertical aufsteigenden Strom berechnet sich für den kleinsten platten Quarz letzterer Siebclasse mit

$v = 1{\cdot}7159 \sqrt{D(\delta - 1)} = 0{\cdot}11485^{m}$

für die gröbsten rundlichen Bleiglanzkörner

$v_1 = 3{\cdot}0884 \sqrt{D(\delta - 1)} = 0{\cdot}41664^{m}$

und für die gleichen Bleigraupen des Bettes (Siebclasse $5{\cdot}6^{mm}$)

$v_2 = 3{\cdot}0884 \sqrt{D(\delta - 1)} = 0{\cdot}58923^{m}$.

Die angewandte grösste Kolbengeschwindigkeit aber beträgt, wenn n die Hubzahl per 1 Minute und H die Hubhöhe bezeichnet

$$v_3 = \frac{n\,H\,\pi}{60} = 0{\cdot}12564^{m},$$

d. h. die Maximalgeschwindigkeit des Kolbens erreicht nahe nur die Schwebegeschwindigkeit der kleinsten und leichtesten platten Bergkörner und beträgt nur 30 Proc. der Schwebegeschwindigkeit der auszuscheidenden gröbsten rundlichen Bleiglanzkörner, endlich nur 21 Proc. jener der als sogenanntes Bett dienenden Bleigraupen.

Auf den stetig wirkenden Setzherden werden hierorts als gröbstes Gut noch die kleinsten Stufen der Siebclasse $22{\cdot}6^{mm}$ verarbeitet und hiebei 80 Hübe à 8^{cm} per Minute verrichtet.

Dann berechnet sich die Schwebegeschwindigkeit für die kleinsten platten Quarzkörner mit

$v = 0{\cdot}32629^{m}$,

jene der gröbsten rundlichen Bleiglanzkörner mit

$v = 1{\cdot}18371^{m}$

und die angewandte grösste Kolbengeschwindigkeit mit

$v_2 = 0{\cdot}33503^{m}$,

also ganz ähnliche Verhältnisse wie die erstberechneten.

Zwar ist nun die Kolbengeschwindigkeit eine sehr verschiedene von jener, mit welcher das Wasser das Setzgut durchsetzt, denn in der Regel hat Kolben und Setzsieb gleiche Fläche, und da das Setzgut stets einen grossen Theil des Querschnittes ober dem Sieb einnimmt, so muss das Wasser zwischen demselben mit einer bedeutend höheren Geschwindigkeit passiren, als es dieselbe unter Kolben und Sieb besitzt, und auch das Sieb bewirkt schon, dass das Wasser gleichsam in einzelnen Strahlen von vermehrter Geschwindigkeit den Vorrath trifft.

Allein obige Daten und die Bemerkung, dass die Kolbengeschwindigkeit im Verlaufe des Hubes von Null bis zu dem berechneten Maximum zu steigen hat, um dann wieder bis zu Null zu fallen, ferner der Umstand, dass die Körner nicht allgemein und stetig beim Aufgang den verticalen Centralstoss erfahren, bringen die auch erfahrungsgemäss leicht gewinnbare Ueberzeugung, dass der factische Hub der Körner am Setzsieb nur ein aliquoter Theil des Kolbenhubes sei.

Bei den hydraulischen Setzsieben mit Seitenkolben wird der factische Hub des Setzgutes auch noch dadurch ermässigt, dass man den Kolben nicht lidert und unter dem Kolben offene Austragöffnungen erhält.

Hier beginnt nämlich das Aufsteigen des Wassers durch das Sieb erst später, d. i. dann, wenn schon die Kolbengeschwindigkeit so hoch gestiegen ist, dass sich nicht alles Wasser neben dem Kolben und durch die unteren Ausflüsse durchpressen kann und hört correspondirend bei fallender Kolbengeschwindigkeit wieder früher auf, während auch die Maximalgeschwindigkeit des Wassers ermässigt ist, wie es das heftige Spritzen desselben ober dem Kolben, sowie die wechselnde Menge des Wasseraustrittes bei den unteren Austragöffnungen beweist.

Uebrigens kann man schon auch daraus schliessen, dass die factischen Fallhöhen des Setzgutes gering sind, weil bei Verarbeitung gröberer Vorräthe sich die zufällig beigemengten feineren Erzkörner nie unter den oberen Abhüben, sondern stets im sogenannten Fassvorrathe finden, was ja eben auf kleine Fallhöhen hindeutet.

Direct lässt sich das Verhältniss der Fallhöhe des Setzgutes zum Kolbenhub genau schwer messen und hängt derselbe von dem Verhältnisse der Kolbengeschwindigkeit zur Korngrösse und specifischen Schwere des Vorrathes ab, welches nicht in allen Fällen gleichgehalten wird; annähernd dürfte es 30 — 50 Proc. des Kolbenhubes betragen.

Nimmt man nun das kleinere, insbesondere für feinere Vorräthe bestimmt eher mässige Verhältniss von 30 Proc. an, so fallen Körner von der Classe 1^{mm} in die Feinkornsetzmaschinen bei den oberwähnten Hubverhältnissen auf $\cdot 6^{cm}$ Höhe, wozu sie durchschnittlich laut Tabelle I im ruhenden Wasser $^1/_{20}$ Secunden Zeit benöthigen.

Nachdem nun ein voller Hub (Auf- und Niedergang) $^1/_2$ Secunde beansprucht, so entspräche die Zeit des Niederfalles im ruhenden Wasser $^1/_{10}$ des vollen Umganges oder 36 Grad.

Dass für eine so bedeutende Bogenlänge auch um den todten Punkt die Kurbelbewegung nicht als nahe null betrachtet werden kann, dürfte einleuchten, besonders wenn man wieder bedenkt, dass die Bewegung durch das Setzgut wegen verengtem Querschnitt mit erhöhter Geschwindigkeit erfolgt.

Rechnet man ähnlich für die Kornclasse 16^{mm} und 50 Hübe à 8^{cm} per Minute wieder nur 30 Proc. des Kolbenhubes, d. i. $2\cdot4^{cm}$ als factische Fallhöhe, so wird die durchschnittliche Fallzeit circa $^1/_{15}$ Secunden betragen, oder, da ein Hub $^3/_4$ Secunden dauert, nahe $^1/_9$ des vollen Umganges gleich 40 Grad, somit ein ähnliches Verhältniss wie oben.

Wird hievon auf den Fall im niedergehenden Strom zu 70 Proc., d. i. circa 25 Grad gerechnet, so erhält man, da bei den geringen Hubhöhen der Einfluss der endlichen Länge der Kurbelstange ganz übersehen und die Kolbenbewegung als reine Sienusversusbewegung genommen werden kann, die Geschwindigkeit des Kolbens für den Schluss des Niederfalles des Setzgutes mit

$$v_1 = v \text{ sin. vers. } 25^0 = \text{nahe } 0\cdot1\cdot v,$$

wo v die Maximalgeschwindigkeit bedeutet und wobei neuerdings zu bedenken ist, dass sich diese Geschwindigkeit zwischen dem Setzgut wegen verengtem Querschnitt vervielfacht.

Es könnte noch eingewendet werden, dass bei den stetig wirkenden Apparaten, bei denen das Wasser mit dem durchsetzten Vorrathe seitlich austritt, eben deshalb vielleicht kein Rückstrom durch das Setzgut unter das Sieb stattfinde.

Bei den hiesigen, ähnlich arbeitenden Feinkornsetzmaschinen beträgt die Kolbenfläche 3·75 Quadratschuh, der Hub $^3/_4$ Zoll, es würden also bei 120 Hüben per Minute und vollkommener Liederung 28 Cubikfuss Wasser gehoben werden, während durchschnittlich nur 2 Cubikfuss seitlich abtreten.

Man ersieht also, dass selbst mit Rücksicht auf die unvollkommene Kolbenliederung doch der grössere Theil des gehobenen Wassers auch hier wieder durch den Vorrath rückfliessen muss, und da gerade diese Maschine so gute Resultate auch bei Verarbeitung unvollkommen classirter Sorten liefert, so ist auch praktisch erwiesen, dass der niedergehende Strom auf die Separation günstig einwirkt. Es lässt sich übrigens auch durch das Gefühl beurtheilen, dass der Niederfall des Setzgutes ungleich vehementer erfolge, als dies dem blosen Sinken vermöge der Schwerkraft zukäme.

Schliesslich gebe ich den Beweis, dass die bei Berechnung der Tabellen benützten v. Rittinger'schen Erfahrungscoëfficienten, gegen welche v. Sparre ankämpft, keineswegs so abweichende sind, als dass man dieselben, bei welchen Anschauungen immer, als von der Wahrheit stark abweichend bezeichnen könnte.

Von Sparre führt nur Kugeln in numerische Beispiele ein und es gibt die nachfolgende Tabelle jene nach 1 Secunde Zeit beim Fall im ruhenden Wasser eintretenden Maximalgeschwindigkeiten, welche derselbe Autor im Bergwerksfreund, Band 21, Seite 401 anführt, und zugleich jene, wie sie sich auf Grund der Erhebungen v. Rittinger's berechnen lassen.

	Geschwindigkeit nach 1 Secunde Fallzeit für				
	Bleiglanz-		Quarzkugeln von		
	$^3/_{13}'''$	$1'''$	$1'''$	$4^1/_3'''$	$8^2/_3'''$
	Durchmesser in Zollen preussisch.				
Nach v. Rittinger	11·174	23·266	11·174	23·266	32·905
Nach v. Sparre	10·206	21·246	10·206	21·246	30·046

Man ersieht also, dass die Differenzen keineswegs sehr bedeutende sind und dass man sohin auch die von Rittinger für unregelmässige Körper durch sehr zahlreiche Versuche bestimmten Erfahrungs-Coëfficienten mit voller Beruhigung benützen könne.

Přibram, 14. April 1869.

Berichtigungen*)

des Aufsatzes „Beitrag zur Theorie des Siebsetzens".

Nr. 19 der Zeitschrift.

In der Tabelle II, Seite 148 soll in der Rubrik für die Post-Nr. in der 4. Zeile von unten statt 12 richtiger 22 stehen.

Ebenso in der Rubrik „Differenz der Wege" für $^1/_{20}$ Secunden, 11. Zeile von unten statt 8 richtiger 5.

Seite 149, 1. Spalte, Zeile 8 von unten statt „Fallhöhe" richtiger „Fallhöhen".

Nr. 20 der Zeitschrift.

Seite 156, 2. Spalte, Zeile 23 von unten statt: „Betrachtug" richtiger: „Betrachtung".

Dieselbe Seite, Zeile 19 von unten soll das erste Glied in der Gleichung für s richtiger: $\frac{(AC+1)}{A}.\,t$ statt: $\frac{(AC+1}{A}.\,t$ geschrieben sein.

Dieselbe Seite, Zeile 3 von unten soll nach dem Worte: „kugelförmige" der Beistrich fehlen.

Seite 157 soll in der Zeile Post-Nr. 5 der Tabelle III in der Rubrik der Differenz der Wege für ½ Secunde Fallzeit statt: 20079 richtiger: 20097 stehen.

Seite 158, 1. Spalte, Zeile 11 von unten soll statt: $c = \frac{f.a}{\gamma.a}$ richtiger: $c = \frac{f.a}{\gamma.b}$ geschrieben sein.

Dieselbe Seite und Spalte soll in der Zeile 8 von unten das Wort: „eine" ganz fehlen.

Přibram, 23. Mai 1869.

Egid. Jarolimek.

Aus Wieliczka.

Die Berichte vom 23. und 26. Mai wiesen einen guten Gang der 250pferdekräftigen Maschine am Elisabeth-Schacht nach, welcher auch ein stetiges Fallen des Wasserspiegels zu Folge hatte, der vom 17. bis 26. um 55 Zoll gesunken war. Die Ziffern des täglichen Sinkens waren: an einem Tage 4", an fünf Tagen je 5", an zwei Tagen je 6", an zwei Tagen je 7".

Die Zolle, um welche der Wasserspiegel fällt, hängen selbstverständlich nicht blos von der Leistung der Maschine, sondern auch von dem jeweiligen Flächenraume, den der Wasserstand erfüllt, ab. So z. B. wurden vom 18. bis 19. Mai 99.634 Cubikfuss gehoben, wobei der Wasserspiegel um 7" fiel, während vom 23. bis 24. Mai 100.508 Cubikfuss und vom 25. bis 26. Mai selbst 106.732 Cubikfuss gehoben wurden, und jedesmal das Sinken des an dieser Stelle ausgedehnten Wasserspiegels nur 5" betragen hat.

Das Albrecht-Gesenk ist bis circa 24 Klafter abgeteuft und im salzführenden Gebirge anstehend.

Herr Ministerialrath v. Rittinger hat in der abgelaufenen Woche die Maschinenbauten inspicirt und die Grube, insbesondere die bereits entwässerten Theile derselben befahren, in welchem die Strecken so wenig ausgelaugt befunden worden, dass vielen Stellen selbst die Spuren der Keilhaue am salzhältigen Gesteine sichtbar geblieben sind. Wir werden über den Befund dieser Inspection, welcher ein befriedigender ist, nächstens in der Lage sein, ausführlicher zu berichten.

*) Ausserdem bemerken wir, dass von diesem Artikel ein correcter Separat-Abdruck gemacht wird und binnen einer Woche durch die Buchhandlung G. J. Manz bezogen werden kann. Die Red.

Amtliche Mittheilungen.

Seine k. und k. Apostolische Majestät haben mit Allerh. Entschliessung vom 17. Mai d. J. den Oberbergcommissär bei der Berghauptmannschaft in Leoben, Filipp Kirnbauer in Anerkennung seiner vorzüglichen Dienstleistung und seiner ausseramtlichen erspriesslichen Wirksamkeit den Titel und Charakter eines Bergrathes mit Nachsicht der Taxen allergnädigst zu verleihen geruht.

Erledigte Dienststelle.

Die Grubenaufseherstelle bei dem Steinkohlen-Bergbau zu Häring in Tirol mit einem Wochenlohne von 3 fl. 80 kr., einer vierwöchentlichen Proviantfassung zum Limitopreise von 1 Staar Weizen zu 1 fl. 36$^5/_{10}$ kr., 1½ Staar Roggen, per Staar 92$^8/_{10}$ kr. und 10 Pfd. Schmalz zu 17$^5/_{10}$ kr. per Pfd.

Die Diensteserfordernisse sind: gründliche praktische Kenntnisse in den Häuer-, Zimmerer- und Förderer-Arbeiten, die Fähigkeit zur Führung der Schichtenlöhne und Materialienaufschreibung, dann gesunde, kräftige Körperbeschaffenheit. Bei übrigens gleichen Eigenschaften geben Kenntnisse vom Kohlenbergbau, sowie die Befähigung zu kleineren Grubenvermessungen den Vorzug. — Eigenhändig geschriebene Gesuche sind binnen vier Wochen bei der Bergverwaltung Häring einzubringen.

Diese Zeitschrift erscheint wöchentlich einen Bogen stark mit den nöthigen artistischen Beigaben. Der Pränumerationspreis ist jährlich loco Wien 8 fl. ö. W. oder 5 Thlr. 10 Ngr. Mit franco Postversendung 8 fl. 80 kr. ö. W. Die Jahresabonnenten erhalten einen officiellen Bericht über die Erfahrungen im berg- und hüttenmännischen Maschinen-, Bau- und Aufbereitungswesen sammt Atlas als Gratisbeilage. Inserate finden gegen 8 kr. ö. W. oder 1½ Ngr. die gespaltene Nonpareillezeile Aufnahme. Zuschriften jeder Art können nur franco angenommen werden.

Druck von Carl Fromme in Wien. Für den Verlag verantwortlich Carl Reger.

№ 23. XVII. Jahrgang.

Oesterreichische Zeitschrift

für

Berg- und Hüttenwesen.

1869. 7. Juni.

Verantwortlicher Redacteur: Dr. Otto Freiherr von Hingenau,

k. k. Ministerialrath im Finanzministerium.

Verlag der G. J. Manz'schen Buchhandlung (Kohlmarkt 7) in Wien.

Ueber electrische Zündung.

In den Gruben der Wolfsegg-Traunthaler Kohlenwerks- und Eisenbahn-Gesellschaft wurden Versuche abgeführt, welche den Zweck hatten, die Schüsse mittelst Electricität zu entzünden. Zu diesem Zwecke diente der von Siegfried Marcus in Wien construirte Apparat.

Es ist schwer, sich Verhältnisse zu denken, unter welchen alle Vortheile der electrischen Zündüng mehr ausgebeutet werden könnten, als jene sind, welche in den hiesigen Gruben obwalten.

Das Flötz wird pfeilermässig abgebaut, die abbauwürdige Mächtigkeit beträgt in Wolfsegg 7—8 Fuss. Der horizontale Schramm wird $1\frac{1}{2}$ — 2 Fuss von der Sohle entfernt eingehauen, die Brust fällt auf zwei Schüsse, von denen der erste in ungefähr 5 Fuss, der zweite in $6\frac{1}{2}$ Fuss Höhe von der Sohle aus angebracht wird; das Sohlflötz (Bodenfuss) wird aufgeschossen.

Die Festigkeit der First würde es erlauben, Pfeiler von 5 Klafter Breite und 10 Klafter Länge nach der Breitendimension allmählig zu unterschrammen. Der Vorgriff beträgt 3 Fuss, und es wäre möglich, diesen Vorgriff (33 Cubikklafter = 350 Ctr.) mit 12 Schüssen (3 Pfd. Pulver) zu werfen. Da die Bohrlöcher mittelst Schneckenbohrer gemacht werden, so liesse sich auch durch Anwendung der excentrischen Bohrer, welche in den Abhandlungen des nieder-österreichischen Gewerbe-Vereins, Jahrgang 30, Nr. 15, Pag. 228 kurz berührt sind und anderorts versuchsweise mit günstigen Erfolgen in Anwendung kamen, ein erweiterter Raum zur Aufnahme des Pulvers im Bohrloche herstellen und es wäre demnach die centrale Entzündung nahezu erreicht, nebst allen übrigen Bedingungen zur vortheilhaftesten Ausnützung des Pulvers*). Leider zeigte sich der obenbesagte Apparat mit Rücksicht auf die Entzündung nicht verlässlich, was umsomehr zu bedauern ist, als derselbe in jeder anderen Beziehung allen Ansprüchen gerecht wird, welche der Bergmann an einen solchen stellen kann.

Der hier in Benützung stehende Apparat sollte nach Angabe des Herrn Siegfried Marcus mindestens 7 Schüsse gleichzeitig entzünden; er wiegt 25 Pfd, ist also leicht transportabel, stark in seiner Construction, bedarf keiner Füllung und Reinigung, und bleibt unbeeinflusst von der Feuchtigkeit der Grubenluft.

Von den gemachten Versuchen will ich nur einige besonders instructive hervorheben.

Da wir anfangs keine Erfahrung hatten über die Haltbarkeit der First bei gleichzeitigen Abthun mehrerer Schüsse, so wurde der erste Versuch nur mit drei Bohrlöchern gemacht. Die Entzündung der drei Schüsse war vollkommen gleichzeitig, die 3 Klafter lange, 3 Fuss tief unterschrammte Brust wurde geworfen, die First blieb fest, auffallend war die geringe Rauchentwicklung.

Durch diesen Versuch zu den besten Hoffnungen berechtigt, gingen wir weiter, und zwar bis auf 5 Bohrlöcher; schon hier war das Resultat ungünstig. Die Bohrlöcher waren in einer horizontalen Reihe angebracht, es entzündeten sich das 1., 2. und 5., das 3. und 4. war übersprungen. Die Brust blieb zu Folge dessen hängen; als wir den 3. und 4. Schuss allein mit dem Apparat in Verbindung setzten, entluden sich auch diese, jedoch ohne die Brust zu werfen, sie war von den zuerst entzündeten Schüssen horizontal gespalten, zu Folge dessen die Gase der Schüsse 3 und 4 wirkungslos blieben.

Nachdem mehrere Versuche ähnliche ungünstige Resultate ergaben, probirten wir einige Entzündungen über Tag, um die Isolirung besser im Auge halten zu können, aber auch hiebei zeigte sich der Apparat als unverlässlich. Während das eine Mal 7 Zündkapsel sich gleichzeitig entluden, fand ein zweites Mal wieder ein Ueberspringen einzelner Kapsel statt. Weitere Versuche ergaben gemischte Resultate. Wir versorgten uns mit bestmöglichst isolirten Leitungsdrähten und es wurden fernerhin die Versuche nur mit Rücksicht auf vollkommene Isolirung durchgeführt, die Resultate aber blieben dieselben; einzelne Versuche hatten günstige, die meisten aber ungenügende Erfolge.

Herr Siegfried Marcus machte uns noch auf Eines aufmerksam: Bei Füllung der Zündkapsel kann es vor-

*) Siehe Berg- und hüttenmännisches Jahrbuch, XVI. Band: Ueber die Theorie der bergmännischen Sprengarbeit, von Rziha.

kommen, dass die Zündmasse den für sie bestimmten Raum nicht vollkommen ausfülle, wodurch bei Versetzen des Bohrloches die Zündmasse sich von dem Uebersprungspunkte des Funkens entfernen würde. Diesem Uebelstande war leicht zu begegnen. Wir bogen die Kapsel um 180°, wodurch sie so zu sagen auf den Kopf zu stehen kam, und konnten nun von dem Besetzen des Schusses ein Andrängen der Zündmasse an den Uebersprungspunkt des Funkens erwarten. Die Resultate wurden aber nicht günstiger.

Nachdem durch Drehung der Zündkapsel, durch Anwendung vollkommen trockenen Besatzes und durch die beste Isolirung der Leitungsdrähte Alles geschehen war, um die Wirkung des Apparates zu begünstigen, die Resultate aber trotzdem sehr wechselnd blieben, so konnte man nur mehr den Schluss ziehen, es sei der Funke zu schwach oder, was wohl auf Eines hinauskommt, die Zündmasse für diesen Funken zu wenig empfindlich.

Da aber der Funke, um in einer Reihe von 7 Schüssen auch nur einen zu entzünden, in jeder Kapsel überspringen muss, da ein Ueberspringen des Funkens, ohne die Zündmasse zu berühren, durch das Drehen der Kapsel nicht mehr denkbar ist, da ferner einzelne Schüsse sich fast jedesmal entzündeten, andere mitten in der Reihe liegende aber unentzunden blieben, so lässt sich nur auf eine verschiedene Empfindlichkeit der Zündmasse in den einzelnen Kapseln schliessen.

Herr Siegfried Marcus versprach uns einen seiner stärkeren Apparate zu senden, und ich werde nicht ermangeln, über die mit demselben erzielten Resultate zu berichten.

Wolfsegg, am 22. April 1869.

Ant. Russegger.

Chemisch-technische Notizen vom Salinen-Betrieb.

Nr. 6. Verbrennungs-Versuche von 3 Sorten Traunthaler Lignit mit und ohne Gebläsefeuerung im Jahre 1864*).

Diese Lignit-Sorten bestanden

a) aus gesiebten Lignit zu 60 — 80% Klein unter 9''' Stangengitter,

b) aus ungesiebten Lignit zu 90—95% Klein unter 9'' Stangengitter,

c) aus Lignit-Gries, alles Klein unter 3''' Stangengitter.

Die gestellte Aufgabe war die möglichst genaue Bestimmung des relativen Werthverhältnisses der drei genannten Lignitgattungen unter sich und zu Fichtenholz

Die Versuchspfanne hatte 133 Quadratfuss Fläche, 2 Oefen mit Treppenrösten, jeder 3 Fuss breit, 4 Fuss tief, zusammen 24 Quadratfuss Rostfläche, Neigungswinkel des Rostes gebrochen von 25 auf 41° ansteigend. Die unterste Treppe 7 Fuss vom Pfannenboden. Vorne an der Brust des Ofens ein Fülltrichter mit Schubvorrichtung zum Nachschürren der Kohle. Schlotthöhe 70 Fuss.

Die erreichten Resultate sind in nachfolgender Tabelle zusammengestellt, wobei bemerkt wird, dass das ganze zum Sud abgegebene Lignitquantum genau ausgewogen wurde.

*) Dieser Artikel sollte eigentlich vor dem in Nr. 18, S. 141 publicirten Artikel veröffentlicht werden, blieb aber durch Zufall zurück, und es wird daher gebeten, denselben im Zusammenhang mit dem in Nr. 18 zu lesen oder doch dieses Zusammenhanges sich gefälligst zu erinnern. Die Red.

Post-Nr.		Versuchstage	Lignit verbrannt: nasses	trockenes	Phisical. und chemische Eigensch. des Lignits. Derselbe enthielt: Staub und Klein bei Stangengitter von		Kohlenstoff	Asche	Nässe	Temperatur: im Schlott	im Freien	der Soole vom Berg	Salzgehalt der versottenen Soole	Salzerzeugung: im Ganzen		mit 110 ℔ nassen Lignit	trockenen Lignit	Kohlenstoff	Wasser-Abdampfung in Pfanne + Dörre —: mit 1 ℔ nassen Lignit	mit 1 ℔ Kohlenstoff
			Gewicht		3'''	9'''	%	%	%	°R.	°R.	°R.	%	Ct.	℔	℔	℔	℔	℔	℔
	A. Bei natürlichen Essenzug																			
I.	mit gesiebten Lignit vom 3. Mai bis 9. Sept. 1864	83·4	9513	6469	43	74	34·14	9·44	32	75	+15	+14	26·39	12.609	90	132	194	388	3·43	10·0
	B. Bei Gebläsefeuerung.																			
II.	mit gesiebten Lignit vom 9. bis 22. Jänner 1865	12·7	1581	1019	37	79	28·85	9·00	35·5	146	—1·06	+1	26·37	1.974	30	125	194	432	3·23	11·
III.	mit ungesiebten Lignit v. 14. Oct. bis 9. Nov. 1864	27	3037	2004	67	92	30·0	14.7	34	104	+7·3	+6·5	26·25	3.643	50	120	181	400	3·12	10·
IV.	mit Lignit-Gries vom 17. Nov. bis 25. Nov. 1864	8	694	423	100	—	31·45	7·15	39·04	62	+3·7	+3	26·25	577	30	83	136	264	2·16	6

Die Versuche mit gesiebten Lignit bei natürlichen Essenzug fanden in der wärmsten, die mit Gebläsefeuerung leider in der kältesten Jahreszeit statt. Es dürfte demnach, um ein klares Bild über die gewonnenen Resultate dieser 4 Versuchsgruppen zu erhalten, zweckdienlich sein, alle jene Umstände, welche auf die einzelnen Versuche für sich und in ihrem Verhältnisse zu den andern störend einwirkten, näher zu beleuchten.

ad. I. Die ganze erste Versuchsreihe umfasst 7 Sude Mit einem Centner gesiebten Lignit, welcher nach den Proben des k. k. Hauptprobiramtes durchschnittlich

34·14% Kohlenstoff,
9·44 „ Asche und
32 „ Nässe, ferner nach häufig vorgenommenen Ueberreiterungs-Versuchen 70 Proc. Klein unter 9‴ hielt, wurden 132 Pfd. Salz erzeugt.

Aus diesem und der durch 11 Semester eingehaltenen Durchschnitts-Erzeugung von 32 Ctr. Salz per 1 Wr. Klafter Fichtenholz wurde das Aequivalent $\frac{3200}{132} = 24\frac{1}{4}$ Wr. Centner gesiebten Lignit bestimmt.

Da 1 Wr. Klafter lufttrockenes Fichtenholz gewöhnlich zu 878 Pfd. Kohlenstoff angenommen wird, obige 24·25 Ctr. Lignitklein × 34·14 Proc. C aber nur 838 Pfund C geben, so dürfte eine Erzeugung von 132 Pfd. Salz per 1 Ctr. gesiebten Lignit mit durchschnittlich 32 Proc. Nässe als ein sehr günstiges Sudresultat angesehen werden.

ad II. Dieser ersten Versuchsreihe mit gesiebten Lignit bei natürlichen Essenzug steht als Gegenversuch die, sub. Post II, mit Gebläsefeuerung abgeführte 13tägige Campagne gegenüber.

Das zu diesem Sud zugeführte Quantum von gesiebten Lignit war schlechterer Qualität, denn es hatte durchschnittlich nur 28·85% Kohlenstoff, also 5·29% weniger,

9·00 „ Asche,
35·5 „ Nässe, „ 3·5 „ mehr,
79 „ Klein unter 9‴.

Ofenzustellung, Neigungswinkel und Grösse des Rostes blieben gleich wie bei I, die Ofenbrust wurde geschlossen und in den dadurch gebildeten Raum der Gebläsewind eingeleitet. Tägliche Schürrung u. z. 125 Ctr. Lignit.

Als Betriebs-Ausschlag ergab sich 125 Pfd. Salzerzeugung mit 1 Ctr. gesiebten Lignit, scheinbar ein bedeutend schlechteres Sudresultat als vorhin sub. Post I ausgewiesen wurde, allein bei gründlicher Beurtheilung ein unbedingt besseres; denn reducirt man die Sudausschläge auf 1 Ctr. trockenes Brennmaterial, so ergibt sich beiderseits die gleiche Ziffer von 194 Pfd. Salzerzeugung. Reducirt man aber dieselben auf die Erzeugung mit dem im aufgebrannten Lignitquantum enthaltenen Kohlenstoff, was eigentlich das einzig richtige ist, um den Effect verschiedener Feuerungsapparate bei nicht gleichem Brennmaterial beurtheilen zu können, wie eben der vorliegende Fall beweist, so entfällt auf 1 Pfd. Kohlenstoff bei I mit natürlichen Essenzug 388 Pfd.,
bei II mit Gebläsefeuerung . . 432 „ Salzerzeug.

Beim Vergleich dieser beiden Versuche ist aber noch weiters zu berücksichtigen, dass bei Versuch I

Hältigkeit der Soole durchschnittlich 26·39%
Temperatur der Luft . . . . . . + 15° R.
„ „ Soole vom Berg + 14° R.

Versuch II

Hältigkeit der Soole durchschnittlich 26·37%
Temperatur der Luft . . . . . . — 1° R. = 16° Diff.
„ „ Soole vom Berg + 1° R. = 13° „
war.

Durch letzteren Umstand wurden die Sudresultate dieses Gegenversuches nicht wenig gedrückt; es mussten 11.840 Cubikfuss Soole erst in der Pfanne um die Differenz von 13° R. erwärmt werden, um nur einmal jene Temperatur zu erreichen, welche die Soole bei den in den Sommermonaten abgeführten Versuchen bereits schon vom Berg her hatte. Hiezu waren u. z. 13,006 200 Calorien nothwendig, die in Holz verwandelt $3^{83}/_{100}$ Wr. Klafter, d. i. 98 Ctr. gesiebten Lignit gleich sind. Man würde daher wahrscheinlich, wenn der Versuch II mit Gebläsefeuerung in den Sommermonaten abgeführt worden wäre, mit 1 Ctr. dieses Lignitkleins, ungeachtet geringeren C gehaltes $\frac{197430}{1581-98} = 133$ Pfd. Salz erzeugt haben, oder bei gleichen C gehalt wie Post I 34·14 × 432 = 147 Pfd., daher entfallen auf 1000 Ctr. Salzerzeugung mit gesiebten Lignit der Qualität von Post I bei natürlichen Essenzug . . . . 757 Ctr.
mit Gebläsefeuerung hingegen nur . . . . . 680 „
das ist Ersparung an Brennmaterial per 1000 Ctr. Salz . . . . 77 „
Lignitklein, à Centner loco Haller Bahnhof 48 kr. öst. W. = 37 fl.

Es ist natürlich, dass diese Ziffern, da die beiden Gegenversuche unter so heterogenen Umständen abgeführt wurden, nicht als fine Grössen, sondern nur als Resultat eines jedenfalls theoretisch begründeten Calculs hingestellt werden können.

Uebrigens wären noch die folgenden Umstände in Erwägung zu ziehen:

1. Werden die Sudausschläge in den Wintermonaten durch das vom Dampfhut herabfallende Condensations-Wasser etwas gedrückt.

2. War wegen Wassermangel durchschnittlich nur 5‴ Windpressung, während der gute Betrieb 8 — 9‴ fordert.

3. War die durchschnittliche Schlott-Temperatur bei dem Versuch mit Gebläsewind . . . . 146° R.
bei dem mit Essenzug aber nur . . . . 75° R.
bei letzterem wurde demnach die erzeugte Wärme normal ausgenützt.

Die Ursache der bei Gebläsefeuerung höheren Schlott-Temperatur per 146 — 75 = 71° R. kann nicht in der grösseren täglichen Lignit-Schürrung liegen, weil gerade bei dieser Feuerungsart stündlich nur 150 Pfd C., während bei der anderen wegen besserer Lignitqualität 162 Pfund C zur Verbrennung kamen. Der Grund muss daher in der viel besseren Verbrennung des Materials und in der nicht gehörigen Ausnützung der erzeugten Wärme bei ein und derselben Pfannengrösse gesucht werden.

Versuche über das Einführen von Kohlen- und Graphitpulver in die Bessemer-Arbeit.

Im November 1868 beschäftigte sich der damals dem Bergwesens-Departement des Finanzministeriums zugetheilt gewesene Bergwesens-Expectant H. Brunner (jetzt Lehrer an der Berg- und Hüttenschule in Leoben), angeregt durch einen Antrag im Verein der Eisenindustriellen, für ein Mittel zur Verwendung weissen Roheisens beim Bessemerprocess, mit der Idee, durch Einblasen von Kohlenstoff in Form von Graphitpulver während der ersten (schlackenbildenden) Periode des Bessemerprocesses die Anwendung weisser Roheisensorten für diesen Process möglich zu machen. Er fasste schliesslich seine Ideen in einem Artikel zusammen, welchen er mir, als Redacteur dieser Zeitschrift, übergab, wobei er aber zu erwähnen nicht unterliess, dass der Grundgedanke, Kohlenstoff in Form von Kohlenpulver der Bessemer-Manipulation zuzuführen, vom Eisenwerks-Director E. Stokher in Neuberg bereits mit Erfolg versucht worden sei. Um aber nicht mit blos theoretischen Vorschlägen aufzutreten, glaubte ich auf dem für Versuche und Verbesserungen im Bessemerverfahren besonders geeigneten und dazu bestimmten Staats-Eisenwerke Neuberg vorerst einen praktischen Versuch zu veranlassen und suspendirte die Publication jenes Artikels bis zur Abführung dieses Versuches, welcher vom Finanzministerium am 20. November 1868 dem Eisenwerke in Neuberg empfohlen wurde. Die Versuche begonnen auch noch im November und wurden nebst einigen Parallel-Versuchen mit Kohlenstaub im November und December 1868 durchgeführt. Nun liegen die Berichte über diese Versuche vor, die wir allerdings nicht für ganz abgeschlossen halten, aber umsomehr uns veranlasst finden, sie zu veröffentlichen, weil sie nicht den gewünschten Erfolg hatten und daher zu weiterem Nachdenken auffordern. Wir wollen nun vorerst die Vorschläge des Herrn Brunner, dann den Bericht des Hüttenverwalters Herrn Schmidhammer, beide in thunlichst ausführlichem Auszuge vorführen. O. H.

Bis jetzt, so schreibt uns Herr Brunner, gelang es blos, graues Roheisen mit gutem Erfolge dem Bessemerprocesse zu unterwerfen, während bei weissem Roheisen, selbst bei Spiegeleisen ein vortheilhaftes Resultat noch nicht erzielt wurde. Da das graue Roheisen bekanntermassen ausser chemisch gebundenem Kohlenstoff noch mechanisch in Form von Graphit ausgeschiedenen Kohlenstoff enthält und sich durch letzteren von den weissen Roheisensorten unterscheidet, so würde das vorgeschlagene Verfahren auf künstliche Weise den dem zur Verwendung kommenden weissen Roheisen fehlenden Kohlenstoff beiführen.

Die Gestehungskosten des mittelst dieses Verfahrens erzeugten Stahles glaubt Herr Brunner niedriger annehmen zu dürfen als jene des Stahles, welcher gegenwärtig mittelst des Bessemerprocesses aus grauem Roheisen erzeugt wird, und gibt sich der Erwartung hin, dass die Qualität des Stahles nicht beeinträchtigt werden würde.

Herr Brunner calculirt wie folgt:

Während z. B. auf dem ärarischen Werke in Neuberg zur Erzeugung von weissem Roheisen 10 Cubikfuss Holzkohle per Centner Erzeugung erforderlich sind, so sind bei Erzeugung von grauem Roheisen 18—20 Cubikfuss Holzkohle nöthig.

Es zeigt sich demnach bei Erzeugung von Graueisen ein Mehraufwand von 8 – 10 Cubikfuss Holzkohlen.

Wenn der Cubikfuss Holzkohle mit 8·5 kr. berechnet wird, so repräsentirt dieser Mehrverbrauch die Summe von 68 — 80 kr., abgesehen von der geringeren Production bei Erzeugung grauen Roheisens gegenüber von weissem, die sich ungefähr wie 2:3 verhält.

Der als Graphit ausgeschiedene Kohlenstoff beträgt bei den grauen Roheisensorten durchschnittlich 3 Proc. Gesetzt, es wäre nothwendig, sämmtlichen als Graphit ausgeschiedenen Kohlenstoff beim Bessemern mit weissem Roheisen durch Graphit zu ersetzen, so wäre für jeden Centner weissen Roheisens 3 Pfd. Graphit erforderlich und für einen Einsatz von 60 Ctr. 180 Pfd.

Ein Centner Graphit für diese Art der Verwendung kostet 2 – 3 fl.; somit würden die Kosten des Graphit-Einblasens 6 — 9 kr. für einen Centner Roheiseneinsatz sich belaufen und für einen Einsatz von 60 Ctr. auf 3 fl. 60 kr. bis 5 fl. 40 kr. zu stehen kommen.

Es ergibt sich demnach gegenüber den jetzigen Gestehungskosten eine Differenz zum mindestens von 59 bis 71 kr.

Wie überhaupt muss jedoch insbesondere bei Anwendung von weissem Roheisen dahin gewirkt werden, dass das Roheisen möglichst rasch vom Abstiche in die Retorte gebracht werde und sowohl die Roheisenpfanne als der Converter selbst aufs beste angewärmt werde.

Wenn bei Verwendung von Graueisen zum Bessemern zum Vorwärmen der Retorte, der Pfannen und Rinnen per Centner Stahl 0·85 Cubikf. Holzkohle und 15·6 Pfund Coaks erforderlich sind, so dürften zu einem besseren Vorwärmen der Retorte etc. beim Vorbessemern von weissem Roheisen 1 Cubikfuss Holzkohle und 16—17 Pfd. Coaks per Centner Stahl nöthig sein.

Der Preis für 0·2 Cubikfuss Holzkohle = 1·7 kr. und 0·4 Pfd. bis 1·4 Pfd. Coaks (den Centner Coaks zu 1 fl. gerechnet) = 0·4 — 1·4 kr. ist demnach von der Differenz der Gestehungskosten, die sich zu Gunsten der Anwendung von Einblasen von Graphitstaub ergibt, in Abzug zu bringen.

Es resultirt demnach ein Ersparniss bei der angegebenen Methode von 55·9 kr. bis 67·9 kr. per Centner Stahl.

Herr Brunner beruft sich, nachdem er eine kurze Beschreibung des einfachen Apparates zur Einführung des Graphitpulvers gegeben, welche wir hier weglassen, auf eine Methode, welche bereits längere Zeit in Neuberg in Anwendung ist und auf welches Verfahren der dortige k. k. Director, Ober-Bergrath Eduard Stockher, ein Privilegium besitzt.

Nach diesem Verfahren lässt man, falls das zum Vorbessemern anzuwendende Roheisen nicht vollkommen gekohlt ist, also nicht hinlänglich grau ist, mit dem Gebläsewind durch die Fern der Retorte gewöhnlichen Holzkohlenstaub in die flüssige Roheisenmasse einführen. Dieses Verfahren hat auch ganz erfolgreiche Resultate erzielt. Brunner erwartete aber vom Einblasen von Graphit gegenüber dem von Holzkohlenstaub entschiedene Vortheile, welche Erwartung er einerseits in der ausserordentlich schweren Verbrennlichkeit des Graphites, anderseits aber in dem Umstande begründet, dass der Graphit eben jener allotropische Kohlenstoff ist, welcher im grauen Roheisen ausgeschieden erscheint und in Folge dessen eine grössere Affinität zum Eisen hat, als der erst in Graphit umzuwandelnde Holzkohlenstaub.

Dass Graphit vom weissen Roheisen absorbirt werde, hat Herr Brunner durch mehrere Versuche im Kleinen constatirt. Wenn in Graphittiegeln, in deren Boden Graphit im

Verhältnisse von 3:97 eingestampft wurde, weisses flüssiges Roheisen gegossen wird, so wird dasselbe nach dem Erstarren grau.

Auf diese Argumentation gestützt, glaubte Brunner praktische Versuche vorschlagen zu können, wofür auch er Neuberg besonders geeignet hielt, weil dort die Einrichtungen zum Einblasen des Kohlenstaubes bereits vorhanden sind.

Ueber die abgeführten Versuche berichtete vor mehreren Wochen der k. k. Hüttenverwalter in Neuberg Herr Schmiedhammer Folgendes:

1. Zu den Versuchen wurde Graphit erster Sorte aus den fürstlich Schwarzenberg'schen Gruben verwendet und zwar in möglichst feiner Pulverform.

2. Bei der ersten Versuchs-Charge wurden 50 Pfd. Graphit eingeblasen, oder bei 1 Proc. des in den Converter eingetragenen Roheisens. Bei den nächsten Chargen wurde mit dem Graphit auf 2, 3 und 4 Proc. gestiegen.

3. Bei der dritten und vierten Versuchs-Charge wurde je eine Parallel-Charge mit dergleichen Roheisengattung und unter möglichst gleichen Umständen und unmittelbar darauf ausgeführt, statt Graphit aber gleiche Gewichtsmengen von Kohlenstaub eingeblasen.

4. Das zu den Versuchen verwendete Roheisen wurde von den hiesigen Vorräthen entnommen, welche aus gerösteten Altenberger Spatheisenstein mit Holzkohle erblasen waren und im Cupolofen mit Ostrauer Coaks umgeschmolzen, und zwar um die gewünschte Roheisen-Gattung im Voraus auswählen zu können.

5. Mit Rücksicht auf die früher gemachten Erfahrungen, nach welchen es bis jetzt nicht gelungen ist, ganz weisses Roheisen mit Vortheil zu verarbeiten, wurde zu den Versuchen eine solche Roheisen-Nuance gewählt, welche, in getrockneten Sandformen gegossen, mehr dem grauen, in Eisenformen gegossen, aber sehr stark dem weissen Roheisen sich nähert, und somit in der Mitte steht zwischen tiefgrauen Roheisen und guten strahligen Flossen.

6. Die Versuche wurden in der kleineren Retorte Nr. 1 abgeführt, und zwar um mit geringeren Qualitäten arbeiten zu können.

7. Der Verlauf der Chargen ist in dem anruhenden Manipulations-Ausweise dargestellt und die beobachteten Erscheinungen im Nachstehenden skizzirt.

Betriebs-Ausweis

über die mit hohen k. k. Finanz-Ministerial-Erlass Z. 37.577 von 1868 angeordneten Versuche beim Bessemern mit Einblasen von Graphitstaub, bei Entgegenhaltung von Holzkohlenstaub, unter Verwendung von stark halbirtem Roheisen.

Datum		Chargen-Nr.	Roheisen			Erzeugung							Ausbringen aus 100 Pfd. Roheisen					Dauer in Min.			
Monat	Tag		Nr.	Einsatz in die Retorte Wr. Ctr.	Zusatz in Ctr.	Gussblöcke Qualität I.	Gussblöcke Qualität II.	Gussblöcke Qualität III.	Abfälle	Schalen	Auswurf	Härte-Nr.	Gussblöcke	Abfälle	Schalen	Auswurf	Verlust	der ersten Periode	der ganzen Charge	Eingeblasener Graphit in Pfund	Dauer d. Einblasens
A. Graphit.																					
November . . .	27.	891	7	48·00	2·40	—	—	35·95	0·50	0·75	4·00	VI. w.	71·33	0·99	1·48	7·93	18·26	5	17½	50	6
" . . .	28.	895	7	48·00	1·40	—	—	23·75	0·20	6·00	9·00	VII.	48·08	0·40	12·14	18·21	21·15	4	17	100	4½
December . . .	1.	904	7	46·00	2·10	—	—	38·30	0·30	1·40	2·00	VII.	79·63	0·62	2·91	4·15	12·68	6	20	150	7
" . . .	12.	949	7	48·00	2·90	—	40·10	—	0·20	0·70	1·80	VI.	78·78	0·39	1·37	3·53	15·91	5	19	200	6
B. Kohlenstaub.																				Kohlenstaub	
December . . .	1.	905	7	50·50	2·40	47·20	—	—	0·20	—	—	VII.	89·22	0·3[illegible]	—	—	10·39	14	27	200	12
" . . .	12.	950	7	54·00	2·90	50·20	—	—	0·20	—	—	IV.	88·22	0·35	—	—	11·42	11	22	200	10

Bei Charge 895: Zusatz wegen des grösseren Auswurfes absichtlich geringer; dafür bei den Chargen 949 und 950 grösser, um härtere Nummern zu erzeugen.

Charge 895: 6·00 Ctr. Kamineisen.

Vergleicht man die Ergebnisse der sechs Versuchs-Chargen, so wird man zu folgenden Schlüssen geführt:

Graphit, durch die Fern in den Converter geblasen, scheint nicht geeignet, den im Roheisen fehlenden freien Kohlenstoff zu ersetzen. Derselbe scheint im Converter nur unvollkommen oder gar nicht zur Verbrennung zu gelangen. Dieses zeigt sich auch an der Flamme, welche aus dem Converter tritt und welche er in dem Masse verdunkelt und gleichsam mit einer Wolke von Staub umhüllt, als er in mehr oder minder grosser Quantität eingeblasen wird.

Die Dauer der ersten Periode wird durch denselben nicht verlängert und es tritt die Kochperiode in derselben Zeit ein, wie dieses bei gleicher Roheisengattung auch ohne eingeblasenen Kohlenstaub zu geschehen pflegt. Bei Anwendung des Letzteren hingegen tritt immer eine mehr oder weniger beträchtliche Verlängerung der ersten Periode ein, wodurch eben der Neigung des Roheisens zum Auswurfe vorzugsweise entgegengearbeitet wird. Der Gang der Charge ist auch dann nicht hitzig, selbst wenn das halbirte Roheisen sehr hitzig im Cupolofen umgeschmolzen wurde.

Das Product hat alle Eigenschaften, wie es bei einer völlig unhitzigen Charge fällt, der Stahl ist beim Giessen sitzend, bei der Schmiedeprobe kurz, d. h. in heller Rothglühhitze bis zur Weissglühhitze brüchig, die Schlacke ist zähflüssig.

Der Auswurf ist durchwegs ziemlich bedeutend, in der Stahlpfanne bleiben nach dem Gusse mehr oder weniger starke erstarrte Reste von Stahl („Schalen") zurück.

Aus dem aufgenommenen Wind-Diagrammen war zu ersehen, dass man in der zweiten Periode mit der Windpressung bedeutend herabgehen musste, um die Menge des Auswurfes einigermassen zu vermindern; indessen man bei den Chargen 904 und 949 nur ganz wenig mit der Pressung zurückging.

Dagegen haben die Chargen 905 und 950, welche mit Holzkohlenstaub ausgeführt wurden, in sonstiger Beziehung aber unter ganz gleichen Umständen wie die Chargen 904 und 949 in Allem sich ganz normal verhalten. Die Dauer der ersten Periode verhielt sich analog wie bei grauem Roheisen. Der erzeugte Stahl verhielt sich bei allen Proben vollkommen entsprechend, die Schlacke war dünnflüssig, eine der wichtigsten Bedingungen eines guten Verlaufes der Charge.

Als Anhang mag nur noch Einiges über die mehrfach erwähnte Methode des Einblasens von Holzkohlenstaub erwähnt werden:

Die ersten Versuche begannen gegen Ende des I. Semesters 1867. Die Versuche wurden mit grosser Vorsicht begonnen, und selbst im II. Semester 1867, in welchem der Kohlenstaub schon regelmässig fast bei allen Chargen angewendet wurde, hat man es vermieden, rasch in ein halbirtes Roheisen überzugehen, um bei dem Mangel an Erfahrungen ja nicht die Qualität des Stahles zu beeinträchtigen.

Als ein entschiedener Erfolg dürfte bezeichnet werden, dass es bei Anwendung von Kohlenstaub möglich ist, ein nicht ganz graues bis halbirtes Roheisen beim Bessemern zu verwenden, ohne einen minder hitzigen Gang der Charge und ein durch Auswurf und Schalen vermindertes Stahlausbringen befürchten zu müssen, während man sich aus diesen Gründen mehr an das tiefgraue oder mindestens an das vollkommen graue Eisen halten musste.

Dadurch, dass man beim Hochofenbetrieb nicht mehr genöthigt war, so ängstlich auf graues Eisen hinzuarbeiten, hat sich seit dem II. Semester 1867 eine Ersparung an Holzkohle von 1 Cubikfuss für den Centner Roheisen ergeben, ohne dass dabei die Qualität des erzeugten Stahls nur im Geringsten abgenommen hätte. Das Verfahren wird ununterbrochen fortgesetzt und der Vervollkommnung desselben alle mögliche Sorgfalt gewidmet.

Wir glauben, wie schon gesagt, nicht, dass hiemit die Frage schon abgeschlossen sei, wengleich vorläufig die Versuche nicht zu günstigen Resultaten geführt haben, die Discussion und weiteren Versuche bleiben daher noch offen. O. H.

Ueber bergmännische Arbeiten in bösen Wettern.

Von dem kgl. Berg-Assessor v. Dücker zu Neurode.

Als vor einigen Jahren auf der Steinkohlengrube Flora bei Bochum ein Grubenbrand in einer Wetterstrecke entstand, welcher den Betrieb dieser werthvollen Grube fast ganz hemmte und sehr umständliche, kostbare Arbeiten nach den alten Abdämmungsmethoden veranlasste, da machte ich darauf aufmerksam, dass die neuere Technik bereits Mittel gewähre, welche schnelle, directe Beseitigung eines solchen Uebels ermöglichen. Vergebens versuchte ich es jedoch an den verschiedensten Stellen, eine neue Methode plausibel zu machen, vergebens erbot ich mich, mit dem Aufwand von 500 Thalern das Feuer zu löschen, dessen Schaden schon nach Tausenden mass; vergebens setzte ich meinen Plan in einem öffentlichen Blatte vollständig auseinander. Neue Vorschläge in wichtigen Sachen werden eben, wenn nicht schlagende Beispiele gleich vorgezeigt werden, selten angenommen. Erst jetzt nach 4 Jahren kann ich ein Beispiel der Ausführung aufführen.

Auf der Königin Louise-Grube in Oberschlesien scheiterten im Jahre 1867 an einer Stelle alle alten Mittel, um in bösen Wettern einen nothwendigen Damm gegen ausgedehntes Grubenfeuer auszuführen. Die Verwaltung der Grube, unter Leitung des königl. Berginspectors Broja, verfiel auf denselben Plan, welchen ich früher vergebens vorgeschlagen hatte, nämlich auf denjenigen, Arbeitern frische Luft direct zum Einathmen durch dünne Röhren nachzupumpen und sie so in den bösen Wettern arbeiten zu lassen. Man verschaffte sich einen betreffenden Apparat der Franzosen Rouqayrol und Denayrouze, welcher aus einer Compressionsluftpumpe, 50 Meter Schlauch, Regulator und Nasenklemmer besteht. Der Arbeiter trägt dabei ein Luftreservoir auf dem Rücken, welches durch obigen Schlauch mit der Luftpumpe in Verbindung steht. Aus diesem Reservoir saugt er die frische Luft durch einen $\frac{1}{2}$zölligen Kautschukschlauch und durch ein Mundstück ein, welches er mit den Zähnen festhält. Die Nase wird ihm durch einen Klemmer verschlossen. In solcher Weise ausgerüstet, konnte auf obiger Grube ein Arbeiter ganz unbehindert in giftigen, brandigen Wettern vordringen und nothwendige Verdichtungsarbeiten an einem Feuerdamme ausführen, welche vordem unmöglich gewesen waren.

Der ganze Vorgang ist im letzten Hefte des vorjährigen Bandes der ministeriellen Zeitschrift für Berg-, Hütten- und Salinenwesen durch Herrn Broja ausführlich beschrieben worden. Es ist somit der Beweis geliefert, dass man durch Nachpumpen von Luft in dünnen Schläuchen Arbeiter in stickenden Wettern vorausschicken und mit Vortheil arbeiten lassen kann. Unzweifelhaft lassen sich auch wichtige Rettungsarbeiten bei Unglücksfällen durch schlagende und sonstige böse Wetter in ähnlicher Weise ausführen, wenn man entsprechende Apparate gleich zur Hand hat. Ueber solche Apparate im Allgemeinen möchte ich noch einige Worte hier anschliessen.

Der von Herrn Broja angewandte französische Apparat mit Luftpumpe, Schlauch, Manometer und sonstigem Zubehör kostete in Kiel 384 Thlr. 20 Sgr., und doch erscheint er mir nicht so angemessen für bergmännische Zwecke, als wie der Apparat eines deutschen Fabrikanten, welchen ich damals in Vorschlag brachte und welcher beträchtlich billiger ist. Es fabricirt nämlich Herr Carl Metz in Heidelberg einen selbstconstruirten, vortrefflichen Apparat zum Vordringen in Dampf, Feuer und Qualm. Herr Metz ist ein renommirter Fabrikant von Feuerspritzen und hat derartige Apparate für Rettungsarbeiten in brennenden Häusern vielfach eingeführt.

Der Apparat besteht, abgesehen von der Luftpumpe, als welche Herr Metz eine trockene Brandspritze benutzt, aus einem soliden Helm nebst Brustharnisch, in welchen die frische Luft durch einen Schlauch nachgepumpt wird. Manometer, Reservoir und sonstige Zwischenstücke erscheinen nicht nothwendig. Der Helm gewährt jedenfalls den Vortheil, dass man auch in sehr warmer Luft und direct gegen Feuer vordringen kann. Herr Metz offerirte einen solchen Helm nebst 50 Fuss Schlauch für 100 fl. und es fragt sich noch, zu welchem Preise man eine entsprechende Luftpumpe beschaffen kann? Da indessen zu solchen bergmännischen Zwecken durchaus keine hohe Pressung erforderlich ist, so wird eine höchst einfache leichte Luftpumpe in Form einer Handfeuerspritze ausreichen und es wird dieselbe für 20 — 30 Thlr. zu beschaffen sein. Es ist selbst wahrscheinlich, dass man durch einen blossen Schlauch ohne Luftpumpe ziemlich weit selbst Luft ansaugen kann. Hier liesse sich noch ausführen, welche mannigfaltigen Rettungsoperationen durch solche billige Apparate auszuführen sind, doch will ich nur noch durch ein paar Worte andeuten, wie man damit weithin gegen böse Wetter und gegen Grubenfeuer vordringen kann.

Wenn die zu erreichende Stelle sehr fern liegt von dem frischen Wetterwechsel, so lässt man zunächst an dem weitesten, mit dem Apparate zu erreichenden Punkte einen provisorischen Damm aus Holz oder leichtem Mauerwerk ausführen und bringt darauf bis dahin in gewöhnlicher Weise frische Wetter. Durch eine Thür in dem Damme geht man wiederum mit dem Apparate um eine Station weiter und gelangt so schliesslich bis zu den fernsten Punkten. Kleinere Grubenbrände, wie namentlich Streckenbrände, lassen sich dann wohl meistens direct unter Anwendung des Apparates auslöschen und zwar nöthigenfalls mit einer kräftigen Brandspritze.

Solche directe Löschungsarbeiten sind z. B. auf der Braunkohlengrube Vaterland bei Frankfurt a. O. mit Erfolg ausgeführt worden, wenngleich mit grosser Anstrengung und Gefahr der Arbeiter. Dieselben würden bei Anwendung von Apparaten ein leichtes Spiel gewesen sein

Falls die bösen Wetter, in welchen man vordringen will, die Anwendung offener Grubenlichter nicht gestatten, oder dieselben überhaupt ersticken, so wird es nicht schwer sein, geschlossene Lampen an dem Helm oder Harnisch anzubringen und dieselben mit der nachgetriebenen frischen Luft gleichfalls zu versorgen. Einige, wenig kostspielige Versuche würden gewiss bestimmte Regeln für das Verfahren in verschiedenen Fällen ergeben.

Berggeist.

Aus Wieliczka.

Anschliessend an den Bericht in Nr. 22 dieser Zeitschrift entnehmen wir einer Mittheilung vom 30. Mai, dass der befriedigende Gang der 250pferdekräftigen Maschine auch noch den 27., 28. und 29. Mai angehalten hat, dass aber am 30. wieder Störungen eintraten, welche am 31. Mai und 2. Juni wieder eine Einstellung der Wasserhebung veranlassten, um durch Untersuchung der Bestandtheile derselben die Störung zu beseitigen, welche zunächst im Durchblasen des dichten Dampfes durch den Kolben sich zeigte.

Indess ist am 2. Juni die Kastenförderung im Elisabeth-Schacht wieder in Betrieb gesetzt worden, der Wasserstand, der am 26. Mai Morgens mit 1°, 2′, 1″ gemessen worden war, sank bis 30. Mai auf 1°, 1′, 2″ über Horizont „Haus Oesterreich", ist aber durch den zeitweiligen Stillstand der Maschine wieder etwas gestiegen, so dass er am 2. Juni 1°, 1′, 9½″ betragen hat, was den Effect der vorigen Woche abschwächte, indem sich dadurch das Gesammtsinken des Wassers vom 26. Mai bis 2. Juni auf (1°, 2′, 1″—1°, 1′, 9½″=) 3½″ reducirt.

Nach einem am 4. Juni eingelaufenen Bericht ist aber am 3. Juni die Maschine wieder in regelrechten Gang gewesen und gleichzeitig die Kastenförderung in Thätigkeit gekommen. Die eingehende Untersuchung der Maschine ergab als Grund der Störung ein Durchlassen des Dampfes durch den Kolben, der entsprechend hergestellt wurde.

Das Albrecht-Gesenk war bis 1. Juni auf 25°, 1′ abgeteuft, immer noch in salzführendem Gebirge. Davon wurden im Monate Mai 5°, 4′ abgeteuft, und es dürfte somit, nachdem noch etwa 10° zum Horizonte des Kloski-Schlages fehlen, das Niveau desselben nahezu um dieselbe Zeit erreicht werden, um welche nach Trockenlegungen des Horizontes „Haus Oesterreich" die Wiedergewältigung des Kloski-Schlages neuerdings wird in Angriff genommen werden können.

Amtliche Mittheilungen.

Aufforderung.

Von der k. k. Berghauptmannschaft zu Kuttenberg wird der Bergwerksbesitzer Josef Friedl hiemit erinnert, dass das unterm 20. Jänner 1864 N.-Exh. 18 verliehene und im Bergbuche des k. k. Kreisgerichtes als Bergsenat zu Kuttenberg auf seinen Namen vorgeschriebene Graphitbergwerk Josefi, bestehend aus zwei einfachen Grubenmassen per 25.088 Quadratklaftern Flächeninhalt bei Trpin, im politischen Bezirke Policka, im Kronlande Böhmen, seit längerer Zeit ausser Betrieb und im Zustande gänzlicher Verlassenheit sich befinde.

Es ergeht demnach bei dem unbekannten Aufenthalte des Obgenannten an selben mit Bezug auf die §§. 170 und 74 a. B. G die Aufforderung, binnen 60 Tagen von der ersten Einschaltung dieses Edictes in das Amtsblatt der Prager Zeitung, dieser k. k. Berghauptmannschaft von seinem Aufenthalte Kenntniss zu geben, oder einen Bevollmächtigten namhaft zu machen, den obigen Graphitbergbau nach Vorschrift des Gesetzes in Betrieb zu setzen, die rückständigen Gebühren per 36 fl. öst. W. zu entrichten, sowie sich über die Unterlassung des Betriebes der obbezeichneten Bergentität um so gewisser anher zu rechtfertigen, als nach fruchtlosem Ablauf obiger Frist nach den Bestimmungen der §§ 243 und 244 a. B. G. wegen fortgesetzter gänzlicher Vernachlässigung sogleich mit der Entziehung obigen Bergbaues vorgegangen werden wird.

Von der k. k. Berghauptmannschaft

Kuttenberg, am 8. Mai 1869.

Edict.

Von der k. k. Berghauptmannschaft in Klagenfurt als Bergbehörde für das Herzogthum Kärnten wird dem Herrn Ignaz Zoppoth, dessen Erben oder sonstigen Rechtsnachfolgern hiemit bedeutet, dass laut der im Wege der k. k. Bezirkshauptmannschaft Hermagor durch die Ortsgemeinde-Vorstehung von Weissbriach gepflogenen Erhebung das im Berghauptbuche auf Namen Ignaz Zoppoth eingetragene, aus dem einfachen Grubenmasse Maria Himmelfahrt-Stollen bestehende Bleibergwerk Kreuzberg im sogenannten Linischen in der Catastral- und Ortsgemeinde Weissbriach, Gerichtsbezirk Hermagor, seit einer langen Reihe von Jahren ausser Betrieb stehe und sich im Zustande der gänzlichen Vernachlässigung und Verlassenheit befinde.

Es ergeht demnach mit Bezug auf die §§. 170, 174 und 228 a. B. G an die Genannten die Aufforderung, binnen 60 Tagen von der ersten Einschaltung dieses Edictes in das Amtsblatt der Klagenfurter Zeitung entweder selbst oder durch den in Gemässheit des §. 224 a. B. G. als Curator ad actum der Empfangnahme bergbehördlicher Erledigungen bestellten Herrn Güter- und Werke-Inspector Carl Hillinger in Klagenfurt dieser k. k. Berghauptmannschaft von ihrem Aufenthalte Kenntniss zu geben, das besagte Bleibergwerk in ordnungsmässigen Betrieb zu setzen, dasselbe bauhaft zu erhalten und sich über die vieljährige Unterlassung des Betriebes um so gewisser hieher standhaft zu rechtfertigen, als nach fruchtlosem Ablauf obiger Frist wegen lange fortgesetzter und ausgedehnter Vernachlässigung nach den §§. 243 und 244 a. B. G. auf die Entziehung des genannten Bergwerkes erkannt werden wird.

Von der k. k. Berghauptmannschaft

Klagenfurt, am 20. Mai 1869.

Das k. k. Ackerbauministerium hat dem Director der Gewerkschaft am Savestrome, Friedrich Langer in Sagor für die, bei Umwandlung der zweiclassigen Werkschule in eine dreiclassige, mit dem Normalunterrichte in Verbindung gebrachten Turnübungen, deren wohlthätige Rückwirkungen auf den Bergbau nicht gering anzuschlagen sind, die Anerkennung aussprechen lassen.

ANKÜNDIGUNGEN.

Berichtigungen

des Aufsatzes „Beitrag zur Theorie des Siebsetzens".

Nr. 21 der Zeitschrift.

Seite 163, Spalte 1, Zeile 1 von oben soll das erste Glied in der Gleichung für K statt statt $k\left(1 = \frac{1}{\delta}\right)$ richtiger $k\left(1 - \frac{1}{\delta}\right)$ geschrieben sein.

Dieselbe Seite und Spalte, Zeile 19 von unten, soll in der Gleichung für G der erste Factor statt $\frac{g}{-}\frac{(\delta - 1}{\delta}$ besser $\frac{g\,(\delta - 1)}{\delta}$ heissen.

Dieselbe Seite, 2. Spalte, kommen in den 3 Gleichungen 16., 14. und 9. Zeile von unten je 2 Zeichen ζ ζ vor, welche grösserer Deutlichkeit zulieb besser durch Klammern (. .), die sie vorstellen sollen, zu ersetzen wären.

Dieselbe Seite und Spalte, 6. Zeile von unten soll in der Gleichung für s der Factor *log. nat. sin.* $(Bt = D)$ richtiger *log. nat. sin.* $(Bt + D)$ geschrieben sein.

Seite 164, 2. Spalte, 28 Zeile von oben soll statt: „dem Wasserstoss" richtiger: „der Wasserstoss" stehen.

Ebenso in der Tabelle IV, Seite 165, Zeile Post-Nr. 4, Rubrik: Differenz der Wege für $^{1}/_{40}$ Secunden Fallzeit statt: 150 richtiger: — 150; Zeile Post-Nr. 10, Rubrik: Durchmesser oder Siebclasse statt: 4·4 richtiger: 4·0, und schliesslich Zeile Post-Nr. 12, Rubrik: Differenz der Wege für $^{1}/_{20}$ Secunden Fallzeit statt: 822 richtiger: 832.

Nr. 22 der Zeitschrift.

Seite 174, Spalte 2, Zeile 25 von oben statt: v - richtiger: $v_1 =$.

Seite 175, Spalte 1, Zeile 17 von oben statt: „in die Feinkornsetzmaschinen" richtiger: in den Feinkornsetzmaschinen". Dieselbe Seite und Spalte, Zeile 26 von oben statt: „Kurbelbewegung" besser: „Kolbenbewegung". Dieselbe Seite, 2. Spalte, Zeile 22 von oben statt: „diese Maschine" richtiger: „diese Maschinen", und Zeile 24 von oben statt: liefert richtiger: „liefern".

Egid. Jarolimek.

Briefkasten der Redaction.

Herrn Th. E. K . . . tz in D . . . . f bitten wir um Titelangabe der in Tausch offerirten „grösseren Industrie-Zeitung".

Diese Zeitschrift erscheint wöchentlich einen Bogen stark mit den nöthigen artistischen Beigaben. Der Pränumerationspreis ist jährlich loco Wien 8 fl. ö. W. oder 5 Thlr. 10 Ngr. Mit franco Postversendung 8 fl. 80 kr. ö. W. Die Jahresabonnenten erhalten einen officiellen Bericht über die Erfahrungen im berg- und hüttenmännischen Maschinen-, Bau- und Aufbereitungswesen sammt Atlas als Gratisbeilage. Inserate finden gegen 8 kr. ö. W. oder $1\frac{1}{2}$ Ngr. die gespaltene Nonpareillezeile Aufnahme. Zuschriften jeder Art können nur franco angenommen werden.

Druck von Carl Fromme in Wien. Für den Verlag verantwortlich Carl Reger.

№ 24. XVII. Jahrgang. Oesterreichische Zeitschrift 1869. 14. Juni.

für

Berg- und Hüttenwesen.

Verantwortlicher Redacteur: Dr. Otto Freiherr von Hingenau,
k. k. Ministerialrath im Finanzministerium.

Verlag der G. J. Manz'schen Buchhandlung (Kohlmarkt 7) in Wien.

Ueber Grubenbeleuchtung und das dazu verwendete Materiale.

Von Eduard Windakiewicz, k. k. Salinenverwalter.

In Nr. 13 ex 1869 der „Oesterreichischen Zeitschrift für Berg- und Hüttenwesen" war in einem Artikel aus Bochnia die Grubenbeleuchtung angeregt; nachdem ich in dieser Richtung Manches versucht und auch manche Erfahrungen mir gesammelt habe, so will ich den Gegenstand vom theoretischen und praktischen Standpunkte näher erläutern helfen.

Der Werth eines Beleuchtungsmaterials im Allgemeinen hängt ab:

1. Von der Menge „Licht", und
2. von dem stattgehabten Verbrauche an „Beleuchtungsstoff" in gleicher Zeit.

Wenden wir nun diese Grundsätze an die bisher bekannten Beleuchtungsmittel an, so rangiren sich dieselben in der nachstehenden Art:

Zur Erzeugung gleicher Lichtmengen sind nach vielen bei der sächsisch-thüringischen Fabrik zu Halle a. d. S. abgeführten genauen Versuchen im Jahre 1858 nothwendig von:

1. Brenngas	1·9	Cubikfuss im Werthe	0·76	kr.
2. Solaröl	1·5	Loth „ „	0·84	kr.
3. Photogen	1·6	„ „ „	—	„
4. Rübsöl	2·2	„ „ „	2·20	„
5. Paraffin	3·1	„ „ „	2.70	„
6. Wachs	3·5	„ „ „	—	„
7. Stearin	3·7	„ „ „	—	„
8. Talg	3·6	„ „ „	3·7	„

wenn der Preis per 1 Ctr. Naphta 18 fl., Rübsöl 32 fl., Paraffin 28 fl. und Unschlitt 33 fl. etc. erreicht.

Von diesen Beleuchtungsmitteln eignen sich nicht unbedingt alle für die Bergbaue, weil die bergmännischen Arbeiten meist jede zerbrechliche und kostspielige Beleuchtungsvorrichtung ausschliessen und eine Standhaftigkeit der Flamme auch beim grösseren Zug erfordern.

Die Beleuchtung in der Grube muss der Arbeit folgen; die Grubenarbeiten sind aber entweder an bestimmte Orte gebunden, fixirt, wie die Arbeit im Füllort, oder mit Ortsveränderung, wie namentlich die Förderung verbunden; aber selbst im letzteren Falle lässt sich die Beleuchtung unter Umständen von der Arbeit trennen, resp. fixiren.

Für fixirte Beleuchtung eignet sich Solaröl (von 0·820—0·830 spec. Gew.), dann rectificirtes Petroleum (von 0·80—0·815 spec. Gew.), Photogen (von 0·815 bis 0·820 spec. Gew.) und Ligroine (von 0·710 spec. Gew.), für ortsveränderliche Beleuchtung in der Grube sind verwendbar: Rübsöl, Paraffin und Unschlitt.

Unter letzteren hat Rübsöl den meisten Beleuchtungswerth und hat sich fast überall den Eingang in der Grube verschafft, was eben sein Vorzug gegen Unschlitt und ähnliche Surrogate, deren Schmelzpunkte nicht weit differiren und die einen weit geringeren Beleuchtungswerth haben, ausserdem noch in offenen Grubenlampen verbrannt werden, deshalb bei jedem Stoss und unvorsichtigem Handhaben des Grubenlichtes mechanischen Verlusten ausgesetzt sind, zur Genüge darthut.

Ich war sehr bemüht, in der Grube dem Petroleum und dem Ligroine (Benzin) wegen ihren grossen Beleuchtungswerthe Eingang zu verschaffen, es ist mir dieses aber nur theilweise bis jetzt gelungen.

Petroleum ist bei der gegenwärtigen Einrichtung der Lampen, wenn es nicht stark russen soll, an den als Zugesse dienenden Glascylinder gebunden*).

Ist die Bewegung, respective Geschwindigkeit der Luft in der Grube grösser als 3 Fuss, was fast gewöhnlich beim Fördern der Fall ist, so russt es den Glascylinder an, und wird, abgesehen von der Zerbrechlichkeit der Vorrichtung durch die sehr starke Beeinträchtigung der Lichtkraft, ganz unbrauchbar.

Hängt man die Lampe auf, wie es bei den Häuer- und Zimmermannsarbeiten der Fall ist, so wird wieder theils durch Aufwirbeln von feinen Gesteinstheilchen durch die Arbeit der Glascylinder auswendig belegt, und weil an Orten, wo solche Arbeiten verrichtet werden, meist

*) Wir haben vor Kurzem eine Anzeige neu erfundener Petroleum-Grubenlampen erhalten, die wir gelegenheitlich zur Sprache bringen werden. — Heute nur eine Notiz. Die Red.

auch nasse Atmosphäre ist, dem Zerspringen in den meisten Fällen ausgesetzt, also in beiden Fällen wird die Lampe zur Beleuchtung untauglich.

Bei den Häuerarbeiten und Förderung konnte ich es nicht in Anwendung bringen, wohl aber bei der Schachtförderung im Füllort, wo sich eine Petroleumlampe nach Ueberwindung mancher Schwierigkeiten vollkommen bewährte.

Es war dies beim Rudolfs-Schachte des Schemnitzer Josefi- 2. Erbstollens.

Die meisten Gesteine in der Grube, wie es hier auch mit dem Syenit der Fall war, sind dunkel und alle rauh, wodurch die Lichtkraft der Beleuchtungsmittel, besonders in hallenartigen Räumen, auffallend herabgesetzt wird, wie ich in dem besagten Füllorte im Jahre 1867 die Erfahrung machte.

Ich war nahe daran, auch hier den Versuch aufzugeben, als mir eingefallen ist, mit etwas dickerem Kalk das Füllort anzuweissen, und der Erfolg war überraschend günstig, so, dass das Petroleum festen Stand gefasst hat, zumal der öconomische Vortheil verhältnissmässig nicht unbedeutend war; denn, so viel ich mich jetzt daran erinnere, waren früher 5—7 Lichter à 6 Loth Rübsöl per 1 Schicht nöthig, während später 1 Lampe à 8 Loth Petroleum mehr als ausreichte.

Aufgemuntert dadurch, versuchte ich auch für die Förderung diese Beleuchtung in der Art verwendbar zu machen, dass ich in den Eisenbahnstrecken in gewissen durch die Oertlichkeit bestimmbaren Distanzen Wandlampen anbringen wollte, doch war die Hauptförderstrecke vom Colloredogang gegen das Füllort circa 600 Klafter lang und das Förderquantum in 12 Ctr. fassenden Eisenbahnhunden kaum 600 Ctr., also ein viel zu ungünstiges Verhältniss, um die Verwendung dieser Lampen in öconomischer Hinsicht für den mir damals zu Gebote stehenden Fall zulässig zu machen.

Ich werde später eine Petroleumlampe ohne Glascylinder, die aber nicht russt, vorschlagen, weil die Billigkeit des Petroleum jede Beachtung verdient.

Uebergehend auf das Ligroine, muss ich zuerst bemerken, dass ich dasselbe bei den Königsberger Gruben und bei Hedwigsstollen in Hodritsch als Beleuchtungsmittel zu verwenden suchte.

Sein Beleuchtungswerth und die eigenthümliche Construction seiner Lampen hat mich sehr bestochen.

Die Flamme hat aber zu wenig Standhaftigkeit, um sie für die Grubenbeleuchtung verwendbar zu machen, wiewohl die Ligroinelampen dadurch, dass die Flüssigkeit in Schwamm eingesogen ist, und dass sie compendiös und sehr billig sind, Vieles für sich haben.

Jeder Bergarbeiter könnte zwei Ligroinelampen haben.

Beim Anfahren würde er die gebrauchte gegen frisch gefüllte auswechseln, wodurch jede Verschüttung, Verschleppung und Verwendung dieses Beleuchtungsmaterials zu anderen als Grubenzwecken ganz beseitigt werden könnte.

Bevor ich schliesse, kann ich doch nicht unerwähnt lassen, dass es, wie jeder erfahrene Bergmann sich überzeugte, nicht genug ist, selbst bei einem und demselben Beleuchtungsmaterial blos das Quantum für eine Schicht zu normiren, sondern es muss damit auch die bestimmte Arbeit ordentlich ausgeführt werden, demnach auch die Qualität des Materials untersucht werden muss, daher es wichtig erscheint, bei jeder Uebernahme von Beleuchtungs-Materialien, die häufig verunreinigt und verfälscht sind, ihren Werth relativ zu kennen, wozu ich nachstehendes einfache Verfahren vorschlagen würde.

Bei jeder Grube sollte auf der Anstaltsstube eine mit weissem ungeglätteten Papier überzogene Tafel von 12 Zoll Breite und 18 Zoll Höhe, die auf einem Tisch senkrecht mit ihrer Höhe zu stellen wäre, vorhanden sein.

In die Mitte der Breite dieser Tafel und 2—3 Zoll von unten wird ein unter einem rechten Winkel gebogener, 2 Zoll abstehender, parallel der ganzen Höhe laufender circa 2‴ dicker, runder Eisenstab, den man früher mattschwarz über einer Lampe hat anlaufen lassen, in ein dafür ausgebohrtes Loch eingesteckt.

Diese höchst einfache Vorrichtung wäre auf einem langen Tische, der durch die Mittellinie in Schuhe und Zolle einzutheilen ist, auf dem einen Ende beim *O*-Punkt aufzustellen, während gegenüber die für gleiche Beleuchtungsmittel immer nämlichen Lampen oder Kerzen zu stellen und nach Erforderniss längs der Eintheilung gegen das andere zu verrücken wären.

Nach den Gesetzen der Lichtlehre steht die Licht-Intensität im quadratischen Verhältnisse der Entfernungen. Die Messung der Lichtintensität kann nur verhältnissmässig durch deren Schatten angegeben werden, wobei der Grundsatz gilt: „das stärkere Licht wirft einen tieferen, das schwächere einen schwächeren Schatten."

Sind die Schatten zweier Beleuchtungsmittel gleich stark, so muss es eine Grösse geben, die die relative Intensität derselben angibt und die Grösse ist die Entfernung.

Schiebt man die zwei ganz gleichen Probelampen, gefüllt mit der nämlichen Art, aber von verschiedener Qualität des Beleuchtungsmaterials, längs der Eintheilung am Tisch, bis die Schatten an der Tafel gleiche Intensität zeigen, was ganz genau wahrzunehmen ist, so ist die Operation mit Ablesen der Entfernungen fertig.

Ein Beispiel wird dieses näher erläutern:

Es soll der Vergleich mit 6er Talgkerzen und 6er Wachskerzen per Pfund und mit Rübsöl in einer Careel'schen Lampe gemacht werden.

Die Entfernung sei bei der Talgkerze = 3·265 Fuss
bei der Wachskerze . . . . = 3·821 „
„ „ Lampe . . . . = 10·000 „
dann verhalten sich die Leuchtstärken, folglich auch Lichtmengen, wie:

$$(3{\cdot}265)^2 : (3{\cdot}821)^2 : (10{\cdot}000)^2 = 10{\cdot}66 : 13{\cdot}61 : 100$$

Wenn die Kerzenflamme in einer Stunde zum Beispiel 8·51 Loth Talg bedurfte und die andere 8·71 Loth Wachs, dann die Lampe 42 Loth Rübsöl, so verhalten sich die Leuchtkräfte wie:

$$\frac{10{\cdot}66}{8{\cdot}51} : \frac{13{\cdot}64}{8{\cdot}71} : \frac{100}{42} = 1{\cdot}253 : 1{\cdot}563 : 2{\cdot}318,$$ und wenn Rübsöl mit 100 angenommen wird, wie

100 : 54 : 67·4.

Kostet beispielsweise:

1 Loth Oel	. . . .	1 kr.
1 „ Talg	. . . .	1·5 kr.
1 „ Wachs	. . . .	4·5 „ ,

so betragen diese Kosten für die Lichtmengen 100 nacheinander

1. für Oel $\frac{100 \times 1}{100} = . . 1$ kr.

2. „ Talg $\frac{100 \times 1{\cdot}5}{54} =$ rund 2·75 kr.

3. „ Wachs $\frac{100 \times 4{\cdot}5}{67{\cdot}4} =$ rund 6·75 kr.

und nach diesen verhalten sich die Talgkerzen zu den Wachskerzen wie: 10·66 : 1361 oder rund wie 7 :9, d. i. es müssen 9 Talgkerzen angezündet werden, um gleiche Helligkeit mit 7 Wachskerzen hervorzubringen.

Diese Versuche sind sehr interessant und werden Jeden befriedigen; ich habe sie in Fünfkirchen beim Ankauf des Rübsöles, das gewöhnlich sehr ungleich war, mit gutem Erfolg angewendet*).

Stebnik, am 4. April 1868.

Sprengversuche mit Dynamit in der Grube.

(Auszug aus: „Ueber Sprengversuche mit dem Nobel'schen neuen Sprengpulver oder Dynamit bei Kurprinz Friedrich August-Erbstollen im Freiberger Revier", Jahrbuch für den Berg- und Hüttenmann auf 1869.)

Um einen Vergleich zwischen der Wirkung des Sprengpulvers und Dynamit bei Anwendung desselben zu Bergbauzwecken ziehen zu können, wurden in der Grube Kurprinz Friedrich August-Erbstollen zwei Förstenstösse von verschiedener Gesteinsfestigkeit als Versuchspunkte ausgewählt.

Die Versuche wurden im Laufe des Jahres 1868 in der Weise ausgeführt, dass vor jedem dieser beiden Förstenstösse einige Wochen lang mit verschiedenen Sprengmaterialien gesprengt wurde. Die Sprengmaterialien, mit welchen die Versuche durchgeführt wurden, waren folgende:

1. Dynamit, 2. gewöhnliches Sprengpulver (Rühn'sches Natronpulver) und 3. sogenanntes Doppelsprengpulver (Kalipulver).

Das Besetzen und Wegthun der Bohrlöcher mit Dynamit geschah nach Anweisung des bei den ersteren Versuchen anwesenden Instructeurs der Firma Nobel, und zwar in der Weise, dass die, je nach der Stärke der Vorlage mit 0·06 bis 0·09 Pfd. Dynamit gefüllte Papierpatrone mit dem hölzernen Stampfer in das Bohrloch eingeführt und stark zusammengestampft wurde. Hienach wurde die Zündschnur, welche am unteren Ende mit einem Zündhütchen versehen und ausserdem in einer 1 bis $1\frac{1}{2}$ Zoll langen mit Dynamit gefüllten Patrone eingebunden war, in das Bohrloch nachgegeben und mit Lehmwolgern (Lehmnudeln) dasselbe vollkommen besetzt. Ohne Wolgerbesatz ist der Versuch sehr ungünstig ausgefallen.

Die Resultate der Versuche sind in nachstehender Tabelle dargestellt und beziehen sich auf die Gewinnung von 1 Cubiklachter anstehendes Gestein.

Versuchsstat.	Benennung des Versuchsortes	Sprengmaterial		Bohrlöcher		Sämmtlicher ergangener Kostenaufwand			Von den Bohrlöchern warfen:		
		Sorte	Menge in Pfunden	Anzahl	Gesammttiefe Zolle	Thlr.	Ngr.	Pfg.	gut in %	mittelmässig in %	schlecht in %
I.	Förstenstoss über der vierten Gezeugstrecke	Dynamit . .	5·208	60	977	17	28	6	80·7	11·3	8
		gew. Pulver	11·060	67	1078	14	6	3	87·2	10	2·8
		Doppelpulver	7·345	60	961	15	1	7	87	9·6	3·4
II.	Förstenstoss über der zweiten Gezeugstrecke (festeres Gestein)	Dynamit . .	9·777	166	2894	46	3	4	84·3	12·3	3·4
		gew. Pulver	19·368	116	1919	28	9	9	87·4	9·8	2·8
		Doppelpulver	18·181	126	2116	29	17	2	80·2	15·7	4·1

Aus der Tabelle ist zu ersehen, dass bei der zweiten Versuchsstation mit Dynamit durchschnittlich 50, resp. 40 Bohrlöcher mehr und 975, bezüglich 778 Zolle mehr Bohrlochstiefen erforderlich waren, als bei gewöhnlichem Pulver und dem Doppelpulver. Der Grund ist aber lediglich nur darin zu suchen, dass zur Zeit, als auf dem Förstenstoss der zweiten Versuchsstation die Versuche mit Dynamit abgeführt wurden, selber enger und minder hoch war, somit dem neuen Sprengpräparate wenig Spielraum zur effectiven Aeusserung geboten war.

Aus der obigen tabellarischen Zusammenstellung lassen sich zwei Hauptmomente zur Beurtheilung des Dynamits gegenüber der beiden anderen Sprengmaterialsorten, betreffs seiner Verwendbarkeit beim Bergbaue, herausnehmen.

I. Das Dynamit überholt bezüglich seines Sprengeffectes die beiden anderen Pulversorten nicht unbeträchtlich, besonders bei den Versuchen in II.

II. In pecuniärer Beziehung jedoch ist der Kostenaufwand bei Anwendung des Dynamits ein bedeutend höherer als bei den anderen Pulversorten.

Es lässt sich nun folgender Schluss ziehen: Die Anwendung des Dynamits kann, vermöge des bedeutend höheren Kostenaufwandes, trotz des höheren Sprengeffectes beim dortigen Bergbau zur Zeit als nicht vortheilhaft erscheinen.

Ausserdem entwickelt das Dynamit bei der Explosion Gase von sehr stechendem Geruche, welche angeblich die Augen der Arbeiter stark angreifen sollen, ferner verursachen sie noch Kopfschmerzen und Ueblichkeiten, so dass das Dynamit nur für gut ventilirte Grubenbaue Anwendung finden kann.

---

*) Auch ich habe davon mit grossem Nutzen Gebrauch gemacht, als ich im Jahre 1866 die Direction in Přibram commissarisch zu führen hatte und eben damals viel unreines und gefälschtes Rübsöl geliefert worden war. Was mich wunderte war nur, dass den meisten der Herren Fachgenossen dieses Mittel neu zu sein schien, während ich es für längst bekannt hielt. Es mag daher nicht schaden, wenn es in diesem Blatte neuerdings in Erinnerung gebracht wird. O. H.

Motive zum Entwurf allgemeiner Bergpolizei-Vorschriften.

(Fortsetzung und Schluss.)

XI. Grubenkarten.

§. 90.

Die persönliche Sicherheit und die Sicherheit des Eigenthums haben in der Anlage und in der Nachtragung richtiger Grubenkarten den wichtigsten Anhaltspunkt. Aber nicht blos in bergpolizeilicher Beziehung ist die Anlage richtiger Grubenkarten wichtig; — höchst wichtig, ja unentbehrlich ist ihre Anlage, wenn man zu einer richtigen Kenntniss der Lagerstätten gelangen, und wenn man die Arbeit darauf nach einem wohldurchdachten Plane ausführen will.

In einem hohen Grade wird in Belgien der Grubenaufnahme Fleiss und Genauigkeit nach jeder Richtung hin zugewendet, und zwar in Folge der Anregung des Herrn André Dumont.

Die geometrische Methode, deren Schöpfer für den Bergbau Belgiens Dumont gewesen ist, führte zur genauen Kenntniss der Lagerungsverhältnisse im belgischen und französischen Kohlenbecken, dessen äusserst schwierige Verhältnisse nur auf diesem Wege zur Klarheit beleuchtet werden konnten. Was die Belgier in der Grubenaufnahme leisten und wie sie ihre Aufnahme zur Evidenz bringen, soll später angeführt werden.

Das preussische Berggesetz enthält in Betreff der Grubenbilder in §. 72 folgende Bestimmung:

„Der Bergwerksbesitzer hat auf seine Kosten ein Grubenbild in zwei Exemplaren durch einen concessionirten Markscheider anfertigen und regelmässig nachtragen zu lassen".

„In welchen Zeitabschnitten die Nachtragung stattfinden muss, wird durch das Ober-Bergamt vorgeschrieben".

„Das eine Exemplar des Grubenbildes ist an die Berg-Behörde zum Gebrauche derselben abzuliefern, das andere auf dem Bergwerke oder, falls es daselbst an einem geeigneten Orte fehlt, bei dem Betriebsführer aufzubewahren".

In Belgien ist bezüglich der Anfertigung von Grubenplänen wirksam das: *„Règlement général sur la police des mines du Hainaut, adopté par le Conseil provincial le 21 juillet 1841, et approuvé par arrêté royal du 11 aout suivant"*.

Wenn die Anfertigung des Grubenbildes in zwei Exemplaren zu viel sein sollte, was würde man erst zu der belgischen Vorschrift sagen, die drei Grubenbilder-Exemplare nebst verschiedenen Rissen anordnet.

In Frankreich wird den Grubenplänen ebenfalls grosse Sorgfalt zugewendet, und es ist in diesem Punkte nur anzuführen, dass die Vorschrift in Belgien strenger überwacht wird.

Die Grubenkarten bilden eine schwache Seite bei den Bergwerksbesitzern in Oesterreich, und zwar selbst bei den grössten. Die Ursache scheint darin zu liegen, dass die Berg-Ingenieurs nebst dem Grubendienste auch die Arbeiten des Markscheiders zu versehen haben. Bei dieser Verbindung von so heterogenen Arbeiten in einer Person leidet immer die Aufgabe des Markscheiders einen Abbruch. Würden in Oesterreich concessionirte Markscheider, wie in Preussen, Belgien und Frankreich bestehen, so könnten diese ausschliesslich zur Vornahme von Messungen bestimmten Privatbeamten dieser Aufgabe in demselben Masse bei uns entsprechen, wie in den genannten Ländern.

In dieser Beziehung dürfte es auch in Oesterreich nothwendig werden, durch entsprechende Vorschriften dem Bergbaue die nöthige Hilfe zu schaffen und zu dem Ende den §. 185 allgemeines Berggesetz zu ändern. Der erste Absatz des §. 90 des Entwurfes hat deshalb eine solche Fassung erhalten, dass er auch für den Fall einer Gesetz-Aenderung gelten könnte.

Da das allgemeine Berggesetz über Karten von Tagbauen nichts sagt, schien es nothwendig, hierüber eine passende Vorschrift aufzunehmen; weil eine sehr grosse Zahl von Bergwerken die Mineralschätze mittelst Abraumarbeit oder durch Tagbaue gewinnt. Deshalb wurde in dem §. 90 der zweite Absatz aus der Polizei-Verordnung des Ober-Bergamtes Breslau vom 20. October 1866 aufgenommen. Der §. 1 dieser Verordnung lautet: „Die Nachtragung der Grubenbilder muss bei jedem unterirdisch betriebenen Bergwerke mindestens einmal in einem Kalenderquartale, bei jedem unter Aufsicht der Berg-Behörde betriebenen Tagbaue mindestens einmal in jedem Kalenderjahre erfolgen".

§. 91.

Ueber den Massstab der Grubenkarten ist eine Vorschrift nothwendig.

Die Vollzugs-Vorschrift zum allgemeinen Berggesetz enthält hierüber eine Andeutung im §. 34, indem sie sagt: Die Revierkarten sollen in dem gleichen Massstabe von 40 Klaftern auf den Wiener Zoll angelegt werden". Für Grubenkarten wäre dieser Massstab offenbar zu klein. Die Praxis hat sich beinahe allgemein für die Annahme des Massstabes: 1 W. Zoll gleich 10 W. Klaftern bei Grubenkarten entschieden.

Da nach §. 9 des Berggesetzes das metrische Mass angewendet werden kann, so schien es auch nothwendig, hierüber Genaueres in dieser Vorschrift zu sagen. In dieser Beziehung wurde der Art. 7 des belgischen Reglement vom Jahre 1841, der im §. 90 citirt wurde, zur Richtschnur genommen. Der zweite Absatz dieses Artikels lautet: *„Ces plans et coupes devront être dressés à l'échelle d'un millimètre pour mètre, conformément à l'instruction qui sera tracée par la députation permanente"*.

Die Festsetzung des Massstabes in dieser Weise ist der Sache entsprechend und gründet sich auf die bereits angenommene Praxis und bestehende Vorschriften.

§. 92.

Die im allgemeinen Berggesetze ausgesprochene Fürsorge für die Sicherheit der Person und des Eigenthums macht die Aufnahme dieses Paragraphes in die allgemeine Bergpolizei-Vorschrift als wünschenswerth.

§. 93.

Mit diesem Paragraphe wird eine Vorschrift eingeführt, welche weder im allg. B. G., noch in der Vollzugs-Vorschrift ausgesprochen ist. Sie dürfte sich aber in einfacher Weise auf den §. 266 allg. Berggesetz ableiten lassen.

Denn vor der Löschung eines Bergwerksbesitzers sind in dem aufgelassenen Baue stets die zur öffentlichen Sicherheit nothwendigen Vorkehrungen zu treffen. Zu diesen Vorkehrungen gehört offenbar die Constatirung, wo und in welcher Weise die Arbeit in der Grube geführt worden ist; diese Constatirung geschieht durch einen Grubenplan, dessen Kenntniss für den nachfolgenden Aufnehmer rücksichtlich der Sicherheit der Person und des Eigenthums von grosser Wichtigkeit, ja unentbehrlich ist.

Dieselbe Wichtigkeit hat der Grubenplan, wenn der Betrieb in der Grube auf längere Zeit eingestellt wird, weil während der Einstellung des Betriebes sowohl der Eigenthümer als auch der Werksleiter gewechselt werden kann. Und was kann in der Grube in einem Vierteljahre erfolgen, wenn der Betrieb eingestellt wurde?! Der §. 266 allg. Berggesetz sorgt für die Sicherheit der Person und des Eigenthums, bei dem Wiederaufnehmen des aufgelassenen Bergbaues; der §. 93 des Entwurfes sorgt für die Sicherheit der Person und des Eigenthums bei einem nur auf eine kürzere oder längere Zeit aufgelassenen Bergbaue. Sicherheit der Person und des Eigenthums ist die Haupttendens des §. 266 allg. Berggesetzes und für diese sorgt auch der §. 93 des Entwurfes in einem dem Auflassen des Bergbaues verwandten Verhältnisse.

Der §. 267 allg. Berggesetzes rechtfertigt die angeführte Auflassung und Ableitung. Bis auf geringe Abweichungen stimmt dieser Paragraph des Entwurfes mit dem §. 3 der Breslauer Verordnung überein, der lautet:

„Wenn auf einer Grube der Betrieb eingestellt wird, so muss jedesmal vorher die vollständige Nachtragung des Grubenbildes erfolgen. Ebenso müssen alle einzelnen unterirdischen Baue, bevor sie durch den Abbau oder auf andere Weise unfahrbar werden, vollständig zu Risse gebracht sein".

Ueber die Nachtragung der Grubenbilder schreiben die Polizei-Verordnungen: 1. des Oberbergamtes Halle vom 11. September 1865 und 2. des Oberbergamtes Bonn vom 8. November 1867 Nachstehendes vor:

ad 1. „Eine Nachtragung muss jedesmal erfolgen, wenn der Betrieb eines Bergwerkes auf länger als drei Monate eingestellt wird".

ad. 2. Bei der Einstellung des Betriebes muss jedesmal eine vollständige Nachtragung erfolgen".

Nach einem zeitweisen Auflassen des Bergbaues (nach der Bauesfristung) ist die Grubenkarte dem Grubenbesitzer ein ebenso nothwendiger Leiter, wie es die Grubenkarte dem neuen Aufnehmer eines aufgelassenen Bergbaues sein soll.

Nun dürfte es am Platze sein, den zum §. 8 erwähnten Fall der Staatseisenbahn-Gesellschaft in Brandeisl näher zu berühren.

Im Jahre 1865 wurde der Kohlen-Bergbau in Brandeisl aufgelassen (aber nicht gelöscht). Maschinen wurden herausgenommen, Gebäude abgetragen und die ganze Grube dem Ersäufen überlassen. Welche Ursachen dieser Auflassung zu Grunde lagen, ob diese Ursachen begründet sind oder nicht, kann nicht gesagt werden. Wie ist der Zustand der Zeche zur Zeit der Auflassung gewesen? Sind alle Baue auf die Karte nachgetragen worden? Dies sind Fragen, auf die man nicht antworten kann, die aber seiner Zeit, wenn in der Nähe des verlassenen Baues die Arbeit in Angriff genommen werden wird, von sehr grosser Wichtigkeit sind, und welche der Bergbehörde gemäss der ihr zustehenden Oberaufsicht auch bekannt sein sollten. Kann man voraussehen, welche Schwierigkeiten die alten Baue der Wiederaufnahme entgegenstellen werden? Derlei Befürchtungen wären nicht vorhanden, wenn vor der Auflassung die in Rede stehende Vorschrift des §. 93 genau befolgt worden wäre.

Noch genauer und behutsamer ist nach dem französischen Gesetze vorzugehen; dieser Vorgang basirt sich auf die Gesetze, Decrete und Instructionen vom Jahre 1810 und 1813, und wird in Belgien, sowie in Frankreich genau befolgt.

Ueber die Nachtragung der Grubenbilder sagt das preussische Berggesetz im §. 72: „Der Bergwerksbesitzer hat auf seine Kosten ein Grubenbild . . . . . . anfertigen und **regelmässig** nachtragen zu lassen“.

XII. Aufbereitung.

§. 94.

Der Wirkungskreis der Bergbehörden bezüglich der Aufbereitung und der dazu gehörigen Werkstätten ist durch die §§. 132 und 133 allg. Berggesetz normirt. Der §. 131 allg. Berggesetz führt die Berechtigungen an, die dem Bergwerksbesitzer nach dem Berggesetze zustehen, und sub lit. *b* ist namentlich die Berechtigung angeführt, zur Aufbereitung und Zugutebringung der Mineralien, Vorrichtungen, Maschinen und Werkstätten jeder Art zu errichten.

Die ausländischen Gesetze gestatten den Bergbehörden bezüglich der Aufbereitung einen grösseren Wirkungskreis, und namentlich das preussische Berggesetz §. 59 sagt:

„Die zum Betriebe auf Bergwerken und Aufbereitungsanstalten dienenden Dampfkessel und Triebwerke unterliegen den Vorschriften der Gewerbegesetze“.

„Sofern zur Errichtung oder Veränderung solcher Anlagen nach den Vorschriften der Gewerbegesetze eine besondere polizeiliche Genehmigung erforderlich ist, tritt jedoch an die Stelle der Ortspolizeibehörde der Revierbeamte und an die Stelle der Regierung das Oberbergamt“.

Ueber die Zulässigkeit der Wasserbetriebwerke entscheiden das Oberbergamt und die Regierung durch einen gemeinschaftlichen Beschluss“.

Die Aufbereitungsanstalten bedürfen zur Anlage und zum Betriebe der gewerbepolizeilichen Genehmigung nicht, und stehen nach dem preussischen Berggesetze §. 196 unter der polizeilichen Aufsicht der Bergbehörde.

Anders ist das Verhältniss nach dem österreichischen Berggesetze, das diesfalls im §. 133 Bestimmungen enthält, die im §. 94 des Entwurfes berücksichtigt wurden.

Derselbe steht bis auf geringe Abweichungen auch in Uebereinstimmung mit dem §. 52 der Bergpolizei-Verordnung des Ober-Bergamtes Bonn.

Bei den Abweichungen wurde die Ausdrucksweise des österreichischen Berggesetzes berücksichtiget. §. 52 der Bonner Verordnung lautet: „Alle Eigenthümer von Bergwerken, welche zum Zwecke der Aufbereitung ihrer Erze oder Kohlen besondere Anstalten errichten, müssen mindestens vier Wochen vor Eröffnung des Betriebes dieser Anstalten eine Anzeige hierüber bei dem Ober-Bergamte einreichen. Dieser Anzeige muss eine kurze Beschreibung der Anstalt und der Oertlichkeit beigefügt sein“.

§. 95.

Dieser Paragraph stimmt bis auf geringe Redactions-Aenderungen mit dem §. 53 der Bonner Verordnung überein, welche lautet: „Bei jeder Aufbereitungsanstalt müssen entweder die benutzten trüben Wässer wieder zur Aufbereitung zurückgeführt, oder es müssen die zur Abwendung von Beschädigungen erforderlichen Abklärungsvorrichtungen, Klärsümpfe, Sand- und Schlammfänge in zureichender Zahl und Grösse angelegt werden“.

Dieser Paragraph, sowie der nachfolgende gründen sich auf das den Bergbehörden nach dem allg. Berggesetz §. 132 zustehende Recht, wornach es denselben zusteht, über Aufbereitungsanstalten bergpolizeiliche Vorschriften zu erlassen, die nur im Allgemeinen den Umfang andeuten, innerhalb dessen diese Befugnisse ausgeübt werden können.

§. 96.

Dieser Paragraph stimmt in der Hauptsache mit dem §. 54 der Bonner Verordnung überein, welcher lautet: „Die Klärsümpfe und Teiche, Sand und Schlammfänge müssen, ehe sie gefüllt sind, ausgeschlagen, und die Sand- und Schlammhalden gegen ein Fortführen durch Wind und Wasser mittelst Lehm- oder Rasenbedeckung, oder durch feste Dämme, Flecht- oder Krippwerk gesichert werden. Die Lage der Aftern und Halden muss derartig von Bächen und anderen natürlichen Wasserläufen entfernt sein, dass ein Abspülen derselben auch bei Fluthzeiten nicht stattfinden kann“.

„Die hinsichtlich der Benützung einzelner Wasserläufe bestehenden besonderen Verordnungen bleiben bis auf Weiteres in Kraft“.

Bei diesem Paragraphe gilt das, was bei dem §. 95 gesagt worden ist. Der zweite Absatz des §. 54 der Bonner Verordnung musste ganz fallen gelassen werden, weil die Wasserfrage bei uns ihre Lösung abwartet.

Das Ober-Bergamt Dortmund hat die auf die Aufbereitung bezüglichen Vorschriften durch die Polizei-Verordnung vom 12. December 1866 — betreffend die Anlage von Coaksanstalten auf den Bergwerken — vermehrt. Von dem Standpunkte des österreichischen Berggesetzes sind für den Vorgang und die Beurtheilung bei den Coaksanstalten die bereits angeführten §§. 132 und 133 massgebend. Vorläufig dürfte die Nothwendigkeit nicht vorliegen, bergpolizeiliche Bestimmungen über Coaksanstalten in die gegenwärtige Vorschrift aufzunehmen. In vorkommenden Fällen gewährt die Dortmunder Verordnung vom 12. December 1866 einen guten Anhalt und wird deshalb hier ihrem ganzen Umfange nach angeführt. Sie lautet: „Auf Grund des §. 197 des preussischen Berggesetzes vom 24. Juni 1865 wird für den Ober-Bergamts-District verordnet, was folgt:

§. 1. Alle Eigenthümer von Bergwerken, welche zum Zwecke der Aufbereitung ihrer Steinkohlen durch Verkokung am Gewinnungspunkte oder den mit demselben in Verbindung stehenden Niederlagen besondere Anstalten errichten wollen, müssen mindestens vier Wochen vor Eröffnung des Betriebes dieser Anstalten eine Anzeige hierüber bei dem zuständigen Revierbeamten einreichen, unter Beifügung einer kurzen Beschreibung der Anstalt und der Oertlichkeit.

§. 2. Zur Vermeidung von Belästigungen und Beschädigungen der Nachbarn sind zur Darstellung von Coaks künftig nur geschlossene Oefen anzulegen, die mit geeigneten Vorrichtungen zur vollständigen Verbrennung und Abführung der Gase versehen sein müssen.

§. 3. Die Entfernung der Coaksanlagen von öffentlichen Strassen, einschliesslich der Actienstrassen und der chaussirten Gemeindewege und nicht zum Bergwerke gehörigen Wohnhäuser muss mindestens 15 Lachter betragen; auch sind dieselben nach diesen Seiten hin durch eine Mauer oder einen Bretterzaun von mindestens 8 Fuss Höhe abzuschliessen.

§. 4. Zuwiderhandlungen gegen die Bestimmungen dieser Verordnungen werden auf Grund des §. 208 des Berggesetzes mit Geldbusse bis zu 50 Thalern bestraft.

XIII. Schlussbestimmungen.

§. 97.

Die Vorschrift dieses Paragraphes entspricht gleichlautend dem §. 55 der Bonner Bergpolizei-Verordnung. In den französischen und belgischen Gesetzen, Decreten und Reglements ist diese Vorschrift aus dem Grunde nicht zu finden, weil von jeher die Sitte die weiblichen Arbeiter von Arbeiten unter Tage fern gehalten hat, daher die Nothwendigkeit nicht vorlag, eine solche Vorschrift zu erlassen. Sowie in Preussen, so ist es auch bei uns nothwendig, die weiblichen Arbeiten durch eine Vorschrift von der unterirdischen Arbeit fern zu halten. Insbesondere sind es die kleinen Bergbau-Unternehmungen, bei welchen diese unpassende, ja sogar gefahrbringende Verwendung der weiblichen Arbeiter zu finden ist. Bei Arbeiten über Tag, wie z. B. beim Sortiren und Aufladen der Kohle, findet man weibliche Arbeiter in Frankreich und Belgien in grosser Zahl, und zwar selbst bei den grössten Werken, was bei uns nicht in dem Masse vorkömmt. Die Ursache liegt in dem Mangel an Bergarbeitern. Die weiblichen Arbeiter über Tag werden in Frankreich und Belgien streng als Arbeiter betrachtet, und die Gesetze über Arbeitsbücher gelten in gleicher Weise für die weiblichen Arbeiter wie für die männlichen.

§. 98.

Dieser Paragraph ist nach dem §. 56 der Bonner Bergpolizei-Verordnung entworfen, welcher lautet: „Alle Arbeiter, welche ihre Beschäftigung in der Nähe umgehender Maschinentheile führen, dürfen während der Arbeit nur solche Kleidung tragen, deren Theile dem Körper enge anliegen".

Ueber die Kleidung der Bergarbeiter enthält die sächsische Vorschrift sehr umständliche Bestimmungen, indem sie sagt: §. 4. „Die Kopfbedeckung der in der Grube fahrenden Mannschaft darf nicht aus einer gewöhnlichen Tuch- oder Zeugmütze bestehen, sondern muss, wenn sie kein ordentlicher Schacht- oder Zechenhut ist, wenigstens aus Filz gefertigt, sowie mit einem hohen Kopfe und starkem Deckel versehen sein".

„Jeder anfahrende Bergmann hat Kittel und Arschleder oder eine knapp anliegende Jacke und Leder zu tragen.

Der zweite Absatz der Vorschrift beabsichtigt wohl das zu sagen, was der §. 56 der Bonner Verordnung ganz deutlich sagt.

Bei diesem Paragraphe hat man den Anlass zu erwähnen, dass vielleicht von mancher Seite eine Vorschrift wegen des Geleuchtes oder des Feuerzeuges vermisst werden könnte. Hierüber sagt die sächsische Vorschrift für die Bergarbeiter: §. 5. „Das Geleuchte soll für die Arbeiter in der Regel aus Oellampen in Blenden bestehen. Die Lampe ist an der Blende so gut zu befestigen, dass sie nicht herausfallen kann. Beim Fahren im Schachte muss die Blende in einem um den Hals zu legenden guten Blendenstrick oder Lederriemen sorgfältig eingehängt werden (jedoch wird auch der Gebrauch der beim Braunkohlen-Bergbaue üblichen freien Lampe zugelassen)."

„Niemand darf ohne Feuerzeug einfahren. Dasselbe ist stets im guten Stande zu erhalten".

„Diejenigen, welche sich der Streichhölzchen bedienen, sind gehalten, solche in gut schliessenden Büchsen zu verwahren, und werden bei Uebertretung dieser Vorschrift im erhöhten Grade straffällig, wenn sie gleichzeitig Pulver bei sich führen".

„In Bezug auf das in Schlagwettern zu führende Geleuchte und Feuerzeug ist jedesmal den besonderen Anordnungen des Aufsichtspersonales auf das stengste nachzugehen".

Ueber diesen Gegenstand soll noch die Polizei-Verordnung des Ober-Bergamtes Halle vom 30. Juli 1866 angeführt werden, welche lautet: „In unterirdischen Grubenräumen muss, so weit nicht wegen schlagender Wetter oder dergleichen für einzelne Werke durch besondere Verordnung etwas Anderes bestimmt wird, jeder Arbeiter und Grubenbeamte Zündhölzer oder sonstiges Feuerzeug bei sich führen, mit dem sich das Grubenlicht anzünden lässt"-

„In Grubenräumen, die nicht durch Tageslicht oder fest angebrachte Beleuchtung erhellt werden, muss ausserdem Jeder ein Grubenlicht bei sich führen".

Diese Vorschrift wurde nicht aufgenommen, weil sie für nicht nothwendig gehalten wird, da dort Gesetze und Vorschriften nicht erforderlich sind, wo die Gewohnheit die nöthige Richtschnur vorschreibt; wie dies z. B. rücksichtlich der weiblichen Arbeiten für die Arbeiten in der Grube in Frankreich und Belgien beobachtet worden ist.

Zur Führung des Feuerzeuges wird heutzutage der Arbeiter nicht erst verhalten werden müssen, und durch die Mitführung und Verwendung des Feuerzeuges dürften gewiss mehr Unglücksfälle beim Bergbau entstanden sein, als dadurch, dass man es unterlassen hat, sich mit einem Feuerzeuge zu versehen.

§. 99.

Die Gesetzgebung im Montanwesen soll mit den Fortschritten der Technik gleichen Schritt halten und den herrschenden Ansichten und Verhältnissen der Zeit die gebührende Rechnung tragen. Diese für die Gesetzgebung giltige Regel soll sich auf die sämmtlichen zum Systeme gehörigen Glieder erstrecken, und nur dann, wenn die wirkenden Glieder dieser Regel entsprechen, lässt sich erwarten, dass sie nach Oben als Stütze dienen werden.

Wenn die von den bisherigen Bergbehörden ausgegangenen Anordnungen in Ausübung der Bergpolizei dem Bedürfnisse und dem vorhandenen Standpunkte des Montanwesens etwa nicht ganz entsprechend erscheinen, werden sie durch den §. 99 beseitigt.

In der Fassung erscheint dieser Paragraph als die Aufnahme einer Bestimmung, wie sie im §. 19 des belgischen Gesetzes vom 2. Mai 1837 vorkömmt; diese lautet einfach: „*Les dispositions lors antérieures, qui seraient contraires à la présente, sont abrogees.*" Sehr gut lässt sich dieser Paragraph neben den §. 245 des preussischen Berggesetzes stellen, der sich auf denselben Gegenstand bezieht; dieser lautet im dritten Absatze: „Die bisher von den Bergbehörden erlassenen Bergpolizei-Verordnungen bleiben, soweit sie nicht mit dem gegenwärtigen Gesetze im Widerspruch stehen, in Kraft." In Preussen wurde die Bergpolizei seit jeher mehr gepflegt als in Oesterreich und ist daher dort auch entwickelter als bei uns.

§. 100.

Bezüglich der Strafbestimmungen scheint eine nähere Specificirung nicht nothwendig; es dürften die im 13. Hauptstücke des allgemeinen Berggesetzes und namentlich in den §§. 235, 240, 243 244, 245, 247, 249 und 250 enthaltenen Strafbestimmungen zureichen und es den Bergbehörden möglich machen, die für die einzelnen Uebertretungen der Bergpolizei-Vorschrift passende Strafe daraus zu entnehmen.

Die verkokbare Kohle in Süd-Steiermark.

Von Johann Tuscany, k. k. Berggeschworener in Cilli.

In den letzten Jahren wurden mehrfache Versuche angestellt, Braunkohle zu verkoken, um dieselbe beim Hochofenbetriebe verwendbar zu machen. In den Alpenländern. namentlich in Steiermark, wo der Hochofenbetrieb grösstentheils auf die von Jahr zu Jahr im Preise steigende Holzkohle angewiesen ist, würde ein in dieser Richtung günstiges Resultat, welches in vollkommen entsprechender Weise bisher leider noch nicht erreicht worden ist, von höchster Wichtigkeit sein.

Besser bewährten sich die Versuche, steierische Braunkohlen mit entsprechenden Gemengtheilen Ostrauer Steinkohle zu verkoken, durch welches Verfahren brauchbare Coaks gewonnen wurden.

Aus diesem Anlasse dürfte es nicht uninteressant erscheinen, auf eine in Untersteiermark vorkommende Specie von Mineralkohlen aufmerksam zu machen, welche in ausgezeichnetem Grade verkokbar ist, und in nicht unbedeutenden Quantitäten an die Gasbereitungsanstalten zu Graz, Agram und Triest versendet wird.

Die Formation, welcher diese Kohle angehört, lehnt sich an Kalke und Dolomite der oberen Trias — an zwei Orten auf Rudistenkalk mit gut bestimmbaren Gosau-Versteinerungen, — welche dem sogenannten Drau-Save-Zuge angehören, der von der Grenze Kärntens nach Ost-Südost streichend, ganz Südsteiermark durchzieht und sich bis nach Croatien erstreckt. Dem geologischen Alter nach wird sie theilweise für eocen erklärt, theils zur Kreide gerechnet.

Diese zum Unterschiede von der in Untersteiermark vorkommenden Braunkohle unter dem Namen „Schwarzkohle" oder „Glanzkohle" bekannte Flötzablagerung tritt sowohl auf dem nördlichen als auch auf dem südlichen Gehänge des Drau-Save-Zuges in einer Gesammterstreckung von beiläufig 13 Meilen auf, und wird an mehreren Stellen mit gutem Erfolge ausgebeutet. Die ersten Schürfungen auf dieselbe wurden zu Anfang der vierziger Jahre von Seite des Montan-Aerars unternommen; die aufgeschlossenen Baue jedoch später der Privatindustrie überlassen.

Die Lagerungsverhältnisse des Flötzes stellen sich sehr eigenthümlich, man könnte sagen stellenweise abnorm heraus, da es sich den vielfachen Krümmungen, Windungen und Ausbuchtungen der steilen Kalk- und Dolomitrücken, welche dessen Liegendes bilden, anschmiegt. Die Folge hievon ist ein äusserst unregelmässiges Auftreten, welches von einer Mächtigkeit von nur wenigen Zollen bis auf 2 und 3 Klafter anwächst, um sich nach geringer Erstreckung dem Streichen nach wieder auszukeilen oder später wieder aufzuschliessen; nur an einzelnen Stellen, wo auch gegenwärtig grössere Bergbaue bestehen, zeigt es ein constantes Anhalten von 4 Fuss bis 3 Klafter.

Das Flötz tritt an beiden Gehängen des Gebirgszuges, mitunter in bedeutenden Höhen zu Tage, und ist deshalb mittelst Stollenbauen, die häufig unmittelbar an den Ausbissen angelegt sind, oder mit wenigen Klaftern die Hangendschichten durchqueren, leicht zugänglich.

Was die Qualität der Kohle anbelangt, so ist selbe häufig, insbesondere dort, wo sie in grösserer Mächtigkeit vorkommt, stark mit Schiefer verunreinigt; doch tritt sie stellenweise ganz rein auf und bedarf keiner Scheidung. Sie hat einen vorzüglichen Metallglanz, backt ausgezeichnet und ist dem äusseren Aussehen nach von alter Steinkohle kaum zu unterscheiden.

Nach den in den Jahrbüchern der geologischen Reichsanstalt enthaltenen Analysen von den zwei gegenwärtig im Betriebe stehenden wichtigsten Bergbauen zu Stranitzen und Hrastowetz zeigte die Kohle bei einem durchschnittlichen Resultate aus 5 Proben:

	Von Stranitzen:	Von Hrastowetz:
Wassergehalt in 100 Theilen	1·7	0·7
Aschengehalt	5·2	1·25
Coaks	58·3	72·1
Reducirte Gewichtstheile Blei	26·16	29·90
Wärmeeinheiten	59·12	67·57

Die Hrastowetzer Kohle, der Elementar-Analyse unterworfen, ergab in 100 Theilen der getrockneten Substanz:

Kohlenstoff	79·896
Wasserstoff	4·853
Stickstoff	0·639
Asche	1·660
Schwefel	0·200
Sauerstoff	12·752
	100·000

Gegenwärtig bestehen 12 Bergbauunternehmungen mit 53 einfachen Grubenmassen, welche auf Grund dieser Kohlenablagerung verliehen wurden, wovon jedoch blos 3 in schwunghaftem und zwei in schwachem Betriebe sind, nebst mehreren Freischürfen. Die Gesammterzeugung im Jahre 1867 belief sich auf 116·153 Ctr.

Während, wie bereits erwähnt wurde, die vom Schiefer gereinigte Grieskohle grösstentheils zur Gasbereitung versendet oder in kleineren Parthien von Schmieden zur Feuerung benützt wird, findet die Stückkohle, deren Abfall jedoch percentuell ein geringer ist, bei dem Eisenraffinirwerke Storé in Südsteiermark ausgezeichnete Verwendung. Dieses Werk bezog in früherer Zeit, insbesondere zur Erzeugung von Panzerplatten, für die Schweiss- und Puddlingsöfen englische Steinkohle von Troan, Newkastle und Liverpool, deren Preis sich loco Hütte zwischen 1 fl. 10 bis 1 fl. 50 kr. öst. W. herausstellte, während der Centner untersteierischer Schwarzkohle (Stückkohle) 75 kr. öst. W. kostet. Die Versuche mit untersteierischer Schwarzkohle zeigten, dass letztere der englischen Kohle an Heitzkraft nicht nur vollkommen gleich kommt, sondern neben der Billigkeit des Preises auch den Vortheil gewähren, dass das Brennmaterial in grubenfeuchtem Zustande zur Verwendung gebracht werden kann.

Die Ursachen, warum die Erzeugung dieser ausgezeichneten Kohle verhältnissmässig so gering ist, liegen weniger in natürlichen Verhältnissen, indem der Drau-Save-Zug von der Südbahn durchschnitten wird und nach allen Richtungen desselben gute Communicationsmittel bestehen, als vielmehr in anderen gegenwärtig ungünstigen Umständen, wobei Mangel an Capital und Schurflust die Hauptrolle spielen Hiebei muss erwähnt werden, dass das Flötz bisher überall nur an leicht zugänglichen Punkten, an seinen Ausbissen entblösst, seine Fortsetzung dem Verflächen nach jedoch noch nirgends gründlich untersucht worden ist, so dass man über dessen Verhältnisse in der Tiefe noch gänzlich in Unkenntniss ist. Erst in jüngster Zeit wurden in dem westlichen Theile des Zuges Tiefbohrungen projectirt.

Wenn also Verkokungsversuche mit einem Gemenge von steierischen Braun- und Ostrauer Steinkohlen befriedigende Resultate liefern, so wäre die Verwendung der untersteierischen Schwarzkohle zu solchen Versuchen aus dem Grunde sehr empfehlenswerth, weil die Ostrauer Kleinkohle loco Leoben pr. Ctr. 65 — 70 kr. öst. W. kostet; die verkokbare untersteierische Schwarzkohle (Gries) jedoch zu bedeutend billigeren Preisen dorthin gestellt werden könnte.

Aus Wieliczka.

Nachdem der Kolben der grossen Maschine neu gedichtet und gespannt worden, arbeitete die Maschine wieder sehr befriedigend. Beim Franz Joseph-Schacht ist keine Störung in der Arbeit der dort thätigen kleineren Pumpe vorgefallen. Das Albrecht-Gesenk stand am 8. Juni in 26⁰, 2′ Tiefe noch in salzreichem Thone an, in welchem jedoch grössere Sandsteinknollen sich zeigen.

Der Wasserstand, der am 3. Juni 1⁰, 2′, 1″ über dem Horizont „Haus Oesterreich" gemessen war, ist bis 9. Juni Morgens auf 0⁰, 5′, 2″ gefallen, und zwar in den weiten Räumen, die jetzt erreicht wurden. Die Leistung der Maschine hat vom 5. Juni, an welchem Tage sie mit 85·5 Cubikfuss per Minute bestimmt worden war, sich erhöht und hat am 8.—9. Juni 92·7 Cubikfuss per Minute betragen. Die grosse Maschine war vom 3. bis 9. Juni beinahe ununterbrochen und ohne Störung in Thätigkeit, und neben derselben wirkten eine Pumpe am Franz Joseph-Schacht und die wieder hergestellte Kastenförderung im Elisabeth-Schachte mit.

Im Monate Mai wurden 103.257 Ctr. Stück- und Fabrikssalz ausgefördert, was dem regelmässigen Betriebe entspricht, welcher mit circa 1,100.000 Ctr. präliminirt ist.

Amtliche Mittheilung.

Erkenntniss.

Von der k. k. Berghauptmannschaft zu Klagenfurt wird in Folge der im Wege der k. k. Bezirkshauptmannschaft Hermagor gepflogenen Erhebung, dass das im Bergbuche auf Namen der bereits verstorbenen Besitzer Johann Posch und Spiridion Mühlbacher eingetragene Bleibergwerk Brennach, bei welchem die Johann Posch'schen Erben im factischen Besitze stehen, welches aus dem einfachen Grubenmasse Florian-Stollen besteht und sonnseits im Gailthale im sogenannten Brennach in der Catastral-Gemeinde Vellach, Ortsgemeinde Möschach, im politischen Bezirke Hermagor gelegen ist, schon seit einer Reihe von Jahren ausser Betrieb stehe, gänzlich vernachlässigt und verlassen sei, und da ferner in Folge hierämtlicher Aufforderung vom 19. Februar 1869, Zahl 165 weder eine Rechtfertigung wegen des eingestellten Betriebes, noch die Zusicherung einer einzuleitenden Belegung des genannten Bergwerkes eingelangt ist, wegen fortgesetzter und ausgedehnter Vernachlässigung nach den §§. 243 und 244 a. B. G. auf die Entziehung desselben mit dem Beifügen erkannt, dass nach Rechtskräftigwerdung dieses Erkenntnisses im Sinne des §. 253 a. B. G. werde vorgegangen werden.

Hievon wird Herr Alois Hinterlechner als Bevollmächtigter der Johann Posch'schen Erben hiemit in Kenntniss gesetzt.

Von der k. k. Berghauptmannschaft

Klagenfurt, am 22. Mai 1869.

Correspondenz der Redaction.

Herrn Cz . . . . in M . . . n: Ihr Artikel musste aufgeschoben bleiben bis jener officielle Bericht erschien, welcher sich auf die von Ihnen behandelte Frage bezieht. Da der Artikel jenem officiellen Berichte theilweise entgegentritt, müssen eben beide im Zusammenhange erscheinen; dass er auch nicht in allen Punkten unseren Ansichten entspricht, ist gar kein Hinderniss seiner Drucklegung, welche auch im erwähnten Zusammenhange erfolgen wird. Die Zeit und Reihenfolge des Abdruckes von Artikeln muss denn doch wohl der Redaction überlassen bleiben, welche auf vorhandenes Material, auf Abwechselung verschiedener Fachzweige, auf gegebenen Raum u. s. w. Rücksichten nehmen muss.

Herrn S . . . . . . in S . . . . Das Gewünschte zur Ergänzung folgt brieflich. Unter Kreuzband darf nur „Gedrucktes“ oder „Druckcorrectur“ versendet werden, was wir allgemein zu beachten bitten. Die Red.

Schleswig-Holstein'sche Landes-Industrie-Ausstellung in Altona. Wir erhielten Ihre Artikel mit der Aufforderung zur Betheiligung der österr. Montan-Industrie an Ihrer Ausstellung am 11. Juni Abends!" Dies unser nächst darauffolgendes Blatt erscheint am 14. Juni; nachdem aber ein ihrer Einladung aufgeklebter Zettel ausdrücklich bemerkt, dass als äusserster Anmeldetermin der 15. Juni angesetzt, so ist es uns nicht mehr möglich, von Ihren Artikeln Gebrauch zu machen und wir bedauern, so spät erst Ihre Aufforderung erhalten zu haben, welche das Datum 9. Juni trägt. Anmeldungen in so ungemein kurzer Zeit zu veranlassen, wäre absolut unmöglich.

Braunkohlen-Bergwerks-Verkauf.

Die Stadtgemeinde Brüx in Böhmen beabsichtigt, ihren am Fusse des Erzgebirges $2\frac{1}{2}$ Meilen von Teplitz, nahe der im Bau begriffenen Teplitz-Komotauer Eisenbahn gelegenen Braunkohlen-Bergwerks-Besitz zu verkaufen, und zwar:

a) das „vereinigte Himmelfürst-Grubenfeld“ in der Gemeinde Johnsdorf und Obergeorgenthal in dem Ausmasse von 106.601 Quadratklafter;

b) die „Morgensternzeche“ in der Gemeinde Oberleutensdorf mit 102.354 Quadratklafter.

Das in diesen Bergwerken bis 15 Klafter Mächtigkeit abgelagerte Kohlenflötz ist durch seinen Verwitterungswiderstand und besonderen Brennwerth bei geringem Aschengehalt ausgezeichnet und gehört zu den besten Flötzen des sogenannten Bielathales.

Kauflustige erhalten von dem Gefertigten die weiteren Auskünfte.

Brüx, am 7. Mai 1869.

Der Bürgermeister:

(37—1) Bilimek.

Die erste und älteste

Maschinenfabrik für Bergbau und Hüttenbetrieb

von

Sievers & Co. in Kalk bei Deutz am Rhein

liefert seit ihrer Gründung (1857) als ganz ausschliessliche Specialität:

Alle Maschinen zur Gewinnung, Förderung, Aufbereitung und weiteren chemischen oder hüttenmännischen Verarbeitung: für Erze, Kohlen und sonstige Mineralien.

Ganze Maschinen-Anlagen für: Luftmaschinen zu unterirdischem Betriebe, Wasserhaltung, Förderung, Aufbereitung der Erze, Kohlenseparation und Wäschen, Coaks und Briquettfabrication.

Die maschinelle Ausrüstung chemischer Fabriken und Fabriken für künstliche Dünger, feuerfeste Steine, Cement, Porzellan, Steingut, Glas etc.

Die complete Einrichtung von Mühlen: für Gyps, Trass, Kreide, Schwerspath, Kalkspath, Erdfarben etc., und von Werkstellen für Schiefer und Marmor-Industrie,

und werden von uns zu vorher zu vereinbarenden festen Preisen übernommen.

Sachgemässe Construction, unter steter Benutzung der neuesten Erfindungen und Verbesserungen, exacte Ausführung, prompte Lieferung, guter Gang und Leistung werden garantirt.

Specielle Circulare und Preiscourante darüber stehen zu Diensten.

ANKÜNDIGUNGEN.

(40—1) **Ein Chemiker,**

Specialist für Salpeter, Kochsalz, Pottasche und Sodafabrikation mit vorzüglichen wissenschaftlichen und technischen Kenntnissen, dem sehr gute Referenzen zur Seite stehen, sucht in irgend einem geeigneten Etablissement eine entsprechende Anstellung, wo er Gelegenheit hätte, seine Erfahrungen zu verwerthen. Nähere Auskunft ertheilt auf portofreie Anfragen Herr Julius Ungerer, Kärntnerring 12 in Wien.

Gummi- u. Guttapercha-Waaren-Fabrik

(33—9) von

Franz Clouth in Cöln.

Verdichtungsplatten, Schnüre und Ringe, Pumpen- und Ventilklappen, Stopfbüchsen-Dichtungen, Schläuche zum Abteufen von Schächten, Sauge-, Druck- und Gas-Schläuche, Fangriemen für Förderkörbe, Herdtücher" Treibriemen aus vulc. Gummi in vorzüglicher Qualität, wasserdichte Anzüge für Bergleute, Regenröcke, Caputzen etc. etc.

Diese Zeitschrift erscheint wöchentlich einen Bogen stark mit dn nöthigen artistischen Beigaben. Der Pränumerationspreis ist jährlich loco Wien 8 fl. ö. W. oder 5 Thlr. 10 Ngr. Mit franco Postversendung 8 fl. 80 kr. ö. W. Die Jahresabonnenten erhalten einen officiellen Bericht über die Erfahrungen im berg- nd hüttenmännischen Maschinen-, Bau- und Aufbereitungswesen sammt Atlas als Gratisbeilage. Inserate finden gegen 8 kr. . W. oder $1\frac{1}{2}$ Ngr. die gespaltene Nonpareillezeile Aufnahme. Zuschriften jeder Art können ur franco angenommen werden.

Druck von Carl Fromme in Wien. Für den Verlag verantwortlich Carl Reger.

№ 25. XVII. Jahrgang.

Oesterreichische Zeitschrift für Berg- und Hüttenwesen.

1869. 21. Juni.

Verantwortlicher Redacteur: Dr. Otto Freiherr von Hingenau,
k. k. Ministerialrath im Finanzministerium.

Verlag der G. J. Manz'schen Buchhandlung (Kohlmarkt 7) in Wien.

Denkschrift der von Sr. Excellenz dem Ackerbau-Minister berufenen Commission in Angelegenheiten der Denaturirung von Viehsalz*).

Die am 6. und 29. Mai 1868 gefassten Beschlüsse der beiden Häuser des Reichsrathes, wodurch das k. k. Finanz-Ministerium zum Abschluss der mit dem königl. ungarischen Finanz-Ministerium getroffenen Vereinbarung hinsichtlich der Verwaltung des Salzmonopols ermächtigt wurde, hatten zur unvermeidlichen Folge, dass die seit dem Jahre 1850 in den österreichischen Staaten im Gebrauch gewesene Abgabe von Viehsalz eingestellt werden musste. Dass diese durch die Umstände gebotene Massregel nicht überall gerne gesehen wurde, beweisen, nebst den Petitionen einzelner landwirthschaftlichen Gesellschaften und Vereine, die Verhandlungen im Reichsrathe selbst, welche schliesslich darin ihren Ausdruck fanden, dass zugleich mit der Genehmigung jener Vereinbarung in beiden Häusern die Resolution angenommen wurde: „Es werde die Regierung aufgefordert, dahin zu trachten, dass der Verschleiss des Viehsalzes späterhin wieder ermöglicht werde."

Dieser Aufforderung entsprechend, erschien kurze Zeit darauf — am 4. Juni — nachstehende Kundmachung des k. k. Ackerbau-Ministeriums:

Preisausschreibung.

Ein Preis von 3000 fl. öst. W. wird ausgeschrieben für eine zweckmässige, bisher noch nicht zur Anwendung gekommene Methode der Denaturirung des Kochsalzes (Steinsalz, Soolsalz und Seesalz) zum Zwecke der Herstellung eines geeigneten Viehsalzes.

Die Denaturirung muss folgende Bedingungen erfüllen:

1. Das durch dieselbe hergestellte Viehsalz darf den Thieren weder zuwider im Geschmacke oder Geruche, noch ihrer Gesundheit oder Körperbeschaffenheit im mindesten schädlich sein.
2. Zusätze von wirklichen Giftstoffen — unorganischen wie organischen — sind, wenn auch im unschädlichen Procentualgehalte, gänzlich ausgeschlossen.
3. Der oder die Zusatzstoffe dürfen sich aus dem denaturirten Salze mechanisch gar nicht, chemisch aber nur sehr schwer durch ein complicirtes und kostspieliges Verfahren ausscheiden lassen.
4. Das denaturirte Salz muss zum Speisegebrauch für Menschen vollkommen unbrauchbar sein.
5. Die Kosten der neuen Denaturirung dürfen diejenigen der bekannten, seither üblichen Verfahren derselben nicht bedeutend überschreiten.

Zur Prüfung der bei dem k. k. Ackerbau-Ministerium einzureichenden Vorschläge hat dasselbe eine besondere Commission berufen, welche besteht aus den Herren:

1. Baron von Tinti, Mitglied des Reichsrathes, Vicepräsidenten der k. k. Landwirthschafts-Gesellschaft in Nieder-Oesterreich.
2. Emanuel Proskowetz, Mitglied des Reichsrathes, Guts- und Fabriksbesitzer.
3. Dr. Ferdinand Stamm, Bergbaubesitzer und Reichsraths-Abgeordneter.
4. Regierungsrath Dr. Moriz Röll, Director der k. k. Thierarzneischule.
5. Dr. Ignaz Moser, Professor der Chemie in Ungarisch-Altenburg.

Diese Commission prüft unter Vorsitz des Ackerbau-Ministers die einlangenden Vorschläge, betraut zwei aus ihrer Mitte zu wählende Fachmänner mit der Untersuchung der vorgeschlagenen Verfahren nach Massgabe der vorerwähnten Bedingungen und vereinigt sich sodann auf Grund der angestellten Versuche über die Zuerkennung des ausgeschriebenen Preises an Denjenigen, dessen Denaturationsmittel die genannten Bedingungen am vollständigsten und zweckmässigsten erfüllen.

Als letzter Termin für die Concurrenz wird der 30. Juni 1868 bestimmt.

Die eingehenden Bewerbungen sind an das k. k. Ackerbau-Ministerium zu richten.

In Folge dieser Preisausschreibung gelangten 223 von zahlreichen Mustern begleitete Eingaben an das k. k.

*) Aus dem eben erschienenen Jahresberichte des k. k. Ackerbau-Ministeriums.

Ackerbau-Ministerium und durch dasselbe an die Sachverständigen, deren nächste Aufgabe war, sich mit dem Inhalte der Eingaben bekannt zu machen und die darin enthaltenen Vorschläge in eine übersichtliche Zusammenstellung zu bringen. Nach Beendigung dieser Vorarbeiten trat die Prüfungs-Commission, die sich noch durch den Professor am k. k. Thierarznei-Institute Herrn Dr. J. Bruckmüller verstärkte, zu einer Sitzung zusammen, um die Grundsätze für die Beurtheilung der eingelangten Vorschläge festzustellen. Die hiezu dienenden Grundlagen konnte und durfte die Commission nur in dem Preis-Ausschreibungs-Edicte finden, daher denn auch der Text desselben den Gegenstand einer eingehenden Besprechung und Berathung bildete. Es ergab sich hieraus, dass ausser den fünf punktweise angeführten Bedingungen noch andere Anforderungen in der Preisausschreibung vorkommen, über deren Sinn man sich ebenso wie über den des Wortlautes der Bedingungen selbst ins Klare zu setzen hatte.

Derlei Anforderungen sind im ersten und drittletzten Absatze der Kundmachung gestellt; in jenem wird „eine zweckmässige, bisher noch nicht zur Anwendung gekommene Methode der Denaturirung" angestrebt; in diesem war der von der Commission zu befolgende Vorgang bezeichnet und kamen diesfalls die Fragen zu erörtern, was unter Denaturirung des Kochsalzes zu verstehen sei, welche Denaturirstoffe als bereits in Anwendung gekommen anzunehmen seien, wohin der Ausdruck „zweckmässig" abziele, dann, wie lückenhafte Vorschläge zu behandeln seien und wie weit die durch die Fachmänner anzustellenden Versuche zu gehen haben.

Die hierüber gepflogenen Verhandlungen führten zu nachstehenden Ergebnissen:

Das Wort Denaturirung ist im allgemein üblichen (fiscalischen) Sinn zu nehmen und bedeutet eine nur die äusseren Merkmale, nicht aber die chemischen Bestandtheile des Kochsalzes verändernde Einwirkung, die den Verbrauch solchen Salzes als Speisesalz vereiteln soll. Da man das Salz beim Einkaufe nicht nach Geschmack oder Geruch, sondern nach dem Aussehen zu beurtheilen gewohnt ist und eine Einwirkung auf den Gesichtssinn am ehesten wahrgenommen wird, so muss an der Denaturirung durch färbende Zusätze, wie dies bisher auch immer durch die Staatsregierungen geschah, umsomehr festgehalten werden, als dies das Interesse der Consumenten von Speisesalz gebietet, die, wenn sie den höheren Preis für Speisesalz zahlen, auch solches, aber nicht etwa ungefärbtes Viehsalz in den Kauf nehmen wollen.

Es kann daher ein Salz, welches gar keine färbenden Zusätze enthält, nicht als denaturirt angesehen werden und entspricht ein solches durchaus nicht den gestellten Anforderungen; letzteres gilt auch von solchen Zusätzen, durch welche eine Umänderung der chemischen Bestandtheile des Kochsalzes veranlasst wird. Bei dem Umstande, als nicht reinweisses Sudsalz, sondern entweder graues grobgemahlenes Steinsalz, oder missfärbiger Abfall der Salzbergwerke und Salinen zum Gebrauche für das Vieh bestimmt ist, lassen schwach gefärbte, in geringen Mengen beantragte Zusätze organischen oder unorganischen Ursprungs keinen Effect erwarten, wenn auch eine feingepulverte Probe von reinem Sudsalz dadurch kenntlich verändert wird. Man muss daher auf Grund der gegebenen Verhältnisse nach Intensität und Ton ausgiebig färbende Zusätze verlangen. Pflanzenpigmente — besonders die billiger zu beschaffenden — befriedigen in den genannten Richtungen weniger, ausserdem ist für eine grössere Zahl derselben erwiesen, dass sie Milchfehler (Färbungen der Milch) veranlassen, also nicht „zweckmässig" sind; auch sind sie leicht zerstörbar und von geringer Haltbarkeit.

Den Stoffen von widerlichem Geschmack ist, wenn sie ungefärbt sind, kein Werth beizulegen und wären denselben widerlich riechende voranzustellen; zu beachten ist hiebei aber noch, dass erstere regelmässig sich nicht ganz indifferent im Körper verhalten (wie z. B. die Pflanzenbitterstoffe, welche Milchfehler veranlassen oder die adstringirend wirkenden Gerbstoffe oder die purgirend wirkenden Sulphate u. s. w.), letztere aber auch den Thieren widerlich sind, indem diese übelriechendes Salz, namentlich in Form von Leckstein, gar nicht annehmen. Die Abgabe des Viehsalzes im geformten Zustande wäre aber gerade höchst wünschenswerth für die Landwirthe, da nach der Mittheilung eines Mitgliedes der Commission Fälle vorkamen, wo Viehsalz bis zur Hälfte seines Gewichtes mit Sand, Erde, Kehricht u. dgl. verunreinigt war. Um derartigen Uebervortheilungen zu begegnen, trat die Commission dem einerseits gestellten Antrage bei: Es sei der Regierung angelegentlichst zu empfehlen, das Viehsalz zukünftig nur im geformten Zustande auszugeben, da in der Preisausschreibung hierüber keine Bestimmung getroffen ist, so konnte die Commission diesfalls nicht weiter gehen als auszusprechen, dass bei übrigens gleichen Umständen Denaturirstoffe, welche die Formirung des Salzes zu Lecksteinen fördern oder die Cohäsion der Salzkörner erhöhen, den Vorzug haben sollen.

Die Frage, welche Denaturirstoffe als bisher zur Anwendung gekommen, also nicht neu in dieser Verwendungsart zu betrachten seien, wurde dahin beantwortet, dass als nicht neu anzuerkennen sind: Alle jene Substanzen, die entweder von der österreichischen oder von den Regierungen der Nachbarstaaten zur Denaturirung des Kochsalzes bis nun verwendet wurden, als: Enzian, Wermuth, Bitterklee, Holzkohle, Eisenoxyd, Theer und Heu, dann jene, die allbekannt in grösseren Wirthschaften zur Hintanhaltung von Defraudationen durch das Gesinde dem Salz zugemengt werden, wie: Terpentin- und Steinöl, fossile Kohle, Harn, Jauche und feste Excremente (insbesondere Pferdemist).

Ferner wurde vereinbart, dass Substanzen, die man im gewöhnlichen Verkehr verschieden benennt, die aber chemisch einerlei sind oder die durch denselben chemischen Bestandtheil eine Bedeutung als Denaturirstoffe haben, nicht als verschieden zu betrachten sind, dass also, wenn einer derselben bereits zur Denaturirung diente, die anderen nicht als neu anzusehen seien; sonach sind mit dem Eisenoxyde die Stoffe: Engelroth, Colcothar, *Caput mortuum*, rother Bolus, Ziegelmehl, dann Ocher (der übrigens auch durch seine schwächere Färbung minder beachtbar ist) als gleichartig anzusehen; weiter wurde ausgesprochen, dass die unter einem Gattungsnamen zusammengefassten Arten auch als gleichartig zu gelten haben, wie: Holz-, Braun-, Steinkohle (letztere sind, als von Privaten zur Denaturirung verwendet, ohnehin schon fraglich und dann in Bezug auf Bedingung 3 der Holzkohle gleich); endlich konnte man auch in der Anwendung der Bitterstoffe in Extractform weder eine wesentliche, noch viel weniger aber eine beachtbare Neuerung finden, da die Zerstörung derselben in dieser Form noch leichter wird.

Da in den Eingaben der Harn am alleröftesten empfohlen wird, so sei hier erwähnt, dass die Anwendung desselben nicht nur, weil derselbe von Privaten vielfach zur Denaturirung angewendet und auch von der österreichischen Regierung zur Denaturirung des Dungsalzes zugestanden ist, sondern auch deshalb nicht anerkannt wurde, weil er das Salz nicht färbt und der widerliche Geruch des verfaulten Harnes durch Erhitzen des Salzes leicht wegzuschaffen ist. Geringe Mengen hätten keinen Effect und bei Anwendung grosser Quantitäten kämen bezüglich der Beischaffung überhaupt und wegen des grossen Wassergehaltes dieses Excretes bezüglich der Concentrirung die Kosten (fünfte Bedingung) sehr in Erwägung.

Auch die festen Excremente wurden vielfach empfohlen und mussten dieselben als Denaturirmittel nicht nur deshalb, weil sie schon angewendet wurden, sondern insbesondere wegen der Gefahr einer allgemeinen Verbreitung der Eingeweidewürmer als ganz ungeeignet anerkannt werden.

Die Frage, was „zweckmässig" zu nennen sei, wurde im Allgemeinen dahin entschieden, dass nur dasjenige auf diese Bezeichnung Anspruch habe, was dem ausgesprochenen Zwecke der Denaturirung dient; insbesondere wurde hier auf Grund der eingesendeten Vorschläge noch ausgesprochen, dass die Zusätze von Arzneistoffen überhaupt und namentlich jener von vermeintlich prophylaktischer Wirkung, wenn sie nur in der Absicht, um als Heilmittel zu dienen, zugesetzt sind, als zweckwidrig angesehen werden müssen; ferner dass das Einfache vor dem Vielerlei und Umständlichen der Sachlage gemäss den Vorrang habe, dass also Vorschläge mit einer grösseren Zahl von Zusatzstoffen schon an sich nicht zweckmässig erscheinen, und besonders nicht, wenn — der höheren Anschaffungskosten vorläufig nicht zu gedenken — die Beschaffung der Materialien oder auch das Verfahren der Zumengung zum Salze mit Umständlichkeiten verbunden ist, was wieder höhere Kosten zur Folge hat. Eine sehr beträchtliche Zahl von Preiswerbern hat in dieser Beziehung sich gar zu weit vom Ziele verirrt; indem — von den Empfehlungen der Lösungen verschiedener Pflanzenstoffe in Weingeist, dann anderen Tincturen als Zusätze oder den umständlichen chemischen Operationen bei der Darstellung und Zumengung der Denaturirstoffe nicht weiter zu sprechen — nicht selten vier oder fünf, ja selbst bis zwölf Stoffe zur Mengung vorgeschlagen wurden und darunter z. B. auch solche, die nur auf Bestellung in chemischen Fabriken dargestellt werden oder beim Erhitzen explodirende Gemenge, dann solche, die keine bestimmte Zusammensetzung haben. Gewöhnlich werden bei Empfehlung einer grösseren Zahl die einzelnen Präparate oder auch alle in so geringer Menge gewählt, dass selbst eine innige Mengung derselben mit ganz fein geriebenem Salz in der Reibschale viel Zeit beansprucht, und somit eine nur einigermassen gleichartige Mengung mit einigen hunderttausend Centnern von grobkörnigem Salz nicht zu erwarten wäre.

Nach den im drittletzten Absatze der Preisausschreibung enthaltenen Bestimmungen über die Aufgabe der Commission konnte sich dieselbe nicht berufen fühlen, ohne Beschreibung eingesendete Muster oder Vorschläge mit absichtlicher Geheimhaltung der Stoffe und des Verfahrens oder mit nicht genau zweifellos ausgesprochenen Angaben über Qualität oder Menge der Denaturirmittel, ferner Offerten, in welchen die Bedingung der ausschliesslichen Lieferung der gar nicht oder andeutungsweise bezeichneten Stoffe, oder in welchen die Bedingung gesetzt war, das Verfahren erst nach Zuerkennung des Preises mittheilen zu wollen, eine besondere Berücksichtigung durch Einleitung von Nachfragen, Correspondenzen, chemischen Untersuchungen oder sonstigen Versuchen angedeihen zu lassen, sondern es wurden derlei Einläufe, als der Grundlage zu einer genauen und vergleichenden Prüfung entbehrend, nicht weiter beachtet.

(Schluss folgt.)

Neue Birnen zum Bessemerfrischen.

Unter diesem Titel bringt der „Engineering" vom 19. Februar 1869 und aus demselben übersetzt das polytechnische Journal von Dingler (im zweiten Aprilhefte 1869, pag. 112) einen mit Zeichnungen illustrirten Artikel, in welchem verschiedene Constructions-Details der Bessemer-Birne (Converter, Retorte) beschrieben und von den Ingenieuren A. L. Holley und J. B. Pearse für sich in Anspruch genommen werden, deren Hauptheil, der bewegliche auf dem Windkasten ruhende Boden der Retorte und die Art und Weise, wie dieser Boden durch einen neuen ersetzt wird, jedem Fachgenossen längst bekannt ist, welcher die Bessemerhütte in Neuberg je besucht hat.

Diese Vorrichtung*), den durch die Wirkung des Frischprocesses abgenützten Retortenboden durch einen neuen, vollkommen getrockneten zu ersetzen, wurde von mir zuerst construirt und angewendet, und zwar unmittelbar bei der Aufstellung und Inbetriebsetzung der ersten Retorte in Neuberg.

Sie besteht aus nichts weiteren, als aus einem ausgedrehten konischen Formkasten, welcher auf einen vorräthigen Windkasten concentrisch aufgestellt wird, wonach man die Düsen (Fern) einsetzt und den übrigen Raum mit Masse (Quarzsand und feuerfesten Thon) vollstampft. Weiteres braucht man einen hohlen Konus von Gusseisen, welcher, dem inneren Raume des Formkastens vollkommen congruent, äusserlich abgedreht ist, so dass man beide ohne Spielraum ineinanderstecken kann; dieser Konus hat sonach genau die äussere Form des herzustellenden Masse-bodens und trägt unten herum eine breite Flange, welche

*) Der Gedanke, den Retortenboden beweglich zu machen, findet sich schon in „Armengaud public. industr." von 1864, aber in einer anderen Weise durchgeführt; dort ist der Boden eine völlig ebene Fläche, welche sich an den weiten und cylindrischen Untertheil der Retorte stumpf anschliesst. Diese Construction hat offenbar denselben Fehler wie der schwedische Ofen, bei welchem es schwer ist, der verhältnissmässig grösseren Bodenfläche die nöthige Festigkeit zu ertheilen, dann ist, abgesehen von der unzweckmässigen Vergrösserung des eigentlichen Frischraumes, der innige Anschluss zwischen Boden und Retortenfutter minder haltbar.

an Grösse und Stellung der Bolzenlöcher genau der Flange des Windkastens entspricht, mit welcher letzterer an den unteren Rand der Retorte befestigt wird.

Soll nun in das ausgebrannte Retortenfutter ein neuer Boden eingesetzt werden, so ist es klar, dass auch die in der Nähe des Bodens befindlichen Theile des Retortenfutters ausgebessert und ergänzt weaden müssen; damit nun dieses genau der Form des Bodens entsprechend geschehe und damit auch der Windkasten, mit dem der neue Boden unverrückbar fest ist, jedesmal an seine genau richtige Stelle komme, dazu dient eben dieser Konus, welchen man zu diesem Ende an die Stelle des Windkastens an der Retorte befestigt, und den zwischen der Retortenwand und dem Konus befindlichen Raum mit Masse vollstampft und diese mit dem älteren Retortenfutter angleicht.

Diese Operation kann bereits 12 bis 14 Stunden nach der letzten Charge ausgeführt werden und dauert nur 1 $^1/_2$ Stunde Zeit*).

Hierauf wird der Konus entfernt, der ausgebesserte Theil ist mittlerweile schon getrocknet und der Boden eingesetzt, was wieder höchstens $^1/_2$ Stunde dauert.

Die Fuge zwischen dem ausgebesserten Retortenfutter und dem neuen Boden ist vollkommen dicht ohne alles Bindemittel.

In der Regel lässt man sich von der letzten Charge bis zur nächsten 18 Stunden Zeit, weil ja indess der andere Converter benützt werden kann, im Nothfalle kann jedoch der neue Boden schon nach 15 Stunden benützt werden.

Die Böden werden in einer Trockenkammer, welche von der Ueberhitze der Gebläse-Dampfkessel geheizt wird, vollkommen getrocknet und sind zu diesem Zwecke 6 bis 8 Stück Windkästen nöthig, was unbedeutende Vorauslagen macht.

Im Grunde wäre es genügend, wenn blos die Böden der Windbüchsen in mehreren Exemplaren da wären und nur 1 bis 2 Windbüchsen; das macht aber die Zusammenstellung complicirter.

Hier werden die Böden so angefertigt, dass sie für beide Retorten vollkommen passen, und es gehört nur zur gleichförmigen Herstellung sämmtlicher Windbüchsen einige, aber nicht mehr als gewöhnliche Genauigkeit.

Diese eben beschriebene Vorrichtung kann kaum einfacher sein und ist, wie schon gesagt, seit dem ersten Betriebsjahre der hiesigen Bessemerhütte 1865 in Ausübung, ohne die geringste Abänderung erlitten zu haben, obgleich hier der traditionelle Gebrauch herrscht, dass jede Verbesserung, wenn sie Aussicht auf Erfolg hat, respectirt wird, und wäre sie auch vom geringsten Arbeiter.

Im Gegentheil wird diese Methode demnächst noch eine weitere Ausbildung erhalten, indem man hier auf Vorschlag des Herrn Ign. Kazetti damit umgeht, auch den untersten Theil der Retorte selbst bis auf eine gewisse Höhe zum Abnehmen und Auswechseln einzurichten, nachdem das Retortenfutter hier mehr leidet als an anderen Stellen, und in der Regel nach mehreren Böden gründlich ausgebessert werden muss.

*) Um das Auskühlen der Retorte zu beschleunigen, pflegt man das Gebläse durch 1 bis 1 $^1/_2$ Stunde langsam spielen zu lassen mit dem nach der Charge noch disponiblen Dampfe ohne besondere Heizung. Diese Zeit der Abkühlung ist weniger nothwendig, um die Arbeit für den Mann erträglich zu machen, das wäre schon früher der Fall, sondern vielmehr deshalb, weil die frische Masse an den glühenden Wänden nicht bindet.

In diesem Zustande hat diese Methode, den Retortenboden zu wechseln, Herr John B. Pearse aus Nord-America bei seinem hiesigen Aufenthalte von Juni bis September 1867 zu beobachten Gelegenheit gehabt, und wie man sieht, nicht unterlassen, sie nachzuahmen.

Was Herr Pearse sonst noch dieser Methode hinzugefügt, ist vollkommen überflüssig und nur geeignet, das Ganze complicirt erscheinen zu lassen.

Neuberg, im Juni 1869.

Jos. Schmidhammer,
k. k. Hüttenverwalter.

Beiträge zur Kenntniss der Magnetdeclination.

Es sind eben zwanzig Jahre, seit der Schemnitzer Professor Bergrath Chr. Doppler in der mathematisch-naturwissenschaftlichen Classe der kaiserl. Akademie der Wissenschaften in Wien das Augenmerk der Naturforscher auf „eine bisher unbenutzte Quelle magnetischer Declinations-Beobachtungen“ gelenkt, und diese Akademie zu dem Beschlusse vermocht hat, bei dem Ministerium für Landescultur und Bergwesen einen Auftrag an die kaiserl. Bergämter zu erwirken, aus den Markscheider-Archiven, Grubenkarten und Zugbüchern die Declination der Magnetnadel in früheren Zeiten und an verschiedenen Orten zu ermitteln.

So viel sich aus den „Mittheilungen über ältere magnetische Declinationsbeobachtungen (Wien 1850)“ entnehmen lässt, fand diese Anregung unter den praktischen Markscheidern auch ungetheilten Beifall und erweckte die Hoffnung, dass sich in der Sammlung der diesfälligen Erhebungen und noch mehr bei der in Aussicht genommenen Errichtung förmlicher magnetischer Beobachtungsstationen in den verschiedenen besonders wichtigen Bergwerks-Revieren der Monarchie das richtige Mittel werde finden lassen, „die Brauchbarkeit markscheiderischer Arbeiten für alle Zukunft zu sichern und eine bisher nur allzu ergiebige Quelle von Irrthümern, welche nicht selten zu den unheilvollsten Streitigkeiten Veranlassung geben, wirksam zu verstopfen“. Ja man erkannte es auch in rein geognostischer Beziehung für wichtig, die mannigfachen örtlichen Abweichungen in der Declination, Inclination und Intensität der magnetischen Erdkraft, bedingt durch die innere Structur und Beschaffenheit, sowie durch die äussere Form der erzführenden Gebirge kennen zu lernen.

Zur Durchführung des eben ein Jahr später von der kaiserl. Akademie der Wissenschaften auch angenommenen Antrages des Bergrathes Doppler, auf die Errichtung magnetischer Beobachtungsstationen in allen geognostisch wichtigen Bergwerksorten hinzuwirken, scheint es jedoch niemals gekommen zu sein, nachdem über derartige Einrichtungen nirgends etwas verlautet hat; und erwägen wir einerseits die erfolgte Gründung der k. k. Centralanstalt für Meteorologie und Erdmagnetismus in Wien und andererseits die vielen seitherigen Umgestaltungen unserer obersten Bergwesensverwaltung, wie den Uebergang so vieler Staatsbergwerke in Privathände, so können wir, wenn auch mit Bedauern, begreiflich finden, dass die Aufmerksamkeit unserer Regierung von der Unterstützung der Lösung der als angeregten wissenschaftlichen Aufgaben wieder abgelenkt, und die Befriedigung des diesfälligen praktischen Interesses der Markscheider dem Privatfleisse des Einzelnen überlassen wurde.

Allein die Kräfte einzelner, zumal untergeordneter, unselbstständiger, und nur kümmerlich besoldeter Bergbeamten können für die Verfolgung oder gar Lösung derartiger wissenschaftlicher Aufgaben niemals ausreichen, umsomehr die zerstreute Lage unserer Bergorte die unerlässliche gegenseitige Einvernehmung und Unterstützung bedeutend erschwert; der wissenschaftliche Eifer des Einzelnen steht auch nicht selten verlassen da, und muss wenn auch zuerst von den besten Vorsätzen begleitet — in Kurzem erlahmen und erkalten, daher eben nicht zu wundern ist, dass dem Studium der magnetischen Declination im Allgemeinen die ihr gebührende Aufmerksamkeit wohl nur selten zugewendet wurde.

Einen grossen Theil der Schuld an dieser Gleichgiltigkeit vieler unserer Markscheider trägt aber gewiss auch die, nur aus seinem nivellirenden Charakter erklärbare, allgemeine Fassung des allg. österr. Berggesetzes von 1854, welche keinerlei Andeutung darüber zuliess, durch welche technisch- wissenschaftliche Hilfsmittel die verschiedenen vorgeschriebenen Karten (Gruben- Lagerungs- und Revierskarten) zu Stande gebracht und welche Anforderungen der Genauigkeit an selbe gestellt werden sollen, womit übereinstimmt, dass in diesem ganzen Gesetze weder das Wort „Compass", noch das „Meridian" vorkömmt, während das allgemeine Berggesetz für die preussischen Staaten von 1865 positiv für jede Muthungskarte die Angabe des „Meridians" fordert, wodurch es den mit dem Compass arbeitenden Markscheider nöthigt, sich um die Beziehung seiner Compass-Linien zum Meridiane genau zu kümmern.

Es scheint übrigens nach der Abhandlung des Herrn Ed. Klesczynski in der österr. Zeitschrift für Berg- und Hütten-Wesen Nr. 51 von 1857 an wohlmeinenden und warnenden Stimmen (in der Wüste) seinerzeit auch bei uns nicht gefehlt zu haben.

Erst die Belehrung des k. k Finanzministeriums vom Jahre 1855 zu den §§. 22 und 23 allg. österr. Berggesetzes (österr. Zeitschrift für Berg- u. Hütten-Wesen Nr. 20 von 1855) hat die erwähnte Lücke einigermassen ausgefüllt, indem sie vorschrieb, „dass die Lage des Freischurfes und des Standortes des Schurfzeichens der Entfernung nach in Wiener Klaftern, und der Richtung nach in Compass Stunden u. s. w. angezeigt werde," was manchenorts wiederum dann Verlegenheiten veranlasst hat, wenn Freischurfanmeldungen nur auf einer Catastralkarte ausgemittelt werden wollten.

So ist es nun denn bei uns gekommen, dass, wie Herr Professor v. Miller in der Einleitung zu seiner höheren Markscheidekunst ganz treffend bemerkt, „die Markscheider vornehmlich in zwei Hauptlager getheilt erscheinen, indem die einen, behäbig dem altgewohnten Herkommen folgend, überall, wo dies nur möglich erscheint, den Compass angewendet sehen wollen, die andern aber demselben auch dort, wo er von Störungen localer Art frei ist, nur ganz kleine Detailaufnahmen zuweisen, und alle wichtigeren Arbeiten mit jenen Instrumenten verrichtet sehen wollen, die der Markscheider nach und nach vom Geodäten entlehnt hat."

Es wäre müssig, noch einmal auf den leidigen Streit ob des drehbaren Stundenringes (Nr. 26, 32 u. 33 der österr. Zeitschrift für Berg- u. Hütten-Wesen von 1867) zurückzukommen, da kein einsichtsvoller Markscheider heutzutage die Wichtigkeit der Beziehung jeder Lagerungs- oder Grubenkarte auf wahre Mittagslinie bestreitet oder bei Bestimmung der letzteren dem Theodoliten den Vorzug abspricht. Wenn wir uns jedoch im wirklichen Leben umsehen, und wahrnehmen, dass nicht einmal in jedem Bergreviere, geschweige denn an jedem Bergorte, ein Theodolit zu Handen ist, und fast noch seltener die Markscheider zu finden sind, welche mit demselben umzugehen gewohnt sind, und wenn wir uns überzeugen, bei wie vielen Gruben das Geschäft des Markscheiders, als gar so zeitraubend, nicht den durch Vorbildung und Stellung hiezu berufenen Werksbeamten, sondern häufig Untergeordneteren, selbst nur Steigern überlassen wird, deren Zeit man weniger hoch anschlägt, also dass die Gruben- und Lagerungskarten oft ohne jedwede Rücksicht auf Magnetdeclination angelegt, und, unbekümmert um deren Variation, jahrelang fortgeführt werden, und wir forschen auch den Gründen dieser Erscheinung nach, werden wir uns der Ueberzeugung nicht länger verschliessen können, dass trotz aller grauen Theorie das Schinnzeug noch durch viele Jahrzehnte seine, etliche Jahrhunderte schon behauptete und wohl auch erprobte Stellung nicht verlieren werde, und ihm dieselbe auch durch eine, den strengeren Anforderungen der theoretischen Markscheidekunst entsprechende Gesetzgebung nicht ohne Weiteres genommen werden könnte.

(Fortsetzung folgt.)

Aus Wieliczka.

Der Fortgang der Wasserhebung in Wieliczka ist in der letzten Woche stetig günstiger gewesen, so dass die Höhe des Wasserstandes am 17. Juni bereits auf 4 Zolle unter dem Horizont „Haus Oesterreich" gefallen ist und daher beim Erscheinen dieser Nummer der Horizont „Haus Oesterreich" vollkommen trocken gelegt sein wird.*)

Mittlerweile sind Vorbereitungen zur Ausfüllung des Schachtes Wodnagura und zur Ableitung der aufzufangenden Süsswässer nach dem Elisabeth-Schacht getroffen worden, und wird, wenn der Wasserstand so weit unter Horizont „Haus Oesterreich" herabgebracht sein wird, dass auch ein zeitweiliger Stillstand der Maschine dessen Unterwassersetzung nicht wieder zur Folge haben kann, mit der Untersuchung der Kloski-Querschlags-Strecke neu begonnen werden. Vorher wird jedoch eine commissionelle Hauptbefahrung vorgenommen werden.

Der Albrecht-Schlag hat nun 27°, 4' Tiefe erreicht. In seiner Sohle hält, nachdem eine Thonschicht mit Sandsteinknollen durchfahren worden, in überraschender Weise Speisesalz an, welches in den petrographischen Charakter von Grünsalz übergeht, jedenfalls ein Beweis, dass man

*) Die Wasserstände waren: am 7. Juni 1°, 0', 2½", am 8. Juni 5', 9", am 9. Juni 5', 2", am 10. Juni 4' 8", am 11. Juni 4', 1", am 12. Juni 3', 7", am 13. Juni 3', 1" u. s. w., bis zum obigen Stande am 17. Juni.

sich im Steinsalzgebirge befindet und dass die Erreichung des Hangenden in dem nur 35 Klafter tieferen und 18 Klafter seitwärts liegenden Schachte keineswegs so wahrscheinlich scheinen konnte, als man nach den ersten Nachrichten annehmen zu sollen glaubte.

In der nächsten Woche dürfte die Senkung der Pumpen, welche dem so sehr gesunkenen Wasserstande folgen müssen und die damit verbundene Auswechselung zweier Ventilkästen eine gleich rasche Verminderung des Wasserstandes nicht zulassen, was aber, sobald der Horizont „Haus Oesterreich“ trocken gelegt **bleibt**, von keinem Belange für die horizontalen Gewältigungsarbeiten ist.

Vergleichende Uebersicht der Kohlenpreise

per Zollcentner in österr. Währung und Pfennigen preuss. Courant bei Cours 1 Thaler = 1 fl. 75 kr. öst. W.*)

Bergrevier	Liquitkohle			Braunkohle			Steinkohle						
	Gross	Mittel	Klein	Gross	Mittel	Klein	Pochkohle		Russkohle		Nusskohle	Coaks	Schmiede-Zünder
	kr. öst. W.	kr. öst. W.	kr. öst. W.	kr. öst. W.	kr. öst. W.	kr. öst. W.	Stück	Würfel	Stück	Würfel			
Falkenau	8	5	3	25	15	10	—	—	—	—	—	—	—
Elbogen	8	5	3	15	12	7	—	—	—	—	—	—	—
Carlsbad	8	5	3	—	—	—	—	—	—	—	—	—	—
Zwickau (Sachsen)	—	—	—	—	—	kr. öst. W. Pfennige	33½ 57½	26¼ 45	26½ 45	24⁸⁄₁₀ 42½	17½ 30	64¹⁶⁄₁₀₀ 110	46½ 80

*) Mitgetheilt vom k. k. Ackerbauministerium.

Siemens-Martin'sches Verfahren der Gussstahlbereitung*).

Aus dem in Nr. 39 des „Berggeist“ befindlichen Artikel von Herrn Const. **Peipers** ersehe ich zu meiner Befriedigung die Anerkennung, dass die **Siemens**'sche Regenerativfeuerung ein Haupterforderniss bei obiger Methode ist, und dass dieselbe laut gegenseitigem Uebereinkommen das Siemens-Martin'sche Verfahren genannt werden soll.

Ich habe also durch meine Replik (siehe Beilage des „Berggeist“ Nr. 35) den eigentlichen Zweck derselben erreicht und sehe mich daher auch nicht veranlasst, auf die weiteren Auslassungen in Bezug auf die Verdienste des Herrn **Martin** etc. näher einzugehen, welche zu schmälern überhaupt nicht mein Zweck war.

Hervorheben muss ich aber doch die Art und Weise, wie Herr Const. Peipers einige meiner Angaben zu widerlegen sucht, indem er behauptet, nicht über den angewandten Ofen, sondern nur über die Martin'sche Stahlschmelz-Methode geschrieben zu haben, während sein erster Artikel fortwährend von einem Martin'schen Ofen spricht und nur sehr wenig über die Methode selbst sagt. In der letzten Erwiderung, wo er selbst zugibt, dass der Siemens'sche Ofen die Grundlage des Verfahrens bildet, macht er doch wieder den Versuch, einen Martin'schen Ofen einzuschmuggeln, sogar im Gegensatz zum Siemens-schen Ofen. Das technische Publicum würde gewiss mit Dank eine klare Auseinandersetzung der Unterschiede zwischen diesen beiden Ofensystemen **aufnehmen**!! aber freilich mit thatsächlichen Verhältnissen nimmt es Herr Peipers nicht so genau. Behauptet er doch: Ich beanspruchte „meinen Namen an der Spitze aller der Operationen zu sehen, bei welchen meine Regenerativ-Feuerung benutzt wird,“ während wir dies doch nur bei diesem Stahlverfahren beanspruchen, und zwar aus dem einfachen Grunde, weil dasselbe erst durch unser Ofensystem hervorgerufen und möglich gemacht wurde; ferner durch unsere vorhergehenden Stahlschmelz-Versuche bis zu einem gewissen Grade vorbereitet und später in den auf eigene Kosten betriebenen, nur zu Versuchszwecken in Birmingham im Jahre 1865 eingerichteten Sample Steel Works noch vervollständigt wurde.

Trotz alledem erkenne ich aber vollkommen die Consequenz und Ausdauer an, mit welcher Herr Martin an unseren Oefen dies Verfahren weiter ausgebildet hat, und frage hiermit Herrn Peipers, wo ich denn behauptet habe, dass die Verdienste des Herrn Martin nur in der Anwendung von Dinas-bricks bestehen, da ich meines Wissens doch nur gesagt habe, dass der bei Herrn Martin 1864 erbaute Ofen sich von dem 1863 in Montluçon für denselben Zweck hergestellten Ofen nur durch Anwendung der Dinas-bricks unterschied, welche wir dem Herrn Martin von England besorgt haben.

Ich bin überzeugt, dass Herr Martin gegen meine Angaben nichts einzuwenden hat und wende ich mich nur gegen die Art des Auftretens des Herrn Const. Peipers, dessen Ausspruch: die von den dabei betheiligten Erfindern festgestellte Bezeichnung ändern zu wollen, durchaus nicht mit seinem ausgesprochenen Charakter als

*) Nachdem wir den früheren Artikel gebracht haben, so müssen wir billigerweise auch diesem Gegenartikel Raum gönnen, der am 28. Mai im „Berggeist“ erschienen ist, wollen uns aber nicht weiter in diese „Erfindungs-Polemik“ mengen! D. R.

Vertreter des Herrn Martin harmonirt; umsoweniger, da er die betreffende Uebereinkunft selber das Resultat einer sachlichen Nothwendigkeit nennt.

Ich kann übrigens dem Herrn C. Peipers versichern, dass ich von ihm keineswegs erwartet habe, er werde unsere Verdienste besonders hervorheben, noch weniger *eine* Apotheose derselben schreiben, welche mindestens bei unseren Lebzeiten doch als verfrüht erscheinen dürfte und wir diese Verdienste auch nicht zu den bereits verblichenen rechnen möchten.

Dresden, im Mai.

Friedrich Siemens.

Literatur.

Leitfaden zur Bergbaukunde. Nach den an der kgl. Bergakademie zu Berlin gehaltenen Vorlesungen von Bergrath Heinrich Lottner. Nach dessen Tode und in dessen Auftrage bearbeitet und herausgegeben von Albert Serlo, Berghauptmann. Zweite Lieferung. Mit 130 Holzschnitten. Berlin, Verlag von Jul. Springer.

Diese Lieferung enthält den noch zum ersten Band gehörenden fünften Abschnitt: „Grubenausbau", und behandelt die Zimmerung, Mauerung und Verdämmung von Grubenräumen; dann als Beginn des zweiten Bandes den sechsten Abschnitt „Förderung" und einen Theil des siebenten Abschnittes „Fahrung".

Wir können im Allgemeinen das schon beim Erscheinen der ersten Lieferung ausgesprochene günstige Urtheil über dieses Werk nur bestätigt finden, und glauben insbesondere neben der Berücksichtigung neuester Fortschritte hervorheben zu sollen, dass die Relation über locale und neue Methoden nicht eine blosse Literaturnachweisung ist, sondern durch kritische Bemerkungen praktischen Werth erhält. Wir finden, was man in vielen sonst vollständigen Compendien nicht immer zu finden gewohnt ist, des Verfassers Ansichten und Urtheilen den gebührenden Raum gewährt, und auch ungünstige Erfahrungen oder Bemerkungen über vorkommende Einrichtungen werden mit der nöthigen Beschränkung und mit taktvollstem Anstande nicht unterdrückt. Dadurch eben rechtfertigt das Buch seinen Titel als „Leitfaden!" Wir wollen beispielsweise in dieser Beziehung auf S. 337: Imprägnirung von Grubenholz, S. 341: Bewegliche Zimmerung, S. 411: Die Missbilligung elliptischer Schachtmauerung u. s. w. anführen. Dagegen bedauern wir, dass die Natur des Leitfadens für Vorträge, welche mit Zeichnungen an der Tafel gedacht werden müssen, vielleicht auch Ursache ist, dass die Zahl der Zeichnungen im Buche zu gering ist und der Leser manche Skizze entbehren muss, die der „Hörer" nicht entbehrt hat. Es sind allerdings viele Holzschnitte im Buche, allein bei einer zweiten Auflage oder in einem nachfolgenden Supplement könnte die Beigabe eines Heftes mit Zeichnungen diesem Mangel leicht abhelfen. Die Darstellung selbst ist klar und dabei von jeder Weitwendigkeit entfernt, und ohne ängstlichem Streben, Alles, auch das Unbedeutende, zu umfassen, doch für den Zweck so vollständig, als man wünschen kann.

Schwierig mag es sein, in einem solchen Compendium die Grenzen der Bergbaukunde im engeren Sinne und der Bergmaschinenkunde von einander zu halten; sie kommen schon bei den Gewinnungsarbeiten sehr nahe (Steinbohrmaschinen, von denen allerdings Zeichnungen und nähere Beschreibungen, wie es scheint, eben deshalb hier meistens weggeblieben sind), sie vermengen sich bei der Wasserhaltung und noch mehr bei der Förderung fast unvermeidlich. Wir finden nun allerdings auch im Buche keine ganz scharfe Scheidung, doch können wir darauf keinen Vorwurf begründen; wir würden eher getadelt haben, wenn alles Maschinelle zu sehr vermieden worden wäre! Uebrigens wird nirgends so weit gegangen oder in das Fach der Maschinenkunde so weit eingegriffen, dass man den Faden des Hauptgegenstandes darüber verliere.

Ein Lehrbuch der Bergmaschinenlehre kann sich ohne Gefahr von Wiederholung ganz gut an diesen Leitfaden anschliessen, auf denselben basiren und ihn gewissermassen fortsetzen. Wir freuen uns auch des raschen Erscheinens (der Schluss ist in nahe Aussicht gestellt) und halten dies, selbst auf die Gefahr minderer Vollständigkeit hin, für nützlicher, als ein jahrelanges Hinausschieben einer doch niemals abzuschliessen möglichen Vollendung, wodurch der praktische Leser nichts gewinnt; denn wa nützt es dem Bergmanne, wenn sein Zukunfts-Autor innerhalb seiner vier Wände die genaueste Vollständigkeit eines Werkes anstrebt und es stets ergänzt und ergänzt und nie damit fertig wird? Dagegen scheinen uns im heutigen Fortschritts-Zeitalter periodische Supplemente zu solchen Compendien sehr nützlich und „verbesserten und vermehrten Auflagen" vorzuziehen, weil sie sich den ersten Auflagen anschliessen, statt selbe entbehrlich, d. h. die Anschaffung einer neuen Auflage nothwendig zu machen, in welcher $\frac{2}{3}$ der ersten doch wieder enthalten sind. Dieses Supplement-System möchten wir jetzt schon dem um unser Fach hochverdienten Herausgeber empfehlen; es würde den dauernden Werth des Leitfadens sehr erhöhen.

Die sehr lobenswerthe Ausstattung, nett, correct und einfach, wollen wir jetzt schon erwähnen, obschon es vielleicht erst am Schlusse geschehen sollte.

O. H.

Notizen.

Voitsberg-Köflacher Montan- und Industrie-Verein. Unter diesem Namen hat sich in Voitsberg ein Verein gebildet, welcher:

a) aus den Bergwerks-, Hütten- und anderen Industrialbesitzern,

b) deren Beamten,

c) aus anderen wissenschaftlich gebildeten Personen besteht, und den Zweck hat, die Mitglieder desselben durch gegenseitige Belehrung und persönliches Bekanntwerden zu verbinden, und so in berg- und hüttenmännischer, technischer und commercieller Beziehung durch gegenseitigen, schnellen Austausch der gesammelten Erfahrungen für den allgemeinen Nutzen zu wirken. In die innere Verwaltung, Gebarung oder den Betrieb eines Werkes, ohne specielle Zustimmung oder Ansuchen des Werks-Inhabers oder deren Bevollmächtigten einzugreifen oder sich einzumischen, hat der Verein und dessen Mitglieder als solche, selbst wenn behördliche Aufträge erfolgen, kein Recht.

Kohlenzweigbahn nach Trifail. Von der Station Trifail an der Südbahn wird nun, behufs Förderung der Kohle aus den Bergbauen zu Trifail, eine eigene Eisenbahn erbaut werden, und zwar wird diese Bahn von den Werksbesitzern in Trifail, den Franz Maurer'schen Erben und der Vodestollner Bergbaugesellschaft in Laibach, als Besitznachfolger des Montanärars, über stattgefundenes Uebereinkommen gemeinschaftlich gebaut werden.

Sonntagschulen für Bergarbeiter. Ueber die vom k. k. Ackerbauminister angeregte Gründung von Sonntagsschulen für Bergarbeiter hat die Karlsbader Reviervertretung die Absicht kundgegeben eine solche, durch Dotation aus der Bruderlade oder durch Reviersumlagen zu errichten.

Schlaggenwalder Zinnbergbau. Der frühere ärarische Zinnbergbau zu Schlaggenwald wurde von dem Uebernehmer derart in Betrieb gesetzt, dass der Bau, gegen einen Gewinnstantheil des Besitzers, einzelnen Bergleuten aus Schönfeld im Hauptgedinge, unter Aufsicht des Steigers und unter Oberaufsicht des gewesenen Bergmeisters Vogel überlassen wurde.

Petroleum-Grubenlampen. Wir erhielten aus Hrastnigg ein gedrucktes Circulair, in welchem uns Herr Johann Pischof mittheilt, dass er in Form einer Grubenlampe eine Lampe construirt habe, in der anstatt Oel Petroleum gebrannt wird, und darauf ein ausschliessliches k. k. Privilegium für beide Reichshälften der österr.-ungar. Monarchie erworben habe. Er versichert, dass mehrfache Versuche constatirt haben, dass diese Lampe für offene Räumlichkeiten, in Fabriken, Hütten, bei Kohlenseparationen über Tag, kurz dort, wo unstabile Lichter gebraucht werden, sich ganz vorzüglich eigne, und mit derselben gegenüber dem Oellichte nicht nur eine bedeutende Ersparniss bei grösserer Leuchtkraft erzielt werde, sondern auch die Flamme dieser Lampe sehr gut dem schärfsten Luftzuge widerstehe. Für Grubenzwecke soll diese Lampe namentlich in wetterarmen oder durch Brandgase verunreinigten Orten vorzügliche Dienste leisten, weil es Thatsache ist, dass Petroleum an solchen Orten viel länger und besser brennt als Oel. (d. h. dann noch brennt, wenn Oellichter erlöschen. Davon hat sich der Redacteur dieser Zeitschrift auch in Wieliczka im Kloski-Schlag überzeugt. O. H.) Für diese Fälle hat Herr Pischof, um den Rauch der Flamme zu vermeiden, einen eigenen Rauchbrenner zum Auf- und Abnehmen angebracht und dadurch ein vollkommen rauchfreies Licht erzielt. Als mindeste Ersparniss bei einem gleich grossen, jedoch heller brennenden Lichte gibt er 1 kr. per Flamme und Schicht an, welche jedoch dadurch noch erhöht wird, dass in Folge des festen Verschlusses nie Brennstoff verschüttet werden kann. Entzünden des Inhaltes der Lampe ist ganz unmöglich, selbst wenn letztere im brennenden Zustande umgedreht würde. Die Lampen sind aus Eisenblech sehr solid gefertigt und sollen im Gebrauche viele Jahre allen Anforderungen entsprechen. Als Preis für eine Probelampe ohne Rauchbrenner setzt Herr Pischof 2 fl. 80 kr. bis 3 fl. für Probelampen mit Rauchbrenner, und 3 fl. 30 kr. bis 3 fl. 50 kr. für solche an, und würde bei grösseren Bestellungen auch etwas billiger liefern können. — Wir ersuchen solche Herren Fachgenossen, welche bereits Proben mit diesen Lampen gemacht haben, um Mittheilung ihrer Erfahrungen.

Ueber Kesselstein und die Mittel zur Verhütung desselben. In einer Versammlung des westphälischen Bezirks-Vereines deutscher Ingenieure betraf ein Gegenstand der Tagesordnung die Discussion über Mittel zur Verhütung der Kesselsteinbildung. Dieselbe wurde durch Herrn Dr. List eingeleitet. Redner ging davon aus, dass diese Mittel theils in Zusätzen zu den Speisewässern, theils in besonderen Apparaten beständen. Die ersteren sollen bewirken, dass statt des Kesselsteines sich Schlamm bildet. Zu diesem Behufe sind Kartoffeln, Kleie und andere stärkeartige Stoffe vorgeschlagen worden. Auf die an die Anwesenden gerichtete Frage, ob ihnen etwas über die Resultate dieser Mittel bekannt geworden sei, erwähnte Herr v. d. Heyde, dass in ihm mitgetheilten Fällen das Resultat nur ein Anbrennen der Kartoffeln an den Kessel gewesen sei. Herr Dr. List erwähnt sodann der günstigen Wirkung von feinem Seifenschiefer (Bergseife), der auf mehreren Braunkohlengruben die Kessel vor Steinbildung bewahrt habe. Herr Berggeschworener Schrader bestätigt, dass ähnliche Wirkungen auf anderen Braunkohlengruben beobachtet seien. Herr Dr. List erklärt sich diese Erscheinungen dadurch, dass die aus dem Wasser sich ausscheidenden Moleküle sich den suspendirten Thontheilchen anlegen, während sie sonst an den Kesselwänden adhäriren. — Ferner erwähnt Redner der Gerbstoff enthaltenden Mittel, deren Wirkung sowohl in mechanischen, wie in chemischen Ursachen gesucht werden kann. Er bestätigt nach eigenen Versuchen deren Wirksamkeit auf kalkhaltiges Wasser. Ein Zusatz von Melasse und Syrup zum Speisewasser wird namentlich in Zuckerfabriken mit gutem Erfolge angewandt. Die Wirkung kann verschieden erklärt werden. In Betreff der chemisch wirkenden Zusätze hob Dr. List hervor, dass ihre Wirksamkeit von der chemischen Zusammensetzung des Wassers abhängig ist. Enthält das Wasser Gyps, so beruht die Kesselsteinbildung darauf, dass beim Verdampfen des Wassers das bleibende Quantum nicht mehr zu seiner Auflösung hinreicht, um so mehr, als Wasser um so weniger Gyps löst, je höher seine Temperatur ist. Bei Gehalt an kohlensaurem Kalk entsteht der Kesselstein, indem der gelöste doppelt-kohlensaure Kalk beim Erwärmen ein Aequivalent Kohlensäure abgibt und der unlösliche einfach-kohlensaure Kalk sich niederschlägt. Die allmählige Ausscheidung veranlasst in beiden Fällen die Bildung einer Kruste. Die chemische Wirkung kann nur in vollständiger Verhinderung der Ausscheidung von Kesselstein oder in der schnellen Ausscheidung desselben beruhen, so dass in letzteren Fällen nur ein leicht zu entfernender Schlammabsatz entsteht. In ersterer Beziehung wird für beide Arten von Speisewasser Salmiak in Vorschlag gebracht, wodurch sich das leicht lösliche Chlorcalcium bildet. Dieses Mittel soll vielfach, namentlich in Holland in Locomotiven angewenet werden. Wohlfeiler istdie Anwendung von Säuren, die aber natürlich nur bei kohlensauren Salzen wirksam ist. Das naturgemässeste Mittel für kohlensauren Kalk enthaltende Wasser ist gelöschter Kalk in Form von Kalkwasser, welcher allen kohlensauren Kalk als unlöslichen Schlamm abscheidet. Chlorbaryum dagegen ist nur bei Gypsgehalt des Wassers wirksam. Als ein für kohlensauren und schwefelsauren Kalk wirksames Mittel empfiehlt Dr. List ferner nach mitgetheilten Erfahrungen und eigenen Versuchen das kohlensaure Natron. Gegen die Ansicht des Dr. List, dass der Kesselstein eine allmählige Bildung bedinge, bemerkte Hr. Helmholtz, dass die Incrustationen im Giffard'schen Injector zeigten, dass auch bei schneller Bewegung eine Steinbildung möglich sei. Hr. Weidtmann hat zwar auch an Stellen Kesselstein gefunden, wo das Wasser eine grosse Geschwindigkeit besitzt, doch weist er darauf hin, dass in Dampffeuerspritzen keine Kesselsteinbildnng erfolgt. Hr. Kamp hat ebenfalls in Speiseröhren bedeutende Steinbildung gefunden, während sie in den Kessel gering war.

P. T.

ANKÜNDIGUNGEN.

(43—3)

Dinas-Bricks.

Diese feuerfesten Steine, welche zu den Oefen, worin nach Martin's Verfahren Gussstahl bereitet wird, sich ausschliesslich eignen, sowie auch zu Schweissöfen in Walzwerken vortheilhaft Verwendung finden, sind durch mich, ab England sowohl wie ab Lager Duisburg zu beziehen.

Ernst Schmidt in Essen,

alleiniger Vertreter der feuerfesten Steinfabrik der Dinas-Bricks von Herrn **J. R. Jenkins** in Swansea für Deutschland, Oesterreich, die Schweiz und Belgien.

Im Verlage von **Ernst & Korn** in Berlin ist soeben erschienen: (42)

Des

Ingenieurs Taschenbuch.

Herausgegeben von dem Verein „Hütte".

Achte vermehrte für Fuss- und Metermass umgearbeitete Auflage.

Mit vielen in den Text eingedruckten Holzschnitten.

Erste Hälfte.

Preis des vollständigen Werkes fl. 3.17 öst. W.

(25—1)

Wasserhaltungsmaschinen,

kleine direct wirkende, für 10, 15 und 20 Cubikfuss Wasser.

und

kleine Bergwerkspumpen

zum Handbetrieb, Leistung 1/2, 1, 2, 4 und 8 Cubikf. per Minut

liefern:

Sievers & Co.,

Maschinenfabrik in Kalk bei Deutz am Rhein.

Diese Zeitschrift erscheint wöchentlich einen Bogen stark mit du nöthigen artistischen Beigaben. Der Pränumerationspre ist jährlich loco Wien 8 fl. ö. W. oder 5 Thlr. 10 Ngr. Mit fraco Postversendung 8 fl. 80 kr. o. W. Die Jahresabonnente erhalten einen officiellen Bericht über die Erfahrungen im berg- nd hüttenmännischen Maschinen-, Bau- und Aufbereitungswes sammt Atlas als Gratisbeilage. Inserate finden gegen 8 kr. . W. oder 1½ Ngr. die gespaltene Nonpareillezeile Aufnahm Zuschriften jeder Art können ur franco angenommen werden.

Druck von Carl Fromme in Wien. Für den Verlag verantwortlich Carl Rege

№ 26.
XVII. Jahrgang.

Oesterreichische Zeitschrift

für

Berg- und Hüttenwesen.

1869.
28. Juni.

Verantwortlicher Redacteur: Dr. Otto Freiherr von Hingenau,
k. k. Ministerialrath im Finanzministerium.

Verlag der G. J. Manz'schen Buchhandlung (Kohlmarkt 7) in Wien.

Denkschrift der von Sr. Excellenz dem Ackerbau-Minister berufenen Commission in Angelegenheiten der Denaturirung von Viehsalz.

(Fortsetzung und Schluss.)

Die Besprechung der in der Preisausschreibung aufgestellten fünf Bedingungen führte zu nachstehenden Beschlüssen und Erörterungen:

Den in der ersten Bedingung gestellten Anforderungen, dass das denaturirte Salz weder in Geschmack noch Geruch den Thieren zuwider, noch ihrer Gesundheit und Körperbeschaffenheit im mindesten schädlich sein dürfte, muss durch directe Versuche an Thieren entsprochen werden und ist rücksichtlich des ersten Theils der Bedingung solches Salz ebensowohl im losen Zustande unter das Futter gemengt, als auch in Form von Leckstein zum Versuch anzuwenden. Mit Bezug auf den zweiten Theil der Bedingung wurde zugegeben, dass unter dieselben auch jene Stoffe gehören, die auf die Milch nachtheilig wirken, wie vegetabilische Farb- und Bitterstoffe, die übrigens auch aus demselben Grunde als nicht „zweckmässig" und nicht anwendbar für ein „geeignetes" Viehsalz betrachtet werden können. Bezüglich der zweiten Bedingung wurde beschlossen, sowohl betreffs der Erklärung des Ausdruckes: **Gift**, als auch betreffs der Stoffe, die als chemische Gifte auszuscheiden wären, das Werk von Ad. **Duflos**: „**Die Prüfung chemischer Gifte — ein Leitfaden bei gerichtlich-chemischen Untersuchungen**", in der Art zur Grundlage zu nehmen, dass die daselbst aufgeführten Giftstoffe als „wirkliche" zu gelten haben. Von den im genannten Werke aufgezählten Giften wurden in den Eingaben empfohlen: **Brom- und Jodkalium und Natrium, Salzsäure, Weinsäure, kohlensaures Kali, Natron und Ammoniak, Aetzkalk, Schwefelleber, Salpeter, Sauerkleesalz, Salmiak, Alaun, chromsaures Kali, Anilin und Nicotin.** Zusätze, welche einen dieser eben genannten Stoffe enthalten, mussten ausgeschlossen werden; dann geschah dies noch bei einigen anderen, die in ausführlicheren Werken über Toxikologie genannt, oder die schon nach der Analogie oder nach ihrer Bereitungsweise im grossen Massstabe und aus unreinen Materialien mindestens als höchst bedenklich zu bezeichnen sind, so **Chlorcalcium** (übrigens auch wegen seiner hygroskopischen Eigenschaft ganz ungeeignet), **Eisenchlorid**, **salpetersaures Eisenoxyd**, die **Alaune** überhaupt, **Eisenvitriol** (wegen seines möglichen Gehaltes an Kupfer und anderen Beithaten höchst bedenklich), dann (der als Denaturirmittel ohnehin nichts bedeutende) **Schwefel** wegen allfälligen Arsenikgehaltes.

Die in der dritten Bedingung enthaltenen Ausdrücke wurden dahin ausgelegt, dass unter »**mechanischer**« Ausscheidung die Fortschaffung der Zusätze durch Erwärmen, durch Sieben, Ausblasen, Auflösen des Salzes im Wasser und Abgiessen der Lösung oder Seihen derselben durch Gewebe, Filz (einschliesslich des Filtrirpapiers), Filtrirsteine, Sandschichten u. A."; unter der „**chemischen**" Scheidung aber zu verstehen seien: das Glühen, Neutralisiren, Ausfällen, Zerstören der Zusätze durch chemische Agentien. Das Wort „**complicirt**" ist im objectiven Sinne zu nehmen und deutet auf mehrere der genannten Operationen, fällt aber dann auch mit dem „**kostspieligen Verfahren**" zusammen. Wie weit letzteres noch rentabel ist, hängt von dem Unterschiede der Preise des Speise- und Viehsalzes ab. Da keine Anhaltspunkte darüber vorlagen, was das Viehsalz, wenn es wieder eingeführt würde, kosten soll, so wurde bestimmt, dass der bisherige Preis des Viehsalzes bei allenfalsigen Berechnungen über die Rentabilität eines Versuches, aus Viehsalz Speisesalz zu machen, zur Grundlage zu nehmen sei.

Mit Bezug auf die in der vierten Bedingung gestellte Anforderung einer **vollkommenen Unbrauchbarkeit** solchen Salzes zum Speisegebrauch für Menschen wurde die Commission einig, dass dieser Anforderung am ehesten durch reichliche oder massenhafte Zusätze entsprochen werden könne; sicher viel eher als durch Einwirkungen auf den Gesichts- oder Geruchssinn, durch welche Ekel oder eine Scheu vor dem Genusse solchen Salzes veranlasst werden soll. Den massenhaften Zusätzen steht aber anderntheils das ernste Bedenken der höheren Kosten entgegen; in allen Fällen, man mag nämlich was immer für Stoffe nehmen, die erhöhten Frachtkosten, die der

Landwirth für die Zusätze zu leisten hat und die im Falle, als die Zusatzstoffe zur Saline geliefert werden müssen, auch noch um diesen Frachtlohn erhöht werden. Diese Auslagen sind, als völlig unproductiv, nichts weniger als wünschenswerth. Erwägt man nun, welche Stoffe für einen massenhaften Zusatz sich eigneten, so fänden sich wohl an den Salinen Substanzen wie Salzthon, Schlamm und andere erdige Materialien, dann etwa auch Steinkohlenasche, welche Stoffe allerdings sehr billig zu stehen kämen, aber ihrer Beschaffenheit nach für den Magen der Wiederkäuer höchst bedenklich erscheinen, ausserdem, da sie im Wasser nicht löslich sind, der Gewinnung des Salzes aus solchem Gemenge kein besonderes Hinderniss bereiten; daher es gewiss nicht verantwortlich wäre, die Frachtkosten für das Viehsalz durch solche zum allermindesten völlig werth- und bedeutungslose Zusätze überhaupt und dann gar noch um ein Beträchtliches zu erhöhen. Den Gegensatz solcher Beithaten bilden die Futterstoffe, von denen auch verschiedene vorgeschlagen wurden, als: Fichten- und Tannennadeln, Heu, Stroh und verschiedenes anderes Rauhfutter, dann Oelkuchen, Klee, Ross-Kastanienmehl, ordinäres Roggenmehl u. A. — Fichten- und Tannennadeln fänden sich wohl in der Nähe der meisten Salinen, sehr fraglich aber ist es, ob man dieselben, da man sie in grösseren Mengen (mindestens 20%) zuzusetzen hätte, um ganz billige Preise beischaffen könnte, und weil sie im stark verkleinerten Zustande beizumengen wären, werden Geräthe und Handarbeit zum Trocknen und Zerkleinern nöthig; hält man diesen Kosten den geringen Futterwerth und die Thatsache entgegen, dass diese Beithat, wenn sie, wie es sein müsste, künstlich getrocknet würde, den charakteristischen Geruch einbüsst und an Wasser wenig lösliche Substanz abgibt, auch sonst leicht zum grösseren Theil mechanisch sich entfernen lässt, so zeigt sich dieses Material als Massenzusatz wenig geeignet. Stroh verhält sich in den letztgenannten Beziehungen ganz ähnlich, lässt sich noch viel schwieriger fein vermahlen, steht im Anschaffungspreise höher und müsste den Salinen zugeführt werden, würde also noch bedeutend mehr Kosten verursachen, ohne einen Effect zu haben. Die Kleearten und sonstige auf dem Ackerlande gewonnene Futterkräuter sind schwieriger in grossen Mengen zu beziehen und ist deren Verkleinerung kostspielig; ein Gleiches gilt von Heu, das übrigens auch zu den bereits in Verwendung stehenden Substanzen gehört; da die eben genannten Futterstoffe eine reichlichere Menge von in Wasser löslicher Materie enthalten, wären sie sonst wohl den vorerwähnten vorzuziehen. Was die concentrirten Futtermittel: Oelkuchen u. s. w. anbetrifft, die als Handelswaare coursiren, so ist ihr Preis bereits auf jener Höhe, dass er durch den Gewinn, den die Verwendung solcher Futterstoffe gewährt, häufig nur ganz knapp gedeckt wird (zählt man hieher auch die übrigens aus mehreren Gründen zu beanständende Melasse, so muss man sagen, dass ihr Preis ihren Futterwerth weit überragt). Erwägt man nun, dass ein Theil dieser Materialien nicht in übergrossen Mengen vorhanden ist, somit bei beträchtlichen Lieferungen für die Salzdenaturirung im Preise bedeutend steigen würde, dass auch die reichlicher zu Gebote stehenden eine Preissteigerung erleiden würden, dass ferner die jetzt schon bei derartigen Artikeln häufig wahrnehmbare Neigung zu Fälschungen sicher zunähme und zur Verhinderung derselben umständliche, d. h. kostspielige Controlen durch chemische Analysen bei der Uebernahme der Lieferungen unbedingt nöthig wären, und dass dies Alles nebst den Spesen für den Bezug in den Preis des Viehsalzes eingerechnet werden müsste: so ergibt sich, dass auch diese Materialien nicht geeignet erscheinen. Der Landwirth müsste sie so hoch über ihren eigentlichen Werth bezahlen, dass die Begünstigung, die man ihm gewähren will, ganz gering wäre. So z. B. stellt sich ein Gemenge von 50 Proc. Salz und 50 Proc. Oelkuchen als der vierten Bedingung völlig entsprechend heraus, da sich wohl ganz wenige Menschen fänden, die dasselbe anstatt Speisesalz verwenden möchten, auch lässt sich das darin enthaltene Salz schwer rein erhalten, da es vorerst durch Behandlung mit Wasser ausgezogen, die Lösung filtrirt und eingedampft und der Rückstand anhaltend geglüht werden muss, damit nach abermaligem Lösen, Filtriren und Eindampfen Speisesalz resultire. Was kostet aber dem Landwirth ein Centner Salz in diesem Gemenge? Er müsste 2 Ctr. des letzteren kaufen und erhielte damit unter Aufwand der doppelten Fracht zu 1 Ctr. Salz 1 Ctr. Oelkuchen als Beigabe, welch' letztere er unter Annahme der Provision im letzten Spätherbst und bei mässiger Veranschlagung der Fracht zur Saline und der weiter dort erwachsenden Kosten mit 5 fl. per Centner loco Saline zu bezahlen hätte; es kostete also, wenn der Preis für 1 Ctr. zu 1 fl. 60 kr. (d. i. der Viehsalzpreis in den letzten Jahren) genommen wird, 1 Ctr. Viehsalz dieser Art (das sind 2 Ctr. des Gemenges) 6 fl 50 kr., also mehr als das Speisesalz. Für ein zu denaturirendes Quantum von 300.000 Ctr. Salz wäre, — auch die Leinkuchen mitgerechnet — gar nicht die genügende Menge von Oelkuchen (auch nicht, wenn nur 25 Proc. zugesetzt würden) in den österreichischen Staaten aufzutreiben, da der grösste Theil der gewonnenen Oelsamen exportirt wird; es würde also bei einem solchen Verfahren der Landwirthschaft gar kein Vortheil zugewendet, ja dieselbe hätte sogar vollsten Grund zur Klage, dass ihr ein für einzelne Productionszwecke (Mastung, Milchnutzung) sehr werthvoller Futterstoff entzogen und dass derselbe nutzlos verzettelt wird; denn die einigen Lothe Oelkuchen, die man mit dem Salz einem Stück Grossvieh täglich verabreichte, würden keinen wahrnehmbaren Effect haben.

Mit Bezug auf die fünfte Bedingung wurde zur Kenntniss genommen, dass die Kosten der bisherigen Denaturirung einschliesslich der Auslagen für Arbeit im Maximo sich auf 18 kr. beliefen, regelmässig aber unter und zwar selbst bis zur Hälfte unter diesem Ansatze blieben.

In die Kosten der Denaturirung sind ausser den Preisen der Materialien, die Arbeitskosten für Verkleinerung des Salzes und der Zusatzstoffe, für allfällige andere Präparirungen und für die Mengung selbst ferner noch einzurechnen: die Auslagen für eine Controlirung der Echtheit und guten Qualität solcher Stoffe, die leicht zu fälschen sind, endlich auch noch die Kosten einer sorgfältigeren Verpackung des denaturirten Salzes, wie solche bei nicht wenigen Vorschlägen nothwendig würde. Man musste dabei festhalten, dass die jetzigen Preise der Materialien, namentlich der selteneren, bei einer so vermehrten Nachfrage nicht mehr als Grundlage dienen können, und dass mit der Preissteigerung die Nothwendigkeit einer scharfen Controlirung gleichen Schritt halte.

Völlig unverantwortlich erscheint es vom volkswirthschaftlichen Standpunkte, Droguen, die aus ferneren Ländern geholt werden müssen, oder Artikel jeder Art, die schon an sich oder in der Form, in der sie (z. B. als Extracte) zur Anwendung kommen sollen, leicht verderben oder die eine sorgfältige Magazinirung oder Austrocknung u. dgl. verlangen, zur Salzdenaturirung anwenden zu wollen.

Die Erfahrungen, welche in Oesterreich mit dem von 1850 bis 1862 verwendeten Enzian gemacht wurden, der in dieser Zeit reichlich 100 Proc. im Preise stieg, zuletzt nicht mehr in der nöthigen Menge sich vorfand und mit den gröbsten Fälschungen (z. B. in einem Falle mit ungefähr $1/3$ Rippen von Tabaksblättern gemengt) geliefert wurde, mussten zur grössten Vorsicht mahnen, in gleichem die Erwägung, dass heutigen Tages, nachdem gerade die Besprechungen der Viehsalzfrage in den öffentlichen Blättern so belehrend auftraten, die Zahl der Menschen sicher nicht sehr gross ist, die nicht wissen sollte, dass alle organischen Substanzen durch Hitze zerstörbar und die nach dem Glühen verbleibenden kohligen Rückstände als unlöslich im Wasser leicht wegzuschaffen sind, dass also, da unter den unorganischen Präparaten sich keines findet, das stark gefärbt, vor und nach dem Glühen mit intensiver Färbung im Wasser löslich und zugleich völlig unschädlich ist, der einzige Ausweg in einem massenhaften Zusatze bestünde, der sich aber leider auch als ganz unpraktisch erweist.

Nachdem durch die eingehende Besprechung des Textes der Preisausschreibung die allgemeinen Grundlagen zur Beurtheilung der eingelangten Vorschläge gewonnen waren, wurde an diese Beurtheilung gegangen. Zunächst kamen jene Eingaben zur Besprechung, welche nicht als Preisbewerbungen betrachtet werden konnten, wie Mittheilungen über das Denaturirverfahren in anderen Staaten, Vorschläge über den Verschleiss des Viehsalzes, über die mechanische Mengung der Denaturirstoffe, ferner ein sehr beachtbares Promemoria eines Fachmannes, worin die Darstellung von Lecksteinen empfohlen wird, dann ein sehr werthvolles Gutachten eines Universitätsprofessors, worin gründlich erörtert wird, dass in allen drei Naturreichen keine den gestellten Bedingungen völlig entsprechende Substanz zu finden sei. Hierauf kamen die dem drittletzten Absatze der Preisausschreibung nicht genügenden Eingaben zur Verhandlung und zwar zunächst jene, in welchen gar keine oder ungenaue Angaben über das Denaturirverfahren gemacht und zugleich die Bedingung der Prämiirung vor Bekanntgabe des Verfahrens oder einer Monopolisirung desselben durch ausschliessliche Lieferung oder Privilegirung gestellt wird; weiter jene, die, ohne solche Bedingungen zu stellen, in den Angaben über Quantität oder Qualität der Denaturirstoffe ganz ungenügend waren. An diese wurden die Vorschläge, welche farblose, dann jene, welche bereits in Anwendung gebrachte Zusätze, und solche, welche Gifte empfehlen, endlich jene angereiht, welche erdige Zusätze in grösserer, d. h. bedenklicher Menge (über 15 Proc.) oder solche Beithaten angewendet haben wollen, die schwer zu beschaffen, wegen der Möglichkeit giftiger Beimengungen bedenklich, schwierig auf ihre Unverfälschtheit zu prüfen sind, oder umständliche Vorbereitungen verlangen, oder aus zahlreichen Artikeln bestehen, von denen die einzelnen in minutiösen Mengen Anwendung finden sollen, oder endlich deren gleichmässige Vertheilung unter das Salz absolut unmöglich ist. Nachdem die in den genannten Richtungen gegen die Anforderungen verstossenden Vorschläge bei Seite gelegt wurden, verblieb ungefähr noch ein Drittel der Eingaben, deren Vorschläge einer sorgfältigen Erwägung und Prüfung unterzogen werden sollten. Die Commission beschloss, dass dies zunächst durch die Fachmänner zu geschehen habe, die auch sofort, wenn sich geeignet Erscheinendes fände, directe Versuche an Thieren anstellen sollten.

Dieser Aufgabe entsprechend, gingen die Fachmänner sowohl einzeln als im Vereine an eine abermalige und strenge Prüfung jener noch verbliebenen Vorschläge, die in ihrer Mehrheit von zunächst Berufenen, als: Chemikern, sowohl dem Lehrstande als der praktischen Richtung angehörend, dann den Montanisten, Doctoren der Medicin, Thierärzten und Oeconomen stammten. Es liess sich aber auch unter diesen Vorschlägen keiner finden, der selbst bei nicht gar zu strenger Auslegung den in der Preisausschreibung gestellten Anforderungen geeignet erschien, um weiter auf dieselben einzugehen und directe Versuche einzuleiten.

In diesem Sinne wurde an das Plenum der Preiscommission berichtet, welches in der Schlussberathung zu nachstehender Entscheidung kam:

„Die Commission gelangt auf Grund der vorstehenden Erörterungen zu dem Schlusse, dass dieselbe nicht in der Lage sei, einen Antrag auf Prämiirung eines der eingereichten Projecte zu stellen und glaubte auch die von Autoritäten getheilte Ueberzeugung aussprechen zu sollen, dass eine neuerliche Preisausschreibung kein besseres Resultat liefern würde, weil eben die nothwendiger Weise aufzustellenden Bedingungen nicht erfüllbar sind. Es gäbe nur ein Mittel, denaturirtes Salz ohne Gefahr der Benachtheiligung der Finanzen zu erzeugen und dieses Mittel wäre: eine namhafte und allgemeine Herabsetzung der Salzpreise. Einen derartigen Antrag zu stellen, glaubt aber die Commission bei der weit über ihre Aufgabe gelegenen politischen und finanziellen Tragweite einer solchen Massregel nicht befugt zu sein; dagegen erlaubt sich die Commission bei der Wichtigkeit des Salzverbrauches für die Viehzucht den Antrag zu stellen: Das hohe k. k. Ackerbau-Ministerium sei zu ersuchen, bei dem k. k. Finanz-Ministerium dahin zu wirken, dass Letzteres zum Behufe der Erzeugung von Viehsalz die minderen Salzsorten um billigere Preise ablassen wolle, dass dann zur Denaturirung bereits bekannte und bewährte Methoden angewendet werden sollen, und dass das so erzeugte Viehsalz in der Form von Lecksteinen zum Verschleisse komme, zu welchem Behufe dem hohen k. k. Finanz-Ministerium die Eingaben Nr. 107, 124 und 138 zur geneigten Würdigung empfohlen werden."

Beiträge zur Kenntniss der Magnetdeclination.

(Fortsetzung.)

Bei grösseren, auf edlen Erzen umgehenden, und reiche Ausbeute bietenden Bergbauen bringt es wohl schon das eigene Interesse der Besitzer mit sich, dass dem

Markscheidswesen die sorgfältigste Pflege zugewendet und für selbes keine Kosten gescheut werden; allein bei Bergbauen auf minder kostbare Mineralien, bei solchen, die in Einbusse oder erst im Beginne stehen, noch lange mit keinen Nachbarn zu kämpfen und von allmählig eintretenden Verschiebungen ihres ganzen Massencomplexes keinen Nachtheil zu besorgen haben, endlich bei den meisten Schürfungen wäre es in der That nicht am Platze, bezüglich der Genauigkeit der Lagerungs- und Betriebskarten die behördlichen Anforderungen empfindlich höher zu spannen, als zur Befriedigung des wohlverstandenen eigenen Interesses der Bergbau-Unternehmer erforderlich ist. Bergbauunternehmungen dieser Art werden also voraussichtlich noch lange ausschliessend mit dem Kompasse sich behelfen, nichtsdestoweniger aber nicht beanspruchen können, dass die Regierung es unterlasse, Massregeln zu ergreifen, damit dem Markscheidswesen allgemeiner eine sorgfältigere Pflege zugewendet werde.

Unbeschadet des Zieles daher, dass von Oben darauf hingewirkt werde, das Markscheidswesen allmählig in die Hände selbstständiger concessionirter Markscheider überzuführen, welche mit allen Erfordernissen ausgerüstet, nur diesem Geschäfte obliegen und alle vorfallenden Aufnahmen gegen zeitliche Entlohnungen für eine grössere Anzahl von Bergwerken oder ausgedehnte Reviere besorgen, aber auch unter Controle bergbehördlich angestellter Markscheider stehen, müssen wir noch länger darauf bedacht sein, statt das allgetreu, handsame, oftmals ausreichende, ja mitunter ganz unentbehrliche Schinnzeug ohne weiters in die Rumpelkammer zu verbannen, dasselbe vielmehr von seinen Mängeln frei zu machen, und dürften daher darauf abzielende Versuche nicht für völlig ungerechtfertigt erkannt werden.

Der bedeutendste Mangel nun, welcher dem Kompasse anklebt, liegt in der Declination der Magnetnadel, daher dieselbe zu beseitigen oder doch abzuschwächen stets eine der angelegentlichsten Sorgen umsichtiger Markscheider gebildet hat.

Mancher hat sich nun befriedigt und geglaubt, bereits genug gethan zu haben, wenn er sich in der Nähe seines Bergbaues die wahre Mittagslinie bestimmte und fixirte, daran von Zeit zu Zeit den Kompass anlegte, die beobachteten Declinationen aufzeichnete (wobei die Befriedigung um so tiefer war, je genauer eine spätere Erhebung mit einer viel früheren übereinstimmte), und er dann bei vorfallenden Kompassaufnahmen die erhobene Declination einrechnete. Oder bei der Lagerung eines späteren Nachbarfeldes erhob man die Declinationsänderung an einer kurzen Richtlinie und reducirte die spätere Lagerung auf die frühere.

Man ist durch diese Einrichtungen ohne Frage der Wahrheit näher gekommen, allein so lange nicht auch die täglichen und stündlichen Variationen der Declination erhoben werden, und strenge vermieden wird, dass eine an einer kurzen Richtlinie abgenommene Declination auf eine viel grössere Aufnahmslinie oder ein System solcher angewendet werde, deren Aufnahme unter ganz anderen Declinationseinflüssen erfolgte, wird auch dieses Verfahren eine reiche Fehlerquelle in sich bergen. Nur unausgesetzte und mit vorfallenden Kompassaufnahmen gleichzeitige, von Stunde zu Stunde fortgeführte Declinationsbeobachtungen böten ausreichendes Materiale zur vollständigen Berichtigung der unter dem Einflusse der unausgesetzten Declinationsvariationen stehenden Kompasserhebungen. Solche stetige und gleichzeitige Beobachtungen sind wohl auch hie und da eingeführt und verwendet worden, allein das zeitraubende und kostspielige, wie bei der Unvollkommenheit unserer Instrumente nur theilweise zureichende solcher Einrichtungen lässt eine allgemeinere Einführung dieses Verfahrens nicht so bald anhoffen.

Denn könnte man einmal es dahin bringen, so wäre auch der weitere Schritt zur Einführung förmlicher magnetischer Observatorien an den meisten Bergbauen ohne Mühe zurückzulegen.

Wenn nun aber die Beobachtung der jeweiligen gleichzeitigen Magnetdeclination bei Kompassaufnahmen von solcher Wichtigkeit ist, derlei Beobachtungen jedoch nicht allgemein zu Gebote stehen, so drängt sich von selbst als empfehlenswerther Ersatz und nicht zu unterschätzende Beihilfe das eingehende Studium und die zulässige Verwendung derjenigen Beobachtungen auf, welche uns die mit Gauss'schen Magnetometern eingerichteten magnetischen Observatorien an die Hand geben, welche Beobachtungen nicht nur geeignet, sondern geradezu bestimmt zu sein scheinen, unserem Markscheidswesen noch manch reiche und kostbare Frucht abzuwerfen. Denn gelang es auch nicht, aus den bei unseren Bergbauen gemachten Erfahrungen über Magnetdeclinationsänderungen ein für die Arbeiter der magnetischen Observatorien durchwegs brauchbares und zuverlässiges Materiale zu gewinnen, so steht doch nichts im Wege, im Gegentheile die Markscheidekunst aus den wissenschaftlichen Errungenschaften dieser Anstalten Nutzen ziehen zu lassen, welchen so ausgezeichnete Schätze wissenschaftlicher Erfahrung und so unvergleichlich vollkommenere Instrumente zu Gebote stehen.

Lesen wir ja doch, welch treffliche Dienste die zuerst zu Ende des 17. Jahrhunderts von Halley entworfenen, wie die nach 20jährigen Forschungen im Jahre 1819 von Hansteen in Christiania vollendeten, magnetischen Declinationskarten den Seefahrern geleistet haben, obwohl diese Karten erst auf noch sehr wenigen Beobachtungen beruhten und bei den steten Aenderungen der Declination füglich nicht sehr lange vorhalten konnten.

Und wenn, als von 1834 an das Gauss'sche Magnetometer an mehreren Observatorien eingeführt worden, die mit demselben zu verschiedenen Zeiten und an verschiedenen, nach geographischer Länge wie Breite weit von einander entlegenen Punkten gleichzeitig angestellten Beobachtungen nachgewiesen haben, „dass nicht nur solche grosse Bewegungen des Magnetes, wie sie bei dem Auftreten eines Nordlichtes sich kundgeben, sondern selbst ganz kleine, mit allen ihren in den kürzesten Zeitfristen wechselnden Nuancen, eine ganz bewunderungswürdige Harmonie zeigen, wie die am 5. und 6. November 1834 in Kopenhagen und Mailand während 44 Stunden ununterbrochen verfolgten, und die in den 2 Abendstunden des 1. April 1835 in Kopenhagen, Altona, Göttingen, Leipzig und Rom angestellten Beobachtungen" lehrten, warum sollten wir nicht einer praktischen Verwendung dieser Beobachtungsresultate unser Vertrauen entgegentragen, und hoffen dürfen, dass sich in diesen das einfache und ausreichend zuverlässige Mittel verborgen finde, eine noch lange nicht versikte Quelle von Irrthümern in unserem Markscheidswesen wenigstens zu klären?

Die empfohlene Benützung der Beobachtungsergebnisse der magnetischen Observatorien zur Vereinfachung der Beachtung der Declinationsvariationen hat übrigens nicht die Bestimmung, die Markscheider auch dort, wo es halbwegs thunlich erscheint, von der Bestimmung der wahren Mittagslinie für ihre Beobachtungsorte und der Anstellung häufiger eigener Declinationsbeobachtungen abzuhalten, wohl aber soll sie eine allgemeinere und vollgiltige Beachtung dieser Naturgesetze auch bei jenen Markscheidern herbeiführen, die sich um diese Fehlerquelle ihrer Arbeiten bisher wenig oder gar nicht bekümmert haben. Wie Wenige mag es bis jetzt angefochten haben, die an einer schon um 3 Minuten abweichenden Richtlinie mit einem Fehler von ebenfalls 3 Minuten erhobene Declination unter ungünstigen, einen Fehler von 6 Min. ausmachenden Declinationseinflüssen auf eine 2000 Klftr. Länge betragende Linie angewendet zu haben, und doch beträgt dabei der aus allfälliger Summirung der Winkel entstehende Gesammtfehler nahezu 7 Klftr. im Bogen.

Uebrigens lässt auch die vereinfachteste Methode zur Verwerthung der Beobachtungsergebnisse der magnetischen Observatorien den Markscheidern noch Feld genug zur andauernden weitergehenden Forschung übrig, indem jene Ergebnisse trotz ihrer Schärfe keine dogmatische Unfehlbarkeit und allgemeinste Anwendbarkeit beanspruchen, *insoferne* immer noch die localen Ursachen der Magnetdeclination zu ergründen bleiben, aber sie wird diesen *weiteren* Forschungen erst eine feste Grundlage geben und zu selben geradezu herausfordern Denn bekanntlich zeigen sich die magnetischen Meridiane oder Isogonen (Linien gleicher Abweichung), wenn sie auch im Allgemeinen durch Mitteleuropa eine ziemliche Parallelität bewahren, im Einzelnen vielfach gestört, worüber erst länger fortgesetzte genaue Beobachtungen die sicheren Aufschlüsse geben werden, denn die Wirkungsweise der magnetischen Erdkraft hängt viel von der geognostischen Beschaffenheit eines Beobachtungsortes und vielleicht auch von dessen Meereshöhe ab.

(Fortsetzung folgt.)

Zur Statistik der Arbeiterverhältnisse*).

Bergmännische Unternehmungen.

Ein weit günstigeres**) Ergebniss lieferte die Enquete über die humanitären Anstalten und Einrichtungen beim Bergbau. Die erzielten Daten umfassen nicht weniger als 391 Berg- und Schmelzwerke mit 78.108 Arbeitern, bei welchen zur Verbesserung der materiellen Lage der Arbeiter und ihrer intellectuellen Bildung in mannigfacher Weise Vorsorge getroffen wird.

Von diesen Bergbauen und Schmelzwerken entfallen:

auf Niederösterreich	20	mit	1.635	Arbeitern
„ Oberösterreich	2	„	802	„
	22	mit	2.437	Arbeitern
Fürtrag:	22	mit	2.437	Arbeitern
auf Salzburg	9	„	917	„
„ Steiermark	80	„	12.324	„
„ Kärnten	43	„	7.276	„
„ Krain	9	„	2.663	„
„ Küstenland	1	„	454	„
„ Tirol	19	„	2.305	„
„ Böhmen	148	„	30.527	„
„ Mähren	31	„	10.184	„
„ Schlesien	14	„	5.556	„
„ Galizien	12	„	2.829	„
„ Bukowina	2	„	551	„
„ Dalmatien	1	„	85	„
	391	mit	78.108	Arbeitern.

*) Aus der unter obigem Titel vom k. k. Handelsministerium publicirten Denkschrift, deren 1. Heft die humanitären Anstalten enthält, von denen wir die unser Fach betreffenden hier mittheilen zu sollen glauben.

**) „Als bei anderen industriellen Etablissements“, welche im ersten Capitel jenes Werkchens abgehandelt wurden.

In diese Zusammenstellung wurden jene Bergbaue nicht aufgenommen, welche keine derartigen Einrichtungen besitzen und entweder nur gefristet werden, oder nur zeitweise im Betriebe stehen. Dessenungeachtet übersteigt die hier angeführte Arbeiterzahl jene, welche in den Jahresberichten der Berghauptmannschaften mit 74.535 angegeben wird, aus dem Grunde, weil in Letzteren lediglich die Bergarbeiter, in den vorliegenden Nachweisungen jedoch auch die Arbeiter der mit den Bergbauen verbundenen Hüttenwerke, welche an den humanitären Einrichtungen der Bergarbeiter participiren, in die Gesammtzahl der Theilnehmer einbezogen wurden.

Nach den verschiedenen Bergbauen geordnet, vertheilen sich die einzelnen Etablissements (Tab. I), wie folgt:

Bergbaue auf edle Metalle	12	mit	5.526	Arbeitern
Quecksilberbergbau	1	„	761	„
Eisensteinbergbaue u. Schmelzwerke	97	„	31.890	„
Kupferbergbaue und Schmelzwerke	9	„	1.407	„
Bleiberg- und Schmelzwerke	36	„	4.430	„
Schwefelbergbaue	3	„	662	„
Graphitbergbaue	5	„	321	„
Steinkohlenbergbaue	130	„	22.149	„
Braunkohlenbergbaue	67	„	8.775	„
Sonstige Bergbaue	31	„	2.187	„
	391	mit	78.108	Arbeit.

Die humanitären Einrichtungen zum Besten der Arbeiter bestehen im Allgemeinen in der Vorsorge *a)* für Ernährung, *b)* für Bequartierung, *c)* für Unterstützung in Krankheitsfällen, *d)* für Unterricht der Arbeiter oder deren Kinder. Je nachdem in einer oder der andern dieser Richtungen, in mehreren oder in allen zugleich von den einzelnen Bergbau-Unternehmungen Vorsorge getroffen wird, ergeben sich mannigfache Combinationen, von denen bis auf drei, welche den Unterricht, Wohnung und Unterricht, Wohnung, Ernährung und Unterricht betreffen, sich alle übrigen beim österreichischen Bergbaue vorfinden und in den folgenden Kategorien dargestellt werden.

Nur 1 Bergbau mit 12 Arbeitern besteht in Tirol (Tab. II), bei welchem sich die Vorsorge blos auf Beschaffung billiger Lebensmittel beschränkt.

Für Bequartierung ausschliesslich (Tab. III) wird bei 8 Werken mit 189 Arbeitern gesorgt.

Davon entfallen:

auf Steiermark 3 Bergbaue mit 100 Arbeitern

auf Kärnten 2 Bergbaue mit 16 Arbeitern
„ Böhmen 2 „ „ 64 „
„ Mähren 1 „ „ 9 „

Nach der Production betrachtet, befinden sich darunter:

Eisensteinbergbaue und Schmelzwerke	2	mit	59 Arbeit.
Bleiberg- und Schmelzwerk	1	„	7 „
Steinkohlenbergwerke	3	„	49 „
Braunkohlenbergwerk	1	„	60 „
Sonstiger Bergbau	1	„	14 „

Zahlreich sind die Bergbaue, bei welchen ausschliesslich für Unterstützungen in Krankheitsfällen, Verunglückungen und Sterbefällen, sowie bei eintretender gänzlicher Arbeitsunfähigkeit durch die Bruderladen vorgedacht ist. Solcher Bergbaue bestehen (Tab. IV) 142 mit 18.764 Arbeitern, und zwar:

in Niederösterreich	3 Bergbaue	mit	46	Arbeitern
„ Salzburg	3	„ „	72	„
„ Steiermark	13	„ „	466	„
„ Kärnten	5	„ „	269	„
„ Tirol	4	„ „	427	„
„ Böhmen	91	„ „	13.941	„
„ Mähren	16	„ „	2.066	„
„ Schlesien	4	„ „	1.272	„
„ Galizien	2	„ „	120	„
„ Dalmatien	1 Bergbau	„	85	„
	142 Bergbaue	mit	18.764	Arbeit.

Davon sind:

Bergbaue auf edle Metalle	7	mit	4.707	Arbeitern
Eisensteinbergbaue u. Schmelzwerke	13	„	2.279	„
Kupferbergbaue und Schmelzwerke	3	„	203	„
Bleibergbaue und Schmelzwerke	6	„	641	„
Schwefelbergbaue	2	„	138	„
Graphitbergbaue	4	„	102	„
Steinkohlenbergbaue	45	„	4.929	„
Braunkohlenbergbaue	45	„	4.789	„
Sonstige Bergbaue	17	„	976	„
	142	mit	18.764	Arbeit.

Für billige Beschaffung von Lebensmitteln und für Bequartierung ist (Tab. V) bei 3 Steinkohlenbergbauen in Steiermark mit 544 Arbeitern vorgesorgt.

Einrichtungen für Ernährung und für Unterstützung bestehen (Tab. VI) bei 7 Bergbauen mit 1.134 Arbeitern, und zwar:

in Kärnten	bei 2 Bergbauen	mit	153	Arbeitern
„ Tirol	„ 2 „	„	442	„
„ Böhmen	„ 1 Bergbaue	„	68	„
„ Galizien	„ 1 „	„	90	„
„ der Bukowina	„ 1 „	„	381	„

Darunter befinden sich:

Kupferbergbaue und Schmelzwerke	2	mit	681	Arbeitern
Bleibergbaue „ „	2	„	153	„
Steinkohlenbergbau	1	„	68	„
Sonstige Bergbaue	2	„	232	„

Für Bequartierung und Unterstützung in Krankheitsfällen etc. ist bei 96 Bergwerken mit 16.364 Arbeitern vorgesorgt (Tab. VII).

Solche Bergbaue bestehen:

in Niederösterreich	7	mit	174	Arbeitern
„ Oberösterreich	1	„	20	„
„ Steiermark	17	„	1.079	„
„ Kärnten	15	„	1.332	„
„ Krain	1	„	9	„
„ Tirol	3	„	315	„
„ Böhmen	31	„	6.203	„
„ Mähren	8	„	2.364	„
„ Schlesien	8	„	3.482	„
„ Galizien	5	„	1.386	„
	96	mit	16.364	Arbeitern.

Es befinden sich darunter:

Eisensteinbergbaue und Schmelzwerke	26	mit	5.319	Arbeitern
Bleiberg- und Schmelzwerke	15	„	1.313	„
Schwefelbergbau	1	„	524	„
Steinkohlenbergbaue	35	„	7.056	„
Braunkohlenbergbau	11	„	1.305	„
Sonstige Bergbaue	8	„	847	„

Vorkehrungen für Bequartierung und Unterricht bestehen bei 1 Steinkohlenbergbaue in Galizien mit 200 Arbeitern (Tab. VIII).

Anstalten für Unterstützung in Krankheitsfällen etc., sowie für Unterricht besitzen 11 Bergbaue mit 1.055 Arbeitern (Tab. IX), und zwar:

in Niederösterreich	1 Bergbau	mit	18	Arbeitern
„ Kärnten	1	„ „	54	„
„ Tirol	1	„ „	11	„
„ Böhmen	8 Bergbaue	„	972	Arbeitern

Von der Gesammtzahl sind:

Eisensteinbergbaue und Schmelzwerke	3	mit	668 Arbeit.
Bleibergbaue „ „	4	„	278 „
Steinkohlenbergbau	2	„	84 „
Braunkohlenbergbau	1	„	18 „
Sonstiger Bergbau	1	„	7 „

In grösserer Zahl bestehen jedoch Bergbaue, welche gleichzeitig für Beschaffung von Lebensmitteln, für Bequartierung und für Unterstützung in Krankheitsfällen und bei Verunglückungen sorgen (Tab. X). Derlei Bergbau-Unternehmungen gibt es 67 mit 11.909 Arbeitern, davon

in Niederösterreich	6	mit	653	Arbeitern
„ Salzburg	3	„	515	„
„ Steiermark	27	„	4.439	„
„ Kärnten	9	„	2.321	„
„ Krain	6	„	1.202	„
„ Küstenland	1	„	454	„
„ Tirol	5	„	690	„
„ Böhmen	7	„	793	„
„ Mähren	1	„	40	„
„ Schlesien	2	„	802	„
zusammen	67	mit	11.909	Arbeitern.

Von dieser Gesammtzahl sind:

Bergbaue auf edle Metalle	2	mit	131	Arbeitern
Eisensteinbergbaue und Schmelzwerke	22	„	5.106	„
Kupferbergbaue und Schmelzwerke	4	„	707	„
Bleiberg- und Schmelzwerke	3	„	694	„

Graphitbergbau	1 mit	219	Arbeitern
Steinkohlenbergbaue	26 „	3.379	„
Braunkohlenbergbaue	7 „	1.373	„
Sonstige Bergbaue	2 „	300	„

Für Ernährung, für Unterstützung in Krankheitsfällen etc. und für **Unterricht** ist vorgesorgt bei 8 Bergwerken mit 2 350 Arbeitern, und zwar (Tab. XI):

in Salzburg	bei 1 mit	167	Arbeitern
„ Kärnten	„ 4 „	1.171	„
„ Krain	„ 1 „	761	„
„ Tirol	„ 2 „	251	„
	8 mit	2.350	Arbeitern.

Es sind dies der Production nach:

Bergbaue auf edle Metalle	1 mit	54	Arbeitern
Quecksilberbergbau	1 „	761	„
Eisensteinbergbau u. Hüttenwerk	1 „	167	„
Kupferbergbau „ „	1 „	197	„
Bleibergbaue und Schmelzwerke	4 „	1.171	„

Einrichtungen **für Bequartierung, für Unterstützung** in Krankheitsfällen etc. und für **Unterricht** gleichzeitig bestehen (Tab XII) bei 11 Bergwerken mit 4.782 Arbeitern, und zwar:

in Niederösterreich	bei 1 mit	144	Arbeitern
„ Steiermark	„ 1 „	133	„
„ Kärnten	„ 1 „	47	„
„ Böhmen	„ 4 „	3.002	„
„ Mähren	„ 1 „	620	„
„ Galizien	„ 2 „	666	„
„ der Bukowina	„ 1 „	170	„
	11 mit	4 782	Arbeitern.

Darunter sind:

Bergbau auf edle Metalle	1 mit	556	Arbeitern
Eisensteinbergbaue und Schmelzwerke	7 „	2.767	„
Steinkohlenbergbaue	3 „	1.459	„

Nach allen vier Richtungen (für **Ernährung**, für **Bequartierung**, für **Unterstützung** und für **Unterricht**) bestehen Einrichtungen und Anstalten bei 36 Berg- und Schmelzwerken mit 20.805 Arbeitern (Tab. XIII). Von diesen entfallen:

auf Niederösterreich	2 mit	600	Arbeitern
„ Oberösterreich	1	782	„
„ Salzburg	2	163	„
„ Steiermark	16	5.563	„
„ Kärnten	4 „	1.913	„
„ Krain	1 „	691	„
„ Tirol	1 „	157	„
„ Böhmen	4 „	5.484	„
„ Mähren	4 „	5.085	„
„ Galizien	1 „	367	„
	36 mit	20.805	Arbeitern.

Von der Gesammtzahl sind:

Bergbau auf edle Metalle	1 mit	78	Arbeitern
Eisensteinbergbaue u. Schmelzwerke	21 „	14.943	„
Bleibergbau und Schmelzwerk	1 „	173	„
Steinkohlenbergbau	9 „	3.450	„
Braunkohlenbergbaue	4 „	2.161	„

Fasst man sämmtliche in den einzelnen Kategorien angegebenen Daten zusammen, so ergibt sich ohne Rücksicht auf das gleichzeitige Bestehen von Einrichtungen verschiedener Art, dass

für Ernährung	bei 122 Bergbauen mit	36.754	Arb.
„ Bequartierung	„ 222 „ „	54.793	„
„ Unterstützung	„ 378 „ „	77.163	„
„ Unterricht	„ 67 „ „	29.192	„

Vorsorge getroffen ist.

Von der nachgewiesenen Arbeiterzahl (78·108) nehmen somit Theil: an Einrichtungen für Beschaffung billiger Lebensmittel 47·06%, für Bequartierung 70·15%, für Unterstützung in Krankheitsfällen etc. 98·80%, für Unterricht 37·37%.

In Beziehung auf die Vorsorge für **Ernährung** der Arbeiter sind bei den ärarischen und eigenen älteren Privat-Bergbauen die Limitofassungen (Abgabe der von der Werkskasse im Grossen angekauften Lebensmittel zu festgesetzten, selbst gegen die Einkaufspreise ermässigten Beträgen) üblich; sie sind bei 27 Werken mit 7.611 Arbeitern nachgewiesen. Durch Anschaffung der Lebensmittel mittelst Masseneinkaufes und Abgabe derselben um den Einkaufspreis wird von 8 Werken mit 2.382 Arbeitern, durch Einkauf auf benachbarten Marktplätzen und Abgabe zu den Gestehungskosten (Marktpreisen) wird bei 60 Bergbauen mit 21.731 Arbeitern den Letzteren die Ernährung erleichtert.

Freiwillige Vereinigungen der Arbeiter zum gemeinschaftlichen Ankaufe von Lebensmitteln, Consumvereine, bestehen bei 7 Bergbauen mit 1384 Arbeitern. Traiteurien für billige Kost bestehen bei 3 Bergbauen mit 1280 Arbeitern.

Unentgeltlich werden den Arbeitern Grundstücke zum Anbau von Kartoffeln u. dgl. bei 41 Bergbauen mit 7434 Arbeitern überlassen; die Benützung solcher Grundstücke zu niedrigen Pachtzinsen ist bei 23 Berg- und Schmelzwerken mit 10.129 Arbeitern nachgewiesen. Kleinere Garten-Parcellen oder Wiesen werden unentgeltlich oder pachtweise von 9 Bergbauen und Schmelzwerken mit 1603 Arbeitern den Letzteren zur Benützung übergeben.

(Schluss folgt.)

Aus Wieliczka.

Die Wasserhebung hat durch den seit 3 Wochen ununterbrochenen gleichen Gang der grossen 250pferdekräftigen Maschine solche Fortschritte gemacht, dass am 23. Juni der in Wieliczka zur Nachschau bei den Arbeiten eingetroffene Ministerialcommissär Freiherr v. **Hingenau** den Wasserspiegel schon mehr als 3 Fuss unter dem Horizonte „Haus Oesterreich" antraf und die unter Wasser gestandene Strecke dieses Horizontes vom Füllorte des Franz Joseph-Schachtes bis zum Elisabeth-Schacht im Niveau der früher an manchen Stellen noch ganz erhaltenen Grubeneisenbahn befahren konnte. Manche Theile der Grube, besonders die gegen den Kloski-Schlag zu liegenden und dieser selbst sind mit dem vom aufgelösten Salzthon übrig gebliebenen und viele Volumen einnehmenden Schlamme (von den Salinisten „Leist" genannt) bedeckt, und es hat dieser selbst einen grossen Theil der auf der Sohle liegenden Salzminutien von der Auflösung geschützt.

Auch die unter Wasser gestandenen Strecken, welche schon Ende Mai von Herrn Ministerialrath v. **Rittinger** weniger als man erwartet hatte, angegriffen gefunden wurden, sind am Niveau des Horizontes „Haus-Oesterreich" über Erwartung gut erhalten; die Eisenbahn streckenweise verschlammt, aber wo sie auf festem Salzgesteine stand, theilweise ganz unversehrt, wo sie auf Anschüttung von Salzthon war, die Schweller gehoben und das Geleise mit „Leist" bedeckt, dessen Schutz die Auslaugung unten minderte, während sie an den Seitenwänden nach Oben etwas stärker ist. Die Firste ist wenig, an vielen Stellen gar nicht angegriffen. Wo salzdurchzogene Seitenwände locker geworden sind, werden sie neu verzimmert, an der Sohle die Leitung für das Wasser gelegt, damit es im süssen Zustande der Maschine am Elisabeth-Schacht zugeführt werde. Auf der ganzen Strecke zwischen Franz Joseph- und Elisabeth-Schacht herrscht wieder regsame Thätigkeit bei Säuberung der Strecke.

Seit 23. Früh ist die Maschine am Elisabeth-Schacht eingestellt, weil die Pumpen nicht mehr in den so sehr gesunkenen Wasserstand hinabreichten und verlängert werden müssen, was gleichzeitig mit der Auswechselung der unteren Ventilkästen gegen neue verstärkte solcher Kästen geschieht und $2-2\frac{1}{2}$ Tage dauern kann, während welcher die Wasserhebung nur mit der kleinen Pumpe am Franz Joseph-Schacht geschieht und vielleicht selbst ein Steigen des Wassers um wenige Zolle eintreten kann, was aber jetzt die Arbeiten am Horizonte nicht mehr behindert.

Das Albrecht-Gesenk ist über 28 Klafter gediehen und steht im Steinsalz an. Die Mündung des Kloski-Schlages ist ganz mit Leist überdeckt, aus welchem heraus sich über der Firste das Wasser den Weg gebahnt hat. Der Wodnagura-Schacht wird mit tauben Material verstürzt und damit am 24. Juni begonnen, die schadhaften Theile der Füllorte an den anderen Schächten durch Zimmerung gestützt und befestigt. Die Ende Mai vom Ministerialrath v. Rittinger angeordneten Arbeiten sind in Ausführung begriffen angetroffen worden.

Sowie die Tieferstellung der Pumpen vollendet sein wird, etwa am 26. oder 27. Juni, wird die Wasserhebung fortgesetzt, um mindestens 1 bis 2 Klafter unter Haus Oesterreich vollkommen wasserfrei und dadurch diesen Horizont wieder ganz benützbar zu machen.

Die Arbeiten der Gewinnung dauern ungestört fort und die Grube wird seit Beginn der schönen Jahreszeit von zahlreichen Reisenden besucht.

Amtliche Mittheilungen.

Kundmachung.

Das im Bergbuche auf den Namen Josef **Nyclas** aus Kocenic eingetragene, auf Braunkohlen verliehene Prokopi-Nr. I—III Grubenfeld, in der Catastralgemeinde Wittosess, Saazer politischen Bezirkes im Kronlande Böhmen, wird, nachdem dasselbe laut Mittheilung des k. k. Kreis- als Berggerichtes in Brüx vom 21. Mai 1869, Z. 358 Mont. bei der in Folge hierämtlichen Entziehungs-Erkenntnisses vom 21. September 1868, Z. 3650 auf den 15. April 1869 anberaumten executiven Feilbietung wegen Mangel an Käufern nicht veräussert werden konnte, auf Grund der §§. 259 und 260 allg. B. G. für aufgelassen erklärt und sowohl in den bergbehördlichen Vormerkbüchern als auch im kreisgerichtlichen Bergbuche gelöscht.

Von der k. k. Berghauptmannschaft

Komotau, am 2. Juni 1869.

Dienst-Ausschreibung.

Bei der k. k. Berg- und Hüttenverwaltung zu Kitzbühel in Tirol ist die Stelle des Hüttenhutmannes zu besetzen.

Mit derselben ist ein Wochenlohn von 4 fl. 90 kr., freie Wohnung, Holz und Licht und ein Proviantbezug von quartalig 4 Star (1 Star = $\frac{1}{2}$ Metzen) Weitzen im Limitopreise zu 1 fl. 84 kr., 4 Star Roggen zu 1 fl. 32 kr. und 30 Pfd. Schmalz à 26 kr., womit dem Betheiligten ein Vortheil von jährlich durchschnittlichen 60 fl. zugeht, verbunden.

Bewerber um diesen Dienst haben in eigenhändig geschriebenen Gesuchen, welche bis 15. Juli bei obiger k. k. Verwaltung einzureichen sind, unter Beibringung ihrer Zeugnisse über ihre Schul- und sonstigen Kenntnisse, bisherige Dienstleistung, allfälligen Verdienste, einer guten Gesundheit, Alter etc., ihre Befähigung für diesen Dienst, welcher genaue praktische Kenntnisse des Kupferhüttenprocesses, der Schichten- und Materialrechnung erfordert, nachzuweisen.

K. k. Berg- und Hüttenverwaltung

Kitzbühel, am 15. Juni 1869.

ANKÜNDIGUNGEN.

Diese Zeitschrift erscheint wöchentlich einen Bogen stark mit dn nöthigen artistischen Beigaben. Der Pränumerationspreis ist jährlich loco Wien 8 fl. ö. W. oder 5 Thlr. 10 Ngr. Mit fraco Postversendung 8 fl. 80 kr. ö. W. Die Jahresabonnenten erhalten einen officiellen Bericht über die Erfahrungen im berg- nd hüttenmännischen Maschinen-, Bau- und Aufbereitungswesen sammt Atlas als Gratisbeilage. Inserate finden gegen 8 kr. . W. oder $1\frac{1}{2}$ Ngr. die gespaltene Nonpareillezeile Aufnahme. Zuschriften jeder Art können ur franco angenommen werden.

Druck von Carl Fromme in Wien. Für den Verlag verantwortlich Carl Reger

№ 27. XVII. Jahrgang. — Oesterreichische Zeitschrift — 1869. 5. Juli.

Oesterreichische Zeitschrift für Berg- und Hüttenwesen.

Verantwortlicher Redacteur: Dr. Otto Freiherr von Hingenau,
k. k. Ministerialrath im Finanzministerium.

Verlag der G. J. Manz'schen Buchhandlung (Kohlmarkt 7) in Wien.

Inhalt:

Folgen der Ueberlagerung zweier, verschiedenen Besitzern angehörender Freischürfe.

Das Verhältniss zwischen zwei sich entweder ganz oder theilweise deckenden, gleichzeitig angemeldeten Freischürfen, die verschiedenen Besitzern angehören, finden wir im §. 33 a. B. G. genau präcisirt: Die sich deckenden Flächen sind den dabei betheiligten Freischürfern, falls sie kein anderes Uebereinkommen unter sich treffen, gemeinschaftlich zuzuweisen. Den etwas vagen Ausdruck „gleichzeitig" präcisirt der §. 25 der Vollzugsvorschrift zum allgemeinen Berggesetze, welche, obwohl ohne Gesetzeskraft, doch als Richtschnur der mit der Handhabung des Berggesetzes betrauten Behörden auch für den praktischen Bergmann Bedeutung hat, nach Analogie des §. 53 a. B. G. dahin, dass unter gleichzeitiger Anmeldung die Anmeldung an einem und demselben Tage zu verstehen sei.

Nicht gleich klar sind die Bestimmungen des Berggesetzes über das Verhältniss zwischen zwei sich theilweise deckenden, an verschiedenen Tagen angemeldeten, verschiedenen Besitzern angehörenden Freischürfen, ja es hat die Frage, ob eine solche Ueberlagerung überhaupt gesetzlich zulässig sei, sowohl in der, in dieser Zeitschrift (Jahrgang 1859, pag. 370, Jahrg. 1860, pag. 1, 51, 90 und 393) geführten Polemik eine verschiedene Beantwortung, als in der Praxis eine verschiedene Behandlung durch die Bergbehörden erfahren. Im Jahre 1858 sah sich das Finanzministerium, als damals oberste Bergbehörde, zu einer Erläuterung der diesbezüglichen Bestimmungen des allgemeinen Berggesetzes veranlasst, welche die Ueberlagerung als zulässig erklärte, dieselbe, respective den Verzicht des jüngeren Freischürfers auf den den älteren Freischurf überlagernden Theil der Freischurffläche aber an die Bedingung knüpfte, dass der Schurfbau des jüngeren Schürfers nicht in den Schurfkreis des älteren fallen dürfe.

Zum Schutze dieses Rechtes und wohl selbstverständlich aller seiner übrigen Rechte steht es dem älteren Schürfer frei (§. 25 d. V. V. z. a. B. G.), gegen die Ueberlagerung des jüngeren Schürfers zu protestiren. Ueber diesen Protest wird von der Bergbehörde verhandelt und erkannt. Es entsteht nun die Frage, wie wird in einem solchen Falle erkannt werden? Jedenfalls werden die älter erworbenen Rechte gegen den jüngeren Schürfer in Schutz genommen werden müssen.

Welche sind aber die Rechte des älteren Freischürfers oder, die Frage allgemeiner gefasst, welche sind die Rechte des Freischürfers? Die Antwort findet sich im allgemeinen Berggesetze. Der §. 19 a. B. G. gibt dem Freischürfer das Recht, innerhalb seines Schurfgebietes Schurfbaue ohne Beschränkung der Zahl zu eröffnen, der §. 31 das Recht, jeden fremden Schurfbau aus seinem Schurfkreise auszuschliessen. Der §. 34 gibt ihm Anspruch auf ein Gruben-, beziehungsweise ein Doppelmass, eventuell auch zwei Doppelmassen als Reservatfeld. Dies sind die Rechte, die das Gesetz dem Freischürfer zugesteht, weiter erstrecken sich auch die Rechte des älteren Schürfers nicht. Irrig wäre es daher, den behördlichen Schutz noch weiter auszudehnen und anzunehmen, dass der ältere, früher zum Aufschlusse und zur Bewerbung um die Verleihung gekommene Freischürfer in der Lagerung seiner Masse, durch den jüngeren Schürfer nicht mehr beschränkt werden dürfe, als wenn der jüngere Freischurf den älteren nicht übergriffe, sondern höchstens tangirte*), an welche Annahme sich für den jüngeren Schürfer höchst beengende Consequenzen knüpfen würden. Denn das Recht der Lagerung überhaupt, also auch das Recht der Lagerung in fremde Schurfkreise unter Respectirung ihrer Reservatfelder (§. 35 a. B. G. und §. 30 d. V. V. z. a. B. G.) ist ein sich eventuell aus dem Freischurfrechte entwickelndes, aber dem Freischürfer nicht als solchem, sondern als Verleihungswerber zustehendes Recht. Dem Freischürfer steht es eben nur dann zu, wenn er einen Schurfbau bis zur Verleihungswürdigkeit aufgeschlossen und um die Verleihung nachgesucht hat. (§. 30 V. V. z. a. B. G.) Der verleihungswürdige Aufschluss und die Einbringung des Verleihansuchens sind aufschiebende Bedingungen (§. 696 a. B. G.), durch deren Erfüllung

*) Die Zusammenstellung dieses Aufsatzes wurde durch die ausgesprochene Meinung des technischen Leiters einer unserer grösseren Actienbergbauunternehmungen hervorgerufen, welcher diese Ansicht vertheidigte.

erst das Recht auf Lagerung für den Schürfer zur Kraft gelangt. Vor der Erfüllung dieser Bedingungen und in diesem Stadium werden sich die Schurfbaue des protestirenden älteren Schürfers befinden, da er unter der Aegide eines früher als die Anmeldung des überlagernden Nachbarfreischurfes eingebrachten Verleihansuchens eine Beeinträchtigung durch den jüngeren Schürfer kaum mehr zu fürchten haben wird, kann daher auf dieses Recht auch durch die Bergbehörde keine Rücksicht genommen werden. Reicht dann bei der Verleihung das vorhandene freie Feld zur Lagerung von vier einfachen, beziehungsweise vier Doppelmassen nicht aus, so muss sich der ältere Freischürfer nach §. 47 a. B. G. mit jener Zahl von Grubenmassen begnügen, die nach §. 34 a. B. G. für einen Freischurf vorbehalten ist.

Andere Consequenzen knüpfen sich an die Ueberlagerung für den jüngeren Freischürfer. Er ist durch den stillschweigenden Verzicht auf den, den älteren Freischurf überlagernden Theil des Schurfkreises in seinem Schurfterrain beschränkt, gehindert, Schurfbaue in dem ihm sonst nach den §§. 19 und 31 a. B. G. zustehenden Umfange zu eröffnen und es steht ihm, wenn die Annäherung seines Freischurfzeichens an jenes des älteren Freischürfers grösser als 336 Klafter ist, nicht mehr ganz frei, die Richtung zu wählen (§. 36 a. B. G.), nach welcher sein Reservatfeld die längere Ausdehnung erhalten soll, ja er wird, eine Schürfung auf Kohlen vorausgesetzt, wenn er sich mit seinem Schurfzeichen dem Schurfzeichen des älteren Freischürfers auf mehr als 280 Klafter nähert, sein Reservatfeld (§. 34 a. B. G.) gar nicht mehr lagern können, ohne mit demselben in den Schurfkreis des älteren Schürfers einzugreifen, was aber deshalb nicht statthaft ist, weil angenommen werden muss, dass der Verzicht auf das Schürfen in dem, dem älteren und dem jüngeren Freischurfe gemeinschaftlichen Kreissegmente schon auch den Verzicht auf das viel intensivere Recht des Reservatfeldes oder einen Theil desselben in diesem Segmente zu lagern in sich schliesse. Zu diesem Schlusse gelangt man auch, wenn man berücksichtigt, dass durch das Eingreifen des Reservatfeldes des jüngeren Schürfers in seinen Schurfkreis der ältere Schürfer gehindert würde, wo immer innerhalb der Peripherie seines Schurfkreises, welches Recht ihm doch nach §. 19 und nach §. 31 a. B. G. zusteht, Schurfbaue anzuschlagen, dieselben aufzuschliessen und die Verleihung auf selbe anzusuchen, da der in das Reservatfeld des Schurfnachbarn fallende Theil seines Schurfkreises durch ihn nicht beschürft werden dürfte.

(Siehe hierüber auch „Schauenstein: Ueberlagerung von Freischürfen" in den Verhandlungen des österreich. Ingenieurvereines, berg- und hüttenmännische Abtheilung, Jahrgang 1861, ferner Manger's Aphorismen zum österreichischen Berggesetze, Seite 50.)

Verwerthung der Hochofenschlacke zur Bausteinfabrikation und zum Kalkpisee-Bau.

Bekanntlich eignen sich nur gewisse, ziemlich sauere Hochofenschlacken zur directen Erzeugung von Baustein, während alle mehr basischen Schlacken zu mürbe sind, und selbst beim äusserst langsamen Erkalten zerspringen.

Ein paar vor mehreren Jahren aus hiesiger Hochofenschlacke in trockenen Sandformen erzeugte und bei 8 Tage in der Form langsam abgekühlte Quadern von circa 3 Cubikfuss Inhalt schälten sich förmlich ab, und jeden Tag konnte man in nahe concentrischen Schalen frisch abgelöste Theile finden, bis die Quadern zu unregelmässigen Kugeln sich gestalteten.

Dagegen eignet sich die gepochte, oder mit Wasser zu bimssteinartigem Sand granulirte Hochofenschlacke vorzüglich, um mit $^1/_5$ bis $^1/_6$ Volum Theil fetten Kalkbreies eine Art Mörtel, oder wenn man gröberes Korn dazu gibt, eine Art Beton zu bereiten, aus welchem ganz vorzügliche Bausteine gepresst werden können.

Für den Gegenstand seit Jahren mich interessirend, habe ich unter Anderem vor mehreren Jahren schon einige Tausend Stück Ziegel auf diese Art erzeugen lassen, um die Bedingungen der Fabrikation und die relativen Mischungsverhältnisse genauer kennen zu lernen.

Das Resultat dieser Proben war, dass Ziegel erzeugt wurden, welche nach etwa 8 Tagen schon das Umstellen ohne Brettchen erlaubten, dagegen mehr als 2 Monate erforderten, bis sie eine zur Verwendung genügende Festigkeit erlangt hatten. Diese Festigkeit nahm jedoch immer mehr zu, und wenn man heute einen dieser Ziegel nimmt, so kann man sich jederzeit überzeugen, dass derselbe eine viel grössere Festigkeit hat, als die gebrannten Thonziegel.

Den grössten Werth gegenüber letzteren haben sie jedoch durch ihre Haltbarkeit im Freien. Ein directer Versuch durch drei strenge Winter, welcher mit einem aus solchen Ziegeln an einem sehr exponirtem Punkte aufgeführten Pfeiler ausgeführt wurde, constatirte diese Thatsache auf das eklatanteste; auch einzelne Ziegelstücke, von denen nachweisbar war, dass sie durch mehrere Jahre in wechselnder Nässe und Schnee am Boden gelegen waren, waren ganz unverletzt, kantig und sehr fest, während die ohne Zweifel unter denselben Verhältnissen daneben gelegenen gebrannten Thonziegel zu Brei zerfallen waren.

Indess dürfte es kaum nöthig sein, für diese Thatsache weitere Beweise beizubringen, sie ist ja allgemein bekannt und durch die chemische Wirkung der Hochofenschlacke, welche beim Festwerden dieser Ziegel jedenfalls mehr oder weniger mit thätig ist, ungezwungen erklärbar.

Es wäre daher nur der ökonomische Theil der Frage noch zu erörtern.

Das Material muss, wenn die Arbeit gelingen soll, vollkommen gut gemischt werden und das beinahe trocken sich anfühlende Gemenge muss auch fest in die Formen gestampft oder gepresst werden.

Bei den obenerwähnten Versuchen war für Beides nur Handarbeit verwendet worden, und es bedarf keines Beweises, dass dieser Weg es nicht ist, auf welchem man die besten und wohlfeilsten Bausteine erhält.

In der That waren die Erzeugungskosten dieser Ziegel nahezu so gross, wie der Ankaufspreis der auf 2 bis 3 Meilen zugeführten Backsteine.

Zudem hat die Handarbeit das Missliche, dass selbst bei einiger Aufmerksamkeit die Hände der Arbeiter häufig mit dem ätzenden Kalk in Berührung kommen, wodurch sie bei fortgesetztem Einflusse Wunden erhalten.

Diese Gründe bestimmten mich damals, den Gegenstand einstweilen ruhen zu lassen, umsomehr, als der disponible Schlackensand nicht in solchen Mengen da war, um eine Bausteinerzeugung mittelst Maschine zu motiviren.

Durch die Einführung der Granulirung der flüssigen Hochofenschlacke mittelst Wasser hat aber die Sache eine andere Wendung genommen, und es wird für jede Hütte, welche viele Bausteine braucht und granulirte Schlacke macht, vortheilhaft sein, sich daraus sehr gute und billige Ziegel herzustellen.

Der Gang der Fabrikation ist einfach.

Der an der Luft getrocknete Schlackensand wird mit Kalkbrei zuerst etwa im Verhältnisse von 3:1 in Thonschneidern gemengt und dadurch ein gleichförmiger, fast plastischer Brei erzeugt.

Diesem wird nun der weitere Sand, zwei, höchstens noch drei Volumtheile, je nachdem der Kalk fett war, zugesetzt. Gut ist es auch, wenn unter dem zuzusetzenden Sande etwas zerfallener gebrannter Kalk gleichmässig vertheilt ist.

Das letztere Gemenge wäre jedoch für einen Thonschneider viel zu trocken und muss nun mit einer anderen der unzähligen Arten von Mischmaschinen*) durchgearbeitet werden, bis das fast trocken anzufühlende Gemenge recht gleichmässig ist.

Die so vorbereitete Masse ist zum Pressen fertig und muss, mit der Schaufel aufgefasst, wie wenig feuchter Sand, ungefähr sowie Formsand sich verhalten.

Dieselbe lockere Masse wird in die Pressformen einfach eingefüllt und abgestrichen, und dann dem Drucke einer hydraulischen oder kräftigen Hebelpresse ausgesetzt.

Das einzige Missliche bei dieser Fabrikation im Grossen ist das grosse Inventar an Brettchen, deren Zahl gleich einer nahezu achttägigen Production sein soll.

Trotzdem dürften die auf diese Weise hergestellten Bausteine in Form und Grösse der gemeinen Mauerziegel kaum höher als 6 bis 8 fl. per Tausend zu stehen kommen, bei flottem Gange auch noch billiger.

Neuberg, im Juni 1869.

Jos. Schmidhammer,
k. k. Hüttenverwalter.

Beiträge zur Kenntniss der Magnetdeclination.

(Fortsetzung.)

Die Berücksichtigung der individuellen Differenzen zwischen verschiedenen Magneten, dann jene der zeitlichen Störungen kann auch bei Benützung der Ergebnisse der magnetischen Observatorien von dem sorgfältigen Markscheider nicht umgangen werden, aber wiederum sind es nur jene scharfen Beobachtungen, welche erst recht auf derlei Einflüsse als Fehlerquellen aufmerksam machen und uns dahin führen, dieselben möglichst unschädlich zu machen.

*) Eine der tauglichsten Arten für diesen Zweck ist ein rotirender Rechen oder ein System von mässig schweren Rädern oder Scheiben, welche auf einer Plattform herumgeführt werden, oder eine Combination von beiden.

Von welcher Bedeutung die individuellen Differenzen selbst bei grösseren Magneten sein können, zeigt die von Director Kreil in seinen „magnetischen und geographischen Ortsbestimmungen im österr. Kaiserstaate (V. Jahrg. 1851)“ mitgetheilte Erhebung der Declination zu Kremsmünster am 6. September 1851. Kreil's diesfällige Bestimmung mittelst seines magnetischen Theodoliten von Lamont in München wich von der gleichzeitigen Bestimmung mittelst des Gauss'schen Magnetometers an der Sternwarte zu Kremsmünster um 5 Minuten ab, ohne dass die Ursache dieser Differenz hätte gefunden werden können.

Den Einfluss der zeitlichen Störungen der Declination wieder zeigte uns kürzlich das Auftreten des am 15. April 1869 an vielen Orten Deutschlands und der nördlicheren Länder wahrgenommenen Nordlichtes. In Kremsmünster „kündigten die auffallenden Stände und Schwankungen der magnetischen Instrumente am Nachmittage und Abende jenes Tages diesen Vorgang deutlich an, daher auch bei eintretender Dunkelheit dem Anblicke des Nordhimmels eine genaue Aufmerksamkeit gewidmet und unter dem günstigen Einflusse eines heiteren Himmels die schöne Erscheinung bis zum Morgen deutlich beobachtet wurde.“ Die k. k. Centralanstalt für Meteorologie und Erdmagnetismus in Wien aber notirte (laut den diesfälligen Publicationen in der Wiener Zeitung) vor, an und nach dem Tage dieses magnetischen Gewitters folgende Declinationsstände:

	Tag	6h Morgens	2h Nachmit.	10h Abends
1869	14. April	11° 19·1′	11° 30·1′	11° 20·8′
„	15. „	11° 19·1′	11° 41·4′	11° 7·6′
„	16. „	11° 17·2′	11° 26·6′	11° 20·9′,

woraus sich bei Entwickelung der Declinationsstände für die einzelnen Stunden die drei Tagesmittel berechnen zu 11° 24.76′, 11° 26·75′, 11° 22·60′ und die Differenzen der angegebenen Tages-Maxima und Minima vom Tagesmittel: am 14. = + 5·38′ und — 5·66′, am 15. + 14·75′ und — 19·01′, am 16. + 4·0′ und — 9·4′*).

Wenn demnach vorgeschlagen wird, es möge darauf hingewirkt werden, dass in unserem Markscheidswesen die Beobachtungsergebnisse der magnetischen Observatorien die ihnen gebührende Beachtung und praktische Verwerthung finden mögen, so will damit nicht einer zum Rückschritt führenden Bequemlichkeit, sondern nur dem wissenschaftlichen Fortschritte Vorschub geleistet und die Zulässigkeit einer Reform unserer einschlägigen Gesetzgebung angebahnt werden.

Was uns nun also das Studium der mehrerwähnten Beobachtungsergebnisse an die Hand gibt, ist vor Allem eine genauere Einsicht in den Gang der Variation der Magnetdeclination. Die magnetischen Observatorien haben uns nämlich zuerst gezeigt, dass der Stillstand des Magnetes durch Monate oder gar Jahre hindurch nur ein völlig scheinbarer und der Magnet vielmehr unausgesetzt in Schwingung ist, aber bei seinem langsamen, steten

*) Noch bedeutender war mittlerweile der Einfluss des Nordlichtes vom 13. Mai d. J., wie folgende Declinationsangaben der k. k. Centralanstalt für Meteorologie und Erdmagnetismus in Wien zeigen:

		6h Morgens	2h Mittags	10h Abends
1869	12. Mai	11° 9·0′	11° 21·1′	11° 12·5′
„	13. „	11° 8·2′	11° 19·4′	10° 12·5′
„	14. „	11° 7′	11° 13·5′	11° 12·1′

*

Fortschreiten, in unseren Gegenden von West nach Ost, nicht selten auch Rückfälle erleidet, und zwar nicht nur an einzelnen Tagen oder Tagesstunden, sondern selbst im Durchschnitte ganzer Monate, dass jedoch diese Bewegungen im grossen Ganzen ziemlich gleichförmig vor sich gehen. Beachten wir daher bei unseren Markscheidsarbeiten die gleichzeitig von den Observatorien erhobenen Variationen und führen wir consequent alle unsere Kompassablesungen durch Einrechnung der ihnen zukommenden absoluten Declination auf wahre Mittagslinie zurück, so können wir zwar nicht unsere Beobachtungsfehler, wohl aber die Fehler der Declinationsvariation eliminiren. Der gewöhnlichen Anforderung der Genauigkeit wird aber bei vielen Markscheidsarbeiten genügt werden, wenn diese Reduction dahin vereinfacht wird, dass die Aufnahmszeit in das Tagesmittel der Declination verlegt und sohin nach diesem Mittel corrigirt wird. Die mittlere Declination eines Tages kommt nach Director Kreil's „Anleitung zu den magnetischen Beobachtungen (Wien 1858)" der um 10 Uhr Vormittags oder 6 Uhr Abends beobachteten Declination am nächsten, daher vereinzelte Kompassablesungen zu diesen Stunden, ausgedehntere Aufnahmen hingegen um diese Stunden herum, z. B. von 7 Uhr Morgens bis 1 Uhr Mittags, vorzunehmen wären, um ihr Ergebniss mit dem Tagesmittel der Declination möglichst nahe zusammenfallen zu machen.

Nachdem aber ferner das Mittel aller Tagesmittel eines Monates dem Monatsmittel gleich ist, so wird es in weniger heiklichen Fällen auch genügen, eine über einen vollen Monat sich erstreckende, nach der Zeit der Tagesmittel eingerichtete Aufnahme bloss nach dem Mittel des betreffenden Monates zu corrigiren. Annähernd können wir auch durch dieses Verfahren aus älteren Zeiten stammende Aufnahmen von Massenlagerungen richtig stellen, für welche gar keine oder nicht völlig verlässliche Richtlinien gegeben sind, sobald uns nur aus der Zeit der älteren Aufnahme bereits zuverlässige Declinationsvariations-Beobachtungen zur Verfügung stehen.

Ist der Markscheider jedoch darauf angewiesen, seine Aufnahmen auch auf solche Tagesstunden auszudehnen, welche nicht in die Zeit des mittleren Declinationstandes fallen, sondern vom Tagesmittel sich mehr oder weniger entfernen, dann kann es füglich nicht unterlassen werden, die Declinationsangaben stundenweise durch Rechnung zu entwickeln und die Kompassablesungen Stunde für Stunde zu reduciren, weil die Declination selbst im Jahresdurchschnitte in den 6 Stunden von 8^h Morgens bis 2^h Abends um 8′ zunimmt und von 2^h bis 8^h Abends um 6′ abnimmt.

Eine weitere Verwendung gestatten die im absoluten Masse angegebenen Variationsbeobachtungen der Observatorien zur directen Umsetzung einzelner Kompassrichtungen in wahre Weltrichtungen (Reduction des magnetischen Meridians auf den astronomischen Meridian eines Beobachtungspunktes) in Fällen, die keine absolute Genauigkeit erfordern und in welchen eine astronomische Bestimmung der Mittagslinie gar nicht oder nur unverhältnissmässig schwierig durchführbar erscheint. Die absolute Declination gilt selbstverständlich immer für einen bestimmten Ort und eine bestimmte Zeit und wechselt mit diesen nach dem aus den Variationen ersichtlichen Gesetze. Sie ist gegenwärtig nahezu in ganz Europa eine westliche und beginnt in der geografischen Breite von Wien bei etwa 55° 20′ östlicher Länge von Ferro, d. h. die Null-Isogone berührt in dieser Breite etwa den Meridian von Mariapol, welches nördlich und unferne der nordöstlichen Ausbuchtung des Azow'schen Meeres liegt. Von dieser Null-Isogone nimmt die westliche Abweichung gegen Westen stetig zu, und zwar nach Kreil's magnetischen Ortsbestimmungen in Böhmen in den Jahren 1843 — 1845 mit jeder Minute des Längengrades um 0.55 Minuten. Nach dem Atlas des Erdmagnetismus von Gauss und Weber aber beträgt die Declinationszunahme in der Gegend des 50sten Breitenrades und zwischen dem 10. und 20. Grade östlicher Länge von Greenwich (welches 17° 39′ 37″ östlich von Ferro liegt), also nahe am Parallelkreise von Prag, und der geografischen Länge nach zwischen Vorarlberg und der dem Laufe der Theiss von Szolnok bis Titel folgenden Linie Wieliczka-Belgrad, 0·545 Minuten für 1 Minute des Längengrades, und nach den letztjährigen Ermittelungen des hochwdg. Abtes P. Augustin **Reslhuber**, Directors der Sternwarte zu Kremsmünster, aus den gleichzeitigen Beobachtungen von Wien, Kremsmünster und München, 0·53 Minuten für die obige Entfernung.

Das Product aus 0·53 mit der Längendifferenz in Minuten des Aequatorgrades gibt also für einen, westlicher als ein gewähltes Observatorium A gelegenen Beobachtungspunkt B die von der geographischen Länge abhängige Zunahme der westlichen Declination in Minuten des Declinationswinkels. Die Declination wächst jedoch nach Kreil's Beobachtungen in Böhmen mit abnehmender geographischer Länge nur für Orte desselben Parallelkreises in gleichem Masse, indem auf demselben Meridiane mit zunehmender Breite ebenfalls eine Zunahme der Declination eintritt, so dass die Zunahme der Declination nach Westen und Norden, die Abnahme entgegen nach Osten und Süden erfolgt. Den Zuwachs aus der grösseren Breitenlage eines Ortes ermittelte Kreil mit 0·30 Minuten für jede Minute des Breitengrades und berechnete sohin den Winkel φ, welchen die als gleich verlaufend angenommenen Isogonen in Böhmen mit den Parallelkreisen einschliessen, indem er Δ (die Declinationsdifferenz für eine Minute Längendifferenz) $= 55$, und D (die Declinationsdifferenz für eine Minute Breitendifferenz) $= 30$ setzte, aus der Formel: $tang.\ \varphi = \frac{\Delta}{D} = \frac{55}{30} = 61^0\ 23'$. Nach dem Atlas des Erdmagnetismus von Gauss und Weber hingegen beträgt die Declinationsänderung zwischen dem 45. und 55. Breitengrade, sohin durch die ganze Breite der österreichischen Monarchie, bei 15° östlicher Länge von Greenwich (= 32° 39° 37″ östlich von Ferro), = 40′ oder 4′ auf 1 Breitegrad, woraus bei den Werthen $\Delta = 0{\cdot}545$ und $D = 0{\cdot}067$ φ sich ergibt $= 82^0\ 59{\cdot}5'$.

Nach dieser allgemeineren Angabe ergibt das Product aus 0·067 mit der Breitendifferenz in Minuten für einen nördlicher als ein gewähltes Observatorium A gelegenen Beobachtungspunkt B die von der geographischen Breite abhängige Zunahme der Declination in Minuten des Declinationswinkels.

Die Declinationsdifferenz zwischen A und B ist sonach eine von der Differenz der geographischen Lagen abhängige Constante, welche die Summe zweier Producte darstellt, die mittelst einer verlässlichen Landkarte (Generalstabskarte) mühelos gefunden werden können.

Es bedarf übrigens keiner Erwähnung, dass derartige Bestimmungen um so verlässlicher sind, je näher die beiden Punkte *A* und *B* liegen, und dass in der Nähe eines Bergbaues, bei welchem der Meridian verlässlich bestimmt ist, vorerst die Erhebung der Declinationsdifferenz zwischen dem Observatorium und dem Orte des Bergbaues aus einer Reihe gleichzeitiger eigener Declinationsbeobachtungen sich empfiehlt, weil eine derart erhobene Differenz sowohl den aus localen Störungsursachen wie den aus der Unvollkommenheit des gebrauchten Instrumentes und der Beobachtungen selbst entspringenden Fehler in die Constante einschliesst.

Auf solche Weise kann daher bei Massenlagerungen, wenn es sich um die Ausmittelung einer älteren Massenlinie handelt, für welche keine Richtlinie gegeben ist, die nach der Zeit entfallende Declinationsdifferenz, unter Zugrundelegung der bekannten Monatmittel, proportional berechnet und die Linie, wie oben gezeigt, durch blosse Rechnung auf die wahre Mittagslinie zurückgeführt werden.

(Schluss folgt.)

Zur Statistik der Arbeiterverhältnisse.

(Fortsetzung und Schluss.)

Für Bequartierung der Arbeiter bei Bergbauen und Schmelzwerken ist zum Theile durch Ueberlassung von Familienwohnungen und Schlafstellen (für Ledige) in den vorhandenen Arbeiterhäusern Vorsorge getroffen; diese Wohnungen und Schlafstellen werden den Arbeitern entweder unentgeltlich oder gegen billigen Miethzins eingeräumt. Wo für keine oder nicht genügende derartige Ubicationen bestehen, suchen die Arbeiter in benachbarten Ortschaften ihren Unterstand, den sie entweder selbst bestreiten, oder wofür sie Quatiergeldbeiträge von den Werksbesitzern beziehen. Wohnhäuser für unentgeltliche Bequartierung bestehen bei 143 Berg- und Schmelzwerken mit 27.365 Arbeitern; gegen billigen Miethzins werden derartige Wohnungen bei 52 Bergwerken mit 18.608 Arbeitern den Letzteren übergeben. Quartierbeiträge werden bei 11 Berg- und Schmelzwerken mit 3.740 Arbeitern von den Werksbesitzern gezahlt. Theils unentgeltlich, theils gegen billige Miethe werden Schlafsäle bei 3 Bergbauen mit 2.432 Arbeitern, Wohnhäuser bei 13 Berg- und Schmelzwerken mit 2.648 Arbeitern den Letzteren eingeräumt. Die sogenannten Berghäuser endlich sind meist nur dazu bestimmt, den Bergarbeitern vorübergehend, und zwar während der Arbeitstage (unentgeltlich) Unterkunft in der Nähe der Grubenwerke zu gewähren; solche finden sich bei 10 Bergbauen mit 1.113 Arbeitern vor.

Von besonderer Bedeutung und Ausdehnung sind jene Einrichtungen, welche den Arbeitern für die Tage der Krankheit bei Verunglückungen, bei eingetretener Arbeitsunfähigkeit und im Sterbefalle den Witwen und Waisen die Aussicht auf Unterstützung gewähren. Zumeist ist diese Vorsorge den »Bruderladen überlassen, deren Errichtung durch das Berggesetz vom 23. Mai 1854 angeordnet ist. In einzelnen Fällen wird jedoch die Unterstützung in einer oder der anderen Richtung ausschliesslich vom Werksbesitzer bestritten, so dass der Bruderlade nur die Zahlung der Unterstützung in den übrigen Rubriken zufällt. So werden bei 24 Bergbauen und Schmelzwerken mit 3.804 Arbeitern die Kosten der Heilung, bei 18 Bergbauen mit 2.709 Arbeitern die Unterstützungs-Geldbeträge für Erkrankte oder Verunglückte, bei 6 Berg- und Schmelzwerken mit 1.118 Arbeitern die Provisionen an Arbeitsunfähige, bei 8 Werken mit 2.197 Arbeitern die Provisionen für die Witwen und Waisen und bei 3 Bergbauen mit 260 Arbeitern die Beerdigunngskosten aus den Werkskassen bestritten.

Mit Ausnahme der eben angeführten Fälle trifft die Verpflichtung zur Unterstützung der Kranken, Invaliden und Hinterbliebenen ausschliesslich die Bruderladen oder Knappschaftscassen, deren bare Einnahmen zum Theile aus den Einzahlungen der Arbeiter, zum Theile aus den normirten Beiträgen der Arbeitgeber bestehen, und deren Ausgaben die Unterstützungen in einer oder der andern, oder in allen drei Richtungen umfassen. Die Heilungskosten werden bei 178 Berg- und Schmelzwerken mit 41.787 Arbeitern, die Krankenschichten (theilweiser Ersatz des Arbeitslohnes, der Arbeitsschichten) bei 309 Bergbauen und Schmelzwerken mit 68.049 Arbeitern von den Bruderladen getragen. Provisionen an Invalide werden bei 242 Bergbauen und Hüttenwerken mit 62.990 Arbeitern, Provisionen und Unterstützungen an Arbeiter-Witwen und Waisen bei 216 Berg- und Schmelzwerken mit 58.113 Arbeitern aus den Bruderladen bestritten. Leichenkostenbeiträge leisten endlich die Bruderladen bei 169 Berg- und Hüttenwerken mit 57,846 Arbeitern.

Die Beiträge der Werksbesitzer zu den Bruderladen bestehen entweder in fixen Geldbeträgen oder in Percenten des Reingewinnes oder in der Zahlung eines Theiles der Krankenschichten; weiter werden zum Theile aus der Werkscassa Beiträge für Besoldung und Unterbringung des Arztes geleistet; die Errichtung und Erhaltung eines Spitallocales und die Zuweisung eines Theiles oder sämmtlicher einfliessenden Strafgelder sind endlich weitere Formen der Beitragsleistung der Arbeitgeber. Geldbeiträge zu den Bruderladen zahlen die Besitzer von 105 Berg- und Schmelzwerken mit 27.268 Arbeitern; die sonstigen aufgeführten Beihilfen zu Gunsten der Bruderladen werden bei 33 Berg- und Hüttenwerken mit 6.572 Arbeitern von den Besitzern gewährt.

Von grosser Verschiedenheit sind die Beiträge der Arbeiter zu den Bruderladen. Ausser den Beiträgen, welche nach den Kategorien der Arbeiter (Jungen, Lehrhäuer, Häuer, Mühlsteiger, Aufseher und Schmiede) bei einigen Bergbauen berechnet werden, worüber jedoch die vorliegenden Nachweisungen keine ganz genügenden Anhaltspunkte zur detaillirten Darstellung bieten, werden diese Beitrage gleichmässig für alle Arbeiter als Lohnquoten bemessen. Es werden entrichtet vom Wochenlohne:

1 %	bei	4	Bergbauen u. Schmelzwerken	mit	671	Arbtrn.
$1\frac{1}{4}$ „	„	3	„ „ „	„	106	„
$1\frac{1}{2}$ „	„	4	„ „ „	„	1.003	„
$1\frac{3}{4}$ „	„	1	Bergbaue „ „	„	97	„
2 „	bei	33	Bergbauen „ „	„	4.500	„
$2\frac{1}{2}$ „	„	5	„ „ „	„	1.061	„
3 „	„	82	„ „ „	„	10.147	„
4 „	„	87	„ „ „	„	24.333	„
5 „	„	39	„ „ „	„	11.575	„
$5\frac{3}{10}$ „	„	1	Bergbaue „ „	„	18	„
6 „	„	8	Bergbauen „ „	„	715	„
7 „	„	4	„ „ „	„	822	„

Für den Unterricht der Kinder der Arbeiter ist zum Theile dadurch vorgesorgt, dass die Werksbesitzer Pauschalbeträge an die öffentlichen Volksschulen benachbarter Orte bezahlen und den Kindern der Werksarbeiter den unentgeltlichen Besuch derselben ermöglichen, theils übernehmen die Bruderladen die Bezahlung des Schulgeldes für die Kinder ihrer Theilnehmer, theils bestehen eigene Werksschulen, deren Erhaltungskosten entweder vom Werksbesitzer allein oder gemeinschaftlich mit den Bruderladen bestritten werden.

Pauschalbeträge an Ortsschulen werden bei 22 Berg- und Schmelzwerken mit 9.738 Arbeitern aus der Werkscassa bezahlt; die Bruderladen entrichten das Schulgeld an die Ortsschulen bei 22 Berg- und Schmelzwerken mit 3.564 Arbeitern. Werksbesitzer und Bruderladen bezahlen gemeinschaftlich die Kosten des Schulbesuches bei 5 Werken mit 671 Arbeitern.

Die Werksschulen sind entweder Wochen-, Sonntags-, Wiederholungs- oder sonstige Schulen. Werkswochenschulen werden bei 15 Werken mit 9.481 Arbeitern durch die Werksbesitzer dotirt, während Bruderladen allein solche nur bei 2 Werken mit 564 Arbeitern unterhalten. Zeichnen-, Wiederholungs- und Sonntagsschulen bestehen bei 13 Bergbauen und Schmelzwerken mit 10.882 Arbeitern, welche durchgehends von den Werksbesitzern erhalten werden.

Als weitere Anstalt für den Arbeiter-Nachwuchs ist noch die Kinderbewahranstalt anzuführen, welche bei dem Eisenwerke zu Wittkowitz nach dem Muster der in Städten bestehenden ähnlichen Anstalten durch den Besitzer errichtet wurde, und auf dessen alleinige Kosten erhalten wird.

Zur Viehsalzfrage.

Von Cyprian Ciepanowski.

Die vor nahe einem Jahre angeregte Viehsalzerzeugung scheint bis nun keiner befriedigenden Lösung zugeführt zu sein, wenngleich selbe für alle Provinzen der Monarchie und namentlich für Galizien, wo die seit zwei Jahrzehnten hausenden Seuchen den Viehstand decimirt haben, eine Lebensfrage geworden ist; denn dass das Salz die Bildung des Blutes, namentlich dessen wichtigsten Bestandtheiles, des Plasmins, wesentlich fördert, ist eine längst erwiesene Sache und eben deshalb, weil das Salz zur gedeihlichen Entwickelung des thierischen Organismus so nothwendig ist, mag es die gütige Vorsehung auf der ganzen Erdrunde in so reichlichem Masse verbreitet haben.

Eben sowie das Sonnenlicht auf die durch die Pflanzen aufgenommenen Substanzen auflösend und zersetzend wirkt, und hiedurch deren Verwandlung in den Nährstoff der Pflanzen vermittelt, ein solches Agens bildet im thierischen Organismus das Salz, welches mit der Magensäure gemeinschaftlich die Nährstoffe auflöst und zersetzt, und sie in's Blut umbildet. Es können sich zwar eine Zeit lang die Pflanzen ohne Sonnenlicht und ebenso die Menschen und Hausthiere ohne Salz begehen, wenn die rege Lebensthätigkeit des Organismus diesen Entgang einigermassen auf Umwegen zu ersetzen im Stande ist, immerhin ist der Mangel dieser Lebensbedingungen auffallend und der Unterschied zwischen dem im Sonnenlichte gewachsenen und dem im Dunkeln gezogenen Spargel gibt hievon ein treues Bild. Sowie der erstere grün, lebenskräftig und in allen Bestandtheilen fest, so ist letzterer blass, schwächlich und mürbe, und genau derselbe Unterschied ist zwischen jenen Hausthieren, denen das Salz täglich im entsprechenden Masse verabreicht wird, und jenen, welche solches entbehren.

Ungeachtet dieser täglich wahrnehmbaren Thatsache ist man dennoch bestrebt, die Annahme geltend zu machen, dass das Salz kein Nahrungsstoff, sondern eine Speisewürze sei, denn wäre man von dem wahren Sachverhalte innig durchdrungen, so wäre es unmöglich, 58 Millionen unserer Hausthiere den so nothwendigen Nahrungsstoff zum grössten Theil entzogen zu sehen. (?!)

Da Oesterreichs Provinzen ihre Existenzquellen zumeist aus der Bodencultur schöpfen, kann die Beleuchtung der Viehsalzfrage nie ohne Nutzen sein.

Betrachten wir vorerst den jährlichen Bedarf an Viehsalz.

Oesterreich zählt:

1. Pferde . .	3,461.000	Stück
2. Rindvieh .	14,258.000	„
3. Schafe und Ziegen . .	31,518.000	„
4. Schweine .	8,152.000	„
5. Maulthiere .	112.000	„
Im Ganzen	57,501.000	Hausthiere.

Für dieses Hausinventar beziffert sich der jährliche Consumo nachstehend:*)

1. bei Pferden mit täglich 4 Loth oder jährl. 45·5 Pfd.	= 1,574.755	Ctr.
2. bei Rindvieh „ „ 8 „ oder jährl. 91 Pfd.	= 12,974.750	„
3. bei Schafen und Ziegen mit tägl. 1 Loth oder jährl. 11 Pfd. . . .	= 3,466.980	„
4. bei Schweinen mit tägl. 1½ Loth oder jährl. 17 Pfd.	= 1,385.840	„
5. bei Maulthieren mit tägl. 3 Loth oder jährl. 34 Pfd.	= 38.080	„
Im Ganzen	19,440.405	Ctr
oder in runder Zahl	20,000.000	„

Viehsalz.

Welche Gründe gegen die Annahme der behufs de[r] Denaturirung des Speisesalzes in Vorschlag gebrachte[n] Stoffe geltend gemacht wurden, mag dahin gestellt sei[n], allein wenn die Behauptung zur Sprache gebracht wi[rd], dass es unthunlich ist, einen solchen Denaturirungsst[off] ausfindig zu machen, welcher den Hausthieren zuträgli[ch] und für den menschlichen Genuss nicht geeignet wä[re], so erlaube ich mir dennoch darzuthun, dass dem nic[ht] so ist.

Geht man lediglich von der Ansicht aus, dass die ph[y]siologischen Ess- und Verdauungsorgane der Mensch[en] und unserer Hausthiere Aehnlichkeit haben, und dass [...]

*) Das preisgekrönte Handbuch der Landwirthsch[aft] von J. A. Schlipf gibt weit geringere Bedarfsmengen [an], z. B. für 1 Stück Rindvieh jährlich nur 12 Pfd., für 1 S[tück] Schafvieh jährlich 2 Pfd. u. s. w. Da wir überhaupt vielen Behauptungen des Verfassers nicht beistimmen, so müssen [wir] insbesonder auf diese Zifferdifferenz aufmerksam machen, [um] nicht durch Stillschweigen an dieser Angabe mitschuldi[g zu] werden.

Die R[ed.]

Umwandlung der Nährstoffe in Speisebrei und endlich in's Blut hie und dort auf dieselbe Art vor sich geht, so lässt sich allerdings der logischen Folgerung nichts entgegensetzen, dass jeder Mischungsstoff, welcher ein derart denaturirtes Salz den Menschen ungeniessbar macht, es auch für die Hausthiere sein muss, und umgekehrt.

Allein ein anderes Resultat stellt sich heraus, wenn man die Natur der menschlichen Nährstoffe inclusive ihrer *Zubereitung* mit jenen unserer Hausthiere in die Parallele stellt.

Unsere Nährstoffe bestehen aus Fleisch, Stärke, Eiern und Pflanzenstoffen, welche zumeist durch's Feuer zubereitet werden, aus Milch, Butter, Käse und anderen Fettstoffen, wo im Gegentheil den wesentlichsten Nährstoff unserer Hausthiere Pflanzen bilden, die gewöhnlich durch's Feuer nicht zubereitet werden.

Nun hat die Tanninsäure die Eigenschaft, das Fleischfibrin, das Amylum, Albumin und Caseïn namentlich beim längeren Verweilen in der Hitze mehr weniger dunkel zu färben, und was am meisten den Genuss eines so denaturirten Salzes verleiden würde, ist die Bedeckung der Speisen mit Schimmel in Folge der Zersetzung der Tannin- in Gallussäure. Ebenso überziehen sich das Kraut *und die* Gurken im rohen Zustande bald mit Schimmel, wenn in dem dazu verwendeten Salze Tanninsäure enthalten war.

Diese zwei Eigenschaften reichen hin, um ein mit 1½ *bis* 2% Tanninsäure denaturirtes Speisesalz dem menschlichen Genusse abwendig zu machen. Ungeachtet dessen ist die Tanninsäure für das trockene und auch für das breiartige Viehfutter, welches nicht lange ansteht, sehr geeignet, von feinem, aromatischen Geruche, angenehmen Geschmacke, dem thierischen Organismus völlig unschädlich (?) und lässt sich weder auf mechanischem noch bei ihrer grossen Affinität zu den Alkalien, auf chemischem Wege vom Salze absondern.

Der Gebrauch der Tanninsäure als Denaturirungsmittel des Speisesalzes hätte noch den Vortheil, dass man den bis nun unterlassene Erzeugung hiedurch in's Leben rufen und für die Industrie nützlich machen würde.

Es ist notorisch, dass das westliche Europa zu seinen Industriezwecken Massen des Catechu aus Indien und des Sumach aus der Levante holt. Und doch ist der Catechu weder so löslich, noch so intensiv wirkend wie die Tanninsäure, *welch* letztere aus diesen Rücksichten und namentlich wegen ihrer grösseren Billigkeit den Catechu leicht verdrängen könnte.

Meine Absicht im vorliegenden Aufsatze war nicht nur um zu constatiren, dass die Wissenschaft nicht verlegen ist, einen Denaturirungstoff ausfindig zu machen, welcher selbst den heiklichen vom h. Ackerbauministerium gestellten Bedingungen Genüge leistet, sondern um nachzuweisen, dass der beste Ausweg der wäre, das natürliche Salz als Viehsalz zu verwenden*). Ich erinnere zuerst an England, welches die Ermässigung der Salzpreise *ad minimum* nie bereute, und doch muss man eingestehen, dass man dort richtig zu rechnen versteht, ferner an die Salzpreise in Preussen und in den Donauprovinzen, und erlaube mir die Frage zu stellen: Wird Oesterreich bei der gesteigerten auswärtigen Salzproduction und bei so ausgedehnten Grenzen im Stande sein, den Salzschmuggel im Norden und Süden zu bannen? oder wäre es nicht aus finanziellen und staatsökonomischen Rücksichten vortheilhafter, das Salzmonopol, welches binnen kurz oder lang fallen muss, je eher je lieber aufzuheben?

Dass Oesterreichs Wohlstand seinen Naturschätzen nicht entspricht, was auch zu dem fremden Spruche Veranlassung gab, *en Autriche on n'est pas riche*, liegt der Grund hierin, dass man bis nun zu diese Schätze im gehörigen Masse nicht ausbeutete. Ich will nur den Salzreichthum Galiziens berühren, welcher nach der niedrigsten Schätzung mehr denn 3.000,000.000 Ctr. beträgt (Wieliczka allein barg unter der winzigen Oberfläche von $^1/_{20}$ Quadratmeile 665,000.000 Ctr., von welchen 520 Millionen bereits abgebaut sind).

Die jährliche Salzproduction Oesterreichs verglichen mit dem obausgewiesenen Bedarfe an Viehsalz

	20,000.000 Ctr.
mehr dem Speise- und Dungsalz . . .	10,000.000 „
im Ganzen	30,000.000 Ctr.

stellt heraus, dass erstere weder mit dem Consumo, noch mit den immensen Vorräthen im Einklange steht, und wenn der Steigerung dieser Production Monopolsschranken hindernd im Wege stehen, so lasse man sie einfach fallen, dessenthalben braucht jedoch das h. Aerar keinen Abbruch in seinen Finanzen zu besorgen, wenn es sich entschliesst, die Erzeugung und den freien Handel des Salzes in die Hände mehrerer Consortien zu überlassen, welche die Verpflichtung gerne übernehmen würden, für jeden Centner Erzeugung eine Steuerauflage zu entrichten, welche nicht nur das aus dem Salzmonopole erfliessende Einkommen decken, sondern solches wesentlich übersteigen würde.

Es gibt ja keinen zweiten Handelsartikel in der Welt, welcher einen so reissenden Absatz und eine so häufige Capitalsumlage zuliesse, als das Salz, und eben dieser sichere, stete und mit jedem Jahre sich mehrende Absatz würde eine sehr lucrative Verzinsung der Capitalien, welche sich aus diesen Gründen ohne Zweifel vielmehr, als zu Eisenbahnunternehmungen finden werden, verbürgen.

Denke man sich die Erzeugung und den freien Handel des Salzes der Privatindustrie überlassen, welch reges Leben würde sich da entwickeln? Hunderttausende Hände und Fuhrwerke fänden dabei einen immerwährenden sicheren Erwerb, technisch ausgebildete Kräfte ihr Unterkommen, die enormen Holzmassen des Karpathengebirges, welche wegen Mangel an billigen Transportmitteln und Absatz am Stocke vermodern, eine Verwerthung in den nahen Salinen, der Viehstand eine viel gedeihlichere Entwicklung, woraus die damit im engen Zusammenhange stehende Mehrung an Milch, Butter und Käse, die Amelioriring der Bodenkultur und in letzter Linie der Wohlstand der Bewohner resultiren würde.

---

*) Die Abschaffung eines eigens zubereiteten Viehsalzes ist eigentlich ein indirecter Zwang zu diesem Auswege. Es kann also hier eigentlich nur um die Preisfrage handeln, welche sich auf eine Steuerfrage hinausläuft! Die Red.

Ich glaube mich durch die Behauptung der Wahrheit ziemlich zu nähern, dass Oesterreich erst an jenem Tage als Agrikulturstaat im wahren Sinne des Wortes auftreten wird, wenn es in die Lage kommt, die enormen Salzschätze, welche der Schoss der Erde in den erbländischen Provinzen birgt, frank und frei zu verwerthen und zu verwenden.

Und doch ist hiemit die Summe der Vortheile nicht geschlossen, wenn erwogen wird, dass binnen wenig Jahren bei potenzirter Salzerzeugung und geminderten Preisen das Ausland participiren, und als ein Exportartikel bedeutende Summen der Monarchie zuführen würde.

Ich berührte deshalb zumeist Galizien, weil mir die gegenwärtigen Verhältnisse dieser Provinz am besten bekannt sind, welche von jenen der anderen Provinzen kaum wesentlich differiren werden.

Mögen diese Worte ebenso mit Wohlwollen aufgenommen werden, als sie mit aller Offenheit und in bester Absicht niedergeschrieben wurden, und möge Oesterreich, um gross und stark zu sein, durch die möglichst grösste Ausbeute seiner Naturschätze jene Höhe erklimmen, welche ihm durch selbe die Vorsehung ermöglichte.

Mizun, 28. März 1869.

Aus Wieliczka.

Die grosse Maschine ist seit 27. Juni wieder im Gange und der Wasserstand hat auch während eines $3\frac{1}{2}$-tägigen Stillstandes nicht mehr den Horizont „Haus Oesterreich" erreicht und stand Ende Juni 3 Fuss unter demselben.

Notiz.

Berg- und hüttenmännischer Verein für Kärnten. In Klagenfurt hat sich ein berg- und hüttenmännischer Verein für Kärnten gebildet, mit dem Zwecke, die Berg- und Hüttenleute Kärntens zur Wahrung und Förderung der Interessen des Berg- und Hüttenwesens in allen Zweigen zu vereinigen. Dieser Zweck wird zu erreichen angestrebt durch Anregung eines corporativen Geistes unter den Vereinsgenossen, durch Aufdeckung und Bekämpfung der den Vereinsinteressen entgegenstehenden Hindernisse, durch Schaffung des Vereines zu einem Organe zur Kundgebung berechtigter Wünsche der Montan-Industriellen und Vermittlung derselben beim Landtag, Reichsrath, bei den k. k. Behörden, bei der Handelskammer und den Eisenbahngesellschaften, besonders in Zoll-, Tarif-, Strassen-, Steuer- und Schulangelegenheiten, durch Herausgabe einer periodischen Vereinszeitung, durch thunlichstes Einwirken auf Vervollkommnung der fachmännischen Ausbildung und thätige Unterstützung aller Bestrebungen des kärntnerischen Landesmuseums, welche die Förderung der geognostisch-montanistischen Durchforschung des Landes zum Zwecke haben. Hiebei sollen auch die humanitären Rücksichten für das Wohl der beim Bergbau und Hüttenbetrieb beschäftigten Arbeiter und deren Angehörigen nicht aus den Augen gelassen werden, sondern den Gegenstand einer sorgfältigen Behandlung bilden, um nicht blos den Anforderungen der Humanität, sondern auch dadurch mittelbar dem Besten der Montan-Industrie selbst Rechnung zu tragen.

ANKÜNDIGUNGEN.

Diese Zeitschrift erscheint wöchentlich einen Bogen stark mit dn nöthigen artistischen Beigaben. Der Pränumerati[onspreis] ist jährlich loco Wien 8 fl. ö. W. oder 5 Thlr. 10 Ngr. Mit franco Postversendung 8 fl. 80 kr. ö. W. Die Jahresabon[nenten] erhalten einen officiellen Bericht über die Erfahrungen im berg- nd hüttenmännischen Maschinen-, Bau- und Aufbereitu[ngswesen] sammt Atlas als Gratisbeilage. Inserate finden gegen 8 kr. . W. oder $1\frac{1}{2}$ Ngr. die gespaltene Nonpareillezeile A[ufnahme]. Zuschriften jeder Art können ur franco angenommen werden.

Druck von Carl Fromme in Wien. Für den Verlag verantwortlich Car[l]

№ 28. XVII. Jahrgang.

Oesterreichische Zeitschrift für Berg- und Hüttenwesen.

1869. 12. Juli.

Verantwortlicher Redacteur: Dr. Otto Freiherr von Hingenau, k. k. Ministerialrath im Finanzministerium.

Verlag der G. J. Manz'schen Buchhandlung (Kohlmarkt 7) in Wien.

Zur Frage des Gruben-Geleuchtes.

Gestatten Sie gütigst, dem durch den Aufsatz „Ueber Grubenbeleuchtung und das dazu verwendete Materiale" in Nr. 24 Ihrer geschätzten Zeitschrift wachgerufenen Interesse an Leuchtkraftproben durch Mittheilung über jenen Apparat Ausdruck zu geben, der wenigstens vor einigen Jahren in der Paraffinhütte zu Oravitza verwendet wurde, um die Lichtstärke der erzeugten Paraffinöle zu prüfen.

Derselbe bestand aus einem etwa 9 Fuss langen Tischgestelle mit einer Messstange, an deren beiden Enden die beiden zu vergleichenden Lichtquellen, z. B. eine Paraffin- oder Stearinkerze und eine Petroleumlampe so aufgestellt werden konnten, dass die beiden Flammen einander gegenüber genau in dieselbe Vertical- und Horizontalebene zu liegen kamen. Zwischen beide Lichtquellen eingeschaltet war ein mit weissem Papier überzogener Reif von etwa 8 Zoll Durchmesser, mit seiner Fläche senkrecht auf die Richtung der Messstange, mit seinem Gestelle auf dieser verschiebbar und gleich einem Lichtschirme stellbar, um den Mittelpunkt der Papierscheibe genau in die Linie der beiden Lichtquellen bringen zu können. Auf dieser Papierscheibe war mit Fett ein schmaler, concentrischer Kreis von etwa 2 Zoll Durchmesser gezeichnet, welcher bei Aufstellung nur Einer Lichtquelle auf der Schattenseite transparent erschien, indem durch einen befetteten Punkt eines Papiers mehr Licht durchdringen kann als durch den übrigen Theil der Papierfläche, entgegen er verschwand, sobald auf der entgegengesetzten Seite in nämlicher Entfernung eine gleich starke Lichtquelle aufgestellt wurde, weil nun durch den befetteten Kreis ebenso viel Licht hinüber als herüber gelassen wurde, also der Unterschied in der Fähigkeit, Licht durchscheinen zu lassen, zwischen der befetteten und nicht befetteten Fläche des Papieres für den Beobachter wegfiel. Der Moment des Verschwindens des transparenten Fettkreises war bei einer Verschiebung der Papierscheibe scharf zu beobachten und dadurch zu controliren, dass beide Flächen der Papierscheibe beobachtet wurden.

War nun die Papierscheibe mit dem Transparentringe in der Mitte der Messstange auf dem Nullpunkte der nach beiden Enden zu laufenden Eintheilung aufgestellt und wurden je am Ende der Messstange Lichtquellen verschiedener Stärke aufgestellt, so war die Lichtwirkung auf die beiden Seiten der Papierscheibe ungleich, und es erschien der Fettring auf Seite des stärkeren Lichtes dunkel, auf der des schwächeren mehr oder weniger durchscheinend, weil mehr Licht herüber als hinüber strömte.

Verrückte man aber dann den Träger der Papierscheibe vom Nullpunkte gegen das schwächere Licht hin, bis der Fettring verschwand, und weder auf Seite des schwächeren Lichtes durchscheinend, noch auf der des stärkeren dunkel erschien, so gaben die an der Massstange abzulesenden Entfernungen der beiden Lichtquellen von der in's Kreuz gehenden Verticalebene der Papierscheibe, zum Quadrate erhoben, das Verhältniss der Stärke der beiden Lichtquellen. Die Nachahmung dieses Lichtprüfungsapparates ist gewiss äusserst einfach und ohne alle Kosten zu bewerkstelligen, und dürfte nur darauf aufmerksam zu machen sein, dass der befettete Kreis auf der Papierscheibe durch eine nur sehr dünne und gleichmässige Fettschichte herzustellen, der Raum, in dem das Experiment abgeführt werden will, vollkommen dunkel und von Luftzug frei zu halten, und daraus Alles zu beseitigen ist, was wie Metall- oder Spiegelflächen durch Reflex die Wirkung der einen oder anderen der zu vergleichenden Lichtquellen beirren könnte.

Für die praktische Beurtheilung des Rechnungsergebnisses einer solchen Lichtprobe darf übrigens nicht übersehen werden, dass der Grundsatz: „Die Lichtstärken verhalten sich wie die Quadrate der Entfernungen der Lichter bei gleicher Wirkung", daher abgeleitet ist, dass jede Lichtquelle als Mittelpunkt einer Kugel (des ringsum mit Licht erleuchteten Raumes) betrachtet wird, und Kugeloberflächen sich verhalten wie die zweiten Potenzen ihrer Halbmesser (als welche die Entfernungen gelten, bei welchen verschiedene Lichtquellen gleiche Wirkung ausüben), dass in der Praxis jedoch wie in engen unterirdischen Räumen nicht die ganze von einer Lichtquelle gespendete Lichtmenge zur Wirkung gelangt, mithin nur ein Theil der Lichtkugelfläche in Rechnung gezogen werden kann.

Wird demnach von einem neuen Beleuchtungsmittel angegeben, dass es das Licht von 9, 16 oder 25 Stearinkerzen (6 in einem Zollpfunde) ergebe, wie die Vergleichung meistens geschieht, so hat man, um zu erfahren, auf welche gradlinige Entfernung das neue Licht gleich wirke, aus jenen Zahlen die zweite Wurzel zu ziehen, und wirkt also das Licht auf die 3-, 4- oder 5fache Entfernung des zur Vergleichung gewälten Beleuchtungsmittels.

Nachdem nun aber die Preise der verschiedenen Beleuchtungsmittel das Bestreben haben, sich nach den erzeugten Gesammtlichtmengen zu regeln, so ist bei Geleuchten, welche nicht nach allen Seiten, sondern nur nach einigen wenigen hin zu wirken, berufen sind, bei denen also ein Grosstheil der erzeugten Lichtmenge verloren geht, soferne er nicht durch Reflexvorrichtungen ausgenützt werden kann, die Lichtmenge von der Lichtstärke wohl zu trennen und letztere vielmehr nach dem einfachen, beziehungsweise doppelten Verhältnisse der Entfernungen zu beurtheilen, um kostspielige Täuschungen bei Einführung eines neuen Leuchtmaterials von sich ferne zu halten.

J. Gleich.

Chemisch-technische Notizen vom Salinen-Betrieb.

8. Kohlenersparung bei Grobkohlenfeuerung mit Gebläse.

Nach dem Durchschnitt von zwölf in den Jahren 1860—1862 abgeführten Sudversuchen mit 9791 Ctr. Grobkohlen, welche vom Magazin her 30, nach dem Zerschlagen der gröberen Stücke im Schürofen-Locale aber 40—50 Proc. Klein unter 9''' Stangenweite hielten, somit im Ganzen genommen „gemischte Häringer Kohle" repräsentirten, wurden mit 1 Ctr. solcher Kohle bei 9''' Windpressung 209 Pfd. Verschleisssalz erzeugt.

Hieraus berechnet sich bei 26·5 Proc. Soole und mittleren Temperatur derselben von 10° Celsius per 1 Pfd. C. 10 Pfd. Wasserdampfung.

Die gleichzeitigen Sude mit derselben Kohlenqualität bei natürlichem Essenzug (85' Schlotthöhe) ergaben per 1 Ctr. Kohle durchschnittlich 190 Pfd. Salzerzeugung, oder per 1 Pfd. C. 9·1 Pfd. Wasserabdampfung, daher im Ganzen eine Erzeugungs-Differenz von 19 Pfd. Salz per 1 Ctr. Kohle.

Auf 1000 Ctr. Verschleisssalz entfielen:

Bei Gebläsefeuerung 478 Ctr. Kohle (à 46 kr. loco Schürofen) = 220 fl.
bei Feuerung mit hohem Schlott 526 Ctr. Kohle (à 46 kr. loco Schürofen) . . . . . . = 242 fl.
daher bei ersterer 48 Ctr. Kohlenersparung = 22 fl.

Dies gibt bei einer jährlichen Erzeugung von 250.000 Ctr. Salz eine Gesammtersparung von 12.000 Ctr. Grobkohlen = 5520 fl., welche die Gestehungskosten eines Centners Kochsalz um 22 kr. herabdrücken.

Die in den Jahren 1868 und 1869 bei 5—6''' Windpressung und mit schlechterer Kohlenqualität abgeführten 6 Grobkohlenversuche gaben durchschnittlich per 1 Ctr. 191·5 Pfd., die gleichzeitigen Versuche ohne Gebläse 180 Pfd., daher eine durchschnittliche Differenz von 11·5 Pfd. Salz, und somit bei 1000 Ctr. Salzerzeugung noch immer eine Ersparung von 33 Ctr. Kohle = 15 fl,. oder wie oben bei 250 000 Ctr. Salzerzeugung von 8250 Ctr. Grobkohlen = 3790 fl., entsprechend den 5 Proc Interessen eines Anlagecapitals von reiner Ziffer 76.000 fl.

Diese letzteren Versuche mit Gebläse dürften jedoch aus dem Grunde nicht entscheidend sein, weil einerseits eine Windpressung von 5—6''' zur Erzielung guter Manipulations-Resultate zu gering, daher nicht normal ist, andererseits aber, weil bei den drei Suden mit gemischter Kohle de 1869 bei der Versuchspfanne nur eine Vorwärmpfanne benützt werden konnte, was die Erzeugung per 1 Ctr. Kohle um wenigstens 5 Proc. herabdrückte.

Ausser diesen, durch bessere Verbrennung der Kohlen erreichten günstigeren Sudausschlägen ist noch weiter das bei Feuerungen mit hohem Schlott theoretisch nachweisbare Kohlenquantum zu berücksichtigen, welches respective verwendet wird, um denselben auf entsprechend hoher Temperatur zu halten. Ein kühler Schlott zieht eben nicht*).

Bei Pfanne VI und VII entweichen die Gase, bei 100 Ctr. täglicher Schürung, mit durchschnittlich 225° C. in den Schlott, nachdem sie unter Kern-Vorwärmpfanne und Dörre 2134 Quadratfuss Eisenfläche bestrichen haben. Das Wärmequantum, welches hiebei verloren geht, berechnet sich nach Burdin und Bourget (Dingler's Journal de 1866, pag. 249) aus 225 × 0·24 × 36**) = 1944 Calorien per 1 Kilogr. verbrannter Steinkohle, daher bei 100 Ctr. = 5618 Kilogr. täglicher Schürung, auf 10,921.390 Calorien per Tag.

Bei Gebläsefeuerung wäre es gestattet, die Gase bis auf 70° R. auszunützen, somit bei gleicher Schürung eine längere Pfanne in Anwendung zu bringen, was natürlich auch eine grössere Tagesproduction bei gleichen Geldauslagen zur Folge hat.

Gleich früher berechnet sich die verlorene Wärme bei 70° R. = 87° Celsius Schlott-Temperatur und 100 Centner Kohlenverbrand auf täglich 4,219.120 Calorien, was gegen obigen eine Differenz von 6,702.270 Calorien gibt.

Diese Differenz repräsentirt die durch Anwendung von Gebläsefeuerung ermöglichte Kohlenersparung wegen minderer Schlott-Temperatur und gibt in Brennstoff umgewandelt täglich 14 Ctr. Kohle zu 55 Proc. C-Gehalt.

Ein unbedingt grosser Vortheil der Kohlenfeuerungen mit gepresstem Wind gegenüber solchen mit hohem Schlott, liegt in der Möglichkeit einer continuirlicheren Schürung, in Folge dessen im Pfannstattraume fortwährend eine gleichmässigere Temperatur herrscht, die auf die Dauerhaftigkeit der Pfanne einen grossen Einfluss übt; vorzüglich aber in der bedeutend kleineren Rostfläche.

Bei der sehr aschenreichen Häringer Kohle kann man hierorts auf 4 Rösten = 56 Quadratfuss Rostfläche

*) Nach Professor W. J. Maiquorn soll, wenn der Schornstein das einzige Mittel zur Zugerzeugung ist, die nützlichste Wirkung dann erhalten werden, wenn die Gase mit einer Temperatur von circa 315° Celsius = 252° R. entweichen.

**) Wo 0·24 = der spec. Wärme des Rauches und 36 = dem dreifachen Gewichtsquantum der theor. nothwendigen Luftmenge angenommen ist.

und 85' Schlotthöhe in den Sommermonaten per Tag nicht mehr als 100 Ctr. gut aufbrennen, während bei 9''' Wasserpressung für dieselbe Schürung 2 Roste à $3\frac{1}{2}$ Quadratfuss = 7 Quadratfuss vollkommen genügen.

Die Rostflächen verhalten sich daher wie 1:8.

Dieser Umstand macht den Feuerbau compendiös, erfordert einerseits kleineren Eisenverbrauch bei Anlage und Erhaltung der Röste, andererseits weniger Bedienung, da es offenbar nicht gleichgiltig ist, ob täglich 16 bis 24 Mal 56 oder nur 7 Quadratfuss Rostfläche zu putzen seien; er gestattet den Bau einer verhältnissmässig langen und schmalen Pfanne, wodurch allein nur die möglichste Ausnützung der Wärme ohne Anwendung der schädlichen Circulationen und gleichzeitig aber auch eine grosse Erzeugung per Quadratfuss Pfannfläche erzielt werden kann.

Aus Wieliczka.

Die Maschine arbeitet nach der durch die Pumpensenkung und Ventilkastenauswechselung bedingten Unterbrechung vom 23.—26. Juni mit befriedigendem Erfolge. Die Wasserstände waren:

Am 28. Juni 1' 11'' unter Horizont „Haus Oesterreich",
„ 29. „ 2' 9'' „ „ „ „
„ 30. „ 2' 11'' „ „ „ „
„ 1. Juli 3' 3'' „ „ „ „
„ 2. „ 3' 10'' „ „ „ „
„ 3. „ 4' 8'' „ „ „ „
„ 4. „ 5' 6'' „ „ „ „
was den Gang der Entwässerung am besten beurtheilen lässt.

Der alte Wodnagora-Schacht wird durch Hineinstürzen von Erde nach und nach ausgefüllt, um die innere Haltbarkeit der dort von Wasser befreiten Stellen zu verstärken.

Die Verbindungsstrecke am Horizonte Oesterreich gegen den Elisabeth-Schacht ist nun auf 140 Klftr. weit ganz gesäubert und es wird die Abfuhr des Laistes (Schlammes) u. s. w. schon auf der wiederhergestellten Grubeneisenbahn bewerkstelligt. Das Füllort beim Elisabeth-Schacht wird neu verzimmert und die Arbeiten zur Zuleitung des Wassers zum Elisabeth-Schacht in Rinnen sind im Gange. Das über den Leist beim Querschlag Kloski herabkommende Wasser enthält nur mehr $1\frac{1}{4}$ Pfd. Salz in 1 Cubikfuss. Der Laist selbst ist auf seinen Salzgehalt untersucht worden und zeigte mit der Soolspindel (Aräometer) keinen Salzgehalt, und auf chemischem Wege mit einer Lösung von salpetersaurem Silberoxyd nur eine schwache Reaction; er ist daher fast ganz ausgelaugt und kann als benützbar zu Verdämmungen angesehen werden, da er weiteren Auslaugungen nicht mehr zugänglich ist.

Die Tendenz geht dahin, mit der Wasserhebung fortzufahren, bis der Wasserstand etwa 3 Klafter unter den Horizont Haus Oesterreich gelangt, inzwischen aber das Wasser in einen Holzkanal einzufangen und in Klärkästen zu leiten, so dass nur mehr süsses Wasser in den Pumpen gehoben werde und die Vorbereitungen zu einer weiteren Aufgewältigung bis zur Einbruchstelle zu treffen.

Das Albrecht-Gesenk ist auf 31 Klafter vorgerückt, hat das Salzlager durchfahren und ist in stark gesalzenem Thon, unter welchem wahrscheinlich das untere Salzlager sich befinden dürfte.

P. S. Noch vor Schluss des Blattes eingelaufene Nachrichten geben an, dass der Wasserstand am Elisabeth-Schacht bis 8. Juli schon auf 1° 3' unter den Horizont Haus Oesterreich gesunken ist; dagegen wurde beobachtet, dass am Franz Joseph-Schacht, wo eben eine Senkung der Pumpen auf den niedriger gewordenen Wasserstand stattfindet und daher ein Stillstand war, das Wasser nicht gefallen ist, was darauf deutet, dass dermal eine Communication zwischen beiden Schächten am untersten Horizonte nicht stattfinde, und vielleicht natürliche Verdämmungen durch den Laist sich gebildet haben mögen.

Es ist von einem technischen Blatte wiederholt auf eine „Universal-Pumpe" Pistotnik's aufmerksam gemacht worden, welche eine grosse Leistungsfähigkeit bis auf 500 Fuss haben soll. Abgesehen davon, dass praktische Proben der Anwendbarkeit derselben in Gruben noch nicht vorliegen, wollen wir hier nur bemerken, dass die Tiefe, aus welcher das Wasser jetzt gehoben werden muss, circa 672 Fuss beträgt und mit der Mündung des Wassers sich bis 774 Fuss verstärken wird.

Ueber das Verhalten vom käuflichen Graphit zum flüssigen, weissen Roheisen.

In einem Artikel der österr. Zeitschrift für Berg- und Hüttenwesen Nr. 23 dieses Jahrganges, pag. 180, ist einer Erfahrung erwähnt, welche durch mehrere vom Herrn Brunner im Kleinen ausgeführte Versuche gewonnen wurde, dass weisses, flüssiges Roheisen, in Graphittiegel gegossen, auf deren Boden Graphit eingestampft worden ist, nach dem Erstarren grau werde.

Dieselbe interessante Erfahrung theilte mir ein anderer hüttenmännischer Freund im vorigen Sommer mit, und forderte mich auf, in dieser Richtung einen etwas grösseren Versuch auszuführen, zu welchem der hiesige, zum Umschmelzen des Zusatz-Roheisens für die Bessemer-Chargen dienende und mit Coaks betriebene kleine Kuppelofen wie geschaffen schien.

Dieser Kuppelofen hat eine lichte Weite von 15 Zoll, und von der Gicht bis zum Boden eine Höhe von $8\frac{1}{2}$ Fuss, der Boden des Kuppelofens besteht aus einer, dem (auf Trägern aufgehängten) Rumpfe des Ofens untergestellten, und mit feuerfester Masse ausgefütterten Gusspfanne von 4 bis 5 Ztr. Fassung, welche nach dem Einschmelzen der aufgegebenen Gichten mittelst eines Krahnes weggehoben und ihrer weiteren Bestimmung zugeführt wird.

Nahe über dem Boden der Pfanne befindet sich eine circa 1 Zoll grosse Oeffnung, durch welche bei Beginn der Schmelzung Wind eingeführt wird, um die unteren Theile dieser Pfanne genügend zu erwärmen. Gleichzeitig aber wird auch durch eine etwa 3 Zoll über dem Rande der Pfanne im cylindrischen Rumpfe des Ofens angebrachte Düse von nahe 2 Zoll Diameter Wind eingeblasen. Die in der Pfanne befindliche Oeffnung wird mit einem Thonpfropfen geschlossen, sobald das aufgegichtete Roheisen einzuschmelzen beginnt, und es wird dann nur durch die eigentliche (obere) Form weitergeblasen.

Zum Einschmelzen braucht man allerdings beträchtlich mehr Coaks als bei einem grossen Ofen, schon desshalb, weil das Verhältniss der ersten Füllung zur durchgeschmolzenen Eisenmenge ein viel ungünstigeres ist. Auf 4 Ztr. umgeschmolzenes Roheisen braucht man gewöhnlich bei 100 bis 120 Pfd. Ostrauer Coaks (also für 100 Pfd. Roheisen 25 bis 30 Pfd. Coaks welche nebenbei gesagt einen sehr bedeutenden Aschengehalt haben).

Das umgeschmolzene Roheisen ist sehr dünnflüssig und hitzig, sobald das verwendete Roheisen ziemlich klein zerschlagen ist.

Die als Boden des Ofens dienende Gusspfanne wurde nun innerhalb der ff. Fütterung noch mit einer Kohlenfütterung versehen, welche an den Seiten 1 Zoll dick, am Boden aber 2 Zoll dick war. Für den ersten Versuch schien es mir zweckmässig, ein Gemenge von gleichen Theilen fein gepulverter Holzkohlen und Graphit anzuwenden und dieses mit soviel sehr verdünntem Leimwasser (Tischlerleim) zu befeuchten, als zur Bindung des Gemenges absolut nothwendig war — auch wurden auf Wunsch meines Freundes dem Gemenge einige Procent Pottasche zugesetzt in der Absicht, eine Art Cementation zu begünstigen; eine Fütterung mit blossem Graphite wollte man einem späteren Versuche vorbehalten.

Die wie oben erwähnt gefütterte Pfanne wurde in einer Trockenkammer gut getroknet, und 300 Pfd. von einem Roheisen zum Umschmelzen verwendet, welches bei vollkommen weiss strahliger Teatur schon etwas Neigung zeigte in der Mitte graue Punkte auszuscheiden. Das Roheisen war, wie es bei diesem Kuppelofen in der Regel, in sehr kleine Stücke zerschlagen.

Die Schmelzung, d. h. vom Beginn des Einschmelzens bis zum völligen Niederblasen, dauerte ungefähr $^1/_2$ bis $^3/_4$ Stunden.

Das ungeschmolzene Gut war wie gewöhnlich hitzig, die in eine Eisenform, sowie die in eine getrocknete Sandform gegossenen Proben waren beide dem ursprünglich verwendeten Roheisen im Bruche ganz gleich. Das Kohlenfutter wurde, soweit bemerkbar, nicht verzehrt. Ganz so verhielt sich die Wirkung des mit Kohlenpulver gemengten Graphites auf das geschmolzene Roheisen bei zwei folgenden Versuchen, welche in analoger Weise ausgeführt wurden wie der erste.

Eine Wirkung war nämlich an den äusseren Eigenschaften des Roheisens nicht zu erkennen. In Folge davon unterliess man es, noch einen Versuch mit Graphit allein zu machen.

Ob nun die Zeit zu kurz war, durch welche die flüssige Masse mit dem Kohlenfutter in Berührung war, oder die berührte Oberfläche verhältnissmässig zu gering, darüber möchte ich nicht gerne eine feste Behauptung aufstellen; ohne Zweifel aber haben beide Umstände ihren Theil daran, dass der Erfolg den im Kleinen gewonnenen Erfahrungen nicht entsprach.

Man könnte wohl auch glauben, dass der Graphit überhaupt keine grosse Neigung habe, im weissen Roheisen sich aufzulösen, da es doch eine bekannte Thatsache ist, dass derselbe auch zum Cementiren des festen Eisens sich nicht eignet, während die Holzkohle als ein zu diesen Zweck vortreffliches Materiale sich erweist.

Neuberg, im Juni 1869.

Jos. Schmidhammer.
k. k. Hüttenverwalter.

Beiträge zur Kenntniss der Magnetdeclination.

(Fortsetzung und Schluss.)

Mit dem bisher Gesagten kommen wir zu dem unerlässlichen Erfordernisse, um der hier vorgeschlagenen Verfahrungsweise in unserem Markscheidswesen Eingang und Verbreitung zu verschaffen, und dieses besteht darin, dass die Beobachtungsresultate der verschiedenen magnetischen Observatorien in kurzen Perioden regelmässig gesammelt und den verschiedenen Bergbauunternehmungen, Behörden, Corporationen u. s. w. im geeigneten Wege zugänglich gemacht werden*).

Die Erfüllung dieses Erfordernisses übersteigt aber die Aufgabe und Kräfte des Einzelnen, umsomehr die Sammelperioden kurz und die Mittheilungen schnell sein sollen, damit die Arbeiten der Observatorien sich zum Ersatze für an den einzelnen Bergorten gleichzeitig mit den vorfallenden Markscheidsaufnahmen angestellte Magnetbeobachtungen eignen, und es dringt sich daher der Gedanke auf, ob es nicht als eine Angelegenheit der obersten Bergbehörde angesehen werden möchte, hier vermittelnd einzutreten, und in diesem Sinne die bessernde Hand auch an unser Markscheidewesen zu legen.

Gewiss würde eine solche hochsinnige Initiative an vielen Orten mit freudigem Danke begrüsst werden und auch die magnetischen Observatorien würden nur eine Genugthuung darin finden, dass einer praktischen Verwerthung ihrer langjährigen und mühevollen Forschungen ein weiter, fruchtbarer Boden bereitet werde.

Es folgen nun die tabellarischen Zusammenstellungen:

a) der absoluten Declination der Jahre 1843 bis 1868 im Mittel der einzelnen Monate und des Jahres von dem magnetischen Observatorium an der Sternwarte des Benedictinerstiftes Kremsmünster;

b) der absoluten Declination der Monate des Jahres 1868 im Mittel der drei Beobachtungszeiten von der Sternwarte zu Kremsmünster;

c) der absoluten Declination der Jahre 1853 bis 1868 im Mittel der einzelnen Monate und des Jahres von der k. k. Centralanstalt für Meteorologie und Erdmagnetismus in Wien;

d) der Differenzen zwischen den Monatmitteln der absoluten Declination in Kremsmünster und Wien, wie zwischen den Jahresmitteln.

Die Tabelle der Differenzen ergibt im 15jährigen Durchschnitte (1853—1867) zwischen Kremsmünster und Wien eine Durchschnittsdifferenz von 68·51 Min. (1°8′30″), woraus, wenn $\Delta = 0{\cdot}53$ gesetzt wird, für D ein Werth von $= 0{\cdot}36$ sich ergibt, nach der den beiden Beobachtungspunkten beigesetzten geographischen Lage.

St. Pölten, im Mai 1869.

Josef Gleich,
k. k. Bergcommissär.

---

*) Diese Zeitschrift wird mit Vergnügen solchen Einsendungen über derlei Beobachtungen Raum gewähren. Die Red.

a) An der Sternwarte des Bened. Stiftes Kremsmünster

beobachtete absolute westliche Magnetdeclination der Jahre 1843—1868 in Monatsmitteln, in geographischer Lage 31° 47′ 50″ östlich von Ferro (14° 8′ 13″ östlich von Greenwich) und 48° 3′ 23·8″ nördlich; Höhe des magn. Observatoriums über dem Meere 197·8 Toisen.

Jahr	Jänner	Februar	März	April	Mai	Juni	Juli	August	September	October	November	December	Jahresmittel	Abnahme gegen das Vorjahr
1843	15° 33·73′	15° 33·32	15° 32·80′	15° 32·73′	15° 32·50′	15° 32·25′	15° 38·25′	15° 34·24′	15° 33·04′	15° 31·73′	15° 30·65′	15° 29·84′	15° 32·34′	— ? —
1844	— 29·02′	— 28·62′	— 28·44′	— 26·46′	— 26·12′	— 25·84′	— 22·39′	— 20·83′	— 19·40′	— 18·99′	— 17·21′	— 19·99′	15° 23·60′	8·74
1845	— 19·25′	— 18·43′	— 18·29′	— 17·43′	— 16·46′	— 15·43′	— 14·33′	— 14·60′	— 14·94′	— 12·84′	— 12·35′	— 12·19′	15° 15·55′	8·05
1846	— 12·45′	— 11·38′	— 10·62′	— 9·06′	— 8·03′	— 8·91′	— 7·28′	— 5·45′	— 2·73′	— 2·92	— 1·93′	— 1·62′	15° 6·87′	8·68
1847	— 0·72	— 0·14′	14° 59·42′	14° 57·96′	14° 57·62′	15° 1·71′	15° 3·53′	15° 6·20′	15° 4·68′	15° 4·32′	15° 4·12′	15° 3·23	15° 1·97′	4·90
1848	15° 3·40′	15° 1·47′	15° 0·46′	14° 59·89′	15° 0·60′	14° 57·30′	14° 56·99	14° 57·46	14° 57·57′	14° 54·57′	14° 52·43′	14° 52·44′	14° 57·88′	4·09
1849	14° 53·27′	14° 51·92′	14° 50·55′	14° 48·90′	14° 47·64′	14° 48·28′	— 47·54′	— 45·09	— 44·39′	— 45·06′	— 42·78′	— 42·21′	14° 47·35′	10·53
1850	— 42·35′	— 41·82′	— 40·32	— 39·07′	— 40·86′	— 39·73′	— 39·83′	— 41·08′	— 41·38′	— 40·37′	— 39·90′	— 40·07′	14° 40·56′	6·79
1851	— 38·44′	— 37·95′	— 37·22′	— 36·34′	— 35·28′	— 35·46′	— 35·44′	— 33·33′	— 32·75′	— 31·73′	— 31·20′	— 29·80′	14° 34·58′	5·98
1852	— 29·89′	— 28·76′	— 27·32′	— 25·96′	— 25·94′	— 25·72′	— 26·03′	— 25·50′	— 24·92′	— 23·57′	— 21·76′	— 22·07′	14° 25·63′	8·95
1853	— 20·34′	— 19·53′	— 19·67′	— 19·25′	— 18·41′	— 16·42	— 15·82′	— 15·83	— 14·77′	— 13·36′	— 12·47	— 12·09	14° 16·50′	9·13
1854	— 12·58′	— 11·90′	— 11·17′	— 10·21′	— 9·87′	— 9·23′	— 8·69′	— 8·57′	— 7·80′	— 6·97′	— 6·05′	— 5·33′	14° 9·03′	7·47
1855	— 4·78′	— 4·63′	— 3·61′	— 2·82′	— 1·37′	— 0·69′	13° 59·84′	13° 58·69′	13° 59·50′	13° 57·29′	13° 56·38′	13° 56·33′	14° 0·49′	8·54
1856	13° 55·51′	13° 56·41′	13° 55·59′	13° 55·47′	13° 54·83′	13° 55·37′	— 54·67′	— 53·07′	— 53·04′	— 52·36′	— 52·02′	— 51·25′	13° 54·13′	6·36
1857	— 50·54′	— 50·33′	— 49·59′	— 48·84′	— 47·83′	— 47·74′	— 48·77′	— 47·06′	— 45·77′	— 44·28′	— 43·97′	— 43·37′	13° 47·29′	6·84
1858	— 43·32′	— 43·04′	— 42·24′	— 41·14′	— 40·26′	— 39·94′	— 40·50′	— 40·10′	— 40·18′	— 39·36′	— 39·04′	— 38·51′	13° 40·64′	6·65
1859	— 37·77′	— 37·42′	— 37·33′	— 36·30′	— 35·20′	— 35·11′	— 35·10′	— 34·63′	— 33·67′	— 33·69′	— 32·98′	— 32·66′	13° 35·20′	5·44
1860	— 31·93′	— 31·24′	— 30·22′	— 29·19′	— 28·72′	— 28·15′	— 28·92	— 31·02′	— 29·87′	— 28·89′	— 26·90′	— 24·98′	13° 29·17′	6·08
1861	— 24·64′	— 25·46′	— 25·96′	— 26·97′	— 25·47′	— 24·83′	— 24·37′	— 24·75	— 21·91′	— 20·94′	— 20·61′	— 20·07′	13° 23·83′	5·34
1862	— 19·79′	— 18·74′	— 16·82′	— 16·26′	— 15·90′	— 15·87	— 15·82′	— 15·21′	— 14·24′	— 14·30′	— 14·87′	— 14·91′	13° 16·06′	7·77
1863	— 13·21′	— 13·94′	— 12·68′	— 12·00′	— 10·92′	— 10·46′	— 10·50′	— 9·60′	— 3·20′	— 1·42′	— 0·21′	— 7·33′	13° 8·79′	7·27
1864	— 6·99′	— 5·76′	— 5·11′	— 4·89′	— 4·42′	— 3·79′	— 2·94′	— 2·48′	— 1·61′	— 6·04′	— 4·59′	— 5·44′	13° 4·50′	4·29
1865	13° 7·05′	13° 4·59′	13° 4·42′	13° 2·43′	12° 57·01′	12° 56·39	12° 55·97′	12° 55·03′	12° 54·06′	12° 55·18′	12° 52·96′	12° 54·29′	12° 58·28′	6·22
1866	12° 53·38′	12° 52·19′	12° 49·85′	12° 49·35′	— 48·57′	— 46·66′	— 46·63′	— 45·58′	— 44·49′	— 45·10′	— 43·88′	— 43·07′	12° 47·38′	10·90
1867	— 42·99′	— 41·74′	— 41·88′	— 40·92′	— 40·26′	— 40·17′	— 39·21′	— 38·94′	— 38·13′	— 37·53	— 36·54′	— 35·47′	12° 39·48′	7·90
1868	— 34·28′	— 33·45′	— 32·73′	— 31·80′	— 30·82′	— 30·95′	— 30·71′	— 29·85′	— 29·48′	— 29·11′	— 29·05′	— 28·59′	12° 30·89′	8·59

b) An der Sternwarte zu Kremsmünster beobachtete absolute westliche Magnetdeclination der Monate des Jahres 1868 im Mittel der 3 Beobachtungszeiten.

Beobachtungszeit	Jänner	Februar	März	April	Mai	Juni	Juli	August	September	October	November	December	Jahresmittel	
8h 16·8 Morg.	12° 33·26′	12° 31·08′	12° 28·97′	12° 26·22′	12° 26·43′	12° 26·40′	12° 26·04′	12° 25·07′	12° 25·91′	12° 26·13′	12° 27·17′	12° 27·73′	12° 27·53′	
2h 16·8 Ab.	— 36·56′	— 36·69′	— 37·98′	— 38·95′	— 35·87′	— 36·96′	— 36·96′	— 36·10′	— 34·47′	— 33·79′	— 31·37′	— 31·06′	12° 35·56′	
8h 16·8 Ab.	— 33·01′	— 32·58′	— 31·26′	— 30·22′	— 30·15′	— 29·49′	— 29·14′	— 28·38′	— 27·58′	— 27·41′	— 28·62′	— 26·99′	12° 29·57′	
Zeitenmittel	— 34·28′	— 33·45′	— 32·73′	— 31·80′	— 30·82′	— 30·95′	— 30·71′	— 29·85′	— 29·48′	— 29·11′	— 29·05′	— 28·59′	12° 30·89′	für die Mitte der einz. Mon.

c) An der k. k. Centralanstalt für Meteorologie und Erdmagnetismus in Wien beobachtete absolute westliche Magnetdeclination der Jahre 1853—1868 in Monatsmitteln, in geographischer Lage 34° 2′ 36″ östlich von Ferro und 48° 11′ 30″ nördlich.

Jahr	Jänner	Februar	März	April	Mai	Juni	Juli	August	September	October	November	December	Jahresmittel	Abnahme gegen das Vorjahr
1853	13° 12·68	13° 12·13′	13° 12·52′	13° 10·87′	13° 8·76′	13° 7·49′	13° 7·56′	13° 7·06′	13° 6·12′	13° 6·49′	13° 5·66′	13° 2·84′	13° 8·35′	— ? —
1854	13° 0·83′	12° 59·19′	12° 59·30′	12° 58·90′	12° 58·03′	12° 57·34′	12° 59·30′	13° 0 19′	12° 59·55′	13° 0·05′	12° 56·25′	12° 54·38′	12° 58·60′	9·75′
1855	12° 54·38′	12° 53·05′	12° 52·90′	12° 56·71′	12° 52·18′	12° 50·11′	12° 47·72′	12° 50·02′	12° 51·72′	12° 50·66′	12° 42·66′	12° 48·20′	12° 50·86′	7·74′
1856	— 42·36′	— 46·36′	— 47·14′	— 45·80′	— 47·01′	— 46·03′	— 46·00′	— 44·94′	— 43·32′	— 43·47′	— 42·44′	— 42·50′	12° 44·78′	6·08′
1857	— 41·96′	— 42·86′	— 38·67′	— 39·06′	— 38·51′	— 38·19′	— 37·15′	— 35·75′	— 35·35	— 37·47′	— 37·47′	— 35·87′	12° 38·19′	6 59′
1858	— 35·09	— 33·43	— 30·29	— 29·52′	— 26·76′	— 26·28′	— 28·91′	— 29·83′	— 31·14′	— 30·01′	— 29·65′	— 31·22′	12° 30·18′	8·01′
1859	— 31·93′	— 29·31′	— 28·66′	— 27·50′	— 26·56′	— 26·77′	— 24·80′	— 23·09′	— 25·56′	— 26·47′	— 24·02′	— 24·02′	12° 26·56′	3·62′
1860	— 28·57′	— 23·21′	— 21·57′	— 24·11′	— 24·77′	— 20·76′	— 23·56′	— 20·21′	— 17·96′	— 22·94′	— 24·20′	— 20·58′	12° 22·29′	4·27′
1861	— 22·20′	— 15·04′	— 17·40′	— 15·30′	— 16·43′	— 14·82′	— 17·17′	— 20·40′	— 7·82′	— 13·47′	— 14·38′	— 13 82′	12° 15·69′	6·60′
1862	— 14·45′	— 10·42′	— 10·51′	— 13 31′	— 11·80′	— 8·55′	— 10·94′	— 8·10′	— 8·86′	— 9·81′	— 5·28′	— 8·56′	12° 10·05′	5·64′
1863	— 9·30	— 10·15′	— 11·19′	— 12·11′	— 7·11′	— 5·10′	— 3·19′	— 4·36′	— 4·51′	— 2·37′	— 2·93′	— 0·08′	12° 6·03′	4·02′
1864	11° 59·43	12° 1·13′	12° 0·29′	11° 57·47′	11° 57·33′	11° 56·02′	11° 54·57′	11° 53·72′	11° 54·43′	11° 54·23′	11° 53·68′	11° 53·26′	11° 56·30′	9·73′
1865	11° 52·63	11° 53·00′	11° 51·52′	— 50·97′	— 49·22′	— 46·95′	— 44·47′	— 40·18′	— 45·81′	— 43·94′	— 41·51′	— 41·78′	11° 46·83′	9·47′
1866	— 40·10′	— 37·07′	— 43·50′	— 39·05′	— 38·99′	— 39·63′	— 39·35′	— 38·51′	— 38·51′	— 38·17′	— 36·17′	— 35·89′	11° 38·74′	8·09′
1867	— 30·91′	— 32·30′	— 31·72′	— 31·98′	— 31·95′	— 30·84	— 30·56′	— 30·50′	— 27·26′	— 25·45′	— 27 82′	— 25·18′	11° 29·70′	9·04′
1868	— 30·1′	— 29·0′	— 31·8 ′	— 29·5′	— 25·6′	— 25·4′	— 23·8′	— 23·0′	— 25·7′	— 20·7′	— 19·6′	— 18·9′	11° 25·26′	4·44′

1857—1863: Nach den Mittelwerthen der absoluten Bestimmungen um die Mitte der einzelnen Monate.

d) Differenzen zwischen den Monats- und Jahresmitteln der absoluten westlichen Magnetdeclination in Kremsmünster und Wien für 1853—1868 in Minuten.

Jahr	Jänner	Februar	März	April	Mai	Juni	Juli	August	September	October	November	December	Jahresmittel
1853	67·66	67·40	67·15	68·38	69·65	68·93	68·26	68·77	68·65	66·87	66·81	63·25	68·15
1854	77·75	72·75	71·87	71·41	71·84	71·89	79·39	68·50	78·25	66·92	69·80	70·95	70·43
1855	70·40	71·58	70·71	66·11	69·19	70·58	72·12	68·67	67·78	66·63	73 72	68·13	69·63
1856	73·15	70·05	68·45	69·67	67·82	69·34	68·67	68·13	69·72	68·89	69·58	68·75	69·35
1857	68·58	67·47	70·92	69·78	69·32	69·55	71·62	71·31	70·42	66·81	66·50	67·50	69·10
1858	68·23	69·61	71·95	71·62	73·50	73·66	71·59	70·27	69 04	69·35	69 39	67 29	70·46
1859	65 84	68·11	69·18	68·80	68·64	68·34	70 30	71·54	68·11	67·22	68·96	68·64	68·64
1860	68·36	68·03	68·65	65·08	63·95	67·39	65·36	70 81	71·91	65·95	62·70	60·40	66·88
1861	62·44	70·42	68·56	71 67	69·04	70·01	67·20	64·35	74·09	67·47	66·28	66 25	68·14
1862	65·34	68·32	66·31	62·95	64·10	67·32	64·88	67·11	65·38	64·49	69·59	66·35	66 01
1863	63·91	63·79	61·49	59 89	63·81	65·36	67·31	65·24	58·69	59·05	57·28	67·25	62·76
1864	67·56	64·63	64·82	67·42	67·09	67·77	68·37	68·76	67·18	71 81	70·91	72 18	68·20
1865	74·42	71·59	72·90	71·46	67·79	69·44	71·50	74·85	68·25	71 24	70·95	72·51	71·45
1866	73·28	75·42	66·35	70·30	69·38	67·03	67·28	67·07	65·98	66·93	67·71	67·18	68·64
1867	72·08	69·44	70·16	68·94	68·31	69·33	68·65	68·44	70·87	72·08	68·72	70·29	69·78
1868	64·18	64·45	60·93	62·30	65·22	65·55	66·91	66·85	63·78	68·41	69·45	69·69	65·63

Die Erzgänge und neuesten Bergbetriebs-Erfolge im Bergdistricte von Nagybánya.

V.

Oláhlaposbánya oder Bajutz in Siebenbürgen.

Die Urkunden der Alten sagen nichts über den Bergbau in dem Oláhlaposbányaer Revier, mit desto grösseren, deutlichen Lettern grub des Bergmanns emsige Hand es selbst in den starren Fels, dass in Oláhlaposbánya einst in unbekannter Zeit ein ausgedehnter Bergbau geblüht habe. Hievon zeugen der mächtige Tagabbau der Uralten auf dem Vorsehung-Gottesgange und seinen Nebenklüften, die grossen Bingenzüge am Waratyik und an der Grenze der Marmaros oberhalb Botyiza. In diesem ausgedehnten, überall Spuren uralten Bergbaues vorweisenden Revier ist jetzt nur allein der Vorsehung-Gottesgang in ansehnlichem Bau, indem, was auf den Nebenklüften geschieht, nur unbedeutend genannt werden kann.

Die Hauptgebirgsmasse ist Karpathen-Sandstein mit schwarzem Schiefer und Kalkstein, durchbrochen von Grünstein-Trachyt und den Erzgängen. Besonders interessant ist die Veränderung des Sandstein-Schiefers durch den Grünstein in Porzellan-Jaspis und Hornschiefer, sowie das Auftreten von Breccien in der Nachbarschaft der Trachyt-Durchbrüche. Auch ist die Führung von butzenweissem Bleiglanz und Antimon, dann Realgar und Mühlgold-Spuren einzelner Sandsteinlager eine merkwürdige Erscheinung.

Der das Grubenthal fast rechtwinkelig durchsetzende, Stunde 4·5° streichende und 76 Grad in Nord fallende Vorsehung-Gottesgang ist, wie schon angedeutet, der Nährvater des Oláhlaposbányaer Bergreviers. Seine von 1 bis 6 Klafter mächtige Ausfüllungsmasse besteht aus Quarz, Kupfer- und Eisenkiesen, an einigen Punkten auch Bleiglanz, höchst selten Zinkblende. Hie und da besonders in höheren Mitteln, wo der Gang mit dem Nebengestein verwachsen ist, kommen auch Trümmer dieses Gesteins darin vor. Das Gold findet sich vorzüglich im Quarze, weniger in den Kiesen. Im Jahre 1860 ist in einer Quarzader zwischen dem Hauptgange und der sogenannten vorliegenden Kluft Freigold in Drahtform vorgekommen.

Das Silber führt vorzüglich der Kupferkies. Eigentliche Silbererze sind nie auf dem Gange eingebrochen. Der aus den Gangmitteln der oberen Stollen erzeugte Schlich überstieg selten 1 Qtl.; der Goldgehalt betrug aber 40 Denär. Der Schlich aus den Kiesstuffen kann durch Aushalten bis 1 Loth in Silber getrieben werden. Kupferkiese mit einem Halt bis 8 Pfd. in Kupfer, 1 bis 2 Qtl. Silber und 2 Denär Gold per Mark göld. Silber, sowie derbe Bleierze gehören blos einzelnen Mitteln an. Im Allgemeinen ist der Metallgehalt der einbrechenden Geschicke in Silber nur 3quintlich und selbst die nasse Aufbereitung vermochte in früheren Jahren kaum diesen geringen Gehalt durch Concentration zu erhöhen. Nur der hohe, stets mehr weniger constante Goldhalt der Grubengefälle machte den Abbau auf diesem Gange lohnend. In dem Scharrkreuze des Hauptganges mit der Clemenskluft enthielt die Mark göldischen Silbers im Golde 60 Denär.

Nach einem mehrjährigen Durchschnitte wurden durch die nasse Aufbereitung aus 1000 Ctr. zwischen dem Zubau- und Vorsehung-Gottesstollen gewonnenen Pochgängen $11\frac{1}{2}$ Loth Gold ausgebracht.

Der Vorsehung-Gottesgang ist im Streichen mit dem gleichnamigen Stollen 457 Klafter und mit dem 36 Klafter tiefer liegenden Erbstollen 360 Klafter aufgeschlossen. Der besonders bauwürdige Theil des Ganges liegt unter dem Grubenthale, erstreckt sich auf der Sohle Vorsehung Gottes 120 Klafter, am Zubaustollen 200 Klafter, am Mittellaufe 120 Klafter und am Erbstollen circa 80 Klafter.

Der vorzüglichste Adelspunkt war und zeigt sich noch in der 150. Klafter vom Anfahrungspunkt des Erbstollens, wo das Hauptfeldort bereits aus reinem Kupferkies mit Buntkupfererz bestand.

Der Tagschacht im Grubenthale wurde im Jahre 1861 angesetzt und im Jahre 1864 auf die Erbstollensohle, 63 Klafter tief, gebracht. Seit 1868 wird dieser Schacht tiefer abgeteuft. In der 30. Klafter unter der Erbstollensohle soll aus demselben ein Zubau zum Gange betrieben werden.

Vom Tagstollen, dem höchsten Grubenpunkt bis zur Sohle des Erbstollens, beträgt der Seigerabstand $103\frac{1}{2}$ Klafter.

Im Jahre 1836 wurden erzeugt:

An Feingold	140 Mark	$9\frac{1}{2}$	Loth
„ Feinsilber	825 „	9	„
„ Kupfer	4 Ctr.	—	Pfd.
„ Blei	27 „	90	„

mit dem Reinertrage von 14.142 fl. 47 kr. C. M.

In dem fünfjährigen Zeitraume von 1848 bis 1852 war die Erzeugung:

571	Mark	7	Loth	Feingold,
7133	„	5	„	Feinsilber,
2246	Ctr.	44	Pfd.	Kupfer,
198	„	35	„	Blei,

mit dem Werthe von 182.961 fl. 11 kr. C. M., wobei aber ein Gesammtverlust von 9890 fl. 57 kr. aus Grund der ungewöhnlich gestiegenen Preise aller Betriebsmaterialien sich ergeben hat.

Die Betriebserfolge des Jahres 1867 waren:

a) Grubengefälls-Erzeugung.

208.232	Ctr.	Pochgänge,
5.519	„	Scheiderze,
67·5	„	Bleischliche,
32.725·9	„	Kiesschliche.

b) Werth dieser Gefälle.

1 Ctr. Pochgänge	—	fl.	32	kr.
1 „ Scheiderze	6	„	77	„
1 „ Bleischlich	25	„	92	„
1 „ Kiesschlich	1	„	81	„
1 Mark Mühlgold	540	„	93	„

c) Metall-Erzeugung.

65·222	Münzpfunde	Gold,
1202·613	„	Silber,
1381·87	Centner	Kupfer,
25·60	„	Blei.

d) Geldwerth der Erzeugung.

Im Ganzen 147.933 fl. $88\frac{1}{2}$ kr. öst. W.

c) Ertrag.

Beim Bergbau . . 8.271 fl. 44½ kr. öst. W.
Bei der Hütte . . 37.719 „ 32½ „ „ „
Zusammen 45.990 fl. 77 kr. öst. W.

Die Ursache der gegen früher bedeutenden Zunahme der Silber- und Kupfererzeugung liegt darin, dass in den tieferen Horizonten, namentlich im Erbstollen der Gang reicher an Kupfer und Silber, dagegen aber ärmer an Gold als in den höheren Horizonten ist, dass auf den genannten Stollen auch Scheiderze gewonnen werden und dass jetzt die Concentration durchgehends mittelst continuirlichen Stossherden erfolgt, welche besser arbeiten als die früheren gewöhnlichen Herde.

Eine Cubikklafter Gang vom Erbstollen gibt 5 Ctr. Erz. Ein Centner hievon hält 0·062 Münzpfunde göldisches Silber mit 0·004 Münzpfund Feingold per Münzpfund und 10—16 Pfd. Kupfer. 1 Ctr. Kiesschlich vom Erbstollen hält: Goldsilber 0·035, Feingold 0·046 per Münzpfund ☉☽, und 3 Pfd. ♀. 1 Ctr. Kiesschlich von den oberen Stollen hält: Goldsilber 0·017, Feingold 0·110 per Münzpfund ☉☽ und ½ ♀.

1000 Ctr. Pochgänge von allen Horizonten gemischt gaben gegenwärtig im Durchschnitte:

a) 145 Ctr. 20 Pfd. Kiesschlich mit 0·25 Mzpfd. Feingold, 3·34 Mzpfd. Feinsilber und 230 Pfd. Kupfer.

b) 0·09 Mzpfd. Mühlgold mit 0·077 Mzpfd. Feingold und 0·013 Mzpfd. Feinsilber. A. S.

Amtliche Mittheilung.

Erledigte Dienststelle.

Die Hütten-Probirersstelle bei der Hauptwerksverwaltung in Příbram in der IX. Diätenclasse mit dem Gehalte jährl. 1000 fl., Naturalquartier und der Verpflichtung zum Erlage einer Caution von 1000 fl.

Gesuche sind, unter Nachweisung der bergakademischen Studien, der Kenntnisse im Probirwesen überhaupt und speciell in docimastischen Proben und chemischen Analysen, dann des Blei- und Silber-Hüttenbetriebes, der Gewandtheit im Concepte und im Rechnungswesen und der Kenntniss beider Landessprachen, binnen vier Wochen bei dem Präsidium der Bergdirection in Příbram einzubringen.

ANKÜNDIGUNGEN.

Diese Zeitschrift erscheint wöchentlich einen Bogen stark mit den nöthigen artistischen Beigaben. Der Pränumerationspreis ist jährlich loco Wien 8 fl. ö. W. oder 5 Thlr. 10 Ngr. Mit franco Postversendung 8 fl. 80 kr. ö. W. Die Jahresabonnenten erhalten einen officiellen Bericht über die Erfahrungen im berg- und hüttenmännischen Maschinen-, Bau- und Aufbereitungswesen sammt Atlas als Gratisbeilage. Inserate finden gegen 8 kr. ö. W. oder 1½ Ngr. die gespaltene Nonpareillezeile Aufnahme. Zuschriften jeder Art können nur franco angenommen werden.

Druck von Carl Fromme in Wien. Für den Verlag verantwortlich Carl Reger

№ 29. XVII. Jahrgang.

Oesterreichische Zeitschrift für Berg- und Hüttenwesen.

1869. 19. Juli.

Verantwortlicher Redacteur: Dr. Otto Freiherr von Hingenau.
k. k. Ministerialrath im Finanzministerium.

Verlag der G. J. Manz'schen Buchhandlung (Kohlmarkt 7) in Wien.

Verbesserungen bei den Schwefelgewinnungen.

I.

Gritti's Apparat*).

Mit dem von dem Ingenieur Gritti aus Mailand construirten, in Italien patentirten Apparat wurden in Italien Ende des Jahres 1868 die ersten Schmelzversuche gemacht und die günstigen Ergebnisse derselben in Bezug auf Menge und Qualität des gewonnenen Schwefels, auf Zeit und Kostenersparniss sind von einer solchen Tragweite, dass man eine grossartige Reform in der Schwefelproduction sich versprach, die auf die Schwefelpreise und mithin auf die einschlägigen Industrien nicht ohne nachhaltigen Einfluss bleiben kann.

Um die Erfolge dieser Procedur zu beurtheilen, ist es nöthig, die Resultate entgegenzustellen, die mit dem in dieser Branche in Sicilien gegenwärtig beobachteten Verfahren erzielt werden.

An die Stelle der sogenannten Calcarelle, welche nach Art der Kalköfen angelegt und weil sie nach Oben offen waren, durch die Ausströmung der Schwefelgase alle Cultur im weitem Umkreise vernichteten, traten nicht ohne Drängen von Seite der Regierung vor ungefähr zwanzig Jahren die Calcaroni, grosse geschlossene Oefen, in denen die Fusion durch das Verbrennen des Schwefels selbst erfolgt. Da jedoch beim Abkühlen derselben die ausströmenden Gase noch immer ihre verderbliche Wirkung auf die Cultur äussern, ist durch das Gesetz bestimmt, dass die Calcaroni ihre Thätigkeit erst mit 1. August beginnen dürfen und mit Ende Februar zu schliessen haben. Das Verfahren hat ganz den Charakter des cyklopischen. Um den zur vollständigen Schmelzung, die bei 112° Celsius beginnt, erforderlichen Hitzegrad von 124° bis 130° zu erzeugen, wird ein guter Theil von Schwefel durch Verbrennen consumirt. Der hiedurch entstehende Verlust beträgt im besten Falle ein Drittheil, gewöhnlich aber die Hälfte und auch mehr. Nach den gemachten Erfahrungen werden 8 Proc. Schwefel gewonnen, wenn das Rohmaterial 30 Proc. enthält und 40 Proc., wenn es 90 Proc. enthält. Luftströmungen, Temperaturwechsel, Aufbrüche des Ofenmantels und andere Umstände beeinträchtigen das Resultat der Schmelzung. Ueberdies ist zu berücksichtigen, dass durch den Erhitzungsprocess der beste, der reinste Schwefel consumirt wird. Das gewonnene Product ist nur zum geringsten Theil reiner Schwefel oder erste Qualität und gibt eine Fusion in der Regel vier, öfters sechs Qualitäten. Eine Schmelzung in den Calcaroni nimmt im Durchschnitt einen Monat, die Füllung und Abkühlung ebenfalls vier Wochen in Anspruch, und die Ausbesserungen der Oefen sind continuirlich. Versuche, die grossen Mängel des Systems der Calcaroni durch Apparate, wie solche in dem letzten Decennium durch Durand und Michel construirt wurden, zu beseitigen, sind an der Lethargie der Minenbesitzer gescheitert.

Der neue Apparat des Ingenieurs Gritti, behebt alle Mängel der Calcaroni. Der konische Theil wird mit dem Rohmaterial in grösseren und kleineren Blöcken in der Art gefüllt, dass möglichst viele Canäle für den Abfluss des Schwefels erhalten werden; er fasst 150 Zollctr. und ist am Boden durch einen Rost von dem Cylinder getrennt. Sobald der Konus gefüllt ist, wird der hermetische Verschluss hergestellt. Hierauf wird der Dampf durch ein Rohr in den Apparat eingelassen; bei einem Druck von 3 bis $3\frac{1}{2}$ Atmosphären und einer Hitze von 120° erfolgt die Schmelzung des Schwefels, der durch den Rost und durch ein darunter befindliches Drahtsieb in den Cylinder abläuft und durch kleine nach Aussen sich erweiternde Oeffnungen ausgelassen wird; die unter der Oeffnung noch verbleibende Schwefelmenge strömt durch einen Siphon in Folge des Druckes des Dampfes aus. Die erdigen Bestandtheile bleiben am Boden des Cylinders zurück.

Um den Schwefel flüssig zu erhalten, ist der Cylinder mit einer doppelten Wand umgeben, in deren Zwischenraum der Dampf circulirt. Nach der Fusion, die für 150 Ctr. 4 bis 6 Stunden je nach der Qualität des Rohmaterials in Anspruch nimmt, wird der Dampf abge-

*) Nach ämtlichen Consular-Mittheilungen, welche dem k. k. Handelsministerium schon vor Monaten zugekommen und dem Finanzministerium mitgetheilt worden sind.

lassen, der Cylinder entkoppelt und auf Schienen zum Behufe der Reinigung seitwärts geschoben.

Bei den drei Versuchen mit diesem Apparate, denen Berichterstatter beiwohnte, wurden folgende Resulte erzielt: 1. Rohmaterial mit 50 Proc. Schwefel nach chemischer Analyse ergab 45 Proc. reinen Schwefel; 2. ein anderes sehr reiches Material von 87 Proc. Schwefelgehalt nach chemischer Analise ergab reich 80 Proc reinen Schwefel; 3. endlich wurden 10 Quintal vom sogenannten Steri der Fusion unterzogen, eine schwefelige Erde, von der Millionen Quintal bei den Minen unbenützt liegen, weil die Schwelgung derselben in den Calcaroni nicht möglich ist. Um die Schwelgung dieser Erde in dem Gritti'schen Apparat zu bewerkstelligen, wurde das Rohmaterial in Säcken verpackt den Einwirkungen des Dampfes ausgesetzt, nach 4 Stunden wurde die Operation geschlossen und man erhielt 2 Quintal und 30 Kilog. ganz reinen Schwefel, mithin 23 Proc., nachdem die chemische Analyse des Rohmaterials einen Gehalt von 30 Proc. ergeben hatte.

Der Verlust an Schwefel betrug in diesem Falle 23$^1/_3$ Proc., bei dem ersten Versuch 10 Proc. und bei dem reichsten Rohmaterial 8 Proc. Das Verfahren mit diesem Apparate ergibt daher von schwefelreichem Rohmaterial die doppelte, von geringhältigem Material aber die dreifache Menge Schwefel im Vergleiche zu dem mit dem Calcaroni erzielten Product.

Im Jahre 1867 exportirte Sicilien 4$^1/_4$ Millionen Zoll-Centner Schwefel, mit Anwendung des Gritti'schen Apparates würden aus der hiezu erforderlich gewesenen Menge Rohmaterial wenigstens 9 Millionen Centner erzeugt worden sein.

Der Qualität nach ist aber aller mit diesem Apparat erzeugte Schwefel frei von anderen Bestandtheilen, somit ganz reiner Schwefel, während die Production mit den Calcaroni bis zu sechs verschiedenen Qualitäten und unter diesen nur den achten Theil reinen Schwefel ergibt.

Die hiedurch resultirende Werthdifferenz wird für das mit dem Schmelzapparat resultirende Product auf das Dreifache berechnet in der Weise, dass nach dem Durchschnittsmarktpreise von 2 fl. per Zollctr., die auf diesem Wege erzeugten 9 Millionen Centner einen Werth von 27 Millionen Gulden repräsentiren würden, während die mit den Calcaroni gewonnenen 4$^1/_2$ Millionen Centner nur einen Werth von 9 Millionen Gulden gleichkommen.

Weitere wesentliche Vortheile des beschriebenen neuen Verfahrens resultiren:

1. Aus der Zeitersparniss, da eine Fusion mit der zur Füllung und Abkühlung des Apparates nöthigen Zeit höchstens 10 Stunden, bei den Calcaroni aber 2 Monat in Anspruch nimmt.

2. Der Apparat kann das ganze Jahr, bei jeder Witterung und Temperatur und so lange trockenes Rohmaterial vorhanden ist, in Thätigkeit sein; die Calcaroni müssen aber während fünf Monaten, und weil sie immer im Freien stehen, während regnerischer oder stürmischer Witterung ihre Thätigkeit einstellen.

3. Die Ersparnisse, die aus den vorstehenden Umständen an Interessen des Anlage- und Betriebs-Capitals zu Gunsten des Gritti'schen Apparates erzielt wurden, sind nicht zu unterschätzen.

4. Endlich ist die für die Cultur und für die Gesundheit der Arbeiter in hohem Grade schädliche Ausströmung der arsenikhaltenden Gase durch den Schmelzofen des Ingenieurs Gritti beseitigt.

Bei der Differenz des Productes in Beziehung auf Menge und Qualität und bei so überwiegenden Vortheilen können die etwaigen Mehrauslagen für Anschaffung und Instandhaltung des Apparates und der erforderlichen stehenden oder mobilen Dampfmaschine, sowie für den Betrieb, nämlich insbesondere für Kohlen und Maschinisten nicht allzusehr in's Gewicht fallen.

Der Kostenpreis eines Apparates ist 5000 Francs und zwei solche Apparate mit der Dampfmaschine würden 22.000 Francs kosten. Der Consum an Kohlen für einen Quintal Rohmaterial berechnet sich je nach der besseren oder geringeren Qualität desselben auf 20 bis 40 Centimes, wenn die Schmelzung an der Küste vorgenommen wird, und im Verhältniss zur Entfernung von der Küste und den Transportmitteln höher, wenn der Apparat im Inneren der Insel aufgestellt wird, sämmtliche Auslagen aber mit Inbegriff der Abschreibungen des Auslagecapitals würden nach der Qualität des Rohmaterials und der Entfernung von der Küste $^1/_2$ bis 2 Francs per Quintal betragen. Oesterreich hat zwar nur eine sehr geringe Schwefelproduction und beläuft sich dieselbe jährlich kaum auf 30.000 bis 40.000 Ctr., die aus 150.000 bis 200.000 Ctr. Rohmaterial gewonnen werden.

Allein unter allen europäischen Schwefelgattungen ist nach dem sicilianischen der galizische Schwefel der Minen von Swoszowice und der kroatische von Radoboje der beste und gesuchteste. Das Verhältniss der vorangenommenen Gesammtproduction Oesterreichs zu dem verwendeten Rohmaterial von 20 Proc. stellt sich nach den statistischen Ausweisen noch ungünstiger für das Jahr 1851, indem nur 25.000 Ctr. Schwefel aus 200.000 Ctr. Rohmaterial, mithin 12$^1/_2$ Proc. als durchschnittliches Product gewonnen wurden.

Es ist anzunehmen, dass dieses einer früheren Zeit angehörige ungünstige Verhältniss nicht in einem cyklopischen Schmelzverfahren nach Art der sicilianischen Productionsweise seinen Grund hatte, sondern durch die Qualität des Rohmaterials seine Erklärung findet, welches entweder zum grossen Theil aus schweren Schwefelerzen besteht oder wirklich geringhältig an Schwefel ist.

II.

Neues Verfahren von E. und P. Thomas zum Aussaigern des Schwefels aus seinen Erzen oder seiner Bergart mittelst überhitzten Wasserdampfes.

Aus der fünften Auflage des Précis de Chimie industrielle par A. Payen, Paris 1868.

Bei Anwendung dieses Verfahrens kann man durch schnelles Erhitzen mittelst Wasserdampf von 130° Cels. in einem Raume von 1 Cubikmeter Inhalt binnen 24 Stunden zehn Saigerungen ausführen, und ohne bemerkenswerthen Schwefelverlust und ohne Entwickelung von Schwefligsäuregas ebenso viel Schwefelerze verarbeiten, als in einer von den in Sicilien gebräuchlichen Calcaronen von 400 Cubikmeter Inhalt. In einem aus Eisenblech bestehenden, mit einem Holzmantel umgebenen Cylinder von 80 Centimeter bis 1 Meter Durchmesser und 4 bis 6 Meter Länge sind zwei Schienen befestigt, auf welchen die mit dem (zu ziemlich gleich grossen Stücken zerschlagenen) Erze gefüllten Wagen laufen. Das Erz kommt auf einen den Cylinderwandungen parallelen, aus durchlöchertem Eisenblech bestehenden Mantel zu liegen. Nachdem der Cylinder beschickt worden, nimmt man die über ihn hervorstehenden Enden der Schienen weg und verschliesst ihn luftdicht mittelst geliederter, an der Deckelperipherie befestigter Bolzen; dann lässt man durch das Rohr, welches mit dem unter 4 bis 5 Atmosphären Druck geheizten Dampfgenerator in Verbindung steht, zahlreiche Strahlen von Wasserdampf in den Cylinder eintreten, welcher die in demselben enthaltene Luft durch den Hahn austreibt; hierauf lässt man dem Dampf und der Luft durch einen Hahn einen schwachen Austritt (sollte dieser gegen Ende der Operation sich verstopfen, so stellt man einen schwachen Zug mittelst eines zweiten Hahnes her). Die Temperatur im Innern des Cylinders steigt bald auf 130° Cels., was man an dem durch das Manometer angezeigten, dieser Temperatur entsprechenden Drucke erkennt; der Schwefel schmilzt, saigert aus dem Muttergesteine aus und fliesst in die gleichfalls aus Eisenblech angefertigte, konisch geformte, mit einem Mantel versehene Vorlage. Nach Verlauf von einer bis anderthalb Stunden ist das Erz fast schwefelfrei; man öffnet dann den Hahn, durch welchen aller über die atmosphärische Spannung vorhandene Dampf in einen zweiten ähnlichen Cylinder tritt, die Luft aus demselben vertreibt und in dieser Weise eine zweite Operation vorbereitet. Dann schraubt man die Vorlage mit ihrem Mantel ab, so dass sie auf den für sie bestimmten Schienenweg hinabsinkt, schafft sie auf diesem in das Magazin und stürzt den erstarrten Schwefelblock durch Emporheben und Umkehren des konischen Blechgefässes aus. Hierauf werden die Wagen, welche die Saigerrückstände enthalten, aus dem Cylinder herausgezogen und durch andere, mit frischen Erzen beladene ersetzt. (Dingler's Journal.)

Vergleichung der süd- und norddeutschen, dann der englischen Sudsalzgestehung.

Von August Aigner, k. k. Bergmeister in Aussee.

Wenn man die grosse Differenz zwischen der einheimischen und fremdländischen Sudsalzgestehung in Betrachtung zieht, so ist jeder Versuch gerechtfertigt, welcher dieses Missverhältniss wiederholt beleuchtet, um theils irrige Beurtheilungen zu verhindern oder jene Grenzen zu fixiren, innerhalb welchen die drei grossen Factoren unserer Erzeugung Soole, Brennstoff und Arbeit wechselseitig auf einander einwirken, um sie einer möglichen Reduction zuzuführen.

Eigene Anschauung und gütige Mittheilung machen es mir möglich, in der Vorlage englischer und norddeutscher Betriebsresultate diesen nothwendigen Zusammenhang herzustellen, und ich beginne daher mit dem Rohstoffe:

Die Soolenerzeugung. England wie Norddeutschland beziehen ihren Bedarf, wie bekannt, aus Bohrlöchern und Soolenschächten. Die Billigkeit dieser Soole ist erstaunlich; die Capitalsanlage eines solchen beispielweise 1200 Fuss tiefen Bohrloches (in Schönebeck) beträgt ca. 12.000 Thaler, wodurch für die Verzinsung des Anlage-Capitals, Brennstoff der Maschine und Bedienung die Jahresauslage von 2856 Thaler erscheint und bei einer Soolenlieferung von 4 Cubikfuss pro Minute die Gestehung eines Cubikfusses circa $^1/_2$ Pfennig = 0·2 kr. beträgt. Hiedurch wird der Aufwand auf 1 Ctr. Salz $6{\cdot}1 \times 0{\cdot}2 = 1{\cdot}2$ kr. öst. W.

Die englische Saline Meadowbank in Cheshire stellt ebenfalls die Tonne vollständig gesättigter Soole, alle Kosten des Pumpenbetriebes sind eingerechnet, mit 2 pence (8·33 kr.) her, welcher Betrag jenem der preussischen Gestehung vollkommen gleich ist. Nachdem bei den süddeutschen Salzbergen die Gestehung eines Cubikfusses im grossen Durchschnitte mit 3 kr., im Minimum mit 1·6 kr. öst. W. angenommen werden kann, was das 15- und 8fache des obigen Betrages ausmacht, so ist die enorme Belastung unserer erhöhten Gestehung von Sudsalz erklärlich.

Es werden selbstverständlich diese Beträge bei den grossen Vorbauen, bei der allmälig fortschreitenden Oekonomie und Centralisation einer Reduction fähig sein, doch dürfte bei dem dermaligen Erzeuge nicht viel mehr als der dritte Theil als jene Grösse bezeichnet werden, um welche die Abminderung geschehen wird.

Der Brennstoff. Während England und Preussen ausschliesslich die Kohlen als Brennstoff benützen, ist dies bei uns nur ausnahmsweise in Hall und Ebensee der Fall. Bei der englischen Saline Meadowbank kostet die Tonne guter Steinkohle 5 Schillinge (2 fl. 50 kr. öst. W.), also der Wiener Centner $13^1/_2$ kr. Diesem entgegen kostet in Norddeutschland der Wiener Centner Braunkohle 10 bis 14 kr., während derselbe in Ebensee und Hall mit 33 und 37 kr. bezahlt wird, welcher erstere Betrag auch ungefähr den äquivalenten Holzwerth repräsentirt.

Der englische Brennstoff ist daher mit Rücksicht seiner Güte der billigste, ihm zunächst reiht sich der norddeutsche und erst zuletzt der süddeutsche, und es ist der Geldaufwand an Brennstoff für den Wiener Centner in England 7 kr., in Norddeutschland ca. 12 kr. und im Kammergute im Durchschnitte 24 kr. öst. W.

Es steht auch hier zu erwarten, dass Communicationen, geregelte Forstwirthschaft und pyrotechnischer Fortschritt diesen Aufwand vermindern werden, doch ist auch hier die Differenz gegen das Ausland immerhin eine noch bedeutende.

Die Arbeit. Um hierin einen Vergleich zu ziehen und die folgende Tabelle verständlich zu machen, möge eine kurze Skizze einer englischen Salinenproduction, welche mir mitgetheilt wurde, vorgeführt werden.

Die grosse Saline: Falk, Rockand White saltworks, Meadowbank Winsfort Cheshire producirt auf 47 verschiedenen Pfannen mit einer Flächensumme von 44.160 Wr. Quadratfuss jährlich 1,100.000 Ctr. verschiedene Salze; unter diesen sind: Commonsalz, ungetrocknetes grobes Blanksalz, Buttersalt, feines ungetrocknetes Blanksalz, Lump, or stoved salt, feines getrocknetes Füderlsalz, Patentsalz (Maschinensalz), sehr feines Blanksalz.

*

Die Verdampfung geschieht in den Commonsalt-Pfannen von 1242 Quadratfuss, in den Lumpsalt-Pfannen von 759, in den Buttersalt-Pfannen von 635, in den Dampfrauch-Pfannen von 672 und in den Maschinen-Pfannen von 322 Quadratfuss Fläche. Die gesammte Arbeit leisten 140 Mann, und es ist der Verdienst der 54 Firemen (Feuermänner, Heizer) und Panmen (Pfannenmänner oder Sieder) nahezu ein Pfund (ca. 10 fl.) per Woche.

110 Tonnen stoved salt (Füderl à 23 Pfd.) werden beispielsweise 11 Mann inclusive Magazinirung mit 9 Pfd. 8 Schillinge in's Geding gegeben, was für 100 Wr. Ctr. circa 5 fl. öst. W. beträgt, ein Gedingsatz, der ungefähr auch in Norddeutschland üblich ist.

Folgende Tabelle gibt die Selbstkosten pro Tonne Salz bei sehr gutem Betrieb. Es bezeichne *S* einen Schilling = 50 kr. öst. W., *d* einen Penny, wovon 12 auf einen Schilling gehen.

T a b e l l e I.

Salzgattung	Sudarbeit	Kohlen	Verladung, Packung	Diverse Arbeiten, Aufsicht, Dampfmaschinen	Materialien Soole	Summe
Common-Salt	7·5 *d*	2 *S* — 4·5 *d*	—	5·0 *d*	2·0 *d*	3 *S* — 7·0 *d*
Butter-Salt	10·0 *d*	2 *S* — 9·5 *d*	2·5 *d*	5·0 *d*	2·0 *d*	4 *S* — 6·0 *d*
Patent-Salt	11·5 *d*	2 *S* — 4·5 *d*	2·5 *d*	5·0 *d*	2·0 *d*	4 *S* — 1·5 *d*
Stoved-Salt	1 *S* — 8·5 *d*	2 *S* — 10·5 *d*	2·5 *d*	5·0 *d*	2·0 *d*	5 *S* — 4·5 *d*
oder für den Wiener Centner in Neukreuzern:						
Common-Salt	1·79	6·59	—	1·16	0·46	9·94
Butter-Salt	2·54	7·75	0·57	1·16	0·46	12·49
Patent-Salt	2·66	6·59	0·57	1·16	0·46	11·45
Stoved-Salt	4·73	7·98	0·57	1·16	0·46	14·93

Es sind dies Resultate, welche unter den günstigsten Verhältnissen für Technik kaum einer weiteren Verminderung fähig sind und welche gestatten, den Wiener Centner Common- und Stovedsalt selbst bis zu 11 und 22 kr. noch in den Handel zu setzen. Die norddeutschen Salinen, welche in nachstehender Tabelle II durch die norddeutsche Saline Schoenebek repräsentirt ist, stehen hinsichtlich ihrer Gestehung in der Mitte, jedoch den englischen näher. Der noch einmal so schlechte Brennstoff bewirkt hier ohne Rücksicht auf das Anlagecapital eine Gestehung per Wiener Centner von 34 kr. Im grossen Durchschnitte steht hier die Ausnützung der Arbeit der englischen weit aus näher, da auf die Erzeugung von 1000 Ctr. Salz 45 bis 50 Schichten kommen.

Die norddeutschen Pfannen, auf welchen im Gegensatze zu England getrocknetes Blanksalz versotten wird, führen auch eine sehr geringe Bedienung; ich sah auch nie mehr als 3—4 Mann pro Schicht, welche die Feuerung, Siedung und Trocknung gleichzeitig ausführen und für 100 Ctr. mit 3 Thalern bezahlt werden.

Die Arbeitskosten des englischen ungetrockneten Salzes verhalten sich zu dem getrockneten Stoved- (Füderl) Salz wie 1 : 2·5, doch ist der Brennstoffverbrauch nahezu gleich.

Von den süddeutschen Salinen, welche in Ebensee und Hall durch Kohle, in Hallein, Ischl, Hall und Aussee durch Holz geheizt werden, ist hinsichtlich der Kohlenfeuerung Hall in Ausbenützung der Arbeitskraft der norddeutschen am nächsten, diesem folgt Hallein mit der kleinsten pro 1867 erscheinenden Gestehung und endlich Ebensee, wie dies aus nachstehender Tabelle zu ersehen ist

T a b e l l e II.

	Meadowbank			Schönebeck getrocknetes Blanksalz	Ebensee Kohle	Hallein Holz	Hall Kohle
	Im Durchschnitt*)	Stoved-Salt	Common-Salt				
Pfannenfläche Quadratfuss	44160	6072	28566	31720	12512	5490	8201
Jahresproduction mit Centner	1110600	304200	608400	1300000	560639	211929	264445
Pro Quadratfuss in 24 Stunden	11	12	9	14	15·8	17·1	12·8
Salz auf 1 Ctr. Kohle	1·95	1·75	2·1	0·66	1·25	1·44	1·80
Kohle auf 1000 Ctr. Salz	513	571	476	1515	826·5	694	550
Schichten auf 1000 Ctr. Salz	40	35	15**)	50	164	90	97
Kosten 1 Ctr. Salz in kr.	12	15	10	33	68	65	88
Kosten 1 Ctr. Kohle	13	13	13	10	30	5 fl. 18 kr.	37
Kosten 1 Cubikfuss Soole kr.	0·2	0·2	0·2	0·2	2·6	2·54	4·56

*) Im grossen Durchschnitte bei ganzer Bemannung von 140 Mann.

**) Ungetrocknetes Blanksalz.

Die österreichische Production steht in letzter Reihe. Die ungünstigen Verhältnisse für Brennstoffe und Soole wirken enorm belastend. Veraltete Lohnsysteme und verkehrte Anschauung socialer Verhältnisse haben auch den dritten Factor in unnatürliche Höhe getrieben, und es ist die Aufgabe der nächsten Zukunft, hier auf dem Wege der allmäligen Reduction der Gestehungskosten auf einen dem ausländischen genäherten Standpunkt zu gelangen*).

Werkblei-Entsilberung durch Zink.

Nach Herrn Paul Bergholz geschieht die Entsilberung des Werkbleies mittelst Zink auf dem Hüttenwerke von Herbst & Co. zu Call in der Eifel auf die Weise, dass man 225 Ctr. Werkblei mit 250 Grm. Silber in 1000 Kilog., 0·15 Proc. Antimon und 0·2 Proc. Kupfer in einem Kessel von 7 Fuss Durchmesser und 22 Zoll Tiefe umschmelzt, Abzug nimmt, auf dem stärker erhitzten Bleibade 180 Pfd. Zink einschmelzt, bei verminderter Hitze ½ Stunde umrührt, dann abkühlen lässt, den Zinkschaum abnimmt, bis die Bildung von Bleikrystallen beginnt, Saigerblei in den Kessel gibt, abermals in vorhiniger Weise mit 62 Pfd. Zink behandelt und zum dritten Mal nach zugefügtem Saigerblei mit 35 Pfd. Zinkzusatz arbeitet, so dass auf 225 Ctr. Blei 277 Pfd. Zink = 1¼ Proc. kommen. Das entsilberte, fast ganz kupferfrei gewordene Blei enthält 4 · 5 Grm. Silber in 1000 Kilog., an 0·6 Proc. Zink und fast den ganzen ursprünglichen Antimongehalt. Die Entfernung des Zinkes aus dem Blei geschieht durch inniges Einmengen von 3 Ctr. schwefelsaurem Bleioxyd und 1 Ctr. Kochsalz bei dunkler Rothglühhitze in das Blei während 24 Stunden, wonach ein ganz zinkfreies Blei, aber noch mit dem ganzen Antimongehalt, erfolgt. Letzteres entfernt man nach Abzug der zinkoxydchloridhaltigen Schlacken durch 24stündiges Polen als antimonsaures Bleioxyd, welches als Krätze abgenommen und auf Hartblei verfrischt wird. Das auf diese Weise raffinirte Blei enthält 0·0019 bis 0·0023 Proc. Eisen, 0·0004 bis 0·0005 Proc. Kupfer, 0·0023 bis 0·0024 Proc. Wismuth, 0·0006 bis 0·0008 Proc. Antimon, 0·0003 Proc. Thallium und 0·0005 Proc. Silber.

Die bei der Entzinkung fallende Armschlacke, welche schwefelsaures Natron, Chlorzink und 20 bis 30 Proc. Blei enthält, desgleichen die Reichschlacke, werden mit salzsäurehaltigem Wasser ausgelaugt, nach dem Klären der Lösung aus dem in den Chlormetallen löslichen Chlorsilber durch Kupfer das Silber gefällt, dann das Kupfer durch Eisen. In die rückständige Lauge leitet man Chlor, um Eisenchlorür in Chlorid zu verwandeln, fällt zunächst Eisenoxyd durch Aetzkalk, dann aus der zum Sieden erhitzten Lösung das Zink ebenfalls durch Aetzkalk (gebrannten Marmor), ohne einen Ueberschuss davon anzuwenden, wächst das Zinkoxyd aus und gibt dasselbe nach dem Trocknen und Glühen in einem kleinen Retortenofen in den Handel. Der Rückstand vom Auslaugen der Schlacke enthält durch Umsetzen von Chlorblei mit schwefelsaurem Natron schwefelsaures Bleioxyd. Sollte nicht genug Natronsalz vorhanden sein, so fügt man etwas Schwefelsäure hinzu.

Der silberhaltige Zinkschaum wird in zwei übereinander liegenden Kesseln abgesaigert, wobei Saigerblei mit etwa 0·6 Proc. Zink und 125 Grm. Silber in 1000 Kilog., sowie silberreiches Zinkoxyd erfolgen. Ersteres wird dem zu entsilbernden Werkblei vor dem zweiten und dritten Zinkzusatz zugesetzt; die silberhaltigen Oxyde werden in Quantitäten von 30 Ctr. anfangs in der Kälte, dann bei mässiger Wärme mit Salzsäure behandelt, zuletzt die Temperatur gesteigert und das Wasser vollständig verdampft, was der Fall ist, wenn die Masse anfängt dickflüssig zu werden. Man fügt dann den nach dem ersten Zinkzusatze abgezogenen Zinkschaum, welcher Blei und Zink noch in metallischem Zustande enthält, hinzu, wobei sich Chlorblei und metallisches Zink während etwa 24 Stunden zu Chlorzink und metallischem Blei umsetzen, welches letztere das Silber unter Bildung eines Reichbleies mit 1·5 — 2 Proc. Silber aufnimmt. Letzteres kommt zum Abtreiben, nachdem es in den unteren Kessel abgelaufen und ausgekellt worden. Man verbraucht etwa 50 Proc. vom Gewicht der Oxyde Salzsäure. Die erfolgende Reichschlacke besteht aus Chlorzink, Chlorkupfer und Chlorblei mit 20 bis 25 Proc. Blei und 600 bis 900 Grm. Silber auf 1000 Kilog. Blei

(„Berggeist". Nach preuss. Zeitschr. Bd. 16, Lfg. 5.)

Aus Wieliczka.

Am 8. Juli war der Wasserstand schon auf 1° 4' unter dem Horizont Haus Oesterreich gefallen*) und bis zum 13. Juli auf 2° 0' 2" herabgesunken. Die Differenzen der Wasserstände im Franz Joseph- und Elisabeth-Schacht haben sich zu Anfang der Woche nach und nach wieder ausgeglichen, was die Beseitigung der Communicationsstörung anzeigt. Am 14. Juli trat wegen eines 23stündigen Stillstandes der Maschine eine Reaction ein, und der Wassertand betrug am 14. Juli wieder wie am 12. Juli 1° 5' 7" unter dem Horizont Haus Oesterreich. Der Stillstand war bedingt durch die Nothwendigkeit, die unteren Tragstempel bei dem Saugsatze einzuziehen, was wegen der Tieferstellung dieses Satzes früher nicht geschehen konnte, denn durch die gleichzeitige Auswechselung der Lederscheiben bei dem oberen Drucksatze und durch die Reinigung eines verstopften Füllhahnes. Man lässt nicht dringende Nebenreparaturen geflissentlich auf einen Zeitpunkt, wenn eine Auswechselung eines Bestandtheiles oder eine Tieferstellung nothwendig wird, weil sie alsdann gleichzeitig vorgenommen werden können und eine längere Pause im Betrieb einer öfteren, wenngleich

*) Ungeachtet bedeutender Hindernisse, welche in den localen und historischen Verhältnissen und in manchen Wirkungen des Monopolsystems wurzeln, ist schon seit einigen Jahren von Seite der obersten Verwaltung und nicht ganz ohne Erfolg auf diese Bahn eingelenkt worden. Allein je öfter durch solche freimüthige Mittheilungen daran erinnert wird, wie viel noch zu thun ist, um so besser! Wir danken dem Herrn Verfasser daher herzlich für diese neue Anregung, welche weit mehr werth ist als ein selbstgefälliges Bespiegeln von zwar unleugbaren, aber immer noch ungenügenden Fortschritten. O. H.

*) In der letzten Nummer stand statt 7. Juli irrig der 8., daher sich der Stand von 1° 8' auf den 7. Juli bezieht. Auch soll es am Schlusse Minderung des Wassers und nicht „Mündung" heissen.

jeweilig kürzeren Unterbrechung vorzuziehen ist. Nachmittag am 14. Juli waren alle diese Herstellungen beendet.

Da wegen anhaltender Dürre das Speisewasser für die Kessel aus den Reservoiren ober Tags beginnt spärlich zu werden, so wurde das beim Franz Joseph-Schacht aus dem Kloski-Schlage herauskommende Wasser untersucht, und da es gar keinen Salzgehalt mehr zeigt, in Klärkästen geleitet, um es durch den Franz Joseph-Schacht zu heben und als Speisewasser verwenden zu können. Das Albrecht-Gesenke ist auf 32 Klafter 4 Schuh vorgerückt und steht in gesalzenem Thon an.

Im abgelaufenen Monat Juni hat die Salzerzeugung 109.986 Ctr. betragen, wovon 86.325 Ctr. zu Tage gefördert wurden, also durchschnittlich eine tägliche Förderung von 2877·5 Ctr.

Literatur.

Beitrag zur Geschichte des schlesischen Bergbaues in den letzten hundert Jahren. Festschrift zur Feier des hundertjährigen Bestehens des königl. Oberbergamtes in Breslau am 5. Juni 1869.

Im Auftrage Sr. Excellenz des Ministers für Handel, Gewerbe und öffentliche Arbeiten Grafen von Itzenplitz, bearbeitet von Albert Serlo, Berghauptmann. Breslau und Berlin. Verlag von Ernst & Korn 1869.

Zur Erinnerung an die Festfeier aus Anlass des hundertjährigen Bestehens des Oberbergamtes in Breslau am 5. Juni 1869 den Theilnehmern des Festes und den Freunden des Oberbergamtes gewidmet. Breslau, Druck von Wilh. Gottl. Korn. 1869.

Zwei Festschriften zu der vor Kurzem abgehaltenen Jubelfeier des schlesischen Oberbergamtes. Die Erste hat einen bleibenden historisch-statistischen Werth und schildert in fünf Abschnitten: I. die Entwickelung der bergrechtlichen Verhältnisse, II. die Bergbehörden, III. die Beamten beim Oberbergamte (seit 100 Jahren), IV. (der längste Abschnitt) die Entwickelung des Bergbaues und der Hüttenindustrie, V. die Cassen und Einrichtungen zur Förderung des Bergbaues und des Wohles der Arbeiter.

Es sind insbesondere die Abschnitte I., IV und V, welche von allgemeinem, auch über die preussische Provinz Schlesien reichenden Interesse sind.

So wie die Biographie eines bedeutenden Mannes uns in den Entwickelungsgang seines Geistes und seines Wirkens einführt, und nicht blos ein Andenken an den Mann stiftet, sondern Anderen den Weg zur eigenen Entwickelung weist, so ist es auch mit der Geschichte eines Bergbaudistrictes oder eines anderen Umkreises menschlicher Thätigkeit. Lehrreich durch und durch ist diese Entwickelungsgeschichte eines Montandistrictes, welcher sich aus kleinen Anfängen zu einem der bedeutendsten und interessantesten Deutschlands aufgeschwungen hat. Dass die Hand der Regierung, dass das Glück, hervorragende Männer an der Spitze gehabt zu haben, Vieles dazu beigetragen, darf nicht verschwiegen werden, und wir dürfen es offen sagen, der jüngste dieser leitenden Männer hat die Geschichte des Wirkens seiner Vorfahrer trefflich geschildert, selbst ein würdiges Glied dieser Reihe, wie seine letzte Publication*) beweist. — Wir wünschten auch von anderen, insbesondere von unseren Bergbaudistricten, ähnliche Geschichtswerke zu erhalten; doch seltener als es den zahlreicheren und stetig wirkenden Bergbeamten Preussens gegönnt ist, wird unseren stark überbürdeten Fachgenossen im rascheren Wechsel eingehender Einrichtungen und Umstaltungen die Musse zu Theil, die Feder und den Geist solchen Studien zuzuwenden. Indess fehlt es nicht an Vorarbeiten, und wir werden demnächst auf einige derselben hinweisen.

Die zweite Schrift enthält die Beschreibung des Festes vom 5. Juni, die dabei gehaltenen Reden u. s. w. und ist wesentlich als Andenken an die Festtheilnehmer geschrieben.

Bei beiden, insbesondere aber bei der ersten Schrift ist die Ausstattung rühmend hervorzuheben. O. H.

*) Leitfaden der Bergbaukunde.

Notizen.

Nagyáger Goldbergbau. Den Gewerkentagsbeschlüssen des Nagyáger k. und mitgewerkschaftlichen Goldwerkes Nagyág entsprechend, wird der Stand der bei der k. k. Bergwerksproducten-Verschleiss-Direction erliegenden Fonde dieses Bergbaues semestraliter bekannt gegeben.

Mit dem 30. Juni 1869 bestand:

der Nagyáger Goldbergwerks-Reservefond in 4½% Salinen-Hypothekar-Anweisungen	fl.	140.350
baar	„	32·93
der Nagyáger Goldbergwerks-Ergänzungsfond in 4½% Salinen-Hypothekar-Anweisungen	„	55.000
baar	„	13.34 5/10

Warnung. Obgleich wir seit anderthalb Jahren auf dem Continent kein Sprengöl oder Nitroglycerin mehr versenden, so kommen doch noch einzelne Unglücksfälle vor durch Benutzung alter leerer Sprengölgefässe. In dieser Veranlassung fordern wir alle diejenigen auf, welche noch im Besitz alter Sprengölgefässe sind oder wissen, wo solche noch aufbewahrt werden, zu bewirken, dass dieselben vernichtet werden, und zwar entweder durch Vergraben oder Versenken in tiefem Wasser oder durch Verbrennen auf einem Holzstoss, jedoch nur an Oertern, an welchen durch die erfolgenden Explosionen der etwaigen Reste des Oels kein Schaden angerichtet werden kann. Wir ersuchen dringend alle Blätter, welche in Bezirken von Bergwerken, Eisenbahnbauten und Steinbrüchen gelesen werden, um Aufnahme dieser Warnung in ihre Spalten.

Hamburg, im Juni 1869.

Alfred Nobel & Co.,
Fabrikanten des Sprengpulvers Dynamit.

Kohlenzweigbahn von Cilli nach Buchberg. Die allgemeine ungarische Kohlenbergbau-Actien Gesellschaft hat in Steiermark bei Buchberg Braunkohlenbergbaue erworben und beabsichtigt, dieselben mit der Südbahnstation Cilli durch eine anderthalb Meilen lange Eisenbahn für Locomotivbetrieb mit der normalen Spurweite der österr. Eisenbahnen zu verbinden. Das Handelsministerium hat bereits die Bewilligung zur Einleitung der politischen Begehungscommission ertheilt.

Montanistische Feierlichkeit zu Braz aus Anlass des von Sr. Majestät dem Steiger Franz Aubrecht Allergnädigst verliehenen silbernen Verdienstkreuzes mit der Krone. Am Pfingstsonntag den 16. Mai l. J., 9 Uhr früh, ist der Abgeordnete der Pilsner Berghauptmannschaft Oberbergcommissär Theodor Borufka mit Franz Koch freiherrlich Riese-Stallburg'schem Berg-verwalter, als Obmann des Radnitzer Bergreviers auf der Radnitz-Libliner Bezirksstrasse von den daselbst versammelten Brazer Bergbeamten, dem Pfarrer von Ober-Stupno, den fürstl. Fürstenberg'schen Walzwerksbeamten den Hüttenbeamten der Prager Eisen-Industrie-Gesellschaft, den Werksbeamten der Mineralwerke und Glasfabriken des Zdenko Grafen von Sternberg und Johann Anton Edlen von Starck und den Ober-Stupnoer Eisenbahnbeamten empfangen, und von denselben unter Pöllerschüssen zu dem Josefizecher Göpelschachte geführt worden, als dem Orte, wo der Steiger Franz Aubrecht im Vorjahre unterirdisch mit höchster Lebensgefahr durch Ausführung des Verdämmungswerkes dem bereits mehrere T[illegible] wüthenden heftigen Grubenbrande entschlossen und muth[ig] die wirksamsten Schranken gestellt, und hiedurch nicht [nur] einen Theil der Wanka'schen Josefi-Grube, sondern auch Nachbargruben Georg und Allerheiligen der Johann David Starck'schen Erben, wie auch die daselbst ober Tags befindlichen vielen Taggebäude vor weiterer Zerstörung gerettet. Der Platz vor diesem Schachte war geschmückt mit Fa[hnen] und Reisig und die uniformirten Brazer Bergknappen mit gräflich Sternberg'schen Bergfahne und Bergmusikbande waren daselbst aufgestellt. Nach Bildung des Quarré, in dessen [Mitte] sich der Oberbergcommissär mit den obangeführten Be[amten] dem Steiger Franz Aubrecht und dessen Familie befand, hob der Oberbergcommissär zuerst in deutscher Sprache die Bedeutung dieses Ah. Gnadenactes hervor; gedachte dann der Bergknappen Trnka und Walek, welche in der Josefi-Zeche des Franz Wanka, und der Bergknappen Spevacek und Zelenka, welche in der nachbarlichen Allerheiligen-Zeche der Johann David von Starck'schen Erben bei Ausbruch des Grubenbrandes in Folge Einathmung der plötzlich massenhaft sich entwickelnden brandigen Gase ihr ehrenvolles Grab gefunden haben. Dieser vier Biedermänner öffentlich zu gedenken, hielt er für seine Pflicht, da sie als Opfer in ihrem Berufe, in ihrem Dienste, bei ihrer Arbeit gefallen sind. Den Brazer Werksbeamten, welche den Oberbergcommissär als Berufsgenossen und Commissionsleiter zur Zeit jener schrecklichen Katastrofe mit Rath und That auf das wirksamste unterstützten, und an seiner Seite in den Tagen der grössten Gefahr, da sie die ganze Wucht der auf ihnen lastenden Verantwortung erkannten, bis zur Beseitigung jeder Gefahr am Unglücksorte ausharrten, hat er in seinem Namen und im Namen der Berghauptmannschaft den innigsten Dank ausgesprochen, und sie hiebei zur Bewahrung des kameradschaftlichen Sinnes und der aufopfernden Nächstenliebe ermuntert, denn was im Vorjahre der Josefi-Zeche begegnet ist, kann morgen jede andere Brazer Grube treffen, weil keine von Brandfeldern frei ist, deren Entstehung noch aus einer Zeit rührt, wo planloser Glücksbau getrieben wurde und die Kohle noch nicht jenen Werth hatte, den sie gegenwärtig besitzt. Dem Bergverwalter Josef Starck und dem gewesenen Verweser der Josefi-Zeche Vinzenz Ritschel, welche insbesondere bei der Verdämmung des Grubenbrandes thätige und muthige Beihilfe geleistet und sich demnach um das allgemeine Wohl verdient gemacht haben, gab er die ihnen von Sr. Excellenz dem Herrn Ackerbauminister ausgesprochene Anerkennung öffendlich bekannt. Durch diese ehrenvolle Belobung fühlten sich alle anwesenden Berufsgenossen sichtlich gehoben. Nun hat er eine Schilderung folgen lassen jener staunenerregenden Entschlossenheit, mit welcher Franz Aubrecht im Vorjahre vor den Commissionsleiter getreten ist und sich die Bewilligung zur Einfahrt in die Josefigrube, behufs Ausführung der drei Versicherungsmauern als des letzten Rettungsmittels erbat. Mit schwerem Herzen wurde ihm diese Bewilligung ertheilt. Aubrecht eilte nun mit kühnem Muthe und mit Hintansetzung aller Rücksichten für sein Leben, sein Weib und seine vier unversorgten Kinder zum Göppelschachte, und da jeder vor diesem Entschlusse zurückschauderte, hatte er nur mit Mühe nach langem Zureden, Bitten und der Vorspiegelung, dass die Gefahr durchaus nicht so gross, drei herzhafte Männer gefunden, und zwar den Zimmerhäuer Cajetan Stöhr aus Kotzkow und die Maurer Adalbert Ocasek aus Chomle und Johann Ratzek aus Kischitz, welche mit ihm in Gemeinschaft die lebensgefährliche Fahrt antraten und unter seiner Leitung im Vertrauen auf Gott Hand an das Verdämmungswerk anlegten und dasselbe glücklich zu Ende führten. Dem muthvollen, aufopfernden Benehmen des Steigers Franz Aubrecht gebührt demnach bei diesem Verdämmungswerke, wodurch weitere Unglücke und Verheerungen verhütet wurden, das Hauptverdienst, was Se. Majestät, als oberster Bergherr, auch durch die Verleihung des silbernen Verdienstkreuzes mit der Krone an denselben Agn. anzuerkennen geruhten. Hierauf wandte sich der Oberbergcommissär in böhmischer Sprache an die versammelte Bergmannschaft, ermahnte sie, ihrem Berufe treu zu bleiben, den brüderlichen Sinn zu bewahren, weil sie täglich vielfältige Gefahren bei ihrer Arbeit umringen. Der stete Kampf mit den Gefahren möge ihren Blick nach Oben zu dem allgütigen Vater lenken, welcher ihre Arbeit segnet und ihr Leben beschützt. Nachdem der Bergbau in ihre Herzen die Tugenden der Vorsicht und Besonnenheit, des Muthes und der Ausdauer, der Arbeitsamkeit und der Nächstenliebe gepflanzt hat, so empfahl er ihr diese Tugenden zu pflegen, denn sie nähren nicht nur den Bergmannsstand, sondern stützen auch den Staat. Unser erhabener Monarch Kaiser Franz Josef I. haben in Würdigung dieser Tugenden, welche Steiger Aubrecht in den Tagen des Josefizecher Grubenbrandes an den Tag gelegt hat, demselben das silberne Verdienstkreuz mit der Krone Ag. verliehen. Hierauf heftete der Oberbergcommissär das silberne Verdienstkreuz mit der Krone dem Steiger Franz Aubrecht an die Brust mit dem nach alter Bergmannssitte dreimal wiederholten Hochrufe „Glück auf" auf Se. k. k. Apostolische Majestät, den alle Anwesenden lebhaft erwiederten, während die gräflich Sternbergische Musikbande durch das Vortragen der Volkshymne und Pöllerschüsse die feierlich loyale Stimmung noch erhöhten. Der decorirte Steiger Franz Aubrecht sprach in böhmischer Sprache Folgendes: Dass ich die Verdämmung des Brandes in der Wanka'schen Josefigrube glücklich durchgeführt habe, war nur ermöglicht durch die muthige Beihilfe der beherzten drei Männer, nämlich des Zimmerhäuers Cajetan Stöhr und der Maurer Adalbert Ocasek und Johann Ratzek. Diesen danke ich für ihre Beihilfe. Ich danke dem Herrn Commissionsleiter und allen jenen Herren Brazer Werksbeamten, welche mich in jenem gefährlichen Augenblicke mit Rath unterstützten. Sr. k. und k. Apostolischen Majestät und dem ganzen kaiserlichen Hause bringe ich für die hohe Auszeichnung in aller Demuth den innigsten Dank und den herzlichsten Bergmannsgruss „Glück auf" dar, und bitte, diesen meinen tiefgefühlten Dank dem h. k. k. Ackerbauministerium zur geneigten Kennissnahme zu bringen. Das Quarré ward nun geöffnet, worauf sich die ganze Versammlung unter Vorantritt der Bergmusikbande in feierlicher Procession in die eine halbe Stunde entfernte Ober-Stupnoer Kirche verfügte, woselbst von dem dortigen Ortskaplan eine Predigt in böhmischer Sprache und ein solennes Hochamt durch den Herrn Pfarrer abgehalten wurde. Nach dem Hochamte nahm der Oberbergcommissär und Franz Koch, Obmann des Radnitzer Bergreviers, mit dem Decorirten und den anwesenden Werksbeamten die Aufstellung vor der Kirche in Ober-Stupno und die gesammte Berghäuerschaft defilirte vorbei, worauf dann der feierliche Zug sich wieder ernstgemessen nach Braz zurückbegab. Den Schluss dieser erhebenden Feierlichkeit bildete ein einfaches bergmännisches Festmahl auf der Brazer Anhöhe Baschta im gräflich Sternberg'schen Gasthause, welches die Brazer Werksbeamten veranstalteten und zu demselben den decorirten Steiger Aubrecht beizogen.

Reinigen des rohen Antimonmetalles. Um das rohe Antimonmetall (regulus antimonii) zu reinigen, welches Kupfer, Arsen, Blei, Eisen und Schwefel enthält, schmelzt man es mit oxydirenden Zuschlägen (Salpeter oder antimonsaurem Antimonoxyd) und reinigenden Flüssen (Pottasche und Soda) zusammen, damit die fremden Metalle oxydirt und verschlackt werden; oder man verwandelt letztere (Eisen, Arsen, Blei und Kupfer) durch Zusatz von Schwefelantimon (Antimonium crudum) oder Glaubersalz in Schwefelmetalle, welche dann in die Schlacke gehen. Durch einen Zuschlag von Kochsalz werden diese fremden Metalle in Chloride umgewandelt und verflüchtigen sich entweder als solche oder sie werden verschlackt. Schwefelantimon wird durch antimonsaures Antimonoxyd in nachstehender Weise zersetzt:

$$3 (Sb O_5 Sb O_3) + 4 Sb S_3 = 10 Sb + 12 SO_2.$$

Kohlensaures Natron zersetzt, als Fluss angewendet, das Schwefelarsen unter Entstehung von Kohlensäure, Arsenigsäure und Schwefelnatrium. Das letztere verbindet sich mit dem Einfach-Schwefeleisen ($Fe S$), dem Arsensulfid ($As S_3$) und dem Halb-Schwefelkupfer ($Cu_2 S$), während die Arseniksäure an das Natron tritt. Zur vollständigen Entfernung des Arsens ist ein wiederholtes Umschmelzen mit Soda erforderlich; durch einen geringen Eisengehalt wird dieselbe erleichtert, indem sich eine dem Arsenkies ähnliche Verbindung bildet. Enthält das zu reinigende rohe Antimonmetall kein Eisen, so muss man Schwefeleisen zusetzen. Dieses reinigende Schmelzen wird in Tiegeln, Flammöfen oder Windöfen vorgenommen. Damit die Güsse nach dem Erstarren die im Handel so beliebte sternförmige (dem Farrenkraut ähnliche, Krystallgebilde zeigende) Oberfläche erhalten, muss man das Metall unter einer Schlackendecke erstarren lassen und die Formen müssen vor jeder Erschütterung geschützt werden. Auf den Enthoven Lead Works in der Nähe von London wird das rohe Antimonmetall, seinem grösseren oder geringeren Eisengehalte entsprechend, den man nach dem Ansehen des Bruches beurtheilt, sortirt. Die eisenreichen Stücke werden mit den eisenarmen zusammengeschmolzen; je 70 bis 80 Ctr. dieses Gemisches werden mit Kochsalz versetzt und 1 bis 1½ Stunde lang flüssigem Zustande erhalten. Dann wird das Metall in halbkugelförmige, in eiserne Formen gegossen und nach dem Abschlacken zu Stücken zerschlagen; letztere werden wiederum sorgfältig sortirt, so dass man ein passendes Gemenge erhält und dann in Chargen von 60 bis 70 Ctr. mit 1 bis 2 Ctr. americanischer Pottasche und 10 Ctr. Schlacke von einem frühern Schmelzen eingeschmolzen. Sobald die Charge in Fluss gerathen ist, wird sie mittelst einer eisernen Stange umgerührt; der Grad, bis zu welchem die Reinigung vorgeschritten ist, wird nach dem Ansehen der Schlacke beurtheilt. Erscheint diese glänzend und von tief schwarzer Farbe, so wird das Metall in Formen gegossen und bis zum Erstarren mit Schlacken bedeckt erhalten. Auf diese Weise kann ein Arbeiter binnen 12 Stunden 15 bis 17 Ctr. rohen Regulus reinigen. In den Antimonhütten zu Septèmes und Bouc (Frankreich) wird jeder Tiegel mit 44 Pfd. rohen Regulus und 12 bis 16 Pfd. eines Gemenges beschickt, welches aus schwefelsaurem und kohlensaurem Natron, mit etwas Kochsalz versetzt, und reinem, abgeröstetem Grauantimonerz besteht. Je zwanzig solcher Tiegel werden auf dem Herde eines Flammofens 6 Stunden zu mässiger Rothgluth erhitzt und in dieser Temperatur erhalten, wobei 4 bis 5 Ctr. Steinkohlen verbraucht werden. Das raffinirte Metall wird in metallenen Formen zu Zainen, Blöcken oder Halbkugeln von 20 bis 24 Pfd. Gewicht vergossen und nach dem Erkalten abgeschlackt. Ausser diesen sind noch zahlreiche andere Methoden zum Reinigen des rohen Antimonregulus empfohlen worden. So erhitzt z. B. Wöhler das Metall mit $1^1/_4$ Thl. seines Gewichtes Natronsalpeter und $^1/_2$ Thl. kohlensaurem Natron bis zum schwachen Glühen und laugt die Masse mit Wasser aus, wobei arsensaures Natron in Lösung geht; dann schmelzt er den aus antimonsaurem Natron bestehenden Rückstand nach dem Trocknen mit der halben Gewichtsmenge gereinigtem und gepulvertem Weinstein zusammen und erhält auf diese Weisse einen arsenfreien Regulus. — Meyer empfiehlt das rohe Metall mit $^1/_4$ Thl. Natronsalpeter und $^1/_2$ Thl. Soda zu erhitzen, die Masse auszulaugen und den ausgewaschenen und getrockneten Rückstand durch Zusammenschmelzen mit Weinstein zu reduciren. — Nach Berzelius schmelzt man 2 Thl. des Metalls mit 1 Thl. antimonsaurem Antimonoxyd zusammen. — Muspratt empfiehlt das Zusammenschmelzen von 4 Thl. Antimon mit 1 Thl. Braunstein und wiederholtes Umschmelzen des erhaltenen Regulus mit $^1/_{10}$ seines Gewichtes Pottasche. — Einen völlig arsenfreien Regulus erhält man nach Bensch auf folgendem Wege: Man schmelzt 16 Thl. rohes Metall mit 1 Thl. Schwefelantimon und 2 Thl. trockenem kohlensaurem Natron eine Stunde lang in einem Thontiegel, schlackt nach dem Erkalten den Regulus ab, schmelzt diesen nochmals mit $1^1/_2$ Thl. trockenem kohlensaurem Natron eine Stunde lang und wiederholt dieses Umschmelzen mit 1 Thl. desselben Flusses noch zum dritten Male. Soll dieses Verfahren seinen Zweck erreichen, so muss das zu reinigende Antimon stark eisenhaltig sein. (Aus Chemical News, October 1868, in Dingler's Journal übersetzt.)

Amtliche Mittheilungen.

Auszeichnung.

Se. k. und k. Apostolische Majestät haben mit Allerh. Entschliessung vom 14. Juni l. J. dem Kanzleidiener der bestandenen Salinen- und Forstdirection in Gmunden Josef Oeller aus Anlass seiner Versetzung in den Provisionsstand das silberne Verdienstkreuz mit der Krone allergnädigst zu verleihen geruht.

Ernennungen.

Vom Finanzministerium:

Der Joachimsthaler Hüttencontrolor Carl Mann zum provisorischen Hüttenzeugschaffer in Přibram und der Exspectant Heinrich Langer zum provisorischen zweiten Hüttenadjuncten daselbst. (Z. 18120, ddo. 20. Juni 1869.)

Der provisorische Eisenwerks-Ingenieur zu Jenbach und supplirende Professor der Berg- und Hütten-Maschinenlehre zu Přibram Hermann Sochatzy zum provisorischen Ingenieur bei dem Hauptmünzamte in Wien. (Z. 16460, ddo. 21. Juni 1869.)

Bei der Bergdirection in Idria: der Hüttenprobirer in Přibram Adolf Exeli zum Hüttenverwalter, der die Kunstmeistersstelle supplirende Bleiberger Hüttenschaffer Johann Onderka zum Kunstmeister, der Exspectant Adolf Plaminek zum Bergmeister, der Exspectant Johann Tomann zum Probirer, endlich der Kanzellist Franz Zazula zum Kanzlei-Official, sämmtliche in provisorischer Eigenschaft. (Z. 15771, ddo. 22. Juni 1869.)

Kundmachung

der k. k. Statthalterei, als Oberbergbehörde für Böhmen.

Im Kuttenberger Berghauptmannschaftsdistricte sind die Bergreviere Schatzlar, Schwadowitz und Radowenz-Wernersdorf, deren Bildung mit Statthalterei-Kundmachung vom 26. Juni 1856, Z. 29681 verlautbart wurde, mit Einschluss der Katastralgemeinden Potschendorf und Bernsdorf zu einem Reviere unter dem Namen: „Nordböhmisches Steinkohlenrevier" vereiniget worden, welches die politischen Bezirke Trautenau, Neustadt und Braunau umfassen wird.

Prag, am 18. Juni 1869.

Diese Zeitschrift erscheint wöchentlich einen Bogen stark mit den nöthigen artistischen Beigaben. Der Pränumerationsp ist jährlich loco Wien 8 fl. ö. W. oder 5 Thlr. 10 Ngr. Mit franco Postversendung 8 fl. 80 kr. ö. W. Die Jahresabonnent erhalten einen officiellen Bericht über die Erfahrungen im berg- und hüttenmännischen Maschinen-, Bau- und Aufbereitungswe sammt Atlas als Gratisbeilage. Inserate finden gegen 8 kr. ö. W. oder $1^1/_2$ Ngr. die gespaltene Nonpareillezeile Aufnah Zuschriften jeder Art können nur franco angenommen werden.

Druck von Carl Fromme in Wien. Für den Verlag verantwortlich Carl Rege

№ 30. XVII. Jahrgang.

Oesterreichische Zeitschrift

für

Berg- und Hüttenwesen.

1869. 26. Juli.

Verantwortlicher Redacteur: Dr. Otto Freiherr von Hingenau,
k. k. Ministerialrath im Finanzministerium.

Verlag der G. J. Manz'schen Buchhandlung (Kohlmarkt 7) in Wien.

Betriebsresultate der Bessemerhütte in Neuberg vom Jahre 1866 — 1869.

I. Die Verwendung.

Semester und Jahr	Roheisen	Stahlabfälle	Brennstoff: zum Anwärmen der Oefen und Pfannen: Holzkohle (weich)	Coaks	Stückkohle von Bruck	zur Kesselfeuerung: Holz (rohes)	Kohlengries von Bruck	Lignit von Wartberg	Cinders v. Puddlings- und Schweissöfen	Feuerfestes Material: Quarz	Thon	Gebranntes Material
	Wiener Centner		Vord. Fass	Wiener Centner		Wr. Klftr.	Centner			Center		
I. 1866	18719·00	—	3083	1892	—	1041	—	—	—	1283	343	382
II. 1866	18097·40	—	2550	3014	—	1128	—	—	—	1179	316	81
I. 1867	25843·70	—	3796	3169	4	1271	—	—	—	1826	453	142
II. 1867	25251·60	—	3170	3636	—	1057	—	—	—	1535	402	117
I. 1868	32136·90	—	4170	3204	—	1360	—	—	—	1869	503	155
II. 1868	31413·10	15·45	3350	2520	52	395	1079	7780	2353	1709	430	199
I. 1869	31575·60	345·35	2672	2715	134	—	668	14189	2396	1909	473	169

II. Erzeugung und Stahlausbringen.

Semester und Jahr	Chargen-Zahl	Erzeugung: Rohguss	Abfall	Auswurf	100 Pfund Roheisen geben: Rohguss	Abfall	Auswurf	Verlust
		Wiener Centner						
I. 1866	322	15378·35	392·11	369·40	82·15	2·09	1·97	13·79
II. 1866	285	15311·90	331·55	218·25	84·60	1·83	1·20	12·37
I. 1867	385	21847·25	352·15	494·75	84·53	1·36	1·91	12·20
II. 1867	362	21599·90	315·15	586·75	85·53	1·24	2·32	10·91
I. 1868	507	27866·35	324·60	465·40	86·71	1·01	1·44	10·84
II. 1868	499	27330·45	305·25	221·65	86·96	0·97	0·70	11·37
I. 1869	495	27635·50	161·05	174·45	86·57	0·50	0·54	12·39

III. Materialaufwand auf 100 Pfd. Stahl-Rohguss.

Semester und Jahr	Brennstoff							Feuerfestes Material		
	zum Anwärmen der Oefen und Pfannen			zur Kesselfeuerung						
	Holzkohle (weich)	Coaks	Stückkohle von Bruck	Holz (rohes)	Kohlengries von Bruck	Lignit von Wartberg	Cinders v. Puddel- und Schweissöfen	Quarz	Thon*	Gebranntes Material
	Cubikfuss	Pfunde		Mass. C.'	Wiener Pfunde			Pfunde		
I. 1866	1·5	12·3	—	4·8	—	—	—	8·3	2·2	2·4
II. 1866	1·3	19·6	—	5·3	—	—	—	7·7	2·0	0·5
I. 1867	1·3	14·5	0·02	4·2	—	—	—	8·3	2·0	0·6
II. 1867	1·1	16·8	—	3·5	—	—	—	7·1	1·9	0·5
I. 1868	1·1	11 5	—	3·5	—	—	—	6·7	1·8	0·5
II. 1868	0·9	9·2	0·20	1·0	3·9	28·4	8·6	6·2	1·5	0·7
I. 1869	0·75	9·8	0·48	—	2·4	51·3	8·6	6·9	1·7	0 6

Die Bessemerhütte in Neuberg wurde im Februar 1865 in Betrieb gesetzt, und zwar mit Einem schwedischen und Einem englischen Bessemerofen und directer Verwendung des Roheisens vom Hohofen. Diese erste Zeit kann der Neuheit des Processes wegen vom ökonomischen Gesichtspunkte aus wohl kaum in Betrachtung gezogen werden; überdies sind Betriebsdaten aus jener Zeit in früheren Jahrgängen dieser Zeitschrift veröffentlicht worden. Die obigen drei Tabellen geben die Betriebsresultate seit dem Jahre 1866 bis Ende des verflossenen ersten Semesters 1869.

Die Tabelle I enthält die Verwendung von Roheisen, Brennstoff und feuerfestem Materiale dem summarischen Gewichte nach; die Tabelle II bringt die Erzeugung an Stahl, Abfall und Auswurf, sowie das percentuelle Ausbringen dieser drei Producte sammt dem Verluste, und Tabelle III endlich gibt den Materialaufwand berechnet auf 100 Pfd. reinen Stahlrohgusses, jedoch ohne Einrechnung des auf die einzelnen Materialien entfallenden Einriebes, Fuhrcalos, der Wagdifferenzen etc. etc.

Der schwedische Bessemerofen wurde am Ende des ersten Semesters 1866 abgetragen und durch einen englischen von 80 Ctr. Fassung ersetzt; der ältere kleinere englische Ofen fasst nur 60 Ctr. Roheisen per Charge. Das Stahlausbringen, Abfälle und Auswurf, sowie der Brennstoffverbrauch stellten sich bei beiden Ofensystemen nahezu gleich; desto höher beziffert sich beim schwedischen Ofen der Verbrauch an feuerfestem Materiale.

Im zweiten Semester 1866 war nach Abtragung des schwedischen und während dem Einbaue des grösseren englischen Ofens nur der kleinere englische Ofen allein in Betrieb und da man in dieser Zeit ein ganz besonderes Gewicht auf ein gutes Anwärmen des Ofens legte, so erklärt sich daraus und aus dem geringen Chargeneinsatz der hohe Verbrauch von 19·6 Pfd. Coaks. Derselbe sinkt mit Beginn des Jahres 1868, wo man durch Zuhilfenahme eines Kupolofens in Stand gesetzt war, mehrere Chargen hintereinander abzuführen, zwischen welchen ein eigenes Anwärmen des Bessemerofens nicht nöthig ist. Das Bessemergebläse wurde die ersten Jahre durch die, zugleich für die Hohofengebläse dienenden Dampfkessel, welche Gasfeuerung haben, betrieben und wurden zu dem Zwecke die Kessel während der Bessemercharge mit Holz nachgeheizt; im zweiten Semester 1868 stellte man für diesen Betrieb eigene Dampfkessel auf, die mit schlechtem Brennstoff, als: Lignit von Wartberg, Cinders von Puddel- und Schweissöfen etc. etc. geheizt werden.

Der Aufwand von feuerfestem Materiale steigt in den letzten zwei Semestern, da einerseits ein schlechterer, aber wohlfeiler Quarz zur Verwendung kam, andererseits die gusseisernen Böden der Coquillen durch derlei Rahmen mit eingelegten feuerfesten Ziegeln ersetzt wurden.

Endlich verwendet man in neuester Zeit zum Austrocknen neu zugestellter Bessemeröfen Steinkohle und setzt Stahlabfälle, Fehlgüsse etc. etc. in kleinen Partien und in kaltem Zustande der Roheisencharge zu.

Neuberg, am 2. Juli 1869.

G. Kazetl.

Das Dynamit.

Von Isidor Trauzl, Oberlieutenant der k. k. Genie-Waffe.
(Aus der Zeitschrift des österr. Ingenieur- und Architekten-Vereins.)

Einleitung*).

I. Das Schwarzpulver und seine Mängel.

Die umfassendsten Fortschritte der Naturwissenschaften und der Technik, und der riesige Aufschwung der Industrie und des Handels haben merkwürdiger Weise bis in die letzten Jahre ein Präparat nahezu unbeeinflusst gelassen, das in innigster Connexion mit allen Fortschritten auf dem Gebiete der Chemie und der chemischen Technologie steht, und einen tiefwirkenden Factor auf grossen Gebieten der Industrie und des Handels bildet. Es ist dies der Kraftträger par excellence, das Schwarzpulver.

Nur sehr ungenügend und eine Menge der grössten Uebelstände mit sich führend, konnte es bisher die ihm gestellten Forderungen realisiren, und dennoch hat es über

*) Jene Herren, die weitere Details über diesen Gegenstand wünschen, werden auf das gleichzeitig erscheinende Werkchen: „Die explosiven Nitrilverbindungen mit besonderer Rücksicht auf das Dynamit, von I. Trauzl, Verlag von Gerold's Sohn, verwiesen.

500 Jahre im Kriegswesen und über 200 Jahre im Bergbaue die Herrschaft behauptet, und erst in den letzten Jahren wurde, speciell durch die enorme Ausdehnung der Montanindustrie und der Bahnnetze, das Bedürfniss nach einem besseren, wirksameren Sprengmittel so dringend, dass man die Angelegenheit energisch in die Hand nahm und, hauptsächlich Dank den Errungenschaften der Chemie, rasch zu günstigen Resultaten gelangte.

Ehe ich zu diesen Letzteren übergehen kann, muss ich des Vergleiches mit dem Folgenden wegen, kurz die Hauptmängel des Schwarzpulvers näher präcisiren:

1. Schwierigkeit gleichförmiger Herstellung, zunächst bedingt durch die praktisch kaum zu überwindenden bedeutenden Ungleichkeiten in den Rohmaterialien, die umsomehr auf das fertige Product übergehen, als dieses nur ein mechanisches Gemenge seiner Componenten ist. Diese Ungleichheiten sind sehr bedeutend. So hat Kohle von derselben Erzeugungsweise Differenzen im Kohlenstoffgehalt von 8 Proc., an Wasser und Asche von 1 Proc.

Die Entzündungs-Temperaturen von Kohlen, die bei verschiedenen Hitzegraden bereitet sind — was in Wirklichkeit immer der Fall ist — wechseln zwischen 340 und 800° C.

Resultat davon: höchst ungleiche Producte, selbst bei sorgfältiger Erzeugung.

2. Bedeutende Gefährlichkeit während Erzeugung, Laborirung, Aufbewahrung, Transport und Verwendung.

Praktisch demonstrirt durch die zahllosen Unglücksfälle.

Chaptal rechnet, dass jährlich 16 Proc. der französischen Pulvermühlen in die Luft gehen. Man nimmt an, dass in Europa wöchentlich eine unvorhergesehene Explosion von Schwarzpulver stattfinde. Ein Hauptbestandtheil, die Kohle ist selbstentzündlich und hat dadurch eine grosse Zahl dieser Unglücksfälle hervorgerufen. Es kam in Oesterreich vor, dass ein Arbeiter, welcher Pulversatz in einer Butte von einer Hütte zur anderen trug, durch spontane Explosion des Satzes getödtet wurde.

Ganze Städte wurden bereits durch zufällige Pulverexplosionen verheert, mehr Menschen durch diese getödtet, als oft in grossen Schlachten fielen.

Ich will hier nur auf einige der furchtbaren Unglücke der letzten Jahre: auf die Explosion in Mainz, auf die in Constantinopel, welche 400 Menschen das Leben kostete, auf die Explosion zu Erith in England, und endlich auf die letzte traurige Katastrophe auf der Fregatte Radetzky verweisen. — Die österreichische Flotte hat durch ihre eigenen Pulvervorräthe mehr Verluste an Schiffen und Personale erlitten, als ihr eine grosse Seeschlacht beibringen konnte.

Zahllos sind die Unglücksfälle im Bergbaue, besonders beim Laden und Verdämmen der Bohrlöcher und durch Uebetragung des Feuers schlagender Wetter auf Pulvervorräthe in den Gruben.

Aber wir sind seit Jahrhunderten an diese furchtbare Eigenschaft unseres Sprengmittels gewöhnt, und auch das Furchtbare verliert seine Schrecken, wenn es alltäglich wird.

Wie schwer man sich aber an diese Uebelstände gewöhnte, zeigt schon die ungeheuer langsame Einführung des Schwarzpulvers in das Bergwerkswesen. Nahezu 300 Jahre war das Pulver bereits für Kriegszwecke im Gebrauche, ehe es allgemeineren Eingang im Bergbaue fand. Das nächste Jahr sind es erst 200 Jahre, dass das Sprengen mit Pulver in England überhaupt Anklang fand, und vor wenig mehr als 100 Jahren, 1747, erschien in Freiberg die Verordnung des Oberbergamtes:

„Schlägel- und Eisenarbeit möglichst einzustellen, und statt ihrer das Bohren und Schiessen einzuführen."

Man muss diese Verhältnisse im Auge behalten, um beim Auftreten eines neuen Sprengmittels den richtigen Standpunkt festzuhalten.

Alle Versuche, diese Gefährlichkeit des Pulvers nur zu mindern, sind praktisch unverwerthbar.

Die leichte Entzündbarkeit des Schwarzpulvers, der Hauptgrund der ungeheueren Gefährlichkeit desselben vom ersten Moment seiner Bereitung bis zu seiner Verwendung, ist praktisch unbeseitigbar.

3. Rasche Herabminderung der Kraft des Pulvers bei längerer Aufbewahrung und grösserem Transporte, bedingt durch die bedeutende Verstaubung und die starke Feuchtigkeits-Anziehung. — Der Verlust an Sprengkraft, der jährlich durch diese fortschreitende Degradirung des Pulvers entsteht, ist ein sehr bedeutender.

4. Die Sprengkraft des Pulvers genügt durchaus nicht den heutigen Forderungen der Civil- und Militär-Technik. — Diese ungenügende Wirksamkeit ist es zunächst, welche bei dem grossen Aufschwunge des Bergwesens und bei der Nothwendigkeit colossaler Tunnelbauten nach einem neuen, kräftigeren Explosivmittel drängte. Getrennte Bahnstrecken müssen oft lange unverwerthet bleiben, weil die sie verbindenden Tunnele nicht rasch genug durchgebrochen werden können. (Mont Cenis-Bahn). Grosse Erz- und Kohlenlager erfordern zu ihrer Erschliessung meist das Durchschlagen langer Stollen und das Abteufen tiefer Schächte durch festes taubes Gestein, und das in ihnen liegende Capital ist todt, so lange die letzteren nicht auf das zu gewinnende Material treffen.

5. Schwierigkeit der Sprengungen unter Wasser.

Gegen Wasser und stärkere Feuchtigkeit muss Pulver absolut geschützt werden. Dies praktisch im grösseren Masse zu erreichen, ist fast unmöglich, und daraus resultiren die ungeheueren Schwierigkeiten, welchen der Bergmann bei Sprengungen in wasserhaltigem Gesteine begegnet, die Schwierigkeit der Herstellung von Kriegsminen, welche längere Zeit im Wasser oder auch nur in feuchter Erde liegen sollen.

6. Irrespirabilität der bei der Verbrennung des Pulvers entstehenden Gase.

Längeres und öfteres Einathmen der bei den Explosionen entwickelten Gase hat einen sehr schädlichen Einfluss auf die Gesundheit. Es ist eine in England ziemlich verbreitete Anschauung, dass die grosse Zahl von Brustkrankheiten bei den Bergleuten meist durch die Pulvergase hervorgerufen und rasch entwickelt werden, und es ist wahrscheinlich, dass die unverhältnissmässig grosse Zahl Lungenkranker bei den Genie-Truppen theilweise in der gleichen Ursache ihren Grund hat. Wie bedeutend die Zahl der Minenkrankheiten während der Uebungsperioden ist, zeigen die folgenden Daten: Während der grossen Belagerungsübung vor Jülich erkrankten am ersten Tage 46 Proc. der in den Minen arbeitenden Leute, in Graudenz 1862 am ersten Tage über 20 Proc., im Durchschnitte während der ganzen Arbeitsperiode über 14 Proc. Freilich sind die Erkrankungen meist leicht und werden dann rasch behoben, aber nur zu oft tritt der Fall ein, dass die eingetretene Ohnmacht tödtlich oder doch von tiefgreifenden Folgen für den ganzen Organismus wird.

Aus all dem folgt: Unbedingte Nothwendigkeit eines lebhaften Wetterzuges durch künstliche Ventilation, langes Pausiren zwischen Sprengung und Wiederbeginn der Arbeiten; d. h. Kraft-, Zeit- und Geldverlust.

Ich will das hier angeführte Sündenregister des Schwarzpulvers nicht weiter vermehren. Das Gesagte genügt, um das Streben nach einem neuen Explosivmittel vollständig zu rechtfertigen, und ermöglicht zugleich eine vollkommene Schätzung der Eigenschaften des hier zu besprechenden Sprengpräparates, des Dynamits, welches trotz der kurzen Zeit seiner Einführung in die Sprengpraxis den Kampf gegen das Schwarzpulver in wirksamster Weise führt, sich bereits breiten Raum in vielen Bergwerks-Districten verschafft hat, und wohl in kurzer Zeit auf dem ganzen Gebiete des Bergbaues, der Gesteinsgewinnung und des Tunnelbaues, das Schwarzpulver verdrängen wird.

II. Die explosiven Nitrilverbindungen.

Durch gleichzeitige Einwirkung von Salpeter- und Schwefelsäure auf gewisse organische Körper entsteht eine Reihe organischer Verbindungen, welche sich durch eine enorme explosive Kraft auszeichnen. Der erste Körper dieser Art, die Schiessbaumwolle, wurde 1846 durch Schönbein entdeckt. Das nächste Jahr entdeckte ein junger italienischer Chemiker, Ascagne Sobrero, in dem Laboratorium von Polonze in Paris einen ganz ähnlichen Körper, das Nitroglycerin, und bald folgte noch eine Reihe analoger explosiver Verbindungen, der Nitromannit u. s. f. — Es sind die Nitroglycerin-Präparate, mit denen ich mich hier eingehend beschäftigen werde.

Die furchtbare explosive Kraft des Nitroglycerins wurde bald nach der Entdeckung durch eine Reihe unvorhergesehener Explosionen bekannt, die fast durchaus in einer gefahrvollen Erzeugungsweise ihren Grund hatten.

Schon dies schreckte von einer Einführung für technische Zwecke, die im Hinblick auf die ungeheuere Gewalt sehr wünschenswerth schien, ab. Das eigentliche Hinderniss der Einführung war aber der eigenthümliche Umstand, dass, so häufig auch unvorhergesehene Explosionen eintraten, dennoch eine absichtliche Explosion nur äusserst schwierig herbeizuführen war.

Alle bei Pulver anwendbaren Entzündungs-Methoden bleiben bei Nitroglycerin wirkungslos. — Durch Schlag explodirt es nur an der getroffenen Stelle; angezündet, brennt es ruhig und ohne Explosion ab. — Diese Eigenschaften aber mussten das neue Präparat als Sprengmittel um so schätzbarer machen, wenn man es dahin brachte, einen sicheren und leicht anwendbaren Vorgang zur Explosion aufzufinden.

1864 gelang es endlich dem schwedischen Ingenieur Alfred Nobel, ein Mittel zu entdecken, um das Nitroglycerin, nun Nobel'sches Sprengöl genannt, mit Sicherheit und Leichtigkeit zur Explosion zu bringen, und gleichzeitig fand er eine Methode, welche eine gleichmässige und relativ gefahrlose Herstellung des neuen Sprengmittels in grossen Massen gestattet.

Rasch bildeten sich nun Actiengesellschaften zur Verwerthung der neuen Erfindung, die bald eine ausgedehnte Anwendung im Bergbaue und beim Tunneliren in Schweden, Deutschland und Nordamerika fand. Gegenüber den grossen Vortheilen, welche das neue Sprengmittel, hauptsächlich durch seine ungeheuere Kraft bot, zeigten sich aber auch sehr bald bedeutende Nachtheile.

Vor Allem war es eine ansehnliche Zahl von Unglücksfällen, die durch eine Reihe unvorhergesehener Explosionen entstanden, welche das Vertrauen in das neue Materiale erschütterten und verursachten, dass in den meisten Staaten demselben der Transport auf Bahnen untersagt und damit der weiteren Verbreitung ein bedeutendes Hinderniss entgegengesetzt wurde. Es mussten Mittel gesucht werden, dem neuen Präparate seine Gefährlichkeit zu nehmen, ohne seine Kraft bedeutend zu vermindern.

Es wurde zuerst von Nobel die Lösung des Nitroglycerins in Methylalkohol (Holzgeist) vorgeschlagen und dieses Mittel auch vielfach bei der Anwendung des Nitroglycerins im Bergbaue praktisch verwerthet. Durch die Lösung in Holzgeist wird nämlich das Sprengöl unexplodirbar (sogenanntes methylisirtes oder unexplosives Sprengöl) und kann in diesem Zustande gefahrlos transportirt werden. Vor dem Gebrauche gibt man die nöthige Menge in das 2—3fache Volumen Wasser, wobei sich nach leichtem Hin- und Herbewegen des Gefässes fast alles Sprengöl am Boden abscheidet, und durch einen Hahn abgelassen werden kann.

Die Methylisirung des Sprengöls hat aber zahlreiche Nachtheile, welche einer allgemeinen Einführung derselben hinderlich sind, und beseitigt überdies nicht die Gefahren vom Momente der Entmethylisirung an, welche noch ziemlich bedeutend sind.

1867 gelang es endlich Herrn Nobel das Nitroglycerin in einer Form darzustellen, welche mit einer dem flüssigen Nitroglycerin fast gleichen Sprengkraft eine Sicherheit in der Aufbewahrung, dem Transporte und der Verwendung darbietet, welche jene aller andern bisher angewendeten Sprengmittel weitaus übertrifft. Dieses neue Explosivpräparat, das Dynamit, ist der Hauptgegenstand dieser Abhandlung und soll nur nach seinen Eigenschaften und Wirkungen im Folgenden beschrieben werden.

Da das Nitroglycerin der seine Explosivkraft bedingende Hauptbestandtheil ist, so müssen die Erzeugung und die Eigenschaften desselben mit in Betracht gezogen werden.

I.

A. Chemismus und Bereitung des Nitroglycerins und des Dynamits.

I. Chemismus und Bereitung des Nitroglycerins.

Die sämmtlichen explosiven Nitrilverbindungen haben in ihrer Bildung aus gewissen organischen Körpern einen gemeinsamen Typus.

Diese Nitrilverbindungen entstehen nämlich aus dem Grundkörper durch Austausch einer gewissen Zahl Wasser-Aequivalente gegen eben so viele Aequivalente Salpetersäure*).

So ist;

Cellulose	=	$C_{12}\,H_{10}\,O_{10} = C_{12}\,H_7\,O_7\,(H\,O)_3$
Nitrocellulose	=	$C_{12}\,H_7\,O_7\,(N\,O_5)_3 = C_{12}\,H_7\,O_{22}\,N_3$
Glycerin	=	$C_6\,H_8\,O_6 = C_6\,H_5\,O_3\,(H\,O)_3$
Nitroglycerin	=	$C_6\,H_5\,O_3\,(N\,O_5)_3 = C_6\,H_5\,O_{18}\,N_3$
Mannit	=	$C_{12}\,H_{14}\,O_{12} = C_{12}\,H_8\,O_6\,(H\,O)_6$
Nitromannit	=	$C_{12}\,H_8\,O_6\,(N\,O_5)_6 = C_{12}\,H_8\,O_{36}\,N_6$

u. s. f.

Die unmittelbar in's Auge fallenden Eigenschaften der neuen Körper sind nicht wesentlich verschieden von dem Hauptstoffe, aus dem sie gebildet wurden.

Die Schiesswolle sieht der gewöhnlichen Baumwolle, das Nitroglycerin dem Glycerin und der Nitromannit dem Mannit, aus dem er entstanden ist, fast gleich. Um so verschiedener sind die Eigenschaften, die sich bei näherer Untersuchung ergeben.

Es ist hier nur das Nitroglycerin, dessen Bildung genauer beschrieben werden muss.

Wie schon erwähnt, entsteht das Nitroglycerin durch Einwirkung concentrirter Salpetersäure auf Glycerin, wobei letzteres Salpetersäure aufnimmt und Wasser abscheidet.

Man hat nämlich:

$$\underbrace{C_6\,H_8\,O_6}_{\text{Glycerin}} + \underbrace{3\,(N\,O_5)}_{\text{Salpetersäure}} = \underbrace{C_6\,H_5\,O_3\,(N\,O_5)_3}_{\text{Nitroglycerin}} + \underbrace{3\,(H\cdot O)}_{\text{Wasser}}$$

Es ist nun unbedingt nothwendig, dass die Salpetersäure in sehr concentrirter Form einwirke. Bei continuirlichem Processe muss daher auf Absonderung des austretenden Wassers gedacht werden und dieses geschieht durch Mischung der Salpetersäure mit Schwefelsäure.

Die praktische Herstellung des Nitroglycerins geschieht also durch Behandlung von Glycerin mittelst eines Gemisches von concentrirter Salpetersäure und Schwefelsäure, wobei letztere nur die secundäre Rolle hat, durch Aufnahme des durch den chemischen Process abgeschiedenen Wassers den Ueberrest der Salpetersäure concentrirt zu erhalten.

Die beiden Säuren werden von verschiedenen Chemikern in verschiedenen Mengen und Concentrationsgraden gemischt und ebenso das Glycerin nach verschiedenen Methoden zugesetzt. Dieses bildet den ersten Unterschied in den verschiedenen Bereitungsweisen.

Bei der Bildung des Nitroglycerins entsteht eine sehr bedeutende Wärmeentwickelung, deren Einfluss möglichst beseitigt werden muss, um nicht durch bedeutende Temperaturerhöhungen Veranlassung zu Explosionen zu geben. Die Methoden zur Verhütung einer höheren Temperatur differiren ebenfalls bedeutend bei den einzelnen Erzeugern.

*) Ich weiss recht wohl, dass dieser Auffassung andere Anschauungen gleichberechtigt gegenüberstehen, insoferne sie über die rationelle Constitution des Körpers etwas Bestimmtes angeben wollte. — Eben der verschiedenen Standpunkte wegen, welche heute noch bezüglich der explosiven Nitrilverbindungen in Geltung sind, will ich mit dem Gesagten nur bezüglich der empirischen Constitution den einfachsten Anhaltspunkt geben, keineswegs aber für eine oder die andere Anschauung über die rationelle Formel dieser Körper plaidiren.

Endlich muss das gebildete Nitroglycerin von den Säuren getrennt, gewaschen und jede Säurespur neutralisirt werden, und auch dies geschieht wieder in verschiedener Weise.

Unter den mir bekannten Methoden ist in jeder Beziehung die von Nobel angewandte die beste. Sie gestattet mit einfachen Mitteln die rasche, nahezu gefahrlose und völlig gleichförmige Erzeugung bedeutender Massen Nitroglycerins und liefert das Letztere in vollkommen neutralem Zustande, frei von jeder Säurespur.

In eine Beschreibung der Fabrication selbst kann ich nicht eingehen, da letztere Patent Nobel's ist, und mir der Eintritt in die Fabrik nur unter der Bedingung gestattet wurde, über die wesentlichen Theile des Verfahrens nichts zu veröffentlichen.

Die Fabrikation des Nitroglycerins und dessen Neutralisirung lassen sich sehr rasch bewerkstelligen.

Die vollständige Neutralisation einer Tonne Nitroglycerin erfordert kaum eine Stunde.

So einfach die Bereitung des Nitroglycerins scheint, so ist doch die praktische Ausführung derselben mit viel Schwierigkeiten verknüpft, besonders wenn die Erzeugung in grossem Massstabe betrieben werden soll.

Ich würde im letzteren Falle entschieden immer zu der Nobel'schen Fabricationsmethode rathen, in der die Erfahrungen mehrerer Jahre in glücklicher Weise verwerthet sind. — Wird eine Fabrik für grösse Länderstrecken, wie z. B. für Oesterreich, gegründet, so sind die Kosten der Patentablösung gewiss sehr bald dadurch getilgt, dass man gleich Anfangs auf sicherem, bekanntem Wege vorgeht und Experimente vermeidet, welche nicht nur sehr kostspielig werden, sondern durch die Unglücksfälle, die sie nur zu leicht mit sich bringen dürften, die ganze Fabrication in kurzer Zeit discreditiren, das Vertrauen in das gelieferte Product. völlig erschüttern können.

(Fortsetzung folgt.)

Isländisches Moos zur Verhütung von Kesselstein.

In einer Sitzung des Magdeburger Bezirksvereins des Vereines deutscher Ingenieure hielt Herr Rosenkanz einen Vortrag über die Anwendung des isländischen Mooses zur Verhütung von Kesselstein*).

Herr Rosenkranz bemerkte, dass er über die erzielten Resultate keine genauen Angaben machen könne, er müsse sich darauf beschränken, die zu dem Verfahren gebräuchliche Vorrichtung anzugeben. Die Notizen darüber stammen aus England. Zur Aufnahme des isländischen Mooses dient, wie Fig. 2, Blatt 8 ergibt, ein Topf oberhalb mit einer Art Ventil verschlossen und in der Nähe des Bodens mit einer Art Rost versehen. Zur Verbindung des Kessels mit diesem Topf sind die Stutzen *a*, *b*, *c* angebracht, von denen *a* und *b* mit Absperrventilen, *c* mit einem Dreiwegehahne versehen ist.

Soll das Wasser eines Kessels mit isländischem Moose beschickt werden, so schliesst man alle Ventile des Ap-

*) Vergleiche Zeitschrift des deutschen Ingenieur-Vereins, Bd. XII, Heft 11.

parates und öffnet nur das Deckelventil, füllt durch dasselbe die nöthige Quantität Moos in den Topf und schliesst es wieder. Darauf öffnet man das Ventil bei *b* und lässt durch den Dampfdruck Wasser aus dem Kessel in den Topf treten, schliesst das Ventil bei *b* wieder und gibt durch Ventil *b* einige Zeit Dampf, damit die Masse ordentlich kochen kann, darauf wird der Dampf wieder abgestellt, das Ventil bei *b* geöffnet und der Dreiwegehahn so gestellt, dass Topf und Speiserohr *d* damit in Verbindung kommen. Man speist für gewöhnlich nur durch den Topf, doch ist die Rohrverbindung *e*, *e* angebracht, um nöthigenfalls direct speisen zu können.

Man könnte sich nun fragen, warum eine so complicirte Einrichtung nöthig sei und warum man nicht einfach die nöthige Quantität isländischen Mooses in den Kessel schütte.

Als Gründe dafür dürften wohl folgende aufgeführt werden:

1. Der verhältnissmässig ziemlich hohe Preis des isländischen Mooses.

2. Möglichst vollständiges Auslaugen des Mooses und Vertheilung im gesammten Speisewasser (daher das durch den Topf speisen).

3. Vermeidung der Einführung und Anhäufung der Rückstände des ausgelaugten Mooses in dem Kessel, wodurch Ventile etc. leicht mit der Zeit verstopft werden können.

Die Wirkung des isländischen Mooses soll theils auf dem Jod- und Bromgehalt desselben, theils auf der im Wasser suspendirten gallertartigen Masse des Mooses beruhen. Angegeben wird auch, dass auf einen Kessel von ca. 15 Pfrdst. täglich 1 Pfd. isländisches Moos genüge, so dass auf die Pferdestärke ca. 2 Loth kämen. Es erscheint dies wenig und ist doch wohl zu rathen, für jedes Speisewasser eine besondere Probe anzustellen.

Bei der Anwendung des isländischen Mooses soll man in England sehr befriedigende Resultate erzielt haben, und habe sich auch die Saline bei Schönebeck, welche viel mit Kesselstein zu kämpfen hatte, sehr zufrieden gestellt über die Anwendung des isländischen Mooses ausgesprochen.

Es dürfte sehr zu empfehlen sein, für weitere Kessel die Anwendung des isländischen Mooses zu prüfen, um so sichere Resultate über den Nutzen dieser so sehr empfohlenen Pflanze zu erhalten.

Im Anschluss hieran bemerkte Herr Baumann, dass die Anwendung von Chlorbarium bei gypshaltigem Wasser zu demselben Zwecke sehr vortheilhaft, dass jedoch bei Kesseln für Zückerfabriken ein Ueberschuss dieses Mittels schädlich sei. Schwefelsaurer Baryt, welcher sich bilde, setze sich kalt in 12 Stunden, warm aber eher mit Schlamm ab, es seien deshalb Papiergefässe nöthig, in welchen das Wasser vor der Speisung sich absetzen müsse.

Aus Wieliczka.

Nachdem der Wasserstand auf mehr als 2 Klaftern unter den Horizont Haus Oesterreich herabgesunken, wird demnächst wieder eine weitere Senkung der Saugpumpen entsprechend dem sinkenden Wasserstande geschehen müssen, während welcher Zeit eine Abnahme des Wasserniveaus nicht zu erwarten ist.

Die Auffangung und Ableitung der Wässer im Füllorte Kloski ist bereits ausgeführt. Die Eisenbahn auf dem Horizonte Haus Oesterreich ist nun auf einer Länge von 228 Klaftern wieder hergestellt und 43 weitere Klaftern sind zur Bahnlegung gereinigt und ausgerichtet. In der stellenweise durch Laist verschlämmten Sohle wurden Röschen gezogen, solid gezimmert und längst dem in der Nähe des Grubenschachtes Nadachow befindlichen, verhältnissmässig am stärksten ausgewaschenen Theile des Horizontes Observations-Stempel aufgestellt; weiter gegen Westen, in der Nähe der früher bestandenen Salzmühle, in der Grube hat sich ein grösseres Salzstück von der First abgelöst und ist ohne irgend einen Schaden niedergegangen. Eben darum muss die neue Verzimmerung auch in den besser erhaltenen Strecken des unter Wasser gestandenen Horizontes vorgenommen werden.

Der alte Wodnagora-Schacht in der Nähe des Kloski-Schlages ist nunmehr bis an die First des Horizontes Haus Oesterreich ganz mit Erde ausgefüllt, wozu 170 Cubikklafter erforderlich waren und dies trägt zur Stabilität des dortigen Grubentheiles wesentlich bei, das Albrecht-Gesenk ist auf 33° 5′ vorgerückt und steht noch im Salzthon.

Literatur.

Leitfaden zur Bergbaukunde. Nach den an der königl. Berg-Akademie zu Berlin gehaltenen Vorlesungen von Bergrath Heinrich Lottner. Nach dessen Tode und in dessen Auftrage bearbeitet und herausgegeben von Albert Serlo, Berghauptmann. Dritte Lieferung (Schluss des Werkes). Berlin 1869. Verlag von Julius Springer.

Die zweite Lieferung hatte am Schlusse mit dem siebenten Abschnitt „Fahrung" abgebrochen; dieser wird nun in dieser Lieferung fortgesetzt und vollendet. Dann folgen VIII. Abschnitt: „Wetterführung", IX. Abschnitt: Wasserhaltung" und eine Literatur und Zeitschriften-Verzeichniss.

In diesen drei Abschnitten (wohl auch schon im VI. „Förderung") kommt der maschinelle Theil der Bergbaukunde sehr bedeutsam zur Geltung, so z. B. bei den Fahrkünsten, bei den Ventilatoren und bei den Wasserhebemaschinen. Ganz besonders eingehend und sorgfältig ist der Abschnitt von der Wetterführung behandelt, welcher auch das sehr wesentliche Capitel der Beleuchtung umfasst. Es ist dies hervorzuheben, weil sich dadurch dieses Buch als ein ganz auf dem neuen Standpunkte stehendes Werk charakterisirt, indem solche Bergbauvorträge, welche mehr oder minder den alten, vorwiegend dem Gangbergbau gewidmeten Vorbildern folgen, gerade in diesem Abschnitte Manches vermissen liessen. Um einen Ueberblick der in diesem Abschnitte behandelten Details zu geben, wollen wir hier näher auf den Inhalt eingehen. Unter dem ersten Unterabschnitt wird von der Beschaffenheit der Wetter überhaupt gesprochen, ihre chemische Zusammensetzung, Anzeichen u. dgl. vorgetragen und daran allgemeine Bemerkungen geknüpft, in welchen der Indicatoren und des Zusammenhanges der Explosionen schlagender Wetter mit dem Barometerstande gedacht ist. Der natürliche Wetterwechsel wird sodann erwartet mit Rücksichtnahme auf den Einfluss der Gesteinswärme, der Jahreszeiteneinflüsse, der Niveaudifferenzen, und zwar durch Berechnungen erläutert. Nun werden die Instrumente zum Messen der Geschwindigkeit des Wetterzuges und der Wettermengen und das Verfahren damit abgehandelt, und dann auf den künstlichen Wetterzug übergegangen; den Wetteröfen werden allein 15 Seiten gewidmet und über 30 Seiten den Wettermaschinen, insbesondere den Ventilatoren, unter denen speciell die Apparate von Döllfuss, Buckle, Schwamkrug, Eckhart, Rittinger, Nasmyth, Letoret, Guibal, Combes, Lesoinne, La Motte, Pasquet, Fabry und Lemielle, der Kolbenmaschinen.

Kolbenwetterpumpen, des Harzer Wettersatzes, der Steuer'schen Wettermaschine, der Glockenmaschine zu Maribage aufgeführt und mit einer Beurtheilung der Wettermaschinen und Vergleichung derselben mit den Wetteröfen geschlossen wird.

Alsdann folgt ein besonderes Capitel über Wetterführung im Ganzen und Vertheilung der Wetter im Einzelnen, welches die Leitung und Theilung der Wetter, die Regulirung der Thüren, Blenden, Dämme, Vorhänge, Lutten u. s. w. behandelt. — Hieran schliesst sich die „Beleuchtung", worin eine grosse Zahl von Sicherheitslampen (unter denen wir die von „Sack" aus Sprokhövel vergebens gesucht haben, welche aus dem Lande stammt, worin Lottner vorzüglich wirksam gewesen), dann die photoelektrischen Apparate erörtert werden. Ueber das Leuchtmaterial ist sehr wenig gesagt.

Den Schluss der Wetterlehre machen die Apparate zum Eindringen in Räume, die mit irrespirablen Gasen erfüllt sind, und die Massregeln gegen Grubenbrände. Obwohl eigentlich nicht direct hieher gehörend, würde bei der fast monographischen Behandlung der Wetterlehre ein „Anhang" über die Behandlung und Rettung von durch Wetter verunglückten Personen vielleicht bei einer zweiten Auflage noch angefügt werden können. Es gehört dies zwar schon in das ärztliche Fach, allein in solchen Fällen bedarf, bis ein Arzt zur Hand ist, der Bergmann einer Anleitung für sein Verhalten, welches von Einfluss auf momentane Rettung sein kann.

Der ebenfalls sehr gründlich abgehandelte Abschnitt von der „Wasserhaltung", der sehr stark in die Maschinenlehre hinübergreift, schliesst das Werk. Besonders eingehend sind die Pumpen behandelt. Hier wollen wir nur einer jüngst gemachten Erfahrung gedenken, die uns bei Seite 276 „Tellerventile" einfällt.

Eine durch Ventilfatalitäten eingetretene Störung bei der grossen, direct wirkenden Maschine in Wieliczka veranlasste eine Aenderung in der Construction der neu beschafften Ventilkästen, die nach Angabe von Rittinger construirt wurden und Tellerventile erhielten. Als es zum Anlassen kam, theilten mehrere der anwesenden Ingenieure die auch vom Verfasser auf S. 276 angedeuteten Bedenken gegen Tellerventile; allein beim Anlassen entsprachen sie so vollkommen, dass seitdem kein Anstand mehr bei den Ventilkästen vorgekommen ist.

Doch wir sind schon zu ausführlich für eine einfache Anzeige geworden! Wir bedauern, dass zu wenig Zeichnungen gegeben sind und bitten für eine nächste Auflage um die Zugabe von mehr Holzschnitten oder um einen Atlas von Tafeln. Der Lehrer, der sich des Buches bedient, kann es, wie wir schon einmal erwähnten, leicht mit Kreide auf der Tafel ersetzen; nicht so der Leser in irgend einem abgelegenen Bergorte.

Im Uebrigen aber müssen wir dieses Werk als einen wahren Gewinn für unsere Fachliteratur erklären und können es auf das Wärmste empfehlen. Es ist reichhaltig, kritisch-lehrreich und dabei angenehm, und gar nicht schwerfällig zu lesen. Wir haben bei dessen Durchlesung mit Interesse verweilt und glauben, dass es auch anderen Fachgenossen so ergehen werde.

O. H.

Die Civilisation und der wirthschaftliche Fortschritt von Dr. Fr. Xav. Neumann. Separat-Abdruck aus dem Berichte über die Pariser Welt-Ausstellung. Herausgegeben durch das k. k. österr. Central-Comité. Wien 1869. Wien, Wilh. Braumüller, k. k. Hof- und Universitäts-Buchhandlung.

Obschon weit über den engeren Rahmen unseres Specialfaches hinaustretend, glauben wir doch diesen anziehend und anregend geschriebenen raisonnirenden Rückblick auf die Pariser Ausstellung hier kurz anzeigen zu sollen, weil er allen jenen Fachgenossen, welche jene Ausstellung besucht haben, von Interesse und mannigfach von Nutzen sein kann, dann aber, weil das III. Capitel direct in unser Fach einschlägt. Es betitelt sich: „Verwerthung von Producten aus dem Mineralreich" und zerfällt in 6 kleine Unterabtheilungen: 1. Die Kohle und deren Consum. 2. Eisen und Stahl, die Eisenversorgung der Zukunft. 3. Petroleum, die Beleuchtungs- und Beheizungsfrage. 4. Die Edelmetalle. 5. Mineralische Düngermittel. 6. Andere neue Verwerthungen von Mineralien.

Die reiche Einflechtung statistischer Daten und eine ebenso geschickte als concise und lebendige Darstellung des bedeutenden Stoffes in einem dritthalbhundert Seiten starken Bande verdienen anerkennend hervorgehoben zu werden. Die Ausstattung ist sehr hübsch und der Druck schön und correct. Das Buch macht keinen Anspruch auf Gelehrsamkeit, ja es gehört eigentlich in die Kategorie der populären Werke für Gebildete; allein es enthält sehr viel Wissen und insbesondere volkswirthschaftliche Elemente, deren Verbreitung am sichersten an der Hand praktisch-technischer Darstellung gelingt, während trockene Lehrbücher der Volkswirthschaft geradezu abschreckend auf jene praktischen Classen wirken, denen die Kenntniss dieses Zweiges am meisten Noth thäte.

O. H.

Repertorium der technischen mathematischen und naturwissenschaftlichen Journal-Literatur. Mit Genehmigung des königl. preussischen Ministeriums für Handel, Gewerbe und öffentliche Arbeiten nach amtlichen Materialien herausgegeben von F. Schotte, Ingenieur und Bibliothekar an der königl. Gewerbe-Akademie zu Berlin. In Monatheften. Verlag von Quandt und Händel in Leipzig.

Das Bedürfniss nach einem leichten Auffinden der zerstreuten technischen Mittheilungen ist in dem Masse gewachsen, als die Zahl technischer Zeitschriften sich vermehrt und es nachgerade dem Einzelnen ganz unmöglich macht, in so vielen Fachblättern nach den ihn speciell interessirenden Artikeln zu suchen. Nur Vereine und Institute, öffentliche Lehranstalten u. dgl. können in einer gewissen Weise, wenn auch immer noch nicht vollständig genug, dieser Zersplitterung des Fachwissens abhelfen, indem sie ihre Bibliotheken darnach einrichten und deren Benützung durch Repertorien erleichtern.

Ein solches liegt uns hier vor. Aus 146 Zeitschriften (worunter 41 französische, 29 englische und amerikanische in englischer Sprache, 5 italienische, 1 spanisches, 1 niederländisches, die übrigen deutsch) wird monatlich nach gewissen Schlagworten in alphabethischer Ordnung ein kurzer Hinweis auf die darüber erschienenen Artikel gegeben, unter Angabe des Namens und der Nummer der Zeitschrift, in welcher er zu finden. Als Anhang sind Referate über einzelne Werke beigefügt. Unser Fach ist durch die wichtigsten deutschen, englischen und französischen Zeitschriften vertreten, und durch die spanische Revista minerva. Ausserdem finden sich aber in vielen anderen bau-technischen, maschinen-chemischen u. s. w. Zeitschriften-Artikel, die für Berg- und Hüttenwesen interessant sind.

Jedenfalls kommt diese Publication einem Bedürfniss entgegen, welches im engeren Fachkreise auch schon die preussischen Zeitschriften für Berg-, Hütten- und Salinenwesen und die berg- und hüttenmännische Zeitung zu befriedigen versuchten; erstere jedoch viel vollständiger und rascher als letztere. Aber der Einblick in das, was entfernter verwandte Fachblätter bieten, ist eben aus diesem Repertorium zu gewinnen.

O. H.

Notizen.

Oroide ist eine neue Metalllegirung, welche in prachtvoller Weise das Gold nachahmt; es ist dieses eine französische Entdeckung und besteht aus 100 Theilen Kupfer, 17 Theilen Zinn oder Zink, 6 Theilen Magnesia, 3—6 Theilen Ammoniaksalz, 1—8 Theilen gebrannten Kalk und 9 Theilen Weinstein. Zuerst wird das Kupfer geschmolzen, dann wird Magnesia, Ammoniaksalz, Kalk und Weinstein nach und nach zugefügt und beständig umgerührt; dies dauert eine halbe Stunde lang; darnach wird Zink hinzugethan und gerührt, bis es mit der Masse sich gemischt hat. Der Tiegel wird nachdem bedeckt und 35 Minuten im Feuer erhalten, alsdann ist die Legirung fertig. Dieselbe kann gegossen, gerollt, gezogen, geprägt, getrieben und in Pulver geschlagen werden; nur gute Kenner unterscheiden es von Gold.

(Steierm. Ind.- u. Handels-Blatt.)

Instrument, um die Härte des Metalles zu messen. Ein französischer Ingenieur erfand ein derartiges Instrument, das aus einem Bohrer besteht, welcher mit gleichmässiger Geschwindigkeit getrieben wird; die Anzahl der Umgänge wird durch das Instrument angegeben und daraus, sowie aus der Bohrtiefe die Härte des Metalles geschätzt. Fast alle Schienen in Frankreich sollen mit einem derartigen Instrument probirt werden.

(Steierm. Ind.- u. Handels-Blatt.)

Amtliche Mittheilung.

Ernennung.

Der Ackerbau-Minister hat den Bergcommissär Martin Pokorny zum Oberbergcommissär mit Belassung in seinem dermaligen Dienstorte Komotau ernannt und die erledigte Bergcommissärsstelle mit der Bestimmung in Krakau dem königl. ungar. Bergcommissär Irenäus Stengl in Göllnitz verliehen.

ANKÜNDIGUNGEN.

Diese Zeitschrift erscheint wöchentlich einen Bogen stark mit den nöthigen artistischen Beigaben. Der Pränumerationspreis ist jährlich loco Wien 8 fl. ö. W. oder 5 Thlr. 10 Ngr. Mit franco Postversendung 8 fl. 80 kr. ö. W. Die Jahresabonnenten erhalten einen officiellen Bericht über die Erfahrungen im berg- und hüttenmännischen Maschinen-, Bau- und Aufbereitungswesen sammt Atlas als Gratisbeilage. Inserate finden gegen 8 kr. ö. W. oder $1\frac{1}{2}$ Ngr. die gespaltene Nonpareillezeile Aufnahme. Zuschriften jeder Art können nur franco angenommen werden.

Druck von Carl Fromme in Wien. Für den Verlag verantwortlich Carl Reger

№ 31. XVII. Jahrgang.

Oesterreichische Zeitschrift

für

Berg- und Hüttenwesen.

1869. 2. August.

Verantwortlicher Redacteur: Dr. Otto Freiherr von Hingenau,
k. k. Ministerialrath im Finanzministerium.

Verlag der G. J. Manz'schen Buchhandlung (Kohlmarkt 7) in Wien.

Ueber die Verwendung nicht völlig reiner (phosphorfreier) Roheisensorten zum Bessemern.

Von Carl A. M. Balling.

Nicht alle Eisenwerke sind im Stande, Qualitätseisen zu erzeugen; die Unreinheit der Erze und des daraus erblasenen Roheisens gestattet dies nicht. Solche Werke sind grösstentheils auf Massenproduction angewiesen und sie haben die Aufgabe, ihre Erzeugnisse in gleicher Weise zu verwerthen.

Zur Darstellung gewisser Handelsartikel ist eine möglichste Reinheit des Metalls nicht absolut nothwendig und für die Erzeugung von Stahl nach Bessemers Methode ist die Anwendung eines Roheisens, dessen Phosphorgehalt eine bestimmte Grenze nicht überschreitet, nicht ausgeschlossen.

Aus in den Fachzeitschriften gemachten Mittheilungen ist bekannt, dass in preussisch Schlesien schon früherer Zeit ein Roheisen mit 0·08 Prc. Phosphor gebessemert wurde und gegenwärtig zu Königshütte *) daselbst Roheisen mit 0·152 Prc. Phosphor gebessemert und das erzeugte Bessemermetall zur Erzeugung von Eisenbahnschienen verwendet wird; das zu Turrach in Steiermark erblasene Roheisen enthält 0·1 Prc. Phosphor.

Es ist demnach kein Zweifel **) über die Brauchbarkeit eines Bessemerstahls, welcher aus einem Roheisen dargestellt ist, dessen Phosphorgehalt unter einem bestimmten Maximum bleibt, und es ist hiemit ein Anhaltspunkt gegeben, analog dem bereits häufig angewendeten Verfahren beim Puddelprocess, auch an phosphorreichen Roheisensorten durch zweckmässige Gattirung mit reinem Roheisen zum Bessemern verwenden zu können, indem hiedurch der Phosphorgehalt des zu bessemernden Eisens, d. i. der Eisengattirung, herabgedrückt wird.

*) Dingler's Journal, Band 188, pag. 475.

**) Wir wollen dieser Ansicht nicht die Spalten dieser Zeitschrift verschliessen, wenn wir gleich persönlich doch noch manche Zweifel hegen und darauf gefasst sind, dass auch andere Ansichten sich vernehmen lassen werden. Allein wir glauben, dass eben dadurch zu Versuchen und damit zur Klarstellung der Sache angeregt werden wird. Die Red.

Hätte eine Hütte ein Roheisen von durchschnittlich 0·3 Prc. Gehalt an Phosphor, welches in den eigenen Hochöfen erblasen wird, so ist dasselbe für den Bessemerprocess noch ganz gut verwendbar. Man nehme an, dass der Phosphorgehalt der zu bessemernden Eisengattirung 0·08 Prc. nicht übersteigen soll, so darf in einer Charge von 80 Centnern nicht mehr als 6·4 Pfd. Phosphor enthalten sein; diese Menge ist aber in 21·33 Centnern jenes Roheisens mit 0·3 Prc. Phosphorgehalt enthalten, und wenn man dieses Quantum mit 58·67 Ctr. reinen, phosphorfreien Roheisens gattirt, so enthält die Charge von 80 Ctr. im Durchschnitt 0·08 Prz. Phosphor.

Der Phosphorgehalt im Eisen ist aber durch das Bessemern nicht zu entfernen, sondern er bleibt in dem dargestellten Bessemermetall, er steigt darin in Folge des unvermeidlichen Calo's; bei einem Calo von 10 Prc. erhält man von 80 Ctr. Roheisen 72 Ctr. Ingots, welche 6·4 Pf. Phosphor, d. i. 0·088 Prc. davon enthalten, also noch nicht jenen früher angeführten, fast doppelten Halt aufweisen und gewiss noch keinen Kaltbruch veranlassen.

Unter gleichen Umständen wären zur Erzielung gleichen Productes 13 Ctr. eines $\frac{1}{2}$ Prc. Phosphor haltenden Roheisens mit 67 Ctr. reinen Roheisens mit zu gattiren, und wenn das Product 0·15 Pr. Phosphor halten dürfte, würden 20 Ctr. des $\frac{1}{2}$ Prc. Phosphor haltenden Roheisens eines Zusatzes von 60 Ctr. reinen Roheisens bedürfen.

In wie weit aber der Phosphorgehalt des Bessemermetalls steigen, d. h. welche Menge von phosphorhaltigem Roheisen bei dem Bessemerprocess zur Verwendung gelangen darf, das zu eruiren, ist allemal Gegenstand der Praxis und Erfahrung und ist hauptsächlich durch die an das Bessemermetall gestellten Anforderungen gegeben. Jedoch das kaufmännische Calcul des Hüttenmannes wird hier gewiss stets zur obersten Richtschnur dienen; denn das billigste Rohmateriale wird immer das eigene Roheisen*), und die reinen fremden Roheisenmarken das theuere sein, wesshalb mit Rücksicht auf den Ankaufspreis des letzteren loco Hütte auf die Verwendung des eigenen Rohmateriales in so weit besondere Rüksicht genommen werden wird, als dasselbe unbeschadet der Güte des

*) ?

Productes und der Vornahme der damit anzustellenden Proben nur immer Verwendung finden kann.

Zu den Eisengattirungen für den Bessemerprocess wird wegen der reinigenden Wirkungen gern manganhaltiges Roheisen in einigen Procenten angewendet. Das Mangan verzögert auch im Allgemeinen den Stahlbildungsprocess und bei dem Umstand, dass das Spektroskop bei dem Bessemerprocess noch immer als Anhaltspunkt für den Verlauf desselben (Grad der Entkohlung?) dient, liegt die Vermuthung nahe, dass bei dem Frischen beide Körper, Mangan und Kohlenstoff, in gewissem Rapport zu einander stehen, und somit durch das allmälige Verschwinden der grünen Manganlinien im Spectrum gleichzeitig das Fortschreiten des Stahlbildungsprocesses angezeigt wird.

Příbram, im Juli 1869.

Chemisch-technische Notizen vom Salinen-Betrieb.

Durch eine Anfrage veranlasst, wurden am hiesigen Laboratorium Versuche zur Bestimmung der specifischen Wärme von Soolen abgeführt, die als Grundlage zu Berechnungen dienen können, in wie ferne die theoretischen Forderungen mit den in der Praxis beim Salzsud-Processe erlangten Feuerungsresultaten im Einklang stehen.

In Karstens Archiv, worin überhaupt classische Arbeiten über Soolen und Salzlösungen in chemischer und physikalischer Beziehung enthalten sind, findet man im 20. Band, S. 70 die Angaben J. A. Bischoff's über die specifischen Wärmen verschieden procentiger Soolen, die als Functionen des specifischen Gewichtes hingestellt sind und die nebst einigen anderen Werthbestimmungen in erster Reihe hier anzuführen sein dürften.

Soole mit einem Gehalte von	Spec. Gewicht	Verdunstungs-Fähigkeit	Spec. Wärme	Wärmeleitungs-Vermögen
5 Procent	1·0345	0·8768	0·9707	1·0302
10 "	1·0711	0·7780	0·9408	1·0629
15 "	1·1088	0 7044	0·9102	1·0987
20 "	1·1478	0·6583	0·8784	1·1384
25 "	1·1885	0·6429	0·8453*)	1·1830

Zu den hiesigen Versuchen wurde eine Vorrichtung construirt, mit welcher gleiche Gewichtsmengen Wasser und Soole durch gleiche Quantitäten Weingeist auf verschiedene Temperaturen erhitzt werden konnten, wobei die Verbrennungszeiten, die genau gleich sein mussten, als Controle angenommen worden sind.

Versuch mit Soole von 26·47 Proc. Salzgehalt:

Bei einer Wasser-Temperatur von 75° C. zeigte die Soole . . . . 91·2° C. 1.

Bei einer Wasser-Temperatur von 83° C. zeigte die Soole . . . . 96·0° C. 2.

Bei einer Wasser-Temperatur von 100° C. zeigte die Soole . . . . 107·6° C. 3.

Versuch mit Soole von 13·24 Proc. Salzgehalt:

Bei einer Wasser-Temperatur von 83° C. zeigte die Soole . . . . 89·6° C. 4.

Versuch mit einer gesättigten Lösung von reinem Chlornatrium in Wasser:

Bei einer Wasser-Temperatur von 83° C. zeigte die Lösung . . . . 95° C. 5.

Es sind somit die specifischen Wärmen ad 1. 0·822
2 0·870
3. 0·929
4. 0·926
5. 0 843

Aus diesen Ziffern ergibt sich, dass die specifische Wärme der Soolen, wie dies bei allen Flüssigkeiten der Fall ist, veränderlich ist und dass mit steigender Temperatur die Werthe derselben zunehmen. Ausserdem ersieht man, dass bei ziemlich reinen Soolen, wie es die Haller Bergsoole ist, die wenigen Nebenbestandtheile keinen erheblichen Einfluss auf die spec. Wärme ausüben, indem die reine Chlornatriumlösung nahezu dieselben Ziffern nachweist. Bei sehr unreinen Soolen lassen sich übrigens aus den spec. Wärmen, die den einzelnen Nebenbestandtheilen zukommen, die betreffenden Correcturen leicht vollziehen.

Wird nun mit der Haller Bergsoole, die durchschnittlich 26·5 Proc Salze enthält, die Berechnung angestellt, wie viel Wärmeeinheiten nöthig sind, um 100 Pfd. Salz aus ihr darzustellen, so sind nach dem Vorausgelassenen, demzufolge man der spec. Wärme dieser Soole einen Mittelwerth von 0·8 zutheilen kann, folgende Ansätze zu machen:

100 Pfd. Salz entsprechen 100 *Cl Na* + 277·3 *HO*
377·3 Soole.

Hat dieselbe bereits eine Temperatur von 11° C., so muss sie zum Sieden also rund um 96° C. höher erhitzt werden und man erhält 377·3 × 96 × 0·8 = 28.976 Wärmeeinheiten.

Ferner sind 277·3 Pfd. Wasser zu verdampfen und da die latente Wärme von 1 Pfd. Wasserdampf zu 537 angenommen ist, so werden 277 3 × 537 = 148910 + 28976, also in Summa 177.886 Wärmeeinheiten erfordert, um 100 Pfd. trockenes Salz darzustellen.

Das hiesige Verschleisssalz hält aber durchschnittlich 5 Proc. Wasser zurück, wesshalb sich nach der diesbezüglichen Correction der theoretische Wärmeverbrauch auf 169.000 Wärmeeinheiten stellt.

Nach einem den Sudbetriebsausweisen entnommenen 3jährigen Durchschnitt producirt die Haller Saline mit:

a) 1 Pfd. Kohlenstoff der Häringer Grobkohle ohne Gebläse . . . . 3·17 Pfd. Salz,

b) 1 Pfd. Kohlenstoff der Häringer Kleinkohle mit Gebläse . . . 3·24 Pfd. Salz.

Demnach erfordert die Herstellung von 100 Pfd. Salz ad *a* 31·54 Pfd. Kohlenstoff,
ad *b* 30·86 " "

1 Pfd. Kohlenstoff entwickelt 7800 Pfd. Wärme-Einheiten, somit *a*) 246.012 Wärmeeinheiten,
b) 240.708 "

---

*) In Poggend. Annalen B. 136 (1) ist die spec. Wärme einer 26procentigen Soole zu 0·7713 (durch Versuch) und 0 7962 (durch Berechnung) angegeben. Diese, sowie die Bischoff'schen Bestimmungen beziehen sich ohne Zweifel auf Temperaturen unter 50°.

Diese Zahlen dem oben entwickelten theoretischen Wärmeerforderniss entgegengehalten 169.000 Wärmeeinh. würde die Feuerung ohne Windzuführung . . . 68·7%
mit „ . . . 70·2 „
Nutzeffect ergeben.

Bei der ehemaligen Pultfeuerung mit sehr gutem Holze erzeugte man bei der Haller Saline mit 1 Wiener Klafter 3080 Pfd Salz. Das Gewicht 1 Wr. Klafter Holz zu 2020 Pfd. angenommen, berechnet sich auf die Erzeugung von 100 Pfd. Salz ein Holzverbrauch von 65·6 Pfd. 1 Pfund lufttrockenes Holz gibt im Durchschnitt 3200 Wärmeeinheiten oder 41 Proc. vom reinen Kohlenstoff,
somit 65·6 × 3200 . . . 209.920 Wärmeeinheiten
verglichen mit den obigen theoretischen . . . . 169.000 „
stellt sich der Heitzeffect auf 80·5 %

Das Dynamit.

Von Isidor Trauzl, Oberlieutenant der k. k. Genie-Waffe.

(Fortsetzung.)

II. Zusammensetzung des Dynamits.

Das Dynamit ist eine mechanische Mengung von Nitroglycerin mit poröser Kieselerde, sogenannter Kieselguhr.

Die stärkste Mischung ist 75 % Nitroglycerin und 25% Kieselguhr.

Die Kieselguhr wird von Oberlohe bei Unterläss in Hannover gewonnen. Sie ist eine lösliche Varietät der Kieselerde und bildet eine weisse, in trockenem Zustande leicht zerstäubbare, mehlartige Masse. Sie besteht aus den Kieselpanzern, einer Algengattung der Diatomeen, welche eine Unzahl kleiner Zellen bilden, die eine sehr bedeutende Festigkeit besitzen und trotz Jahrtausende langer Lagerung noch in ganz wohl erhaltenem Zustande sich befinden.

Diese Kieselguhr hat ein sehr bedeutendes Flüssigkeitsaufsaugungsvermögen, dabei die einzelnen Theilchen eine sehr bedeutende Widerstandskraft gegen Druck und Stoss, so dass sie ihre Form auch während langen Transportes behalten.

Diese zwei Eigenschaften sind es speciell, welche Nobel die Kieselguhr wählen liessen, um den folgenden Ideengang zu realisiren*):

Fast sämmtliche durch Nitroglycerin verursachte Unglücksfalle sind, nach Nobel's Ansicht, durch Ausrinnen des Sprengöls aus der Verpackung, aus den Bohrlöchern etc. entstanden, also durch einen in der Praxis schwer zu vermeidenden Uebelstand, der dem flüssigen Aggregatzustand inhärent ist.

Besitzt ein gegen Percussion empfindlicher Körper flüssige Form und findet ein Aussickern durch undichte Stellen statt, so ist derselbe der Gefahr directer Percussion unterworfen und wenn Nitroglycerin unter solchen Verhältnissen auch noch der Einwirkung der Sonnenstrahlen ausgesetzt ist, welche es in Folge der hohen Temperatur sehr empfindlich machen, so kann sehr leicht, durch die geringste Erschütterung, eine Explosion eintreten. Von Anfang an wurde der Verpackung des Sprengöls besondere Aufmerksamkeit gewidmet, dennoch ist diese Frage noch weit von einer günstigen Lösung entfernt. Fässer sind für ölige Flüssigkeiten nicht dicht genug, und dies, sowie die Eigenschaft des Nitroglycerins sich beim Gefrieren auszudehnen, veranlasste zur Anwendung viereckiger Zinnkästen. Aber auch diese lecken fast durchaus, wenn sie länger verwendet werden.

Durch die Ueberführung des Nitroglycerins in die feste Form, welche es als Dynamit hat, wird also einer der bedeutendsten Uebelstände behoben.

Es wird aber zugleich ein noch weiterer, ebenso wichtiger Vortheil erreicht.

Nitroglycerin explodirt, von einer durch die ganze Masse gehenden Erwärmung auf 180° C. abgesehen, nur bei starkem Schlage zwischen harten Körpern oder bei heftigen, durch die ganze Masse sich fortpflanzenden Vibrationen.

Die Aufsaugung des Nitroglycerins durch die Kieselguhr lagert nun aber selbst die kleinsten Nitroglycerintheilchen zwischen nachgiebige poröse Materien, welche Stösse, selbst wenn selbe sehr heftig sind, nicht fortpflanzen. Die Kieselerderöhrchen bilden gleichsam je für sich kleine Verpackungsgefässe des Sprengöles, in denen dieses aber nur durch Capilarität festgehalten ist. Heftige Stösse auf grössere Massen Dynamit bewirken ein Aneinanderdrängen, ein Verschieben, vielleicht ein Zermalmen dieser einzelnen Sprengölgefässe, ohne dass auf die Sprengölpartikelchen selbst der zur Explosion nöthige Schlag stattfindet.

Diese Erwägungen haben, wie aus dem Folgendensich ergeben wird, durch die Praxis vollkommene Bestätigung erfahren und wirklich die Gefährlichkeit des Nitroglycerins vollständig beseitigt. Freilich tritt mit der Zugabe von Kieselguhr eine Verminderung der Sprengkraft der Mischung gegenüber dem reinen Nitroglycerin ein. Für die meisten Anwendungen ist dies aber, wie gezeigt werden wird, ohne Nachtheil.

Die Mengung des Sprengöles mit der Kieselguhr kann in der primitivsten Weise geschehen, da die Porosität der Kieselerde selbst auf die vollkommen gleichförmige Vertheilung hinwirkt.

Ich will hier darauf hinweisen, dass in Oesterreich bedeutende Lager von Kieselguhr vorkommen, und daher ein Bezug aus dem Auslande nicht nothwendig wäre.

III. Die Methylisirung des Sprengöles.

Ich will noch eingehender des Vorgangs erwähnen, der vielfach angewendet wurde und theilweise noch wird, um Sprengöl während des Transportes ungefährlich zu machen:

Wenn man Nitroglycerin in 15 bis 20 % Methylalcohol, gewöhnlich Holzgeist genannt, löst, so entsteht eine ganz unexplosive Mischung — das Sprengöl ist in diesem Falle gegen Schlag und Stoss vollkommen unempfindlich — und selbst durch Knallpräparate nicht zur Explosion zu bringen. Es heisst daher dieses methylisirte Sprengöl mit vollstem Recht auch unexplosives Sprengöl.

Angezündet brennt der Methylalcohol sammt dem in ihm gelösten Sprengöle ruhig und ohne Detonation ab.

Will man das Sprengöl verwenden, so nimmt man die nöthige Partie in ein Gefäss und schüttelt sie leicht mit dem 6— 8fachen Volumen Wasser. Das Sprengöl

*) Nach Nobels Vortrag in der British Association zu Norwich und directer Mittheilung.

scheidet sich dann rasch ab und wird, nachdem man das Gefäss umgekehrt hat, durch einen Hahn abgelassen. Nachtheile dieser Methode sind, dass sie durch die unvermeidlichen Verluste an Holzgeist und Sprengöl letzteres vertheuert und dass das methylisirte Sprengöl wegen der Flüchtigkeit und Entzündlichkeit des Holzgeistes sehr feuergefährlich wird.

Man wendet daher dieses Mittel wieder seltener an, obgleich es bezüglich der Transportsicherheit bedeutende Vortheile gewährt und daher wenigstens dort, wo es sich um weite Versendung bedeutender Massen handelt, immer angewendet werden sollte.

8. Physikalische Eigenschaften.

Das Nitroglycerin ist eine ölartige Flüssigkeit, in reinem Zustande farblos, das im Handel vorkommende gewöhnlich sehr hellgelb, von 1·6. specifischen Gewichte. Unlöslich im Wasser, löst es sich dagegen leicht im Weingeist, Methylalcohol, Aether u. s. w.

Bei gewöhnlicher Temperatur ist es nicht flüchtig, bei höherer Temperatur (gegen 100° C.) verflüchtigt es sich unter Zersetzung, bei rascher Erhitzung auf 180° C. explodirt es. Bei 6 bis 8° Reaumur erstarrt das Sprengöl.

Das Dynamit*) bildet eine feinkörnige, etwas teigige und fettige Masse von graubrauner Farbe, und hat bei der gewöhnlich angewendeten Pressung ein dem Nitroglycerin gleiches specifisches Gewicht.

Gegen Flüssigkeiten verhält es sich ähnlich dem Nitroglycerin, nur darf es nicht vom Wasser durchströmt werden, da sich sonst die Kieselguhr von dem Oele trennt.

Nitroglycerin und Dynamit verbrennen im offenen Feuer oder auf glühenden Kohlen mit ruhiger Gasentwickelung, wenn sie in leicht sprengbaren Gefässen, wie solchen von Holz, schwachem Eisenblech etc. eingeschlossen sind.

Feuer ruft also unter gewöhnlichen Verhältnissen bei diesen Sprengmitteln keine Explosion hervor.

Bei Aufbewahrung in grossen Massen, wie diess in Magazinen vorkommen wird, kann aber bei einem Brande eine Explosion entstehen, indem die inneren Schichten sich auf 180° erhitzen, ehe die äusseren Massen verbrannt sind. So explodirte in der Dynamitfabrik bei Hamburg am 12. Juli 1866 eine Masse Sprengöl bei dem Brande eines Holzschoppens, in welchem sie aufbewahrt war. Massen von 8, 10 bis 15 Pfd. in Holz- und Blechgefässen verbrennen im offenen Feuer ganz harmlos.

Gegen Stösse und Schläge, wie selbe beim Transporte durch Fallen der Gefässe oder durch Zusammenstösse von Wägen etc. entstehen können, sind beide Materialien nahezu unempfindlich.

Mit Nitroglycerin gefüllte Blech-, Glas, oder Holzgefässe wurden von 60 bis 80' Höhe auf Felsen geschleudert, ohne dass eine Explosion entstand. Selbst nachdem man das Nitroglycerin früher im Wasser auf 50° C. erwärmt hatte, blieb es gegen solche Erschütterungen unempfindlich. Mit Dynamit wurden die ganz analogen Resultate erreicht.

In dünnen Schichten explodiren beide Stoffe durch Schlag zwischen harten Körpern an den unmittelbar getroffenen Stellen, ohne dass sich die Entzündung weiter fortpflanzt.

Grössere Massen von Nitroglycerin explodiren überhaupt nur unter folgenden 2 Hauptumständen:

1. Wenn sie in festen, geschlossenen Gefässen auf die Temperatur von 180° C. erhitzt werden.

2. Durch einen Stoss, der mit solcher Heftigkeit und Geschwindigkeit erfolgt, dass die den Stossort umgebenden Massen nicht ausweichen können, und die lebendige Kraft des Stosses sich rasch in die zur Explosion nöthige Wärme umsetzt.

Ein solcher Stoss ist z. B. der eines in der Masse explodirenden Knallpräparates, dessen Heftigkeit gegenüber selbst die schwächste Umhüllung wie eine feste Masse wirkt, so dass die den Explosionsort umgebenden Dynamit-Partikelchen, gleichsam auf harter Unterlage befindlich, einem furchtbaren Stosse ausgesetzt erscheinen.

In gefrorenem Zustande, der etwa bei 4° Celsius eintritt, ist aber die Explosion selbst durch Knallpräparate nur schwierig zu bewirken und es sind, ganz entgegen einer viel verbreiteten Ansicht, Nitroglycerin und Dynamit in gefrorenem Zustande weit ungefährlicher als im flüssigen, was wohl am besten dadurch bewiesen wird, dass in Schweden, wo das Nitroglycerin meist in gefrorenem Zustande verführt wird, trotz des bedeutenden Verbrauches (über 300.000 Pfd. bis Ende 1866) nur äusserst wenige Unglücksfälle entstanden sind.

Ist es so schwer die gewünschte Explusion herbeizuführen, so muss es, besonders im Hinblick auf alle erwähnten Versuche, leicht sein, zufällige Explosionen zu verhüten.

Dass trotzdem eine lange Reihe mitunter sehr bedeutender Unglücksfälle mit Nitroglycerin vorliegen, widerspricht nicht dem Gesagten, wenn man in eine genaue vorurtheilsfreie Prüfung eingeht. Fast alle Unglücksfälle sind durch die leichtsinnigste, unvorsichtigste Behandlungsweise herbeigeführt worden. Man hat mit Nitroglycerin gefüllte Blechflaschen gelöthet, gefrorenes Nitroglycerin undeclarirt versendet, und so die Gefässe, die es enthielten, der sorglosesten Behandlung preisgegeben und oft das Nitroglycerin mit feuergefährlichen oder gar explodirbaren Stoffen in einem Magazine aufbewahrt.

Die Explosion in Bochum, 8. November 1865, entstand in einem mit Terpentinöldampf gefüllten Magazine; bei der furchtbaren Explosion an Bord des European, am 3. April 1866, war eine Masse Kriegsmunition an Bord, und es ist aus der Art der Explosionen wahrscheinlich, dass im ersten Falle eine Entzündung der Terpentindämpfe, im zweiten Falle die Entzündung der eingelagerten Kriegsmunition die primären Ursachen waren. Die Explosion in Königshütte, 3. Februar 1868, bei der fünf Bergleute todt blieben, entstand durch Aufhauen von methylisirtem Sprengöl an offenem Feuer.

Eine Menge kleiner Unglücksfälle entstanden beim Hereintreiben gesprengten Gesteins durch Partikelchen Sprengöls, welche in Klüftungen zurückgeblieben waren. Berücksichtigt man alle diese Umstände, so wird man trotz der vielen Unglücksfälle nicht die Abschaffung des Sprengöls, sondern einfach eine vorsichtigere, richtigere Behandlungsweise desselben befürworten, wie sie eben bei allen anderen Explosivstoffen, das Schwarzpulver am allerwenigsten ausgenommen, nothwendig ist.

*) Englisch Dynamite; in Californien, wo eine bedeutende Fabrik besteht, Powda genannt.

Uebrigens ist es gar keine Frage, dass der flüssige Zustand des Sprengöls ein bedeutender Uebelstand ist, der zu vielen Unglücksfällen die erste Veranlassung war, und aus diesem Grunde ist die Anwendung des Dynamits entschieden vorzuziehen.

Dynamit ist nun seit nahe 2 Jahren im Handel, und ausser einigen kleinen Unglücksfällen durch Aufbohren versagter Schüsse*) ist mir nur der Fall bekannt, dass einem Manne der Arm abgerissen wurde durch eine in seiner Hand explodirende Patrone, die er unvorsichtiger Weise nach dem Anzünden der Zündschnur in der Hand hielt. Auf Grundlage eigener Anschauung und vielseitig eingezogener Erkundigungen habe ich die feste Ueberzeugung, dass nicht nur die Erzeugung des Dynamits eine weitaus gefahrlosere als jene des Schwarzpulvers ist, sondern dass auch seine Aufbewahrung, seine Transportirung und seine Anwendung bei nur geringer Aufmerksamkeit und Vorsicht nahezu ungefährlich sind, während das jetzt im Gebrauche befindliche Schwarzpulver, trotzdem es Jahrhunderte in Anwendung ist, und man so mit all' seinen Eigenschaften und seiner Behandlungsweise vollkommen vertraut sein kann, jährlich eine Menge Menschenleben fordert. Vollständige Gefahrlosigkeit wird man wahrscheinlich nie bei einem Explosivpräparat erreichen, immer werden zufällige Combinationen die mögliche Explosion hervorbringen können. Es handelt sich nur darum, dass solche Combinationen sich unter den gewöhnlichen Verhältnissen selten und schwer bilden können; dies ist bei Dynamit der Fall, und das Gleiche gilt für die Schiesswolle.

C. Chemische Stabilität.

Selbstzersetzung, Selbstentzündung.

Die Frage der chemischen Stabilität der explosiven Nitrilverbindungen, insbesondere des Nitroglycerins und der Schiesswolle, wurde in den letzten Jahren vielfach ventilirt, denn ihre Entscheidung ist von höchster Wichtigkeit bezüglich der praktischen Verwerthbarkeit dieser Präparate, ja geradezu eine Lebensfrage derselben, besonders hinsichtlich ihrer Anwendung für Kriegszwecke.

(Fortsetzung folgt.)

Schachtabteufen im Schwimmsand.

Aus der lehrreichen Rubrik: Versuche und Verbesserungen bei dem Bergwerksbetriebe in Preussen in den Jahren 1863—1867 entnehmen wir der preussischen Zeitschrift für das Berg-, Hütten- und Salinenwesen nachstehende Mittheilung von W. Hauchecorne:

Im Bergrevier Aschersleben (Oberbergamtsbezirk Halle) hat man auf der Grube Archibald bei Schneidlingen beim Abteufen durch schwimmendes Gebirge den nicht mehr neuen Versuch wiederholt, das schwimmende Gebirge dadurch vom Schachte fern zu halten, dass man Röhren von Eisenblech von 5 Fuss Länge und 8 Zoll lichter Weite in das schwimmende Gebirge trieb, dasselbe auslöffelte, dann die Röhren mit ganz grobem Kies verfüllte und demnächst sie wieder herauszog. Der Versuch, auf diese Weise das schwimmende Gebirge durch groben Kies zu ersetzen und weniger beschwerlich zu machen, misslang indessen und das Abteufen musste durch senkrechtes Anstecken vollendet werden.

Im Revier Oschersleben hat man auf der Grube Carl bei Völpke beim Abteufen durch Schwimmsand mit Erfolg sich eines cylindrischen Sumpfkastens oder Fasses von $1\frac{1}{2}$ Ltr. Höhe bedient. Die Wandungen des Fasses wurden durch schmiedeeiserne Pfähle gebildet, welche einzeln abgetrieben werden konnten. Der Hohlraum wurde durch eiserne Ringe offen und rund erhalten. Der lichte Durchmesser betrug 3 Fuss.

Im Revier Schönebeck wurde beim Abteufen des Schachtes Hoffnung II der Braunkohlengrube Friederike bei Welsleben ein an sich zwar nicht neues, in seiner Ausführung jedoch eigenthümliches Verfahren des senkrechten Ansteckens zur Durchteufung eines 3 Ltr. mächtigen Schwimmsandlagers angewendet Man senkte nämlich von 1 zu 1 Ltr. 10 Fuss lange Bohlen in's Gebirge und trieb die unterste Bohlenreihe 2 Fuss tief in den unter dem Sande liegenden Thon ein. Dadurch waren die Dimensionen des Schachtes im Niveau des Thones von 10 und 8 Fuss lichter Weite, welche er bei Beginn des Ansteckens besass, auf 4 und $2\frac{1}{2}$ Fuss vermindert. Es blieb daher noch übrig, die Schachtstösse auf die ursprünglichen Verhältnisse zurückzuführen. Zu dem Ende wurde ähnlich wie beim Abteufen selbst nur mit dem Unterschiede zu Werke gegangen, dass die von Neuem senkrecht angesteckten Bohlenpfähle nicht mit einem Male, sondern von 6 zu 6 Zoll abgetrieben wurden, und zwar so, dass man vor jedem weiteren Antreiben derselben immer erst wieder mit dem Abteufen nachrückte. Dabei wurden die vom vorigen Anstecken zurückgebliebenen Pfähle beim Vorrücken von je 6 zu 6 Zoll Länge abgehauen und das vor den Pfahlköpfen liegende Joch ebenfalls um das gleiche Mass gesenkt. So gewann man beim abermaligen Anhauen des Thongebirges bereits eine lichte Weite von 6 und 4 Fuss. Beim dritten Male wurde der Schacht wieder um 2 Fuss weiter und beim vierten Male erreichte man den Thon mit den oberen Schachtdimensionen.

Bei mehreren Braunkohlenbergwerken des Reviers Guben hat man sich in neuerer Zeit wegen des Wasserreichthums des Hangenden und der Schwierigkeit, dasselbe mit saigeren Schächten zu durchteufen, der Ausführung flacher Schächte auf den ziemlich stark fallenden Flötzen zur Vorrichtung tieferer Sohlen zugewendet. Derartige Anlagen sind z. B. auf den Gruben Hoffnung Marie bei Seiffersdorf, Constantia bei Kunzendorf u. a. ausgeführt.

Auch bei den Grüneberger Braunkohlengruben in der Lausitz wendet man dieses Verfahren an. Man bringt dort gewöhnlich zwei nahe nebeneinander liegende flache Schächte in möglichst geringen Dimensionen nieder, verbindet sie Behufs Herstellung eines guten Wetterzuges in kurzen Abständen durch horizontale Durchhiebe und betreibt in diesen Schächten die Wasserhaltung. Zur Förderung teuft man später einen saigeren Schacht ab, nach-

*) Ganz vor Kurzem hat sich ein solcher Fall in Oberschlesien ereignet, der, wie ich höre, zwei Arbeitern sehr bedeutende Verletzungen zugezogen. Ein Schuss war ausgeblieben, indem das Zündhütchen nicht explodirte. Man bohrte nun den Schuss auf und dieser ging während dieser Arbeit los, wahrscheinlich dadurch, dass der Bohrer auf das intacte Zündhütchen traf und dieses zur Detonation brachte.

dem man den Punkt, wo derselbe abgeteuft werden soll, unterfahren und durch Vorbohren die zu durchteufenden Schichten abgetrocknet hat.

Aus Wieliczka.

Das stetige Fallen des Wassers hat nun das Niveau auf 2⁰ 2' 2" (am 28. Juli) unter den Horizont Haus Oesterreich gebracht.

Das Albrecht-Gesenk ist auf 36⁰ gediehen und wird in etwa einer Woche das Niveau des Kloski-Schlages erreicht haben. Die Verzimmerung der entwässerten Strecken, sowie die Verstürzung älterer Hohlräume in der Nähe der in Angriff zu nehmenden Gewältigungs-Arbeiten nehmen ihren Fortgang.

Der Salzgewinnungsbetrieb geht normal von Statten und es ist in der abgelaufenen Woche sonst nichts Bemerkenswerthes vorgefallen.

Literatur.

Die Zukunft des österreichischen Eisenwesens, insbesondere der Roheisen-Erzeugung. Beleuchtet von P. Tunner. Wien. Verlag von Faesy und Frick. 1869.

In dieser drei Bogen starken Broschüre beginnt der Verfasser mit der Mittheilung einer vom volkswirthschaftlichen Klubb des Reichsrathes eingebrachten Denkschrift an den Finanzminister, betreffend die Coaks-Roheisen-Erzeugung in Steiermark und Kärnten. Der nächste Erfolg der Druckschrift schien allerdings nicht ganz im Sinne der Verfasser, denn sie erhielt keine definitive formelle Erledigung; allein die in Folge derselben eingeleiteten Enquêten trugen wesentlich bei, den Entschluss des Verkaufs der Innerberger Eisenwerke, so weit solche dem Staate gehörten, an eine Privatgesellschaft — zur Reife zu bringen und dadurch die Bahn für andere ähnliche Gesellschaften zu brechen, an welche derzeit schon der grösste Theil des Staatseisenwerkes und mehrerer der bedeutensten Eisenwerks-Complexe Privater in Steiermark und Kärnten übergegangen sind. Insoferne gehört jene Druckschrift, als der „erste rollende Stein", der Bewegung in diesen Zweig gebracht hat, ganz zweckmässig an die Spitze dieser Broschüre.

Ohne gerade in Allem und Jedem mit dem hochgeehrten Hrn. Verfasser übereinzustimmen, müssen wir doch auf die sehr wichtige Untersuchung desselben „wie sich das österr. Eisenwesen nach diesem vollbrachten Umschwunge gegenüber dem Auslande stellen würde, insbesondere gegenüber England, Preussen, Frankreich, Belgien (S. 29—40) und auf die vergleichenden Anschaffungskosten, Berechnungen des Coakseisens (S. 41—47) hinweisen, welche einen werthvollen Anhaltspunkt für praktische Ausführungen bieten.

Ueber die Wahl der Orte, die der Verfasser für zweckmässig hält, sind wir anderer Ansicht; allein wir wollen einen Streit darüber vermeiden, zumal wir glauben, dass auch nicht alle massgebenden Persönlichkeiten der Praxis einstimmig mit dem Verfasser votiren würden. Ebenso verhält es sich mit einer etwas abschätzigen Randglosse in Betreff einer anderen Gesellschaft (Z. 6, S. 12), die wir als subjective Ansicht unberührt lassen wollen.

Die kleine Schrift verdient allgemeine Beachtung nicht blos für die Innerberger-, sondern für alle neuen Eisenwerks Gesellschaften, sowie das jahrelange Streben und Eifer des Verfassers für Massenerzeugung und Coaksanwendung nicht genug anerkannt werden kann. Gegen den Einwand von „Ueberproductionsgefahr" sagt S. 27 der Verfasser ganz richtig — doch nein! wir wollen nicht citiren, wir müssten sonst fast die Hälfte der Broschüre abschreiben — man kaufe und lese, und beherzige sie, man discutire die darin enthaltenen Sätze, aber man freue sich mit uns, dass gesunde Ansichten fachmännisch offen ausgesprochen und Fragen solcher Bedeutung angeregt werden! O. H.

Kurz gefasstes Lehrbuch der Chemie und chemischen Technologie. Zum Gebrauche als Grundlage beim Unterrichte in Real-, Gewerbe- und Bergschulen, sowie an allen technischen und höheren Lehranstalten, von Dr. R. Stammer. Zweite, umgearbeitete Auflage. Essen. Druck und Verlag von G. D. Bädeker 1869. (Preis 28 Sgr.)

In drei Theilen: I. Unorganische Chemie; II. Organische Chemie und III. Chemische Technologie wird auf 18 Druckbogen ein Elementarbuch für die allgemeinen Grundbegriffe geliefert, welches für Mittelschulen und zum Repetitorium viel Nützliches enthält. Allein die metallurgischen Anordnungen sind nicht in dem III. Theil „chemische Technologie" einbezogen, sondern nebenher bei den Metallen im I. Theil behandelt und in einer für „Bergschulen" nicht genügenden Ausdehnung. Zur Vorbereitung vor dem Besuch einer Bergschule und um für später metallurgische Studien eine chemische Grundlage zu gewinnen, eignet sich dies Verfahren auf gleichzeitiger Mitwirkung mündlicher Vorträge und dem Vorweisen technischer Zeichnungen, verbunden mit dem Besuche von Hütten- und technischen Werkstätten. Dies setzt der Verfasser auch voraus und hat deshalb Zeichnungen absichtlich weggelassen; wohl auch mit Rücksicht auf die Wohlfeilheit. Aber eben darum ist es kein Buch zum Selbststudium, sondern ein Leitfaden und Repetitorium für den Unterricht. Unser Fach ist nur in einigen Partien vertreten. Daher wir auch nicht näher in den Inhalt eingehen. O. H.

Berggesetzgebung für das Königreich Baiern. 1. Beisatz: das Berggesetz vom 20. Mai 1864. 2. Beisatz: das Gesetz über die Abgaben von den Bergwerken vom 6. April 1869 nebst Erläuterungen und Inhalts-Verzeichniss. München. Gg. Franz'sche Buch- und Kunsthandlung. (Ed. Lotzbeck.)

Wir müssen uns vorbehalten, über den Inhalt dieses neuen Berggesetzes diesmal besonders und ausführlich zu sprechen und begnügen uns nur jetzt, das Erscheinen desselben anzuzeigen. Die Erläuterungen, welche den beiden Heften beigegeben sind, bilden kein eigentliches Commentar, sondern im Wesentlichen die kurzgefassten Motive für die Bestimmungen desselben.

So lange es nicht gelingt, ein allgemeines deutsches Berggesetz zu certificiren, muss jeder Fortschritt auf diesem Gebiete, auch wenn er noch eine besondere Bahn zu gehen scheint, willkommen geheissen werden. Die Principien der vorzüglichsten neuen Berggesetze Mitteleuropa's sind jedoch schon so sehr mit einander verwandt, dass man wohl schon von einem deutschen Bergrechte sprechen kann, dessen Durchführung nur noch mancherlei Modificationen zeigt, ähnlich wie sich früher die Bergordnungen zum gemeinen deutschen Bergrecht verhielten.

Mit der Zeit wird den kurzen Motiven-Erläuterungen wohl ein ausführlicherer Commentar folgen; nur würden wir dem Verfasser desselben rathen, eine Darstellung des baierischen Bergbaues seiner localen und historischen Eigenthümlichkeiten wegen vorauszuschicken, weil sich dann aus diesen der innere Bau des Berggesetzes am leichtesten erklärt. (O. H.)

Beiträge zur geognostischen Kenntniss des Erzgebirges. Herausgegeben von dem Gang-Untersuchungsarchiv zu Freiberg. Mit zwei Tafeln und acht Holzschnitten. Freiberg In Commission von Cruz und Gerlach. 1869.

Dieses neueste Heft der Publicationen des Gang-Untersuchungsarchivs enthält einen ausführlichen Bericht über die Gesteins- und Gang-Verhältnisse bei Himmelfürst-Fundgrube zu Erbisdorf von Bernh. Förster, dann zwei Abhandlungen des rühmlichst bekannten Gangkenners Hermann Müller über die Erzführungsverhältnisse der Gänge im südlicheren Theil der Freiberger Krone, insbesondere bei Himmelfürst-Fundgrube, und über die Flötztrümmerzüge in den Gruben zwischen Freiberg und Brand.

Ein Auszug aus diesem Hefte ist wohl nicht zu machen. Wir können es aber allen Gangbergleuten bestens empfehlen, da es ein Muster gründlicher Gangstudien ist, und die Aufmerksamkeit der Leser auf die vielfachen, dem oberflächlichen Beobachter entgehenden Erscheinungen, der Erzführung insbesondere an den Grenzen mancher Gesteinsarten zu lenken geeignet ist. So detaillirte Gangstudien sind heut zu Tage fast unentbehrlich und doch fehlen sie noch an vielen Orten. Freiberg geht auch hierin mit nachahmungswerthem Beispiele voran! O. H.

Notizen.

Schachtförderung. In dem Schachte der Steinkohlen Erin bei Castrop in Westphalen erfolgt die Führung der Förderkörbe durch je 4 Drahtseile von $^5/_4$" Stärke, welche oben im Schachtthurm befestigt sind und lothrecht in den Schacht niederhängend unter der Anschlagsohle mit je 30 Ctr. beschwert sind. An jeder der acht Ecken des Schachtförderkorbes ist eine Tülle von Rothguss angebracht, deren zwei übereinander stehende ein Seil umfassen, so dass der Korb an den vier Seilen auf- und niedergleitet. Zur Verminderung der Reibung werden die Seile häufig mit einer Mischung von Talg und Theer geschmiert. Der Spielraum zwischen den beiden Förderkörben beträgt 12". Ein Schwanken der Seile im Schacht ist kaum bemerkbar. Bei dieser Einrichtung wird der vorhandene Schachtraum nicht durch die sonst übliche Zimmerung beschränkt und gewährt dieselbe den Vortheil grosser Raumersparniss. Fangvorrichtung, wie bei hölzernen Leitbäumen, lässt sich hierbei jedoch nicht anwenden. (Dtsch. Ind.-Ztg.)

Explosion schlagender Wetter. Auf der Kohlengrube Ferndale in der südwalischen Grafschaft Glamorgan, wo am 8. Nov. 1867 170 Menschen durch eine Explosion zu Tode kamen, hat am 10. Juni eine ähnliche Katastrophe stattgefunden. Diesmal beläuft sich die Zahl der Verunglückten auf 60, abgesehen von denen, welche in der unmittelbaren Nähe der Explosionsstätte gearbeitet hatten; sie waren bis zur Unkenntlichkeit entstellt, während die Opfer des Erstickungstodes äusserlich nur wenig verletzt waren. Ueber die Ursache des Unglücks herrschte grosse Ungewissheit, bis man auf einen Leichnam stiess, zu dessen Seite eine geöffnete Sicherheitslampe, sowie Pfeife und Tabak lagen, so dass hier aller Wahrscheinlichkeit nach die Ursache zu suchen ist. Wenigstens die Hälfte der Verunglückten waren verheiratet und hinterlassen ungefähr 50 Kinder. Telegraphisch wird gemeldet, dass in einem Theile der Grube eine Feuersbrunst ausgebrochen ist, und dass alle möglichen Anstalten gemacht werden, um das Feuer durch Abdämmung zu ersticken. (Bggeist.)

Bausteine aus Asche und Schlacken. Seit einigen Jahren begegnen wir in Westphalen und in den Rheinlanden einer Industrie, die eine allgemeine Aufmerksamkeit umsomehr verdient, als sie in doppelter Weise für grössere industrielle Werke bedeutende Vortheile gewährt, da sie einestheils Abfälle, die bisher ganz werthlos waren, nutzbar macht, anderntheils, weil sie die kostspielige Aufschüttung von Aschen und Schlackenhalden und die dadurch verursachte Ueberdeckung des gerade in der Nähe industrieller Werke so werthvollen Grund und Bodens verhindert. Es ist dieses die Fabrication sogenannter Luft- oder Vulkansteine aus Asche, Schlacken und Koaksabfällen. Wie wichtig diese noch neue Industrie mit Rücksicht auf Fortschaffung derartiger Rückstände und Abfälle sich erweist, das zeigt ein Blick auf die weitläufigen Aschenhalden neben grösseren Etablissements, denn während früher die werthlosen Massen ganze Acker fruchtbaren Bodens überdeckten und oft nur mit namhaften Kosten an Fuhrlohn weggeschafft werden mussten, wird es jetzt möglich, noch einen Vortheil aus denselben zu ziehen, der namentlich in Gegenden, wo Bausteine fehlen und Lehm zur Fabrication von Backsteinen nicht vorkommt, um so grösser ist, da daraus Material zur Anfertigung von Bausteinen gewonnen wird. So nahe nun auch die Verwerthung von Asche und Koaksabfällen zu diesem Zwecke lag, da seit längerer Zeit ja schon zur Mörtelbildung Asche gebraucht wurde und namentlich in Gegenden, wo Sand fehlte, fast allgemein zur Speisebereitung bei grösseren Bauten Verwendung fand, so bedurfte es doch erst der Auffindung eines geeigneten, den Witterungseinflüssen widerstehenden Bindemittels, was gleichzeitig den aus dieser Mörtelmasse geformten Steinen eine Festigkeit verlieh, die sie zur Verwendung zu Bauzwecken tauglich machte. Dieses gelang dem Fabricanten N. Schröder zu Kreuznach, der durch Anwendung von hydraulischem Kalk und einigen anderen bindenden Stoffen Backsteine aus Tuffschroten, Asche und dergleichen Abfällen formte, deren Fabrication er nach und nach so vervollkommnete, dass er ein Patent auf seine Methode empfing. Die nach dem Schröder'schen System angefertigten Steine erfüllen nicht nur alle Anforderungen, die man an ein derartiges Baumaterial stellen kann, sondern bieten gegen andere Backsteine noch besondere Vortheile, die eine allgemeine Verwendung wohl bald anbahnen werden. Die Grösse der Steine, die bei der Leichtigkeit des Materials fast die doppelte von gewöhnlichen Mauersteinen sein kann, ohne den Maurer mehr anzustrengen, gewährt eine grosse Ersparniss an Mörtel und Zeit und erlaubt einen viel festeren und besseren Verband des Mauerwerkes, dabei belasten diese Steine den Bau nicht unnöthig und geben eine sehr trockene und alle Feuchtigkeit abweisende Mauerung, die sich vornehmlich zu Kellergewölben ausserordentlich bewährt. Die Herstellungskosten sind bei mässigem Anlagscapital nur sehr gering und erfordert die Fabrication einen verhältnissmässig kleinen Raum, so dass sie bei jedem Werke angebracht werden kann. Trotz den grossen Vortheilen, die somit die Fabrication von solchen Aschensteinen bietet, finden wir dieselbe in Westphalen noch wenig verbreitet und begegnen derselben nur auf den Bahnhöfen in Langendreer, Dortmund und Herne, sowie im Puddel- und Walzwerke der Herren Funke und Elbers in Hagen, wo sie mit grossem Erfolge betrieben wird. Es dürfte daher wohl an der Zeit sein, die allgemeinere Aufmerksamkeit auf diese in jeder Hinsicht so wichtige Industrie zu lenken, der gerade in unserer aschen- und schlackenreichen Provinz noch eine bedeutende Zukunft bevorsteht, umsomehr als hier ohnehin schon genug Grund und Boden durch die industriellen Anlagen der Ausnutzung entzogen ist und so doch mancher Morgen guten Landes der besseren Verwerthung wieder übergeben werden kann. (Glück auf.)

Berghauptmann Ekl. Vor Kurzem wurde der k. k. Berghauptmann Ad. Ekl in Pilsen in den Ruhestand versetzt. Dieser Umstand bot den bergmännischen Fachgenossen eine willkommene Gelegenheit, der vielfachen Verdienste eines Mannes zu gedenken, welcher Gesetz und Liberalität stets entsprechend zu vereinen, und sich so Vertrauen, Achtung und Liebe unter allen Fachgenossen zu erwerben verstand. Die von einem Comité unterm 8. Mai l. J. ergangene Anfrage an alle Fachgenossen: „Ob dieselben gewillt seien, das Andenken des scheidenden Herrn Berghauptmanns durch Beschaffung eines silbernen, mit den Namen sämmtlicher Verehrer versehenen Pokals zu ehren", fand einstimmige Anerkennung, und ermöglichte auch durch allgemeine Betheiligung die Ausführung dieses Vorhabens. Die Uebergabe dieses wahrhaft künstlerisch ausgeführten, aus dem wohlbekannten Etablissement „Goldschmid's Söhne in Prag hervorgegangenen Ehrengeschenkes erfolgte durch eine Deputation am 15. d. unter gefälliger Mitwirkung des wackeren deutschen Männer-Gesangvereines von Pilsen, und nachdem von einem Deputations-Mitgliede im Namen aller Betheiligten eine kurze Ansprache gehalten und dieselbe auch erwiedert wurde, fand auch dieser in nichtbergmännischen Kreisen beifällig aufgenommene Act seinen Abschluss. A. P.

Amtliche Mittheilungen.

Se k. u. k. Apostolische Majestät haben mit Allerhöchster Entschliessung vom 25. Juli d. J. dem Rechnungs-Official im Finanzministerium Rudolf Boynger in Anerkennung seiner vorzüglichen Dienstleistung taxfrei den Titel und Charakter eines Rechnungsrathes allergnädigst zu verleihen geruht.

Erledigte Dienststellen.

Dienststellen zur Ausführung der Arbeiten in Absicht auf die Regelung der Grundsteuer.

Zum Zwecke der Durchführung des Gesetzes vom 24. Mai 1869 über die Regelung der Grundsteuer kommen in den im Reichsrathe vertretenen Königreichen und Ländern auf die Dauer dieses Geschäftes in grösserer Anzahl folgende Dienststellen zu besetzen:

a) Referentenstellen bei den Bezirks-Schätzungs-Commissionen für das ökonomische Schätzungs- und Waldschätzungs-Geschäft mit den Taggeldern von 3 fl., 4 fl. und 5 fl.;
b) Geometersstellen mit den Taggeldern von 2 fl., 3 fl. und 4 fl.
c) Vermessungs-Adjunctenstellen mit den Taggeldern von 1 fl. 40 kr. und 1 fl. 60 kr.

Den activen und pensionirten Staatsbeamten und den activen und in Ruhestand befindlichen Katastralbeamten wird eine angemessene Zulage zu ihrem dermaligen Activbezuge oder Ruhegenusse gewährt werden.

Die eigenhändig geschriebenen Gesuche sind bis zum 15. August 1869 von den activen Staatsdienern im vorgeschriebenen

Dienstwege mittelbar, von den anderen Bewerbern aber unmittelbar, und zwar bezüglich der Dienststellen sub *a* bei dem k. k. Präsidium der betreffenden Statthalterei oder Landesregierung, bezüglich jener sub *b* und *c*, dagegen bei dem k. k. Finanz-Ministerium einzubringen.

Hiebei ist mittelst legaler Zeugnisse gleichmässig für alle Dienststellen nachzuweisen:

Staatsangehörigkeit, Alter, Stand, die zurückgelegten Studien und praktischen Prüfungen, das bürgerliche Wohlverhalten und körperliche Gesundheit, die bisherige Dienstleistung oder Verwendung. Insbesondere ist aber noch nachzuweisen bezüglich der Dienststellen sub *a*: die ökonomische und beziehungsweise forstliche Ausbildung und die Kenntniss der Landessprachen, die in dem Lande oder in den Landestheilen, für welche sich in Bewerbung gesetzt wird, üblich sind; dann bezüglich der Dienststellen sub *b*: die Befähigung zu Messtisch-Aufnahmen und für jene sub *c*: die Befähigung zum Situations-Zeichen.

Bezüglich der Dienststellen sub *a* wird auf Angehörige des betreffenden Landes- und hinsichtlich der Dienststellung sub *b* und *c* auf jene Bewerber vorzüglich Bedacht genommen werden, welche der bezüglichen Landessprache mächtig sind.

(Z. 19328 ddo. 11. Juli 1869.)

Kundmachung.

Von der k. k. Berghauptmannschaft Cilli wird bei dem Umstande als das aus vier Doppelmassen bestehende Braunkohlen-Grubenfeld Theresia zu Klutscharowetz, Bezirk Pettau im Marburger Kreise des Kronlandes Steiermark, seit längerer Zeit ausser Betrieb steht und gänzlich verfallen ist, nachdem über die im ämtlichen Anzeigeblatte der Grazer Zeitung Nr. 9 am 13., 14. und 15. Jänner 1869 kundgemachte Aufforderung an den Alleinbesitzer dieses Bergbaues Johann Kopfstein innerhalb der 90tägigen Frist eine Rechtfertigung über die Einstellung des Betriebes, die Vernachlässigung der vorschriftsmässigen Bauhafthaltung, die Unterlassung der Anzeige des Aufenthaltes oder der Bestellung eines im Bezirke dieser Bergbehörde wohnhaften Bevollmächtigten, sowie der Berichtigung der rückständigen Massengebühren, bisher nicht eingebracht wurde, auf Grund der §§. 243 und 244 allg. Berggesetzes auf die Entziehung des bezeichneten Bergbaues mit dem Zusatze erkannt, dass nach eingetretener Rechtskraft dieses Erkenntnisses im Sinne des §. 253 allg. Berggesetzes vorgegangen werden wird.

Von der k. k. Berghauptmannschaft

Cilli, am 29. Juli 1869.

— —

Diese Zeitschrift erscheint wöchentlich einen Bogen stark mit den nöthigen artistischen Beigaben. Der Pränumerationspreis ist jährlich loco Wien 8 fl. ö. W. oder 5 Thlr. 10 Ngr. Mit franco Postversendung 8 fl. 80 kr. ö. W. Die Jahresabonnenten erhalten einen officiellen Bericht über die Erfahrungen im berg- und hüttenmännischen Maschinen-, Bau- und Aufbereitungswesen sammt Atlas als Gratisbeilage. Inserate finden gegen 8 kr. ö. W. oder 1½ Ngr. die gespaltene Nonpareillezeile Aufnahme. Zuschriften jeder Art können nur franco angenommen werden.

Druck von Carl Fromme in Wien. Für den Verlag verantwortlich Carl Reger

№ 32. XVII. Jahrgang. Oesterreichische Zeitschrift 1869. 9. August.

für

Berg- und Hüttenwesen.

Verantwortlicher Redacteur: Dr. Otto Freiherr von Hingenau.
k. k. Ministerialrath im Finanzministerium.

Verlag der G. J. Manz'schen Buchhandlung (Kohlmarkt 7) in Wien.

Notizen über das Bergöl in Galizien.

Von Anton Strzelbicki.

Das Bergöl wird im gewöhnlichen Leben „Naphta", in der Gegend von Boryslaw, Drohobyczer Kreis „kipiaczka", bei Sanok „ropa" und in der Bukowina und Moldau „pekra" genannt. Die triviale Benennung „Kipiaczka" stammt von dem polnischen Worte „kipic" (deutsch: sieden) her, weil das Rohproduct aus dem Gestein mit Brausen, gleich jenem des siedenden Wassers, hervortritt. Mit „ropa" (Salzsoole) wird das Bergöl bezeichnet, weil es zuerst beim Schürfen auf salzige Wässer angetroffen wurde und weil das Landvolk alle Flüssigkeiten, die ausser dem Wasser aus der Erde hervorquellen, „ropa" zu benennen pflegt.

Der Industrie des Bergöls gebührt nach jener des Ackerbaues, der Forste und des Salzes unbestreitbar der erste Platz. Aus dieser Industrie schöpfen Tausende ihren Lebensunterhalt; die benachbarten Kronländer, dann Russland, Polen, Preussen und Italien zahlen für dieses Product jährlich gegen zwei Millionen Gulden, und dieser Ertrag kann mit jenem gar nicht verglichen werden, der sich erzielen liesse, wenn die Production nicht im rohen Zustande wäre, wenn sie ferner nicht so sehr vertheilt und das Schurfrecht nicht meistens in mittellosen Händen sein würde.

In Galizien die Benennung mancher Bäche, Flüsse, Auen, Dörfer und Städtchen, als: „Ropa, Ropianka, Ropica, Ropianogóra" u. s. w. beweisen, dass das Bergöl schon vor Jahrhunderten bekannt war.

Da die geschichtliche Entwickelung der Bergöl-Industrie wenig wissenschaftliches Interesse darbietet, so werde ich mich in dieser Richtung in keine weitere Kritik einlassen, und es war nur meine Absicht nachzuweisen, dass das Bergöl kein neu entdecktes Product sei. Ich beginne mit den physikalischen Eigenschaften des Bergöls.

Das Bergöl ist specifisch leichter als das Wasser und bildet an der Oberfläche desselben eine sehr feine Schicht, an welcher die reflectirten Sonnenstrahlen gebrochen, die schönsten Regenbogenfarben spielen.

Die Farbe des Bergöls ist hellgrüngelb, grasgrün bis hellbraun, dunkelgrün und dunkelbraun. Das specifische Gewicht ist bei verschiedenen Varietäten verschieden, im Allgemeinen lässt sich aber annehmen, dass die hellen Gattungen specifisch leichter sind als die dunkleren. So z. B. das grüngelbe Bergöl der Umgebung von Sandec und Grybów in Klaczany, Wawrka und Wojnarowa hat das spec Gewicht 0·775 bis 0·785. Das grasgrüne Bergöl von Wojtowa im Gorlizer, Witrylów in Sanoker, Krasne in Brzozover Bezirk hat ein spec. Gewicht von 0·800 bis 0·810. Die dunkelgrasgrüne Varietät von Odrzechowa, Glebokie, Stoposiany, Bóbrka, Równe und Ropianka, Sanoker Bezirk, dann Boryslaw, Mraznica, Wolanka, Drohobyczer Bezirk, und endlich Siary, Sekowa, Ropica, Gorlizer Bezirk, hat ein spec. Gewicht von 0·820 bis 0·830. Die hellbraune Gattung von Plowie im Sanoker, Lipinki, Gorlizer, Lezyny, Zmigroder, Berechy Ustryker Bezirk hat ein spec. Gewicht von 0·840 bis 0·855. Und endlich die dunkelbraune Gattung von Harklowa, Jasloer, Zagórz Sanoker Kreis, hat das spec. Gewicht von 0·900 bis 0·925.

Das rohe Bergöl hat einen Geruch, der vom angenehm ätherischen bis zu einem stark bituminösen auf die Athmungs-Organe unangenehm wirkenden hinaufsteigt. Der Geschmack ist ranzig, ölig, ähnlich dem nach bitteren Mandeln.

Das Bergöl scheidet schon bei gewöhnlicher Temperatur flüchtige Gase aus, namentlich wenn dasselbe frisch gefördert ist, obgleich dasselbe schon im Erdinneren viele ätherisch flüchtige Bestandtheile verloren hat. Diese flüchtigen Gase lassen sich nicht condensiren und sind wahrscheinlich schwer condensirbare Kohlenwasserstoff-Verbindungen. Mit der Steigerung der Temperatur werden mehr Gase frei, diese lassen sich jedoch durch die Abkühlung wieder in den tropfbaren Zustand zurückführen. Je nach der Höhe der Temperatur sind die verflüchtigenden Gase verschieden und darnach auch die aus denselben condensirte Flüssigkeit. So z. B. erhält man bei 40° bis 80° Cels. eine specifisch sehr leichte, dem Aether an Gewicht gleichende Flüssigkeit, „Ligroin" genannt, während bei 200° bis 300° Cels. eine Flüssigkeit überdestillirt, welche beinahe dem gewöhnlichen Oele gleicht. Im Allgemeinen erhält man beim langsamen Steigern der

Temperatur sehr viele Producte vom verschiedenem specifischem Gewichte, man kann sogar behaupten, dass eine genaue Trennung einer gewissen Verbindung sich gar nicht bewerkstelligen lässt, und die Ansicht scheint daher richtig zu sein, dass man mit jeweiliger Erhöhung der Temperatur auch andere Producte erhält.

Die hellen, specifisch leichteren Oele scheiden mehr flüchtige Gase als die dunkleren, schwereren, man erhält hiemit mehr Ligroin von den ersteren als letzteren.

Die allgemeine physische Eigenschaft der Ausdehnung durch die Wärme beeinflusst das Bergöl in dem Masse, dass je 4° Cels. dasselbe um 0·005 specifisch leichter machen. Will man daher das wirkliche specifische Gewicht des Bergöls bestimmen, so muss auf die Wärme Rücksicht genommen werden, und indem man + 14° Cels. als Norm annimmt, muss man den beziehungsweisen Temperaturunterschied in Rechnung bringen.

Mit der Analyse des galizischen Bergöls und der beziehungsweisen Abfallsproducte haben sich bis nun zu wenig Autoritäten befasst, und obgleich im Interesse einiger Fabriken Analysen ausgeführt worden sind, so entbehren dieselben einer Präcision und des nöthigen Zusammenhanges. Es wäre daher im Interesse der gesammten Naphta-Industrie, damit eine öffentliche Anstalt ihr Augenmerk diesem Gegenstande zuwende, die Analysen der charakteristischen Variäteten vollführe, dieselbe der Oeffentlichkeit übergebe und auf diese Art der Fabrikation eine wissenschaftliche Grundlage verleihe. Denn wie kann an irgend einen Fortschritt in der Praxis gedacht werden, wenn derselben die Theorie nicht hilfreich an die Hand geht?

Beinahe ein jedes Bergöl enthält Paraffin, obgleich einige Varietäten, wie das von Bóbrka, Siary, Lezyny nur kaum merkliche Spuren davon besitzen. Das paraffinreichste Bergöl ist jenes von Boryslaw, namentlich auf Wolanka, wo so viel Paraffin im Gestein ausgeschieden vorkommt, dass dasselbe ein selbstständiges Product bildet, und das Bergöl ist neben demselben als ein accessorischer Bestandtheil vorhanden.

Das Paraffin ist gleich dem Bergöle eine chemische Verbindung des Kohlenstoffes und Wasserstoffes ohne Geruch und Geschmack. Bis + 8° Cels. erstarrt das Paraffin zu einer weissen, fetten, glänzenden, schuppigen Masse, bei 40° Cels. schmilzt es und verflüchtigt bei einer höheren Temperatur, beiläufig bei derselben, bei welcher die schweren Oele des Bergöls überdestilliren. Hierauf beruht die Ausscheidung des Paraffins aus den paraffinhältigen Bergölen, in welchen dasselbe als ein Bestandtheil vorkommt.

Analog den chemischen Verbindungen des Bergöles bestehen auch ähnliche Verbindungen des Paraffins, welche bei verschiedenen Temperaturgraden als verschiedene Körper sich ausscheiden. Es fehlen aber nähere Daten über das Atomenverhältniss der speciellen Producte derselben.

Ist das Paraffin im Bergöl überwiegend, so erscheint das Product in mehr oder weniger fester Form, verunreinigt durch fremde Bestandtheile. In diesem Zustande nennt man es Bergwachs oder Ozokerit, welches verschiedenes Aussehen hat. Es kommt ein hellgelbes, ähnlich dem Bienenwachse, grüngelbes, dunkelgrünes bis dunkelbraunes Berg- oder Erdwachs vor.

Die Menge des im Erdwachse enthaltenen Bergöls ist verschieden. Das Bergwachs, welches in oberen Schichten vorkommt und dann meist fester ist, hat weniger Oele und nur die schwereren desselben. Das Bergwachs der tieferen Schichten hat 30 bis 40 Proc. Oel, das zur Beleuchtung benützt werden kann, jedoch an Qualität dem aus dem Bergöle sehr nachsteht, indem dasselbe bei grösserer Kälte erstarrt, wie auch den Docht durch Verstopfung der Capillargefässe verunreinigt.

Das Bergwachs ist bisher nur bei Boryslaw in Galizien und bei Slanica in der Walachei in bedeutenderen Lagen entdeckt worden.

Das Bergöl und Erdwachs ist mehr oder weniger durch fremde Körper theils unorganische, theils organische verunreinigt, unter denen die Schwefel-, Phosphor- und Chlor-Verbindungen, wie auch die Harze die wichtigsten sind, deren Verhalten und Natur aber bis nun zu wenig untersucht wurde.

Geologischer Charakter der bergölführenden Gesteine.

Die jüngere tertiäre Formation in einem breiten Gürtel bogenförmig von Schlesien über Galizien, Bukowina, Moldau und Walachei bis nach Serbien sich erstreckend, erreicht ihre grösste Mächtigkeit und Ausbreitung in Galizien.

Die Hauptstreichungsrichtung ist in der Regel dem Rücken der Karpathen entsprechend und parallel, so dass wir im Sandecer Kreise eine Richtung von Südwest nach Nordost, im Jasloer und Sanoker von West nach Ost, im Samborer, Stryjer, Kolomyjer und Stanislauer Kreise von Nordwest nach Südost, und in der Moldau und Walachei eine ganz südliche Richtung wahrnehmen. Das Fallen der Schichten ist sehr verschieden, jedoch meistens stark geneigt, sogar steil; schwebende Schichten gehören zu den selteneren.

An vielen Stellen, namentlich in den Flussbetten grösserer Flüsse, kann die Schichtung genau gesehen werden, besonders dort, wo das Flussbett tief in das Gebirge dem Einflusse der Witterung Widerstand geleistet hat. In solchen tiefen Einschnitten kommen Verwürfe aller Art, Sprünge, zikzakförmige Biegungen, Sattel, Mulden, überhaupt alle möglichen Störungen in der Lagerung vor. Regelmässige Lagerung auf grössere Strecken ist seltener.

Die Hauptbestandtheile dieser Formation sind verschiedenartige Sandsteine und thonige Schiefer.

Die Sandsteine sind meistens grau, bläulich, schmutzig gelb, durch Eisengehalt roth gefärbt, grünlich oder durch Bitumen dunkel gefärbt, dicht oder grobkörnig, krystallinisch, mit thonigem oder quarzigem Bindemittel, mitunter conglomeratartig.

Die thonigen Sandsteine mit einem erdigen, muscheligen oder grobkörnigen Bruche verwittern an der Luft schnell und bilden dann einen losen Sand, welcher eine hellere Farbe hat als der Sandstein, aus welchem derselbe entstanden. Der leichten Verwitterbarkeit wegen sind diese Gattungen für Bauten untauglich. Hingegen sind die krystallinischen Sandsteine mit quarzigem Gefüge sehr hart, dicht, im Bruche krystallinisch und widerstehen der Witterung sehr gut, deshalb werden sie für Bauten, als Strassenmaterial und als Mühlsteine verwendet.

Die Mächtigkeit der thonigen, wie der quarzigen Sandsteine ist verschieden, jedoch kommen die thonigen in mächtigeren Lagen vor als die zweiten.

Die Sandsteine wechsellagern gewöhnlich mit Schiefer und kommen seltener in grossen Ablagerungen allein vor.

Die thonigen Schiefer sind sehr mannigfaltig, sowohl in Hinsicht auf die Farbe, als auch auf äusseres Ansehen. Meistens sind die Schiefer grau, obgleich anders gefärbte oft in grossen Massen auftreten, wie z. B. die rothen und blauen Letten, schmutzig gelbe, grünlich graue, grüne, buntgefärbte, dunkle bis schwarze.

Die dunklen Schiefer enthalten zahlreiche organische Ueberreste und dieselben sind manchmal in der thonigen Masse so beträchtlich, dass sie einen bituminösen Geruch entwickeln, namentlich im frischen Bruche der Materie. Andere Schiefer haben gar keinen bituminösen Geruch, besitzen aber einen salzigen zusammenziehenden Geschmack.

Die Schichtung der Schiefer ist stets schieferig, in dünne Blätter theilbar, seltener viele Zolle mächtige Lagen bildend. Ueberhaupt herrscht bei den Schiefern eine solche Mannigfaltigkeit in Hinsicht auf die Theilbarkeit, sowohl in der Richtung der Schichtenfläche wie auch verquerend auf dieselben, so dass die Schiefer bald gross, bald kleinwürfelig, bald hexaedrisch, bald romboedrisch, dünn oder dick getäfelt auftreten.

Die Härte derselben ist verschieden, einige lassen sich schon zwischen den Fingern zerbröckeln, andere sind hingegen so hart, dass zu der Störung ihres Aggregatzustandes eine grössere Kraft erforderlich ist. Dem Einflusse der Luft und des Wassers leisten die Schiefer gar keinen Widerstand und zerfallen zu Thon. Der Bruch ist entweder muschelig, erdig oder rauh, und fühlen sich fett oder milde an, besonders die thonigen bituminösen Arten.

Zu den untergeordneten Gesteinen dieser Formation gehören: die mergelartigen Kalke, grau oder dunkel gefärbt, gewöhnlich in nicht mächtigen Lagen auftretend, wie auch der Gyps mit seinen verschiedenen Abarten.

Der Sandstein ist an Versteinerungen sehr arm und die gefundenen sind sehr undeutlich, meist kugelartig oder dendritisch.

Die bituminösen Schiefer, wie z. B. in Wojnarowa bei Grybów, in Slary bei Gorlice, in Rogi bei Dukla, in Strzylki bei Stare Miasto enthalten zahlreiche Abdrücke und namentlich sehr wohl erhaltene Ueberreste von Fischen.

Die Kalke sind sehr versteinerungreich und scheinen manchmal wie aus lauter Fucoiden und Muscheln bestehend.

Die Bergöl-, Erdwachs-, Salz-, Schwefel-, Kohlenwasserstoff- und wie in Peretuki sogar Chlorwasserstoff-Quellen führenden Gesteine liegen im Hangenden der Salzformation, sind daher jünger als dieselbe. Ihre Ausbreitung ist nicht regelmässig, indem dieselben einmal in breitem Gürtel auftreten, bald sich auskeilen und von anderen Gesteinen verdrängt werden.

Das Bergöl kommt ausser in den oben schon erwähnten Bergbauen noch an folgenden Orten vor. In der Limanowa, Kleczany und Wieloglowy, Sandezer Bezirk, in Szynbark, Mecina, Malaslów, Kryg und Ropa, Gorlizer Bezirk, in Pielgrzymka, Faliszówka, Zmigroder Bezirk, in Toroszówka, Weglówka, Leki, Targowiska, Iwonicz, Krosnoer Bezirk, in Golcowa, Malinówka, Brzozower Bezirk, in Strachocin, Barzanówka, Pisarowice, Prusiek, Niebieszczany, Bukowsko, Karlików, Rozpucie, Wankowa, Witryłów, Ropienka, Stróze, Zachutyn, Zagórz, Sanoker Bezirk, in Ustianowa, Rudawka, Kroscienko, Ustrzyker Bezirk, in Suczyca, Rosochy, Mszaniec. Kropiwnik, Drohobyczer Bezirk, in der Gegend von Peczynizyn und Solotwina.

Ich erwähne blos Orte, die mir grösstentheils bekannt sind, ausser denen kommen noch im ehemaligen Kolomyer und Stanislauer Kreise zahlreiche Bergölquellen vor.

Beim Studium der Bergölquellen bin ich zu folgenden Betrachtungen gelangt.

1. Ueberall, wo nur Spuren von Bergöl vorhanden sind, findet man bituminöse Schiefer, entweder unmittelbar an der Stelle oder in der Nachbarschaft des Gesteins, wo die Quelle vorkommt.

2. Diese bituminösen Schiefer, der trockenen Destillation unterworfen, geben, wenn noch so geringe Procente einer Flüssigkeit, welche mit den schweren Oelen des Bergöls identisch sind.

3. Besitzt ein durchfahrener Sandstein Einschlüsse von bituminösen Schiefern in Form von Nestern, so gibt sich dessen Vorhandensein schon etliche Fusse, ehe man zu einem Neste gelangt, kund durch das Auftreten der Bergölspuren. Im Masse des Rauminhaltes solcher Nester und der Nähe derselben werden die Spuren bedeutender, verschwinden aber bald, nachdem man das Nest durchfahren.

Diese Erscheinung wiederholt sich so regelmässig und so sicher, dass man hieraus einen ganz richtigen Schluss auf die Nähe und Mächtigkeit der Schiefereinschlüsse ziehen kann.

4. An einigen Orten begegnete ich einen grobkörnigen sehr weichen Sandstein mit übewiegend bituminösthonigem Gefüge. Dieser Sandstein war in seiner ganzen Masse von Oel imprägnirt und in den Spalten und Rissen hat sich eine grössere Quantität angesammelt.

Diese Betrachtungen führen uns zu nachstehenden Schlussfolgerungen: dass der bituminöse Schiefer das einzige und alleinige Material war, woraus sich das Bergöl gebildet, und es lässt sich auch kaum anders denken, indem die Ursachen und Wirkungen, die Erscheinungen mit der Folgerung an allen Orten so innig und so regelmässig zusammenhängen. Daher habe ich bei den Schürfungen oder Hoffnungsbauten in einer unbekannten Gegend, oder beim Besuche eines bestehenden Bergbaues mein Augenmerk insbesondere auf:

1. die Qualität,
2. die Quantität,
3. die Lagerungsverhältnisse

der bituminösen Schiefer gerichtet, und diese drei Momente bildeten den Anhaltspunkt bei meiner Urtheilsfassung.

Ad 1. In der Tertiär-Formation, oder richtiger gesagt, in einem Gliede derselben, welches die ölführenden Schiefer enthält, sind verschiedenartige bituminöse Schiefer, von denen die einen ausschliesslich thonig, milde anzufühlen, im Bruche überwiegend muschelig, von dunkelgrauer, brauner oder schwarzer Farbe, mattglänzend bis fettglänzend, in dünne kurze Täfelchen theilbar sind, oder die ganze Masse besteht aus dünnen Schuppen verschiedenartig gebogen und gewunden, welche mandelförmige Einschlüsse einer härteren, wenngleich ähnlichen Masse enthält. Wieder andere Schiefer sind mehr sandig und die einzelnen Quarzkörner so fein, dass man sie mit blossem Auge nicht bemerken kann und sich blos im Bruche durch ihre Rauhigkeit anfühlen lassen; oder die Quarzkörner sind vom grösseren Korne und in solcher Fülle, dass sie dem Gesteine einen eigenthümlichen Charakter verleihen. Solche Schiefer sind dann hell, besitzen keinen Glanz, sind rauh im Anfühlen und specifisch schwerer als die thonigen.

Bei genauer Untersuchung der bituminösen Schiefer in den schon bestehenden Bergbauen, selbst in dem Orte, wo Ausbisse vorhanden, bemerkte ich, dass, je feiner und thoniger, je milder der Schiefer, desto grösser die Menge des Bergöls; hiemit die Schiefer erster Art für die Oelgewinnung vortheilhafter sind als die Letzteren.

Wahrscheinlich ist nicht nur die Menge, sondern auch die Art des im Schiefer enthaltenen Bitumens vom Einflusse auf die Quantität des ausgeschiedenen Bergöls, jedoch diesen Umstand konnte ich deswegen nicht ergründen, indem das Bitumen so dicht und fein in der thonigen Masse zerstreut ist, und das Gestein ein so dichtes compactes Ganzes bildet, dass man aus den diesweiligen Erfahrungen noch keinen richtigen Schluss fassen kann.

Im Allgemeinen lässt sich annehmen, es müssen verschiedene Arten Bitumina bestehen, wenn das Bergöl in verschiedenen Localitäten verschiedene Producte vorstellt, wie dies bei der Beschreibung der physikalischen Eigenschaften des Bergöls angegeben worden.

Ad 2. In Hinsicht auf die Mächtigkeit der Schiefer beobachtete ich, dass ein so inniger Zusammenhang zwischen der Mächtigkeit und der Oelmenge besteht, dass bei gleicher Qualität und bei gleichen Lagerungsverhältnissen immer eine mächtigere Schieferschicht auch eine grössere Oelmenge liefert.

Bergölspuren habe ich schon dort beobachtet, wo der Schiefer kaum etliche Zolle mächtig war. Grössere Oelansammlungen, die jedoch zu einer Exploatation nicht ausreichten, bemerkte ich in mächtigeren Schichten, und erst ein eine Klafter mächtiger Flötz lohnte die Gewinnung des Bergöls.

Mit voller Ueberzeugung kann ich aber behaupten, dass in Betreff der Ausgiebigkeit einer Schieferlage, wenn man blos ihr Ausmass berücksichtigt und die Lagerungsverhältnisse ausser Acht lässt, kein richtiger Schluss gefasst werden kann.

Ad 3. In Hinsicht auf die Lagerung beobachtete ich, dass sa'gere Schichten, entblösst oder mit einer dünnen Erdkrumme bedeckt, wenig Hoffnung auf grössere Oelmengen gewähren, und zwar selbst dann, wenn eine gute Schiefergattung mächtig entwickelt ist. Solche mittelst Schächten durchfahrene Schichten zeigten sehr grosse Spuren, gaben aber keine Veranlassung zu einer günstigen Bergölgewinnung.

Diese bei dem obigen Umstande an der Erdoberfläche oft angetroffenen Erscheinungen sind so täuschend und irreführend, dass der Unternehmer durch zahlreiche grosse Spuren angelockt, immer in die Teufe schreitend, erst dann mit der Arbeit aufhört, wenn Mangel an Geldmitteln, Hindernisse in der Arbeit oder die Ungeduld den Sieg davon trägt.

Aus dem oben Gesagten habe ich folgenden Schluss gemacht und denselben stets in der Praxis bestätigt gefunden, dass nur mächtige, bituminöse, flachliegende Schieferschichten, von allen Seiten wasserdicht geschlossen, insbesondere sobald sie mit genug mächtigen Sandsteinen wechsellagern und grosse zahlreiche Sprünge und Klüfte besitzen, ein für den Abbau höffliches Gestein bilden.

Diesem Erfahrungssatze als Grundlage habe ich die Theorie der trockenen Destillation unterlegt, indem durch die Destillation der bituminösen Schiefer dieselben Producte, wie das Bergöl, gewonnen werden können. Ich nahm daher an, dass im Erdinneren die gasdicht geschlossenen Schichten als Riesen-Retorten gedient haben, in welchen die Massen bituminöser Materialien überdestillirten und in die Kluften der festen Sandsteine, welche als Kühlschlangen fungirten, condensirt worden sind. Der Druck und die Erdwärme haben durch tausende und abermals tausende von Jahren dasselbe langsam vollendet, was wir in Laboratorien schnell aber im kleinen Massstabe ausführen.

Klar ist es uns daher, warum nur liegende, von allen Seiten geschlossene Schichten Bergöl enthalten, während stehende oder blosgelegte nur Spuren von Bergöl führen. Weil in den ersteren die flüchtigen Gase nicht in den Weltraum entgehen konnten und condensirt wurden; in steilen oder freiliegenden Schichten entwichen die Gase ungehindert und hinterliessen blos Erdölspuren im Nebengestein, welche im solchen Falle dickflüssig und in sehr geringen Masse vorkommen. —

Das Studium vieler bestehenden Oelbergbaue hat mich in der Ansicht vollkommen bekräftigt.

Das Dynamit.

Von Isidor Trauzl, Oberlieutenant der k. k. Genie-Waffe.

(Fortsetzung.)

Gefahr der Zersetzung*).

Die Einwendung, dass dieser Sprengstoff der Selbstzersetzung sehr ausgesetzt sei, schlägt Herr Trauzl nicht so hoch an, die Zersetzung des Sprengöls ist fast immer eine äusserst langsame, allmälige und ruhige, und es wird die Gasentwickelung nur dann heftig, wenn die Zersetzung bei hoher Temperatur stattfindet. Was das Dynamit betrifft, so wurde eine Partie desselben von Nobel selbst geprüft, indem er sie einen ganzen Sommer hindurch dem Einfluss in directen Sonnenstrahlen und des Wetters aussetzte, eine andere Partie durch 40 Tage einer Tempera ur von 60 – 70° Cels. unterwarf, ohne dass die geringste Veränderung bemerkt wurde. Auch beim eigentlichen Nitroglycerin ist die Zersetzung nicht so häufig, dass sie ein Hinderniss der Einführung dieses Sprengmittels bilden könnte.

D. Anwendungsweise des Dynamits.

I. Explosionsmethoden.

Wie bereits früher erwähnt wurde, erfolgt die Explosion des Dynamits, von einer Erhitzung auf 180° C.

*) Da die Abhandlung, wie sie in der Zeitschrift des Ingenieur-Vereins enthalten ist, etwas zu lang für unser Blatt ist, so geben wir sie, wo wir es thunlich halten, nur auszugsweise und bezeichnen diese Auszüge durch kleinere Schrift, während der volle Text der Abhandlung die grössere Schrift hat.
Die Red.

in festem Einschlusse abgesehen, nur in Folge einer in der Masse des Dynamits eingeleiteten Explosion eines andern Körpers, wie z B. einer Pulverpatrone oder eines Knallpräparates.

Auf diese Eigenschaft sind die Explosionsmethoden gegründet, welche man gegenwärtig bei Dynamit- oder bei Nitroglycerinladungen verwendet.

Die Methode, die Nobel gegenwärtig vorzugsweise in Anwendung bringt, ist folgende:

Als Zündleitung wird meist Bickfordzündschnur (siehe nebenstehende Figur) benützt (z); das eine, stumpf abgeschnittene Ende derselben kommt in ein Kupferzündhütchen K derart, dass es auf dem am Boden dieses Zündhütchens befindlichen Knallsatze aufsitzt. Um ein Verschieben der Kupferhülse an der Zündschnur zu verhindern, wird das obere Ende des Hütchens mit einer Zange fest an die Zündschnur gekniffen. Dieses Zündhütchen wird nun in das in einer Papierhülse befindliche Dynamit eingesteckt und die Patrone an die Zündschnur mit Bindfaden sehr fest angebunden, so dass sich der Zünder auch nicht in der Patrone verschieben kann.

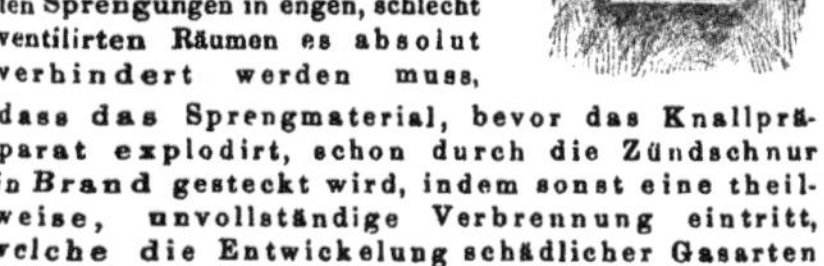

Die Kupferzündhütchen müssen so lang gemacht werden, dass der Knallsatz vollständig in dem Dynamit steckt, ohne dass die Zündschnur frei durch dasselbe gehen darf, indem besonders bei allen Sprengungen in engen, schlecht ventilirten Räumen **es absolut verhindert werden muss, dass das Sprengmaterial, bevor das Knallpräparat explodirt, schon durch die Zündschnur in Brand gesteckt wird, indem sonst eine theilweise, unvollständige Verbrennung eintritt, welche die Entwickelung schädlicher Gasarten verursacht.**

„**Die Zündung muss immer erst durch den Knallsatz stattfinden.**"

Wo keine Kupferzündhütchen vorräthig sind, kann man sich auch des Stosses explodirenden Pulvers bedienen.

Schwierig wird die Explosion bei niederer Temperatur des Dynamits. Schon bei 6° ist eine Explosion des bei dieser Temperatur bereits hart gewordenen Dynamits mit dem gewöhnlichen Zündhütchen schwierig, bei noch niedrigerer Temperatur versagen die Schüsse fast ganz. Für industrielle Zwecke ist dieser Uebelstand meist leicht zu umgehen, indem der Bergmann die Patronen einfach in der Tasche trägt, wo sie weich bleiben, und dann in der kurzen Zeit zwischen Ladung und Zündung auch nicht so weit frieren, um eine Explosion unmöglich zu machen. In der Verwerthung für Kriegszwecke ist aber dieser Nachtheil der schwierigen Entzündung des gefrorenen Dynamits bedenklicher.

Herr Nobel ist der Ansicht, dass durch Anwendung stärkerer Knallsätze auch gefrorenes Dynamit zur Explosion gebracht werden könne. Jedenfalls müssen in dieser Richtung noch eingehende Versuche stattfinden.

II. Ladung und Verdämmung

Das Dynamit wird von Nobel für Sprengungen unter Tage in Patronen von $^3/_4$", $^7/_8$" und 1" (rhein.) Durchmesser und 1—8" Länge geliefert. Diese Massen sind genügend für alle Sprengungen **unter Tage**. Für Steinbruchzwecke müssen stärkere Dimensionen, Patronen von 2—3" Durchmesser genommen werden. Die Patronenhüllen sind dünnes Pergamentpapier, welches nicht leicht vom Wasser aufgelöst wird, so dass man diese Patronen auch in wassersüchtigen Bohrlöchern verwenden kann.

Die Ladung eines Bohrloches erfolgt in der Weise, dass man nach einander so viele Patronen in das Bohrloch gibt, als zur Erreichung der gewünschten Ladung nöthig sind, und die letzte Patrone, meist nur von 1" Länge, mit dem Zündhütchen versieht.

Jede einzelne Patrone wird mit einem hölzernen Ladstock fest in das Bohrloch eingedrückt, so dass sie alle Räume desselben vollständig ausfüllt, indem sie sich wegen ihrer teigartigen Beschaffenheit genau an die Bohrlochwände anschmiegt. Dr. Fuchs, welcher die Dynamitfabrik in Californien einrichtete und zugleich für die Einführung des neuen Sprengstoffes im Bergbaue sehr thätig war, wendete folgenden Ladungsmodus an: „Die etwa 8" langen Patronen wurden in 4—5 Stücke geschnitten und bei nassen Bohrlöchern jedes einzelne Stück besonders in ein passendes Papier gewickelt. Diese Stücke wurden einzeln nacheinander mit einem hölzernen Ladestocke so fest wie möglich in das Bohrloch eingerammt, unter Anwendung eines Hammers, bis der mit leichten Schlägen eingetriebene Ladestock durch Zurückspringen Gewissheit über die vollständige Compression des Pulvers gab. Besonders bei der ersten Patrone musste grosse Vorsicht angewendet werden, da die Bohrlöcher an ihrem tiefsten Punkte oft $^1/_4$ Zoll enger sind und dadurch Gefahr entsteht, dass eine sonst gut passende Patrone am Ende des Bohrloches nicht fest aufsitzt." Uebrigens ist diese Methode bei den gegenwärtig verwendeten Patronen nicht zu empfehlen, auch nicht nothwendig, es genügt das Festdrücken mit dem Ladestock.

Das Festpressen mittelst eines hölzernen Ladestockes ist vollständig gefahrlos. Man erreicht durch dieses Einpressen des Dynamits auch noch, dass man in eine gewisse Bohrlochshöhe gerade so viel Nitroglycerin unterbringt, als wenn man reines Sprengöl anwenden würde, da dieses letztere immer in Patronen verwendet werden muss, welche zwischen sich und den Bohrlochswandungen bedeutende unausgefüllte Zwischenräume lassen.

Ein directes Eingiessen des Sprengöls ist nämlich im Allgemeinen nicht anzurathen, da es sich leicht zum Theil in Gesteinspalten verliert und beim Hereintreiben des losen Gesteins gefährlich werden kann. Ausnahmen können natürlich bei Unterwassersprengungen vorkommen.

Im Allgemeinen ist also, wie man sieht, die Beimischung von Kieselerde ohne Nachtheil bei Sprengungen mit Bohrlöchern, **indem man die gleichen Kraftmengen mit gleicher Bohrarbeit unterbringen kann.**

Die Patrone, welche das Zündhütchen enthält, darf natürlich nicht gedrückt werden, sondern wird nur lose aufgesetzt.

Bei wassersüchtigen Bohrlöchern oder bei Anwendung von Wasserbesatz, ist es gut, die ganze Patrone in einer Länge herzustellen, da leicht durch Eindringen von Wasser zwischen die Patronen das Explodiren der unteren Patronen verhindert wird. Man fügt in diesem Falle die Patronen früher aneinander und verklebt sie an der Zusammenfügungsstelle mit Pergamentpapier. Natürlich muss in solchem Falle auch eine wasserdichte Zündschnur verwendet werden, und es ist gut, das Hütchen mit Wachs oder Pech an die Schnur zu dichten.

Es darf nur loser Besatz verwendet werden: Sand, Letten oder Wasser. Bei wassersüchtigen Bohrlöchern lässt man einfach das geladene Bohrloch mit Wasser volllaufen und zündet.

Ein Ausschöpfen des Wassers aus geschlagenen Bohrlöchern und das Trocknen derselben ist ganz überflüssig. Die Patrone kann einfach durch das Wasser auf den Boden herabgelassen werden, nur muss, wie schon erwähnt, die Patronenhülle in solchem Falle aus einem Stoffe sein, den das Wasser nicht gleich auflöst.

(Fortsetzung folgt.)

Ueber die unter hohem Druck stattfindende Verbrennung des Wasserstoff- und Kohlenoxydgases in Sauerstoffgas.

Von E. Frankland.

Aus den Annales de Chemie et de Physique.

Im Jahre 1861 beschrieb ich die Wirkung einer Druckverminderung auf einige Verbrennungserscheinungen und leitete aus den Ergebnissen meiner Versuche folgendes Gesetz ab:

Die Verminderung der Leuchtkraft einer Gas- oder Kerzenflamme ist direct proportional der Verminderung des Luftdruckes.

Neuere Versuche über die Ursache des Leuchtens der Steinkohlengasflamme erregten mir Zweifel an der Richtigkeit der zuerst von Davy aufgestellten, allgemein angenommenen Theorie, nach welcher das Licht einer Gasflamme, überhaupt der leuchtenden Flammen, durch das Vorhandensein fester Theilchen bedingt sei.

Man nimmt jetzt allgemein an, dass der Russ, welcher entsteht, wenn man auf die Gas- oder Kerzenflamme ein Drahtgewebe drückt, oder welcher sich auf einem ebenfalls in der Querschnittsrichtung in die Flamme gehaltenen Porcellanstück absetzt, nicht aus reinem Kohlenstoff besteht, sondern auch Wasserstoff enthält, von welchen man ihn nur durch längeres Weissglühen in einer Chlorgasatmosphäre vollständig befreien kann. — Bei weiterer Verfolgung des Gegenstandes fand ich, das gewisse Flammen mit grossem Glanze leuchten können, ohne feste Theilchen zu enthalten. So gibt die Flamme des in Sauerstoff verbrennenden metallischen Arsens ein weisses Licht von sehr bedeutender Intensität; da nun aber das metallische Arsen bei 180° C. und das Verbrennungsproduct desselben, die Arseniksäure, bei 218° C. siedet, die Temperatur aber, bei welcher feste Körper glühen, mindestens 500° C. beträgt, so ist es offenbar unmöglich, die Gegenwart glühender fester Theilchen in dieser Flamme anzunehmen. Wenn man ferner Schwefelkohlenstoffdampf in Sauerstoff oder Sauerstoff in Schwefelkohlenstoffdampf verbrennt, so erhält man ein Licht, dessen Glanz ebenso unerträglich ist. Nun ist aber in keinem Theile dieser Flamme ein fester Körper vorhanden, da der Siedepunkt des Schwefels (440° C) unterhalb der Glühtemperatur liegt; die Hypothese des Vorhandenseins fester Theilchen in der Flamme ist also auch in diesem Falle nicht zulässig.

Ersetzt man bei dem letzteren Versuche den Sauerstoff durch Stickstoffoxydul, so ist das Resultat dasselbe, und das durch die Verbindung dieses Gemisches erzeugte blendende Licht ist an den brechbarsten Strahlen so reich, dass man es zur Aufnahme von Augenblicks-Photographien und zur Hervorrufung von Fluorescenz-Erscheinungen angewendet hat.

Es liessen sich viele andere Beispiele anführen, dass in Folge des Glühens gas- oder dampfförmiger Substanzen stark glänzendes Licht erzeugt wird; ich beschränke mich aber auf einziges. Bei der raschen Verbrennung des Phosphors in Sauerstoff entsteht bekanntlich ein höchst blendendes Licht; die durch diese Verbrennung erzeugte Phosphorsäure ist aber bei Rothglühhitze flüchtig und somit ist es offenbar unmöglich, dass dieser Körper in der Phosphorflamme, deren Temperatur viel höher als der Schmelzpunkt des Platins ist, in festem Zustande vorhanden sein kann.

Aus diesen und anderen, in den oben erwähnten Abhandlungen angegebenen Gründen glaube ich, dass keineswegs glühende Kohlenstofftheilchen die Quelle des Leuchtens der Gas- und Kerzenflamme sind, sondern dass das Leuchten dieser Flammen durch die Strahlung dichter, aber durchsichtiger Kohlenwasserstoffe bewirkt wird, und durch Verallgemeinerung der Folgerungen aus den mitgetheilten Versuchen bin ich zu dem Schlusse gekommen: dass dichte Gase und Dämpfe bei weit niedrigerer Temperatur leuchtend werden, als gasförmige Körper von verhältnissmässig niedrigem specifischem Gewichte. Dieses Gesetz ist fast gänzlich, wenn nicht vollkommen unabhängig von der Natur des Gases oder Dampfes. Endlich entdeckte ich (zur Bestätigung), dass die Gase von niedrigem specifischem Gewichte, welche bei einer gegebenen Temperatur, wenn sie unter normalem Luftdrucke brennen, nicht leuchtend sind, es werden können, wenn man sie unter starkem Drucke brennen lässt. So geben Gemische von Wasserstoff oder Kohlenoxyd mit Sauerstoff nur wenig Licht, wenn man sie an freier Luft verbrennen oder verpuffen lässt, liefern dagegen ein sehr intensives Licht, wenn man sie in geschlossenen irdenen Gefässen verpufft, so dass ihre Expansion im Augenblicke der Verbrennung verhindert wird.

Ich habe diese Versuche neuerlich weiter ausgedehnt, indem ich Wasserstoff- und Kohlenoxydgas unter einem bis zu 20 Atmosphären steigenden Drucke verbrannte. Ich benutzte dazu ein starkes eisernes Gefäss, welches mit einer dicken Glasplatte von solcher Grösse versehen war, dass ich die Flamme mittelst geeigneter Instrumente beobachten konnte. Das Ansehen einer in Sauerstoff brennenden Wasserstoffflamme kann ich als bekannt voraussetzen; indem man den Druck bis auf 2 Atmosphären erhöht, wird das anfänglich schwache Leuchten der Flamme sehr merklich stärker und bei 10 Atmosphären Druck gibt die etwa 1 Zoll lange Flamme schon ein so starkes Licht, dass man in zwei Fuss Entfernung von derselben eine Zeitung lesen kann, ohne dass die Intensität durch eine reflectirende Fläche verstärkt zu werden braucht. Das Spectrum dieser Flamme ist glänzend und vom Roth bis zum Violett vollkommen ununterbrochen. Die schon an sich grössere Leuchtkraft besitzende Kohlenoxydflamme wird im Sauerstoff bei 10 Atmosphären Druck weit stärker leuchtend, als eine unter demselben Drucke brennende Wasserstoffflamme von derselben Dimension. Das Spectrum der in atmosphärischer Luft brennenden Wasserstoffflamme ist von derselben Dimension. Das Spectrum der in atmosphärischer Luft brennenden Kohlenoxydflamme ist bekanntlich ebenfalls ununterbrochen; im Sauerstoff und unter einem Drucke von 14 Atmosphären erscheint es sehr glänzend und vollkommen ununterbrochen.

Wenn specifisch schwere Gase beim Verbrennen ein stärkeres Licht geben, als specifisch leichte, so muss auch die bei dem Hindurchschlagen elektrischer Funken durch verschiedenartige Gase erzeugte Lichtmenge nach der Dichtigkeit dieser Gase verschieden sein. Davon kann man sich überzeugen, wenn man so viel als möglich unter gleichen Verhältnissen elektrische Funken durch Wasserstoff, Sauerstoff, Chlor und Schwefligsäure schlagen lässt.

Beim Wasserstoff ist die Lichtintensität sehr gering, beim Sauerstoff bedeutender, beim Chlor und bei der Schwefligsäure sehr bedeutend. Erwärmt man flüssige Schwefligsäure in starken, beiderseits geschlossenen und mit eingeschmolzenen Platindrähten versehenen Glasröhren so stark, dass der innere Druck 3 bis 4 Atmosphären erreicht, so ist der Strom der Inductionsfunken durch das Gas von einem glänzenden Lichtphänomen begleitet. Wenn man ferner mittelst Ruhmkorff'schen Apparates einen Strom von Inductionsfunken durch eine mit atmosphärischer Luft gefüllte, mit einer Druckpumpe verbundene Glasröhre schlagen lässt, und den Druck in derselben allmälig auf 2 bis 3 Atmosphären steigert, so begleitet eine sehr bedeutende Zunahme des Glanzes den durchgehenden Funken; lässt man dagegen die verdichtete Luft nach und nach entweichen, so tritt die entgegengesetzte Erscheinung ein.

Der elektrische Bogen einer Batterie von 50 Grove-schen Elementen ist viel stärker leuchtend, wenn man zwischen die Kohlenspitzen anstatt atmosphärischer Luft Quecksilberdämpfe treten lässt.

Die im Vorstehenden erwähnten Gase und Dämpfe besitzen folgende relative Dichtigkeit:

Wasserstoff	1·0
Atmosphärische Luft . .	14·5
Sauerstoff	16·0
Schwefligsäure	32·0
Chlor	35·5
Quecksilber	100·0
Phosphorsäure	71 oder 142·0

Das schwache Licht, welches der Phosphor beim Verbrennen in Chlor gibt, scheint eine Ausnahme von dem oben aufgestellten Gesetze zu machen; denn da die Dichtigkeit des Verbrennungsproductes, des Phosphorchlorürs ($P\,Cl_3$) sehr gross (= 68·7) ist, so sollte eine beträchtliche Lichtmenge entwickelt werden; der Glanz einer Flamme hängt aber auch von der Temperatur derselben ab, und es lässt sich nachweisen, dass in dem vorliegenden Falle deren Temperatur weit geringer ist, als die durch Verbrennung des Phosphors im Sauerstoff erzeugte.

Wir besitzen nicht alle zur Berechnung der Temperatur dieser Flammen erforderlichen Daten; nach Andrews gibt aber der in Sauerstoff verbrennende Phosphor 5747 Wärme-Einheiten, welche durch das Gewicht des Productes von 1 Grm. Phosphor dividirt, 2500 Einheiten geben. Nach demselben Chemiker gibt der in Chlor verbrennende Phosphor nur 2085 Wärme-Einheiten, und dividirt man diese wie vorhin mit dem Gewichte des Productes, so erhält man 470 Einheiten.

Offenbar muss also im letzteren Falle die erzeugte Temperatur weit niedriger sein, als im ersteren, beim Verbrennen des Phosphors im Sauerstoff. Ich habe nun gefunden, dass auch die Phosphorflamme in Chlorgas ein glänzendes, weisses Licht ausstrahlt, wenn man durch vorheriges Erhitzen der beiden Elemente die Temperatur der Flamme um ungefähr 500° erhöht.

Amtliche Mittheilungen.

Concurs.

An der k. k. Bergakademie in Leoben ist die Stelle des Assistenten für Bergbau und Markscheidskunde zu besetzen. Mit dieser Stelle ist der systemisirte Gehalt von jährlichen 600 fl. und der Vorrückung auf 700 fl. ö. W. nach dreijähriger entsprechender Dienstleistung, ein Quartiergeld von 10 Proc der Besoldung, und auf officiellen Dienstreisen die X. Diätenclasse verbunden.

Bewerber um diese Stelle haben ihre an das hohe k. k. Ackerbauministerium stylisirten Gesuche unter Nachweisung der absolvirten bergakademischen Studien und der bisherigen Dienstleistung, insbesondere im Bergbau und Markscheidsfache bis längstens Ende August d. J. bei der gefertigten Direction einzubringen.

K. k. Bergakademie-Direction Leoben,

am 30. Juli 1869.

Die montanistischen Studien an der k. k. Bergakademie zu Leoben für das Studienjahr 1869/70 beginnen am 1. October.

Durch die erfolgte Aufhebung des früher bestandenen zweijährigen Vorcurses sind die Studien an dieser Lehranstalt auf den zweijährigen Fachcurs, den Bergcurs und den Hüttencurs beschränkt. Die darin gelehrten Gegenstände sind:

Im I. Jahrgang (Bergcurs):

a) Bergbaukunde. *b)* Aufbereitungslehre. *c)* Bergmännische Maschinenlehre. *d)* Entwerfen von Bergmaschinen. *e)* Markscheidekunde. *f)* Aufnahme und Mappirung. *g)* Encyklopädie der Baukunst. *h)* Entwerfen von Bauobjecten. *i)* Rechtsgegenstände (Bergrecht, Wechselrecht und Vertragsrecht).

Im II. Jahrgang (Hüttencurs):

a) Allgemeine Hüttenkunde. *b)* Hüttenmännische Maschinenlehre. *c)* Entwerfen von Hüttenmaschinen. *d)* Specielle Eisenhüttenkunde. *e)* Specielle Metall- und Sudhüttenkunde. *f)* Probirkunde sammt Arbeiten im Probirgaden. *g)* Forstkunde. *h)* Geschäftskunde. *i)* Verrechnungskunde.

Der Unterricht wird von 3 Professoren, 2 Docenten und 3 Assistenten gegeben, und ist die Stundeneintheilung so getroffen, dass jene Hörer, welche den I. Jahrgang des Hauptcurses in Schemnitz oder Přibram absolvirt haben, gewünschten Falles hier in den II. Jahrgang eintreten können. Derselbe wird mit einem praktischen Vorunterricht von 8—14 Tagen begonnen, und mit einem praktischen Nachunterricht von vier Wochen im Monate Juli geschlossen. Ausserdem werden gleichlaufend mit den Vorträgen und Uebungsstunden im Zeichnungssaale und dem Probirgaden im chemischen Laboratorium öftere Besuche der nächstgelegenen Kohlenbergbaue und Eisenhüttenwerke vorgenommen, worüber die Studirenden, sowie bei dem praktischen Nachunterrichte schriftliche Berichte zu erstatten haben.

Als ordentliche Eleven (Bergakademiker) werden die absolvirten Zöglinge des zweijährigen Vorcurses, wie er früher in Leoben bestand und in Schemnitz noch fortbesteht, sowie auch jene aufgenommen, welche die Mathematik, theoretische Mechanik und Maschinenlehre, praktische und darstellende Geometrie, Physik, allgemeine und specielle metallurgische Chemie, Grundzüge der qualitativen Analyse, Mineralogie, Paläontologie sammt den zu obigen Gegenständen gehörigen Zeichnungsfächern mit gutem Erfolge an einer höheren technischen Lehranstalt absolvirt haben.

An den technischen Hochschulen in Wien, Prag, Graz und Brünn ist zu dem Ende ein 3jähriger Vorbereitungscurs organisirt worden.

Aufnahmsbewerber, welche nicht alle genannten Vorstudien entsprechend absolvirt haben, also nicht für alle Fachstudien des Berg- und Hüttencurses gehörig vorbereitet sind, oder nicht alle diese Fachstudien nach dem vorgeschriebenen allgemeinen Lehrplan hören wollen, können als ausserordentliche Eleven für eine bei der Aufnahme zu bestimmende Reihe der einzelnen Fachstudien aufgenommen werden.

Nur die ordentlichen Eleven haben nach Zurücklegung beider Fachcurse Anspruch auf ein Absolutorium, die ausserordentlichen erhalten blos Prüfungszeugnisse über die gehörten Gegenstände. Als Gäste werden über vorhergegangene Meldung bei der Direction nur Personen von selbstständiger Stellung zugelassen. Dieselben sind zum Ablegen von Prüfungen nicht verpflichtet. Es ist ihnen jedoch, wie jedem Anderen, der auf was immer für einem Wege sich die erforderlichen Kenntnisse angeeignet hat, gestattet, aus einem der Fachgegenstände gegen Erlag einer Taxe von 20 fl. ö. W. eine öffentliche Prüfung abzulegen.

Die für das höhere montanistische Studium systemisirten Montanstipendien à 210 fl. ö. W., von denen derzeit mehrere erledigt sind, werden nach Massgabe ihrer Erledigung und den vorkommenden Bewerbungen nur an ordentliche, mittellose und fleissige Eleven verliehen.

Die Aufnahme von Ausländern ist denselben Bedingungen wie jene von Inländern unterworfen, sie erfolgt jedoch nur mit Genehmigung des hohen k. k. Ackerbauministeriums über Antrag der Akademie-Direction. Sie haben bei jedem Eintritte in einen Jahrgang 50 fl. ö. W. Collegiengeld zu entrichten.

Jeder aufgenommene ordentliche oder ausserordentliche Eleve hat für den Matrikelschein ein für alle Mal 5 fl. zu entrichten, wenn er nicht schon an der Bergakademie in Schemnitz oder Přibram immatriculirt worden ist, oder wenn er nach seiner ersten Immatriculation die montanistischen Studien ein Jahr unterbrochen hat.

Unter Einem wird bekannt gegeben, dass die Wahl für das Fachstudium in Leoben der örtlichen Verhältnisse wegen dann angezeigt erscheint, wenn vornehmlich das Studium des Kohlenbergbaues und des Eisenhüttenbetriebes in der Absicht liegt.

Schriftliche Aufnahmsgesuche sind dann nicht erforderlich, wenn die Aufnahmsbewerbung persönlich bis 1. October geschieht.

K. k. Bergakademie-Direction Leoben,

am 1. August 1869.

ANKÜNDIGUNGEN.

Diese Zeitschrift erscheint wöchentlich einen Bogen stark mit den nöthigen artistischen Beigaben. Der Pränumerationspreis ist jährlich loco Wien 8 fl. ö. W. oder 5 Thlr. 10 Ngr. Mit franco Postversendung 8 fl. 80 kr. ö. W. Die Jahresabonnenten erhalten einen officiellen Bericht über die Erfahrungen im berg- und hüttenmännischen Maschinen-, Bau- und Aufbereitungswesen sammt Atlas als Gratisbeilage. Inserate finden gegen 8 kr. ö. W. oder $1\frac{1}{2}$ Ngr. die gespaltene Nonpareillezeile Aufnahme. Zuschritten jeder Art können nur franco angenommen werden.

Druck von Carl Fromme in Wien. Für den Verlag verantwortlich Carl Reger

№ 33. XVII. Jahrgang.

Oesterreichische Zeitschrift für Berg- und Hüttenwesen.

1869. 16. August.

Verantwortlicher Redacteur: Dr. Otto Freiherr von Hingenau.
k. k. Ministerialrath im Finanzministerium.

Verlag der G. J. Manz'schen Buchhandlung (Kohlmarkt 7) in Wien.

Das Salzlager in Bochnia.

Von Julius Drak, k. k. Bergmeister daselbst.

Das Bochniaer Salzlager ist in seiner Längenausdehnung 1734 Klafter, in die Tiefe 208 Klafter aufgeschlossen. Innerhalb dieser Erstreckung ist das Streichen des Salzflötzes ein constantes, und zwar von Ost nach West nach Stund 18 Gd. 17.

In dieser Richtung ist eine ziemliche Neigung des Salzflötzes, hierorts „Einschiebe" genannt, bemerkbar, denn während das Salzflötz im östlichen Theile der hiesigen Grube mit dem Schachte Floris in der 30. Klafter erreicht wurde, ist dasselbe im westlichen Theile mit dem Schachte Campi, welcher vom Schachte Floris 694 Klftr. entfernt ist, erst in der 90. Klafter angefahren worden.

Da der Ort Bochnia 110 Klafter, der 4 Meilen westlich entfernte Ort Wieliczka aber 122 Klafter über der Ostsee gelegen ist, so lässt sich mit Rücksicht auf die beobachtete Neigung des Salzflötzes von Ost nach West der Schluss ziehen, dass das in Bochnia aufgeschlossene Salzlager mit dem Wieliczkaer nicht zusammenhängen kann, weil dort das Salzgebirge im östlichen Theile der Grube schon in der 38. Klafter erreicht wurde.

Das Verflächen des Bochniaer Salzflötzes ist von Nord nach Süd, doch ändert sich der Winkel des Verflächens der Längenausdehnung nach, denn während derselbe im östlichen Theile der Saline 60—70 Grade beträgt, erscheint das Salzlager im westlichen Theile in fast senkrechter Stellung, ja es fallen die einzelnen Salzlager auf der Nordseite sogar von Süden gegen Norden, also verkehrt ein.

Die Mächtigkeit des Salzflötzes ist sowohl dem Streichen nach, als auch gegen die Tiefe zu verschieden, denn dieselbe ist im obersten Horizonte in der Mitte der Saline zwischen 20 bis 30 Klafter, verengt sich jedoch sowohl gegen Osten als auch gegen Westen bis auf 3 bis 5 Klafter. Im östlichen Theile ist die Mächtigkeit der ganzen Tiefe nach gleich, in der Mitte der Saline wird sie jedoch gegen die Tiefe grösser, so dass sie im tiefsten Horizonte 110 Klafter erreicht.

Durchschnitt Nr. 1.

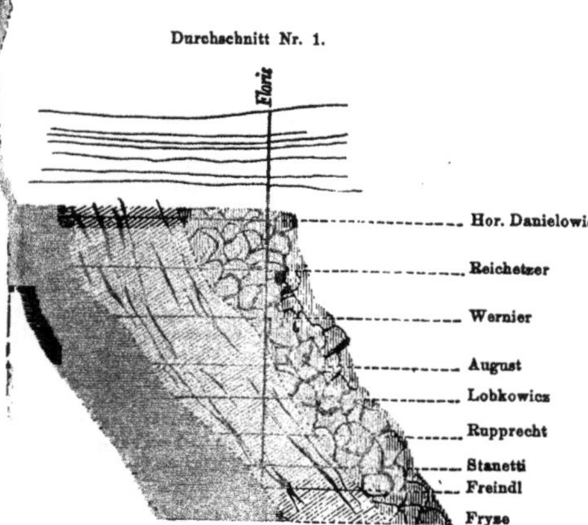

Durchschnitt N . 2.

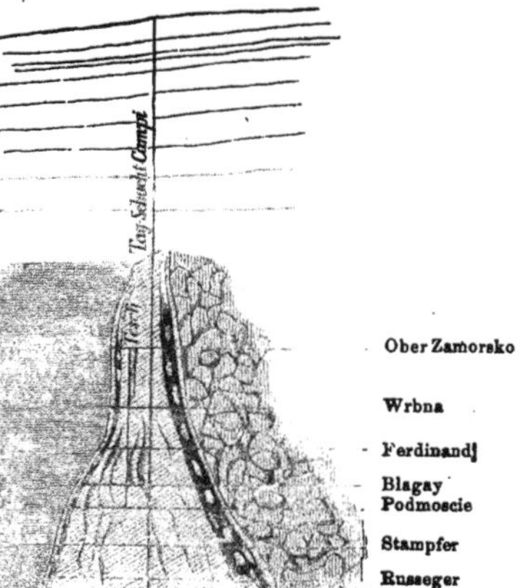

Die zwei Durchschnitte, von denen Nr. 1 die Ansicht der Salzformation im Ostfelde bei dem Tagschachte Floris, Nr. 2 aber die Ansicht der Salzformation im Westfelde bei dem Grubenschachte Tesch darstellt, werden das Vorkommen des Salzflötzes rücksichtlich dessen Verflächen und Mächtigkeit versinnlichen.

Das Salzgebirge besteht aus einem braunen und grauen, mergelartigen, mehr oder weniger bituminösen, von Gyps durchzogenen Thon, in welchem das reine abbauwürdige Steinsalz in unregelmässigen, nicht zusammenhängenden Lagen von verschiedener Mächtigkeit vorkommt. Die durchschnittliche Mächtigkeit der reinen Salzlagen beträgt 60 Decimalzoll.

Obgleich, wie erwähnt, die abbauwürdigen Salzlagen nicht zusammenhängen, so unterscheidet man doch drei Hauptsalzlagen, welche sowohl in Bezug ihrer Lagerung als auch ihres Gefüges wesentlich von einander verschieden sind, nämlich I. die nördliche oder sogenannte Proszowkaer, II. die südliche oder sogenannte Podmoscier, endlich als untergeordnet III. die mittlere Salzlage.

Bei dem vorbeschriebenen Vorkommen des abbauwürdigen Steinsalzes kann nicht ein nach einem bestimmten Systeme geregelter Abbau eingeleitet werden, sondern dieser richtet sich gewöhnlich nach der Form der Salzkörper und besteht, im Falle das Verflächen sehr steil ist, in der Form eines hohen Ortsbetriebes, bei minder steilem Verflächen hingegen in jenem eines Streckenbaues, und wird gewöhnlich so geführt, dass die im Abbau stehende Wand den ganzen Querschnitt der Salzlage, insoweit dieselbe abbauwürdig ist, einnimmt und diese so lange dem Streichen nach vorrückt, als die Abbauwürdigkeit der Lage anhält, oder aber besondere Schwierigkeiten in Bezug des Abbaues selbst, oder der Förderung die Sistirung oder Einstellung des Abbaues erheischen.

Bei diesen Verhältnissen müssen die Erzeugungskosten des Salzes verhältnissmässig hoch sein, und dieselben lassen sich selbst durch Einführung von Maschinen und sonstigen ökonomischen Vortheilen nicht sehr herabmindern.

Im Jahre 1868 waren die Gestehungskosten eines Centner unverpackten Salzes 42·08 kr. Die Leistung eines Salzhauers in einer 8stündigen Schicht 980 Pfd.

Die Farbe des Salzes ist weiss, und zwar schneeweiss, grünlichweiss und graulichweiss, dann auch rauchgrau und grünlichgrau. Der Glanz wechselt vom schimmernden bis zum glasig glänzenden. Das Gefüge ist körnig, mehr oder weniger dicht. Das Salz ist zuweilen an Krystallstücken ganz durchsichtig, meist aber nur an den Kanten durchscheinend. Es ist ziemlich frei von fremden Beimengungen, und nach der chemischen Auflösung enthält dasselbe bis 3 Proc. an thonigen Rückständen und Gypstheilen, und zwar sind die in der nördlichen oder Proszowkaer Salzlage vorkommenden Salze ganz weiss und rein, während dieselben in der südlichen oder Podmoscier Salzlage minder rein vorkommen. Organische Ueberreste findet man in der Bochniaer Grube ausser einigen Ligniten, welche aber auch nur selten vorkommen, gar keine.

Wird das hiesige Salz mit dem Wieliczkaer verglichen, so gehört dasselbe dem Vorkommen, dann dem Gefüge und der Reinheit nach der sogenannten Szybiker Gattung an.

Das in Wieliczka ausser dem Szybiker Salze vorkommende sogenannte Grünsalz, dessen Krystallisation deutlich gross und stark im Gefüge, doch in sich selbst so unrein ist, dass man die thonigen Beimischungen noch mit freiem Auge unterscheiden kann, und welches in formlos kugeligen Massen von der Grösse eines Cubikfusses bis 8000 und mehr Cubikklafter in einer thonigen, mit kugeligem Gyps vermengten Gebirgsart, welche auch animalische und vegetabilische Gebilde, und zwar noch ziemlich conservirt enthält, vorkommt, sowie auch das sogenannte Spiza-Salz, bei welchem der beigemengte Sand eine wesentliche Rolle spielt, welches kleinkörnig krystallisirt, hart, mit einem schaligen Bruche und metallischklingend ist, dann Bitumen, Braunkohle, bituminöse Holztrümmer, endlich Bruchstücke von Schalthieren und Früchten enthält, wird in der Bochniaer Grube nicht angetroffen.

Es wird wohl an die k. russische Regierung von Bochnia auch Grünsalz abgegeben, dieses ist jedoch nur ein Szybiker Salz, in welchem Salzthon in grösseren oder kleineren Stücken eingesprengt ist, und welches eigentlich Szybiker Salz minderer Gattung genannt werden sollte.

Auch kommen, wie erwähnt, in der Bochniaer Grube Lignite vor, da jedoch das Salz, in welchem diese vorkommen, keine sandigen Beimengungen und auch keine sonstigen organischen Ueberreste hat, so kann dasselbe nicht als Spiza-Salz angesehen werden.

Bei der bis nun noch nicht widerlegten Annahme, dass zur Bildung der drei in der Wieliczkaer Grube vorkommenden, wesentich von einander verschiedenen Salzformationen, drei Hauptperioden erforderlich gewesen seien, so dass die Bildung des Szybiker Salzes in die erste, des Spiza-Salzes in die zweite und des Grünsalzes in die dritte oder späteste Periode fällt, und dass endlich die grosse Zertrümmerung und Verschiebung des ganzen neptunischen Gebildes durch eine später erfolgte, gewaltsame Blähung, entweder durch die Austrocknung der Massen oder durch die Wirkungen einer anderen expansiven Kraft erfolgt sei, wodurch die unterste Szybiker Salzlage bloss verschoben, die daraufliegende Spiza-Lage mehr getrennt und die oberste Lage der Grünsalze ganz zertrümmert werden musste, kann aus dem steilen fast senkrechten Verflächen des Bochniar Salzflötzes und dem Nichtvorhandensein der Spiza- und Grünsalzformation gefolgert werden, dass daselbst die Blähung viel stärker war und die Spiza- und Grünsalzformation wahrscheinlich weiter auf die südliche Seite der Salinen geschleudert worden sein dürfte, und gibt der Vermuthung Raum, dass vielleicht südlich von der Saline ein weit grösserer Salzreichthum angetroffen werden könnte.

Für diese Vermuthung spricht auch noch das im Süden der Saline zu Tage ausbeissende Gypslager, welches mit grauem, dem Salzthone ähnlichem Letten gemengt ist und welches füglich als zum Salinengebirge gehörig betrachtet werden kann.

Es ist zwar aus den hierämtlichen Acten nicht zu entnehmen, ob vielleicht ähnliche Betrachtungen die Veranlassung waren, dass in den Jahren 1835 bis 1838 aus dem obersten 36 Klafter unter der Tagoberfläche gelegenen Horizonte ein Querschlag gegen das Hangende des Salinengebirges nach Stund 13 Gd. 12 getrieben wurde. Jedenfalls hatte er aber die Erforschung des Hangende zum Zwecke. Dieser Querschlag ist 150 Klafter lang, es wurden damit tertiäre Mergel- und Thonschichten durchfahren, zuletzt wurde aber wieder das Salinengebirge angetroffen. Leider musste der weitere Betrieb wegen Wettermangel und Zusitzen von Tagwässern eingestellt werden.

Auch aus den vorhandenen älteren, die Bochniaer und Wieliczkaer Saline betreffenden Urkunden sollte man annehmen, dass wirklich in früheren Zeiten, südlich von der Bochniaer Saline, ein Salzbergwerk bestand, denn unter den Privilegien und Urkunden des Klosters in Tyniec befindet sich eine von Wladislaus I., welcher vom Jahre 1081 bis 1102 regiert hat, bestätigte Schenkungsurkunde des Königs Kasimir von Polen vom Jahre 1004, welche unter Anderen die Stelle enthält: *Ad Magnum Sal quatuor targove . . . . et qualibet Septimana: 3 Alveos . . . Lapsice et cum Kolanow et Sale . . . .*, die Ortschaften Lapczyze und Kolanow aber südwestlich von Bochnia gelegen sind.

Nachdem diese zwei Orte die nächsten bei Bochnia gelegenen Dorfschaften sind, so ist wohl möglich, dass unter dem bei Kolanow vorkommenden Salze das Bochniaer Salzwerk gemeint ist, obgleich wieder diese Annahme der Mittheilung des Geschichtsschreibers Radlinski, dass Melchior Gryf in den Jahren 1178 bis 1194 Eigenthümer des Dorfes Bochnia war und einen Theil der Einkünfte des Salzwerkes dem Michowitzer Kloster geschenkt hat, im Widerspruche steht.

Wenn auch nach der im Jahre 1866 vorgenommenen Schätzung des Bochniaer Salzlagers 30 Mil. Centner abbauwürdiges Salz aufgeschlossen sei, und dieser Salzreichthum noch fast für ein Jahrhundert ausreichen würde, so wären doch Erdbohrungen in der südlichen Gegend von Bochnia sehr interessant und dürften auch aller Wahrscheinlichkeit nach lohnend sein, denn aus den vielen südlich von Bochnia vorkommenden Soolenquellen sowie auch daraus, dass im Jahre 1777 in den etwa 8000 bis 10.000 Klafter südwestlich entfernten Orte Chow Steinsalz aufgedeckt und in dem Jahre 1800 in dem 32.000 Klafter südöstlich entfernten Orte Zakluczyn bei Abteufung eines Brunnens Steinsalz angetroffen wurde, lässt sich vermuthen, dass ebenso wie in Ostgalizien auch hier mehrere parallelstreichende Salzlager vorhanden seien.

Geognostisch-bergmännische Skizze von Bleiberg.

(Mit Figuren I bis V.)

Die silberlose Bleiglanz-Niederlage durchstreift Kärnten fast in gerader Linie von Morgen in Abend, nämlich vom Ursulaberge an der Grenze gegen Steiermark über Schwarzenbach, Mies, Bleiburg, Kapel, Obier, Windisch-Bleiberg, durch das Rosenthal, Deutsch-Bleiberg und Jaucken an der westlichen Grenze gegen Tirol; nur ein Theil dieser Ablagerung zieht sich südlich nach Raibl gegen das Görzische. Diese ganze Formation ist am rechten Ufer der Drau gelegen und gehört höchst wahrscheinlich der jüngeren Trias-Periode an. Jedoch ist es noch immer nicht ganz entschieden, ob dies nur eine einzige Formation sei; wenigstens bricht im westlichen und südlichen Theile mit dem silberlosen Blei viel häufiger Galmei als in den mehr östlich gelegenen Punkten dieses Zuges, in welchen dagegen fast ausschliessend Gelbbleierz zum Vorschein kommt.

Manche Bergbaue auf diesem Bleizuge sind in sehr hohem Niveau, selbst 1000 Klafter und mehr über die Meeresfläche, wie Jaucken und Obier, angelegt.

Das Bleiberger Erzrevier, als ein Theil dieser Hauptniederlage, beginnt abendseits eine halbe Stunde von der Stadt Villach und endet über den Foggerthal, hat daher eine Erstreckung in die Länge von beiläufig einer deutschen Meile. Zwischen dem sogenannten Erzberg im Norden und der Villacher Alpe oder dem Dobratsch im Süden bildet sich das Bleiberger Thal, das über das adriatische Meer bei 470 Klafter erhaben ist. Ueber diesem Thal tragt die Villacher Alpe bei 680 Klafter, der Rücken des Erzberges nach Verschiedenheit seiner Biegungen 150 bis 300 Klafter empor.

In oryktognostischer Beziehung lassen sich die Kalksteine vom Dobratsch und Erzberge nicht scharf unterscheiden; doch findet sich der Letztere deutlich geschichtet, wenigstens weisen die plattenförmigen, parallelen Trennungen desselben alle Merkmale der Schichtung auf und führt nur derselbe allein das silberfreie Blei, sowie auch nur in ihm die bekannten Herzmuscheln zum Vorschein kommen. Der Dobratsch-Kalk dagegen zeigt keine Spur von Blei, Versteinerungen und Schichtung, höchstens einige Zerklüftungen.

Unmittelbar über dem Kalk des Erzgebirges, jedoch nur an dem unteren Theile des südlichen Abhanges, liegt ein graulich-schwarzer Thonschiefer, local „Hauptschiefer" genannt, von 10—15 Klafter Mächtigkeit, mit eingelagertem Gyps und opalisirendem Muschelmarmor, worin verchiedene Amoniten und auch „Halobia Lomelli" vorkommen.

Auf diesem Schiefer ruht ein ca. 100 Klafter mächtiger bituminöser Kalk, über demselben ist wieder Thonschiefer, der sogenannte „Deckenschiefer" gelagert. Der grösste Theil der Kaiser Leopold Franz-Erbstollen-Strecke vom Mundloche bis zum Hauptwendepunkt im edlen Kalke, ca. 560 Klafter, ist in diesem Schiefer aufgefahren.

Der erzführende Kalk, der Hauptschiefer und der bituminöse Kalk haben ein südliches, d. i. gegen den Dobratscher Kalk geneigtes Verflächen, wie dies vorzüglich auf der vorerwähnten Erbstollenstrecke vor dem Hauptwendepunkte im Anna-Grubenfelde, ferner am dritten und vierten Laufe unter dem Erbstollen im Oswald-Grubenmass, wo die Gebirgsscheidung des edlen Kalkes und Hauptschiefers unter dem Winkel von 60 Grad mit Zunahme der Teufe immer weiter gegen Süden vorrückt, dann auf Maria Himmelfahrt-Stollen im äusseren Bleiberg, Feldmass Nr. 212 und auch an einigen Punkten ober Tag, z. B. beiläufig 130 Klafter vom ehemaligen holenianischen Pulverthurm gegen Norden zu beobachten ist.

Aus diesen in Figur I und II versinnlicht dargestellten Erhebungen geht nun unwiderleglich hervor, dass der Dobratscher Kalk, sowie die zwischen demselben und dem Erzkalke vorkommenden Schiefer- und Stinkstein-Schichten nicht, wie noch gegenwärtig in Bleiberg die vorherrschende Ansicht besteht, unter dem erzführenden Kalke, sondern auf demselben liegen, und zwar dürfte der erzführende Kalk dem Hallstätter Kalke, der Dobratscher aber dem Hauptdolomite der oberen Trias-Formation entsprechen.

Das unmittelbare Liegend des Bleiberger Kalkes ist zwar in der dortigen Gegend noch nicht aufgedeckt, jedoch finden sich in dieser Richtung, nach Lipold, bald darunter ganz bestimmt die Glieder der unteren Trias, nämlich Schichten des Muschelkalkes, Guttensteiner Schichten, und des bunten Sandsteines, Werfener Schichten, die auch in den nördlich vom Bleiberger Erzberge befindlichen Gräben, gegen Paternion zu, vorkommen. Diese rothen Sandsteine liegen auf Thonschiefern, welche der oberen Steinkohlen-Formation angehören und am linkseitigen Drauufer zu Tage treten.

Uebrigens findet sich in der Umgebung, jedoch in minderer Mächtigkeit mit schmalen Kalklagen wechselnd, auch das Grauwackengebilde. Am Erlachgraben scheint die Grauwacke sogar über dem Hauptschiefer, der den erzführenden Kalk bedeckt, gelagert zu sein.

Krystallinische Gebirge findet man aber in der Gegend von Bleiberg nirgends anstehend; doch liegen einzelne grössere und kleinere Blöcke von Glimmerschiefer zerstreut herum. Das im windischen Graben bekannte porphyrähnliche Gestein ist eigentlich ein Tuffconglomerat und gehört wahrscheinlich zur unteren Trias (Werfener Schichten) oder aber zur oberen Trias, als deren tiefstes Glied unter dem erzführenden Kalke.

Als jüngstes Glied mag wohl das grobe Kalkconglomerat, welches an der engen Schlucht auf der Strasse von Bleiberg nach Villach fast horizontal und dickgeschichtet ansteht, gelten.

Für den Bergbau verdient ausser dem erzführenden Kalk der Hauptschiefer die meiste Aufmerksamkeit. Der Erstere enthält allein das silberfreie Blei in seinen verschiedenen Arten, als Glanz-, Weiss- und Gelb-Bleierz mit den mannigfaltigen Begleitern von Schwefelkies, Kalk, Zinkblende, Galmei, Schwerspath und Flussspath, jedoch nie Quarz; der Schiefer spielt zwei Rollen. Er ist nicht nur über den erzführenden Kalk gleichförmig gelagert, sondern erscheint auch als sogenannter Kreuzschiefer im Lagerkalk selbst, vielleicht blos gangförmig, führt aber nirgends Erze.

Nur im Kalke, und zwar im inneren Bleiberg blos zunächst unter dem Hauptschiefer, weisen die Grubenkarten eine Erzniederlage nach, welche jedoch nicht als ein continuirliches Lager zu betrachten ist, sondern in den Kalkschichten oder Lagen, nicht aber in einem von dem übrigen Kalkgestein in seinem Bestandtheile verschiedenartigen Lager, setzen Erzstreifen von 2 bis 4 Klafter Mächtigkeit und 2 bis über 100 Klafter horizontaler Ausdehnung auf, die unter Winkeln von 25 bis 50° zum Theil mit Wendungen, Stürzungen, Bäuchen und Verdrückungen ohne Unterbrechung, ausser einer etwaigen Verschiebung, in die Teufe anhalten.

Diese Erzstreifen folgen in ihrer Richtung gewissen Scharungs- oder Durchschneidungslinien. Die Schichten des erzführenden Kalkes streichen nämlich im äusseren Bleiberg, wo sie auch Flächen heissen, nach Stunde 23 und fallen gegen Abend 25—30 Grade (Fig. III), jene im inneren Bleiberg streichen zwischen Stunde 19 und 20 und neigen sich gegen Mittag 45—50 Grad und noch mehr (Fig. IV), endlich jene im Foggerthale streichen nach Stunde 21 und fallen gegen Südwest 60 bis 80 Grad (Fig. V).

Diese Kalkschichten werden durch Klüfte, die im äusseren Bleiberg nach Stunde 6 streichen und wenig gegen Mittag verflächen oder auch ganz stehen, durchsetzt und heissen daselbst Gänge; ausser diesen setzen aber auch da noch mancherlei Klüfte zwischen Stunde 24 und 3 auf und heissen Querklüfte. Im inneren Bleiberg streichen die veredelten Scharklüfte zwischen Stunde 21 und 1, und fallen 60 — 50° gegen Morgen. Im Foggerthale endlich streichen diese Klüfte zwischen Stunde 1 — 2 und verflächen gegen Morgen 25 — 50°. Wo diese Klüfte die Kalkschichtung durchsetzen, ist manchmal auf einer, öfters auch zu beiden Seiten der Klüfte Erz zu treffen, ohne dass jedoch die Scharung selbst es enthielte. Ueberhaupt sind die Klüfte, ausser den sogenannten Gängen im äusseren Bleiberg, die öfters in schmalen Schnürchen Erze führen, taub, meist nur mit etwas Thon ausgefüllt und kaum einen halben Zoll mächtig. Ein gleiches Verhalten zeigen auch die Schichtungsflächen, die überdies im Allgemeinen durch die Klüfte nicht verrückt zu werden scheinen, da man öfters solche Schichtungsflächen über oder unter dem Erzstreifen durch den anstossenden Kalk rechts oder links, oder zu beiden Seiten durchgehen und wieder auf einen Erzstreifen führen sieht. Dies gilt jedoch nicht von allen Klüften. Die metallischen Spiegelblätter, welche einige in der Nähe der Erze aufsetzende Klüfte verursachen, wie das glatte, öfters auch gefurchte Ansehen der Saalbänder derselben weisen allerdings auf einstmalige Ueberrutschungen hin.

Die aus der wechselseitigen Stellung der Lagen und Klüfte sich ergebenden Scharungslinien fallen nun in die Richtung der Verhaulinien oder Erzstreifen und ihre Summe gibt den oben beschriebenen Erzzug. Das Erz selbst in den Kalklagen trägt übrigens die Merkmale einer gleichzeitigen Entstehung mit dem umgebenden Kalke. Dass mehrere Erzzüge längst dem Erzgebirge nebeneinander, nämlich gegen Norden oder im Liegenden des südlichen Abhanges des Erzberges vorhanden sind, ist im äusseren Bleiberg gewiss, indem daselbst mehrere nebeneinander gegen Norden folgende Gänge oder Sechserklüfte in den Kalklagen auf Erze führten. Im inneren Bleiberg ist besonders das Hangendlager, nämlich das erste im äussersten Süden vorkommende Lager, edel, d. i. in diesem setzen viele Erzstreifen auf; allein auch im Liegenden sind welche getroffen worden wie im Christof- und Anton-Masse.

Aus dem Obigen geht von selbst hervor, wie die Klüfte und Lagen dem Bergmanne in Bleiberg zu Wegweisern bei Aufsuchung der Erzpunkte dienen. Man darf auch darauf rechnen, Erzstreifen, welche im oberen Felde bekannt waren, in der Teufe, ausser dem Falle einer Verschiebung, in ihrer obigen Richtung wieder zu finden.

(Schluss folgt.)

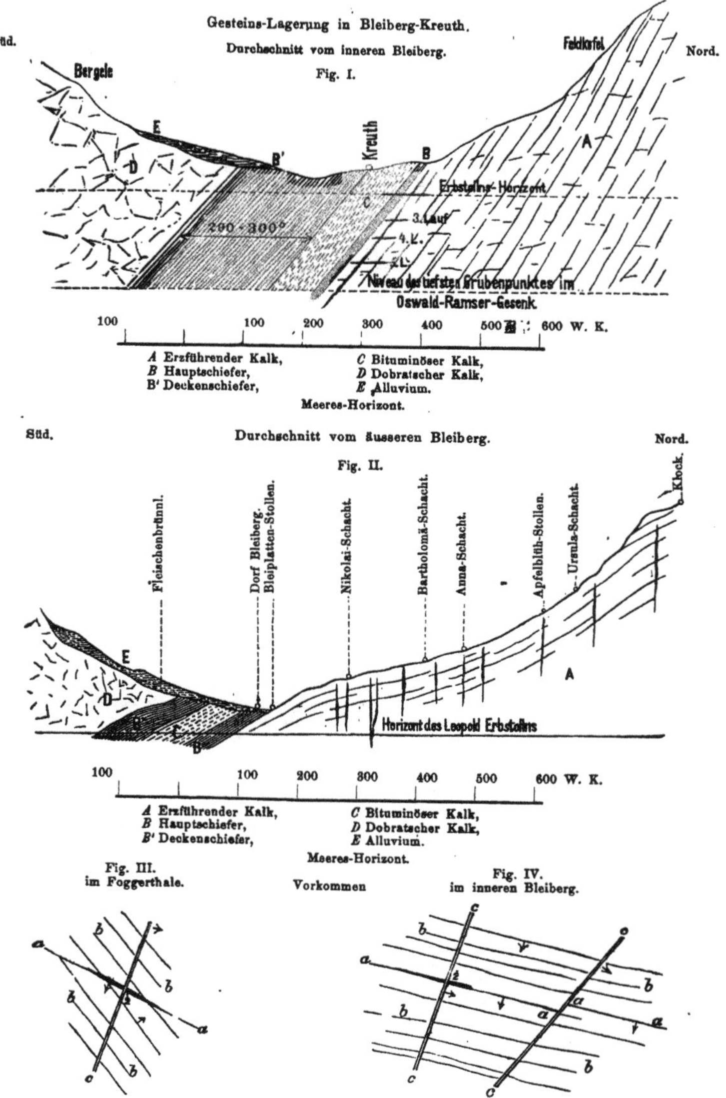
Gesteins-Lagerung in Bleiberg-Kreuth.
Durchschnitt vom inneren Bleiberg.
Fig. I.
Süd.
Nord.
Bergele
Feldkofel
Kreuth
Erbstollns-Horizont
3. Lauf
4. L.
Niveau des tiefsten Grubenpunktes im Oswald-Ramser-Gesenk
200 - 300°
100
100
200
300
400
500
600 W. K.
A Erzführender Kalk,
B Hauptschiefer,
B' Deckenschiefer,
C Bituminöser Kalk,
D Dobratscher Kalk,
E Alluvium.
Meeres-Horizont.
Süd.
Durchschnitt vom äusseren Bleiberg.
Nord.
Fig. II.
Fleischenbrünnl.
Dorf Bleiberg.
Bleiplatten-Stollen.
Nikolai-Schacht.
Bartholomä-Schacht.
Anna-Schacht.
Apfelblüth-Stollen.
Ursula-Schacht.
Klock.
Horizont des Leopold Erbstollns
100
100
200
300
400
500
600 W. K.
A Erzführender Kalk,
B Hauptschiefer,
B' Deckenschiefer,
C Bituminöser Kalk,
D Dobratscher Kalk,
E Alluvium.
Meeres-Horizont.
Fig. III.
im Foggerthale.
Vorkommen
Fig. IV.
im inneren Bleiberg.

Fig. V.
Im äusseren Bleiberg.

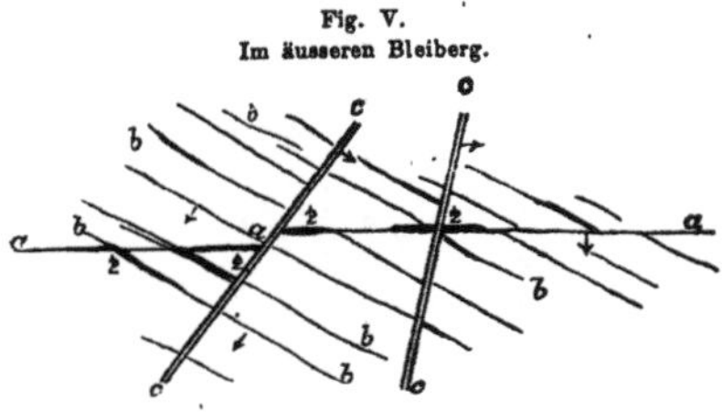

a) Gänge oder Lager.
b) Flächen
c) Kreuzklüfte.
𝔳) Veredelung.

Das Dynamit.

Von Isidor Trauzl, Oberlieutenant der k. k. Genie-Waffe.

(Fortsetzung.)

Unter der Aufschrift: Physiologische Wirkungen des Nitroglycerins und seiner Explosionsgase bespricht der Verfasser die Wirkungen, welche das Nytroglycerin als organischer Giftstoff hervorbringt, wenn er in grösseren Mengen in den Körper eindringt (Blutandrang zum Kopf, Schwindel, Ermattung), er glaubt aber, dass schon das Sprengöl selbst im technischen Gebrauche, bei welchem es nicht in den Körper eingeführt wird, wenig bedenklich sei, das Dynamit noch viel unbedenklicher sei, da biebei das Nitroglycerin nicht so leicht durch die Haut aufsaugbar sei, wie bei einem Sprengöl. Er räth, ehe man die Hände nach der Manipulation mit Dynamit u. dgl. wasche, sie zuvor mit Erde oder Sägespänen abzureiben.

Was die Explosionsgase betrifft, glaubt der Verfasser aus eigener Erfahrung behaupten zu können, dass sie vollkommen ungefährlich und athembar seien; gegentheilige Fälle dürften in schlecht eingeleiteter Zündung und unvollkommener Explosion zu erklären sein. Uebrigens sei es immerhin rathsam, nach jeder Sprengung einige Minuten zu warten, ehe man wieder zur Arbeit geht, wegen des Qualmes, den die Bickfordzündschnur entwickelt.

B. Wirkung bei Gesteinssprengungen.

Wenn die Resultate der Sprengungen von Holz hauptsächlich nur dem Militär von hohem Interesse sind, so sind die glänzenden Erfolge, welche bisher mit den Nitroglycerinpräparaten bei Gesteinssprengungen erhalten wurden, von höchster Wichtigkeit für den Civil-Ingenieur, speciell für den Bergmann und den Eisenbahn-Ingenieur.

Die von mir in Folgendem angeführten Resultate aus Schacht- und Stollenbetrieb habe ich theilweise an Ort und Stelle selbst gesammelt und war bei darauf bezüglichen Sprengungen anwesend, theilweise habe ich die Daten von den die Arbeit leitenden Berggeschworenen oder aus Briefen, die ich in Hamburg einsehen konnte oder die mir auf meine Anfragen zukamen. Bezüglich der Sprengungen in Steinbrüchen konnte ich nur Daten über mit Nitroglycerin erreichte Resultate erhalten, die aber vollkommen auf Dynamit übertragbar sind, da wie bei der Ladungsmethode gezeigt wurde, gleiche Kraftmengen von Dynamit und Nitroglycerin auch gleiche Bohrlochdimensionen fordern.

I. Stollenbetrieb. Ich will hier vor Allem kurz den Vorgang bei Bestimmung der Bohrlöcher am Ortstoss angeben, da derselbe vollkommen von dem bei Schwarzpulver üblichen differirt und seine Möglichkeit allein schon ein überzeugender Beweis der ungeheueren Kraft der Nitroglycerinpräparate ist. Man ersieht daraus zugleich den Hauptgrund der bei Anwendung von Dynamit resultirenden rascheren und wohlfeileren Gesteinsförderung.

Bei Anwendung von Schwarzpulver muss der Einbruch an dem gerade gestellten Ortstoss eines Stollens immer sehr schief gegen den Ort geschehen, und zwar so,

Fig. II. Fig. III.

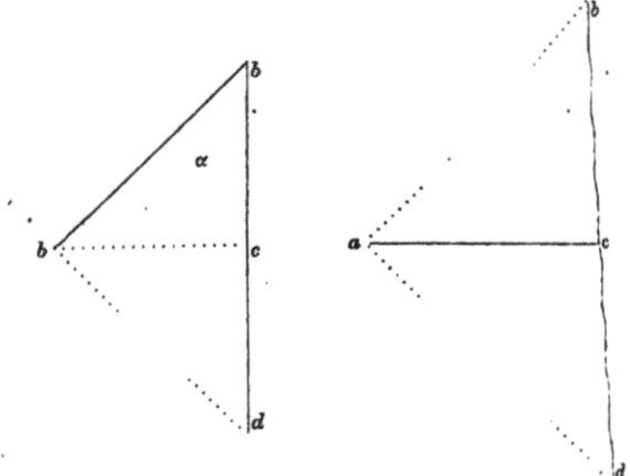

dass der Winkel α, die Neigung des Bohrloches gegen die Einbruchsfläche (Fig. II), gleich oder kleiner als 45° ist. Dadurch ergibt sich die grösstmöglichste Vorgabe (die kürzeste Widerstandslinie) im Maximum, als

$$a\,c \doteq 0{\cdot}7\;a\,b.$$

Das Bohrloch ist also selbst im günstigsten Falle $^{10}/_{7}$ mal so lang als das Vorgeben.

Dazu kommt noch, dass überhaupt wegen der geringen Kraft des Pulvers und der starken Gesteinsverspannung in den kleinen Stollenprofilen nur verhältnissmässig geringe Bohrlochtiefen angewendet werden können.

Bei Dynamit gestaltet sich die Sache wesentlich anders.

Vor Allem kann man bei Dynamit — sehr zähes, ungeklüftetes Gestein ausgenommen — den ersten Einbruch nahezu in der Richtung der kürzesten Widerstandslinie, also fast senkrecht auf den Ortstoss ansetzen, und man wird dennoch bei richtiger Proportionirung zwischen Bohrlochdimensionen und Ladung einerseits, dem Stollenprofile und der Gesteinsbeschaffenheit andererseits, die gleiche Wirkung erhalten, wie bei Schwarzpulver mit einem unter 45° angesetzten Bohrloch, d. h. es wird ein Trichter tagen, der die Sohle des Bohrloches als Spitze, einen Kreis von der doppelten Vorgabe als Basis hat, während die Bohrlochsarbeit nur etwa $^{7}/_{10}$ von der bei Schwarzpulver nöthigen ist. Gleichzeitig erlaubt aber die ungeheure Kraft des Dy namits die Anwendung weit grösserer Bohrloch tiefen als das Schwarzpulver, und es ist so mög lich, sich mit dem Sprengen des ersten Schlusses in de gerade gestellten Orte eine weit bedeutendere freie Fläche zu schaffen, als mit Schwarzpulver.

Erfolgt nun das Nachschiessen des noch stehen gebliebenen Theiles ebenfalls unter voller Ausnützung der in dem neuen Sprengmittel zu Gebote stehenden Kraft, d. h. mit tieferen Bohrlöchern und stärkerem Vorgeben als bei Schwazpulver, so kann man mit derselben Summe geschlagener Bohrlochslängen Resultate erzielen, welche den mit Schwarzpulver unter gleichen Umständen zu erhaltenden weit überlegen sind.

Es wird dieses rasch klar, wenn man bedenkt, dass unter sonst gleichen Umständen die mit einem Schusse gewonnenen Gesteinsmassen der 3. Potenz der Bohrlochstiefe proportional sind.

Nach den mir bekannten Erfahrungen ergibt sich bei Anwendung in trockenem Gestein im Mittel ein Kostenersparniss an der Gesteinsgewinnung (die Förderkosten natürlich abgerechnet) von etwa 25% und das Vortreiben kann fast immer beinahe doppelt so rasch wie bei Pulver geschehen.

Es ist klar, dass besonders dieser letztere Umstand oft von ungemeinem Vortheile sein kann, so bei grossen Tunnelbauten, beim Durchschlagen langer Stollen durch taubes Gestein im Bergbaue u. s. f.

Der Vorgang beim Stollenvortrieb, wie er gegenwärtig von Herrn Trusheim, Obersteiger in Herrn Nobel's Diensten, in mehreren Bergwerksdistricten eingeführt wird, ist ungefähr folgender:

In der Mitte des Ortsstosses wird ein horizontales Loch gebohrt, dessen Dimensionen folgendermassen gewählt werden:

		Tiefe	Durchmesser
Bei	4 Fuss breitem Ort	20—25 Zoll	1 bis $1\frac{1}{8}$ Zoll
„	5 „ „ „	25 28 „	$1\frac{1}{4}$ „
„	6—8 „ „ „	30—40 „	$1\frac{1}{2}$ „

Je fester das Gestein, um so geringer die Bohrlochstiefe und um so weiteres Gebohr.

Ladung $\frac{1}{4}$ bis $\frac{1}{3}$ der Bohrlochstiefe.

Durch den ersten Schuss erhält man meist einen sehr günstigen Einbruch, der nun leichtes Nachschiessen von First und Sohle gestattet. Einige concrete Fälle sollen nun dienen, die früher angegebenen Daten über die bei Verwendung von Dynamit zu erreichenden Vortheile näher zu präcisiren und zu rechtfertigen.

1. Bleierzgruben im Rammelsberg bei Goslar. Fester zäher Schiefer.

Kosten bei Pulver à Lachter 40 Thaler; bei Verwendung von Dynamit:

20 Pfd. Dynamit à	18 Sgr.	=	12·0 Thlr.
34 Schichten à	$18\frac{10}{12}$ „	=	21·1 „
			33·1 Thlr.

daher Ersparniss pro Lachter:

7 Thlr. = 17 Procent.

Dass diesem Ersparniss nur die verminderte Bohrarbeit zu Grunde liegt, zeigt der Umstand, dass man bei Sprengung mit Pulver pro Lachter 32 Pfd. à 5 Sgr. brauchte, also das Sprengmittel in diesem Falle nur 5 Thlr. 10 Sgr., mithin kaum die Hälfte der Kosten des Dynamits machte.

Berücksichtigt man dies, so ergibt sich, dass bei Sprengung mit Dynamit die Kosten der Bohrarbeit nur ungefähr 65% von jener bei Pulver waren, woraus man zugleich auf ein ungefähr um ein Drittel rascheres Fortschreiten schliessen kann.

2. Eisenerzgruben bei Dorf Zerf in der Nähe von Saarbourg.

Gestein: Sehr zäher fester Quarzit. Stollenhöhe 6 Fuss. Breite 5 Fuss.

Gedinge bei Pulver à Lachter (Pulver inbegriffen) 40—45 Thlr., bei Dynamit à Lachter:

Gedinge ohne Pulver	=	20 — 22 Thlr.
10—12 Pfd. Dynamit à 22 Sgr.	=	7·3— 8·8 „
		27·3—30·8 Thlr.

daher Kostenersparniss über 25%.

Rechnet man wie früher das Ersparniss an der eigentlichen Bohrarbeit, indem man berücksichtiget, dass à Lachter 24 Pfd. Pulver à 6 Sgr. verbraucht wurden, so ergeben sich als Kosten der Bohrarbeit bei Dynamit ungefähr 60 Procent von jener bei Pulver, man konnte also ungefähr ein 40 Proc. rascheres Fortschreiten erwarten.

Es stimmte dies letztere auch ziemlich mit dem wirklichen Ergebnisse.

Bemerkt muss hier werden, dass zur Zeit, als ich in den letzterwähnten Gruben anwesend war und obige Daten erhielt, die Leute noch wenig Uebung in der Anwendung des Dynamits hatten, so dass nach längerem Gebrauche günstigere Resultate zu erwarten sind, und daher die Ansicht des leitenden Ingenieurs, er hoffe bald doppelt so rasch wie mit Pulver fortzuschreiten, gerechtfertigt ist.

Es liegt mir noch eine grössere Zahl sehr günstiger Resultate von Dynamitsprengungen vor, die ich aber übergehe, da in ihnen einzelne Daten mangeln, um genaue Verhältnisse im Vergleich zu Schwarzpulver festzustellen.

Erwähnen will ich noch, dass an vielen Orten sich auch die Sprengungen von Kohle mit Dynamit als sehr vortheilhaft herausgestellt haben.

Man glaubte anfangs, die heftige brisante Wirkung des Dynamits würde zu viel Abfall verursachen. Das hat sich aber nach den Versuchen im Saarbrücker Kohlenrevier nicht gezeigt, und es ist nach Mittheilungen, die ich in Saarbrücken erhielt, die Anwendung des Dynamits auch für den Kohlenbau rasch steigend.

Ganz ähnliche Resultate, wie bei Saarbrücken, scheinen nach einem mir aus Oberschlesien zugekommenen Schreiben des Herrn Bergrathes Buemler sich im oberschlesischen Districte zu ergeben*).

(Fortsetzung folgt.)

Aus Wieliczka.

Durch den Maschinen-Stillstand, wegen der Tieferstellung der Saugsätze war in den beiden letzten Tagen des Juli der Wasserstand etwas gestiegen und war am Elisabeth-Schacht:

am 1. August Früh	2 Klafter	1 Schuh	5 Zoll	unter Hori-
„ 2. „	„ 2	„ 1	„ 7	„ zont „Haus
„ 3. „	„ 2	„ 2	„ —	„ Oesterreich“

*) Eine grössere Zahl von Beispielen über den Stollenvortrieb mit Nitroglycerin und Dynamit findet man in dem schon erwähnten Werkchen.

am 4. August Früh 2 Klafter 2 Schuh 8 Zoll
„ 5. „ „ 2 „ 3 „ 2 „
„ 6. „ „ 2 „ 4 „ 2 „
„ 7. „ „ 2 „ 4 „ 2 „
„ 8. „ „ 2 „ 4 „ 8 „

Von der zur Verdämmung bestimmten Parallelstrecke, welche neben dem erbrochenen Kloski-Querschlag eröffnet wird, ist das von der Sohle des nun vollendeten Albrecht-Gesenkes zu treibende Gegenort schon begonnen und war am 8. August bereits 2 Klafter, 3 Schuh ins Feld vorgerückt. Die Errichtung von Klärkästen für das Wasser hat in letzter Woche mancherlei Arbeit gemacht, da sich das mit feinem Schlamm stark getrübte Wasser nur langsam klärt und daher eine grössere Anzahl von Klärkästen bedarf, um sich vollkommen abzuklären.

Das beim Schachte Franz-Josef gehobene Süsswasser fliesst seit 5. August bereits in die Teiche beim Elisabeth-Schacht und liefert dort Speisewasser für die Maschinen, welche bei der anhaltenden Trockenheit der Witterung schon nahe daran waren, an Wassermangel zu leiden. Der Wasserstand im Franz Josef-Schacht ist stets etwas höher als der im Elisabeth-Schacht, was den Beweis gibt, dass in der Tiefe von 2 Klaftern unter Haus Oesterreich die directe Communication mit dem Grubentheile unter Elisabeth-Schacht unterbrochen ist. Die Versicherungsarbeiten in den unter Wasser gestandenen Theilen des Horizontes Haus Oesterreich sind in fortschreitendem Gange. Das unterirdische Reservoir beim Elisabeth-Schacht, um auch dort das Wasser in süssem Zustande heben zu können, ist nebst den dahin führenden Wasserlutten mehr als zur Hälfte vollendet.

Notiz.

Die Versammlung der Berg- und Hüttenmänner Böhmens in Prag wird nicht, wie bereits gemeldet wurde, in der zweiten Hälfte des gegenwärtigen Monats, sondern erst in der zweiten Hälfte des nächsten Monats, und zwar Montag den 20. September l. J., um 9 Uhr Vormittags, im Sitzungssaale des böhmischen Gewerbevereins (Gallikloster, 2. Stock) abgehalten werden. Die Vertagung erfolgte aus dem Grunde, um den Interessenten hinreichende Zeit zur Vorbereitung zu gönnen. Zur Berathung gelangen: Eine Denkschrift des k. k. Ackerbauministeriums über die Reform der Bergbehörden sammt einem auf deren Grundlage verfassten Gesetzentwurfe, und zwar im Zusammenhange mit der Frage, betreffend die Reorganisirung der Berg-Reviers-Ausschüsse, dann Berathung, resp. Erstattung eines Gutachtens über die vom k. k. Ackerbauministerium beabsichtigte Ausschreibung eines Preises für gelungene ökonomische Verwendung der mageren Stein- und Braunkohlen zur Roheisenerzeugung. Am 19. September um 9 Uhr Vormittag findet eine Vorberathung des für die Reorganisirungsangelegenheit der Berg-Reviers-Ausschüsse eingesetzten Specialcomités statt. Da die Programmsgegenstände für die Interessen des vaterländischen Berg- und Hüttenwesens von hoher Wichtigkeit sind, so dürfte wohl eine sehr rege Theilnahme von Seite der Berg- und Hüttenmänner Böhmens an der Versammlung zu gewärtigen sein.

Amtliche Mittheilungen.

Erledigte Dienststelle.

Prov. zweite Bergmeisterstelle bei der k. k. Berg- und Hüttenverwaltung Joachimsthal in der X. Diätenclasse mit dem Gehalte jährlicher 800 fl., Naturalquartier oder Quartiergeld von 80 fl., dann Cautionspflicht im Gehaltsbetrage.

Bewerber haben ihre Gesuche unter Nachweisung der Sprachkenntnisse, der absolvirten bergakademischen Studien, praktischen Ausbildung im Bergbaubetriebe und in der Aufbereitung, vollkommene Vertrautheit mit dem montanistischen Verrechnungswesen und Gewandtheit im Conceptsfache binnen 6 Wochen hieramts einzubringen.

K. k. Berg- und Hüttenverwaltung Joachimsthal,

den 25. Juli 1869.

Aufruf.

Durch Entzündung schlagender Wetter fanden in den freiherrl. von **Burgk**'schen Kohlenbergwerken im **Plauen**'schen Grunde bei **Dresden** über dreihundert brave, fleissige Bergleute einen entsetzlichen Tod.

Gross ist das Unglück, und Jammer und Elend herrschen an der Unglücksstätte.

Gegen Tausend Witwen und Weisen sind in Kummer und Sorgen um ihre Zukunft und, wenn nicht allseitig die ausgiebigste Hilfe gebracht wird, dem Elende preisgegeben!

Darum wenden wir uns bei diesem, durch seine fast beispiellos grosse Ausdehnung besonders beklagenswerthen Unfalle, unter Berufung auf den Hilferuf des Comité's in **Döhlen** bei **Potschappel**, an alle fühlenden Herzen mit der Bitte, durch Beiträge in Etwas das materielle Elend lindern zu helfen. Wir werden die an uns gelangenden Gaben sammeln, an das Hilfscomité absenden und seiner Zeit öffentlich verrechnen.

Die löblichen Zeitungs-Redactionen werden höflichst ersucht, diesen Aufruf weiter zu verbreiten.

Wien, 9. August 1869.

Das Hilfs-Comité:

Graf von **Beust**, Reichskanzler, Vorsitzender.
Freiherr von **Beust**, k. k. Ministerialrath, Stellvertreter des Vorsitzenden, Annagasse 18.
Louis von **Haber**, Zedlitzgasse 4, Parkring.
J. W. Guttmann, Bergwerkbesitzer, Bauernmarkt 2.
Th. Demuth, Firma: Gerold & Co. Buchhandlung, Stephansplatz, Schriftführer und Cassier.
C. Colditz, Generaldirector der Versicherungs-Gesellschaft „Donau“, Schwarzenbergplatz 14.
B. Dittrich, Director der „Allgemeinen Transportversicherungs-Gesellschaft“, Graben 31.
Hermann Taubert, Gonzagagasse 12.

Ausserdem werden Beiträge angenommen:

Bei der Versicherungs-Gesellschaft **„Donau“**, Schwarzenbergplatz 14.
Bei der **„Allgemeinen Transportversicherungs-Gesellschaft“**, Graben 31.
Bei Herren **Gerold & Co.**, Buchhandlung, Stefansplatz 12.
„ „ **Lehmann & Wentzel**, Buchhandlung, Kärntnerstr. 40.
„ Herrn **Emil Schlieper**, Buchhandlung, Bognergasse 2.
„ „ **Wallishauser's** Buchhandlung, Hoher Markt 1.
„ „ **Last's** Leihbibliothek, Kohlmarkt 7.
Löbl. **G. J. Manz'sche** Buchhandlung, Kohlmarkt 7.
Bei Herrn **August Prandel**, Buchhandlung, Weihburggasse 29.
„ Herren **Markgraf & Müller**, Buchhandlung, Tuchlauben 7.
„ Herrn **Ferdinand Meyer**, „ „ 26.
„ Herren **Jordan & Timäus**, am Peter, Freisingergasse 6.
„ Herrn **Eduard Hügel's** Buchhandlung, Herrengasse 6.
„ „ **Last's** Leihbibliothek, Wollzeile 17.
„ Herren **Faesy & Frick**, Buchhandlung, Graben 22.
„ Herrn **Hesky's** Leihbibliothek, Praterstrasse 25.
„ „ **Carl Czermak**, Buchhandlung, Schottengasse 6.
„ „ **Rud. Lechner's** Universitäts-Buchhandlung.

Diese Zeitschrift erscheint wöchentlich einen Bogen stark mit den nöthigen artistischen Beigaben. Der **Pränumerationspreis** ist jährlich loco **Wien** 8 fl. ö. W. oder 5 Thlr. 10 Ngr. **Mit franco Postversendung** 8 fl. 80 kr. ö. W. Die Jahresabonnenten erhalten einen officiellen Bericht über die **Erfahrungen im berg- und hüttenmännischen Maschinen-, Bau- und Aufbereitungswesen** sammt **Atlas** als Gratisbeilage. Inserate finden gegen 8 kr. ö. W. oder $1\frac{1}{2}$ Ngr. die gespaltene Nonpareillezeile Aufnahme. Zuschriften jeder Art können nur franco angenommen werden.

Druck von Carl Fromme in Wien. Für den Verlag verantwortlich Carl Reger

№ 34. XVII. Jahrgang.

Oesterreichische Zeitschrift

1869. 23. August.

für

Berg- und Hüttenwesen.

Verantwortlicher Redacteur: Dr. Otto Freiherr von Hingenau.

k. k. Ministerialrath im Finanzministerium.

Verlag der G. J. Manz'schen Buchhandlung (Kohlmarkt 7) in Wien.

Zur Frage der Grubenbeleuchtung.

Es ist natürlich, dass, seitdem die Mineralöle angefangen haben, als Beleuchtungsstoffe sich im öffentlichen sowie im Privatleben immer mehr und mehr einzubürgern, auch die Verwendung derselben zum Geleucht in den Bergwerken von vielen Seiten empfohlen und versucht wde. Diese sind allerdings noch lange nicht abgeschlossen, denn es fehlt eben noch immer eine Lampe, deren Construction zugleich den Eigenthümlichkeiten der Mineralöle und den Verhältnissen und Bedürfnissen eines zweckmässigsten Grubengeleuchtes entspräche. Allein wie bereits einige Stimmen in diesen Blättern gezeigt haben, sind mittelbar durch dieses Auftreten der Mineralöle neue Vergleichungen der bisher üblichen Geleuchtstoffe unter einander hervorgerufen worden. Nachdem sich der Einführung von Geleuchtstoffen nicht selten Vorurtheile, Antipathien der an altem Herkommen hängenden Arbeiter oder Unkenntniss der Eigenschaften verschiedener Geleuchtstoffe entgegenstellen, ist jede Veröffentlichung solcher vergleichenden Versuche von praktischem Belange.

Eine solche liegt auch nun wieder vor uns. Es ist n auf Veranlassung der k. k. Salinenverwaltung zu Wieliczka von den dortigen Berg-Official Ronczkiewicz durchgeführter Versuch mit Unschlitt, Paraffin, Rüböl und Petroleum. Aus dessen Bericht entnehmen wir, dass aus einer zweimal wiederholten Schlagschattenprobe sich für die Erzeugung gleicher Lichtmengen folgender Material-Verbrauch herausstellte.

Beim	Unschlitt	14	Gewichtseinheiten
„	Paraffin	13	„
„	Rüböl	9	„
„	Petroleum	6	„

Nach den für erstes Semester 1869 ermittelten Preisen stellten sich die Geldwerthe des Materialverbrauches wie folgt:

4 Ctr.	Unschlitt	à fl. 32.38	machen	fl. 453.32	Auslage
3 „	Paraffin	à fl. 28.47	„	fl. 370.11	„
9 „	Rüböl	à fl. 28.42	„	fl. 255.78	„
6 „	Petroleum	à fl. 16.50	„	fl. 99.00	„

In Wieliczka wurde bisher meist Unschlitt gebrannt und die Arbeiterbevölkerung hat ein solches Vorurtheil für dieses „altherkömmliche" Geleuchtmaterial, dass die mit dem Jahre 1869 angeordnete Einführung anderer Leuchtstoffe zu Einwendungen und Petitionen gegen eine derlei Neuerung Anlass gab, welche eben dringend zu eingehenden Vergleichs-Versuchen mahnten. Im Jahre 1868 erreichte der Unschlittverbrauch in Wieliczka die Ziffer von 430 Ctr. Es würde sich sonach nach obigen Daten der Vergleich des Jahresaufwandes bei den gleichwerthigen Geleuchtstoffen stellen:

430 Ctr.	Unschlitt	à fl. 32.38	=	13.923 fl.
399 „	Paraffin	à fl. 28.47	=	11.359 fl.
276 „	Rüböl	à fl. 28·42	=	7.844 fl.
184 „	Petroleum	à fl. 16.50	=	3.036 fl.,

so dass bei Anwendung von Petroleum statt Unschlitt sich eine jährliche Ersparniss von 10.900 fl., bei Rüböl von 6100 fl. und bei Paraffin auch noch von 2600 fl. herausstellen würde.

Jedenfalls ist constatirt, dass das „altherkömmliche" Unschlitt im Verhältnisse seiner Leuchtkraft das theuerste Geleucht-Material ist.

Allein so ganz glatt wie die obigen Summen lauten, stellt sich in praxi die Sache allerdings nicht. Es sind insbesondere mit dem verhältnissmässig billigsten Material dem Petroleum, im Grubenbetrieb mancherlei Uebelstände verbunden, welche der Berichterstatter Official Ronczkiewicz nicht verschwiegen hat.

Petroleum ist nämlich in den bis jetzt üblichen Lampen nur in guter, reiner, trockener und ruhiger Luft mit Vortheil verwendbar; in matten Wettern brennt das Petroleum zwar lange, russt jedoch in einer für den Arbeiter sehr beschwerlichen Weise; bei einem selbst geringen Luftzuge wird der Lampencylinder, den die bisher üblichen Lampen nicht entbehren können, stark angerusst und dadurch die Leuchtwirkung der Flamme sehr beeinträchtigt, „bei stärkerem Zug erlischt die Flamme", die Cylinder selbst beschlagen sich in feuchter Luft, zerspringen sehr häufig und werden oft matt, was wieder den Lichteffect schmälert. Im Jahre 1868 wurden auf Füllorten und anderen geeigneten Orten bereits 34 Ctr. Petroleum in Wieliczka verbraucht, bei welcher Verwendung sich ein Verlust von 673 Stück Glascylindern herausstellte. Dieses Verhältniss beibehalten, würde man für oben ermitteltes Jahresquantum von 184 Ctr. Petroleum 3672 Stück Cylinder erfordern, deren Werth von 273 fl. in Summa beim Vergleich in Abschlag kommen müsste, indess die Ersparnissziffer von 10000 fl. noch immer reichlich übrig lassen würde.

Paraffin verhält sich ähnlich, verlangt auch gute und ruhige Luft, erlischt in matten Wettern und im Luftzuge leicht und kommt bedeutend höher zu stehen als Petroleum, und selbst als Rüböl, stets das Verhältniss der Leuchtkraft dabei mitverstanden!

Rüböl widersteht dem Luftzuge und den Wettern besser als die Mineralöl-Leuchtstoffe und ist, insolange keine jenen Uebelständen abhelfende Brennvorrichtung für Petroleumlampen gefunden wird, in allen Fällen, bei welchen jene Uebelstände eintreten, also zur Fahrung in Strecken mit starkem Wetterzug u. s. w. dem Petroleum vorzuziehen, wogegen dieses für **stehendes** Geleucht an ruhigen Stellen sich durch noch grössere Wohlfeilheit empfiehlt.

Mit Rücksicht auf seine ausnahmslose Anwendbarkeit stellt sich nach den hier besprochenen Versuchen **Rüböl** als das **relativ billigste und vortheilhafteste Geleuchtmaterial heraus**, wogegen, abgesehen von der beschränkten Anwendbarkeit, sich das Petroleum als das **absolut** billigste empfehlen würde.

Wir ersuchen um weitere Bekanntgebung ähnlicher Versuche, die vielleicht local auch etwas andere Resultate aufweisen können, sowie um Mittheilung über Constructionen von Petroleumlampen, durch welche den geschilderten Uebelständen abgeholfen werden könnte, zumal, wie aus einem in nächster Nummer erscheinenden Berichte hervorgeht, die Pischof'sche Petroleumlampe nicht zu entsprechen scheint. O. H.

Geognostisch-bergmännische Skizze von Bleiberg.

(Fortsetzung und Schluss.)

Wenn nun auch das Revier des äusseren Bleiberges mit dem inneren und mit Foggerthal im Allgemeinen Aehnlichkeit im Vorkommen der Erzlagerstätten darbietet, so zeigt sich doch auch wieder manche nicht unbedeutende Verschiedenheit. Die Richtung des Streichens, der Grad des Verflächens der Lagen und Klüfte ist im äusseren Bleiberg wesentlich von jenem im westlichen Theile des Erzreviers verschieden. Ferner führt der äussere Bleiberg **wenig Zinkerze**, enthält fast **keinen Schwefelkies** und liefert das **reinste Blei**. Es brechen häufig **Gelb- und Weissbleierze**, und die Klüfte sind oft mit **Bleiglanz** gefüllt. Ueberhaupt zeigt der äussere Bleiberg eine grössere Anhäufung von Metall. Es treten daselbst mehrere Erzlagerzüge neben einander auf.

Im Durchschnitte der Grube **Bleiplatten** beträgt die Mächtigkeit des veredelten Kalkes 334 Klafter und sind dort in fast gleichen Abständen von 30—40 Klafter 9 Erzzüge unter den Benennungen:

Maschinen- und Guglkluft,
Wetterthür-Verhau,
Weinyhren- und Bleiplatten-Verhau,
Krieglzeche,
Abendschächter-Verhau,
Stiegengang,
Schieferbaugang,
Kapaunkluft und
Rothe Kluft

in Abbau genommen worden. Die meisten dieser Erzab-lagerungen haben eine horizontale Ausdehnung von 80 Klaftern.

Im Durchschnitte der vereinigten Gruben: **Maria in Sümpfen-, Hahrene Fuchs-** und **Rathin-Stollen**, sowie im Durchschnitte über die Gruben: **Josef-, Johann-** und **Maria Lichtmess-Stollen** beträgt die Breite des erzführenden Kalkes 290 Klafter und kommen darin Erzausscheidungen, wie der **Georgi-** und **Maria Himmelfahrt-Hauptgang** von 160 bis 180 Klafter horizontaler Erstreckung vor.

Nicht so ist's im **inneren Bleiberg** und im **Foggerthale**. Daselbst tritt **Galmei** in grossen Quantitäten hervor, das Gelbbleierz mangelt und nur etwas **Weissbleierz** kommt mit dem **Bleiglanze** vor. Der ei brechende **Schwefelkies** verunreinigt die Bleierze, d Ausbeute ist verhältnissmässig geringer und die Sechs klüfte (Gänge) sind dürr. Die Erzgänge nehmen in c zwar schon ziemlich weit vorgerückten Teufe an A und Mächtigkeit ab und werden nach und nach irre lär, wie dies am **Oswald-Ramser** Schacht 160 Kla und im **Antoni-Gesenk** 112 Klafter unter der Erbs len-Sohle deutlich zu sehen ist. Endlich besteht der gro Unterschied, dass der edle Kalk nur einen schm Gürtel zunächst beim Schiefer bildet und bloss ein **Hangend-** und theilweise **Liegenderzzug** beherber denn durch mehrere tief in das Liegende eingetriebene Schläge hat man die Ueberzeugung erhalten, dass in dieser Richtung über 30 Klafter Entfernung vom Haupt schiefer in der Regel nichts mehr zu suchen ist.

Im Allgemeinen sind die höheren Horizonte im gan zen Bleiberger Revier stark verhauen und scheint ma dort gar grosse Erwartungen nicht mehr hegen zu dürfe Dafür setzen die zunächst ober der Thalsohle liegend Gräben des äusseren Bleiberges ihre Hoffnung vorzügl auf die Tiefe, welche in dem Masse, als der bereits 2002 Klafter erlängte **Leopold Franz-Erbstoll** vorrückt, zum Angriffe gelangen werden.

Wenn der erzführende Kalk nach der Ansicht d tüchtigsten Werksbeamten Bleibergs als jünger auf de Fusse der Villacher Alpe gelagert wäre, so würden der nördlichen Abdachung dieser Alpe die Erzaussch dungen ihr Ende erreichen; da aber das früher von d Geognosten angenommene Gegentheil stattfindet, so könn die Gesenke in weitere unbestimmbare Tiefe, in so la sie nämlich bauwürdig sind, verfolgt werden.

Die **Bleiproduction** ist gegenwärtig wieder Zunehmen und auch die **Zinkerz-Erzeugung** eine bedeutende Höhe erreicht, wie aus nachsteher Tabelle zu ersehen.

Jahr	Gesammt-Blei-Erzeugung	Gesammtwerth	Hievon entfiel auf das Aerar		Gesammt-Zinkerzerzeugung	Gesammtwerth		Hievon entfiel auf die Aerarial-Antheile		
			Erzeugung	Werth				Erzeugung	Werth	
	Centner	fl.	Centner	fl.	Centner	fl.	kr.	Centner	fl.	kr.
1866	40.087·70	563.706	11.045·77	178.970	30.134·88	19.814	19	4.699	3.619	40
1867	41.145·21	586.560	12.125·19	184.909	45.923·09	29.636	2	6.817	5.275	40
1868	43.090·55	639.335	7.481·66	117.836	38.156·75	24.592	81	8.860	1.814	37

Bei dem Bleiberger Werksbetriebe waren im Jahre 1868 beschäftigt:

1294 Arbeiter,
543 Arbeiterinen,
202 Kinder.

Durch die Arbeiter ernährten sich 3312 nicht arbeitende Familienglieder.

Das k. k. Bergamt Bleiberg wurde im November 1868 aufgelöst, nachdem früher der ganze ärarialische Werkscomplex an die Bleiberger Bergwerks-Union verkauft worden war.

Die Union umfasst die Berg- und Hütten-Objecte des Aerars und der Gewerken Romuald Holenia, Paul Mühlbacher, Carl Trau, Josef Egger und Josef Kossin, während die Wodleyische, Sorgosche und Jacominische Gewerkschaft ausser dem Verbande der Union geblieben sind.

Die Union hat ca. ²/₃ der Bleiberger Werke und ist eine Actien-Gesellschaft mit einer eigenen Direction in Klagenfurt und der Local-Betriebsleitung in Bleiberg.

S.

Ueber das amalgamirte Zink und sein Verhalten gegen Säuren.

Von J. d'Almeida.

Der Widerstand, welchen das amalgamirte Zink dem Angriffe der verdünnten Schwefelsäure entgegensetzt, ist nach der jetzt herrschenden Ansicht durch den gleichförmigen Zustand zu erklären, den das Quecksilber der Oberfläche des Metalles ertheilt; man nimmt an, dass durch die Amalgamation die Unregelmässigkeiten der Oberfläche beseitigt werden, in Folge deren das eingetauchte Zinkblech zahlreich verbundene galvanische Elemente bilde, welche für den Angriff des Zinkes durch verdünnte Schwefelsäure unerlässlich seien.

Daniell bemerkt jedoch in seiner berühmten Abhandlung über die galvanische Säule, dass sich unter den angegebenen Umständen das amalgamirte Zinkblech mit Wasserstoffblasen überzieht und ist der Annahme geneigt, dass die Zersetzung des Wassers durch diesen der Metalloberfläche adhärirenden Wasserstoff aufgehalten werde. Uebrigens geht der ausgezeichnete Physiker über diesen Gegenstand flüchtig hinweg und führt zur Begründung seiner Ansicht nur einen wenig beweiskräftigen Versuch an; er versetzt nämlich die verdünnte Schwefelsäure mit einer geringen Menge Salpetersäure und findet, dass das Zinkblech sich in wenigen Stunden ohne die geringste Gasentwickelung auflöst.

Ich habe diese Frage von Neuem aufgenommen und durch die im Nachstehenden mitgetheilten Versuche beweisen meiner Ansicht nach, dass es wirklich der der amalgamirten Zinkoberfläche anhaftende Wasserstoff ist, welcher den Angriff des Zinkamalgams so schwierig macht.

1. Die von Daniell angegebene Blasenbildung ist leicht zu beobachten; die Bläschen bedecken die ganze Oberfläche ohne andere Unterbrechungen als die dünnen, sie trennenden Wände. Sie haften der Metallfläche nicht fortwährend an, sondern von Zeit zu Zeit löst sich eine derselben los und steigt in die Höhe; diese wird sofort durch zahlreiche andere ersetzt, welche die freigelassene Stelle bedecken und sich nach und nach vereinigen, so dass die betreffenden Stellen ihr voriges Ansehen wieder annehmen. Das Volum des entwickelten Gases ist nach Verlauf mehrerer Stunden ziemlich bedeutend, selbst wenn die vollkommen amalgamirte Zinkplatte nur einige Quadratcentimeter Oberfläche hat.

2. Die dem Metalle adhärirenden Blasen lassen sich durch mechanische Mittel entfernen, wie durch Bewegen, sei es der Flüssigkeit oder des Bleches, oder durch Reiben des letzteren mit einem sehr weichen Pinsel. Da sofort andere Blasen an allen den Punkten erscheinen, wo die ersteren verschwunden sind, so wird der Angriff durch diese Mittel (welche sicherlich keine secundären Voltaschen Elemente zu erzeugen vermögen) verstärkt.

3. Stellt man über der Flüssigkeit eine Luftleere her, so nehmen die Blasen an Volumen zu und ihre Steigkraft wächst; wenn man die Luftverdünnung weit genug treibt, so wird die Adhärenz, welche dem Aufsteigen dieser Bläschen entgegenwirkte, überwunden, sie lösen sich vom Metalle los und steigen an die Oberfläche der Flüssigkeit, während sich neue bilden und sofort.

4. Ebenso wie dem amalgamirten Zink adhärirt der Wasserstoff jeder anderen amalgamirten Metallfläche wie folgender Versuch beweist. Ich amalgamirte für eine einfache galvanische Säule das Kupferblech; sobald die Pole verbunden wurden, überzog sich das Kupfer mit Wasserstoffbläschen, welche an ihm haften blieben und sich ganz auf die beschriebene Weise verhielten. Der Strom dieses Elementes nahm mit auffallender Schnelligkeit ab.

5. Alle von der Schwefelsäure nicht angreifbaren Metalle, welche in einer Säule statt des Kupfers angewendet werden können, geben dieselben Resultate, wenn sie amalgamirt sind. Das Verhalten von gereinigtem Quecksilber ist jedoch am interessantesten; verbindet man die Pole eines Quecksilber-Zinkelements, so verschleiert sich die anfänglich sehr glänzende Oberfläche des Quecksilbers wie durch einen Thau; die Bläschen verbleiben fast unbeweglich.

6. Mittelst dieser Quecksilbersäule lässt sich ein von Edm. Becquerel angegebener Versuch in eleganter Form

wiederholen. Dieser Physiker hat beobachtet, dass der Strom eines einfachen Elementes durch Umrühren beträchtlich verstärkt wird; nach zahlreichen Versuchen kam er zu dem Schlusse, dass das Kupferblech durch dieses Umrühren depolarisirt wird, indem dadurch der an der Oberfläche des Metalles abgelagerte Wasserstoff entfernt wird. Die Richtigkeit dieser Erklärung lässt sich leicht nachweisen; man braucht dazu nur unser Element (5) mit einem Galvanometer in Verbindung zu setzen. Wenn man, nachdem die Nadel beinahe zum Stillstande gekommen ist, entweder das Quecksilber oder die Flüssigkeit umrührt, oder blos die auf dem ersteren abgelagerten Blasen durch leises Reiben mit einem Pinsel entfernt, so bemerkt man gleichzeitig die Entwickelung des vom Quecksilber sich trennenden Wasserstoffes und eine grössere Ablenkung der Nadel; man hat gleichzeitig die Ursache und die Wirkung vor Augen.

7. Die Volumzunahme der Blasen, welche das Aufsteigen derselben bewirkt, habe ich auch durch ein, von dem beschriebenen (3) abweichendes Verfahren bewerkstelligt. Ich benutze hierzu das Gesetz der Löslichkeit der Gase; ich umgab nämlich die Blasen mit einer Lösung eines in Wasser sehr löslichen Gases. Unter solchen Verhältnissen muss bekanntlich das gelöste Gas diese Blasen ausdehnen, indem es in die von ihm allseitig eingehüllte Wasserstoffatmosphäre diffundirt. Ich umgab demnach das Quecksilber in einem geeigneten Apparate mit einer gesättigten Lösung von Chlorwasserstoffsäure, liess übrigens das Zink in der gebräuchlichen verdünnten Schwefelsäure. Wie ich erwartet hatte, nahmen die Wasserstoffblasen rasch an Volum zu und ihre Entwickelung wurde sehr lebhaft.

8. Nach dem vorhergehenden Versuche liess sich folgern, dass, wenn das amalgamirte Zink selbst mit Chlorwasserstoffsäure umgeben wird, die Wasserstoffblasen an ihm nicht adhäriren können und das Metall stark angegriffen werden muss. Diese Erwartung bestätigte sich in auffallender Weise; das Zink wird gleichsam verschlungen, wenn man es in eine gesättigte Lösung von Chlorwasserstoffsäure taucht und ein heftiges Aufbrausen zeigt von der Lebhaftigkeit dieser Einwirkung.

9. Die dem amalgamirten Kupfer adhärirenden Wasserstoffblasen verschwinden durch die Einwirkung eines oxydirenden Körpers und das Element behält seine Thätigkeit, anstatt schwächer zu werden. Wenn eine Schwefligsäurelösung nur die amalgamirte Kupferplatte umgibt, so behält der Strom seine Stärke und das amalgamirte Zink dieser Säule wird rasch aufgelöst.

10. Auch ein amalgamirtes Zinkblech wird in dem Gemisch von Schwefelsäure und Schwefligsäure rasch aufgelöst. Hierbei ist aber der Vorgang ein complicirter, und bekanntlich löst die Schwefligsäure allein das Zink vollkommen auf.

11. Die Wasserstoffblasen bleiben an der Oberfläche aller polirten Metalle (wahrscheinlich aller polirten Körper) haften. Ein gut polirtes, aber nicht amalgamirtes Silberblech verhält sich in der That wie das amalgamirte Kupfer. Die Adhärenz des Gases ist jedoch weniger stark; die Blasen steigen allerdings in geringerer Anzahl auf, adhäriren aber nicht in solchem Grade, wie bei den vorhergehenden Versuchen. Indessen scheint Alles darauf hinzudeuten, dass bei einer vollkommenen Politur des Bleches genau dieselben Erscheinungen wie mit dem Quecksilber auftreten würden.

12. Taucht man eine gut polirte Zinkplatte in verdünnte Schwefelsäure, so zeigen sich in den ersten Momenten, aber auch nur in diesen, genau dieselben Erscheinungen. Die sich bildenden Blasen werden ziemlich gross, bevor sie sich vom Metalle ablösen; dann ist die Oberfläche des von der Säure angegriffenen Metalles von rauhen Punkten wie übersäet und es steigen ununterbrochen zahlreiche kleine Blasen auf.

Diese und viele ähnliche Versuche beweisen, dass das Anhaften der Gase von der Politur der Oberfläche des Metalles abhängt. (Neueste Erfindungen.)

Das Dynamit.

Von Isidor Trauzl, Oberlieutenant der k. k. Genie-Waffe.

(Fortsetzung.)

II. Schachtabteufung. Die Vortheile des Dynamits im Stollenbetrieb zeigen sich natürlich in ebenso bedeutendem Masse beim Abteufen von Schächten. Die Anwendungsweise ist analog jener im Stollenbetrieb, besonders kommt der Centralschuss bei der kreisförmigen Querschnittsform zur vollsten Geltung und Verwerthung.

Es werden gegenwärtig im Saarbrücker Bergwerksbezirke mehrere Brunnen von bedeutendem Durchmesser mit Dynamit abgeteuft und es haben sich die dabei erzielten Resultate als so bedeutend, der Gewinn, der durch das weit frühere Erreichen der aufzuschliessenden Erz- und Kohlenlager resultirt, als so hoch ergeben, dass in dieser Richtung der Sieg des Dynamits wohl ganz unzweifelhaft ist.

Ich will wegen der grossen Wichtigkeit des Falles, den Vorgang, den man beim Abteufen eines solchen Brunnens befolgt, und die zur Zeit meiner Anwesenheit in Saarbrücken bereits vorliegenden Resulte kurz angeben.

Abteufung des Richardschachtes auf Grube Duttweiter-Jägerfreude:

Der Schacht soll fertig eine lichte Weite von 11 Fuss 9 Zoll erhalten. In der Periode, wo mit Pulver gesprengt wurde, wurde der Schacht mit Mauerwerk verkleidet, in einer Stärke, dass er mit 14 Fuss lichter Weite abgeteuft werden musste. Mit der Anwendung von Dynamit wurde gleichzeitig statt der Mauerverkleidung eine Zimmerung von Eisenkränzen und Holz eingeführt, welche eine Verminderung des zu gewinnenden Querprofiles auf 11 Fuss 10 Zoll Durchmesser möglich machte, so dass nun pro Fuss Schachtteufe 42 Cubikfuss anstehendes Gestein weniger zu gewinnen und zu fördern nothwendig ist, als früher. Der Vorgang, der gegenwärtig bei der Abteufung mit Dynamit angewendet wird, ist nun folgender (Fig. IV.):

In der Mitte des gerade gestellten Ortes wird, je nach der Härte des Gesteins ein 50—70 Zoll tiefes Bohrloch von $1^1/_2$—2 Zoll Durchmesser angesetzt und mit ½ bis 1 Pfd. Dynamit Ladung abgesprengt.

Fig. IV.

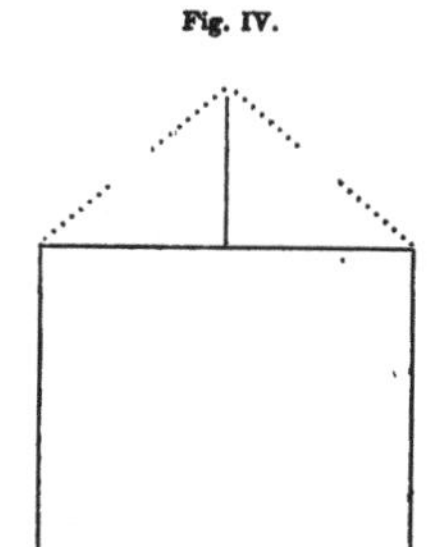

Die Wirkung des Schusses ist eine ausserordentliche, das Gestein ist vom Bohrloche aus strahlenförmig gerissen und vollkommen gestossen, so dass es leicht durch Hereintreibearbeit zu gewinnen ist.

In der Nähe der Ladung ist es gewöhnlich vollständig zertrümmert und grösstentheils zermalmt.

Ist die durch den Centralschuss gewonnene Bergmasse zu Tage gefördert, so werden in den Schachtstössen kleinere Bohrlöcher mit $^1/_2$ bis 2 Loth Dynamit geladen, angesetzt, und dadurch der Ortstoss wieder gerade gestellt. Ich will kurz die Resultate dieser Versuche anführen.

I. Kostenpunkt.

1 Lachter Schachtteufe kostet

a) bei der früheren Methode (Pulver und Ausmauerung):

α) An Arbeitslohn:

Abteufen inclus. Pulver . . .	Thlr.	170	—	—
Ausbauen der Zimmerung . .	„	9	2	3
Ausmauerung	„	56	25	10
Summe der Arbeitslöhne	Thlr.	234	28	1
β) An Materiale	„	74	6	7
Total-Summe	Thlr.	309	4	8

b) bei der gegenwärtigen Methode: (Dynamit und Eisenkränze)

α) Arbeitslohn: (incl. Dynamit u. Verbauung)	Thlr.	101	28	—
β) Materiale: Eisenkränze u. Holzbestandtheile	„	81	14	4
Total-Summe	Thlr.	183	14	4

Das gesammte Ersparniss pro Lachter beträgt gegenwärtig mithin Thlr. 125 22 4.

Davon fällt nun nur ein Theil auf Rechnung des Dynamits. Es ergeben sich nämlich als eigentliche Sprengkosten:

Früher pro Schicht-Abteufe
152·6 Cubikfuss mit Pulver . . . . . 170 Thlr.
gegenwärtig:
110·6 Cubikfuss mit Dynamit . . . . . 90 „

d. h. bei Anwendung von Pulver kostet der Cubikfuss Steingewinnung ungefähr $^1/_5$ Thaler, bei Dynamit nur $^1/_7$ Thlr., also Gewinn an Sprengkosten über 30 Procent.

2. Fortschreiten der Abteufe.

a) Bei der alten Methode betrug die Abteufung pro Monat 2·38 Lachter.

b) Bei der neuen Methode durchschnittlich $6^5/_6$ Lachter (Abteufe incl. Eisenzimmerung).

Dieser Werth wird in Zukunft bedeutender werden, indem trotz der Arbeit in immer tieferen Teufen in den letzten 3 Monaten (November, December 1868, Jänner 1869) pro Monat $7^3/_4$ Lachter abgeteuft wurden.

Dies gibt, unter Berücksichtigung, dass bei der neuen Methode 42 Cubikfuss pro Fuss Schachttiefe weniger zu gewinnen und zu fördern sind, einen doppelt so raschen Fortschritt als bei Anwendung von Schwarzpulver.

In diesem letzteren Umstande, in dem weit schnelleren Vortriebe, liegt der eigentliche Gewinn der Sprengung mit Dynamit.

Nicht dass man pro Lachter etwa 30 Thaler an Sprengkosten erspart, sondern dass man um die halbe Zeit früher zum Stollenbetrieb, zur Erz oder Kohlengewinnung kömmt, bringt den Hauptvortheil.

Beim Schachtabteufen sind übrigens natürlich dieselben Regeln bezüglich voller Ausnützung der Kraft des Dynamits anzuwenden wie im Stollenbetrieb.

III. Gesteinsgewinnung in Steinbrüchen.

Bezüglich der Arbeit in Steinbrüchen stehen mir grösstentheils blos Daten über die Verwendung des Nitroglycerins zu Gebote, die aber aus den früher erwähnten Gründen vollständig Anhaltspunkte auch für die Leistung des Dynamits bieten.

Die folgenden tabellarischen Zusammenstellungen von Versuchen, die man detaillirter in dem mehrerwähnten Werkchen findet, werden Anhaltspunkte zur Beurtheilung der relativen Kraft des Schwarzpulvers und des neuen Sprengmittels geben.

Tabelle I.

Wirkung von Nitroglycerin.

Gesteinsart		Ort der Sprengung	Steingewinn in Pfunden à Pfd. Sprengöl
Granit	130.000 180.000	Tyksborger Berge, Schweden	150.000
Dolomit	80.000 150.000	Moresnet bei Aachen	110.000
Kalkstein	120.000 90.000	Völksen (Hannov.) Moresnet	105.000
Conglomerat (Rothliegendes)		Nekedorf bei Eisleben	300.000
Grauwacke	60.000 62.000 40.000	Lauthenthal Oberharz	50.000
Schiefer		Penrhyn Nordwales	300.000
		Mittelwerth	180.000

Tabelle II.

Wirkung von Schiesspulver			
Gesteinsart		Ort der Sprengung	Steingewinn in Pfunden à Pfd. Pulver
Kalkstein	85.200	Dover	
	45.000	Antrim	50.000
	22.000	Plymouth	
Marmor		Brunn in N.-Oe.	25.000
Sandstein		Engelsberg „	50.000
dto. sehr hart		Tunbridge, Engl.	32.000
Basalt		Antrim	32.000
		East Dunmore London Derry	14.280
Harte feste Conglomerate . .		Coleraine Railway	22.400
		Mittelwerth	32.000

Aus dem Vergleiche der Tabellen I und II ergibt sich, dass man im Mittel bei Verwendung in Steinbrüchen, von Nitroglycerin die 5—6fache Leistung der gleichen Gewichtsmenge gewöhnlichen Sprengpulvers erhalten wird, wobei aber, wie es auch nicht anders zu erwarten ist, bedeutende Abweichungen von diesem Durchschnittswerthe vorkommen.

Die Angaben, welche man noch in den neuesten englischen Journalen findet, dass das Sprengöl bei der Sprengarbeit eine 10mal grössere Kraft als die gleiche Gewichtsmenge Pulver entwickele, muss daher bedeutend reducirt werden.

Noch weniger können natürlich die Versicherungen einer 20—50fachen Wirkung, als Mittelwerthe hingestellt, Anspruch auf Richtigkeit machen.

Immerhin bleibt die erzielte Wirkung bedeutend genug, um in nahezu allen Fällen zu so bedeutenden Ersparnissen zu führen, dass im Steinbruchbetrieb das Schwarzpulver entschieden sehr rasch an Terrain verlieren wird.

Das erzielte Ersparniss ruht natürlich hauptsächlich in der bedeutend reducirten Bohrarbeit.

Die Verminderung der Bohrarbeit ist eine weit bedeutendere, als dies nach dem früher gegebenen Kraftverhältniss den Anschein hat, indem ja das specifische Gewicht des Dynamits 1·6, jenes des Schwarzpulvers nur ungefähr 1·0 ist.

Man kann also annehmen, dass bei gleichem Volumen beider Sprengmittel in den Bohrlöchern durch Dynamit etwa die achtfache Leistung von der des Schwarzpulvers hervorgebracht wird.

In sehr vielen Fällen, wo Pulver seine Wirksamkeit bereits nahezu eingebüsst, wird Dynamit noch mit grösstem Vortheile zu verwenden sein. So in sehr klüftigem, drusigem Gestein, dessen zusammenhängende Partien aber grosse Zähigkeit und Festigkeit besitzen. Endlich wird auch in allen lockeren Gesteinsarten, besonders wenn dieselben porös und klüftig sind, in allen Conglomeraten, in Kreidearten, tuffartigen Gesteinen etc., Dynamit gegenüber Schwarzpulver Leistungen geben, welche den früher gefundenen Mittelwerth weit übersteigen.

Die Ersparung an Gewinnungskosten dürfte wohl immer mehr als 20—30 Proc. betragen.

Ein schätzenswerthes Resultat ist auch, dass das Werfen des Gesteins auf grössere Entfernung, wie dies bei Schwarzpulver fast immer geschieht, bei Sprengöl nicht eintritt, sondern die Wirkung sich auf eine Zertrümmerung oder Zerreissung der Masse beschränkt.

Das Sprengen mit Nitroglycerin ist daher bei Tagbauen weit weniger gefährlich als das mit Schwarzpulver. Die Gesteinsblöcke, die man mit Sprengöl gewinnt, sind entgegengesetzt einer sehr verbreiteten Ansicht, bedeutend grösser, als jene bei Sprengung mit Schwarzpulver, was besonders bei Mühlstein- und Werksteinbrüchen sehr wichtig ist.

In den Basaltlavabrüchen des nassauischen Amtes Rennpod in der Nähe von Seck hat man mit 1—1¼zölligen Bohrlöchern von 3—6 Fuss Tiefe, Blöcke von 300 bis 400 Ctr. Gewicht gewonnen.

Ein weiterer grosser Vortheil für grosse Werksteinbrüche besteht auch darin, dass man mit Nitroglycerin und Dynamit es völlig in der Gewalt hat, gewonnene Gesteinsblöcke in beliebiger Richtung, ohne Rücksicht auf seine Structur, zu theilen. Man ritzt nämlich in der gewünschten Richtung Furchen, schlägt in deren Mitte ein Bohrloch und erreicht durch dessen Sprengung die gewünschte Trennung.

Ein Block von 500 Cubikfuss wurde so genau in bestimmter Ebene in einer auf die Lagerfläche senkrechten Richtung zerspalten, indem man in der verlangten Richtung eine 2 Zoll tiefe Furche einhieb, in ihrer Mitte ein 2 Zoll tiefes Bohrloch ansetzte, und dasselbe mit einer kleinen Oelladung unter Wasserbesatz sprengte.

(Schluss folgt.)

Aus Wieliczka.

Die grosse Elisabeth-Schachter Maschine war in der letzten Woche ununterbrochen im Gange und die Wasserstände am Elisabeth-Schacht stellten sich wie folgt:

am	12.	August	Früh	3	Klafter	1	Schuh	7	Zoll	unter Hori-
„	13.	„	„	3	„	2	„	—	„	zont „Han-
„	14.	„	„	3	„	2	„	8	„	Oesterreich“
„	15.	„	„	3	„	3	„	4	„	
„	16.	„	„	3	„	3	„	11	„	

Am Franz Josef-Schachte, dessen unterirdische Verbindungen seit der Verschüttung des unteren Theiles des Wodnagóra-Schachtes unterbrochen sind, wechselt der Wasserstand ungleich, je nachdem das zufliessende Wasser in den Klärkästen sich hält oder bei Senkung derselben oder zufälligen kurzen Pausen der Franz Josef-Maschine aus denselben überströmt. Es ist auch schon vorgekommen, dass die Pumpe gar kein Wasser mehr im Franz Josef-Schacht zog, sondern blos Schlamm saugte, was auf starke Verschlämmung in den unteren Tiefen dieses Grubentheils schliessen lässt.

Leider ist bei der Verstürzung des Wodnagóra-Schachtes und dem Wegräumen des eingestürzten Materials auf dem Füllorte dieses Schachtes im Horizonte

Rittinger ein Unglücksfall vorgekommen. Ein Arbeiter, welcher nicht der mit dieser Wegräumarbeit betrauten Arbeiterkhür angehörte, sondern als freiwilliger Stellvertreter eines Anderen sich für diesen zutheilen liess, wurde am 13. August 10 Uhr Nachts von einer aus dem noch unverstürzten Theil des Schachtes nachbrechenden Erdmasse verschüttet, und als er nach 3 Stunden herausgearbeitet wurde, erwiesen sich die Wiederbelebungsversuche vergeblich. Er hatte ausser einer kleinen Contusion unter dem Halse keine äussere Verletzung, sondern ist von dem hereinrollenden Erdmaterial erstickt worden, die mithereinbrechenden Einstriche (Stücke der Zimmerung) lagen vor der Schutzthür, hinter welche auch die anderen Arbeiter sich rasch zurückgezogen hatten. Der Verunglückte, ein schon bejahrter und erfahrener Bergmann, welcher ungeachtet ausdrücklicher Warnung des Aufsehers und der Kameraden etwas zu nahe an den offenen Schachttheil sich hielt, wurde in fliehender Stellung (den einen Fuss vorgesetzt, den anderen nachgezogen) vorgefunden und nur wenige Schritte von der Schutzthür entfernt. Ein Verschulden fällt dabei weder seinen Kameraden noch der Betriebsführung zur Last. Durch die Schutzthür war für die am Füllorte Arbeitenden ein bequemer Rückzug gesichert und erst Tags zuvor vom Bergverwalter und Bergmeister die Beobachtung aller Vorsicht ausdrücklich empfohlen worden. Der zunächst am Verunglückten arbeitende Kamerad desselben erreichte, obwohl bis an die Hälfte mit Erde bedeckt, unbeschädigt den sehr nahen Fliehort.

Die Luttenlegung für die Leitung des Wasserzuflusses im süssen Zustande bei Elisabeth ist in naher Beendigung, ein grosses Reservoir für das Wasser vor dem Elisabeth-Schachter Füllort ist schon fertig und es wird nächste Woche die Saugröhre in dasselbe eingebaut werden. Auch die mit grosser Schwierigkeit verbundene Unterfangung eines Theiles der Sohle auf Haus Oesterreich mit Kastenzimmerung ist im Wesentlichen und ohne Unfall ausgeführt worden, eine Arbeit, die weit gefährlicher war, als die Wegräumung des Schachtverstürzungsmaterials aus dem Füllorte!

Der Parallelschlag Kloski ist vom Albrecht-Gesenk aus 5 Klafter, 3 Schuh ausgefahren.

Amtliche Mittheilungen.

Erkenntniss.

Von der k. k. Berghauptmannschaft zu Klagenfurt wird in Folge der im Wege der k. k. Bezirkshauptmannschaft Hermagor gepflogenen Erhebung, dass das im Bergbuche auf Namen Ignaz Zoppoth eingetragene, aus dem einfachen Grubenmasse Maria Himmelfahrt-Stollen bestehende Bleibergwerk Kreuzberg im sogenannten Linischen in der Katastral- und Ortsgemeinde Weissbriach, im Gerichtsbezirke Hermagor schon seit einer Reihe von Jahren ausser Betrieb stehe und sich im Zustande der gänzlichen Vernachlässigung und Verlassenheit befinde, und da ferner in Folge hierämtlicher an den bestellten Curator ad actum des Empfanges bergbehördlicher Erlässe Herrn Inspector Carl Hillinger in Klagenfurt ergangenen Aufforderung ddo. 20. Mai 1869, Zahl 631, weder eine Rechtfertigung wegen des eingestellten Betriebes, noch die Zusicherung einer einzuleitenden Belegung eingelangt ist, wegen fortgesetzter und ausgedehnter Vernachlässigung nach den §§. 243 und 244 a. B. G. auf die Entziehung des Bleibergwerkes Kreuzberg mit dem Beifügen erkannt, dass nach Rechtskräftigwerdung dieses Erkenntnisses im Sinne des §. 253 a. B. G. werde vorgegangen werden.

Hievon wird Herr Inspector Carl Hillinger hier als bestellter Curator ad actum der Empfangnahme bergbehördlicher Erlässe hiemit in Kenntniss gesetzt.

K. k. Berghauptmannschaft Klagenfurt,

am 7. August 1869.

Kundmachung.

Das im Bergbuche auf den Namen Ignaz Lehnert und Heinrich Kaaden eingetragene, auf Braunkohlen verliehene Barbara-Mass in der Katastralgemeinde Straupitz, Saazer politischen Bezirkes im Kronlande Böhmen, wird, nachdem dasselbe laut Mittheilung des k. k. Kreis- als Berggerichtes zu Brüx vom 23. Juli 1869, Z. 624 mont. bei der in Folge des hierämtlichen Entziehungs-Erkenntnisses vom 28. October 1867, Z. 4094 auf den 1. Juli 1869 anberaumten executiven Feilbietung wegen Mangel an Käufern nicht veräussert werden konnte, auf Grund der §§. 259 und 260 allg. B. G. für aufgelassen erklärt und sowohl in den bergbehördlichen Vormerkbüchern, als auch im kreisgerichtlichen Bergbuche gelöscht.

Von der k. k. Berghauptmannschaft Komotau,

am 30. Juli 1869.

Unterricht an der k. k. Bergakademie zu Přibram im Lehrjahre 1869/70.

Die berg- und hüttenmännischen Studien beginnen an der k. k. Bergakademie zu Přibram in dem Lehrjahre 1869/70 mit Anfang des Monats October 1869 und werden mit Ende des Monats Juli 1870 geschlossen.

Der Unterricht umfasst nach dem mit h. Finanzministerial-Erlasse vom 6. November 1860, Z. 51.714, für die höheren montanistischen Lehranstalten (Bergakademien) herabgelangten allgemeinen Lehrplane blos den Fachcurs, d. h. vorzugsweise die eigentlichen berg- und hüttenmännischen Fachwissenschaften in zwei Jahrgängen, und zwar in der bisher gepflogenen Weise, so dass in dem ersten Jahre (Bergcurse) vorzugsweise die Gegenstände des Bergwesens, in dem zweiten (Hüttencurse) vorzugsweise jene des Hüttenwesens gelehrt werden.

Lehrgegenstände des ersten Jahrganges (Bergcourses) sind: Bergbaukunde nach vorausgehender Lehre der besonderen Lagerstätten nutzbarer Mineralien, Aufbereitungslehre, bergmännische Maschinenlehre, Markscheidekunde, dann Encyklopädie der Baukunst. Ausserdem werden geognostisch-bergmännische Begehungen und Grubenbefahrungen, eigenhändige bergmännische Arbeiten, markscheiderische Aufnahmen und Mappirungen, Entwerfen von Bauplänen und endlich ein belehrender Ausflug in entferntere Bergwerke vorgenommen.

Lehrgegenstände des zweiten Jahrganges (Hüttencurses) sind: Allgemeine Hüttenkunde, specielle Hüttenkunde des Eisens, der übrigen Metalle und des Salzes, hüttenmännische Maschinenlehre, montanistische Geschäfts- und Rechnungskunde, Bergrecht und Encyklopädie der Forstkunde. Nebstdem werden im chemischen Laboratorium und Probirgaden Proben und Analysen verschiedener Mineralien, Erze und Hüttenproducte ausgeführt, dann Besuche der umliegenden Hüttenwerke, Aufnahmen und Entwerfen von Berg- und Hüttenmaschinen, und endlich ein belehrender Ausflug in entferntere Hüttenwerke vorgenommen.

Als ordentliche Bergakademiker werden in den Fachcurs der Bergakademie aufgenommen jene ordentlichen Eleven (Bergakademiker), welche an der Bergakademie in Schemnitz beide Jahrgänge des Vorcurses in vorgeschriebener Weise absolvirt haben, ferner Zöglinge der höheren k. k. technischen Lehranstalten, welche sich mit legalen Prüfungszeugnissen über folgende, an einer technischen Lehranstalt oder einer Universität zurückgelegten Vorstudien ausweisen können, als: Mathematik (Elementar- und höhere), praktische und darstellende Geometrie, Mechanik und Maschinenlehre, Zeichnenkunst, Physik, Chemie (allgemeine, specielle, metallurgische und analytische), dann Mineralogie, Geognosie und Versteinerungskunde. Zu dem Ende ist an den technischen Hochschulen in Wien, Prag, Brünn und Graz ein 3jähriger Vorbereitungscurs eingerichtet worden.

Die aufgenommenen ordentlichen Bergakademiker sind verpflichtet, alle Gegenstände in derselben Reihenfolge und im gleichen Umfange zu hören, wie solche im Lehrplane vorkommen, sodann an allen Uebungen, Begehungen, Befahrungen und Ausflügen Theil zu nehmen und zum Schlusse jedes Semesters oder des Lehrjahres, je nachdem der Lehrgegenstand ein Semester oder den ganzen Jahrgang umfasst, den vorgeschriebenen halb- oder ganzjährigen Prüfungen sich zu unterziehen. Für die ordentlichen Bergakademiker sind an den drei Bergakademien, Leoben, Příbram und Schemnitz zusammen 70 Stipendien, je von 210 fl. öst. W. jährlich bestimmt, welche über Ansuchen an die durch Fleiss, Befähigung und tadelloses Betragen sich auszeichnenden mittellosen Zöglinge verliehen werden.

Nach Vollendung beider Jahrgänge sind die ordentlichen, mit guten Absolutorien versehenen Eleven zur Aufnahme in den Montan-Staatsdienst befähigt.

Nebst den ordentlichen werden als ausserordentliche Bergakademiker aufgenommen, welche entweder nicht alle Lehrgegenstände hören wollen oder für das Studium des einen oder anderen Gegenstandes nicht die genügenden Vorkenntnisse besitzen.

Mit jedem ausserordentlichen Hörer wird bei seiner Aufnahme der specielle Studienplan festgesetzt, welcher im Verlaufe des Studienjahres nicht beliebig geändert werden darf. Bei dieser Feststellung wird insbesondere darauf gesehen, dass der Aufzunehmende alle einschlagenden Vorkenntnisse wenigstens in jenem Umfange besitze, wie solche im Vorcurse der Bergakademie zu Schemnitz gewonnen werden können. Auch die ausserordentlichen Bergakademiker sind zur Ablegung der betreffenden Prüfungen verpflichtet und erhalten öffentliche Prüfungszeugnisse.

Ordentliche und ausserordentliche Akademiker haben bei ihrer ersten Aufnahme an eine k. k. Bergakademie 5 fl. ö. W. Imatriculationstaxe zu entrichten. Alle ohne Unterschied haben sonst gleiche Rechte und Pflichten.

Nebst den ordentlichen und ausserordentlichen Bergakademikern können über vorgehende Meldung bei der Direction Personen von selbstständiger Stellung als Gäste zugelassen werden, welche zu ihrer weiteren Ausbildung oder als Freunde der Wissenschaft einen oder mehrere Gegenstände hören wollen.

Sie können an den Uebungen nur insoweit theilnehmen, als die übrigen Zöglinge dadurch nicht gestört werden. Gäste erscheinen nicht im Kataloge und sind auch nicht zur Ablegung von Prüfungen verpflichtet. Es ist jedoch ihnen wie jedem Anderen, welcher auf was immer für einem Wege sich die erforderlichen Kenntnisse angeeignet hat, gestattet, aus einem bergakademischen Gegenstande gegen Erlag einer Taxe von 20 fl. öst. W. eine öffentliche Prüfung abzulegen. Die Gäste müssen sich übrigens den bergakademischen Vorschriften fügen, widrigenfalls denselben sogleich der Zutritt zu den Vorträgen und Uebungen verweigert wird.

Die Aufnahme von Ausländern an die k. k. Bergakademie ist denselben Bedingungen wie jene von Inländern unterworfen, sie erfolgt jedoch nur mit Genehmigung des h. k. k. Finanz-Ministeriums über Antrag der Bergakademie-Direction. Ausländer zahlen bei jedem Eintritte in einen Jahrgang ein Collegiengeld von jährlich 50 fl. öst. W.

Die Gesammtauslagen eines Akademikers während eines vollen Studienjahres können auf 350 fl. bis 450 fl. ö. W. veranschlagt werden.

Die Aufnahme findet entweder über schriftliches oder mündliches Ansuchen unter Beibringung der betreffenden Zeugnisse bis zum 4. October 1869 statt. Spätere Aufnahmen sind nur bei besonderen rücksichtswürdigen Gründen zulässig.

K. k. Bergakademie-Direction.

Příbram, am 13. August 1869.

ANKÜNDIGUNGEN.

Diese Zeitschrift erscheint wöchentlich einen Bogen stark mit den nöthigen artistischen Beigaben. Der Pränumerationspreis ist jährlich loco Wien 8 fl. ö. W. oder 5 Thlr. 10 Ngr. Mit franco Postversendung 8 fl. 80 kr. ö. W. Die Jahresabonnenten erhalten einen officiellen Bericht über die Erfahrungen im berg- und hüttenmännischen Maschinen-, Bau- und Aufbereitungswesen sammt Atlas als Gratisbeilage. Inserate finden gegen 8 kr. ö. W. oder $1\frac{1}{2}$ Ngr. die gespaltene Nonpareillezeile Aufnahme. Zuschriften jeder Art können nur franco angenommen werden.

Druck von Carl Fromme in Wien. Für den Verlag verantwortlich Carl Reger.

№ 35. XVII. Jahrgang.

Oesterreichische Zeitschrift für Berg- und Hüttenwesen.

1869. 30. August.

Verantwortlicher Redacteur: Dr. Otto Freiherr von Hingenau, k. k. Ministerialrath im Finanzministerium.

Verlag der G. J. Manz'schen Buchhandlung (Kohlmarkt 7) in Wien.

Versuche mit Pischof'schen Gruben-Petroleumlampen in Přibram.

(Nach ämtlichen Mitteilungen.)

In Přibram wurden bei der Anna- und Neu-Prokopi-Grube Versuche mit den genannten Lampen vorgenommen, die wir nun im Nachstehenden mittheilen.

Die Lampe mit dem Rauchbrenner gibt kein hinreichendes Licht für die Grubenarbeiten, indem dasselbe so klein gehalten werden muss, dass die Oberfläche des Dochtes mit dem Segmente des Brenners in gleicher Ebene, wo möglich noch tiefer gestellt werde, damit die Lampe nicht russt, wobei jedoch der Uebelstand eintritt, dass bei einer etwas schnelleren Bewegung und bei der geringsten Erschütterung der Luft — wie beim Sprengen oder starkem Wetterzuge dieselbe oft und leicht auslischt, wesshalb der Arbeiter durch das öftere Lichtmachen sehr aufgehalten und beim Sprengen nebstdem auch der Gefahr ausgesetzt wäre, beschädigt zu werden.

Im Vergleiche zum Oellampenlichte hat sich gezeigt, dass das Petroleumlicht ohne Rauchbrenner matt, dunkelroth gefärbt brennt, einen bedeutenden Rauch entwickelt und einen widrigen Geruch verbreitet, hingegen das Oellampenlicht hell, weiss gefärbt und mit weniger Rauchentwickelung brennt.

Der dem Petroleumlampenlichte entströmende zuwidere Geruch und Rauch verursacht Kopfschmerzen, wirkt schädlich auf die Lunge und reizt zu einem heftigen Husten, vorzüglich bei den Lungenschwachen.

Der Verbrauch an Petroleum betrug in einer achtstündigen Schicht 10 Loth, an Oel bei einem grösseren Licht, wie es das Aufsichtspersonale hier benöthigt, auch nur 10 Loth in derselben Zeit.

Für die Hauerarbeit ist die Pischof'sche Lampe ihrer Grösse und ihres Gewichtes wegen schlecht geeignet; denn es muss für die Befestigung derselben eine passende Stelle gemacht werden, wo hingegen die hier gebräuchlichen kleinen und leichten Oellampen an jeder Stelle, sehr oft blos mit einem Stück Letten an das Gestein befestigt werden können.

Ein Versuch mit diesen Lampen wurde vor einem Feldorte gemacht, woselbst der Wetterwechsel wegen der grossen Entfernung vom Schachte sehr gering und das Oel kaum brennt, daher der der Lampe entströmende Rauch und widrige Geruch stehen blieb und den daselbst arbeitenden Häuern Husten und Kopfschmerzen verursachte, so dass sie den mit der Petroleumlampe anwesenden Steiger baten, sich zu entfernen, weil sie sonst nicht im Stande wären zu arbeiten, und wobei sie sich äusserten, lieber das theuerste Geleucht zu kaufen als das billigste Petroleum.

Die Petroleumlampe mit Rauchbrenner gab ein eben so schlechtes Licht wie die Oellampe und löschte bei der geringsten Bewegung aus.

Desgleichen wurde in einem Abteufen die Petroleumlampe versucht und dahin ein Grubensteiger damit beordnet, ohne dass die Arbeiter wussten, dass er Petroleum brenne. Nach 10 Minuten Aufenthalt verspürten die Arbeiter Kopfschmerzen und Husten und baten den Steiger, er möchte sich mit seinem unangenehmen Lichte entfernen. Dieser begab sich hierauf in ein Uebersichbrechen, ohne den dort arbeitenden Häuern von seinem Petroleumlichte etwas zu sagen. — Nach einer Weile sahen sich die dort Arbeitenden nach allen Seiten um, von woher der unangenehme Geruch komme — wurden von heftigen Husten ergriffen, so dass das Licht entfernt werden musste.

Bei der Fahrt auf der Anna-Fahrkunst, wo ein lebhafter Wetterzug herrscht, war der Petroleumgeruch fast durch den ganzen Schacht zu spüren — hiebei ist der Fall vorgekommen, dass sich die Petroleumlampe während der Fahrt derart erhitzte — indem die Wetter die Flamme immerwährend nach abwärts auf die Lampe trieben — dass sich der Träger derselben in Gefahr glaubte.

Es ist hieraus zu ersehen, dass die Pischof'sche Grubenpetroleumlampe für die Grubenarbeit ganz und gar untauglich ist, indem die Lampen mit dem Rauchbrenner zwar genug brennen, jedoch wenig Licht geben und beim geringsten Luftzuge auslöschen — die Lampen ohne Rauchbrenner wegen der grossen Rauchentwickelung und dem widrigen Geruch bei einem schlechten Lichte gleichfalls für Grubenbeleuchtung nicht anwendbar sind; deshalb wurden auch die weiteren detaillirten Versuche betreffend die Lichtintensität nicht mehr vorgenommen.

Wenn auch das Quantum des verbrauchten Petroleums billiger käme als das gleiche Quantum an Rüböl, welches hier gebrannt wird, so fallen doch die schlechten Eigenschaften der Pischof'schen Lampen derart in's Gewicht, dass das theuerste Leuchtmateriale noch immer dem schlechten und ungesunden Pischof'schen Petroleumlicht vorzuziehen ist *).

Přibram den 31. Juli 1869.

*) Wir fügen bei, dass die Pischof's-Lampe die Form einer gewöhnlichen Grubenlampe hat, wogegen die in Galizien auf Füllorten und sonst als stehendes Geleucht häufig angewendeten Petroleumlampen mehr den im häuslichen Gebrauch üblichen Lampen gleichen und aus einem Oelbehälter mit einem Glascylinder bestehen, welcher letztere jedoch leicht russig wird und dem Zerspringen und Zerbrechen sehr ausgesetzt ist.

Die Red.

Die Explosion schlagender Wetter im Plauen-schen Grunde in Sachsen.

Wir wissen aus vielfacher Erfahrung nur zu gut, mit welchen oft ganz unabsichtlichen Irrthümern die ersten Nachrichten über bergmännische Unglücksfälle auftreten, weil einerseits die Aufregung des Augenblickes bei den Nahestehenden, die Macht der Phantasie und der Theilnahme bei den Fernstehenden, die Fachunkenntniss des gewöhnlichen Publicums und die ungenügende Bekanntheit selbst der Fachmänner mit den Localverhältnissen, die sich oft nur aus sehr genauen Grubenkarten in Verbindung mit eigener Anschauung verbessern lässt, auf derlei Berichte einwirken.

Auch liegt es in der Natur der Sache, dass die Rettungsarbeiten in der ersten Periode alle Thätigkeit der Nächstbetheiligten absorbiren und die Erforschung der Ursachen einer solchen Katastrophe erst später nachfolgen kann, oft erst nach Zugänglichwerdung des Schauplatzes derselben möglich wird.

Wir haben daher den Tagesblättern es überlassen, die im Kohlenrevier Potschapel im Plauen'schen Grund unweit Dresden am Morgen des 2. August d. J. eingetretene unheilvolle Explosion schlagender Wetter mit mehr oder weniger Verlässlichkeit der Angaben zu besprechen und haben abgewartet bis Berichte, welche eine ruhigere Auffassung und etwas fachliches Verständniss enthalten, uns vorlagen.

Bei der allgemeinen Theilnahme, welche ein so schauerlicher Unglücksfall in allen Bergmannskreisen hervorruft, können und wollen wir eben nicht auf die seinerzeitigen ämtlichen Erhebungen warten, sondern bringen aus den uns zugekommenen Fachblättern einige Einzelnheiten, welche uns den Stempel sachlichen Verständnisses zu tragen scheinen, wohl wissend, dass auch diesen in späteren Berichten noch manche Berichtigung und Ergänzung zu Theil werden wird.

In dem etwa 2 Stunden von Dresden entfernten, in dem sogenannten Plauen'schen Grunde gelegenen Kohlenrevier zwischen Gittersee, Potschapel und Hänichen, in den Freiherr von Burgk'schen „Gottes Segen-" und „Hoffnung-Schächten erfolgte am 2. August (einem Montage) um 5 Uhr Morgens, nachdem etwa um 4 Uhr die Mannschaft nach abgehaltenem Gebet und Namensaufruf angefahren war, eine furchtbare Explosion, zuerst im „Gottes Segen-" und dann im „Hoffnungs-Schachte", welche nach Aussen durch eine starke Detonation und eine Rauchsäule aus der Schächten sich kundgab. In die Schächte einzudringen war in den ersten Stunden unmöglich und die Ueberzeugung, dass die Angefahrenen als verloren zu betrachten seien, erfüllte fast Jedermann! Die Zahl derselben war Anfangs nicht zu eruiren, weil der Obersteiger, welcher die Namensablesung vorgenommen, die Liste zu sich gesteckt hatte und mit angefahren war! Man hörte zuerst von 446 Mann, die sich dann auf 326, 321 und zuletzt auf 272 — 274 Mann reducirten, eine Anzahl von Opfern, welche diese Katastrophe zu einer der grössten, die bisher sich ereigneten, erhebt.

Ein Bericht in Nr. 65 des „Berggeist" vom 13. August lautet:

Zur Orientirung ist vorauszuschicken, dass der „Segen Gottesschacht" auf dem höchsten Rücken des mit dem Windbergschachte zusammenhängenden Gebirges angesetzt ist und im Ganzen 247 Ltr. tief bis auf das hier bebaute einzige Kohlenflötz abgeteuft ist, welches bei durchschnittlichem Streichen von Ost nach West von diesem tiefsten Puncte aus unter 15 bis 20 Grad gegen Nord aufsteigt. Bei 226 Ltr. Schachtteufe befindet sich das obere Füllort, von welchem aus ein 100 Ltr. langer Querschlag in nördlicher Richtung bis zu der auf dem Kohlenflötze nach Ost und West ausgelängten sogenannten minus 21 Ltr.-Strecke führt. Diese bildet zur Zeit die tiefste Strecke des dasigen Reviertheils. Aus dieser Strecke steigen mehrere Bremsberge und flache Steigörter auf, von denen aus (ungefähr parallel mit gedachter Strecke) die 33 Ltr.-Strecke und weiter oben die 12 Ltr.-Strecke gegen Ost und West auf mehrere 100 Ltr. auf dem Flötze ausgelängt sind. Die letztere Strecke bildet — mit Hilfe eines ungefähr 100 Ltr. langen Querschlags — die offene Verbindung mit dem 198 Ltr. tiefen „Hoffnungsschachte", welcher, in gerader Linie gemessen, 380 Ltr. ziemlich nordwestlich von dem „Segen Gottesschachte" entfernt ist. Zwischen den vorerwähnten Strecken, so wie über der 12 Ltr.-Strecke befinden sich die zuletzt gangbar gewesenen Kohlen-Abbaue. In den zu beiden Schächten gehörigen Bauen findet ein sehr lebhafter Wetterwechsel statt, indem die frischen Wetter durch den „Segen Gottesschacht" einströmen, von dem dasigen ersten Füllorte (226 Ltr. unter Tage) aus die verschiedenen Baue durchziehen und durch den „Hoffnungsschacht" ihren Abzug nehmen. Ueberdies wird die starke Ausströmung der Wetter durch den „Hoffnungsschacht" noch durch die fernerweite Zuführung frischer Wetter vermittelst einer von dem nordwärts gelegenen Rittergute Burgk aus in die fraglichen Grubenbaue im Fallen des Flötzes getriebenen, zugleich zur Ein- und Ausfahrt der Mannschaft mit benutzten Tagesstrecke unterstützt. Das königl. Finanz-Ministerium hat sogleich nach erhaltener Nachricht von dem Unglücke eines seiner bergmännischen Mitglieder an den Ort desselben abgeordert und in Folge der von demselben bewirkten Erhebungen dem Bergamtsdirector Braunsdorf, dem Bergrathe (Oberkunstmeister) Braunsdorf, dem Bergmeister Müller, sämmtlich in Freiberg, und dem Berginspector Köttig in Dresden Auftrag zu fernerer Leitung der Maassregeln, welche zur Aufsuchung und Herausschaffung der Leichname der Verunglückten, so wie zur Abwendung weiterer Gefahr erforderlich seien, in Gemeinschaft mit der Werksverwaltung, so wie zu den Erörterungen über die Ursache des Unglücksfalls ertheilt, und diese Commission ist denn auch mit der Erfüllung dieses Auftrags unausgesetzt beschäftigt gewesen und hat insbesondere die von der Werksverwaltung eingeleiteten Veranstaltungen allenthalben zweckmässig befunden. Die bisherigen Erörterungen nun haben ergeben, dass, wie auf den Burgker Kohlenbauen überhaupt, so auch in den zum „Segen Gottesschachte" und „Hoffnungsschachte" gehörigen Bauen zeither schlagende Wetter zwar wahrgenommen worden sind, sich jedoch nur in den alten Bauen, so wie bei im östlichen Felde umgehenden frischen Ortsbetrieben, aber allerorts nur in geringer Menge gezeigt haben. Nach der Versicherung der Grubenverwaltung sind aber solche Ortsbetriebe im östlichen Felde jedes Mal, wenn — wie an Sonn- und Feiertagen — eine Unterbrechung in der Belegung Statt gefunden hat, der bergpolizeilichen Vorschrift gemäss, vor ihrer Wiederbelegung von einem Steiger auf die Beschaffenheit ihrer Wetter untersucht worden. Dagegen hat man nach den bisherigen Erfahrungen keine Veranlassung gehabt, diese Untersuchung auch auf die übrigen gangbaren Baue auszudehnen, vielmehr das Wiederbefahren derselben von Seiten der Mannschaft mit gewöhnlichem Geleuchte selbst nach einer zeitweiligen Unterbrechung in der Arbeit ohne Weiteres geschehen lassen, weil sich daselbst schlagende Wetter bis zu der Katastrophe am 2. August früh zwischen $4\frac{3}{4}$ und $5\frac{1}{4}$ Uhr nicht haben verspüren lassen. Bei der zu dieser Zeit stattgefundenen Explosion nun haben sich nur zwei Zimmerlinge und zwei Jungen, welche sich in dem „Hoffnungsschachte" befunden haben, gerettet, dagegen ist die übrige in der Frühschicht angefahrene Mannschaft, deren Zahl nach den neuesten Erörterungen auf 274 Mann einschliesslich zwei Obersteiger und vier Untersteiger, festgestellt worden ist, theils von der Explosion selbst getödtet worden, theils in den durch sie verursachten brandigen Wettern erstickt.

Die Explosion ist so heftig gewesen, dass der Luftdruck über Tage in dem Treibhause des „Segen Gottesschachtes" mehrere Fenster zerschlagen und den gewöhnlichen Wetterzug in der seinem gewöhnlichen Wege geradezu entgegengesetzten Richtung geführt hat, dergestalt, dass die Wetter eine Viertelstunde lang in den „Hoffnungsschacht" eingefallen und in dem „Segen Gottesschachte" ausgezogen sind. Dabei sind zwar die beiden Schächte unversehrt geblieben, in den zwischen denselben gelegenen Bauen aber viele Brüche verursacht worden. Selbst nach Wiedereintritt des gewöhnlichen Wetterwechsels ist der „Hoffnungsschacht" $1\frac{1}{2}$ Tag lang wegen der durch denselben ausziehenden brandigen Wetter unfahrbar gewesen. Eben so ist auf gleiche Dauer die Tagesstrecke nur bis zu der Kreuzung mit der sie durchschneidenden oberen Wetterstrecke fahrbar gewesen. Auf dem Füllorte des „Segen Gottesschachtes", welchen man sofort nach Wiedereinfall der Wetter in denselben befahren hat, wobei man aber nur bis zu der Kreuzung des Querschlages mit der minus 21 Ltr.-Strecke vorzudringen vermocht hat, hat man die Anschläger todt und gänzlich verstümmelt gefunden. Hatten sich sonach die Wirkungen der Explosion bis zum letzteren Schachte erstreckt und musste man annehmen, dass die brandige Beschaffenheit der Wetter im „Hoffnungsschachte" und in der Tagesstrecke die dort etwa befindlichen Arbeiter sofort erstickt habe, so blieb schon nach den ersten Erörterungen keine Hoffnung, dass irgend Jemand von der angefahrenen Mannschaft noch am Leben sei.

Ein etwas späterer Bericht über die Grubenexplosion (derselben Nummer des Berggeist) constatirt die Zahl der Verunglückten unter namentlicher Aufzählung derselben auf 273, welche 220 Witwen und 645 Kinder hinterlassen*).

Andere Berichte sprechen von 279 Todten, 221 Witwen und 650 Kindern. Doch diese Differenzen sind geringfügig gegen die Grösse des Unglückes, welches zu rascher und ausgiebigster Hilfe auffordert.

Leider ist der Tod nicht bei Allen augenblicklich erfolgt. Im Notizbuche des als Leiche herausgeförderten Untersteigers Bähr fand man folgende Zeilen: „Dies ist der letzte Ort, wo wir Zuflucht genommen haben; ich habe meine Hoffnung aufgegeben, weil die Wetterführung auf Segen Gottes-Schacht und Hoffnungs-Schacht vernichtet ist. Der liebe Gott mag die Meinigen und meine lieben Freunde die mit mir sterben müssen, sowie die Familien in Schutz nehmen." Drei kurze Aufschriften mit Kreide fand man an 3 verschiedenen Zimmerungsthürstuben und zwar:

1. Janetz starb, Richter empfahl die Seinen Gott.
2. Lebewohl, liebe Gemalin, lebt wohl, liebe Kinder, Gott mag Euch erhalten. Gottlieb Heimann.
3. Lebt wohl, liebe Frau und Kinder. Ich habe mir das nicht gedacht. Obermann.

Es waren nur wenige, welche sich in eine Anfangs noch von den irrespirablen Gasen freie Strecke geflüchtet hatten. Mehrere die von da aus, wie es scheint, durch raschen Lauf die vorliegenden Gase durcheilen und zum Ausgange gelangen wollten, fand man auf dem Wege liegend, und wie es scheint, rasch erstickt, die mit Bähr geflüchteten scheinen nach ihren Aufzeichnungen etwa noch bis 10 Uhr Vormittag ihr Leben erhalten zu haben. Auch sie fielen den Gasen zum Opfer und nicht etwa dem Hunger, denn man fand Lebensmittel bei ihnen vor.

Vier Mann hatten sich durch rasches Uebertreten auf der Fahrkunst noch gerettet, sie machten auch durch die Anschläger am Füllort auf die Gefahr aufmerksam und forderten sie auf, sich auch durch Auffahren zu retten. Diese harrten aber aus mit den Worten: „Nein! vielleicht können wir noch Anderen zu Hilfe eilen." Umsonst!

*) Für die Hinterbliebenen der Verunglückten sind in Folge der in Wien veranstalteten Sammlung des Hilfs-Comité's bei der Gerold'schen Buchhandlung am 25. August schon 11.600 fl. öst. W., dann 903 Thlr. pr. C. eingeflossen, wozu am 26. noch der Ertrag einer im Carltheater durch Herrn Director Ascher veranstalteten und unter Mitwirkung der ausgezeichnetsten Kräfte des Burgtheaters aufgeführten dramatischen Vorstellung gekommen, so dass am 27. im Ganzen 14.331 fl. 31 kr. B. V., dann 903 Reichsthaler, 6 fl. 50 kr. in Silber und 6 Ducaten eingegangen waren. Dazu noch 61 fl. 50 kr. aus Hall. O. H.

Wenige Augenblicke später fielen sie als Opfer ihrer Treue und Nächstenliebe. Wilhelm Worner und Wilh. Pietsch hiessen die Braven!

Etwa 4 Stunden nach der Explosion konnte man, wenn gleich mit Schwierigkeit, eindringen und man begann das traurige Werk der Ausbringung der Verunglückten, welches durch die Verheerungen der Explosion und durch die rasche Zersetzung der Leichname ungemein erschwert ist. Bis 12. August waren 236 Leichen zu Tage gebracht; die noch Fehlenden liegen unter durch die Explosion verursachten Brüchen begraben und können erst nach deren Aufgewältigung gefunden werden. Zur Desinfection wurde mit gutem Erfolg Carbolsäure-Lösung angewendet.

Ueber die muthmasslichen Ursachen der Explosion liegen noch zu wenig authentische Anhaltspunkte vor und wir ziehen vor, darüber später erst zu sprechen.

Merkwürdiger Weise — (ein Unglück kommt nie allein) ereignete sich am 4. August auf der combinirten Hohenlohe-Grube bei Kattowiz in Oberschlesien ebenfalls eine Explosion schlagender Wetter, und zwar Früh gegen $8^1/_2$ Uhr bei einen Pfeilerabbau im Fangflötze in der Nähe eines gegen alten Grubenbrand aufgeführten Dammes. Ein Schlepper wurde getödtet, fünf Arbeiter schwer, Einer leicht verletzt! Die grosse Hitze der ersten Augustwoche und der niedere Barometerstand müssen in beiden Unglücksfällen bemerkt werden, sowie dies in Potschappel wieder (wie so oft schon!) der Tag nach einem Sonntage war, an welchem das Unglück geschah!

Eben lasen wir auch noch von einer neuerlichen Explosion in einer nordfranzösischen Grube, welche 14 Menschenleben gekostet haben soll. Näheres darüber fehlt noch; es lag am 27. August erst ein Zeitungstelegramm vor. O. H.

Der berg- und hüttenmännische Verein für Kärnten und dessen Zeitschrift.

Im Laufe dieses Jahres hat sich ein berg- und hüttenmännischer Verein für Kärnten gebildet, dessen Statuten am 11. Juni l. J. die Bestätigung der Landesregierung erhalten haben und dessen Organ „Zeitschrift des berg- und hüttenmännischen Vereins für Kärnten soeben erschienen ist und mit einer reichhaltigen Nr. 1 von dem tüchtigen Streben des Vereines erfreuliche Kunde gibt.

An der Spitze dieses Vereinsorganes stehen, wie billig, die Statuten desselben, welche die Zwecke und Einrichtungen des Vereines ersichtlich machen. Dieselben enthalten die gesundesten Keime eines regsamen Vereinslebens und es bedarf nur des allseitigen Willens, diese Bestimmungen auszuführen und Eintracht im Vereine zu erhalten, um segensreicher Wirkungen desselben gewiss zu sein. Kleine aus Uebereifer entstandene Gebrechen dieser Statuten werden sich durch die Praxis bald als eliminirbar herausstellen; wir wollen eben im Interesse des Vereines auf ein Paar solcher Bestimmungen aufmerksam machen. §. 5 zieht mit Recht den Kreis der Mitgliederschaft in liberalster Weise thunlichst weit; aufgenommen werden: „Alle Werksbesitzer, Werksbeamte, Fachgenossen, Forstbeamte, Eisenbahn- und Fabrikstechniker, wo immer sie ihren Wohnsitz haben, endlich alle Freunde und Interessenten des Montanwesens und des industriellen Fortschrittes.“ Allein diese dankenswerthe Liberalität würde wesentlich verkümmert, wenn es mit der Verpflichtung der Mitglieder, „den Versammlungen beizuwohnen“ ernstlich genommen würde! Nicht einmal den am Sitze der Versammlung Domicilirenden kann unserer Ansicht eine solche Pflicht zugemuthet werden, die ja nicht erzwingbar ist — auch die Pflicht, „die Wahl in den Vereinsausschuss anzunehmen“, kann nicht unbedingt gemeint sein; diese beiden Verpflichtungen, wenn man sie aufrechthalten wollte, müssten dem Satze, „wo sie immer ihren Wohnsitz haben,“ wesentlichen Eintrag thun! Sehr gute Bestimmungen enthält der V. Abschnitt, „Redaction der Vereins-Zeitschrift“, nur wünschen wir, dass der etwas breit angelegte Apparat der Redaction durch einen Hauptredacteur und mehrere Specialredacteure und Fachreferenten für die Zeitschrift nicht zu schwerfällig werde. Dass Redactionsnoten erst vorher der Censur des Autors des betreffenden Artikels mitgetheilt werden sollen, mag wohl gut sein, um Empfindlichkeiten zu vermeiden, wird aber indirect zur Vermeidung von Noten selbst führen, weil sich manche derselben oft erst bei der letzten Correctur ergeben, wo eine vorherige Mittheilung nicht mehr möglich ist. Die Erfahrung hat gezeigt dass, wenn man Zeitungen mit zu viel Cautelen umgibt und dem Redacteur nicht volles Zutrauen schenkt, dieselben leicht ermatten und an Frische verlieren. Die vorliegende Nr. 1 ist so glücklich zusammengestellt und bearbeitet, dass wir hoffen dürfen, man werde die aus den §. 15 der Statuten hervorguckende „Censur“ möglichst liberal handhaben! Die Fachreferenten sollen einzelne Artikel begutachten, gegen solche Begutachtungen steht den Hauptredacteur der Recurs (!!) an den Ausschuss offen! Lieber hie und da einen kleinen Missgriff als eine so bureaukratische Bevormundung! Wie bereits erwähnt, zeichnet sich die Nr. 1 durch Reichhaltigkeit und Gediegenheit aus. Sie enthält eine sehr gute Abhandlung von Director F. Seeland über „die Mineralschätze Kärntens etc., einen Vortrag des Hohofen-Directors Hupfeld „über die Einbürgerung der Coaks-Eisenerzeugung in Kärnten, dann einen Auszug aus dem officiellen (statistischen) Verwaltungsbericht der Berghauptmannschaft über den Bergwerksbetrieb in Kärnten im Jahre 1868, welcher den fördernden Antheil beweist, den der Berghauptmann L. Kronig an dem Vereine nimmt. Es folgt dann ein Artikel von A. R. Schmidt „über den Erbstollen zu Bleiberg in Kärnten, dann ein Marktbericht und endlich das Protokoll der Besprechungen des Vereines am 24. Jänner, 15. 16. und 17. Mai, und der Ausschussitzung vom 13. Juni l. J., endlich das Mitglieder-Verzeichniss, welches 156 Namen enthält.

Wir begrüssen diese ebenso praktische als wissenschaftliche Vereinsthätigkeit des montanistischen Landes Kärnten mit inniger Freude, möge sich dieselbe in Einigkeit der Mitglieder, Freiheit der Bewegung und wachsender Theilnahme aller Freunde des Bergbaues immer mehr entwickeln und entfalten! Glück auf!

O. H.

Das Dynamit.

Von Isidor Trauzl, Oberlieutenant der k. k. Genie-Waffe.

(Schluss.)

IV. Sprengung von Steinen mit frei aufgelegten Patronen. Zum Schlusse der Gesteinssprengungen will ich noch eine hierher gehörende Verwendungsweise des Dynamits angeben, die mehr als alles Frühere geeignet ist, die furchtbare Kraft dieses Sprengmittels zu veranschaulichen.

Es sind die folgenden Angaben Resultate von Sprengungen, die ich selbst gesehen habe.

Sehr feste, zähe Gesteinsblöcke von 15—18 Zoll Stärke und einer Ausdehnung der Grundfläche von 6—8 Quadratfuss werden in mehrere Stücke zertrümmert, wenn man auf ihre Oberfläche eine Papierpatrone mit 8—10 Loth Dynamit einfach auflegt, mit einigen Handvoll Sand überdeckt und sprengt.

Die durch die Explosion verursachten, vom Explosionspunkt nach allen Seiten ausgehenden Risse gehen durch die ganze Gesteinsmasse und ist die Wirkung ungefähr wie sie ein von bedeutender Höhe herabfallender schwerer Eisenblock auf den Stein ausüben würde.

In den Eisengruben bei Saarbourg sah ich auf diese Art Blöcke zähen, festen Eisenerzes von 2—3 Cubikfuss durch einige Loth Dynamit zertheilen. Der leitende Ingenieur, Herr Grebe, hatte die Absicht, diese Verkleinerungsmethode statt jener durch Schlägel und Eisen anzuwenden. Inwieweit dadurch ökonomische Vortheile erreichbar sind, ist mir unbekannt.

Jedenfalls ist diese Fähigkeit des Dynamits sehr beachtenswerth.

V. Sprengungen in Erde. Es lässt sich nach früheren Wirkungen a priori sagen, dass Dynamit in weichen Erdarten, wie es beispielsweise Dammerde ist, eine geringe Wirksamkeit zeigen werde.

Versuche, die gleichzeitig mit den früher erwähnten Palissadensprengungen von dem preussischen Garde-Pionier-Bataillon vorgenommen wurden, haben dies auch praktisch erwiesen. In Erdminen und als Triebmittel in Steinfougassen hat sich Dynamit weit unwirksamer als die zehnfache Menge Pulvers gezeigt. Gewöhnlich entsteht in der Erde eine mehr oder weniger grosse Höhlung, an deren Wänden das Materiale zermalmt ist, ohne dass ein Trichter ausgeworfen wird.

Dagegen ist es, wie ausgeführte Versuche in festem Thone es zeigten, sehr wahrscheinlich, dass das Dynamit in vielen festen, zähen und sehr zusammenhängenden Thon- und Lettenarten, in denen man mit Pulver verhältnismässig nur wenig erzielt, und wo man meist ausschliesslich auf die Keilhauerarbeit angewiesen ist, desgleichen wahrscheinlich in sehr festem, gewachsenem Schotter, in dem das Vordringen bis nun zu den schwierigsten und zeitraubendsten Arbeiten des Erdbaues gehört, ganz Vorzügliches leisten wird. Einschlägige Versuche wären für den Eisenbahn- wie für den Militär-Ingenieur vom höchsten Interesse.

III. Sprengungen von Eisen.

Ich übergehe nun zu den Wirkungen des Dynamits auf ein Materiale, gegen das, zum grossen Leidwesen des Hütten-Ingenieurs und des Ingenieur-Offiziers, das Schwarzpulver nahezu völlig unwirksam ist. Die Zertheilung grösserer Gusseisenmassen, wie sie in jedem bedeutenderen Hüttenwerke, besonders in Bessemerwerken, dann bei grossem Hohofenbetrieb massenhaft als Resultate verunglückter Operationen oder als Ansammlungen unter den Abstichöffnungen von Hohöfen (Eisensaue) vorkommen, war bisher nur auf so schwierigem, zeitraubenden und kostspieligen Wege möglich, dass man sie bei halbwegs schweren Massen gänzlich unterlassen musste, und das Eisen nicht verwerthen konnte.

Jedes Bessemerwerk, jede grosse Hüttenanlage hat so in ihrer Nähe einen kleinen Friedhof todtliegender Gussstücke. Durch Verwendung des Dynamits können, wie es die folgenden Angaben zeigen werden, diese Begrabenen leicht wieder zur Auferstehung gebracht werden, und so bedeutende Eisenmassen mit geringen Kosten wieder zur Verwerthung gelangen.

Ich will zur Veranschaulichung der Wirkungen des Dynamits in Eisen die Resultate einiger Versuche angeben.

I. Sprengungen von Gusseisen. Ich kann hier nur die Resultate von Sprengungen mit Nitroglycerin angeben, die aber einen vollkommen genügenden Anhaltspunkt für die Wirkungen des Dynamits geben.

1. Versuch in den Kupfergruben von Fahlun. (Schweden.) Der Versuch hatte als Zweck eine Eisenmasse zu sprengen, welche sich am Boden eines Ofens abgesetzt hatte, und ein weiteres Schmelzen unmöglich machte.

Ein Bohrloch von 1 Zoll Durchmesser wurde in die Eisensaue getrieben, mit $^1/_8$ Pfund Sprengöl geladen, mit einem Holzpflock verdämmt und gesprengt. Diese erste Explosion blieb ohne sichtbare Wirkung.

Es wurde nun das Bohrloch von neuem, aber mit $^1/_5$ Pfund geladen, und die nun folgende Explosion zerschmetterte die gegen 300 Zentner schwere Eisenmasse in drei Stücke, von welchen eines, von 60—70 Zentner Gewicht, mitten durch eine von Bohlen gezimmerte Wand geschleudert wurde, und 30 Fuss vom Sprengort niederfiel. Diese Wirkung von kaum 7 Loth Sprengöl ist eine ganz colossale.

2. Sprengung in Königshütte. (Oberschlesien.) Unter der Abstichöffnung eines Ofens hatte sich eine Eisenmasse von etwa 600 Zentner angesammelt und musste fortgeschafft werden. Versuche mit Pulverladungen von 1 Pfund in 24 Zoll tiefem und $^3/_4$ zölligem Bohrloch waren resultatlos. Man füllte nun in das Bohrloch $4^1/_2$ Loth Sprengöl, besetzte mit Sand und sprengte. Ein Block von 150 Zentner wurde abgetrennt.

Durch weitere Bohrlöcher, deren Ladung 4 Loth nicht überstieg, wurde die Eisenmasse nach und nach in Stücke von 10—50 Zentner zertheilt. Die Löcher brannten alle rein ab, ohne den geringsten Rückstand an den Wänden zu hinterlassen.

3. In Hasslinghausen wurden Eisensaue von 2000 bis 3000 Zentner Gewicht, welche sich unter dem Bodenstein eines Hohofens abgesetzt hatten, durch 16—18 Zoll tiefe Bohrlöcher ($^7/_8$ zöllig), welche 6—8 Loth Sprengöl Ladung erhielten, zertheilt. Aehnliche Wirkungen liegen mir noch mehrere vor.

II. Wirkungen gegen Schmiedeeisen. Versuche in Hütteldorf bei Wien. (22. März 1869.) a) Eine Schmiedeeisenplatte von 4 Linien Stärke und etwa 10

Quadratfuss Fläche wurde horizontal auf zwei Ständer aufgelegt, eine Dynamitpatrone von 2 Linien Durchmesser und einem halben Pfund Ladung in blosser Papierhülle frei aufgelegt und explodirt. Die Wirkung war eine sehr bedeutende. Die Platte war in einer Fläche von etwa 4 Zoll mittlerem Durchmesser vollkommen durchgeschlagen, die Ränder die Oeffnung stark aufgebogen und auf 4—5 Zoll Länge radial gerissen. b) Ein Schmiedeeisencylinder von 8 Zoll Durchmesser, 13 Zoll Länge und einer durchgehenden centralen Bohrung von 10 Linien wurde in der ganzen Länge der letzteren mit 8 Loth Dynamit geladen, und dieses unverdämmt explodirt. Die Wirkung war höchst überraschend. Der Cylinder war nach einer durch die Achse gehenden Ebene in zwei Theile zerrissen, welche fest in die Wände der Grube, in der die Sprengung der Sicherheit wegen vorgenommen wurde, eingepresst waren.

Interessant und beweisend für die ungeheuere und momentane Wirkung des Dynamits waren die Deformationen der beiden Bruchstücke.

Die innere Bohrung war in der Mitte auf 19 Linien, an dem Ende von dem aus die Zündung erfolgt war, auf 15 Linien erweitert, an dem zweiten Ende hatte sie ihren ursprünglichen Durchmesser von 10 Linien beibehalten.

Die ganze Eisenmasse war ausgebaucht, so dass der äussere Durchmesser nach der Sprengung in der Mitte 8 Zoll 6 Linien, an den Enden etwa 8 Zoll 2 Linien betrug.

IV. Sprengungen in Wasser und wasserhältigem Gestein.

Den relativ grössten Vortheil, dem Pulver gegenüber, bietet Nitroglycerin und Dynamit bei Sprengungen unter Wasser oder in wasserhältigem Gestein. Die Eigenschaft des Nitroglycerins, vom Wasser unangreifbar zu sein, erlaubt die Sprengungen mit diesem Stoffe unter Wasser ohne alle weitgehenderen Vorsichtsmassregeln auszuführen. Man muss nur dafür Sorge tragen, dass bei Anwendung des Sprengöles und des Dynamits Hüllen angewendet werden, welche das Wasser nicht auflöst. Bei dichten Bohrlöchern ist auch diese Vorsicht überflüssig.

Das Nitroglycerin wird einfach mittelst Blechtrichtern durch das Wasser in das Bohrloch geschüttet und sammelt sich am Boden desselben. Die Zündschnur mit Zündhülsen wird durch das Blechrohr auf die Sohle des Bohrlochs geführt, und das Blechrohr dann vorsichtig herausgezogen.

In ähnlicher Weise wurden von dem baierischen Baubeamten Schmidt die Donau-Felssprengungen bei Passau vom Herbst 1866 an ausgeführt, und damit dem Pulver gegenüber eine Ersparnis von 36 Percent erzielt.

Bergrath Meitzen schreibt bezüglich der Unterwasser-Sprengungen aus Königshütte in Ober-Schlesien unterm 1. März 1868 an Nobel:

„Ungeachtet sich das Sprengöl bei den damit angestellten Sprengungen in allen Fällen sehr bewährt hat, so ist beim Schachtabteufen unter Wasser und beim Fortbetrieb in sehr wasserhältiger Kohle in Rücksicht auf die damit verbundenen ausserordentlich grossen Vortheile das Sprengöl geradezu unentbehrlich geworden. Der beste Beweis für die Zweckmässigkeit des Sprengöls dürfte wohl in dem Umstande zu suchen sein, dass die Arbeiter es verlangen und dem Pulver unbedingt vorziehen.

Ist nun Nitroglycerin völlig unempfindlich gegen Wasser, so ist Dynamit wenigstens leicht gegen die Wirkung des letzteren zu schützen, da es auch nur schwer vom Wasser leidet. Versuche, welche bei Eissprengungen auf der Oder bei Oppeln vorgenommen wurden, haben ergeben, dass Dynamit, in dünnen Papierhülsen unter Wasser von 12° R. gebracht, noch nach 15 Minuten explodirte, nachdem dasselbe also schon vollkommen von Wasser durchdrungen war, wobei nicht der geringste Verlust an Kraft bemerkt wurde *).

Aehnlich wie Nitroglycerin wird bei dichten Bohrlöchern Dynamit in seiner gewöhnlichen Papierpatrone durch das Wasser in das Bohrloch hinabgelassen, festgedrückt und einfach mit Wasser besetzt, gesprengt.

Der Fortschritt bei Schacht- und Stollenbetrieb in wasserhältigem Gestein ist bei Anwendung von Dynamit oft mehr als doppelt so rasch, als bei Schwarzpulver; die directe Kostenersparniss wohl immer über 30%.

Resumé.

Im Folgenden will ich kurz die Ergebnisse der ersten zwei Theile zusammen fassen, und die mir noch nothwendig erscheinenden Bemerkungen anknüpfen. Aus den im Vorliegenden enthaltenen Angaben ergibt sich zunächst, dass das Nitroglycerin, respective Dynamit, gegenüber dem Schwarzpulver folgende Vortheile bietet:

1. Die Erzeugung ist eine weit einfachere, sichere, raschere und liefert ein weitaus gleichförmigeres Product.

2. Es bietet eine nahezu vollkommene Sicherheit vor Explosionen gegen offenes Feuer und glühende Körper, und ist nahezu unempfindlich gegen Stösse und Schläge, wie sie bei Transporten vorkommen können. Durch Methylisirung kann das Nitroglycerin in leichtester Weise vollkommen unexplosiv gemacht werden und fordert dann in seiner Behandlung während Deponirung und Versendung keine andern Vorsichtsmassregeln als jene, die bei feuergefährlichen Substanzen, wie Spirituosen, Oelen, u. s. f. befolgt werden müssen. Die vielen Unglücksfälle, welche im Bergbaue beim Besetzen der Bohrlöcher vorkommen, fallen beim Dynamit fast ganz weg. Letzteres ist also bei Deponirung, Transport und Verwendung weit weniger gefährlich als Schwarzpulver.

3. Der Verlust, den man durch Zersetzung allenfalls unreinen Sprengöls erleidet, ist weitaus geringer als jener, der ganz unvermeidlich und regelmässig bei Schwarzpulver durch Verstaubung und Feuchtigkeitanziehung entsteht.

4. Die Sprenggase sind unschädlicher und erlauben daher einen weit rascheren Betrieb unter Tage, selbst an schlecht ventilirten Orten.

5. Auf dem Gebiete des Bergbaues, der Steingewinnung ober Tage und im Tunnelbaue ist das Dynamit an Kraft dem Schwarzpulver derart überlegen, dass es dasselbe in den meisten Fällen vollkommen verdrängen wird. Im Stollenbetrieb und im Schachtabteufen beträ[gt]

*) Soll Dynamit längere Zeit im Wasser bleiben, so m[üs]sen Hüllen angewendet werden, durch welche eine Endos[mose] zwischen Wasser und Sprengöl nicht stattfinden kann, da s[onst] das Oel aus der Kieselguhr austritt und durch Wasser ers[etzt] wird.

die Kostenersparnis, trotz des gegenwärtig noch so hohen Dynamitpreises, oft 20%—40%, der Zeitgewinn 40%—70%. Besonders dieser letztere kann in vielen Fällen von ganz unschätzbarem Werthe sein.

Der Abbau von Erz-, Kohlen-, Salzlagern u. s. f. fordert oft das Durchbrechen langer Stollen und Schächte durch taubes Gestein. Je rascher diese Schächte und Querschläge fertig werden, um so früher werden grosse Theile des in den Lagern liegenden Capitals verwerthet und fruchtbringend gemacht. Von ebenso hoher Wichtigkeit kann der bedeutende Zeitgewinn, den die Verwendung des Dynamits ermöglicht, für den Bahnbau in allen jenen Fällen werden, wo schwierige, langwierige Tunnelbauten die Verbindung fertiger Bahnstrecken verzögern.

Der Kostengewinn wird in sehr vielen Fällen das Abbauen lohnen, wo es jetzt wegen der hohen Gesteinsgewinnungskosten nicht der Fall ist.

Beim Steingewinne über Tage, in Steinbrüchen, liefert im Mittel das Dynamit die 5—6fache Gesteinsmenge wie das gleiche Gewicht Pulver, die 8—10fache wie das gleiche Volumen Pulver.

Dies Letztere ist das Massgebende für die Ersparnis an Bohrarbeit.

Die Kostenersparnis wird in Steinbrüchen, von der Gesteinsschlichtung natürlich abgesehen, dem Schwarzpulver gegenüber fast immer 20%—30% übersteigen.

Von hoher Wichtigkeit ist das Dynamit für Werksteinbrüche, da es weit grössere Blöcke als Schwarzpulver liefert, und sehr leicht die Trennung von Blöcken nach bestimmten Ebenen ermöglicht.

Von Vortheil kann endlich oft die Möglichkeit der Zertrümmerung von Erzblöcken durch frei aufgelegtes Dynamit werden.

An diese grossen Vortheile, welche die Anwendung des Dynamits in der Gesteinsgewinnung der Industrie bietet, ist noch anzuschliessen die durch dieses neue Präparat gebotene Möglichkeit der Verwerthung grosser Gusseisenmassen, Eisensäue, wie sie sich massenhaft in allen Bessemerwerken, grossen Eisenhütten etc. vorfinden, und die gegenwärtig wegen der höchst schwierigen und kostspieligen Verkleinerung meist todt liegen bleiben.

In speciellen Fällen endlich, wo Pulver nur sehr schwierig oder gar nicht mehr wirkt, wird Dynamit noch Vorzügliches leisten, so bei Sprengungen in sehr klüftigem Gestein, bei Sprengungen von festen, zähen Thonarten, und endlich ganz besonders bei Sprengungen unter Wasser und in wasserhältigem Gestein. In letzteren Fällen gewinnt man an Geld und Zeit meist über 50%.

Fasst man die hier angegebenen bedeutenden Vortheile des Dynamits in's Auge, so ist wohl die Ansicht berechtigt, dass die möglichst rasche Einführung dieses Sprengmittels für die Militärtechnik höchst wünschenswerth, für die Civiltechnik aber unbedingt geboten erscheint. Gleichzeitig wäre energisch auf eine Rücknahme des ganz ungerechtfertigten Verbotes des Bahntransportes hinzuwirken, welches nur das Materiale enorm vertheuert, seine Verbreitung verhindert, und nur eine Vermehrung der Unglücksfälle im Gefolge hat, indem sie zu einer Menge undeclarirter Sendungen führt, die dann natürlich nicht mit der nothwendigen Vorsicht und Aufmerksamkeit behandelt werden.

Die bedeutendsten Unglücke, die mit Nitroglycerin stattfanden, ereigneten sich bei solchen undeclarirten Sendungen.

Aus Wieliczka.

In der abgelaufenen Woche wurde der Einbau der Saugpumpen in das vor dem Füllorte des Elisabeth-Schachtes angelegte wasserdichte Reservoir bewerkstelligt, wodurch es nun möglich wird, das Wasser im süssen Zustande zu heben und weiteren Salzverlusten vorgebeugt wird. Während dieser Arbeiten musste der Gang der Elisabeth-Schachter Maschine eingestellt werden, daher auch am Elisabeth-Schacht das Wasser gestiegen ist und am 22. August wieder den Stand von circa $2\frac{1}{2}$ Klafter unter dem Horizont Haus Oesterreich zeigte. Im Franz Joseph-Schacht ist aber die kleinere Maschine ununterbrochen thätig geblieben und hat dort den Wasserstand um 11 Zoll vermindert.

Der Parallelschlag aus dem Albrecht-Schlage ist derzeit (am 25. August) auf 7 Klafter, 3 Schuh vorgeschritten und die Kastenverzimmerung am Franz Joseph-Schacht fortgesetzt worden.

Literatur.

Etude sur le four à gaz et la Chaleure régénerée de Siemens, par M. F. Kraus, Ingenieur des Mines, Professeur de Metallurgie à l' université de Louvain. Librairie polytechnique de A. Deek à Bruxelles, Louvain Liége et Paris. (In Deutschland durch Buchhandlung Marcus in Bonn, 1869.

Das 144 Grossoctav-Seiten enthaltende Buch ist eine recht eingehende Monographie der Siemens'schen Regenerator-Oefen und zerfällt in 3 Abschnitte. Im I. werden das Princip und die wesentliche Einrichtung der Gas-Regeneratoren kurz aber deutlich besprochen und beschrieben. Der II. Abschnitt handelt von Zusammensetzung des Steinkohlengases, von der bei der Umwandlung in Gas freiwerdenden Hitze, der Verbrennungstemperatur des Gases, den Arbeit-Erfolgen auf der Hütte Sougland, den Wärmeverlusten durch den Kamin, durch die Wände, durch das Eisen selbst, der Wärmemenge überhaupt und ihre Vertheilung, ihren Schwankungen, von den mit Coaks erzielten Resultaten u. s. w., kurz von dem ganzen inneren Vorgang des Processes mit zahlreichen Berechnungen. Der III. Abschnitt enthält zum Theil kritische Betrachtungen, Vergleichungen mit anderen Hitze gebenden Apparaten, Anwendung im Munkfors-Ofen in der Hütte Vulcan, dann beim Puddeln, beim Stahl- und beim Zinkschmelzen; endlich die Construction und Errichtung eines solchen Siemens-Regenerators. Zur Erläuterung sind 5 grosse, gut gezeichnete Tafeln beigefügt. Das Buch ist für Eisenhütten von manchem Nutzen und würde unserer Ansicht nach eine deutsche Uebersetzung verdienen. O. H.

Notiz.

Ein neues Metall. Herr Sorby hat am 6. März in der Royal Society Spectren gezeigt, deren Untersuchung ihn zur Erkenntniss eines neuen, bisher unbekannt gewesenen einfachen Körpers geführt. Dieser ist ein dem Zirkonium sehr ähnliches Metall, für welches der Entdecker den Namen Jargonium vorschlägt. Sein Oxyd, die Jargonerde, ist in der Natur sehr innig mit der Zirkonerde verbunden; man trifft sie in kleinen Mengen in den Zirkonen verschiedener Fundorte und sie bildet den Hauptbestandtheil gewisser Hyazinthe von Ceylon. Bereits im Mai 1866 hat Herr Church spektroskopische Beobachtungen veröffentlicht, aus denen er den Schluss zog, dass die Zirkone noch unbekannte Stoffe enthalten, besonders eine Erde, welche Church damals Nigra genannt hat.

Correspondenz der Redaction.

Wir bestätigen mit Dank den Empfang von 61 fl. 70 kr. für die Hinterbliebenen der Verunglückten im Plauen'schen Grunde, welche als Reinertrag bei einem Concerte der Pfannhaus-Arbeiter-Musikkapelle zu Hall in Tirol von der dortigen k. k. Verwaltung unter Adresse dieser Redaction eingesendet worden sind, und welche wir gleich nach Empfang am 27. August an die Gerold'sche Buchhandlung abgeführt haben, welche als Hauptcassier des Hilfs-Comité's fungirt. Wir werden in ähnlichen Fällen in gleicher Weise vorgehen, sofern nicht die Geber schon vorziehen, die Gaben direct an die Buchhandlungen Gerold, Manz u. s. w. einzusenden, um die weitere Absendung dadurch zu beschleunigen.

Amtliche Mittheilung.

Erledigte Dienststelle.

Die Salzverschleiss-Magazins-Verwaltersstelle in Hallein mit dem Gehalte jährl. 735 fl., einem Quartiergelde von 73 fl. 50 kr., dem Bezuge des Familiensalzes und der Verbindlichkeit des Cautionserlages im Gehaltsbetrage.

Gesuche sind, unter Nachweisung des Alters, Standes, des sittlichen und politischen Wohlverhaltens, der bisherigen Dienstleistung, der Kenntniss des Salzverschleiss-Geschäftes, der Magazinirung, des Rechnungswesens und der Concepts-, dann der Cautionsfähigkeit, unter Angabe, ob und in welchem Grade der Bewerber mit Beamten dieser Finanzdirection oder der Salinenverwaltung Hallein verwandt oder verschwägert ist, im vorgeschriebenen Dienstwege binnen vier Wochen bei der Finanzdirection in Salzburg einzubringen.

ANKÜNDIGUNGEN.

Diese Zeitschrift erscheint wöchentlich einen Bogen stark mit den nöthigen artistischen Beigaben. Der Pränumerationspreis ist jährlich loco Wien 8 fl. ö. W. oder 5 Thlr. 10 Ngr. Mit franco Postversendung 8 fl. 80 kr. ö. W. Die Jahresabonnenten erhalten einen officiellen Bericht über die Erfahrungen im berg- und hüttenmännischen Maschinen-, Bau- und Aufbereitungswesen sammt Atlas als Gratisbeilage. Inserate finden gegen 8 kr. ö. W. oder 1½ Ngr. die gespaltene Nonpareillezeile Aufnahme. Zuschriften jeder Art können nur franco angenommen werden.

Druck von Carl Fromme in Wien. Für den Verlag verantwortlich Carl Reger.

№ 36. XVII. Jahrgang.

Oesterreichische Zeitschrift für

1869. 6. September.

Berg- und Hüttenwesen.

Verantwortlicher Redacteur: Dr. Otto Freiherr von Hingenau, k. k. Ministerialrath im Finanzministerium.

Verlag der G. J. Manz'schen Buchhandlung (Kohlmarkt 7) in Wien.

Betrachtungen aus Anlass der Katastrophe im Plauen'schen Grund.

Es ist ganz begreiflich, dass nach dem überwältigenden Eindruck der ersten Wochen, während welcher das Geschick so vieler Opfer zunächst auf Herz und Gemüth einwirkte, nun auch die kälteren Verstandesbetrachtungen nicht ausbleiben und sich in Conjuncturen über die Ursachen des Unglücksfalles, über Verschulden und Verantwortung u. s. w. Luft machen. Während der bekannte Statistiker geh. Rath Engl in Berlin (früher in Sachsen) aus dem Falle Anlass nimmt, ein verdammendes Urtheil über alle Bergakademien auszusprechen, wogegen sehr entschiedene Verwahrung von mehreren Seiten (im Berggeist) eingelegt wird, sucht man das Verschulden in mangelhafter Betriebsführung, Unterlassung von Vorsichtsmassregeln, discutirt über die Verantwortlichkeit und Ersatzpflicht der Unternehmer und Eigenthümer, über Lebens-Versicherungsanstalten für Bergarbeiter u. s. w.

Wir glauben vor der Hand in diesen Chorus hin und wieder rufenden Stimmen nicht miteinfallen zu sollen, weil ausser der Thatsache des Unglückes selbst uns verlässliche Daten über Entstehung und Ursache nicht vorliegen und wir nicht gerne vorschnell urtheilen wollen.

Es bleibt jedoch jeder derlei Unglücksfall stets ein nicht zu vernachlässigender Mahnruf zur Erörterung von Sicherungsmassregeln gegen derlei wiederkehrende Fälle und eine Warnung vor allzugrosser Sicherheit, in welcher sich Niemand leichter zu wiegen pflegt, als der an sich kühne und mit Gefahren vertraute Bergmann.

Vorerst muss man neuerdings constatiren, dass, wie schon so oft, auch diese Katastrophe an einem Montage, also am Tage nach einem sonntäglichen Stillstand der Arbeiten, eingetreten ist.

Daraus folgt die Lehre, dass in keiner Steinkohlengrube, mag selbe auch bisher von bösen Wettern frei gewesen sein, an Tagen nach längeren Stillständen von mehreren Stunden die Arbeit wieder eröffnet werden sollte, ohne eine mit Sicherheitslampen versehene Inspections-Patrouille zu angemessener Zeit früher vorausgesendet zu haben. Diese Vorsicht ist sehr leicht ausführbar und erfordert nur, dass man an selbe denke und ein Paar Sicherheitslampen in Vorrath habe.

Es dürfte in vielen Fällen auch rathsam sein, während der Zeit des Stillstandes eine Runde von 2—3 Mann in der Grube umhergehen zu lassen, um auffallende Erscheinungen des Wetterzuges sogleich bemerken und anzeigen zu können.

Vor Allem kann nicht genug empfohlen werden, möglichst viele Barometer-Beobachtungen zu machen und den Aenderungen des Luftdruckes unablässige Beachtung zu widmen. Hierin hat man gute Warner, deren Anzeichen vor der Gefahr schon bemerkbar sind*). Die Barometerstände auf einer Tafel 2-, 3- oder mehrmal des Tages ersichtlich zu machen, würde auch sehr zu empfehlen sein; je mehr Personen davon Einsicht zu nehmen in der Lage sind, um so geringer ist die Gefahr, dass durch eine allzu muthige oder vertrauensselige Disposition eines einzelnen Beobachters anscheinend geringere Anzeichen vernachlässiget werden; dass es möglich ist am Schachtthurme oder sonst leicht zugänglichem Punkte solche Tafeln anzubringen, ist wohl nicht zu bezweifeln. Ich erinnere mich, dass zu Villach in Kärnten der Barometer- und Thermometerstand, der an der dortigen meteorologischen Station beobachtet wurde, in grossen weithin sichtbaren Ziffern am Kirchthurme ausgestellt war, und ich habe im Jahre 1867 selbst von der Strasse aus jene meteorologischen Volks-Publicationen vom Thurme abgelesen!

Endlich scheint mir gründliche und wiederholte Belehrung der gesammten Mannschaft über die ganze Lehre

*) Wir wollen damit keineswegs der Meinung Serlo-Lottners in „Leitfaden zur Bergbaukunde" S. 141—143 entgegentreten, wo den Luftdruckschwankungen wegen der belgischen und englischen Erfahrungen mindere Bedeutung beigelegt wird; am Schlusse sagt jener Leitfaden selbst, dass „wenn man dem Luftdruck überhaupt einen Einfluss auf das grössere oder geringere Hervortreten schlagender Wetter einräumt, locale Schwankungen im Barometerstande an den betreffenden Tagen eingetreten sein müssen", damit sind wir ganz einverstanden. Und eben wegen solchen localen Schwankungen an „betreffenden Tagen" empfehlen wir fleissiges und stetes Beobachten der Barometer, d. h. dieser localen Schwankungen.

vom Wetterwechsel und was darum und daran hängt dringend nothwendig. Nicht nur leicht fassliche Druckschriften in der der Arbeiterschaft verständlichen Sprache genügen daher, nicht alle lesen gerne und können es vielleicht gar nicht, sondern periodische populäre Vorträge über diesen und andere für Sicherheit des Lebens und der Gesundheit wichtige Gegenstände sollten allgemein eingeführt werden. Etwas bleibt doch hängen, und je mehr Leute in der Sache Verständniss erlangen, um so geringer wird die Gefahr unvorgesehen oder muthwillig oder aus Leichtsinn und Unwissenheit herbeigeführter Unglücksfälle.

Ueberhaupt schien es mir nothwendig, die Sicherheitspflege nicht vom erhabenen Standpunkte, einer von Oben geübten polizeilichen Vorsehung für die Arbeiter, sondern Hand in Hand mit diesen selbst, mit ihrem Verständniss, ihrer Mitwirkung und mit möglichster Publicität aller hierauf bezüglichen Massregeln zu handhaben. Der Gehorsam aus Ueberzeugung wird stets mehr wirken als der blinde Gehorsam und das „Misstrauen", welches oft wohlgemeinten Mahnungen und Anordnungen der Oberen entgegentritt und letztere lähmt, ist durch öffentliches Vorgehen, wenn auch nicht immer gänzlich zu bannen, so doch sehr zu vermindern.

Dem Leichtsinne Einzelner, unglücklichem Zusammentreffen ungünstiger Umstände, unvorhergesehenen Ereignissen, die ausserhalb der Macht der Menschen liegen (hat doch schon wiederholt der Blitz in Gruben eingeschlagen, wenn auch bisher noch keine Kohlengrube mit Schlagwettern davon betroffen wurde), kann wohl niemals gänzlich vorgebeugt werden; allein was geschehen kann, um die Wahrscheinlichkeit des Eintrittes solcher Ereignisse zu vermindern, sollte nicht versäumt werden. Wir werden auf dieses Capitel noch öfter zurückkommen.

O. H.

Einiges über die Erzlagerstätten und Bergbaue im Thale Grossarl in Salzburg.

Von Alois R. Schmidt.

Die grosse Wechsellagerung des Chlorit- und Glimmerschiefers in den Central-Alpen schliesst im Thale Grossarl eine Menge Kupfer- und Eisenkies führende Lagerstätten ein, die jedoch nicht unmittelbar zwischen den genannten Gesteinsarten, sondern nahe an der Grenze derselben, und zwar die meisten im Chloritschiefer vorkommen.

Das Hauptstreichen der Gesteinslagen geht aus N. W. in S. O.; das Verflächen der Lager beträgt im Durchschnitte 30 Gr. nach Stunde 1—2. Die Mächtigkeit der Lager wächst von 1 bis 5 und mehr Klafter. Die grösste Mächtigkeit der gewinnungswürdigen Kiesmittel beträgt 12 Fuss, die mittlere 6 Fuss. Mit weniger als 5 Zoll lohnte sich der Abbau nicht.

In der Regel steht die Mächtigkeit der Gesammtmasse des Lagers mit jener der Erzmittel im geraden Verhältnisse. Die Längenausdehnung der Lager ist überall viel beträchtlicher als die Teufe. Man kann 40 Klafter für das Maximum der Länge und 30 Klafter für den verhauwürdigen Adel annehmen. Gewöhnlich verflächt das Hangend steiler als das Liegend, daher die Mächtigkeit der Lager vom Tage gegen die Teufe abnimmt. Meistens stossen die Lager an den unterliegenden flachen fallenden Glimmerschiefer und erreichen dadurch ihr Ende.

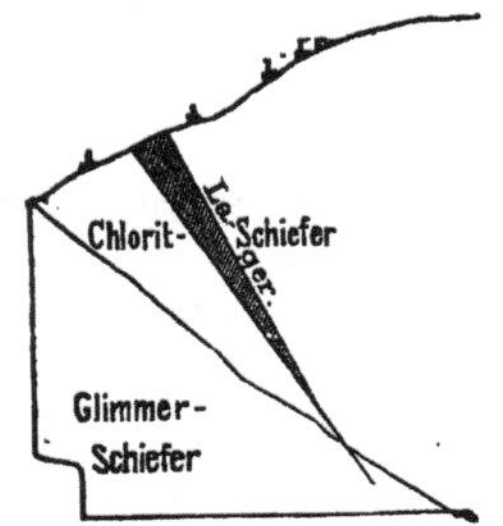

Allenthalben bemerkt man einen stufenweisen Uebergang aus dem Hangend und Liegend in das Lagergestein, welches vorwaltend aus Quarz besteht; nur stellenweise erscheint eine scharfe Grenze, wie mit Salband, sehr selten mit Besteg. Dagegen verzweigt sich die Veredelung hie und da mit gangartigen Quarztrümmern in das Nebengestein.

Verwerfungen kommen öfters vor; sie sind durchaus rechtsinnisch und die Gegentrümmer auf der Seite des stumpfen Winkels zu suchen.

Man unterscheidet dreierlei Erzgattungen: Die Hauptveredelung bildet hexaedrischer Eisenkies, derb, eingesprengt und angeflogen, welcher auf Schwefel und Vitriol benützt wurde. Das zweite Erzvorkommen ist pyramidaler, selten oktaedrischer Kupferkies und die dritte Gattung besteht aus einem Gemenge von Eisen- und Kupferkies.

Der Kupferhalt des besten Kieses beträgt 14 Proc., jener des ärmsten Kieses $1^{2}/_{4}$—$^{3}/_{4}$ Proc. im aufbereiteten Zustande. Der reichste Eisenkies enthält 7 Pfd. Schwefel und $1^{1}/_{4}$ Pfd. Kupfer per Centner.

Zufällig erscheinen auf den Lagern Nickelkies, oft als Vorbote der nahen Vertaubung der Lagerstätte, dann Bleiglanz und Fahlerz.

Die grösstentheils sehr alten Bergbaue liegen zerstreut in verschiedenen Gegenden des Thales.

1. Der Bergbau zu Kardeis, eine halbe Stunde vom ehemaligen Berg- und Hüttenamts-Sitze Hüttschlag entfernt, bestand schon vor vierhundert Jahren, wurde im 17. Jahrhundert gewältigt und war seither bis zur Auflassung des Werkes fast ununterbrochen im Betriebe.

Die Mächtigkeit der Erzlager wechselt von 1 Fuss bis 1 Klafter und ist im Durchschnitte mit $^{3}/_{4}$ Klafter anzunehmen. Die einbrechenden Erzgattungen sind Kupfer- und Schwefelkies, welch' Letzterer auch etwas kupferhältig ist und den Hauptgegenstand des Abbaues ausmachte. Die Gebirgsart ist stark verhärteter Chloritschiefer, die Hauptmasse der Lagerart besteht aus Quarz.

2. Die Bergbaue in der Schwarzwand und in Astentofern, jeder $2^{1}/_{2}$ Stunden westlich von Hüttschlag entlegen, waren schon vor dem 16. Jahrhundert im Um-

triebe. Die Lager zeigen eine Mächtigkeit von 1/4' bis 1/2°, im Durchschnitte 2'. Die Gebirgsart ist Glimmerschiefer, welcher manchesmal kalkschieferartig wird. Als Lagermasse erscheint ein mit viel Schiefer gemengter Quarz, selten Kalkspath. Die Erze sind von derselben Beschaffenheit wie die zu Kardeis.

In der Schwarzwand ist der oktaedrische Kupferkies vorgekommen.

3. Der Bergbau am Krähberge befindet sich 2 1/2 Stunden östlich vom ehemaligen Amtssitze und stammt aus dem 17. Jahrhundert.

Die Erzlagerungsverhältnisse sind fast dieselben wie in der Schwarzwand.

4. Der Bergbau in den Krähmädern liegt von Hüttschlag bei 4 Stunden entfernt. Er wurde im Jahre 1810 eröffnet, ist sonach der jüngste Bau von allen. Seiner hohen Lage wegen war er immer nur im Sommer im Betriebe. Das Erzvorkommen gleicht jenen am Krähberge, als dessen Fortsetzung dasselbe zu betrachten ist.

Kleinere Gruben und Schürfe bestanden in Grossarl noch folgende, und zwar:

5. Schattbachalpe,
6. Harbachberg,
7. Bichleralpe,
8. Wassegg,
9. Golleg,
10. Aigenalpe,
11. Aschauberg.

Die meisten der genannten Bergbaue waren noch zu Anfang des 19. Jahrhunderts von Seite des Aerars im ordentlichen Betriebe.

Die jährliche Production betrug 360 bis 380 Ctr. Rosettenkupfer von besonders guter Qualität und 1200 bis 1300 Ctr. Schwefel.

Das ganze Personale bei Berg und Hütte zählte 170 bis 180 Mann.

Die durchschnittliche jährliche Ausbeute war:

Unter erzbischöflicher und kurfürstlicher Regierung von 1786 bis inclusive 1805	5.158 fl.
Unter k. k. österr. Regierung von 1806 bis inclusive 1808	21.156 fl.
Unter französischer Administration und k. k. Regierung von 1809 bis inclusive 1815	10.163 fl.
Im grossen Durchschnitte von 30 Jahren per Jahr	7.925 fl.

Später ist der Ertrag immer mehr gesunken und endlich in Einbusse übergegangen, aus welchem Grunde die Auflassung des Werkes Eingangs der 50ger Jahre erfolgte.

Darauf wurden die Baue von einem Privaten aufgenommen, jedoch nach einer Arbeit von 10 Jahren (ca. im Jahre 1863) als nicht rentabel wieder verlassen.

Voriges Jahr hat die Gewerkschaft Bürgstein bei Bischofhofen am Krähberge den Unterbau öffnen und in Kardeis einen zurückgebliebenen Erzanstand untersuchen lassen, aber bisher nur arme Erze von geringer Mächtigkeit anstehend gefunden.

Ein günstigeres Resultat dürfte von der Gewältigung der alten Gruben auch nicht zu erwarten sein.

Der Bergbau in Grossarl könnte nach meiner Ansicht nur durch neue, ausgedehnte Schürfungen auf den zum Theile sehr ausgedehnten Lagerzügen und vielleicht auch durch tiefere Unterfahrung ein oder der anderen alten Grube wieder erweckt werden.

Von den vorzüglicheren Lagern würde dasjenige, auf welchem die Bergbaue Kardeis und Krähmäder betrieben sind, die meiste Beachtung verdienen. Dieses Lager zieht sich von den Krähmädern noch weiter über das Wasserfallkar bis in das Keinkar, in die sogenannte Muhr, wo es sich dann ausschneidet. Es ist kaum zu bezweifeln, dass in dieser langen Erstreckung nicht noch einige mächtigere Erzlinsen zu treffen sein sollten.

Zu einer tieferen Aufschliessung edler Lagermittel durch einen Unterbau wäre an der Schwarzwand die meiste Aussicht.

Jedenfalls würde aber die Hauptmasse des Grubengefälls aus ärmeren Erzen bestehen und sonach die Zugutebringung der Grossarler Geschicke zumeist auf nassem Wege angezeigt sein.

Statuten der Bergschule in Klagenfurt*).

I. Zweck der Bergschule.

Der Zweck der Bergschule ist die technische Ausbildung junger Bergarbeiter, um für den Bergbau und das Hüttenwesen mit Berücksichtigung der kärntnerischen Montanwerke ein tüchtiges, seiner wichtigen Bestimmung gewachsenes Aufsichtspersonale zu erziehen.

II. Aufnahms-Bedingungen.

Zur Aufnahme in die Bergschule eignen sich nur befähigte junge Bergarbeiter, welche einerseits bereits eine solche Schulbildung genossen haben, wie sie auf einer guten Landschule zu erlangen ist, und andererseits die Arbeit auf dem Gesteine durch eine dreijährige Praxis in der Grube, welche durch ein Zeugniss nachgewiesen werden muss, vollständig erlernt haben.

Das erforderliche Alter zur Aufnahme in die Bergschule wird auf das erreichte 18. Lebensjahr festgestellt und kann die Aufnahme in der Regel unter diesem Lebensjahre nicht erfolgen.

Ob in besonders berücksichtigungswürdigen Fällen eine kürzere als dreijährige Praxis oder ein Lebensalter unter 18 Jahren die Aufnahme des Arbeiters in die Bergschule ausnahmsweise ermöglichen können, ist dem Ermessen des Schulcomités anheim gestellt.

Insbesonders werden alle Werksinhabungen, beziehungsweise alle Aufnahmswerber aufmerksam gemacht, dass es nothwendig sei, in deutscher Sprache gut leserlich, ziemlich geläufig und ohne grosse orthographische Schreibfehler schreiben zu können und im Rechnen in den vier Species bewandert zu sein.

Die von den Arbeitern eigenhändig geschriebenen und gefertigten Gesuche um die Aufnahme sind von ihnen selbst, oder von ihren Werksinhabungen, resp. Werksbevollmächtigten, versehen mit den Zeugnissen über die Schulbildung und die Dienstleistung bei der Grube, an

---

*) Nachdem wir in voriger Nummer des kärntnerischen bergmännischen Vereins und seiner Zeitschrift erwähnt haben, lassen wir heute die Statuten der aus demselben Kreise von Fachgenossen hervorgerufenen Bergschule folgen. O. H.

das Schulcomité einzusenden, welches über die Aufnahme entscheidet.

Jeder Aufnahmsbewerber hat sich einer Aufnahmsprüfung zu unterziehen, von deren Erfolge die Aufnahme in die Schule abhängig ist.

Die Aufnahme geschieht unentgeltlich und erfolgt nur mit Beginn jeden zweiten Jahres, nämlich des Vorcurses.

III. Unterricht.

Der Unterricht zerfällt in jenen des Vorcurses und jenen des Fachcurses, welche Curse alternirend jährlich wechseln.

Während der ganzen Dauer eines jeden Curses wird der Unterricht an allen Wochentagen gehalten.

Ferialtage sind nur die Sonn- und gebotenen Festtage.

Die Tageszeit der Unterrichtsstunden wird von der Direction im Einverständnisse mit den Lehrern festgesetzt.

Der Vorcurs hat den Zweck, die Schüler in den Elementar- und Hilfsfächern soweit heranzubilden, als dies mit Rücksicht auf den technischen Unterricht des darauffolgenden Fachcurses zum Verständnisse erforderlich ist.

Im Vorcurse werden folgende Gegenstände vorgetragen: Rechnenkunst, einschliesslich Flächen- und Körperberechnung, Elemente der Buchstabenrechnung und geometrische Constructionslehre; dann Grundzüge der Physik,

(I. Semester) Mineralogie.

(II. Semester) Geognosie.

Recht- und Schönschreiben.

Stylübungen.

Chemie.

Ausserdem ist der Schüler im Zeichnen (Körper- und Situations-Zeichnen, dann darstellendes Zeichnen) zu beschäftigen.

Im Haupt- oder Fachcurse wird hauptsächlich der technische Unterricht ertheilt und werden auch noch jene Hilfsfächer gelehrt, welche im Vorcurse nicht vorgetragen werden, als:

Im I. Semester.

Bergbaukunde und Aufbereitung.

Markscheidekunst.

Kunstwesen.

Zeichnen von Plänen und Grubenkarten.

Im II. Semester.

Allgemeine Hüttenkunde und specielle für den Eisen-Hochofenprocess und für Blei nebst den Grundzügen für Zink und Kupfer.

Probirkunde.

Berggesetz.

Grubenrechnungsführung und

Materialwaarenkunde.

Zeichnen von Gruben- und Lebenskarten, dann von Maschinen.

Der Gesammt-Unterricht ist praktisch, möglichst demonstrativ und leicht fasslich zu halten und auf das Bedürfniss für Berg- und Hüttenaufseher zu beschränken.

In eine Ableitung von Formeln oder in Beweise für deren Giltigkeit ist nicht einzugehen; Beispiele und Uebungen sind aus der berg- und hüttenmännischen Praxis zu nehmen; der Unterricht ist mit examinatorischen Wiederholungen in den Nachmittagsstunden, wenn nicht dieselben mit Zeichnen, geognostischen Begehungen oder mit Verwendungen im Vermessungs- und Markscheidereifache ausgefüllt werden, zu verbinden.

Ueber diese Begehungen und Verwendungen sind von den Schülern Berichte zu erstatten.

Ausserdem sind im Laufe des II. Semesters des Fachcurses vierzehn Tage bis drei Wochen zu Excursionen an bedeutendere Berg- und Hüttenwerke und zur Verfassung der darüber zu erstattenden Berichte bestimmt.

Bei diesen Excursionen, welche stets unter Leitung des Fachlehrers erfolgen, sollen die Schüler als Ergänzung zu dem Schulbesuche und zu den Verwendungen den Betrieb der Werke gründlich kennen lernen und zugleich aufmerksam gemacht werden, wie sie ihre Notizen aufzuzeichnen haben.

IV. Prüfungen.

Am Schlusse eines jeden Curses finden aus den vorgetragenen Lehrgegenständen öffentliche Prüfungen im Beisein des Obmannes des Schulcomités und eines die Bergschule unterstützenden Werksbesitzers statt und sind hiezu ausserdem der Landesausschuss, die k. k. Berghauptmannschaft, der Director der k. k. Oberrealschule und jeder derjenigen Werksbesitzer, welche zu Schulzwecken Subscriptions-Beiträge leisten, einzuladen.

Dieser Prüfung muss sich jeder Zögling ausser dem Falle der Verhinderung durch Krankheit bei Vermeidung des Ausschlusses aus der Schule unterziehen.

Für die öffentlichen Prüfungen wird Ein Tag genügen, indem die Classification wesentlich durch die Leistungen während des Jahres bestimmt wird.

Die schliessliche Classification wird von dem Lehrer, dem Obmanne des Schulcomités und dem beisitzenden Werksbesitzer vorgenommen, wobei im Falle verschiedener Ansichten die Stimmenmehrheit entscheidet.

Der Fortgang der Schüler in den einzelnen Gegenständen des abgelaufenen Curses wird nach vier Abtheilungen classificirt, und zwar mit:

„Ausgezeichnet, gut",
„Mittelmässig, schlecht."

Der im Laufe des Curses an den Tag gelegte Fleiss der Schüler im Besuche des Unterrichtes und in den Uebungen, sowie die Aufmerksamkeit bei den Vorträgen und Excursionen werden in Abstufungen mit:

„sehr fleissig, fleissig"
und „nicht fleissig".

Das sittliche Verhalten mit den Ausdrücken:
„vollkommen entsprechend, entsprechend" und
„nicht entsprechend"
bezeichnet.

Nach dem Gesammtergebnisse der Leistungen und des Betragens in der Schule werden die einzelnen Schüler gereiht und aus der Beitragsleistung der gräflich Christalnigg'schen Werksinhabung nach deren ausdrücklichem Wunsche mit Prämien von 3, 2 und 1 Stück kaiserlichen Ducaten belohnt.

Zu diesem Ende sind die vorzüglichsten drei Schüler, zugleich Söhne dürftiger Eltern, vom Schulcomité dem Herrn Alfred Grafen Christalnigg namhaft zu machen, welcher deren Belohnung nach der Prüfung in Gegenwart der Prüfungs-Commission persönlich vornehmen will.

Desgleichen werden die von Gönnern der Schule allfällig gewidmeten Prämien nach Verdienst abgegeben.

Hinsichtlich der Prämiirung entscheidet über Antrag der Lehrer obige Prüfungs-Commission.

V. Behandlung schlecht oder mittelmässig classificirter, dann nachlässiger Schüler.

Mehrere mittelmässige oder auch nur Eine schlechte Fortgangsclasse aus was immer für Gegenständen des Vortrages im Vorcurse hindern den Eintritt in den Fachcurs.

Die Verbesserung Einer mittelmässigen Fortgangsclasse des Vor- oder Fachcurses kann beim Beginne des nächsten Curses, und zwar nur Einmal vorgenommen werden, während bei mehreren mittelmässigen oder Einer oder mehreren schlechten Fortgangsclassen eine Wiederholungs-Prüfung nicht gestattet ist.

Die Wiederholung eines Jahrganges, wegen mittelmässiger oder schlechter Classen ist nicht gestattet.

Hat ein Schüler bei einer ungünstigen Fleissclasse auch eine ungenügende Fortgangsclasse erhalten, so darf er dieselbe nicht mehr durch die Wiederholungsprüfung verbessern.

Offenbar unfähige oder nachlässige Schüler, dann solche von schlechter Aufführung, werden schon während des Curses entlassen, worüber die Lehrer den Antrag zu stellen und die Mitglieder des Schulcomités zu erkennen haben.

Ungenügende Fortgangsclassen im Zeichnen und in schriftlichen Aufsätzen müssen durch verdoppelte Anstrengungen im nächsten Curse verbessert werden.

Im Gegenfalle können nur sehr gute Leistungen des Schülers in den Lehrgegenständen für seine Belassung in der Schule sprechen.

Verzögerungen in der Vorlage, sowie unterlassene Ausarbeitung von Zeichnungen oder Aufgaben haben, wenn keine genügende Rechtfertigung vorliegt, eine ungünstige Fleissclasse zur Folge.

VI. Zeugnisse.

Nach jedem vollendeten Lehrcurse erhalten die Schüler ein unentgeltliches Zeugniss über ihren Fortgang nach Massgabe der Prüfungs-Resultate und nach dem Werthe der eingebrachten Ausarbeitungen und Pläne, sowie über Fleiss und sittliche Aufführung.

In das Zeugniss des Fachcurses wird ferner noch aufgenommen, in wie weit der Schüler befähiget ist, einen Gruben- oder Hütten-Aufseher-Posten zu bekleiden und für welchen Zweig er sich besonders qualificirt.

Die Bezeichnung hierüber lautet auf:

„Vorzüglich befähiget, befähiget",

„kaum befähiget, nicht befähiget",

Die Fertigung der Zeugnisse geschieht durch die Lehrer und die Mitglieder der Prüfungs-Commission.

VII. Stipendien.

Aus den zur Deckung der Kosten der Bergschule einfliessenden Geldbeträgen werden vor Beginn des Vorcurses 8 bis 10 Stipendien à 150 fl. für Bergschüler ausgeschrieben, mit welchem Betrage dieselben nicht blos ihre gewöhnlichen Ausgaben, sondern auch die Kosten der Excursionen bestreiten müssen.

Um Erlangung solcher Stipendien ist jeder zur Aufnahme in die Schule qualificirte Arbeiter oder dessen Werksinhabung für ihn einzuschreiten berechtigt, und kann das Gesuch um Erwirkung eines Stipendiums mit dem Gesuche um Aufnahme in die Bergschule unter Einem gestellt werden.

Wird ein Stipendium während des einen oder des anderen Lehrcurses erlediget, so erfolgt zwar die Ausschreibung desselben während dieser Zeitfrist, es werden jedoch nur jene monatlichen Raten dem Zögling zufallen, welche zur Zeit der Verleihung nicht schon fällig geworden sind.

Die Wiederholung einer Prüfung im Vorcurse zieht den Verlust des Stipendiums nur dann nach sich, wenn der Schüler bei der wiederholten Prüfung abermals eine ungünstige Classe erhält.

Schlechte Fortgangsclassen im Fachcurse, erwiesene Unfähigkeit, unordentliche Aufführung, wiederholt gezeigter Unfleiss und überhaupt alle jene Gründe, aus welchen ein Zögling aus der Schule entfernt werden kann, genügen, um auf den Verlust des Stipendiums zu erkennen.

Die Verleihung der Stipendien geschieht von Seite des Schulcomités, dessen Obmann die Ausschreibung derselben in der Landeszeitung zu besorgen, die Gesuche um Erlangung der Stipendien entgegen zu nehmen und dieselben sofort zur Berathung im Comité zu bringen hat.

Auf die Entziehung der Stipendien hat gleichfalls das Schulcomité zu erkennen.

VIII. Verwaltung und Direction.

Die Verwaltung, zugleich Direction der Schule obliegt dem Schulcomité, welches aus vier Mitgliedern und zwar, solange der Staat der Schule eine Subvention leistet, aus dem Berghauptmanne des Bezirkes, oder einem durch denselben bestimmten Stellvertreter und aus beitragenden Werksbesitzern, Werksbeamten oder Fachmännern besteht.

In inneren Angelegenheiten der Schule ist nach Umständen der Fachlerer, oder einer der beiden anderen Lehrer, oder sind auch alle Lehrer zum Comité beizuziehen.

Die Oberaufsicht steht dem k. k. Ackerbauministerium zu.

Die Mitglieder des Comités wählen unter sich einen Obmann, welcher bei den Comité-Berathungen den Vorsitz zu führen, für die Aufnahme und allseitige Fertigung der Berathungs-Protokolle zu sorgen und die erforderliche Correspondenz zu übernehmen hat.

Der Vorsitzende schreibt Berathungen aus und ist berechtiget, nach seinem Ermessen in wichtigen Angelegenheiten das Comité durch Beiziehung von Werksbesitzern, welche zu den Kosten der Schule Beiträge leisten, beziehungsweise durch Beiziehung von Bevollmächtigten solcher Werksbesitzer zu verstärken.

Bei der Beschlussfassung entscheidet die Stimmenmehrheit, bei Gleichheit der Stimmen entscheidet jene, welcher der Vositzende beigetreten ist.

Das Comité kann nur dann giltige Beschlüsse fassen, wenn wenigstens drei Mitglieder desselben anwesend sind.

Die Wahl des Obmannes und der Comité-Mitglieder gilt auf die Dauer von 4 Jahren.

Die Wahl findet in einer öffentlichen Versammlung statt, welche in der Landeszeitung ausgeschrieben wird und alle jene Werksbesitzer, welche zu den Kosten der Schule Beiträge leisten, resp. deren Bevollmächtigte umfasst.

Bei der Wahl der Comité-Mitglieder entscheidet die relative Stimmenmehrheit.

Die Versammlungen des Comités finden mindestens jährlich zweimal, nämlich vor Eröffnung der Schule — behufs Aufnahme der Schüler, Verleihung von Stipendien etc., und zu einem anderen geeigneten Zeitpunkte, ausserdem aber so oft statt, als es zur Erledigung von Geschäften nothwendig ist.

In den Wirkungskreis des Schulcomités gehört:

1. Die Aufnahme der Schüler in den Vorcurs.

2. Die Verleihung von Stipendien.

3. Die Eintheilung des Unterrichtes und die Feststellung des Studienplanes, sowie der Dauer des Schulcurses.

4. Die Ernennung des Fachlehrers, sowie dessen Beurlaubung und Entlassung, der Abschluss und die Kündigung von Verträgen mit demselben, die Feststellung des Reisepauschales für die Excursionen.

5. Die Vereinbarung mit der Direction der k. k. Oberrealschule, wegen Ueberlassung von Lehrkräften für den Unterricht in der Chemie und im Zeichnen, wegen Festsetzung der diesfälligen Unterrichtsstunden, wegen Ertheilung der Remunerationen hiefür und für den Fall der Supplirung des Fachlehrers.

6. Die Controle über den Fachlehrer und die übrigen Lehrer in Bezug auf die Erfüllung ihrer Pflichten bei der Bergschule, die Ueberwachung des Unterrichtes.

7. Die Sorge für die Instandhaltung der Schullocalitäten, Anschaffung und Erhaltung der Lehrmittel, sowie Führung eines Inventars hierüber.

8. Die Vorsorge für die Einbringung und Verwahrung der für die Erhaltung der Schule nöthigen Beiträge.

9. Die Aufstellung des Jahres-Budgets, Prüfung der Jahresrechnung.

10. Die Geldanweisungen innerhalb der durch das Budget festgestellten Beträge.

11. Die Stellung von Anträgen auf Abänderung der Statuten.

Die Durchführung der bei den Berathungen gefassten Beschlüsse insoweit, als hiezu nicht der Vorsitzende selbst durch diese Statuten berufen ist.

13. Die Vertretung der Schule nach aussen.

14. Die Verfassung eines vom Obmanne dem k. k. Ackerbau-Ministerium vorzulegenden Jahresberichtes über die Resultate der Schule.

15. Die Inventirung bei der Aufnahmsprüfung, sowie bei den anderen Schulprüfungen zur Controle der Erfolge an der Bergschule durch wenigstens Ein Comité-Mitglied und zur Mitclassificirung in Verhinderungsfällen des Obmannes.

16. Die Bestrafung der Schüler über Antrag der Lehrer durch einen mündlichen Verweis in Gegenwart der Lehrer oder durch Entfernung von Schülern aus der Schule und Entziehung der Stipendien.

(Schluss folgt.)

Aus Wieliczka.

Die Leitung des süssen Wassers zum Elisabeth-Schacht und das Reservoir für dasselbe am Horizonte Haus Oesterreich ist nun vollendet, ebenso die Verzimmerung der unter Wasser gewesenen nächsten Umgebung des Franz Joseph-Schachtes. Nun wird lediglich der sich mit circa 35 Cubikfuss per Minute beziffernde Zufluss an Wasser, und zwar in süssem Zustande gehoben werden, und der Stand der gesättigten Soole mit circa dritthalb Klafter unter Horizont Haus Oesterreich constant erhalten werden.

Der Parallel-Schlag Kloski ist auf der Länge von mehr als 8 Klafter ausgefahren und steht in Steinsalz an. Zwischen der 6. und 8. Klafter (vom Albrecht-Gesenk aus gerechnet) wurden drei kleinere Drusen mit Salzwasser angefahren, die sich sogleich entleerten und somit in keiner Verbindung mit dem Wasser-Einflusse stehen. Solche Drusen kommen auch in anderen Theilen der Grube vor. Die Hohlräume sind mit Krystallen bedeckt. Die Letztangefahrenen enthielten Selenit-Krystalle (Gyps).

Literatur.

Die Metallurgie. Gewinnung und Verarbeitung der Metalle und ihrer Legirungen in praktischer und theoretischer, besonders chemischer Beziehung. Von John Percy, M. D. F. R. S Professor an der „Government School of Mines" zu London. Uebertragen und bearbeitet von Dr. F. Knapp und Dr. H. Wedding. Autorisirte deutsche Ausgabe unter directer Mitwirkung des englischen Verfassers. II. Band. 3., 4. und 5. Lieferung (Eisenhüttenkunde). Braunschweig 1866. Druck und Verlag von Fried. Kecsy und Sohn.

Wir haben bereits in den Jahrgängen 1862, 1863 und 1865 des ersten Bandes und der beiden ersten Lieferungen des zweiten Bandes dieser reichhaltigen Publication anerkennend gedacht und berufen uns hier auf das damals abgegebene günstige Urtheil über dieses Werk, welches, je weiter es fortschreitet, umsomehr aus dem engen Rahmen einer Uebersetzung heraustritt und so zu sagen als ein deutsches Superaedificat auf englischem Boden sich darstellt. Um des Zusammenhanges willen, welcher durch eine längere Pause im Erscheinen des Werkes gestört wäre, wollen wir auf die schon 1865 erschienenen beiden ersten Hefte des II. Bandes zurückweisen, da sie mit den jetzt vor uns liegenden 3., 4., 5. Heft die Eisenhüttenkunde behandeln, ohne sie jedoch abzuschliessen. Es ist aber ein rascheres Weitererscheinen in Aussicht gestellt und die längere Unterbrechung wird durch die inzwischen gefallene Pariser Ausstellung gerechtfertigt, deren Geschäfte die Bearbeiter vollauf in Anspruch nahmen, aber auch andererseits der Bearbeitung selbst vervollständigend zu Gute gekommen sind.

Wir wollen zuförderst den Inhalt des zweiten Bandes (Eisenhüttenkunde), so weit er vor uns liegt und nicht schon bezüglich der beiden ersten Lieferungen besprochen wurde, etwas erörtern.

Die dritte Lieferung setzt die in der zweiten begonnene Beschreibung der Eisensteine fort und es werden der Schluss über den Rotheisenstein, dann die Brauneisensteine, Spatheisensteine, Thoneisensteine inclusive des Kohleneisensteins (black band) endlich die weniger bekannten Kieseleisenerze abgehandelt, welche letztere die chemische Formel $2\ (3\ FeO,\ SiO_3) + 6\ FeO\ M_2O_3 + 12\ HO$ haben und bis 49 Proc. Eisen im reinen Zustande enthalten. Wir möchten die deutschen Bearbeiter aufmerksam machen auf das eigenthümliche Sphärosiderit- und Thoneisenstein-Vorkommen der schlesisch-galizischen Karpathen um Teschen, welches durch die Arbeiten Hoheneggers sowohl geologisch sehr genau erforscht als praktisch mit Vortheil auf den Eisenwerken des Erzherzogs Albrecht in Teschen nutzbar gemacht wurde und auch auf den Eisenwerke Wittkowitz eine Rolle in der Beschickung spielt. Von einer zweiten Auflage wäre ein Ausflug dahin zu empfehlen (S. 368 und 369 werden sie nur ganz kurz erwähnt). Nun folgt ein sehr interessantes die Seiten 279—446 füllendes Capitel „da

Vorkommen von Eisenerzen, ihre Zusammensetzung und Gewinnung in den wichtigsten eisenerzeugenden Ländern", in welchen die Hauptlocalitäten, die Analysen, so weit solche publicirt sind, die Lagerungsverhältnisse u. s. w. enthalten sind. Kleine Kärtchen über die Hauptreviere von England, Preussen, Frankreich illustriren diesen Theil des Buches. Von Interesse wären auch noch ähnliche Karten von Oesterreich, Skandinavien und Nordamerika, und die ersteren sind aus vorhandenen Arbeiten, insbesondere Ausstellungsberichten leicht anzufertigen. Die Analysen sind je nach den benützten Quellen von verschiedenem Werthe (S. 446). Schluss des dritten Heftes (S. 484) handelt die Analyse und das Probiren ab, mit viel Detail und kritisch-praktischen Bemerkungen. Wir empfehlen diesen Abschnitt sehr der Aufmerksamkeit der Eisenhüttenmänner, zumal die Fortschritte ihres Faches wesentlich von steter analytischer Untersuchung ihrer Roh- und Zwischenstoffe abhängen und auf vielen Eisenwerken noch Manches in dieser Richtung nachzuholen ist. Manche „Praktiker" haben noch einigermassen Scheu vor chemischen Formeln, und wir kennen nicht wenige Eisenwerke, denen chemische Laboratorien, ja manche, denen selbst die Kenntniss der Zusammensetzung der von ihnen verarbeiteten Erze fehlt!

Ein in anderen Werken über Eisenhüttenkunde nicht immer sehr beachteter Theil der Doctrin, der selbst hie und da als „überwundener Standpunkt" unterschätzt wird, ist im vierten Hefte, welches ganz damit ausgefüllt wird, eingehend abgehandelt, nämlich: „die Rennarbeit oder die unmittelbare Gewinnung des schmiedbaren Eisens aus dem Erze" und es ist dieser Abschnitt, welcher zugleich in die Vergangenheit und in die Zukunft blickt, einer der interessantesten in den bisher erschienenen Bänden. Warum das vorliegende Werk sich so eingehend auf diesen „historischen" und für „überwunden" gehaltenen Standpunkt einlässt, ist auf S. 487 und 488 mit folgenden Worten gerechtfertigt. „Während im Allgemeinen die unmittelbare Darstellung des Roheisens stets einen niedrigeren Zustand der Entwickelung in der Eisenindustrie anzeigt, hat man doch auch unter mehr ausgebildeten Verhältnissen bis zur Gegenwart versucht, den scheinbar schneller zum Ziel führenden Weg mit dem vervollkommneten technischen und chemischen Hilfsmitteln von Neuem zu beschreiben, ausgehend von der Ansicht, dass es zweckmässiger sein müsse, die Reduction des Eisenoxydes der Erze allein zu bewirken, als erst dies reducirte Eisen mit Kohlenstoff zu sättigen und dann durch einen zweiten Process diesen Kohlenstoff wieder zu entfernen. Warum indessen alle diese Bemühungen mit wenigen nur für specielle Fälle anwendbaren Ausnahmen scheiterten, das wird sich aus der Betrachtung und Vergleichung der älteren und neueren Rennarbeiten ergeben, und daher hat dieser Abschnitt den Zweck, Methoden zu schildern, die von Jahr zu Jahr mehr von der Erde verschwinden oder höchstens in bisher ganz uncivilisirten Ländern neu entstehen, und dadurch die historische Entwickelung der Eisenindustrie abzuspiegeln, sondern er hat auch den weiteren Zweck, vor vergeblichen Versuchen zur Rückkehr in derartige Zustände zu warnen und die Ursachen zu erläutern, warum die gegenwärtig in Europa allgemeine Methode der mittelbaren Schmiedeisendarstellung die richtige und für die Zukunft beizubehaltende ist.

Nun werden sehr eingehend behandelt: *a*) ältere Rennarbeiten in Indien, Burma, Borneo, im inneren Africa, Madagaskar, dann von den europäischen Methoden die catalonische Luppenfrischarbeit, die corsikanische oder italienische und die deutsche Luppenfrischerei, endlich die Stückofenwirthschaft, sowohl im eigentlich sogenannten Stück- (Wolfs-Bauern-) Ofen, als im Osmund-Ofen und daraus Schlussfolgerungen gezogen, welche nicht zu Gunsten derselben ausfallen. *b*) Neuere Rennarbeiten. Hier werden erwähnt die Methode Clay's (1837 bis 1840. In Retorten aus Erz und Kohlenpulver erzeugter Eisenschwamm wird direct verpuddelt), Renton's (1851, Reduction in einem Flammofen, der mit feinzerkleinerten Stücken Erz 25 Proc. und 75 bis 80 Proc. Kohle beschickt, und im Ofenraum selbst zu Luppen geballt wurden), und Chenot's Methode, 1846—1851, bekannt durch die grossen Reclamen, die französischerseits dafür nach der ersten Londoner Ausstellung gemacht wurden und über die sich das vorliegende Werk ausführlich und energisch ausspricht. Die schon von Tunner 1856 Nr. 52 unserer Zeitschrift erhobenen Einsprüche gegen den Humbug, der insbesondere nach der Pariser Ausstellung 1855 mit Chenot getrieben wurde, sind hier citirt und ähnliche Urtheile von Grateau, Sandberg und Anderen angeführt. Bekanntlich wurde auch auf den Banater Werken von der damals laufenden französischen Gesellschaft viel mit Chenot's Methode experimentirt! Das sehr ausführliche Capitel über Chenot (S. 582 bis 593) ist sehr lehrreich, sowohl in metallurgischer Beziehung, als auch in Hinsicht auf die Coulissen-Geheimnisse des Protectionsschwindels und Humbug bei Ausstellungsmedaillen etc.! Yates Methode (1860, ein modificirtes Chenot'sches Verfahren und diesem auch in der Selbsttäuschung über die Kostenberechnung und Erfolge ähnlich, welche auf S. 595 die treffende Bemerkung des Autors veranlassen: „Yates ist nach seinen Aussprüchen offenbar der Ueberzeugung, nicht nur etwas Vorzügliches, sondern auch etwas ganz Neues und Eigenthümliches vorgeschlagen zu haben, befindet sich dabei indessen, wie man aus dem bereits Mitgetheilten und noch Mitzutheilenden ersieht, in einem grossen Irrthum, ein Schicksal, welches er mit den meisten Erfindern, besonders solchen theilt, welche sich das Erfinden zur Lebensaufgabe gemacht haben*).

Nun folgen die Methoden Gurlts (1857. Aus deutschen Fachzeitschriften jener Jahre wohl den meisten Lesern erinnerlich) und Roger's in Amerika (1862, mittelst eines horizontal über einen Puddelofen aufgehangenen rotirenden Cylinders werden Magneteisenstein mit Steinkohlen reducirt und unmittelbar darnach in Luppen geschweisst). Endlich werden noch ganz kurz einige andere ähnliche Methoden aufgeführt, als die von Guillard (1841), Dickerson (1847), Whipple (1853), Johnson und Adrien Müller (1863), Chênot der Jüngere (1866), Samuel Lucas (1791 u. 1854), Mushet (1800), Hawkin (1836), Bellfort (1855), Reley Uchatius (1855) und Newton (1856). Diesen sind nun Schlussfolgerungen beigefügt, deren letzten Absatz wir hier mitzutheilen nicht unterlassen können. „Unter den gewöhnlichen Verhältnissen hat hiernach weder die ältere noch die neuere Methode Aussicht auf Verbreitung und Erfolg. Wo reichlich sehr reine Erze vorkommen, die zugleich leicht reducirbar sind, oder da, wo man zwar nur Erze von mittlerer Güte haben kann, indessen wegen Reichthum an billig zu beschaffen, den Erzen einen grossen Eisenverlust nicht zu scheuen braucht, da wird der Process noch Anwendung finden können; die Einfachheit und geringe Kostspieligkeit seiner Apparate wird ihn auch da noch geeignet erscheinen lassen, wo grössere Anlagen schwierig auszuführen sind, also — in verhältnissmässig uncultivirten Gegenden." Zu den obigen neueren Methoden können wir auch die v. Gersdorff'schen Versuche in Schlögelmühl bei Reichenau in Niederösterreich rechnen, die von Staatswegen gemacht wurden, aber sich weder durch Erfolg, noch durch Wohlfeilheit bemerklich machten. A. Schmidt's „Entsäuerung des Eisens", wovon 1858 in der ersten Berg- und Hüttenmänner-Versammlung in Wien die Rede war u. s. w.

O. H.

Amtliche Mittheilungen.

Kundmachung.

Von der k. k. Berghauptmannschaft in Prag wird auf Grund der Bestimmung des §. 168 des allgem. Berggesetzes zur Ordnungsherstellung der Verhältnisse der „Hořowicer Steinkohlengewerkschaft bei Klein-Přilep" eine Gewerkenversammlung auf den 30. October 1869 Vormittags 10 Uhr in der berghauptmannschaftlichen Kanzlei zu Prag angeordnet.

Hievon werden sämmtliche bergbücherliche Theilhaber bei der bezeichneten Gewerkschaft, und zwar:

Brandstetter Eleonora, Emanuel, Franz, Ignaz und Rudolf. Brezansky Eleonora, Caslawsky Aloisia, De Gorgi Barbara, Dominengo Johanna, Ekert Anna, Ekert Josef jure repräs. seines Sohnes Josef Ekert, Ekert Josef, resp. dessen Verlassenschaft, dann Ekert Josef, Hampl Josefa, Hardegg Franziska Gräfin, Jettel Moriz, Kromer Theresia, Lobkowitz Franz Eugen, Maria, Johanna Fürsten und Fürstinen, Miletz Theresia, Mitrowsky Theresia Gräfin, Patsch Theresia, Peschel Anna, Peschke Barbara, Peschke Johann, Pulpan Anna und Carl von Feldstein, Ronotter Barbara, Rosenbaum Alois, Emil und Ignaz Ritter von, Schabner Barbara, Schwarz Franziska, Seeling Franz Xaver, Johann, Theresia, Skaletta Ernestine Fürstin, Wrbna Dominik,

*) Eine Bemerkung, deren volle Wahrheit Referent selbst im letzten Jahre an den Hunderten oft ganz sinnlosen Rettungsprojecten für Wieliczka zu machen Gelegenheit hatte, von denen die meisten ohne die geringste Kenntniss der Localität sich nur durch das Selbstbewusstsein der Infallibität auszeichnen.

O. H.

Eugen und Rudolf Grafen, Zimer Josef verständigt und eingeladen, bei dieser Gewerkenversammlung persönlich oder durch einen legal sich ausweisenden Bevollmächtigten zu erscheinen, wobei zugleich bemerkt wird, dass die Nichterscheinenden den gesetzlich gefassten Beschlüssen der Mehrheit der Erschienenen beitretend erachtet werden müssten und dass die Erben oder die sonstigen Rechtsnachfolger der bergbücherlichen Theilhaber nur nach vorangegangener Nachweisung ihrer Eigenthumsrechte zur Schlussfassung zugelassen werden können.

Als Verhandlungsgegenstände werden bezeichnet:

1. Regelung der gewerkschaftlichen Verhältnisse im Sinne der §§. 137 bis 169 des allgem. Berggesetzes und der Verordnung des hohen Justizministeriums vom 13. December 1854.
2. Wahl des Gewerkschafts-Directors und Bestimmung der Vollmacht für denselben.
3. Beschluss über etwaige Errichtung von Gewerkschafts-Statuten.

Von der k. k. Berghauptmannschaft Prag,
am 25. August 1869.

Personalnachrichten.

Seine k. und k. Apostolische Majestät haben mit Allerh. Entschliessung vom 15. August 1869 dem Sectionschef im Finanz-Ministerium Dr. Ferdinand Gobbi in Anerkennung seiner ausgezeichneten und erfolgreichen Dienstleistung den Orden der eisernen Krone zweiter Classe mit Nachsicht der Taxen allergnädigst zu verleihen geruht (Z. 2682-F. M., ddo. 16. August 1869).

Seine k. und k. Apostolische Majestät haben mit Allerh. Entschliessung vom 8. August 1869 dem Lehrer an der Hauptschule zu Idria Josef Erschen in Anerkennung seiner vieljährigen ausgezeichneten Dienstleistung das goldene Verdienstkreuz allergnädigst zu verleihen geruht. (Z. 26660, ddo. 17. August 1869.)

Erkenntniss.

Nachdem der bergbücherliche Besitzer des in der Gemeinde Trpin, Amtsbezirk Policka, im Kronlande Böhmen gelegenen, am 20. Jänner 1864, Z. 18, verliehenen und aus zwei einfachen Grubenmassen bestehenden Josephi-Graphitbergwerkes, Herr Josef Friedl, der hierämtlichen Aufforderung vom 8. Mai 1869, Z. 515, dieses Bergwerk unter Namhaftmachung seines Aufenthaltsortes oder Bestellung eines Bevollmächtigten in Betrieb zu setzen, über die bisherige Unterlassung des steten Betriebes sich zu rechtfertigen und die rückständigen Gebühren per 36 fl. ö. W. zu entrichten, binnen der festgesetzten 60tägigen Frist nicht entsprochen hat, wird nach Vorschrift der §§. 243 und 244 a. B. G. auf die Entziehung dieses Bergwerkes mit dem Beisatze hiemit erkannt, dass nach Rechtskräftigwerden dieses Erkenntnisses das weitere Amt gemäss §. 253 a. B. G. gehandelt werden wird.

K. k. Berghauptmannschaft Kuttenberg,
am 24. August 1869.

Diese Zeitschrift erscheint wöchentlich einen Bogen stark mit den nöthigen artistischen Beigaben. Der Pränumerationspreis ist jährlich loco Wien 8 fl. ö. W. oder 5 Thlr. 10 Ngr. Mit franco Postversendung 8 fl. 80 kr. ö. W. Die Jahresabonnenten erhalten einen officiellen Bericht über die Erfahrungen im berg- und hüttenmännischen Maschinen-, Bau- und Aufbereitungswesen sammt Atlas als Gratisbeilage. Inserate finden gegen 8 kr. ö. W. oder $1\frac{1}{2}$ Ngr. die gespaltene Nonpareillezeile Aufnahme. Zuschriften jeder Art können nur franco angenommen werden.

Druck von Carl Fromme in Wien. Für den Verlag verantwortlich Carl Reger.

№ 37. XVII. Jahrgang. 1869. 13. September.

Oesterreichische Zeitschrift für Berg- und Hüttenwesen.

Verantwortlicher Redacteur: Dr. Otto Freiherr von Hingenau. k. k. Ministerialrath im Finanzministerium.

Verlag der G. J. Manz'schen Buchhandlung (Kohlmarkt 7) in Wien.

Beiträge zur Kenntniss der Magnetdeclination.

Vom k. k. Pochwerks-Inspector E. Jarolimek in Příbram.

Unter diesem Titel hat der k. k. Bergcommissär Herr Josef Gleich in den Nummern 25 bis inclusive 28 l. J. dieses Blattes einen Aufsatz veröffentlicht, dessen Tendenz vorzüglich dahin geht, die Beobachtungen entsprechend mehrter magnetischer Observatorien zur Richtigstellung d. Compassaufnahmen anzuwenden.

Der Herr Verfasser stimmt auch der bereits öfter geäusserten Ansicht bei, dass der Compass beim Markscheiden wohl nicht gänzlich eliminirt werden, ja dass derselbe örtlich noch lange das beim Bergbau vorzugsweise verwendete Massinstrument bleiben wird.

Aus diesem Grunde ist seine im Ganzen sehr schätzbare Abhandlung unläugbar aller Beachtung werth, aber auch eben deshalb sei es mir gestattet, einige Bemerkungen zu derselben folgen zu lassen.

Zu dem beabsichtigten Gebrauch von Beobachtungen magnetischer Observatorien gehört als vorzüglichste und auch von Herrn Gleich Nr. 27 d. Bl. berührte Bedingung, dass die zwischen den einzelnen Observatorien gefundenen Magnetdeclinations-Unterschiede bis auf die in der Praxis zulässigen kleinsten Abweichungen schon an und für sich constante Grössen sind, oder aber unter Berücksichtigung bestimmbarer Nebeneinflüsse auf Constanten zurückgeführt werden können.

In dieser Hinsicht ist nun die in Nr. 28 dieses Blattes letzt veröffentlichte Tabelle *d* über die Differenz zwischen den Monats- und Jahresmitteln der absoluten westlichen Magnetdeclination in Kremsmünster und Wien von besonderem Interesse.

Es scheint zwar diese Tabelle und eben bei den wichtigsten Positionen mehrere Schreib- oder Druckfehler zu enthalten, aber selbst von diesen zweifelhaften Posten abstrahirt, ergeben sich noch immer so bedeutende Differenzen der sein sollenden Constanten, dass gerade das vorgeführte Beispiel den praktischen Gebrauch ähnlicher Beobachtungen beim Vermessen anschaulich zu machen nicht vermag.

Nachfolgend werden einige grössere dieser Differenzen, welche aus den Tabellen *d* und *c* nachgeprüft sind, angeführt.

Post-Nr.	Mittlere Differenz der absoluten Magnetdeclination zwischen Kremsmünster und Wien.						Differenz
	Jahr	Monat	Betrag Minuten	Jahr	Monat	Betrag Minuten	Minuten
1	1861	Jänner	62·44	1861	Februar	70·42	7·98
2	1861	August	64·35	1861	September	74·09	9·74
3	1863	November	57·28	1863	December	67·25	9·97
4	1866	Februar	75·12	1866	März	66·35	8·77
5	1863	November	57·28	1866	Februar	75·12	17·84

Die Post-Nr. 1 bis 4 geben die Unterschiede für die Mittel je zweier unmittebar aufeinander folgender Monate, welche bis nahe 10 Minuten steigen, Post Nr. 5 aber die grösste vorkommende Differenz der Monatsmittel im Betrage von 17·84 Minuten.

Da nun das Monatsmittel seinerseits wieder aus grösseren und kleineren Tagesmitteln resultirt, so ist es selbstverständlich, dass die Differenzen einzelner Tagesmittel, welche eben zur Berichtigung der Compassaufnahme verwendet werden sollen, insoferne auch die tägliche Variation der Magnetrichtung eliminirt werden will, sich noch beträchtlicher herausstellen würden.

Allerdings kann nicht unbeachtet gelassen werden, dass in der geographischen Lage von Kremsmünster und Wien ein ziemlich bedeutender Unterschied obwaltet, indem bei zwar nahe gleicher Breite doch die geographische Länge beider Orte um 2° 14′ 46″ differirt; aber selbst angenommen, dass jene Abweichungen der Magnetdeclination mit dem Näherrücken der Beobachtungsorte genau proportional abnehmen würden, so kämen zu dem gedachten Zwecke so zahlreiche Observatorien zu errichten, dass ihr Inslebentreten kaum und jedenfalls nicht bald zu erwarten ist.

Will man das Ziel: die Benützbarkeit der Beobachtungen magnetischer Observatorien zur Richtigstellung von Compassaufnahmen weiter verfolgen, so ist es meiner Ansicht nach absolut nöthig, die Ursachen, welche auf die jedenfalls nur scheinbaren Unregelmässigkeiten der Magnetrichtungs-Differenzen Einfluss nehmen, näher zu betrachten.

Die ungleich stetigere und beträchtlichere seculäre Abweichung der Magnetnadel von dem jeweiligen astronomischen Meridian bringt man bekanntlich mit der Wandelbarkeit der magnetischen Erdpole in Zusammenhang, ohne dass übrigens positive Beweise oder gar stichhältige Erklärungen für diesen allerdings wahrscheinlichen Ursprung der genannten Erscheinung vorlägen.

Ist nun diese Ansicht richtig, so kann und wird wohl auch der zwischen zwei verschiedenen Orten der Erdoberfläche erhobene Unterschied der seculären Magnetdeclination Aenderungen unterworfen sein, diese werden jedoch nur in grösseren Zeitabständen, sowie nur bei namhafterer absoluter gegenseitiger Entfernung und besonders bei bestimmten Lagen der Beobachtungsorte zu den Magnetpolen sich bemerkbar machen und auch dann wird diese Aenderung, gleich jener der seculären Magnetdeclination selbst, mit ziemlicher Regelmässigkeit erfolgen, welche aus der Tabelle *d* keinesfalls zu entnehmen ist.

Die täglichen Abweichungen der Magnetrichtung und ihre periodische Veränderung innerhab eines Jahres dagegen werden mit der ungleichen Erwärmung der Tag- und Nachtseite der Erde in Zusammenhang gebracht, indem man annimmt, dass dieselbe einen thermoelektrischen Strom erzeugt, der stetig sich erneuernd die Erde binnen 24 Stunden einmal von Ost nach West umkreist, wodurch eben nach bekannten Gesetzen der Physik die Erde quer über den Strom magnetisch gemacht wird.

Dass es vorzüglich die Temperaturveränderungen sind, welche die täglichen Abweichungen der Magnetnadel beeinflussen, ist durch zahllose Beobachtungen klar erwiesen.

Nach denselben nimmt die tägliche - Bewegung der Magnetnadel mit der höher steigenden Sonne in unseren Gegenden westlich immer mehr zu, bis sie bei der innerhalb von 24 Stunden höchsten Erwärmung des betreffenden Erdpunktes, d. i. ungefähr um 2 Uhr Mittags, ihre grösste Abweichung erlangt hat, dann erfolgt mit der sinkenden Temperatur ein Rückschreiten nach Osten, welches bis zum Abend ziemlich vollendet ist und sich zum geringeren Theile noch in der Nacht weiter fortsetzt, bis die neuerdings steigende Tagestemperatur die Magnetablenkung wieder nach Westen wendet.

Die tägliche Declination ist ferner im Sommer, wo eben grössere Temperatursunterschiede zwischen Tag- und Nachtzeit eintreten, viel bedeutender als im Winter.

Auch das nachfolgende Beispiel, welches nur eine einfache Umrechnug der Tabelle *b* aus Nr. 28 d. Bl. bildet und die Unterschiede der im Jahre 1868 zu verschiedenen Tageszeiten in Kremsmünster beobachteten Magnetrichtungen enthält, gibt mit wenigen Ausnahmen die vollständige Uebereinstimmung mit dieser ganz allgemein beobachteten Regel.

	Unterschied der mittleren Magnetrichtung zu Kremsmünster im Jahre 1868 in Min.												
	Jänner	Februar	März	April	Mai	Juni	Juli	August	September	October	November	December	Jahresmittel
Zwischen 8h 16·8' Morgens und 2h 16·8' Abends	3·30	5·61	9·01	12·73	9·44	10·56	10·92	11·03	8·56	7·66	4·20	3·33	8·03
„ 8h 16·8' „ „ 8h 16·8' „	—0·25	1·50	2·29	4·00	3·72	3·09	3·10	3·31	1·67	1·28	1·45	—0·74	2·04

Die allein namhafte Ausnahme im Monate April dürfte durch die nicht ungewöhnlichen sonstigen Störungen der Magnetrichtung oder abnorme Witterungsverhältnisse, z. B. warme Tage bei nächtlichen Frösten, hervorgerufen worden sein.

Mag uns also auch leider noch viel in dem Wesen des Erdmagnetismus unbekannt oder zweifelhaft sein, so ist doch bis zur Evidenz nachgewiesen, dass derselbe im innigen Zusammenhange mit der ungleichen Erwärmung der Tag- und Nachtseite der Erde stehe, obgleich dem Lichte eine ähnliche, wenn auch vielleicht geringere Wechselbeziehung zur Elektricität und Magnetismus keineswegs abgesprochen werden will.

Hieraus folgt, dass, abgesehen von den selteneren Störungen beim Auftreten von Nordlichtern etc., die täglichen Abweichungen der Magnetrichtung nicht nur von der Tages- und Jahreszeit, sondern auch von den jeweiligen klimatischen Verhältnissen eines bestimmten Ortes abhängen und dass somit die Beobachtungen der magnetischen Observatorien mit diesen in Zusammenhang gebracht werden müssen, falls dieselben nicht nur in der hier besprochenen Richtung, sondern überhaupt einen höheren wissenschaftlichen Werth erreichen sollen.

Der Sitz der die magnetischen Erscheinungen bedingenden ostwestlichen elektrischen Ströme ist noch zweifelhaft und wird bald nur in die Atmosphäre, bald zugleich in die feste Erde, aber auch dann nur in die äusserste Schichte derselben versetzt, welche eben allein an dem auf der Erdoberfläche täglich und jährlich vorkommenden Temperaturswechsel theilnimmt.

Es ist also weiterhin noch immer fraglich, ob die an der Tagesoberfläche vorkommenden örtlichen und täglichen Magnetabweichungen wirklich auch ganz übereinstimmend in der ewigen und nahezu stetig gleich temperirten Nacht tieferer Bergbaue stattfinden?

Jedenfalls müsste diese Uebereinstimmung früher durch directe, übrigens auch im Interesse der Wissenschaft sehr wünschenswerthe Beobachtungen*) nachgewiesen sein, ehe die von Herrn Gleich beantragte Berichtigung der täglichen Declination auch auf unterirdische Aufnahmen angewandt werden könnte und diese sind gerade jene

*) Hiezu würden die Tiefbaue in Přibram ganz geeignet sein. Die Red.

Feld, auf welchem der Compass noch die meiste Benützung findet.

Das letztere Bedenken wird übrigens auch dadurch bestärkt, dass die (allerdings auch die klimatischen Verhältnisse beeinflussende) Höhe eines Ortes über der Meeresfläche auf die Magnetrichtung einzuwirken scheint, was Herr Gleich selbst erwähnt.

Allein selbst die nicht erwiesene Uebereinstimmung der täglichen Magnetbewegung ober- und unterirdisch vorausgesetzt, so kann doch die Art der Benützung von magnetischen Beobachtungen, wie sie in Nr. 27 d. Bl. vorgeschlagen wird, ohne Frage keinen Anspruch auf genügende Richtigkeit erheben.

So wird beispielsweise beantragt, ausgedehntere Aufnahmen mit dem Compass von 7 Uhr Morgens bis 1 Uhr Mittags vorzunehmen, weil das „Tagesmittel" der Declination, auf welches die Aufnahme bezogen werden soll, um 10 Uhr Vormittag eintrete.

In diese Zeit fällt aber gerade die heftigste tägliche Bewegung der Magnetnadel und dieselbe würde strenge genommen nur dann durch Einführung des Tagesmittels vollkommen eliminirt werden, wenn:

1. die tägliche Richtungsänderung des Magnetes gleichförmig erfolgt,
2. die Aufnahme nur eine gerade Linie betrifft,
3. blos allein die 2 Endpunkte dieser Linie zu fixiren sind,
4. alle Züge gleich lang gemacht werden, und
5. deren Streichen in gleichen Zeitabständen abgenommen wird.

Man sieht also, dass sehr viele Umstände, die in der angedeuteten Weise nie zusammentreffen werden, die beantragte Berichtigung beeinflussen.

Ja, im Gegentheil, würde beispielsweise ein rechteckiges Grubenmass mit dem Compass ausgesteckt (was noch ziemlich häufig vorkommt), und wird man zwischen 7 und 1 Uhr mit dieser oder einer ähnlichen, mehrere Fixpunkte in verschiedenen Lagen erfordernden Arbeit fertig, so ist leicht zu entwickeln, dass von einer vollkommenen Berichtigung der täglichen Declination in der angedeuteten Weise keine Rede sein kann, indem die Bestimmung bald nach Beginn der Arbeit rückgelassener Fixpunkte leicht mit Declinationsfehlern behaftet sein kann, welche bis 5 Minuten betragen könnten.

Ein ganz ähnliches, aber einfacheres Auskunftsmittel wäre, die Aufnahmen zwischen beide Tagesmittel, d. i. etwa zwischen 10 Uhr Früh und 6 bis 7 Uhr Abends, zu verlegen, wobei man, allerdings neben den vorerwähnten Nachtheilen doch wenigstens den Gewinn hätte, dass die Bestimmung der täglichen Declination entbehrlich würde und nur wie gewöhnlich die absolute Declination unmittelbar vor Beginn der Aufnahme zu erheben käme.

Noch weiter geht aber der Herr Verfasser mit dem ferneren Vorschlage, „in weniger heiklichen Fällen" eine über einen vollen Monat sich erstreckende und nach der Zeit der Tagesmittel eingerichtete Aufnahme blos nach dem Declinationsmittel des betreffenden Monats zu corrigiren.

Es entsteht die gewiss gerechtfertigte Frage: Welche Aufnahmen, die einen vollen Monat beanspruchen, wobei täglich und mit Ausschluss jeden Ruhetages, sowie regelmässig von 7 Uhr Früh bis 1 Uhr Mittag verzogen werden soll, „weniger heiklich" sein werden, und wie es insbesondere bei diesem Verfahren mit der Richtigkeit der ohne Zweifel zahlreich in den verschiedensten Lagen und zu verschiedenen Zeiten rückgelassenen einzelnen Fixpunkte beschaffen sein wird?

Diese Vorschläge hätte man wohl am wenigsten gerade neben jenem, übrigens so lobenswerthen Bestreben gesucht, welchem die bislang gebräuchliche Berücksichtigung der Magnetdeclination, trotzdem wir leider auch nur diese allgemein noch nicht erzielten, ungenügend erscheint, welches vielmehr den Compass durch ausgiebigere Berichtigung auch der täglichen Declination zu einem noch genaueren Instrumente machen will, als es derselbe bis nun selbst in besseren Händen war.

Dass übrigens der Compass auch in solchen Händen zu Fehlern von 12 Minuten leitet, wie in dem drastischen Beispiele mit der 2000 Klafter langen Linie Nr. 26 d. Bl. gerechnet wird, ist zu bezweifeln.

Erstlich wurde dabei angenommen, dass man den vollen Ablesefehler von 3 Minuten etwa 150mal stets auf dieselbe Seite begeht und die Aufnahme in den betreffs der täglichen Declination aller ungünsten Jahres- und Tageszeiten vornimmt; auch kann ein etwaiger Fehler der Richtlinie gegenüber dem wahren Meridian nur die Weltlage der Aufnahme anderen Karten gegenüber, nicht aber z. B. deren relative Richtigkeit behufs eines Durchschlages, der der Wahl des Beispiels unterlegt worden zu sein scheint, alteriren.

Nimmt man ferner die zur Sicherung gegen Zufälle stets gebräuchlichen Controlsaufnahmen bei nur einigermassen wichtigen Aufgaben in Rücksicht, so kann man, auch erfahrungsgemäss, auf eine Genauigkeit von mindestens 5 bis 6 Minuten stets rechnen, so dass höhere Fehler nicht dem Verfahren, sondern dem Markscheider anzurechnen sind.

Hierauf wäre also richtiger die Zulässigkeit des gebräuchlichen Verfahrens mit dem Compasse zu beurtheilen, wobei selbstverständlich von störender Nähe magnetischer Mineralien abgesehen wurde, weil ja diese den Compassgebrauch von vorneherein unzulässig machen.

Wollte man aber dem Compasse durch vollständigere Eliminirung der täglichen Declination auf dem von Herrn Gleich beantragten Wege eine beträchtlich gehobene Genauigkeit geben, so fiele eine Berichtigung der Aufnahmen Zug für Zug noth, denn selbst die stündliche Variation der Magnetrichtung steigt zu gewissen Tageszeiten in unseren oder etwas nördlicheren Gegenden bereits auf 2 bis 4 Minuten, und auch dieses mühevolle Verfahren lässt noch den gegründeten Zweifel zurück, ob ja die Declinationsänderung am Beobachtungs- und Aufnahmsorte auch entsprechend übereinstimme?

Jedenfalls dürfte diese letztere Methode den meisten Markscheidern ungleich lästiger erscheinen, als die zwar auch nicht vollkommene, doch ähnliche Abhilfe leistenden Mittel, bei trigonometrischer Berechnung die Aufnahme in die Nachtzeit zu verlegen, oder aber dort, wo mechanisch zugelegt wird, diese Arbeit am nächsten Tage conform zu denselben Stunden mit der Aufnahme vorzunehmen.

Allein auch der stetige Uebertrag der absoluten Magnetdeclination eines Ortes auf die Aufnahmen an zweiten Orten dürfte sich kaum je empfehlen, eben weil constatirt ist, dass erstere stets zu sehr von mancherlei örtlichen Verhältnissen abhängt, im besten Falle also dieses Verfahren mit der Berücksichtigung so vieler Nebeneinflüsse verbunden wäre, dass man entschieden vollständige eigene Beobachtungen der Magnetdeclination vorziehen würde.

Es könnte demnach die Beobachtung der absoluten Magnetdeclination eines Ortes bei entsprechend vorgeschrittener Kenntniss ihres Wesens wohl mit unverkennbar bedeutendem Vortheil zur Berichtigung von Aufnahmen, welche ohne Rücksicht auf dieselbe durchgeführt wurden, sowie ferner auch dazu dienen, aus der blossen Magnetrichtung an einem neuen Orte die wahre Mittagslinie abzuleiten, in jedem Falle wäre aber letztere an Ort und Stelle zu fixiren und hätten wenigstens zum Begleiche der secularen Abweichung jedenfalls eigene Beobachtungen zu dienen.

Ob und in welcher Art hiebei die genaue Kenntniss der täglichen Declinationsänderung an einem Orte zur Behebung deren Einflusses bei Compassaufnahmen in der Umgegend mit Vortheil dienlich gemacht werden könnten, betrachte ich bis zur Lösung der obgestellten betreffenden Fragen als heute noch ungewiss.

Eben deshalb dürfen aber die Beobachtungen der magnetischen und zugleich meteorologischen Observatorien keineswegs als unfruchtbar bezeichnet werden, wenn sich uns auch heute noch kein greifbarer praktischer Nutzen derselben vor Augen stellen würde, was aber insbesondere im Hinblicke auf die Schiffahrt durch ihrerseits ermöglichte vollständigere Herstellung und stetige Berichtigung der magnetischen Erdkarten nicht mehr der Fall ist.

Der Erdmagnetismus erzeugt so hervortretende Erscheinungen, ist so allgemein thätig und können wir heute dessen unstreitig mächtige Einflusssphäre auf die irdischen Verhältnisse noch so wenig übersehen, dass die Bestimmung des magnetischen Zustandes der Erde auch fortan eine der wichtigsten Aufgaben der Physik bilden wird.

Namentlich hat sich schon Humboldt um diesen Theil der Erdkunde dadurch ein neues, zu seinen vielen sonstigen unsterblichen Verdiensten erworben, dass insbesondere auf seine kräftige Anregung ein Netz meteorologischer Beobachtungsstationen über die ganze Erde gezogen ward, welche nach einem Einheitsplane nicht nur das magnetische Verhalten unseres Planeten in Bezug auf Declination, Inclination und Intensität, sondern zugleich den Stand des Luftdruckes und der Himmelsbewölkung, die Niederschlagsmenge, den Feuchtigkeitsgehalt der Luft, die Windrichtung, Temperatur, sowie das Auftreten jeder ungewöhnlichen Naturerscheinung sorgsam verzeichnen, was absolut nöthig erscheint, da die Wechselbeziehungen wenigstens einiger dieser Momente bereits klar nachgewiesen sind.

Aehnliche Beobachtungsstationen, deren Wirken bereits in mehrfachen Richtungen recht erfreuliche Resultate aufweist, auch in bergmännischen Kreisen thunlichst zu vermehren, wird stets ein grosses Verdienst bleiben, selbst dann, wenn dieselben in der vorstehend vorzüglich besprochenen Richtung, d. i. zur Berichtigung von Compass-Aufnahmen, nicht in dem gewünschten Masse dienlich gemacht werden könnten, welchen Gebrauch noch zwei Umstände erschweren, die Herr Gleich selbst erwähnt.

Es sind dies die individuellen Richtungsdifferenzen der einzelnen Magnete, sodann die geognostischen Verhältnisse eines Ortes, welche mitunter auf die Magnetrichtung namhaften Einfluss nehmen und unstreitig eigene, örtliche Beobachtungen empfehlen.

Uebrigens liegt die Idee, die Beobachtungen magnetischer Observatorien zur Berichtigung der Compass-Aufnahmen zu verwenden, so nahe, dass dieselben bereits vor längerer Zeit auch anderwärts ernstlich in Erwägung gezogen ward; allein sehr wahrscheinlich die obangeführten und vielleicht noch weitere mir entgangene Bedenken führten wieder von derselben ab.

So wurden von dem preussischen Ministerium für Handel, Gewerbe und öffentliche Arbeiten am 8. April 1856 von sämmtlichen dortländigen Oberbergämtern Gutachten in der gedachten Richtung abverlangt, über welche nun nachfolgender Erlass erging:

„Die von den königl. Oberbergämtern durch meinen Erlass vom 8. April v. J. erforderten gutächtlichen Berichte über die Einrichtung magnetischer Declinatorien, sowie über die allgemeine Einführung besonderer Orientirungslinien behufs der Aufnahme und Zulage von Grubenrissen, stimmt im Wesentlichen darüber überein, dass für die Zwecke des Bergbaues von der Beobachtung der Declination der Magnetnadel ein wirklich praktischer Nutzen nicht zu erwarten ist, dass aber durch die Einführung der Orientirungslinien die Fehler der Markscheider-Arbeiten, welche aus der Nichtbeachtung der periodischen Abweichung der Magnetnadel, sowie aus dem Mangel örtlich bestimmter Meridiane entstehen, vermieden werden können.

Da diese Ansicht als richtig anzuerkennen ist, so erscheint es angemessen, von der Herstellung neuer Declinatorien abzusehen, die Einführung der Orientirungslinien aber nunmehr in allen Bergrevieren gleichmässig anzuordnen." etc. etc.

Berlin, den 17. März 1857.

Der Minister für Handel, Gewerbe und öffentliche Arbeiten
von der Heydt.

Es folgen in oberer Verordnung noch einige Bestimmungen über die Art der Legung der angeordneten Orientirungslinien, während ein zweiter Erlass desselben Ministers vom 17. November 1859 verordnet, dass die Kosten der Legung solcher Richtlinien für vereinzelte Bergbaue von den betreffenden Besitzern, jener für ganze Reviere aber, wo sie in Rücksicht der vielen nachbarlichen Massenlagerungen ein entschieden sehr erhöhtes Gewicht besitzen, auf Staatskosten bewirkt werden sollen.

Wenn ich also auch nicht verkennen will, dass es mit der Zeit und unter gewissen Voraussetzungen möglich werden kann, die Beobachtungen magnetischer, resp. meteorologischer Observatorien zur Richtigstellung von Compass-Aufnahmen zu verwenden, wir auch vielleicht der Lösung dieser Frage näher stehen, als dies vor einem Decennium abgesehen werden konnte, so erscheint mir doch der in Preussen betretene Weg auch gegenwärtig noch als der dem Zwecke entsprechendere.

Allerdings fällt hiebei die Berichtigung der täglichen Declination bis auf die stets ermöglichten Rücksichten bei der Wahl der Arbeitszeit in der Regel weg, weil zu unausgesetzten magnetischen Beobachtungen denn doch auf der Mehrzahl der Bergbaue kaum Gelegenheit zu finden ist, und werden die Compassaufnahmen dieserhalb. sowie wegen dem unvollkommenen Ablesen nur auf die Genauigkeit einiger Minuten Anspruch machen können, was mich eben im Jahre 1867 bewog, behufs rascherer und allgemeinerer Verbreitung der Orientirungslinien beim Markscheiden mit dem Compasse auch die einfacheren Methoden der Bestimmung der Mittagslinie gutzubeissen.

Wenn es nun in Nr. 25 d. Bl. „müssig" befunden wird, neuerdings auf den durch meine Vorschläge hervorgerufenen „leidigen" Streit einzugehen, so ziehe ich meinerseits auch heute die Genauigkeit der Compassaufnahmen bis auf circa 5—6 Minuten ihrer mit der Zeit total werdenden Unbrauchbarkeit, die bei gänzlicher Nichtberücksichtigung auch der seculären Magnetdeclination unfehlbar eintritt, ganz entschieden vor.

Oder soll man etwa mit der Berichtigung von Compassaufnahmen dort, wo sie noch gar nicht üblich ist und man eben deshalb keine genauen Visir-Instrumente besitzen wird, auch weiter zuwarten, bis etwa das Wesen des Erdmagnetismus vollständig aufgeklärt sein wird?

So sehr ich diesen neuen Triumph der Wissenschaft baldigst zu erleben wünsche, so kann doch noch manches Jahr darüber verfliessen, innerhalb welcher Zeit sich die Magnetrichtung neuerdings um ungleich höhere Beträge, als es ihre grösste Tagesbewegung und die Ungenauigkeit der Bestimmung der Mittagslinie mittest Gnomon zusammengenommen ist, ändern wird.

So datirt das gegenwärtige österr. Berggesetz vom Jahre 1854, seit welcher Zeit sich die seculäre Declination in Wien bereits um nicht weniger als nahe 2 Grade geändert hat; wie sieht es nun dabei mit der Genauigkeit (§. 185 a. B. G.) jener zahlreichen Markscheidekarten aus, die, stetig oder doch jahrelang fortgeführt, consequent nur auf die Magnetrichtung bezogen werden und wie mit jener der aus solchen Arbeiten zusammengestellten Revierskarten (§. 97 V. V. z. a. B. G.)?

Sollte dieserhalb bei uns nicht nachträglich ein ähnlicher ergänzender Gesetzartikel, wie dies in Preussen 1857 vor Zustandekommen des neuen Berggesetzes geschah, in das Leben gerufen werden können?

So lange indessen die Behörden eine Initiative zur richtigeren Feststellung von Orientirungslinien bei uns nicht ergreifen, verharre ich selbst auf die Gefahr hin, neuerdings zu den „minder einsichtsvollen Markscheidern" gerechnet zu werden, bei der Meinung, dass jeder in der Wahl seiner Mittel beschränktere Markscheidsbeflissene bei seinen Compassaufnahmen vielleicht zweckmässiger handelt, wenn er sich lieber mit einer auf einfachere Weise bestimmten Mittagslinie als Richtlinie, denn ganz ohne dieselbe behilft.

Příbram, 26. August 1869.

Weiteres über den Unglücksfall im Plauenschen Grunde.

Obwohl wir vor der Veröffentlichung der Resultate authentischer Erhebung uns ein Urtheil über die Zustände der Kohlengruben im Plauen'schen Grunde nicht erlauben wollen, können wir doch nicht umhin, aus dem Berggeist nachstehenden Artikel mitzutheilen, weil insbesondere die am Schlusse gestellten Fragen uns geeignet scheinen, allen Steinkohlenwerken als ein Paradigma einer sicherheitspolizeilichen Gewissenserforschung zu dienen. Der „Berggeist schreibt:

In der Tagespresse trifft man anlässlich des Unglücksfalles im Plauen'schen Grunde vielfach Kundgebungen, welche der Werksverwaltung Schweres zur Last legen. Eine ausführlichere Erörterung brachte vor mehreren Tagen die „B. B.-Ztg." aus Zwickau und da bis jetzt eine Erwiderung darauf nicht erfolgt ist, so können wir nicht umhin, derselben folgende Stellen zu entnehmen. Der betr. Correspondent schreibt: „Die Kohlenwerke des Freiherrn von Burgk sind von allen Werken des Plauen'schen Grundes diejenigen, in denen am häufigsten Schlagwetter zur Beobachtung durch Explosionen gelangten, und erst wenige Tage vor der Hauptkatastrophe verunglückten am 28. Juli d. J. auf dem Augustus-Schachte 4 Mann durch Schlagwetter. Wie dem gegenüber ein Artikel des „Dr. Journal" die Behauptung wagen mochte: Schlagwetter kämen nicht vor, ist um so schwerer zu begreifen, als der kgl. Berginspector Köttig in Dresden in seinen geschichtlichen, technischen und statistischen Notizen über den Steinkohlenbergbau Sachsens auf S. 64. G. sub 7 (v. J. 1858) anführt: „20. April, Hoffnungsschacht des Freiherrn von Burgk, schlagende Wetter, der Tod erfolgte nach 14 Tagen; sub 12., 27. September. Wilhelminen-Schacht des Freih. von Burgk durch Entzündung schlagender Wetter, starb am 9. Tage nach der Verunglückung." Im Jahre 1858 verunglückten in Sachsen von 10.627 Arbeitern beim Bergbau 3 Mann durch schlagende Wetter, wovon 2 Mann in obigen 2 Fällen auf die Burgk'schen Werke kommen. Unglücklicherweise hat man sich durch alle früheren Vorkommnisse nicht bewogen gefunden, energische Sicherheitsmassregeln gegen Schlagwetter, sei es durch künstliche Vorrichtungen für die Wetterlosung mittelst Ventilatoren, sei es durch ausgedehnte Anwendung der Davy'schen Sicherheitslampe zu treffen. Vor der Katastrophe sind bei den gewöhnlichen Grubenarbeitern keine Sicherheitslampen im Gebrauch gewesen, und nur dadurch war es möglich, dass ein so kolossales Unglück, ein Unglück, das in der deutschen Bergwerkschronik geradezu unerhört dasteht, geschehen konnte. In Folge des Nichtvorhandenseins von Ventilatoren konnte auch an eine sofortige und energische Rettung der in den Schächten Befindlichen nicht gedacht werden." — Weiter heisst es: „Die Belegschaft beider Schächte war Früh 4 Uhr vor der Katastrophe erst zum Verlesen im Huthause in Burgk und begab sich dann durch die Anfahrpunkte nach den Grubenbauen. Gegen $1/_2 6$ Uhr sahen die Ausläufer auf dem Segen-Gottesschachte plötzlich starken Rauch aus der Schachtöffnung hervorquellen, und als hierauf alle Signale ausblieben, vermutheten sie ein Unglück in der Grube und machten Anzeige. Irgend welche besondere Massregeln zur Rettung der unten befindlichen Hunderte von Menschen sind nicht getroffen worden, haben auch wohl nicht getroffen werden können, weil, wie schon erwähnt, Ventilatoren, Wetteröfen oder sonstige Vorrichtungen nirgends vorhanden sind. Man musste mit dem Bewusstsein, dass in der Grube ein Unglück passirt und so viele Leute unten seien, geduldig warten, bis langsam entsetzlich langsam, die giftigen Schwaden aus beiden Schächten soweit abgezogen waren, dass man das Befahren der Schächte wagen durfte, was bekanntlich auf dem Hoffnungsschacht erst nach fürchterlich langen 30 Stunden der Fall war. Unwillkürlich kommt man zu der Frage: wie war es möglich, dass eine Explosion durch Schlagwetter in so kolossalem Umfange entstehen konnte, wenn nur einigermassen vorsichtig verfahren wäre, da man durch das Unglück auf dem Augustusschachte, das nur einige Tage früher ebenfalls durch Schlagwetter sich ereignet hatte, gewarnt war und zu besonderen Vorsichtsmassregeln gedrängt sein musste? Dass Schlagwetter in so grosser Menge vom Sonnabend Abend, bez. Sonntag Morgen, bis wohin die Schächte belegt waren, vor frischen Feldörtern, wo unmittelbar sich im Plauen'schen Grunde nur Schlagwetter zeigen, bis Montag 5 Uhr, also in 24 oder 32 Stunden sich angesammelt hätten oder haben könnten, muss man nach 50jährigen Erfahrungen beim Kohlenbergbau des Plauen'schen Grundes bestreiten. Es ist nur die Möglichkeit denkbar, dass bedeutende Ansammlungen von Schlagwettern vor alten Bauen längst stattgefunden hatten und diese Massen mitentzündet wurden. Dies ist die einzig mögliche Erklärung einer Explosion von so riesiger Ausdehnung, und müssen wir nun füglich weiter fragen: wie kann die Entzündung geschehen sein? Nehmen wir an, es seien von Sonntag bis Montag die Wetterausströmungen auf dem gewöhnlichen Punkte dieser Grubenfelder, also auf dem Hoffnungsschacht, etwas behindert gewesen, so lässt sich daraus folgern, das grössere Ansammlungen von Wettern, bez. Wetteranstauungen, stattgefunden haben. Hat man nun Montag früh die Mannschaften einfahren lassen, ehe sämmtliche zu belegende Baue mit Sicherheitslampen befahren waren, so wäre ja die Ursache der Katastrophe erklärt, sobald man die Ursache der Wetteranstauungen nachweisen könnte. Und diese Ursache kann man allerdings nachweisen. Auf dem Hoffnungsschachte wurde gebaut; der Schacht ist zum grossen Theil zugebühnt, mithin der Austritt der Wetterautströmung bedeutend verringert gewesen. Sollen doch diese Bühnen bis Dienstag Mittag noch nicht einmal entfernt gewesen sein! Demnach wäre nur ein ganz bescheidener Wetterwechsel möglich gewesen. Hierzu kommt die äusserst ungünstige Witterung zu Ende Juli und Anfang August, so dass recht wohl die Störung in der Wettercirculation bedeutende Dimensionen annehmen konnte und wirklich angenommen hat. Hiefür spricht noch ein wesentlicher Umstand: die Explosion schlagender Wetter erfolgt urplötzlich und verbreitet sich erfahrungsmässig in demselben Augenblicke, der Richtung des Wetterzuges folgend. Dies kann bei der in Rede stehenden Explosion aber nicht der Fall gewesen sein Denn eine Rauchsäule ist aus dem Segen Gottesschachte kommend wahrgenommen worden, ist mithin dem einfallenden Wetter entgegengegangen, so dass sich hieraus schon auf Störung in der Wettercirculation auf dem Hoffnungsschachte mit Bestimmtheit schliessen lässt. Ob die Entzündung der Schlagwetter von einem Feldorte aus geschah und die in alten Bauen angesammelten Schlagwetter mit entzündete, oder ob die in alten Bauen angesammelten Schlagwetter durch die Unvorsichtigkeit eines Bergmannes entzündet worden sind, der die alten Baue zur Befriedigung eines natürlichen Bedürfnisses aufgesucht haben mochte, ist für die Beantwortung der Frage: welche Vorsichtsmaassregeln waren zur Verhütung einer Explosion aus bekanntem Vorkommen von Schlagwettern getroffen? ganz unwesentlich. Denn soviel steht fest: Ansammlungen von Schlagwettern in alten Bauen (Kohlenwasserstoff- oder Knallgasen) mussten vorhanden sein, weil die Ausdehnung der Explosion so riesige Dimensionen annehmen konnte, und dies hätte der technischen Direction bekannt, und von derselben umfassende Verkehrung getroffen sein müssen, dass die alten Baue Niemandem zugänglich waren. — Niemand darf uns verargen, dass wir mit aller Schärfe auf die genaueste Untersuchung dringen, denn wer bürgt dafür, dass nicht in längerer oder kürzerer Zeit eine solche Katastrophe sich wiederholt, falls nicht energische Anstrengungen zur Verhütung ähnlicher Vorkommnisse gemacht werden? Die Presse ist berechtigt und verpflichtet, für die armen Verunglückten wie für deren Hinterlassene mit allen ihr zu Gebote stehenden Mitteln einzutreten. Wir stellen der oberbergamtlichen Untersuchungs-Commission folgende Fragen zur Beantwortung: 1) Wer war am 2. August d. J. früh mit der Untersuchung der Grubenbaue durch die technische Direction beauftragt und welche Vorsichtsmaassregeln waren zu dieser Untersuchung getroffen? 2) Wie lautete wörtlich der Rapport über den ungefahrlichen Zustand des Grubenbaues von dem Beauftragten, und wer gab hernach den Befehl zum Einfahren der ganzen Belegschaft? 3) Wie hat man die Ueberzeugung gewonnen, dass Sonnabend oder Sonntag früh bei letzter Schicht die Wettercirculations-Hilfsmittel (Wetterthüren, Blenden etc.) in Ordnung waren? 4) Bestätigt sich das Vorhandensein einer Baubühne im Hoffnungsschacht, und welche Massregeln waren getroffen, um die Behinderung der Wettercirculation am Haupteingangspunkte anderwärts auszugleichen? 5) Bestätigt sich, dass der mitverunglückte Obersteiger Schäfer früher schon auf die Möglichkeit derartiger Unglücksfälle aufmerksam gemacht und auf Aufstellung von Ventilatoren, bez. auf Einrichtung anderer Hilfsmittel gedrungen, namentlich auch befürwortet habe. dass der jetzt zugefüllte Fortunaschacht, der unter allen Umständen einen Fluchtweg geboten haben würde, nicht möchte zugefüllt werden? 6) Hat man auf den vorhandenen Wetterrissen alle Wetterthüren verzeichnet, und ist eine Orientirung für den Fremden hieraus möglich? 7) Wer leitet seit dem 2. August auf beiden Schächten das Herausheben der Todten; wer macht die Beobachtungen an Ort und Stelle und wer führt die genauen Protokolle darüber? 8) Hat man bis jetzt die Auffindung der Todten an jeder Stelle des Wetterrisses bezeichnet, mit genauer Angabe der Lage und Beschaffenheit, wie jeder gefunden worden ist? 9) Welche Ermittelungen sind über die Explosion im Augustusschacht am 28. Juli d, J. angestellt worden, und was ist deren Ergebniss? Wie gross waren die Dimensionen der Verbreitung, von wo aus, nach welcher Richtung? 10) Welche Vorrichtungen sind auf dem Segen Gottes- und auf dem Hoffnungsschachte getroffen worden, nachdem auf dem Augustusschachte erst am 28. Juli d. J. 4 Mann durch Schlagwetter verunglückt waren? 11) Welche Sicherheitslampen und wie viele wurden am Montag 2. August Morgens vor der Katastrophe benutzt? 12) Welche Instruction ist für die Handhabung und den Gebrauch der Sicherheitslampe (falls solche überhaupt bei Grubenarbeiten angewendet werden) erlassen und wie ist diese Instruction der arbeitenden Mannschaft zugänglich? 13) Welche Beobachtungen hat man bisher über die Zuverlässigkeit der Sicherheitslampen gemacht? 14) In wie weit hat man die vom Berginspector Köttig in Dresden (S. 36) empfohlenen Vorsichtsmassregeln: ununterbrochene Belegung der Grubenbaue, Vermeidung von Steigörtern, fortwährendes Brennen von Lampen in den höchst gelegenen Theilen der Grube (schon bei schwacher Entwickelung von Schlagwettern), die Anwendung der Davy'schen Sicherheitslampe bei starker Entwickelung von Schlagwettern zur Anwendung gebracht? 15) Wie oft täglich werden Barometer- und Thermometerbeobachtungen in der Grube und über Tage gemacht?" —

In ähnlicher Art weist die Constitutionelle Zeitung auf bei dem Unglücke vorgekommene Verschuldungen hin. Sie schliesst ihren letzten Artikel, wie folgt: „Von den Behörden allein darf man keineswegs nach alter deutscher Unsitte Alles erwarten. Soll eine Radicalcur aller Mängel bewirkt werden, sollen die Garantien für die Sicherheit der Arbeiter, aber auch der Werke das Höchste erreichen, was Menschen möglich ist, soll das materielle Wohl des Arbeiters in einer Weise gefördert werden, die ihn von Verstössen gegen die Gebote der Vorsicht lediglich um des Verdienstes willen von selbst [illegible]hen lässt, so ist es nöthig, dass die sächsischen Kohlenwerksbesitzer und Officianten nicht erst abwarten, was den Behörden gefallen wird zu verordnen, sondern dass sie die Bergpolizei selbst in die Hand nehmen. Eine aus ihrer Mitte zu wählende Commission lasse sich zunächst eine strenge, unparteiische Untersuchung der Burgker Vorfälle, die besonders auch das Verhalten des Bergherrn mit berücksichtigt, angelegen sein. Ihre fernere Aufgabe wäre dann eine Revision aller sächsischen Steinkohlenbergwerke, die periodisch zu wiederholen wäre, und die Ueberwachung der zweckmässigen Ausführung angeordneter Einrichtungen. In Lugau und Burgk ist die Ehre des sächsischen Steinkohlenbergbaues wesentlich geschädigt worden*); es ist daher Pflicht aller sächsischen Kohlenwerksbesitzer und Officianten, ihren deutschen Fachgenossen gegenüber dieselbe wieder herzustellen; drum frisch Hand an's Werk und dann Glück auf!"

Statuten der Bergschule in Klagenfurt.

(Schluss.)

IX. Lehrer.

Der Fachlehrer, welcher einen vom Schulcomité festzustellenden Jahresgehalt und ein von Fall zu Fall festzustellendes Reise-Pauschale zum Behufe der Excursionen mit den Schülern erhält, wird im Concurswege angestellt und hat alle jene Verpflichtungen zu erfüllen, wie solche entweder in den gesetzlichen Vorschriften enthalten sind oder sich von selbst verstehen.

Die Anstellung geschieht von Seite des Schulcomités, welches auch berechtiget ist, denselben auf Grund eines bei verstärkter Ausschusssitzung gefassten Beschlusses zu entheben.

*) Darüber wollen wir denn doch mit unserem Urtheil noch zurückhalten, bis authentische Nachweisungen vorliegen werden. O. H.

Die gegenseitige Aufkündigung ist halbjährig mit Semestral-Terminen.

Urlaube des Fachlehrers können nur in den dringendsten Fällen höchstens von 8 Tagen ertheilt werden, und hat in solchen Fällen der Fachlehrer die Kosten der wegen seiner Abwesenheit nothwendig werdenden Supplirung aus Eigenem zu bestreiten.

Ist das Hinderniss, Vorträge zu halten, ein unfreiwilliges, dann hat der Fachlehrer die Supplirungskosten nicht zu tragen.

Die Lehrer für Chemie und im Zeichnen werden in Einvernehmung und mit Zustimmung der Direction der k. k. Oberrealschule von dieser der Bergschule überlassen und ist sich sowohl hinsichtlich dieser Lehrer sowie hinsichtlich der eintretenden Supplirungsfälle stets mit der gedachten k. k. Direction und mit den betreffenden Lehrern der k. k. Oberrealschule von Seite des Schulcomités ins Einvernehmen zu setzen.

X. Verhaltungsregeln für die Schüler.

Bei den in die Bergschule eintretenden Arbeitern kann das zur Vorschrift gemachte Streben nach Ordnung und Mannszucht vorausgesetzt werden.

Insoferne die Eintretenden von ihrem Werke oder ihrer Werksleitung zur Aufnahme beantragt und hiemit empfohlen worden sind, so lässt sich umsomehr erwarten, dass sie den Zweck des Schulbesuches, nämlich die Ausbildung für ihren künftigen Beruf wohl begreifen und sich bestreben werden, der Wohlthat eines unentgeltlichen Unterrichtes wenigstens durch Fleiss und gute Aufführung sich stets würdig zu machen.

In ihrer Beziehung zur Schule haben die Zöglinge den Anordnungen der Direction und der Lehrer willige Folge zu leisten und ihnen gegenüber stets die schuldige Achtung an den Tag zu legen.

Ununterbrochener und regelmässiger Besuch der Schule, der praktischen Uebungen und Verwendungen, dann rechtzeitiges Einfinden bei denselben und die gespannteste Aufmerksamkeit auf den Unterricht, sowie auch unablässiger Fleiss zu Hause im Erlernen und Wiederholen des Vorgetragenen werden jedem Schüler zur Pflicht gemacht.

Es hängt davon der Fortgang in den Lehrgegenständen ab.

Nur nach vorausgegangener Meldung und eingeholter Erlaubniss des Lehres darf der Schüler vom Unterrichte ausbleiben.

Bei plötzlichen Verhinderungen, z. B. durch Krankheit hat der Schüler den Lehrer davon zu benachrichtigen und beim Wiedereinfinden in der Schule sein Ausbleiben grundhältig zu rechtfertigen.

Es liegt dem Schüler bezüglich des gehörigen Anmeldens beim Lehrer dieselbe Pflicht ob, wie sie bei allen ordentlichen Gruben jeder Arbeiter bezüglich des Ausbleibens von der Arbeitschicht zu erfüllen hat.

Urlaube auf mehrere Tage können nur in den dringendsten Fällen bewilliget werden.

Die Bewilligung zu einem Urlaube von Einem Tage wird vom Fachlehrer, über Einen Tag aber von dem Obmanne des Schulcomités nach gepflogenem Einvernehmen des Fachlehrers ertheilt.

Unangemeldetes und nichtgerechtfertigtes Ausbleiben von der Schule oder den Verwendungen zieht eine ungünstige Fleissclasse und nach Umständen eine Strafe nach sich.

Die Strafen der Schüler bestehen:

a) in einem mündlichen Verweise von Seite des Lehrers;

b) in einem Verweise von Seite der Direction in Gegenwart der Lehrer und Mitschüler;

c) in der Entfernung von der Bergschule auf Grund eines von der Direction im Einvernehmen mit den Lehrern gefassten Beschlusses.

Die unter *b*) und *c*) besprochenen und verhängten Strafen sind dem Dienstherrn oder dem vorgesetzten Werke des Schülers bekannt zu geben.

Jeder Schüler hat die Verpflichtung, durch ein sittsames und anständiges Benehmen in und ausser der Schule, sowie auch durch Mässigkeit und Ordnungsliebe sich hervorzuthun.

Ausschweifungen jeder Art, nächtliches Herumschwärmen und Lärmen in den Wirthshäusern und auf den Gassen, Trinkgelage, Schuldenmachen u. dgl. sind strengstens untersagt und werden nach Umständen selbst mit Ausschliessung aus der Schule bestraft.

Das Betragen der Schüler unter sich soll stets ein einträchtliches, kameradschaftliches sein, indem Verschiedenheit im Lebensalter, Verschiedenheit der bei den Werken geleisteten Dienste und um so weniger Familien- oder Vermögensverhältnisse irgend eine Bevorzugung des Einen vor dem Andern mit sich bringen.

Die Schüler haben sich gegen Jedermann bescheiden zu benehmen und insbesondere den Bergwerksbesitzern, Bergbeamten und Lehrern mit der gebührenden Achtung und dem bergmännischen Grusse „Glück auf!" zu begegnen.

Carl Hillinger,
Obmann.

A. Bouthillier,
Referent.

Eduard Löffler.

P. Mühlbacher.

Victor v. Rainer.

Eduard Rauscher.

F. Seeland.

1129/227. „Genehmigt.

Wien, am 11. März 1869.

Der Ackerbauminister:
Potocki m. p.

Aus Wieliczka.

Mit 1. September ist die auf dem Horizonte Haus Oesterreich von dem Franz Joseph-Schachte und dem Eingange des Kloski-Schlages aus gegen den Elisabeth-Schacht angelegte Leitung für das süsse Wasser mit der Elisabeth-Schachter Maschine in Verbindung gesetzt worden, und es wird nunmehr salzfreies Wasser gepumpt und damit so lange fortgefahren werden, bis der Zugang zur Wassereinbruchstelle durch den Parallel-Schlag Kloski und dann die Absperrung des Wassers möglich sein wird. Nachdem solchergestalt für die Hebung des reinen Wasserzuflusses Fürsorge getroffen ist, entfällt die Nothwendigkeit in noch bis auf $2\frac{1}{2}$ Klafter unter dem Horizont Haus Oesterreich im Elisabeth-Schacht und dessen Teufen-Umgebung stehende gesättigte Soole noch weiters zu heben. Diese kann als für die Grubenräume vollkommen unschädlich in dem untersten Horizonte belassen werden, bis jeder Zufluss gedämmt und bis vielleicht eine Nutzbarmachung derselben in irgend einer Art sich als vortheilhaft herausstellen würde.

Der Parallelschlag Kloski, welcher vorläufig von der Soole des Albrecht-Gesenkes in südlicher Richtung getrieben wird, hat die Länge von 11 Klafter erreicht. Sobald die am meisten ausgelaugte nächste Umgebung des Einganges des alten nun verschlämmten und versandeten Kloski-Schlages vollkommen sicher gezimmert sein wird, beginnt von Nord nach Süd der Betrieb eines Gegenortes im Parallelschlage.

Da nun ein Stillstand in der Entwässerung des untersten Horizontes eintritt und überhaupt ein regelrechter Ortsbetrieb im Parallelschlag, sowie die currente Hebung des Wasserzuflusses im süssen Zustande keine besonderen Mannigfaltigkeiten darbietet, die von Interesse wären, so werden nun nicht mehr wöchentliche Berichte hier veröffentlicht werden, sondern nur von Zeit zu Zeit grössere Fortschritte in der Arbeit oder neue Erscheinungen beim Betrieb mitgetheilt werden.

Zu bemerken ist noch, dass sich, seitdem man den Wasserstand über 2 Klafter unter den Horizont Haus Oesterreich herabgebracht hat, kleine Schwankungen desselben um einige Zolle ergeben, die nicht im Verhältnisse zur Leistung der Maschine oder ihren kurzen Stillständen stehen. Es mögen eben durch Verschlämmung und Verstürzung der untersten Räume einzelne Wassertümpel gebildet worden sein, die sich mitunter durch Risse des trockenen Schlammes in die Haupt-Wassersammler ergiessen. Ob dem so sei, werden die Untersuchungen zeigen, die nach Zulass der Localverhältnisse begonnen haben.

Der Wodnagora-Schacht ist nunmehr bis an Tag vollkommen mit Erde verstürzt und dadurch eine grössere Sicherheit gegen Erdbewegungen in der Nähe des Kloski-Schlages gewonnen.

Amtliche Mittheilung.

Erkenntniss.

Nachdem der bergbücherliche Besitzer des in der Gemeinde Trpin, Amtsbezirk Policka, im Kronlande Böhmen gelegenen, am 20. Jänner 1864, Z. 18, verliehenen und aus zwei einfachen Grubenmassen bestehenden Josephi-Graphitbergwerkes, Herr Josef Friedl, der hierämtlichen Aufforderung vom 8. Mai 1869, Z. 515, dieses Bergwerk unter Namhaftmachung seines Aufenthaltsortes oder Bestellung eines Bevollmächtigten in Betrieb zu setzen, über die bisherige Unterlassung des steten Betriebes sich zu rechtfertigen und die rückständigen Gebühren per 36 fl. ö. W. zu entrichten, binnen der festgesetzten 60tägigen Frist nicht entsprochen hat, wird nach Vorschrift der §§. 243 und 244 a. B. G. auf die Entziehung dieses Bergwerkes mit dem Beisatze hiemit erkannt, dass nach Rechtskräftigwerden dieses Erkenntnisses das weitere Amt gemäss §. 253 a. B. G. gehandelt werden wird.

K. k. Berghauptmannschaft Kuttenberg,
am 24. August 1869.

Diese Zeitschrift erscheint wöchentlich einen Bogen stark mit den nöthigen artistischen Beigaben. Der Pränumerationspreis ist jährlich loco Wien 8 fl. ö. W. oder 5 Thlr. 10 Ngr. Mit franco Postversendung 8 fl. 80 kr. ö. W. Die Jahresabonnenten erhalten einen officiellen Bericht über die Erfahrungen im berg- und hüttenmännischen Maschinen-, Bau- und Aufbereitungswesen sammt Atlas als Gratisbeilage. Inserate finden gegen 8 kr. ö. W. oder $1\frac{1}{2}$ Ngr. die gespaltene Nonpareillezeile Aufnahme. Zuschriften jeder Art können nur franco angenommen werden.

Druck von Carl Fromme in Wien. Für den Verlag verantwortlich Carl Reger.

№ 38. XVII. Jahrgang.

Oesterreichische Zeitschrift

für

Berg- und Hüttenwesen.

1869. 20. September.

Verantwortlicher Redacteur: Dr. Otto Freiherr von Hingenau,
k. k. Ministerialrath im Finanzministerium.

Verlag der G. J. Manz'schen Buchhandlung (Kohlmarkt 7) in Wien.

Ueber Pfandnatur und Evidenzstellung der Schurfrechte.

Von Wilhelm R. v. Fritsch.

Hat gleichwohl die bergbehördliche Praxis durch die langjährige Uebung der Domäne der zweifelhaften Rechtsfälle Schritt für Schritt immer mehr Boden entzogen und dieselbe nunmehr auf ein kleines Gebiet zusammengeengt, so ist es derselben bereits gelungen, sogar das klippenreiche, an ursprünglich entwickelten und Jahre hindurch sich fortgeschleppten Zweifeln so reiche Schurfwesen in ziemlich sichere, bereits breitspurig getretene Bahnen hineinzulenken: so dürfte es um so mehr Wunder nehmen, zur Stunde hier zwei neuen Fragen zu begegnen, deren eine, ihrem inneren Wesen nach, vermeintlich in der Praxis der Civiljustiz bereits ein lang überwundener Standpunkt sein sollte, während die andere, ihrer äusseren Natur nach, den Bergbehörden in ihren allerersten und seitdem täglich wiederkehrenden Manipulationen sich zuerst und stetig hätte aufdrängen und somit im Vordertreffen schon seit Jahren hätte ihre definitive Lösung finden sollen.

Diese Fragen formuliren sich ganz einfach so: „Sind die Freischürfe Pfandobjecte und haben sich die Bergbehörden in der Führung der Schurf- und Freischurfbücher in eine Evidenzhaltung gesellschaftlicher Antheile einzulassen oder nicht?"

Dass diese scheinbar so einfachen und zwar zu einander in eigenthümlichen Nexus gebrachten Fragen zusammen hier an die bereits ruhigere Oberfläche unseres Bergrechts-Lebens ihre Blasen werfen, ist ein sprechender Beleg, dass, wie im Naturleben die kosmischen Erscheinungen, so auch im Rechtsleben die einzelnen Thesen und Fragen unter einander in einem genetischen Zusammenhange stehen, dass die Umgestaltung einer Anschauung auch jene scheinbar von derselben fernab stehender Anschauungen mit sich im Gefolge haben kann.

Der Beweis hiefür soll hier unmittelbar folgen: War man über die bergrechtliche Natur der Freischürfe seit geraumer Zeit in's Klare gekommen, so galt dies noch nicht von deren civilrechtlicher Seite, indem die Ansicht mehrfältig ihren Ausdruck gefunden hat, dass auf Freischürfe, als im Verkehre stehende bewegliche Sachen und Güter, aus welchen eine Befriedigung erholt werden kann, nicht blos Gebühren-Rückstände halber, sondern auch rücksichtlich Privatforderungen, Pfandrechts-Vormerkungen und Pfandrechts-Executionen vorgenommen werden können.

Es wurde jedoch in dieser Richtung auf die Unzulässigkeit und Unbegründetheit dieser Executionsart, namentlich in einer Abhandlung dieser Zeitschrift im Jahre 1865 Nr. 11*) in triftiger Weise hingewiesen.

Es wurde dortselbst mit Nachdruck hervorgehoben, dass der Freischurf ob seiner ephemeren Natur und vermöge seines precären Hoffnungscharakters, welcher die Wiedereinbringung bestrittener Schurfauslagen oft sehr in Zweifel ziehe, der Natur eines Sicherstellungsobjectes widerstreite; es wurde betont, dass das a. B. G. alle früher unter Schürfen und Muthen verbundenen Vorarbeiten d. i. Suchen und Aufschliessen einer mineralischen Lagerstätte unter dem Begriff des Schürfens überhaupt aufgenommen, dass somit der zur Zeit des Bestandes der älteren Berggesetze festgehaltene und selbst auch bindend ausgesprochene Grundsatz, dass blosse Schürfe und Muthungen keinen Gegenstand bücherlicher Einverleibung oder Vormerkung bilden können, auch auf die Freischürfe um so mehr seine Anwendung habe, zumal die im a. B. G. stipulirten Executionen sich nur auf verliehene Bergwerke nebst deren Zugehör beziehen, ja selbst die rechtlich beweglichen Kuxe gemäss §. 5 der Ministerial-Verordnung vom 13. December 1854 nicht durch Vormerkungen neuer Schulden oder anderer Lasten beschwert werden dürfen, das neue Berggesetz und Vollzugs-Vorschrift jedoch nirgends solcher gerichtlicher Pfandrechtsvormerkungen bei Schurf- und Freischurf-Berechtigungen Erwähnung macht u. s. w. Zu diesen sachlichen Schwierigkeiten gesellen sich auch unter Annahme der Executionsfähigkeit von Freischürfen die administrativen Hindernisse für die Bergbehörden, welche nicht wüssten, wie sie der

*) Können Pfandrechtsauszeichnungen auf Freischürfe vorgenommen werden? Von Franz Gnad, k. k. Kreisgerichtsrathe.

beanspruchten Sicherstellung von Pfandrechtsforderungen bei Unterlassung der gesetzlich vorgezeichneten Betriebsleistung, der vorgeschriebenen Betriebsrapporte, bei Entziehung von Freischürfen, bei dem Erlöschen von Schurfbewilligungen, wo die Löschung sogar ohne vorausgegangenes Erkenntniss von Amtswegen zu erfolgen hat, bei der Belehnung solcher mit Vormerkungen belasteter Freischürfe gerecht werden sollten, nachdem zu einer derartigen Sicherstellung sie alle Gesetze und Normen ganz und gar verlassen u. s. w.

Aus all diesen wichtigsten und noch anderen secundären Gründen wurde die Folgerung abgeleitet, dass Pfandrechtsvormerkungen in den Freischurfbüchern und Freischurfübertragungen auch im Wege executiver Einantwortung in keiner Weise stattfinden können. Es ist nicht zu läugnen, dass allen diesen vorgeführten Gründen eine gewissermassen zwingende Nothwendigkeit innewohnt, dass weiters auch in der Praxis der Grundsatz: Nach der Auszeichnung executiver Pfandrechte auf Freischürfe zu greifen, kaum seine Anwendung finden mag; wenigstens ist mir in dem Rayon meiner Praxis noch kein Fall vorgekommen, dass auf Grund eines richterlichen Urtheils bei den Bergbehörden um die Vormerkung eines executiven Pfandrechtes und dessen executive Realisirung irgendwie ein Ansuchen gestellt worden wäre.

Demungeachtet sind gegen die Ausdehnung dieses aufgestellten und reichlich motivirten Grundsatzes, dass die Freischürfe keiner Pfandrechts-Auszeichnung fähig sind, bis zu der Tragweite, dass dieselben überhaupt kein Pfandobject bilden sollten, sehr gewichtige Bedenken in's Feld zu führen.

Für's Erste sei der von dem Vertreter obiger Ansicht vorgeführten Rückblicke auf die frühere Gesetzgebung gedacht, aus welchen die Unzulässigkeit einer executiven Einverleibung und Vormerkung von Pfandrechtsforderungen zu erhellen habe. In dieser Richtung nun beruft sich jener Autor mit Recht auf die Bestimmung des §. 32 der Schlaggenwalder Bergordnung vom Jahre 1548, sowie besonders auf das Patent vom 13. October 1770, in welchen das Pfandrecht überhaupt ganz unbestimmt gelassen wird. insoferne die Schürfer mit ihren Schürfen für das Hypotheken- und Hauptschuldenbuch gar nicht in Erwägung gebracht werden u s. w. Am bestimmtesten leitet er jedoch die Unzulässigkeit gerichtlicher Einverleibung oder Vormerkung auf Muthungen, an deren Stelle eben die Freischürfe getreten seien, aus dem spätern Hofdekrete vom 14. October 1831, Nr. 2532 I. G. S., ab.

Was nun die Schlaggenwalder Bergordnung vom 1. Jänner 1548 betrifft, so enthält deren Art: 32 „die Entscheidung irriger Sachen, so sich zwischen dem Bergmeister und dem Bürgermeister in Bezug auf die Verpfändung der Güter zutragen mögen.“

Soferne aus der Fassung dieses Artikels der Schluss abgeleitet wird, dass Schürfe und Muthungen keinen Gegenstand bücherlicher Einverleibung oder Vormerkung bilden können, lässt sich allerdings nichts gegen diese Folgerung einwenden, denn in der That spricht dieser Artikel von einem, von dem Bürgermeister zu führenden Bergschuldenbuche, in welches Bergmühlen, Zinn- oder andere Berggüter, welche Schulden halber, die Jemand um Berg, Mühlen oder andere dem Bergwerke anhängige Güter gemacht hat, zu verschreiben oder zu verpfänden kommen, vorzuschreiben sind. Es hat jener Artikel nun in Wahrheit unter jene bergbücherlich zu verschreibenden Güter die Muthungen, von denen doch im zweiten Artikel ausdrücklich gesprochen, nicht aufgenommen.

Die Joachimsthaler Bergordnung vom gleichen Jahre, welche in ihrem ersten und zweiten Artikel des zweiten Theiles ausdrücklich vom Schürfen und Muthen spricht, erwähnt im Artikel vier gleichfalls, dass in dem vom Bergmeister zu führenden Lehnbuche nur die von ihm bestätigten Lehen einzutragen sind. Das Gleiche gilt von der böhmischen Eisenstein-Zechen-Ordnung jener Zeit (Art: 1 und Schlussbestimmung), während hingegen z. B. der Bergwerksvertrag der böhmischen Stände mit Kaiser Ferdinand I. vom 1. April 1534 (Art: II), dann die Krumauer Bergordnung des Wilhelm Herrn von Rosenberg vom 17. April 1555 (Art. 1 und 2) und andere Bergordnungen, wenn dieselben auch ausdrücklich von Schürfen und Muthen sprechen, die Verbuchungsfrage als eine offene gelassen haben.

Das Patent vom 13. October 1770 regelt weiters das institutum tabulare der Berggerichte und Bergämter im Interesse der Vermehrung des Credits der Gewerken und Versicherung der Gläubiger, wobei jedoch „von den Berggerichten nur die Vormerkung in Absicht der, der Eiseninstanz realiter unterliegenden Radwerke, Verläge oder Hämmer vorgenommen werden könne.“

Diese Norm hatte somit nur die Realcredits-Regelung mit gleicher Wirkung, wie bei den der Landtafel einverleibten Immobilien für die Radwerke, Verläge und Hammerwerke Steiermarks, Kärntens und Krains, somit nur für einen beschränkten Zweig der Montan-Production (u. z. für das Eisenwesen) im Auge. Es kann demzufolge diesem Patente keine allgemeine, die Bergbuchführung im Ganzen regelnde Tragweite zugeschrieben werden, wenn gleich auch der Umstand, dass Schürfungen und Muthungen auf Eisensteine nicht mit in die bergbücherlich zu verzeichnenden Objecte aufgenommen worden sind, immerhin eine besondere Beachtung verdient.

Von grösserer, belangreicheren Bedeutung ist jedoch das Hofdekret vom 4. October 1831, Nr. 2532 I. G. S. Dasselbe, an die Appellationsgerichte in Klagenfurt, Innsbruck und Lemberg erflossen, lautet in einfacher Weise also: „Auf Muthungen zum Bergbau und auf die darüber ausgefertigten, keine Belehnung enthaltenden Muthscheine findet keine gerichtliche Einverleibung oder Vormerkung statt.“

Es kann kaum einem Zweifel unterliegen, dass dieses Hofdekret nichts Anderes sagen will, als dass Muthungen und Muthscheine keinen Gegenstand eines öffentlichen, nur unbewegliche Sachen behandelnden Buches bilden, worauf schon der Ausdruck: Einverleibung und Vormerkung hindeutet, welche nach §. 438 a. b. G. B. ja ausdrücklich nur auf unbewegliche Sachen ihre ausschliessliche Anwendung finden.

Ist nun allerdings zwischen den Muthungen und Freischürfen ein wesentlicher Unterschied in dem zu suchen, dass die frühere Muthung dem jetzigen Freischurfe um ein wichtiges Stadium voran war, soferne die Muthung bereits eine bestimmte Art des Verleihungsbegehrens auf Grundlage eines Fundes war (deren Bestätigung, eventuell Verlängerung eben einer bergbehördlichen

*Fristert*heilung, beziehungsweise Erstreckung zur bestimmten Massenlagerung gleich kam), während durch das unabhängig von irgend einem Funde erthejlte Freischurfrecht nur erst die rechtliche Möglichkeit der Erzielung eines entsprechenden Aufschlusses und eines darauf basirten Verleihungsbegehrens dem Schürfer eröffnet wird: so fällt dieser Unterschied **hier** doch nicht entscheidend in's Gewicht. Beide fliessen wieder in dem Hauptmomente zusammen, dass Muthung wie Freischurf die Aufschliessung von Lagerstätten zum Hauptmomente haben; und insoferne hat die aus obigem Grundsatze: dass **Muthungen** nicht Gegenstand von öffentlichen Büchern, beziehungsweise auch nicht von Intabulationen und Pränotationen sind, abgeleitete Folgerung auch auf **Freischürfe** um so mehr ihre volle Richtigkeit, zumal das neue Berggesetz nicht ausdrücklich jener Bestimmung des Hofkanzleidekretes bezüglich der Schurfrechte entgegentritt, vielmehr in seinem XIV. H. St. nur die Realexecution gegen verliehene Bergbaue regelt, die Schurf- und Freischurfrechte aber diesbezüglich ganz mit Stillschweigen übergeht.

Bis hieher, glaube ich, dürfte kaum eine Meinungsdivergenz Platz greifen können; wohl aber bleibt die Beantwortung der Frage noch übrig: Soll, wenn auch keine Pfandrechtsauszeichnung auf Freischürfe erworben werden kan, **denn überhaupt das Pfandrecht für Freiürfe ausgeschlossen sein?**

Ich erachte diese Frage aus folgenden Gründen **ver**...**en zu müssen**: Für diese Auffassung dürfte dies ...massgebendste Grund sein, dass kein Gesetz das Pfand...cht auf Freischürfe überhaupt aufgehoben hat. Die oben ...rten Gesetze erweisen nur, dass kein Pfandrecht auf dieselben im Wege gerichtlicher Vormerkung, wie auf ein ...ewegliches Gut im Sinne der §§. 453, 438 und 439 a. b. G. B. erworben werden kann. Das Schurfrecht ist ...rch die §§. 38 und 39 a. B. G. ausdrücklich als ein übertragbares Recht hingestellt; kraft dieser Eigenschaft kann dasselbe in den Verkehr gebracht werden, wie denn ... der That tagtäglich derartige Negotiationen mit solchen ...h ergeben. Als Verkehrssache, unter welche nach §. 292 b. G. B. auch die unkörperlichen Rechte, somit auch ...urfrechte gehören, können dieselben nach §. 448 ibidem ...merhin auch als ein Pfand in enger Bedeutung dienen.

Man wende nicht dagegen ein, dass die höchst pre...re und ephemere Natur der Schurf- und Freischurf...chte gegen ihre Fähigkeit, als Sicherstellungsobjecte zu ...enen, spreche, dass dieses Recht zum Nachtheile des ...äubigers eludirt, durch das Gesetz, nach Ablauf der ...hurfbewilligungsdauer oder wegen erfolgter Belehnung ...lischt, wegen Nichtbauhafthaltung entzogen werden ...ane. Es sind dies allerdings Gründe, welche oft, ja ...lleicht in den meisten Fällen den Gläubiger abhalten ...erden, bei precären Erfolgsaussichten solche Rechte, ...enn sie einem nebelhaften Gebilde zu gleichen scheinen, ...it Pfand zu belegen.

Demungeachtet können Fälle eintreten, wo auch in ...ffnungsreichen Terrainen, unter anderen günstigen Con...cturen, möglicherweise ein solches Pfandrecht mit dem ...ten Erfolge wird geltend gemacht werden können. So ...ht es z. B. mit den seitens der Bergbehörde drohen...n Eventualitäten bei näherer Betrachtung fürwahr in der Regel nicht gar so schlimm. Ein aufmerksamer Gläubiger wird sich für den Fall, als der Schuldner ihn durch das Ablaufenlassen der gepfändeten Schurfbewilligung und Neuanmeldung eines Freischurfes täuschen will, ganz oder zum Theile entweder dadurch schützen, dass er durch recht- und gleichzeitige Anmeldung neuer Freischurfrechte nach dem Verfallstage, den listigen Schuldner durch Erringung einer **gemeinschaftlichen** Freischurfberechtigung (§. 33 a. B. G.) in dessen Interesse vielleicht sehr schwer schädigen kann, oder dass er auf Grund des §. 449 und 458 a. b. G. B. und §. 319 der G. O. auf den neuen Freischurf oder neuen Schurfantheil des Schuldners ein neues Pfandrecht erwirbt.

Verhältnissmässig am ruhigsten mag der Gläubiger jedoch gegenüber der bergpolizeilichen Invigilanz der Freischürfe in Bezug auf deren Bauhafthaltung, Erstattung von Betriebsrapporten etc. sein, da, Dank der wirklich unendlichen Langmuth unseres Berggesetzes solchen Vernachlässigungen gegenüber, welchen ich anderweitig bereits eine eindringlichere Kritik gewidmet habe*), bis zur Rechtskräftigwerdung eines bergbehördlichen Freischurf-Entziehungs-Erkenntnisses es wohl seine sehr guten Wege, der Gläubigor selbst aber in der Regel Musse genug hat, seine Befriedigung im Sinne des §. 461 obigen Gesetzes im vollsten Umfange aus dem Pfande selbst zu suchen.

Dem Einwande, dass dem Gläubiger z. B. bei executiver Erstehung der Freischurfberechtigung die hiezu erforderliche Schurfbewilligung als Basis mangle, wird ein halbwegs erfahrener Gläubiger durch die Vorsicht begegnen, das Pfandrecht entweder gleichzeitig auf Schurf- und Freischurfrecht zu erstrecken oder sich in entsprechender Zeit früher von der Bergbehörde eine allgemeine, das fragliche Freischurfterrain deckende Schurfbewilligung einzuholen und nachträglich bei derselben um Zuschreibung des gegnerischen Freischurfes auf die neue Schurfbewilligung nach Analogie des Finanz-Ministerial-Erlasses vom 30. October 1859, Nr. 32472—479 oder im Sinne des §. 33 der Vollzugs-Vorschrift zum a. B. G. anzusuchen. Zweck der letzten Gegenerwähnungen ist nicht die pfandrechtliche Behandlung der Schurf- und Freischurfberechtigungen in ein gefälliges, einladendes Licht zu setzen; dieselben zielen vielmehr dahin, die Möglichkeit zu erweisen, dass, trotz des allgemein precären und ephemeren Charakters der Freischürfe an und für sich, immerhin Fälle sich ergeben können und werden, welche die Realisirung eines Pfandrechtes auf dieselben wünschenswerth und nicht ohne Aussicht auf Erfolg, ja vielleicht noch ungleich leichter durchführbar als jenes auf manch' andere gewöhnliche Verkehrsgüter erscheinen lassen werden, an welchen, wie jeder praktische Richter sattsam aus eigener Erfahrung weiss, so zu sagen tagtäglich die Durchführung des Pfandrechtes wegen Entwerthung, Deteriorirung des Pfandobjectes u. s. w. ganz oder theilweise zu scheitern pflegt.

Ist nun im Vorstehenden der Versuch vielleicht als ein nicht misslungener zu bezeichnen, die Freischürfe als gangbare Pfandobjecte, wenn auch nicht executiver

*) Siehe meine Abhandlungen über die Neubesteuerung des Bergbaues in Oesterreich in den Verhandlungen der juristischen Gesellschaft zu Laibach, Tom I de 1862.

Vormerkung fähig, hinzustellen, so tritt nunmehr die Frage dringend zur Lösung entgegen, wie haben sich solchen Pfandrechts-Erwerbungen gegenüber, wenn selbe gleichwohl nicht in den Schurf-Vormerkbüchern executive auszuzeichnen sind, die k. k. Bergbehörden in der Handhabung eben jener Bücher zu benehmen?

Fehlen den letzteren in dieser Richtung nun gleich wohl genaue und bestimmte Evidenzhaltungsnormen, so sind dieselben gleichwohl nicht ohne jedweden Anhaltspunkt gelassen, indem die letzten Alinea des §. 31 der V. V. zum a. B. G. schon in der Marginalnote ausdrücklich von einer „gerichtlichen Uebertragung von Schurfbewilligungen" spricht, unter welche verschiedenen Arten im Texte auch jene der „*Execution*" ausdrücklich aufgenommen erscheint, ein Beweis, dass der Autor der Vollzugs-Vorschrift bei Abfassung dieser Norm von einer, obiger Thesis homogenen Auffassung ausgegangen sein muss.

Die Lösung dieser Frage dürfte nun in der Erwerbungs-Art des Pfandrechtes vielleicht eine befriedigende Lösung finden. §. 452 des a. b. G. B. bestimmt, dass bei Verpfändung derjenigen beweglichen Sachen, welche keine körperliche Uebergabe von Hand zu Hand zulassen, man sich, wie bei der Uebertragung des Eigenthums (§. 427), solcher Zeichen bedienen müsse, woraus Jedermann die Verpfändung leicht erfahren kann.

Der letztcitirte Paragraph bestimmt, dass das Gesetz die Eigenthums-Uebergabe solcher Sachen durch Zeichen gestatte, indem der Eigenthümer dem Uebernehmer diese Eigenthums-Urkunden etc. übergibt oder indem man mit der Sache ein Merkmal verbindet, woraus Jedermann deutlich erkennen kann, dass die Sache einem Anderen überlassen worden ist.

Erklärt man nun Schurfrechte als Pfandrechtsobjecte, so findet auf sie, als auf Verkehrsgüter, welche keiner körperlichen Uebergabe fähig sind, zweifelsohne die Anwendung der letztcitirten Paragraphe statt.

Es steht somit dem Pfandrechtswerber frei, sein Pfandrecht auf Schürfe nach §. 427 dortselbst durch Uebernahme der Schurfurkunden oder durch ein anderes mit der Sache zu verbindendes Zeichen zu erwerben, woraus Jedermann die Verpfändung leicht erfahren kann.

Welch' besseres, einfacheres Merkmal drängt sich jedoch hier auf, als jenes in Form einer Anmerkung des Pfandrechtes in den betreffenden Schurfurkunden und damit auch in nothwendiger Uebereinstimmung in den bergbehördlichen Vormerkbüchern, welche Anmerkung, ja nicht zu verwechseln mit einer gerichtlichen Vormerkung oder Pränotation, auf Grund eines giltigen Pfandrechtstitels und eines nach der G. O. erwirkten gerichtlichen Verbotes oder Sequestration in den bergbehördlichen Vormerkbüchern bei den betreffenden Schurfberechtigungen von der k. k. Bergbehörde anzubringen wäre. Durch dieses Zeichen würde der gesetzlich für die symbolische Pfandübergabe normirten Bedingung, dass hiedurch Jedermann die Verpfändung leicht ersehen könne, in ausgiebigster Weise auch für den Fall Genüge geleistet, als der Gläubiger durch welch' immer geartete Umstände verhindert wäre, in den Besitz der zu verpfändenden Schurfurkunden zu gelangen.

Auch der Inhalt der §§. 20 und 34 der V. V., welcher die Führung der bergbehördlichen Schurfvormerkbücher regelt, lässt dieser Auffassung einen freien Spielraum, ja ersterer Paragraph besagt ausdrücklich, dass auf dem Vormerkblatte alle Daten zu finden sein sollen, welche sich auf einen bestimmten Freischurf beziehen, unter welche Daten auch obige Notationen sich ganz gut einbeziehen lassen.

Zum Unterschiede von gerichtlichen executiven Pfandrechtsauszeichnungen nach Art der Einverleibung oder Pränotation sei hier nun ausdrücklich hervorgehoben, dass durch derartige Notationen der bergrechtliche Charakter der Schurfrechte als mobile Sachen in gar keiner Weise alterirt wird und dass demzufolge die Bergbehörden sich durch dieselben in ihren administrativen Amtshandlungen auch nicht in der leisesten Weise zu beirren lassen brauchen, indem z. B. Löschungen von Amtswegen wegen Ablauf der Schurfbewilligung, wegen erfolgter Verleihung, unterlassener Betriebsrapporte oder Nichtleistung vorgeschriebener Arbeiten nach wie vor, ohne Rücksicht auf derartige Vormerkungen, vorgenommen zu werden haben, was nicht der Fall wäre, hätten solche Notationen die Kraft gerichtlicher executiver Pfandrechts-Auszeichnungen.

Für die Bergbehörden ergibt sich durch ein derartiges Verfahren nebst dem, dass sie durch dasselbe in ihren Amtshandlungen in keiner Weise beeinträchtigt werden, der Vortheil, dass sie nach Analogie des §. 62 a. B. G. auch über die bei ihnen in Vormerkung gehaltenen Schurfberechtigungen bezüglich der darüber schwebenden Streitigkeiten in einer da und dort, z. B. bei Beurtheilung der Arbeitsleistung etc., fördersamen Evidenz gehalten werden, während für vorsichtige Parteien, als kauflustige Capitalisten u. s. w. der wesentliche Vortheil erwächst, bei einer nach §. 39 a. B. G. ihnen gestatteten Einsicht in die Schurfbücher sichere Anhaltspunkte für etwaige Negociationen, jene Schurfrechte betreffend, an die Hand zu bekommen.

In weiterer Folgerung aus diesem Grundsatze ergibt sich, dass, sowie die Durchführung der Execution auf Schürfe und Freischürfe nach den Bestimmungen der §§. 340—347 der G. O. und die Einantwortung z. B. der executive feilgebotenen Schurfrechte, respective der bezüglichen Schurfurkunden an den Ersteher gemäss den Dispositionen der §§. 347 und 339, ebendaselbst gerichtlich zu erfolgen hat, auch der Ersteher sich auf Grundlage des Licitationsprotokolles oder einer allfälligen, vorsichtshalber zu erwirkenden Adjudicirungs-Urkunde an die Bergbehörde mit dem Petitum zu wenden haben wird, die Umschreibung in den bergbehördlichen Vormerkbüchern auf den Namen des neuen Eigenthümers zu erwirken. Das Gleiche wird der Fall sein bei einem rechtskräftig gewordenen gerichtlichen Urtheile, in welchem dem Kläger auf Grundlage einer angestrengten Eigenthums- oder Miteigenthumsklage das letztere richterlich zugesprochen wird.

(Schluss folgt.)

Der Kohlenverbrauch der deutschen Eisenbahnen im Jahre 1867.

Nach der in der „Zeitung des Vereins deutscher Eisenbahn-Verwaltungen" mitgetheilten deutschen Eisenbahn-Statistik für das Betriebsjahr 1867 betrug das zum Anheizen der Locomotiven der deutschen Eisenbahnen verbrauchte Holz pro 1867 38.459 Klafter, d. i. pro Nutzmeile 0·25 Cubikfuss gegen 0·26 Cubikfuss im Jahre 1866.

Zur Feuerung der Locomotiven wurden hauptsächlich Steinkohlen verwendet. Verbraucht sind bei 11,315.518 Nutzmeilen 22,610 379 Ctr., daher pro Nutzmeile 199·82 Z.-Pfd. brutto. Den Netto-Verbrauch hat eine Anzahl Verwaltungen nicht notirt. Aus diesem Grunde und weil die anderen, zu einer specielleren Vergleichung des Brennstoff-Verbrauchs auf den einzelnen Bahnen nöthigen Notizen in der Statistik nicht enthalten sind, fügen wir nur noch hinzu, dass der Maximalverbrauch pro Nutzmeile betragen hat bei der

Brünn-Rossitzer	402·28 Z.-Pfd.
Galizischen Carl-Ludwigbahn	360·84 „
Mohacs-Fünfkirchener	317·60 „
Warschau-Wiener	314·02 „
Sächs. östl. Staats-Eisenbahn	305·16 „

und der Minimalverbrauch pro Nutzmeile bei der

Mecklenburgischen	101·72 Z.-Pfd.
Hessischen Ludwigs-Eisenbahn	99·38 „
Schleswig'schen	97·5 „
Glückstadt-Elmshorner	86·74 „

Ausserdem wurden noch verbraucht:

bei 2,918.191	Nutzmeilen	5,995.062	Ctr. Steinkohlen und
		571.941	„ Coaks,
„ 1,145.513	„	6,092.741	„ Braunkohlen,
„ 365.562	„	73.745	Klaftern Torf,
„ 812.417	„	3.544	„ u. 63.992 Ctr. Torf
„ 94.313	„	158.175	Ctr. Coaks und
„ 204.388	„	36.196	Klaftern Holz.

Pro Achsmeile wurden an Brennstoff verbraucht 5·38 Zollpfund gegen 5.16 Z.-Pfd. im Jahre 1866 und 5·061 Zollpfund im Jahre 1865.

Abgesehen von denjenigen Bahnen, welche auch Braunkohlen feuerten, hat der Maximalverbrauch pro Achsmeile betragen bei der

Tiroler Linie	14·963 Z.-Pfd.
Greiz-Brunner	9·379 „
Süd-Norddeutschen	9·094 „
Oesterr. Südbahn*)	9·061 „

und der Minimalverbrauch bei der

Berlin-Hamburger	2·481 Z.-Pfd.
Oest. südöstl. Linie	2·531 „
Nürnberg-Fürther	3·283 „
Leipzig-Dresdner	3·318 „

Gekostet hat das verbrauchte Brennmaterial

überhaupt	7,968.449 Thlr.
pro Nutzmeile	14·366 Sgr.
„ Achsmeile	4·04 Pfg.

gegen 14·47 Sgr. pro Nutz- und 3·97 Pfg. pro Achsmeile im Vorjahre.

*) Unseres Wissens verwendet die Südbahn auch viel Braunkohle zur Heizung. O. H.

Die Maximalkosten des pro Nutzmeile verbrauchten Brennmaterials haben betragen bei der

Wien-Neu-SzönyerLinie	32·24 Sgr.
Theissbahn	29·10 „
Lübeck-Büchener	25·32 „
Brünn-Rossitzer	24·66 „
Braunschweigischen	24·20 „

und die Minimalkosten bei der

Graz-Köflacher*)	5·73 Sgr.
Greiz-Brünner	6·04 „
Wilhelmsbahn	6 18 „
Nassauischen	6·65 „
Neustadt-Dürkheimer	6·99 „

Dieselbe Verschiedenheit waltet bei den Kosten pro Achsmeile ob; betragen haben dieselben in maximo bei der

Tiroler Linie	11·51 Pfg.
Friedrich Franz-Eisenbahn	9·26 „
Lüttich-Mastrichter	8·66 „
Ostpreussischen Südbahn	7·76 „
Hinterpommer'schen Linie	7·71 „
Tilsit-Insterburger	7·66 „
Vorpommer'schen Linie	7·60 „

und die Minimalkosten bei der

Oberschlesischen etc.	1·44 Pfg.
Wilhelmsbahn	1·68 „
Sächsischen westlichen	2·20 „
Bergisch-Märkischen	2·39 „
Oesterreichischen nördl. Linie	2·43 „
Graz-Köflacher	2·45 „

(Glückauf.)

Verbesserter Lithofracteur.

In Deutz haben unlängst, und zwar zuerst in Gegenwart des commandirenden Generals des 7. Armee-Corps, General-Lieutenants v. Zastrow, sodann im Beisein des General-Inspectors des Ingenieur-Corps und der Festungen, General-Lieutenants v. Kamecke, Versuche mit einem neuen, von Gebrüder Krebs & Co. in Deutz unter obigem Namen hergestellten Sprengmaterial stattgefunden, das sich insbesondere durch seine auf Null reducirte Gefahrlosigkeit beim Transport auszeichnet und andere bisher bekannte Sprengmittel in seinen Wirkungen weit hinter sich lässt. Die von den Ingenieur-Officieren Hauptmann v. Fedkowicz und Lieutenant v. Förster geleiteten, in militärischem Interesse angestellten Versuche haben die Anwendbarkeit des Lithofracteurs zur Zerstörung bombenfester Schienendecken, zum Sprengen von grossen gusseisernen Blöcken, wodurch dieselben wieder nutzbar wurden, zum Zertrümmern schmiedeeiserner Platten unter Wasser und zum Trichter-Auswerfen in der Erde auf das vollständigste dargethan. Ein gusseiserner, 60 Ctr. wiegender Amboss wurde durch zwei Ladungen von 3, beziehentlich $1\frac{1}{2}$ Pfd., welche in zu ihrer Aufnahme genau passende Bohrlöcher versenkt waren, in 8 Stücke von 5 bis 10 Ctr. Schwere zerlegt. Fernere 9 Pfd. Ladung in Patronen von 15 bis 20 Loth, frei auf die einzelnen Bruchstücke ohne Bohrlöcher aufgelegt, genügten, um den ganzen Amboss in Stücke unter 1 Ctr. Gewicht zu zer-

*) Braunkohle (Lignit). O. H.

trümmern. Von einem zweiten 50 Ctr. schweren Blocke wurden ohne Anwendung eines Bohrloches, durch eine lose auf die Oberfläche aufgelegte Ladung von 8 Pfd., 4 grössere und 60 kleinere Stücke im Gesammtgewicht von 25 Ctr. abgeschlagen. Es erhellt hieraus die gewaltige Sprengkraft des Lithofracteurs bei seiner Anwendung in Bohrlöchern und die immerhin noch sehr bedeutende ohne dieselbe.

Auch unter Wasser, bei einer etwaigen Verwendung zu Torpedos, würde sich der Stoff vorzüglich eignen, da er gegen Feuchtigkeit ganz unempfindlich ist und in leichten Papier- oder Holzhülsen angewendet werden kann. Durch 15 Pfd., welche 3 Fuss über eine 5 Fuss lange, 3 Fuss breite, $^1/_2$ Zoll dicke schmiedeeiserne Kesselplatte frei aufgehängt waren, wurde die Platte mitten durchgeschlagen und erhielt noch zahlreiche Risse. Eine Trichtersprengung in festem Erdreich zeigte, dass der Lithofracteur nicht nur eine locale und brisante Wirkung hervorbringt, sondern auch auf grössere Entfernungen einen mehrfachen Effect des Schiesspulvers macht.

Endlich wurden noch aus Eisenbahnschienen gebildete bombensichere Decken durchschlagen. Durch 4 Pfd. Ladung wurden 5 und durch 9 Pfd. 15 Schienen vollständig zerbrochen; die letzteren waren in doppelte Reihe gelegt und daher nach den bis jetzt üblichen Annahmen mehr als bombensicher. Diese letzteren Versuche würden nur einen theoretischen Werth haben, wenn es nicht gelungen wäre, ihren praktischen Nutzen, namentlich für militärische Zwecke, nachzuweisen. Es wurde nämlich eine mit Lithofracteur gefüllte Granate durch 1 Pfd. Schiesspulver aus einem Geschützrohre geschleudert, ohne zu explodiren. Es kann dies offenbar sowohl für Vertheidigung wie für den Angriff von hohem Nutzen werden. Ausserdem aber wird auch die Gefahrlosigkeit des Lithofracteurs durch diese Versuche bewiesen, denn wenn ein Stoff Stösse von so colossaler Heftigkeit, wie sie durch die Expansion der Pulvergase in einem Geschützrohre erzeugt werden, ertragen kann, ohne zu explodiren, so wird er bei den vielen geringeren Stössen, wie solche bei dem Transporte auf Eisenbahnen und Fuhrwerken vorkommen können, gewiss keine Wirkung zeigen, zumal Lithofracteur, durch eine offene Flamme entzündet, nur einfach abbrennt, gleich vielen anderen leicht entzündlichen Stoffen, deren Transport per Dampf und per Achse stets gestattet war. Nur bei der Entzündung durch eine besonders bereitete und sachgemäss damit in Verbindung gebrachte Zündmasse erfolgt die explosive Wirkung.

Die hier erwähnten Versuche haben im Allgemeinen gezeigt, dass Lithofracteur bei jeder Temperatur explodirt, im Trockenen wie im Feuchten aufbewahrt werden kann, mit und ohne Bohrlöcher wirkt, über und unter Wasser zu benutzen ist und, obgleich der kräftigste der bekannten Sprengstoffe, gefahrlos transportirt werden kann. Dass derselbe auch für gewerbliche Zwecke, namentlich beim Bergbau verwendbar ist, haben Versuche ergeben, die kürzlich bei Ems angestellt wurden und denen, wie wir hören, der Chef des Militär-Cabinets, General v. Treskow, auf Allerhöchsten Befehl beigewohnt hat. (Berggeist.)

Einrichtungs-Plan der Bergschule für das nordwestliche Böhmen.

§. 1. Zweck der Bergschule.

Die Bergschule hat den Zweck, strebsamen Bergarbeitern solche Kenntnisse beizubringen, dass sie für den Steiger- oder Aufseherdienst bei Braunkohlenwerken befähiget werden.

§. 2. Standort der Schule.

Der Standort der Bergschule wird nach jedem vierten Jahre derart gewechselt, dass sich die Schule einmal im Bezirke der k. k. Berghauptmannschaft zu Komotau und das andere Mal im Bezirke der k. k. Berghauptmannschaft zu Elbogen befinde.

§. 3. Aufnahme.

Die Aufnahme der Schüler findet nur in jedem zweiten Jahre statt.

§. 4. Aufnahmsbedingungen.

Zur Aufnahme eignen sich nur solche Bergarbeiter, welche

1. das 17. Lebensjahr vollendet haben,
2. körperlich und geistig gesund,
3. unbescholten, und
4. im Lesen, Schreiben und in den vier Hauptrechnungsarten so weit bewandert sind, dass sie den Unterricht mit Erfolg geniessen können,
5. durch mindestens drei Jahre als Förderer und Häuer in einem Kohlenwerke gedient und hierbei eine genügende Anstelligkeit gezeigt haben.
6. seit mindestens drei Jahren an einer inländischen Bergbruderlade betheiligt sind.

§. 5. Aufnahmsgesuche.

Die Gesuche um die Aufnahme in die Bergschule sind an das Directorium der Bergschule zu richten. Sie müssen von den Bewerbern eigenhändig geschrieben und mit den Zeugnissen über die Eignung des Bewerbers versehen sein.

Der Zeitpunkt zur Einreichung der Gesuche ist vom Directorium zu bestimmen und kund zu machen.

§. 6. Aufnahmsprüfung.

Jeder Bewerber muss sich einer Aufnahmsprüfung unterziehen und hierbei den Nachweis der nöthigen Vorkenntnisse liefern.

§. 7. Aufnahmsgebühr.

Für die Aufnahme ist keine Gebühr zu entrichten.

§. 8. Schulgeld.

Jene Schüler, welche nicht mindestens drei Jahre auf einem Kohlenwerke in den Bezirken der k. k. Berghauptmannschaften Komotau und Elbogen gedient haben, müssen monatlich ein Schulgeld von zwei Gulden entrichten.

§. 9. Selbstkosten der Schüler.

Die Schüler haben für ihren Lebensunterhalt selbst zu sorgen und sich die nöthigen Schulrequisiten selbst beizuschaffen.

§. 10. Bergarbeit.

Jeder Schüler ist verpflichtet, auch während des Schuljahres regelmässig auf einem der benachbarten Kohlenwerke als Arbeiter anzufahren.

§. 11. Unterricht.

Der Unterricht an der Bergschule währt zwei Jahre

und wird nur in deutscher Sprache ertheilt. Das Schuljahr beginnt mit dem Monate Jänner und endet mit dem Monate November.

Im Jahre 1869 wird ausnahmsweise die Schule erst im Monate Februar eröffnet.

Die Unterrichts- und die Arbeitszeit haben entsprechend abzuwechseln.

Gelehrt werden in dem, für den Dienst der Steiger bei Braunkohlenwerken nöthigen Umfange:

1. Arithmetik.
2. Schriftliche Aufsätze.
3. Zeichnen.
4. Geometrie.
5. Gebirgskunde.
6. Bergbaukunde.
7. Bergmaschinenlehre und Maschinenwartung.
8. Markscheidskunde.
9. Grubenhaushalt.
10. Berggesetz.

Ausserdem sind mit den Schülern praktische, den Vorträgen entsprechende Uebungen vorzunehmen und belehrende Werksanlagen und Bergbaue zu besichtigen.

§. 12. Prüfungen.

Am Schlusse eines jeden Schuljahres ist in Gegenwart von mindestens zwei Mitgliedern des Directoriums mit jedem Schüler eine öffentliche Prüfung aus den vorgetragenen Gegenständen vorzunehmen. Die Prüfungszeit ist kund zu machen.

Jenen Schülern, welche an der rechtzeitigen Ablegung der Prüfung durch einen berücksichtigungswürdigen Umstand verhindert waren, kann die nachträgliche Prüfung, und jenen, welche bei der öffentlichen Prüfung eine ungenügende Classe aus einem Lehrgegenstande erhielten, die einmalige Wiederholung der Prüfung aus diesem Gegenstande bewilligt werden.

§. 13. Schulzeugnisse.

Nach der Prüfung ist jedem Schüler ein Zeugniss auszufertigen, in welchem sein sittliches Verhalten, sein Fleiss und sein Fortschritt in den namentlich aufzuführenden Lehrgegenständen classificirt erscheint.

Die Classification steht blos dem Lehrer zu, die Zeugnisse sind von dem Director und den Lehrern auszufertigen.

§. 14. Vorschriften für das Verhalten der Schüler.

Die an der Bergschule aufgenommenen Bergarbeiter haben sich nach folgenden Vorschriften zu verhalten.

I. Als Bergarbeiter haben sie den, am Werke wo sie dienen, geltenden Dienstvorschriften genau zu entsprechen. Die strafweise Entlassung aus der Arbeit hat auch die Entlassung von der Schule zur Folge.

II. Als Schülern obliegt ihnen:

1. Ein regelmässiger Schulbesuch, Aufmerksamkeit beim Vortrage, Fleiss und ein untadelhaftes Betragen.

   Der Schulbesuch darf ohne vorher eingeholte Bewilligung des Lehrers nicht unterbrochen werden.

   Zu einer, länger als 3 Schultage dauernden Unterbrechung ist die Bewilligung des Schuldirectors erforderlich.

   Plötzlich eintretende Hindernisse sind dem Lehrer zu melden und bei Wiederaufnahme des Schulbesuches gehörig nachzuweisen.

2. Gehorsam gegen alle Vorgesetzten und genaue Erfüllung ihrer Aufträge.

3. Ein artiges und höfliches Benehmen.

   Jede Vernachlässigung dieser Obliegenheiten wird gerügt, und wenn Rügen fruchtlos bleiben, durch Entlassung von der Bergschule bestraft.

   Die Schüler haben sowohl in als ausser der Schule das bergmännische Grubenkleid, nämlich Grubenkittel und Bergleder, zu tragen.

§. 15. Lehrer.

Der Unterricht ist von dem Bergschullehrer und dessen Assistenten zu ertheilen.

Beide müssen die, zur Ertheilung des Unterrichtes nöthige Befähigung besitzen.

§. 16. Schulfond.

Die Kosten der Schule werden aus der allfälligen Subvention des Staates und aus Beiträgen der Bergwerksbesitzer bestritten.

Ersparnisse sind zur Bildung eines Schulfondes und zu Prämien für die Schüler zu verwenden.

(Schluss folgt.)

Notiz.

Verwendung des Hefter Bessemerstahles. In den Schmidten und Schlossereien der Löllinger Werke werden anstatt des bisher zu Gezähen, anderen Werkzeugen und Maschinentheilen verarbeiteten Gussstahles Sorten des Hefter Bessemerstahles verwendet, wodurch trotz einer Preisdifferenz von 14 kr. per Pfund zu Gunsten des Bessemerstahles durch 3 Monate wenigstens dieselben Resultate erzielt wurden.

Amtliche Mittheilungen.

Das Handelsministerium hat der gräflich Christallnigg'schen Gewerkschafts-Inspection in Klagenfurt die Bewilligung zum Baue einer Bergwerks-Pferdeeisenbahn vom Stationsplatze Eberstein der Kronprinz Rudolfsbahn zu dem gräflich Christallnigg-schen Eisenschmelzwerke in Eberstein ertheilt.

Der Unterbau derselben ist bereits zum grössten Theile ausgeführt.

Wien, 10. September 1869.

Erledigte Dienststellen.

Eine Bergmeistersstelle bei der Hauptwerksverwaltung in Přibram mit dem Gehalte von 800 fl., Naturalquartier und der X. Diätenclasse nebst Cautionspflicht.

Gesuche sind binnen vier Wochen im vorgeschriebenen Wege bei dem Präsidium der Bergdirection in Přibram einzubringen und nebst den allgemein vorgeschriebenen Erfordernissen auszuweisen: bergakademische Studien, praktisch bewährte Kenntnisse im Gangbergbaue nebst klarer Auffassung der Gang- und Lagerungsverhältnisse, Conceptsfähigkeit, Kenntniss des montanistischen Verrechnungswesens und der beiden Landessprachen und körperliche Rüstigkeit für den Grubendienst. Auch ist anzugeben, ob und in welchem Grade der Gesuchsteller mit den Beamten oder Dienern der Přibramer Bergdirection oder Hauptwerksverwaltung verwandt oder verschwägert ist.

Eine Oberhutmannsstelle bei dem Steinkohlen-Bergbau in Häring mit einem Wochenlohne von 7 fl. und einem vierwochentlichen Proviantbezug gegen Entrichtung des bestehenden Limitopreises, nämlich $1\frac{1}{2}$ Staar Weizen, per Staar zu 1 fl. $36\frac{5}{10}$ kr.; 2 Staar Roggen, per Staar zu $92\frac{6}{10}$ kr. und 12 Pfd. Schmalz, per Pfund $17\frac{5}{10}$ kr. ö. W.

Die Diensteserfordernisse sind praktische Kenntnisse in den Arbeiten des Bergbaubetriebes, die Befähigung zu markscheiderischen Vermessungen und im Zeichnen; dann Kenntnisse im Kanzlei- und Rechnungsfache.

Bewerber um diese Stelle haben ihre eigenhändig geschriebenen Gesuche unter legaler Nachweisung der Diensteseonduite binnen vier Wochen im Wege ihres vorgesetzten Amtes bei der Bergverwaltung Häring einzubringen.

ANKÜNDIGUNGEN.

Briefkasten der Expedition.

Löbl. Salinen-Verwaltung in L . . o. Gesandte fünf Gulden wurden ihrer Bestimmung bestens dankend zugeführt.

Diese Zeitschrift erscheint wöchentlich einen Bogen stark mit den nöthigen artistischen Beigaben. Der **Pränumerationspreis** ist jährlich loco Wien 8 fl. ö. W. oder 5 Thlr. 10 Ngr. **Mit franco Postversendung** 8 fl. 80 kr. ö. W. Die Jahresabonnenten erhalten einen officiellen Bericht über die **Erfahrungen im berg- und hüttenmännischen Maschinen-, Bau- und Aufbereitungswesen** sammt Atlas als Gratisbeilage. Inserate finden gegen 8 kr. ö. W. oder $1\frac{1}{2}$ Ngr. die gespaltene Nonpareillezeile Aufnahme. Zuschriften jeder Art können nur franco angenommen werden.

Druck von Carl Fromme in Wien. Für den Verlag verantwortlich Carl Reger.

№ 39. XVII. Jahrgang.

Oesterreichische Zeitschrift für Berg- und Hüttenwesen.

1869. 27. September.

Verantwortlicher Redacteur: Dr. Otto Freiherr von Hingenau.

k. k. Ministerialrath im Finanzministerium.

Verlag der G. J. Manz'schen Buchhandlung (Kohlmarkt 7) in Wien.

Verbesserung am stetig wirkenden Stossherd zu Přibram.

Von Egid Jarolimek, k. k. Pochwerks-Inspector daselbst.

Ein Haupterforderniss am stetig wirkenden Stossherd, die Ebenheit und Glätte der Herdfläche, ist durch die bislang zumeist gebräuchliche polirte Ahornbretterverschalung dauernd nicht erzielt worden, weil diese Holzgattung in der Nässe sehr bald fault und oberflächlich stark zerfressen erscheint, so dass öfteres Nachhobeln und Nachpoliren nothfällt, was nicht nur schon an sich störend und kostspielig ist, sondern auch in verhältnissmässig kurzer Zeit die Erneuerung der Herdverschalung nöthig macht.

Unter den verschiedenen Mitteln, die zur diesfälligen Abhilfe versucht wurden, scheint in jeder Richtung am besten der Ueberzug der Herdfläche mit Gummileinwand zu entsprechen, welcher in Přibram auf Anregung des Erfinders des Herdes, k. k. Ministerialrathes Herrn P. von Rittinger, eingeführt worden ist.

Diese Gummileinwand, welche unter dem Namen „Gummiplatte auf Calicot" von der Firma Pick & Winterstein, breite Gasse Nr. 30—II in Prag, derzeit zum Preise von 30 kr. per Wiener Quadratfuss bezogen wird, zeichnet sich durch ihre besondere Glätte aus, ist völlig wasserdicht, weiss von Farbe, besitzt gerade die gebräuchliche volle Breite einer Herdabtheilung (4½ Wiener Fuss) und kann in beliebiger Länge geliefert werden.

Das Ueberziehen des Herdes hat bei warmer Temperatur zu geschehen, weil sich die Leinwand eben bei höherer Temperatur etwas dehnt, somit in der Kälte aufgespannt, beim Wechsel der Temperatur Falten werfen würde.

Im Uebrigen unterliegt das Aufspannen der Leinwand durch deren blosses Anziehen mit den Händen und dichtes Annageln an den vier Seiten allein nicht der geringsten Schwierigkeit, nur erfolgt das Annageln, um das Reissen der Leinwand zu verhindern, durch aufgelegte schmale Lederstreifen hindurch, und werden ähnliche Streifen zur Dichtung auch unter die Herdumfassungsleisten gelegt.

Zur weiteren Schonung der Gummileinwand werden am Herdkopf tassenförmige, doch herdabwärts offene, 10 Zoll breite und mit den 2 Zoll hohen Rändern an die Herdumfassungsleisten genagelte Zinkbleche angebracht, so dass das Auffallen der Trübe- und Läuterwässer auf diese erfolgt, worauf erst der ruhige Strom auf die Leinwand tritt, und aus gleichem Grunde müssen die Scheidzungen für die Educte insbesondere hier an ihren unteren Flächen mit Leder- oder Gummiplatten belegt werden.

Nachdem der Zusammenstoss der zwei Platten, welche zur Bedeckung eines Doppelherdes der Breite nach benöthigt sind, durch Auflegen der Mittelleiste bedeckt wird, so erscheint der dieser Weise überzogene Herd wie aus einem einzigen Guss gleicher Masse hergestellt, und hebt sich der dunkle Schlichstreifen an der lichten Unterlage sehr scharf und schön ab.

Auch findet das schädliche Adhäriren der Schliche am Herdboden, wie es bei flaueren Mehlsorten auf dem porösen, blossen Holze stets zu beobachten war, ausgenommen bei sehr zähen Schlammen, nicht statt und beträgt der Bleihalt der gewonnenen flauen Schliche 54 bis 56 Pfd., der rascheren aber 58 bis 61 Pfd., was bei blendigen und spatheisenreichen Gefällen gewiss ganz befriedigend ist.

Ueber die Dauer der Leinwand liegt noch kein Anhaltspunkt vor; ein Herd arbeitet bereits 4 Monate, ohne dass dieselbe auch nur nennenswerth abgenützt wäre, nur legt sich mit der Zeit stellenweise ein festhaftender, äusserst feiner Staub auf dieselbe, der indessen weder das Vortreten, noch das Herabgleiten des Schliches beirrt.

Nachdem, wie bereits erwähnt, die Leinwand wasserdicht ist, so genügt eine einfache, gefügte und gehobelte Herdverschalung, während früher eine doppelte, gespundete und polirte üblich war; es erscheinen somit die im Ganzen 25 Gulden betragenden Kosten des Ueberzuges eines Doppelherdes schon bei der Anlage nahe eingebracht, abgesehen von dem Wegfall des öfteren Nachhobelns und Nachpolirens und der höchst wahrscheinlich längeren Dauer der Herdverschalung.

Diese Gründe veranlassen, dass hierorts die Anwendung des Gummileinwand-Ueberzuges auf sämmtliche bestehende, stetig wirkende Stossherde eingeleitet ist.

Ausserdem wurde bereits früher ein Doppelherd, und zwar auf einer Abtheilung mit einer 2 Linien starken Kautschukplatte, auf der zweiten aber mit einer gleich starken Guttaperchaplatte überzogen, welche Platten auch je aus einem einzigen Stücke bestehen und theils zu ihrer Schonung, theils zur Erzielung eines lichten Untergrundes einen weissen Firnissanstrich erhielten.

Auch dieser Herd arbeitet seit 6 Monaten auf beiden Abtheilungen ganz befriedigend und dürfte der Ueberzug jedenfalls eine vieljährige Dauer haben, trotzdem empfiehlt sich die Anwendung ähnlicher starker Platten wegen der hohen Anlagekosten weniger.

Es kostete nämlich (von derselben Firma) ein Quadratfuss der Kautschukplatte 1 fl. 76 kr. und der Guttaperchaplatte 2 fl. 24 kr., d. i. 6 respective $7\frac{1}{2}$mal mehr als die Gummileinwand.

Die Guttaperchaplatte ist somit die theuerste und schon deshalb weniger empfehlenswerth, weil sich dieselbe auch ungleich schwerer aufspannen lässt.

Přibram, 10. September 1869.

Einrichtung und Leistung der Handbohrmaschinen für die Steinsalzgewinnung.

(Nach ämtlichen Mittheilungen zusammengestellt.)

Ueber die Einrichtung, Zweckmässigkeit und Leistung dieser Bohrmaschinen zum Bohren im Steinsalz und im Haselgebirge können wir Nachstehendes mittheilen:

Diese Steinsalzbohrmaschine besteht der Hauptsache nach aus einer Schraubenspindel *a*, welche 28'' lang, $1\frac{1}{2}''$ dick ist. An dem einen Ende dieser Spindel befindet sich eine längliche Vertiefung zur Aufnahme des Bohrers *c*, an dem anderen Ende ist die Kurbel *d* angebracht, deren Arm zum einmännischen Bohren 8'', zum zweimännischen 10'' lang ist. Die Mutter dieser Schraubenspindel *a* ist eine nach ihrer Längenaxe entzwei geschnittene Hülse *b*, deren unterer Theil in einem Biegel festliegt, während der obere Theil nach Lockerung einer in diesem Biegel befindlichen Stellschraube abgehoben werden kann, wodurch das Herausnehmen der Bohrschraube und die Auswechselung des zuerst gebrauchten kurzen Bohrers durch Einschiebung eines

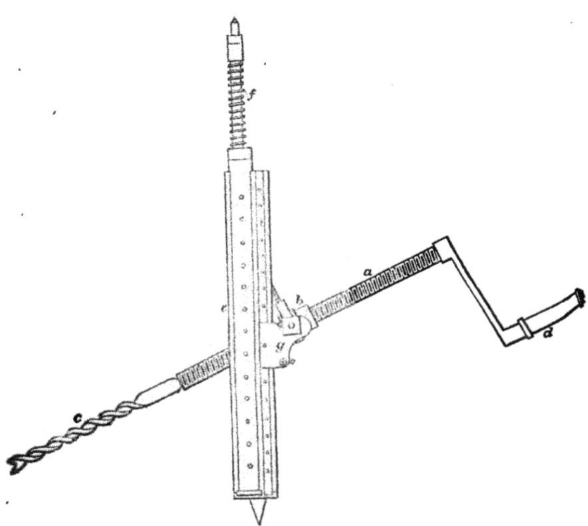

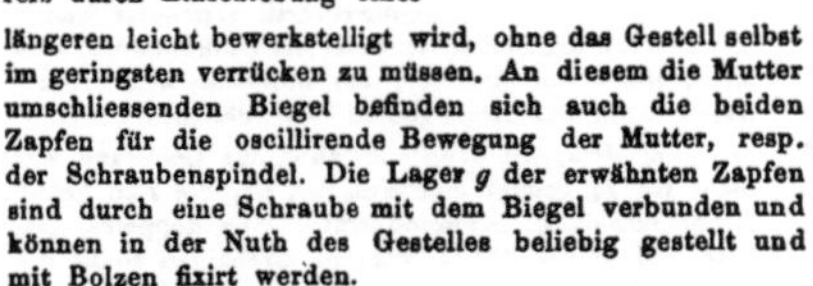

längeren leicht bewerkstelligt wird, ohne das Gestell selbst im geringsten verrücken zu müssen. An diesem die Mutter umschliessenden Biegel befinden sich auch die beiden Zapfen für die oscillirende Bewegung der Mutter, resp. der Schraubenspindel. Die Lager *g* der erwähnten Zapfen sind durch eine Schraube mit dem Biegel verbunden und können in der Nuth des Gestelles beliebig gestellt und mit Bolzen fixirt werden.

Anfangs wird gewöhnlich ein kurzer, später ein immer längerer Bohrer benützt, so dass gewöhnlich 5 Stück hievon vorräthig sind, deren Länge von 18—51 Zoll variirt. Der Bohrer selbst bildet eine in zwei Zacken ausgehende Schraubenfläche und ist oben, wo er in die Bohrschraube einzusetzen kommt, des besseren Widerstandes wegen, mit einem kleinen Ansatz versehen.

Das aus Eisenschienen bestehende Gestell *e* kann je nach der Höhe des Feldortes verschoben, nämlich verlängert oder verkürzt werden.

Zur Befestigung des Gestelles an der Sohle dient eine eiserne Spitze, welche sich bei Anwendung dieser Bohrvorrichtung bei einem Streckenbetriebe in die Sohle zur grösseren Stabilität des Gestelles eingräbt. Zur Befestigung an der First dient die Schraube *f*.

Beim grösstmöglichsten Auseinanderschieben erreicht das Gestell gewöhnlich eine Klafter Höhe.

Beim Streckenbetriebe kann das Gestell vor Ort sowohl vertical, d. i. zwischen First und Sohle, als auch horizontal zwischen den beiden Ulmen angebracht werden.

Sollte die Ortshöhe grösser sein als das ganze Gestell aus einander gezogen misst, so können in der Sohle als auch in der First Holzklötzel untergelegt werden; dasselbe gilt auch für eine grössere Streckenbreite.

Die Nuthen des Gestelles müssen glatt gehobelt, rein gehalten und öfters mit Oel eingeschmiert werden, um das Auseinanderziehen desselben leicht bewerkstelligen zu können.

Mit dieser Maschine können im festen Steinsalz sowie auch im Haselgebirge nach mehrfachen Aufschreibungen der Betriebsleitung am Ausseer Salzberge durch Bohren mehrerer Löcher in 6 Minuten durchschnittlich 18 Wiener Zolle gebohrt werden, während am Hallstätter Salzberge im Pillersdorf-Schachte in derselben Zeit nur 2·4 Wiener Zolle unter Aufsicht gebohrt wurden.

Die Leistung dieser Maschine ist somit eine ausgezeichnete, sie beträgt nämlich nahezu das Achtfache der gewöhnlichen Handbohrung.

Am Ausseer Salzberge werden zum Betriebe dieser Maschine zwei Mann verwendet, und dürfte wohl auch ein kräftiger Mann ohne Minderung der Leistung hinreichen, weil die allerdings für einen Mann bedeutende Anstrengung zur Herstellung eines Loches von 30 Zoll nur kurze Zeit (10 Minuten) dauert und das Besetzen des Bohrloches, sowie das Aufstellen der Maschine keinen besonderen Kraftaufwand erfordert.

Die zum Aufstellen der Maschine nöthige Zeit beträgt circa 10 Minuten.

Im festen anhydritartigen Gyps wurden zwei Versuche gemacht, wobei die Leistung nur die Hälfte von jener im Steinsalze betrug.

Diese Bohrmaschine ist bei allen Gesteinsgattungen, die entweder einen geringeren oder nicht viel höheren Härtegrad als das Steinsalz haben, mit grossem Vortheile anzuwenden.

Mit dieser Maschine wurden bis jetzt nur horizontale und geneigte, nicht aber verticale Löcher gebohrt. Bei horizontalen und nicht zu steilen Löchern geht das Bohrmehl von selbst aus dem Loche; bei verticalen oder sehr steil hinabgehenden Löchern müsste das Bohrmehl herausgezogen werden, was ganz natürlich die Leistung vermindern würde*).

Die Reparatur des Bohrers, der aus dem besten Gussstahl angefertigt sein muss, soll eine sehr geringe sein und wird einfach mittelst Feilen vorgenommen. Das Gewinde der 2 Schuh langen Bohr- oder Kurbelschraube ist ziemlich flach und richtet sich die Steigung nach der Härte des Salzes.

In Wieliczka war der Bohrer, den man bei Versuchen mit dieser Bohrmaschine anfänglich benützte, 18 Zoll lang und man war daher genöthigt, das Gestelle wenigstens 24 Zoll vor dem Feldorte aufzustellen. Rechnet man hiezu noch die 2 Schuh lange Bohrschraube, so war die Kurbel 4 Schuh vom Angriffspunkte entfernt, wodurch die nur einzig durch die Mutter unterstützte und dirigirte Bohrschraube keinen fixen Angriffspunkt hatte, und man war bemüssigt, das Bohrloch wenigstens auf $\frac{1}{2}$ Zoll mit der Keilhaue anzubrüsten. Ein 30 Zoll tiefes Loch im Grün- und Szybiker-Salze wurde bequem binnen 10 Min. durch zwei an der Kurbel thätige Arbeiter hergestellt, während im Spiza-Salze zu dieser Arbeit die doppelte Zeit gebraucht wurde.

Diese Handbohr-Maschine mit 12 Bohrern liefert der Maschinenfabrikant Christian Hagans in Erfurt um den Preis von 88 Thlr. Bei Abnahme von mehreren Stücken tritt eine Preisermässigung von 7 Thlr. per Stück ein.

In Erfurt sollen nach einer Mittheilung des Christian Hagans auch Steinsalzschlitzmaschinen von ihm angefertigt und bei dem dortigen Steinsalzwerke in Verwendung stehen.

*) Ueber eine neue Drehbohrmaschine für Steinsalz und Steinkohle für Sohlbau werden wir nach den damit abgeführten Versuchen in Wieliczka nicht unterlassen, einen ausführlichen Bericht hierüber zu erstatten. Die Red.

Ueber Pfandnatur und Evidenzstellung der Schurfrechte.

Von Wilhelm R. v. Fritsch.

(Schluss.)

Nach Feststellung dieser Grundsätze über die pfandrechtliche Natur der Freischürfe handelt es sich nun darum, dieselben mit der aufgeworfenen Frage über die Art und Weise der bergbehördlichen Führung der Schurf- und Freischurfbücher in näheren Zusammenhang zu bringen.

Im praktischen Geschäftsleben kommt es gar häufig vor, dass sich Zwei oder Mehrere zur Erleichterung der Kosten oder durch andere Rücksichten bestimmt, zusammengesellen, um gemeinsame Schurfunternehmungen zu treiben. Sehr oft tritt hiebei der Fall ein, dass Ein oder der Andere die Mittel vorstreckt, der Dritte sein Contingent in physischer Arbeit, Aufsicht oder Administration u. dgl. leistet. Diese Gesellschaft constituirt sich entweder auf rein amicaler Grundlage oder auf Grund eines rechtlich giltigen Vertrages.

In diesem Falle kann die Bergbehörde sich bei der Registrirung solcher Gesellschaften in ihren Schurf- und Freischurf-Vormerkbüchern in dreifacher Weise nun verhalten:

1. Sie verzeichnet entweder den Namen des einzelnen Bevollmächtigten unter Hintanlage der Vollmacht in die Urkundensammlung, oder

2. dieselbe begnügt sich einfach mit Verzeichnung des gesellschaftlichen Schriftenempfängers, oder endlich

3. dieselbe verzeichnet auch die einzelnen Mittheilhaber der Schurfberechtigung abermals nach der doppelten Modalität, d. i. entweder

a) mit einfacher Anführung der Namen der Mittheilhaber ohne Rücksicht auf das contractlich ausgesprochene Mass ihrer speciellen Verantheilung, oder

b) mit Verzeichnung dieser Namen und genauer Evidenzstellung der je einzeln entfallenden Antheile.

In beiden letzteren Fällen ist selbstverständlich auch die vormerkungsweise Auszeichnung eines Bevollmächtigten oder Schriftenempfängers gleichfalls mit nothwendig.

Zu 1. Die Verzeichnung eines Bevollmächtigten wird sich dann immer als unerlässlich herausstellen, wenn es sich um die Registrirung einer, auf Grundlage von behördlich genehmigten Statuten errichteten Schurfgesellschaft, Schurfvereins u. s. w. handelt. In solchen Fällen bildet die Vollmacht im Principe schon einen integrirenden Bestandtheil des betreffenden Statutes, gibt also der registrirenden Bergbehörde sich von selbst gewissermassen schon an die Hand. Das Gleiche wird auch dort gelten, wo mit der Schurfanmeldung gleichzeitig ein Vollmachtsvertrag in Vorlage gebracht wird.

Zu 2. Diese Modalität findet in der bergbehördlichen Praxis gleichfalls mehrfältig ihre praktische Handhabung.

Im Allgemeinen wird dieselbe dort als genügend angesehen, wo in der betreffenden Correspondenz mit der Bergbehörde sämmtliche Theilhaber auf jedem der Schriftstücke, analog wie bei der ursprünglichen Anmeldung der ursprünglichen Schurfberechtigung mit unterfertigt erscheinen.

Da die §§. 188 und 239 a. B. G. die Verpflichtung der Anzeige eines Bevollmächtigten nur für Theilhaber eines von mehreren betriebenen Bergbaues nach §. 136, d. i. eines belehnten Bergbaues im Auge haben, so fehlt, da die Theilhaber einer Gemeinschaft nicht zur Aufstellung eines Bevollmächtigten gezwungen werden können, der Bergbehörde das gesetzliche Coërcitivmittel, von mehreren Theilhabern eines Schurfrechtes die Anzeige eines Bevollmächtigten zu fordern. Spricht allerdings §. 837 a. b. G. B. sich dahin aus, dass der Verwalter eines gemeinschaftlichen Gutes, wohin nach §. 825 auch Rechte und somit in Uebereinstimmung mit dem, im §. 33 a. B. G. gebrauchten Ausdrucke der „Gemeinschaftlichkeit" auch Schurfrechte gehören, als ein Machthaber anzusehen sei, so folgt daraus noch nicht, dass ein der Bergbehörde als Schriftenempfänger bezeichneter Theilhaber ihr gegenüber dadurch schon als Verwalter. geschweige denn als Machthaber figurire. §. 836 a. b. G. B. stellt die Bestellung eines Verwalters gemeinschaftlicher Güter sogar ausdrücklich als facultativ hin.

Zu 3. Auch dieser Verzeichniss-Modus wird mehrfältig gehandhabt und findet namentlich dort seine nahe liegende Anwendung, wo in den betreffenden Schurfanmeldungen die Verhältnisse entweder nach *a* oder *b* bereits ihre thatsächliche Auseinandersetzung finden.

Es ist hier eine, auf eigener Erfahrung des Autors dieses beruhende, mit Sicherheit zu behauptende Thatsache, dass in dieser Richtung in der bergbehördlichen Praxis der Schurfrechtsvormerkungen ein verschiedener, auf mitunter abweichenden Anschauungen basirter Vorgang eingehalten wird.

Es drängt sich nun hier die Frage auf, ob denn in der That die verschiedene Handhabung der Evidenz gesellschaftlicher Schurfrechte nach verschiedenen Principien gleichgiltig ist, ob es nicht besser wäre, diese Manipulation würde nach einem einheitlichen Grundsatze und im bejahenden Falle nach welchem sich vollziehen?

Im Vorstehenden wurde bereits der Grundsatz: dass Schurfrechte auch Pfandobjecte sind, dass eine executive Realisirung derselben so gut wie eine Uebertragung ihres Miteigenthums stattfinden könne, als eine Art Fundamentalsatz hingestellt. Bei Freischürfen werden die Fälle von Streitigkeiten gerade um so leichter eintreten, je precärer und ephemerer die Natur derselben ist, je mehr in Folge dessen sich unter den Mittheilhabern nach Massgabe ihres verschiedenen Bildungsgrades, Tragweite ihrer Opferlust und Opferfähigkeit, über die Wahrscheinlichkeit des Erfolges und Durchgreifens ihrer Unternehmung divergirende Auffassungen nach und nach geltend machen können, welche mitunter zu den erbittertsten Streitausbrüchen zu führen vermögen, ja, wie die Erfahrung lehrt, sehr oft auch zu Klageanstrengungen geführt haben.

Es wird unter Adoptirung dieses Grundsatzes in seiner Beziehung zu der Evidenzhaltung der bergbehördlichen Vormerkbücher sich hiedurch schon der nützliche Wink ableiten lassen, dass bei einer Evidenzstellung der bergbehördlichen Schurfbücher jene Form am besten dem praktischen Bedürfnisse entsprechen wird, welche geeignet ist, allen jenen, durch die Pfandnatur der Schürfe bedingten Möglichkeiten der Uebertragung oder der Klarstellung momentaner, ihnen anhaftender civilrechtlicher Beziehungen von ganz besonderer Bedeutung in einfachster, leichtester Weise gerecht zu werden, ohne deshalb dem mobilen Charakter derselben, oder der lediglich administrativen Thätigkeit der Bergbehörden im Geringsten zu präjudiciren. Diesen Bedingungen wird die Bergbehörde unbedingt am besten dadurch entsprechen, wenn sie in ihren Schurfbüchern, natürlich unter der Voraussetzung, dass ihr von den die Schurfrechte anmeldenden Parteien die hiezu nöthigen Behelfe spontan — denn zu einer imperativen Abforderung derselben fehlen ihr die gesetzlichen Anhaltspunkte — an die Hand gegeben werden, nach Thunlichkeit sowohl den subjectiven als objectiven Besitzstand auszeichnet. Abgesehen davon, dass durch diese Vormerkungsweise die obcitirten civilrechtlichen Eventualitäten, wenn sie besonders wichtiger Art sind, ohne Mühe und Complicität zu einer in manchen Fällen sehr erspriesslichen Sichtbarstellung gelangen, so vermag auch diese Handhabungsweise der Bücher einen quasi Real-Credit zu schaffen, welcher, wenn auch der bergbücherlichen Basis und Rechtsschutzes entkleidet, mehr im Vertrauen auf die Institution der Bergbehörden wurzelt und geeignet ist, freundschaftlichen Transactionen oder Negociationen solcher Schurfrechte, unter Abwendung von Streitigkeiten, den günstigsten, mitunter von sehr wesentlichen Vortheilen für die gesammten Unternehmungen resultirenden Vorschub zu leisten. Auch kann es hiebei der Bergbehörde in ihrer zu entwickelnden Thätigkeit nach der Richtung der volkswirthschaftlichen Hebung des Bergbaues hin oft von sehr wesentlichem Belange sein, allaugenblicklich zu wissen, mit welchen Schurfunternehmern sie es überhaupt in ihren Bezirken zu thun hat, auf welchen Vortheil sie verzichten würde, wollte sie den subjectiven Besitzstand, einer verfehlten Einfachheit halber, im kryptomorphen Zustande belassen.

Die mögliche Schwerfälligkeit der Buchführung dürfte von keinem wesentlichen Belange sein. Vom praktischen Erfahrungs-Standpunkte aus erfolgt die Vereinigung von Schurflustigen in der Regel nicht in solcher Zahl, dass deren von den Parteien angestrebte Evidenzhaltung irgendwie formelle, die Bücher unverhältnissmässig belastende Schwierigkeiten verursachen sollte. Grössere Schurfgesellschaften werden sich ohnedem in der Mehrzahl der Fälle auf Grundlage von Statuten im Sinne des Vereinsgesetzes vom 26. November 1852, §. 2 lit. *c* und §. 85 der V. V. constituiren, in welchen Fällen von der detaillirten Evidenzstellung des Besitzes in den Schurfbüchern aus dem Grunde wird Umgang genommen werden können, da für dieselbe ohnedem in den bezüglichen Vereins-Statuten anderweitig Vorsorge getroffen werden wird.

Möge mir der Erfolg beschieden sein, durch vorstehende Betrachtungen weitere Klärung in das bergjuristische Fragen-Gebiet gebracht zu haben.

Neuer Versuch zur Fabrikation von Bessemer-Wolframstahl.

Von Capitän Leguen in Brest. Aus den Comptes rendus.

In einer früheren Mittheilung berichtete ich über das von mir zur Fabrikation von Bessemer-Wolframstahl angemeldete Verfahren, nach welchem das Metall in der Birne durch Zusatz eines mittelst des Wolframs verbesserten grauen Roheisens von ursprünglich mittelmässiger Qualität rückgekohlt wird. Dieser Stahl war nach seiner Verarbeitung zu Eisenbahnschienen, Waggonfedern etc. etc. zur Pariser Weltausstellung von 1867 eingesendet worden.

Ich stellte mir nun die interessante Aufgabe, unter analogen Verhältnissen nicht ein beliebiges Roheisen, sondern das gewöhnlich zum Rückkohlen benutzte weisse blätterige Roheisen (Spiegeleisen) mit Wolframmetall zu legiren. Diesen Versuch führte ich auf der Hütte von Terre-Noire ab, wo hauptsächlich Eisenbahnschienen aus Bessemerstahl fabricirt werden. Das dazu verwendete graue Roheisen wird daselbst aus Erzen erblasen, welche zum grösseren Theile von Mokta (bei Bona in Algerien) stammen. Aus dem Hochofen wird es direct in die Birne abgestochen. Das benutzte weisse Roheisen ist Spiegeleisen von Saint-Louis und wird vor seinem Zusatze zu dem gefrischten Eisen in einem Flammofen umgeschmolzen. Bezüglich der Wahl und der Mengenverhältnisse beider Roheisensorten, sowie hinsichtlich der Qualität des zu producirenden Stahles richtete ich mich nach der auf der gedachten Hütte üblichen Praxis.

Zunächst übersetzte ich eine gewisse Menge weisses Roheisen mit Wolfram, wobei ich das von mir im Jahre 1866 angegebene Verfahren befolgte, indem ich die Verbindung beider Metalle im Kupolofen mit Hilfe von Wolframbriquettes bewirkte. Ich erhielt auf diesem Wege eine Legirung, welche 9·21 Proc. Wolframmetall enthielt, und schritt nun zum Bessemern selbst. Zu 3150 Kilogr. grauem Roheisen vom ersten Schmelzen wurde nach dem Entkohlen desselben in der Birne $^1/_{10}$ dieser Gewichtsmenge von dem Wolframroheisen gesetzt. Der Process wurde in der gewöhnlichen Weise ausgeführt, nur mit der Abänderung, dass die Entkohlung über die üblichen Grenzen hinaus getrieben wurde, wie um einen weicheren Stahl zu erzeugen; dies geschah, um zu ermitteln, ob der Wolframgehalt dem verminderten Kohlenstoffgehalt entsprechen werde. Den Ergebnissen der Analyse zufolge war der Kohlenstoffgehalt auf ungefähr die Hälfte desjenigen reducirt, welchen der auf dieser Hütte erzeugte Stahl für Schienen gewöhnlich hat. Der Metallabbrand betrug 10 Proc. vom Gewichte beider Roheisensorten.

Der Gehalt des erzeugten Stahles an Wolframmetall beträgt nach den im Laboratorium der École des Mines gemachten Bestimmungen 0·558 Proc.; derselbe hätte 0·837 betragen müssen, wenn kein Verlust stattgefunden hätte. Die Differenz dieser beiden Zahlen (welche das Mittel der zweiten Zahl beträgt) repräsentirt den im Flammofen und in der Birne verschlackten Antheil. Bei dem auf der Stahlhütte in Imphy abgeführten Versuche war der Verlust grösser gewesen, ohne Zweifel, weil man dort den Apparat nach dem Zusatze des rückkohlenden Roheisens einen Augenblick wieder aufrichtete, was zu Terre-Noire nicht geschieht. Wegen dieses Umstandes ist es sogar wahrscheinlich, dass am letzteren Orte die Oxydation des Wolframs einzig und allein vom Flammofen herrührt. Das Auswalzen der Zaine bot nichts Besonderes dar. Die Schienen erhielten das von der Ostbahn eingeführte Profil und wurden nach ihrer Vollendung nach Paris auf den Strassburger Bahnhof gesendet, dessen Verwaltung sie in ihren Werkstätten der Bruch- und Stossprobe, sowie der Schmiede- und Härteprobe unterwerfen liess. Der mit der Leitung dieser Proben betraute Ingenieur theilte mir über die erhaltenen Resultate Folgendes mit:

„Die auf dem Ostbahnhofe probirten Wolframstahlschienen müssen zu den weichsten und zähesten Schienensorten gerechnet werden."

„Beim Ausschmieden und beim Stauchen verdarb dieser Stahl durchaus nicht und gab Drehstähle von bemerkenswerther Festigkeit."

„Um das Verhalten dieses Stahles beim Härten kennen zu lernen, wurden aus demselben mehrere Stäbe von 25 Millim. Seite geschmiedet; jeder Stab wurde, nachdem ein Stück abgehauen war, bei Kirschrothgluth gehärtet. Das vor dem Härten ziemlich grobe, weisse, glänzende, etwas hackige Korn erschien nach dieser Operation sehr fein, grau und sammtartig. Dieses Resultat wird mit den sprödesten in Terre-Noire dargestellten Stahlsorten erhalten und diese sind dann für Schienen gewöhnlich zu brüchig; wogegen der Wolframstahl eine sehr grosse rückwirkende Festigkeit zeigte, obgleich er sich sehr gut härten lässt."

Aus diesen Beobachtungen folgt, dass der Wolframstahl sehr weich und sehr fest sein und sich dabei gut härten lassen kann. Dieses Verhalten würde sich mit Vortheil benutzen lassen, um z. B. an bestimmten Stellen gewisse Maschinentheile zu härten, ohne die Weichheit des Stahles an den anderen Theilen zu ändern.

Um die vergleichsweise Dauerhaftigkeit dieser Wolframstahlschienen kennen zu lernen, beabsichtigt die Verwaltung der Ostbahn, dieselben an Punkten legen zu lassen, wo sie am meisten abgenutzt werden.

Ein wesentlicher Uebelstand für ihre Verwendung ist der hohe Preis der Legirung, während der gewöhnliche Schienenstahl sehr billig ist. Indessen steht die durch das Wolframmetall bedingte Preiserhöhung in gar keiner Beziehung zu dem Handelswerthe dieses Metalles, welches, durch Reduction von Wolframsäure dargestellt, 1 $^1/_2$ Frcs. per Gramm kostet. Zu diesem Preise gerechnet, würde die in 100 Kilogr. unserer Schienen enthaltene Quantität Wolframmetall 837 Frcs. werth sein und der laufende Meter, welcher 35·85 Kilogr. wiegt, würde für 299·80 Francs davon enthalten. Diesen enormen Zahlen gegenüber ist jedoch die in Rede stehende Vertheuerung der Schienen fast gleich Null, weil das Verfahren zur Reduction des Wolframs ein ganz anderes ist. Bei meiner Stahlfabrikation bleibt das durch die Einwirkung der Kohle auf das Erz (den Wolfram) reducirte Wolframmetall mit dem Eisen, dem Mangan, etwas Quarz, Gangart und einer

Quantität reducirender Kohle gemengt. Die Kosten dieses Verfahrens sind viel geringer, als wenn das reine Metall in isolirtem Zustande angewendet wird; die Verbindungsfähigkeit desselben mit dem Roheisen bleibt aber dieselbe. Die Ausgabe für die Anfertigung der Briquettes ist unbedeutend; hinsichtlich der Legirung lässt sich eine pecuniär vortheilhafte Vereinfachung des Verfahrens treffen; da man bereits auf mehreren Hütten zum Einschmelzen des zum Rückkohlen bestimmten Roheisens Kupolöfen anstatt der Flammöfen anwendet, so kann man die Legirung in diesen Kupolöfen darstellen, und dieselbe unmittelbar in die Birne abstechen. Man würde auf diese Weise eine Schmelzung und einen Wolframverlust im Flammofen umgehen und mit einem solchen Verfahren und den von mir früher angegebenen Vorsichtsmassregeln würde der Abbrand an diesem Metalle nicht über ein Drittel der in den Kupolofen aufgegebenen Quantität steigen. Um aber bei dieser Veranschlagung alle Nebenkosten in Rechnung zu ziehen, wollen wir annehmen, dass dieselben durch den Werth einer den Wolframgehalt des producirten Stahles um das Doppelte übersteigenden Wolframmenge repräsentirt werden. Auf dieser Grundlage finden wir, wenn wir das Kilogramm des verwendeten Wolframmetalls zu 2 Frs. 30 Cent. rechnen, dass der Stahl unserer Schienen per 100 Kilogr. um 3·80 Frcs. und der laufende Meter um 1·44 Frcs. höher zu stehen kommt. Diese Differenz würde aber nicht grösser sein, als bei Anwendung guter Stahlsorten und durch die vom Wolfram bewirkte Qualitätsverbesserung reichlich aufgewogen werden. P. J.

Einrichtungs-Plan der Bergschule für das nordwestliche Böhmen.

(Schluss.)

§. 17. Verwaltung.

Die Angelegenheiten der Bergschule werden von einem, aus sieben Mitgliedern bestehenden Directorium besorgt.

Das Directorium besteht, so lange der Staat der Schule eine Subvention leistet, aus dem Berghauptmann jenes Bezirkes, in welchem die Bergschule den Sitz hat, oder einem durch denselben bestimmten Stellvertreter, dann aus sechs durch die beitragleistenden Bergbauunternehmer frei gewählten Mitgliedern. Hievon sind in jedem der beiden Bezirke (§. 2) drei Mitglieder zu wählen.

Sollte keine Staatssubvention mehr geleistet werden, so werden alle sieben Mitglieder des Directoriums frei gewählt, und zwar vier in jenem Bezirke, wo die Bergschule den Sitz hat, und drei Mitglieder in dem anderen Bezirke.

Die Mitglieder wählen mit gleichem Stimmrechte unter sich einen Vorsitzenden und dessen Stellvertreter.

Der Vorsitzende ist zugleich der Director der Schule.

Der Director und dessen Stellvertreter muss in jenem Bezirke wohnen, wo sich die Schule befindet.

Das Directorium wird auf vier Jahre gewählt.

Das Stimmenverhältniss wird durch die Grösse des Beitrages bestimmt. Jeder Beitrag, bis einschlüssig zehn Gulden, gibt Eine Stimme, und jeder weitere Beitrag von zehn Gulden Eine Stimme mehr. Doch dürfen in Einer Person nicht mehr als fünf Stimmen vereinigt sein.

Bei allen Wahlen entscheidet die absolute Stimmenmehrheit.

Die Wahlen finden in den Standorten der Berghauptmannschaften statt und werden das erste Mal von diesen, in der Folge aber von dem Directorium ausgeschrieben und geleitet.

Dem Directorium steht zu:

1. Die Vertretung der Schule.
2. Die Aufnahme der Schüler.
3. Die Ernennung und Entlassung des Lehr- oder Dienstpersonales, sowie der Abschluss und die Kündigung von Verträgen mit demselben.
4. Die Feststellung der Anzahl der Arbeits- und Unterrichtstage, sowie die nähere Bestimmung des Lehrplanes.
5. Die finanzielle Gebahrung.
6. Die Stellung von Anträgen auf Abänderung des Einrichtungsplanes in einer allgemeinen Versammlung der zu den Kosten der Schule beitragenden Werksbesitzer.

Das Directorium ist verpflichtet:

1. Seine Thätigkeit durch eine Geschäftsordnung zu normiren.
2. Ueber seine Berathungen ein Protokoll zu führen.
3. Ueber die Verhältnisse der Schule und über die finanzielle Gebahrung alljährlich an die zur obersten Leitung und Aufsicht berufene Behörde und an die beitragleistenden Werksbesitzer zu berichten.

§. 18. Oberste Leitung und Aufsicht.

Die oberste Leitung und Aufsicht steht dem hohen k. k. Ackerbau-Ministerium als oberster Bergbehörde zu.

Komotau, am 9. Januar 1869.

E. Ehrenberg m. p.	Rud. Ritter v. Haidinger m. p.
Klaus m. p.	C. A. Lehr m. p.
F. Schreiber m. p.	A. Haamann m. p.
Ferd. Lehner m. p.	J. Papik m. p.
E. Buff m. p.	Friedrich Balling m. p.
Johann Dyk m. p.	Franz Tichy m. p.
Eduard John m. p.	W. Willmizer m. p.
	F. Regner m. p.

$\frac{706}{163}$ „Genehmigt."

Vom k. k. Ackerbau-Ministerium.

Wien, am 16. Februar 1869.

Potocki m. p.

Literatur.

Technische Blätter. Vierteljahrsschrift des deutschen Ingenieur- und Architekten-Vereins in Böhmen. Redigirt von Friedrich Kick, o. ö. Professor der mechanischen Technologie am deutschen polytechnischen Landes-Institute des Königreiches Böhmen, unter Mitwirkung des Redactions-Comité's. I. Jahrgang, 1869. Erstes Heft (Mai, Juni, Juli). Prag 1869. In Commission bei J. G. Calve'sche k. k. Universitäts-Buchhandlung.

Die Gründung eines deutschen Ingenieurs- und Architekten-Vereins in Prag, welcher bereits 196 Mitglieder zählt, hat die Herausgabe eines Vereins-Organes herbeigeführt, welches unter obigem Titel vierteljährig erscheinen soll. Das erste Heft enthält neun Abhandlungen, Kirchen- und Brückenbau, Eisenbahn- und Dampfmaschinenwesen betreffend, nebst einer Analyse der chemischen Zusammensetzung eines Kalkes von Dworec, welcher hiernach nicht als geeignet erscheint, für sich Material der Cementfabrikation zu bilden, wohl aber zur Erzeugung von Luftmörtel ausgezeichnetes Material ist. Die „Berichte" betreffen das Canalisirungs-System in Prag und das deutsche polytechnische Institut daselbst.

Dann folgen Auszüge aus technischen Zeitschriften, Literaturberichte und Vereinsmittheilungen.

Unser Fach fanden wir, einzelne Notizen abgerechnet, fast gar nicht vertreten; es scheint das eigentliche Ingenieurfach hauptsächlich vorwiegend und wir glauben mit Recht, dass eine zu grosse Ausbreitung nicht räthlich wäre, da der Raum der Periode des Erscheinens es nicht möglich machen würde, den stets anwachsenden Stoff zu bewältigen. O. H.

Schemnitzer akademische Lieder. Mit einem Anhange: „Das Schemnitzer Cerevis." Officielle (?) Ausgabe. Celle. Verlag der Schulze'schen Buchhandlung.

Ob es eben ein „dringendes Bedürfniss" war, eine Sammlung der Schemnitzer bergakademischen Lieder zu veranstalten, wollen wir dahin gestellt sein lassen. Wir glauben, dass überhaupt die Zeit nicht mehr so ferne ist, in welcher das vor noch nicht langer Zeit mit unnöthiger Aengstlichkeit und Rigorosität verpönt gewesene und eben deshalb dann um so beliebtere „Burschenwesen" nebst anderen Resten einer vergangenen Zeit allmälig einer andern Art Jugendlust Platz machen werde, bei welcher vielleicht das „Trinken" mehr in den Hintergrund und der an sich erhebende „Gesang" mehr in den Vordergrund treten dürfte. Darum sagen uns auch die echten Bergmannslieder in dieser Sammlung am meisten zu, und unter diesen trägt das „Kärnthner Bergmannslied" S. 23 auch schon das Gepräge der neueren Gesangvereins-Lieder. Es wäre vielleicht besser gewesen, statt des Cerevis-Anhanges lieber die minder bekannten Melodien als Anhang zu geben. Ein sonderbarer Zufall will es, dass dieses Liederbüchlein deutscher Schemnitzer Lieder eben jetzt erscheint, nachdem die allmälige Einführung der ungarischen Sprache als Unterrichtssprache in Schemnitz beginnen soll. Den Witz: „officielle" Ausgabe verstehen wir, offen gestanden, nicht. Die Auswahl der Lieder ist im Ganzen gut, die Ausstattung des Büchleins nett. O. H.

Notizen.

Arbeiterwohnungen im Ostrauer Kohlenrevier. Eine auf das häusliche Leben und die Stabilität der Bergarbeiter in dem Ostrauer Kohlenreviere vortheilhaft einwirkende Einrichtung ist der von Jahr zu Jahr zunehmende Aufbau von Arbeiterwohnungen. Diese Häuser sind zwar nach den Ortslagen in ihrer äusseren Gestalt, ihrer inneren Eintheilung und Räumlichkeit verschieden, jedoch ist bei jedem Werke ein System vorherrschend, so dass sich an manchen Orten lange Zeilen von congruenten Arbeiterhäusern vorfinden, aus welchen in der Zeitfolge Gässen und förmliche Ortschaften entstehen werden. Auch für die entsprechende Schulbildung der Arbeiterkinder in den grösseren und von der Ortsschule entfernteren Colonien wird seitens der Werksbesitzer durch Errichtung eigener Schulen Sorge getragen, wie z. B. bei der fürstlich Salm'schen Grube bei Poln.-Ostrau, welche in kurzer Zeit nicht die einzige sein dürfte, da auch in Peterswald und bei der Arbeitercolonie nächst Dombrau und Orlau die Gründung solcher Localschulen beabsichtigt wird.

Façonirte Eisenbahnschienen in Ostrau. Von nicht geringer Wichtigkeit erscheint der Umstand, dass in den Ostrauer Kohlengruben auf den Querschlägen und Hauptförderstrecken die früher benützten schwachen Kantenschienen abgeworfen und durch façonirte ersetzt werden. Die letzteren besitzen eine viel grössere Haltbarkeit, erleichtern das Fortschaffen der geladenen Kohlenwagen und sind namentlich dort, wo bereits die Kohlenförderung auf den Querschlägen und Hauptförderstrecken mittelst kleiner Pferde eingeführt ist, wie z. B. im Heinrichschachte und Hermenegildschachte der a. pr. Nordbahn bei Mähr.- und Poln.-Ostrau, im gräflich Eugen Larisch'schen Eugenschachte bei Peterswald und im Schachte Nr. 6 bei Karwin des Grafen Johann Larisch, unbedingt nothwendig, weil die kantigen Schienen den Seitendruck, den eine Reihe von Wagen auf sie ausübt, nicht aushalten.

Coaks-Hochöfen in Prävali. Dem im Fortschreiten begriffenen Bau des Coaks-Hochofens in Prävali wird bald ein zweiter folgen, ohne dass vor der Hand daran gedacht wird, deshalb den Betrieb der Holzkohlen-Hochöfen zu beschränken, so lange eine so lebhafte Nachfrage nach Roheisen besteht.

Entschwefelung von sehr kiesigen Glanzerzen. Bei der Hütte zu Waldenstein in Kärnthen besteht die Einrichtung, die Eisenglanzerze in Stufferze und Erzklein zu scheiden und jede Sorte abgesondert für sich, und zwar erstere in Schachtröstöfen mittelst Praschem (Holzkohlenklein), letztere in Flammöfen mittelst Flammholz zu rösten, welche Manipulation sich behufs Entschwefelung der sehr kiesigen Glanzerze als sehr vortheilhaft bewährt.

Schmelzversuche mit Coaks aus Köflacher Ligniten. Bei dem Hochofen in Olsa wurden Versuche zur Schmelzung mit Coaks aus Köflacher Ligniten gemacht, welche als gelungen zu betrachten sind und in Kürze zu namhafter Ausdehnung gelangen dürften.

Gruben-Beleuchtung mit Ligroinöl. Beim Bleibergwerke Kolm in Kärnthen wurde der Versuch gemacht, die Grube bei matten Wettern mit Ligroinöl zu beleuchten, welcher Versuch gut entsprochen hat.

Verhüttung von Puddlings- und Schweissofenschlacken in Storè. Die im Jahre 1868 vorgenommenen Probe-Schlackenschmelzen mit Anwendung von Coaks aus England ergaben befriedigende Resultate. In Folge dessen wurde die Coaksbedeckungs-Frage einem eingehenden Studium unterzogen, und sind sofort gründliche weitere Versuche mit Anwendung von Coaks aus verschiedenen Bezugsquellen durchgeführt worden. Da stellte sich nun heraus, dass die gegenwärtig in Fünfkirchen producirten Coaks, obgleich selbe seit Eröffnung der Fünfkirchen - Kottorie - Eisenbahn nur circa 98 kr. per Centner loco Storè kosten, nicht verwendbar seien, indem sie einen zu hohen Aschengehalt haben. Ostrauer und Rossitzer Coaks kommen zu theuer, oder waren gar nicht zu bekommen. Es wurde deshalb vorläufig die Idee aufgegeben, die Puddlings- und Schweissschlacken mit Coaks zu verhütten und man ist nun bestrebt, eine reichhaltige Holzkohlenbedeckung zu beschaffen. Diesbezüglich getroffene Einleitungen führten zu günstigen Ergebnissen und war nunmehr das Werk in die Lage gesetzt, die regelmässige Verhüttung der Schlacken vorzubereiten. Zu diesem Zwecke wurde der früher beantragte Ofen um 5 Fuss, d. i. auf 23 Fuss erhöht und auf eine Kohlensack-Weite von 5 Fuss gebracht. Es wird ferner gegenwärtig ein Wind-Wärmapparat aufgestellt und befinden sich ein grosser Kohlenbarren, eine Schlacken-Präparirhütte mit Pochwerk sammt Dampfmaschine im Baue, so dass gehofft werden kann, bald in regelmässigen Betrieb zu kommen.

Verwendung von Torf-Coaks. Bei dem ärarischen Eisenwerke Reichenau werden zur Erzeugung eines Centners Roheisen 31 Pfd. Torf-Coaks und 10 Cubikfuss Holzkohle verwendet.

Die Bessemerhütte in Ternitz ist nun bereits vollständig hergerichtet und im Betriebe. Sie besteht aus einer Gusshütte mit 2 Kupolöfen zum Umschmelzen des Roheisens, dann zwei Retorten für den Bessemer-Process und 2 Dampfhämmern von 250 Ctr. und 60 Ctr. Fallgewicht für die weitere Verarbeitung der Ingots nebst den nöthigen Wärmöfen, ferner aus einem Tyres-Walzwerk zur Erzeugung von peripherisch gewalzten Tyres ohne Schweissnaht, aus einem Schienenwalzwerke zur Erzeugung von Eisenbahnschienen und aus einer mechanischen Werkstätte mit den nöthigen Drehbänken, Bohr-, Hobel- und Shaping-Maschinen etc.

Der Betrieb der Gusshütte hat bereits im Juni, jener des Tyres- und Schienenwalzwerkes in den letzten Monaten des Jahres 1868 begonnen. Erzeugt werden ausser Ingots, Tyres und Schienen auch Schmiedstücke aller Art, als: Achsen, Kurbeln, Kurbelwellen, Kolben-, Zug-, Kuppel- und Pistonstangen bis über 30 Ctr. per Stück und Bleche zu verschiedenen Zwecken. Als zur Bessemerstahl-Erzeugung erforderliches Rohmaterial wird mit Benützung von beim Werke selbst, nicht ohne besondere Opfer erzeugten Coaks grösstentheils englisches Coaks-Roheisen verwendet, dessen Preis sich um ungefähr 33 Proc. billiger stellt, als jener des geeigneten inländischen Eisens, welches dem Werke überdies nur in geringen Quantitäten zum Bezuge verfügbar steht; und ebenso wird das zum Bessemern nöthige Holzkohlen-Spiegeleisen aus Rheinpreussen herbeigeschafft. Unter solchen Verhältnissen wird dem Werke die Concurrenz des Auslandes im hohen Grade fühlbar und erwartet dasselbe einen höheren Aufschwung erst, wenn das Inland gutes und billiges Coaks-Roheisen und gut gebrannte schwefelfreie Coaks zu bieten vermag, und die Frachttarife der Eisenbahnen billiger werden.

Anwendung von hydraulischen Pressen statt der Dampfhämmer beim Schmieden grosser Stahlmassen. Wenn bedeutendere Stahlmassen zu schmieden sind, so muss der Hammer für gewisse Volumina schon ein höchst bedeutendes Gewicht haben, wenn sich die Wirkung des Hammers in den verschiedenen Massenschichten nicht sehr ungleichmässig geltend machen soll. Ohne auf das hier waltende physikalische Gesetz genauer einzugehen, lässt sich die Sache durch eine einfache Erscheinung versinnlichen. Wenn nämlich beim Schmieden starker Stahlbarren der Hammer nicht die erforderliche enorme Schwerkraft hat, so macht sich seine Gewalt in den äusseren Massenschichten ungleich mehr geltend als in den inneren, und es wird dies Factum dadurch unzweifelhaft dargethan, dass sich an den Enden der Barre tiefe Schalen bilden. Es ist nun gelungen, eine hydraulische Presse zu construiren, welche hinreichend rasch arbeitet und leistungsfähig genug ist, um den Dampfhammer mit Vortheil zu ersetzen. Der Druck der hydraulischen Presse wirkt nicht blos auf die Oberfläche, sondern durch die ganze Masse und gibt eine Gleichmässigkeit der Verdichtung, die durch Dampfhämmer nicht erreichbar ist. Die geräuschlose Arbeit der Presse und die Abwesenheit von Stössen machen die Anwendung derselben bequemer und für die Arbeiter weniger ermüdend, auch bedarf man dabei keiner sehr soliden und theuren Fundamente.

(Trierer Zeitschr. f. d. öst. Eisen- und St.-Ind.)

Sturtevant's Centrifugalventilator ist wegen seiner eigenthümlichen Lagerung bemerkenswerth Derselbe hat conisch geformte Zapfen und entsprechend ausgebohrte Lagerbüchsen, welche mit Längsrinnen versehen sind, in welche vom Oelbehälter durch einen Docht Oel eintreten kann. Das überflüssige Oel tropft an dem Ansatzpunkte der Achse in eine kleine ringförmige Kammer, von welcher es durch ein Röhrchen in einen Sammelbehälter geführt wird. Die Lagerbüchsen ruhen in einem kugelförmig ausgebauchten Futter, dessen Höhlung mit Hanf gefüllt ist, der sich mit dem durch einen in den Büchsen befindlichen Schlitz eintretenden Oele tränkt, wodurch eine Schmierung für kurze Zeit erzielt wird, wenn der Wärter das Füllen des Oelbehälters vergisst. (Dingl. J. Bd. 192, S. 346.)

Eisenerzeugung in Steiermark. Die Ausweise über die Roheisen-Erzeugung in Steiermark zeigen, nach einer Meldung der „Debatte", gegen die Vorjahre ein nicht unansehnliches Plus. Es werden aus drei Millionen Centner Eisenerze anderthalb Millionen Centner Eisen erzeugt. Dieses Quantum verarbeiten 35 Hochöfen. (St. I. u. H. Bl.)

Amtliche Mittheilung.

Die Supplirung der Professur für Berg- und Hüttenmaschinenlehre und Baukunde an der Bergakademie in Přibram wurde vom Ackerbauminister im Einverständnisse mit dem Finanzminister dem Přibramer Kunst- und Bauwesens-Adjuncten Josef Hrabak übertragen.

Briefkasten der Expedition.

Löbl. k. k. Salinen-Verwaltung in Wieliczka. Den für die Witwen der im Plauen'schen Grunde verunglückten Bergleute gesandten Betrag von fl. 75, in diversen Geldsorten gegeben von den Herren Beamten und Arbeitern der dortigen Saline, haben wir bestens dankend dem Hilfs-Comité zugeführt.

Diese Zeitschrift erscheint wöchentlich einen Bogen stark mit den nöthigen artistischen Beigaben. Der Pränumerationspreis ist jährlich loco Wien 8 fl. ö. W. oder 5 Thlr. 10 Ngr. Mit franco Postversendung 8 fl. 80 kr. ö. W. Die Jahresabonnenten erhalten einen officiellen Bericht über die Erfahrungen im berg- und hüttenmännischen Maschinen-, Bau- und Aufbereitungswesen sammt Atlas als Gratisbeilage. Inserate finden gegen 8 kr. ö. W. oder 1½ Ngr. die gespaltene Nonpareillezeile Aufnahme. Zuschriften jeder Art können nur franco angenommen werden.

Druck von Carl Fromme in Wien. Für den Verlag verantwortlich Carl Reger.

№ 40. XVII. Jahrgang.

Oesterreichische Zeitschrift für Berg- und Hüttenwesen.

1869. 4. October.

Verantwortlicher Redacteur: Dr. Otto Freiherr von Hingenau, k. k. Ministerialrath im Finanzministerium.

Verlag der G. J. Manz'schen Buchhandlung (Kohlmarkt 7) in Wien.

Ueber die Erzeugung des Viehsalzes *) in Form von Lecksteinen.

Vom pens. k. k. Sectionsrathe A. R. Schmidt.

Die hohen Gestehungskosten des Viehsalzes, insbesondere desjenigen aus Steinsalz erzeugten, so wie die Unzukömmlichkeiten und financiellen Nachtheile, welche mit diesem Salze verbunden waren, haben mich während meiner Dienstleistung als Salzwesens-Referent gelegenheitlich der Salinen-Inspicirung in den Jahren 1864 und 1865 veranlasst, Versuche zu machen: Viehsalz in einer den Anforderungen mehr entsprechenden Beschaffenheit und Form darzustellen.

Die ersten Versuche in dieser Absicht habe ich auf dem Steinsalzwerke zu Maros-Ujvár in Siebenbürgen mit Beihilfe des Bau-Ingenieurs Jucho vorgenommen, wobei hauptsächlich darauf hingearbeitet wurde, die bisherige kostspielige Feinvermahlung des zur Viehsalz-Bereitung in Verwendung kommenden natürlichen Salzes mittelst Pferdemühlen zu beseitigen oder wenigstens auf ein geringeres Quantum zu beschränken. Diesennach wurde das Materiale, nämlich die bei der Schrämmarbeit des Salzabbaues abfallenden kleineren Minutien (feine Graupen und Mehl) direct von der Grubensohle genommen, mit den Denaturirungs-Stoffen (Eisenoxyd und Kohlenpulver) in dem üblichen Verhältnisse gemengt, das Gemenge mit Wasser angefeuchtet und gut durcheinander gerührt, sodann die breiartige Masse in Ziegelform geschlagen und mittelst einer improvisirten einfachen Handpresse zusammengedrückt. Die dadurch erhaltenen Körper, im Gewichte von 10 und 25 Pfd., wurden in Ermanglung eines ordentlichen Darrofens auf dem Dampfkessel-Gewölbe der Förderungsmaschine getrocknet.

Der günstige Erfolg dieses ersten Versuches stellte es schon ausser Zweifel, dass das Viehsalz durch Compression der Minutien — ohne Vermahlung derselben — in erwünschter Steinform mit wesentlicher Ersparung an Betriebskosten erzeugt werden könne, und dieses Salz dem bisherigen losen Viehsalze hinsichtlich der Anwendung vorzuziehen sei.

Se. Excellenz der damalige Finanz-, jetzige Handels-Minister, Edler v. Plener, erkannte sogleich die Wichtigkeit des Gegenstandes, da sich die Aussicht öffnete, durch die Lecksteine den von Jahr zu Jahr mit dem Vertriebe des Viehsalzes mehr überhand nehmenden Gefällsverkürzungen zu begegnen. Ich erhielt die Weisung, die Sache weiter zu verfolgen, damit dieselbe baldigst auf den Stand einer currenten Manipulation gebracht werden könne.

Die Comprimirungs-Versuche wurden demnach auf den Salinen Ebensee, Hallein, Wieliczka, Lacko, Szlatina und Rhonaszek zu dem Zwecke fortgesetzt, um einestheils weitere Erfahrungen zu sammeln, andererseits sowohl die Betriebsbeamten als auch die hiezu erforderlichen Arbeiter mit der Manipulation vertraut zu machen.

Während der Versuche in Ebensee wurde die Schraube der Pressvorrichtung unbrauchbar. Um die kurze Zeit, die zur Verfertigung einer neuen Schraube nothwendig war, zu benützen, nahm ich eine Füderlkufe von den Salzstossern und probirte ein Gemenge von den verschiedenen unvermahlenen, zum Theile sehr groben Nebensalzen, die zur Erzeugung des Viehsalzes bestimmt waren, wie das gewöhnliche Sudsalz durch Stampfen in Stöckeln zu formen. Das Resultat war überraschend günstig: es hat sich gezeigt, dass auf diesem Wege nicht nur das durch rasche Abdampfung

*) Wir veröffentlichen diesen Artikel, weil damit gezeigt werden soll, dass es an Mitteln nicht fehlen würde, Viehsalz auch in Form von Lecksteinen zu erzeugen. Auch ist ein in Form eines abgestumpften und durch eine runde Oeffnung in der Mitte durchbrochenen Kegels gestaltetes Stück Viehsalz einer ausländischen Saline in unserm Besitz, welche diese Fabricationsart als ausführbar darstellt. Allein wir ersuchen unsere Leser ausdrücklich, diesem Artikel ganz und gar keinen officiellen oder officiösen Charakter beizulegen, denn so lange das Gesetz vom 7. Juni 1868 besteht, welches die Erzeugung von Viehsalz bei uns abgestellt hat, kann und darf die Regierung nicht an die Wiedereinführung desselben denken und eine Abänderung dieses Gesetzes ist ohne vorgängige Vereinbarung mit Ungarn unmöglich, wo durchaus bis jetzt keine Geneigtheit zur Wiedereinführung des Viehsalzes zu bemerken ist.
Die Red.

erzeugte feinkörnige Salz, sondern auch alle Nebensalze in verschiedenen Mischungen, ohne Vermahlung, zu Stöckeln oder Füderln umgestaltet werden können, was früher von vielen Salinisten in Abrede gestellt oder bezweifelt worden ist.

Da die Compression durch den Stoss wegen der grössern Einfachheit und der geringern Kosten jener mittelst Pressung bei weitem vorzuziehen ist, so habe ich auf den Salinen zu Hallein, Wieliczka und Lacko die Versuche nach dieser letztern Verfahrungsweise abgeführt und dabei die Ueberzeugung gewonnen, dass auf diese Art auch aus den Steinsalz-Minutien Lecksteine in Stöcklform hergestellt werden können.

Ich ging bei den Versuchen mit Einstampfen auf folgende Weise zu Werke.

Die gereiterten Steinsalz-Minutien von der Grösse einer wälschen Nuss abwärts oder die Nebensalze der Sudsalinen, mit 2 Percent Eisenoxyd und 1 Percent Kohlenstaub gemischt, werden in einen flachen hölzernen Grant gegeben, mit gewöhnlichem Wasser in dem Grade befeuchtet, dass sich am Boden keine freie Nässe sammelt und dann mit einer Krücke oder Küste, wie man sich solcher gewöhnlich zum Kalklöschen bedient, schnell und gut durcheinander gemengt, damit die Masse überall feucht werde.

Zur Formirung der Stöckel verwendete ich Gefässe von Eisenblech in der Gestalt eines abgestutzten Kegels und in der beiläufigen Grösse der gewöhnlichen Sudsalz-Füderln, welche mittelst eines durchlöcherten starken Brettes am Boden festgestellt wurden.

Die Füllung der Gefässe mit dem frisch angemachten Viehsalz-Gemenge erfolgt nicht auf einmal, sondern unter 2 oder 3 Malen. Jede solche Partie wird durch einige leichte Stösse mit einem hölzernen, unten mit Blei eingegossenen Staucher eingestampft, und zwar zuerst an der Peripherie und dann in der Mitte, in dem Masse, dass die nächste Partie mit der bereits eingestampften, ohne eine Absonderung zu bilden, in Verbindung treten kann. Die letzte, kleine, convexe Aufgabe wird mit einer flachen Schaufel, jedoch ohne die Form zu erschüttern, glatt geschlagen.

Nach Verlauf einiger Minuten wird die Form mit Hilfe eines auf die freie Fläche gelegten Eisenbleches vorsichtig umgewendet, damit sie auf dem Bleche ruhet, sodann einige Mal sachte beklopft und behutsam senkrecht abgehoben. Der nun freie Salzkörper mit der Blechunterlage wird unverzüglich in die Dörrkammer gebracht.

Bei den Sudsalinen kann die Dörrung der Viehsalzstöckel in den ohnehin bestehenden Dörren oder Pfieseln unter Einem mit dem Sudsalze erfolgen. Auf den Steinsalzgruben müssen aber zu diesem Zwecke eigene Trockenkammern hergestellt werden. Bei den Versuchen konnten hiezu nur Dampfkessel, Sparherde und dergleichen Feuerstätten benützt werden.

Die Dörrung muss unter allmäliger Steigerung der Wärme bis 130 Grad R., überhaupt so weit getrieben werden, dass nicht nur das Wasser gänzlich verdampft, sondern auch eine Sinterung und an der Oberfläche des Stöckels eine leichte Schmelzung erfolgt, damit dem Salzkörper die hygroskopische Eigenschaft benommen wird. Zur vollständigen Darrung und Abkühlung der Stöckeln sind gewöhnlich 48 Stunden erforderlich.

Da, wo die Fabrikation des geformten Viehsalzes im Grossen ununterbrochen betrieben werden soll, sind Dörrkammern mit 2 Abtheilungen, jede mit besonderer Heizung herzustellen, damit, während in der einen die Trocknung im Gange ist, in der andern Abtheilung die gedörrten Salzstöckeln ausgetragen und die neu geformten eingesetzt werden können.

Die fertigen Salzstöckeln, durchschnittlich im Gewichte von 20 Pfd., zeigen, wenn sie entzwei gesägt werden, durchaus compactes Gefüge mit gleichmässiger schmutzig-rother Färbung, klingen beim Anschlagen eines harten Körpers wie die Kochsalzfüderln, haben mithin dieselbe Dichte und Festigkeit. Sie können einige Male mit Gewalt auf den Boden geworfen werden, ohne zu zerspringen. Auch Luft und Witterung üben auf dieselben keinen merklich nachtheiligen Einfluss. In Ebensee und Rhonaszek wurden einige durch Pressung erzeugte Viehsalzziegel einen ganzen Winter hindurch absichtlich in Räumen, wo die Luft freien Zutritt hatte, aufbewahrt, ohne dass dieselben eine ungünstige Veränderung erlitten, vielmehr zeigten sie nach dieser Probe eine noch grössere Festigkeit als früher, daher auch dieses Viehsalz ohne Anstand sowohl dem Land- als Wassertransport wird unterzogen werden können.

Im Jahre 1863 beliefen sich die Erzeugungs- und Verpackungskosten des losen Viehsalzes zu Maros-Ujvár auf die enorme Höhe von 75½ Neukr. per Centner. Den grössten Theil dieser Unkosten verursachte die Feinvermahlung der Steinsalz-Minutien und des Kolkothars, welche mittelst Pferdemühlen bewerkstelliget dem Unternehmer mit 40 kr. per Centner bezahlt wurde.

Nicht viel weniger betrugen aber auch die Auslagen für das in Ebensee erzeugte Viehsalz, wie aus folgender amtlicher Nachweisung ersichtlich ist.

Jahr	An Salzartikeln u. Eisenoxyd — ohne Einrechnung des Kohlenpulvers — verwendet	Auslagen für Eisenoxyd, Arbeitsschichten, Amtsmaterialien, Inventarial-Geräthschaften etc. etc.	Gestehung 1 Ctr. Viehsalzes	Gestehung im Durchschnitte der 5 Jahre
	Ctr.	fl. kr.	fl. kr.	kr.
1859	9.568	13.030 . 79	1.37	71·4
1860	24.533	13.314 . 19	—.54·2	
1861	24.723	21.042 . 05	—.85·8	
1862	36.236	11.259 . 15	—.31	
1863	29.110	14.314 . 00	—.49·1	

Den grössten Theil dieser Kosten hat das Steinsalzmehl von Hallstatt verursacht, indem dasselbe loco Ebensee auf 60 kr. per Centner zu stehen kam, und gewöhnlich zu gleichen Theilen mit dem Sudsalze zur Viehsalzerzeugung verwendet wurde.

Genaue Aufschreibungen, welche bei meinen Versuchen in Maros-Ujvár vom Bauingenieur Jucho, in Ebensee vom Salinen-Verwalter Schindler geführt wurden und in den bezüglichen Acten beim Finanz-Ministerium hinterlegt sind, haben ergeben, dass das comprimirte Viehsalz auf den Steinsalzgruben, wo eigene Darröfen nothwendig sind, der Centner mit 20 bis 25 kr., bei den Sudsalinen aber mit 12 kr. hergestellt werden könne.

Das Erste, was mit dem geformten Viehsalze erreicht würde, wäre sonach eine bedeutende Verminderung der Erzeugungskosten und die gänzliche Beseitigung der Auslagen für Verpackung. Nehme man nur das Mindeste, nämlich eine Ersparung von 25 kr. per Centner an, so würden sich die Gesammtkosten der Viehsalzerzeugung, die in den letztern Jahren bei 600.000 Centner betrug, jährlich um 150.000 fl. weniger belaufen, als die bisherige Auslage.

Für 1865 war folgende Viehsalzerzeugung präliminirt:

Siebenbürgen	140.000	Ctr.
Marmarosch	140.000	"
Westgalizien	130 000	"
Ostgalizien	100.000	"
Ebensee	90.000	"
Hallein	8.000	"
Hall	30.000	"
Zusammen	638.000	"

Die Auslagen für einige Darröfen kommen in keinen Betracht, da dieselben schon das erste Jahr des Betriebs durch die Ersparungen hereingebracht werden.

Zweitens würden die Lecksteine, besonders in den Ländern, wo wenig Stallfütterung besteht, namentlich in Ungarn, Siebenbürgen und Galizien, der Anwendung besser zusagen, daher mehr Absatz finden, andererseits aber wegen dem weniger appetitlichen Aussehen dem menschlichen Genusse mehr entzogen sein, als das bisherige Viehsalz in Mehlform. Mehrere Landwirthe haben sich geäussert, dass sie das lose Viehsalz für das im Freien weidende Vieh, insbesondere Schafe, gar nicht verwenden können, und gezwungen seien, reines Steinsalz als Lecksalz zu kaufen.

Drittens wird das Eisenoxyd bei der Vermengung mit Salz durch das Wasser mechanisch aufgelöst, es bildet sich eine braune Flüssigkeit, welche das ganze Salzquantum gleichförmig durchzieht und verunreinigt. Durch die Compression und die darauffolgende Darrung tritt das Denaturirungsmittel mit dem Salze in eine innige Verbindung, aus welcher dasselbe auf mechanischem Wege viel schwerer, bei den Lecksteinen aus Sudsalz fast gar nicht gänzlich entfernt werden kann.

Comprimirtes Viehsalz hat im Bruche eine täuschende Aehnlichkeit mit einem dunkel graulich-rothen Trachytgestein. Mehrere Montanistiker, denen ich solche Salzmuster in Bruchstücken zeigte, hielten dieselben wirklich für trachytische Felsarten. Das mehlige Viehsalz dagegen erscheint nicht tiefer als Ziegelmehl gefärbt und die Denaturirungsstoffe, da solche mit dem Salze in keiner Verbindung stehen, können auf leichte Weise davon abgesondert werden.

Die Lecksteine, nach vorbeschriebener Art erzeugt, würden demnach das Salzgefäll wenig beinträchtigen.

Die Aufbereitungswerkstätte auf der Vigra- und Clogau-Grube in North Wales England.

Vom k. k. Bergmeister Adolf Plaminek in Idria.

Die Vigra & Clogau- Aufbereitungswerkstätte ist am Bache Hirgwm 530 Klafter nördlich von seinem Einflusse in das sich in den Busen von Cardigan ergiessende Küstenflüsschen Mawddach in einer Weitung des meist sehr enge Felsschluchten bildenden Querthales erbaut.

Sie liegt 720 Klafter südwestlich und 552 Fuss tiefer als die St. Davids-Grube, welche das nöthige Aufbereitungsmateriale von dem St. Davids- oder Goldgange erzeugt.

Das von diesem Gange firststrassenmäsig gewonnene Hauwerk besteht vorwaltend aus mit zarten Kalkspathadern durchzogenem Quarz, in welchem Kupfer- und Eisenkiese in Gesellschaft mit Gold fein eingesprengt vorkommen, seltener sind silberweisse Wismuthblättchen, noch weit seltener Tellurwismuth in der Quarzmasse, welche beiden Mineralien stets mit reichen Golderzen brechen und deren Einkommen daher als ein erfreuliches Ereigniss angesehen wird.

Das gebrochene Hauwerk wird in der Grube während des Beräumens und Aufpochens der Wände der ersten Scheidung unterzogen, und in Erze, welche Gold sichtbar in der Gangmasse führen, und in Pochgut, in welchem kein Gold mit freiem Auge wahrgenommen werden kann, gesondert.

Der Halt der Golderze ist höchst variabel und ergibt sich im grossen Durchschnitte mit 0·010 Münz-Pfd. Feingold per Centner und 6 fl. 25·8 kr. Werth.

Der Halt des Pochgutes beträgt 0.842 Münz-Pfd. Feingold und 50 Pfund metallisches Kupfer pro 1000 Centner Pochgut, was einen Werth von 525 fl. 15·6 kr. in Gold und 16 fl. 53·5 kr. in Kupfer, somit zusammen 541 fl. 69·1 kr. pro 1000 Centner und 54·17 kr. pro 1 Centner ausmacht.

Erze und Pochgut werden von der Grube in Eisenbahnwägen auf der längs dem östlichen Thalesgehänge angelegten, 670 Klafter langen Eisenbahn mit 1·65 Zoll Gefälle per Klafter, bis zu dem 250 Klafter langen und 456 Fuss über dem Niveau der Pochwerkshalde beginnenden selbstthätigen Bremsberge, und auf demselben zur Pochwerkshalde transportirt, worauf die Grubenerze und das Pochgut jedes einer besonderen Aufbereitung unterzogen wird.

I. Aufbereitung der Golderze.

1. Mürbebrennen.

Die sichtbare Goldtheilchen führenden Erzwände (*rich gold ore*) werden wegen der grossen Festigkeit der quarzigen Gangart in einem Schachtröstofen, bestehend aus 2 über einander gestellten, durch Flanchen verbundenen gusseisernen Cylindern, und einem Rost mit beweglichen Roststäben gebrannt, hierauf aus dem Ofen gezogen und mit kaltem Wasser besprengt, wodurch der Quarz der Gangmasse spröder und leichtbrüchiger wird, was die Scheidearbeit wesentlich erleichtert.

2. Scheiden.

Das Scheiden der Bergerze erfolgt auf 2 gewöhnlich eingerichteten Scheidbänken mit Chabotten von Gusseisen und beschränkt sich blos auf das Aushalten des kein sichtbar gediegen Gold führenden Scheidabschlages, welcher dem Pochgut zugetheilt wird, worauf das ausgeschiedene Bergerz behufs der nachfolgenden Amalgamation auf den Chabotten mit grossen Schlägeln zu Grieserz zerkleinert wird.

3. Rösten.

Das Grieserz wird in zwei Muffelöfen mit geschlossener Muffel unter beständigem Wenden der Post so lange verröstet, bis alle Schwefelmetalle in Metalloxyde und schwefelsaure Metalloxyde verwandelt werden, was daran zu erkennen ist, dass die Erzpost keine schwefelige Säure mehr abgibt.

4. Amalgamation.

Die abgerösteten Golderze, wie auch der aus den Pochsätzen monatlich einmal ausgehobene, vorher gesiebte und dann auf der Schaufel zu Goldschlich ausgezogene Satzstoff werden in sogenannten Britten's Pfannen amalgamirt.

Das Werk besitzt deren sieben an der Zahl und die Einrichtung derselben ist aus der beiliegenden Skizze zu ersehen.

Britten Amalgamator.

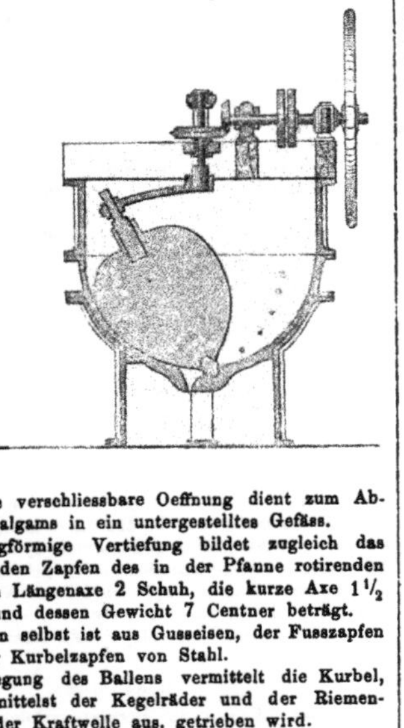

Diese gusseisernen Pfannen haben in der Regel einen Durchmesser von 3 Schuh. In der Wandung derselben ist eine Reihe von vertical über einander stehender Oeffnungen zum Waschen des Quecksilberamalgams angebracht.

Eine in der am Boden befindlichen ringförmigen Vertiefung der Pfanne mit einer Schraube verschliessbare Oeffnung dient zum Ablassen des Amalgams in ein untergestelltes Gefäss.

Diese ringförmige Vertiefung bildet zugleich das Fusslager für den Zapfen des in der Pfanne rotirenden Ballens, dessen Längenaxe 2 Schuh, die kurze Axe $1^1/_2$ Schuh misst, und dessen Gewicht 7 Centner beträgt.

Der Ballen selbst ist aus Gusseisen, der Fusszapfen sowohl als der Kurbelzapfen von Stahl.

Die Bewegung des Ballens vermittelt die Kurbel, deren Welle mittelst der Kegelräder und der Riemenscheiben von der Kraftwelle aus, getrieben wird.

Die horizontale Welle, welche 30 bis 40 Mal per Minute umlauft, ist, um einen gleichmässigen Gang der Maschine zu erzielen, mit einem Schwungrade versehen. Die Anordnung der Träger für die Pfanne und die Lager ist aus der Skizze zu entnehmen.

In die Pfanne werden in der Regel 25 Pfund Quecksilber eingetragen, dann etwas Wasser zufliessen gelassen und hierauf in kleinen Partien das zu entgoldende Erz zugetheilt.

Durch die rotirende Bewegung des Ballens wird das Erz mit dem Wasser zu sehr feinem Schmant zerrieben und mit dem Quecksilber innig gemengt, zur Beförderung der Amalgamation wird überdies von Zeit zu Zeit etwas Soda oder auch ungelöschter Kalk in die Pfanne eingetragen.

Nach dem Quicken erfolgt das Waschen des Amalgams, es wird der Ballen unter stetem Wasserzufluss anfangs sehr langsam, etwa 8 Mal per Minute, dann jedoch bis zu 20 Mal per Minute rotiren gelassen und zuerst die oberste der Oeffnungen der verticalen Reihe geöffnet, und mit dem Oeffnen nach und nach tiefer gegangen, bis das Quecksilber vollkommen rein in der Pfanne zurückbleibt, worauf von Neuem Erz wie vorher eingetragen und auf gleiche Weise verfahren wird.

Gewöhnlich dauert eine Charge 6 Stunden und nimmt hievon das Anquicken von $^1/_2$ Centner Erz 4 bis 5 Stunden, das nachfolgende Waschen des Amalgams 1 bis 2 Stunden in Anspruch. Die Anzahl der Chargen bei ein und derselben Quecksilbereinlage ist von der Reichhaltigkeit der Erze abhängig; gewöhnlich werden 4 Chargen auf ein und dieselbe Quecksilbereinlage, oder 2 Centner Erz per 25 Pfund Quecksilbereinlage gerechnet, so dass alle 24 Stunden die Quecksilbereinlage erneuert wird. Es wird dann das vollkommen gereinigte goldhältige Quecksilber durch die Bodenöffnung abgelassen und zur Destillation aufbewahrt.

5. Destillation des goldhältigen Quecksilbers.

Alles goldgesättigte Quecksilber, das man sowohl bei der Amalgamation der Golderze von den Britten-Pfannen, als auch bei der Entgoldung des Pochgutes von den Goldmühlen, den Kastenapparaten und von der Entgoldung der Plachenmehle erhält, wird in je 4 Centner Quecksilber fassenden gusseisernen Retorten, deren Innenwände zuvor mit einer dicken Lage Lutums ausgestrichen wurden, überdestillirt.

Der Hals der Retorte ist mit der nöthigen Wasserkühlung versehen, so dass das condensirte Quecksilber am untern Ende des Retortenhalses in die Vorlage abfliesst.

Ist die eingetragene Quecksilbermenge überdestillirt, so wird die Retorte aus dem Windofen gehoben, abkühlen gelassen, dann geöffnet, das Lutum sammt dem an demselben anklebenden Golde in emaillirte Eisenschüsseln gethan und zur Enfernung aller Unreinigkeiten mit Salpetersäure übergossen. Die saure Lösung wird abgegossen und das zurückgebliebene Gold mit Wasser ausgesüsst, getrocknet, mit weissem Fluss in Tiegeln eingeschmolzen, und in mit Oel ausgestrichene Eingüsse gegossen, worauf es in Form von Barren nach London versendet wird.

II. **Aufbereitung des Pochgutes.**

Schlägeln des Pochgutes.

Das Schlägeln oder Zerkleinern des auf die Pochwerkshalde geförderten Pochgutes geschah zur Zeit meiner Anwesenheit auf der Vigra-Grube mittelst eines zu diesem

Zwecke aufgestellten kleinen, 18 Centner schweren Dampfhammers mit $2^1/_2$ Fuss Hub.

In letzterer Zeit wurde nach erhaltenen Nachrichten der Dampfhammer abgetragen, und statt dessen eine der bekannten Steinbrechmaschinen (*Blakes stone breaker*), mit einer Locomobile betrieben, aufgestellt. Das zerschlägelte Pochgut wird von dem Ausschlageplatze in Eisenbahnwägen auf der bis über die Pochrollen führenden Bahn zum Pochwerke gelaufen.

Pochwerk.

Zur Verstampfung des Pochgutes dient ein 32schieseriges Pochwerk, wo überdies ein Reserveplatz für andere 16 Eisen belassen ist.

Die 32 Pocheisen spielen in 8 Pochsätzen (Coffers) zu je 4 Eisen und haben je 4 Pochsätze eine verschiedene Construction und Zustellung, wie auch verschiedene Apparate zur Entgoldung der Trübe.

Die Batterie *A* ist mit 4 Schubersätzen, 24 Goldmühlen und 12 Plachenherden; die Batterie B mit 4 Siebsätzen, 4 Kastenapparaten und 8 Plachenherden ausgestattet.

Die Pochsätze sind sämmtlich freistehend und sind mit den auf Querschwellen ruhenden Langschwellen durch Schrauben fest verbunden, der Untergrund besteht aus Bruchsteinmauerwerk.

A. Schubersatz.

Der Satzkasten des Schubersatzes ist von Gusseisen und hat dessen innere Lichte eine Länge und Höhe von $2^3/_4$ Fuss, und eine Breite von $1^1/_4$ Fuss. Die Hinterwand mit den beiden Seitenwänden und der Sohlplatte sind aus einem Stücke gegossen, während die Vorderwand, welche zugleich die vordere Begrenzung des vom Schuber gebildeten verticalen Austragecanals bildet, zum Abnehmen vorgerichtet und mit der Bodenplatte und den kurzen Satzwänden durch Schrauben verbunden ist.

Die wasserdichte Liederung wird durch zwischengelegte Kautschukstreifen bewirkt.

Der Schuber ist zwischen der in den kurzen Satzwänden befindlichen Leitspur beweglich und mittelst einer Schraube stellbar. Auf die Satzsohle wird die 4 Zoll hohe, 11 Zoll breite und $2^3/_4$ Schuh lange Chabotte in die an den kurzen Satzwänden befindlichen Nuthen eingeschoben.

Die Satztiefe vom Niveau des Austragens bis zur Chabotte misst 16 Zoll und wird durch die 4 Zoll hoch aufgestampfte Pochsohle auf 12 Zoll verringert. Die Eintrageöffnung ist von der Pochlade durch eine verticale Längenwand geschieden und gestattet blos Pochgut von höchstens 8 Cubik-Zoll Grösse den Durchgang.

Die Pochsäulen sind zu beiden Seiten eines Satzes in die Langschwellen eingelassen und durch Schrauben mit der kurzen Satzwand verbunden.

Die Bahn eines neuen Pocheisens bildet ein Rechteck von 11 Zoll Länge und 7 Zoll Breite; das Eisen ist 18 Zoll hoch, hat ein Gewicht von 329 Pfund und ist an den 12 Schuh langen, 3 Zoll breiten und 2 Zoll starken, 217 Pfund wägenden Stempelschaft angegossen.

Die Pocheisen, von denen stets 4 in einem Satze spielen, haben unter einander, sowie von den beiden kurzen Satzwänden je 1 Zoll Spielraum, von der Vorderwand stehen sie 2 Zoll, von der Rückwand $2^1/_2$ Zoll ab.

Der Hebling wird auf den Stempelschaft durch das Auge angesteckt und mittelst eines Keiles an denselben befestiget. Das Gewicht des Heblings sammt Keil beträgt 38 Pfund. Das Gewicht eines vollkommen armirten Pochstempels ergibt sich sonach mit 584 Pfund, woraus sich bei 9 Zoll Fallhöhe die Stärke des Schlages pr. Quadratzoll mit $^{584}/_{77} \cdot {}^3/_4 = 5{\cdot}69$ F. Pfund ergibt.

Da daselbst ein Pochstempel bei einer Abnützung des Pocheisens bis auf 3 Zoll Höhe oder 90 Pfund Gewicht ausgewechselt wird, so ist das schliessliche Gewicht des Stempels 345 Pfund, und die schliessliche Stärke des Schlages $^{345}/_{77} \cdot {}^3/_4 = 3{\cdot}36$ F. Pfund pr. Quadratzoll.

Der Stempelschaft spielt in gusseisernen, mit Messingfuttern versehenen Ladenspalten, von denen 1 Paar 3 Fuss unter, und das 2. Paar 3 Fuss ober der Axenlinie der Pochwerkswelle an den Pochsäulen angeschraubt ist. Die vordern Ladenspalten sind mit den Pochsäulen verbunden, während die rückwärtigen für je einen Stempel besonders abgenommen werden können.

Die Wellendaumen sind von Gusseisen mit schwalbenschweifförmigen Zapfen, welche in den Oeffnungen der hohlen gusseisernen Pochwelle mit Keilen befestiget werden. Die Gesammtlänge derselben beträgt 9 Zoll, hievon entfallen auf den Evolventenbogen 4 Zoll vom Kopfendenkreis bis zum Anhubkreis, auf den Zapfen 5 Zoll vom Anhubkreis bis Ende desselben. Die Breite des Wellendaumen beträgt 6 Zoll und seine Stärke im Zapfen 2 Zoll, die sich bis zum Kopfe zu 1 Zoll verliert. Zwischen dem Kopfende des Daumens und dem Hebling, wie auch zwischen Wellen und Anhubkreis ist ein Spielraum von je $1^1/_2$ Zoll belassen. —

Die Pochrollen sind um einen Zapfen drehbar und steht die Austragseite mit einem um einen Punkt drehbaren Winkelhebel in Verbindung. Beim Auffallen des Schiessers auf die leere Pochsohle wird durch das Anschlagen des Heblings an den Winkelhebel die Pochrolle gehoben und sinkt durch das eigene Gewicht nieder, wodurch eine Erschütterung und Vorrücken des Pochgutes erfolgt.

Die Vorrathkästen, über welche die Eisenbahn führt, sind bei einer Lichte von $4^1/_4$ Fuss im Gevierte 9 Fuss hoch und fassen einen Pochgutvorrath für 2 Tage.

B. Siebsatz.

Die 2. aus 4 Sätzen bestehende Batterie hat bis auf die Austragevorrichtung die gleiche Einrichtung und unterscheidet sich blos in der Anwendung von Schmiedeeisenplatten bei der Construction der Sätze gegenüber den Sätzen von Gusseisen.

Die Abmessungen der Sätze, die Pochstempel, Ladenspalten u. s. f. sind vollkommen gleich. Die vordere Satzwand ist wie bei dem gusseisernen Pochsatz zum Abnehmen vorgerichtet, und an dieser ist zugleich die hölzerne Siebrahme festgeschraubt. Das Sieb vom gelochten Kupferblech ist 2 Fuss lang und 8 Zoll breit, mit 324 Oeffnungen pr. Quadratzoll und steht 6 Zoll ober der Chabotte und 2 Zoll von dem Pocheisen ab.

(Fortsetzung.)

vermindert, sobald es nur mit wenigen Procenten von Kupfer und Blei verunreinigt ist. Will man das Krystallgefüge sichtbar machen, so muss man das Zinn ganz oder stellenweise mit einer Beize in Berührung bringen, die aus einer Mischung von 4 Loth heissem Wasser, 2 Loth Zinnsalz, 2 Loth Salzsäure und 1 Loth Salpetersäure besteht. Es zeigt sich nun das krystallinische Gefüge sehr bald, wenn das Zinn rein ist, dagegen bleibt das unreine Zinn bei dieser Manipulation völlig unverändert. Auf diese Weise kann man Zinnfolie, sowie alle verzinnten Geräthschaften, namentlich die Kochgeschirre, auf ihre Reinheit prüfen.

(Maschinen-Constructeur.)

Zum Verkupfern von Eisen und Stahl empfiehlt Gräger folgendes Verfahren: Der betreffende Gegenstand ist zuerst blank zu putzen (schleifen und poliren), hierauf mittelst eines Pinsels mit einer Auflösung von 1 Theil Zinnsalz in einer Mischung von 2 Theilen Wasser und 2 Theilen Salzsäure zu überstreichen, und unmittelbar darauf eine zweite Lösung von 1 Theil Kupfervitriol in 16 Theilen Wasser und überschüssigem Ammoniak aufzutragen. Die Verkupferung findet sofort statt und beide Metalle haften so fest aufeinander, dass man die verkupferte Fläche mit Kreide abreiben und poliren kann, ohne befürchten zu müssen, dass sich die Kupferschichte ablöst. Auch Zinkbleche lassen sich durch blosses Eintauchen in eine ammoniakalische Kupfervitriollösung schön und dauerhaft verkupfern.

Stölzel empfiehlt als einfachstes Verfahren zum Ueberziehen von Gegenständen aus Gusseisen, Stahl oder Schmiedeisen mit einer dünnen Kupferschicht, dieselben von anhaftendem Roste zu befreien und dann unter Anwendung einer Bürste mit harten Borsten mit Weinsteinpulver, welches mit Kupfervitriol durchtränkt ist, scharf zu bürsten. Die so hergestellte Verkupferung soll gleichmässig und haltbar sein.

(Maschinen-Constructeur.)

ANKÜNDIGUNGEN.

Diese Zeitschrift erscheint wöchentlich einen Bogen stark mit den nöthigen artistischen Beigaben. Der Pränumerationspreis ist jährlich loco Wien 8 fl. ö. W. oder 5 Thlr. 10 Ngr. Mit franco Postversendung 8 fl. 80 kr. ö. W. Die Jahresabonnenten erhalten einen officiellen Bericht über die Erfahrungen im berg- und hüttenmännischen Maschinen-, Bau- und Aufbereitungswesen sammt Atlas als Gratisbeilage. Inserate finden gegen 8 kr. ö. W. oder 1½ Ngr. die gespaltene Nonpareillezeile Aufnahme. Zuschriften jeder Art können nur franco angenommen werden.

Druck von Carl Fromme in Wien. Für den Verlag verantwortlich Carl Reger.

№ 41. XVII. Jahrgang.

Oesterreichische Zeitschrift für Berg- und Hüttenwesen.

1869. 11. October.

Verantwortlicher Redacteur: Dr. Otto Freiherr von Hingenau.
k. k. Ministerialrath im Finanzministerium.

Verlag der G. J. Manz'schen Buchhandlung (Kohlmarkt 7) in Wien.

Die Aufbereitungswerkstätte auf der Vigra- und Clogau-Grube in North Wales England.

Vom k. k. Bergmeister Adolf Plaminek in Idria.

(Schluss.)

Betriebskraft.

Zum Betriebe des Pochwerkes mit 32 Pocheisen und der 24 Quickmühlen, ferner zum Betriebe von 7 Britten- und 5 Mosheimer Amalgamatoren dient ein oberschlächtiges Wasserrad von 57 Schuh Durchmesser, 3·5 Schuh Radbreite und 1·5 Schuh Radtiefe, mit 7·8 Cubikschuh Wasserzufluss per Sekunde.

Construirt ist das Wasserrad aus Holz und Eisen; und zwar sind auf die 9zöllige schmiedeiserne Wasserradachse 2 Rosetten von Gusseisen mit je 16 Armen aufgekeilt. In den Rosettenarmen sind die Radarme festgeschraubt und mit dem Radkranze durch Schrauben fest verbunden.

Das Wasserrad macht bei 12 Umdrehungen der Pochwelle 2 Umdrehungen, und wird die Uebertragung der Kraft von der Wasserradwelle zur Pochwelle mittelst 2 Paaren Getriebräder mit dem Umsetzungsverhältniss von 2·5 in's Schnelle vermittelt, es haben die Getriebräder bezüglich 5 Schuh und 2 Schuh Theilkreishalbmesser.

Für den Fall als Wassermangel eintritt, wird das Pochwerk mittelst der Hochdruckdampfmaschine mit 2 liegenden Cylindern ohne Expansion und Condensation mit 50 Pferdekräften effectiver Leistung in Umtrieb gesetzt. Diese Dampfmaschine war ursprünglich eine Förderungsmaschine und wurde zum Betriebe des Pochwerkes von der Gesellschaft angekauft und musste dem jetzigen Zwecke angepasst werden.

Die Dampfcylinder haben eine Länge von 42 Zoll, einen Kolbendurchmesser von 16 Zoll, einen Kurbelhalbmesser von 18 Zoll und eine Kolbengeschwindigkeit von 28·8 Zoll bei 3·6 Atmosphären Dampfspannung. Dieselbe wurde so situirt, dass die Achsenlinie der Kurbelwelle mit der Achsenlinie der Pochwerkswelle in dieselbe Verticalebene fällt, und die Transmissionswelle einerseits mit den beiden Pochwerkswellen der Batterie *A* und *B*, andererseits mit der der Batterie *C*, die noch zur Aufstellung gelangen soll, leicht verkuppelt werden kann. Bei 12 Umdrehungen der Pochwelle macht die Kurbelwelle der Dampfmaschine 24 Umdrehungen und es ist das Umsetzungsverhältniss der Dampfmaschine zur Pochwelle wie 2:1 in's Langsame, und misst der Theilkreishalbmesser des auf der Kurbelwelle aufgekeilten Zahnrades 1·75, jener auf der mit der Pochwelle in derselben Achsenlinie liegenden Transmissionswelle 3·5 Fuss.

Die Dampfmaschine wird mit dem Dampf von 2 Walzenkesseln (von denen blos einer aufgestellt wurde) von je 16 Fuss Länge und 6½ Fuss Durchmesser mit 19 Siederöhren gespeist. Jeder der Kessel wird mittelst eines Giffard'schen Speiseapparates mit dem nöthigen Wasser versehen.

Den Luftzug vermittelt die an dem vom Kesselhause steil ansteigenden Gehänge 4 Klafter ober der Kesselhaussohle erbaute 50 Fuss hohe Esse. Die Verbindung des Feuerzeuges mit der verticalen Esse bewirkt ein, dem Gehänge nach mit dem Essenquerschnitt geführter gemauerter Canal.

Die Pochwelle,

von der je 4 Pochsätze eine besondere Welle besitzen, ist hohl, aus Gusseisen.

Die Länge einer Welle beträgt 17½ Fuss, und ist dieselbe für die Aufnahme von je 5 Daumen für jeden Satz aufgesattelt.

Der Durchmesser der Pochwelle beträgt 32½ Zoll, der des aufgesattelten Theiles 34½ Zoll, die Wandstärke 2¾ Zoll.

Die Pochwelle lauft mit den Zapfen in Lagern, deren Lagerstühle auf gemauerten Pfeilern ruhen, und ist die Welle der Batterie *A* mit der der Batterie *B* fest verkuppelt, während die Kupplungsscheibe der Pochwelle *B* mit der mit Sperrkegeln versehenen Kupplungsscheibe der Transmissionswelle der Dampfmaschine mittelst Schrauben fest verbunden ist.

Nöthige Betriebskraft.

Das Pochwerk mit 32 Eisen von 584 Pfund Gewicht erfordert bei einer Hubhöhe der Pocheisen von 0·75 Fuss und bei 60 Hüben per Minute eine effective Kraft von $E = \frac{4}{3} \frac{p\,h\,n}{60} N = 18688$ Fuss-Pfund, der 24schalige Goldmühlenapparat mit 17 Fuss-Pfund per 1 Schale 408 Fuss-Pfund; die 7 Brittens- und 5 Mosheimer Amalgamatoren à 79·28 Fuss-Pfund 952 Fuss-Pfund, Summe: 20048 Fuss-Pfund oder 20048 : 424 = 47·26 oder rund 50 Pferdekräfte effective Leistung.

Amalgamation des Freigoldes der Pochtrübe.

I. Goldmühlen.

Zur Entgoldung der Pochtrübe bei der aus 4 Schubersätzen mit 16 Eisen bestehenden Batterie *A* mit einer täglichen Verstampfung von 18·14 × 16 = 290·24 Centner oder einer stündlichen Verstampfung von 290·24 : 24 = 1219 Pfund dient ein 24schaliger Goldmühlenapparat mit 12 Ober- und 12 Unterschalen.

Die Detailconstruction der Goldmühlen hat von der allgemein üblichen nichts Abweichendes, dagegen ist die Anordnung der Aufstellung des Apparates wegen des zu Gebote gestellten Raumes, dem dieselbe angepasst werden musste, erwähnenswerth.

Die Goldmühlen sind in 4 Reihen, jede zu 6 Schalen, parallel zur Pochwerksachse so aufgestellt, dass vom Pochsatze aus gerechnet die erste und dritte Reihe die Ober-, die zweite und vierte Reihe die Unterschalen des Apparates bilden, zu gleichhat jeder Satz seinen eigenen, von den anderen unabhängigen 6schaligen Goldmühlenapparat, den er unmittelbar mit der Pochtrübe versieht, u. z. wird jedem der beiden, der Pochwelle zunächst aufgestellten Apparate vomzweiten und dritten Pochsatze, den beiden entfernteren Apparaten vom ersten und vierten Satze der Batterie *A* die Trübe zugeleitet.

Um die Oberschalen sowohl der ersten als dritten Reihe in ein gleiches Niveau zu bringen, wurde das nöthige Gefälle zwischen dem Boden der Satzrinne bis zum Boden der Oberschale der dritten Reihe ermittelt, und zwar beträgt das Gefälle der vom ersten und vierten Satz zu den Oberschalen der dritten Reihe führenden Trübrinne mit $1\frac{1}{2}$ Zoll pr. Klafter auf

2 Klafter Länge	3 Zoll
die Höhe der Schale sammt Laufer .	7 „
Zusammen . .	10 Zoll.

Es wurden sonach alle Oberschalen der ersten und dritten Reihe 10 Zoll tiefer als der Boden der Satzrinne gestellt. Die die zweite und vierte Reihe bildenden Unterschalen stehen $4\frac{1}{2}$ Zoll tiefer als die Oberschalen. Der Boden der Satzrinne ist $1\frac{1}{2}$ Zoll unter dem Boden der Unterschaleu.

Es ergeben sich sonach die Niveau's wie folgt:

Vom Boden der Satzrinne bis Einfluss in die Oberschalen der ersten und dritten Reihe .	3 Zoll.
Höhe der Schale	7 „
Höhenunterschied zwischen der Ober- und Unterschale	$4\frac{1}{2}$ „
Boden der Trübsammelrinne unter dem Boden für die Unterschalen . .	$1\frac{1}{2}$ „
Gesammtgefälle vom Boden der Satzrinne bis Boden der Trübesammelrinne .	1 Fuss 4 Zoll.

Die Trübezuleitungsrinnen aller 4 Apparate, so wie die Trübesammelrinne der Unterschalen in der zweiten Reihe haben alle eine Neigung gegen die durch die Mitte des Apparates senkrecht auf die Achsenlinie der Pochwelle gelegte Hauptsammelrinne, welche mit der Sammelrinne der Unterschalen der vierten Reihe communicirt. Diese fällt jedoch von der Mitte gegen beide Enden ab und vertheilt so die Trübe auf die Plachenherde. Durch diese Anordnung der Rinnen ist es möglich, jeden Goldmühlenapparat einzustellen, ohne auch den Pochsatz einstellen zu müssen, da dann die Pochtrübe unmittelbar in die durch die Mitte des Apparates führende Sammelrinne, von dieser in die Sammelrinne der Unterschalen der vierten Reihe und auf die Plachenherde gelangt.

Die Bewegung erhalten die Goldmühlen von der Pochwelle, mittelst des um dieselbe und um die Scheibe der Transmissionswelle gelegten Riemens. Die Transmissionswelle vermittelt die Uebertragung der Bewegung durch Kegelräder von den horizontalen Wellen auf die verticalen Goldmühlenlauferspindeln.

Bei 12 Umgängen der Pochwelle per Minute als der Maximalgeschwindigkeit laufen die Goldmühlenlaufer 24 Male um, in der Regel macht jedoch die Pochwerkswelle blos 10 Umgänge und die Laufer dann 20 Umdrehungen per Minute.

II. Kastenapparat.

Die Batterie *B*, bestehend aus 4 Siebsätzen, leitet die Pochtrübe eines jeden Satzes zu ihrer Entgoldung durch einen aus 10 Kästchen gebildeten Kastenapparat.

Die Construction eines solchen Kastenapparates ist in dem Lehrbuche der Aufbereitungskunde von P. Ritter von Rittinger, §. 103, pag. 484 sehr ausführlich gegeben und wird deshalb die Beschreibung desselben unterlassen.

Plachenherde.

Die von den Entgoldungsapparaten abfliessende Trübe wird bei beiden Batterien über Plachenherde geleitet, u. z. fliesst die von der Batterie *A* durch die Goldmühlen durchgeleitete Trübe über 12 Plachenherde von 11 Fuss Länge und $1\frac{1}{2}$ Fuss Breite, die von der Batterie *B* durch den Kastenapparat durchgeführte Trübe über 8 Plachenherde von 17 Fuss Länge und $1\frac{1}{2}$ Breite, beide mit einem Gefälle von $\frac{1}{2}$ Zoll per Klafter.

Zu Plachen wird ein starker, rauher, lodenartiger Flanell vewendet.

Die auf den Plachen abgesetzten Plachenmehle werden in Bottichen, in welchen die Plachen abgewaschen werden, gesammelt, aus diesen zeitweise ausgehoben und in sogenannten Mosheimers Amalgamatoren einer nochmaligen Amalgamation unterworfen.

Mosheimers Amalgamator.

Die Mosheimerischen Amalgamationspfannen haben einen Durchmesser von 5 Fuss, sind $1\frac{1}{4}$ Fuss tief und besitzen die in der Skizze angedeutete Form; $13\frac{1}{2}$ Zoll von der Peripherie der Pfanne gegen die Mitte derselben hat der Boden eine ringförmige Vertiefung zur Aufnahme der Quecksilbereinlage von 50 Pfund Quecksilber und ist der Boden der Pfanne gegen diesen Ring sowohl von der Peripherie als vom Centrum aus schwach geneigt. Der

Ring selbst besitzt ein Gefälle gegen die mit einem Ablassrohr versehene Ablassöffnung, durch welche das goldgesättigte Quecksilber in ein untergestelltes Gefäss abfliessen gelassen wird. Auf der verticalen, mittelst Kegelrädern bewegten Achse sind die 4 Arme des in der Schale spielenden Laufers mittelst der Schraube stellbar. Die unteren Flächen der Laufer-arme sind conform mit dem Boden der Pfanne und sind gerieft, um, wenn dieselben sehr nahe dem Boden der Schale gestellt werden, der Trübe und dem Quecksilber Durchgang zu gestatten.

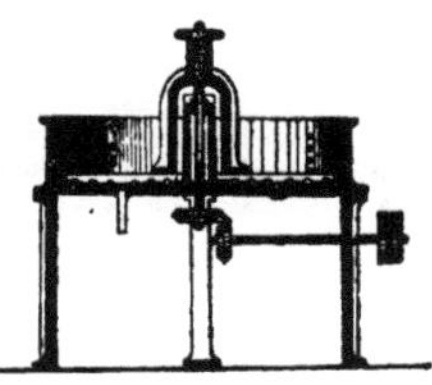

In der verticalen Wand sind mehrere vertical über einander stehende, durch Pfropfe verschliessbare Oeffnungen.

Der Vorgang bei der Amalgamation der Plachenmehle besteht einfach darin, dass, nachdem das Quecksilber in die Pfanne eingelegt und etwas Wasser in dieselbe einfliessen gelassen wurde, man partieweise die Plachenmehle in die Pfanne einträgt, worauf der Laufer nach und nach tiefer gestellt wird, um die groben Plachenmehle fein zu zerreiben, dieselben zu einer dicken Trübe anzumengen und mit dem Quecksilber, das durch die Bewegung der Trübe aus dem Ring mechanisch herausgerissen wird, innig durchgemengt zu werden. Ist die Trübe entgoldet, so wird der Laufer höher gestellt, rasch umgehen gelassen und unter bedeutendem Wasserzufluss das Quecksilberamalgam, das zu Boden sinkt und in den Ring zurücktritt, von der Trübe rein gewaschen, welche anfangs durch die oberste, später durch die tieferen Oeffnungen der verticalen Wand abfliesst, bis das Amalgam ganz rein in dem concentrischen Ringe der Schale zurückbleibt, das dann abgelassen und der Destillation übergeben wird.

Schlämmstube.

Zur Concentration des in dem Pochgute enthaltenen Kupferkieses zu einem an die Hüttenwerke zu Svansea verkaufwürdigen Kupferschlich und zur Ansammlung der letzten, der Goldamalgamation entgangenen Goldtheile und des Quecksilbers sollte versuchsweise bei einer Batterie, daher für eine tägliche Verstampfung von 290 Centner, das Princip der Continuität durchgeführt werden, wozu ein von mir verfasster Entwurf theilweise zur Ausführung gelangte.

Der zur Aufstellung bestimmte Platz, dem die ganze Anlage angepasst werden musste, ist nach 3 Seiten hin scharf begrenzt, und zwar bildet längs den Spitzkasten die Grenze eine bis in das Niveau der Pochwerkssohle und der durch das Werk führenden Strasse aufgeführte Mauer von 13 Fuss Höhe, in welchem Niveau auch die übrigen Werksgebäude, als Kanzlei, Schmiede, Tischlerei, Amalgamir- und Brennstube etc. aufgestellt sind.

Die dieser Seite entgegengesetzte lange Seite bildet zugleich mit der kurzen, mit dem Wasserrade fast parallel laufenden Seite die Ufermauern des Baches Hirgwm, dessen Sohle 21 Fuss unter der Schlämmstubensohle liegt.

Die Schlämmstube sollte mit 4 Spitzkästen, 3 continuirlichen Doppelstossherden und einem intermittirend wirkenden Drehherde, ferner zum Zurückheben des Mittelgutes mit 2 Paternosterwerken versehen werden.

Die hiezu benöthigte Betriebskraft berechnet sich wie folgt:

3 continuirliche Doppelstossherde mit à 120 Fuss-Pfund	360 Fuss-Pfund.
1 Drehherd (intermittirend wirkend) .	40 „ „
2 Paternosterwerke zum Heben des Mittelgutes von 3 Doppelstossherden à 1·2 Cubik-Fuss und 1 Drehherd mit $\frac{1}{3} \times 3{\cdot}2$ Cubik-Fuss = 1·06 Cubikfuss pr. Minute, oder 0 078 per Secunde auf 15 Fuss Höhe, bei 0·5 Wirkungsgrad des Paternoster-Werkes $\frac{0{\cdot}078 \times 59 \times 15}{0{\cdot}5} =$ . . .	138 „ „
Summe . .	538 Fuss-Pfund

per Secunde.

Bei einem wirksamen Gefälle von 14 Fuss $= H$ und dem Nutzeffect für rückenschlägige Räder von 0·60 ergibt sich die nöthige Wassermenge mit $M = \frac{E}{0{\cdot}6\ H \times \gamma} = \frac{538}{0{\cdot}6 \times 14 \text{ Fuss} \times 56{\cdot}5} = \frac{538}{474{\cdot}6} = 1{\cdot}11$ Cubik-Fuss per Secunde.

Zu Gebote steht ein 16schuhiges rückenschlägiges Wasserrad mit 2 Fuss Radbreite, 0·75 Fuss Radtiefe und einer Wassermenge von 4·2 Cubik-Fuss per Secunde, was bei dem wirksamen Gefälle von 14 Fuss Höhe eine Leistung von 1993 Fuss-Pfund = 4·7 Pferdekräften gibt. Das Wasserrad macht 10, die längs der Hinterfront laufende Haupttransmissionsachse 20 Umgänge per Minute.

Um einen möglichst regelmässigen Gang der Stossherde zu erzielen, wird die Bewegung von der Hauptwelle mittelst Riemenscheiben auf die mit dreifacher Geschwindigkeit umlaufenden beiden Schwungradwellen, von diesen mittelst der Getriebräder durch Umsetzung der Geschwindigkeit ins Langsame auf die Kegelräderpaare und die beiden mit denselben in Verbindung stehenden Stossherdachsen übertragen, die gleich der Hauptwelle 20 Mal per Minute umlaufen.

Der Stossherd für die raschen und der für die matten Mehle wird von einer gemeinschaftlichen Stossherdachse in Bewegung gesetzt.

Von der Stossherdwelle des Stossherdes für die flauen Mehle wird auch der Drehherd zur Concentration der Schmanttrübe in Bewegung gesetzt, u. z. so, dass bei einer zweimaligen Uebertragung der Geschwindigkeit mit 0·6 Mal ins Langsame die Welle der Schraube 7·2 Umdrehungen per Minute macht und der Drehherd einmal in 10 Minuten umgeht.

Bei 15 Umdrehungen der Scheiben, über welche das Band ohne Ende läuft, macht das 39 Fuss lange Band 3 Umdrehungen per Minute und hat eine Umfangsgeschwindigkeit von 1·9 Fuss.

Die Schlämmstubensohle hat 2 Niveau's, u. z. steht die Sohle für den ersten und zweiten Spitzkasten $2\frac{1}{4}$ Fuss höher als für den dritten und vierten Spitzkasten.

Die Niveau's der Wasserspiegel für die einzelnen Spitzkästen, auf das Niveau der Schlämmstubensohle beim vierten Spitzkasten bezogen, ermitteln sich:

Für den IV. Spitzkasten mit 9 Fuss 8 Zoll.
„ „ III. „ „ 10 „ 1¾ „
„ „ II. „ „ 10 „ 8¼ „
„ „ I. „ „ 11 „ 4¼ „

Die Dimensionen bei den einzelnen Kästen sind:

IV. Spitzkastenlänge 17 Fuss, Breite 12 Fuss.
III. „ 13½ „ „ 5½ „
II. „ 9½ „ „ 2¾ „
I. „ 6½ „ „ 1¾ „

Die Spitzkästen, continuirlichen Stossherde und der intermittirend wirkende Drehherd haben betreffs der Construction Nichts von der gewöhnlichen Ausführung Abweichendes.

Die beiden Bänder ohne Ende sind so situirt, dass das eine das Mittelgut vom raschen und matten continuirlichen Stossherd in den raschen Spitzkasten, das zweite vom flauen continuirlichen Stossherde und vom Drehherde das Mittelgut in den flauen Spitzkasten zurückheben.

Jedes der beiden Bänder ohne Ende ist 39 Fuss lang, 10 Zoll breit und 2 Linien dick von Sohlenleder, mit 18 Bechern von Blech 6 Zoll lang, 5 Zoll breit und 3 Zoll tief, jedes mit einem ½ zölligen Röhrchen im Boden, wodurch das Verlegen der Becher vollkommen vermieden wird, da die sich zu Boden setzende dicke Trübe durch diese Oeffnung ihren Abfluss in den nächstfolgenden Becher findet und hiedurch das Versanden der Becher verhindert.

Von diesem Project wurde von der Gesellschaft die Aufstellung des ersten und zweiten Spitzkastens, der beiden zugehörigen continuirlichen Doppelstossherde und des Paternosterwerkes beschlossen, und auf deren Auftrag von mir auch ausgeführt und in Betrieb gesetzt.

Der rasche Herd arbeitete mit 80 Ausschüben von 2 Zoll Länge, der matte Herd mit 100 Ausschüben von 1½ Zoll Länge per Minute und erhielt man innerhalb 60 Tagen von einer Verstampfung von 17.400 Centner Pochgut 79·61 Centner Kupferschlich mit 10 Procent Kupfergehalt.

Der am Kopfe der Schlichsammelrinnen abgesetzte goldreiche Kupferschlich wurde einer nochmaligen Amalgamation in Mosheimers Amalgamator unterzogen und hiebei 0·0357 Münz.-Pfd. Feingold gewonnen.

Der Werth des erzeugten Kupferschliches von 79·61 Centner zu 10 Procent Kupfergehalt wie er bei den Hüttenwerken zu Svansea nach Abschlag der Fracht dahin bezahlt wird, beträgt 263 fl. 31·8 kr.
Das gewonnene Feingold kann mit 22 „ 33·9 „
somit der Werth der auf beiden Stossherden in 60 Tagen ausgebrachten Metalle mit . . . . . 285 fl. 65·7 kr.
Oest. Währ. veranschlagt werden.

Der Gang der beiden Rittinger'schen continuirlichen Stossherde ist ein vorzüglicher und fand daselbst nicht blos von den Directoren der Gesellschaft und deren Engineer, sondern auch von montanistischen Capacitäten Englands die vollste Anerkennung.

So äussert sich der Professor der k. Bergakademie zu London, Herr Warrington W. Smyth in seinem Berichte über die Pariser Ausstellung im Jahre 1867, veröffentlicht im Supplement vom Minning-Journal vom 12. October 1867, in dem Capitel über Aufbereitungsmaschinen wie folgt:

„Zwei continuirliche Stossherde wurden in neuerer Zeit bei der Vigra und Clogau Gesellschaft in North-Wales aufgestellt, wo sie die Concentration der Schwefelmetalle, welche mit dem Gold in dem St. Davids-Gange vorkommen, auf bewunderungswürdige Weise vollführen.“ *)

Idria, am 20. Mai 1869.

Ueber den Gebrauch des Petroleums zur Grubenbeleuchtung.

Von Ladislaus Neusser, k. k. Salinen-Official in Kossów.

In der Veröffentlichung in Nr. 34 dieses Blattes über die in Wieliczka abgeführten Versuche, betreffend die Verwendung verschiedener Leuchtstoffe bei der Grubenbeleuchtung wurde vornehmlich die des Petroleums als des billigsten und besten Leuchtmaterial's hervorgehoben, wie auch nicht minder die Mängel der bis jetzt zu Gebote stehenden Lampen hiebei berührt. Dass das fragliche Beleuchtungsmateriale neben der häuslichen Benützung auch von Seite des Bergmannes — der es doch zu Tage schafft, gewürdigt zu werden verdient, deutete ich schon im Jahre 1864 in Nr. 33 dieser Zeitschrift an, wo ich gleichzeitig eine für meine damals noch primitive Anschauungsweise entsprechende Zeichnung beigeschlossen habe.

Die in Nr. 34 dieser Zeitschrift gegebene Beschreibung der Mängel der bis jetzt in Verwendung stehenden Lampen und, dass das Petroleum nur in guter, reiner, trockener und ruhiger Luft mit Vortheil verwendbar wäre, deutet dahin, dass dieses Leuchtmateriale in Folge seiner leichten, daher schnelleren Bildung brennbarer Gase auch eine entsprechende Luftmenge haben muss; hat daher die Grube Luftmangel, so muss diesem durch einen vehementeren Luftzug der Lampe abgeholfen werden. Dieses dürfte wohl durch nichts anderes als durch das Aufsetzen eines Glascylinders auf die Flamme und eine entsprechende Luftzuführung erzielt werden, indem die erzeugte bedeutende Menge brennbarer Gase, um nutzbringend, das ist so viel als möglich hell zu verbrennen, auch eine entsprechende Menge Sauerstoff haben müssen. Hier muss ich noch beifügen, dass das Petroleum als ein sehr flüchtiger Brennstoff, mag die Grube eine gute oder schlechte d. i. mehr oder weniger Luft aufzuweisen haben, damit ein für den fraglichen Zweck entsprechendes, das ist vollkommenes Verbrennen erzielt werde, immer zu diesem Behufe einen Glascylinder und eine vortheilhaft gewählte Luftzuführung haben muss; darum mir auch die in Nr. 35 von 1869, erwähnte Unzulässigkeit der Pischof'schen Grubenlampen aus Ursache der Blosslegung der Flamme an die äussere Atmosphäre ohne

*) Two of the side action percussion frames have been recently errected at the Vigra et Clogau Mining Company, North Wales, where they act admirably in separating the metallic sulphides which occur along with the gold in their St. Davids lode.

Cylinder erklärlich ist, welcher die Zuführung einer entsprechenden Menge Luft, daher auch vollständige Verbrennung des Kohlenstoffes aus den gebildeten Kohlenwasserstoffen zu Kohlensäure und als Folge hievon kein rothes, rauchendes, widerlich riechendes, nur ein helles, klares, aus der vollständigen Verbrennung zu Kohlensäure resultirendes Licht bewirkt würde. — Bezüglich der Trockenheit der Luft darf dieselbe, bei allfälliger Feuchte derselben, nicht unmittelbar die Flamme treffen, ansonst dieselbe abgekühlt russen würde (was bei den Lampen im Kleinen, ist bei den Pultfeuern im Grossen zu sehen), daher auch die Dochteinrichtung mit einem runden Brenner, wo der Luftstrom die Mitte des Dochtes von unten und oben gleichzeitig trifft, die zweckmässigste sein dürfte. — Anbelangend endlich die ruhige Luftströmung, so wird die Festigkeit der Flamme von derselben bedingt. Dies dürfte durch einen Rundbrenner und eine entsprechende Form des Glascylinders zu erreichen sein, wo durch ein Zusammendrücken der Flamme dieselbe für die stärkere Luftströmung mehr weniger unempfindlich gemacht wird.

Bei der Verbrennung des Unschlittes geht die Bildung der brennbaren Gase nur langsam vor sich, daher auch eine grössere Stabilität, jedoch kleinere Intensität der Flamme — beim Petroleum umgekehrt, darum man auch die Festigkeit d. i. Beständigkeit der Flamme durch ein Zusammendrücken derselben, wie bereits gesagt wurde, und die Helligkeit durch einen entsprechenden Luftzug bewirken muss.

Die Richtigkeit des letzteren Satzes beweiset die Möglichkeit der Petroleum-Verwendung zur Strassenbeleuchtung, wo beinahe dieselben, wenn nicht bedeutendere Störungen einzutreten pflegen.

Um den in Nr. 34 dieses Jahres bezeichneten grossen Verbrauch an Glascylindern zu verhüten, weise ich auf den in Nr. 33 von 1864 dieser Zeitschrift in Fig. 1. sub lit. *r* gezeichneten Glascylinder und die sub *x* versinnlichte blecherne Esse hin.

Die genaue Angabe der Zeichnung einer auf obige Art modificirten Lampe muss ich leider auf späterhin verlegen, als die Unmöglichkeit der wirklichen Ausführung einer derlei Lampe in meinem gegenwärtigen Dienstesorte dieses entschuldigen möge.

Kossów, am 1. September 1869.

Betriebs-Ergebnisse des Bergwerksbetriebes im Herzogthume Kärnten im Jahre 1868 mit Rückblick auf das Betriebsjahr 1867. *)

	Zahl im Jahre 1868	Zahl im Jahre 1867	+ oder —	Differenz im Jahre 1868.
1. Fläche der Tag- und Grubenmasse aus. Qdr.-Klftr.	12,370.735	11,986.405	+	384.330
2. Arbeiterstand, Familienglieder	6958	5140	+	1818
3. Verunglückungen	39	27	+	12
4. Vermögensstand der Bruderladen	fl. 336,566·56	320.656·51	+	15.910·51
5. Betriebseinrichtungen:				
a) Förderbahnen von Eisen,	Klaftern 13.253	12.759	+	494
b) „ „ Holz,	Klaftern 88.081	82.101	+	5980
c) Förderungsmaschinen	36	36		
d) Wasserhaltungsmaschinen	250	248	+	2
e) Aufbereitungsmaschinen	1324	1316	+	11
f) Hüttenmännische Apparate (Oefen etc.)	246	254	—	8
6. Freischürfe bis 31. December 1868	236	188	+	48
7. Massengebühren	fl. 3.284·15	3.092·81 1/2	+	191·33 1/3
8. Freischurfgebühren	fl. 806	639	+	167
9. Bergwerks-Einkommensteuer nebst Zuschlägen	fl. 35.783·78	12.917·12	+	22.866·66
10. Flammholz-Aufwand	Cubik-Klftr. 4.316 7/12	4.451 3/12	—	134 8/12
11. Grubenholz-Aufwand	„ 3.293 1/2	2.745 2/4	+	547 3/4
12. Roh- und Gusseisen-Erzeugung	Centner 96,667.676	80,880.080	+	15,787.596
13. Geldwerth der gesammten Roheisenproduction	fl. 3,219.493·27	2,115.862·04	+	1,103.631·25
14. Productions-Uebersicht vom Jahre 1868 nebst Angabe des Geldwerthes.				

	Münz-Pfund.	Gramm.	Production in Wiener-Centner. Ctr.	Pfd.	Geldwerth. fl.	kr.
a) Waschgold	2	300	—	—	1.747	20
b) Frischroheisen	—	—	951.843	73	3,160.763	29
c) Gussroheisen	—	—	14.833	3	58.729	98
d) Bessemermetall	—	—	27.372	85	104.016	83
e) Braunkohlen	—	—	1,034.744	24	191.596	13
f) Blei	—	—	66.996	58	989.105	17
g) Zinkerze	—	—	86.617	75	58.011	91
h) Grafit	—	—	1.283	—	1.121	76
Geldwerth im Jahre 1868			—	—	4,565.092	27 1/2
„ „ „ 1867			—	—	3,427.563	—
Somit stieg der Productionswerth im Jahre 1868 gegen das Jahr 1867 um			—	—	1,137.529	23 1/2

*) Auszugsweise aus der Zeitschrift des Kärntner-Vereines.

Der Verwaltungsbericht spricht sich folgendermassen aus:

Die Förder-Eisenbahnen haben im Hinblicke auf den umfangreichen Bergwerksbetrieb Kärntens noch bei weitem nicht jene Würdigung und Verbreitung gefunden, welche eine billige Förderung und das Interesse des Bergbaues verlangt, insbesondere sind hierbei die Bleibergwerke sehr spärlich vertreten, welche zäh an den Holzbahnen halten; so weist der genannte Bleiberger Werkscomplex 55.137 Längen-Klafter Holzbahnen auf. — Als ein besonderer Fortschritt in der Förderung muss der Bau einer Seilbahn durch die Gewerkschaft Struggel's Erben in Raibl angesehen werden, indem hierdurch das Zehnfache mehr als bei den früher gebrauchten Ziehschlitten geleistet wird, eine Einrichtung, welche bei unseren meist hoch im felsigen Terrain liegenden Bleibergbauen die grösste Beachtung verdient; wir werden hierüber ausführlicher berichten. — Die Gewerkschaft Loben bei St. Leonhard erbaute einen Wassertonnenaufzug, und jene in Waldenstein begann mit der Aufstellung einer Windflügelbremse.

Bei dem Grubenbetriebe in Mitterberg II. zeigte sich die Anwendung der Rziha'schen Zünder, in Lölling des Bessemerstahles zu Werkzeugen und im Kolmer Bleibergwerke der Ligroinlampen bei matten Wettern als sehr vortheilhaft.

Zur Ermöglichung tieferer Aufschlüsse im Lobener Bergbaue wurde eine Wassersäulenmaschine aufgestellt.

Im Gebiete der Aufbereitung lässt sich der Bau einer neuen Anlage der Mitterberger II. Gewerkschaft und jener der Jauken zu Stein berichten, sowie, dass auch Raibl an der Vergrösserung der dermalen bestehenden Aufbereitungsstätten arbeitet. Das Kohlenwerk zu Liescha verbesserte wesentlich seine Separation der Kleinkohle durch den Einbau einer Trommelwäsche und mehrerer Setzvorrichtungen. An manchen Orte wandte man mit Vortheil Bessemereisen für Pocheisen an.

Unter den Fortschritten im Gebiete des Eisenhüttenwesens steht weitaus der Bau eines Coakes-Hochofens in Prevali allen übrigen voran. — Bei der Hütte zu Waldenstein wurde die Einrichtung getroffen, die Eisenglanzerze in Stufferze und Erzklein zu scheiden und jede Sorte abgesondert für sich, und zwar erstere in Schachtöfen mittelst Praschen (Holzkohlenklein), letztere in Flammenöfen mittelst Flammholz zu rösten, welche Manipulation sich Behufs der Entschwefelung der sehr kiesigen Glanzerze als höchst vortheilhaft bewährt. — Bei dem Eisenhochofen in Heft wurden Wasserformen beim Schmelzbetriebe eingeführt und wurde durch Umbau der Gasröstöfen das Aufbringen von 200 auf 500 Centner per 24 Stunden und Ofen gesteigert. — In Olsa wurde zu den Röstöfen eine neue Bahnanlage erbaut und wurden Versuche über die Anwendbarkeit der aus Köflacher Lignit erzeugten Coakes zum Hochofenbetriebe mit günstigen Resultaten abgeführt. — Im Bessemerwerke zu Heft verliess man die schwedischen Oefen, baute durchwegs Converters ein und arbeitet an den Projecten zu einer Vergrösserung der Anlage.

Im Gebiete des Bleihüttenwesens ist nur zu bemerken, dass die Gewerkschaft Jauken eine neue Flammofen-Anlage in Stein, wo sie reiches Betriebswasser zur Disposition hat, in Betrieb setzte, und die Bleihütte am sogenannten Bärnboden (4500 Schuh hoch am Jaukenberge) auflless.

Ueber die Löslichkeit des Schwefels in den Steinkohlen-Theerölen und deren technische Verwendung.

Aus den Comptes rendus. Von Eugen Pelouse.

Die durch Destillation des Gastheeres gewonnenen Steinkohlenöle lösen bei gewöhnlicher Temperatur eine nur sehr geringe Menge Schwefel, ungefähr zwei Procent, während sie in der Nähe ihres Siedepunktes von demselben fast die Hälfte ihres Gewichtes zu lösen vermögen.

So lösten sich in 100 Grm. eines Oeles von der Dichtigkeit 0·885, welches von 146 bis 200° C. destillirt:

bei	der	Temperatur	von	15° C.	2·3	Grm.	Schwefel
„	„	„	„	40°	5·6	„	„
„	„	„	„	65°	10·6	„	„
„	„	„	„	100°	25·0	„	„
„	„	„	„	110°	30·3	„	„
„	„	„	„	130°	43·2	„	„

Sobald die Temperatur des Lösungsmittels sinkt, scheidet sich Schwefel im krystallinischen Zustande aus, so dass man, wenn man bei 130° C. 43·2 Grm. Schwefel in Lösung gebracht hat und die Flüssigkeit nun auf 15° C. (bei welcher Temperatur das Oel, wie angegeben, nur 2·3 Grm. zu lösen vermag) abkühlt, einen Niederschlag von 40·9 Gramm krystallinischem Schwefel und eine Flüssigkeit erhält, welche bei abwechselndem Erhitzen und Abkühlen neue Quantitäten Schwefel lösen und wieder absetzen kann.

Dieses Lösungsvermögen der Steinkohlenöle lässt sich zur Gewinnung des Schwefels armer Solfataren, sowie namentlich aus den zur Reinigung des Leichtgases nach dem Laming'schen Verfahren benutzten Materialien verwerthen. Zu diesem Zwecke muss man die nur 8—10 Francs per 100 Kilogr. verkäuflichen schweren Steinkohlenöle verwenden, welche sich übrigens nach jedesmaliger Benutzung fast gänzlich wieder gewinnen lassen. Diese Oele besitzen vor dem Schwefelkohlenstoff grosse Vorzüge, nicht allein wegen ihrer Billigkeit, sondern auch, weil man mit ihnen bei Temperaturgraden arbeiten kann, welche unter ihrem Siedepunkte liegen, der so hoch ist, daher die durch Verdampfung entstehenden Verluste verringert und die mit der Anwendung von Schwefelstoff verknüpften Gefahren und Nachtheile vermieden werden.

Es tritt bekanntlich ein Zeitpunkt ein, wo die zum Reinigen des Leichtgases benutzten Substanzen nicht mehr wiederbelebt werden können. Sie werden dann als werthloser Rückstand betrachtet, obgleich sie bis 40 Procent freien Schwefel enthalten; letzterer ist nämlich in diesen Abfällen mit Holzsägespänen, Eisenoxyd und theerartigen Substanzen gemengt, welche seine billige Wiedergewinnung nach den gewöhnlichen Methoden nicht gestatten. Mit Hilfe der Steinkohlen-Schweröle lässt sich dieser Zweck auf nachstehende Weise erreichen.

Nachdem die alten Reinigungsmaterialien durch genügend langes Liegen an freier Luft unter Schutzdächern gut ausgetrocknet sind, füllt man sie in gusseiserne Cylinder, welche äusserlich durch einen Dampfmantel erhitzt werden, und so angeordnet sind, dass man nach Belieben eine Luftpressung geben kann, welche die Abflussgeschwindigkeit des durch die Masse hindurchgedrungenen Oeles erhöht. Das in einem Montejus mittelst eines in einem Schlangenrohre circulirenden Dampfstromes auf 130° C. erhitzte Schweröl, dessen Temperatur also nicht bis zu seinem Siedepunkt gesteigert worden ist, steigt durch ein Rohr in den Filtrircylinder hinauf und ergiesst sich auf die schwefelhaftigen Substanzen, welche es von oben nach unten durchdringt. Man kann das Lösungsmittel in Krystallisirgefässen erkalten lassen, in denen sich der Schwefel durch die blosse Abkühlung rasch abscheidet; dann bringt man es wieder in den Montejus, so dass es von Neuem auf die zu extrahirende Masse gelangt, und so fort, bis letztere von ihrem ganzen Schwefelgehalte befreit ist.

Die so behandelte Masse hat eine gewisse Menge von Schweröl aufgenommen, welches durch einen Dampfstrom fast gänzlich wieder gewonnen werden kann.

Der nach diesem Verfahren gewonnene Rohschwefel bildet oktaëdrische, durch einen geringen Gehalt theerartiger Substanzen schwarz gefärbte Krystalle. Nachdem er durch Destillation gereinigt worden, besitzt er alle Eigenschaften des gewöhnlichen Schwefels.

(Schluss folgt.)

Notizen.

Aluminiumhaltiges Neusilber. Ein schönes, durch seine weisse Farbe und Politurfähigkeit ausgezeichnetes Neusilber, welches Professor R. Wagner in Würzburg von Dr. Cl. Winkler in Pfannenstiel bei Aue, Königreich Sachsen, erhielt, besteht aus:

Kupfer	70	Theilen
Nickel	23	„
Aluminium	7	„
	100	Theile.

(Wagners Jahresbericht über die Leistungen der chemischen Technologie für 1868 S. 113.)

Dichte Kupfergüsse. Dieselben erfolgen, wenn man das Kupfer in Grafittiegeln einschmilzt, welche innen mit einem Thon- oder Lehmüberzug versehen sind. Kommt Kohlenstoff mit dem Kupfer in Berührung, so werden die Güsse sofort porös. — Die schärfste Probe auf die Qualität von Kupfer besteht darin, dass man dasselbe mit Zink in Messing verwandelt und dieses über einen Dorn zu Röhren zieht. Zeigen sich hiebei keine Risse, so ist das Kupfer von bester Qualität.

Haltbares Dicht- und Kittmittel für Eisen und Stein. Nach einer Mittheilung des Herrn Werkführers Pollak in Bautzen erhält man für Eisen- und Steinverbindungen einen sehr haltbaren Kitt durch Vermischung von Glycerin mit Bleiglätte, welche, zu einem Brei vermengt, rasch zu verbrauchen ist, da die Masse schnell erhärtet. Nach Herrn Pollak's mehrjährigen Erfahrungen ist jene Verbindung ein treffliches Mittel zum Dichten von Eisen auf Eisen, zum Verkitten von Steinarbeiten, so wie vorzüglich auch zum Verkitten von Eisen in Stein, bei welch letzterer Verwendung sie allen anderen bisher gebräuchlichen Mitteln vorzuziehen sei. Die Masse ist unlöslich und wird nur von starken Säuren angegriffen. Schon nach einigen Stunden kann man den betreffenden Gegenstand verwenden. Herr Pollak hat Sandsteinstücke mit diesem Kitt verbunden, welche nach dem Trocknen des letztern nur bei grossem Kraftaufwand und Bruch einzelner Theile aus einander wichen. Damit vergossene Schwungradlager hafteten so fest, als nur überhaupt wünschenswerth erscheint. Zu beachten ist hierbei, dass der Kitt um so grössere Haltbarkeit bekommt, je mehr Wasser die Bleiglätte aufsaugt. Bei mehr trockener Bleiglätte bindet er nicht so gut. Bei der Bereitung ist nur ganz reine Bleiglätte zu verwenden.

Bergmännisches Abschiedsfest in Storé. Am 2. October d. J. veranstaltete der berg- und hüttenmännische Verein für Südsteiermark seinem scheidenden Obmanne, dem Berg- und Hüttenwerksdirector in Storé, Herrn Carl August Frey, in den Localitäten des hiesigen Casinovereines eine Abschiedsfeier. Da der Genannte nicht allein als fachmännische Capacität, sondern auch seines eifrigen Mitwirkens bei communalen und andern öffentlichen Angelegenheiten wegen Jedermann's Achtung genoss, so war auch die Betheiligung an dieser Feierlichkeit eine allgemeine. Nach Beendigung des von der Bürgerschaft unter Mitwirkung der Musikcapelle des hier garnisonirten Jägerbataillons veranstalteten Fackelzuges versammelte man sich in den Räumlichkeiten des Casinosaales, woselbst der Berg- und Hüttenwerksbesitzer Herr Eduard Mulley an den Collegen und Berufsgenossen, „der heute in hiesiger Gegend die letzte Schicht verfährt", in sehr sinniger, echt bergmännischer Ausdrucksweise die ersten Abschiedsworte richtete. Nachdem der Herr Berghauptmann Franz Weineck in gediegener Ansprache die Verdienste des Scheidenden in seinen mannigfaltigen Wirkungskreisen gebührend hervorgehoben, und demselben zum Schlusse ein herzliches „Glück auf" zugerufen hatte, folgten Toaste des Bürgermeisters von Cilli, des Obmannes des Cillier Verfassungsvereines und mehrerer Berufsgenossen und Freunde des Scheidenden, welche sämmtlich die Humanität desselben, seine liberale Gesinnung und sein unermüdliches fruchtbringendes Wirken für die Allgemeinheit betonten und das lebhafteste Bedauern über den durch sein Abgehen schwer ersetzbaren Verlust aussprachen. Der Gefeierte, welcher bekanntlich als Generaldirector der Hüttenberger Actiengesellschaft seinen künftigen Wohnsitz in Klagenfurt nimmt*), drückte in herzlichen, rührenden Worten seinen Dank aus und versprach, wie bisher, auch in der Ferne für das Interesse sowohl des „berg- und hüttenmännischen Vereins für Südsteiermark", als auch der Stadt Cilli aufs Wärmste wirken zu wollen. Unter fröhlichen Musikklängen und heiteren Bergmannsliedern verfloss das schöne Fest, welches der berg- und hüttenmännische Verein und die Bewohner der Stadt Cilli dem scheidenden Ehrenmanne veranstaltet hatten. Cilli, am 3. October 1869. T—y.

Amtliche Mittheilung.

Ernennungen.

Vom Finanzministerium:

Der Praktikant Robert Launsky von Tiefenthal zum Rechnungsofficial III. Classe bei dem Montan-Fachrechnungs-Departement des Finanzministeriums. (Z. 29010. ddo. 7. September 1869.)

Montan-Verwaltung.

(Auflösung der Aerarial-Eisenwerks-Verwaltung zu Primör.) In Folge der Veräusserung des Aerarial-Eisenwerkes zu Primör hat die dortige k. k. Eisenwerks-Verwaltung zu bestehen aufgehört.

Zahl 25436, ddo. 31. August 1869.

*) Wir hoffen bald auch dort, wo der kärntner'sche Verein einen schönen Wirkungskreis für thätige Männer bietet, diesen hervorragenden Fachgenossen in neuer, einflussreicher Regsamkeit zu erblicken. O. H.

Auflösung der Ministerial-Commission zur Abwicklung der Geschäfte der bestandenen Salinen- und Forst-Direction in Gmunden.) Die mit der Abwicklung der Geschäfte der bestandenen Salinen- und Forst-Direction zu Gmunden beauftragte k. k. Ministerial-Commission daselbst, schliesst am 20. September l. J. ihre Thätigkeit.

Z. 30914, ddo. 15. September 1869.

Erkenntniss.

Von der k. k. Berghauptmannschaft Elbogen wird gemäss §. 244 a. B. G. auf Entziehung der unterm 6. Juni 1849 Z. 1707 ertheilten, im Tachauer Belehnungsbuche lit. A. verbücherten Bergbauberechtigung der Johann Bapt.- Bleizeche bei Hinterkotten, im politischen und Gerichtsbezirke Plan, der gleichnamigen Gewerkschaft, vertreten durch Michael Ingeusch in Marienbad, wegen Unbauhafthaltung und gänzlicher Verwahrlosung des Grubenbaues erkannt, und nach Rechtskraft dieses Erkenntnisses das im §. 253 a. B. G. normirte Strafverfahren fortgesetzt.

Elbogen den 25. September 1869.

Gewerkentags-Ausschreibung.

Ueber vom Director der Leoganger Nikel- Kobalt-Gewerkschaft anher gerichtetes Ansuchen um Ausschreibung eines Gewerkentages behufs:

I. Vorlage und Liquidirung der Werksrechnung de 1868/69;

II. Beschlussfassung:

a. über den Weiterbetrieb des Nikel-Kobalt-Werkes in Leogang und Beischaffung der Geldmittel hiezu,

b. eventuell über den Verkauf oder Auflassung dieses Nikel-Kobaltwerkes und Auflösung der Gewerkschaft;

III. Wahl eines Gewerkschafts-Directors, wird hiemit eine unter bergbehördlicher Intervention abzuhaltende Gewerken-Versammlung (Gewerkentag) für die Gewerken der Leoganger Nikel-Kobalt-Gewerkschaft auf den 30. October 1869, 9 Uhr Vormittags, in den Amtslocalitäten der k. k. Berghauptmannschaft in Hall angeordnet, wozu die nachbenannten Gewerken, die entweder nicht im Bezirke der Berghauptmannschaft wohnen, oder denen diese Ausschreibung nicht zugestellt werden konnte, und zwar: Frau Anna Stiessberger, Grosshändlerswitwe in München, die Erben nach Georg Perwein, Hammerwerksbesitzer in Schladming und Herr Alois Schilling in Kitzbühel oder deren Rechtsnachfolger, welche sich als solche ausweisen, mittelst gegenwärtigen Edictes in Person oder durch einen Bevollmächtigten bei Vermeidung der gesetzlichen Folgen zu erscheinen eingeladen werden.

K. k. Berghauptmannschaft Hall,
am 27. September 1869.

ANKÜNDIGUNGEN.

Diese Zeitschrift erscheint wöchentlich einen Bogen stark mit den nöthigen artistischen Beigaben. Der **Pränumerationspreis** ist jährlich loco **Wien** 8 fl. ö. W. oder 5 Thlr. 10 Ngr. **Mit franco Postversendung** 8 fl. 80 kr. ö. W. Die **Jahresabonnenten** erhalten einen officiellen Bericht über die **Erfahrungen im berg- und hüttenmännischen Maschinen-, Bau- und Aufbereitungswesen** sammt Atlas als Gratisbeilage. Inserate finden gegen 8 kr. ö. W. oder $1^{1}/_{2}$ Ngr. die gespaltene Nonpareillezeile Aufnahme. Zuschriften jeder Art können nur franco angenommen werden.

Druck von Carl Fromme in Wien — Für den Verlag verantwortlich Carl Reger

№ 42. XVII. Jahrgang.

Oesterreichische Zeitschrift

1869. 18. October.

für

Berg- und Hüttenwesen.

Verantwortlicher Redacteur: Dr. Otto Freiherr von Hingenau.

k. k. Ministerialrath im Finanzministerium.

Verlag der G. J. Manz'schen Buchhandlung (Kohlmarkt 7) in Wien.

Zur Kritik der von Sparre'schen „Theorie der Separation."

In Nr. 12 l. J. dieser Blätter, veröffentlichte ich eine Recension der unter dem Titel: „Zur Theorie der Separation" vom königl. preuss. Bergrathe Julius von Sparre jüngster Zeit publicirten Brochure, welche neuerdings in einem eigenen, gleichfalls bei Spaarmann in Oberhausen erschienenen Heftchen eine Erwiederung desselben Herrn Verfassers hervorgerufen hat.

Nachdem in letzterer Schrift meine „sämmtliche" Ansichten für unbegründet und als zum Theile „geradezu unerklärliche Irrthümer" bezeichnet werden, so sehe ich mich im Interesse der Sache denn doch veranlasst, nochmals auf diesen Gegenstand zurückzukommen.

Bezüglich der von Herrn von Sparre citirten Widerstandscoëfficienten erkläre ich gerne, dass von meiner Seite ein Missverständniss obwaltete, welches aber nur daraus entstand, weil eben verschiedene Werthe der Rittinger'schen Ausmittlung entgegengehalten wurden; doch vermag ich auch heute den theoretischen Zweifeln an der Richtigkeit der letztern in Bezug auf die Zwecke der Aufbereitung keinen Werth beizumessen.

In dem „Beitrag zur Theorie des Siebsetzens" (veröffentlicht im l. J. dieses Blattes und als Separat-Abdruck bei Manz in Wien) habe ich diesbezüglich des Näheren nachgewiesen, dass die Differenzen der Wege, nach beiderlei (von Rittinger und von Sparre benützten) Coëfficienten gerechnet, nur geringe sind, und da man zur genauen Bestimmung der passendsten Constructionsverhältnisse von Aufbereitungs-Apparaten wohl stets den Weg praktischer Versuche wird betreten müssen, so wäre es um so überflüssiger, diese Zweifel noch ferner zu erörtern, als die Gesetze der Bewegung fester Körper in Flüssigkeiten von denselben im Wesen gar nicht berührt werden.

Wenn weiterhin Herr von Sparre den Sinn dessen unverständlich findet, dass ich eine leichtfassliche Weise der Entwickelung dieser Gesetze überhaupt, besonders aber in einem auch für Schulzwecke bestimmten Lehrbuche ganz angezeigt finde, weil nur diese allgemein zu überzeugen vermag, so kann ich ein sehr naheliegendes Beispiel vorführen, welches beweist, dass ein klarer und vollständiger Gang im Vortrage eines Gegenstandes stets eine erwünschte Sache bleibt.

Herr von Sparre führt Seite 19 seiner ersten Brochure nach von dem Borne folgendes Gesetz an:

„Von zwei Körpern von verschiedenem specifischen Gewichte, welche durch einen mit constanter Geschwindigkeit aufsteigenden Wasserstrom bewegt werden und deren Durchmesser sich so verhalten, dass sie beide mit der Zeit dieselbe constante Geschwindigkeit erlangen, bewegt sich im Anfange der specifisch leichtere schneller, wie der specifisch schwerere," und setzt selbst bei:

„Für die Beurtheilung der Separation auf hydraulischen Setzsieben ist vorstehendes Gesetz äusserst wichtig."

Nun ist oberer Satz, wie ich in dem genannten „Beitrag zur Theorie des Siebsetzens" nachweise, nicht nur gerade umgekehrt giltig, sondern auch dessen Anwendung auf das Siebsetzen irrig, denn die durch die Trägheit der Masse hervorgerufene anfängliche Wegdifferenz zweier gleichfälliger Körper hebt sich am Setzsiebe im Verlauf des ganzen Aufstieges d. i. vom Beginn bis zum Ende der aufsteigenden Bewegung, vollkommen wieder auf.

Gewiss hätte nun Herr von Sparre sich zur nachdrücklichen Verbreitung jenes Satzes nicht veranlasst gesehen, und auch nicht Herrn von Rittinger dessen Nichtbeachtung zum Vorwurfe gemacht, wenn von dem Borne die Begründung desselben in klarer Weise vorzuführen versucht hätte, da in diesem Falle die höchst einfache Berichtigung gewiss längst erfolgt wäre.

Der von Herrn von Sparre neuerdings, wenngleich nicht mehr mit dem früheren Nachdruck vertheidigte Satz, dass auch für das Siebsetzen das Klassiren nach einer Scala erfolgen solle, in welcher die Siebblochweiten eine geometrische Progression bilden, ist sehr leicht zu widerlegen.

Herr von Sparre sagt diesbezüglich Seite 9 seiner Erwiederung: „Immerhin wird aber der bei relativ gleicher Reduction des Fallraumes zulässige Grad der Ueberschreitung dieses Verhältnisses (der Gleichfälligkeit) einen aliquoten Theil dieses Verhältnisses selbst bilden müssen, der für alle Arten von Gemengen annähernd derselbe (?) ist, so dass auch in diesem Falle eine in geometrischer Progression abnehmende Stufenfolge der Korngrössen vortheilhaft erscheint."

Ob nun der Ausgangspunct dieses Schlusses d. i. die Reduction des Fallraumes in den verwendeten Setzapparaten thatsächlich überall relativ gleich ist, dafür werden keine Beweise erbracht.

Es sind aber in der Regel schon an einem und demselben Orte für Grob- und Feinkorn verschiedene Gattungen Setzapparate in Anwendung, auch wird die Handhabung derselben nicht an allen Orten dieselbe sein, und so kann man eine richtige Feststellung jenes Verhältnisses der Fallräume allgemein keineswegs behaupten, auch ist jeder directe Beweis schon deshalb schwierig, weil die factische freie Fallhöhe der Körner am Setzsieb wegen ihrer gegenseitigen Beeinflussung sich kaum je mit der erforderlichen Sicherheit bestimmen lassen wird.

Ausserdem werden an vielen Orten die gröberen Kornklassen minder genügenden Aufschluss besitzen, also die auszunützenden Differenzen der specifischen Gewichte bei denselben kleinere sein, sowie auch das gegenseitige Verhältniss der verschieden schweren Gang- und Erzarten, dann selbst ihre vorherrschende Form in den einzelnen Kornklassen örtlich Aenderungen unterworfen sein kann; was Alles sehr klar zu dem Schlusse führt, dass bei der von Herrn von Sparre vertheidigten Siebscala der Werth der Klassirung nicht eben durchgehends für alle erzeugten Korngrössen derselbe sein muss.

Das weitere Argument Herrn von Sparre's, der „beste" Beweis für seine Ansicht sei der, dass auch dort, wo die fallenden Vorräthe der Siebsetzarbeit überwiesen werden, die Retter oder Trommeln stets nach einer „bestimmten" (geometrischen oder nicht?) Scala gelocht sind, ist nicht einer meiner unerklärlichen Irrthümer.

Abgesehen von der sonderbaren Logik, welche eine Sache deshalb für richtig findet „weil man sie so mache," liegt mir ein umständlicher Bericht meines Amtsvorgängers über zahlreiche Aufbereitungs-Anlagen eben Deutschlands vor, nach welchem die Abstufungen der Sieblochweiten bei der Klassirung dort sehr verschiedene und nur seltener bestimmte Progressionen bildende sind, ohne dass man solche abweichende Siebscalas nach dem Vorausgelassenen als aus theoretischen Gründen offenbar unrichtige bezeichnen darf.

Ueberhaupt kann die Richtigkeit der angewandten Klassirung nur auf praktischem Wege in Verbindung zu bestimmten Vorräthen und Setzapparaten ermittelt werden, und ist mit den letzteren auch ihrerseits Aenderungen unterworfen.

Allerdings sagte Herr von Sparre Seite 10 seiner ersten Brochure selbst, „dass bei äusserst geringer Fallhöhe auch die Verarbeitung von Vorräthen noch gelingt, welche ihrer Feinheit wegen fast gar keine vorgängige Separation nach der Korngrösse haben erfahren können," wenn er aber in derselben Schrift Seite 13 den Satz, dass die grössten und kleinsten Durchmesser der in dem zu verarbeitenden Gemenge enthaltenen Körner stets in demselben geometrischen Verhältnisse stehen müssen, allgemein als einen eben für die Praxis „äusserst wichtigen" nennt, so finde ich in der Anwendung desselben auf das Siebsetzen einen offenbaren Widerspruch und in dieser Richtung forderte und fordere ich auch heute ein Zugeständniss ab.

Es lag und liegt mir ferne, Herrn von Sparre's grosses Verdienst schmälern zu wollen, neben zahlreichen anderen sehr interessanten Aufschlüssen auch den für die Aufbereitung so hochwichtigen Satz begründet zu haben: dass die Anfangsgeschwindigkeit beim Fall (kugelförmiger) Körper im ruhenden Wasser wohl von ihrem specifischen Gewichte, nicht aber von ihrer Grösse abhängig sei; er möge aber die Bemerkung verzeihen, dass er dessen hohe Wichtigkeit für die Praxis nicht erkannt hat.

Denn er benützte diesen Satz nur zur Erklärung der Vorgänge beim Siebsetzen, und da er weiter fand, dass gut klassirte Vorräthe sich leichter bei ununterbrochenem Fall auf grössere Höhen trennen lassen, so empfahl er, statt die Ermässigung der Kosten anzustreben und den unvermeidlichen Unvollkommenheiten der Klassirung entgegenzuwirken, einem theoretischen Vortheile zulieb umgekehrt sehr gute Klassirung und construirte den „Drehpeter," der meines Wissens noch nirgends die Setzapparate verdrängt hat und auch kaum je verdrängen wird.

Ich wies nun in dem „Beitrage zur Theorie des Siebsetzens" weiter ganz allgemein nach, dass die Anfangsgeschwindigkeit beim Fall fester Körper im ruhenden Wasser einzig und allein von ihrem specifischen Gewichte abhänge, somit nicht nur von ihrer Grösse, sondern auch von ihrer Form unbeeinflusst ist.

Dies ist nicht minder wichtig, weil auch die durch das Klassiren keineswegs getrennten verschiedenen Formen der Körper auf ihre späteren Fallgeschwindigkeiten von wesentlichem Einflusse sind, und nachdem die Trennung der verschiedenen Körper eben nach ihrem specifischen Gewichte der allgemeine Zweck der nassen Aufbereitung ist, was kann dann natürlicher sein, als das Bestreben: jenen Grundsatz, der alle schädlichen Nebeneinflüsse beseitigt, thunlichst auszunützen?

Dieses Streben unterliegt nun in der Praxis keiner Schwierigkeit, weil man die Setzapparate eben nur auf thunlichst kleine Hube einzurichten und die nöthige Anhubgeschwindigkeit durch die grössere Raschheit derselben zu erzielen hat.

Auf diesem Wege und mit Berücksichtigung der in meiner mehrerwähnten Schrift besprochenen Wirkungen des vertical niedergehenden Wasserstromes, so wie im Hinblicke auf die wahrhaft ausgezeichneten Erfolge mit den Harzer Setzsieben lässt sich wohl noch eine beachtenswerthe Reform des Setzens auch gröberer Kornklassen erwarten, wenn sich auch andererseits die Fallräume nie so weit ermässigen lassen, um die Klassirung ganz umgehen zu können; was schon wegen der störenden Beeinflussung von allzuverschieden grossen Körnern, wie sie dieselbe gegenseitig am Setzsiebe ausüben, kaum anginge, und will ich hiemit den Werth der Klassirung als Vorarbeit für das Siebsetzen überhaupt keineswegs negirt haben.

Dass bei gleicher Neigung die Oberflächengeschwindigkeit eines Stromes mit dessen Mächtigkeit zunehme, sowie die grösste Stromgeschwindigkeit etwas unterhalb seiner Oberfläche herrsche, sind so schulbekannte Wahrheiten, dass weder ich, noch sonst Jemand sie erst aus Herrn von Sparre's „Erwiederung" gelernt haben wird, ob aber mit denselben bewiesen wurde, dass die Verschiedenheit der ein grösseres und ein kleineres Korn treffenden Stromgeschwindigkeit in einem dünnen und in einem mächtigeren Strom von für den Vergleich selbstredend solchen Geschwindigkeiten, bei welchen die kleineren (Erz-) Körner gleich stark getroffen werden, in diesem oder jenem grösser sei, ist zu zweifeln.

Herr von Sparre führt zwar, wie ich schon in meiner Recension erwähnte, Band 21, Seite 748 des „Bergwerksfreund" folgendes an:

„Hiernach bleibt zur Erklärung der oben angeführten Erscheinung nur die Annahme übrig, dass die Geschwindigkeit der Wasserströmung nicht in dem ganzen Querschnitte des Gerinnes die gleiche sei, sondern in der Nähe des Bodens in Folge der Reibung schichtenweise sehr rasch abnehme," doch wird die Richtigkeit dieser Ansicht mit keinen directen Bestimmungen bekräftigt, noch weniger also angeführt, wie gross dieser Wechsel der Bodengeschwindigkeiten in den verschiedenen Wasserströmen sei, und über wie hohe Schichten er sich ausdehne?

Es ist also eine blosse Ansicht, dass unter Rücksicht auf das oberwähnte Verhältniss der Geschwindigkeitswechsel in einem mächtigeren Wasserstrome blos in der Nähe des Bodens allein grösser sei, als in einem dünneren Strom in Summe, denn es nimmt die Geschwindigkeit, wie es wenigstens für höhere Ströme erwiesen ist, nicht nach der Vermuthung Herrn von Sparre's blos in der Nähe des Bodens ab; so liest man in Weisbachs „Ingenieur" pag. 457 über die Bewegung des Wassers in Flüssen und Canälen:

„Annähernd läst sich setzen, dass die Geschwindigkeit in einem Perpendikel vom Wasserspiegel bis Boden um 17 Procent abnehme und die mittlere Geschwindigkeit in demselben um $8\frac{1}{2}$ Procent kleiner sei, als an der Oberfläche."

Zu dem Umstande, dass die Erztheilchen auch in den dünnen Wasserströmen auf den Herden vorzüglich nur den weniger bewegten Bodenschichten angehören, trägt übrigens ausser der verschiedenen Grösse der Berg- und Erztheile in den verarbeiteten Mehlsorten nicht selten auch die vorwaltende Form der letzteren bei.

Häufig ist nämlich (so insbesondere beim Bleiglanz) die sehr vorwaltende Form feinerer Erztheile die platte und nicht nur, dass dieselben vermöge dieser Form vornehmlich nur der tiefsten Stromschichte angehören und dem Wasserstrom nach Erreichung des Herdbodens auch eine verhältnissmässig geringe Fläche entgegensetzen werden, sondern diese Form macht sie auch zu der wälzenden Bewegung wenig geeignet und sie vermehrt ihre Adhäsion zum Herdboden, wie überhaupt die verschiedene Form zwischen Erz- und Bergkörnern nicht geringen Antheil an der auf Herden eintretenden Separation nehmen kann. Solange überhaupt die Gesetze der Geschwindigkeitsabnahmen in den verschiedenen Wasserströmen nicht durch directe genaue Messungen ermittelt sein werden, können auch positive Beweise pro oder contra der in dieser Richtung vorgeführten Ansichten nicht erbracht werden.

Ich war meinerseits bereits vor einigen Jahren bemüht, durch Beobachtung der Bewegung zahlreicher Kügelchen, die durch Schmelzen von genau vorgewogenen Mengen von Feingold (als einem der schwersten Stoffe) eine scharf bestimmte Scala in ihren Durchmessern bildeten, in verschieden geneigten dünneren Strömen diese Gesetze zu bestimmen; leider scheiterte meine Mühe, theils weil mir dazumal die bei der Subtilität der Versuche unbedingt nöthigen Mittel nicht in ausreichendem Masse zur Disposition standen, theils weil die für jedes einzelne Kügelchen separat nöthige Bestimmung der Coëfficienten für die wälzende Reibung bei so zarten Körpern überhaupt stets grössere Schwierigkeiten bietet.

Bezüglich der von Rittinger'schen Herde findet sich in meiner Recension wörtlich nachfolgende Stelle vor:

„Wenn aber von Sparre die Rittinger'schen Herde „als auf falschen Principien beruhend," als wesentliche Vervollkommnungen der Aufbereitung nicht betrachten kann, so ist dies eine ebenso kurze, als unrichtige Kritik.

Den Rittinger'schen Herden liegt das sehr gesunde Princip der Continuität der Arbeit auf Grundlage der Diagonalbewegung zu Grunde und es wird schon völlig unklar, wenn von Sparre auch bei dem stetig wirkenden Stossherde den Stoss, der doch allein den Erztheilchen die seitliche Bewegung ertheilt, als der Separation ungünstig bezeichnet."

Wie Herr von Sparre diese Worte dahin zu missdeuten vermag, dass ich mit denselben, die doch offenbar sich nur auf die dringendste Berichtigung beschränken, für Herrn v. Rittinger irgend welche ungerechtfertigte Prioritätsrechte in Anspruch nahm, vermag ich unmöglich zu entscheiden; es scheinen, wie bei der Meinung, dass das Setzrad aus dem Drehpeter und Fallgraben combinirt wurde, eben nur blosse persönliche Vorurtheile der Anlass zu solchen Schlüssen zu sein.

Dass der Stoss an sich beim gewöhnlichen Stossherd der Separation dadurch ungünstig sei, weil er eine rückwärtsgehende Bewegung der abzusondernden Vorräthe hervorruft, bei welcher ein theilweises Vermengen der beim nachfolgenden Eintritt des Wasserschwalles herdabwärts sich trennenden Berg- und Erztheile eintritt, habe ich nie verkannt.

Beim stetig wirkenden Stossherd mit seitlichem Stoss hingegen gehen die dem herdabwärts gerichteten Strome mehr widerstehenden Erztheilchen einzig und allein durch den Stoss selbst in jener Richtung vor, in welcher sie ausgeschieden werden, während die vom Strom mehr beeinflussten Bergtheile weniger von dessen Richtung abweichen.

Die mittelbare günstige Wirkung des Stosses am gewöhnlichen Stossherd, d. i. die eines öfters unterbrochenen Stromes über einer geneigten Unterlage kann man allerdings sehr wohl auch ohne das indirecte Mittel (den Stoss) erzwecken, die directe Wirkung des Stosses beim stetig wirkenden Stossherd, d. i. das Vortreten der Körner quer gegen einen Strom durch ein anderes Mittel zu ersetzen, dürfte nicht so leicht gelingen und selbst dann bliebe es ein Verstoss gegen die Logik, zu sagen: eine an sich günstige Wirkung ist dennoch ungünstig, weil man dieselbe auch durch andere Mittel erzielen kann.

Wenn also Herr v. Sparre Seite 13 seiner „Erwiederung" die Meinung in ihrem ganzen Umfange aufrecht erhält,

„dass bei dem Rittinger'schen continuirlich wirkenden Herde mit seitlichem Stoss der Stoss auf die Separation ganz denselben ungünstigen Einfluss, wie bei dem gewöhnlichen Stossherde, ausübt, ohne dass dieser Nachtheil, wie bei diesem, durch periodische Unterbrechungen der abwärts gerichteten progressiven Bewegung wieder ausgeglichen wird,"

so kann dies offenbar nur darin liegen, dass er nach eigenem Geständnisse seit 14 Jahren kein Aufbereitungswerk besichtigt hat und sich die Wirkung auf diesem neuerer Zeit construirten Herde irrig vorstellt, da er sonst unmöglich eine Analogie in der Wirkung des Stosses bei beiderlei Apparaten, die nur den Namen gemein haben, finden könnte.

Höchstens könnte man sagen, dass der Stoss beim stetig wirkenden Stossherd nicht allein, sondern nur im Vereine mit dem ununterbrochenen herdabwärts gerichteten Wasserstrom die Separation zu vollziehen vermag, nichts desto weniger bleibt aber seine directe Wirkung ein gleich bedingender Grund derselben.

Schon hieraus fliesst, dass der Vergleich, wie er von Herrn v. Sparre sehr richtig zwischen gewöhnlichem Stossherd und Rüttelherd aufgestellt wurde, in gleicher Weise auf den stetig wirkenden Stossherd und rotirende Herde unanwendbar ist.

Ich lasse es also dahingestellt, ob Herr von Sparre diesbezüglich irgend ein Recht hatte, mir Seite 12 seiner „Erwiederung" nachstehende Schlussfolgerung in den Mund zu legen:

„Weil Rittinger als Mittel zur Hervorbringung der diagonalen Bewegung den Stoss angewendet hat, so muss die durch den Stoss hervorgebrachte diagonale Bewegung der Separation günstig sein."

Indem ich mich entschieden gegen die Insinuation, welche in diesen Worten meiner Person gegenüber liegt, verwahre, überlasse ich es Herrn v. Sparre, auch weiterhin den bedingenden Grund zur Erreichung eines bestimmten Zweckes als dem letztern deshalb ungünstig zu bezeichnen, „weil man ihn auch durch andere Mittel erreichen kann."

In der That werden die von Herrn v. Sparre vorgezogenen „einfacheren" rotirenden Herde kaum je dem stetig wirkenden Stossherde den Rang ablaufen können, welcher letztere blos durch einmalige Arbeit sehr reine Producte gibt und dies deshalb, weil bei demselben sich der Erfolg aus einer beliebigen Zahl bequem regulirbarer Einzelnwirkungen (Stössen) summirt, was bei den ersteren Apparaten kaum je gleich bequem erreichbar sein wird, und vielleicht mit mehr Recht könnte man Herrn v. Sparre entgegenhalten, dass er seinerseits schon deshalb eine Sache für unvollkommen zu halten scheint, weil sie von Herrn v. Rittinger stammt.

Wenn ferner Herrn v. Sparre sogleich Eingangs seiner „Erwiederung" aus dem Tone meiner Recension Parteilichkeit hervorzuleuchten scheint und zunächst erwähnt wird, dass ich „vor Allem" den Vorwurf erhoben hätte, seine Schrift sei nicht genug objectiv gehalten, würdige die vielen und grossen Vorzüge des Rittinger'schen Lehrbuches nicht hinlänglich und enthalte nicht zu entschuldigende Ausfälle gegen die Person von Rittinger's, so bedarf auch dies der Berichtigung.

Diese Bemerkung findet sich, als zur Sache nicht gehörig, ganz am Schlusse meiner Recension vor und erscheint mir auch heute völlig gerechtfertigt.

Es ist natürlich, dass jeder Autor seine vor die Oeffentlichkeit gebrachte Schrift für seine Person als ganz recht und schön geschrieben findet, allein nicht nur ich, sondern auch alle jene meiner Fachgenossen, mit denen ich Herrn von Sparre's erste Brochure besprach und die wir alle ganz unbetheiligt waren, fanden in derselben nicht eine, sondern bis zu dem durch gesperrte Schrift hervorgehobenen Schlusssatz herab sehr zahlreiche Stellen, die unbeschadet der Sache viel besser weggeblieben wären, ohne dass uns deshalb das Verständniss der Zulässigkeit der Kritik oder der Wahrung persönlicher Rechte gemangelt hätte.

Dass Herr von Rittinger ein solches Auftreten provocirt hätte, ist mir nicht klar; gerade aus dem Umstande, dass derselbe seinerzeit in den „Erfahrungen" die von Sparre'schen „Beiträge zur Aufbereitungskunde" und zwar lobend erwähnte, hätte doch wohl entnommen werden können, dass ersterem Autor jede solche Absicht fremd war, welche allein die Art der von Sparre'schen Kritik, die der Herr Verfasser selbst eine „strenge" nennt, gerechtfertigt hätte.

Das Gleiche gilt von der Vorrede zu dem „Lehrbuch der Aufbereitungskunde", in welcher es heisst:

„Dasselbe (Gätzschmann's Werk über Aufbereitung) entspricht ganz seinem Zwecke und ist äusserst reichhaltig an literarischen Citaten, was mir deren Anführung ganz erspart."

Dass Herr von Rittinger die glückliche Lage, in welcher er sich in letzterer Beziehung sah, benützte, kann ich nicht missbilligen.

Denn das Verfassen des namentlichen Verzeichnisses aller Schriftsteller, Begründer und Erfinder, die zu einem reichhaltigen Gegenstande in Beziehung stehen, ist, da es nie für den Einzelnen möglich wird, es vollständig und fehlerfrei zu machen, die undankbarste Aufgabe, der sich ein Autor zu unterziehen hat, weil sie ihm beim besten Willen stets zahlreiche Reclamationen zuzuziehen pflegt.

Und wie leicht kann man da fehlen!

So kündigt, um nur ein naheliegendes Beispiel aus neuester Zeit anzuführen, die Sievers'sche Maschinenfabrik „California-Pochwerke" mit rotirenden Pochstempeln an und rühmt sich, dieselben zuerst in Europa eingeführt zu haben.

Die Fabrik ist allgemein als so solid bekannt, dass sie jedenfalls in bestem Glauben handelt und dennoch besteht seit 1845 ein ganz ähnlich eingerichtetes Pochwerk im k. k. Hauptmünzamte in Wien, also seit einer Zeit, wo Californiens Gold die Menschheit noch nicht in Aufregung versetzt hatte!

Was schliesslich meine Person anbelangt, so glaube ich schon durch diese Entgegnung nachgewiesen zu haben, dass es mir mit meiner Recension nicht um eine „parteiische Vertheidigung, sondern um die Sache zu thun war, und dies möge auch aus dem „Beitrag zur Theorie des Siebsetzens“ ersehen werden, der jener Recension sehr bald folgte und mit welchem ich Herrn von Sparre's am Schlusse seiner „Erwiederung“ geäussertem Wunsche, wenn auch nur zum geringen Theil und in unvollkommener Weise, so doch nach bestem Willen zu entsprechen mich bestrebt zeigte.

Přibram, 25. September 1869.

Egid Jarolimek,
k. k. Pochwerks-Inspector.

Ueber die Löslichkeit des Schwefels in den Steinkohlen-Theerölen und deren technische Verwendung.

Aus den Comptes rendus. Von Eugen Pelouze.

(Schluss.)

Bei weiterer Verfolgung meiner Untersuchungen über die Löslichkeit des Schwefels in Steinkohlentheerölen habe ich nun Resultate erzielt, durch welche meine früheren Mittheilungen vervollständigt werden.

Ich theilte die flüssigen Kohlenwasserstoffe, aus deren Gemisch die Steinkohlentheeröle bestehen, nach ihrer Dichtigkeit in drei Gruppen und verglich das Lösungsvermögen derselben.

In der nachstehenden Tabelle sind die Resultate meiner zu diesem Behufe abgeführten zahlreichen Versuche zusammengestellt.

Menge des in 100 Theilen Lösungsmittel gelösten Schwefels.

	Leichtbenzöle		Schwerbenzöle		Schweröle	
Dichtigkeit	0·870	0·880	0·882	0·885	1·010	1·020
Siedepunct	zwischen 80 u. 100°	85 u. 120°	zwischen 120 u. 200°	150 u. 200°	zwischen 210 u. 300°	220 u. 300°
Temperatur des Lösungsmittels bei 15°C	2·1%	2·5%	2·5%	2·6%	6·0%	7·0%
„ 30°C	3·0 „	4·0 „	5·3 „	5·8 „	8·5 „	8·5 „
„ 50°C	5·2 „	6·1 „	8·3 „	8·7 „	10·0 „	12·0 „
„ 80°C	11·8 „	13·7 „	15·2 „	21·0 „	37·0 „	41·0 „
„ 100°C	15·5 „	18·3 „	23·0 „	26·4 „	52·5 „	54·0 „
„ 110°C	—	23·0 „	26·2 „	31·0 „	105·0 „	115·0 „
„ 120°C	—	27·0 „	32·0 „	38·0 „	unbestimmte Menge	
„ 130°C	—		38·7 „	43·8 „		

Aus diesen Zahlen ergibt sich:

1) dass die Löslichkeit des Schwefels in den Steinkohlentheerölen mit der Dichtigkeit des Lösungsmittels zunimmt;

2) dass bei derselben Temperatur das dichteste Lösungsmittel am meisten Schwefel löst; so kann z. B. das Schweröl von 1·020 Dichtigkeit bei 100° C. 54 Procent Schwefel lösen, während ein Leichtbenzöl von 0·870 Dichtigkeit bei derselben Temperatur nur 15½ Procent aufnimmt;

3) dass manche Schweröle bei 110° C. bis 115 Procent Schwefel zu lösen vermögen, und dass dieselben über 120° ein gewissermassen unbegrenztes Lösungsvermögen für Schwefel besitzen.

Die Wichtigkeit dieser Resultate hinsichtlich der Wahl des zur Extraction des Schwefels nach dem von mir beschriebenen Verfahren zu verwendenden Theeröles liegt auf der Hand.

Indessen haben die von der Pariser Gasgesellschaft unter der Leitung ihrer beiden Chemiker Audouin und Battarel abgeführten Versuche bewiesen, dass man zur Extraction des Schwefels aus den unbrauchbar gewordenen Gasreinigungsmaterialien ein Oel von zu grosser Dichtigkeit nicht anwenden darf, weil dann die Reinigung des Rohschwefels weit schwieriger wird; das Schweröl, welches ihnen die besten Resultate gegeben hat, besitzt eine Dichtigkeit von 0·995 und siedet zwischen 180 und 210° C.

Zu bemerken ist, dass die Schweröle zwischen 200 und 300° C. unter Entwicklung von Schwefelwasserstoff durch den Schwefel zersetzt werden; dies ist ein Grund mehr zur Befolgung der von mir angegebenen Vorsichtsmassregeln, bei der Operation die Temperatur des Lösungsmittels unterhalb des Siedepunctes von letzterem zu halten und dasselbe in keinem Falle über 150° C. zu erhitzen.

Ueber den Bochkoltz'schen patentirten Kraft-Regenerator bei Wasserhaltungs-Dampfmaschinen.

Vom Professor Gustav Schmidt. *)

Es ist ein bekannter und vielbesprochener Uebelstand, dass das Schachtgestänge zur Bethätigung der Drucksätze eine sehr bedeutende Ueberwucht über den Druck, den die zu hebende Wassersäule auf den sinkenden Plunger ausübt, erhalten muss, weil die Druckventile (so wie die Saugventile) selbstthätig sind, also durch den Druck auf ihre kleinere Unterfläche gehoben werden müssen, während die Wassersäule auf die um die Ventil-Sitzfläche grössere Oberfläche wirkt. Redtenbacher hat längst aufmerksam gemacht, dass dieses Missverhältniss zwischen Unter- und Oberfläche bei Doppelsitzventilen noch grösser ist, als bei einsitzigen Ventilen, und dass die Ueberwucht gar oft mehr als 50 Procent betragen müsste, wenn die Doppelsitzventile wirklich genau schliessen würden. Nur dem mangelhaften Schluss ist es zu danken, dass das durch die Undichtheiten sich durchdrängende Wasser das Ventil theilweise entlastet, so dass die nöthige Ueberwucht meist nicht grösser ist, als bei einfachen Tellerventilen, nämlich 30 bis 36 Procent, an manchen Orten allerdings auch bis 42 Procent, so lange die Ventile ganz gut schliessen. Sobald das Druckventil sich gehoben hat, so ist diese Ueberwucht überflüssig, und es würde eine bedeutende Beschleunigung eintreten, wenn nicht mit dem Wachsen der Geschwindigkeit ein neuer künstlicher Widerstand sich geltend machen würde, der den langsamen gleichförmigen Niedergang erzwingt. Dies ist der Ueberdruck des Dampfes auf jener Seite des Kolbens, auf welcher der Dampf beim Gestängaufgang wirkt, hevorgerufen

*) Aus einem uns vom Verfasser freundlichst zugesandten Heftchen.

entweder durch eine Klappe in dem Communicationsrohr, welches der Dampf bei Herstellung des Gleichgewichtes passiren muss, oder aber durch Begrenzung des Hubes des Gleichgewichtsventiles (welches bei Maschinen ohne Condensation zugleich Auslass-Ventil ist).

Die von der fallenden Ueberwucht abgegebene Arbeit ist daher vollständig verloren, daher es immer noch ein überraschend gutes Resultat zu nennen ist, wenn die wahre Nutzleistung der Pumpen 65 Procent von der indicirten Bruttoarbeit des Dampfes im Cylinder gefunden wird, wie dies auf der Steinkohlengrube Grand-Hornu in Belgien verlässlich gefunden wurde, denn die Maximalleistung bei Rotations-Maschinen gemessen an der Schwungradwelle beträgt 80, höchstens 82 Procent der indicirten Bruttoarbeit, welche vom Dampf an den Kolben abgegeben wird.

Jenes nachtheilige Supplementar-Gestängegewicht zur Hebung der Druckventile würde wegfallen, wenn dieselben nicht activ sondern passiv construirt werden könnten, nämlich von der Dampfmaschine aus bethätiget würden, so wie die Ventile an der Maschine selbst. Dies ist aber wegen der grossen verticalen Entfernung der Pumpenventile von der Maschine praktisch unausführbar.

Der General-Inspector der k. k. priv. österr. Staats-Eisenbahn-Gesellschaft, Herr August Bochkoltz, hat nun in einer im Selbstverlag (Wien, Graben Nr. 8) erschienenen Brochüre einen anderen Vorschlag gemacht, dessen praktische Brauchbarkeit zwar angezweifelt werden kann, jedenfalls aber discussionsfähig ist. Er bringt in üblicher Weise einen Contre-Balancier an, etwa mit einem Ausschlagwinkel von $\alpha = 20$ Graden nach auf- und abwärts. Das Gegengewicht P dieses gleicharmigen Balanciers ist gleich dem oben besprochenen Supplementargewicht. Der Balancier hat aber noch einen gleich langen Arm, der vertical nach abwärts gerichtet ist, wenn der Balancier in seiner horizontalen Mittellage steht. An diesem Arm befindet sich das „Regeneratorgewicht"

$$Q = P cotg. 20^0 = 2{\cdot}75 P.$$

In der höchsten Stellung des Gestänges wirkt dieses Gewicht $Q = P\, cotg\, \alpha$ mit dem Hebelarm $R \sin \alpha$, also mit dem Kraftmoment $P R \cos \alpha$ entgegen dem Gegen-Gewicht P mit dem Hebelarm $R \cos \alpha$; also ist das Supplementargewicht P des Gestänges vollständig wirksam wie sonst, das Druckventil öffnet sich und das Gestänge sinkt. Während des Sinkens ist der Hauptsache nach das Supplementargewicht P am Gestänge durch das Gegengewicht P am Contre-Balancier ausgeglichen, während das Regeneratorgewicht $Q = P\, cotg\, \alpha$ in der ersten Hälfte des Niederganges um die Höhe fällt, die sämmtlichen Massen beschleunigt, und in $R\,(1 - \cos a)$ ihnen eine lebendige Kraft (Bewegungsarbeit) ansammelt, welche gerade so gross ist, um in der zweiten Hälfte des Niederganges das Gewicht Q wieder auf die Höhe $R(1 - \cos \alpha)$ zu heben, da kein künstlicher Widerstand eingeschaltet ist, und die unvermeidlichen Widerstände beim Niedergang als: Reibung an den Führungen, in den Stopfbüchsen, und hydraulische Widerstände, durch ein jedenfalls nöthiges Gestängübergewicht ausgeglichen sind, das in dem Supplementargewicht $= P$ nicht einbegriffen ist. Beim Gestängsaufgang ist sodann nur die Nutzlast des Gestänges ohne das Supplementargewicht desselben zu bewältigen, und das Regeneratorgewicht schwingt ab- und aufwärts und regenerirt wieder das nöthige Supplementargewicht für den Beginn des Niedergangs.

Es ist leicht ersichtlich, dass es nicht nöthig ist. 2 Gewichte P und Q anzubringen, sondern dass man, wie Herr Bochkoltz bemerkt, mit einem einzigen auskommen kann. Dieses müsste das Gewicht $\sqrt{P^2 + Q^2} = Q\sqrt{1 + cotg.^2\, \alpha} = \frac{P}{\sin \alpha} = \frac{P}{\sin 20^0} = 2\,92\, P$ erhalten, und dessen Arm müsste vertical nach abwärts gerichtet sein, wenn das Gestänge in der höchsten Lage ist. Die Arbeit der sinkenden Gestängsüberwucht P durch die Fallhöhe $H = 2 R \sin \alpha$, also die Arbeit $2\, P R \sin \alpha$ wird dann verwendet, um das Gewicht $\frac{P}{\sin \alpha}$ auf die Höhe $R\,(1 - \cos 2\,\alpha) = R 2 \sin^2 \alpha$ zu heben, wozu eben auch die Arbeit $2\, P\, R \sin \alpha$ erforderlich ist.

Wir denken uns jedoch die Ausführung mit den 2 getrennten Gewichten P und Q und zwar, so wie es Herr Bochkoltz wünscht, beide je zur Hälfte an zwei einander gegenüber zu stellenden Balanciers angebracht, um die seitliche Einwirkung auf das Schachtgestänge zu paralysiren, hierbei wird die Arbeit $Q. R\,(1 - \cos \alpha)$ verwendet, um den Massen vom Gesammtgewicht G die Maximalgeschwindigkeit V beim Niedergang zu ertheilen, die sich aus der Gleichung ergibt:

$$G. \frac{V^2}{2g} = QR(1 - \cos \alpha).$$

Wegen $Q = P\, cotg\, \alpha$ und die Hubhöhe $h = 2. R \sin \alpha$ ist

$$QR = P. \frac{\cos \alpha}{\sin \alpha} \cdot \frac{h}{2 \sin \alpha} \text{ also}$$

$$G. \frac{V^2}{2g} = Ph. \frac{\cos \alpha\,(1 - \cos \alpha)}{2 \sin^2 \alpha} = Ph. \frac{\cos \alpha}{4 \cos^2 \frac{\alpha}{2}}$$

woraus

$$V = \frac{\sqrt{\cos \alpha}}{2 \cos \frac{\alpha}{2}} \cdot \sqrt{\frac{P}{G}} \cdot \sqrt{2\, gh}\quad .$$

Für die Praxis ist nur die Frage:

1. Ist diese Maximalgeschwindigkeit nicht grösser als es die Bethätigung der Druckpumpen erfahrungsmässig erlaubt?

2. Sind die Kosten dieses Kraft-Regenerators nicht unverhältnissmässig gross?

Diese Fragen können nur durch numerische Beispiele zur Lösung gelangen. Wir wählen daher unter theilweiser Benützung einer brieflichen Mittheilung des Herrn Patent-Inhabers 2 Beispiele, das erste bezogen auf eine Expansions-Maschine (wie in Grand-Hornu), das zweite bezogen auf eine Maschine ohne erhebliche Expansion.

1. Beispiel. Man denke für jeden einzelnen Pumpensatz vom Kolbenquerschnitt $F \square^{met.}$ und von der Satzhöhe $H^{met.}$ (gemessen vom Saugniveau bis zum Ausguss) den nutzbaren Druck $FH\gamma$ berechnet ($\gamma = 100^{kil.}$) und die Summe von allen $FH\gamma$ gebildet $= \Sigma\,(FH\gamma)$, welche Summe auf Grand-Hornu $= 9117\,1$ *kil.* ist.

Diese Summe als Einheit angenommen sei:

Der mittlere Wasserdruck beim Niedergang	$= 0·870$
Das Supplementargewicht ($= 42\%$) P	$= 0·365$
Der Widerstand beim Niedergang (jener beim Aufgang $= 0·050$)	$= 0·100$
Das wirksame Gestänggewicht	$= 1·335$
Das wegen der Expansion angebrachte Gegengewicht am Balancier	$= 2·000$
Das ganze Gestänggewicht der Expansionsmaschine ohne Kraftregenerator	$= 3.335$
Das Gegengewicht des Regenerators $P = 0·365$ wonach also das vorhandene Gewicht $= 2$ zu erhöhen ist auf	$= 2·365$
Das Regeneratorgewicht $Q = P \operatorname{cotg} 20^0$	$= 1·000$
Das auf den Endpunkt reducirte Contrebalanciergewicht sammt Regeneratorarm	$= 0.063$
Das Gewicht der Druckwassersäule	$= 0·870$
Das Gewicht des Wassers im Cylinder und in den Ventilkästen	$= 0·052$
Das Gesammtgewicht der bewegten Massen nach Anbringung des Kraftregenerators	$G = 7·685$

Mit $\alpha = 20^0$ und $g = 9·81$ Meter ist

$$\frac{\sqrt{\cos\alpha}}{2\cos\frac{\alpha}{2}} = 0·4922, \quad \sqrt{2g} = 4·4294, \text{ und}$$

$$\sqrt{\frac{P}{G}} = \sqrt{\frac{0·365}{7·685}} = 0·2179, \text{ somit}$$

die Maximalgeschwindigkeit beim Niedergang

$$V = 0·4751\sqrt{h}$$

und wenn $h = 4$ Meter ist:

$$V = 0·95 \text{ Meter.}$$

Die mittlere Niedergangsgeschwindigkeit berechnet sich mit $0·78\,V = 0·74$ Meter. Diese ist nun wohl schon gross, da man in der Regel die Niedergangsgeschwindigkeit nicht über $0·4$ Meter zu wählen pflegt, da sich sonst gefährliche Stösse in den Pumpen ergeben. Herr Bochkoltz führt jedoch an, dass die Rotations-Wasserhaltungsmaschine am Thinnfeldschacht in Steierdorf (im Banat) 40 Doppelhübe pr. Minute macht und mittelst Zahnräder-Uebersetzung im Verhältniss $1:5$ die Pumpenkurbelwelle mit 8 Umgängen bethätiget. Die Pumpen haben $2^{m·}05$ Hub, folglich ist die mittlere Kolbengeschwindigkeit $0·55$ Meter und die Maximalgeschwindigkeit

$$\frac{\pi}{2} \cdot 0·55 = 0·86 \text{ Met. —}$$

Ferner hat Herr Bochkoltz bei 6 belgischen und englischen Katarakt-Maschinen von bekannter Hubhöhe und Hubzahl unter der Annahme von $1\frac{1}{2}$ Secunden Dauer für jede Pause die mittlere Geschwindigkeit für Auf- und Niedergang $= 1·08$ bis $1.^{m}33$ berechnet, und nimmt die mittlere Aufgangsgeschwindigkeit mit $\frac{4}{3}$, die mittlere Niedergangsgeschwindigkeit mit $\frac{2}{3}$ jener an, also letztere mit $0·72$ bis $0·89$ Met., wonach gegen das oben gefundene Resultat von 0.74 Meter mittlerer Geschwindigkeit um so weniger einzuwenden wäre, als die Geschwindigkeitsänderung der Hauptsache nach dem Pendelgesetz gemäss erfolgen würde, also gefährliche Stösse nicht zu besorgen sind.

(Schluss folgt.)

Aus Wieliczka.

In unserer Nr. 37 vom 13. September versprachen wir statt der bisherigen wöchentlichen Berichte, welche nicht mehr nöthig schienen, in grösseren Perioden Nachrichten zu bringen. Wir thun es hiemit für die Zeit von Mitte September bis Mitte October.

Schon am 12. September Nachts löste sich in der Kammer Leithner nächst der Hauptförderstrecke auf dem Horizonte Haus Oesterreich, welche unter Wasser gestanden hatte, von der First eine Gesteinswand ab, ohne jedoch die Zimmerung zu beschädigen noch sonst einen Schaden zu verursachen. Tags darauf und am 17. September wiederholten sich derlei Ablösungen von der First in grösseren Dimensionen (circa 60^0 Länge) auch in der Förderstrecke selbst, durch welche die neu hergestellte Zimmerung so wie die Leitung des Süsswassers aus dem Kloski-Schlag zur Elisabeth-Schacht-Maschine zerstört, jedoch keine Menschen beschädigt wurden. Die Hebung des Wassers ist dadurch nicht unterbrochen, nur gelangt es bis zur Herstellung einer neuen Wasserleitung nicht im süssen Zustande zu den Pumpen, welche es fort und fort zwischen 2 und 3 Klafter unter dem Horizonte Haus Oesterreich halten, während vom Franz-Joseph-Schachte aus, so wie in der Gegenrichtung aus dem Albrecht-Gesenk die Parallel-Strecke des Kloski-Schlages zur seinerzeitigen Annäherung an die Wassereinbruchstelle ungestört fortbetrieben wird und am 10. October 22 Klafter 3 Fuss Ausfahrung ausgewiesen hat, fast durchaus im Salzthon mit Salz- oder Anhydritadern.

Kleinere Kesselreparaturen und Dichtungen an der Maschine wurden ohne lange Unterbrechungen der Wasserhebung in dieser Zeit ausgeführt und Anstalten getroffen, die Hebung der Süsswässer auf den vom Wasser gänzlich unberührt gebliebenen Rittingerhorizont zu bewerkstelligen, um sie von dort wieder in süssem Zustande zu heben. — Dieser Zwischenfall, welcher die Hauptarbeiten nicht wesentlich aufhält, macht nur veränderte Dispositionen bezüglich der Wasserhaltung nöthig, bedingt aber keineswegs deren Einstellung. Dass in den vom Wasser befreiten Grubentheilen nach dem Austrocknen der Salzthonpartbien Sprünge und Brüche entstehen würden, war vorauszusehen, und nachdem es zunächst nur darum zu thun war, den Horizont Haus Oesterreich — als das Niveau des Kloski-Schlages — wasserfrei zu machen und zu erhalten, genügt es auch, den Wasserstand 2—3 Klafter unter demselben zu erhalten, was auch bisher geschehen ist.

Ein Unglücksfall durch Seilbruch.

Am Morgen des 20. September wurde dem dirigirenden Bergrathe in Joachimsthal vom Grubenbetriebsleiter gemeldet, dass das Hinterseil bei der fördernden Wassersäulemaschine des Einigkeits-Schachtes gerissen und die Tonne, in der sich Arbeiter befunden haben sollen, hinabgestürzt sei. Die alsogleiche Erhebung an Ort und Stelle ergab: Am 12. Lauf, wo in der Nacht vom 19. auf den 20. gearbeitet worden war, um den Béton-Pfropf zur Abhaltung der thermischen Wasserzuflüsse in diesem Schachte zu vollenden, hatten sich vier Häuer dem ausdrücklichen und wiederholten Verbote entgegen in der Tonne des Hinterseils (nördliche Schachtabtheilung) austreiben lassen. Das Hinterseil riss in der Nähe der Sturzkette, als die Tonne sich etwa in der 10. oder 11. Klafter unter der Hängebank bewegte, mit einem vom Stürzer deutlich bemerkten jähen Emporschnellen des Drahtseiles. Als auf das gegebene Zeichen die Maschine zum Stillstand gebracht wurde, hingen 6 Klafter Seil unter der Hängebank; die Tonne sammt Kette und dem Restende des Seils war hinabgestürzt. Das aus 14 Fäden in 4 Litzen bestehende Seil ergab bei der Untersuchung 11 frische Brüche, die auf eine plötzliche Hemmung und ruckweise Dehnung wiesen. Es mag ein solcher Ruck durch eine kreisende Bewegung der Tonne oder durch übereilte Vorbereitungen zum Aussteigen Seitens der Leute, welche sich nicht mehr weit von der Hängebank wussten, veranlasst worden sein. Es fand sich nämlich bei genauer Schachtuntersuchung, dass in entsprechender Tiefe ein Schachtbrett frisch zerrissen und der Stempel daselbst zwischen zwei Schachtbrettern einen frischen Eindruck, wie von einem Stiefelabsatze, aufwies und dass bei einem der Leichname der Unterfuss ziemlich scharf abgetrennt war. —

Das gerissene Hinterseil stand $2\frac{1}{2}$ Jahre in Verwendung u. zw. vorerst 2 Jahre als Vorderseil. Eine erst vor Kurzem vorgenommene Untersuchung des Seils hatte nichts Bedenkliches ergeben und bei zweimaligem Abhacken wurden alle Fäden gesund gefunden.

Es war der Tiefbau-Belegung wiederholt und erst vor wenigen Tagen neuerdings eingeschärft worden, das durch längeren Gebrauch noch mehr abgenützte und vom Fahrschachte isolirte Hinterseil unter keinen Umständen zu benützen. Wenn auch die Erschöpfung der an sich nicht sehr kräftigen Leute es entschuldigen mag, dass sie das Verbot nach ihrer mühsamen Arbeit im Tiefbau übertraten, so ist doch der Leichtsinn unbegreiflich, dass sie sich hiezu des speciell verpönten Hinterseils bedienten, da ihnen doch in Kürze das jedenfalls sicherere Vorderseil zu Gebote gestanden hätte! Auch die Benützung des Vorderseils war nur seit den Sumpfungsarbeiten dem Aufsichts- und Zimmerungspersonale gestattet und diese Gestattung nur vorübergehend auf die zum Nachschiessen der Schachtdimensionen am 12. Lauf verwendete Mannschaft gestellt worden. Die vier mit der Tonne herabgestürzten Arbeiter blieben sogleich todt und hinterlassen 3 Witwen und 12 Kinder!

ANKÜNDIGUNGEN.

Diese Zeitschrift erscheint wöchentlich einen Bogen stark mit den nöthigen artistischen Beigaben. Der **Pränumerationspreis** ist jährlich loco **Wien** 8 fl. ö. W. oder 5 Thlr. 10 Ngr. **Mit franco Postversendung** 8 fl. 80 kr. ö. W. Die Jahresabonnenten erhalten einen officiellen Bericht über die **Erfahrungen im berg- und hüttenmännischen Maschinen-, Bau- und Aufbereitungswesen** sammt Atlas als Gratisbeilage. Inserate finden gegen 8 kr. ö. W. oder $1\frac{1}{2}$ Ngr. die gespaltene Nonpareillezeile Aufnahme. Zuschriften jeder Art können nur franco angenommen werden.

Druck von Carl Fromme in Wien. Für den Verlag verantwortlich: Carl Reger

№ 43. XVII. Jahrgang.

Oesterreichische Zeitschrift für Berg- und Hüttenwesen.

1869. 25. October.

Verantwortlicher Redacteur: Dr. Otto Freiherr von Hingenau.
k. k. Ministerialrath im Finanzministerium.

Verlag der G. J. Manz'schen Buchhandlung (Kohlmarkt 7) in Wien.

Die directe Darstellung des Eisens und des Stahles aus den Erzen.*)

Von C. Schinz.

Die directe Methode der Darstellung des Eisens aus den Erzen ist in der That die ursprüngliche, und der Umweg, zuerst Gusseisen darzustellen, viel neueren Ursprunges.

Diese ursprüngliche Methode ist jedoch nur unter der Bedingung anwendbar, dass man es mit sehr reinen Erzen zu thun hat, und selbst dann ist dieselbe nicht ökonomisch, daher die Einführung des Hohofens ein wirklicher und grosser Fortschritt war.

Ich bin weit entfernt zu behaupten, dass die directe Darstellung des Eisens oder des Stahles nicht auch ökonomisch und technisch ausführbar sei; aber dies ist weder bei dem von Clay im Jahre 1837 eingeschlagenen Wege, noch bei den Verfahrungsarten seiner Nachfolger Renton, Chenot, Yates, Gurlt, Roger, Siemens und der neuesten Methode von Ponsard und F. E. Boyenval irgendwie erreichbar.

Unter allen Umständen, bei der directen Methode sowohl als bei der indirecten, muss das Eisenoxydul ($Fe_2 O_3$) in den Erzen zuerst reducirt werden.

In meinen „Dokumenten betreffend den Hohofen" (Berlin 1868, Verlag von Ernst und Korn) habe ich dargethan, dass das Kohlenoxydgas, welches zur Reduction verwendet wird, wenigstens bei rationellem Betriebe, eben so viel Kohlenstoff enthält, als zur nachherigen Schmelzung des reducirten und mehr oder weniger gekohlten Eisens erforderlich ist, ja dass behufs der Schmelzung man sogar mit weniger Kohlenstoff ausreichen würde, als zur Reduction nothwendig ist.

Bei weniger rationellem Betriebe wird ein Theil des in den Erzen enthaltenen Eisens erst in der Schmelzzone durch festen Kohlenstoff reducirt, wobei ein ökonomischer Vortheil erzielt wird, jedoch nur auf Kosten der Qualität des Productes, daher derselbe nicht berechtigt ist.

Die Reduction durch festen Kohlenstoff kann aber auch und sogar sehr rasch stattfinden, ohne dass dadurch die Qualität des Eisens benachtheiligt wird, aber die Bedingung, unter welcher dieses möglich ist, ist die, dass das Erz zu feinem Pulver gepocht und innig mit festem Kohlenstoff gemengt wird; versucht man hingegen das Erz nur gröblich zu pochen, so dauert die Reduction ausserordentlich lang, wie Clay erfahren hat, und der Brennstoff-Aufwand, um das Erz auf der erforderlichen Temperatur zu erhalten, wird so gross, dass eine solche Reduction dadurch ganz unökonomisch wird. Im ersteren Falle wird das Pochen zu feinem Pulver so viel kosten, dass das Endresultat ebenfalls unökonomisch ist.

Im günstigsten Falle wird also die Reduction des Erzes beinahe eben so viel kosten als die Darstellung des Gusseisens, und der Unterschied ist nur der, dass man das reducirte Eisen nicht stark zu kohlen braucht, um es nachher durch Reagentien im geschmolzenen Zustande zu affiniren.

Der Brennstoffaufwand zum Schmelzen des reducirten Eisens im Flammofen ist eben so gross als derjenige, welcher zum Puddeln des Roheisens erforderlich ist, nämlich 1 Kil. Steinkohle per 1 Kil. Eisen (s. meine Abhandlung „über den Stahl-Schmelzofen für das Martin'sche Verfahren"). Ueberdies sind die zum Schmelzen von Eisen verwendeten Flammöfen von sehr kurzer Dauer, wodurch nicht nur der Betrieb sehr gestört wird, sondern auch die Kosten in sehr bedeutendem Verhältnisse vermehrt werden.

Es geht daraus hervor, dass alle bisher vorgeschlagenen Methoden der directen Darstellung des Eisens der ersten Anforderung derjenigen der Oekonomie, nicht entsprechen. Auch ist es nicht wahrscheinlich, dass durch die directe Methode ein besseres Product erzielt wird als durch das indirecte Verfahren, sondern die Qualität desselben wird stets von der Qualität der verwendeten Erze abhängig bleiben.

*) Indem wir diesen Artikel des als scharfen Kritiker bekannten Verfassers nach Dingl. Journ. hier mittheilen, erlauben wir uns auf das in Percy's (Knapp u. Wedding's) Metallurgie über die Rennarbeit oder die unmittelbare Gewinnung des Eisens aus den Erzen Gesagte zu verweisen. Wir haben schon bei Besprechung des Percy'schen Werkes in Nr. 36 der „Oesterr. Zeitschrift für Berg- und Hüttenwesen" ausführlich dieser Frage gedacht, welche wohl noch öfter auftreten wird! O. H.

Untersuchen wir nun die Verfahrungsarten, welche einerseits W. Siemens und andererseits Ponsard und Boyenval zur directen Darstellung von Eisen und von Stahl vorgeschlagen.

Nach seinem ersten Patent vom 21. August 1867 bringt Siemens senkrecht über der Vertiefung des Flammofen-Herdes, welche das geschmolzene Metall enthält, zwei gusseiserne Röhren an, von circa 0·3 Met. innerem Durchmesser und circa 1·33 Met. Höhe, die er mit dem Eisenerze anfüllt und welche die Reductions- und Vorwärmzone im Hohofen repräsentiren.

Um die Reduction des Erzes zu bewirken, leitet er einerseits durch ein concentrisches Rohr Generator-Gase in die Mitte des Erzes, andererseits erwärmt er die Reductionsröhren von Aussen durch eine hinreichende Quantität von Verbrennungsproducten, welche dem Flammofen entnommen sind.

Der Brennstoffaufwand zur Reduction des Erzes ist daher hier noch grösser als im Hohofen, weil die Reductions-Schachte dem Schmelzofen Wärme entziehen müssen, um von Aussen erwärmt zu werden.

Aber auch abgesehen von diesem ersten Punct, welcher gegen die Oekonomie verstösst, würde ein solcher Apparat seinem Zwecke keineswegs entsprechen.

In meinen „Dokumenten betreffend den Hohofen" habe ich gezeigt, dass in einem Hohofen von Seraing, welcher stündlich 546 Kil. Roheisen liefert, eine Vorwärmzone von 31·4 Cub.-Met. und eine Reductionszone von 27·7 Cub.-Met. Inhalt vorhanden ist, dass aber nur die Hälfte der 546 Kil. Roheisen wirklich reducirt wird, da man jenen Ofen so beschickte, dass die andere Hälfte des Roheisens aus Puddelschlacken geliefert wurde.

Um also per Stunde so viel Erz zu reduciren, als für 273 Kil. Roheisen per Stunde erforderlich ist, war ein Zonen-Volumen von 31·4 + 27·7 = 59·1 Cub.-Met. nothwendig; nun haben die Siemens'schen Reductions-Röhren zusammen circa 0·208 Cub.-Met. Inhalt und würden, unter der Voraussetzung, dass sich das Erz verhalte, wie dasjenige in Seraing, per Stunde 0·96 Kil. Eisen reduciren können. Wenn nun auch leichter reducirbare Erze verwendet würden, kurz wenn alle Mittel zur Anwendung kämen, um die Reduction möglichst schnell zu bewerkstelligen, so würde die Quantität des per Stunde reducirten Eisens doch nur ein Tropfen in das Meer sein, welches unter den Reductionsröhren liegt und mindestens 1000 Kil. Metall enthalten soll.

Trotz der sinnreichen Art, in welcher Siemens das gegebene Problem zu lösen gesucht hat, ist und bleibt der ganze Apparat ein blosses Phantasiegebilde.

Siemens scheint aber selbst mit dieser Lösung des Problems nicht zufrieden zu sein, denn am 10. Juni 1868 hat er ein neues Patent genommen, in welchem der beschriebene Apparat wesentlich modificirt ist.

Die Reductions-Gefässe sind bei demselben horizontal, jedoch etwas gegen die Mitte des Flammofens geneigt angeordnet; dieselben bestehen in 1·62 Met. langen Trommeln von 0·7 Met. äusserem Durchmesser, aussen metallisch verkleidet. Diese Trommeln liegen auf Frictionsrollen, durch welche sie beständig aber langsam um ihre Achse gedreht werden. Das Erz wird an dem höher gelegenen Ende durch eine Art Trichter continuirlich in die Trommel gefüllt und ebenso am niedrigeren Ende, wo es reducirt ankommen soll, in den Flammofen entleert.

Das zur Reduction dienende Generator-Gas tritt am höher gelegenen Ende in die Trommel ein; am niedrigeren Ende strömt es in umgekehrter Richtung in eine grosse Anzahl kleiner Canäle ein, welche an der Trommelwandung liegen. In diesen Canälen soll nun das Gas verbrannt werden, indem durch Oeffnungen in der metallenen Umhüllung Luft eintreten kann, wodurch das Erz im Innern der Trommel erwärmt wird.

Der innere Durchmesser der Trommel ist 0·4 Met., somit der Inhalt des Ringes, welcher mit Erz erfüllt ist, 0·17 Quadratmeter, daher bei 1·62 Met. Länge der Trommel das Erz das Volumen 0·1754 Cubik-Meter einnimmt.

Nehmen wir auch an, es können vier solche Trommeln auf einem Flammofen angebracht werden, so würde der Gesammtzonenraum für Vorwärmung und Reduction doch nicht grösser als 0·7016 Cub.-Met. werden, welcher per Stunde, den Ofen in Seraing zu Grunde gelegt, 3·24 Kil. Eisen zu reduciren vermöchte.

Der in dem neuen Patent beschriebene Apparat übertrifft daher den älteren nur in äusserst geringem Masse, wenn man in Betracht zieht, dass ein Flammofen für 1000 Kil. Metall per Stunde nur höchstens 6 Kil Eisen aus den Reductions-Trommeln empfangen kann.

Ponsard und F. E. Boyenva in Paris liessen sich in der letzten Zeit ebenfalls ein Verfahren patentiren, um Eisen direct aus den Erzen darzustellen. Ihr Apparat ist demjenigen ähnlich, welcher den Gegenstand des ersten Siemens'schen Patentes ausmacht, mit dem Unterschiede jedoch, dass die Erfinder die Reductions-Cylinder von Thon anfertigen und dieselben ganz auf die Sohle des Flammofens herabsenken, welche mit einem Sumpf versehen ist; ferner bewirken sie die Reduction der Erze durch festen Kohlenstoff, welchen sie den Erzen beimengen. Die Frage über die Anzahl der Reductions-Cylinder lassen sie offen. Die Reductions-Cylinder (welche nach oben hin durch das Gewölbe des Ofens reichen, um von aussen zugänglich zu sein) werden nur innerhalb des Flammofens durch die durchziehende Flamme erwärmt, können daher höchstens nur 0·3 Met. Höhe im Ofen bekommen, und deren Durchmesser wird auch nicht grösser als derjenige der Siemens'schen Reductions-Gefässe gewählt werden können; 6 dieser Röhren würden daher kaum 2 Siemens'sche ersetzen und ihr Gesammt-Inhalt wäre = 0·208 Cub.-Met.

Wenn das in diesen Reductions-Gefässen befindliche Erz fein gepocht und innig mit festem Kohlenstoff gemengt ist, so lässt sich annehmen, dass die Beschickung derselben in der Zeit von einer Stunde reducirt sein werde. Der Fassungsraum dieser Gefässe von 0·208 Cub.-Met. wird circa 520 Kil. Erz von 37½ Procent enthalten und folglich in dieser Zeit 195 Kil. reducirtes Eisen liefern.

Auch diese Quantität ist noch sehr gering, und wollten die Erfinder nur zerkleinerte oder gar nur grössere Erzstücke verwenden, so würde sich die reducirte Eisenmenge unendlich vermindern.

Die Kosten des Pochens der Erze, sowie die geringe Dauer der Flammöfen, aus welcher Ausgaben und Be-

triebsstörungen erwachsen, sind also auch diesem Apparate entgegen, um eine ökonomische directe Darstellung von Eisen zuzulassen.

Dingl. polyt. Journal.

Ueber den Bochkoltz'schen patentirten Kraft-Regenerator bei Wasserhaltungs-Dampfmaschinen.

Vom Professor Gustav Schmidt. *)

(Schluss.)

Dass bei diesen Expansionsmaschinen eine so bedeutende Gestäng-Niedergangs-Geschwindigkeit von circa 0·8 Meter zulässig sei, erklärt Herr Bochkoltz dadurch, dass die Dampfspannung beim Gestängniedergang nahe gleich der Endspannung beim Gestängaufgang, also bei Expansionsmaschinen viel kleiner sei als bei Nicht-Expansionsmaschinen mit Condensation, bei welchen der Gleichgewichtsdampf noch hohe Spannung besitzt. Deshalb könne bei letzteren das Gleichgewichtsventil erst sehr nahe bei der tiefsten Gestängslage geschlossen werden, während bei den Expansionsmaschinen ein viel früherer Abschluss und eine bedeutende Compression des Gleichgewichtsdampfes zulässig ist, folglich auch eine viel grössere lebendige Kraft des fallenden Gestänges in Dampfcompressions-Arbeit umgesetzt werden kann.

Diese Bemerkung ist sehr treffend, allein es ist dagegen anzuführen, dass bei den hierlands sehr gebräuchlichen Maschinen ohne Expansion und ohne Condensation der Gleichgewichtsdampf in die Atmosphäre entweicht, also auch eine bedeutende Compression zulässig ist, und man es doch aus Rücksicht auf die Pumpen nicht wagt, das Gestänge schneller als mit höchstens 0·4 Meter sinken zu lassen, daher wohl die bei jenen Maschinen angegebenen Hubzahlen $= 7$ bis 10 pr. Minute nicht wahrheitsgetreu, oder wenigstens auf den Fall der Arbeit ohne alle Pausen (mit Benutzung der Sectoren an den Steuerungswellen) bezogen sein mögen. Durch diese Annahme würden sich die obigen Zahlen auf circa 0·6 ihres früher berechneten Werthes reduciren, also die Niedergangsgeschwindigkeit im Durchschnitte nur 0·5 Met. sein, was uns viel mehr der Wahrheit nahe zu kommen scheint.

Betreffend die Aufgangsgeschwindigkeit ohne und mit dem Regenerator kommen folgende Massen in Rechnung zu ziehen:

Das Gestänggewicht	= 3·335
Das frühere Gegengewicht	= 2·000
Der frühere Balancier	= 0·043
Die Saugwassersäule	= 0·130
Das Wasser im Cylinder etc.	= 0·052
Zusammen ohne Regenerator	= 5·560
Vermehrung des Gegengewichtes	= 0·365
Regeneratorgewicht	= 1·000
Vermehrung des Balanciergewichtes	= 0·020
Zusammen mit Regenerator	= 6·945

*) Aus einem uns vom Verfasser freundlichst zugesandten Heftchen.

Nimmt man die Anfangsspannung im Cylinder mit 4 Atmosphären (absolut) und die Füllung wie auf Grand-Hornu mit 0·3 an, so berechnet sich ohne Regenerator die Maximalgeschwindigkeit beim Aufgange mit $1^{\cdot m}92$ und die mittlere Geschwindigkeit mit $1^{\cdot m}42$, was keinem Anstand unterliegt, da beim Gestängsaufgang nur geringe Wassermengen in Bewegung sind.

Nach Anbringung des Regenerators würde nach Bochkoltz's Berechnung bei derselben Anfangsspannung nur 0·18 Füllung nöthig sein, die Maximalgeschwindigkeit wäre 2·0 Meter, die mittlere 1·53 Meter.

Sonach Dauer des Aufgangs	2·6 Secunden
Dauer des Niedergangs	5·4 „
2 Pausen à $1\frac{1}{2}$ Secunden	3·0 „
zus.	11 Secunden.

Durchschnittliche Leistung per Sec., wenn $\Sigma(FH\gamma) = 91171$ Kil. ist:

$$\frac{91171^k \times 4^m}{11} = 33153^{mk} = 442 \text{ Pferdestärken.}$$

Die Maschine auf Grand-Hornu arbeitet mit längeren Pausen, macht daher nur $3\frac{1}{3}$ Hube per Minute entsprechend

$$\frac{91171 \times 4 \times 3\frac{1}{3}}{60} = 20260^{mk} = 270 \text{ Pferdestärken}$$

und consumirt dabei angeblich nur 2 Kil. Steinkohle pr. Stunde und Pferdekraft, womit etwa $2 \times 7 = 14$ Kil. Wasser verdampft werden. Nehmen wir jedoch nach den Cylinderdimensionen berechnet mit Rücksicht auf schädlichen Raum und auf den Wiedergewinn durch Compression das theoretische Dampfquantum pr. Stunde und Pfund . . . = $10·25^{kil}$
und schlagen wir auf Condensation an den Cylinderwandungen, im Dampfmantel und in den Zuleitungsröhren 50% des theoretischen Quantums hiezu . . . = 5·125
so ist der Dampfconsum ohne Regenerator pr. Stunde und Pferdekraft . . . = $15·375^{kil}$

Wird dagegen der Regenerator angebracht, und in Folge dessen nach Bochkoltz's Berechnung nur 0·18 Füllung benöthigt, so

ist der theoretische Dampfverbrauch	= 7·22
hiezu wie früher	= 5·125
Dampfverbrauch pr. Stunde und Pferd	= 12·345
Ersparniss	= 3·03
oder	= 20%.

Nehmen wir bei einer Maschine, welche ohne Pausen mit 500 Pferdestärken arbeitet, im gewöhnlichen Gang mit langen Pausen die Leistung mit 250 Pf. an, so beträgt die Ersparniss $250 \times 3 = 750$ Kil. Dampf pr. Stunde oder etwa 150 Kil. Kohlenklein = 3 Zollcentner.

In 24 Stunden also 72 Centner, welche mit nur 20 Kreuzer berechnet 14·4 Gulden und in 365 Tagen 5256 Gulden betragen, wozu man noch 1500 Gulden Ersparniss an Kohlenzufuhr etc. rechnen müsste, zusammen rund 6700 fl. jährliche Ersparniss.

Ist ferner S der Maximal-Dampfverbrauch pr. Pferdekraft und Secunde oder Stunde, so rechnet man gewöhnlich die nöthige Kesselheizfläche

$$F\square^m = 180\, S^{pr.\ sec.} = \frac{S^{pr.\ St.}}{20}$$

Für die Maximalleistung von 500 Pferden wäre

$S = 500 \times 15{\cdot}375 = 7687$ *Kil.* pr Stunde,

also $F = 384$ *Quadratmeter* nöthig, wozu 12 Kessel à 32□^m^ (in Grand-Hornu 34□^m^) und überdies 3 Reservekessel.

Dabei entfällt beim normalen Betrieb mit nur 250 Pferdestärken 1·526 Quadratmeter Heizfläche auf die Pferdekraft.

Bei 20% Ersparniss an Dampf brauchen wir um 2 Kessel à 3000 fl. weniger; das gibt an Anlagskosten-Ersparniss 6000 fl. Dagegen würde die Herstellung des Regenerators nach einer Berechnung von Herrn Bochkoltz 17000 fl. kosten, folglich die grössere Bauanlage von 11000 fl. durch die 2 jährige Ersparniss an Betriebskosten von rund 13000 fl. mehr als gedeckt sein.

2. Das **zweite Beispiel** beziehe sich auf eine Maschine mit geringer Expansion, aber mit Condensation, wie sie in Oesterreich gewöhnlich sind. Wir denken uns etwa $\Sigma(FH\gamma) = 125000$ *Kil.*, und hieranf als Einheit bezogen:

Der mittlere Wasserdruck beim Niedergang	. = 0·900
Das Supplementargewicht mit 36%, P	. . = 0·324
Der Widerstand beim Niedergang	. . . . = 0·140
(jenen beim Aufgang = *0·100* gedacht)	
Das Gestänggewicht zusammen	. . . . . = 1·364
Das Gegengewicht	. . . . P = 0·324
Das Regeneratorgewicht $Q = P \cot g\, 20^0$	. . = 0·891
Das Balanciergewicht reducirt	. . . . . . = 0·040
Das Gewicht der Druckwassersäule	. . . . = 0·900
Das Gewicht des Wassers im Cylinder etc.	. = 0·052
Das Gesammtgewicht der bewegten Massen	G = 3·571

$$V = 0{\cdot}4922 \times 4{\cdot}4294 \sqrt{\frac{0{\cdot}324}{3{\cdot}571}} \sqrt{h} = 0{\cdot}657 \sqrt{h}$$

also für $h = 4^m$, $V = 1{\cdot}314$ *Meter*

Maximalgeschwindigkeit, und etwa $0{\cdot}8\,V = 1{\cdot}05$ *Meter* mittlere Niedergangsgeschwindigkeit, die man wohl nur wagen dürfte, wenn der Querschnitt der Druckventile erheblich grösser als der Plungerquerschnitt, der Steigröhrenquerschnitt nicht bedeutend kleiner ist, und die Druckhöhe jedes Satzes nicht über 80 Meter beträgt. Ob es selbst unter diesen Voraussetzungen möglich ist, auf 1 Meter mittlere Niedergangsgeschwindigkeit zu steigen, könnte doch nur eine wirkliche Ausführung zeigen.

Ohne Kraftregenerator berechnet sich bei 4 Atm. Cylinderspannung und ¾ Füllung das Maximum der Aufgangsgeschwindigkeit mit *1·45 Meter*, die mittlere Aufgangsgeschwindigkeit $= 1{\cdot}00^m$ und darf die mittlere Niedergangsgeschwindigkeit höchstens $= 0{\cdot}5$ *Meter* angenommen werden, wonach man bei 4 Meter Hub erhält:

Dauer des Aufgangs	*4 Secunden*
„ „ Niedergangs	*8* „
„ der Pausen	*3* „
zusammen	*15* „

Anzahl der Hübe per Minute *4*

$$\text{Pferdestärke} = \frac{125000^k \times 4^m \times 4}{60 \times 75} = 440$$

Dampfverbrauch pr. Stunde und Pferd theoretisch	= *15 Kil.*
Zuschlag auf Verluste	= *5* „
zusammen	*20 Kil.*

Mit dem Regenerator genügt nach Bochkoltz eine Füllung von 0·45; dabei ist die Maximal-Geschwindigkeit beim Aufgang $= 2{\cdot}2^m$, die mittlere Aufgangsgeschwindigkeit $= 1{\cdot}67^m$; folglich

die Dauer des Aufgangs	= *2·4 Secunden*
„ „ „ Niedergangs . . .	= *3·8* „
„ „ der Pausen	= *3·0* „
zusammen	*9·2* „

Anzahl der Hübe pr. Minute 6½

bei welcher Hubzahl die Maschine mit 715 Pferdestärken arbeiten würde, vorausgesetzt, dass die Kesselanlage um 7 Kessel à 40 Pferdekraft vermehrt worden wäre, um den Nutzen des Regenerators auszubeuten.

Dampfverbrauch pr. Stunde und Pf. theoretisch	*11 Kil.*
Zuschlag wie früher	*5* „
	16 Kil.

Ersparniss $4^{kil.} = 20\%$

Arbeitet die Maschine mit 440 Pferden, so beträgt die Ersparniss *1760 Kil.* Dampf pr. Stunde $= 350$ *Kil.* oder 7 Zollcentner Kohlenklein, also

in *24* Stunden 168 Cent. à 20 Kreuzer .	= *33·6*
Gulden und in 365 Tagen rund	*12200* fl.
hiezu an Nebenkosten	*3600* fl.
Jährliche Ersparniss	*15800* fl.

Dagegen betragen die Herstellungskosten des Contrebalanciers mit den Gewichten P und Q sammt Fundamentpfeilern 28000 fl. Die Vermehrung der Kesselanlage ist nicht zu zählen, weil dadurch auch die Leistungsfähigkeit der Maschine gestiegen ist. Hiernach sind die Auslagen für den Regenerator auch in 2 Jahren durch die Ersparniss an Betriebskosten mehr als gedeckt.

Die ökonomische Frage ist nach dieser Darstellung günstig beantwortet.

Es bleibt jedoch noch ein erheblicher Zweifel, ob es denn **möglich** sein wird, das Gleichgewichtsventil so spät zu schliessen, dass das Gewicht Q wirklich um $R\,(1 - \cos\alpha)$ gehoben wird, beziehungsweise der Tiefgang unter die horizontale Lage des Balanciers wirklich sich auf den Winkel α erstreckt, um den sich der Balancier hebt?

Sollte es nicht der Fall sein, so **müsste** man das Gegengewicht P verkleinern. Ja es wird sogar ökonomisch vortheilhaft sein, das Gleichgewichtsventil früher zu sperren und so stark zu comprimiren, als es zulässig ist, damit nicht frischer Dampf zur Erfüllung des schädlichen Raumes benöthiget wird. Demnach wird es gut sein, wenn das Gegengewicht P **kleiner** ist als das Supplementargewicht.

Das Gegengewicht ganz wegzulassen und dafür auch das Gestänggewicht entsprechend **leichter** zu machen, geht erstens wegen der erforderlichen Stauchungsfestigkeit des Gestänges und zweitens wegen Vermehrung der Geschwindigkeit bei verminderten Massen nicht an.

Wagt man es nicht, sich auf die hohe Geschwindigkeit einzulassen, die für den Niedergang resultirt, so kann man immerhin den Bochkoltz'schen Gedanken in modificirter Weise anwenden und sich mit dem halben Gewinn begnügen, indem man das Gegengewicht wie früher gleich P macht, aber den Arm des Regenerators so stellt, dass er nicht bei der Mittellage, sondern bei der tiefsten Lage des Gestänges vertical nach abwärts gerichtet ist, dagegen bei der höchsten Lage am Hebelsarm $R \sin 2\alpha$ wirkt, wonach $Q . R \sin 2\alpha = P R \cos\alpha$ od. $Q = \frac{P}{2 \sin\alpha}$ sein muss; für $\alpha = 20^0$ also $Q = 1{\cdot}46\, P$. Dann hat die Dampfmaschine beim Gestängsaufgang die Mehrarbeit $Q R (1 - \cos 2\alpha) = 2 Q R \sin^2\alpha = P R \sin\alpha = \frac{1}{2} Ph$ zu verrichten, während sie ohne den Balancier die Supplementararbeit Ph zu verrichten hat. Die Gewichte P u. Q können durch ein resultirendes Gewichs R substituirt werden, welches folgt aus:

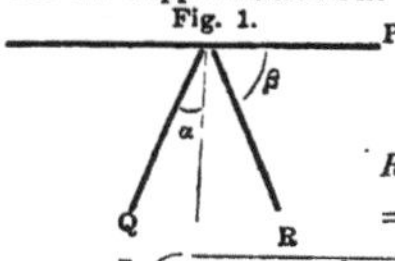

Fig. 1.

$$R = \sqrt{P^2 + Q^2 - 2PQ.\cos(90-\alpha)}$$

$$= \sqrt{P^2 + Q^2 - 2PQ \sin\alpha}$$

$$= \sqrt{P^2 + \frac{P^2}{4 \sin^2\alpha} - P^2} = \frac{P}{2 \sin\alpha} = Q$$

und dessen Stellungswinkel β (im Holzschnitt) sich aus $\sin\beta - \frac{Q}{R} \cos\alpha = \cos\alpha$, also $\beta = 90 - \alpha$ ergiebt, d. Winkel $90 - \beta$ ist also $= \alpha$, d. h. R erhält die symmetrische Lage von Q und den gleichen Werth von $Q = \frac{P}{2 \sin\alpha} = 1{\cdot}46 P$ und das Gegengewicht $= P$ bleibt ganz weg. Dann steht der Regeneratorarm in der höchsten Gestänglage vertical abwärts gerichtet, das Supplementargestänggewicht P ist vollständig wirksam, und beim Gestängniedergang wird das Regeneratorgewicht Q auf die Höhe $R (1 - \cos 2\alpha) = 2 R \sin^2\alpha = h \sin\alpha$ gehoben, also eine Arbeit $Q . h \sin\alpha = \frac{P}{2 \sin\alpha} . h \sin\alpha = \frac{1}{2} Ph$ verrichtet, die beim Gestängsaufgang wieder abgegeben wird.

Nach meinem Dafürhalten ist dies die praktisch richtige Anwendung des Bochkoltz'schen Princips, wenn es auch nur eine „halbe Massregel" ist, denn beim Niedergang wird nur die Hälfte der Supplementargewichtsarbeit Ph nützlich verwendet, die andere Hälfte muss wie gewöhnlich zum Theil durch Drosslung des Gleichgewichtsdampfes, zum Theil durch Compression nach Schluss des Gleichgewichtsventiles aufgezehrt werden. Die letztere Arbeit ist aber auch nützlich, weil man dann den schädlichen Raum nicht mit frischem Dampf zu erfüllen braucht.

Zu besorgen wäre bei dieser beschränkten Anwendung des Bochkoltz'schen Regeneratorprincips durchaus nichts.

Ueber die durch Auflösen von Salzen zu erzielende Temperaturerniedrigung.

Von Fr. Rüdorff.

Die Temperaturerniedrigung, welche beim Auflösen eines Salzes eintritt, wird im Allgemeinen um so bedeutender sein, je mehr von demselben im Wasser gelöst wird. Da sich aber bei einer bestimmten Temperatur nur eine bestimmte Salzmenge im Wasser löst, so wird man das Maximum der Temperaturerniedrigung dann erreichen, wenn man Salz und Wasser in dem Verhältnisse zusammenbringt, in welchem sie eine bei der zu erzielenden niedrigen Temperatur gerade gesättigte Lösung bilden. Jede dieses Verhältniss überschreitende Menge Wasser oder Salz wird man unnützer Weise mit abkühlen müssen, und deshalb wird man bei Ueberschreitung dieses Verhältnisses das Maximum der Temperaturerniedrigung nicht erreichen. Dieser Umstand ist bei allen früheren Versuchen ausser Acht gelassen und daher die so geringe Uebereinstimmung unter den Angaben verschiedener Beobachter erklärlich. Wendet man aber Salz und Wasser genau in dem Verhältnisse an, in welchem sie eine gesättigte Lösung bilden, so dauert es eine lange Zeit, bis sich die letzte Menge des Salzes völlig gelöst hat, und es tritt dann der Einfluss der umgebenden Luft in merklicher Weise hervor. Es ist dafür zu sorgen, dass die Zufuhr von Wärme während der Zeit des Auflösens eine möglich geringe sei. Dies ist aber nur dann zu erreichen, wenn die Bildung einer gesättigten Lösung in kürzester Zeit erfolgt. Durch möglichst feine Zertheilung des Salzes, Umrühren des Gemisches und einen das Löslichkeitsverhältniss um wenige Gramm überschreitenden Ueberschuss von Salz wird man am sichersten zum Ziele gelangen. Ein geringer Ueberschuss von Salz wirkt weniger merklich auf das Endresultat ein, als wenn man längere Zeit zur völligen Lösung des Salzes gebraucht.

Die Versuche des Verfassers wurden in der Weise angestellt, dass das höchst fein pulverisirte Salz und die erforderliche Menge Wasser in dünnwandigen Bechergläsern 12 bis 18 Stunden lang in einem Raume von nahezu constanter Temperatur neben einander aufgestellt wurden, so dass beide eine gleiche Temperatur, nämlich die Temperatur des Zimmers angenommen hatten. Die Mischung geschah durch Zugiessen des Wassers zum Salze und Umrühren mit einem empfindlichen Thermometer. Das Maximum der Temperaturerniedrigung erfolgte in höchstens einer Minute. Die Versuchsresultate sind in umstehender Tabelle zusammengestellt; die Angaben sind das Mittel aus mehreren Versuchen, welche um höchstens $0{\cdot}2^0$ von einander abwichen.

Die absoluten Mengen der angewendeten Substanzen betrugen 250 bis 500 Gramme Wasser mit der entsprechenden Salzmenge. Bei kleineren Mengen ist der Einfluss des Mischgefässes ein merklicher, so dass bei allen Salzen die Temperaturerniedrigung mit der Menge der angewendeten Substanzen bis zu 300 Gramme Wasser hin grösser wird; von da ab zeigt sie sich constant.

Durch besondere Versuche hat der Verfasser festgestellt, dass man bei Anwendung einer verhältnissmässig grösseren Salzmenge, als in umstehender Tabelle angegeben, eine erheblich geringere Temperaturerniedrigung erhält. Auch beim Auflösen eines, nicht sehr fein pulverisirten Salzes erzielt man eine von der oben mitgetheilten abweichende Abkühlung. Da bei einigen Salzen die Löslichkeit mit der Temperatur sehr bedeutend steigt und die durch Auflösung zu bewirkende Temperaturerniedrigung bei demselben Salze von der Menge des sich lösenden Salzes abhängt, so wird man bei einer anderen als der umstehend angegebenen Anfangstemperatur auch eine andere Abkühlung beobachten. So sank die Temperatur beim Auflösen der entsprechenden Menge Salpeter in Wasser von $23{\cdot}0^0$ auf $10{\cdot}2^0$, also um $12{\cdot}8^0$, während bei $13{\cdot}2^0$ die

	Löslich in 100 Wasser	Gemischt mit 100 Wasser	Die Temperatur sinkt		
			von	bis	um
Alaun, kryst.	10	14	+10·8°	+ 9·4°	1·4°
Chlornatrium	35·8	36	12·6°	+10·1°	2·5°
Schwefelsaures Kali	9·9	12	14·4°	+11·4°	3·0°
Phosphorsaures Natron, kryst.	9·0	14	10·8°	+ 7·1°	3·7°
Schwefelsaures Ammonium	72·3	75	13·2°	+ 6·8°	6·4°
Schwefelsaures Natron, kryst.	16·8	20	12·5°	+ 5·7°	6·8°
Schwefelsaure Magnesia, kryst.	80	85	11·1°	+ 3·1°	8·0°
Kohlensaures Natron, kryst.	30	40	10·7°	+ 1·6°	9·1°
Salpetersaures Kali	15·5	16	13·2°	+ 3·0°	10·2°
Chlorkalium	28·6	30	13·2°	+ 0·6°	12·6°
Kohlensaures Ammonium	25	30	15·3°	+ 3·2°	12·1°
Essigsaures Natron, kryst.	80	85	10·7°	— 4·7°	15·4°
Chlorammonium	28·2	30	13·3°	— 5·1°	18·4°
Salpetersaures Natron	69	75	13·2°	— 5·3°	18·5°
Unterschwefligsaures Natron, kryst.	98	110	10·7°	— 8·0°	18·7°
Jodkalium	120	140	10·8°	—11·7°	22·5°
Chlorcalcium, kryst.	200	250	10·8°	—12·4°	23·2°
Salpetersaures Ammonium	55	60	12·6°	—13·6°	26·2°
Schwefelcyanammonium	105	133	13·2°	—18·0°	31·2°
Schwefelcyankalium	130	150	10·8°	—23·7°	34·5°

Temperaturerniedrigung nur 10·2° betrug. Es ist also bei derartigen Angaben die Anfangs- und Endtemperatur und nicht die Anzahl von Graden anzugeben, um welche die Temperatur sinkt.

Die durch Auflösen eines Salzes in Wasser zu erzielende Temperaturerniedrigung kann nie unter den Gefrierpunct der betreffenden Salzlösung herabgehen, denselben aber unter Umständen erreichen. Es sank die Temperatur beim Mischen von Wasser mit der entsprechenden Menge

Salpeter . . . . von 0° auf 2·7°
Soda, kryst. . . . . „ 0° „ 2·0°
Salpetersaures Ammonium . . . . „ 0° „ 16·7°

Die Gefrierpuncte der gesättigten Lösungen obiger Salze sind — 2·8°, — 2·0° und 16·7°, wie der Verfasser in einer früheren Arbeit (Chemisches Centralblatt 1864, S. 1111) gezeigt hat.

Unter den in obiger Tabelle enthaltenen Salzen ist vorzugsweise das Rhodankalium geeignet, die durch Auflösen eines festen Körpers bewirkte Abkühlung zu zeigen. Löst man etwa 500 Gramme Rhodankalium in 400 Cubikcentimeter Wasser und rührt die Flüssigkeit mit einem halb mit Wasser gefüllten Reagensglase um, so ist in 2 bis 3 Minuten das Wasser zu einem Eiscylinder erstarrt. Auch zur künstlichen Eisbereitung möchte dieses Salz das geeignetste sein.

Bei Angabe der in der ersten Colonne obiger Tabelle enthaltenen Löslichkeitsverhältnisse ist der Verfasser den von Mulder angegebenen Zahlen gefolgt. Nur beim Rhodankalium und Rhodanammonium sah er sich genöthigt, durch besondere Versuche die Löslichkeit festzustellen. Er fand, dass sich in 100 Theilen Wasser bei 0° 177·2 Theile und bei 20° 217·0 Theile Schwefelcyankalium, bei 0° 122·1 Theile und bei 20° 162·2 Theile Schwefelcyanammonium lösen, woraus dann die in obiger Tabelle angegebenen Zahlen durch Interpolation hergeleitet wurden.

(Berichte der Deutschen chemischen Gesellschaft.)

Die Montan-Industrie von Obersteiermark 1868.

Aus dem Jahresberichte der Handels- und Gewerbekammer Leoben auszugsweise mitgetheilt.

Wir haben vor Kurzem aus der hoffnungsvollen Zeitschrift des kärntner'schen Berg- und hüttenmännischen Vereines einen statistischen Ausweis der dortigen Montan-Industrie in kurzem Auszuge mitgetheilt. Wir bringen heute eine Darstellung der obersteierischen Montan-Industrie vom Jahre 1868 nach dem Leobner Handelskammerberichte, welche den officiellen statistischen Bergbau-Ausweisen somit um ein Jahr voraus ist, da die jüngst erschienenen Mittheilungen der statistischen Central-Commission (nicht durch Schuld dieser Commission!) erst das Jahr 1867 zu publiciren in der Lage waren. Der die Montan-Industrie betreffende Theil des Leobner Handelskammerberichtes zerfällt in mehrere Abtheilungen, und zwar:

Bergbau und Rohproduction.

Unter den obersteierischen Bergbauen behaupten jene auf Eisensteine und Mineralkohlen ein grosses Uebergewicht. Betreffs beider lassen sich für 1868 nur sehr erfreuliche Thatsachen berichten, welche — da für sie ausnahmsweise die statistischen Hauptsummen zur Hand liegen — durch Ziffern erhärtet werden können.

Nachdem die jährliche Roheisenproduction Obersteiers im Jahre 1867 von 998084 Ctr. auf 1.132596 Ctr. gestiegen war, erreichte sie i. J. 1868 sogar 1.473154 Ctr. Desgleichen stieg die Production an mineralischer Kohle, für welche die Erzeugung in den Jahren 1866 und 1867 beziehungsweise 3.216901 und 4.145503 Ctr. betragen hatte, i. J. 1868 auf 4.694462 Centner.

Die steigenden Productionswerthe beider Haupterzeugnisse des obersteierischen Bergbaues betrugen
im Jahre 1866: 3.581612 fl.
im Jahre 1867: 4.300054 „
im Jahre 1868: 6.800369 „

Diese Ziffer sprechen besser als Worte für den ungewöhnlichen Aufschwung, welchen der Bergbau und die Roheisenproduction i. J. 1868 genommen haben, und wenn auch hiebei, eben so wie bei dem allgemeinen industriellen Aufschwunge Oesterreichs, unstreitig andere günstige Conjuncturen mitgewirkt haben, so ist derselbe dennoch in erster Linie der Wiederkehr des allgemeinen Vertrauens zuzuschreiben, welche durch die Wiederherstellung der Staatsverfassung und durch den Umstand bewirkt ward, dass die Zügel der Regierung Männern übergeben wurden, deren Gesinnungen mit denen der weit überwiegenden Mehrheit der Bevölkerung in Uebereinstimmung standen.

Gegenüber den Eisenerzen und den Steinkohlen spielen die übrigen Bergbaue Obersteiers mit Ausnahme des Ausseer-Salzberges eine sehr untergeordnete Rolle. Betreffs des letzteren hat sich der Absatz in Folge der Herabsetzung des Salzpreises von circa 8 fl. für Stein- und Sudsalz auf 5 fl. 40 kr. sehr gehoben; denn während i. J. 1867 nur 159527 Ctr. weisses Sudsalz verschlissen wurden, debitirte die Saline Aussee i. J. 1868, obwohl der herabgesetzte Preis erst im 2. Semester Platz griff, bereits 176315 Ctr.

Anthracit, von dem in Turrach etwas erzeugt wird, ist kaum der Erwähnung werth. Dagegen besitzt die Graphiterzeugung, obwohl gegenwärtig ebenfalls noch wenig beträchtlich, und im sehr langsamen Fortschreiten begriffen, in Obersteier eine nicht zu unterschätzende Zukunft, weil der hierortige krystallinische Schieferzug auf circa 10 Meilen Länge mannigfache Ausbisse desselben aufweist.

Das dermal einzige Kupferwerk Kallwang konnte bisher, obwohl mit schönen Erzen gesegnet, nicht prosperiren, weil es leider innerhalb des Kohlenbezugsrayons der Vordernberger Hochöfen gelegen ist; aber nach dem Ausbau der Rudolfsbahn von St. Michael bis Liezen wird ihm die Möglichkeit geboten sein, sich entweder aus den Braunkohlengruben des Murthales oder aus den Torffeldern des Ensthales in auskömmlicher Weise den erforderlichen Brennstoff zu holen.

Unter den gesetzlich nicht vorbehaltenen mineralischen und halbfossilen Stoffen sind eben die letztgenannten Torfmoore, und ausserdem etwa noch Magnesit (Bitterspath) und Talk und Gyps zu erwähnen.

Der Torf ist im Ensthale auf mehrere Meilen Länge und dabei mit bedeutender Mächtigkeit und stellenweise auf eine Breite von mehreren hundert Klaftern abgelagert, findet aber bisher noch eine viel zu geringe Verwendung, betreffs welcher einzig nur die Speisung der Rottenmanner Blechöfen Erwähnung verdient. Dieses Sachverhältniss dürfte sich aber ändern, wenn in Folge der im Zuge befindlichen Ensregulirung der Flussspiegel dauernd gesunken, insbesondere aber, wenn die Rudolfsbahn nach Oesterreich verlängert sein wird.

Die Gewinnung von Gyps ist, obwohl derselbe an mehreren Punkten bekannt, kaum nennenswerth, dagegen jene von Talk (Federweiss) und Magnesit in allmäligem Fortschreiten begriffen.

Entgegen kommen für das Jahr 1868 auch rückgängig gewordene Bergbauunternehmungen zu notiren. So wurde von Seite eines Privatmannes mit grossen Geldopfern der Versuch gemacht, die schon im vorigen Jahrhunderte wegen notorischer Armuth zum Erliegen gekommenen Kupferbaue im Flatschacher Gebirge wieder aufzunehmen, und bei Knittelfeld sogar Aufbereitungsstätte und Hütte erbaut, welche aber beide 1868 wieder zum Stillstande gelangten.

Ferner haben leider auch die Besitzer des Schladminger Nickelbaues, welcher vor wenigen Jahrzehnten noch eine sehr reiche Ausbeute ergab, vornehmlich in Folge der stetig gesunkenen Nickelpreise, mit Ende vergangenen Jahres den Betrieb vorläufig einstellen und selbst den Versuch wieder aufgeben müssen, durch Verarbeitung fremder Nickelspeise wenigstens die Hütte in Gang zu erhalten.

Raffinirhütten.

Unter den Raffinirwerken kommen nur die Hüttenanlagen für die Erzeugung von Eisenwaaren in Betracht, weil der Productionswerth der zwei ausserdem noch bestehenden Kupferhämmer gegen jenen der Eisenhütten vollkommen in den Hintergrund tritt. Obwohl nun der Erzeugungswerth für die letzteren sich noch nicht summarisch nachweisen lässt, indem die betreffenden Ausweise noch nicht alle eingelangt sind, so lässt sich dennoch aus den bisher eingetroffenen mit Bestimmtheit entnehmen, dass die Erhöhung der Erzeugung von Raffinaten mit der Steigerung der Roheisen-Production gleichen Schritt gehalten habe.

Die verstärkte Nachfrage hatte bei vielen Artikeln auch eine Preiserhöhung zur Folge, und dieser Umstand im Verein mit dem vermehrten Absatze ermunterte mehrfach zur Verstärkung der Dampfkraft und zur Vergrösserung der Hüttenanlagen.

Betreffs der einzelnen Fabriks-Artikel lässt sich in Hauptumrissen Nachstehendes berichten.

Der Begehr an gewöhnlichen Roheisensorten ist sich gegen das Vorjahr ziemlich gleich geblieben, dagegen hat der Absatz an Façoneisen und in Folge der neuen Eisenbahnbauten auch jener an Bahnschienen zugenommen. Gleiches lässt sich auch bezüglich des Tiegel-Gussstahles und des verarbeiteten Cementstahles, dann der Feilen berichten. — Die Erzeugung an Sensen hat sich etwas, aber nicht sehr bedeutend gehoben. Schwächere Schwarzbleche, insbesondere Dachbleche hatten durch den Import etwas gelitten, doch scheint das bessere inländische Product im heimischen Verkehr wieder die Oberhand zu gewinnen; in Weissblechen ist die Erzeugung gegen das Vorjahr ungefähr dieselbe geblieben; dagegen ist die ausländische Concurrenz den ordinären Schiffsblechen entschieden schwerer geworden.

Stärker noch ist die Rückwirkung derselben auf Drähte, wobei die besseren Qualitäten durch die Gleiwitzer, die mittleren durch die westphälischen Sorten gedrückt wurden.

(Schluss folgt.)

Notizen.

Franz P. Melling, bisher Unter-Verweser auf dem früher ärarischen Eisenwerke in Eibiswald, ist an Stelle des als Generaldirector der Hüttenberger Actiengesellschaft nach Kärnten berufenen Werksdirectors Frey in Storé (vgl. unsere Nr. 41 „Bergmännisches Abschiedsfest") von der General-Versammlung der Actien-Gesellschaft Storé zum Director ernannt worden.

Versuche mit Popper's Patent-Kessel-Einlagen wurden vor Kurzem in Wieliczka bei den Wasserhaltungsmaschinen begonnen. Einer vorläufigen Nachricht über zwei solcher Versuche entnehmen wir Folgendes. 1. Versuch. Der mit der Einlage versehene Kessel war durch 12 Tage im Betriebe und wurde theils mit Grubenwasser theils mit Brunnenwasser gespeist. Nach dem Ausblasen fand sich zwar in der Einlage etwas Schlamm, vermengt mit einigen wenigen Kesselsteinstücken, vor; jedoch der grössere Theil der Kesselsteinplatten zeigte sich nach Hinwegnahme der Einlagsbleche auf den Kesselplatten selbst liegend und zwar wie immer über der Feuerstelle. 2. Versuch. Der Kessel war durch 9 Tage im Betrieb und das Resultat dasselbe wie beim ersten Versuche. Es waren wieder einige kleine Kesselsteinstücke mit etwas Schlamm innerhalb der Einlage, während die ziemlich zahlreichen grösseren, abgelösten Kesselsteinplatten zwischen Einlage und Kessel liegen blieben. Doch hatte ein Zusammenbacken derselben nicht stattgefunden, sondern die einzelnen Platten lagen lose übereinander.

Es scheint daraus hervorzugehen, dass die Circulation des Wassers zu schwach sei, um die grösseren Kesselsteinstücke über den oberen Blechrand der Einlage, welche $1\frac{1}{2}$ Zoll über den normalen Wasserstand hervorragt, zu heben und in die Einlage selbst zu befördern. Man versucht nun mit 3 Zoll kürzer gemachten Blecheinlagen die Sache neuerdings, so dass der obere Blechrand $1\frac{1}{2}$ Zoll unter den normalen Wasserspiegel zu stehen kommt. Wir werden weitere Berichte mittheilen.

E. Stockher, Oberbergrath und bis jetzt Director der früher ärarischen Eisenwerke Neuberg-Mariazell, ist in den Verwaltungsrath der zum Betrieb dieser Werke begründeten Actien-Gesellschaft in der am 11. October abgehaltenen Versammlung gewählt worden, über deren Verlauf wir später Berichte bringen werden.

Erkenntniss.

Von der k. k. Berghauptmannschaft in Elbogen wird auf Entziehung der, der Mariahilf-Gewerkschaft gehörigen Bergbauberechtigungen, nämlich der Mariahilf- und Josef-Michael-Zinngrubenmassen sammt Zugehör bei Königswarth, im Gerichtsbezirke Königswarth, gemäss §. 344 allgemeinen B. G. erkannt, weil diese Grubenmassen schon seit Jahren ausser allem Betriebe der Stollen und Schächte gänzlich verfallen sind, und die hierämtlichen Aufträge zur Instandhaltung und zum vorschriftmässigen Betriebe dieser Zechen unbeachtet blieben.

Elbogen am 8. October 1869.

Der amt. k. k. Bergcommissär.

ANKÜNDIGUNGEN.

Diese Zeitschrift erscheint wöchentlich einen Bogen stark mit den nöthigen artistischen Beigaben. Der Pränumerationspreis ist jährlich loco Wien 8 fl. ö. W. oder 5 Thlr. 10 Ngr. Mit franco Postversendung 8 fl. 80 kr. ö. W. Die Jahresabonnenten erhalten einen officiellen Bericht über die Erfahrungen im berg- und hüttenmännischen Maschinen-, Bau- und Aufbereitungswesen sammt Atlas als Gratisbeilage. Inserate finden gegen 8 kr. ö. W. oder $1\frac{1}{2}$ Ngr. die gespaltene Nonpareillezeile Aufnahme. Zuschriften jeder Art können nur franco angenommen werden.

Druck von Carl Fromme in Wien. Für den Verlag verantwortlich Carl Reger.

№ 44. XVII. Jahrgang.

Oesterreichische Zeitschrift

für

Berg- und Hüttenwesen.

1869. 1. November.

Verantwortlicher Redacteur: Dr. Otto Freiherr von Hingenau.

k. k. Ministerialrath im Finanzministerium.

Verlag der G. J. Manz'schen Buchhandlung (Kohlmarkt 7) in Wien.

Barometerbeobachtungen beim Grubenbetriebe.

Aus Anlass des Unglücksfalles im Plauen'schen Grunde habe ich in Nr. 36 dieser Zeitschrift vor Kurzem die Ansicht ausgesprochen, dass, wenn auch nicht alle Gefahren schlagender Wetter lediglich durch Barometerbeobachtung vermieden werden können, dieselben dennoch sehr werthvolle Anzeigen für nahe Gefahren bieten, zumal es eben nur kurze Zeiträume sind, mit denen man es hier zu thun hat.

Ich war daher sehr erfreut, als ich bei einem Besuche, den ich vor wenigen Tagen in Wittkowitz in Mähren machte, dort ein schon seit dem Juli 1868 eingeführtes System von Barometer - Beobachtungen und bei dem mit besonderem Eifer in dieser Sache vorgehenden Werksbeamten, Herrn Schlehan, auf der Tiefbau-Zeche ungemein sorgfältig geführte Beobachtungsjournale vorfand. Dieselben enthalten nicht nur ununterbrochen fortlaufende Aufzeichnungen der Barometerstände in der Grube und über Tage nebst entsprechenden Temperaturaufzeichnungen, Angaben der Stärke und Richtung der Winde und der atmosphärischen Niederschläge, sondern auch ungemein instructive graphische Darstellungen (Diagramme) dieser Beobachtungen, in welche auch die factisch vorkommenden stärkeren Anhäufungen und Explosionen von Gasen angemerkt werden. Ich sah daraus, dass wirklich dieselben mit den relativ niedereren Barometerständen zusammenfallen, was immerhin genügt, um bei rasch sinkendem Barometerstand eine Warnung abzugeben. Ausserdem werden durch die Steiger mittelst sehr einfach construirter und doch empfindlicher Anemometer regelmässige Beobachtungen der Stärke des Wetterzuges gemacht und von den Beamten mittelst feinerer Instrumente controlirt. Ich kann nicht umhin, diese vorzügliche Aufmerksamkeit auf die Ventilation und Wetterverhältnisse bei den so sehr von bösen Wettern heimgesuchten Gruben des Ostrau-Wittkowitzer Reviers mit Vergnügen zu constatiren, und der verdienstvolle Fortschrittsfreund, Herr Director A. Andrée, sowie Herr Schlehan haben mir freundlichst weitere Mittheilungen darüber und Auszüge aus diesen Journalen für diese Zeitschrift zugesagt, welche seinerzeit veröffentlicht werden sollen. Auch hatte ich auf der Tiefbau-Zeche Gelegenheit, einen Guibal'schen Ventilator zu sehen, dessen Leistung mir sehr beachtenswerth scheint und über welchen ich ebenfalls den genaueren ziffermässigen Mittheilungen entgegensehe.

Ohne diesen vorgreifen zu wollen, glaubte ich doch jetzt schon von diesen Einrichtungen Nachricht geben zu sollen, da aus ihnen hervorgeht, dass manche Wünsche, die aus Anlass der Katastrophe im Plauen'schen Grunde ausgesprochen wurden, bei uns schon seit geraumer Zeit thatsächliche Beachtung gefunden haben.

Wir knüpfen daran den Wunsch, es möge allen Bergbauleitungen wetterbedrohter Kohlenwerke gefallen, Mittheilungen über die bei ihnen thatsächlich bestehenden Vorsichtsmassregeln, so wie über Beobachtungen, die von ihnen bei vorgekommenen Explosionen gemacht wurden, uns freundlichst zukommen zu lassen. Es ist nämlich von grosser Wichtigkeit, auch jene Zufälle und Unvorsichtigkeiten kennen zu lernen, welche in einzelnen Fällen die Wirkung noch so gut ausgedachter Vorkehrungen vereitelt haben, um darauf aufmerksam zu werden und durch Belehrung, Arbeitsordnungen, Aufsicht u. s. w. deren Wiederholung thunlichst verhüten zu können.

O. H.

Die Verhütung von Unglücksfällen in Kohlengruben durch schlagende Wetter.*)

Die „Augsb. Allg. Z." veröffentlicht nachstehendes Sendschreiben an Justus von Liebig, von Fr. M. Simmersbach in Dortmund, dem, wie das genannte Blatt mittheilt, Herr J. von Liebig seine vollkommene Zustimmung ausgesprochen hat.

*) Wegen der Verwandtschaft des Gegenstandes lassen wir dem vorstehenden Artikel unmittelbar einen Abdruck dieser im Berggeist Nr. 84 (Beilage) veröffentlichten Mittheilung folgen.
Die Redaction.

In Veranlassung einer Mittheilung in der Zeitschrift „Berggeist“ über die von Ihnen abgegebene Erklärung in Bezug auf die vom Hilfscomité zu Oppenheim a. R. ausgeschriebene Preisfrage: „Welches ist das beste Mittel zur Absorbirung der Kohlenwasserstoffgase in Kohlengruben . . .“ beehre ich mich, Ihre Aufmerksamkeit für einen Augenblick zu erbitten.

Ich wünsche nämlich gegenüber den aus der edlen Gefühlsaufwallung des Publicums hervorgegangenen, in den Zeitungen in allen Tonarten veröffentlichten Forderungen, Vorschriften und Fragen über die Ursachen und Verhütungen solch' grausiger Katastrophen — wie jüngst in dem von Burgk'schen Kohlenbergwerk in Sachsen geschehen — eine fachmännische objective Beleuchtung und Erklärung auf die Eingangs erwähnte Preisfrage zu Ihrer Kenntniss und geneigten Prüfung zu bringen. Sind Sie dann der von mir und allen hiesigen Bergingenieuren getheilten gleichen Ansicht, dann dürfte die Bekanntwerdung derselben, deren Vermittlung durch Sie einer vollen Zustimmung gleichgeachtet werden wird, das Interesse der Staaten und der Bergwerksbeamten aller Länder, wie ich hoffe, weit mehr und eher in Anspruch nehmen und günstigere Folgen nach sich ziehen, als wenn ein Techniker in Fachblättern seine subjectiven Meinungen ausspricht.

Meine Erfahrungen sind folgende. Ein positives Mittel, die Kohlenwasserstoffgase in den Räumen der Kohlenzechen und ihre Entwicklung zu hemmen, gibt es nicht; dieselben zu absorbiren wird schwerlich auf chemischem Wege erreichbar sein; ihre fortgesetzte locale Verbrennung mittelst offener Lampen oder einer elektrischen Batterie ist aus bergtechnischen Gründen nicht anwendbar. Der Bergingenieur kann nur die Möglichkeit der Ansammlung von Kohlenwasserstoffgasen, resp. „schlagenden Wettern“, abzuschwächen, zu verhüten und die Gase zu unschädlichem Luftgemenge an den Betriebspuncten zu reduciren suchen.

Man begreift diese Massnahmen, als Aufgabe der Wetterlosung beim Kohlenbergbau; gestützt auf solche Ergebnisse der bergbaulichen Thätigkeit in unseren hiesigen Kohlenzechen, welche notorisch ganz ausserordentlich der Entwicklung der schlagenden Wetter ausgesetzt sind, so zwar, dass kein Bergmann ohne Sicherheitslampe (deren gangbarste, beste Form im „Berggeist“ Nr. 53, Jahrgang 1865, von mir gezeichnet und beschrieben ist) anfahren darf, glaube ich folgende aus der bergmännischen Praxis und dem Urtheil unserer besten Betriebsführer hervorgehende Vorsorgen gegen das gefahrbringende Auftreten, resp. die Ansammlung schlagender Wetter als unbedingte Nothwendigkeit für den Kohlenbergbau hinstellen zu können.

1) Sämmtliche „alte Baue“ in oberen Sohlen etc. müssen sofort nach Einstellung der Arbeit luftdicht abgesperrt werden. Man kann zu diesem Behuf Steine aus der Grube benützen und eine Mauer herstellen, welche mindestens zwei Fuss stark sein muss. Eine Lage von zwei Steinen nach aussen muss mit Mörtel gemauert sein. Zur Verhütung der Diffusion ist es durchaus unerlässlich, die Mauer auf der dem Betriebe zugewendeten Seite durch einen mit Sorgfalt ausgeführten Ueberzug von Asphalt undurchdringlich für die brennbaren Gase zu machen, denn sie würde sonst, auch bei noch grösserer Dicke, kein Hinderniss für die Verbreitung und Erzeugung von schlagenden Wettern abgeben. Man wird äusserlich deshalb statt der Bruchsteine geformte Ziegelsteine zu nehmen genöthigt sein. Dieser sichere Abschluss der alten Baue kostet viel Geld, und wurde dieserhalb bisher nicht, wie nothwendig, durchgeführt. Aber es geht für die Folge nicht anders, und zwar aus folgenden Gründen. Die alten oberen Baue in den Kohlengruben sind nämlich als Sammelplätze des leichten Kohlenwasserstoffgases in all den Fällen anzusehen, wo überhaupt schlagende Wetter auftreten und die abgebauten Strecken nicht luftdicht abgemauert werden. Es ist eine in den Kreisen unserer Betriebsführer allgemein getheilte Ansicht, dass bei den Unglücksfällen, sowohl auf der Zeche Neu-Iserlohn bei Dortmund als im Plauen'schen Grund, in Folge der herrschenden Abnormität der meteorologischen Vorfälle über Tage und deren Einwirkung auf den Luftzustand unter Tage, die schlagenden Wetter aus den nicht abgesperrten höheren alten Bauen in die Betriebsstrecken heruntertraten und mit der Luft an den Betriebspuncten ein explosives Gemenge bildeten, resp. schon waren und sich nur quantitativ vermehrten. Im ersteren Fall erfordert dieser Vorgang nach den im Kleinen gemachten Erfahrungen nur die unglaublich kurze Zeit von 1 bis 2 Minuten, um Explosionen so grossen Umfangs wie die letzten vorzubereiten, resp. möglich zu machen.

Man kann frische Luft unmöglich durch die alten Baue führen, weil einmal dann die Betriebsstrecken zu wenig erhielten, andererseits aber die zu Bruch gegangenen Strecken im „alten Mann“ stets wieder aufgebaut werden müssten. Es bleibt also nur der luftdichte Abschluss der alten Baue übrig. Ist das bewirkt, dann mag hinter der Mauer im alten Baue passiren, was da will, es wird dadurch dem Betriebe unterhalb desselben kein Schaden erwachsen, weil im concreten Falle das Heruntertreten der schlagenden Wetter aus ihrem Herde durch die dichte Mauer unmöglich ist.

2) In den Betrieben selbst muss die Ventilation, der Luftwechsel der Grube so lebhaft sein, dass das entwickelte Kohlenwasserstoffgas aus den Flötzen sogleich fortgeführt und als unschädlicher Gemengtheil in die Luft aufgenommen wird. Ansammlungen schlagender Wetter sind dann auf ein möglichstes Minimum reducirt, für deren Sicherung die Sicherheitslampe völlig ausreicht. Für die flotte Ventilation nun genügen weder der natürliche Wetterzug — wie noch auf den tiefen v. Burgk'schen Gruben in Anwendung — noch Wetteröfen in der Grube, wie damals auf Zeche Neu-Iserlohn vorhanden, wenngleich Wetteröfen unter gewöhnlichen Verhältnissen mehr als ausreichend sind, sondern es bedarf dazu auf grossen Tiefbau-Zechen unbedingt der kräftigsten Maschinen. Es empfehlen sich Fabry's Ventilator und Guibal's Wetterrad, von denen letzteres aus technischen Gründen den Vorzug verdient. Die Wettermaschinen arbeiten Tag und Nacht gleichmässig; darin liegt ihr Effect. Treten nämlich Störungen im Luftdruck und in der Temperatur auf der Erdoberfläche (über Tage, wie der Bergmann sagt) ein, dann werden deren Einwirkungen stets da gespürt, wo keine Wettermaschine arbeitet. Nur die letztere überwindet, ähnlich wie die Schiffsschraube sich gegen Segel und Raddampfer verhält, die äusseren Luftbehinderungen, die

durchweg den primitiven Anlass zu Explosionen geben. Bei den Wettermaschinen hat man es obendrein völlig in der Hand, zu besonders gefährlichen Jahreszeiten, wo es etwa ausserordentliche meteorologische Vorfälle gebieten, den Betrieb der Wettermaschine zu forciren. Wie gross eine Wettermaschine construirt sein muss, hängt von der in jedem einzelnen Fall zu berechnenden Menge frischer Luft ab, welche durch die Grubenräume in der Minute hindurchgeführt werden soll. Jedenfalls müssen diese Maschinen auf die doppelte Leistungsfähigkeit, wie nöthig, construirt sein.

3) Es genügt aber ferner auf grossen Tiefbau-Kohlenzechen ein einziges Ventilationssystem mit einer Wettermaschine nicht, vielmehr muss für jeden Schacht, eventuell bei nur einem Schacht (bei maschineller Wetterlosung genügt das Einschacht-System völlig) sowohl für den „hangenden" als auch „liegenden. Betrieb" je eine Wettermaschine und dadurch ein getheiltes, um so wirksameres Wettersystem in der Grube beschafft werden. Unsere Dortmunder Zeche „Westphalia", wo notorisch die schlagenden Wetter ausserordentlich heftig auftreten, arbeitet mit 2 grossen Ventilatoren; die Grube würde andernfalls der „Bläser" und gasreichen Flötze wegen unfahrbar sein. Freilich ist hierzu ein beträchtlicher Geldaufwand nöthig, wenn man das Leben der Bergleute schützen will; allein das ist doch Pflicht, und bleibt sogar die erste Pflicht beim Bergbau.

4) Was zum Schluss die Schutzmittel in der Hand des Kohlen-Bergmanns betrifft, so ist bereits die Sicherheitslampe erwähnt. Dieselbe ist nach Befolgung der in Nr. 1, 2 und 3 angeführten Vorsorgen ganz genügend, um dabei ruhig arbeiten zu können, während sie ohne die erwähnten Sicherungen nur dazu dient, den Bergmann gegen die Gefahr unvorsichtig zu machen.

5) Der Berg-Ingenieur muss seinerseits den Grundsatz annehmen, während der Nacht, wenn nicht in der Grube gearbeitet wird, den Zustand des Luftzugs in der Grube und den Wetterwechsel an den Betriebspuncten von besonders hierfür angestellten, eventuell staatlich beeidigten, Control-Beamten revidiren zu lassen. Erst wenn diese Alles in Ordnung finden, soll die „Schicht" beginnen dürfen. Auch sollen sämmtliche Bergleute zu gleicher Zeit anfahren. Dazu empfiehlt sich die Einführung des auf den Ruhr-Kohlenzechen sehr eingebürgerten „Marken-Controle-Systems" an Stelle des noch in Sachsen etc. üblichen „Verlesens" der Bergleute.

Die Montan-Industrie von Obersteiermark 1868.

Aus dem Jahresberichte der Handels- und Gewerbekammer Leoben auszugsweise mitgetheilt.

(Schluss.)

Arbeiter-Verhältnisse.

Bei der allgemeinen Aufmerksamkeit, welche sich gegenwärtig den Verhältnissen der Arbeiter zuwendet, glaubt die Handels- und Gewerbe-Kammer um so weniger dieselben mit Stillschweigen übergehen zu dürfen, als in ihrem Bezirke seit Alters her mannigfache Institute zum Wohle der arbeitenden Classe bestehen. Was vorerst die Löhne der Arbeiter betrifft, so haben sich dieselben im naturgemässen Zusammenhange mit der allgemein erhöhten industriellen Thätigkeit nicht unansehnlich gehoben. So werden gewöhnliche Taglöhner mit 80 bis 90 kr., Bergarbeiter täglich durchschnittlich mit 1 fl. und darüber bezahlt. Gute Häuer verdienen im Gedinge täglich 1 fl. 20 bis 1 fl. 50 kr. und selbst darüber; Puddler circa 2 fl., Vorpuddler bei 3 fl., geschickte Walzer zuweilen bis 4 fl.

Maurer und Zimmerleute verdienen täglich 1 fl. 20 bis 1 fl. 40 kr., deren Poliere 1 fl. 60 bis 1 fl. 80 kr. Letztere Ziffern repräsentiren ungefähr auch das Verdienst sammt Unterhaltskosten eines brauchbaren Gesellen bei den Kleingewerben.

Durch humanitäre Anstalten für die Arbeiterclasse ragen seit jeher die Berg- und Hüttenwerke hervor. Die Sensenwerke und manche andere kleinere Etablissements tragen häufig für die Verköstigung und Bequartirung der Arbeiter Sorge, welche selbstverständlich den grösseren montanistischen Unternehmungen nicht mehr opportun erscheinen kann. Dafür aber besitzen diese letzteren mannigfache Institute, welche für die geistige Heranbildung der Arbeiter sorgen und für Krankheitsfälle und die Altersversorgung derselben Vorkehrungen treffen; so weisen die besagten Werke sehr häufig Werksschulen und Werksspitäler auf, und zahlen überdies noch Krankenschichten. Die Kosten dieser gemeinnützigen Anstalten, so wie jene der Altersversorgung (Provision), endlich die Bezahlung des Arztes und Apothekers werden aus Versorgungscassen (meist Bruderladen) bestritten, zu denen zwar die Arbeiter die Beiträge nominell liefern; allein nicht zu verkennen ist, dass diese — um die Beiträge leisten zu können — von ihrem Brodherrn auch besser bezahlt werden müssen, daher der letztere eigentlich als der indirect Zahlende anzusehen kommt. Manchmal werden aber diese Auslagen auch direct von den Gewerken getragen; so bezahlte beispielweise im vorigen Jahre die Vordernberger Radmeister-Communität an die dortige Berg-Bruderlade bei 47000 fl., wogegen der Beitrag der Arbeiter verschwindend klein war, während sie anderseits auch die Bestallungen der Aerzte und des Apothekers trägt, an Schulgeld 600 fl. bezahlt und überdies eine Mädchen-Arbeitsschule erhält.

Angesichts solcher Thatsachen und Ziffern kann man wohl mit Recht behaupten, dass der obersteirische Berg- und Hüttenarbeiter keinen Anlass zur Klage habe, er werde in der Jugend verwahrlost, habe bei redlichem Willen und gesundem Körper nicht sein hinreichendes Auskommen, und müsse etwa mit Bangen einem Krankheitsfalle oder der eintretenden Altersschwäche entgegensehen.

Was dagegen die nicht montanistischen Gewerbe anbelangt, so geht das alte und manches Gute bergende Institut der Innungen immer mehr seinem Verfalle entgegen, ohne dass es bisher in diesem Kammerbezirke gelungen wäre, das neue Associationsmittel der Genossenschaften an dessen Stelle zu bringen. Selbst in die montanistischen Kreise greift dieser Zustand einer allmäligen Auflösung hinüber; denn was eben von den

Handwerker-Innungen gesagt wurde, trifft auch jene der Sensenwerks- und Hammerviertel.

Verkehrsmittel.

Der Bau der **Rudolfsbahn**, die im Jahre 1868 von Villach bis St. Michael eröffnet, und welcher alsbald der Flügel Leoben-St. Michael beigefügt wurde, lenkte den Verkehr von Obersteier in neue Bahnen. Wenn aber der Frachtentransport auf derselben an Lebhaftigkeit noch Vieles zu wünschen übrig lässt, so liegt dies einerseits darin, dass diese Bahn ihre naturgemässen Endpuncte noch nicht erreicht hat, anderseits aber und insbesondere in Rücksicht zweier Hauptfrachtgüter, Holzkohle und Roheisen, welche parallel neben der Rudolfsbahn noch häufig auf der Strasse verfrachtet werden, ist der Grund vornehmlich in dem Umstande zu suchen, weil es die hohe Regierung nicht angemessen fand, der obersteierischen Roheisenproduction durch Einbeziehung eines Industrie-Flügels in die Bahnconcession jene Unterstützung zu gewähren, welche hochdieselbe den kärntner'schen Roheisenproducenten in so ausgiebigem Masse zuzuwenden für staatsdienlich erachtete.

Der **Bahnflügel von Bruck à. M. nach Leoben**, auf welchen die letztere Stadt so viele Jahre vergeblich warten musste, als ob sie ein armseliges Bauerndorf, und nicht der Mittelpunct der hochwichtigen obersteierischen Eisen- und Kohlenindustrie wäre, ist endlich im Jahre 1868 auch zu Stande gekommen. *)

Unterrichts-Anstalten.

Der gebildetere Theil der Bevölkerung zeigt sich ziemlich allgemein von der Ueberzeugung durchdrungen, dass die Besserung der Schulen nicht blos die Grundbedingung des intellectuellen, sondern auch des gewerblichen Fortschrittes sei. Dies beweist die Gründung sogenannter **vierter Classen** in mehreren grösseren Ortschaften im Jahre 1868, jene einer **Mädchenschule** in Gröbming, und der Gemeindebeschluss der Stadt Leoben, auch hierorts eine solche in's Leben zu rufen.

Von Seite des h. st. Landtages wurde ferner im Jahre 1868 der Beschluss gefasst, das bisher von der Stadt Leoben unterhaltene **Real-Untergymnasium** zu übernehmen.

Bezüglich des gewerblichen Unterrichtes sind ebenfalls zwei Fortschritte zu notiren; erstlich der Landtagsbeschluss, in Judenburg eine **Bürgerschule** zu gründen, und sodann die Gründung einer **Berg- und Hüttenschule** zu Leoben für Aufsichtsleute, und zwar von Seite der Gewerken und unter Beihilfe des h. Aerars. Allein um so schlimmer sieht es mit dem gewerblichen Unterrichte innerhalb der nicht montanistischen Kreise aus, da derselbe mit Ausnahme der erst zu gründenden oben erwähnten Bürgerschule dermalen noch vollständig brach liegt.

---

*) Wäre es nicht interessant, wenn auch die Ursachen solcher auffälligen Verzögerung einer der wichtigsten Verbindungsstrecken offen besprochen würden?!! O. H.

Die Gründung der Hüttenberger Eisenwerks-Gesellschaft.*)

Von Hanns Höfer, Professor der Bergschule in Klagenfurt.

Das Zeitalter, in dem wir leben, ist unter Anderem national-ökonomisch auch dadurch gekennzeichnet, dass sich das Grosscapital, das sich zum Theile im Montanisticum selbst entwickelte, unseres Industriezweiges annahm und hierdurch entweder das geringere Capital, die sogenannten Kleingewerken, völlig erdrückte und zum Einstellen ihres Betriebes nöthigte, oder dass die letzteren frühzeitig genug noch ihren Besitz vereinten und hiedurch als nun neu entstandener Montan-Grossbesitz mit ihren gefährlichen Nachbarn concurriren konnten. Sie gaben das von Urahnen angeerbte Selbstgefühl eines unumschränkten Herrn auf, um überhaupt weiter existiren zu können.

Wenn wir auch in unserer Kärntner Eisenindustrie der Hauptsache nach nicht von Kleingewerken sprechen können, so würden im Verlaufe kürzerer oder längerer Zeit unsere bestandenen Hochofengewerke jedenfalls sehr empfindlich die Concurrenz jener Capitalsgrössen in der Eisenbranche, wie sie unser Nachbarland Steiermark seit circa einem Jahre aufweist, empfunden haben und dies um so mehr, je mehr sich die Verkehrswege entwickeln.

Es muss deshalb als eine der wichtigsten Epochen der Bergwerksgeschichte genannt werden, dass sich die meisten unserer Eisengewerken, nämlich: Baron von Dickmann (mit Baron v. Sterneck und Fr. v. Rosthorn), Graf Christallnigg, Graf Egger und die Compagnie Rauscher durch die Intervention des Ersteren zur Hüttenberger Eisenwerks-Gesellschaft vereinten. Diese Union, *die ihren* Sitz in Klagenfurt nahm, muss auch jeder Kärntner herzlich beglückwünschen, weil hiedurch die wichtigste Quelle unseres heimatlichen Wohlstandes, die Eisenindustrie, für dauernd gesichert erscheint. Es ist dies ein Unternehmen, welches wohlthuend hervorsticht aus der Reihe einer Unzahl anderer ähnlicher Industrie-Unternehmungen, der Neuzeit, deren Aufgabe es vorwiegend gewesen, durch die Gründung nicht nur das Geschäft zu **etabliren** sondern auch zu **machen**.

Zur Hüttenberger Eisenwerks-Gesellschaft traten die genannten Gewerken mit ihrem ganzen Montan- und Grundbesitze bei. Wir lassen hierüber eine weitere Specification und Werthschätzung folgen.

1. Die Bergbaue und Hochöfen von Lölling sammt gewerkschaftlichem Grundbesitze, und die Hammerwerke Wimmitz I. II, und Foitsch um den Betrag von . . . . fl. ö. W. 2,150.000
2. Die Bergbaue und Hochöfen von Treibach sammt gewerkschaftlichem Grundbesitz, und die Hammerwerke obere Vellach, Maierhöfl und Altenmarkt um den Betrag von . . . . „ 2,150.000
3. Die Bergbaue und Hochöfen von Heft und Mosinz sammt gewerk-

---

*) Aus Nr. 2 der „Zeitschrift des berg- und hüttenmännischen Vereines für Kärnten."

schaftlichem Grundbesitz, und die Hammerwerke Wetzmann, Freibach I und Schmölitsch um den Betrag von . . . . fl. ö. W. 2,050.000

4. Die Bergbaue und Hochöfen von Eberstein sammt gewerkschaftlichem Grundbesitz, das Gusswerk Brückl, der Steinkohlenbergbau Filippen I und die Hammerwerke Rechberg, Ebriach und Vellach um den Betrag von . . . . „ 1,350.000

5. Das Walzwerk Prevali sammt gewerkschaftlichem Grundbesitz, und die Kohlenbergbaue Liescha und Siele um den Betrag von „ 1,300,000

Summa fl. ö. W. 9,000.000.

Dieses Grundcapital von 9,000.000 Gulden, welches die betheiligten Gewerken in Actien à 200 fl. ausgezahlt erhalten, wird noch um eine Million Betriebscapital erhöht, welches letztere durch ein Syndicat mittelst Actien-Ausgabe eingebracht wird. Sollten späterhin neue Anlagen, Bauten und Erwerbungen es erheischen, so kann das Grundcapital noch um 5 Millionen Gulden vermehrt werden, wovon jedoch schon jetzt ein Theil zur Ausgleichung der Inventarien benützt wird.

Dies wäre in kurzer Skizze der finanzielle Theil unserer neuen Gesellschaft, welche durch ihr Zustandekommen ihren Interessenten nur materielle Vortheile ohne einen wesentlichen Nachtheil bringen wird.

- Erstere, nämlich die durch Vereinigung bedingten wesentlichsten Vosrtheile, sind sicherlich von so allgemeinem Interesse, dass wir sie in Hauptumrissen darstellen wollen; um so mehr mag dies gerechtfertiget erscheinen, als dieser Anlass Gelegenheit bietet, vieler fast allen Bergwerks-Unionen eigenthümlicher Lichtseiten zu gedenken, welche Jedermann, selbst der Laie, als einleuchtend erkennt, und die Praxis durch grössere Dividenden betätigte.

Alle nun vereinten Gewerken erhauten ihren gesammten Erzbedarf an ein und derselben Localität, dem Knappenberge. Indem die verschiedenen Lehen in einander griffen, so war es nothwendig, dass jeder Einzelgewerke für seinen jeweiligen Massencomplex eigene kostspielige Einbaue treiben musste, die manchmal oft noch nicht ganz günstig situirt werden konnten, indem hiedurch Besitzstörungen etc. die Folge gewesen wäre. Nun ist der ganze Kärntner Erzberg in einer Hand; der Besitz ist ein grosses geschlossenes Ganze, für welches ohne Schwierigkeiten ein Haupteinbau geführt werden kann. Es wird der Aufschluss sowohl, wie auch die Gewinnung nach Ermessen an gewissen Puncten concentrirt werden können, wodurch nicht nur die Aufsicht erleichtert, sondern auch der Gestehungspreis der Erze erfahrungsgemäss verringert wird. Dadurch, dass nun alle Bergbaue in einer Hand stehen, ist auch die bei getheiltem Besitze so oft vorkommende Hin- und Herwanderung der Arbeiter hintangehalten, und umgekehrt kann auch für die Wohlfahrt der letzteren schon dadurch besser gesorgt werden, dass es ermöglicht werden wird, eine Bruderlade mit grösserem Capitale und Geldumsatze ins Leben zu rufen. Die Hüttenberger Eisenwerks-Gesellschaft könnte hiebei sich ein unvergleichliches Verdienst in der Arbeiterfrage erwerben, wenn sie den oft und in unserer ersten Nummer der Zeitschrift ausgesprochenen Wunsch, eine Landesbruderlade zu gründen, durch ihren Beitritt ins Leben rufen würde.

Sowie der ganze Betrieb im Berge, wie erwähnt, nun einheitlich und billiger möglich geworden ist, so ist es auch mit der Förderung auf den Tageisenbahnen. Sie wird vom Orte, wo das Erz erbaut wird, bis zum Stationsplatze Hüttenberg ohne Unterbrechung auf den Schienen erfolgen. Dadurch befreit sich der Betrieb nicht nur von der höchst unangenehmen Abhängigkeit von den Erzfuhrleuten, sondern er bekommt auch selbstverständlich seine Erze schneller und billiger zum Stationsplatze Hüttenberg geliefert. Von da ab ist eine 2664 Klafter lange Locomotivbahn — Eigenthum der Gesellschaft — im Baue, die sich an die bereits eröffnete Zweigstrecke der Rudolfsbahn Launsdorf-Mösel anschliesst. Es ist somit der rascheste und billigste Verkehr zwischen dem Erzberge und den Hochöfen, welcher insbesondere betreffs der Erze Eberstein, Treibach und Prevali zu Gute kommt, hergestellt, als auch bei der Zufuhr der Holzkohlen und der Abfuhr des Roheisens und der Bessemerblöcke ein grosses Ersparniss resultirt. Ein Calcul über die Frachtenbewegung der Eisenwerksgesellschaft auf der Eisenbahnstrecke Launsdorf-Mösel gegenüber dem bisher nöthig gewesenen Achsenverkehr wird überzeugender sprechen, als viele Worte. Die jährliche Bewegung der Erze und der Kohle, zum Theile auch des Roheisens, beträgt in runder Ziffer etwas über zwei Millionen Centner; rechnet man hiebei nur zehn Kreuzer per Centner Ersparung, so gibt dies in runder Ziffer bei 200.000 fl.; hiezu würden die Strassenkosten, die hiemit entfallen und bei 30.000 fl. betragen, zuzurechnen sein. Rechnet man dies bei einer Erzeugung von 800.000 Centner Roheisen auf den Gestehungspreis pro einen Centner, so ergibt sich hiemit ein Ersparniss von 25 kr. Dieses Resultat wird sich noch günstiger gestalten, wenn auch die Strecke Mösel-Hüttenberg eröffnet sein wird.

Wenn die Hochöfen schon dadurch, dass sie nur durch die Hebung der Verkehrsmittel das Erz, das schon der Bergbau zu geringerem Preise zu liefern vermag, und die Kohle loco Gicht wesentlich billiger erhalten, so muss betreffs der letzteren, nämlich der Holzkohle, ein Umstand hervorgehoben werden, der von ganz besonderer Bedeutung ist; es ist dies die Concurrenz im Einkaufe. Jedermann, der nur halbwegs unsere Verhältnisse kennt, weiss, dass bei einer Kohlholzlicitation ein Hochöfner den anderen überbot und einer dem andern den Einkaufspreis in die Höhe trieb. Da nun durch die Vereinigung diese gewaltige Concurrenz abgestumpft wurde, so steht ein Sinken der Kohlpreise zu erwarten, wodurch der Gestehungspreis des Roheisens beträchtlich herabgemindert wird. Ueberdies wird betreffs der Holzkohle ein wesentliches Transportersparniss resultiren. Da es früher oftmals geschah, dass z. B. die Heft ihre Holzkohle bei Treibach vorbeiführte und letzteres vor ersterer, so wird dadurch, dass jeder Hochofen die nächstgelegene Holzkohle zugewiesen erhält, endlich einmal diese verkostspielende Anomalie aufgehoben werden.

Nebst vielen Abstockungsverträgen besitzt die Hüttenberger Actiengesellschaft bei 25.000 Joch fast meist in der Nähe der Hochöfen gelegener, gut geschonter Waldungen, und hat darin eine schöne Reserve.

Während es dermalen manchem Hochöfner erging, dass er in einem und demselben Ofen je nach Bestellung bald weisses, bald graues Roheisen erblasen musste, — z. B. in der Heft — so wird dermalen jeder Hochofen Jahr aus und ein immer dieselbe Sorte erzeugen. Man wird hiebei schon bei der Erzvertheilung die Einzelbedürfnisse berücksichtigen können. Die Vortheile, die hiedurch dem Betriebe erwachsen, bedürfen wohl keiner weiteren Auseinandersetzung.

Nebst den Hochöfen überging auch das Puddlingswerk Prevali in das Eigenthum der Hüttenberger Eisenwerks-Gesellschaft. Dieses war bisher durch das damit verbundene Kohlenwerk Liescha, welches jährlich bei einer Million Centner fördert, betreffs des Brennstoffes gedeckt. Nun ist es auch im Roheisenbezuge, mag der Bedarf auch noch so gross sein, vollends gesichert, und ist mithin in seinem Rohmaterialbezuge in keiner Richtung irgendwie von Fremden abhängig. Dieser wesentliche Vortheil, den so manches Puddlingswerk in der angrenzenden Steiermark sehr herb vermisst und mit grösstem Kraftaufgebote zu erringen trachtet, dieser Vortheil ist sicherlich selbst Laien einleuchtend.

Erwähnen wir endlich noch, dass, falls minder gute, vielleicht ungünstige Jahre abermals an unsere Eisenindustrie herantreten sollten, so vermag diese ein solcher Capitalscoloss vielmals leichter zu überstehen, als mancher kränkelnde Einzelgewerke, welcher wegen Capitalsmangel zur völligen Verschleuderung seiner Vorräthe gezwungen werden kann. Man wird sich nicht wie vor Jahren gegenseitig wo möglich die Roheisenpreise herabdrücken, der ganze Markt wird durch Erhaltung von Einheitspreisen geregelt. Bedenkt man ferner, dass die meisten Hochöfen bereits dermalen schon Bahnstationen sind, und Hüttenberg es in einem Jahre wird, so ist es durch diesen leichteren Verkehr ermöglicht, billiger auf dem Markte zu erscheinen und Bestellungen rascher effectuiren zu können.

Eine gewöhnliche Folge solcher Vereinigung von Bergwerkseigenthum ist auch die Herabminderung der Regie. Wenn auch diese vor der Hand nicht weiter in Betracht gezogen werden kann, weil die Gesellschaft alle bisher bei den Einzelgewerken angestellt gewesenen Beamten übernahm, so wird diese doch auch verhältnissmässig dadurch verringert, dass die Roheisenproduction bedeutend steigt, hiemit der Regieentfall pr. Centner sinkt. Die letzte Nummer unserer Zeitschrift weiset auf Seite 28 als Production pro 1868 der nunmehr der Gesellschaft gehörigen Hochöfen: Lölling, Treibach, Heft und Eberstein in runder Zahl 770.000 Wiener Centner nach. Mit Abschluss des laufenden Jahres wird diese auf 900.000 Centner steigen, wie sich dies aus der bisherigen Productionsziffer ziemlich verlässlich berechnen lässt. Für das Jahr 1870 wird überdies noch je ein Holzkohlenhochofen in Eberstein und Treibach, sowie der Coakeshochofen in Prevali angeblasen, so dass hoffentlich die Production von 1,300.000 bis 1,400.000 Centner erreicht werden wird.

Die Regie wird jedenfalls verhältnissmässig noch mehr sinken, wenn man in dieser Skizze der Hebung der Production den eben stattfindenden Umbau der Bessemerhütte zu Heft berücksichtiget, wodurch die Jahres-Production an Bessemergut auf 80 bis 100 Tausend Centner steigt. Es würde zu weit führen, würde man auch noch des anzuhoffenden Betriebsaufschwunges in der Prevalier Puddlingshütte gedenken.

Es kann hier nicht der Ort sein, auf die Statuten der neuen Gesellschaft einzugehen; wir wollen hieraus nur entnehmen, dass die Oberleitung der Geschäfte in den Händen eines aus zehn Mitgliedern bestehenden Verwaltungsrathes liegt, der drei oder höchstens fünf Directionsmitglieder theils aus seiner Mitte wählt, theils Beamte hiezu anstellt, und dass der Besitz von je 25 Actien à 200 fl. eine Stimme gewährt.

Unsere Fachgenossen dürfte die Mittheilung interessiren, dass der Verwaltungsrath zu seinem General-Director Herrn August Frey und zum Bergbauinspector Herrn Ferdinand Seeland ernannte.

Der wichtigsten Industrie-Gesellschaft unseres Heimatlandes wünschen wir aus ganzer Seele das beste Gedeihen, denn sie ist ja eine der massgebendsten Wurzeln des Wohlstandes in Kärnten.

Glück auf!

Schwedisches Eisen auf französischem Markte.*)

Paris, im August 1869.

Nachdem wir in verschiedenen Nummern dieses Blattes den Mechanismus der acquits-à-caution zum Gegenstande unserer Betrachtungen gemacht und den Nachweis geliefert haben, dass die augenblickliche Höhe der Prämie die Einfuhr von Eisen aus Preussen nach Frankreich ausserordentlich erschwert, ausserdem aber noch die Qualitätsfrage hier mit in's Spiel kommt, so sei es uns gestattet, den Einfluss, den das schwedische Eisen auf den französischen Markt ausübt, etwas näher zu beleuchten.

Wir beschränken uns für heute blos auf eine Specialität schwedischen Eisens, nämlich auf gewalztes Hufnageleisen.

Frankreich bezieht dasselbe seit einer Reihe von Jahren zum grössten Theile aus schwedischen Werken und zwar aus dem Grunde, weil die französischen Holzkohlenwerke mit jenen nicht zu concurriren vermögen, nicht der Qualität, sondern des Preises wegen.

Trotz der Seefracht und Assecuranz von Schweden nach den französischen Häfen und trotz der Speditionsgebühren daselbst und der augenblicklich hohen Prämie der acquits-à-caution von 4 Frcs. per 100 Kilo, sowie der Fracht von den Häfen nach den Bestimmungsorten,

*) Da bei Qualitätseisen die Concurrenz mit schwedischem Eisen für deutsches und österreichisches Eisen nicht ohne Wichtigkeit ist, wollen wir hier nach der „Zeitschrift für die deutsch-österr. Eisen-Industrie" obige Mittheilung wiedergeben. O. H.

beträgt der Preisunterschied für Hufnageleisen in den Dimensionen von 5 à 10 Millim. carré, wovon 6 à Millimeter die courrantesten Sorten sind, augenblicklich 5 Frcs. per 100 Kilo, was bei einem Preise von Francs 28 à 29 per 100 Kilo, für das Eisen circa $17^1/_2$ Procent vom Werthe ausmacht, die Schweden billiger ist, als Frankreich.

Bei einem so wesentlichen Preisunterschiede sind natürlich alle Blicke von Seite der diesseitigen Händler und grösseren Consumenten nach Schweden gerichtet, und um somehr, als angestellte Versuche mit Hufnageleisen anderer Production sind. — Selbst Eisen aus den besten Siegener Erzen und Holzkohlen auf westphälischen Werken erfrischt, haben den diesseitigen Anforderungen nicht entsprochen. — Es mag dies manchem Leser unglaublich erscheinen und doch ist es so.

Die Anforderungen, die man hier an den fertigen Hufnagel stellt, sind nämlich folgende:

Man spannt den Nagel zur Hälfte, das Kopfende nach Aussen fest in einen Schraubstock, biegt ihn alsdann schwach rechtwinkelig (nicht rundwinkelig) hin und her, und wenn er vier solcher Biegungen ausgehalten hat, ohne zu brechen, dann ist die Qualität als den Anforderungen entsprechend, als gut anerkannt. Wir haben Versuche mit einzelnen schwedischen Marken anstellen lassen, die selbst fünf und sogar sechs solcher Biegungen aushielten.

Dagegen haben die mit Hufnageleisen aus westphälischen Werken wiederholt angestellten Versuche ein sehr ungünstiges Resultat ergeben, da der grössere Theil der Nägel schon bei der zweiten Biegung brach, einzelne nur drei, aber keiner vier aushielt, ohne zu brechen; es hat sich das Eisen als zu hart und zu stahlreich herausgestellt. — Wir sowohl, als auch einzelne westphälische Werke haben keine Mühe gescheut, es dahin zu bringen, dem schwedischen Eisen Concurrenz zu machen, allein vergebens. Somit hat dasselbe vor der Hand keine Aussicht, Absatzwege auf französischem Markte zu finden, wenn nicht neue Anstrengungen in der Fabrikation gemacht werden sollten, wodurch das Eisen weicher und schmiedbarer wird. In diesem Falle und wenn der fertige Nagel die Eingangs besprochene Probe bestehen kann, liessen sich neue Versuche anstellen.

Beziehungen vom Rheine oder aus Westphalen wären schon aus dem Grunde hier sehr erwünscht, weil diejenigen aus Schweden sich blos auf die Sommermonate erstrecken und der Bedarf bis zum nächsten Frühjahr jedes Jahr schon im Herbst vorher gedeckt werden muss. — Einzelne französische Werke haben den Versuch gemacht, ausgewalztes Luppeneisen (Cillettes) aus Schweden zu beziehen, um es herunterzuwalzen; da diese Werke aber im Innern Frankreichs liegen und von den Seehäfen die Eisenbahnfracht für die Luppen, sowie diejenige für das Hufnageleisen von ihren Werken nach den englischen Bestimmungsorten, die im Norden und Nordosten Frankreichs liegen, zu überwinden haben, so finden sie auch hierbei wiederum ihre Rechnung nicht.

Der Absatz dieser Werke beschränkt sich deshalb lediglich auf die nächste Umgebung, indem sie auf den grösseren Productionsplätzen, da, wo die Nagelschmiederei im grossartigsten Massstabe, z. B. in den Ardennen betrieben wird, durch Schweden verdrängt worden sind.

In dem Ardennen-Departement werden jährlich zwischen 6 à 7 Millionen Kilogramm Hufnageleisen verarbeitet, die ausschliesslich Schweden liefert. Da aber die preussischen Rheinlande in deren unmittelbaren Nähe liegen und die Fracht in Waggonladungen von Düsseldorf bis zum Haupt-Consumtionsplatz in den Ardennen nur 2 Frcs. per 100 Kilogr. beträgt, so geben wir die Hoffnung noch nicht auf, dass preussisches Hufnageleisen vom diesseitigen Markte soll ausgeschlossen bleiben.

Wir haben vielmehr volles Vertrauen in die Intelligenz und die Ausdauer unserer deutschen Ingenieure und sähen es gerne, wenn neue Versuche angestellt würden. Wir glauben auch um so mehr an einen günstigen Erfolg, als die rheinisch-westphälischen Werke zum Bezuge von schwedischem Luppeneisen die Wasserfracht bis nahezu an viele Walzwerke benützen können.

Der augenblickliche Preis für eine gute Qualität schwedischer ausgewalzte Luppen wird uns auf 20 à 21 Francs per 100 Kilogr. frachtfrei Düsseldorf ohne Zahl angegeben und für fertiges Hufnageleisen ist 35 à 36 Francs Zoll frachtfrei Bestimmungsort in Frankreich zu lösen. Von diesem letztern Preis wäre, um denjenigen auf dem Werke zu ermitteln, abzuziehen: 4 Francs per 100 Kilogr. für acquits-à-caution, sowie 2 Francs per 100 Kilogr., Summa 6 Francs für Fracht Düsseldorf-Ardennen, so dass netto 29 à 30 Francs auf dem Werke genommen, zu lösen sein wird.

Den Rest der Calculation müssen wir den Werkbesitzern selbst überlassen, nur wünschen wir, dass unsere heutigen Mittheilungen dazu beitragen mögen, dass unser Hufnageleisen vom französischen Markte nicht für immer ausgeschlossen bleiben wird.

(Westdeutsche Industrie- und Handelszeitung.)

Notiz

Fabrikation von schwefelsaurem Natron aus Kochsalz und Schwefelkies. Nach einem von den Gebrüdern Mirimal empfohlenen Verfahren kann man schwefelsaures Natron ohne unmittelbare Verwendung von Schwefelsäure dadurch herstellen, dass man Eisenkiese, um sie porös zu machen, zunächst bis zur Entfernung eines Theiles des Schwefels unter Luftzutritt oder Luftabschluss erhitzt, darauf den Rückstand mit einer concentrirten Kochsalzlösung imprägnirt und die Masse in einem Reverberirofen unter Luftzutritt stark glüht. Die geglühte Masse gibt beim Auslaugen ein Natronsulfat von sehr befriedigender Reinheit.

Literatur.

Die Lagerstätten der nutzbaren Mineralien. Von Joh. Grimm k. k. Obergbergrath und Director der Bergakademie in Příbram. Mit 75 in den Text gedruckten Figuren. Prag 1869. J. G. Calve'sche k. k. Universitätsbuchhandlung. (Ottomar Beyer.)

Unwillkürlich drängt sich beim Durchlesen dieses Buches der Vergleich mit v. Cotta's „Lehre von den Erzlagerstätten" auf, und ohne den vielen gründlich gearbeiteten Partien dieses um 10 Jahre neueren Buches, welches uns vorliegt, die Anerkennung versagen zu wollen, wird doch zuletzt Cotta's Werk vorgezogen werden müssen, weil es nicht nur viel angenehmer zu lesen, sondern auch im Ganzen vollständiger und übersichtlicher ist. Wir sagen „im Ganzen", denn in Behandlung von einzelnen Vorkommnissen ist das vorliegende Buch eingehender und ausführlicher.

Schon auf Seite VI der Vorrede begegnen wir einem absichtlichen Mangel des Werkes, indem der Verfasser dort offen ausspricht: „In Bezug auf die Entstehung und Bildung der verschiedenen Lagerstätten wurde das eigentlich chemische Gebiet nicht betreten etc." Keiner der vom Verfasser dafür gegebenen Gründe kann uns mit dieser Unterlassung aussöhnen, welche an das alte Mohs'sche Interdict gegen die Benützung der Chemie zu erinnern scheint. Man kann eben im Jahre 1869 wohl, wenn man will, manchen chemischen Erklärungsarten der Gesteins-Bildung und Umbildung entgegentreten und deren Widerlegung versuchen, allein man darf einer seit etwa einem Decennium so mächtig herangewachsenen Partie des Faches, wie es die chemische ist, nicht geradezu aus dem Wege gehen! Das ist ein grosser Fehler des Buches — ein Anachronismus — der die sonst rühmenswerthe Benützung neuer und neuester Daten bis auf die jüngste Zeit wesentlich beeinträchtigt.

Mit der Vollständigkeit der in sehr übersichtlicher Weise auf Seite VII—XXII aufgeführten Literatur wollen wir nicht rechten. Sie hat ungeachtet ihrer Reichhaltigkeit manche Lücke; allein wenn wir bedenken, dass der Verfasser durch seinen Beruf und durch das Vorurtheil, welches bei Errichtung der seiner Leitung anvertrauten Akademie herrschte — an einen kleinen, von allen wissenschaftlichen Beziehungen abgelegenen Ort gebannt und ganz auf sich allein angewiesen ist, so muss man sich vielmehr wundern, dass das Literatur-Verzeichniss relativ so reichhaltig und vollkommen geworden ist. Die Druckfehler bei Eigennamen z. B. „Mimichsdorfer (S. XII) Fhr. v. Adrian (S. XIII, XVI, XVIII) statt Münnichsdorfer und Andrian und dergleichen fallen der Druckerei zur Last, und sollen nur im Vorbeigehen hier ihre Berichtigung finden.

Was nun den Text des Buches selbst betrifft, so zeigt sich des Verfassers Streben nach Gründlichkeit in Definitionen, Abtheilungen und Unterabtheilungen in sichtlicher, wenn auch nicht ganz übersichtlicher Weise. Durch diese wird zwar die Lectüre des Buches etwas erschwert, wogegen aber die reichliche Aufzählung von Beispielen die wohl auch der Literatur, meist aber der genauen eigenen Kenntniss des Verfassers von den Lagerstätten mancher Bergreviere, insbesondere Böhmens und Siebenbürgens, entnommen sind, ein wesentlicher Vorzug genannt werden muss.

Wir bedauern, dass es dem Verfasser nicht möglich war, sich mit den alpinen Lagerstätten eben so gründlich zu befreunden. Dieser höchst interessante und jetzt auch in vielen Beziehungen wissenschaftlich aufgeschlossene Theil des europäischen Gebirgssystems hat in dem Buche, unserer Ansicht nach, viel zu wenig Berücksichtigung gefunden.

Bei dem Capitel: „Gegenseitige Beziehungen der Gänge zu dem einschliessenden Gebirgsgestein (S. 123) wäre die Benützung der chemischen Arbeiten neuester Zeit sehr angezeigt gewesen, zumal durch die vielen und interessanten Beispiele, die hier vom Verfasser angeführt werden, die Gefahr, dadurch „unpraktisch“ zu werden, ganz vermieden gewesen wäre. Ja! im Gegentheile, gerade aus einer tieferen Einsicht in die chemischen Vorgänge bei der Gang- und Lagerstättenbildung müssen nothwendigerweise erst recht praktische Fingerzeige für den denkenden Bergmann sich ergeben, die er bei Aufsuchung, Ausrichtung und Verfolgung derselben benützen kann. Selbst die alten Axiome z. B. „der Hauptadel liegt an den Steinscheidungen“ sind aus der chemischen Lagerstättebildung erst recht erklärbar und benutzbar; denn nicht jede Steinscheidung oder nicht jede Aenderung der Gesteinsbeschaffenheit bringt „Adel“, sondern nur jene, deren Bildungsart der Anhäufung und Vertheilung gewisser Stoffe des Mineralreiches günstig war.

Daher sind auch die „Imprägnationen“ nicht genügend behandelt, sondern theilweise unter den „plattenförmigen Erzausscheidungen und Anhäufungen“ untergebracht, oder unter die stockförmigen und regellosen Massen verwiesen. (S. 191.)

Die tabellarische Uebersicht des Vorkommens und der besonderen Lagerstätten der nutzbaren Mineralien ist sehr gut und eine dankenswerthe Beigabe des Werkes, dessen Ausstattung anständig und dessen Nützlichkeit unbestreitbar ist. O. H.

Zeitschrift des berg- und hüttenmänn. Vereins für Kärnten Redigirt von Hanns Höfer. Nr. 2.

Wir müssen mit wenigen aber anerkennenden Worten auch der jüngst erschienenen 2. Nr. dieser Fachzeitschrift gedenken, welche durch Reichhaltigkeit und Gediegenheit ihres Inhaltes der Nr. 1 würdig zur Seite steht und die erfreulichsten Hoffnungen für die Zukunft dieses jungen Fachorganes erweckt. Diese Nr. 2 bringt folgende Abhandlungen: Fortschritte in der Darstellung von weichem Eisen und Roheisen von Professor Kuppelwieser. — Ueber eine calorimetrische Kohlenstoffprobe von Fried. v. Ehrenwerth. — Vergleichung der nordamerikan. Bleischmelzöfen mit den Flammöfen von Director Kröll. — Die montanistische Production Preussens 1867 von Hupfeld. — Ueber Dampfkessel-Explosionen von Moshammer. — Die Gründung der Hüttenberger Eisenwerksgesellschaft von H. Höfer, dann Marktbericht, Literatur u. s. w. O. H.

ANKÜNDIGUNGEN.

Concurs-Ausschreibung.

Bei dem kön. ung. Eisenwerke zu Turia Remete in Ungarn, Ungvárer Comitat, ist die Schmelz- und Gussmeisterstelle, mit einem provisorisch festgesetzten Lohne von 7 fl. per Woche, freier Wohnung oder einem 15percentigen Quartiergelde, 6 Klft. Brennholz, dann mit einem Antheile von $^{8}/_{10}$ kr. von jedem Centner Roheisen und mit einer Gebühr von 5 Proc. von den sämmtlichen Giesserlöhnen, zu besetzen.

Bewerber mögen ihre Gesuche, in welchen sie ihr Alter, ihre Schulstudien, bisherige Verwendung und Sprachkenntnisse glaubwürdig nachzuweisen haben, wenn sie im Staatsdienste stehen, im vorgeschriebenen Dienstwege, sonst aber unmittelbar bei der gefertigten Staatsgüter-Direction bis 15. November d. J. einbringen.

Ungvár, den 15. October 1869.

Königl. ung. Staatsgüter-Direction.

Die erste und älteste

Maschinenfabrik für Bergbau und Hüttenbetrieb

von

Sievers & Co. in Kalk bei Deutz am Rhein

liefert seit ihrer Gründung (1857) als ganz ausschliessliche Specialität:

Alle Maschinen zur Gewinnung, Förderung, Aufbereitung und weiteren chemischen oder hüttenmännischen Verarbeitung: für Erze, Kohlen und sonstige Mineralien.

Ganze Maschinen-Anlagen für: Luftmaschinen zu unterirdischem Betriebe, Wasserhaltung, Förderung, Aufbereitung der Erze, Kohlenseparation und Wäschen, Coaks und Briquettfabrication.

Die maschinelle Ausrüstung chemischer Fabriken und Fabriken für künstliche Dünger, feuerfeste Steine, Cement, Porzellan, Steingut, Glas etc.

Die complete Einrichtung von Mühlen: für Gyps, Trass, Kreide, Schwerspath, Kalkspath, Erdfarben etc., und von Werkstellen für Schiefer- und Marmor-Industrie,

und werden von uns zu vorher zu vereinbarenden festen Preisen übernommen.

Sachgemässe Construction, unter steter Benutzung der neuesten Erfindungen und Verbesserungen, exacte Ausführung, prompte Lieferung, guter Gang und Leistung werden garantirt.

Specielle Circulare und Preisscourante darüber stehen zu Diensten.

Diese Zeitschrift erscheint wöchentlich einen Bogen stark mit den nöthigen artistischen Beigaben. Der **Pränumerationspreis** ist jährlich loco Wien 8 fl. ö. W. oder 5 Thlr. 10 Ngr. **Mit franco Postversendung** 8 fl. 80 kr. ö. W. Die Jahresabonnenten erhalten einen officiellen Bericht über die **Erfahrungen im berg- und hüttenmännischen Maschinen-, Bau- und Aufbereitungswesen** sammt Atlas als Gratisbeilage. Inserate finden gegen 8 kr. ö. W. oder $1^{1}/_{2}$ Ngr. die gespaltene Nonpareillezeile Aufnahme. Zuschriften jeder Art können nur franco angenommen werden.

Druck von Carl Fromme in Wien. Für den Verlag verantwortlich Carl Reger.

№ 45. XVII. Jahrgang.

Oesterreichische Zeitschrift für Berg- und Hüttenwesen.

1869. 8. November.

Verantwortlicher Redacteur: Dr. Otto Freiherr von Hingenau, k. k. Ministerialrath im Finanzministerium.

Verlag der G. J. Manz'schen Buchhandlung (Kohlmarkt 7) in Wien.

Der Bergwerksbetrieb in der k. und k. österr.-ungarischen Monarchie i. J. 1867.

Nach den amtlichen Veröffentlichungen bearbeitet vom Redacteur.

I.

Unter obigem Titel ist der nach den Verwaltungsberichten der Berghauptmannschaften und anderen officiellen Mittheilungen gearbeitete statistische Jahresausweis in den „Mittheilungen der k. k. statistischen Centralcommission" vor Kurzem als besonderes Heft erschienen.

Die sehr löbliche Absicht, diesen Bericht (wie es in den letzten Jahren auch eingehalten wurde) noch in dem nächst auf das Gegenstandsjahr folgenden Jahre erscheinen zu lassen, wurde leider durch einen einzigen rückständigen Verwaltungsbericht aufgehalten, nämlich den der k. ungarischen Berghauptmannschaft zu Neusohl; das ganze übrige Material, einschlüssig der andern ungarischen Berghauptmannschaftsdistricte, war noch vor Ende 1868 zur Veröffentlichung bereit. Die noch fehlenden Nachweisungen der Berghauptmannschaft Neusohl langten erst am 19. Mai 1869 ein, daher die Drucklegung erst mit Juli 1869 beginnen konnte.

Wir bedauern diese Verzögerung lebhaft, an welcher wie man aus obigen dem „Vorworte" entnommenen Daten ersieht, keineswegs der staatliche Dualismus Schuld trägt, denn das Materiale aus den anderen ungarisch-siebenbürgischen Districten (Ofen, Kaschau, Nagybánya, Zalathna Agram) war rechtzeitig mit anerkennenswerther Freundlichkeit zur Verfügung gestellt worden!

Wir erlauben uns, aus dieser statistischen Veröffentlichung vorerst einige der allgemeinen Daten hier mitzutheilen und später einige Details folgen zu lassen.

Die Zahl der Freischürfe in der ganzen österr.-ungarischen Monarchie betrug im Jahre 1867 in Summa 7967
von welchen 6549 auf Rechnung von Privaten und nur 122 auf Rechnung des Staates angemeldet wurden. Gegen das Vorjahr (1866) ist eine Zunahme um 1287 Freischürfe zu bemerken, welche gänzlich auf die Privatthätigkeit entfällt. Die Freischürfe des Staates, die 1866 mit 131 verzeichnet waren, haben sich also um 9 vermindert.

Von der obigen Summe entfallen: Auf Ungarn mit Siebenbürgen und Civil-Croatien und Slavonien 1479
Auf die Alpenländer (Oesterreich ob und unter der Enns, Steiermark, Kärnten, Krain, Küstenland, Tirol, Salzburg) . . . 1043
Auf Böhmen allein 3812
Auf Mähren und Schlesien . . 917
Auf Galizien und Bukowina . . 418
Auf die Militärgränze 298
Dalmatien hat keinen Freischurf verzeichnet.

In gleicher Weise nach Gruppen*) zusammengefasst stellt sich das im Jahre 1867 constatirte Areale der verliehenen Gruben- und Tagmassen (lediglich nach Oberflächenausmass) in folgender Art:

	□Klafter Grubenmassen	□Klafter Tagmassen
Ungarn (mit Siebenbürgen, Civil-Croatien und Slavonien) u. z. Aerar:	15,310779	480818
Privat:	45,870726	2,496510
In Summa also	61,181505	2,977328

somit der ganze an Bergbauberechtigungen verliehene Raum, Gruben- und Tagmassen zus. 64,158833 □Klafter von denen der Staatsbergbau nur 15,791597 □° umfasst.

Böhmen allein hatte i. J. 1867 ein für Bergbaubetrieb verliehenes Areale, und zwar:

	Grubenmassen	Tagmassen
das Aerar:	7,161211	2289
die Privaten:	162,950604	166928
In Summa also	170,111815	169217

Die Gesammtarea der Bergbau-Verleihungen also 170,281032 □Klafter.

*) Wir gruppiren hier etwas anders als die officiellen Mittheilungen, und verweisen, was die Einzelansätze betrifft, auf diese selbst. Die Redaction.

	□ Klafter Grubenmassen	□ Klafter Tagmassen
In Mähren und Schlesien, welches gar keinen ärarischen Bergbau hat, umfasst lediglich der Privatbergbau	32,556947	140
zusammen also eine Fläche von:	32,557087 □Klafter.	

Nimmt man diese 3 Länder des sudetisch-hercynischen Gebirgssystems zusammen (wobei jedoch eine kleine Unrichtigkeit dadurch entsteht, dass ein Theil der schlesischen Gruben schon dem karpathischen Systeme angehört), so entfällt im Ganzen auf Böhmen, Mähren und Schlesien eine Gesammtarea von 202,838119 □Klafter, unter und auf welcher Bergbau betrieben wird.

Galizien mit der Bukowina betrieb im Jahre 1867 Bergbau auf und unter einem Areale v. zusammengenommen 47,090867 □Klafter, wovon auf das Aerar 25,443898 □° Grubenmassen 155864 □° Tagmassen auf die Privaten 20,181858 □° Grubenmassen 1,309277 □° Tagmassen entfallen.

Die Militärgrenze baute auf einer Gesammt-Area von 6,889578 □Klafter, wovon 213248 ärarische und 4,720882 privatgewerkschaftliche Grubenmassen dann 1,955448 Tagmassen, letztere ausschliesslich privatgewerkschaftlich

Die Alpenländer (Ober- und Nieder-Oesterreich, Steiermark, Kärnten, Krain, Küstenland, Tirol, Salzburg und Dalmatien) finden sich in den Tabellen aufgeführt mit nachstehendem Complex vor:

	Grubenmassen	Tagmassen
das Aerar	5,516773	287280
die Privaten	60,313614	7,957812
Im Ganzen also mit	74,075479 □Klafter.	

Es verhalten sich also in Bezug auf das Ausmass des verliehenen Bergwerkseigenthums die aufgeführten Gruppen in nachstehender Reihenfolge:

Böhmen	170,281032 □Klafter
Alpenländer	74,075479 „
Ungarn	64,158883 „
Galizien-Bukowina	47,090867 „
Mähren-Schlesien	32,557087 „
Militärgrenze	6,889578 „

Wir werden später darstellen, in welchem Verhältnisse diese räumliche Ausbreitung des Bergbaues zu der damit beschäftigten Arbeiterzahl und zu der Werthproduction steht, und können jetzt schon vorausschicken, dass sich die Reihenfolge dann anders stellen wird, nämlich Ungarn, Böhmen, Alpenländer, Mähren-Schlesien, Galizien-Bukowina und Militärgrenze. Nimmt man aber Böhmen, Mähren und Schlesien in eine Gruppe zusammen, so kommt diese Gruppe auch nach dem Productionswerthe an die Spitze der Reihe zu stehen. Wir werden den Vergleich später genau durchführen.

Im Vergleich mit dem Jahre 1866 hat der Bergwerksbesitz der Privaten um 6,272717 □° zugenommen, der des Aerars um 761778 □° abgenommen (durch Verkäufe und Auflassungen), im Ganzen also stellt sich eine räumliche Zunahme um 5,510959 □° verliehener Fläche heraus. Wie sich der Besitz nach Minerallagerstätten vertheilt, davon in nächster Nummer. O. H.

Ueber die Verhüttung der silberhältigen Bleierze zu Freiberg und am Oberharze.

(Reisenotizen aus dem Jahre 1868.)

Von Carl A. M. Balling.

Auf den Hütten zu Freiberg wird aus den dort zur Anlieferung gelangenden Erzen ausser Blei und Silber noch Kupfer, Zink, weisses und rothes Arsenglas und Schwefelsäure in grösseren Mengen, in geringerer Menge Gold, Wismut, Kobalt und Nikel gewonnen.

Die Erze werden in dürre, bleiische und Glanze eingetheilt; erstere sind solche, deren Bleigehalt 15 Procente nicht übersteigt, die bleiischen enthalten zwischen 15 und 30 und die Glanze über 30 Procente Blei im Centner. Solche Erze, welche verhältnissmässig wenig Blei enthalten, werden zuerst an die Schwefelsäurefabrik und Arsenhütte abgeliefert und gelangen von da erst zum grossen Theil entschwefelt, beziehungsweise entarsenikt, zur Bleihütte.

So werden z. B. kiesige Erze mit 7—8 Pfundtheilen Silber und Zinkerze mit 30 Procent Zink (der niedrigste Gehalt der Blenden, der zu Freiberg vergütet wird), zuerst in die Schwefelsäurefabrik zur Abröstung abgeliefert, Arsenerze (arsenhaltige Bleierze) von 10 Procent Arsengehalt an gelangen zuerst zur Arsenhütte, die Abbrände von der Arsenröstung zur Schwefelsäurefabrik und erst von da zur Bleihütte.

Die Vergütung eines jeden Metalls in den Erzen erfolgt erst bei einem gewissen Halte derselben an diesen Metallen und werden geringere Metallhälte, als die vorgeschriebenen, nicht vergütet. Da die Einlösungstaxe in Freiberg wesentlich verschieden von der in Příbram bestehenden ist, so werden hier zur Vergleichung die Tarife der Freiberger Hütten für Silber und Blei, dem „Regulativ für den Einkauf sächsischer Erze bei den Werken der königlichen Generalschmelz-Administration von Quartal Crucis 1868 an" Freiberg, 1868 entnommen, in dem Nachstehenden mitgetheilt. In Freiberg wird der Centner Silber in 100 Pfunde und das Pfund in 100 Pfundtheile eingetheilt, so dass ein Pfundtheil 0.0001 Procent eines Centners oder 0.01 Münzpfund des österreichischen Gewichtes beträgt.

I. a. Tarif für die Bezahlung des Silbers in Dürrerzen, Kupfer-, Zink- und Arsenerzen.

Silbergehalt eines Centners Erz	Bezahlung für ein Pfundtheil Silber		ein Pfund Silber			einen Centner Erz		
Pfundtheile	Ng.	Pf.	Th.	Ng.	Pf.	Thlr.	Ng.	Pf.
1	1	2	4	—	—	—	1	2
1,5	1	7,5	5	25	—	—	2	6,25
2	2	2,5	7	15	—	—	4	5
2,5	2	6,5	8	25	—	—	6	6,25
3	3	—	10	—	—	—	9	—
3,5	3	3	11	—	—	—	11	5,6
4	3	6	12	—	-	—	14	4
4,5	3	8	12	20	—	—	17	1
5	4	—	13	10	—	—	20	—
5,5	4	2	14	—	—	—	23	1
6	4	3,5	14	15	—	—	26	1
6,5	4	5	15	—	—	—	29	2,5
7	4	6,5	15	15	—	1	2	5,5
7,5	4	7,7	15	27	—	1	5	7,75
8	4	8,9	16	9	—	1	9	1,2
8,5	5	—	16	20	—	1	12	5
9	5	1	17	—	—	1	15	9
9,5	5	2	17	1	—	1	19	4
10	5	3	17	20	—	1	23	—
10,5	5	4	18	-	—	1	26	7
11	5	5	18	10	—	2	—	5
11,5	5	5,9	18	19	—	2	4	2,85
12	5	6,7	18	27	—	2	8	0,4
12,5	5	7,5	19	5	—	2	11	8,75
13	5	8,2	19	12	—	2	15	6,6
13,5	5	8,9	19	19	—	2	19	5,15
14	5	9,6	19	26	—	2	23	4,4
14,5	6	0,3	20	3	—	2	27	4,35
15	6	0,9	20	9	—	3	1	3,5
16	6	2,1	20	21	—	3	9	3,6
17	6	3,2	21	2	—	3	17	4,4
18	6	4,3	21	13	—	3	25	7,4
19	6	5,4	21	24	-	4	4	2,6
20	6	6,4	22	4	—	4	12	8
21	6	7,4	22	14	—	4	21	5,4
22	6	8	22	20	—	4	29	6
23	6	8,6	22	26	—	5	7	7,6
24	6	9,2	23	2	—	5	16	0,8
25	6	9,7	23	7	—	5	24	2,5
30	7	,1	23	21	—	7	3	3
35	7	2,3	24	3	—	8	13	0,5
40	7	3,2	24	12	—	9	22	8
45	7	3,9	24	19	—	11	2	5,5
50	7	4,5	24	25	—	12	12	5
60	7	5,5	25	5	—	15	3	—
70	7	6,2	25	12	—	17	23	4
80	7	6,9	25	19	—	20	15	2
90	7	7,5	25	25	—	23	7	5
100	7	8	26	—	—	26	—	—
110	7	8,3	26	3	—	28	21	3
120	7	8,6	26	6	—	31	13	2
130	7	8,9	26	9	—	34	5	7
140	7	9,1	26	11	—	36	27	4
150	7	9,3	26	13	—	39	19	5
160	7	9,5	26	15	—	42	12	—
170	7	9,7	26	17	—	45	4	9
180	7	9,8	26	18	—	47	26	4
190	7	9,9	26	19	—	50	[illegible]	1
200	8	—	26	20	—	53	10	—
500	8	0,7	26	27	—	134	15	—
1000	8	1,3	27	3	-	271	—	—
2000	8	2,4	27	14	—	549	10	—
3000	8	3,4	27	24	—	834	—	—
4000 und darüber.	8	4	28	—	—	1120	—	—

Zusatz 1.

Bezahlbar bei nur wenigstens 4 Pf.
" " " 3 "
" " " 2 "
" " " 1 "
Kupfergehalt oder bei einem nach den folgenden Tarifen bezahlbaren Gehalt an Blei, Zink, Schwefel oder Arsen.

Zusatz 2.

Für Erze, welche neben 4,5 bis 24,5 Pfundtheilen Silber gleichzeitig einen nach den Tarifen II und V bezahlbaren Blei- oder Schwefelgehalt haben, tritt die höhere Bezahlung nach Tarif I. b. ein.

Zusatz 3.

Blendige Erze, in welchen der Silbergehalt 10 Pfundtheile nicht übersteigt, erleiden bei einem Zinkgehalte von 13 bis 29 Procent in Rücksicht auf die Schwierigkeiten und Kosten bei der Verarbeitung eine Abminderung an der tarifmässigen Bezahlung von 15 Procent.

I. b. Tarif für die Bezahlung des Silbers in Erzen, welche nach Tarif II eine Bezahlung für Blei oder nach Tarif V eine Bezahlung für Schwefel erhalten.

Silbergehalt eines Centners Erz	Bezahlung für ein Pfundtheil Silber		ein Pfund Silber			einen Centner Erz		
Pfundtheile	Ng.	Pf.	Th.	Ng.	Pf.	Thlr.	Ng.	Pf.
4,5	3	9	13	—	—	—	17	5,5
5	4	2	14	—	—	—	21	—
5,5	4	4,1	14	21	—	—	24	2,55
6	4	6,2	15	12	—	—	27	7,2
6,5	4	7,6	15	26	—	1	—	9,4
7	4	9	16	10	—	1	4	3
7,5	5	0,4	16	24	—	1	7	8
8	5	1,7	17	7	—	1	11	3,6
8,5	5	2,8	17	18	—	1	14	8,8
9	5	3,0	17	29	—	1	18	5,1
9,5	5	5	18	10	—	1	22	2,5
10	5	6	18	20	—	1	26	—
10,5	5	6,6	18	28	—	1	29	6,4
11	5	7,6	19	6	—	2	3	3,6
11,5	5	8,3	19	13	—	2	7	0,45
12	5	9	19	20	-	2	10	8
12,5	5	9,7	19	27	—	2	14	6,25
13	6	0,4	20	4	—	2	18	5,2
13,5	6	1,1	20	11	—	2	22	4,85
14	6	1,8	20	18	—	2	26	5,2
14,5	6	2,4	20	24	—	3	—	4,8
15	6	3	21	—	—	3	4	5
16	6	4	21	10	—	3	12	4
17	6	5	21	20	—	3	20	5
18	6	6	22	—	—	3	28	8
19	6	6,7	22	7	—	4	6	7,3
20	6	7,4	22	14	—	4	14	8
21	6	8	22	20	—	4	22	8
22	6	8,5	22	25	—	5	—	7
23	6	9	23	—	—	5	8	7
24	6	9,5	23	5	—	5	16	8

Zusatz 1.

Für die übrigen Gehaltsstufen gelten die Bezahlungssätze von I. a.

Zusatz 2.

Die in Tarif I. a. Zusatz 3 angegebene Abminderung an der tarifmässigen Bezahlung findet auf silberhältige Bleierze von blendiger Beschaffenheit auch Anwendung.

II. Tarif für die Bezahlung des Bleies in Erzen.

Bleigehalt eines Centners Erz	Bezahlung für ein Pfundtheil Blei		einen Centner Blei			einen Centner Erz		
Pfunde	Ng.	Pf.	Th.	Ng.	Pf.	Thlr.	Ng.	Pf.
15	—	2,5	-	25	—	—	3	7,5
20	—	4,5	1	15	—	—	9	—
25	—	6,5	2	5	-	—	16	2,5
30	—	8,5	2	25	—	—	25	5
35	—	9,3	3	3	—	1	2	5,5
40	—	9,9	3	9	—	1	9	6
45	1	0,3	3	13	—	1	16	3,5
50	1	0,7	3	17	—	1	23	5
55	1	1	3	20	—	2	—	5
60	1	1,3	3	23	—	2	7	8
65	1	1,6	3	26	—	2	15	4
70	1	1,9	3	29	—	2	23	3
75	1	2,1	4	1	—	3	—	7,5
80	1	2,3	4	3	-	3	8	4
80 und darüber	1	2,5	4	5	—	3	16	2,5

Zusatz 1.

15 Pfd. Blei sind nur bei einem gleichzeitigen Gehalte von wenigstens 1 Pfundtheil Silber oder 1 Pfund Kupfer oder 20 Procent Schwefel oder 10 Procent Arsen pr. Centner bezahlbar.

Zusatz 2.

Die im Tarif I. a. angegebene Abminderung an der tarifmässigen Bezahlung findet eventuell auch auf blendige Erze Anwendung.

Zu diesen Tarifen wird im §. 23 des citirten Regulativs bemerkt: „Die Bezahlungssätze der Taxen beziehen sich beim Blei auf einen Normalpreis von 5 Thalern pr. Centner des in den Bleiproducten verkauften Bleies. Beträgt der wirkliche Erlös, welcher bei dem Verkauf von Blei in Bleiproducten von den Schmelzhütten im Laufe eines Jahres nach Abzug der erwachsenen Handelskosten erlangt worden, mehr oder weniger, als der Erlös für das verkaufte Bleiquantum nach dem angegebenen Normalpreise, so wird den betreffenden Gruben im ersten Falle die Hälfte der ausgefallenen Summe des Gewinnes nach Massgabe der von ihnen in dem betreffenden Jahre angelieferten Bleimenge als eine

Blei-Lieferungs-Prämie

gewährt, im zweiten Falle aber die Hälfte des ausgefallenen Verlustes nach demselben Verhältnisse als eine

Blei-Bezahlungs-Restitution

durch Abzug von den Beträgen der Erzlieferungen zur Last gebracht. Uebrigens bleibt es der Generalschmelz-Administration unbenommen, nach vorhergegangener Bekanntmachung einen höheren oder niedrigeren Preis als die vorangegebenen Normalpreise für die der veränderten Bezahlung unterworfenen Metalle als Massstab für den Einkaufspreis im Voraus festzustellen; nur muss am Ende eines jeden Jahres die Abrechnung und Ausgleichung in der beregten Weise bewirkt werden."

In Příbram werden die Erze ohne jeden Unterschied nach folgender Taxe eingelöst:

1. Silber.

Gefälle von	Gefälle bis	erhalten bare Vergütung für das Münzpfund Silber
Münzpfund		
0·017	0·025	5 Gulden
0·026	0·034	6 „
0·035	0·069	15 „
0·070	0·104	21 „
0·105	0·209	25 „
0·210	0·314	30 „
0·315	0·455	35 „
0·456	0·559	36 „
0·560	u. darüber	37 „ 50 Kreuzer

2 Blei.

Gefälle von	Gefälle bis	erhalten bare Vergütung für ein Pfund Blei
Pfunde		
5	15¾	5·25 Kreuzer
16	30¾	7·00 „
31	45¾	7·87 „
46	u. darüber	8·75 „

Die Hütten zu Freiberg verarbeiten jährlich an 500.000 Centner Erze; dieselben kommen theils von fiskalischen, theils von den gewerkschaftlichen Gruben und nur ein verhältnissmässig geringer Theil ausländischer Erze wird angekauft. Die fremden Erze werden aus Amerika über Hamburg eingeführt und halten mehrere Procente Silber.

Die Erzanlieferung in den Jahren 1866 und 1867 zeigte folgenden Durchschnittsgehalt:

	1866	1867
Pfundtheile Silber.	10·459	10·235
Pfunde Blei.	13·872	17·823
„ Kupfer.	0·435	0·325

Im Jahre 1867 wurden auf Muldener Hütte 303661·6012 Centner Erze und Zwischenproducte verarbeitet; hievon waren 281316·1934 Centner regalische und das Metallvorlaufen bestand den vorher angegebenen Metallhälten zufolge aus:

39270·410 Pfund Silber,
68370·043 Centner Blei und
1249·568 „ Kupfer; sodann aus
97·1700 Pfund Gold
553·53 „ Kobalt und Nikel und
440·38 „ Wismut.

Im Durchschnitt wurde ein Centner Erz mit 2 Thaler 23 Groschen und 3·4 Pfennigen bezahlt*) und es kostete im Einkauf:

1 Pfund Gold	423 Thlr.	20 Gr.	7·6 Pf.
1 „ Silber	19 „	22 „	5·3 „
1 Centner Blei	3 „	10 „	0·8 „
1 „ Kupfer . . .	14 „	11 „	0·5 „
1 „ Nikel und Kobalt	20 „	— „	— „
1 „ Wismut. . .	323 „	7 „	8·5 „
1 „ Schwefel . .	— „	13 „	9·7 „

Die einzelnen Erzgattungen werden auf einen durchschnittlichen Halt von 30 Pfund Blei und 15 Pfundtheile Silber gattirt und in 2- und 3theiligen, doppelsöhligen Fortschaufelungsöfen und in gewöhnlichen Doppelröstöfen bis auf einen Gehalt von etwa 2 Procent Schwefel abgeröstet. Der Rost ist, bevor er gezogen wird, vollkommen geschmolzen; er wird in viereckige flache, unten schmäler zulaufende Blechgefässe gezogen, darin erstarren gelassen und der erstarrte Kuchen sodann ausgestürzt und zerschlagen.

Die 2theiligen Fortschaufelungsöfen sind mit 6 Posten, die 3theiligen mit 8 Posten à 10 Centner besetzt; jede zweite Stunde wird gezogen und eine nächste Post nachchargirt, so dass in 24 Stunden 120 Centner Erz abgeröstet werden, wozu an 28 Centner mittlerer Steinkohle nöthig sind. Der Fortschaufelungsofen wird von 4, beziehentlich 5 Mann bedient und steht mit einem ausgebreiteten Condensations-Kammersystem in Verbindung; der Flugstaub aus den Röstöfen wird an die Arsenhütte abgeliefert, dort durch Wiederröstung die arsenige Säure gewonnen und die hiebei verbleibenden Rückstände werden wieder bei der Bleiarbeit zugesetzt. Im Jahre 1867 wurden 19863 Centner Flugstaub gewonnen, welcher enthielt:

184·4 Pfund. Silber
1667·9 Centner Blei und
6907·15 „ arsenige Säure.

Die Röstkosten pr. 1 Centner Erz belaufen sich auf 23 Pfennige.

Zu Halsbrüker Hütte wurde versuchsweise ein einsöhliger, sehr langer Fortschaufelungsofen aufgestellt, der 5 Ellen in der Breite und 48 Ellen**) in der Länge hat;

*) 4 fl. 17 kr. österr. Währ. in Silber.
**) Nach österreichischem Masse 8·95 Fuss breit und 85·96 Fuss lang.

die hierin vorgenommenen Versuche waren jedoch im September 1868 noch nicht abgeschlossen.

Die Verschmelzung der Erze geschieht mit Coaks, welche 22 Procent Asche enthalten und aus dem Plauen'schen Grunde bei Dresden bezogen werden; man schmilzt bei völlig kalter Gicht mit Wasserformen bei 9 Linien bis 1 Zoll Quecksilbersäule Pressung und ohne Nase. Als Schmelzapparate dienen Mellner'sche Oefen mit Schachtscheider und 2 Formen, dann 4förmige und 7förmige (Stollberger) Oefen ohne Schachtscheider; es arbeiten jedoch diese 3 Arten von Oefen wesentlich verschieden in Rücksicht des Durchsetzquantums pr. Zeiteinheit und des Brennstoffaufwandes. Es verschmilzt nämlich ein Mellner'scher Ofen pr. Tag 81 Centner Gesammtbeschickung mit 31·2 Centner Coaks auf 100 Centner, ein 4förmiger Ofen verschmilzt 231 Centner mit 24·7 Centner Coaks und ein 7förmiger Ofen 315 Centner Gesammtbeschickung mit 23·5 Centner Coaks auf 100 Centner oder es werden gebraucht auf 100 Centner Erz:

in einem Mellner'schen Ofen 4·7 Centner Coaks
„ „ 4förmigen „ 36·5 „ „
„ „ 7förmigen „ 36·0 „ „

Die neuen runden, geschlossenen Oefen*), wovon auf Muldener Hütte 3 im Bau begriffen waren, auf Halsbrüker Hütte einer zugestellt wurde und einer im Betriebe stand, arbeiten aber in ökonomischer Hinsicht am besten; sie verschmelzen täglich 23·7 Centner Erzbeschickung mehr, als die siebenförmigen Oefen, der Coaksaufwand vermindert sich um 10·35 Centner und man erhält mehr absetzbare Schlaken.

Zur Bleiarbeit wurde im Jahre 1867 auf Muldener Hütte vorgelaufen:

225488·076 Centner Erz, wovon
60560·627 „ Dürr- und Kupfererze und
164927·400 „ Beierze; hiezu kamen
96414·200 „ eisenhältige Zuschläge, dann
4909·800 „ Roth- und Magneteisenstein und
6991·400 „ Abbrände von d. Rothglasfabrikation.

Die Erzbeschickung bestand aus:

60·645 Procent bleiischen Erzen
18·114 „ Dürrerzen
1·703 „ Kupfererzen
7·759 „ ausländischen Erzen
11·514 „ erkauften Zwischenproducten und
0·265 „ Zuschlagserz.

Dieselbe enthielt durchschnittlich:

24·254 Pfundtheile Silber
29·088 Pfund Blei und
0·156 „ Kupfer.

Hievon kamen 99·741 Procent zur Erzarbeit und 0·259 Procent zur Steinarbeit. Auf 100 Centner Erzbeschickung wurde zugeschlagen:

2·165 Centner Stein von anderen Arbeiten
32·893 „ Rohstein
0·067 „ Kalk
2·024 „ Kalkstein

*) Eine nähere Beschreibung dieses Ofens findet sich im „Berggeist" Nr. 26 vom Jahre 1869.

0·160 Centner Flussspath
0·199 „ Schwerspath
4·604 „ Essengekrätz und andere Schlake
und 1·834 „ Magneteisenstein.

Der Gesammtaufwand an Brennstoff und Arbeitslohn pr. 100 Centner Gesammtbeschickung beträgt 7 Groschen 5 Pfennige.

Aus 100 Centner Erzbeschickung, Flugstaub etc. wurde ausgebracht:

33,269	Procente	Werkblei mit 52·576 Pfundtheilen Silber	ein Centner
1·624	„	Bleistein mit 20 Pfundtheilen Silber, 25 Pfund Blei und 6 „ Kupfer,	
3·411	„	Kupferstein mit 16·166 Pfundtheilen Silber 15·059 Pfund Blei und 42·643 Pf. Kupfer	
0·070	„	Speise mit 5·483 Pfundth. Silber 20·000 Pfund Kupfer und 15·483 Pf. Kobalt u. Nikel	

Von den hiebei gefallenen Schlaken wurden 39·9 Procent abgesetzt und 10·5 Procente im Schachtofen und 49·5 Procente im Flammofen auf Bleistein zu Gute gebracht.

Die absetzbaren Schlaken dürfen nicht über 2 Pf. Blei im Centner enthalten; die unabsetzbaren Schlaken enthielten im Durchschnitt:

1·633 Pfundtheile Silber
3·279 Pfund Blei und
0·675 „ Kupfer.

Der Durchschnittsgehalt der von den mehrförmigen Oefen gefallenen Schlaken zeigt sich im Allgemeinen grösser, als der jener Schlaken, welche von den Oefen mit wenigeren Formen fallen.

Die runden Oefen zu Halsbrüke sind 20 Fuss hoch, über den Tiegel zugestellt, unten 5 oben $5^1/_2$ Fuss weit und achtförmig, die auf den Harzer Hütten ebenso hoch, unten 3 oben 4 Fuss weit und nur vierförmig. Die Schlake wird vorn abgelassen, der Stich liegt rückwärts, die Oefen stehen frei und halten Campagnen bis 4 Monate aus.

Aus den zu Muldener Hütte 1867 vorgelaufenen Erzen wurde ausgebracht:

123·438 Pfund Gold
39449·554 „ Silber
57901·210 Centner Blei
2306·288 „ Kupfer
20·94 „ Kobalt und Nikel
11·2206 „ Wismut und
4141·2 „ arsenige Säure.

Der Aufwand an Brennstoff, Zuschlagsmaterialien, Betriebslöhnen, Bau- und Unterhaltungskosten etc. per Centner Erz, Zuschlag und Gekrätz beläuft sich zu Freiberg auf 19 Groschen 6·5 Pfennige.

(Schluss folgt.)

Ueber die chemische Zusammensetzung des Chromeisensteines.*)

Von J. Clouet, Fabrikant von chromsaurem Kali in Havre.

Die als Chromeisenstein (Chromeisen, chromsaures Eisen, Eisenchromit) bekannten und in der Technik zur Darstellung der verschiedenen Chromsäuresalze und ihrer Abkömmlinge in so grossen Mengen verwendeten Mineralien kommen in fast allen grösseren Ländergebieten vor. Auf allen ihren Lagerstätten gehören sie sämmtlich derselben Formation an; sie erscheinen auf Stöcken, Nestern und Nieren, in Trümmern und Adern und in mehr oder weniger grossen Massen eingewachsen und mehr oder weniger fein eingesprengt im Muttergestein, , niemals auf Gängen und Lagern, und zwar eigenthümlicherweise fast stets an Serpentin und die denselben begleitenden Talk- und Chloritschiefer gebunden, welche immer zahlreiche Thonerde-Doppelsilicate einschliessen, wie Feldpathe, Steatit, Granat, Talk, Amianth, Asbest etc.; auch besteht das Muttergestein, wie bemerkt, constant und ausschliesslich aus denselben Hauptbestandtheilen, wie diese Mineralien, aus Kieselsäure, Thonerde und Magnesia. Diese drei Körper sind dem Chromeisenstein beständig beigemengt in Verhältnissen, welche auf den verschiedenen Lagerstätten und, dem mehr oder minder sorgfältigen Ausbalten der Erze auf der Grube entsprechend, verschieden sind.

Das Muttergestein (die Bergart der Erze) ist meistens weisslich oder grau oder verschiedenartig gefärbt, grün, roth, pfirsichblüthroth, violett, bläulich durch etwas Chromoxyd, oder gelb, roth oder braun durch Eisenoxyd.

An manchen Stellen kommt der Chromeisenstein auf secundären Lagerstätten vor, in losen Körnern und kleinen Geschieben und als mehr oder weniger feiner Sand (Chromeisensand).

An anderen Fundstätten bildet das Muttergestein eine die metallischen Theilchen trennende Schicht von verschiedener Mächtigkeit (die indischen und russischen Erze) oder einen Teig, eine Grundmasse, in welcher der Chromeisenstein eingesprengt ist (Erze aus Kleinasien und Australien).

Alle bisher analysirten Chromeisenstein-Varietäten haben eine bestimmte chemische Zusammensetzung.

Ebenso wie ihre Bergart wesentlich aus Kieselsäure, Thonerde und Magnesia besteht, ist der metallische Autheil der Erze stets eine Verbindung von Eisenoxydul mit Chromoxyd, jedoch nicht immer nach gleichen Aequivalenten beider Oxyde, sondern nach verschiedenen Verhältnissen derselben, je nach den verschiedenen Localitäten, wo die Lagerstätten auftreten.

Die chemische Zusammensetzung verschiedener Chromeisenstein-Varietäten entspricht, abgesehen von der Bergart, den nachstehenden Formeln:

FeO, Cr_2O_3 . . .	Russland (Gouvernem. Orenburg), Smyrna, Norwegen (Drontheim), Steiermark;
$2\ FeO, Cr_2O_3$ . . .	Ile-à-Vaches, St. Domingo, Nordamerika, Norwegen (Christiania), Ungarn, Frankreich (Var);
$2\ FeO, 3Cr_2O_3$ . .	Russland (Gouvernem. Wjatka);
$4\ FeO, 3Cr_2O_3$ . .	Banat (Alt-Orsowa);
$8\ FeO, 5Cr_2O_3$ . .	Indien;
$6\ FeO, 5Cr_2O_3$ . .	Shetlands-Inseln, Kalifornien;
$3\ FeO, 2Cr_2O_3$ . .	Australien.

Die verschiedenen Chromeisenstein-Varietäten lassen sich als wirkliche chemische Verbindungen betrachten, welche den Eisen- und Manganoxyden entsprechen, in denen das Metall durch Eisenoxydul und der Sauerstoff durch Chromoxyd ersetzt ist.

Nachdem ich mehrere tausend Kilogramme Chromerz von Ile-à-Vaches erhalten hatte, gelang es mir, aus diesen grösstentheils abgerundeten, aber sehr deutlich krystallinische Form zeigenden Körnern einige hundert Kilogr. vollständiger Oktaeder von glänzendem Schwarz auszusondern. Die Analyse ergab nachstehende Zusammensetzung derselben:

Chromoxyd	51·53
Eisenoxyd 53·85, Eisenoxydul . . .	48·46
	99·99

Sie bildeten demnach ein ganz bestimmtes Eisenchromit (Protochromit): $2\ FeO, Cr_2O_3$.

Diese Analysen führten zu den im Nachstehenden mitgetheilten Untersuchungen. Ich verwandte die Körner zur Analyse, wie ich sie aus dem Muttergesteine herausgeklaubt hatte, und fand stets das Verhältniss zwischen der Menge des Eisenoxyduls und derjenigen des Chromoxyds = 1 : 1.

Indem ich nach und nach Chromeisenstein von verschiedenen Fundorten analysirte und es mir dabei angelegen sein liess, Proben von sehr verschiedenem Ansehen und sehr abweichendem Metallgehalte zu nehmen, ergab sich mir für das Erz von einem und demselben Fundorte stets ein constantes Verhältniss zwischen den beiden Oxyden.

Verfahren zur Analyse des Chromeisensteines.

Der natürliche Chromeisenstein (auch der auf künstlichem Wege dargestellte, nach dem Weissglühen) wird von Säuren, selbst von concentrirten und beim Erhitzen zum Kochen nicht angegriffen. Ebenso verhält sich das Muttergestein (Thonerde und Magnesia-Silicat). Er muss daher für die Analyse mittelst kohlensauren Alkalis aufgeschlossen werden, wodurch das Chromoxyd vom Eisenoxydul getrennt wird, indem sich ein lösliches Chromsäuresalz bildet, während gleichzeitig das Silicat durch Säuren zersetzbar wird.

Man mengt zu diesem Zwecke 5 bis 10 Grm. der sehr fein gepulverten und dann bis zur Gewichtsconstanz getrokneten Probe mit der fünf- bis sechsfachen Gewichtsmenge von reinem, geschmolzenem und gepulvertem kohlensauren Natron, und erhitzt das innige Gemenge im Platintiegel fünf bis sechs Stunden lang zum Hellrothglühen. Der Tiegel darf nicht hermetisch verschlossen werden, damit die Luft während des Glühens zutreten kann.

Nach dem Erkalten wird der Tiegel nebst seinem Deckel in einer Porzellanschale mit warmem destillirtem Wasser übergossen und dieses zum gelinden Sieden er-

*) Nach den „Neuesten Erfindungen" Nr. 32—33 d. J. In Oesterreich-Ungarn sind die Chromeisensteine sowohl in Steiermark (Gulsen bei Kronbach) als in der Banater Militärgrenze (unweit Orsova) vorhanden, daher der Gegenstand für uns näheres praktisches Interesse hat. O. H.

hitzt, bis die gelb, grün oder braun gefärbte Schmelze von den Tiegelwandungen sich losgelöst hat und vollständig in Lösung gegangen ist; darauf spült man den Tiegel und seinen Deckel sorgfältig ab und stellt ihn bei Seite, um später eine geringe Menge Eisenoxyd, welche gewöhnlich daran haften bleibt, mittelst Salzsäure zu beseitigen. War bei sehr hoher Temperatur und lange erhitzt worden, so ist nicht allein das Chromoxyd in Chromsäure und das Eisenoxydul in Eisenoxyd umgewandelt, sondern beide sind noch überoxydirt worden und es haben sich blaues überchromsaures Natron und rothes eisensaures Natron gebildet, so dass die Schmelze nicht, wie man erwarten musste, gelb erscheint, sondern eine braungrüne Farbe zeigt. Behandelt man sie dann mit Wasser, so wird das eisensaure Natron durch das überschüssige Alkali ohne Veränderung in Form von schwarzen Flocken niedergeschlagen. Verdünnt man die Lösung mit Wasser und erhitzt sie zum Kochen, so entweicht Sauerstoff, während das überchromsaure und eisensaure Natron sich reduciren; das entstandene Eisenoxyd erscheint dann mit seinem gewöhnlichen Ansehen und die grüne Farbe der Lösung verschwindet.

Man erhält die Flüssigkeit im Sieden, bis sie eine rein gelbe Färbung zeigt; vernachlässigt man diese Vorsicht, so erscheint die später auszufallende Thonerde in Folge einer Beimengung von Eisenoxyd röthlich gefärbt.

Die in der Porzellanschale befindliche Flüssigkeit enthält nun das überschüssige kohlensaure Natron, Natronaluminat und chromsaures Natron in Lösung. Der ungelöst gebliebene Rückstand besteht aus Eisenoxyd, kieselsaurer Magnesia und zuweilen etwas unzersetztem Chromeisenstein.

Man lässt gehörig absetzen, dekantirt dann mit Hilfe einer Pipette und filtrirt, indem man es möglichst vermeidet, etwas von dem Abgesetzten mitzunehmen. Dieser Rückstand wird wiederholt ausgewaschen und dekantirt, bis das Waschwasser ungefärbt erscheint. Die erhaltene Flüssigkeit (A) wird in einem Becherglase bei Seite gestellt.

Man wäscht den Tiegel und das Filter mit Chlorwasserstoffsäure aus, so dass das etwa anhaftende Eisenoxyd und Magnesiasilikat vollständig entfernt werden; giesst diese Waschflüssigkeit in eine Schale, versetzt sie zuerst mit Wasser, dann mit verdünnter Chlorwasserstoffsäure, fügt eine geringe Menge Salpetersäure hinzu und erhitzt nun zum schwachen Sieden. Das Eisenoxyd löst sich sofort, aber in der Flüssigkeit schwimmen graue, glänzende Theilchen von kieselsaurer Magnesia und trüben dieselbe; sie gehen erst nach mehr oder weniger langer Zeit in Lösung, worauf dann die Flüssigkeit ganz klar wird. Ist etwas Chromeisenstein unzersetzt geblieben, so fällt derselbe in Folge seiner grossen Dichtigkeit bald zu Boden und kann an seiner dunkelschwarzen Farbe und seinem Metallglanze leicht erkannt werden; man filtrirt ihn ab, wäscht und trocknet ihn und schmilzt ihn dann nochmals mit kohlensaurem Natron, worauf man die bei dieser zweiten Schmelzung erhaltenen Producte mit denen der ersten vereinigt.

Die klare, mit den verschiedenen Waschwässern vereinigte Flüssigkeit wird im Wasser- oder Sandbade zur vollständigen Trockne verdampft, so dass die Kieselsäure ganz unlöslich wird; der trockene Rückstand wird erst mit Chlorwasserstoffsäure, dann mit Wasser behandelt, filtrirt, ausgewaschen etc.; man erhält so die Kieselsäure; die eisen- und magnesiahaltige Flüssigkeit versetzt man mit überschüssigem Ammoniak, um das Eisenoxyd auszufüllen (das Eisen kann man auch nach der Methode von Margueritte mittelst einer titrirten Chamäleonlösung bestimmen); dann fällt man mit phosphorsaurem Natron die Magnesia.

Hierauf verdünnt man die erste, kohlensaures und chromsaures Natron, sowie Natronaluminat enthaltende Lösung (A) stark mit Wasser, und setzt unter Umrühren mit einem Glasstabe vorsichtig Chlorwasserstoffsäure zu. Es scheidet sich Thonerde aus und die Flüssigkeit trübt sich; man fährt mit dem Säurezusatz fort, bis die Flüssigkeit wieder vollkommen klar wird und eine entschieden rothe Färbung annimmt; man übersättigt darauf mit kohlensaurem Ammoniak, erhitzt zum Sieden (um den Ueberschuss des Fällungsmittels, durch welchen ein wenig Thonerde gelöst werden könne, zu beseitigen) und filtrirt. —

Vor dem Filtriren muss man die Flüssigkeit mit kochendem Wasser verdünnen, um das Auswaschen der Thonerde, welche mit grosser Hartnäckigkeit chromsaures Natron zurückhält, zu erleichtern.

Es gelingt am besten und schnellsten den Thonerdeniederschlag vollständig zu entfärben, wenn man denselben, während er noch im Filter suspendirt ist, mittelst einer mit kochendem Wasser gefüllten Pipette umrührt, indessen ist dieses sehr nothwendige Auswaschen in allen Fällen eine sehr viele Zeit beanspruchende Operation.

Das gelb gefärbte Filtrat und die Waschwässer werden in einer Porzellanschale vorsichtig eingedampft; dann setzt man Chlorwasserstoffsäure und Alkohol hinzu, um die Chromsäure zu reduciren, und fällt hierauf das Chromoxyd durch Ammoniak.

(Schluss folgt.)

Notizen.

Neue Bereitungsweise des Chlors. Das Eisenchlorid zerfällt, wenn man es in Vermischung mit Sauerstoff oder Luft durch ein glühendes Rohr leitet, in Eisenoxyd und Chlor. Darauf beruht ein von einem belgischen Chemiker angegebenes Verfahren der Chlorbereitung. Dasselbe besteht darin, dass man 1 Aeq. schwefelsaures Eisenoxyd mit 3 Aequiv. Chlornatrium vermischt und die Mischung in einem Strome trockener Luft erhitzt, wobei sie alles Chlor abgeben soll.

Borax zur Conservirung von Holz. Sigismund Beer in New-York hat gefunden, dass Holz durch Behandlung mit einer siedenden Boraxlösung nicht allein gegen Fäulniss geschützt, sondern auch gegen Feuchtigkeit weniger empfindlich und unverbrennlich gemacht wird. Das Verfahren ist billig und ungefährlich, da die Holzfaser selbst durch den Borax nicht angegriffen wird. Man übergiesst das zu imprägnirende Holz in einem eisernen oder hölzernen Troge mit einer heissen gesättigten Boraxlösung, so dass es vollständig von dieser bedeckt ist, erhitzt die Lösung durch Dampf oder auf andere Weise zum Sieden und unterhält diese Temperatur je nach der Beschaffenheit des Holzes 2—12 Stunden lang; hierauf bringt man das Holz in eine frische concentrirte Boraxlösung und erhitzt es in dieser abermals, aber nur halb so lange Zeit wie das erste Mal, bis zum Sieden der Lösung.

Das Holz wird herausgenommen und getrocknet und ist nun in dem gewünschten haltbaren Zustande, kann auch durch Abbrühen mit kochendem Wasser äusserlich von dem anhaftenden Borax befreit werden. Für manche Zwecke kann man hierbei die Eigenschaft des Borax, Schellak aufzulösen, mit Vortheil benutzen, um das Holz durch Imprägniren mit einer schellakartigen Boraxlösung vollständig wasserdicht zu machen. Das Verfahren lässt sich eben so gut im Kleinen wie im Grossen ausführen.

Einfaches Bronzirungsverfahren. Den Beobachtungen des Herrn Prof. Dr. R. Böttger zufolge ist eine nicht zu verdünnte Wasserglaslösung das geeignetste Bindemittel zur Befestigung aller Arten von Bronzepulver auf Holz, Steingut, Porzellan, Bilderrahmen, Spiegelrahmen etc. Zu dem Ende hat man nur nöthig, den betreffenden Gegenstand mittelst eines zarten Pinsels ganz dünn mit der Wasserglaslösung zu bestreichen und unmittelbar darauf das zarte, in einem mit feiner Gaze überbundenen Glase mit weiter Mündung befindliche Bronzepulver aufzustäuben, den Ueberschuss des Pulvers durch schwaches Klopfen vom Gegenstande zu entfernen und ihn hierauf, falls der bronzirte Gegenstand aus Porzellan oder Steingut besteht, schwach zu erwärmen. Das Broncepulver haftet nach dieser Procedur so fast auf dem betreffenden Gegenstande, dass dieser selbst eine Politur mit einem Achatsteine verträgt. Besonders zur Ausbesserung schadhaft gewordener Bilder und Spiegelrahmen dürfte dieses einfache Verfahren sich empfehlen. (Jahresbericht des fisikalischen Vereins zu Frankfurt a. M. für 1867—1868.)

Die Schiessbaumwolle als Sprengmittel. Ueber eine neue Eigenschaft der Schiessbaumwolle bringen die Chemical News vom 4. December 1868 überraschende Mittheilungen, welche wir Bedenken tragen würden, unseren Lesern vorzuführen, wenn wir sie einer weniger zuverlässigen Quelle entnehmen sollten. Sie bestehen im Wesentlichen in Folgendem: Man hat beobachtet, dass die Schiessbaumwolle, ebenso wie Nitroglycerin mittels eines durch eine Explosion veranlassten plötzlichen Stosses zum Explodiren gebracht werden kann, und dass sie auf solche Weise viel schneller und mithin kräftiger explodirt, als bei einer Entzündung. Durch vor Kurzem angestellte Versuche ist es völlig erwiesen, dass, wenn man sich eines Zünders mit etwas Pulver bedient, Schiessbaumwolle selbst an der offenen Luft mit einer zerstörenden Kraft zum Explodiren gebracht werden kann, welche derjenigen des Nitroglycerins nicht nachsteht. Grosse Blöcke von Granit und anderen sehr harten Gesteinen, sowie dicke Eisenplatten, sind durch Schiessbaumwolle zersprengt worden, welche einfach auf der Oberfläche lag, ein Erfolg, der Allen höchst unerwartet kommen muss, welche, wie es bisher allgemein geschah, annahmen, dass Schiessbaumwolle, ohne eingeschlossen zu sein, gar keine sprengende Wirkung ausüben könne, sondern abbrenne, ohne einen Druck auf ihre Unterlage auszuüben. Ferner wurden lange Stränge von Schiessbaumwolle offen auf den Boden neben starke Pallisaden gelegt und durch Zündhütchen von der Mitte oder von beiden Enden her zum Explodiren gebracht; die Wirkung war in der ganzen Länge dieselbe und so zerstörend, dass selbst unter den günstigsten Umständen die acht- bis zehnfache Menge Pulver nöthig gewesen wäre, um denselben Effect hervorzubringen. In Bergwerken und Steinbrüchen hat die Schiessbaumwolle bei der neuen Behandlung dieselben Wirkungen wie das Nitroglycerin ausgeübt; es hat sich hierbei aber zugleich ergeben, dass, wenn sie auf diese Weise zum Sprengen benutzt werden soll, es gar nicht nöthig ist, die Ladung im Bohrloche zu verkeilen, weil sie vollständig auf ein Mal und so plötzlich verpufft, dass die Wirkung durch die Möglichkeit eines Entweichens aus dem Bohrloche kaum geschwächt wird. So erspart die Anwendung der Schiessbaumwolle nach dem neuen Verfahren beim Sprengen den gefährlichsten Theil dieser Arbeit.

Unsere Quelle stellt die Mittheilung von Untersuchungen über die Sprengmittel im Allgemeinen in Aussicht, zu welchen Herr Abel durch das an der Schiessbaumwolle neu entdeckte Verhalten veranlasst worden ist, und schliesst mit der Nachricht, dass diesem Gegenstande in *Woolwich* und Chatam grosse Aufmerksamkeit an der Stelle gewidmet wird, zu deren Ressort die neue Entdeckung gehört. (Zeitschrift des Vereins deutscher Ingenieure. 1869, S. 334.)

Correspondenz der Redaction.

Herrn J. N. in K. Ihre freundliche Mittheilung erhalten, wird nächstens gebracht werden.

Diese Zeitschrift erscheint wöchentlich einen Bogen stark mit den nöthigen artistischen Beigaben. Der **Pränumerationspreis** ist jährlich loco **Wien** 8 fl. ö. W. oder 5 Thlr. 10 Ngr. **Mit franco Postversendung** 8 fl. 80 kr. ö. W. Die Jahresabonnenten erhalten einen officiellen Bericht über die **Erfahrungen im berg- und hüttenmännischen Maschinen-, Bau- und Aufbereitungswesen sammt Atlas** als Gratisbeilage. Inserate finden gegen 8 kr. ö. W. oder $1^1/_2$ Ngr. die gespaltene Nonpareillezeile Aufnahme. Zuschriften jeder Art können nur franco angenommen werden.

Druck von Carl Fromme in Wien. Für den Verlag verantwortlich Carl Roger.

№ 46. XVII. Jahrgang.

Oesterreichische Zeitschrift für Berg- und Hüttenwesen.

1869. 15. November.

Verantwortlicher Redacteur: Dr. Otto Freiherr von Hingenau, k. k. Ministerialrath im Finanzministerium.

Verlag der G. J. Manz'schen Buchhandlung (Kohlmarkt 7) in Wien.

Der Bergwerksbetrieb in der k. und k. österr.-ungarischen Monarchie i. J. 1867.

Nach den amtlichen Veröffentlichungen bearbeitet vom Redacteur.

II.

Die in unserer letzten Nummer mitgetheilten Ziffern der Flächenausdehnung sämmtlicher im Jahre 1867 bestandenen Bergwerksverleihungen geben wohl gewissermassen den Rahmen eines Bildes, aber noch nicht den Inhalt dieses Bildes der räumlichen Verbreitung der Bergbau-Industrie in unserem Doppelreiche.

Es ist von Wichtigkeit, auch einen Blick auf die Vertheilung dieser Verleihungen nach dem Gegenstande des auf denselben vorwiegend betriebenen Bergbaues zu werfen.

Die Edelmetalle (Gold und Silber) sind in den Alpenländern schwach vertreten. Nur 896896□° Grubenmassen und 32000□° Tagmassen sind dem Edelmetallbergbaue in Steiermark, Kärnten, Tirol und Salzburg gewidmet, davon 288512 auf den ärarischen Goldbergbau in Salzburg (Rauris) entfallen.

Böhmen hat dagegen auf Edelmetall verliehene Grubenmassen in der Ausdehnung von 6,165576 □°
und an Tagmassen . . . . 40349 □°
von welchen letztere durchaus Privatunternehmungen sind, wogegen 4,624526□° der ersten Summe auf die ärarischen Silberbergbaue in Joachimsthal und Přibram*) und den unbedeutenden Golbergbau in Eule entfallen.

In der Bukowina sind 2 Grubenmassen (25088□°) auf Silber verliehen, ebensoviel in Schlesien. Galizien hat gar keine Verleihung auf Edelmetalle.

Ebenso figurirt die Militärgrenze nur mit 35672□°

Die grösste räumliche Ausdehnung behauptet der Edelmetallbergbau in den Ländern der ungarischen Krone (Kroatien und Slavonien ausgenommen, welche gar keine Verleihung auf Gold und Silber aufweisen).

*) Da derselbe in überwiegender Mehrheit der Kuxe ärarisch ist und unter Staatsregie steht, muss er in diese Abtheilung gezählt werden.

Ungarn und Siebenbürgen bauen auf Gold und Silber in einer räumlichen Ausdehnung von nicht weniger
als 25,606172 □Klafter Grubenmassen
und 351578 „ Tagmassen.

Von Ersteren entfallen 11,390440 □° auf ärarischen und gemischt ärarisch-gewerkschaftlichen; 14,215732 □° auf den rein privatgewerkschaftlichen Bergbau, welcher von der Tagmassenfläche das etwas mehr als die Hälfte betragende Contingent von 191578□° einnimmt.

Gegen das Vorjahr 1866 hat im Ganzen der Edelmetall-Bergbau räumlich um 458443□° abgenommen, was auf die Gesammtsumme der Grubenmassverleihungen in Oesterreich-Ungarn, nämlich 32,754492 □° von gar keinem Belange ist, zumal die Tagmassen-Verleihungen um 23835 □° zugenommen haben.

Interessant ist die Thatsache, dass obige 33,412935□° sich fast zu gleichen Theilen auf den Staatsbergbau und auf den Privatbergbau repartiren, nämlich:
ärarisch: 16,303478 □° Grubenmassen
privat: 16,451014 „ „
dagegen bei Tagmassen die Privatthätigkeit vorwiegt, nämlich:
ärarisch: 160000 □° Tagmassen
privat: 292848 „ „

Ganz andere Verhältnisse herrschen beim Bergbau auf Eisensteine und Mineralkohlen, bei welchen die Privat-Industrie entschieden vorwaltet und seit 1867 durch den Ankauf fast aller Staatseisenwerke in der westlichen Reichshälfte in noch höherem Masse vorherrschend geworden ist.

Im Jahre 1867 umfasste in der ganzen österreichisch-ungarischen Monarchie der Eisensteinbergbau 49,803745 □° Grubenmassen und 1,955448 □° Tagmassen.

Von diesen entfielen damals noch
auf das Aerar nur 5,447130 □° Grubenmassen
und gar keine Tagmassen,
auf die Privat-Industrie 44,356615 □° Grubenmassen
und 1,955448 □° Tagmassen.

Nach Ländergruppen vertheilt ergeben sich für den Eisensteinbergbau des Jahres 1867 nachstehende Ziffern:

	Grubenmassen		Tagmassen	
	Aerar.	Privat.	Aerar.	Privat.
Alpenländer	2,163808	7,267369	32000	7,166487
Böhmen	1,806811	10,370093	—	597434
Mähren und Schlesien	—	13,009138	—	1728
Galizien u. Bukowina	125440	4,707797	143795	996104
Ungarn (mit Siebenbürgen, Croatien und Slavonien)	1,351071	7,660402	320818	1,986161
Militärgrenze	—	1,341816	—	1,955448

Man sieht, dass in der Ausdehnung des Eisensteinbergbaues bis jetzt Böhmen, Mähren und Schlesien mit mehr als 23,000000 □° voran stehen, freilich nicht in gleicher Weise, wie später gezeigt werden wird, durch Qualität und Menge der erbeuteten Erze.

Aehnlich verhält es sich, nur in noch grösseren Ziffern, mit dem Kohlenbergbau, wie nachstehende Tabelle nachweist:

1867	Grubenmassen	
	Aerar.	Privat.
Alpenländer	1,456608	42,494675
Böhmen	546699	143,540438
Mähren und Schlesien	— —	18,151151
Galizien und Bukowina	23,172704*)	6,827108
Ungarn (mit Siebenbürgen, Croatien und Slavonien)	2,207744	22,370989
Militär-Grenze	213248	1,616508
Zusammen	27,597003	235,101227
Zunahme gegen 1866	— —	5,660704
Abnahme „ „	326143	

Die Präponderanz der hercynisch-sudetischen Länder (Böhmen, Mähren, Schlesien) auf dem Gebiete des Kohlenbergbaues ist auf den ersten Blick sichtbar; sie wird in noch höherem Masse bei den Ziffern der Production erkennbar sein.

Von minderem Belange sind die „anderen Mineralien" in Bezug auf die räumlichen Verhältnisse; Kupfer, Quecksilber, Galmei und Blei ragen da hervor, ersteres in den ungarischen Ländern und Tirol, letztere in den Alpenländern, Blei auch in Böhmen und Ungarn, wo es silberhältig, zum Theile in den Silberbergwerks-Verleihungen enthalten ist. Auch die Kupfererze sind meist silberhältig, so dass diese Abtheilung an und für sich keine scharf getrennte sein kann und am besten mit der auf Edelmetalle zusammengezogen werden könnte.

*) Die grosse Ziffer rührt von dem sehr grossen aber noch nicht vollkommen aufgeschlossenen und verhältnissmässig noch wenig ausgebeuteten Kohlen-Grubenfelde bei Javorzno her.

Wir begnügen uns daher mit der Hauptsumme:

	Grubenmassen	Tagmassen
Aerarisch:	4,298298 □°	269638 □°
Privat:	30,685675 „	1,558307 „
Zusammen	34,983973 □°	1,827945 □°

Die Vertheilung nach Ländergruppen bietet wenig Bemerkenswerthes.

Wegen des Zusammenvorkommens vieler dieser „anderen Mineralien", wie sie der officielle Bericht nennt, glauben wir die Vertheilung besser bei den Productionsmengen jedes einzelnen Minerals anschaulich machen zu können.

Wir gehen in nächster Nr. unmittelbar auf diese Productionsmengen über.

(Fortsetzung folgt.)

Ueber die Verhüttung der silberhältigen Bleierze zu Freiberg und am Oberharze.

(Reisenotizen aus dem Jahre 1868.)

Von Carl A. M. Balling.

(Schluss.)

Zu Freiberg fällt bei der Bleiarbeit Werkblei, Stein und Schlake und nur selten Speise. Der Stein wird zuerst in die Schwefelsäurefabrik abgegeben, wo er behufs Gewinnung seines Schwefelhaltes in Kilns bis auf 50 Procent desselben entschwefelt und sodann entweder in aus Schlakenziegeln hergestellten Wellner'schen Röststadeln in 2 Feuern zugebrannt oder gepocht und in den gewöhnlichen Doppelröstöfen oder in Fortschaufelungsöfen weiter, jedoch nicht bis zum Schmelzen abgeröstet wird.

Pro 100 Centner Röstmassa sind zum Rösten und Zubrennen erforderlich:

0·016 Klafter Holz
18·039 Centner Schieferkohle
1·021 „ Coaks
0·622 „ Cinder
0·002 Klafter Späne.

Der rohe Stein hält im Durchschnitt:

25 Pfund Blei
6 „ Kupfer und
20 Pfundtheile Silber.

Er wird dreimal nach einander behufs Concentration seines Kupfergehaltes nach jedesmal vorhergegangener Röstung durchgestochen; das Durchstechen des Steines geschieht über Hohöfen und nennt man das erste Schmelzen das Bleisteinverändern. Hiebei resultirt ein Stein mit einem durchschnittlichen Gehalt von:

23 Pfundtheilen Silber
21 Pfund Blei und
15 „ Kupfer.

Dieser Stein kommt nach erfolgtem Verrösten zum zweiten Durchstechen, der sogenannten Bleisteinarbeit, und enthält nach dem Verschmelzen:

17 Pfundtheile Silber
13 Pfund Blei und
32 „ Kupfer

und wird wieder geröstet, was nun in den gewöhnlichen Doppelflammöfen, jedoch nur auf dem unteren Heerde durch 15 Stunden in Posten à 10 Centner geschieht. Das Verschmelzen dieses gerösteten Steins nennt man das Spuren; hiebei fällt der Kupferstein, welcher in 100 Gewichtstheilen seiner Substanz enthält:

15 Pfundtheile Silber
13 Pfund Blei und
42·5 „ Kupfer.

Er wird geröstet und unter Schwerspathzuschlag im Flammofen auf 65—70 Pfund Kupfer concentrirt; der Concentrationsstein darf nicht mehr als $^1/_2$ Procent Eisen enthalten, und wird auf die Halsbrüker Hütte zur Extraction abgeliefert. Die bei der Extraction verbleibenden silberhaltigen Rückstände werden mit gebranntem und gelöschtem Kalk zu Stökeln geformt und bei der Bleiarbeit zugesetzt.

Die Schlaken von dem Erzschmelzen sowohl als von der Bleisteinarbeit werden in unter den Stich gestellte eiserne, konische Tiegel abgelassen, der gefüllte Tiegel sodann herausgeführt, der erstarrte Schlakenkuchen ausgestürzt und der unten in der Spitze angesammelte Lechkönig abgeschlagen. Sämmtliche Schlaken nähern sich in ihrer Zusammensetzung einem Bisilicat und dienen zum grossen Theil zur Erzeugung von Schlakenziegeln.

Die reichen Schlaken werden bei dem Bleisteinschmelzen selbst bis zu dreifacher Menge zugesetzt oder im Flammofen mit Erzen auf Rohstein verschmolzen; auch zinkische Erze mit bis 22 Procent Zinkgehalt werden feingepulvert, zuerst in Schüttöfen, sodann in Fortschaufelungsöfen bis auf $1^1/_2$ Procent Schwefelrückhalt abgeröstet und bei der Verarbeitung der Bleischlaken in Flammöfen (Bleischlakenarbeit) bei genügend hohem Schlakenzusatz ohne Nachtheil verschmolzen. Der erhaltene Stein wird dann wieder in Kilns geröstet, in Wellner'schen Röststadeln zugebrannt und bei der Bleiarbeit zugeschlagen. Die Rohsteinschmelzöfen, welche hinsichtlich ihrer Verwendung zur Gewinnung des Bleisteines aus der Schlake und armen Erzen (der Rohsteinarbeit) und zur Concentration des Kupfers in ihren Zustellungsverhältnissen nicht differiren, erhalten 3 Einsätze à 15 Centner Erz und 15 Centner Schlake; nachdem der erste Einsatz eingeschmolzen und alles sorgfältig durchgerührt worden ist, wird die Schlake abgelassen und der zweite Einsatz gegeben. Ebenso dann der dritte Satz, wobei nach jedem neuen Satz gut durchgerührt und die Schlake abgelassen, schliesslich aber abgestochen wird. Ein Abstich gibt an 20—25 Centner Stein.

Die Werkbleie werden, da sie zumeist für das Pattinsoniren bestimmt sind, durch partielles Abtreiben raffinirt; sobald die Bildung reiner, gelber Glätte beginnt, wird abgestochen und das gereinigte Werkblei in Mulden gekellt. Die Bleiraffiniröfen haben eine Sohle von feuerfesten Ziegeln, welche nach jedem Abstich ausgebessert werden muss; ein Einsatz beträgt 250—270 Centner, und ist gewöhnlich in 24 Stunden raffinirt. Das Bleiraffiniren geschieht bei Steinkohlenfeuerung (Kohlengrus) und werden die Einsätze hiezu nicht gewogen, sondern so lange nachgetragen, bis der Heerd gefüllt ist.

Man erzeugt hiebei zweierlei Producte, sogenannten Puder (Abzug, das erste noch ungeschmolzene, nur gesinterte Product), welcher bei der Bleiarbeit mit zugeschlagen wird, und 2 Sorten von Abstrich (schwarze Glätte). Die erste Sorte Abstrich wird bei Kohle in Flammöfen reducirend verschmolzen und entsilbert (analog dem in Přibram üblichen Verblasen der schwarzen Glätte), wobei man Werkblei und Abstrich erhält, welcher letztere auf Hartblei gefrischt, dieses sodann gesaigert und endlich gepolt wird; die zweite Sorte Abstrich ist schon reiner und wird wieder in die Schachtöfen als Zuschlag aufgegeben.

Das Saigern des Hartbleies geschieht in einem Flammofen auf einem Holzbett; nach dem Einschmelzen des Hartbleies wird mehrere Male Schlake abgezogen und dann das Hartblei abgestochen. Zum Schlusse wird alles, auch die strengflüssigeren Reste bei Steinkohlenfeuerung eingeschmolzen und abgestochen; das Hartblei von Muldener Hütte enthält 12—14 Procent, jenes von Halsbrüker Hütte über 20 Procent Antimon.

Die gereinigten silberh. Werkbleie werden pattinsonirt. Ueber Anregung des früh. Oberberghauptm., nunmehr k. k. Generalinspectors der österreich. Berg- und Hüttenwerke, Herrn F. C. Baron von Beust, wurden zu Muldener Hütte Versuche abgeführt, auch reichere, selbst bis $^1/_2$procentige Werkbleie zu pattinsoniren; die Versuche haben zu einem sehr zufriedenstellenden Resultate geführt und ist diese von der ursprünglichen dadurch etwas abweichende Methode der Entsilberung durch den Pattinson'schen Krystallisationsprocess zu Freiberg in currentem Betrieb.

Die Pattinson'sche Batterie auf Muldener Hütte umfasst 15 Kessel, deren Feuerungen, je 2, eine gemeinschaftliche Esse, jedoch zu dieser separate Register haben; man setzt je nach dem Halt der vorher probirten Bleie in den betreffenden Kessel ein, arbeitet nach dem Zwei Drittel-System und nur im zweiten Kessel (Reichblei), aber constant, mit Zwischen-Krystallen, indem man $^2/_3$ der Lauge darin nach dem Einschmelzen auskrystallisiren lässt und die Krystalle ausschöpft, das letzte Drittel aber nochmals ebenso behandelt, die hiebei erhaltenen Krystalle in den ersten Kessel gibt und so im zweiten Kessel schon eine Lauge erhält, welche treibwürdig ist.

Die Bleie aus den einzelnen Kesseln werden jeden Tag auf ihren Silbergehalt geprüft. Das Handelsblei darf nicht über 0·00017 Procente*) Silber halten und wird bei höherem Silbergehalt pattinsonirt. Das Werkblei wird durch den Pattinson'schen Process auf 150—170 Pfundtheile, d. i. etwa $1^1/_2$ Procent und darüber angereichert. 2 Arbeiter schöpfen in 12 Stunden 3 Kessel aus; das Fortbringen eines Kessels, d. h. das Einschmelzen, Ausräumen des Feuers und Abkühlenlassen (zu welchem Zwecke das Metallbad zeitweise mit Wasser begossen wird), Niederstechen der Krusten, Schöpfen der Krystalle und Abrippen derselben, und das Ausschöpfen der Lauge nimmt an 4 Stunden in Anspruch, und werden die Arbeiter nach dem Centner ausgebrachten Reich- und Armbleies entlohnt. Die bei dem Einschmelzen der

*) 1·7 Pfundtheile.

gereinigten Bleie in den Kesseln erhaltenen Abzüge, **Schliker**, werden raffinirt und als **Schlikerbleie** zum Pattinsoniren zurückgegeben, die bei diesem Raffiniren fallenden Abzüge kommen vor die Hohöfen. Im Jahre 1867 stellte sich bei dem Pattinsoniren ein Bleiverlust von 1·7 Procenten heraus.

Die pattinsonirten Reichbleie werden auf Treibheerden bei Braunkohlen mit Unterwind vertrieben, und da die Bleie rein sind, wird zu Freiberg während dem Treiben nachgetragen. Es werden an 480 Centner Werkbleie nach und nach eingeschmolzen, das Treiben dauert etwa 90 Stunden und die Schwarzbliksilber werden nur bis zu etwa 90 Procent Feine gebracht, weil sie wismuthältig sind.

Bemerkenswerth ist der geringe Abfall an rother Handelsglätte (20 bis höchstens 30 Perc. der gesammten Glätte fallen beim Treiben nicht pattinsonirter Werkbleien), den man auf Muldener Hütte bei dem Vertreiben der pattinsonirten Werkbleie erhält; auf Halsbrüker Hütte wird zwar mehr erhalten als auf Muldener Hütte, aber noch immer bedeutend weniger, als wenn unreine Werkbleie, wie sie von dem Hohofen kommen, abgetrieben werden. Es ist bis jetzt nicht gelungen, den Grund hievon aufzufinden, da man den Abkühlungsverhältnissen allein diese Wirkung nicht zuschreiben kann, obwohl man zu Přibram sowohl als auch zu Freiberg und auf dem Harz bei langsamerer Abkühlung, jedoch aus unreineren Werkbleien mehr rothe Glätte ausbringt. Alle bis jetzt angestellten Versuche in Aenderung der Herddimensionen und des Betriebes (kälteres und heisseres Treiben), auch das Verwechseln der Halsbrüker Arbeiter auf Muldener Hütte blieben erfolglos. Die Vermuthung, dass ein Kupfergehalt die Bildung der rothen Glätte begünstige, haben vorgenommene chemische Untersuchungen nicht bestätigt und ein zu Přibram vorgenommener Versuch, gelbe Glätte im Treibherde einzuschmelzen, sodann in einen grossen Kessel abzustechen und darin langsam erkalten zu lassen, ergab als Resultat einen nur kleinen Kern von rother Glätte im Innern.

Die Bliksilber aus pattinsonirten Werkbleien wiegen gewöhnlich 7—8 Centner, man verbraucht beim Treiben auf 100 Centner Werkblei

1·19 Klafter Holz
2·48 Centner Braunkohle und
0·14 Klafter Reisigbündel.

Bei dem Treiben hat man etwa 8 Procent Bleiverlust und 0·5 Procent Silberverlust. Die Blike aus nicht pattinsonirten Werkbleien, welche nur wegen Erzeugung rother Glätte zeitweise vertrieben werden, wiegen an 2·5 Centner. Der beim Treiben abziehende Bleirauch wird seit neuester Zeit durch oberhalb der Treibherde auf dem Dachgebälk ruhende, von Eisenblech hergestellte Condensationskammer geführt, ehe demselben der Austritt in's Freie gestattet wird.

Die beim Treiben fallende gelbe Glätte wird verfrischt, und wenn das daraus reducirte Blei 2 Pfundtheile an Silber hält, wird es pattinsonirt. Das Glättfrischen geschieht nicht in separaten Oefen, sondern in den Erzschmelzöfen und wird unmittelbar auf das Erzschmelzen vorgenommen; die ersten Abstiche (Uebergangsstiche) geben dann natürlich kein reines Blei.

Die Bliksilber werden in kleinen Flammöfen raffinirt, der wismuthaltige Herd und der durch Aufstreuen von Mergel erhaltene Abbrand wird in Salzsäure gelöst, die Lösung abfiltrirt, durch Wasser basisches Chlorwismut gefällt und dieses mit Soda, Glas und Kohle in eisernen Tiegeln reducirt; die Chlorblei haltenden Rükstände kommen vor die Hohöfen.

Die bei dem Bleierzschmelzen in geringer Menge manchmal fallenden Speisen werden, wenn genug Vorrath davon sich angesammelt hat, mit Zuschlag von Glätte und Pattinsonkrätzen entsilbert, sodann unter Schwerspathzuschlag entkupfert und aus der rückbleibenden reinen Speise das Kobalt und Nikel gewonnen.

Auf den Freiberger Hütten wurde im Jahre 1867 erzeugt:

41630·2 Pfund Silber (goldhältig)
73637 Centner Weichblei
3663 „ Hartblei
12939 „ Glätte
53 „ 43 Pfund Probirblei
2748 „ 75 „ Schrott und
12 „ 57 „ Wismut; ausserdem werden jährlich an
20000 Centner Bleiwaaren,
25000 „ Kupfervitriol und
80000 „ Schwefelsäure erzeugt.

Auf den Oberharzer Hütten werden grösstentheils silberhaltige Bleiglanzschliche mit einem Gehalte von 60—65 Pfund Blei und 10—12 Quint*) Silber im Centner verarbeitet; die Verschmelzung der Erze geschieht dort durch die Niederschlagsarbeit, gegenwärtig grösstentheils in Rachette'schen Oefen mit Coaks, Wasserformen, 1½ Zoll Düsenweite und bei einer Pressung von 12—15 Linien Quecksilbersäule.

Jedoch blos zu Altenau ist man mit den Schmelzerfolgen in den Rachette'schen Oefen vollkommen zufrieden, indem daselbst in denselben 92 Procent des Aufbringens ausgebracht werden. Gegenüber dem alten Bleischmelzprocesse arbeiten die Rachette'schen Oefen bei dem Verschmelzen von 100 Centner Erz um 13 Groschen 9 Pfennige besser, welcher ökonomische Vortheil aber zum grossen Theil in dem Verschmelzen der Okerer Kupferschlaken anstatt des Roheisenzuschlags seinen Grund haben mag, da das Kupfer aus den Schlaken gewonnen wird.

Hinsichtlich des Durchsetzquantums stehen dort die Rachette'schen Oefen obenan, denn sie verschmelzen 140—150 Centner Erz in 24 Stunden, während die runden Oefen in derselben Zeit nur 100 Centner verarbeiten; allein die runden Oefen arbeiten den Rachette'schen Oefen gegenüber, wie durch Schmelzversuche zu Frankenscharner Hütte nachgewiesen wurde, mit einer Brennstoffersparniss von 14 Procent.

Zu Frankenscharner Hütte werden auf

100 Centner Erz gesetzt
90 Kupferschlaken,
90 „ Steinschlaken und
2 „ Herd.

Die Kupferschlaken halten 50—55 Procent Eisen und 1 Pfund Kupfer; sie werden von Oker kostenlos, blos gegen Fuhrlohnsentschädigung bezogen, wofür die

---

*) Der Zollzentner wird dort in 100 Pfd., das Pfund in 10 Loth und das Loth in 10 Quint eingetheilt, so dass 1 Quint gleich ist einem Pfundtheil der zu Freiberg üblichen Gewichtseintheilung.

Hütte zu Oker von den Oberharzer Hütten ebenso die Bleischlake erhält.

In Lautenthal besteht eine Vormass aus:

100 Centner Schlich,
60·73 Centner Schlichschlaken,
6·73 „ Steinschlaken,
105·03 „ Kupferschlaken und
5·76 „ bleiischen Vorschlägen.

Zum Verschmelzen werden gebraucht 36·71 Centner Coaks und 0·27 Centner Holzkohlen, zusammen 36·98 Centner Brennstoff; die Coaks werden von Westfalen bezogen und es trägt ein Pfund Brennstoff 7·67 Pfund Beschickung oder 2·764 Pfund rohes Erz.

Aus der vorgelaufenen Beschickung wird ausgebracht:

62·21 Centner Blei,
55·84 „ Stein,
1.05 „ Rauch,
0·077 „ Ofenbruch,
132·811 „ absetzbare Schlake und
30·257 „ unreine Schlake, das ist etwa nur 20 Procent des gesammten Schlakenfalls von den letzteren. Die absetzbaren Schlaken enthalten 1·23 Pfund Blei und 0·068 Quint Silber im Centner.

Auch auf diesen Hütten wird der Kupfergehalt der Leche durch dreimaliges Durchstechen der Leche concentrirt, sodann auf Schwarzkupfer verarbeitet und dieses nach Altenau zur Kupferextraction abgeliefert; die hiebei verbleibenden Rückstände werden mit Glätte eingebunden und zur Bleiarbeit zurückgegeben. Es rührt jedoch ein bedeutender Theil der gesammten Kupfererzeugung aus den bei der Erzarbeit zugeschlagenen Kupferschlaken her.

Man hat zu Frankenscharner Hütte die Wahrnehmung gemacht, dass der sonst sehr feste und dichte Kupferstein durch längeres Abliegen an der Luft mürber wird und sich leichter rösten lässt.

Von wesentlichem Interesse ist das auf den Hütten zu Clausthal, Altenau und Lautenthal eingeführte Entsilbern des Werkbleies durch Zink, welches dort ein constanter Betriebszweig geworden ist und das Pattinsoniren verdrängt hat. Man benützt hiezu vorläufig noch die Kessel der aufgelassenen Pattinson-Batterien und verfährt auf den Hütten hiebei mit nur geringen Abänderungen. Das Werkblei enthält 13—15 Quint Silber im Centner. Zu Frankenscharner Hütte (Clausthal) und Lautenthal werden auf einmal 250 Centner, zu Altenau aber nur 225 Centner in Arbeit genommen; zu Frankenscharner Hütte wird zuerst zur Sättigung des Bleies mit Zink etwas Zinkschaum und sodann nacheinander Zink in Mengen von 180, 100 und 50 Pfunden zur Entsilberung zugesetzt. In Lautenthal und Altenau wird dieser Zinkschaum vorher nicht gegeben, dafür zu Lautenthal auf 250 Centner Werkblei Zink in Mengen von 200, 100 und 60 Pfund, in Altenau auf 225 Centner Werkblei Zink in Mengen von 120, 100 und 80 Pfunden. Zu Lautenthal erfordern 100 Centner Werkblei 155 Pfund Zink (à Centner Zink zu 7 Thaler) zum Entsilbern und sind zum Entzinken des Armbleies 1·5 Centner Stassfurter Abraumsalz nothwendig; an Brennstoff sind zum Vertreiben der Reichbleie einschliesslich der Raffinirung der Armbleie 18—19 Centner Kohle erforderlich.

Bei dem Entsilbern der Werkbleie durch Zink wird das Werkblei zuerst eingeschmolzen, der erste Zinkzusatz gegeben, gut durchgerührt und das Metallbad abkühlen gelassen; der während der Abkühlung sich abscheidende und an der Oberfläche ansammelnde Schaum enthält neben Blei den grössten Theil des Silbers. Dieser Schaum wird nun so lange abgehoben, als sich nicht durch Bildung von erstarrten Krusten an dem Rande des Kessels eine zu starke Abkühlung desselben zu erkennen gibt, worauf derselbe wieder geheizt und der zweite Zinkzusatz gegeben, abermals durchgerührt, der Schaum abgehoben und schliesslich der dritte Zinkzusatz gegeben wird, worauf man wie vordem verfährt.

Der nach jedesmaligem Zusatz von Zink nach erfolgtem Durchrühren abgehobene Schaum, eine Legirung vom Silber, Zink und Blei, wird, da er sehr bleireich ist, in einen zweiten Kessel geschöpft und daselbst abgesaigert, das abgesaigerte Blei aber in einen tiefer stehenden dritten Kessel abgestochen und darin langsam abkühlen gelassen, wobei sich noch der letzte Theil der Zink-Silberlegirung auf dem Bleibade als Schaum auf der Oberfläche abscheidet und ebenfalls abgeschöpft wird. Das in dem dritten Kessel sodann verbleibende Blei ist schon sehr arm und kommt zum Raffiniren.

In dem Saigerkessel bleibt der das Silber enthaltende Zinkschaum in Form eines gröblichen grauweissen Pulvers zurück; er wird mit Bleistein- und Kupferschlaken beschickt über einen Halbhohofen auf Werkblei verschmolzen, wobei sämmtliches Zink theils verschlakt wird, theils verflüchtigt. Das erhaltene Werkblei wird schliesslich abgetrieben.

Die bei dem Entsilbern zurückbleibende Mutterlauge wird zu Altenau noch zweimal mit Zink zu 75 und 25 Pfund nachentsilbert, während man zu Lautenthal zweimal zu je 20 Pfund Zink verwendet. Die so vollständig entsilberte Mutterlauge wird sodann gepolt, mit Stassfurter Abraumsalz entzinkt und mit einem Halt von 0·08 Quint Silber dem Raffiniren übergeben.

Die Kosten bei dem Entsilbern des Werkbleies durch Zink betragen nur $^3/_5$ jener, welche das Pattinsoniren verursacht, die Arbeit ist eine weit leichtere, es sind weniger Arbeiter hiezu erforderlich und die Anlage ist weit billiger herzustellen als ein Pattinson'scher Apparat.

Es ist für die Entsilberung mit Zink nicht nothwendig, das Blei vorher zu reinigen, jedoch bedingt ein Kupfergehalt der Werkbleie einen grösseren Zinkzusatz. Der Bleiverlust beträgt nur 3·5 Procent, während er bei dem Pattinsoniren 4 Procente betrug und der Silberverlust erreicht nicht 1 Procent.

Illing*) hebt in seiner Abhandlung über das Entsilbern des Bleies mit Zink folgende Punkte zur genauen Beobachtung bei dem Entsilberungsprocesse durch Zink hervor:

1. Die zu entsilbernde Bleicharge muss möglichst hitzig eingeschmolzen und muss das Rühren sehr sorgfältig ausgeführt werden, damit eine recht innige Mengung von Zink und Blei stattfindet.

2. Muss die Abkühlung des Bleies sehr langsam vor sich gehen, damit die leichtere Zinksilberlegirung sich möglichst an die Oberfläche des Bleies ziehen kann.

*) Zeitschrift für das Berg-, Hütten und Salinenwesen im preussischen Staate, 1868. 1. und 2. Lieferung.

3. Ist das Abheben des Zinkschaumes sehr subtil auszuführen, damit von der an der Oberfläche befindlichen, erstarrenden, reichen Zinksilberlegirung keine Stücke in den Kessel hineinfallen, dort wieder einschmelzen und den Silbergehalt des Bleies wieder erhöhen.

Der Zusatz an Zink richtet sich nach dem Silbergehalte des zu verarbeitenden Werkbleies. Auf den rheinischen Hütten hat man folgende Verhältnisszahlen für den Zinkzusatz zu Werkblei bei verschiedenen Silbergehalten ausgemittelt:

Blei	mit	250	Gr.	Silber	pr.	1000	Kilgr.	erford.	1 1/4	Pr. Zink
„	„	500	„	„	„	1000	„	„	1 1/3	„ „
„	„	1000	„	„	„	1000	„	„	1 1/2	„ „
„	„	1500	„	„	„	1000	„	„	1 2/3	„ „
„	„	3000	„	„	„	1000	„	„	2	„ „
„	„	4000	„	„	„	1000	„	„	2	„ „

zur vollständigen Entsilberung.

Nach dieser Tabelle steigt der zur Entsilberung erforderliche Zinkzusatz nicht in dem Verhältniss, wie der Silbergehalt des zu verarbeitenden Werkbleies und kann eine Erklärung dieser Thatsache zur Zeit nicht angegeben werden. Die zu Clausthal angestellten Versuche haben die Richtigkeit der oben angegebenen Verhältnisse bestätigt; bei geringerem Zusatz von Zink erfolgte keine vollständige Entsilberung mehr.

Zur Erzeugung der rothen Glätte nimmt man auf den Oberharzer Hütten die bei dem Steinschmelzen erhaltenen Werkbleie zum Vertreiben und ist man der Ansicht, dass der Grund des Rothwerdens der Glätte in einer Sauerstoffabsorption, ähnlich wie beim geschmolzenen Silber, zu suchen sei. Die Bildung kleiner Krater in vom Herde abgezogener, rasch erstarrender Glätte ist in der That allemal und überall zu beobachten; allein auch hier nimmt man zur Erzeugung rother Glätte unreinere Werkbleie und nur 15—16 Procent des gesammten Glättfalles sind rothe Glätte.

Die Oberharzer Hütten werden demnächst bezüglich ihrer Betriebseinrichtung geändert werden; es soll nämlich die Frankenscharner Hütte nur als Rohhütte, die Hütte zu Lautenthal als Silberhütte und jene zu Altenau als Extractionshütte und Schwefelsäurefabrik eingerichtet werden. Die Hütte zu Andreasberg wird aufgelassen.

Ueber die chemische Zusammensetzung des Chromeisensteines.*)

Von J. Clouet, Fabrikant von chromsaurem Kali in Havre.

(Schluss.)

Bei guter Ausführung der Analyse findet man bei der Addition der gefundenen Gewichtsmengen von Kieselsäure, Magnesia, Thonerde, Chromoxyd und Eisenoxyd eine höhere Zahl, als der zur Analyse angewandten Substanz entspricht; berechnet man aber das erhaltene Eisenoxyd auf Oxydul, so ergibt sich genau die Gewichtsmenge des analysirten Chromeisensteines.

Analysen.)**

1. Chromeisenstein von der Zusammensetzung 2 FeO, $Cr_2 O_3$ (Eisenprotochromit).

Bestandtheile	Chromeisenstein von					
	Ile-à-Vaches (oktaëdrische Körner)	Baltimore (in Stücken)	Wilmington (Körner)	Christiania, Norwegen. (Körner)	Var in Frankreich (in Stücken)	Ungarn (in Stücken)
Bergart { Kieselsäure	0·00	3·20	3.00	4·20	2·53	7·30
Bergart { Thonerde	0·00	5·40	6·66	4·80	13·15	16·77
Bergart { Magnesia	0·00	4·09	2·06	13·23	12.53	14·83
Eisenoxydul	48·46	42·31	42·08	37·77	34·79	29 60
Chromoxyd	51·54	45·00	45·50	40·00	37·00	31·48
	100·00	100·00	100·00	100·00	100·00	100·00

2. Chromeisenstein von der Zusammensetzung FeO $Cr_2 O_3$ (Bichromit.)

Bestandtheile	Chromeisenstein von:				
	Jekaterinenburg, Ural	Orenburg Russland	Karahissar, Kleinasien	Drontheim, Norwegen	Steiermark
Bergart { Kieselsäure	7·07	3·05	2·15	5·00	2·50
Bergart { Thonerde	6·77	8·05	7·62	12·00	8·00
Bergart { Magnesia	13·40	10·98	12.31	21·28	11·58
Eisenoxydul	23·27	24·92	24·02	19·72	24·92
Chromoxyd	49·49	53·00	53·00	42·00	53 00
	100·00	100 00	100·00	100·00	100·00

3. Chromeisenstein von der Zusammensetzung 2 FeO, 3 $Cr_2 O_3$ (Trichromit).

Erze von Wjatka in Russland.

Bergart { Kieselsäure	2·20
Bergart { Thonerde	10·00
Bergart { Magnesia	11·62
Eisenoxydul	18·18
Chromoxyd	58·00
	100·00

4. Chromeisenstein von der Zusammensetzung 4 FeO, 5 $Cr_2 O_3$.

Erz von Alt-Orsowa im Banat.

Bergart { Kieselsäure	5·26
Bergart { Thonerde	12·60
Bergart { Magnesia	15·09
Eisenoxydul	18·33
Chromoxyd	48·72
	100·00

*) Nach den „Neuesten Erfindungen" Nr. 32—33 d. J., wo dieser Aufsatz ohne Angabe der Quelle enthalten ist. Wir müssen dies ausdrücklich bemerken, weil wir seither von Herrn Dingler darauf aufmerksam gemacht wurden, dass dieser Artikel aus Dingler's Journal herrühre. Seit dieses den Tausch mit unserem Blatte eingestellt hat, erhalten wir dasselbe später und es mag bei öfterer Abwesenheit uns Manches entgehen. Der Vorwurf der Benützung ohne Quellenangabe trifft also in diesem Falle uns nicht. Die Redaction.

**) Die im Nachstehenden mitgetheilten Analysen geben den Chromoxydgehalt oder den technischen Werth der verschiedenen im Handel vorkommenden Chromeisensteinsorten nicht mit absoluter Genauigkeit an, weil dieser Gehalt so zu sagen bei jedem Handstücke von einer und derselben Grube schwankt; sie repräsentiren aber den Durchschnitt der zahlreichen Analysen, welche ich grösstentheils mit Proben von Hunderttausend von Kilogrammen Chromeisenstein ausführte, die ich seit etwa zwanzig Jahren zu meiner Verfügung hatte.

5. Chromeisenstein von der Zusammensetzung 8 FeO, 5 Cr_2O_3.
Erz aus Indien.

Bergart	Kieselsäure	1·50
	Thonerde	9·30
	Magnesia	6·00
Eisenoxydul		35·70
Chromoxyd		47·50
		100·00

6. Chromeisenstein von der Zusammensetzung 6 FeO, 5 Cr_2O_3.

			Erz aus Californien Grube H	Erz von den Shetlands-Inseln. Grube B
Bergart	Kieselsäure	5·48	6·10	8·85
	Thonerde	13·60	7·47	10·15
	Magnesia	14·88	17·30	16·86
Eisenoxydul		23·84	24·93	23·14
Chromoxyd		42·20	44·20	41·00
		100·00	100·00	100·00

7. Chromeisenstein von der Zusammensetzung 3 FeO, 2 Cr_2O_3.
Erz aus Australien.

Bergart	Kieselsäure	8·00
	Thonerde	18·00
	Magnesia	17·40
Eisenoxydul		23·40
Chromoxyd		33·20
		100·00

Darstellung von Chromeisenstein auf künstlichem Wege.

Die künstliche Darstellung der sämmtlichen im Vorstehenden besprochenen natürlichen Eisenchromite hat keine Schwierigkeiten. Zu diesem Zwecke vermischt man eine concentrirte Lösung von reinem schwefelsaurem Eisenoxydul mit einer eben solchen von reinem Chromchlorid in den Verhältnissen, welche der Zusammensetzung der darzustellenden Verbindung entsprechen. Hierauf versetzt man das Gemisch beider Lösungen mit Ammoniak in geringem Ueberschuss, filtrirt möglichst rasch und bei Luftabschluss, und erhitzt den Niederschlag mit etwas kohlensaurem Ammoniak und Borax im Platintiegel zum Hellrothglühen. Auf diese Weise erhält man den Chromeisenstein mit allen physikalischen und chemischen Charaktern der entsprechenden natürlichen Verbindung: Farbe, Glanz, specifischem Gewichte und Unlöslichkeit in heissen concentrirten Säuren.

Erhitzt man die auf diese Weise dargestellte, dem natürlichen Protochromit entsprechende Verbindung in Borax, so kann man sie wie das Mineral von Ile-a-Vaches in Oktaëdern krystallisirt erhalten.

Amtliche Mittheilungen.

Handelsministerial-Erlass an sämmtliche in dessen Ressort stehenden Eisenbahnverwaltungen ddto. 30. October 1869 Z. 21371/3767 die Versendung von Dynamit betreffend.

Nachdem die neuerlichen Erfahrungen über die Explosions-Fähigkeit des Sprengstoffes Dynamit die Befürchtungen, welche das Handelsministerium bestimmten, das Dynamit als leicht entzündbares Sprengmittel von der Versendung mittelst der Post und auf den Eisenbahnen auszuschliessen, entkräftet haben, durch die neuesten Versuche vielmehr erwiesen ist, dass der Transport des Dynamit weit weniger gefährlich ist, als der aller anderen derzeit in Gebrauch stehenden Sprengmittel, so findet sich das Handelsministerium veranlasst, unter Aufhebung des mit dem Erlasse vom 15. December 1868 Z. 15956 ausgesprochenen Transportverbotes den Transport des unter dem Namen Dynamit bekannten Sprengmittels auf den Eisenbahnen unter den folgenden Bedingungen und Vorsichtsmassregeln zu gestatten:

1. Der Transport auf Bahnen darf nur mittelst besonderer Züge, keinesfalls aber mit Personenzügen geschehen.

2. Dynamitsendungen sind durch besonders gefärbte Frachtbriefe kenntlich zu machen.

3. Dynamitsendungen dürfen nie mit solchen feuergefährlichen Körpern, welche bei der Entzündung zur Bildung explosiver Gase führen (Terpentin, Petroleum), gemeinsam verpackt werden.

Insbesondere ist darauf zu sehen, dass nicht etwa Knallpräparate mit dem Dynamit in demselben Wagen oder in dem unmittelbar anstossenden Wagen verpackt werden.

4. Dynamit darf nie in Gefässen, welche stark Hitze auffangen z. B. dünnen Blechgefässen verpackt werden.

Die Verpackung hat zu bestehen zuerst in Papier, sodann in Holzkistchen oder Holzfässchen, welche Holzgefässe nur mit Holzreifen oder Holznägeln geschlossen werden dürfen.

5. Waggons, welche Dynamit enthalten und in einem Bahnhofe stehen bleiben sollen, dürfen nur auf solchen Geleisen aufgestellt bleiben, welche selbst im Falle einer falschen Wechselstellung einen Zusammenstoss mit ankommenden Zügen nicht befürchten lassen.

6. Sendungen von Dynamit müssen nach der Ankunft auf der Bestimmungsstation ohne Verzug vom Adressaten bezogen werden.

Nr. 1311.

Kundmachung.

Von der k. k. Berghauptmannschaft zu Klagenfurt als Bergbehörde für das Herzogthum Kärnten wird hiemit bekannt gegeben, dass das im Berghauptbuche auf Namen der Herren Spiridion Mühlbacher und Johann Posch eingetragene und aus dem einfachen Grubenmasse Florian-Stollen bestehende Bleibergwerk Brennach in der Katastral-Gemeinde Vellach, Ortsgemeinde Möschach, im politischen Bezirke Hermagor, nachdem dieses Montan-Object laut Mittheilung des löblichen k. k. Landesgerichtes Klagenfurt vom 7. September 1869 Z. 4731 bei der, in Folge des h. ä. auf die Entziehung der betreffenden Bergbauberechtigung lautenden Erkenntnisses vom 22. Mai 1869 Z. 652 am 3. September l. J. abgehaltenen Feilbietung nicht veräussert werden konnte, und nachdem laut Mittheilung der löblichen k. k. Bezirkshauptmannschaft Hermagor vom 23. October l. J. Z. 3012 eine Versicherung der Tageinbaue bei dem genannten Werke nicht nothwendig fällt, auf Grund der §§ 259 und 260 a. b. G. als aufgelassen erklärt und sowohl in den bergbehördlichen Vormerkbüchern als auch im landesgerichtlichen Berghauptbuche gelöscht wird.

Klagenfurt, am 4. November 1869.

Notiz.

Sonntagsschulen für Bergarbeiter. Bereits in Nr. 25 unserer Zeitschrift haben wir erwähnt, dass über die, von Seite Sr. Ex. des Herrn Ackerbauministers angeregte Gründung von Sonntagsschulen für Bergarbeiter die Karlsbader Reviervertretung die Absicht kundgegeben habe, eine solche zu errichten.

Ebenso erfreuliche Resultate der Bestrebungen unseres Ackerbauministers, durch solche Sonntagsschulen die Bildung und Moralität des Bergmannsstandes zu fördern, und jüngeren strebsamen Arbeitern das Nachholen der früher versäumten Schulbildung zu ermöglichen, und dieselben in dieser Weise zum Eintritte und erfolgreichen Besuche der neu in's Leben gerufenen Bergschulen zu befähigen, werden uns nun auch aus dem Bezirke der Pilsner Berghauptmannschaft gemeldet.

Sowohl der Rokitzaner als der Radnitzer Revierausschuss haben die Eröffnung solcher Schulen in baldige Aussicht gestellt, und zwar soll dieselbe im erstgenannten Reviere bei der Miröschauer Steinkohlengewerkschaft, in letzterem in Bras errichtet werden.

Im Mieser Reviere wird eine solche Schule ehestens eröffnet werden. Die Gewerkschaften der Langenzug-, der Frischglück- mit Reichensegengottes- und der Kschentzer Bleierzzeche haben sich bereit erklärt die Kosten zu tragen; die Localitäten zur Schule wurden von der Stadtgemeinde Mies bereitwilligst eingeräumt; die unentgeltliche Beheizung derselben hat der bisherige Reviersobmann Joh. Albrecht zugesagt, und endlich hat sich der Bergverwalter der Frischglück- und Reichensegengottes-Zeche Anton Rüsker, welcher zumeist auf das Zustandekommen des Beschlusses des Revierausschusses hinwirkte, erboten, ohne Entgelt den Unterricht unter Beihülfe seines unterstehenden Aufsichtspersonales zu ertheilen.

Ebenso ist im Pilsener Revierauschuss die Gründung einer Sonntagsschule beschlossen worden, und hat der Bergdirector des westböhmischen Bergbau- und Hüttenvereines Cajetan Bayer nicht nur der Gewerkschaft das erforderliche Local am Humboldtschacht zur Disposition gestellt, sondern auch die Besorgung des Unterrichtes unter Beiziehung seiner unterstehenden Bebiensteten zugesichert.

Von dem löbl. Kohlenwerke in Schlan ist uns für die Hinterbliebenen der im Plauen'schen Grunde verunglückten Bergleute der Betrag von fl. 21 ö. W. zugegangen, der bestens dankend seiner Bestimmung zugeführt wird.

Die Expeditiou.

ANKÜNDIGUNGEN.

Der technische Leiter

einer bedeutenden und renommirten **Stahlwaaren-** und **Gussstahlfabrik** wünscht, lediglich Familienverhältnisse halber, seine Stellung zu wechseln. Gediegene Fachbildung und Geschäftskenntniss werden garantirt. Auf frankirte Anfragen geben nähere Auskunft die Gussstahlfabrikanten Wiedemann & Röhr zu Jewerau in Thüringen. (65—2.)

Ein gesetzter Mann,

welcher über fünfzehn Jahre die **Eisenbahnräder-Fabrikation** in der grössten Anstalt Rheinlands leitet, sucht in Oesterreich unter günstigen Bedingungen ein Engagement. Franco-Offerten sub **U. 7089** befördert die Annoncen-Expedition von **Rudolf Mosse** in **Berlin**, Friedrichsstrasse 60. (66—1.)

So eben erschien und ist zu beziehen von **Adolph Marcus** in **Bonn:**

Krans, M. F. Étude sur le four à gaz et à chaleur rogénerée de M. Siemens. Avec 5 plauches $1\frac{1}{3}$ Thlr. (68—1.)

In der

G. J. Manz'schen Buchhandlung in Wien,

Kohlmarkt Nr. 7, gegenüber der Wallnerstrasse,
traf so eben ein:

Stapff, F. M. Ueber Gesteins-Bohrmaschinen. Mit einem Atlas von 11 lithographirten Tafeln. 11 fl. 40 kr.

Redtenbacher, F. Resultate für den Maschinenbau. Mit 41 lithographirten Figurentafeln. 5. erweiterte Auflage, herausgegeben mit Zusätzen und mit einem Anhange versehen von F. Grashof. 9 fl. 50 kr.

Walzmeister-Stelle.

Für das Puddlings- und Eisenwerk in Bubna (Prag) mit Grob- und Feinstrecke wird ein Walzmeister aufzunehmen gesucht. Offerte sind an den Werksbesitzer Gottlieb Bondy, Prag einzusenden. (81—3.)

Im Verlage von **Eduard Avenarius** in **Leipzig** erscheint auch für das Jahr 1870:

Literarisches

Centralblatt für Deutschland.

Herausgegeben von Professor Dr. Friedr. Zarncke.

Wöchentlich 1 Nummer von 12-16 zweisp. Quartseiten. Preis $\frac{1}{4}$j. 2 Thlr.

Das „Literarische Centralblatt" ist gegenwärtig die **einzige kritische Zeitschrift,** welche einen Gesammtüberblick über das ganze Gebiet der wissenschaftlichen Thätigkeit Deutschlands gewährt und in fast lückenloser Vollständigkeit die neuesten Erscheinungen auf den verschiedenen Gebieten der Wissenschaft (selbst die Landkarten) gründlich, gewissenhaft und schnell bespricht.

In jeder Nummer liefert es durchschnittlich gegen 25, jährlich also wenigstens 1200 Besprechungen.

Ausser diesen Besprechungen neuer Werke bringt es eine Angabe des Inhalts fast aller wissenschaftlichen und der bedeutendsten belletristischen Journale, der Universitäts- und Schulprogramme Deutschlands, Oesterreichs und der Schweiz; die Vorlesungs-Verzeichnisse sämmtlicher Universitäten und zwar noch vor Beginn des betreffenden Semesters; eine umfängliche Bibliographie der wichtigern Werke der ausländischen Literatur; eine Uebersicht aller, in andern Zeitschriften erschienenen ausführlicheren und wissenschaftlich werthvollen Recensionen; ein Verzeichniss der neu erschienenen antiquarischen Kataloge, sowie der angekündigten Bücher-Auctionen; endlich gelehrte Anfragen und deren Beantwortung, sowie Personal-Nachrichten. Am Schlusse des Jahres wird ein vollständiges alphabetisches Register beigegeben.

Prospecte und **Probenummern** sind durch alle Buchhandlungen und Postanstalten zu erhalten.

Prof. Dr. C. F. Rammelsberg:

Unorganische Chemie gemäss den neueren Ansichten. 2. Auflage. 1 Thlr. 6 Sgr.

Qualitative chemische Analyse. 5. Auflage. 20 Sgr.

Quantitative chemische Analyse. 2. Auflage. 1 Thlr. 10 Sgr.

Chemische Metallurgie. 2. Auflage. 3 Thlr.

Die ältere **Tertiärzeit.** Ein Bild aus der Entwicklungsgeschichte der Erde von **G. Zaddach,** Prof. in **Königsberg.** 1869. 6 Sgr.

Die Entstehung des **Basaltes.** Von Dr. **A. von Lasaulx.** 1869. 6 Sgr.

Der Bernstein in Ostpreussen. Mit 9 Holzschnitten. Von Oberbergrath **Wilh. Runge.** 15 Sgr.

Die Riesen des **Pflanzenreiches.** Von Professor **H. R. Goeppert.** 1869. 6 Sgr.

C. G. Lüderitz' Verlag. A. Charisius in Berlin.

☞ Auf diese **werthvollen Bücher** machen wir besonders aufmerksam. (67—1.)

Diese Zeitschrift erscheint wöchentlich einen Bogen stark mit den nöthigen artistischen Beigaben. Der **Pränumerationspreis** ist jährlich loco **Wien** 8 fl. ö. W. oder 5 Thlr. 10 Ngr. **Mit** franco Postversendung 8 fl. 80 kr. ö. W. Die Jahresabonnenten erhalten einen officiellen Bericht über die **Erfahrungen im berg- und hüttenmännischen Maschinen-, Bau- und Aufbereitungswesen** sammt Atlas als Gratisbeilage. Inserate finden gegen 8 kr. ö. W. oder $1\frac{1}{2}$ Ngr. die gespaltene Nonpareillezeile Aufnahme. Zuschriften jeder Art können nur franco angenommen werden.

Druck von Carl Fromme in Wien. — Für den Verlag verantwortlich Carl Reger.

№ 47. XVII. Jahrgang.

Oesterreichische Zeitschrift für Berg- und Hüttenwesen.

1869. 22. November.

Verantwortlicher Redacteur: Dr. Otto Freiherr von Hingenau.
k. k. Ministerialrath im Finanzministerium.

Verlag der G. J. Manz'schen Buchhandlung (Kohlmarkt 7) in Wien.

Der Bergwerksbetrieb in der k. und k. österr.-ungarischen Monarchie i. J. 1867.

Nach den amtlichen Veröffentlichungen bearbeitet vom Redacteur.

III.

An die Ausdehnung der Bergwerks-Verleihungen reiht sich am natürlichsten die Menge und der Werth der aus diesen Verleihungen gewonnenen Producte. Die Mengen lassen sich mit sehr annähernder Bestimmtheit aus dem statistischen Material entnehmen, bezüglich der Werthbestimmung behilft sich unsere Quelle mit Mittelpreisen für die Gewichtseinheit, wie sie für den Erzeugungsort angegeben werden. Allein einen genügenden Anhaltspunkt für den wirthschaftlichen Geldwerth der Production würden diese Angaben nur dann geben, wenn eben die localen Preise für jede Quantität eines jeden Erzeugungsortes zur Basis genommen wären! Absolute Richtigkeit wird daher für die Werthberechnung nicht in Anspruch genommen werden können, wogegen ein relatives Moment denselben nicht abzustreiten ist. Die Specialstatistik einzelner Reviere hätte hierbei das Correctiv zu bilden. Auch wäre zu wünschen, dass die Verkaufspreise, die Frachtkosten und andere Elemente der Bewegung dieser Producte mit der Zeit in die Berechnung genommen werden könnten.

Wir wollen vorerst die einzelnen Objecte der bergmännischen Production betrachten:

1. Golderze.

In der westlichen Reichshälfte figuriren nur die Berghauptmannschaften von Hall in Tirol mit spärlichen Resten des einst berühmt gewesenen Goldbergbaues der Centralalpen in diesem Ausweise. Tirol brachte lediglich privatgewerkschaftlich 29891 Centner, Salzburg von ärarischem Bergbau 17117, von Privaten 11258 Centner zu Tage, in Allem zusammen also 58266 Centner Golderze, davon der Mittelpreis in Tirol mit 34 kr. pr. Centner 10192 fl. 93 kr., in Salzburg mit 1 fl 22·3 kr. = 34663 fl. als Geldwerth der Erzproduction ergibt.

Die Goldbergbaue, die in Steiermark (Zeiring, Schladming), in Kärnten und in Böhmen (Eule) betrieben werden, gaben in diesem Jahre keine Golderzproduction.

In der östlichen Reichshälfte — Ungarn und Siebenbürgen — sind es insbesondere Nagybánya, Orawicza und Zalathna, welche sich als Golderz bauende Districte bemerklich machen. Im Ganzen sind für Ungarn und Siebenbürgen 185640 Centner Golderze als Production notirt, wovon 94283 Centner Golderze dem ärarischen, 91357 Centner Golderze dem Privat-Bergbaue zugeschrieben werden. Nachdem aber einer der wichtigsten Golderz-Bergbaue, nämlich der zu Nagyág in Siebenbürgen, sehr stark privatmitgewerkschaftlich und nur zum Theil ärarisch ist, jedoch wahrscheinlich bei der ärarischen Production mitzählt, so kann man quantitativ die Production als fast gleich vertheilt zwischen Aerar- und Privat-Bergbau annehmen.

Der Mittelpreis der Erze am Erzeugungsort ist sehr schwankend. Im Nagybánya'er Bezirke wird der Durchschnitt mit 2 fl. 45 kr., im Orawicza'er mit 58·5 kr., im Zalathna'er mit 14 fl. 2 kr. angegeben*); der grosse Durchschnitt für ganz Ungarn und Siebenbürgen stellt sich auf 3 fl. 11·7 kr. und darnach würde der ganze Geldwerth der ung.-siebenbürgischen Golderzproduction den Betrag von 578604 fl. repräsentiren.

Die beiden Reichshälften zusammengerechnet stellt sich für die Gesammt-Monarchie heraus:

Menge der Golderze: 243906 Ctr. im Geldwerth v. 623460 fl.

2. Gold (metallisches).

Theils aus den vorangeführten Erzen, theils durch gediegene Goldfunde, theils durch Goldgewinnung aus anderen Erzen wurden nachstehende Mengen metallischen Goldes erzeugt:

In Kärnten . . .	(priv.)	0·1600 Münzpfd.	= Kilogr.
In Tirol	(priv.)	16·0526	„ „
In Salzburg (Rauris)	(ärar.)	31·2000	„ „

somit in den Alpenländern 47·4126 Münzpfunde.

*) In Siebenbürgen ist der kleinste Preis 6 fl. 53 kr., der höchste 35 fl. 39 kr. pr. Ctr. Golderze gewesen!

Schlesien ergab als Product einer Goldwäscherei unweit Carlsbrunn . . . . . . 0·1750 Münzpfunde.

Die Goldproduction von Ungarn und Siebenbürgen vertheilt sich nach Hauptdistricten oder Berghauptmannschaften wie folgt:

	Münzpfunde		
	Aerar.	Privat.	Zusammen
Neusohl (mit Schemnitz, Kremnitz, Herrengrund etc.). . .	617·1730	226·7090	843·8820
Kaschau (wozu die oberungarischen Bergbaue gehören) . . .	5·4860	—	5·4860
Nagybánya . . .	398·4808	360·6755	759·1563
Orawicza (Banat) . .	—	44·8542	44.8542
Zalathna (Siebenbürgen)	621·4133	1379·4854	2000·8987
Im Ganzen	1642·5531	2011·7241	3654·2772
Die gesammte österr.-ung. Monarchie aber:	1673·7531	2028·1117	3701·8648

Man sieht, dass die Goldproduction der westlichen Reichshälfte gegen die von Ungarn und Siebenbürgen fast verschwindend zu nennen ist.

Der Werth des metallischen Goldes wird mit seinem Münzeinlösungswerthe von 675 fl. pr. Münzpfd. berechnet, wodurch sich für die Goldproduction der nichtungarischen Länder ein

Geldwerth von.	32143 fl.	2 kr.
der ungarischen	2,467880 „	10 „
zusammen also. . .	2,500023 fl.	12 kr.

ergeben.

Gegen das Jahr 1866 mit einer Production von 3277·0873 Münzpfunden im Werthe von 2,211979 fl. 54 kr. ist daher eine Zunahme um 424·7775 Münzpfunde und um 288043 fl. 58 kr. Geldwerth bemerklich.

3. Silbererze.

Bei der Production eigentlicher Silbererze werden in den vorliegenden officiellen Tabellen nur Böhmen und Ungarn aufgeführt. Die unter der Rubrik Silber (metallisch) auf Tirol, Salzburg und Siebenbürgen entfallenden Theilmengen stammen aus dem Silberhalte von Kupfer- und Golderzen her. Aber auch die sub 3 angeführten Erze sind nicht streng genommen reine Silbererze, sondern z. B. die böhmischen vorwiegend bleihältig, die ungarischen theils göldisch theils Kupfererze mit starkem Silberhalt.

Böhmen producirte 99096 Ctr. im Durchschnittswerthe von 13 fl. 7·3 kr.; Ungarn 2,719174 Ctr. im Durchschnittswerthe von — fl. 64·8 kr., im Ganzen also 2,818270 Ctr. im Durchschnittswerthe von 1 fl. 8·5 kr.

Davon kommen in Böhmen nur 54 Ctr. auf den Privat-Bergbau, in Ungarn dagegen 837285 Ctr. Der ärarische Bergbau überwiegt in Böhmen mit 99042, in Ungarn mit 1,881889 Ctr.

Der Geldwerth der Silbererze beträgt in Böhmen: 1,295516 fl., in Ungarn 1,763272 fl., zusammen fl. 3,058788.

4. Silber.

Von Wichtigkeit ist die Production metallischen Silbers aus obigen Erzen und aus dem Silberhalte anderer Erze, die nicht als Silbererze gelten. Davon participiren:

	Münzpfunde		
	Aerar.	Privat.	Zusammen
Alpenländer*).	954·7410	0·3180	955·0590
Böhmen**) . .	26748·0430	8·0000	26756·0430
Ungarn mit Siebenbürgen. . .	40166·5000	14556·7876	54723·2876
Im Ganzen also	67869·2840	14565·1056	82434·3896

Gegen 1866 um 3892·7989 Münzpfunde mehr.

		Münzpfd. ***)
In Ungarn sind die Districte	Neusohl	mit 27926
	Nagybánya	„ 13334
besonders hervorragend, dann	Kaschau	„ 8482
	Orawicza	„ 1221
	Zalathna	„ 3757

Der mit 45 fl. pr. Münzpfund berechnete Geldwerth ergibt:

Auf die Alpenländer . . .	42977 fl.	65 kr.
„ Böhmen	1,197848 „	74 „
„ Ungarn und Siebenbürgen	2,462348 „	13 „
Zusammen also. . .	3,703174 fl.	52 kr.

und zwar um 169257 fl. 71 kr. mehr als im Vorjahre 1866.

Der Werth der gesammten Edelmetall-Production (Gold und Silber) in Oesterreich-Ungarn ist daher 6,203197 fl. 64 kr.

(Fortsetzung folgt.)

Das Abteufen und Ausmauern des runden Schachtes Nr. 3 der Brittania-Gewerkschaft bei Mariaschein im nördlichen Böhmen.

Der grösste Theil der Schächte im Braunkohlenrevier des nordwestlichen Böhmens ist mit rechteckigem Querschnitt und ganzer Schrottzimmerung niedergeteuft, doch sind daselbst einige kreisrund ausgemauerte, welche meist im Besitze englischer Gesellschaften sich befinden. Für den gegenwärtig nächst dem Stationsorte Mariaschein im Abteufen begriffenen, obiger Gesellschaft gehörigen Schacht Nro. 3 sind folgende Dimensionen und Eintheilung bestimmt: Der innere Durchmesser der Mauerung beträgt 9′ 10″, und da die Mauerung 1′ stark ist, wird der Schacht mit einem Durchmesser von 11′ 10″ abgeteuft. Die in der Mauerung eingesetzten 4″ breiten, 6″ hohen Einstriche *h* haben eine horizontale innere Entfernung von 6′, einen vertikalen Abstand von je 4′ 6″ und dienen zur Befestigung der 4″ starken, 6″ breiten, 4′ 6″ langen Leitlatten *l*. Der Spielraum *s* zwischen den beiden Längsseiten der 5′ 3″ langen, 3′ 8″ breiten Förderschalen *g* ist 4″, desgleichen ist an den übrigen Seiten ein ebenso grosser Spielraum vorhanden.

Der Schacht erhält zwei Abtheilungen für die Förderung und die Abtheilung *A* zur Fahrung, obzwar die

---

*) Tirol und Salzburg.

**) Přibram und Joachimsthal.

***) Die Tausendtheile sind bei dieser Vergleichung weggelassen.

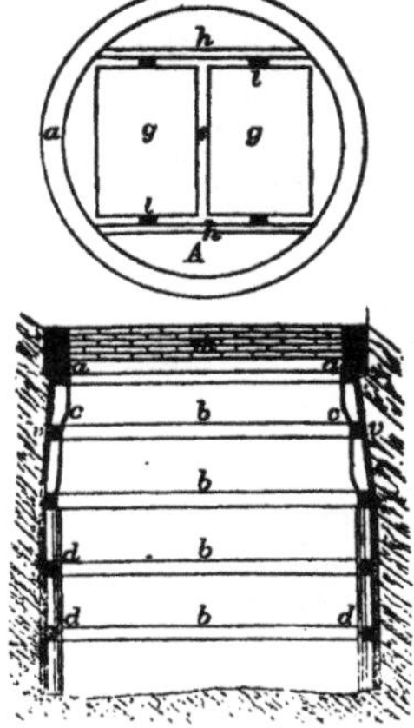

Mannschaft sonst auf der Förderschale an- und ausfahrt; die Wasserhebung besorgt die Maschine des Richard-Schachtes. Die beiden Förderabtheilungen erhalten an ihrer Berührungsfläche keine Verschallung, doch ist das Fördergestelle an seinen beiden Längsseiten mit Blech kastenartig verschlossen. Bei dem verhältnissmässig langen Fördergestelle befindet sich auch die Führung zweckmässiger an der kurzen Seite desselben, was zur Folge hat, dass die Leitlatten am Füllorte und am Tagkranz abgebrochen werden müssen, für welchen Theil zur Führung in den Ecken je 4 eiserne Schienen dienen.

Das Abteufen dieses voraussichtlich 80 — 82 Klaftern tiefen Schachtes geschieht in einem wenig festen Schieferthon, dessen obere Schichten schwach und locker sind, tiefer aber mächtiger und haltbarer werden, bisweilen aber in ihrer Festigkeit wechseln. Es wird sich dies am besten aus der Leistung der Arbeiter beurtheilen lassen. Nachdem die Arbeiter mit einem gestellten Gedinge nicht zufrieden waren, verrichten sie diese Arbeit im Schichtenlohne von 1 fl. 50 kr. per achtstündige Schicht. Die Hebung des circa 12 Kub.-Fuss in der Stunde betragenden Wasserzuflusses nebst dem Vorrath verrichtet eine Dampfmaschine mit frei stehendem Kessel in cylindrischen Kübeln von 24″ Durchmesser und 2′ 9″ Höhe. Dabei beträgt die Leistung von 9 Mann, die zu 3 in je 8 Stunden vertheilt sind, inclusive des später zu beschreibenden Einsetzens der Zimmerungskränze per Woche 4 Klafter, was dem Gewinnungspreise einer Kubikklafter mit 6 fl. 40 kr. entspricht. Mit dem Fortschreiten des Abteufens folgt eine provisorische Auszimmerung am Fusse nach, weil der Schieferthon in den oberen Lagen blos ein 2 Fuss, in den tieferen aber ein bis 4 Fuss tiefes Vorgehen gestattet. Die provisorische Zimmerung besteht aus radfelgenartig zusammengesetzten eichenen Kränzen *b*, von denen 10 Segmente auf den ganzen Umfang gehen, die an ihren Zusammenstossungsflächen oben und unten durch ein aufgenageltes Brettstück gehalten werden. Ihre Entfernung beträgt, wie bereits erwähnt, von Kranz zu Kranz nach der Haltbarkeit des Gebirges 2—4 Fuss; Ist ein Kranz gelegt, so erfolgt dessen Verschallung gegen das Gebirge zu mittelst an der Mitte des Kranzes zusammenstossender Bretter, welche durch Keile so fest als möglich an das Gestein angetrieben werden. Allenfallsige Längsfugen werden durch Holzleisten ausgefüllt. Unter einander sind diese prov. Kränze durch je zehn 5″ starke runde Bolzen abgesteift, und am Umfange an der Innenseite der Kränze mehrere Brettstücke *d* von Kranz zu Kranz befestigt. Um jedoch diese prov. Zimmerung ihrer Kostspieligkeit halber und um dem Gebirge einen festeren Widerstand zu bieten, nicht bis aus Kohlenflötz fortführen zu müssen, das eigentlich erst eine sichere Auflagerung für die Mauer geben würde, wird der Schacht von unten nach oben absatzweise ausgemauert und diese Absätze auf eichene starke Mauerkränze aufgesetzt. Die Ausführung und Legung dieser 12″ breiten, 6″ starken radfelgenartig aus je 10 Segmenten zusammengesetzten Mauerkränze *a* geschieht mit besonderer Sorgfalt. An der Zusammenstossungsfläche zweier Segmente wird in deren Mitte eine von 1 $^3/_4$ auf 1 $^1/_2$ Zoll sich verengende konische Oeffnung gebildet, in welche ein 2′ langer in den Dimensionen um etwas weniges stärker gehaltener Bolzen mit Gewalt getrieben wird, um die einzelnen genau nach einer Lehre gearbeiteten und zusammengepassten Segmente fest an einander zu pressen. Gegen das Gebirge hin wird der auf den sorgfältig zugeglichenen Sumpf des Schachtes in etwas Mörtel gelegte Kranz, nach dem Eintreiben der Bolzen, durch in die Zwischenräume des äussern Kranzumfanges und Gesteins getriebene Brettstücke und Keile so fest als es möglich ist, an das Gebirge gepresst und darauf die Mauerung *m* aufgeführt. Die Mauerung erfolgt mittelst gut gebrannter Ziegel von 1′ Länge, 3″ Stärke, 5$^3/_4$″ rückwärtiger und 4$^3/_4$″ vorwärtiger Breite in Cement-Mörtel, mit welchen auch die hinter der Mauer noch befindlichen kleinen Weitungen ausgefüllt werden. Bei dem weitern Abteufen unter dem Mauerkranze, welch' letzterer das ganze Gewicht der Mauer nur durch seine feste Verkeilung mit dem Gesteine trägt, wird der nächstfolgende Kranz um circa 3″, der darauf folgende aber um 6″ tiefer gegen das Gebirge gelegt, wodurch die Verschallung *v*, welche sich an einem an den Mauerkranz befestigten kleineren Kranze *o* von 4″ Stärke und 4″ Breite stützt, eine schiefe Richtung erhält und dadurch den Druck der Mauer etwas in das Gebirge verpflanzt. Die nächst folgenden Kränze liegen nun mit ihrem äussern Umfange in einer Vertikalrichtung mit dem äussern Umfange des Mauerkranzes. Die unter dem Mauerkranz folgenden zwei provisorischen Kränze sind an jenen mit mehreren eisernen Bändern *c* festgehalten. Bei dem beschriebenen Schacht befindet sich ein solcher Mauerkranz am Tageskranz, in der 30 ten und 60 ten Klafter; der letzte kommt in die haltbare Kohle, und wird zugleich mit der Füllortsmauerung verbunden. Mit Ausnahme des ersteren verbleiben die übrigen in der Mauerung.

Noch will ich erwähnen, dass beim Abteufen dieses Schachtes Haloxylin als Sprengmittel mit gutem Erfolge verwendet wird, und dass mit einem Centralschuss bei einer Bohrlochtiefe von 3 Fuss und 1$^1/_2$ zölliger Bohrlochweite, das mit einer 8 Zoll langen Patrone versehen wird, durchschnittlich 1 Fuss abgeteuft wird. Ein Versuch mit Dynamit ausgeführt ergab nach der in dieser Zeitschrift veröffentlichten Anwendungsart in diesem sehr milden Gesteine nicht nur keinen Vortheil, sondern es musste dessen weitere Verwendung im Interesse des rascheren Abteufens unterbleiben; eine bessere, wenn auch nicht auffallend grössere Wirkung gegenüber Haloxylin, die es dem Preise entsprechend haben müsste, ergab es in der festeren Kohle.

Karbitz, am 1. November 1869.

Josef Neuber.

Ueber die Vermehrung der Roheisenproduction in Böhmen.

Von Carl A. M. Balling.

Die für die Eisenindustrie überhaupt seit den letzten 2 bis 3 Jahren so günstig gestalteten Verhältnisse haben ihren wohlthätigen Einfluss auch auf die Eisenindustrie Böhmens geltend gemacht, und in Folge dessen haben nicht nur schon bestehende Werke namhafte Erweiterungen erfahren, sondern wir haben auch — und dies in kürzester Zeit — die Entstehung neuer bedeutender Werke in Aussicht, welche auf die Verwerthung mineralischer Brennstoffe basirt, die einheimische Roheisenerzeugung auf mehr als das Doppelte von heute heben werden.

Von diesen Etablissements ist zunächst der von Dr. Strousberg auf der Herrschaft Zbirov in Kares (Station Zbirov der böhmischen Westbahn) beabsichtigte Aufbau eines Eisenwerkes zu registriren, das aus 4 Coakshohöfen, einem grossen Walzwerk und einer grösseren Anstalt für Brückenbau und Construction eiserner Dachstühle bestehen wird und mit 1. Juli 1871 in Betrieb gesetzt werden soll; die Coakshohöfen zu Kares werden in Mitte der bedeutendsten Zbirover Eisengruben stehen und mit denselben durch in Summa 8 Meilen lange Bahnlinien in Verbindung gesetzt werden; sie sind auf eine Erzeugung von circa 1 Million Centner Roheisen präliminirt und sollen vorzugsweise die linsenförmig körnigen Rotheisensteine von Krusna hora verschmelzen. Die beschickte Erzgattirung wird im Durchschnitt mit 35—40 Procent ausgebracht werden können, welches Ausbringen eine jährliche Gewinnung von $2\frac{1}{2}$—3 Millionen Centner Eisenstein verlangt. *)

Die zum Verschmelzen nöthigen Coaks werden von der St. Jakobs-Coaksanlage zu Miröschau bezogen werden; Dr. Bauer daselbst hat die Coakslieferung übernommen und werden nicht nur die Steinkohlen von Miröschau, sondern auch jene von Littitz und Mantau vercoakt werden, zu welchem Behufe der Bau einer neuen Coaksanlage in Nürschan in Angriff genommen wird.

Desgleichen wird Fürst Fürstenberg 2 Coakshohöfen zu Nutschitz aufstellen, welche zunächst für Verschmelzung der Nutschitzer Erze bestimmt sind und gegen 500000 Centner Roheisen jährlich erzeugen sollen.

Auch diese Hütte dürfte höchst wahrscheinlich ihre Coaks von der oben genannten Anstalt beziehen; rechnet man pr. Centner Roheisen einen Aufwand von 150 Pfund Coaks, so werden in den beiden Coaksanlagen zu Miröschau und Nürschan jährlich 2,250000 Centner Coaks erzeugt werden müssen, welche Erzeugung bei einem durchschnittlichen Ausbringen von 60 Procent eine Förderung von rund 3,750000 Centner Steinkohlen verlangt, welche Summe aber durch den Abfall an Schiefer- und Faserkohle bei der Wäsche noch um ein Erhebliches vermehrt wird.

Zwei neue Hohöfen zu Klabava (Stadt Rokitzan) und zu Horomislitz (Stadt Pilsen) mit einer jährlich präliminirten Erzeugung von je 30000 Centner sind der Vollendung nahe und werden demnächst angelassen werden.

Eine vorzügliche Qualität des Rohproductes ist allerdings aus den böhmischen Erzen nicht zu erwarten, wenn nicht im nordwestlichen Theile des Landes durch grossartigere Verwerthung der dort vorkommenden reinen Hämatite und Magneteisensteine auch in dieser Hinsicht Bahn gebrochen wird — und dies ist dort möglich; ich will zu weiterer Begründung dieses noch nachträglich zu meinem Aufsatze in Nr. 9 dieser Zeitschrift vom heurigen Jahre die Analyse eines Erzes dortigen Vorkommens, welche mir mitgetheilt wurde, folgen lassen.

Der Magneteisenstein von der Fischerszeche bei Pressnitz enthält in 100 Gewichtstheilen:

$Fe_2\,O_3$	—	48·300
$Fe\,O$	—	37·700
$Al_2\,O_3$	—	1·500
$Si\,O_2$	—	11·500
$P\,O_5$	—	0·076
$Ca\,O$	—	Spuren
$Mg\,O$	—	Spuren
$Ba\,O$	—	Spuren
Zusammen		99·076.

Der Eisengehalt dieses Erzes beträgt 62·5 Procent.

Durch den Ausbau der nach Sachsen führenden Bahnen ist indessen in kurzer Zeit der Bezug der Caoks von Zwikau für jene Gegend ermöglicht.

Auch die Einfuhr fremden Rohmaterials wird durch die Mehrerzeugung nicht umgangen werden können, weil reine, hauptsächlich manganreiche Marken desselben bei dem Verpuddeln unserer unreinen Coaksroheisensorten werden mitverwendet werden müssen; allein für die Erzeugung von Gusswaaren jeder Art ist das böhmische Roheisen ganz vorzüglich geeignet und die gewöhnlichen Stabeisensorten werden nach wie vor durch den Puddlprocess in zufriedenstellender Qualität erzeugt werden können.

Ausser den oben angeführten Hohofenanlagen haben auch unsere Raffiniranstalten sich vermehrt; neben bedeutenden Werkserweiterungen auf den der Prager Eisenindustriegesellschaft gehörigen Hütten zu Wilkischen und Nürschan hat diese Gesellschaft ein neues Walzwerk zu Kladno aufgestellt, das für Schienenerzeugung eingerichtet, zur Hälfte bereits fertig und dieser Theil seit Sommer vorigen Jahres im Betriebe ist. Eine andere Puddlhütte wurde zu Bubna bei Prag erbaut und ist ebenfalls bereits das 2. Jahr im Betriebe, und ein grosses Blechwalzwerk soll demnächst auf dem fürstlich-Fürstenberg'schen Eisenwerke zu Rostok errichtet werden.

In Böhmen wurden in den beiden besten Jahren 1862 und 1863, je über 1 Million Centner Roheisen erzeugt; obwohl diese Production bis 1866 wieder bis auf nicht ganz 800000 Centner gesunken ist, dürfte sie heute neuerdings bis zu jener Summe gestiegen sein und in wenig Jahren die ansehnliche Ziffer von dritthalb Millionen Centner erreichen *).

Příbram, im November 1869.

---

*) Diese Hohöfen werden unter nahezu gleichen Verhältnissen wie die zu Rosenberg in Baiern arbeiten; im Juli d. J. war dort ein dritter Hohofen (schottisches System) im Bau.

*) Vorausgesetzt, dass die gegenwärtige Eisenconjunctur anhält und die Coakserzeugung mit dieser Vermehrung gleichen Schritt zu halten vermag! Wir wollen in letzterer Beziehung darauf aufmerksam machen, dass manche Kohlen, die für sich allein schlechte Resultate im Coaks-Ofen geben, mit anderen fetteren Kohlen gemengt, ganz gute Coaks bilden, und behalten uns vor, über diesbezügliche Versuche ein andermal ausführlicher zu berichten. O. H.

Die zweite Versammlung montanistischer Fachgenossen in Laibach*)

am 31. October und 1. November 1869.

(Nach stenographischen Excerpten.)

Von Seite des, gelegentlich der im Jahre 1868 in Laibach tagenden Versammlung von montanistischen Fachgenossen eingesetzten Comité's wurde, entsprechend der ihm zu Theil gewordenen Mission, eine zweite solche Versammlung, u. zw. für die letzte Feiertagsfolge des 31. October und 1. November l. J. in Laibach einberufen.

Von demselben wurden in der diesbezüglichen Einladung als Reihenfolge der in Discussion zu ziehenden Programmspuncte festgestellt:

a) Rechenschaftsbericht des Comité's.
b) Ueber Bruderladen, deren gegenwärtige mangelhafte Einrichtung und Vorschläge zur Beseitigung eines nicht mehr zeitgemässen Zustandes derselben.
c) Die wichtigsten Reformfragen des Berggesetzes im Zusammenhange mit der bevorstehenden Neu-Regulirung des bergbehördlichen Verwaltungs-Organismus.
d) Anregung und Erörterung der Frage über Gründung eines krain'schen berg- und hüttenmännischen Vereines, oder Anschluss an einen der schon bestehenden Nachbarvereine im weiteren Anschlusse an die Frage der Wahl eines publicistischen Vereinsorganes.
e) Besprechung der bergmännischen Arbeiterfrage in Verbindung mit der Frage einer bergmännischen Schule etc.
f) Besprechung allfälliger Anträge über andere praktisch-fachmännische Gegenstände.
g) Neuwahl eines Comité's.

Hatte die erste Fachversammlung Laibachs vorwiegend die vortragsweise Erörterung specifisch technischer Zeitfragen unserer Berufsgenossenschaft auf streng wissenschaftlicher Basis sich zur Aufgabe gestellt, so fänd die zweite Versammlung das Feld ihrer ergänzenden Thätigkeit in den vorstehend aufgeworfenen Programmspuncten, welche entschieden dahin gravitirten, Discussionen wachzurufen und so weniger durch individuelles Schaffen als vielmehr im Wege geistiger Reibung aus dem Schosse der gesammten Versammlung ein, unsere allgemeinen Standesinteressen förderndes fruchtbares Resultat zu Stande zu bringen.

Die Versammlung schien auch von der Wichtigkeit und Zeitgemässheit dieser Aufgabe vollständig durchdrungen, denn mit Eifer und Gründlichkeit wurden die Berathungen in ausdauerndster Weise gepflogen und nur so wurde durch derartige Hingebung innerhalb zwei Berathungstagen eine verhältnissmässig sehr weit ausgreifende Aufgabe erfolgreich bewältiget.

Leider war durch die in jenen Tagen hereingebrochenen Schneefälle so mancher unserer werthen Fachgenossen, welcher bereits in freudigster Bereitwilligkeit seine Theilnahme an der Versammlung zugesichert hatte, zurückgehalten, und mehrfältig gab der elektrische Draht oder ein Sendschreiben verspätete Kunde von dem innigen Bedauern, welches die so hart Betroffenen vom traulichen Freundeskreise ferne hielt. — Vorzugsweise war auch Idria von diesem bedauerlichen Zwischenfalle heimgesucht und dessen Vertretung lediglich nur auf einen einzigen, zufällig von Kärnten her rückgereisten Fachgenossen beschränkt worden.

I. Versammlungstag. (31. October).

Zum Vorsitzenden der Versammlung wurde der k. k. Berghauptmann Trinker gewählt.

Derselbe begrüsste die Versammlung mit einigen herzlichen Worten, worin er auch dem Bedauern Ausdruck leiht, dass so viele Berufsgenossen durch das Unwetter verhindert sind, sich an den Berathungen zu betheiligen.

Vorstands-Stellvertreter Fritsch verliest den Rechenschaftsbericht, aus welchem wir lediglich nur das Eine hervorheben, dass die gelegentlich der ersten Fachversammlung in Laibach angeregte Idee der Activirung eines in zwangslosen Heften zu arrangirenden Fachorganes an der zu geringen Subscription für diese Zwecke scheiterte, und dass die diesfalls bereits geleisteten Beträge einer anderen Disposition von Seite der Spender entgegensehen.

Oberbergcommissär Bouthillier (Klagenfurt) entlediget sich der, seinen Worten nach, ehrenvollen und freudigen Aufgabe, im Namen des kärntnerischen Montanvereines die Versammlung herzlichst zu begrüssen, und stellet ihr als zweiten Abgesandten dieses Vereines Herrn H. Höfer, Professor der Bergschule in Klagenfurt, vor.

(Lebhaftes Bedauern rief die Thatsache in der Versammlung hervor, dass der noch näher als Kärnten benachbarte südsteirische Montanverein gar keinen Vertreter entsendet hatte.)

An die vortragsweise Lösung des zweiten Punctes der Tagesordnung schreitet hierauf der Vorsitzende Herr Berghauptmann Trinker und erörtert die Bruderlad-Verhältnisse in Krain und im Küstenland in nachstehender, excerptweise wiedergegebenen Fassung:

Die Berghauptmannschaft Laibach zählt 10 Bruderladen mit einem Vermögen von 154102 fl., welches zum grössten Theile (98192 fl.) auf das ärarische Bergwerk Idria entfällt.

Es besteht eine grosse Ungleichheit in den Kräften der Bruderladen und es fehlt die Freizügigkeit derselben unter einander. Dieser Umstand steht auch der Verbesserung der Lage der Arbeiter entgegen. Anderseits ist die Betheiligung der Werksbesitzer zu gering, man findet zwar viele zwangsweise Beiträge der Arbeiter, aber nur wenige freiwillige der Werksbesitzer. So findet sich nur ein einziges Bruderladsstatut, demzufolge 10% der ge-

*) Wir danken für diese ausführliche Mittheilung. Wir werden sie mit kleinen Glossen begleiten, was ein Beweis unserer lebhaften Theilnahme an solchen Debatten ist. Wir können unsere Meinung jetzt nicht ausführlicher begründen, wollen aber nur einstweilen selbst Partei in der Sache ergreifen und freuen uns auch in der Versammlung manche Gesinnungsgenossen zu finden, deren Aeusserungen uns etwas kürzer wiedergegeben scheinen als die des Referenten, dessen Ausführungen wir mit Rücksicht auf den Raum hie und da werden kürzen müssen. O. H.

sammten Beiträge der Bruderladsmitglieder auch von der Gewerkschaft geleistet werden, und bei zwei Montanwerken liessen sich die Werksinhaber zu Gründungsbeiträgen herbei, deren grösster auf etwas über 1000 fl. sich beläuft. «Aber anderwärts geschieht mehr, so in Frankreich, Belgien, Rheinpreussen. Besonders beachtenswerth ist das Saarbrückener Bruderladstatut, wornach der Werksbesitzer einen den Beiträgen der Arbeiter gleichkommenden Betrag zu leisten hat, welcher monatlich an die Knappschaftscassen abzuführen ist, während bei uns Fälle vorgekommen, wo die Bruderladsbeiträge in der Werkscasse verblieben, und einfach mittelst eines eigenen Conto's verrechnet wurden, was ungeachtet des §. 268 allg. Bergges. beim Concurs den Verlust des ganzen Bruderladsvermögens zur Folge hatte.

Weiters bespricht Herr Berghauptmann Trinker die Competenz der Bergbehörden.

Die Bergbehörde prüft und sanctionirt die Bruderladstatuten, und besitzt so die gründlichste Kenntniss derselben, deshalb wendet sich auch der Arbeiter an die Bergbehörde, wenn er sich verkürzt glaubt, allein diese hat keine decisive, sondern blos eine conciliative Stimme, die erstere steht vermöge §. 67 der Jurisdictionsnorm dem Berggerichte zu; und doch hat auch der Justizbeamte nur die Statuten als Grundlage seiner Entscheidung.

Mittel gegen diese Gebrechen wären: Vereinigung der Bruderladen; allein diese hat Schwierigkeiten, die um so grösser sind, als Krain des vereinzelten Bergbaubesitzes wegen keine Reviere und Revierausschüsse, auch keine sonstige autonome Vertretung, z. B. Montankammern, besitzt; von einer imperativen Vereinigung könne aber keine Rede sein. Was die Freizügigkeit anbelangt, so sind die Hindernisse weniger gross; ein Montanamt hat auch bereits den ersten Schritt gethan, indem es die austretenden Arbeiter als Urlauber betrachtet und gegen fortlaufende Einzahlung dieselben im Bruderladsverbande belässt; allein dabei besteht die Schattenseite der Doppelzahlung fort. Dieser Uebelstand liesse sich jedoch bei einiger Reciprocität und bei gegenseitigem Verständniss nicht schwer beseitigen.

Was die geringere Betheiligung der Gewerken betrifft, so sei ein Zwang, wie er gegen die Arbeiter geübt wird, nicht räthlich. Die Erfahrung zeigt, dass bei Unglücksfällen die lebhafteste Theilnahme stattfindet, wie bei dem letzten Grubenunglück im Plauen'schen Grunde, was eben für die humanen Tendenzen der Gewerken bürgt. Hier ist zwar kein Unglück von solcher Ausdehnung noch vorgekommen, allein das Elend vieler Arbeiterfamilien ist für den Fall der Arbeitsunfähigkeit des Familienoberhauptes und bei dem Mangel jeglicher Unterstützung darum nicht viel geringer. Es bedürfte nur einer geeigneten Anregung, um die Gewerken zu regelmässigen Beiträgen zu veranlassen, welche aber nicht in die speciellen, sondern in eine allgemeine, in Ermanglung von Bergrevieren für das ganze Amtsgebiet der Berghauptmannschaft zu schaffende Bruderlade fliessen sollten.

Was die Vermengung der Bruderladsgelder mit den Werksgeldern betrifft, so sei die äusserste gesetzliche Strenge dabei zu empfehlen, insbesondere dort, wo ein Bergwerk erst im Entstehen und ein Bruderladsstatut noch nicht vorhanden ist, auch sich wegen einer geringeren Arbeiterzahl und der weniger ausgiebigen Beiträge nicht alsogleich herstellen lässt.

Was die Competenz der Bergbehörde betrifft, so bemerkt Berghauptmann Trinker, es bedürfe keiner tiefen juridischen Kenntnisse, um Conflicte in Bruderladsachen zu entscheiden. In dem Entwurfe über Montankammern sind auch denselben die Streitigkeiten bezüglich der Bruderladen und jene des Arbeitsgebers mit den Arbeitern zugewiesen worden, und das nach den Grundsätzen der Autonomie und des Selfgouvernements erst vor Kurzem in's Leben gerufene Institut der Gewerbegerichte, welches neben den Vergleichscommissionen auch Spruchcollegien aufstellt, bestättige noch mehr obige Ansicht. Wenn also den Bergbehörden die Spruchberechtigung wegen ihrer Stellung als administrative Behörde, oder wegen Mangel eines collegialen Verfahrens durchaus nicht zuerkannt wird, so könnte doch der Wirkungskreis der Gewerbegerichte in dieser Richtung erweitert werden.

Ein Theil dieser Massregeln sei auch schon competenten Ortes in Betracht gezogen, und werde von Seite der obersten Bergbehörde in nicht allzu entfernter Zeit sicher eine entsprechende Erledigung finden. Was die Bildung gemeinschaftlicher Bruderladen und die grössere Freizügigkeit betrifft, so hoffe er ebenfalls, dass seine diesbezüglichen ermunternden Worte Widerhall in der Versammlung finden werden, und dass von derselben in Form eines sofort zu berathenden Aufrufes an die Gewerken der erste ergiebige Anlass zur Hebung der heimischen Bruderladsverhältnisse gegeben werde.

(Fortsetzung folgt).

Einladung an die Bergwerks-Verwandten in der österreichisch-ungarischen Monarchie.

Der von dem gefertigten Secretariat im Jahre 1860*) eingeleitete Umlauf technischer Fachzeitschriften bei den bergmännischen Lesekreisen der Monarchie tritt mit dem kommenden Jahre in den X. Jahrgang.

Mannigfach waren die Bedenken und Schwierigkeiten, welche sich der ersten Einführung dieses Umlaufes entgegensetzten; mancher ehrenwerthe Fachgenosse erklärte das Unternehmen von vorneherein für unausführbar und selbst für unnütz, und unliebsame Erfahrungen bei der Vorbereitung des 2. Jahrganges machten es leider unbedingt nothwendig, die ursprünglich unentgeltliche Theilnahme an dem Zeitschriften-Umlaufe für die folgenden Jahre mit der — wenn auch nicht bedeutenden — Abgabe von 1 fl. für jeden Theilnehmer zu belegen, um den gemeinnützigen Zweck des Unternehmens nicht vereiteln zu lassen.

Ungeachtet aller Schwierigkeiten hat aber das Unternehmen den günstigsten Erfolg erzielt.

Seit 1861 benützen jährlich 3—6 bergmännische Lesekreise, zusammen 40—60 Theilnehmer zählend, die regelmässig in Umlauf tretenden Zeitschriften, deren Anzahl von 8 auf 11 erhöht wurde, von welchen 9 nach vollendetem Umlaufe Eigenthum der Lesekreise bleiben, und beinahe jährlich bewarben sich mehr Lesekreise um die Theilnahme, als zweckmässig zugelassen werden konnten.

Nicht ohne eine gewisse Genugthuung ob des erzielten Erfolges erlaubt sich daher das gefertigte Secretariat die berg-

*) Siehe Jahrgang 1860 dieses Blattes, Beilage zu Nr. 52.

männischen Lesekreise der österr.-ungarischen Monarchie für das Jahr 1870 zur Theilnahme an dem Zeitschriften-Umlaufe einzuladen.

Die Zeitschriften werden die nämlichen sein, wie im Jahre 1869, nämlich:

1. Berg- und Hüttenmännische Zeitung von B. Kerl und Fr. Wimmer.
2. Zeitschrift für Berg-, Hütten- und Salinenwesen im preussischen Staate.
3. Der Berggeist.
4. Glückauf.
5. Zeitschrift des Vereines deutscher Ingenieure.
6. Zeitschrift des österreichischen Ingenieur- und Architekten-Vereins.
7. Dingler's polytechnisches Journal.
8. Polytechnisches Centralblatt.
9. Neueste Erfindungen.
10. Wochenschrift des niederösterr. Gewerbe-Vereins.
11. Praktischer Maschinen-Constructeur.

Die Benützung dieser Zeitschriften wird in folgender Weise vermittelt werden:

Am ersten jeden Monats (vom 1. Jänner 1870 angefangen) wird von Wien an jeden der theilnehmenden Lesekreise eine Anzahl von Nummern oder Heften voraus bestimmter Zeitschriften durch die k. k. Fahrpost versendet. Diese Nummern oder Hefte bleiben bis zum letzten Tage desselben Monates dem Lesekreise zur Benützung, und werden von demselben vom 1. des nächstfolgenden Monates durch die k. k. Fahrpost an einen bestimmten anderen Lesekreis versendet.

Jeder Sendung wird von hier aus eine Versendungskarte beigelegt, auf welcher die Ordnung der weiteren Versendungen verzeichnet ist, und welche die Sendung stets zu begleiten hat.

Nach vollendetem Umlaufe bleiben die obgenannten Zeitschriften Nr. 3—11 Eigenthum jener Lesekreise, welchen sie in der Reihenfolge zuletzt zugekommen sind; nur die Zeitschriften Nr. 1 und 2 sind halbjährig hieher zurückzusenden.

Damit kein Lesekreis in der festgesetzten Zeitdauer der Benützung beeinträchtiget werde, müssen die Versendungen stets pünktlich an den festgesetzten Tagen bewerkstelliget werden. Aus diesem Grunde muss man sich auch vorbehalten, die Versendungen an einen Lesekreis, welcher in dieser Hinsicht nicht gewissenhaft vorgehen würde, ohne irgend einen Ersatz einzustellen.

Die Anordnung der Benützung der Zeitschriften unter den einzelnen Theilnehmern eines Lesekreises muss diesem anheimgestellt werden. Die Erfahrung hat übrigens gezeigt, dass die Benützung durch Circulation der Zeitschriften bei den einzelnen Theilnehmern diesen nur sehr geringen Vortheil bietet, dagegen die vollkommenste und zugleich bequemste Art der Benützung darin besteht, dass die Theilnehmer des Lesekreises aus ihrer Mitte für jede Zeitschrift einen oder mehrere Berichterstatter wählen, welche die interessanteren Artikel und Notizen in periodischen (monatlich ein- oder zweimal stattfindenden) Zusammenkünften sämmtlicher Theilnehmer auszugsweise mittheilen. Dieser letztere Vorgang wird daher angelegentlichst empfohlen, und jenen Lesekreisen, welche denselben einführen, unter übrigens gleichen Umständen der Vorzug vor anderen ertheilt werden.

Die Anzahl der Lesekreise, welche an der Benützung der oben bezeichneten Zeitschriften Theil nehmen können, ist vorläufig auf höchstens 6 beschränkt. Sollten sich mehr Lesekreise anmelden, so werden jene vorzugsweise berücksichtiget, welche zahlreicher an Theilnehmern sind.

Für den Fall, als sich weniger als 4 Lesekreise zusammen mit 50 Theilnehmern melden würden, behält man sich vor, die gegenwärtige Einladung zurückzuziehen.

Die bergmännisch-wissenschaftlichen Lesekreise, welche von dieser Einladung Gebrauch zu machen wünschen, wollen spätestens bis

27. December 1869

das gefertigte Secretariat hievon in frankirten Schreiben in Kenntniss setzen, und gleichzeitig

1. das Namensverzeichniss sämmtlicher Theilnehmer,
2. den Betrag von 1 fl. Oe. W. für jeden Theilnehmer (für das ganze Jahr 1870),
3. die genaue Adresse jenes Theilnehmers, an welchen die Sendungen zu richten wären, und welcher für die Einhaltung obiger Bedingungen die Bürgschaft übernimmt, endlich
4. die Angabe, auf welche Art der Lesekreis die Zeitschriften zu benützen beabsichtigt, einsenden.

Ueber die eingelaufenen Anmeldungen wird sogleich entschieden, und den etwa nicht zugelassenen Lesekreisen die eingesendeten Geldbeträge unverzüglich zurückgesendet werden.

Wien, 15. November 1869.

Secretariat des österreichischen Ingenieur- und Architekten-Vereins.
(Stadt, Tuchlauben 8.)

Notiz.

Eine Gesellschaft zur Versicherung gegen körperliche Unfälle unter dem Namen „Conservator" ist hier in Wien gegründet und nach Bestätigung ihrer Statuten am 15. October handelsgerichtlich protokollirt worden.

Nach dem von derselben versendeten Circulare hat die Gesellschaft laut §. 1 der Statuten den Zweck, gegen eine fixe Prämie, Versicherungen und Rückversicherungen zu leisten, gegen die Folgen körperlicher Unfälle und Beschädigungen aller Art an Leib und Leben der Menschen, die ihren Ursprung in einer äusserlichen, gewaltsamen Ursache haben, sowie gegen die Schadenersatzleistungen, zu welchen Anstalten aus Anlass von derlei Unfällen gesetzlich verhalten werden können.

Laut § 5 der Statuten ist das Grund-Capital der Gesellschaft auf Eine Million Gulden ö. W. festgesetzt und zerfällt in 5000 Actien à 200 fl.

Der Verwaltungsrath ist Vorstand der Gesellschaft.

Die Firma der Gesellschaft wird von zwei Mitgliedern des Verwaltungsrathes oder einem Mitgliede desselben und dem vom Verwaltungsrathe mit der Procura versehenen Director oder dessen Stellvertreter cumulativ in der Art gezeichnet, dass die genannten Personen unter die mit Stampiglie vorgedruckte oder von wem immer geschriebene Firma ihre Namensfertigung setzen und wir bitten Sie, von den umstehenden Unterschriften gefälligst Kenntniss zu nehmen.

Wir bemerken noch, dass die Gesellschaft vorläufig folgende Versicherungs-Combinationen aufgestellt hat:

1. Versicherung der Reisenden auf Eisenbahnen, 2. der Verkehrsanstalten, 3. der Bediensteten der Verkehrsanstalten, 4. der Cotinentalreisenden, 5. der Seereisenden, 6. der Arbeiter in Bergwerken und Fabriken, 7. der einzelnen Individuen gegen die Gefahren aller Art, für bestimmte Zeitperioden und lebenslänglich.

Die nachstehenden Herren Verwaltungsräthe sind zur Führung der Firma berechtigt:

Dr. Carl Rokitansky, Präsident, Heinrich Granichstätten Friedrich Benesch, August Kaulla, Johann Fillunger, Louis Moskowicz, Hermann Schirmer, Carl Schellnberger und Dr. Ferdinand Stamm; Roman Fachini, Director. Das Bureau befindet sich Wollzeile Nr. 20.

Literatur.

Mineralogische Studien. Eine Sammlung von wissenschaftlichen Monographien in zwangloser Folge. I. Theil. Die Mineral-Species nach den für das specifische Gewicht derselben angenommenen und gefundenen Werthen von Dr. Martin Websky, ausserordentlichem Professor an der Universität zu Breslau, k. Ober-Bergrath a. D. — Breslau 1868, k. Universitätsbuchhandlung Ferdinand Hirt.

Dieses Buch hat zum Zweck, als Hilfswerk zur Bestimmung der Mineralien zu dienen und benützt dazu das, nach Ansicht des Verfassers nicht genug gewürdigte, specifische Gewicht, von welchem er glaubt, dass es an Wichtigkeit die übrigen äusserlichen Eigenschaften weit übertrifft und gewissermassen eine Brücke zu den chemischen Eigenschaften anbahnt. Es werden dabei zahlreiche Abstufungen des specifischen Gewichtes in Anwendung gebracht, und vom niedersten zum höchsten die Eintheilung verfolgt und bei jedem Mineral Härte, specifisches Gewicht und wohl auch die chemische Analyse angegeben nebst Fundort und Berufung auf die Werke von Naumann, Rammelsberg, Kenngott etc., denen die Angaben entstammen. So z. B. fängt das Buch mit folgender Zeile an:

Specifisches Gewicht 0·4—0·7

(A. In Wasser löslich.) (B. In Wasser unlöslich.)

Härte

0 Pyropissit R(ammelsberg S.) 966. K(enngott)Ueb(ersicht) 50—51. 148. P(yropissit) von Weissenfels bei Halle. Spec. Gew. = 0·493—0·522.

Die letzte Angabe des Buches lautet (S. 165):

Specifisches Gewicht = 12—25.

II. Metalle.

Härte

7 Irid-Osmium, Sisserskit N(aumann) 434. 401. Gew. 21·1—21·2; Ural. = 75—80 Os.; 20—25 Ir.

Dann folgt noch ein Anhang einiger weniger Mineralien, deren specifisches Gewicht noch nicht bestimmt ist.

Für Aufbereitungsarbeiten dürfte diese Zusammenstellung, die dem Mineralogen zunächst bestimmt ist, auch von praktischem Werthe sein, da es oft auf mancherlei Abstufungen des specifischen Gewichtes ankommt. O. H.

ANKÜNDIGUNGEN.

☞ **Mit der heutigen Nummer wird für die Jahres-Pränumeranten unserer Zeitschrift das von Seite des hohen k. k. Finanz-Ministeriums bestimmte Beilageheft „Erfahrungen im berg- und hüttenmännischen Maschinen-Bau- und Aufbereitungswesen", Jahrgang 1868, (zusammengestellt unter der Leitung des Herrn Ministerialrathes Ritter von Rittinger) sammt dem dazu gehörigen Atlas von Zeichnungen ausgegeben.**

Diese Zeitschrift erscheint wöchentlich einen Bogen stark mit den nöthigen artistischen Beigaben. Der Pränumerationspreis ist jährlich loco Wien 8 fl. ö. W. oder 5 Thlr. 10 Ngr. Mit franco Postversendung 8 fl. 80 kr. ö. W. Die Jahresabonnenten erhalten einen officiellen Bericht über die Erfahrungen im berg- und hüttenmännischen Maschinen-, Bau- und Aufbereitungswesen sammt Atlas als Gratisbeilage. Inserate finden gegen 8 kr. ö. W. oder $1^1/_2$ Ngr. die gespaltene Nonpareillezeile Aufnahme. Zuschriften jeder Art können nur franco angenommen werden.

Druck von Carl Fromme in Wien. Für den Verlag verantwortlich Carl Reger

№ 48. XVII. Jahrgang. **Oesterreichische Zeitschrift** 1869. 29. November.

für

Berg- und Hüttenwesen.

Verantwortlicher Redacteur: Dr. Otto Freiherr von Hingenau,
k. k. Ministerialrath im Finanzministerium.

Verlag der G. J. Manz'schen Buchhandlung (Kohlmarkt 7) in Wien.

Der Bergwerksbetrieb in der k. und k. österr.-ungarischen Monarchie i. J. 1867.

Nach den amtlichen Veröffentlichungen bearbeitet vom Redacteur.

IV.

Den edlen Metallen am nächsten stehend muss das Quecksilber betrachtet werden, dessen Production sich auf Idria in Krain und auf den oberungarischen District erstreckt.

Die Production in Oberungarn beziffert sich für das Jahr 1867 an Quecksilbererzen auf 1654 Ctr. im Werthe von 9443 fl. 37 kr., an metallischem Quecksilber 1089 Ctr. 51 Pfd. im Werthe von 131483 fl. 37 kr.

Die Erzeugung entfällt durchaus auf den Privatbergbau und zwar nicht blos aus eigentlichen Quecksilbererzen, sondern auch als Nebenproduct bei der Verhüttung von Fahlerzen. Deshalb der sonst unerklärliche geringe Unterschied in der Ziffer der Erz-Production und der des Metalls!

Das ärarische Quecksilberbergwerk zu Idria in Krain gewann an Quecksilbererzen 464468 Ctr. im Werthe von 727877 fl. 55 kr., an metallischem Quecksilber 4854 Ctr. 13 Pfd. im Werthe von 592474 fl. 65 kr.

Somit macht — abgesehen von Erzen — die Production des metallischen Quecksilbers in ganz Oesterreich-Ungarn 5943 Ctr. 64 Pfd. im Werthe von 723958 fl. 2 kr. aus, wobei im grossen Durchschnitt der Centner auf 121 fl. 80·3 kr. kommt. (In Idria berechnet sich der Ctr. auf 122 fl. 5·5 kr., in Ungarn auf 120 fl. 68·7 kr.)

Die Production hat in beiden Reichstheilen gegen das Vorjahr zugenommen, und zwar in Ungarn um 93 Ctr. 50 Pfd., in Idria um 1575 Ctr. 76 Pfd., der Werth in Summa um 143017 fl. 54 kr. bei einem Herabgehen des Preises um 14 fl. 19·9 kr., welches letztere durch die Concurrenz fremden (californischen und spanischen) Quecksilbers verursacht wird.

Wir können nicht umhin, hier einige Bemerkungen wiederzugeben, welche sich in der ämtlichen Publication des berghauptmannschaftlichen Verwaltungsberichtes bezüglich des auffälligen Steigens der Idrianer Erzeugung finden. Es heisst dort (S. 82):

„Die Quecksilber-Production Krains hat mit dem Jahre 1867 so zu sagen wieder eine neue Aera begonnen, indem dieselbe frei von den Fesseln der wechselnden Verschleiss-Conjuncturen*) zu einer Höhe sich emporschwang, wie sie seit Decennien nicht erreicht wurde.“

Als Beweis dafür dient nachstehende ebendaselbst (S. 83) aufgeführte Tabelle der Gewinnung von metallischem Quecksilber in Idria in den letzten 7 Jahren:

Jahr	Centner	Im Werthe von fl.	Mittelpreis
1861	4006·59	605193·28	157·02
1862	2891·28	448218·34	155·02
1863	3621·80	445742·70	126·51
1864	4475·73	638466·52	142·65
1865	3024·34	435401·10	143·96
1866	3278·09	461326·31	140·73
1867	4854·13	592474·65	127·80

Man sieht aus den Schwankungen und der fallenden Tendenz der Preise, wie wichtig es ist, durch Gewinnung eines gesicherten Absatzes die Erzeugung steigern zu können.

Nichts zeigt so sehr, wie diese Thatsache, wie nothwendig es ist, möglichst viel Metall aus der Lagerstätte zu Tage zu bringen, so lange es noch einen guten Preis hat, und wie kurzsichtig jene übelverstandene Furcht vor dem Gespenste des „Raubbaues“ war, welche Werthe an Metall in der Grube für eine Zukunft

*) Nämlich durch den vielfach ohne genaues Verständniss der Sache getadelten Vertrag vom Dec. 1866, durch welchen unter entsprechender Provision, aber ohne den mindesten Einfluss auf die Betriebsführung ein Handlungshaus den Vertrieb des Quecksilbers auf seine Rechnung und Gefahr übernahm, so dass es alles Idrianer Product (mit Ausnahme des zum eigenen Gebrauche der Staatsverwaltung für die Zinnoberbereitung) zu nehmen verpflichtet ist, ohne dass der Staat eine gewisse Menge verbürgt, da er beim Betrieb freie Hand behalten will.

aufsparen wollte, in welcher sie vielleicht einen Preis erreicht haben können, der die Gewinnungskosten nicht mehr lohnt! Man berechne sich z. B., wie hoch der Werth der Production im Jahre 1861 gewesen wäre, wenn man damals statt 4006 Ctr. etwa 8000 Ctr. hätte gewinnen und absetzen können! Der nun für eine Reihe von Jahren gesicherte Absatz gestattet die Betriebseinrichtungen zu verstärken und die Erzeugung zu steigern, statt gute Erze als zinsenloses todtes Capital bis zur künftigen Entwerthung in der Grube zu lassen, wie es missverstandene Vorsicht des mittelalterlichen Bergbaues gerne that, weil damals die Macht des Capitals noch wenig gekannt und Preisschwankungen seltener waren!

In naher technischer Verbindung mit der Edelmetall-Production steht die Gewinnung des Kupfers, Bleies, Zinks, Nickels und Kobalts, Antimons, Wismuts, Arseniks, Urans, welche wir daher hier unmittelbar anschliessen wollen und dadurch von der Reihenfolge des amtlichen Berichtes abweichen, welcher das Eisen unmittelbar auf das Quecksilber folgen lässt, während wir es vorziehen, Eisen und Steinkohle am Schluss und in unmittelbarer Aufeinanderfolge zu behandeln.

Die Kupfer-Production findet sich wieder in allen von uns in I. und II. mehrfach erwähnten Ländergruppen vertreten, wenn auch in sehr verschiedener Ausdehnung.

In den Alpenländern trugen 1867 Obersteiermark, Krain, Tirol und Salzburg zur Kupferproduction in nachstehender Weise bei:

Steiermark:	Kupfererze	599 Ctr.	met. Kupfer	—	Ctr.
Krain:	„	113500 „	„	1327	„
Tirol:	„	93858 „	„	4243	„
Salzburg:	„	128634 „	„	3097	„

in Summa: Kupfererze 336591 Ctr. met. Kupfer 8667 Ctr., wovon nur 24777 Ctr. Erze und 3443 Ctr. metall. Kupfer auf die ärarischen Werke (Kitzbüchel, Brixlegg und Klausen in Tirol), dagegen 311814 Ctr. Erze und 5224 Ctr. Metall auf die Privatwerke entfallen. Der Preis der Erze schwankte von 3 fl. 10 kr. bis 14·6 kr., im Durchschnitt 91·6 kr., der Preis des Metalls von 54 fl. bis 56 fl. 23·8 kr. und im Durchschnitt 55 fl. 62 kr.

Der Totalwerth des in den Alpenländern erzeugten metall. Kupfers wird für 1867 mit 482064 fl. angegeben, wobei auf Tirol allein 238616 fl., auf Salzburg 171790 fl. und auf Krain 71688 fl. entfallen.

Die Kupferproduction in Böhmen ist äusserst geringfügig; sie beziffert sich im Jahre 1867 auf 1996 Ctr. Erze und 47 Ctr. metallisches Kupfer; letzteres im Gesammtwerthe von 2074 fl.

Mähren hat 1078 Ctr. Kupfererze, aber kein metallisches Kupfer ausgewiesen. Schlesien und Galizien haben gar keine Kupferproduction; die Bukowina aber ist mit 15920 Ctr. Kupfererzen und 406 Ctr. metallisches Kupfer, letzteres à 50 fl. Durchschnittspreis, mit 20291 fl. aufgeführt.

Von verhältnissmässig überwiegender Bedeutung ist die Kupferproduction in den ungarischen Ländern, und zwar insbesondere in dem Neusohler und dem oberungarischen (Kaschauer) Districte, dann in Siebenbürgen.

Die Erzeugung an Erzen betrug in ganz Ungarn, in Siebenbürgen und der kroatischen Militär-Grenze*) 709738 Ctr. Aus diesen (worunter auch silberhältige) und aus Cementwässern (Herrengrund, Schmöllnitz) wurden an metallischem Kupfer erzeugt:

im Bghptmschafts-District:	Ctr.	Werth	Durchschnittspr.	
Ofen	148	7312	49 fl.	37 kr.
Neusohl	7863	416753	53 „	— „
Kaschau	23797	1,152629	48 „	43·5 „
Nagybánya	1328	62952	47 „	40 „
Oravicza	3263	161117	49 „	37·7 „
Zalathna	6509	297377	45 „	68·7 „
Zusammen	42908	2,098143	48 fl.	90·8 kr.

Von dieser Production metallischen Kupfers kommen auf die ärarischen Werke 15967 Ctr., auf die Privatwerke 26911 Ctr.

Die Gesammtproduction von Oesterreich-Ungarn beziffert sich sonach auf 1,065323 Ctr. Kupferze und auf 52028 Ctr. metall. Kupfer im Werthe von 2,602.573 fl. bei einem Durchschnittspreise von 50 fl. 5 kr. pr. Ctr. metall. Kupfer.

Gegen das Vorjahr 1866 ist eine Zunahme der ärarischen Metall-Kupferproduction um 5828 Ctr., eine Abnahme der privaten um 1533 Ctr., also im Ganzen eine Zunahme von 4295 Ctr. im Werthe von 240777 fl. bemerkbar.

Interessant ist aus den Daten der Berghauptmannschaft Laibach die stete Zunahme des Kupferwerks Skofie zu entnehmen, dessen Metallproduction (Rosettenkupfer) in 7 Jahren sich folgender Art stellte.

	Ctr.	im Werthe von	bei e. Mittelpr. von
1861	46	3220·00 fl.	70·00 fl.
1862	75	3333·53 „	44·63 „
1863	155	4822·62 „	31·16 „
1864	65	2915·38 „	44·85 „
1865	398	20696·00 „	52·00 „
1866	934	49502·00 „	53·00 „
1867	1327	71658·00 „	54·00 „

Die Schwankungen der Preise des Rosettenkupfers werden theils durch Valuta-Verhältnisse, theils durch die verschiedene Qualität des Kupfers bei verschiedenen Manipulations-Versuchen erklärt. Im Allgemeinen folgen die Kupferpreise auch einer weichenden Tendenz durch die überseeische Concurrenz, daher auch hier möglichst starke Erzeugung, so lange noch annehmbare Preise dauern, sehr anzurathen ist, insbesondere bei dem minder bedeutenden Alpenländer-Bergbaue auf Kupfer.

(Fortsetzung folgt.)

Praktischer Versuch einer Sprengung mit Dynamit in der Heinrich Drasche'schen Steinkohlengrube zu Grünbach am Schneeberg.

Angeregt durch mehrfache Aufsätze, insbesondere die sehr lehrreichen und wissenschaftlichen Berichte des k. k. Oberlieutenants Herrn Isidor Trauzl über das neue Sprengmaterial Dynamit, veranlasste mich in der Grube einen praktischen und mit gewöhnlichem Sprengpulver vergleichenden Sprengversuch zu machen.

*) Nur Erze, aber keine metallische Production, da die Erze nicht an Ort und Stelle verhüttet werden.

Im Josefi-Bau des Herrn Heinrich Drasche zu Grünbach wird in der Grube circa 400 Klftr. vom Mundloch des Stollens eine Wasserhaltungs- und Fördermaschine aufgestellt, und es ist der für die Maschine nöthige Raum auszusprengen.

Ehe ich die Probesprengung begann, liess ich die Arbeiter durch kleinere Versuche mit dem Dynamit bekannt machen und fand hiebei Alles, was Herr Oberlieutenant v. Trauzl über Eigenschaften und Wirkung des Dynamit erläuterte, bewahrheitet.

Das zu sprengende Gestein ist sehr fester Sandstein, wechselgelagert mit sehr festem zähen Schieferthon, mit 15 bis 20 Zoll mächtigen Schichten.

Die zu sprengende Figur war 16 Fuss lang, 18 Fuss breit und 9 Fuss hoch und hievon zwei Ulmen frei, indem von der Hauptförderstrecke ein Querschlag als Angriffspunct diente, daher der Ulm der Hauptförderstrecke und jener des Querschlages frei war.

Mit denselben Arbeitern wurde nun diese Figur zur Hälfte, also 16 Fuss lang, 9 Fuss breit, 9 Fuss hoch mit gewöhnlichem Sprengpulver, und die gleiche zweite Hälfte mit Dynamit ausgesprengt und hiebei folgendes Resultat erzielt.

1. Gewöhnliches Sprengpulver.

Hiebei wurden 391 Bohrlöcher mit einer Gesammtteufe von 5929 Zoll, mit einer mittleren Teufe von 15·1 Zoll gebohrt, und im Durchschnitt pr. Loch 5·3 Loth Pulver gegeben; hiebei wurden 125½ Arbeiterschichten aufgewendet und 65 Pfd. Pulver und 25 Kränze Zünder verbraucht.

Kosten hiebei:

125½ Schichten à fl. 1.15	fl.	144.32
65 Pfd. Pulver à 35·7 kr.	„	22.75
25 Kränze Zünder à 15 kr.	„	3.75
	fl.	170.82

2. Dynamit.

Hiebei wurden 226 Bohrlöcher mit einer Gesammtteufe von 3669″, einer mittleren Teufe von 16·2″ gebohrt, pr. Loch 4·5 Loth, zusammen 32¼ Pfd. Dynamit und 82 Schichten, 15 Kränze Zünder und 226 Kapseln verbraucht.

Kosten hiebei:

82 Schichten à fl. 1.15	fl.	94.30
32¼ Pfd. Dynamit à fl. 1.20	„	38.70
15 Kränze Zünder à 15 kr.	„	2.25
226 Kapseln à fl. 1.15	„	2.60
	fl.	137.85

Sprengmaterial	Zahl der Bohrlöcher	Gesammtteufe in Zoll	mittlere Teufe e. Bohrloch.	Spreng-Material Pfd.	mittl. Verbrauch pr. Bohrloch Loth	Arbeiter-Schichten	Zündschnur-Kränze	Kapseln	Kosten	
Pulver	391	5929	15 . 1	65	5 · 3	125½	25	—	170 fl.	82 kr.
Dynamit	226	3669	16 . 2	32¼	4 · 5	82	15	226	137 fl.	85 kr.

Bei diesem Versuche ist noch zu berücksichtigen, dass

a) die Arbeiter mit Dynamit doch noch nicht so vertraut sind, als mit ihrem alten Sprengmittel, dem Schwarzpulver, daher doch mit ersterem die Arbeit im Verhältniss etwas langsamer geschieht, und jene alle Vortheile desselben noch nicht auszunützen gelernt haben.

b) Ist der Preis des Dynamit ein dreifach höherer als des Pulvers, daher die Preisberechnung vorläufig sich hauptsächlich auf die Zeitersparniss basiren kann.

125½ Schichten bei Schwarzpulver à 1 fl. 15 kr. = 144 fl. 32 kr., 82 Schichten beim Dynamit à 1 fl. 15 kr. = 94 fl. 30 kr., daher weniger um 50 fl., das ist über 40% Ersparniss bei der Handarbeit.

Der Ort der Sprengung war im raschen Wetterzuge, daher ein Resultat, wie dies Sprengmaterial auf die Gesundheit der Arbeiter und die Grubenwetter wirkt, nicht constatirt werden konnte; man wird daher bei nächster Gelegenheit Versuche an Orten mit weniger guter Ventilation machen, um die Wirkung auf die Arbeiter und Verschlechterung der Wetter beurtheilen zu können.

Bei dieser Sprengung wurde die Bemerkung gemacht, dass die mehrfach gerühmten, horizontal und vertical angebrachten Bohrlöcher nicht so gutes Resultat lieferten, und dass die Anbrüstung der Bohrlöcher auf die alt erfahrungsgemässe Weise auch beim Dynamit die beste ist; beim Schachtabteufen dürfte diese Art eher von Vortheil sein.

Nach diesem praktischen Versuche ist der Vortheil, mit Dynamit zu sprengen, ein so grosser, dass die Fortsetzung der Proben beim Schachtabteufen, Kohlensprengen etc. angeordnet wurden, und ich werde mir erlauben, die künftigen Resultate zu veröffentlichen.

Um das Dynamit allgemein verbreiten zu können, gehört nebst dem bereits bewilligten Eisenbahntransport noch eine bedeutende Zollermässigung und vor allem andern Gründung von Dynamitfabriken im Inlande.

Wien, im November 1869.

Josef Nuchten,
Bergbau-Inspector.

Die zweite Versammlung montanistischer Fachgenossen in Laibach

am 31. October und 1. November 1869.
(Nach stenographischen Excerpten.)

(Fortsetzung).

Ueber Antrag Fritsch's wird diese Debatte auf den Zeitpunct der Erörterung der Frage über die Besserung der Bergarbeiter-Lage verschoben.

Professor Höfer theilt hierauf die interessante Thatsache mit, dass der Kärntner Montanverein zu gleicher Stunde auch in Klagenfurt tage und über die gleiche Frage sich berathe, wobei er die einschlägigen acht Programmspuncte zur Verlesung bringt.

Hierauf schritt Bergcommissär Ritter v. Fritsch an die Entwicklung und Begründung der von demselben zusammengestellten und unter die Versammlungsgenossen schon früher im Drucke verbreiteten Anträge zur Reform des Berggesetzes und des bergbehördlichen Verwaltungs-Organismus.

Referent ergeht sich vorher in einem allgemeinen, einleitenden Exposé über die seit dem Erscheinen des neuen Berggesetzes im gesammten materiellen und Culturleben unseres Vaterlandes eingetretenen Aenderungen der Verhältnisse, Anschauungen und Bedürfnisse und leitet davon die Reformbedürftigkeit des Berggesetzes und des bergbehördlichen Verwaltungsorganismus ab.

Das allgemeine Berggesetz, an dessen Zustandekommen unläugbar gewiegte fachmännische Capacitäten gearbeitet, sei bei seinem Erscheinen allerdings als ein liberales angestaunt und von andern Staaten als Vorwurf ihrer einschlägigen Gesetzes-Reform gewählt worden. Dies war jedoch zu einer Zeit der Fall, wo der Obscurantismus über Oesterreich noch seine weiten Fittige breitete*). Was nun Stichhältiges an diesem Gesetze war, wurde in vielen Punkten durch die administrativen Generalisirungschablonen jener Zeit geschädiget, manches Gesunde daran durch die damalige politische Concentrations-Manie angekränkelt. Jetzt aber erscheint sein Geist durch die volkswirthschaftliche Wiedergeburt Oesterreichs und durch das gewaltig geförderte Güter- und Verkehrsleben desselben überflügelt.

Referent wage nun den Versuch diesem Bedürfnisse in bescheidener Weise Rechnung zu tragen, verwahrt sich aber im Vorhinein gegen die Tendenz, ein nur halbwegs erschöpfendes, ein ganzes Lebensalter erforderndes Reformgebäude aufzubauen; nur auf einzelne allgemeine Fundamentalsteine desselben, nicht auf alle Gebäudetheile habe er es abgesehen. Er übergeht z. B. die Fassung des §. 3 allg. Bergges., bezüglich welcher er die Specialisirung der vorbehaltenen Mineralien der allgemeinen, Zweifel schaffenden Fassung vorziehen würde, wodurch eingetretene Bergregalitäts-Zweifel z. B. über Leuchtöle, Magnium, Aluminium u. s. w. a priori ausgeschlossen worden wären**).

Unerörtert lasse er die Frage über Einführung des Zollgewichtes, beziehungsweise metrischen oder sonst dekadischen Systems, statt des überlebten, verkehrhinderlichen Wiener-Systems, unerwähnt lasse er die in überholten mittelalterlichen Verhältnissen wurzelnde, beirrende und unnatürliche Theilgrenze der Kuxe, die wünschenswerthe Einführung von markscheiderischen Normallinien, die Regelung der Nachbarverhältnisse Abbau treibender Bergwerksbesitzer z. B. durch Normirung von Sicherheits-Pfeilern u. s. w.

Referent geht hierauf zur Begründung seiner einzelnen Anträge über.

---

*) Das war wohl zu jener Zeit nicht so arg, da die erste Redaction des Berggesetzes bekanntlich in den Jahren 1849 und 1851 stattgefunden hat! O. H.

**) Wir stimmen dieser Ansicht ebensowenig bei, als den später von demselben Redner entwickelten Ansichten über die Privilegirung des Capitals bei Kohlen- und Eisenstein-Verleihungen; behalten uns aber vor, uns darüber gelegentlich ausführlicher auszusprechen. O. H.

Der Uebersicht halber wollen wir hier die Motive unmittelbar hinter die einzelnen Anträge, wie dieselben zur Debatte und Abstimmung gelangten, folgen lassen:

1. Die von den Bergbehörden zuzuweisenden ausschliesslichen Schurfterrains sind nicht an die Kreisform gebunden.

Dieselben sind vielmehr nach Massgabe der Oertlichkeit thunlichst von geraden, u. zw. von verlässlichen Fixpuncten aus genau bestimmten Linien an der Oberfläche und von senkrechten Ebenen in die ewige Teufe zu begrenzen.

Der Flächeninhalt derselben hat für alle vorbehaltenen Mineralien, mit Ausnahme von Kohlen und Eisen, nicht jenen von 150.000, für Eisen von 250.000 und für Kohle von 650.000 Quadratklafter zu überschreiten.

2. Bei der nachgesuchten Verleihung kann auch in Uebereinstimmung mit obiger Flächenausdehnung, unter Voraussetzung der unter Beiziehung von Sachverständigen bergbehördlicherseits constatirten Abbauwürdigkeit der mineralischen Lagerstätte, nach Massgabe der bei der Freifahrung vorgefundenen Aufschlüsse und der geologischen Verhältnisse des Vorkommens, bis an obige Maximalgrenze der Grubenmass-Belehnung gegangen werden.

3. Derlei ausschliessliche, allgemein zu verlautbarende Schurf-Concessionen oder Belehnungen auf Eisen und Kohle sind nur an solche Unternehmer zu ertheilen, welche sich über genügende, u. zw. einem der Feldes-Ausdehnung proportionalen, mindestens 10jährigen schwungvollen Schurf- oder Abbaubetriebe entsprechende Geldmittel oder bei Actiengesellschaften durch die Abnahme von einer hinreichenden Zahl von Actien auszuweisen vermögen.

4. Nachbarfelder haben sich in der Regel wenigstens an einer Seite genau an einander zu schliessen. Kommen Ueberscharen, welche thunlichst zu vermeiden sind, dennoch vor, so sind selbe wie nach dem gegenwärtigen Gesetze zu theilen.

Motivirung. Wenn unserem allg. Berggesetze der Vorwurf gemacht wurde, dass selbes dort, wo es restringiren sollte, die Schrankenlosigkeit walten lässt, und umgekehrt dort, wo freiere, expansionsfähigere Thätigkeit obwalten sollte, es sich vielmehr in mitunter kleinlichen, nergelnden Zumessungen ergeht, so gilt dies vorweg von dem österr. Schurf- und Belehnungswesen.

So ist es das Freischurfwesen, welches den Berechtigten kleinliche Terrains tropfenweise zumiesst, innerhalb dieser Gebiete den Freischürfer soferne schrankenlos walten lässt, dass die bezügliche Thätigkeitscontrole wohl nur am Papiere steht*). Ja selbst im Falle, als selbe unter Voraussetzung des Vorhandenseins genügender Controlsorgane entsprechend ausgeübt und das von Unwahrheiten strotzende Betriebsberichtwesen auf eine reelle Basis zurückgeführt werden könnte, müsste in dieser Richtung die Langmuth des den unthätigen Freischürfer übermässig schützenden Gesetzes doch gebrochen werden.

Die Freischürfe erwiesen sich auch bis jetzt als das beste Mittel, die Feldsperre stereotyp bei uns einzubürgern. Wenige fremde Schurfkreise, durch Schein-Weil-Arbeiten, durch fingirte Rapporte oder andere Manöver aufrecht erhalten, sind im Stande, ein grosses, wohl intentionirtes Unternehmen in einem günstigen Mineralschatzgebiete lahm zu legen. Sie wirken mitunter nach Art von Wegelagerern, welche den bemittelteren Nachbarn ein hohes Lösegeld abzwingen, deren Kräfte

---

*) Was keineswegs im Geiste des Gesetzes, sondern in dessen Handhabung und wohl auch in der unzulänglichen Organisirung der Behörde liegt! O. H.

schwächen, ohne selbst nur die volkswirthschaftlichen Zwecke fördern zu helfen.

Auch verhalte sich die Kreisgestalt der Freischürfe zur Rechtecksgestalt der Belehnungen gerade so ungereimt wie der Zirkel zur Quadratur*).

Frankreich, Belgien setzt dem Schürfen, dem Concessionswesen keine bestimmte Maximalgrenze, sondern macht selbe von dem Vorkommen der nutzbaren Mineralien, von den geognostischen Lagerungsverhältnissen abhängig. Die Kohlenunternehmung in Blanzy umfasse an 4094, jene von Auzin, beide in Frankreich gelegen, 5250 einfache österr. Grubenmassen**). Auch das preussische Berggesetz setzt diesbezüglich eine ungleich weitere Grenze, deren Maximum es mit 500000 Quadratlachter bezeichnet.

Der mit mehreren hundert Grubenmassen belehnten Werke seien in Oesterreich bereits sehr wenige zu finden***).

Es müssen daher in Oesterreich im Allgemeinen grössere Schurf- und Verleihungsfelder principiell angestrebt werden, um die Bedingungen eines volkswirthschaftlichen Gedeihens des Bergbaues zu schaffen. Die Zusammenschlagung von Grubenmassen (§. 112 allg. Bergges.) reiche, weil dieselbe im Gegensatze zu der im V. Abschnitt des preussischen Berggesetzes begünstigten, an keine bestimmte Grenzen gebundenen Consolidation †) die Ausdehnungsschranken derselben so überaus enge ziehe, nicht aus, ebensowenig als die Verordnung vom 14. Juni 1862, welcher gemäss die Zusammensetzung von Grubenfeldern im Sinne der Betriebserleichterung verstattet werde.

Referent geht sodann über zu der Betrachtung der im Reformparagrafe 1 ausgesprochenen Abstufung zwischen Kohle, Eisen und den übrigen Mineralien in Bezug auf die Maximalgrenze des Schurf- und Belehnungsfeldes. Er begründet diese Abstufung durch das in Oesterreich ausgedehntere Vorkommen der Kohle und der Eisensteinlagerstätten, welches nicht verstatte, dieselben nach einer einzigen Schablone mit Blei, Zink, Kupfer etc. zu behandeln. Letztere sind vorzugsweise die Stützen des in Oesterreich nicht zu beseitigenden Kleinbergbaues, welcher in den Zonen der Alpen, der Karpathen und Siebenbürgens zu tiefe Wurzeln gegriffen habe. *) Diesem solle man das Substrat der Existenz nicht rauben, ihn in seiner historischen und national-ökonomischen Berechtigung nicht schädigen. Daher abstrahire man bei ihm und bei den seine Existenz bedingenden Mineralien von der in §. 2 verlangten Ausweisung eines bestimmten, der Feldesausdehnung proportionalen Betriebscapitales. **)

Nicht gelte das Gleiche von Kohle und Eisen. Auch letzteres findet z. B. gerade in den drei Spatheisenzügen der Alpen und anderweitig eine gewaltige Vertretung; Oesterreich sei ein zur Eisenproduction durch die Natur vorwiegend berufenes Land. Dies erheische auch die Schaffung und Sicherung jener pecuniären Bedingungen, welche im §. 2 angestrebt und dazu dienen sollen, dem in der Regel ausgedehnteren Bergbau auf Eisen und noch mehr auf Kohle seinen Aufschwung a priori zu sichern.

Ob.-Comm. Bouthillier spricht sich gegen §. 3 aus, indem derselbe nur geeignet sei, die Intelligenz vom Bergbaue oft in nachtheiligster Weise auszuschliessen. Er verweiset andererseits auch auf die bäuerlichen Bewohner Kärntens, welche in freien Stunden oft auf Schürfungen ausgehen und manchen kostbaren Fund bewerkstelligt haben. Würde dieser Grundsatz des §. 3 adoptirt werden, so wäre die unausweichliche Folge davon, dass der Finder nicht entsprechend gelohnt und so entmuthigt werden müsste.

Prof. Höfer betont vorzugsweise den Standpunkt der Intelligenz, welche, wenn selbe nicht mit Capital gepaart erscheint, im Grossen ausgeschlossen bleibe. Dieses Schicksal treffe z. B. den praktischen Geologen, welcher hierdurch rein nur von dem guten Willen der Capitalskraft abhängig gemacht werde.

Der Finder und der wissenschaftlich gebildete Mann sollen dem Capitale gleichberechtigt gegenüberstehen. Ausgeschlossen soll der Fall bleiben, dass die müssige Geldkraft ohne Weiters allein belohnt und bevorzugt werde und die Intelligenz dabei allenfalls mit fünf Gulden täglich abzuspeisen. (Zustimmung).

Man gönne dem Finder und dem Forscher wenigstens eine gewisse, allenfalls ein- oder zweijährige Zeit, um den Fund zu erproben, um möglicherweise innerhalb dieses Zeitraumes eine bestimmte Geldkraft für seine Zwecke zu gewinnen.

---

*) Dieser Satz beruht auf einer gänzlich falschen Auffassung des Freischurfs! Nicht in einem kreisförmigen Schurffelde besteht dessen Wesen, sondern in dem Grundsatz, dass von jedem Freischurf (Arbeitspunct) auf eine gewisse Anzahl Klafter ein fremder Unternehmer fern bleiben solle. Das gibt aber mit mathematischer Nothwendigkeit einen Kreis. Der Freischurf hat in seinem Wesen kein Feld, sondern nur den Anspruch auf ein solches und ein Abwehrrecht auf gleiche Distanzen. Ein Rechteck müsste verpflöckt sein, um erkennbar zu sein, und würde schon eine Vorverleihung bilden! Wir verkennen die Schattenseite des Freischurfs nicht und würden bei einer Reform des Gesetzes viel dagegen sagen können; aber wer den Freischurf sich rechteckig denkt, hat dessen Grundidee nicht richtig aufgefasst! O. H.

**) Wie reimt sich dieses Bewundern der grossen Concessionen von Quadratmeilen — mit dem eben geäusserten Widerwillen gegen Feldsperre?? O. H.

***) ?? Jaworzno, die Ostrauer Gewerkschaften, Wolfsegg-Traunthal, Kladno, Rossitz und viele andere Werke in Böhmen, Mähren und Schlesien widerlegen diese Behauptung, welche mehr auf die Alpenländer passte; und auch dort bilden sich neuestens grössere Complexe. O. H.

†) Darin stimmen wir bei, obwohl durch Verleihungen gerade der Consolidation viel Feld gesperrt werden kann; allein wir zweifeln, dass es ein radicales Mittel gegen Accumulirung von Grubenfeldern gibt, ebensowenig als gegen Anhäufung von Reichthum in einer Hand, wenn man nicht stark in die Freiheit einschneiden will. O. H.

*) Dagegen zeigt Příbram im Gegensatze zum Erzgebirge, dass in dieser Art Bergbau auch der „Grossbergbau" gedeihe. O. H.

**) Anderseits aber kann man vielleicht auch behaupten, dass heutzutage gerade der unsichere Gangbergbau ein grosses Capital bedürfe, um auszuhalten. O. H.

Wolle man aber das Capital ausschliesslich protegiren, so falle man von dem gesetzlichen Gegensatze vollkommenster freier Bewegung in das andere Extrem des mattherzigen Illiberalismus.

Director Hinterhuber (Johannesthal) will den §. 3 im Principe wenigstens aufrecht erhalten wissen; nur sei der Massstab und die Grenze, bis wie weit der geforderte Capitalsausweis zu gehen habe, sehr schwer zu fixiren. In dieser Erwägung beantragt er daher, die Bestimmung im §. 3 dahin zu modificiren, dass lediglich nur die Ausweisung einer genügenden Capitalskraft im Allgemeinen nur verlangt werde. *)

Referent v. Fritsch replicirt, dass in Frankreich und Belgien **) nach Migneron folgende drei Hauptgrundsätze das Bergregal beherrschen:

1. Die Regelung des unterirdischen Eigenthums mittelst Ertheilung von Concessionen, welche die Regierung nach Massgabe der gewährleisteten volkswirthschaftlichen Bedingungen und an die Hand gegebenen Garantien verleiht.

2. In der Ueberwachung der Gruben im Interresse der öffentlichen Sicherheit, der Bedürfnisse der Consumenten, der Schonung des Oberflächen-Eigenthums und der Sicherheit der Arbeiter.

3. In der Besteuerung des Bergbaues und seiner Producte.

In Oesterreich hingegen modeln sich vorstehende Grundsätze beiläufig in folgende um:

1. Den Finder zu belohnen, auf allerdings demokratischer Basis Jedweden zu belohnen, jedoch hiebei von allen Bedingungen der Volkswirthschaft und den Garantien Einzelner ganz und gar Umgang zu nehmen.

2. Gänzliche Freiheit in der Betriebsgebahrung mit höchst unvollkommener Beaufsichtigung des Bergbaues und

3. Die Bedrückung des Bergbaues durch mehr oder minder raisonwidrige Steuern.

Unter der Aegide des Liberalismus gestatte unser Berggesetz dem Kleinbergbaue, vornehmlich auf Kohle und Eisen, entweder zu Grunde zu gehen oder selben zum Nachtheile der Allgemeinheit gar nicht oder in kläglichst kümmerlicher Weise zu betreiben. Dies wirke entmuthigend auf das Capital, welches sichere Verwendungen sucht und bevorzugt und bis jetzt seinen Weg nur spärlichst zum Bergbaue gefunden habe.

Nur jene Eisenwerke z. B., welche sich in den Händen gewichtiger Capitalskräfte befanden, waren befähigt, die Eisenkrisis-Periode Oesterreichs glücklich zu überdauern, während die Kleingewerken auf Eisen beinahe sammt und sonders zu Grunde gingen.

Die böhmischen, mährischen und schlesischen Eisenwerke wurden von Städten oder grossen Herrschaftsbesitzern gegründet ***), zur Prosperität gebracht und überdauerten bis zur Stunde glücklich und siegreich alle Calamitäten.

*) Von der sehr trügerischen Capitalsnachweisung ist man neuerer Zeit überall zurückgekommen, wo man einst daran polizeilich bevormundend festzuhalten pflegte, z. B. im Gewerbewesen! O. H.

**) Das scheint uns gerade die übelste Seite der französischen Gesetzgebung, daher auch Preussen in seinem neuen Gesetze dies nicht nachgeahmt hat. O. H.

***) Und dies geschah zu der Zeit, als nach des Redners Ansicht „der Obscurantismus seine Fittiche ausbreitete"! O. H.

Nur mit Capital könne der Bergbau im Grossen und damit überhaupt gedeihen, Hindernisse überwinden, in jeder Hinsicht erhöhte Erfolgs-Garantien schaffen, mit einem Worte grosse Erfolge erzielen.

Referent weist auf die Associationstendenz der jüngsten Zeit vorwiegend unter den Eisenwerksbesitzern, als auf die kärntnerische Union, auf die Innerberger Actiengesellschaft, auf jene von Maria-Zell und Neuberg, auf die ungarische Waldbürgerschaft, die siebenbürgische Gesellschaft u. s. w. hin. *)

Bezüglich Kärntens erwähnt er, dem Herrn Vorredner Bouthillier gegenüber, dass obige Capitals-Bestimmung den kärntnerischen Finder in der Regel nicht treffen noch schädigen werde, da die dortigen Funde sich meist auf anderen Mineralien als Kohle und Eisen bewegen, für welche obige Beschränkung ja nicht zu gelten hätte!

Bezüglich des Prof. Höfer meint derselbe, dass dessen Vorschlag: dem Finder einige Zeit zum Capitals-Ausweis zu gönnen, in gewissem Sinne auch auf seinen (des Referenten) Antrag, nur in limitirterer Fassung hinauslaufe, immerhin jedoch den Bergbehörden die Verlegenheit erwachsen lasse: was denn innerhalb des Zeitraumes des ad hoc begehrten Zuwartens von ein bis zwei Jahren, also in einer Art Intercalarperiode, namentlich in Concurrenzfällen zwischen capitalsarmen und capitalsreichen Bewerbern zu geschehen habe?

Dem Antrage Directors Hinterhuber: den Passus „und zwar einem der Feldes-Ausdehnung proportionalen, mindestens 10jährigen schwungvollen Schurf- oder Abbau-Betriebe entsprechende" fallen zu lassen, stimmt Referent willig bei.

Ob.-Com. Bouthillier replicirt: dass die in Aussicht gestellte gefährliche Feldsperre bei Anwendung geeigneter gesetzlicher Aufsicht und entsprechendem Vorgehen der k. k. Bergbehörden nicht eintreten werde, dass man aber a priori von dem drückenden, ewig in der fatalen Geldsache wurzelnden Zwange auf den Bergbaubesitzer ablassen solle.

Prof. Höfer weist darauf hin, dass ausserhalb Frankreich und Belgien auch grosse Bergbauunternehmungen mit ausgiebigstem Erfolg und ohne jedweden Capitalszwang bestehen, und hebt in dieser Richtung vorzugsweise die grossen Kohlen-, Zink- und Eisenwerke Schlesiens hervor, deren Aufschwung sich unter der Aegide eines liberaleren Berggesetzes als desjenigen in Frankreich vollziehe.

(Fortsetzung folgt.)

Notiz.

Die Hüttenberger Eisenwerks-Gesellschaft gibt das sehr nachahmenswerthe Beispiel periodischer Mittheilung ihrer Betriebsresultate durch Uebersendung der nachstehenden kurzen Mittheilung:

„Der Verwaltungsrath der Hüttenberger Eisenwerks-Gesellschaft nahm in seiner Monatssitzung am 15. d. M. den Bericht der Direction über die Ergebnisse des ersten Betriebsmonates entgegen. — Diese Resultate sind interessant genug, um selbe zur Kenntniss des grösseren Publicums zu bringen.

Es betrugen im October:

Die Erzförderung	235.000 Ctr.
Die Steinkohlenförderung	73.704 „

*) Also hat das Capital doch den Weg zum Bergbau gefunden, ehe noch das Berggesetz umgestossen ist! O. H.

Die Production von Roheisen bei 7 Hochöfen zu Lölling, Eberstein, Treibach und Heft 78.595 Ctr.
Die Production an Puddel-, Doublier-, Stabeisen, Blechen, Stahl- und Gusswaaren bei den gesellschaftlichen Raffinirwerken 33.686 „
Der Werth aller für den Verkauf bestimmten Producte beträgt fl. 423.000.—
Die Summe der ausgegebenen Facturen aber fl. 400.421.69

Eine bedeutende Productionssteigerung steht unmittelbar bevor, da die in Heft, Eberstein und Treibach weiter bestehenden 3 Hochöfen in Betrieb kommen, die neue Coaks-Hochofen-Anlage zu Prevali ihrer Vollendung nahe ist und die Erweiterung der Hefter Bessemerhütte ebenfalls in einigen Wochen fertig sein wird. Sämmtliche gesellschaftliche Werke sind auf lange Zeit hinaus mit Arbeit gedeckt.

Ein Reagens auf Arsen und Bereitung arsenfreier Salzsäure. Von A. Bettendorf. Lässt man arsenige Säure oder Arsensäure in rauchender Salzsäure und fügt eine Lösung von Zinnchlorür in rauchender Salzsäure hinzu, so entsteht ein sich rasch absetzender, voluminöser, brauner Niederschlag. Derselbe bildet nach dem Abfiltriren und Trocknen ein graues Pulver, welches beim Reiben Metallglanz annimmt und besteht aus metallischem Arsen mit $1^1/_2$ bis 4 Procent Zinn. Er entsteht nur, wenn die Salzsäure eine gewisse Concentration besitzt, und zwar gibt

arsenikhaltige Salzsäure vom spec. G.	1·182	sofortige Fällung
„ „ „ „ „	1·135	
„ „ „ „ „	1·123	vollständige Fäll. nach einigen Min.
„ „ „ „ „	1·115	unvollständ. Fäll. nach längerer Zeit
„ „ „ „ „	1·100	keine Fällung.

Da man eine Auflösung von arseniger Säure in concentrirter Salzsäure als eine Lösung von Chlorarsen in Salzsäure betrachtet, so ergibt sich demnach, dass die Reaction nur zwischen Zinnchlorür und Chlorarsen stattfindet, und dass eine Säure vom spec. G. 1·115 die arsenige Säure schon zum Theil als Chlorarsen, eine Säure vom spec. Gewicht 1·100 dagegen die arsenige Säure nur als solche auflöst.

Die Reaction ist sehr empfindlich und eignet sich besonders zur Erkennung des Arsens neben Antimon, da das Zinnchlorür auf Antimonverbindungen nicht einwirkt. Man muss nur Sorge tragen, dass die zu prüfende Lösung mit Salzsäuregas möglichst gesättigt sei. Um z. B. im käuflichen Antimon das Arsen nachzuweisen, oxydirt man dasselbe mit Salpetersäure, verdampft die überschüssige Salpetersäure vollständig, löst den Rückstand in einem verkorkten Probircylinder in möglichst starker Salzsäure und fügt mit Salzsäuregas gesättigte Zinnchlorürlösung oder festes Zinnchlorür hinzu.

Die grosse Empfindlichkeit des Zinnchlorürs gegen Chlorarsen liess den Gedanken nahe treten, mit Hilfe desselben den mehr oder weniger grossen Arsengehalt der rohen Salzsäure zu entfernen, eine arsen- und gleichzeitig chlorfreie Säure darzustellen.

Wenn man bedenkt, dass eine einigermassen arsenfreie rohe Salzsäure nur aus Schwefelsäurefabriken, welche arsenfreie Kiese oder Schwefel verwenden, bezogen werden kann, und dass diese Säure für viele Zwecke zur Entfernung der letzten Reste von Chlorarsen noch mit Schwefelwasserstoff gereinigt werden muss, so dürfte der Versuch der Darstellung einer reinen rauchenden Salzsäure mittelst Zinnchlorür als gerechtfertigt erscheinen.

421 Gram rohe Salzsäure vom spec. Gewichte 1·164 wurden mit rauchender Zinnchlorürlösung vermischt, der Niederschlag nach Verlauf von 24 Stunden abfiltrirt und die Salzsäure dann aus einer Retorte destillirt. Nach dem Uebergange des ersten Zehntels, welches merkwürdigerweise einen schwachen Stich in Gelb hatte, nach Verlauf einiger Stunden indessen vollkommen farblos erschien, wurde die Vorlage gewechselt und fast zur Trockene destillirt. Es wurde eine Salzsäure erhalten, welche mit Schwefelwasserstoff gesättigt, nicht die geringste Trübung von Schwefelarsen zeigte und auch im Marsh'schen Apparat nach langem Durchleiten keinen Arsenanflug gab. Der von der rohen Salzsäure abfiltrirte Niederschlag, in arsensaure Ammon-Magnesia übergeführt, gab 0·2554 Gram, entsprechend 0·02 Proc. metallischen Arsens. (Zeitschrift für Chemie, 1869, S. 492.)

ANKÜNDIGUNGEN.

Maschinen
für
Bergbau- und Hüttenbetrieb
in Holz- und Eisenconstruction,

Aufbereitungsmaschinen aller Art, als: Steinbrecher, Erzwalzwerke, Pochwerke, continuirlich wirkende Setzmaschinen für Graupen, ebenso für Sand und Schlamm, Stossherde (System Rittinger), Grubenpumpen, Fördermaschinen, Förderwagen, Feldschmieden, Gruben-Ventilatoren, Dampfmaschinen, Schieferscheeren, Coaks-Ausdruckmaschinen, Aschenwäschen, Kohlenwäschen, ganze Aufbereitungen nach continuirlich wirkendem System, liefert als besondere Specialität

J. M. Schneider,
Ungargasse 30.

(84—12.)

(85—5.)

Geschmiedete Decimalwaage viereckiger Form.

Balancewaage.

Geschmiedete, von der k. k. Zimentirungsbehörde in Wien geprüfte und gestempelte

Decimal-Waagen

viereckiger Form, unter achtjähriger Garantie sind zu folgenden Preisen immer vorräthig:

Tragkraft: 1, 2, 3, 5, 10, 15, 20, 25, 30, 40, 50 Ctr.
Preis: fl. 18, 21, 25, 35, 45, 55, 70, 80, 90, 100, 110.

Die zu diesen Waagen nöthigen Gewichte zu den billigsten Preisen.

Ferner **Balancewaagen,** welche sehr dauerhaft und praktisch sind, auf denen, wo immer hingestellt, gewogen werden kann. Tragkraft: 1, 2, 4, 10, 20, 30. 40, 50, 60, 80 Pfd.
Preis: fl. 5, 6, 7·50, 12, 15, 18, 20, 22, 25, 30

Viehwaagen, um darauf Ochsen, Kühe, Schweine, Kälber und Schafe zu wiegen, aus geschmiedetem Eisen gebaut, mit zehnjähriger Garantie. Tragkraft: 15, 20, 25 Ctr.
Preis fl. 100, 120, 150.

Brückenwaagen, um darauf beladene Lastwägen zu wiegen, aus gehämmertem Eisen, zehnjährige Garantie.
Tragkraft: 50, 60, 70, 80, 100, 150, 200 Ctr.
Preis: fl. 350, 400, 450, 500, 550, 600, 750.

Bestellungen aus den Provinzen werden entweder gegen Nachnahme oder Einsendung des Betrages sofort effectuirt:

L. Bugányi & Comp.,
Waagen- und Gewichte-Fabrikanten.
Hauptniederlage: Stadt, Singerstrasse Nr. 10, in Wien.

Transportable Dampfmaschinen
für kleinen Werkstatts- und Fabriksbetrieb, 2, 4, 6, 10, 15, 20, 25 und 30 Pferdekraft,

Fahrbare Dampfmaschinen,
Locomobilen,
4, 6, 10, 15, 20—30 Pferdekraft,

Stationaire Dampfmaschinen,
horizontaler und verticaler Construction, von 2—200 Pferdekr.

Wandmaschinen
von 2 bis 20 Pferdekr.

Zwillingsmaschinen,
horizontaler und verticaler Construction, 20—200 Pferdekraft.

Dampfkessel,
eigenthümliche Construction,

Dampfkessel-Garniturstücke,
eigenes Fabricat, besonders kräftig,

Dampfkessel-Speisepumpen,
neues System,

Speisewasser-Vorwärmer,
neues System,

liefern: **Sievers & Comp.,** Maschinenfabrik in Kalk, bei Deutz am Rhein.

Sachgemässe Construction, unter steter Benutzung der neuesten Erfindungen und Verbesserungen, exacte Ausführung, prompte Lieferung, guter Gang und Leistung werden garantirt.

Specielle Circulare und illustrirte Preiscourante darüber stehen zu Diensten. (70—1.)

„Verkauf von Holzkohlen-Roheisen."

Auf dem fürstlich **Hohenlohe**'schen Hüttenwerke zu Kaminietz, Kreis Rosenberg, in Oberschlesien, liegen 15.000 Ctr. bestes graues Holzkohlen-Roheisen zum Verkauf.

Dasselbe ist aus sehr gutartigen, schwefel- und phosphorfreien Erzen bei kaltem Winde und alleiniger Verwendung von Holzkohlen erblasen und daher sowohl für Maschinenguss als auch zur Darstellung von Stab-Eisen und Stahl vorzüglich geeignet.

Das Werk liegt an der rechten Oder-Ufer-Eisenbahn und beträgt die Fracht nach allen Stationen der Kaiser Ferdinands-Nordbahn (Oderberg Troppau, Brünn, Wien) nur 3 Sgr. 7 Pf. (18 Kreuzer) per Zoll-Centner.

Nähere Auskunft ertheilt die fürstliche Domainen-Direction in **Slawentzitz** (Oberschlesien).

(86—2.)

In der **G. J. Manz'schen Buchhandlung in Wien,** Kohlmarkt Nr. 7, gegenüber der Wallnerstrasse, ist eingetroffen:

Berg- und Hüttenkalender für das Jahr 1870. 15. Jahrg. Essen. 2 fl. 13 kr.

Dechen, H. v., Rede zur Erinnerung an das 100jähr. Geburtsfest **A. v. Humboldt's,** gehalten in der Versammlung der niederrhein. Gesellschaft für Natur- und Heilkunde am 11. October 1869. 48 kr.

Dieser Nummer liegt ein Prospect über das Patent-Sprengpulver Dynamit von Mahler & Eschenbacher in Wien, bei.

Diese Zeitschrift erscheint wöchentlich einen Bogen stark mit den nöthigen artistischen Beigaben. Der **Pränumerationspreis** ist jährlich **loco Wien** 8 fl. ö. W. oder 5 Thlr. 10 Ngr. **Mit franco Postversendung** 8 fl. 80 kr. ö. W. Die Jahresabonnenten erhalten einen officiellen Bericht über die **Erfahrungen im berg- und hüttenmännischen Maschinen-, Bau- und Aufbereitungswesen** sammt **Atlas** als Gratisbeilage. Inserate finden gegen 8 kr. ö. W. oder 1½ Ngr. die gespaltene Nonpareillezeile **Aufnahme.** Zuschriften jeder Art können nur **franco** angenommen werden.

Druck von Carl Fromme in Wien. Für den Verlag verantwortlich Carl Reger.

№ 49. XVII. Jahrgang.

Oesterreichische Zeitschrift für Berg- und Hüttenwesen.

1869. 6. December.

Verantwortlicher Redacteur: Dr. Otto Freiherr von Hingenau,
k. k. Ministerialrath im Finanzministerium.

Verlag der G. J. Manz'schen Buchhandlung (Kohlmarkt 7) in Wien.

Der Bergwerksbetrieb in der k. und k. österr.-ungarischen Monarchie i. J. 1867.

Nach den amtlichen Veröffentlichungen bearbeitet vom Redacteur.

V *).

Gleich dem Kupfer stehen durch ihren theilweisen Silberhalt auch die Producte des Bleibergbaues mit dem Edelmetall-Bergbau in Verbindung. Die Trennung der Bleierze von den Silbererzen mag in vielen Fällen schwer fallen, und andererseits kommen zumal beim böhmischen Bergbau auch Bleierze vor, welche nicht zur Gewinnung von Silber und Blei weiter verarbeitet werden, sondern als Erze für specielle Zwecke z. B. zur Glasur von Töpferwaaren verwendet und mitunter durch Export in das Nachbarland verwerthet werden (die Bleierze von Mies in Böhmen). Endlich muss hier noch eines Productes erwähnt werden, der Glätte (auch „Glötte"), welches Bleioxyd grösstentheils beim Abtreiben silberhaltiger Bleie gewonnen, ohne weitere Verarbeitung in Handel kommt, aber auch wohl, wenn stärkere Nachfrage auf Blei vorhanden ist, desoxydirt (gefrischt „Glättfrischen") und wieder in (mehr silberfreies) metallisches Blei verwandelt wird. So ist es thatsächlich der Fall, dass „Glätte" nicht als Fabrikat, sondern als Zwischenproduct erscheint und das metallische Blei erst hinterher daraus gewonnen wird, was mit der principiellen Auffassung mancher Zollgesetzgebungs-Principien seltsam contrastirt, nach denen Erze und Metalle zollfrei sind, Glätte aber als „Fabrikat" behandelt mit Zoll belegt erscheint, obwohl dieses vermeintliche Fabrikat durch einen neuerlichen technischen Process wieder in das (zollfreie) Metall zurückversetzt werden kann!

*) Während wir diesen Artikel zum Abdruck vorbereiteten, erhielten wir das eben erschienene Heft der Mittheilungen der statistischen Central-Commission mit den Zusammenstellungen über den Bergwerksbetrieb des Jahres 1868 für die im Reichsrathe vertretenen Länder (ohne Ungarn). Wir können jedoch nun die Vergleichung nicht mehr durchführen, wollen aber zum Schluss auch an diese neueste Publication anknüpfen.
Die Red.

Bei silberfreien Bleierzen (z. B. den kärntnerischeen sind es eben diese Erze, welche das Rohmaterial für die Bleimetall-Production bilden. Daraus erklärt sich, warum die officiellen Tabellen bei den Bleierzen die böhmische Production (mit gänzlicher Eliminirung der Přibramer Bleiglanze) so klein angeben, indess die kärntnerische so hoch beziffert erscheint; weil eben die „silberhaltigen Bleierze" unter den „Silbererzen" erscheinen. So kommt z. B. unter der Rubrik „Berghauptmannschaft Prag" gar keine Bleierz-Erzeugung vor (S. 158) und doch 28791 Ctr. Glätte und 3006 Ctr. Blei! Da in den Publicationen für 1866 bei der Berghauptmannschaft Prag (also Bergbau Přibram) 16426 Ctr. Blei verzeichnet stehen, so könnte dies auffallen; es erklärt sich aber durch das Kriegsjahr 1866, in welchem begreiflicher Weise mehr auf Blei als auf Glätte gearbeitet wurde und selbst ältere Glättevorräthe auf Blei reducirt wurden!

Wir wollen dem Leitfaden der officiellen Darstellungen weiter folgen und die Ziffern derselben für die Producte des Bleibergbaues hier in den entsprechenden Gruppen vorführen.

Bleierze (mit den oben angedeuteten Einschränkungen) entfallen:

	Ctr.	im Werthe von			
Auf die Alpenländer	106789	857952	fl.	81	kr.
Auf Böhmen (ohne die silberhaltigen) . . .	19388	163802	„	60	„
Auf Mähren. . . .	2777	11500	„	—	„
Auf Galizien (Krakau)	2370	14949	„	60	„
Zusammen also auf die nicht-ung. Länder	131324	1,048205	fl.	01	kr.
Auf Ungarn (mit Siebenbürgen u. Croatien)	7894	42933	„	23	„
Zusammen also	139218	1,091138	fl.	24	kr.

Auch bei den ungarischen Werken können die als Silbererze benutzbaren Bleiglanze nicht mitberechnet sein!

Unter den Alpenländern ist Kärnten mit 98268 Ctr. vertreten, Steiermark, Krain und Tirol mit je 1249, 2509 und 4763 Ctr. Die ärarische Production umfasst nur

28446 Ctr., wovon 1179 auf Tirol, 27267 Ctr. auf Kärnten entfielen. (Damals waren die ärarischen Antheile in Bleiberg noch nicht verkauft; im Jahre 1868 stellt sich das Verhältniss anders heraus, indem nur mehr Raibl im Staatsbesitz verblieben ist.)

Die Glätteproduction ist nur in Přibram (Berghauptmannschaft Prag) und in Schemnitz-Neusohl bedeutend und mit Ausnahme von 2158 Ctr. in Oravicza durchaus in ärarischen Hütten vorherrschend. In Tirol und im böhmischen Erzgebirge sind nur je 43 und 90 Ctr., in Siebenbürgen 23 Ctr. Production angegeben. Es stellen sich somit die Summen:

	Ctr.	im Werthe von
Alpenländer (nur Tirol) .	43	537 fl. 50 kr.
Böhmen	28881	352669 „ 05 „
Zusammen . .	28924	353206 fl. 55 kr.
Ungarn (mit Siebenbürgen)	9463	116553 „ — „
Hauptsumme . .	38387	469759 fl. 93 kr.

Die Production an metallischem Blei machte

	Ctr.	im Werthe von
in den Alpenländern*) .	69657	982612 fl. 78 kr.
„ Böhmen (?)**)	4906	66288 „ 71 „
Zusammen . .	74563	1,048896 fl. 49 kr.
in Ungarn mit Siebenbürgen	28313	330358 „ 06 „
Hauptsumme . .	102876	1,379254 fl. 55 kr.

Das Verhältniss der Privat- und Aerarialproduction im Jahre 1867 hat sich seither verändert und zwar hauptsächlich in den Alpenländern, nachdem die ärarischen Antheile am Bleibergbau zu Bleiberg in Kärnten an die Bleiberger Union verkauft worden sind.

Mit Bleierzen kommen in manchen Revieren eng verbunden Zinkerze vor, daher wir ganz natürlich auf die Production der Zinkerze und des Zinkes übergehen können. Insbesondere in Bleiberg und Raibl in Kärnten kommen Zinkblende und Galmei auf den Lagerstätten mit und neben Blei vor, auch in Steiermark und Krain. Wohl brechen auch auf den Bleierzgängen von Přibram, sowie auf den blei- und kupferhältigen Lagerstätten Tirols sehr viel Zinkblenden mit ein, allein im Jahre 1867 findet man noch keine Daten über das Ausbringen von Zink aus denselben, ja! erst gegenwärtig werden Seitens der ärarischen Verwaltung ernste Anstalten zu einer Ausnutzung der Zinkblenden der genannten Werke gemacht. Galmei ist in der Umgebung Krakau's stark vertreten, daher auch dieses Gebiet hier in den Productionstabellen auftritt.

Die Förderung an Zinkerzen betrug im J. 1867:

	Ctr.	im Werthe von
In den Alpenländern (Steiermark, Kärnten, Tirol) . .	124001	71355 fl. 10 kr.
In Mähren	11866	11800 „ — „
„ Westgalizien (um Krakau)	212327	109464 „ 95 „
Zusammen	348194	192620 fl. 05 kr.
In Ungarn	17220	136834 „ 92 „
Hauptsumme . .	365414	329454 fl. 97 kr.

*) Darunter Kärnten mit 65750 Ctr., wovon 18985 Ctr. Aerarial-Production.

**) Davon 3806 Ctr. Aerarial-Production.

(Man sieht, wie verschieden der Werth der einzelnen Zinkerzvorkommen ist — von 10 kr. bis 7 fl. 94 kr.!)

Von dieser Production kamen nur 21544 Ctr. (in Kärnten) und 16890 Ctr. (in Ungarn), also zusammen 38434 Ctr. auf den Aerarial-Bergbau.

Gegen das Vorjahr ist die Production um 35852 Ctr. zurückgegangen.

Die Ausbringung metallischen Zinkes aus den Erzen, wobei die Mehrzahl der kärntnerischen und steiermärkischen Erze in Krain (Hütte Johannesthal) und Croatien (Ivonec), die mährischen in Galizien zu Gute gebracht worden, betrug im Jahre 1867:

	Ctr.	in Werthe von
Alpenländer (Krain u. Tirol)	18216	234110 fl. 27 kr.
Westgalizien	15872	177659 „ 50 „
Zusammen . .	34088	412769 fl. 77 kr.
Ungarn (Croatien)	6208	83187 „ 20 „
Hauptsumme . . .	40296	495956 fl. 97 kr.

Gegen das Vorjahr um 5848 Ctr. mehr; also Zunahme der Hüttenproduction, an welcher durchaus nur die Privat-Industrie betheiligt ist.

Der Werth des Zinks am Erzeugungsorte schwankt zwischen 11 fl. 20 kr. und 13 fl. 22 kr. und ist im Durchschnitt 12 fl. 39·9 kr. pr. Ctr. (im Jahre 1866 nur 11 fl. 21·8 kr.)

(Fortsetzung folgt.)

Ergebniss der bergpolizeilichen Erörterungen über den Unglücksfall im Plauen'schen Grunde.

Das „Gutachten über die tödtliche Verunglückung von 276 Bergleuten in Folge der Explosion von Schlagwettern in den Schachtrevieren Segen Gottes und Neue Hoffnung der Freiherrlich von Burgk'schen Steinkohlenwerke zu Burgk am 2. August 1869“ liegt nunmehr gedruckt vor*).

Die auf Veranlassung des königl. sächsischen Finanzministeriums zur Vornahme der bergpolizeilichen Erörterungen niedergesetzte Commission bestand aus den Herren Bergamtsdirector Ludwig Braunsdorf, Oberkunstmeister und Bergrath Jul. Braunsdorf, Bergmeister Herm. Müller und Berginspector Rich. Köttig.

Wir können das sehr eingehend gehaltene Gutachten, welchem auch eine Karte beigegeben ist, nicht in der ganzen Ausdehnung folgen lassen, und wollen nur nachstehenden Auszug mittheilen:

Der Commissionsbericht bemerkt: „Von den in beiden Schachtrevieren verunglückten 276 Mann sind ca. 141 Mann unmittelbar von der Explosion betroffen und durch Verbrennung, Zerschmetterung oder Einsturz des betreffenden Grubenbaues gewaltsam getödtet worden, und die übrigen 135 Mann aber dem Erstickungstode durch die

*) Unter dem Titel: Ergebnisse der bergpolizeilichen Erörterungen über den in dem Freiherrlich v. Burgk'schen Steinkohlenwerke zu Burgk am 2. August 1869 vorgekommenen Unglücksfall. Dresden. C. C. Meinhold Söhne. 1869.

in Folge der Explosion entstandenen Nachschwaden und Brandgase unterlegen."

„Aus der Richtung, in welcher man nach der Explosion auf den verschiedenen Strecken, Flachen und Bremsbergen die Hölzer der Grubenzimmerung und andere Gegenstände umgeworfen oder fortgeschleudert gefunden hat*), ist zu schliessen, dass die Explosion in einem der nahe über oder unter der 33 Ltr.-Strecke westlich vom Flachen Nr. 9 unmittelbar vor und unter dem dasigen abgebauten Felde gelegenen Abbaue entstanden und von hier aus strahlenförmig nach allen Seiten hin fortgepflanzt worden ist**).

„Bei allen bis zu diesem Zeitpuncte seit der Katastrophe des 2. August behufs der Rettung und Aufsuchung der Verunglückten, sowie behufs der Wiederherstellung der Grube auszuführenden Arbeiten ist, wie die Commission anerkennen muss, von Seiten der Grubenverwaltung wie des Aufsichtspersonales eine ausserordentliche Thätigkeit und grosse Umsicht bewiesen worden. Letzterer ist es hauptsächlich zu verdanken, dass während dieser ungemein gefahrvollen Arbeiten nicht ein einziger weiterer Unglücksfall sich ereignet hat. Aber auch der übrigen Grubenmannschaft gebührt das Zeugniss ungewöhnlicher Anstrengung und aufopferungsfähigen Muthes während dieser Zeit, welcher letztere namentlich bei der Aufhebung und dem Transporte der in den letzten Tagen schon sehr stark in Verwesung übergegangenen Leichen ihrer Kameraden eine schwere Probe bestanden hat. Denn obwohl man hierbei hauptsächlich vom Segen Gottes-Schachte aus mit den von diesem herkommenden frischen Wettern vorwärts ging und die nach den Anordnungen des Herrn Bezirksarztes Dr. Pfaff in Anwendung gebrachte Desinfection der Leichen mit in Wasser aufgelöster Carbolsäure sofort nach der Auffindung in der Grube vortreffliche Wirkungen that, so konnte doch diese Desinfection sich nicht auf die noch unaufgefundenen und die Grubenluft in ihrer Nähe verpestenden Leichen erstrecken. Was diese Mannschaft in der angegebenen Zeit geleistet hat, ist daraus zu entnehmen, dass von ihr, ausser der Aufsuchung und Ausförderung der 276 Verunglückten, über 2400 Lachter Streckenlängen aufgeräumt, beziehentlich aufgewältigt und grösstentheils wieder in neue Zimmerung gesetzt worden sind.

„Aus dem Angeführten ist aber zugleich zu entnehmen, dass von Seiten der Grubenverwaltung und des Arbeiterpersonals am 2. August dieses Jahres sofort nach der Explosion alles unter den obwaltenden Umständen Mögliche zur Rettung der in der Grube befindlichen Unglücklichen gethan worden ist; leider vergeblich.

Wichtig und auch für andere Bergbaue lehrreich sind die im dritten Abschnitt des gutachtlichen Berichtes behandelten „Ursachen der Ansammlung von Schlagwettern in so bedeutendem Umfange" und die Veranlassung ihrer Entzündung. Der Bericht sagt: „Weil sämmtliche Zeugen der eigentlichen Explosion durch diese umgekommen sind, hat sich etwas absolut Gewisses darüber nicht ermitteln lassen. Es bleibt daher nur übrig, auf Grund der vor und nach der Explosion wahrgenommenen Umstände Vermuthungen über diese Ursachen aufzustellen. „Die Entwicklung des die schlagenden Wetter bildenden Kohlenwasserstoffgases" — heisst es in dem Gutachten — „ist eine in den Freiherrlich von Burgk'schen Kohlenwerken, und zwar sowohl in den unteren, als in den oberen Revieren schon seit langer Zeit bekannte Erscheinung und ist derselben von Seiten der dortigen Grubenverwaltung fortwährend die gebührende Beachtung zu Theil geworden. Das Auftreten von schlagenden Wettern in solchen Mengen, dass sie explosiv werden konnten, ist jedoch bis zum 2. August d. J. fast immer nur vor den in der frischen Kohle in Betrieb stehenden Oertern, und so in dem Segen Gottes'er und Neu Hoffnunger Reviere besonders vor den im östlichen Felde zur Aufschliessung und abbaumässigen Vorrichtung des Kohlenflötzes getriebenen Oertern beobachtet worden. Es sind auch hier, wie die Acten ergeben, wiederholt (seit Anfang 1855 bis Ende Juli 1869 zusammen 20, darunter 5 tödtliche) Verunglückungen oder Beschädigungen einzelner Arbeiter durch Explosion von schlagenden Wettern, meist durch unvorsichtiges, vorschriftswidriges Gebahren der Betreffenden veranlasst, vorgekommen, jedoch war in keinem dieser Fälle die Anhäufung der schlagenden Wetter so gross gewesen, dass die Explosion sich weiter als über den nächsten Bereich des betreffenden Ortes ausgebreitet hätte. Mit Rücksicht auf diese Wahrnehmungen sind von Seiten der Grubenverwaltung die Aufschlussarbeiten im östlichen Segen Gottes'er Feldtheile in bedeutend grösserem Umfange betrieben worden, als es das Bedürfniss des Kohlenabbaues zunächst erheischte, in der Absicht, das Flötz in diesem Feldtheile vor Beginn des Abbaues möglichst zu entgasen. In den übrigen gangbaren Grubenbauen hat man das Auftreten von gefährlichen Mengen von Kohlenwasserstoffgas seither, mit Ausnahme von einzelnen, in der Nähe von Verwerfungen oder sonstigen Störungen des Kohlenflötzes gehenden Abbauen, nirgends wahrgenommen, und obwohl den anderwärts gemachten Erfahrungen gemäss in dem abgebauten, verbrochenen Felde der Sitz von dergleichen Gasen vermuthet wurde, so hat sich doch bei den hierauf gerichteten Untersuchungen ein bedenkliches Symptom nicht gezeigt. Diese Untersuchungen sind von sämmtlichen Grubenbeamten von Zeit zu Zeit, so wie sich Gelegenheit dazu bot, zuletzt von dem am 2. Aug. mit verunglückten Steiger Schenk in der Weise angestellt worden, dass an den Stellen, wo das abgebaute Feld zugänglich war, mittels an langen Stangen befestigter brennender Sicherheitslampen so weit und besonders so hoch als möglich hineingeleuchtet und dabei die Lampenflamme beobachtet wurde. Freilich konnten, wegen des Umstandes, dass das gänzlich verbrochene abgebaute Feld nur an wenigen, an seinen Rändern befindlichen Puncten zugänglich war und dass die in Folge des Zusammenbrechens des Hangenden über dem abgebauten Felde allmälig auf grosse Höhe, oft über 50 Ltr. hoch zwischen der Bruchmasse hinaus-

*) Der dem Hefte beigegebene Grubenplan enthält die Hauptbaue, dann mit Pfeilen im rothen Drucke die Richtung der Explosion, ferner in Ziffern roth und blau, die Zahl der durch Verbrennung oder durch Erstickung Verunglückten an der Stelle, wo sie gefunden wurden, nebst anderen Details. Die Red.

**) Die Beschreibung des Ganges der strahlenförmigen Fortpflanzung ist ohne Karte nicht verständlich. Wir verweisen daher in dieser Beziehung auf die Broschüre selbst. Die Red.

greifenden Hohlräume unerreichbar waren, diese Untersuchungen nur über den Zustand der Wetter in der Nähe der gangbaren Baue Aufschluss geben. Aber da auch die an verschiedenen Stellen durch die alten Baue geleiteten Wetterströme beim Austreten aus diesen ebenfalls seither wahrnehmbare Mengen von Kohlenwasserstoffgas nicht hatten bemerken lassen, so war die Grubenverwaltung nach dieser Seite hin unbesorgt gewesen. Auf Grund dieser bisherigen Erfahrungen hatte dieselbe vielmehr geglaubt, betreffs der schlagenden Wetter ihre hauptsächliche Aufmerksamkeit auf die einzelnen im frischen Felde umgehenden Betriebe richten und hier auf strengste Innehaltung der vorgeschriebenen Vorsichts-Massregeln halten zu müssen, besondere Vorsichtsmassregeln bezüglich der Beleuchtung und fortlaufenden Untersuchung der übrigen Grubenbaue aber unterlassen zu dürfen.

„Wenn diesen bisherigen Erfahrungen zuwider die Explosion des 2. Aug. d. J. nach den vorgefundenen verschiedenen Anzeichen unmittelbar neben dem abgebauten Felde der westlichen — 33 Ltr.-Strecke entstanden und durch die in diesem Felde gestandenen Gase hauptsächlich genährt worden ist, so lässt sich eben nur vermuthen, dass kurz vor und an dem gedachten Tage besonders ungünstige Umstände obgewaltet haben müssen, welche eine das gewöhnliche Maas übersteigende, bedeutende Ansammlung und Verbreitung von Schlagwettern in dem dortigen alten Mann, sowie deren Austritt in die benachbarten gangbaren, nur mit gewöhnlichen Grubenlampen erleuchteten Grubenbaue veranlassten.

„Dahin dürfte in erster Reihe zu zählen sein die schon seit mehreren Tagen herrschende hohe Temperatur der Atmosphäre, welche an den Tagen der vorangegangenen Woche im Mittel zwischen 15·4 und 19·4° R., im Maximo aber zwischen 21·9 und 26·9° R. betrug, und das schnelle und beträchtliche Sinken des Barometerstandes während des 1. Aug., welcher am Morgen des 2. Aug. ein seit langer Zeit nicht dagewesenes Minimum erreichte, wie die betreffenden Beobachtungen der beiden, dem Orte des Unglücks zunächst gelegenen meteorologischen Stationen zu Dresden und Freiberg übereinstimmend darthun.

„Höchst wahrscheinlich ist in Folge der schon mehrere Tage herrschenden hohen Lufttemperatur über Tage die in der Hauptsache durch die Temperaturunterschiede der Luft ausserhalb und innerhalb der Grube bewirkte Wettercirculation in der letzteren eine minder lebhafte gewesen, als gewöhnlich, während an dem der Explosion unmittelbar vorangehenden Sonntage, den 1. Aug., überdies auch die Diffusion der Gase eine geringere gewesen sein dürfte, indem an diesem die Förderung und sonstige Arbeit in der Grube ruhte, daher die Grubenluft weniger bewegt wurde, als an Arbeitstagen. Der Einfluss der barometrischen Verhältnisse der äusseren Luft auf die grössere oder geringere Expansion von schlagenden Wettern im alten Manne ist eine anerkannte Sache und unter anderen auch bei der grossen Explosion auf der Grube Neu-Iserlohn in Westfahlen am 15. Jän. 1868 beobachtet worden.

„Auch der später ausführlich erörterte Umstand, dass seit dem Sonnabend, den 31. Juli, früh eine Baubühne in der einen Förderabtheilung des Neu-Hoffnung-Schachtes sich befand, kann einigen, wenn auch geringen Antheil an einer Hemmung des Wetterzuges gehabt haben.

„Dagegen wollen alle am Sonntag und Montag früh in der Grube gewesenen Zeugen die von ihnen passirten Wetterthüren gehörig geschlossen gefunden haben. Freilich ist am erstgenannten Tage Niemand in dem westlichen Segen Gottes'er Felde angefahren, wo gerade die Explosion entstanden ist.

„Es ist nach dem Angeführten zu vermuthen, dass am Morgen des 2. Aug. in dem abgebauten Felde des Segen Gottes-Schachtreviers mehr als gewöhnlich Grubengase sich angehäuft und ausgebreitet hatten, so dass es nur eines anderweiten geringen momentanen Anstosses bedurfte, um die Gase an irgend einer Stelle in die gangbaren, mit Arbeitern belegten Grubenräume austreten zu lassen. Als solche vorübergehende, unter gewöhnlichen Verhältnissen an sich allein einflusslose Umstände können die durch das Einfahren der Mannschaft auf der Tagstrecke und auf den anderen Wetterwegen bewirkten Luftstösse gegen die Wetterströme, und die Schwächung des Wetterstromes in den Bauen unter und über der westlichen — 33 Ltr.-Strecke durch das häufige Oeffnen der Wetterthüre auf dem als Einfahrweg für die westlichen Segen Gottes'er Baue dienenden Flachen Nr. 7 während der Zeit von früh 4 bis 5¼ Uhr möglicher Weise sich geltend gemacht haben. Auch ist es denkbar, dass am Morgen des 2. Aug. irgend ein plötzlich entstandener Bruch in dem Hangenden des alten Abbaues über der westlichen — 33 Ltr.-Strecke einen Luftstoss und insbesondere ein locales Heraustreiben der vorhandenen Gase in die gangbaren Baue, oder wenigstens eine Stockung des durch gedachten alten Bau ziehenden Wetterstromes hervorgerufen haben kann.

„Das dortige abgebaute Feld reicht mit 10 bis 12° flachem Ansteigen auf circa 40 Ltr. über die — 33 Ltr.-Sohle hinauf und findet daselbst einerseits durch ein gegen 3 Ltr. starkes, das Kohlenflötz durchsetzendes taubes Mittel, anderseits durch eine Verwerfung nach oben hin seinen Abschluss. Die am unteren Ende dieses abgebauten Feldtheiles vom Flachen Nr. 7 her den Bauen an der — 33 Ltr.-Strecke zuströmenden guten Wetter zogen von letzteren durch das abgebaute Feld in die Höhe und traten im höchsten Puncte jenes auf dem Flachen Nr. 9 unmittelbar bei dem Kreuze der — 37 Ltr.-Strecke wieder hervor, um von hier aus theils auf der — 37 Ltr.-Strecke, theils auf dem Flachen Nr. 9 weiter zu ziehen. Obschon nun das fragliche abgebaute Feld zunächst über der — 33 Ltr.-Strecke in seinem unteren und westlichen Theile durch die immer durchziehenden frischen Wetter von etwa auftretenden Gasen möglichst gereinigt wurde, so mag dies doch in dem zunächst über den gangbaren Abbauörtern der — 33 Ltr.-Strecke und näher gegen das Flache Nr. 7 gelegenen Theile nur unvollständig geschehen sein und daher hier in den leeren Bruchräumen auch für gewöhnlich eine grosse Menge von Kohlenwasserstoffgas gestanden haben, welche am 2. Aug. wahrscheinlich in Folge der angegebenen Umstände sich über die gewöhnlichen Grenzen hinaus ausdehnte und die gangbaren Grubenbaue erreichte.

(Fortsetzung folgt.)

Die zweite Versammlung montanistischer Fachgenossen in Laibach

am 31. October und 1. November 1869.

(Nach stenographischen Excerpten.)

(Fortsetzung).

Vorsitzender B. H. Trinker macht aufmerksam, dass man durch Adoptirung obigen Capitalszwanges mit den im Gewerbegesetze sanctionirten Grundsätzen der Gewerbefreiheit in Widerspruch treten würde, und bemerkt, dass das Gesetz ohnehin durch die Verpflichtung der Bergbau-Unternehmer zu einer angemessenen Betriebsleistung auf die praktischeste Weise eine gewisse Geldkraft zur Vorbedingung mache*).

Verwalter Bacher (Sagor) spricht sich ebenfalls für das Fallenlassen des §. 3 aus den von O.-C. Routhillier entwickelten Gründen aus, welche in der legalen Bekämpfung der gefürchteten Feldsperre durch die Bergbehörden ihren wesentlichsten Stützpunkt finden.

Nachdem noch Prof. Höfer die gegenwärtige liberal-sociale Strömung hervorgehoben und Referent darauf noch erwiedert hatte, dass der Bergbau ganz aparter Natur **) sei, somit nicht mit den übrigen Gewerben nach derselben Schablone, sondern nach abweichenden (?) volkswirthschaftlichen Grundsätzen beurtheilt werden müsse und dass ferner Intelligenz ohne Capital noch keinen Freibrief gegen das Verkommen biete, wurde zur Abstimmung über die einzelnen Punkte 1—4 geschritten.

Hiebei wurde Punkt 1 in der beantragten Fassung, nur mit der von Prof. Höfer proponirten Aenderung in Alinea 2: dass für Eisen das Doppelte von 150000, somit 300000 und für Kohle das Doppelte wie für Eisen, somit 600000 Quadratklaftern zu gelten haben, angenommen.

§. 2 wurde in seiner ganzen Fassung angenommen.

Hingegen fiel §. 3 mit einer geringen Majorität gänzlich.

§. 4 wurde wieder unverändert angenommen.

Hierauf gelangten §§. 5 und 6 zur Motivirung. Dieselben lauten:

5. Der stete Betrieb in ausschliesslichen Schurffeldern oder Grubenfeldern ist durch eigens bestellte technisch-polizeiliche Organe strengstens zu überwachen. Treten nicht die Bedingungen einer in den §§. 182 und 183 a. B. G. normirten Fristung ein, so ist dem Unternehmer bergbehördlicherseits eine angemessene Frist zur Inbetriebsetzung oder Fortsetzung des unterbrochenen Betriebes bei Androhung des Verlustes der Schurfberechtigung oder des Bergwerks-Eigenthums anzusetzen.

6. Der Betrieb in einem verliehenen Bergbau darf nur auf Grundlage eines zwischen dem Bergwerkseigenthümer einer- und der Bergbehörde andererseits, nöthigenfalls unter Zuziehung von unparteiischen Sachverständigen zu vereinbarenden Betriebsplanes, welcher nur die polizeilichen Sicherheiten der Person und des Eigenthums zu wahren hat, stattfinden.

Motivirung: Referent stellt die Langmuth des Gesetzes gegen säumige Freischürfer und Massner in grelles Licht. Bei dem Mangel an Invigilirungsorganen wird es in der Regel nur bei den seltenen Anzeigen Dritter zur Vorschreibung einer semestral auszuweisenden Minimalleistung kommen. Lange Zeit wird verziehen, bis es im wiederholten Versäumnissfalle zur bergbehördlichen Vorschreibung einer quartaligen Minimalvorschreibung, und in der Regel noch längere Zeit, bis es zur Rechtskräftigwerdung eines Entziehungs-Erkenntnisses kommt, was nicht hindert, dass der des Freischurfes Beraubte durch ein oder das andere Scheinmanöver sich am folgenden Tage nach der Entziehung neuerdings in den Besitz der analogen Freischurfberechtigung setzt, um obiges Spiel von vorne zu beginnen.

In ähnlicher Weise ergehe es bei dem belehnten Bergbaue, welchem man auch erst bei wiederholter und ausgedehnter Vernachlässigung beizukommen vermöge. Dann ist es bereits zumeist zu spät, entweder ist viel kostbare Zeit als verloren zu beklagen, und in einzelnen Fällen wird auch durch Raub- oder raisonwidrigen Bau der Bergbau und damit dieses partielle Nationalcapital für immer unrettbar verloren sein. — Dadurch, dass das allg. Bergg. keine Präventiv-, sondern nur eine Repressiv-Polizei ausübt, was dem Charakter des Bergbaues widerspreche, hänge das Berggesetz zum guten Theile in der Luft.

Redner geht auf Beleuchtung der Bergbau-Betriebsverhältnisse und Gesetzbestimmungen in anderen Staaten über. In Frankreich, Belgien und Preussen wird ungleich strenger auf den steten Betrieb gesehen und wird der Nichtbetrieb nach einmaliger Aufforderung alsbald mit dem Verluste der Berechtigung bedroht.

Was die Begründung des im §. 6 beantragten Betriebsplanes anbetrifft, so schöpft Referent die Veranlassung zu dieser Position aus dem bisherigen Charakter der österr. Bergpolizei-Wirthschaft, welche den Bergbau ganz dem bene placitum der Bergbau-Unternehmer überliess. Wären in Oesterreich die Tiefbaue analog wie in England, Belgien viel häufiger vertreten, die Unglücksfälle würden sich in disproportioneller Weise mehren. Ein Monstre-Unglück wie jenes auf dem Plauen'schen Grunde wäre bei uns, unter analogen Verhältnissen des Vorkommens, ebensogut wie in Sachsen möglich gewesen *)

Referent weiset auf England, woselbst seit dem 28. August 1860 das bisherige System der gänzlichen Aufsichtslosigkeit des Bergbaues verlassen und mitunter schärfere Polizeibestimmungen als unsere, wie z. B. über den Verwendungsausschluss von Frauenzimmern in der Grube, Nichtverwendung von Kindern unter 14 Jahren, von Maschinenwärtern unter 18 Jahren etc., gebracht worden sind. Dort werden die Kohlenwerksunternehmungen verhalten, parallel den allgemeinen bergpolizeilichen Vorschriften eigene Vorschriften zur Verhütung

---

*) Sehr richtig! O. H.

**) Dagegen möchten wir uns verwahren. Er hat Eigenthümlichkeiten, wie auch andere Gewerbe haben; aber er folgt den allgemeinen Gesetzen der Wirthschaftswissenschaft! O. H.

*) Und würde bei einem bevormundenden Präventiv-Systeme, wie die eben erschienene Special-Untersuchung erkennen lässt, schwerlich vermieden worden sein; wohl aber würde die Verantwortung für allfällige Irrthümer dann von dem Unternehmer gänzlich der Staatsaufsicht zugewälzt werden! O. H.

von Unglücksfällen nach Art eines Betriebsplanes zu verfassen und selbe dem Staatssecretär zur Prüfung vorzulegen. Unbegleichbare Differenzen zwischen Werksbesitzer und Staatssecretär werden durch eine Jury von Sachverständigen endgiltig ausgetragen. Der Eigenthümer und der Staat participiren dort somit vollkommen gleichberechtigt an der Specialgesetzgebung *). Zum Unterschiede von der festländischen Gesetzgebung hat sich die Beaufsichtigung der Staatsorgane in England lediglich nur auf die Prüfung der Sicherheitsverhältnisse einzulassen, während in den continentalen Staaten: Frankreich, Belgien, der Regierung auch die Beaufsichtigung des Betriebsplanes nach der Richtung der Beurtheilung der Betriebszweckmässigkeit zustehe **). In Preussen nähert sich das daselbst angenommene Princip der bergbehördlichen Genehmigung und Ueberwachung eines von jedem Bergwerksbesitzer beizustellenden Betriebsplanes im Allgemeinen mehr dem englischen als französischen Principe.

Was die Ueberwachung des Bergbaues anbetrifft, so bestehen in England 12 Inspectoren; in Frankreich ist dieser Beruf unter 8 General-Inspectoren (5 in Paris), 17 Ober-Ingenieurs in den Arrondissements und 44 Inspectoren in verschiedenen Inspections-Revieren (durchschnittlich 2 Departements auf ein Revier) getheilt. Letzteren stehen noch die gardes de mines, u. zw. absolvirte Eleven der Bergschulen zu St. Etienne und Alais zur Seite.

Das belgische Berg-Ingenieur-Corps besteht aus 1 Generaldirector (Brüssel), 2 Ingenieurs en chef (Mons u. Lüttich) und 26 dreiclassigen Unter-Inspectoren.

Die Kosten des bergbehördlichen Verwaltungs- und Invigilirungs-Organismus betragen z. B. in dem 20mal kleineren Belgien mehr als die Hälfte des gleichen Apparates in Oesterreich, ein praktischer Wink, dass ein in dieser Richtung in Oesterreich applicirtes Sparsystem in volkswirthschaftlicher Richtung schlecht am Platze ist ***).

Preussen entbehrt der früheren Berggeschwornen, jenes ausgezeichneten(?) Institutes der franz. gardes de mines. Zum Theile findet selbes jedoch ein Surrogat in den oberbergämtlich concessionirten Markscheidern.

Referent erinnert an das Forstgesetz, welches ohne forstpolizeiliche Organe ebenfalls in der Luft hange, und plaidirt aus analogen Gründen für die Einführung eigens bestellter technisch-bergpolizeilicher Organe.

Zweiter Versammlungstag.

Der Präsident eröffnet um $9\frac{1}{2}$ Uhr die Sitzung mit der Einladung, die Debatte über Punct 5 und 6 zu eröffnen.

Oberbergcommissär Bouthillier spricht sich gegen die Textirung des §. 5 aus, er ficht den Antrag auf Einführung eigens bestellter technisch-polizeilicher Organe mit der Begründung an, dass ja die bergbehördlichen Organe schon bergpolizeilich unterrichtet und berufen sind oder wenigstens sein sollen, diese überwachende Thätigkeit auszuüben.

*) Und doch kommen auch dort Massenunglücksfälle noch häufig vor! O. H.

**) Ueber diese Einrichtung hat vor Kurzem eine Schrift von Marcou eine fast vernichtende Kritik geübt, welche wir der Aufmerksamkeit aller Befürworter der behördlichen Bevormundung bestens empfehlen! O. H.

***) Unter der Voraussetzung, dass die ersten auch 20mal mehr leisten, was wir nicht unbedingt zugeben möchten. O. H.

Zu diesem Behufe ist bei der bevorstehenden Organisirung der Bergbehörden der Grundsatz angenommen worden, die Reviersorgane mit Kanzleiarbeiten möglichst wenig zu belasten, um sie eben für den excursiven Dienst mobiler zu erhalten.

Unter so bewandten Umständen hätten dann, wenn man den Revierbeamten auch noch diese Berufsseite abnehme, die letzteren nichts zu thun und der Staat werde doch keine Beamten gut besolden, welche Andere für sich arbeiten lassen.

(Fortsetzung folgt.)

Statistische Zusammenstellung

über die Frequenz der k. k. Bergakademien zu Leoben und Příbram.

Nach den vorliegenden Aufnahmskatalogen der Bergakademien Leoben und Příbram für das Studienjahr 1869 bis 1870 befinden sich an denselben zusammen 29 studirende Zöglinge, welche sich nach den genannten Lehranstalten wie folgt vertheilen.

A. Bergakademie Leoben.

I. Jahrgang (Bergcurs).	
Ordentliche Zöglinge	2
Gäste	1
	3
II. Jahrgang (Hüttencurs).	
Ordentliche Zöglinge	1
Ausserordentliche	1
Gäste	3
	5
Zusammen	8

B. Bergakademie Příbram.

I. Jahrgang (Bergcurs).	
Ordentliche Zöglinge	6
Ausserordentliche	—
Gäste	5
	11
II. Jahrgang (Hüttencurs).	
Ordentliche Zöglinge	6
Ausserordentliche	4
	10
Zusammen	21

Im Vergleiche mit dem Vorjahre hat sich die Zahl der Hörer in der Leobner Bergakademie um 8 vermindert, und an der Příbramer Akademie um 4 vermehrt.

Absolvirte Juristen sind unter den studirenden Berg-Zöglingen des laufenden Studienjahres nicht vertreten.

Unter den 29 Zöglingen sind 3 Ausländer und 26 Inländer, welche sich nach ihren Geburtsländern folgendermassen vertheilen:

A. Inländer.	Leoben	Příbram	Summa
Aus Steiermark	2	—	2
„ Kärnten	1	1	2
„ Tirol	1	—	1
„ Unterösterreich	—	1	1
„ Mähren	1	5	6
„ Böhmen	—	10	10
„ Schlesien	—	1	1
„ Galizien	—	3	3
	5	21	26
B. Ausländer.			
Aus den Vereinigten Staaten von Nordamerika	1	—	1
Aus Preussen (Westphalen)	1	—	1
„ Baiern	1	—	1
	3	—	3

Notiz.

Zollbehandlung des Dynamit. Nachdem die neuerlichen Erfahrungen über die Explosionsfähigkeit des Sprengstoffes Dynamit die Befürchtungen, welche das k. k. Handelsministerium bestimmten, das Dynamit als leicht entzündliches Sprengmittel von der Versendung mittelst der Post und auf den Eisenbahnen auszuschliessen, entkräftet haben, durch die neuesten Versuche vielmehr erwiesen ist, dass der Transport des Dynamit weit weniger gefährlich ist, als der aller anderen derzeit im Gebrauche stehenden Sprengmittel, so hat sich das k. k. Handelsministerium veranlasst gefunden, das mit dem Erlasse vom 16. December 1868, Z. 15956, ausgesprochene Transportverbot aufzuheben, und mit dem Erlasse vom 30. October 1869, Z. 21371, den Transport des unter dem Namen Dynamit bekannten Sprengmittels auf den Eisenbahnen unter folgenden Bedingungen und Vorsichtsmassregeln zu gestatten:

1. Der Transport der Bahnen darf nur mittelst besonderer Züge, keinesfalls aber mit Personenzügen geschehen.
2. Dynamitsendungen sind durch besonders gefärbte Frachtbriefe kenntlich zu machen.
3. Dynamitsendungen dürfen nie mit solchen feuergefährlichen Körpern, welche bei der Entzündung zur Bildung explosiver Gase führen (Terpentin, Petroleum) gemeinsam verpackt werden.

Insbesondere ist darauf zu sehen, dass nicht etwa Knallpräparate mit dem Dynamit in demselben Wagen oder in dem unmittelbar anstossenden Wagen verpackt werden.

4. Dynamit darf nie in Gefässen, welche stark Hitze aufsaugen, z. B. dünnen Blechgefässen, verpackt werden.

Die Verpackung hat zu bestehen zuerst in Papier, sodann in Holzkistchen oder Holzfässern, welche Holzgefässe nur mit Holzreifen oder Holznägeln geschlossen werden dürfen.

5. Waggons, welche Dynamit enthalten und in einem Bahnhofe stehen bleiben sollen, dürfen nur auf solchen Geleisen aufgestellt bleiben, welche selbst im Falle einer falschen Wechselstellung einen Zusammenstoss mit ankommenden Zügen nicht befürchten lassen.
6. Sendungen von Dynamit müssen nach der Ankunft auf der Bestimmungsstation ohne Verzug vom Adressaten bezogen werden.

Da nunmehr das Dynamit als ein Sprengmittel erkannt wurde, das nicht unter die leicht explodirenden Stoffe der Tarifspost 78 d) zu reihen ist, so ist dasselbe bei der Einfuhr nach der Tarifspost 76 d) (chemische Producte nicht besonders benannte) mit 5 fl. pr. Centner netto in Verzollung zu nehmen. Auch entfällt die besondere Bewilligung zu dessen Einfuhr.

Amtliches.

Verordnung der k. k. Ministerien der Finanzen und des Handels, betreffend die Behandlung von zur Wiedereinfuhr gelangenden, bereits im österreichisch-ungarischen Zollgebiete verzollten und punzirten ausländischen Gold- und Silberwaaren, Zahl 37281. Im Einvernehmen mit den k. k. ungar. Ministerien der Finanzen und des Handels wird die mit dem hierörtigen Erlasse vom 1. Mai 1867, Z. 14834 (V. Bl. Nr. 17, Seite 95), für ausgeführte Gold- und Silberwaaren inländischen Ursprungs zugestandene zollfreie Behandlung bei der Wiedereinfuhr auf solche ausländische Gold- und Silberwaaren ausgedehnt, welche bereits einmal im österreichisch-ungarischen Zollgebiete der Eingangsverzollung und Feingehaltspunzirung unterzogen worden sind, wenn gegen die Echtheit der daran befindlichen Punze kein Bedenken obwaltet und die geschehene Eingangsverzollung nachgewiesen wird.

Diese Verordnung hat mit dem Tage in Wirksamkeit zu treten, an welchem sie den Zollämtern bekannt wird.

Wien, den 14. November 1869.

Eine provisorische Controlorsstelle bei den ostgalizischen Salz-Verschleissämtern in der X. Diätenclasse, mit dem Gehalte jährl. 700 fl., eventuell 600 fl., Naturalwohnung, Hausgarten, Holz- und Salzdeputat und Cautionspflicht.

Gesuche sind, unter Nachweisung der bisher im Cassa- und Rechnungswesen geleisteten Dienste und der vollkommenen Kenntniss der deutschen und polnischen Sprache, binnen drei Wochen bei der Finanz-Landesdirection in Lemberg einzubringen.

Berichtigung.

Mit Bezug auf meine in Nr. 47 d. Bl. mitgetheilte Notiz betreffs Vermehrung der Coaksanlagen in Böhmen ist irrthümlich „Nürschan“ statt „Miröschau“ genannt. An letzterem Orte ist die Coaksanlage bereits im Bau begriffen, der Rossitzer Gewerkschaft angehörig und auf Verarbeitung der Miröschauer Kohlen basirt.

Carl A. M. Balling.

ANKÜNDIGUNGEN.

Diese Zeitschrift erscheint wöchentlich einen Bogen stark mit den nöthigen artistischen Beigaben. Der Pränumerationspreis ist jährlich loco Wien 8 fl. ö. W. oder 5 Thlr. 10 Ngr. Mit franco Postversendung 8 fl. 80 kr. ö. W. Die Jahresabonnenten erhalten einen officiellen Bericht über die Erfahrungen im berg- und hüttenmännischen Maschinen-, Bau- und Aufbereitungswesen sammt Atlas als Gratisbeilage. Inserate finden gegen 8 kr. ö. W. oder 1½ Ngr. die gespaltene Nonpareillezeile Aufnahme. Zuschriften jeder Art können nur franco angenommen werden.

Druck von Carl Fromme in Wien. — Für den Verlag verantwortlich Carl Reger.

№ 50. **XVII. Jahrgang.**

Oesterreichische Zeitschrift

für

Berg- und Hüttenwesen.

1869. **13. December.**

Verantwortlicher Redacteur: **Dr. Otto Freiherr von Hingenau,**

k. k. Ministerialrath im Finanzministerium.

Verlag der **G. J. Manz'schen Buchhandlung** (Kohlmarkt 7) in **Wien.**

Der Bergwerksbetrieb in der k. und k. österr.-ungarischen Monarchie i. J. 1867.

Nach den amtlichen Veröffentlichungen bearbeitet vom Redacteur.

VI.

Die minderbedeutende Production der nachstehenden Erze und Metalle und sonstigen Bergbau - Mineralien dürfte es rechtfertigen, dass wir selbe nur in gekürzter tabellarischer Uebersicht mittheilen und bezüglich der Einzelnheiten auf die Mittheilungen der statistischen Central-Commission verweisen.

Producte	Ländergruppe	Einzeln Ctr.	Einzeln Pfd.	In Summa Ctr.	In Summa Pfd.	Einzeln Geldwerth fl.	Einzeln Geldwerth kr.	In Summa Geldwerth fl.	In Summa Geldwerth kr.
	Alpenländer [1])	9295	—			16595	—		
Nickel- und Kobalt-Erze	Böhmen	114	—	20873	—	1523	—	302995	70
	Ungarn	11504	—			284877	70		
	Alpenländer	399	90			42245	20		
Nickel Metall und Speise	Böhmen	12	96	968	86	356	48	61562	14
	Ungarn	556	—			18960	46		
Zinn-Erze	Böhmen	15270	—	15270	—	?	?	?	?
Zinn-Metall	"	590	67	590	67	33812	03	33812	03
Wismut-Erze	"	206	09	206	09	?	?	?	?
Wismut-Metall [2])	"	45	81	45	81	35177	11	35177	11
Antimon-Erze	"	4209	—	7708	—	22195	50	35158	50
	Ungarn	3499	—			12963	—		
Antimon-Metall [3])	Böhmen	1262	—	8511	—	13858	—	73022	—
	Ungarn	7249	—			59164	—		
Arsenikerze	Alpenländer	7917	—	7937	—	6333	60	6363	60
	Böhmen	20	—			30	—		
Arsenik	Alpenländer	2868	—	2868	—	26076	—	26076	—
Auripigment	Ungarn	2	—	12	—	144	—	144	—
	Alpenländer	4022	—			1612	40		
Schwefelkies	Böhmen	72144	—	140047	—	24309	60	45282	50
	Schlesien	4880	—			1391	—		
	Ungarn	59001	—			17669	—		
	Böhmen	7589	—			40619	—		
Schwefel	(West-) Galizien [4])	21503	—	30026	—	119232	99	165646	81
	Ungarn (Croatien)	934	—			5794	82		
	Alpenländer	1577	—			3111	—		
Eisenvitriol	Böhmen	50852	—	53147	—	63978	10	69280	57
	Ungarn-Siebenbürgen	718	—			2191	47		
Uranerze	Böhmen	124	86	124	86	30856	84	30856	84
Urangelb [5])	"	71	53	71	53	87189	—	87189	—
Chromerz [6])	Ungarn (Banat)	2590	—	2590	—	1631	70	1631	70

[1]) Darunter hauptsächlich Salzburg mit 8750 Ctr.

[2]) Dabei ist das Aerar mit 22 Ctr. 07 Pfd. betheiligt.

[3]) Die Unterscheidung zwischen A. crudum, regulus und Speise ist in dem statistischen Berichte durchgeführt, wir glaubten sie hier übergehen zu dürfen.

[4]) Nur für Swoszowice ärarisch; alles übrige Privat-Industrie.

[5]) Von den Erzen sind 79 Ctr. 99 Pfd. Privaterzeugung, der Rest so wie die ganze Hüttenproduction an Urangelb ist ärarisch.

[6]) Die Chromerzlager von Steiermark hatten 1867 keine Erzeugung.

Producte	Ländergruppe	Einzeln Ctr.	Einzeln Pfd.	In Summa Ctr.	In Summa Pfd.	Einzeln Geldwerth fl.	Einzeln Geldwerth kr.	In Summa Geldwerth fl.	In Summa Geldwerth kr.
Wolframerze	Ungarn (Banat)	—	—	—	—	—	—	—	—
Braunstein	Alpenländer [1])	2006	—	7525	—	385	42	10133	72
	Böhmen	1575	—			2510	—		
	Ungarn	3544	—			7238	30		
Alaun- und Vitriol-Schiefer	Böhmen	1,100067	—	1,253567	—	21518	86	40273	86
	Ungarn	153500	—			18755	—		
Alaun	Alpenländer	5159	—	37739	—	33217	90	195904	15
	Böhmen	18476	—			80162	25		
	Mähren	3104	—			18624	—		
	Ungarn	11000	—			63900	—		
Asphaltstein	Alpenländer [2])	2490	—	2710	—	262	—	347	—
	Ungarn	220	—			66	—		
Mineralfarben	Böhmen	500	—	5500	—	500	—	7500	—
	Ungarn	5000	—			7000	—		
Graphit	Alpenländer [3])	21221	—	279355	—	22415	46	271132	93
	Böhmen	221265	—			208262	73		
	Mähren	36865	—			40244	73		

[1]) Niederösterreich und Krain.
[2]) Tirol und Dalmatien.
[3]) Niederösterreich, Ober-Steiermark und Kärnten.

Der amtliche Bericht führt auch „Bergöl" auf; jedoch nur in geringen Mengen, weil die Hauptproduction desselben (Naphta, Petroleum) in Galizien aus dem Bereiche der Berggesetzgebung ausgeschieden ist und daher nicht in den berghauptmannschaftlichen Verwaltungsberichten vorkommt. Wir notiren daher nur nebenbei, dass die unter bergbehördlicher Oberaufsicht und Verleihung subsumirte Bergöl-Production in Galizien (aus früherer Verleihung), in Ungarn und Croatien 25468 Ctr. im Werthe von 131522 fl. beträgt. (Fortsetzung folgt.)

Ergebniss der bergpolizeilichen Erörterungen über den Unglücksfall im Plauen'schen Grunde

(Fortsetzung.)

Aus verschiedenen Umständen ist zu schliessen, dass sämmtliche gangbare Baue des Segen Gottes- und Neu-Hoffnung-Schachtrevieres am frühen Morgen des 2. Aug. zur Zeit der Einfahrt der Arbeiter noch von schlagenden Wettern, wenigstens von explosibeln Mengen derselben frei waren. Nicht nur die Aussagen der am Tage und in der Nachtschicht vorher in der Grube an verschiedenen Punkten beschäftigt gewesenen Häuer Tippmann, Eichhorn, Hanusch, Lehrhäuer Frei, Scheunpflug, Tröger, Götze, Brückner, Schmidt und Fördermann Prediger, dann auch der am Montag früh in die Grube gefahrenen und sich gerettet habenden Schachthäuer Richter und Fichtner, sowie der Förderleute Eduard Herrmann und August Brückner, dass die Grubenwetter zur Zeit ihrer letzten Anwesenheit in der Grube gut gewesen seien und von der Gegenwart von Schlagwettern keine Spur hätten bemerken lassen, sondern auch der Befund nach der Explosion, wonach ein Theil der Arbeiter zur Zeit der letzteren schon an ihren Arbeitspunkten angelangt war, sich ausgekleidet und bereits die Arbeit begonnen hatte, während andere im Begriffe waren, von dem in der — 21 Lachter-Strecke nahe dem Segen Gottes'er Querschlage befindlichen Gezähstande aus die Arbeitsgeräthschaften nach den betreffenden Arbeitspunkten zu transportiren, bezeugen dies.

Selbst an dem Puncte, von welchem höchst wahrscheinlich die Explosion ausgegangen ist, nämlich vor dem Abbauorte unmittelbar über der — 33 Lachter-Strecke circa 70 Lachter vom Flachen Nr. 9 in West, hart am abgebauten Felde, können zur Zeit, als die betreffenden Häuer dort ankamen, schlagende Wetter in explosibler Menge noch nicht vorhanden gewesen sein, indem man neben der dort aufgehobenen, ganz zu einer fast steinharten Masse vertrockneten, äusserlich verkohlten, sonst aber unverletzten Leiche des Häuer May noch eine Unterhose um einen Untersuchungsspiess gewickelt ziemlich unversehrt aufgefunden hat, was beweist, dass der Genannte sich schon umgekleidet hatte, als die Explosion erfolgte.

Hiernach ist als das Wahrscheinlichste anzunehmen, dass erst unmittelbar vor der Explosion die schlagenden Wetter aus dem alten Manne über oder vor der — 33 Lachter-Strecke nach dem letztbezeichneten Arbeitspuncte heraustraten und hier durch das offene Geleucht des keine Gefahr Ahnenden entzündet worden sind.

Wie hierauf die Explosion eine so aussergewöhnlich grosse Ausdehnung in den gangbaren Grubenbauen erlangen konnte, dürfte dadurch zu erklären sein, dass die Explosion vom ersten Puncte aus sich in die alten Baue hinein erstreckte und hier durch die daselbst angesammelten Schlagwetter beträchtliche Nahrung erhielt, wobei zugleich durch die starke Expansion ein grosser Theil der im alten Manne enthaltenen Schlagwetter in die gangbaren Baue hinausgetrieben wurde und diese weithin erfüllte, vielleicht auch unterwegs durch die in anderen abgebauten Feldtheilen befindlichen Gase neuen Zuwachs erhielt. Letzteres wird dadurch wahrscheinlich, dass man unterhalb der zwischen den Flachen Nr. 10 und 11 unter der — 33 Lachter-Strecke gelegenen Abbaue sehr bedeutende Zerstörungen der Zimmerung beobachtet hat.

Dass die Entzündung der Schlagwetter durch irgend einen Arbeiter herbeigeführt worden, welcher die alten Baue zur Befriedigung eines natürlichen Bedürfnisses aufgesucht haben mochte, ist nicht anzunehmen, weil sämmtliche Verunglückte im Bereiche gangbar gewesener Baue wieder aufgefunden worden sind.

Anlangend die Frage, ob die getroffenen Betriebsveranstaltungen und beziehentlich Sicherheitsvorrichtungen in den beiden in Rede stehenden Schachtrevieren in der erforderlichen Weise hergestellt gewesen und ob in dienstlicher Beziehung etwas verabsäumt worden ist, bemerkt das fachmännische Gutachten der Comission:

„Was zunächst die unmittelbare Herbeiführung der Explosion selbst betrifft, so ist, da die verschiedenen Wahrnehmungen über den Zustand der Grubenwetter kurz vor der Explosion die Annahme einer durch unerwartet entstandenen Grubenbrand herbeigeführten Entzündung der schlagenden Wetter im vorliegenden Falle ausschliessen, nur denkbar, dass die Entzündung der schlagenden Wetter durch die offene Lampenflamme des Geleuchtes eines Bergarbeiters, und zwar am wahrscheinlichsten vor dem über der — 33 Ltr.-Strecke circa 70 Ltr. westlich vom Flachen No. 9 befindlichen Kohlenabbauorte herbeigeführt worden ist. Dass der dortgewesene Häuer May in dieser Beziehung eine Unvorsichtigkeit oder Vorschriftswidrigkeit begangen, ist aber kaum anzunehmen, einmal, weil das betreffende Ort zeither als ein völlig gefahrloses angesehen und daher auch das Betreten desselben ohne die vor anderen Oertern nöthig erachtete vorherige Untersuchung mit der Sicherheitslampe gestattet gewesen, das andere Mal, weil das Auftreten der Schlagwetter in diesem Puncte erst nach Ankunft May's*) geschehen zu sein scheint. Nur in dem Falle, wenn der Genannte bei oder nach seiner Ankunft vor dem gedachten Orte an der Flamme seiner Lampe die Existenz von Schlagwettern erkannt und diesfalls nicht sofort entweder sich zurückgezogen oder bei sehr bedenklichen Symptomen nicht sofort die Lampenflamme verlöscht hätte, würde demselben eine Pflichtwidrigkeit beizumessen sein. Hierüber ist jedoch eine Aufklärung nicht zu erlangen gewesen.

„Betreffs der Frage, ob von irgend einer anderen Seite eine vorschriftswidrige Handlung, Anordnung oder Verabsäumung begangen worden, welcher die mittelbare Veranlassung der Katastrophe zuzuschreiben wäre? sind zuvörderst mehrere der am Tage vorher, sowie, mit Ausnahme eines einzigen durch Krankheit behinderten, sämmtliche unmittelbar vor der Explosion in verschiedenen Grubenbauen des Neu Hoffnung- und Segen Gottes-Schachtreviers beschäftigt gewesenen Arbeiter verhört worden. Alle diese haben erklärt, weder selbst wahrgenommen, noch von einem ihrer Kameraden eine Aeusserung gehört zu haben, dass vor und an dem Tage des Unglücks eine Vorschriftswidrigkeit, eine fehlerhafte Massregel oder eine Unterlassung von Seiten des Verwaltungs- und Aufsichtspersonals oder eines Arbeiters, oder irgend ein anderer Umstand den Unglücksfall veranlasst haben könne.

„Hiernächst hat die Commission die von Seiten der Grubenverwaltung zur Beseitigung von schlagenden Wettern und zur Abwendung der durch solche drohenden Gefahren zeither getroffenen Massregeln und ertheilten Anordnungen, sowie deren Ausführung einer Erörterung unterzogen.

„In dieser Beziehung ist nach den übereinstimmenden Aussagen der einvernommenen Arbeiter, Aufseher und Beamten constatirt, dass die nach bisheriger Erfahrung der Entwicklung von Schlagwettern günstigen Grubenbaue fortwährend der strengen Ueberwachung bezüglich der Befolgung der vorschriftsmässigen Vorsichtsmassregeln unterworfen worden sind. Diese Puncte, fast ohne Ausnahme im frischen Felde gehende Streckenörter oder aufwärtssteigende Abbaustreckenörter, wurden während der Arbeitstage der Woche stets in ununterbrochener Belegung gehalten, wobei die Mannschaft auf der Arbeit sich ablösen musste. Wurde ein solches Ort über Sonntags oder Feiertags ausser Betrieb gestellt, so mussten am Tage vorher die letzten Häuer dasselbe beim Verlassen durch davor geschlagene hölzerne Spreizen für den Zugang absperren und am nächsten Arbeitstage früh durfte die anfahrende Mannschaft das Ort nicht eher betreten, als bis der Obersteiger oder Steiger mit der Sicherheitslampe das Ort sorgfältig auf die etwaige Gegenwart von Schlagwettern untersucht hatte. Waren solche vorhanden, so mussten die betreffenden Ortshäuer, unter Zurücklassung ihrer offenen Grubenlampen an einer ungefährlichen Stelle, zunächst durch. Auswedeln mit Kleidungsstücken oder Reisigbündeln das Ort von den bösen Wettern reinigen und sie durften dasselbe nicht eher mit ihren offenen Lampen betreten, als bis durch abermalige Untersuchung mit der Sicherheitslampe durch den betreffenden Grubenbeamten die Beseitigung der gefährlichen Gase constatirt war. Wenn trotzdem zeither von Zeit zu Zeit einzelne Verunglückungen, insbesondere Verbrennungen durch Entzündung von Schlagwettern vor solchen Arbeitspuncten vorgekommen sind, so war in den meisten Fällen Unvorsichtigkeit und Uebertretung der bezüglichen Vorschriften von Seiten der betreffenden Arbeiter die Veranlassung hierzu, so unter anderen auch bei der Verbrennung von 4 Häuern im Augustusschachtreviere am 29. Juli 1869, welche erwiesenermassen ihrer Instruction zuwider $1\frac{3}{4}$ Stunde lang von ihrem Orte sich entfernt und geschlafen hatten, bis die Schlagwetter in Folge der eingetretenen Ruhe in der Luftbewegung sich in grösserer Quantität angesammelt und das Geleucht der gedachten Arbeiter erreicht hatten.

„Dass auch am Montag den 2. Aug. früh sowohl von den betreffenden Arbeitern, als auch von dem Steigerpersonale die bezüglich der Untersuchung der gefährlichen Oerter geltenden Vorschriften respectirt worden sind, und dass man im Begriffe stand, dieselben auszuführen, geht daraus hervor, dass man die fraglichen Orte später noch verspreizt und vor einigen Spreizen noch die betreffenden Häuer erstickt aufgefunden hat. In der Nähe des Leichnams des Obersteigers Schurig hat man Trümmer einer Sicherheitslampe aufgefunden, wäh-

*) Sonst hätte sich ja dieser nicht umkleiden können! O. H.

rend man auf der westlichen — 21 Ltr.-Strecke in der Nähe des verunglückten Zimmerlings Prüfer eine nur wenig verletzte Sicherheitslampe gefunden hat. Vermuthlich hatte derselbe dort den bei der Einfahrt sich etwas verspätet habenden Obersteiger Schaffer erwarten wollen, um diesem die Sicherheitslampe einzuhändigen.

„Uebrigens waren gewöhnlich auf jedem Schachte 12 Davy'sche Sicherheitslampen für etwaigen Bedarf vorräthig. Den Ortshäuern wurden in der Regel Sicherheitslampen nicht zum Gebrauche gegeben, weil man von Seiten der Grubenverwaltung diese Lampen in den Händen der Arbeiter für nicht ungefährlich erachtete und deshalb das Princip festhielt, keinen wegen Schlagwetterführung bekannten Grubenbau zu belegen, der nicht vorher gehörig wetterrein gemacht worden war.

„Hiernächst ist noch zu erwähnen, dass namentlich auf der Bildung von Schlagwettern verdächtigen Strecken die Aufhängung von Verzehrungslampen oder sogenannten ewigen Lampen vielfach in Anwendung gebracht worden ist.

„Um den bekannten Einfluss der barometrischen Zustände der Atmosphäre auf die Entwicklung von Grubengasen bei der Ueberwachung des Grubenbetriebes Seitens der Grubenbeamten thunlich zu berücksichtigen, waren schon seit längerer Zeit an dem Fahrschachte der oberen Tagstrecke an einem daselbst befindlichen Barometer jeden Tag dreimal Beobachtungen gemacht, an der Mündung der unteren Tagstrecke aber alle 3 Tage einmal, jedenfalls aber jeden Montag, früh vor der Einfahrt der Mannschaft in die Grube dergleichen Beobachtungen angestellt und in hiezu angelegte Journale eingetragen worden. Dabei hat man einen Barometerstand unter 27 Zoll 6 Linien und eine Lufttemperatur über 20° R. an dem Fahrschachte der oberen Tagstrecke als zu mehrerer Vorsicht mahnend angesehen. Die Beobachtungen an dem oberen Fahrschachte waren jedoch am 2. Juli d. J. unterbrochen worden und am 2. August noch nicht wieder aufgenommen, weil das dortige Barometer am erstgenannten Tage zerbrochen, in Folge dessen an einen Mechanicus zur Reparatur übergeben und von Letzterem am 2. August noch nicht wieder abgeliefert war.

„Die schweren Vorwürfe, welche in einem Theile der Tagesblätter (Berl. Börsen-Zeitung vom 11. Aug., Dresdner Nachrichten vom 11. Aug., Constitutionelle Zeitung vom 10., 13., 15., 19. Aug. und 7. Septemb.) gegen das bei der betreffenden Grubenabtheilung bis zum 2. Aug. in Anwendung gewesene Ventilationssystem erhoben worden sind, haben es der Commission zur besonderen Pflicht gemacht, dasselbe der ernstesten Prüfung zu unterwerfen.

„Die Versorgung der beiden in Frage befangenen Reviere des Segen Gottes- und Neu-Hoffnung-Schachtes mit der nöthigen frischen, gesunden Luft beruhte zeither zur Hauptsache in dem natürlichen, durch die Temperaturunterschiede der Luft über Tage gegen diejenige in der Grube hervorgebrachten Wetterzuge, der jedoch durch künstliche Mittel unterstützt wurde. Die frischen Wetter zogen durch zwei verschiedene Oeffnungen in die Grube ein, I. durch den Segen Gottes-Schacht und II. durch die obere Tagstrecke, während die sämmtlichen Grubenwetter durch den Neu-Hoffnung-Schacht zu Tage auszogen." Die hier folgende genaue Erörterung der Wetterlosung in den einzelnen Grubentheilen ist nur nach der Karte verständlich, daher auf den Bericht verwiesen werden muss. S. 41 fährt der Commissionsbericht fort:

„Die unter diesen Verhältnissen in die Grubenbaue einziehenden frischen Luftmengen behauptet der Obereinfahrer Zobel zu verschiedenen Zeiten wiederholt gemessen und dabei auf dem Segen Gottes'er Querschlage nie unter 21,000 Cbkfss. pro Minute und auf der tiefen Hauptstrecke niemals unter 2000 Cbkfss., also zusammen mindestens 23,000 Cbkfss., gewöhnlich aber weit stärker, zusammen gegen 35,000 bis 40,000 Cbkfss. pro Minute gefunden zu haben.

„Der Obersteiger Seelig hat der Commission das aus seinen Dienstacten entnommene Concept einer Anzeige über die gegen Ende des Monats August 1864 von ihm vorgenommene Messung des im Segen Gottes-Schachte einfallenden Luftquantums zur Verfügung gestellt, wonach damals a) auf dem Segen Gottes'er Querschlage 36,905 Cbkfss. pro Minute und b) auf der tiefen Hauptstrecke 1965·6 Cbkfss. pro Minute, also zusammen 38,871 Cbkfss. frische Wetter einzogen.

„Um diese Angaben zu prüfen, hat die Commission am 2. Sept. d. J. die im Segen Gottes-Schachte einfallenden und im Neu-Hoffnung-Schachte ausziehenden Wettermengen gemessen und hiebei gefunden einerseits, dass vom Segen Gottes-Schachte aus 1. der tiefen Hauptstrecke 12·55 Cubik-Lachter = 4420·787 Cbkfss. von $12^1/_2$° R. Temperatur, 2. dem Flachen No. 9 (vom tiefen Füllorte aus) 4·478 Cbk.-Ltr. = 1577·393 Cbkfss. von $12^1/_2$°, 3. dem Querschlage (vom oberen Füllorte aus) 41·105 Cbk.-Ltr. = 14479·4 Cbkfss. von 12° zugingen, also zusammen 58·133 Cbk.-Ltr. = 20477·58 Cbkfss. pro Minute von $12^1/_2$ resp. 12° R., andererseits, dass 4. auf dem Neu-Hoffnunger Querschlage der 12 Ltr.-Strecke 58·176 Cbk.-Ltr. = 20492·728 Cbkfss. von 20° und 5. auf der Wetterstrecke 8·902 Cbk.-Ltr. = 3135·765 Cbkfss. von 23°, also zusammen 67·070 Cbk.-Ltr. = 23628·494 Cbkfss. von 20 resp. 23° R. dem Neu-Hoffnung-Schachte zu und durch diesen zu Tage auszogen.

„Wenn hiernach das Volumen der aus der Grube ausziehenden Wetter weit grösser gefunden worden ist, als die blosse Temperaturzunahme bedingt haben konnte, indem, auf 0° R. reducirt die einziehenden Wetter 55·065 Cbk.-Ltr. = 19396·866 Cbkfss., die ausziehenden Wetter aber 61·34 Cbk.-Ltr. = 21607·26 Cbkfss. betragen haben, so dürfte diese Differenz ihren Grund, neben den verschiedenen barometrischen Druckhöhen der einziehenden und ausziehenden Wetterwege, hauptsächlich darin haben, dass die betreffenden Messungen in der Zeit um ca. 3 Stunden differirten, binnen welcher Frist Schwankungen eingetreten sein dürften. Die an diesem Tage die Grube durchströmenden Luftmengen lassen sich darnach im Durchschnitt zu 58·202 Cbk.-Ltr. = 20502·063 Cbkfss. pro Minute auf 0° R. reducirt annehmen. Wenn hiebei berücksichtigt wird, dass am Tage letztgedachter Messung die 12 Ltr.-Strecke zwischen den Flachen Nr. 9 und 7 noch gegen 15 Ltr. lang total verbrochen und das Flache No. 7, welches den Hauptwetterstrom nach dem Neu-Hoffnung-Schachte hinführte, nur erst auf die Hälfte seines Querschnittes aufgewältigt; auf die andere Hälfte aber noch mit den von der Aufräumung herrührenden Bergmassen versetzt war, dass also auf den dermaligen Hauptwetterwegen den Luftströmen gegen früher bedeutend grössere Bewegungshindernisse entgegen gestanden, so lässt sich wohl annehmen, dass die vorstehenden Angaben über die früher gemessenen Luftmengen richtig sind.

„Ueber die Gründe, weshalb die Grubenverwaltung das vorstehend dargelegte Wetterversorgungssystem angenommen und bisher beibehalten hat, hat sich der Obereinfahrer Zobel in folgender Weise ausgelassen: Als im J. 1862 der neuangelegte Segen Gottes-Schacht mit dem älteren Neu-Hoffnung-Schachte durchschlägig geworden, sei in einer vom Freiherrn von Burgk unter Zuziehung des schon früher bei den betreffenden Schachtanlagen als technischen Consulenten benutzten Kgl. Preuss. Bergrath Hofmann aus Halle abgehaltenen Berathung auch die Frage zur Erwägung gekommen, in welcher Weise die Ventilation der beiden Schachtreviere am zweckmässigsten einzurichten sei. Hierbei seien 3 verschiedene Modalitäten zur Erörterung gekommen: 1. die Anlage eines Wetterofens, in oder am Neu-Hoffnung-Schachte, 2. die Aufstellung eines Ventilators daselbst und 3. die Erwärmung der ausziehenden Grubenwetter an der Hängebank des Neu-Hoffnung-Schachtes durch Dampfstrahlen, beziehentlich durch Leitung in die dasige Dampfmaschinenesse.

(Fortsetzung folgt.)

Die zweite Versammlung montanistischer Fachgenossen in Laibach

am 31. October und 1. November 1869.
(Nach stenographischen Excerpten.)

(Fortsetzung).

Referent erwiedert, dass die gute Bergbau-Invigilanz auch mobile Organe erheische, dass der künftige Revierbeamte immerhin noch einen administrativen Wirkungskreis wie z. B. das Schurfwesen, die Statistik, das Besteuerungswesen etc. behalte, dass ihn seine Thätigkeit vorwiegend an die Scholle seines Wohnsitzes bindet, und dies auch die innigere Fühlung mit den sich informiren oder allenfalls Prioritätsrechte wahren wollenden Parteien nothwendig macht. Die Verquickung eines ambulanten Dienstes mit dem stabilen bringe mit sich im Gefolge, dass der künftige Revierbeamte entweder ein unvollkommenes Administrativ-Organ, oder ein unvollständiges Polizei-Organ sein werde. Die Mixtur beider Thätigkeitsweisen kann, wenn selbe gleichberechtigt und gleichberücksichtiget in Einem Organe sich cumuliren, nur Halbheiten zu Tage fördern. Redner weist auf die polizeilichen Organe in Belgien, Frankreich und England hin, welche sich gar trefflich bewährt haben*).

Oberberg-Commissär Bouthillier hält entgegen, dass es der grossen Bergbaue nicht so viele gebe, um sie nicht jährlich oder halbjährig einmal begehen zu können. Er weiset auf die z. B. in Kärnten vorherrschenden Arbeiten im festen Gesteine hin, welche die Zahl der Unglücksfälle nach den bisherigen statistischen Erfahrungen auf ein Minimum beschränkten. Namentlich gelte dies von den Bleiwerken. Diese Baue erheischen eine ungleich seltenere Ueberwachung.

Von der Regierung verlange man ja nicht zu viel, sonst gefährde man den Plan der Organisirung im Ganzen.*) Man begnüge sich vielmehr, die technisch-polizeilichen Vorschriften fest einzuschärfen und sie zu handhaben.

Referent deutet auf die ausgedehnten Bergbaue anderer Provinzen im nicht festen Gesteine. Die gesetzlichen Bestimmungen haben die Bergbau-Verhältnisse der gesammten Monarchie und nicht jene der Alpenländer allein als Ausgangspunkt zu nehmen.

Vorsitzender Berghauptmann Trinker erwähnt, dass er bereits bei Gelegenheit, als sich die Bergbehörden über den Entwurf der Bergpolizei-Vorschriften auszusprechen hatten, den Antrag dahin gerichtet habe, dass der betreffende Revierbeamte, heisse er wie er wolle, so wenig als möglich mit Kanzlei-Geschäften belastet werde, damit demselben hinreichend Zeit bleibe, um die Controle des Bergbaues auszuüben. Er stelle daher den beide divergirende Meinungen der Vorredner in sich vermittelnden Antrag auf Weglassung des Ausdruckes: „durch eigens bestellte technisch-polizeiliche Organe“ und Einfügung statt dessen der Worte: „durch die bergbehördlichen Organe“.

Bouthillier und Referent schliessen sich diesem Antrage an**) und §. 5 wird hierauf in dieser geänderten Fassung einstimmig angenommen.

Zu §. 6 bringt Oberbergcommissär Bouthillier vor, dass wir das liberale allg. Berggesetz nicht zu einem illiberalen machen sollen; man stehe davon ab, die Partei mit Betriebsplänen zu plagen, man lege derselben nicht einen Zwang auf, der wahrlich nicht geeignet erscheine, die Lust des Bergbautreibenden zu heben. Durch solche Betriebspläne greife man tief in die wirthschaftlichen Verhältnisse ein, und wenn auch ausländische Berggesetzgebungen auf einem solchen Betriebsplane bestehen, so finde er doch nicht Alles grün, was z. B. in der preussischen Gesetzgebung stehe, und meint, dass ein solcher Betriebsplan erst im äussersten Falle auferlegt werden solle. Es sei vorauszusetzen, dass die Bergwerksbesitzer sich selbst einen ordentlichen Betriebsplan machen werden und für die Sicherheit des Eigenthums und des Lebens ihrer Arbeiter sorgen. Zeigt sich ausnahmsweise ein Bergbaubesitzer lässig oder unfähig, nun so solle dann erst die Bergbehörde einschreiten und einen Betriebsplan unter Beiziehung von Sachverständigen festsetzen***). Er beantragt daher die Modification des §. 6.

*) Wir verkennen die Wichtigkeit tüchtiger technischer Bildung für die bergbehördlichen Organe nicht, aber zu viel Polizei möchten wir denn doch nicht befürworten und glauben, dass die Mehrzahl unserer Bergbauunternehmungen derselben nicht so sehr bedürfen. Dagegen dürften strenge Strafen wirklicher Vernachlässigung und Ersatzpflicht für Schäden durch dieselben sich besser bewähren, als polizeilich geschäftige Einflussnahme von Beamten, die in manchen Fällen an Erfahrung und Fachtüchtigkeit den Werksbeamten nachstehen dürften! O. H.

*) Sehr richtig! O. H.

**) Wir würden schon den Beisatz „unter Mitwirkung von Reviersgenossen“ nicht perhorresciren, um dem nihil de nobis sine nobis und den jedenfalls beachtenswerthen praktischen Erfahrungen des Localbetriebsbeamten Rechnung zu tragen. Freiheit, Selbstmitwirkung der Regierten und Verantwortlichkeit scheinen uns den Vorzug vor der „Polizei“ an sich zu haben. O. H.

***) Ganz aus unserer Seele gesprochen! Freiheit, Selfgovernment und Repression statt — Praevention! O. H.

dahin, dass nur im Falle der Unfähigkeit des Werksbesitzers oder offenbarer Fahrlässigkeiten von Seite der Bergbehörden von Amtswegen und unter Zuziehung von Sachverständigen ein Betriebsplan entworfen und die Einhaltung desselben zur Pflicht gemacht werde.

Referent weiset entgegen auf den Grundsatz: „principiis obsta, sero medicina paratur"*). Im Bergbau handelt es sich um die höchsten Potenzen des menschlichen Lebens d. i. um das Leben und das Eigenthum selbst. Diese erheischen schon anticipando einen energischen Schutzwall. Er weiset auf England, wo die Bergbaubesitzer sich mit Vergnügen der Verpflichtung der Schaffung eines Betriebsplanes unterziehen**).

Oberbergcommissär Bouthillier bezweifelt, ob die dortigen Bergbaubesitzer ein Vergnügen daran finden, sich selbst solche beengende Vorschriften zu schaffen; wahrscheinlich würden unsere Bergbaubesitzer das grössere Vergnügen darin finden, die polizeiliche Sicherheit selbst aufrecht zu erhalten.***) Eine illiberale Bestimmung passe nicht in das in allen anderen Richtungen sonst weite und freisinnige Schranken setzende Berggesetz.

Vorsitzender Berghauptmann Trinker bemerkt, dass der vom Referenten aufgenommene Betriebsplan, um die Sicherheit der Person und des Eigenthums zu wahren, bereits in dem Entwurfe der von dem Ministerium herabgelangten und in Bälde ins Leben tretenden bergpolizeilichen Vorschriften Ausdruck gefunden habe, somit hier füglich ausser Betracht bleiben, oder durch den Ausdruck „Bergpolizei-Vorschrift" substituirt werden könne.

Director Hinterhuber spricht sich gleichfalls gegen den Betriebsplan aus, wenn gleich er für die Anstrebung aller Vorsichtsmassregeln ist, um möglichst die Unglücksfälle beim Bergbau abzuwenden.

Bei der hierauf erfolgten Abstimmung wird § 6. ganz fallen gelassen.

7. Die Freischurf- und Massensteuer hat ganz zu entfallen. Der Bergbau unterliegt lediglich nur der Steuer, welche durch montanistische Fachorgane von reinem Einkommen bemessen wird, deren Maximalausmass 4% des letzteren nicht übersteigen darf.

Bei Bemessung der Einkommensteuer sind von dem ihr zu Grunde zu legenden Reineinkommen des Vorjahres auch die

a) Neubauten und Ameliorationskosten,

b) die Assecuranskosten und Schurfauslagen in Abzug zu bringen.

Motivirung. Die Freischurfsteuer hat schon ein allseitig so absprechendes Urtheil erfahren, dass darüber gar nichts Neues mehr zu sagen ist. Consequentermassen müsste der Staat auch chemisch-technologische Versuche z. B. zur Darstellung neuer Anilin-Farben, neuen Papieres aus anderen vegetativen Stoffen, physikalische Versuche der Zerlegung des Wassers zur Herstellung eines neuen Brennstoff-Surrogates u. s. w. besteuern, weil möglicherweise diesen Versuchen ein neues gewinnbringendes Gewerbe entwachsen könnte. u. s. w. *)

Bezüglich der Massensteuer ergeht sich Referent in einer Darstellung der in Frankreich und Belgien an den Staat und den Grundeigenthümer zu zahlenden redevânce fixe, welche für Ersteren in beiden Staaten entsprechend für ein Grubenmass à 12544 Quadratklafter (= an 5 Hektaren) beiläufig 20 kr. beträgt. Jene an den Grundeigenthümer beträgt in Frankreich gleich viel, in Belgien nicht unter 25 Centimes per Héktare. In ersterem Staate wird jedoch wegen der grossen Grundparcellirung vom Eigenthümer des Grundes die winzige Quote gar nicht eingehoben. Es ist somit die Massensteuer in jenen Ländern kaum eine Steuer, sie ist vielmehr ein formeller Recognitionszins zu nennen.

(Fortsetzung folgt.)

*) Damit kann man auch die Censur und die Inquisition rechtfertigen! O. H.

**) Weil dort die Betriebsleiter bisher meist weit unter der technischen Bildungsstufe der unserigen standen, was sich erst allmälig bessert. O. H.

***) Ganz unsere Ansicht und wir freuen uns, sie aus dem Munde eines bergbehördlichen Organes zu vernehmen. O. H.

*) Wir sind keine Freunde dieser Steuer, doch diese Analogie hinkt gewaltig. Das Schurfrecht ist auf eine Ausnahme (ein Privilegium) zu Gunsten des Bergbaues begründet und ein solches zu besteuern ist nicht ganz analog der Besteuerung eines technischen Versuches. Ob es wirthschaftlich zweckmässig sei, kann bezweifelt werden. Verfehlte Analogien sind gefährliche Argumente. Qui nimium probat — nihil probat! O. H.

Notiz.

Die oberungarische Quecksilber-Production an Fahlerzen betreffend, erhalten wir aus Anlass unserer Angaben in Nr. 48 dieser Blätter die ergänzende Mittheilung, dass

1866	aus	42474	Ctr.	26	Pfd.	Fahlerzen	1080	Ctr.	$34\frac{5}{32}$ Pfd.
1867	„	38975	„	9	„	„	974	„	$4\frac{35}{32}$ „
1868	„	30885	„	36	„	„	708	„	$9\frac{14}{32}$ „

Quecksilber gewonnen wurden, wodurch sich der in Nr 48 als unerklärlich bezeichnete geringe Unterschied in den Ziffern der Erzproduction und des Metalls unserer Vermuthung entsprechend aufklärt.

Wir danken Herrn Max von Jendrassik herzlich für diese freundliche Mittheilung und bemerken, dass wir überhaupt für jede Berichtigung unserer, den officiellen Tabellen entnommener Daten stets uns den geehrten Einsendern dankbarst verpflichtet erachten. O. H.

Literatur.

Das französische Bergrecht und die Fortbildung desselben durch das preussische allgemeine Berggesetz, dargestellt von Dr. H. Achenbach, Geh. Oberbergrath etc. Bonn bei Adolf Marcus. 1869.

Es ist wiederholt und bei uns neuestens auch wieder gewissermassen Mode bei legislatorischen Besprechungen über das Berggesetz geworden, nach der französischen Gesetzgebung hinzudeuten, welche unleugbar der Reform des Bergrechtes in Europa Bahn gebrochen hat. Lehrreicher und im Zusammenhange mit der Reform des deutschen — speciell des preussischen — Bergrechts haben wir das französische Bergrecht noch in keiner Schrift behandelt gefunden. Der Geist der Gesetzgebung, die Modification durch Zeit und Raum (in den verschiedenen Ländern, über die es sich verbreitet), sind nicht blos gründlich, sondern mit „Geist" aufgefasst, wie es eben gerade eine solche Aufgabe erforderte. Wir empfehlen dies Werk, welches wir mit wahrhaftem Interesse von Anfang bis zu Ende durchgegangen, allen Freunden des Faches. Insbesondere aber mögen jene Heisssporne administrativer Bevormundung, welche seit Kurzem unter uns in Oesterreich aufzutauchen beginnen und dabei stets die „französische und preussische Polizeimasse regelung“ uns vorführen, den Geist dieses Werkes studiren, und daraus lernen, dass auch dort die Suppe nicht so heiss gegessen wird, als sie manche Zeloten der Bevormundung gern gekocht hätten. Bei dem Capitel: „Die Betriebspläne und sogenanntes Lasten-Heft“ (cahier des charges) S. 244 und 245 findet man nachstehende Stelle, welche wir — die dort im Original gegebene Citation übersetzend — hier wiedergeben wollen, um zu zeigen, wie es mit jenen Berufungen auf französische und preussische Gesetze aussieht.

Der Verfasser sagt S. 245: „Wenn man sich diesen Verwaltungsmassregeln gegenüber der (S. 90, 91) mitgetheilten und bei Abfassung des Gesetzes massgebenden Bemerkungen Napoleons erinnert (Napoleon sagt: Er begreife nicht, dass man den Concessionären Betriebs- oder Verwaltungsvorschriften geben wölle – sie werden schon selbst verwalten, wie sie es entsprechend finden werden. Es wäre absurd zu dulden, dass kleine bergbehördliche Beamte, die nichts als theoretisches Wissen besitzen, hergingen, um erfahrene Leute zu hofmeistern, welche ihr Eigenthum ausbeuten u. s. w.*), so unterliegt es keinem Zweifel, dass ein grosser Theil der Bestimmungen des Lastenhefts (Betriebsplanes) gegen den Wortlaut des Berggesetzes (Art. 7) verstösst und dass merkwürdig genug durch Ministerial-Instructionen diejenigen Artikel der Entwürfe ohne Weiters in Anwendung gebracht worden sind, welche in Folge des Widerstandes des Kaisers (Napoleon) in dem Gesetze keine Aufnahme finden konnten!“ Welchem Freunde des freieren Geistes der Gesetzgebung fällt da nicht unwillkürlich das Verhältniss der österr. Vollzugsvorschrift zum österr. Berggesetz ein?! Ex ungue leonem! Mögen unsere Leser aus diesem Fragmente schliessen, wie das Ganze dieses Werkes sei, welches wir eben jetzt allen Freunden einer wahren und freiheitlichen Reform der Berggesetzgebung empfehlen, weil es ihnen zahlreiche Behelfe bieten wird, den mitunter zu weit greifenden Tendenzen derjenigen entgegen zu treten, welche nur in einer Präventiv-Censur des Bergbaubetriebes das Ziel der nächsten Reform suchen und sich dabei auf französische und preussische Muster berufen**)!

O. H.

Bergwerks- und Hüttenkarte des Rheinischen Oberbergamts-Bezirkes. Aus 4 Abtheilungen bestehend: 1. Aachener Bezirk, 2. Siegener Bezirk, 3. Nassauer Bezirk, 4. Saarbrücker Bezirk. Nebst einem alphabetischen Verzeichniss der wichtigeren Kohlen- und Erzgruben im Rheinischen Oberbergamtsbezirk. Essen. Verlag von G. D. Baedeker.

Diese ganz in der Art der bekannten und schon in mehreren Ausgaben erschienenen ähnlichen Karte für den westphälischen Oberbergamts-Bezirk ausgeführte Karte enthält alle etwas bedeutenderen Gruben, Hochöfen, Eisen- und sonstigen Hüttenwerke in vier auf einem grossen Blatt zusammengestellten Nebenkärtchen. Das Verzeichniss, welches durch Buchstaben und Ziffern der in Quadrate eingetheilten Karte die Aufsuchung jedes einzelnen Objectes erleichtert, ist eine sehr nützliche Beigabe.

Für Bergverwandte jener Provinz und für die mit jenen zahlreichen Montanwerken in Geschäftsverbindung stehenden Industriellen, für Statistiker, aber auch für Reisende, welche mit Interesse für das Berg- oder Hüttenfach die Rheinlande besuchen, ist diese Publication ein willkommener Wegweiser.

Wir wünschten, dass mit solchen Karten auch bei uns in ähnlicher Weise vorgegangen würde. Ein Anfang dazu ist v. Hohendorf's Karte des Teplitzer Bezirkes. Die ältere Schmid v. Bergenhold'sche montanistische Karte Böhmens, die noch ältere Karte Altenburgers für Ober- und Nieder-Oesterreich und eine ziemlich unvollkommene ebenfalls alte Karte von Steiermark haben bei uns leider keine neuen Bearbeitungen gefunden. Rossiwall's Karte der Eisen- und Kohlenwerke Steiermarks, die seiner statistischen Monographie beigegeben ist, entspricht theilweise dieser Aufgabe, doch dient sie mehr zur Uebersicht, als diese rheinische, welche die Localitäten der einzelnen Objecte genau ersichtlich macht.

O. H.

Geognostische Uebersichtskarte von Deutschland, Frankreich, England und den angrenzenden Ländern. Zusammengestellt von Dr. H. v. Dechen, wirkl. Geh. Rath und Oberberghauptmann a. D. Zweite Ausgabe. 1869. Berlin. Verlag von Simon Schropp, geog. Landkarten-Handlung L. Berinquier und Ad. Berg. Nebst dazu gehörenden Erläuterungen.

Seit 30 Jahren behauptete v. Dechen's geognostische Karte, ungeachtet so vieler neueren Forschungen, ihren Ruf und mit Recht, da sie mit grosser Sorgfalt und Kritik gearbeitet war. Nun tritt dieselbe in ganz neuer Umarbeitung noch einmal vor das Fachpublicum, nicht mehr wie die erste Auflage mit der Hand colorirt, sondern in einem sehr lichten und gut ausgeführten Farbendrucke. Ihr Masstab ist kleiner als der der gleichzeitig von der deutschen geologischen Gesellschaft herausgegebenen geologischen Karte von Deutschland, allein ihr geographischer Umfang ist weiter, da sie ganz Frankreich, Belgien und den grössten Theil von Grossbritannien, ansehnliche Theile von Spanien, Italien und Russland enthält und zugleich die österr.-ungarische Monarchie beinahe vollständig (bis auf den alleröstlichsten Theil) in sich fasst. In den der Karte beigegebenen Erläuterungen (Octavheft von 60 S.) bemerkt der hochgeachtete Verfasser im Rückblicke auf die früheren Schwierigkeiten in Betreff dieser österreichischen Partien von Central-Europa: „Seitdem die geologische Reichsanstalt die Untersuchung der österreichischen Monarchie begonnen, hat sich dieses Verhältniss in überraschendster Weise geändert. Diese Länder gehören gegenwärtig zu denen, welche in Europa in geologischer Beziehung am vollständigsten und besten bekannt sind.“ — „Dennoch,“ fährt er fort, „ist es nicht zweifelhaft, dass nach der Herausgabe der neuen geologischen Uebersichtskarte der österreichischen Monarchie v. Fr. Ritter v. Hauer manche Veränderungen . . . werden eintreten müssen u. s. w. Indessen wird das Publicum schon aus der Vergleichung der bisher erschienenen Blätter der Hauer'schen Karte erkennen, dass v. Dechen's Bescheidenheit zu weit geht. Er ist in seiner Karte allen wesentlichen Resultaten der österreichischen Forschungen gefolgt und nur die beim grösseren Masstabe der Hauer'schen Karte mögliche Gliederung konnte nicht in gleicher Art durchgeführt werden. Auch das Farbenschema differirt, im Ganzen aber gibt diese den grössten Theil des occidentalen Europa umfassende Karte v. Dechen's im eigentlichsten Sinne den letzten Abschluss der geologischen Kenntniss von diesem Ländercomplexe. Dem greisen Meister ist für diese neu bearbeitete Karte der wärmste Dank aller Freunde der Wissenschaften gewiss. Die Erläuterungen sind zugleich eine treffliche Revue des vorhandenen Karten-Materials. Die Ausführung ist klar und deutlich.

O. H.

Amtliches.

Ernennungen.

Der Joachimsthaler Hüttenmeister, Ernst Wysoky, zum Hüttenprobirer bei der Příbramer Hauptwerks-Verwaltung. (Z. 34698, ddo. 14. November 1869.)

Der Bergwesens-Expectant, Wenzel Pokorny, bei der Příbramer Hüttenverwaltung, zum Cassaschreiber bei der Berg-Directionscassa dortselbst. (Z. 21945, ddo. 14. November 1869.)

Der Lehrer der II. Cl., Jacob Inglic, zum Lehrer der III. Cl., und der Lehramtscandidat Johann Lapajne, zum Lehrer der II. Cl. an der k. k. Werkshauptschule in Idria. (Z. 32299, ddo. 14. November 1869.)

Se. k. und k. Apost. Majestät haben mit a. h. Entschliessung dem Sectionsrathe Wilhelm Heger eine systemisirte Ministerialrathsstelle, und dem mit Titel und Charakter eines Sectionsrathes bekleideten Ministerialsecretär Anton Schauenstein eine systemisirte Sectionsrathsstelle im Ackerbau-Ministerium zu verleihen geruht. (Beide im Bergwesens-Departement jenes Ministeriums.)

---

*) Im Original lautet die ganze Stelle: Napoléon dit: Qu'il n'entend point qu'on donne aux concessionaires des règles d'administration, ils administreront comme ils le jugent convenable. — Il serait absurde de souffrir que de petits ingénieurs, qui n'ont que la théorie, vinssent maîtriser des gens experimentés et qui exploitent leur propre chose. — Napoléon dit que l'esprit de la propriété rémedie à tout. — Si les mines sont des propriétés, dont on use comme de toutes les autres, il ne faut pas des règles particulières. — Napoléon dit que la legislation doit être toujours en faveur du proprietaire; il faut qu'il ait du bénéfice dans ses exploitations, parceque sans cela il abandonnera des entreprises; il faut lui laisser une grande liberté, parceque tout ce qui gêne l'usage de la propriété, deplaît aux citoyens etc.

**) Vgl. den Entwurf einer Bergpolizei-Ordnung, die Verhandlungen der Laibacher Versammlung. O. H.

Diese Zeitschrift erscheint wöchentlich einen Bogen stark mit den nöthigen artistischen Beigaben. Der Pränumerationspreis ist jährlich loco Wien 8 fl. ö. W. oder 5 Thlr. 10 Ngr. Mit franco Postversendung 8 fl. 80 kr. ö. W. Die Jahresabonnenten erhalten einen officiellen Bericht über die Erfahrungen im berg- und hüttenmännischen Maschinen-, Bau- und Aufbereitungswesen sammt Atlas als Gratisbeilage. Inserate finden gegen 8 kr. ö. W. oder 1½ Ngr. die gespaltene Nonpareillezeile Aufnahme. Zuschriften jeder Art können nur franco angenommen werden.

Druck von Carl Fromme in Wien. Für den Verlag verantwortlich Carl Reger.

№ 51.
XVII. Jahrgang.

Oesterreichische Zeitschrift

1869.
20. December.

für

Berg- und Hüttenwesen.

Verantwortlicher Redacteur: Dr. Otto Freiherr von Hingenau,
k. k. Ministerialrath im Finanzministerium.

Verlag der G. J. Manz'schen Buchhandlung (Kohlmarkt 7) in Wien.

Der Bergwerksbetrieb in der k. und k. österr.-ungarischen Monarchie i. J. 1867.

Nach den amtlichen Veröffentlichungen bearbeitet vom Redacteur.

VII.

Wir kommen nun zu den relativ wichtigsten Productionszweigen unserer Montan-Industrie: Eisen und Mineralkohle.

Die Eisenindustrie anlangend sind wieder die Production von Erzen und metallischem Eisen, bei diesem wieder Frisch-Roheisen und Guss-Roheisen zu unterscheiden.

Wir wollen vorerst ein Bild dieser Erzeugung nach den von uns gewählten Territorialgruppen geben und daran einige Einzelnheiten anreihen, behalten uns aber vor, bezüglich der nichtungarischen Länder im nächsten Jahrgange eine umfassendere, das Jahr 1867 und 1868 zusammenstellende Uebersicht zu liefern.

Voraussenden wollen wir Einiges über die Mittelpreise am Erzeugungsorte, welche bei diesem Objecte der Montanindustrie vielen Schwankungen unterliegen.

In den Alpenländern stellt sich der Durchschnittspreis der Erze auf 19·4 kr. pr. Wiener Centner. Die Maxima und Minima sind: 46·2 kr. (Tirol) und 12 kr. (Obersteiermark); analog verhalten sich die Durchschnitte der einzelnen Länder.

In Böhmen, Mähren, Schlesien, Galizien und Bukowina stellt sich der Durchschnittspreis der Erze auf 13·7 kr. per Wiener Centner, das Maximum auf 35 kr. (Böhmen), das Minimum 5·3 kr. (Mähren). Während in den Alpenländern der Erzpreis nirgends unter 12 kr. sinkt und die übrigen Ziffern zwischen 12, 20, 30 und 46 kr. sich bewegen, findet man in den genannten Ländern Preise von 5·3, 8, 9, 10, 16, 20, 28, 29 bis 35 kr.

Ungarn mit seinen Nebenländern hat einen Durchschnittspreis von 12·1 kr. per Ctr., ein Maximum von 56·7 kr. (Nagybánya) und ein Minimum von 5 kr. (Kaschau).

Die Militärgrenze hat einen Durchschnittspreis von 16 kr.

Der Totaldurchschnitt der Monarchie beziffert sich mit 15·7 kr. per Ctr.

Die Mittelpreise des Frisch- und Guss-Roheisens stellen sich:

	Frischroheisen fl.	kr.	Gussroheisen fl.	kr.
In den Alpenländern im Durchschnitt auf	2	76·2	6	25·9
„ Böhmen, Mähren, Schlesien, Galizien, Bukowina auf	2	87·8	5	63·8
„ Ungarn, Siebenbürgen, Croatien auf	2	02·9	3	94·8
„ der Militärgrenze	2	44·8	5	—
Für die ganze Monarchie	2	59·3	5	24·9

Die Productionsmengen und Werthe gibt nachstehende Tabelle:

	Eisenerze	Productionswerth am Erzeugungsorte	Frisch-Roheisen	Productionswerth am Erzeugungsorte	Guss-Roheisen	Productionswerth am Erzeugungsorte	Totalproductionswerth v. Frisch- und Guss-Roheisen.
	Ctr.	fl.	Ctr.	fl.	Ctr.	fl.	fl.
Alpenländer	5,475096	1,063975	2.095424	5,788458	72300	454663	6,243121
Böhmen	2,349603	269852	737159	2,269681	275480	1,499001	3,768682
Mähren und Schlesien	1,248846	212574	411723	1,271032	170466	953907	2,224939
Galizien und Bukowina	361535	63465	35568	109277	38583	231630	340907
Ungarn etc.	3,396419	411513	1,632395	3,310638	160706	631671	3,942309
Militärgrenze	402857	64677	65706	160873	17042	85211	246084
Hauptsumme	13,284356	2,086056	4,977975	12,909959	734577	3,856083	16,766042

Davon kommen auf die ärarische Production an Erzen........... 2,888931 Centner
„ Frisch-Roheisen..... 749537 „
„ Guss-Roheisen...... 105770 „

Der überwiegende Rest war schon im Jahre 1867 Product der Privat-Industrie und seither ist ein grosser Theil der Eisenwerke des Aerars in den Alpenländern und in Böhmen verkauft worden, daher wir auch diese Trennung hier nicht weiter verfolgen wollen.

Im Jahre 1867 standen im Ganzen 210 Hochöfen im Betriebe und 82 Hochöfen kalt, und zwar:

In den Alpenländern ..	60 im Betriebe	22 kalt
„ Böhmen	35 „	14 „
„ Mähren u. Schlesien	22 „	8 „
„ Galizien u. Bukowina	10 „	10 „
„ Ungarn, Siebenbürgen u. Croatien..	77 „	27 „
„ der Militärgrenze...	6 „	1 „
Summe.....	210 im Betriebe	82 kalt.

Im Jahre 1866 standen 100 Hochöfen kalt und waren 195 im Betriebe; auch die Production war 1866 um 521421 Ctr. Frisch-Roheisen und 108293 Ctr. Guss-Roheisen geringer. Das Jahr 1867 bezeichnet daher einen sehr grossen Fortschritt in der Eisenproduction, welcher, da er dem Bedarf nicht vollständig zu folgen vermochte, auch bessere Preise zu Folge hatte. Die Durchschnittspreise des Jahres 1867 stehen beim Frisch-Roheisen um 19·1 kr., beim Guss-Roheisen um 25·8 kr. höher als die des Jahres 1866.

(Fortsetzung folgt.)

Ergebniss der bergpolizeilichen Erörterungen über den Unglücksfall im Plauen'schen Grunde

(Fortsetzung.)

„Von der Anlage eines Wetterofens im Tiefsten des Neu-Hoffnung-Schachts habe man damals aus Rücksicht auf die Gefahr eines Brandes in dem durchaus gezimmerten Schachte, von der Anlage eines Wetterofens über Tage aber wegen des sehr grossen Querschnitts des genannten Schachtes und des in entsprechender Weise nicht wohl herzurichtenden hermetischen Verschlusses desselben, anderseits von der Anlage eines Ventilators aus dem Grunde abgesehen, weil die Leistungen der damals als die besten geltenden Fabry'schen Ventilatoren nicht über 30,000 Cbkfs. pro Minute hinaus gingen und weil während der an diesen Ventilatoren öfters nothwendigen Reparaturen auch zu oft Wetterstockungen zu befürchten waren. Man habe daher um so mehr, als das durch einen Fabry'schen Ventilator zu erlangende Luftquantum bereits für gewöhnlich schon auf dem Wege des natürlichen Wetterzugs zu erreichen war, geglaubt, sich damit begnügen zu können, diesen natürlichen Wetterzug durch Erwärmung des aus dem Neu-Hoffnung-Schachte ausziehenden Wetterstroms gegen zufällige Störungen zu sichern.

„Erst in den letzten Jahren seien die vorzüglichen Leistungen der Guibal'schen Ventilatoren zur allgemeinen Anerkennung gelangt.*) Wenn man Seitens der Grubenverwaltung bisher von der Aufstellung eines solchen auf dem Neu-Hoffnung-Schachte Umgang genommen habe, so habe dies seinen Grund einmal darin, dass man bedenkliche Wetterstockungen in den fraglichen beiden Schachtrevieren nach Einrichtung der Erwärmung der ausziehenden Luftströme nicht wahrgenommen und das Bedürfniss an frischer Luft für die Grubenbaue hinreichend befriedigt gefunden habe, das andere Mal weil der Abbau in dem Neu-Hoffnung-Schachter Felde immer weiter nach dem Schachte hin vorwärts schreite und die zu ventilirenden Grubenbaue sich hier täglich auf immer kleinere Räume beschränken, überhaupt binnen 8 Jahren dieses obere Feld ganz abgebaut sein und die Wetterversorgung dann in der Hauptsache auf das Segen Gottes'er Feld sich zu beschränken haben werde.

„Nach dem Erachten der Commission ist diesen Gründen Anerkennung zu zollen und die bisherige Wetterversorgung der fraglichen beiden Schachtreviere als den vor dem 2. Aug. bekannten Verhältnissen entsprechend anzusehen. Von Seiten der dort anfahrenden Mannschaft sind auch bisher begründete Ausstellungen dagegen nicht erhoben worden, wie die Zeugenaussagen mehrerer dortiger Bergarbeiter ergeben.

„Was die zufolge verschiedener Angaben in Tages-Blättern angeblich von dem Obersteiger Schaffer gethanen Aeusserungen bezüglich der Unzulänglichkeit der Ventilation in den in Rede stehenden Grubenrevieren und bezüglich der Nothwendigkeit zur Ergreifung ausserordentlicher Vorsichtsmassregeln, namentlich der Aufstellung eines Ventilators, ausserdem bezüglich des nachtheiligen Einflusses der Zustürzung des Fortuna-Schachtes auf die Wetterverhältnisse des Burgker oberen Reviers betrifft, so erklären nicht nur sämmtliche Grubenbeamten, hierüber von dem Genannten weder in den wöchentlichen gemeinsamen Betriebsconferenzen, noch sonst wo eine Anregung der gedachten Art vernommen zu haben, sondern auch den hierüber besonders abgehörten beiden Söhnen des Genannten, dem Lagergehilfen Schaffer und dem Lehrhäuer Schaffer, ist irgend eine Aeusserung des Genannten nicht erinnerlich, welche in dem angegebenen Sinne aufgefasst werden könnte.

„Der einzige Punct, worüber von einigen Bergarbeitern Ausstellungen erhoben und welcher von der Grubenverwaltung auch als begründet anerkannt worden ist, betrifft die bisweilen, insbesondere zu Zeiten warmer Witterung über Tage eingetretenen Wetterstockungen auf der oberen Tagstrecke, besonders nahe oberhalb der Wetterstrecke, in deren Folge die auf jener Ein- und Ausfahrenden von matten Wettern belästigt wurden, welche mitunter so schlecht waren, dass die Lampen verlöschten. Diese Wetterstockungen haben darin ihren Grund, dass bei sehr warmen Tagen die Lufttemperatur über Tage derjenigen in der Grube, namentlich auf der Wetterstrecke, nahezu gleich ist und dass die Tageluft dann nur geringen Impuls hat, auf der Tagstreke einzuziehen, mitunter sogar der Fall eintritt, dass die matten Wetter der Wetterstrecke auf der Tagstrecke empordringen. Hierzu

*) Sie sind auch in Witkowitz in Mähren schon in Anwendung. O. H.

kommt noch, dass fortwährend geringe Mengen von Gasen aus dem angrenzenden ausgebauten Felde auf der Tagstrecke, trotz deren möglichst hermetischer Verwahrung durch Mauerung, austreten und die darin ziehenden Wetter, wenn sie nicht sehr lebhaft sind, verschlechtern. Dieser Uebelstand hat auch die Grubenverwaltung neuerdings zu dem Entschlusse geführt, das Einfahren der Mannschaft in die oberen Reviere künftig nicht mehr auf der oberen Tagstrecke, wie zeither aus Rücksicht auf leichtere Controle geschah, sondern mittelst Seilfahrung im Segen Gottes-Schachte geschehen zu lassen.

„Es kann aber dieser Uebelstand weder auf die eigentliche Wetterversorgung der beiden fraglichen Schachtreviere überhaupt, noch auch speciell auf den Unglücksfall des 2. Aug. einen beachtenswerthen Einfluss gehabt haben, weil die Tagstreckenwetter nur mit den aus den östlichen oberen Hoffnunger Bauen auf der Wetterstrecke abziehenden Wettern zusammentrafen und mit diesen auf kürzestem Wege durch die alte Hauptstrecke dem Neu-Hoffnung-Schachte zuströmten, also mit den Wetterströmen der übrigen tiefer gelegenen hauptsächlichen Grubenbaue gar nicht in Berührung kamen.

„Der Ende Juli 1865 bewirkten Zustürzung des Fortuna-Schachtes hat von den verhörten Bergarbeitern nur einer, der Zimmerling Hähnel, einen nachtheiligen Einfluss auf die Wetterverhältnisse der östlichen Neu-Hoffnunger Baue beigemessen. Der genannte Schacht ist im oberen Theile des Dorfes Burgk, nahe östlich von der oberen Tagstrecke gelegen, mit welcher er vormals von seinem 120 Ltr. unter Tage befindlichen tiefen Füllorte aus mittels eines Querschlags in der 20 Ltr.-Sohle und der 20 Ltr.-Strecke bei ungefähr 65 Ltr. oberhalb der Wetterstrecke, sowie mittels eines von der 25 Ltr.-Sohle niedergehenden Gesenkschächtchens in Verbindung stand. Seine Hängebank lag 27 Ltr. unter der des Neu-Hoffnung-Schachtes. Hähnel behauptet, dass seit etwa 4 Jahren die Wetter in den oberen östlichen Hoffnunger Bauen nicht so gut gewesen seien, als zur Zeit, wo die von den gedachten Bauen abziehenden Wetter von der Wetterstrecke aus durch ein Gesenkschächtchen dem Fortuna-Schachte direct zugeführt worden seien, während auch erst seit jener Zeit sich die bisweiligen Wetterstockungen auf der Tagstrecke bemerkbar gemacht hätten. Indessen gibt derselbe zu, dass in den eigentlichen Hoffnunger Bauen eine so ungenügende Ventilation, dass die Lampen nicht gut zu brennen vermocht hätten, so lange er dort gearbeitet, nicht stattgefunden habe. Auch die früher in dem Fortuna-Schachtreviere, seit 10 resp. 5 Jahren aber in dem Neu-Hoffnung-Schachtreviere angefahrenen Häuer Kaube, Hule und Israel bestätigen das Letztere, sowie andererseits die seit Zufüllung des Fortuna-Schachtes auf der oberen Tagstrecke wiederholt vorgekommenen Wetterstockungen. Doch versichern dieselben ausdrücklich, dass gerade an den letzten Tagen vor dem 2. Aug., so auch noch am Sonnabend, den 31. Juli d. J., wo sie zuletzt angefahren seien, dergleichen Wetterstockungen von ihnen nicht bemerkt worden seien.

„Der Obereinfahrer Zobel und der Markscheider Schaffrath haben hierzu bemerkt, dass, so lange die Kohlenabbaue beim Fortuna-Schachte noch im Betriebe gestanden hätten, d. i. bis zum Jahre 1865, die auf der Tagstrecke einfallenden Wetter durch ein von der letzteren ca. 24 Ltr. oberhalb der Wetterstrecke nach der 25 Ltr.-Sohle, der tiefsten Sohle des Fortuna-Schachtreviers, aufsteigendes Schächtchen in die Fortunaer Baue eingetreten, sodann durch diese auf verschiedenen Wegen durchgeführt und zuletzt durch den Fortuna-Schacht zu Tage ausgeleitet worden seien. Nach der wegen des erfolgten völligen Abbaues geschehenen Zufüllung des Fortuna-Schachtes seien auf der Tagstrecke die Wetter in der Menge, als zur Erhaltung genüglich frischer Luft benöthigt seien, in der jetzigen Weise bis zur Wetterstrecke und der alten Hauptstrecke geleitet worden. Die durch die oberen östlichen Hoffnunger Baue circulirenden Wetter seien aber auf kurze Zeit, nämlich nur in den Jahren 1863 und 1864, als man die letzten Pfeiler im Fortuna-Schachtreviere über den dasigen 25 und 20 Ltr.-Sohlen abgebaut habe, diesen Bauen zu- und endlich durch den Fortuna-Schacht zu Tage ausgeführt worden, während vorher der die oberen Hoffnunger Baue durchziehende Wetterstrom nicht durch die Wetterstrecke und alte Hauptstrecke, sondern durch den ersten Bremsberg niederwärts und sodann auf der 12 Ltr.-Strecke dem Neu-Hoffnung-Schachte zugeführt worden, also mit dem Fortuna-Schachte gar nicht in Berührung gekommen sei.

„Die Commission ist nun der Ansicht, dass die Zustürzung des Fortuna-Schachtes einen nachtheiligen Einfluss auf die Ventilation der östlichen oberen Hoffnunger Baue, welche hier allein in Frage kommen, nicht zur Folge haben kann, weil die etwas grösseren Bewegungshindernisse, welche der fragliche ausziehende Wetterstrom wegen des um ca. 130 Ltr. längeren unterirdischen Weges auf der Tagstrecke und alten Hauptstrecke zu erleiden hat, durch die 27 Ltr. grössere Höhe der ausziehenden warmen Luftsäule im Neu-Hoffnung-Schachte und beziehentlich durch deren weitere Erwärmung in der dasigen Dampfmaschinenesse vollständig überwunden werden.

„Ebenso erledigt sich die in der Constitutionellen Zeitung vom 17. August d. J. ausgesprochene Behauptung, dass der Fortuna-Schacht am 2. August die Rettung von in der Grube Verunglückten möglich gemacht haben würde, wenn er an diesem Tage noch gangbar gewesen wäre. Dieser Schacht stand, wie vorhin schon bemerkt, mittelst eines Schächtchens und der 20 Ltr.-Strecke mit der Tagstrecke oberhalb der Wetterstrecke in offener Verbindung. Da nun aber nach der Explosion des 2. August alle diejenigen in der Grube Eingefahrenen, welche von den tiefen Bauen heraus auf der Tagstrecke bis über das Kreuz der Wetterstrecke hinauf zu gelangen vermochten, schon hier, unmittelbar über diesem Kreuze, ausser Gefahr waren, indem die bösen Wetter auf der Tagstrecke nicht über die Wetterstrecke empordrangen, so erhellt hieraus, dass die Unzugänglichkeit des Fortuna-Schachtes am gedachten Tage bezüglich der Rettung der Verunglückten einflusslos gewesen ist.

„In der letztgedachten Nummer der Constitutionellen Zeitung ist u. A. auch darauf hingewiesen worden, dass bei dem Vorhandensein eines Ventilators auf dem Neu-Hoffnung-Schachte am 2. August d. J. es möglich gewesen sein würde, einen Theil der nicht sofort tödtlich Verunglückten noch zu retten. Die Richtigkeit dieser Behauptung muss dahingestellt bleiben. Uns ist es wahrscheinlicher, dass im vorliegenden Falle die Wirksamkeit eines Ventilators das Häuflein derjenigen, welche nachweislich die Katastrophe mehrere Stunden überlebt haben, einem schnelleren Tode entgegengeführt haben würde. Ohne Zweifel waren die in den oberen östlichen Neu-Hoffnunger Bauen noch einige Zeit Lebenden auf allen Seiten von bösen Wettern eingeschlossen und ihre Erhaltung am Leben auf noch einige Stunden durch den Umstand bedingt, dass die Baue, wohin sie sich geflüchtet hatten, abseits von den Hauptwetterwegen lagen und daher die bösen Wetter nur langsam in sie eindrangen. Wäre nun ein kräftig saugender Ventilator auf dem Neu-Hoffnungs-Schachte unmittelbar nach der Explosion in Thätigkeit gesetzt worden, so würde derselbe höchst wahrscheinlich nicht nur die auf den Hauptwetterwegen befindlichen Explosionsgase, sondern auch die in den daneben liegenden Hoffnunger Bauen noch befindliche gesunde Luft schnell aufgesaugt und ein baldiges Nachdringen der alle tieferen Baue erfüllenden bösen Wetter in die letztgedachten Baue herbeigeführt haben, eher, als es möglich gewesen wäre, dem vom Segen Gottes-Schachte her nachziehenden frischen Wetterstrome Zutritt zu verschaffen.

(Schluss folgt.)

Die zweite Versammlung montanistischer Fachgenossen in Laibach

am 31. October und 1. November 1869.
(Nach stenographischen Excerpten.)

(Fortsetzung).

In England und Belgien kennt man selbst diese Steuer nicht, welcher unter allen Verhältnissen, und wenn sie auch noch so nieder gehalten ist, der Charakter der Ungerechtigkeit anklebt, denn sie verstösst gegen den Fundamentalsatz einer raisongemässen Steuer d. i. gegen die Steuergleichheit. Durch sie werden Besitzer von Grubenmassen mit armen Lagerstätten in ganz gleicher Weise wie jene reichen Mineralvorkommens getroffen, wofür mehrere Beispiele in's Feld geführt werden. Eine Abstufung nach dem Vorkommen einzuführen, würde bei den notorischen Schwankungen des letzteren, bei rasch fortschreitender Erschöpfung der Lagerstätten u. s. w. jene Ungleichheit nicht nur nicht beseitigen, sondern selbe noch mitunter steigern helfen. Darum sei es besser, von dieser Steuer ganz und gar Umgang zu nehmen.

Bezüglich der Einkommensteuer plaidirt Referent für eine möglichste Erniedrigung derselben *), denn dem Bergbau müsse mehr wie jedem andern Productionszweig ein gutes Einkommen gewahrt bleiben, denn kein Industriezweig zaubere so rasch und sicher neue Gewerbs- und Productionszweige zur Welt wie eben der Bergbau, welcher eben dadurch zu dem sprichwörtlichen Beinamen: der „Colonisator", so wie der Bergmann zu jenem: „Pionier der Cultur" gelangt sei *). Keine finanzielle Schonung trage dem Staate bessere Früchte als jene des Bergbaues ein. Im Mittelalter schützte man denselben in Oesterreich sogar durch reiche und ausgiebige Privilegien.

*) Sie mag für den Bergbau wünschenswerth sein, ob aber gerecht?? O. H.

Referent hält kurze Heerschau über die Bergbau-Besteuerungs-Verhältnisse anderer Staaten. Er zieht das Beispiel aus Dworzak's Reisebericht an, dass das bedeutsame französische Kohlenwerk in Blanzy mit einer jährlichen Production von 10,000000 Centner Kohlen, welches allein für seine 4094 einf. Grubenmassen (18473 Hektaren) in Oesterreich an Massengebühren 17376 fl. zahlen müsste, in Frankreich eine Gesammtsteuer von 7000 fl. entrichtet. —

Das Reineinkommen ist in Frankreich mit 5% besteuert, in Belgien sind 5% Besteuerung als Maximalgrenze festgesetzt, doch wird die Höhe derselben von Jahr zu Jahr im Budget festgesetzt und beträgt derzeit $2\frac{1}{2}$%; in Baiern und Sachsen werden 5% des Nettoeinkommens angesetzt, und in Preussen werden zur Stunde 2% des Bruttoerträgnisses als Steuer vom Bergbau eingehoben. Die amerikanischen Unionsstaaten und England belegen den Bergbau mit gar keiner speciellen Steuer. — Oesterreich belaste den Bergbau jedoch gegenwärtig mit einer 7%tigen Steuer des Reineinkommens, hebe dabei noch andere Steuern ein, werde somit im Steuerfusse nur noch von der Türkei, in welcher 20% der Erzeugung an den Staat zu liefern sind, übertroffen.

Oberbergcommissär Bouthillier beantragt, dass in Erwägung der entwickelten, sehr gewichtigen Gründe das in §. 7 eingesetzte Maximalausmass von 4% auf 3% herabgesetzt werde, welchem Antrage Referent willigst zustimmt.

Vorsitzender Berghauptmann Trinker wünscht, dass die Fassung des §. 7 besser so lauten solle: „Das Reineinkommen — nicht die Einkommensteuer — wird in massgebender Weise von Fachorganen beurtheilt." Denn es komme den Fachorganen keinesfalls die ausschliesslich in den Ressort der Finanzbehörden gehörige Bemessung der Einkommensteuer, sondern lediglich nur die Begutachtung und Fixirung des Einkommens oder der Ertragshöhe eines Montanwerkes zu. Diese Fixirung soll jedoch, nach Massgabe der in seiner Amtspraxis gewonnenen Erfahrungen, für die der Arbitrarität zuneigenden Finanzbehörden bindender Natur sein.

Die erste Alinea hätte also in der neuen Fassung so zu lauten:

Die Freischurf- und Massensteuer hat ganz zu entfallen. Der Bergbau unterliegt lediglich nur der Steuer vom reinen Einkommen, deren Maximalausmass 3% nicht übersteigen darf. Das Reineinkommen wird in massgebender Weise von Fachorganen beurtheilt.

*) In noch uncultivirten Ländern ja! doch bleibt er immer ein durch Ausnahmsgesetze privilegirtes Gewerbe, selbst in Frankreich, wo theoretisch das Urrecht des Grundeigenthums anerkannt ist. Wir glauben nicht, dass Steuerimmunitäten oder Steuerprivilegien in heutiger Zeit durchsetzbar sein würden!! Legislative Versammlungen constitutioneller Staaten dürften selten eine Majorität für solche pia desideria in sich bergen! O. H.

Die übrigen Punkte dieses §. bleiben ungeändert.

In dieser geänderten Fassung wurde nun der §. 7 von der Versammlung angenommen.

8. Der Bergbaubetrieb ist nur unter Leitung und Verantwortlichkeit solcher Personen zu führen, welchen hierzu die bergbehördliche Befähigung zuerkannt wird.

Motivirung: Diese Bestimmung ist dem preussischen Gesetze entnommen. In Oesterreich kränkeln viele Bergbaue an dem Uebelstande, dass gleich der Nächstbeste berufen wird, einen mitunter sehr schwierigen Bergbau zu leiten. Darin ruht die Quelle manch' arger Vernachlässigungen und Betriebs-Verkehrtheiten.

Die bergbehördliche Befähigungserklärung hat sich selbstverständlich nur auf die Prüfung der erlangten legalen Befähigungsbeweise zu beziehen.

Gegen diese Bestimmungen plaidiren Bergverwalter Eichelter und Hüttenadjunct Mischke aus Idria, indem dieser Paragraf dadurch überflüssig gemacht werde, wenn die bergpolizeilichen Bestimmungen erlassen sein werden. Man solle die Autodidakten nicht ganz vom Bergbaue ausschliessen, da dieselben oft sehr schätzenswerthe Elemente seines Betriebes bilden.

Berghauptmann Trinker wünscht einen genaueren Ausdruck für „bergbehördlich" und beantragt die Fassung in der Weise: „welchen hiezu die gesetzliche, von den Bergbehörden zu controlirende Befähigung zuerkannt wird."

Nachdem noch Referent entgegnet, dass die Spitze dieses §. wahrlich nicht gegen die Autodidakten im Bergbau gerichtet sei, soferne dieselben sich immer eine legale Befähigungs-Erklärung zu verschaffen vermögen werden, kommt dieser §. 8 zur Abstimmung, wobei derselbe fallen gelassen wird.

9. Die Versammlung erkennt es als eine im Interesse der rationellen Bergwirthschaft und der erforderlichen Sicherheit gebotene Pflicht der Regierung, für die Heranbildung eines tüchtigen Berg- und Hütten-Ingenieur-Corps in Oesterreich thunlichst Sorge zu tragen. Die Versammlung bezeichnet hiezu als das geeignetste Mittel: die ungesäumte Errichtung einer mit der geologischen Reichsanstalt didaktisch verbundenen Central-Berg-Akademie mit dem Sitze in Wien; für die Frequentanten der bezüglichen Fachcurse wird die erfolgreiche Absolvirung der technischen Studien als unerlässliche Bedingung gefordert.

Die Motivirung geschieht mit Hindeutung auf die hervorragende Leistung und Stellung des französischen und belgischen Berg- und Hütten-Ingenieur-Corps unter Entwicklung der Bedingungen ihrer Heranbildung. — Den didaktischen Verband der projectirten Central-Bergakademie mit der geologischen Reichsanstalt motivirt Redner mit dem, dass beide Studien für den praktischen Bergmann gleiche Berechtigung haben, keines des anderen entrathen kann. Der Mangel eines Nexus hat jahrelang der geologischen Reichsanstalt den praktischen, dem Bergmanne den theoretischen Boden entzogen. Nur ein didaktischer Verband beider könne das erwünschte praktische Gleichgewicht herstellen.

Bezüglich der als unerlässliche Bedingung stricte verlangten technischen Vorstudien weiset Referent auf die bisherigen, in dieser Richtung zum höchsten Nachtheile an unseren Bergakademien obwaltenden schwankenden Grundsätze, indem die Leiter derselben ja den aus ihren Schöpfungen, sei es Bergschule oder Vorbereitungscurs, herausgegangenen, oft mit mangelhaften Vorkenntnissen ausgerüsteten Schülern à tout prix den Eintritt in die Fachcurse künstlich zu erleichtern trachteten u. s. w.

Professor Höfer spricht sich mit Energie gegen den didaktischen Verband mit der geologischen Reichsanstalt aus, denn das Studium an der geologischen Reichsanstalt sei dort ein für allemal nicht möglich; der Schüler konne sich in der Masse des dortselbst in 13 Sälen reichlichst aufgestapelten Materiales gar nicht aus. — Dem Bergakademiker, welcher Lust und Liebe zu diesem Fache hat, stehe diese Anstalt so wie so immer offen. Die Technik sowohl wie die Universität besitzen vorzügliche geologische Lehrkräfte, es sei daher nicht die geringste Nothwendigkeit vorhanden, die Central-Berg-Akademie didaktisch an die geologische Reichsanstalt anzulehnen.

In Wien habe zudem ein Ausschuss ad hoc getaget, welcher sich gleichfalls gegen jenen Verband ausgesprochen hat, und wir sollen hier das gerade Gegentheil hievon beschliessen?

Director Hinterhuber meint, der Vorredner sei zu weit gegangen, es liege in diesem §. der Nachdruck nicht in dem obberührten Verbande, sondern vielmehr in dem Streben, ein tüchtiges Berg- und Hütten-Ingenieur-Corps heranbilden zu helfen, wozu eben auch die Central-Akademie als geeignetes Mittel dienen soll. Er beantrage somit die Weglassung der Worte: „mit der geologischen Reichsanstalt didaktisch verbundenen" und plaidirt für die Annahme des übrigen Paragrafen-Inhaltes.

Referent erklärt in die Hinweglassung dieser Worte willigen zu wollen und dadurch den Beweis zu liefern, dass er bei der Fassung des vorliegenden Paragrafes diesen Nexus mit der geologischen Reichsanstalt, für welchen er, nebenbei gesagt, trotz Wiener-Beschlüssen *) dennoch plaidiren werde, nur nebenbei berührt haben wollte.

Bergverwalter Bacher (Sagor) will den ganzen letzten Satz des §. 9 gestrichen sehen. Es steht die Neu-Creirung einer Central-Akademie in Wien in naher Aussicht, und da sei die Schaffung der erwähnten Vorbedingung der technischen Studien denn doch eine selbstverständliche, gewissermassen ausgemachte Sache.

Bergverwalter R. Eichelter (Trifail) erinnert an die in der Jetztzeit entstandenen Fachschulen, als: Ingenieurcurse für Maschinenbau, an die Fachschulen für chemische Technologie, für andere specielle Ingenieurszweige u. s. w., denen man nach Umständen den Eintritt in die Akademie nicht verwehren solle. Er stellt daher den Antrag, dass das Wort „nöthig" eingeschaltet werde, so dass es zu heissen habe: „für die Frequentanten der bezüglichen Fachcurse wird die erfolgreiche Absolvirung der nöthigen tech-

---

*) In diesen „Wiener" Beschlüssen eines im k. k. Ackerbau-Ministerium einberufenen Comité's hat aber auch der Director der geologischen Reichsanstalt für eine Central-Akademie in Wien, aber nicht für eine organische Verbindung derselben mit der geologischen Reichsanstalt selbst gewirkt!
O. H.

nischen Studien als unerlässliche Bedingung*) gefordert.

Bergverwalter Bacher schliesst sich in motivirter Weise diesem Antrage Eichelter's an, während Director Hinterhuber sich dagegen ausspricht.

Bei der hierauf erfolgten Abstimmung wird §. 9 mit Weglassung des didaktischen Nexus mit der geologischen Reichsanstalt und mit dem Amendement Eichelter's angenommen.

10. Im Interesse der Wahrung der Sicherheit der Person erscheint die Erlassung eines Gesetzes, betreffend die Verantwortlichkeit der Bergbau-Unternehmungen für die durch Ereignungen im Bergbau herbeigeführten Unglücksfälle, nach Analogie des Gesetzes vom 5. März 1869, betreffend die Haftung der Eisenbahn-Unternehmungen für körperliche Verletzungen oder Tödtung von Menschen, als wünschenswerth.

Bergverwalter Bacher ist für die gänzliche Weglassung dieses Paragrafen. Der Arbeiter kenne die ihn im Bergbau umlauernden Gefahren gar wohl und werde sich darnach zu benehmen wissen. Man solle daher den Bergbaubesitzer nicht noch doppelt für den Arbeiter verantlich machen**).

Oberbergcommissär Bouthillier betont das im §. 10 vorkommende Wort „wünschenswerth". Das könne doch unmöglich Veranlassung zu einem Angriffe dienen; zudem sei es gar sehr wünschenswerth, dass die bei dem Bergbaubetriebe Angestellten viel möglichst beschützt werden. Durch diese beabsichtigte Massregel werde kein Druck auf die Bergwerksbesitzer ausgeübt. Er spreche sich in dieser Richtung vielmehr für den grösstmöglichen, dem Bergbau zuzuwendenden Schutz aus.

(Fortsetzung folgt.)

Notiz.

Die Hüttenberger Eisenwerks-Gesellschaft hatte in dem Monate November d. J. folgende Betriebs-Ergebnisse:

Die Eisenerzförderung betrug	236000	Ctr.
„ Steinkohlenförderung	87360	„
„ Roheisen-Production auf den 7 Hochöfen zu Lölling, Treibach, Heft und Eberstein	73112	„
„ Production an Puddel-Doublier-Stabeisen, Blechen, Bessemer- und Brescian-Stahl und Gusswaaren bei den gesellschaftlichen Raffinirwerken . .	35762	„

Der Werth der zum Verkaufe bestimmten Fabrikate betrug 421309 fl. 20 kr.

Die Summe der ausgegebenen Facturen aber, da über die Monats-Production von den Vorräthen abgesetzt wurde fl. 441776·80
hiezu die im Monate October erzielten Verkäufe . „ 400421·69
Summe der Verkäufe in den 2 ersten Betriebsmonaten fl. 842198·49

Literatur.

Berg- und Hüttenkalender für das Jahr 1870. Fünfzehnter Jahrgang. Essen. Druck und Verlag von G. D. Baedeker.

Ingenieur-Kalender für Maschinen- und Hüttentechniker 1870. Eine gedrängte Sammlung der wichtigsten Tabellen, Formeln und Resultate der gesammten Technik nebst Notizbuch. Unter gefälliger Mitwirkung mehrerer Bezirks-Vereine des Vereins deutscher Ingenieure, bearbeitet von P. Rühlen, Ingenieur und Eisengiesserei-Besitzer in Deutz. Fünfter für Fuss- und Metermass bearbeiteter Jahrgang. Essen. Druck und Verlag von G. D. Baedeker.

Diese beiden den Fachgenossen wohlbekannten Kalender sind in der Ausstattung und im Inhalte wesentlich übereinstimmend wie in den vorangegangenen Jahren erschienen.

Die ersten 50 Seiten des Berg- und Hüttenkalenders enthalten zwar das nur für die wenigsten österreichischen Fachgenossen zum unmittelbaren Gebrauche dienende preuss. Berggesetz, welches jedoch den preuss. Bergmännern solchergestalt weit handsamer und zugänglicher gemacht wird, als dies bei uns der Fall ist. Die von Seite 50—62 aufgeführten preuss. Bergbehörden sind aber auch für österreichische Besitzer des Kalenders ein recht willkommenes Repertorium, wenn sie jenseits der Grenze persönlich oder schriftlich zu thun haben oder auf Reisen Fachgenossen begrüssen wollen. Von allgemeinem Nutzen ist die zweite Abtheilung (Seite 63—160), Mathematik, Mechanik, Mass und Gewicht, Tabellen, statistische Productions-Uebersichten. Durch die allseitige Rücksichtnahme auf das metrische System, auf welches sich schliesslich doch nachgerade alle Particular-Mass- und Gewichtssysteme reduciren lassen, wird die neben dem metrischen System vorherrschende preuss. und zollvereinsländische Gewichts- und Massangabe auch den nicht norddeutschen Lesern benützbar. Dies gilt insbesonders vom Ingenieur-Kalender, welcher neben den mathematischen Mass-, Gewichts- und Münz-Tabellen, Formeln und Berechnungen aus dem Gebiete der Mechanik, Hydraulik, der Maschinenkunde, der Wärmemessung, Dampfmaschinenwesen, Pumpen, Gebläse und insbesondere der Eisenhüttenkunde enthält, und auch für Bauwesen und einige andere Gewerbe nützliche Daten bringt. Dem Ingenieur-Kalender ist eine kleine aber übersichtliche Eisenbahnkarte*) Mitteleuropa's beigebunden. Beide Kalender enthalten Terminkalender und andere Notizblätter, nebst einer lithogr. Tafel, die das Meter-, das englische und rheinländische Mass in kleinen Massstäben zur unmittelbaren Abnahme mit dem Zirkel vorgerichtet, darbietet. Die Ausstattung in der bekannten Form ist durch biegsame Lederdeckel des Einbandes praktisch für den Gebrauch.

O. H.

Berg- und hüttenmännisches Jahrbuch der k. k. Bergakademien zu Přibram u. Leoben und der k. ung. Bergakademie zu Schemnitz für das Studienjahr 1867/8. XVIII. Band. Redacteur Joh. Grimm, k. k. Oberbergrath, Director der Bergakademie und der Bergschule in Přibram. Mit 8 lithogr. Tafeln. Prag 1869. In Commission der J. G. Calve'schen Universitäts-Buchhandlung.

Ein reicher Inhalt zeichnet auch diesen Jahrgang des rühmlich bekannten Jahrbuches aus, den wir hier kurz aufführen wollen. I. Ueber die geognostischen Verhältnisse und den Bergbau des Rosic-Zbeysov-Oslawaner Stein-

---

*) Wir möchten denn doch auch an den Artikel der Staatsgrundgesetze erinnern, wodurch zwar regulirende Bestimmungen für Lehranstalten nicht verhindert werden, aber die Ausschliesslichkeit von Ansprüchen principiell negirt wird. Es scheint uns „verfassungswidrig", Jemandem die Befähigung zum Bergbaubetriebe absprechen zu wollen, weil er nicht zunftmässig an einer Anstalt absolvirt, sondern sich seine Kenntnisse auf anderem Wege, z. B. durch Studium an Universitäten oder Privatanstalten erworben hat!! Sind wir denn für Freiheit gar so unreif, dass Alles und Alles reglementirt werden muss!! O. H.

**) Hier müssen wir anderer Meinung sein. Je mehr wir für „Freiheit" und Wegfall praeventiver Bevormundung plaidiren, um so ernster müssen wir für strenge Verantwortlichkeit für jede Ausserachtlassung u. s. w. plaidiren!! O. H.

*) Auf dieser Karte ist die schon im Laufe des J. 1869 eröffnete Bahnstrecke Bruck-Leoben und Leoben-St. Michael noch irrigerweise als im Bau begriffen punktirt, die schon befahrene mähr.-schl. Bahnlinie: Prerau-Wischau-Brünn fehlt gänzlich, was wir für den nächsten Jahrgang hiemit zu moniren nicht unterlassen können. Letzteres fällt umsomehr auf, als die kleinere Strecke Oderberg-Teschen auf der Karte angegeben ist, und auch die schon fertige Theilstrecke Budweis-Pilsen im böhmischen Bahnnetze nicht fehlt.

kohlenbezirks in Mähren von Rudolf Helmhaecker. Wir bemerken in Vornhinein, dass Leser, welche dem Verfasser nicht auf das vielleicht sprachlich berechtigte Gebiet der czechischen Localitäten - Orthographie folgen können und sich älterer Karten und Werke zum Nachschlagen bedienen, dieses interessante Revier unter den bisher geläufigen Benennungen Rossitz-Zbeschau etc. finden werden, ebenso wie der Name Ivancic identisch ist mit dem bekannteren „Eibenschitz“ und Ostrowacic mit „Schwarzkirchen“, welche Namen auf Seite 1 bei ihrem ersten Erscheinen auch in Parenthese beigefügt werden. Als Monographie ist diese Arbeit eine verdienstvolle und insbesondere ist die Beschreibung und bildliche Darstellung der Abbaue eine werthvolle Bereicherung für die Bergbaukunde, welche nicht genug solcher praktisch in Uebung bestehender Abbauarten als Beispiele zur Kenntniss gebracht sehen kann. Verwandt mit diesem Artikel ist V. Abbau des 5 Klafter mächtigen Steinkohlenflötzes zu Bras bei Radnic in Böhmen, von Aug. Heinr. Beer, k. k. Professor an der Bergakademie Přibram, welcher die diesem Reviere eigenthümliche Betriebsweise in belehrender Art beschreibt und durch eine deutliche Zeichnung (Tafel VIII) erläutert.

II. Der Stahl und seine Darstellung von L. Grunner, Professor der Metallurgie an der Ecole des Mines, Gen.-Inspector etc. (in Paris); aus den Annales des Mines von 1868 frei übersetzt und mit einigen Bemerkungen vermehrt von Franz Kupelwieser, k. k. Professor an der Bergakademie zu Leoben. Bei der vielen Fachgenossen schwer zugänglichen Benützbarkeit fremdländischer und fremdsprachiger Publicationen glauben wir, dass diese Bearbeitung ein willkommener Beitrag sein werde. III. Ueber eine rationellere Methode der Salzgewinnung in den Alpen von Prof. A. v Miller-Hauenfels. Wir theilen die Ansicht des Verfassers, dass eine bessere Salzgewinnungs-Methode in den Salzbergen der Alpen dringend noththue. Es sind auch in den letzten zwei Jahren entschiedene Schritte dazu gethan worden. So viel wir wissen, hat das Finanz-Ministerium auch sogleich nach dem Erscheinen des Jahrbuchs die hervorragenden praktischen Salzbergmänner auf diesen Vorschlag von Amtswegen aufmerksam gemacht und Bericht verlangt, ob und in welcher Weise derselbe zur Ausführung gebracht werden könnte? Wir werden das Resultat dieser Erhebungen mittheilen und verschieben vor der Hand unser Urtheil, da es sich zunächst um den Kostenpunkt handeln dürfte, der sich eben nur aus positiven Vorlagen wird beurtheilen lassen. Es freut uns übrigens, im Eingange der Schlussbemerkung unsere Ansicht auch darin bestätigt zu finden, dass alle unsere Salzberge noch ein viel zu grosses Personal besitzen u. s. w. Auch das hier ausgesprochene Ziel, in der unmittelbaren Darstellung reinen Speisesalzes mit Umgehung des Sudprocesses eine ausgiebige Herabsetzung der Erzeugungskosten des Salzes zu suchen, stimmen die Ansichten des Verfassers mit den Intentionen der dermaligen obersten Leitung des Salzwesens überein. Ob das vorgeschlagene Mittel mit dem gehofften Erfolge anwendbar sein werde, wird eben die eingeleitete enquête zeigen. IV. Die Eisenindustrie in Mähren und Schlesien etc. v. Carl M. Balling, Assistent der Lehrkanzel für Probir- und Hüttenkunde an der Bergakademie zu Pribram. (Auch im Separat-Abdrucke erschienen.) Eine statistisch-technische Monographie des mähr.-schles. Eisenhüttengewerkes mit einer Industriekarte — ähnlich der bekannten Baedeker'schen Karte des westphälischen und rheinischen Districtes, die eine werthvolle Beigabe ist. Solche monographische Arbeiten bilden eine wesentliche und keineswegs überflüssige Ergänzung der meist schon zu dürren statistischen Tabellen und dürften sowohl technischen Fachmännern als Volkswirthen Anhaltspunkte zu fruchtbarem Nachdenken bieten. Ueber die absolute Richtigkeit der Zahlen ist uns ein Urtheil nicht möglich; doch wenn selbst hie und da ein Irrthum vorkommen mag, so ist dessen Berichtigung eben durch solche Publicationen angebahnt und der Verfasser selbst (S. 174) will eben „einen Anfang machen, der in Zukunft als brauchbare Grundlage wird benützt werden können.“ VI. Ueber das Amalgamationsverfahren bei den kgl. Hüttenwerke Fernezély nach Nagybánya von Josef Hybner. Wir freuen uns, auch aus der östlichen Reichshälfte eine interessante Mittheilung hier zu finden, welche Zeugniss gibt, dass das Streben nach scientifisch-technischem Fortschritt zu den „gemeinsamen Angelegenheiten“ in Oesterreich-Ungarn gehört. VII. Der Chrombergbau bei Kraubat in Obersteiner von August Kahl, Werksleiter daselbst. — Eine kurze, aber wie wir glauben zeitgemässe Monographie eines minder bekannten Bergbaues. VIII. Ueberstöchiometrische Entwürfe von Eisenhohofen-Beschickungen und Hilfstabellen für dieselben. Von Wenzel Mrásek, Prof. an der k. k. Bergakademie Pribram. Wir empfehlen diese Arbeit der Prüfung praktischer Hüttenmänner, die bereits lebhaft fühlen, dass nur an der Hand der Analyse und Stöchiometrie Fortschritte im Fache möglich sind. Ueberhaupt ist in neuester Zeit ein reger Geist in die Hohofenarbeit gekommen (Dürre ist einer der Vorkämpfer!) und diese Abhandlung ist ein neuer Beitrag in dieser Richtung. Wir wünschen, dass diese Entwürfe praktisch versucht oder die Resultate bekannt gemacht würden. IX. Ob diese kleine (2 Seiten) Mittheilung einer verbesserten Vorrichtung zum Absondern der Stückkohlen von Prof. Miller v. Hauenfels ein passender Beitrag für ein Jahrbuch war und nicht eher als Notiz in einer Fachzeitung am rechten Orte gewesen wäre, überlassen wir dem Leser zu entscheiden; für die Mittheilung solcher „Reisebeobachtungen“ wird aber jeder Fachgenosse dankbar sein — mag er sie wo immer finden! X. Wie gewöhnlich bildet eine Reihe chemischer Analysen des k. k. General-Probiramtes mit vielen interessanten Einzelnheiten den Schluss der Abhandlungen, wornach als Anhang die amtlichen Nachrichten über die Bergakademien folgen. O. H.

Diese Zeitschrift erscheint wöchentlich einen Bogen stark mit den nöthigen artistischen Beigaben. Der Pränumerationspreis ist jährlich loco Wien 8 fl. ö. W. oder 5 Thlr. 10 Ngr. Mit franco Postversendung 8 fl. 80 kr. ö. W. Die Jahresabonnenten erhalten einen officiellen Bericht über die Erfahrungen im berg- und hüttenmännischen Maschinen-, Bau- und Aufbereitungswesen sammt Atlas als Gratisbeilage. Inserate finden gegen 8 kr. ö. W. oder 1½ Ngr. die gespaltene Nonpareillezeile Aufnahme. Zuschriften jeder Art können nur franco angenommen werden.

Druck von Carl Fromme in Wien. Für den Verlag verantwortlich Carl Reger.

№ 52. XVII. Jahrgang. 1869. 27. December.

Oesterreichische Zeitschrift für Berg- und Hüttenwesen.

Verantwortlicher Redacteur: Dr. Otto Freiherr von Hingenau,
k. k. Ministerialrath im Finanzministerium.

Verlag der G. J. Manz'schen Buchhandlung (Kohlmarkt 7) in Wien.

An die P. T. Herren Abonnenten.

In Folge der ausserordentlichen Beilage zu dieser Nummer kommen **Titel und Sachregister zum laufenden Jahrgange erst mit Nr. 1 des Jahrganges 1870, und zwar ausnahmsweise an alle bisherigen Abonnenten zur Versendung.**

Damit nun in der Expedition der Fortsetzung keine Unterbrechung eintritt, ersucht die ergebenst gefertigte Expedition **um gef. beschleunigte Erneuerung der Pränumeration** und zwar mit fl. 8.80 für den ganzen Jahrgang **mit Postversendung**, fl. 8.— für den ganzen Jahrgang **ohne Postversendung.**

Die Expedition.

Zum Jahresschlusse.

Wir schliessen dieses Jahr nicht ohne Befriedigung über die Lage der Montanindustrie in unserem Vaterlande. Die günstigen Conjuncturen für die Eisen-Industrie haben sich im Wesentlichen forterhalten und eben in dieser seit Ende 1866 bemerkbaren Wiederbelebung des Eisenhüttengewerkes ist eine Fortdauer besserer Verhältnisse schon durch die Stetigkeit selbst von guter Wirkung. Die Bildung grosser Associationen für den Eisenhüttenbetrieb, wozu der Verkauf der Staatseisenwerke den Anstoss gegeben, scheint uns ein wichtiges Moment des Umschwungs, weil bei dem technischen Fortschritte der Neuzeit die Capitalsvereinigung und die Massenerzeugung unabweislich geworden sind. Wir glauben, dass die Abschlüsse des Jahres 1869 erhebliche Fortschritte in diesem Zweige nachweisen werden. Die Mineralkohlengewinnung hat auch kein schlechtes Jahr gehabt — überall fehlt es an Kohlen — also kann eine Stockung der Production nicht besorgt werden; die Aussichten auf grosse Coaks-Eisenwerke haben die Kohlenwerke zu neuen Versuchen angespornt, Tarifreductionen auf den Bahnen haben wenigstens begonnen und wir hoffen, dass auf diesem Wege noch weiter gegangen wird. Neue Bahnen haben für Kohlen und Eisen auch neue Wege eröffnet. Wir können nicht umhin, der beiden Ministerien für Handel sowie für Ackerbau (und Bergwesen) als Förderern dieser Bewegung mit Anerkennung zu gedenken.

Auch der Bergbau auf andere Metalle ist nicht zurückgeblieben; insbesondere haben auf den ärarischen Metallhütten Przibram, Idria, Brixlegg wichtige Betriebsreformen ihren Anfang genommen, deren Resultate allerdings erst in 1 oder 2 Jahren zur vollen Geltung kommen werden. Der Erzbergbau kleinerer Privatunternehmungen in Salzburg nimmt Anläufe zur besseren Entwickelung; in Kärnten hat die neue Bleiberger-Union die Bahn der Vereinigung des zersplitterten Betriebes ernstlich betreten und berechtigt zu erfreulichen Erwartungen. Auch bei den Salinen — deren fiscalischer Ertrag unter der plötzlich eingetretenen Herabsetzung der Salzpreise um mehr als 2 fl. gelitten hat — ist ein technisch günstiges Jahr zu verzeichnen, worüber wir Näheres im Laufe des nächsten Jahrganges bringen werden; allein schon die Mittheilungen dieser Zeitschrift über diesen Zweig beweisen, dass die Jünger desselben nicht unthätig gewesen; — die mit zu weit gehenden Befürchtungen aufgenommene Wassercalamität in Wieliczka hat ihren acuten Charakter verloren, die Salzgewinnung ist nicht einen Augenblick gestört gewesen und die Production hat gar nicht abgenommen. Die Wasserhebung geht regelrecht von Statten, seit die Maschinen vollendet waren; und der neue Zubau zum Orte des Wassereinbruches, welcher nach völliger Entwässerung des Betriebshorizontes Haus Oesterreich im August erst begonnen werden konnte, hat mehr als die Hälfte seiner Gesammtlänge ohne Unfall erreicht. In Galizien so wie in den Alpen (Aussee) bereitet sich die Gewinnung von Kalisalzen vor, welche bereits von der Landwirthschaft in probeweise Verwendung genommen wurden.

Von grosser Bedeutung ist die Regsamkeit der bergmännischen freien Fachvereine, worunter die des böhmischen Gewerken-Vereins, des erzgebirgischen, des südsteiermärkischen, des kärntnerischen und der Versammlung in Laibach als Beispiele hervorgehoben werden müssen. Bergschulen sind mit Theilnahme der Regierung (Ackerbauministerium) und der Gewerken in Böhmen, Steiermark und Kärnten entstanden, die Reform des höheren montanistischen Unterrichtes und der Bergbehörden ist durch Vorberathungen im Ackerbauministerium in Angriff genommen worden. — Das grauenvolle Unglück in Sachsen (Plauen'sche Grund) hat die Aufmerksamkeit lebhaft auf die Gefahren des Bergbaues gelenkt, aber auch Gelegenheit zur Entfaltung reicher Theilnahme und Opferwilligkeit für die nachbarlichen Fachverwandten und deren Hinterbliebenen gegeben.

Wir dürfen daher dieses Jahr als ein für den Bergbau günstiges bezeichnen und haben Ursache auf die Fortsetzung des Begonnenen zu hoffen.

Allein wir können von dem entworfenen Lichtbilde nicht scheiden, ohne auch einiger Schatten zu gedenken, welche wohl nicht auf das Ganze, wohl aber auf einzelne Figuren der Staffage des Bildes fallen.

Die Verkäufe der Staatswerke, die Bildung von Associationen bisher vereinzelter Privatwerke, manche Reformen und Vereinfachungen in der Verwaltung haben auf Beamte und Diener mancher Werke insofern nachtheilig eingewirkt, als Dienstesweechsel und Dienstesverluste eingetreten sind, welche Wunden in der Existenz vieler Familien geschlagen haben. Manche dieser Wunden wären heilbar, wenn die Verwendung frei gewordener Kräfte durch gemeinsames Zusammenwirken von Vereinen geregelt und erleichtert würde. Der Staat kann über eine gewisse Grenze von Begünstigungen gesetzlich nicht hinausgehen und ist hinter dieser ihm verfassungsmässig gezogenen Grenze nicht zurückgeblieben. Die Thatsache hier zu berühren und zu einer freithätigen Abhilfe anzuregen, schien uns Sache der Pietät für jene Fachgenossen, die den an sich günstigen Fortschrittsstrebungen zum Opfer fielen, aber es ist auch eine Frage volkswirthschaftlicher Bedeutung, noch wirkungsfähige Kräfte in Anwendung zu bringen, Erfahrungen und Kenntnisse zu verwerthen, da sie vorhanden sind und da die neuen Unternehmungen schon jetzt die Ueberzeugung gewonnen haben dürften, dass die früheren Staats- und vereinzelte Privatwerke in Bezug auf den Betrieb besser waren als ihr Ruf. Möge die fortschreitende Entwicklung des Bergwesens auch den geistigen und materiellen Arbeitern desselben im künftigen Jahre Erfreuliches bringen. Die Arbeiter-Verhältnisse gehen einer solchen Entwicklung sichtbar entgegen, wenn auch jetzt erst Anfänge dazu bemerkbarer geworden sind. Wir werden im nächsten Jahrgange Anlass finden, diese Frage ernster ins Auge zu fassen.

So nehmen wir denn für eine kurze Woche Abschied von unsern Lesern, um sie jenseits der Markscheide zweier Jahre mit einem segenverheissenden Glück auf! als — alte Freunde wieder zu begrüssen. O. H.

Der Bergwerksbetrieb in der k. und k. österr.-ungarischen Monarchie i. J. 1867.

Nach den amtlichen Veröffentlichungen bearbeitet vom Redacteur.

VIII.

Den Schluss der Productions-Uebersichten wollen wir mit der Uebersicht der Mineralkohlen-Gewinnung machen, welche verhältnissmässig die grössten Fortschritte gemacht hat, nämlich vom Jahre 1866 auf 1867 eine Vermehrung von circa 21,500.000 Centner Erzeugung und von 3,100.000 fl. Werth erfahren hat.

Wir stellen die Steinkohlen- und Braunkohlenproduction in eine Tabelle zusammen, weil dies übersichtlicher ist, als die getrennte Darstellung der officiellen Publication und weil im praktischen Leben meist beide Gattungen zusammengefasst werden, wenn man von Mineralkohlen überhaupt spricht.

	Steinkohlen	Braunkohlen	Stein- und Braunkohlen zusammen	Werth der Steinkohle am Erzeugungsorte	Werth der Braunkohle am Erzeugungsorte	Summe beider Werthe
	Ctr.	Ctr.	Ctr.	fl.	fl.	fl. *)
Alpenländer	1,096681	19,163082	20,259763	311526	3,212508	3,524034
Böhmen	30,485911	22,783747	53,269658	5,201972	1,810024	7,011996
Mähren und Schlesien	18,164897	1,578050	19,742947	4,094389	173275	4,267664
Galizien	2,419427	52223	2,471650	326530	7529	334059
Ungarn, Siebenbürgen und Croatien	7,090998	5,968358	13,059356	1,403077	836423	2,239500
Militärgrenze	100761	3104	103865	28481	466	28947
Zusammen	59,358675	49,548564	108,807239	11,365975	6,040225	17,406200

Von diesen Mengen entfällt nur ein kleiner Theil (1,259.724 Centner Steinkohle und 1,151.469 Centner Braunkohle) auf Bergwerke, die im Jahre 1867 noch im Besitze des Aerars waren. Alles Uebrige ist Privatwerks-Production!

Die Preise am Erzeugnissorte sind sehr verschieden angegeben. Die Steinkohlenpreise bewegen sich zwischen einem Minimum von 13 kr. und einem Maximum von 60 kr. und geben für die ganze Monarchie einen Durchschnitt von 19·1 kr., der in den Alpenländern sich auf 28·4 kr. erhöht; die Braunkohlenpreise bewegen sich zwischen einem Minimum von 5·4 kr. bis zu einem Maximum von 34 kr., der Durchschnitt der ganzen Monarchie stellt sich auf 12·2 kr. pr. Centner (für Ungarn 14 kr., für Böhmen, Mähren, Schlesien und Galizien 8·1 kr., für die Alpenländer 16·8 kr.)

*) In abgerundeten Gulden-Summen, wobei Kreuzersummen über 50 kr. für voll, unter 50 kr. gar nicht gerechnet sind.

Die Alpenländer haben daher in beiden Gattungen die höchsten Local-Durchschnittspreise!

Wir werden ein andermal, bei Besprechung einer officiellen Publication des Ackerbauministeriums über die Kohlenfrage näher auf die Details derselben eingehen.

Vergleicht man die Mineralkohlen-Production der Ländergruppen untereinander, so überragt Böhmen weitaus alle anderen Länder; Böhmen, Mähren und Schlesien mit einander produciren von den 108,800000 Centnern der gesammten Mineralkohlengewinnung allein mehr als 73,000.000!

An Productionswerth am Ursprungsorte übertreffen Mineralkohlen mit 17,400.000 fl. selbst den nächststehenden Werth der Frisch- und Gussroheisen-Erzeugung von 16,700.00 fl.; und die Edelmetalle wie Gold mit circa 2,500.000, Silber mit 3,700.000, Kupfer mit 2,600.000, Blei mit nahe 1,400.000 fl. Productionswerth stehen weit hinter der Kohle oder dem Eisen zurück!

Vergleicht man die verliehenen Räume mit den Mengen und Werthen, so sind es wieder Kohle und Eisen, welche die grössten Zahlen aufweisen (über 262 Millionen Quadr.-Klafter Kohlen- und gegen 46 Millionen Quadr.-Klafter Eisensteinfelder unter 380 Millionen Quadr.-Klftr. Gesammtfläche verliehener Grubenmasse!)

Ein flüchtiger Rückblick zeigt zugleich den raschen Aufschwung dieser der modernen Industrie nächstverwandten Zweige des Bergwesens. Insbesondere rasch ist der Kohlenbergbau vorwärts gegangen.

Im Jahre 1858 war die gesammte Mineralkohlen-Production erst auf circa 52,000.000 Centner beziffert, schon 1859 war sie auf 56,000.000 Centner gestiegen, sie hat sich seit 1858 bis 1867 mehr als — verdoppelt.

Die Alpenländer hatten im Jahre 1859 wenig über 10,000.000 Centner, im Jahre 1867 schon 20,000.000; Böhmen, Mähren und Schlesien im Jahre 1859 erst 37,000.000 Centner, 1867 aber 73,000.000 Centner u. s. w.

Wir schliessen hier die Abtheilung III (Production) unserer Uebersichten und wollen im nächsten Jahrgange der „Arbeitskraft" beim Bergbau einige Artikel widmen, die Zahl der Werkstätten und Betriebskräfte, die Arbeiterzahl, deren Versorgungscassen, die Quote der Verunglückungen u. s. w. und auch die Staatsabgaben des Bergbaues betrachten. Es wird dabei Gelegenheit sein, mindestens in Betreff der im Reichsrathe vertretenen Länder, auch schon das Jahr 1868 mit in Betracht zu ziehen und dabei die vielfach verzweigten Fragen der Arbeitsverhältnisse nach mehreren Richtungen zu beleuchten.

O. H.

Die zweite Versammlung montanistischer Fachgenossen in Laibach

am 31. October und 1. November 1869.

(Nach stenographischen Excerpten.)

(Schluss.)

Nachdem auf den Antrag des Vorsitzenden noch die einschlägigen Stellen des Gesetzes vom 5. März 1869 vorgelesen wurden, erfolgte die Abstimmung, wobei §. 10 ungeändert angenommen wird.

11. Schliesslich soll die Bildung von eigenen Vertretungskörpern des Berg- und Hüttenstandes in Form von, allenfalls mit den Ackerbaukammern zu vereinigenden Bergbaukammern angestrebt werden.

Die gewählten Organe derselben sollen ausser der eigenen Wahrnehmung der innern Interessen ihres Kammerbezirkes zugleich berufen sein, bei Angelegenheiten montan-legislativer oder bergnational-ökonomischer Natur, der Bergbaubesteuerung etc., der Regierung als Beirath zu dienen. Auch soll denselben verfassungsmässig eine entsprechende directe Vertretung in den Landtagen, so wie im Reichsrathe und Herrenhause zugesprochen werden.

Oberbergcommissär Bouthiller: Bei dem Umstande, als die Regierung bereits die Anordnung getroffen hat, dass für gewisse Bergbau-Bezirke Reviere mit Reviers-Ausschüssen gebildet werden sollen, halte er dafür, dass die Bergbaukammern überflüssig und nur geeignet wären, den Vertretungs-Apparat schwerfälliger zu gestalten. Wenn für die Interessen des Bergbaues die Bergbehörden, einzelne Reviersbeamte, die Instanzen und die Reviersausschüsse vorhanden sind, so glaube er, sei doch die Vertretung der Art, dass wir keine Bergbaukammern mehr benöthigen, zumal dadurch nur eine weitere Verschleppung der Geschäfte unfehlbar herbeigeführt werden würde.

Schollmaier (Secretär der landwirthsch. Gesellschaft in Laibach) macht die Versammlung darauf aufmerksam, dass von dem jüngsten agrarischen Congresse die Ackerbaukammern gänzlich fallen gelassen worden seien, eine Verquickung der Montan- mit den Ackerbaukammern demnach sich vorläufig noch als imaginär gestalten dürfte.

Referent dankt für diese Aufklärung und accomodirt sich der Anschauung Bouthillier's in dem Sinne, dass er mit dem Ausdrucke „Montankammern" denselben die ganz gleiche Thätigkeit wie den Reviersausschüssen vindicirt wissen wollte, dass er dadurch somit keinen neuen Vertretungskörper unserer Standesinteressen in die bestehende oder für die nächste Zukunft in den Sinn genommene Montanvertretung interpolirt haben wollte. Er beantragt somit den Ausdruck: „Bergbaukammern" in jenen „Reviersausschüsse" umzuändern.

Präses Trinker macht darauf aufmerksam, dass in Krain die Bedingungen zur Bildung eines Reviers im gesetzlichen engeren Sinne nicht gegeben sind, demungeachtet sei eine gemeinsame autonome Vertretung des ganzen berghauptmannschaftlichen Districtes, ob unter dem Namen Revier oder Montankammer, möglich. Er beantragt demgemäss den Anschauungen des Referenten beipflichtend folgende Aenderung der Alinea 1 dieses §. 11:

„Schliesslich soll die Bildung von eigenen Vertretungskörpern des Berg- und Hüttenstandes in Form von Ausschüssen der neu zu gründenden erweiterten Reviere angestrebt werden."

Professor Höfer spricht sich gegen diese Vertretungsweise principiell aus. Er stellt die Frage auf: Müssen wir denn immer von der Regierung organisirt und beeinflusst werden? Muss es uns denn ergehen, wie jenem Gemeindevorsteher Kärntens, welcher, da er sich selbst keine Autorität zugetraut, den Bezirksvorsteher um die Erlassung eines schriftlichen Decretes angegangen hat?

Auch müsse er sich gegen die im Schlusssatze dieses Paragraphen enthaltene Bestimmung: „die Vertretung in Landtagen und im Reichsrathe betreffend" aussprechen, wiewohl es an Zeit ermangle, alle triftigen Gründe dagegen ins Feld zu führen.

Er beantragt daher den §. 11 vorläufig ganz fallen zu lassen, bezüglich seines letzten Alinea jedoch einen eigenen Ausschuss einzusetzen, welcher an die nächste Versammlung mit seinen einschlägigen Anträgen herantreten solle. *)

Referent wendet sich gegen letztere Einwürfe.

Durch die beanstrebten Dispositionen des §. 11 werde der Regierung nicht im Entferntesten die Zumuthung gestellt, die Autonomie der innerhalb des gesetzlichen Rahmens geschaffenen Vertretungskörper in irgend welcher Weise zu beirren. Reviersausschüsse brauchen wir und der ihnen hier zugemuthete Wirkungskreis ist fürwahr nur ein prägnanter Beleg ihres autonomen Gebarens, welches in dem Berufe gipfle: der Regierung sogar in den wichtigsten Fragen unseres Standes als Beirath zu dienen.

Referent spielt weiter auf die höchst unvollkommene Vertretung unserer Berufsgenossenschaft in den legislativen Repräsentativkörpern an, und führt diesbezüglich einige Beispiele aus dem Reichsrathsleben an, welche unseren Stand nicht eben in dieser Richtung vertrauensselig zu stimmen im Stande sind. **)

Bei der hierauf erfolgten Abstimmung wird §. 11 in seiner ganzen Fassung mit dem von dem Herren Vorsitzenden gestellten Amendement angenommen, der Antrag Höfer's auf Fallenlassen dessen ersteren Theiles abgelehnt.

12. In Bezug auf den neuen Organisations-Entwurf, mit dessen Principien sich die Versammlung vollkommen einverstanden erklärt, werden noch folgende Wünsche als dringende ausgesprochen:

a. dass den in den Sinn genommenen Revierbeamten auch noch ein technisches, nach Umständen mobiles Hilfspersonale zur Seite gegeben werde, welches, vom Staate bestellt, nach Art der französischen gardes de mines, sich lediglich nur mit der stetigen polizeilichen Ueberwachung der Bergbaue und deren continuirlichen Betriebes und zwar innerhalb des festgestellten Betriebsplanes zu befassen haben wird;

b. dass auch für die Geschäftsbehandlung im Ministerium, als der obersten Berg-Instanz die gremiale Behandlung der wichtigeren Geschäftsgegenstände grundsätzlich in die definitive Organisirung mit hineingezogen werde. Weiter wird ausgesprochen,

c. dass zu einer zweckentsprechenden und durchgreifenden Reform der Bergbehörden der von dem Ministerium bei Abfassung des bezüglichen Entwurfes als Angelpunkt angenommene Grundsatz: dass der neue Organismus nicht theuerer als der alte zu stehen kommen dürfe, ungeachtet der finanziellen Nothlage unseres Staates, sich als ein im Vorhinein verfehltes Mittel verhalte.

Oberbergcommissär Bouthillier erblickt in lit. b. ein Misstrauensvotum gegen das Ministerium, welchem, wenn thunlich, doch aus dem Wege gegangen werden solle.

Referent erwiedert, dass dies keineswegs beabsichtigt sei, die Absicht hiebei sei nur die Wahrung der Consequenz in dem Sinne gewesen, dass nicht ein bei den künftigen Berghauptmannschaften gremialiter gefasster Beschluss durch einen einzigen Ministerial-Referenten umgestaltet werden könne, wodurch der bei den Berghauptmannschaften durch gremiale Berathungen erzielte Vortheil andererseits wieder illusorisch gemacht und das Vertrauen der Parteien nur geschwächt werden könnte. Diese Klippe lasse sich durch Aufnahme dieser organisatorischen Bestimmung leicht umschiffen.

Professor Höfer beantragt daher zur Beseitigung eines etwaigen Missverständnisses die folgende Fassung von §. 12 lit. b.

b. „dass auch für die Geschäftsbehandlung im Ministerium, als der obersten Berg-Instanz, die gremiale Berathung der wichtigeren Gegenstände, analog mit den Berghauptmannschaften in die definitive Organisirung mit hineingezogen werde."

Mit dieser Aenderung wird hierauf unter Hinweglassung des Ausdruckes „u. z. innerhalb des festgestellten Betriebsplanes" in lit. a. dieses Paragraphen und zwar conform dem bei §. 6 gefassten Beschlusse: von der Einrichtung eines Betriebsplanes ganz Umgang zu nehmen, Paragraph 12 in seinem ganzen Umfange angenommen.

13. Bezüglich der Besserung der Arbeiterverhältnisse bringt die Versammlung folgende Rathschläge in Vorschlag:

a. Einführung von Reviers-Bruderladen mit imperativer Betheiligung sämmtlicher Bergbau-Unternehmer an denselben.

b. Es haben die Letzteren an diesen Reviercassen sich mit Beiträgen zu betheiligen, welche mindestens die Hälfte der von den Arbeitern zu leistenden Beträge ausmachen. Für die richtige Einbringung und Abfuhr an den Verwaltungsrath haben die Bergbau-Unternehmer bei Vermeidung der Execution zu haften.

c. Der Umfang der Bruderlad-Reviere wird von den Oberbergbehörden im Wege des Einvernehmens mit den Bergbaubesitzern bestimmt. Den Oberbergbehörden steht die Ueberwachung, Prüfung der Reviersbruderladen zu, deren Verwaltung nach Art der belgischen caisses de prévoyance von den staatlichen Revierorganen, den betheiligten Bergbaubesitzern und einem Knappschafts-Ausschusse als von dreien, in der Administration gleichberechtigten Factoren, ausgeübt wird.

d. Sämmtliche Arbeiter eines Revieres bilden einen Concretalstatus für jene Bruderladencassa und participiren mit gleichen Rechten und Verpflichtungen an derselben. Jeder Arbeiter kann innerhalb des Bruderladen-Reviers, unbeschadet seiner jeweiligen bereits erworbenen Ansprüche auf die gemeinsame Reviersbruderlade, den Bergbaudienst wechseln.

e. Nur im Falle eines Nothstandes sind die Bergbaubesitzer zu verhalten, den Bergleuten Lebensmittel und Saatfrüchte unter Abrechnung bei Lohnzahlungen zu verabfolgen. Sonst sind die Bergleute stets in barem Gelde auszulohnen. Waaren dürfen denselben bei Strafe des Verfalles der aus solchen Lieferungen entspringenden Forderungen zu Gunsten der Reviersbruderlade unter keiner Bedingung creditirt werden. Die Abrech-

*) Wenn Herr Höfer dabei die Bildung freier Vereine im Auge hat, möchten wir ihm fast beistimmen. Thätige Vereine können sich unter freiem Vereins- und Petitionsrecht vielleicht energischer um die Vertretung des Faches annehmen, als durch Competenzschranken beengte „officiöse" Genossenschafts-Vertretungen!! O. H.

**) Es liegt in der Natur der Sache, dass fast in allen Staaten der Bergbau sich in den Parlamenten in der Minorität befinde. Er ist es ja auch in der Bevölkerung. Die Zahl der Bergwerksgenossen in den im Reichsrathe vertretenen Ländern dürfte Arbeiter, Beamte und Besitzer zusammengerechnet kaum $1/4$ Million betragen. Der Bergbau zahlt als solcher höchstens $1/2$ Million Gulden Abgaben. Man zähle die Fachgenossen im Abgeordnetenhause (Tunner, Schlögel, Wintersberg, Stamm, Steffens, Lohninger, Wickhoff etc.) und vergleiche sie mit obigen Zahlen und mit den Vertretern anderer Gewerbszweige! O. H.

nungen an die Arbeiter sollen in thunlichst kurzen Zeitintervallen erfolgen. Der Verkauf von Spirituosen ist in oder nächst den Raitungs-Localitäten untersagt.

f. Leistungen und Ansprüche aus den Bruderladen unterliegen weder dem Verbot noch der Cession.

g. Bei der Verwendung der Bruderladcapitalien ist weniger deren rascheste Vermehrung durch günstige Fructification, noch weniger deren billige Verabfolgung an Grund-, Haus- und Gutsbesitzer, als vielmehr die Verbesserung der Lage der Bergarbeiter und ihrer Familien als Hauptgrundsatz im Auge zu behalten. Die Bildung eines der Pflege der intellectuellen Interessen des Arbeiterstandes und der Kinder vorzugsweise dienenden Reservefondes ist obligatorisch, jedoch ist derselbe an eine gewisse, dem jeweiligen Arbeiterstande proportionale Maximalgrenze zu binden, welche derselbe nie zu übersteigen hat. Ergeben sich Ueberschüsse über jene Maximalgrenze, so sind die Bruderladsbeiträge um ein proportionale Percent herabzusetzen.

h. Einführung von Dienstordnungen, welche für alle Bergbaue je eines Bruderladen-Reviers gleiche Giltigkeit haben.

i. Bei den einzelnen Bergbauen oder Gruppen derselben ist speciell mit aller Thunlichkeit anzustreben:

1. Die Bildung von Arbeitercolonien im Wege der Erbauung von Arbeiterhäusern oder der Abtretung von Bau- oder Ackergründen an verlässliche brave Arbeiter und zwar um die billigsten, in mehrjährigen Terminen ratenweise und ohne Verzinsung zurück zu zahlenden Gestehungspreise.

2. Die Gründung von Werksschulen, in welchen ausser den gewöhnlichen Gegenständen die Kinder bereits in die im Bergbaue vorherrschenden Gefahren und die Mittel ihrer wirksamen Begegnung eingeweiht und in den wichtigsten bergpolizeilichen Bestimmungen unterwiesen werden.

3 Die Gründung von billigen Beköstigungs- und Approvisionirungs-Anstalten (Consum-Vereinen). Ausserdem können den Arbeitern auch Vorschüsse für Wohnungen, Feuerungsbedarf, Bodenbebauung, regelmässige Beköstigung und für die zur Bergwerksarbeit erforderlichen Werkzeuge und Betriebsmaterialien aus der Werkscassa verabfolgt werden.

4. Die Errichtung von Spitälern und Hospitalhäusern, letztere zur nächtlichen Beherbergung und Beköstigung wandernder Bergleute.

Wilhelm Ritter von Fritsch.

Zur leichteren Orientirung folgen hier gleich die der Reihenfolge nach gestellten Amendements:

Director Hinterhuber bringt hier einige von ihm verfasste und im Drucke unter die Versammlung vertheilte „Gedanken über die Bergarbeiterfrage" zum Vortrag. Seine Anschauungen gipfelten in den Anträgen: Die Versammlung unternehme die Bildung eines Vereines der montanistischen Fachgenossen unseres berghauptmannschaftlichen Rayons, oder wirke durch einen nahezu gleiche Interessen vertretenden Nachbarverein, mit Bezug auf die angeregte Specialfrage, dahin, dass:

a) „die Ausarbeitung einer allgemeinen Dienstordnung, die unseren gegenwärtigen Verhältnissen entspricht, bewerkstelligt werde;

b) bei den zu gewärtigenden Reformen unseres Berggesetzes durch die Vereinsorgane zu deren zeitgemässer Gestaltung mitgewirkt und vorzugsweise auch durch dieselben auf eine gründliche Umformung unserer heutigen Bruderladen und des Unterrichtswesens der Bergleute hingewirkt werde."

ad a. stellt Vorsitzender Berghauptmann Trinker in Uebereinstimmung mit den diesbezüglichen Erörterungen seines Vortrages, um nicht jeglicher Selbstbestimmung der Gewerken den Weg abzuschneiden, den Antrag:

„Die Einführung von Revier-Bruderladen — falls ein Uebereinkommen nicht erzielt werden kann —, mit imperativer Betheiligung sämmtlicher Bergbau-Unternehmer an denselben", für welchen Antrag auch Professor Höfer spricht.

ad b. beantragt Oberberg-Commissär Bouthillier, dass nach Analogie der diesbezüglich auch in Kärnten gefassten Beschlüsse die von den Bergbau-Unternehmern an die Reviercassen zu leistenden Beträge nicht unter 25 Procent der von den Arbeitern zu leistenden Beiträge gehen sollen.

ad c. stimmt Bouthillier dafür, statt des Ausdruckes „Oberbergbehörden" besser „Berghauptmannschaften" einzusetzen, sowie den Ausdruck „nach Art der belgischen caisses de prévoyance" als einen die Kürze des zu formulirenden Antrages beeinträchtigenden Passus ganz wegzulassen.

Referent stimmt all diesen Amendements ohne Eröffnung einer Specialdebatte bei, und wurden obige Zusätze und Aenderungen sammt den einzelnen Absätzen selbst, desgleichen auch lit. d. einstimmig angenommen.

ad e. bemerkt Werksleiter Bischof (Hrastnig), dass es schliesslich dennoch gar manchen vom Hauptverkehre weit abgelegenen Werken zur Wohlthat gereiche, wenn den Leuten die Lebensmittel durch die betreffenden Gewerkschaften selbst beigestellt werden. Zumal gelte dies um so mehr, nachdem man ja selbst im Falle, als die Approvisionirung der Arbeiter durch andere Unternehmungen erfolgt, nicht den Procentsatz derselben genau zu controliren vermöge; besser, es fliesse also der Gewinn dem Werke oder der Werksbruderlade als einem fremden Dritten zu.

Dieser Anschauung gesellt sich auch Bergverwalter Eichelter bei, während Referent ihr entgegentritt und den Vorredner auf Nr. 3, ad lit. i. dieses Paragraphen verweiset, in welchem der billigen Approvisionirung der Arbeiter in anderer und zwar ausgiebigster Weise gedacht wird.

Oberberg-Commissär Bouthillier wünscht bei seiner in Kärnten gemachten Erfahrung, zufolge der Bergarbeitern an einem Werke im Nothstande gegen deren Willen und zu ihrem Nachtheile von den Bergbaubesitzern Proviant aufgedrungen worden ist, dass bei lit e, erster Satz, eingeschaltet werde: „Nur im Falle eines Nothstandes sind die Bergbaubesitzer zu verhalten, den Bergleuten auf deren Verlangen Lebensmittel zu verabfolgen."

Dieses Amendement wird angenommen, Bischof's Antrag auf Fallenlassen des ersten Theiles von lit. e abgelehnt.

Ebenso werden lit. f) und g) letztere mit der von Bouthillier beantragten Abänderung angenommen, dass den Worten: „als vielmehr die Verbesserung der Lage der Bergarbeiter und ihrer Familien" nachgeschlossen werde: „jedoch unbeschadet der Sicherheit der Bruderlad-Capitalien, als Hauptgrundsatz im Auge zu behalten."

Zu Nr. 2, ad lit. i. beantragen Bouthillier und Hinterhuber die Einsetzung von Werksschulen „in Verbindung mit Sonntagsschulen und geeigneten Vorträgen", welcher Zusatz ebenso wie jener des Herrn Bouthillier ad 4, die Errichtung von Spitälern, Kinderbewahranstalten etc. ohne Debatte angenommen wird.

Noch wird zu obigen Punkten als Nr. 5 der vom Verwalter Bacher gestellte Antrag zugesetzt und angenommen: „Die Errichtung von Arbeiter-Sparcassen" — worauf zur Discussion des letzten Punktes der Tagesordnung, betreffend „die Errichtung eines krain'schen Montanvereines oder Anschluss an einen der schon bestehenden Nachbarvereine" geschritten wird, und wobei Oberberg-Commissär Bouthillier das Wirken des Kärntner Montanvereines in ein überaus günstiges, das Vertrauen der gesammten Versammlung gewinnendes Licht stellt, und unter mehreren anderen Errungenschaften desselben auch auf die Gründung der Bergschule in Klagenfurt, auf den Ausbau von bergmännischen Zweigbahnen, Bildung der Union, glückliche Lösung von im Hüttenberger Bergreviere in Gegenwart der Werksbeamten und Werksbesitzer berathenen Einigungfragen etc. etc. hinweiset. Er bemerkt ferner, dass um so grösser und inniger die Verbindung dieser Fachgenossen mit jenen Kärntens sich gestalte, je grössere und günstigere Resultate wir gemeinschaftlich erringen werden. Wir kennen als Fachleute keine politischen Grenzen, keine nationalen Differenzen (lebhafter Beifall), wir huldigen alle nur einem und demselben Zwecke: „der Wissenschaft und des Fortschrittes", daher es wohl der Mühe lohnt, uns zu einigen, um gegenseitig noch mehr an Stabilität und Nachdruck zu gewinnen. Er biete s. mit mit Freude und Stolz im Namen der Kärntner Fachgenossen den krain'schen die Hand.

Diese Hand wurde mit Wärme und Jubel von den Anwesenden angenommen und ungesäumt der Anschluss der krain'schen Fachgenossenschaft an den wackeren Kärntner Montan-Verein einmüthig beschlossen, sofort auch an die Wahl eines Fünfer-Comités mit der Aufgabe geschritten, über die Form des Anschlusses zu berathen und sich sodann mit dem kärntnerischen Montan-Vereins-Ausschusse, wo möglich, in mündliches Einvernehmen zu setzen.

Den wackeren beiden Vertretern des Kärntner Vereines wurde ein wohlverdienter Dank ausgesprochen, und alle Beweise herzlicher Sympathien entgegengetragen.

In das Comité wurden Berghauptmann Trinker, Werksdirector Langer, Bergverwalter Bacher aus Sagor, Werksdirector Hinterhuber von Johannesthal und der k. k. Bergcommissär Fritsch gewählt.

So endeten nach fast 5stündiger Dauer die wissenschaftlichen Verhandlungen des zweiten Tages. Denselben folgte in treuer Durchführung des Programmes noch ein von einem Theile der Gesellschaft vorgenommener Besuch der benachbarten grossartigen und vortrefflich eingerichteten Papierfabrik zu Josefsthal und der ehemals Molin'schen Baumwollspinnerei zu Laibach, welche wegen ihrer eigenen, auf die Verwendung von bituminösem Schiefer aus Steiermark basirten Gasbeleuchtung für die krain'schen Kohlenwerksbesitzer von besonderem Interesse ist Der Abend vereinigte wieder sämmtliche Fachgenossen und eine grosse Anzahl Fachfreunde beim Abschiedskommers in den Casinolocalitäten, wo durch die Reden und durch Gesang die Gemüthlichkeit von Stufe zu Stufe bis zu ihrem Höhenpunkte sich steigerte, so dass man sich erst in stark vorgerückter Nachtstunde trennte mit dem Bewusstsein, dass jeder Theilnehmer dieser Versammlung ein warmes freudiges Andenken an dieselbe sich stets bewahren werde.

Laibach, am 10. November 1869.

Ergebniss der bergpolizeilichen Erörterungen über den Unglücksfall im Plauen'schen Grunde.

(Schluss.)

„Schliesslich ist noch eines Umstandes zu gedenken, welcher in den Tagesblättern als eine Hauptursache des Unglücks vom 2. Aug. hingestellt worden ist, nämlich des Einbaues einer Bühne im Neu-Hoffnung-Schachte kurz vor dem Unglückstage. Hiermit hat es folgende Bewandtniss: Behufs Ausführung einer nothwendigen Reparatur an der Zimmerung des Neu-Hoffnung-Schachtes war am Sonnabend den 31. Juli in der Frühschicht bei 14 Ellen oder 4 Ltr. Höhe über dem unteren Füllorte in der nordwestlichen Förderabtheilung des genannten Schachtes eine Baubühne geschlagen worden, welche den betreffenden Zimmerlingen als fester Fussboden bei ihren Arbeiten zu dienen hatte. Diese aus über Spreizen gelegten Halbhölzern hergestellte Bühne bedeckte jedoch nicht den ganzen Querschnitt des Neu-Hoffnung-Schachtes, sondern nur die eine aus 2 Fördertrümmern bestehende Förderabtheilung mit einem Querschnitte von 44·16 Quadr.-Fuss = 0·884 □-Ltr., während die andere Förderabtheilung von gleich grossem Querschnitte und die Pumpenschachtabtheilung von 16·5 □-Fuss = 0.333 □-Ltr. Querschnitt vollkommen offen waren. Auch war die Luftcirculation selbst in der verbühnten Schachtabtheilung durch 5 in verschiedenen Teufen übereinander befindliche mehrere Fuss hohe Oeffnungen zwischen beiden Förderschachtabtheilungen fortwährend ermöglicht. Die im genannten Schachte ausziehenden Wetter hatten also noch hinreichenden Raum zu ihrer Bewegung, vollkommen entsprechend dem Raume, welchen die beiden einzigen, dem Neu-Hoffnung-Schachte die ausziehenden Wetter zufördernden Canäle, nämlich der Querschlag der 12 Ltr.-Sohle mit 0·82 □-Ltr. Querschnitt und die Wetterstrecke resp. alte Hauptstrecke mit 0·32 □-Ltr. Querschnitt darboten, obgleich nicht in Abrede zu stellen ist, dass diese Verbühnung einigen Antheil an der muthmasslichen Hemmung der Wettercirculation in der Grube am Montag den 2. Aug. früh gehabt haben kann, da sie den Querschnitt der betreffenden Schachtabtheilung für die aus der 12 Ltr.-Sohle herbeikommenden Wetter um die Hälfte verminderte. Der Einbau von dergleichen Baubühnen ist bei der grossen, durchgängig mit ganzem Schrote ausgezimmerten Tiefe der beiden genannten Schächte und der Nothwendigkeit, dieselben fortdauernd in sicherem Zustande zu erhalten, eine sehr häufige und unumgängliche, übrigens vorschriftsmässige Vorkehrung. Da zu dergleichen Schachtreparaturen, um die dadurch bedingte Betriebsstörung möglichst wenig fühlbar zu machen, in der Regel der Sonntag mit benutzt wird, so erklärt sich die Anwesenheit dieser Bühne zur gedachten Zeit. Dieselbe Baubühne ist übrigens am Dienstag, den 3. Aug. Nachmittags, sobald es die Beschaffenheit der ausziehenden Wetter gestattete, in den Schacht einzudringen, wieder herausgenommen worden.

„Von der in der „Constitutionellen Zeitung“ vom 19. Aug. d. J. behaupteten Existenz einer Baubühne im Segen Gottes-Schachte von Sonntags früh ca. 6 bis Montags früh ca. 2 Uhr ist auf der Grube selbst Niemandem etwas bekannt.

„Nach dem Ergebnisse der vorstehenden Erörterungen hat die unterzeichnete Commission ihr Gutachten dahin abzugeben, dass weder einem Arbeiter, noch einem Grubenbeamten, noch der technischen Oberleitung der betreffenden Werke eine vorschriftswidrige Handlung, Anordnung oder Unterlassung beizumessen ist, welche die Katastrophe des 2. August d. J. veranlasst haben könnte.

„Was insbesondere den in einigen öffentlichen Blättern gerügten Mangel eines Reserveventilators betrifft, so ist zu berücksichtigen, dass die Menge der, der fraglichen Grubenabtheilung zugeführten frischen Luft für gewöhnlich eine sehr beträchtliche, und dass dieselbe auf hinlänglich weit dimensionirten Wetterwegen so geleitet war, dass eine möglichst gleichmässige Vertheilung über alle gangbaren Theile der zwar ziemlich ausgedehnten, aber sehr regelmässig vorgerichteten Grube erfolgte. Ueber Mangel an guten Wettern oder über empfindliche Wetterstockungen war in beiden fraglichen Schachtrevieren, mit Ausnahme der auf die Ventilation der übrigen Grubenbaue einflusslosen oberen Tagstrecke, seither nicht zu klagen gewesen, indem die Schwankungen des natürlichen Wetterzuges durch die künstliche Erwärmung der ausziehenden Wetterströme hinlänglich ausgeglichen wurden. Die seitherige Erfahrung, dass die bestehende Wetterversorgung dem Bedürfnisse genügte und dass man es vor dem 2. Aug. hier, wie im ganzen Dresdner Kohlenbassin, immer nur mit unbedeutenden Vorkommnissen von Schlagwettern in frisch aufgehauener Kohle zu thun gehabt und bisher an den Begrenzungen der Grubenbaue gegen Brüche immer nur, soweit dies zu untersuchen überhaupt möglich war, von Schlagwettern freie Wetter wahrgenommen und daher das Auftreten irgend wie beträchtlicher Mengen derselben, zumal im Bereiche der schon längere Zeit über gangbaren Grubenbaue, hiernach nicht für wahrscheinlich gehalten hat, hat eine noch weitergehende Unterstützung der Ventilation durch künstliche Mittel, als die bisherige, so namentlich die Aufstellung eines Ventilators am Neu-Hoffnung-Schachte, wie auch andererseits eine Ausdehnung der Untersuchungen bezüglich der Existenz von Schlagwettern auf sämmtliche gangbare Grubenbaue, nicht geboten erscheinen lassen. Es muss allerdings dahingestellt bleiben, ob das Unglück des 2. August vermieden worden wäre, wenn am genannten Schachte ein kräftiger Ventilator während der vorhergegangenen Tage in Wirksamkeit gestanden hätte; die Commission vermag aber die unterlassene Anwendung eines solchen Ventilators als eine gesetzwidrige Verabsäumung von Seiten der betreffenden Grubenverwaltung nicht anzusehen, weil darüber, bis zu welchem Grade über das den bisherigen Erfahrungen nach gewöhnliche Bedürfniss hinaus für ausserordentliche, nicht bestimmt vorauszusehende Fälle Sicherheitsmassregeln zu treffen sind, für den Bergbau keine gesetzlichen Vorschriften existiren.“ *)

Amtliches.

Seine k. und k. Apostolische Majestät haben mit Allerhöchster Entschliessung vom 3. December 1869 dem pensionirten Bergrathe der bestandenen Salinen- und Forstdirection zu Gmunden Heinrich Faber, in Anerkennung seiner langen und erspriesslichen Dienstleistung den Titel und Charakter eines Oberbergrathes mit Nachsicht der Taxen allergnädigst zu verleihen geruht.

Seine k. und k. Apostolische Majestät haben mit Allerhöster Entschliessung vom 22. November 1869 dem pensionirten Salinen- und Forst-Directionssecretär Michael Hochreiter in Anbetracht seiner belobten fünfzigjährigen Dienstleistung den Titel eines Bergrathes Allergnädigst zu verleihen geruht. (Z. 39827, ddo. 8. December 1869.)

*) Auch wohl nicht existiren können, so fern man wirklich nicht vorherzusehende Fälle meint. Für etwas, was man gar nicht vorhersehen kann, kann man auch eben deshalb keine Massregeln treffen. Es fragt sich aber stets, ob der specielle Fall ein solcher war, der sich nicht vorhersehen liess?
O. H.

Statistische Zusammenstellung

der Frequenz an den Bergschulen zu Karbitz, Przibram, Leoben, Klagenfurt und Wieliczka für das Schuljahr 1868/69.

Die Anzahl der Bergschüler, die Geburtsländer derselben, sowie deren Vorbildung und Alter sind aus der nachstehenden Tabelle ersichtlich.

		Geburtsland													Vorstudien					Alter				
																	ganz oder theilweise							
	Anzahl	H. Sachsen-Meiningen	Kgr. Sachsen	Böhmen	Mähren	Schlesien	Galizien	Oesterreich	Steiermark	Kärnten	Krain	Tirol	Dalmatien	Russisch-Polen	Volksschule	Hauptschule	Unterreal-schule	Oberreal-schule	Gymnasium	von 17—20	von 21—25	von 26—30	von 30—35	von 36—40
Karbitz . .	15	1	1	13	—	—	—	—	—	—	—	—	—	—	12	2	1	—	—	4	4	3	1	3
Przibram .	36	—	—	31	3	—	—	—	—	—	1	1	—	—	—	4	25	4	3	10	25	1	—	—
Leoben . .	15	—	—	1	—	1	—	4	6	2	—	—	1	—	11	4	—	—	—	1	5	6	3	—
Klagenfurt .	14	—	—	1	—	2	—	—	1	9	1	—	—	—	1	5	4	3	1	9	2	3	—	—
Wieliczka .	27	—	—	2	1	2	21	—	—	—	—	—	—	1	—	14	3	2	7	15	8	3	1	—
	107	1	1	48	4	5	21	4	7	11	2	1	1	1	24	29	33	9	11	39	44	16	5	3

Mit Ausnahme von Przibram besteht an den Bergschulen ein Vorbereitungscurs. In Leoben und Klagenfurt, wo mit der Bergschule eine Hüttenschule verbunden ist, besteht für beide Schulen ein und derselbe Vorbereituugscurs. In Karbitz, Leoben und Klagenfurt wurde 1868/69 nur im Vorbereitungscurse, in Wieliczka im Vorbereitnngscurse und im 2. Fachcurse, in Przibram im 1. Fachcurse vorgetragen.

Unter den 107 Bergschülern waren 38 Aerarialbergarbeiter, u. z. in Przibram 16 und in Wieliczka 17.

3 Bergschüler in Karbitz und 1 in Leoben waren bereits verheirathet.

In Karbitz waren 8 Schüler mit Stipendien à 40 fl. betheilt. In Klagenfurt hatten 10 Bergschüler ein Stipendium von monatlich 15 fl., und zwei erhielten durch einige Monate eine Unterstützung von 10—12 fl. An den anderen 3 Bergschulen waren keine Stipendien vorhanden, doch hat der steiermärkische Landtag für Schüler der Leobner Berg- und Hüttenschule vom Jahre 1870 zunächst auf 3 Jahre vier Stipendien zu 150 fl. bestimmt und soll in Przibram im nächsten Schuljahre das von dem Aufsichtspersonale zu Mährisch-Ostrau gestiftete Stipendium zur Vertheilung kommen.

Die Prüfungen haben nachstehende Resultate gehabt:

	Ausgezeichnet	Sehr gut	Gut	Ungenügend
Karbitz	16	33	40	1
Leoben	14	24	26	—
Przibram	24	101	150	11
Klagenfurt	38	66	39	—
Wieliczka	38	100	104	1

Hiebei ist zu bemerken, dass in Karbitz, Leoben und Klagenfurt blos Jahres-Prüfungen stattfanden, während für Przibram und Wieliczka, wo Semestral-Prüfungen eingeführt sind, die Classen von beiden Semestern, in Wieliczka überdies vom Vorbereitungs- und vom Fachcurse zusammengezogen wurden.

ANKÜNDIGUNGEN.

Diese Zeitschrift erscheint wöchentlich einen Bogen stark mit den nöthigen artistischen Beigaben. Der Pränumerationspreis ist jährlich loco Wien 8 fl. ö. W. oder 5 Thlr. 10 Ngr. Mit franco Postversendung 8 fl. 80 kr. ö. W. Die Jahresabonnenten erhalten einen officiellen Bericht über die Erfahrungen im berg- und hüttenmännischen Maschinen-, Bau- und Aufbereitungswesen sammt Atlas als Gratisbeilage. Inserate finden gegen 8 kr. ö. W. oder 1½ Ngr. die gespaltene Nonpareillezeile Aufnahme. Zuschriften jeder Art können nur franco angenommen werden.

von Carl Fromme in Wien. Für den Verlag verantwortlich Carl Reger.

NOTIZEN

nach dem officiellen Berichte

Ueber die Erzeugung von Eisen und Stahl in ökonomischer und socialer Beziehung

von

Abram S. Hewitt,

Ausstellungs-Commissär für die Vereinigten Staaten von Nordamerika, zu Paris in 1867.

Als freie Uebersetzungen auszugsweise hier mitgetheilt und mit eigenen Bemerkungen versehen

von

P. Tunner.

Als Theile eines Berichtes über die im Jahre 1867 abgehaltene Weltindustrie-Ausstellung zu Paris, dürften diese Notizen gegenwärtig kaum noch ein reges Interesse beanspruchen, wenn damit nicht zwei besondere Umstände verbunden wären. Der eine dieser Umstände besteht darin, dass dieser Bericht zum geringen Theile mit einer Beschreibung der ausgestellten Gegenstände sich befasst, sondern vorwiegend Daten anführt, welche der Berichterstatter auf einer Werksbereisung in Frankreich und England gesammelt hat, die sonst nirgends zu finden sind und daher immer noch ihr volles Interesse haben. Der zweite Umstand liegt darin, dass der Berichterstatter nach seinem eigenen Geständnisse blos jene Gegenstände von Materialien, Maschinen und Processe zu beschreiben sich vorgenommen hat, welche von den Erfahrungen der Vereinigten Staaten wesentlich abweichen; oder mit anderen Worten, der Berichterstatter bleibt so weit als möglich auf dem Standpunkte eines amerikanischen Fachmannes stehen, indem er nur für seine Landsleute schreibt.

Namentlich dieser letztere Umstand scheint mir von besonderem Interesse, weil wir von dem amerikanischen Eisenwesen bisher so wenig erfahren haben, obgleich die Vereinigten Staaten mit mehr als 20 Millionen Centner unter den Eisenproducenten der Gegenwart den dritten Rang einnehmen, indem nur England und Frankreich eine grössere Jahresproduction aufweisen; desgleichen behaupten sie unter den Eisenconsumenten, wenn der Verbrauch pr. Kopf der Einwohnerzahl gerechnet wird, derzeit den dritten Rang, indem sie darin nur von England und Belgien übertroffen werden. Ich wenigstens habe diesen mir vom Verfasser selbst freundlichst eingesendeten Bericht grossen Theils mit so vielem Interesse gelesen, dass ich glaube, durch eine auszugsweise Mittheilung der interessanteren Partien den weiteren Kreisen der deutschen Berufsverwandten einen Dienst zu erweisen.

Der Bericht des Herrn Abram S. Hewitt ist in zwei Sectionen und einen Anhang abgetheilt; davon enthält die I. Section (Eisen und Stahl):

1. Eisenerze, gewalzte Girders (Doppel-T-Eisen), Platten und Stäbe (besonderes Walzendraht),
2. Stahl,
3. Qualität der Materialien,
4. Processe der Eisen- und Stahlerzeugung,
5. Processe für die Stahlerzeugung,
6. Werke für die Erzeugung von Eisen und Stahl,
7. Production des Eisens.

II. Section (Bessemerstahl, Bericht von Hrn. Slade):

8. Bessemer-Process in England,
9. Erzeugung der Stahl-Rails,
10. Erzeugung der Tyres,
11. Erzeugung der Bessemer-Platten,
12. Bessemer-Stahl in Schweden,
13. Bessemer-Stahl in Oesterreich und Preussen.

Obgleich diese Eintheilung mir selbst schon sehr amerikanisch d. h. ungewohnt erscheint, muss ich mich doch daran halten, um nicht etwa von den wichtigeren Daten etwas zu übersehen.

1. Eisenerze, gewalzte Girders, Platten und Walzendraht.

Mit Recht bemerkt Herr Hewitt von vornherein: „Die Ausstellung der Vereinigten Staaten war so mangelhaft, dass Ausländer von dem, was die Exposition zeigte, nothwendig zu dem Schlusse kommen mussten, dass die Eisen- und Stahl-Industrie der Vereinigten Staaten nicht zu jenem Range berechtigt sei, welchen sie in der Metall-Industrie der Welt unzweifelhaft einnimmt. Die verschiedenen Erze, so bei der Eisenerzeugung in den Vereinigten Staaten vornehmlich benützt werden, waren allerdings ausgestellt von den Districten Lake Superior, New-York und New-Jersey, während die braunen Hematite von Connecticut, Pennsylvanien und Alabama, nebst den Rotheisensteinen von Tenessee und Alabama, und eine von Herrn Haines, Agent des Staates Alabama, veröffentlichte Broschüre genügend waren, die Aufmerksamkeit auf die unvergleichlichen Quellen der Vereinigten Staaten zur Begründung einer Eisenindustrie zu lenken, welche unter den gleichen Bedingungen bezüglich des Preises der Arbeit in Kürze jeder anderen Nation voraus sein könnte. Ein einzelnes Stück Spatheisenstein von Connecticut, und einige wenige Stücke von Franklimiten aus New-Jersey dienten als Beweise vom Besitz der unerlässlichen Materialien, auf denen die Darstellung des Bessemerstahles in seiner jetzigen Praxis basirt ist. Weiters waren aber nur etliche Stücke Roheisen von Lake Superior, Wiskonsin, Ohio und Alabama, nebst einigen unbedeutenden Exemplaren von Stabeisen, erzeugt

Unter den 107 Bergschülern waren 38 Aerarialbergarbeite- u. z. in Přibram 16 und in Wieliczka 17.

3 Bergschüler in Karbitz und 1 in T[illegible] verheirathet.

In Karbitz war[illegible] theilt. In Kl[illegible] monatli[illegible] Unters[illegible] waren [illegible] sche [illegible] vor [illegible] 15 [illegible] d [illegible]

[illegible] Neuen der [illegible] Vereinigten Staaten [illegible] Stahlplatten, welche von [illegible] zu Pittsburg begrenzt [illegible] silberne Medaille erhielten. [illegible] und wachsenden Production an [illegible] Girders, in deren Darstel- [illegible] gewalzten [illegible] von den geschnittenen Nä- [illegible] vorangingen, ein Monopol geniessen, wie [illegible] allem wir nahezu [illegible] mit denen [illegible] Varietäten an Schmied- und Guss- [illegible] den unendlichen [illegible] künstlicher Darstellung wir selbst von den eisen, in deren fortgeschrittenen Nationen in Europa nicht am meisten [illegible] war in der Ausstellung nichts vor- übertroffen werden, liegend.“

Es ist übrigens ganz gut erklärlich, warum das amerikanische Eisenwesen auf der Ausstellung so ärmlich vertreten war; denn noch ist der Zeitpunkt nicht abzusehen, wann Amerika mit seinen Eisenwaaren in Europa einen Markt suchen und finden wird, somit haben die amerikanischen Eisenproducenten, welche bisher den Bedarf im eigenen Lande nicht zu decken vermögen, wenig Interesse, ihre Erzeugnisse in Europa bekannt zu machen. Im Weiteren sagt der Berichterstatter:

„Andererseits war eine bezeichnete Ueberlegenheit in den Producten der europäischen Fabrikanten, welche für Zwecke dienen, die eine complicirte Gestalt fordern, eine Anforderung, der in unserem Lande entweder mit Zusammenschweissen oder Vernieten einzelner Stücke begegnet wird, und welcher in Europa gegenwärtig, wie es scheint fast allgemein, durch ein Material von so ausgezeichneter Qualität entsprochen wird, welches es möglich macht, in die verwickeltsten und ungewöhnlichsten Formen gehämmert oder gepresst zu werden.

Frankreich, England, Preussen und Oesterreich haben nebst anderen Materialien Proben von solchen ausgezeichneten Qualitäten geliefert, welche ein völlig neues Feld für die Anwendung von Eisen und Stahl zu eröffnen scheinen.“

Bezüglich der von Petin Gaudet und Comp. und von Chattilon in Frankreich, wie von Burbach in Preussen ausgestellten, gewalzten grossen Girders bemerkt der Berichterstatter, dass solche Stücke zu walzen die amerikanischen Fabrikanten derzeit zurückschrecken würden, und obgleich dieselben bisher in der Praxis noch wenig Anwendung gefunden haben, gibt er doch zu, dass dieser Fabrikation, gegenüber der jetzt noch allgemein üblichen Darstellungsweise solcher grossen Girders durch Vernietung, eine Zukunft bevorstehe, weshalb er das zu dem Ende von Petin Gaudet und Comp. angewendete bekannte Universalwalzgerüst seinen Landsleuten zur Nachahmung beschreibt und empfiehlt, bevor dafür in Amerika ein Patent genommen ist. Nicht minder überrascht äussert sich Herr Hewitt über die ausgestellt gewesenen grossen Panzerplatten, welche in der englischen, französischen, deutschen und belgischen Abtheilung vorhanden waren, und er fährt dann in seinem Berichte fort:

„Im Allgemeinen kann gesagt werden, dass auf den europäischen Eisenhütten mehr Geneigtheit und Praxis vorwaltet, für die verschiedenen Zwecke grössere Eisenmassen zu behandeln, als dies in den Vereinigten Staa-[illegible] zu sehen ist, so z. B. hatte Belgien Bandeisen ausgestellt, das ¾ Zoll breit, 230 Fuss lang war; Preussen hatte Bleche von der Dicke Nr. 21½ des englischen Drahtmessers (etwas weniger als 1 Centimeter), 48 Zoll breit und 108 Zoll lang; und Drahtruthen waren in allen Abtheilungen, von 30 bis 50 Pfund im Gewichte, vorhanden, welche in Walzentrains von gewöhnlichen Dimensionen und Geschwindigkeiten erzeugt werden, wie sie in den Vereinigten Staaten bei Stücken mit 15 Pfund angewendet werden. Dies wird dadurch erreicht, dass durch ein sinnreiches System der Verdoppelung des Stabes nach rückwärts und vorwärts, derselbe Stab sich gleichzeitig in viel mehr Walzenkalibern befindet, als es bei uns zu geschehen pflegt. Dieselbe Methode wird zu Montataire in Frankreich und auf anderen Werken zum Walzen der Kupfer- und Eisenstäbe angewendet; und zwar geschieht dies nicht auf Verlangen, sondern freiwillig aus ökonomischen Rücksichten. Auf diesem Wege werden einzöllige Stäbe in einer Länge von 100 Fuss regelmässig erzeugt, und dieses in den Vereinigten Staaten unbekannte System kann ohne Zweifel mit grossen Vortheilen eingeführt werden.“

„Indessen das merkwürdigste Walzstück der Art war in der englischen Abtheilung, von Richard Johnson und Neffen in Manchester, ausgestellt, bestehend in einem aufgewundenen Kranze von Draht Nr. 3 (bei 6 Centimeter stark), im Gewichte von 281 Pfund, einer Länge von 530 Ellen, und gewalzt aus einem einzigen Stücke. Desgleichen ein Kranz von Draht Nr. 8, bei 200 Pfund schwer und 900 Ellen lang, und ein Kranz von Draht Nr. 11, 95 Pfund im Gewichte und 790 Ellen lang. Diese wundervollen Exemplare von Walzendrähten waren jedoch nicht in gewöhnlichen Walzentrains erzeugt, sondern wurden in einer Maschine gewalzt, die von Georg Bedson, dem Verwalter der Bradford-Eisenwerke in Manchester, erfunden ward. Die Maschinerie besteht aus dreizehn Paar Walzen, die nicht wie gewöhnliche Walzenpaare Seite zur Seite, sondern eines hinter dem anderen gestellt und mit Führungen zur Verbindung der successive nach einander folgenden Paare versehen sind, und welche sich mit einer solchen relativen Geschwindigkeit bewegen, dass das Walzstück in allen Kalibern zugleich gedrückt wird. Die Erhitzung der zu walzenden Stücke geschieht in einem langen Ofen, dessen Austragsöffnung zunächst dem ersten Walzenpaare sich befindet, während die Eintragsöffnung am entgegengesetzten Ende angebracht ist. Ein Siemens-Generator versieht den Ofen mit Gas, um in der ganzen Länge eine gleichförmige Hitze zu erhalten. Die durchschnittliche Production dieses Trains (dieser ganzen Maschinerie) beträgt 11 Tonnen (220 Ctr.) pr. Tag, und das gewöhnliche Gewicht der einzeln zu walzenden Stücke (Zaggeln) ist 80 bis 100 Pfund. Eine Vergleichung dieser neuen Einrichtung nach einem 6monatlichen Betriebe mit zwei Trains von der älteren Construction, die sich in derselben Hütte befinden, zeigte, dass der Eisenverlust von 10½ Procent auf 6·9 Procent, und der Kohlenverbrauch von 14 Ctr. 25 Pfund auf 8 Ctr. 18 Pfund pr. Tonne Erzeugung vermindert worden ist, von welcher Ersparung allerdings der grössere Theil dem Gebrauche der Siemens-Oefen, nicht dem des Walzentrains zuzuschreiben sein wird; der Vortheil des letzteren besteht nur mehr in der um nahe die Hälfte vermehrten Production, in dem erhöhten Gewichte der Walzenstücke und in der Oekonomie der beschäftigten Arbeiter. Ein persönlicher Besuch wurde dem Bradford-Eisenwerke gemacht, um die Arbeit dieser sinnreichen und erfolgreichen Maschinerien zu sehen. Es scheint damit wirklich Alles erreicht, was verlangt werden kann, und diese Wirkung der Walzen auf das Eisen erzeugt unbestreitbar einen gesünderen und besseren Stab, als bei der alten Methode, was sonder Zweifel der höhern und mehr gleichförmigen Hitze zu Gute gehalten werden muss, in welcher die Drahtruthe vollendet wird. — Dasselbe Princip ist seither zum Walzen des Stabeisens mit gleich gutem Erfolge in Anwendung gebracht worden."

„Für Telegraphen- wie für Brücken- und Seil-Drähte ist der höhere Werth von längeren Ruthen ausser Frage. Bedson's Maschine hat daher das doppelte Verdienst, bessere Artikel und zu einem minderen Preis zu erzeugen, als es bisher der Fall war; und von Allen, die sich von der Neuheit und Verdienstlichkeit dieser Erfindung überzeugt haben, wird sehr bedauert, dass derselben nur die Zuerkennung einer silbernen Medaille zu Theil ward, während sie gewiss den höchsten Preis verdient hätte."

Ueber die grossen (bis 20 Ctr. schweren) Puddlingsluppen, welche von Borsig in Berlin ausgestellt waren, spricht sich Herr Hewitt günstig aus, da dies nicht blosse Kraftproben sind, sondern in der Praxis vortheilhafte Anwendung finden. Der vortrefflichen, grossen Achsen und Kurbeln, von den Gebrüdern Marrel in der französischen Abtheilung, wird nur mit wenigen Worten gedacht. Etwas besser kommen die schweisslosen Verbindungsstücke für Dampfkessel weg, die von Bowling und Low Moor in England ausgestellt waren, und die den Amerikanern zur Nachahmung empfohlen werden.

2. Stahl.

Bei den verschiedenen Arten des Gussstahles, bemerkt Herr Hewitt, war die gleiche Tendenz nach grossen Massen und schwierigen Gestalten in der Ausstellung zu erkennen. Allen anderen Fabrikanten darin voraus waren die von Krupp in Essen ausgestellten Artikel. Die nun folgende Beschreibung der grossartigen Ausstellung und Fabriksanlage von Krupp übergehe ich als bekannt. Ebenso die Vergleichung der verschiedenen ausgestellt gewesenen Kanonen kann hier übergangen werden, nur will ich die Bemerkung des Herrn Hewitt wiedergeben, dass man in Frankreich wie in den Vereinigten Staaten in der Fabrikation der Geschütze aus Stahl und Schmiedeisen noch in der Kindheit und im Ungewissen über deren Werth sei; gleichwohl dünkt es ihm unzweifelhaft, dass mindestens für das Feldgeschütz der Gussstahl das beste Material bilde. Beweis dessen hat Krupp bereits 3500 Stücke geliefert und andere 2200 Stücke in Bestellung. In Beziehung der Munition berichtet Hewitt, dass er auf seinen Werksbesuchen in Frankreich die Erzeugung von Gussstahl-Geschossen in allen, aber vorzüglich in den grösseren Kalibern eifrigst betrieben fand, weil auch die französischen Militär-Ingenieure überzeugt sind, dass diese Geschosse vor allen den Vorzug verdienen, wo es sich um Durchdringungen handelt.

Bezüglich der von Krupp ausgestellt gewesenen Stahl-Rails und Tyres erscheint es auch Herrn Hewitt etwas zweifelhaft, ob dieselben wirklich, wie angegeben ward, aus Tiegelstahl, nicht aus Bessemerstahl dargestellt worden. Rücksichtlich der Tyres glaubt Hewitt, dass die Tage für Locomotiv-Eisen-Tyres vorbei seien, und dass es ökonomischer, vielleicht auch mehr Sicherheit gewährend sei, wenn ausschliesslich Gussstahl-Tyres in Verwendung kämen; anders jedoch stellt sich die Frage bezüglich der Rails, weil bei diesen die Interessen des Anlagecapitals so bedeutend sind. In Fällen, wo die Eisenrails so hart mitgenommen werden, dass sie nicht länger als ein Stahltyres brauchbar bleiben, ist natürlich kein Zweifel, dass hierbei die Stahlrails den aus Eisen dargestellten vorzuziehen sind. Es bleibt die diesfallsige Entscheidung in jedem gegebenen Fall ein Gegenstand der Calculation; aber im Allgemeinen kann erklärt werden, dass es nicht ökonomisch sei Stahlrails anzuwenden, wo die Eisenschienen durchschnittlich 10 Jahre dauern, und so lange als die durchschnittlichen Interessen, so die Eisenbahngesellschaften in den Vereinigten Staaten zahlen, 8 Procent erreichen, müssen die 10 Jahre noch weiter eingeschränkt bleiben. Selbst in England, wo die Capitalszinsen nicht über 5 Procent zu veranschlagen sind, und die Dauer der Eisenschienen durchschnittlich kaum 7 Jahre erreicht, ist doch die Verwendung der Stahlschienen bisher keine sehr ausgedehnte. Eine glückliche Vermittlung der mässigen Kosten mit einer längeren Dauer der Rails scheint durch die Darstellung der Eisenschienen mit Stahlköpfen erreicht zu sein, mag nun der Stahlkopf aus Puddlings-, Guss- oder Bessemerstahl bestehen. Die alleinige Schwierigkeit bei Erzeugung dieser Art Rails besteht in der Erreichung einer vollkommenen Vereinigung des Stahlkopfes mit der Eisenschiene, in welcher Beziehung sich aus den verschiedenen Hütten Anfangs 5—10 Procent Fabrikations-Ausschuss zeigte, welcher sich jedoch nach erlangter Uebung bedeutend vermindert, wenn nicht ganz verschwindet. Von den Erfahrungen der amerikanischen Railsfabriken versichert Herr Hewitt, dass dort die diesfallsigen Ausschüsse weniger als 1 Procent bei der Fabrikation betragen, und spricht seine Ueberzeugung dahin aus, dass die Eisenschienen mit Stahlköpfen schliesslich die Oberhand über alle anderen Arten von Rails erlangen werden, um so mehr, als dabei die Umarbeitung der alten Schienen ermöglicht ist.

Ich möchte jedoch diese Erklärung des Herrn Hewitt nicht unbedingt mitunterschreiben; denn nicht blos der kaum ganz zu vermeidende Fabrikations-Ausschuss, sondern viel mehr jener Ausschuss ist bei diesen Schienen zu berücksichtigen, welcher sich erst im Gebrauch derselben, ungeachtet der scheinbar gelungenen Schweissung, besonders im ersten Jahre ergibt. In dieser Beziehung verdienten unbedingt die aus Martin-Stahl dargestellten, in ihrem ganzen Querschnitte aus einer homogenen, ganzen Masse bestehenden Schienen den Vorzug, und können beim Martin-Process die alten Rails in der einfachsten Weise wieder zur Verwendung gebracht werden. Ausserdem darf noch ein anderer Umstand nicht übersehen werden, welchen ich schon öfters berührt habe, nämlich dass, je härter der Schienenkopf, desto mehr die darüber laufenden Tyres innerhalb gewisser, aber noch unbekannter Grenzen abgenützt werden müssen, und dass das Tyresmateriale ein viel kostspieligeres als jenes der Rails ist. Es darf daher nicht übersehen werden, dass bei zu harten Schienen die damit erzielte Ersparung mehr oder weniger auf Kosten eines grösseren Tyres-Verbrauches erlangt wird, somit nur scheinbar ist und selbst einen wirklichen Verlust einschliessen kann.

3. Qualität der Materialien.

Herr Hewitt berichtet in diesem Abschnitte wie folgt: „Ein sorgfältiger Beobachter der ausgestellten Proben von Eisen und Stahl musste von den grossen Varietäten in der Qualität und von dem unverkennbaren Bestreben, für jeden einzelnen Zweck die entsprechendste Qualität zu verwenden, überrascht werden. In einigen Fabriken wird lediglich eine einzige besondere Qualität erzeugt; aber in der Regel haben alle die grösseren Werke in der Ausstellung gezeigt, dass sie die Güte der Qualität nach dem Preise richten, der dafür gezahlt wird. So z. B. in dem Pavillon von Le Creusot waren sieben verschiedene Qualitäten von Merkantil-Eisen zu sehen, je nach dem Zwecke, wozu jede einzelne Qualität verwendet werden soll, und ein persönlicher Besuch dieses Werkes überzeugte mich, dass in diesen verschiedenen Qualitätsgraden keine blosse Einbildung obwaltet. In den Eisenwerken von Wales in England ist es notorisch, dass die Qualität in den erzeugten Artikeln directe den dafür bezahlten Preisen proportional gehalten wird, und bei meinem Besuche auf diesen gigantischen Werken, welche in den Bergen von Süd-Wales entstanden sind, war es für mich demüthigend zu finden, dass die schlechteste Qualität, welche noch mit dem Namen Eisen ausgezeichnet war, gewöhnlich unter dem Namen Amerikanische Rails passirte."

„Es ist dies kein Fehler der waleser Eisengewerken, sondern es kam von der fast allgemeinen Praxis der letzteren Jahre, dass die amerikanischen Eisenbahngesellschaften und Contrahenten die billigsten Artikel kauften, die erzeugt werden konnten. Natürlich war von dieser Eisenqualität in der Ausstellung nichts zu finden; aber wenn ein Preis für pure Geschicklichkeit gegeben werden sollte, ich wüsste dafür nichts Mehrberechtigtes, als die Erzeugung einer gut geformten Eisenbahnschiene aus Puddlingsluppen, die kaum das Drücken unter dem Squeezer auszuhalten vermögen. Ein Ding jedoch ist noch merkwürdiger als diese schlechte Eisenqualität, und das ist die Dummheit und rücksichtslose Schwärmerei jener Kunden, welche geneigt sind sie zu kaufen. Dies ist mehr als irgend etwas anderes die Ursache von den beinahe jedes Jahr nothwendig werdenden Erneuerungen der Rails in den Vereinigten Staaten, und von den finanziellen Verlegenheiten so vieler unserer Hauptlinien von Eisenbahnen. Es ist auch nicht die geringste Entschuldigung für dieses Resultat vorhanden; denn die waleser Eisengewerken, zu ihrem Credite sei es gesagt, machen kein Geheimniss weder von dem schlechten Material noch von dem unvollkommenen Process, mit dem es behandelt wird, und würden es bei Weitem vorziehen Fabrikate zu liefern, die ihnen mehr Credit und den Abnehmern mehr Profit bringen müssten. Allein das unerbittliche Gebot der Concurrenz und das unbeschränkte Verlangen nach wohlfeilen Eisen in Amerika lassen ihnen keine Wahl. — Für ihr eigenes Land, für den Continent von Europa wie für Indien wird kein solches System befolgt. In der Regel wird für die zum heimatlichen Gebrauch bestimmten Rails, je nach der Stärke des Verkehrs, eine 5 bis 7jährige Dauer garantirt, d. h. jede Schiene, welche innerhalb der Garantiezeit im Mindesten schadhaft wird, ist auf Kosten des Fabrikanten zu erneuern. Der Extra-Preis, welcher für garantirte Rails auf Bahnen mit einem mittleren Verkehr bezahlt wird, beträgt 30 Procent, und auf Bahnen mit einem starken Verkehr müssen mindestens 50 Procent mehr bezahlt werden. In den Fällen, wo die Garantie wegen zu starken Verkehrs auf der Bahnlinie oder auf einzelnen Theilen derselben nicht zu erlangen ist, erscheint die Folgerung unausweichbar, dass Stahl-Rails verwendet werden sollen. Bevor nicht ein gleiches System der Garantie und verhältnissmässigen Bezahlung dafür in den Vereinigten Staaten eingeführt wird, können die Actionäre der Eisenbahngesellschaften auf keine Sicherheit und Dauer ihrer Dividenden rechnen."

„Diese Differenz in der Eisenqualität und der ihr entsprechende Geldwerth ist der Grund, warum manches Werk unter anscheinend ungünstigen ökonomischen Localverhältnissen dennoch gedeihen kann. In einer gewissen Ausdehnung gilt dies allerdings auch in Amerika, aber es muss bestätigt werden, dass es kein civilisirtes Land gibt, in welchem die diesfallsige Unterscheidung so beschränkt ist, und welches so viel durch diese Gleichgiltigkeit verliert."

Gewiss wird mancher Landsmann von mir, besonders unter den Berufsverwandten, dem diese Zeilen zu Gesicht kommen werden, die Ueberzeugung mit mir theilen, dass Alles das, was Herr Hewitt bezüglich dieser Verhältnisse in den Vereinigten Staaten anführt, in Oesterreich, besonders in neuerer Zeit ebenfalls seine volle Giltigkeit habe.

Was Herr Hewitt im weiteren Verlaufe seines Berichtes bezüglich der in Schweden gemachten Erfahrung anführt, dass für die Darstellung von verschiedenen Werkzeugen, wie Hauen, Schaufeln, Hacken u. dgl. und für Dachbleche ein Materialeisen mit einem Phosphorgehalt, wenigstens bis zu $^1/_{10}$ Procent, wünschenswerth sei, muss ich dahin gestellt sein lassen. Bemerkenswerth aber dünkt mir sein Schluss des Berichtes in diesem 3. Abschnitte; er lautet:

„Es ist in den Vereinigten Staaten keine Schwierigkeit, irgend welche verlangte Qualität von Eisen und Stahl zu erzeugen, denn wir haben einen unerschöpflichen Vorrath von den allerbesten Sorten der Erze und Kohlen und heute liegen dieselben so offen für deren Verbindung, um dieselben mit so wenig Kosten an menschlicher Arbeit nützlich zu machen, als dies in den meist begünstigten Ländern von Europa der Fall ist. Allein die den amerikanischen Eisengewerken zur Lösung vorgelegte Aufgabe war nicht allein darin gelegen, die Arbeit zu einem so niedrigen Preis zu verschaffen, wie sie in Europa zu haben ist (ein Verlangen, das nicht erfüllt werden kann), sondern überdies das beste Materiale in Concurrenz mit den Preisen für die schlechtesten ausländischen Waaren zu produciren. Für die Differenz in den Preisen der Arbeit ist durch die Tarife eine Ausgleichung möglich; aber für die zweite Anforderung gibt es keine Aushilfe als die bessere Einsicht auf Seite der Consumenten, und in allen Fällen, wo die geraden Glieder und das Leben in Frage kommen, die Stärke des Gesetzes bezüglich der Verantwortlichkeit in Benützung von schlechten Materialien."

4. Processe der Eisen- und Stahlerzeugung.

Hier spricht Herr Hewitt vorerst von der directen Darstellung des Eisens und Stahles aus den Erzen, welcher Process in den Vereinigten Staaten, namentlich in den nördlichen Theilen des Staates New-York und New-Jersey, unter dem Namen Catalan-Methode noch in einer nicht unbedeutenden Ausdehnung betrieben wird. In Verfolgung dieses Gegenstandes kommt er auf Siemens' Patent vom 20. September 1866 zu sprechen, welches ebenfalls unter Benützung seines mit Wärme-Regeneratoren versehenen Ofens die directe Darstellung des Eisens und Stahles aus den Erzen zum Gegenstande hat, und wovon das Modell eines Ofens nebst einigen Stahlstücken ausgestellt waren. — Obschon die hohe Temperatur, welche mit einem Siemens-Ofen zu erreichen ist, die Lösung des diesfallsigen, mehrseitig versuchten Problems wesentlich zu unterstützen vermag, und obgleich Herrn Siemens bei seinen Versuchen an den rothen Hämatiten eine der reinsten und reichsten Erzsorten zu Gebote stand, so blieben die bisher damit erreichten Erfolge doch sehr zweifelhafter Natur, namentlich von der ökonomischen Seite.

Mit grosser, vielleicht sogar mit zu grosser Anerkennung spricht sich Herr Hewitt über die Westmann'schen schwedischen Eisenstein-Gas-Röstöfen aus, und hat sich die Ausstellungs-Commission der Vereinigten Staaten bewogen gefunden, sogleich einen schwedischen Ingenieur zu engagiren, um zu Ringwood in New-Jersey einen solchen schwedischen Gasröstofen zur praktischen Information für die amerikanischen Hüttenleute zu errichten.

In Kärnten, wo auf meine Veranlassung schon vor mehreren Jahren auf 2 Orten schwedische Gasröstöfen errichtet worden sind, hatten dieselben nicht den gewünschten Erfolg u. z. ob Mangel des nöthigen Zuges; aber eine Modification dieser Gasröstöfen, welche Herr Ed. Fillafer zu Vordernberg in Anwendung brachte, war von den besten Erfolgen begleitet, und ist dieserwegen in Steiermark und Kärnten ziemlich allgemein geworden. — Was Herr Hewitt über die schwedische Hohöferei, wie über die dortigen Herdfrischereien in Verbindung mit den Gasschweissöfen, und weiters über den Lundin'schen Ofen berichtet, glaube ich hier als bekannt voraussetzen zu dürfen, nachdem ich über alle diese Verhältnisse wiederholt, theils nach den „jern contorets annaler", theils nach eigener Anschauung mich öffentlich und schriftlich ausgesprochen habe. Nur der Bemerkung des Herrn Hewitt bezüglich des Lundin-Ofens will ich Raum geben, dass seines Erachtens dieser Ofen so vortheilhaft ist, dass an der unverzüglichen Einführung desselben an jenen Orten in den Vereinigten Staaten nicht zu zweifeln sei, wo der mineralische Brennstoff theuer oder gar nicht zu haben ist, weil die Einführung dieses Ofens in Oesterreich bisher so vielen Anständen begegnete, dass dessen regelmässiger Betrieb bis zur Stunde nicht erreicht werden konnte.

In Beziehung des Hohofenbetriebes im Allgemeinen erwähnt Herr Hewitt der bekannten und nun ziemlich allgemein gebräuchlichen Einrichtung mit Konus und Cylinder zum völligen Schliessen der Gicht, um die Hohofen-Gase zur Dampfkesselheizung und Winderhitzung verwenden und die Erze nach ihrem Aggregatszustande richtig vertheilt aufgichten zu können. Es soll dadurch die Grösse der Production erhöht und der relative Verbrauch an Brennstoff vermindert werden; dessen ungeachtet ist diese Einrichtung in Schottland und zum Theil auch in Cleveland nicht gebräuchlich, weil man dort einen nachtheiligen Einfluss auf die Qualität des Roheisens bei geschlossenen Gichten wahrgenommen haben will. Als wesentlich wird dabei hervorgehoben, dass der Abstand zwischen dem Rande des Konus und der Schachtwand 18 Zoll beträgt.

Ueberraschend ist für Herrn Hewitt die sehr ungleiche Productions-Grösse bei Hohöfen, welche mit denselben Rohmaterialien arbeiten, und wobei nicht selten der dem Rauminhalte nach kleinere Ofen die grössere Production aufweist. Herr Hewitt setzt zwar bei, dass diese Hohöfen mit einem Winde von der gewöhnlichen Pressung mit 3 $^1/_2$ Pfund, und der üblichen Temperatur von 600 Grad Fahrenheit arbeiten; allein er gibt keine genaueren Daten bezüglich der Windmenge, wodurch allein diese Unterschiede zu erklären sein dürften.

Von besonderem Interesse sind die Daten über die Fortschritte des Hohofenbetriebes im Districte von Cleveland mit den dortigen sehr festen Coaks. Der erste daselbst gebaute Hohofen war 55 engl. Fuss hoch und 18 Fuss weit im Kohlsack; seine Wochenproduction betrug 230 Tonnen und der Coaksaufwand war 1 $^1/_2$ Tonnen für 1 Tonne Graueisen, und wurde mit einer Windtemperatur von 600—700 Grad F. geblasen. In neuester Zeit sind daselbst Hohöfen mit 102 engl. Fuss Höhe, 27 Fuss weitem Kohlsack, bei denen mit einer Windtemperatur von 1000—1100 Grad F. geblasen wird; und damit wurde der Coaksaufwand auf 1 Tonne per 1 Tonne Roheisen vermindert und das Ausbringen der Erze um 2 Procent erhöht. Für diese bedeutende Winderhitzung werden die sogenannten Player-Oefen verwendet, in denen die Gase in einer separaten Kammer verbrannt werden, und blos die dadurch erzeugte Hitze zu den Röhren gelangt. Dadurch wird alle Verunreinigung oder Belegung der Röhren hintangehalten, sie bedürfen keiner Reinigung und sind zugleich weniger dem Verbrennen ausgesetzt. Die Windpressung beträgt 3 $^1/_2$—4 $^1/_2$ Pfund, und strömt der Wind durch 6 Düsen zu je 3 $^1/_2$ Zoll Durchmesser in den Ofen. Auf der Norton-Hütte, wo der Hohofen 85 Fuss Höhe und 25 Fuss Kohlsackweite hat, befinden sich 4 solche Winderhitzungsöfen, welche 60 Röhren im Gewichte von 126 Tonnen haben, und den Wind von einem Gebläsecylinder mit 7 Fuss Weite und 7 Fuss Hubhöhe mit 13 Umdrehungen pr. Minute erhalten. Als allgemeine Regel für die Winderhitzung gilt, dass für je 1000 Kubikfuss Wind in der Minute 1200 Quadratfuss Erhitzungs-Oberfläche geboten sein sollen.

Dieser letztgenannte Hohofen hatte eine wöchentliche Production von 365 Tonnen. Alle diese neueren Oefen sind mit geschlossenen Gichten, mit der aus Konus und Cylinder bestehenden Schlussvorrichtung versehen, und werden die Gase in einem grossen eisernen Canal gesammelt, welcher gleichsam eine Kranzleiste an der Gichtebene bildet, aber zur Vermeidung der Ausstrahlung mit Ziegeln bedeckt ist. Nothwendig ist eine entsprechende Austrittsöffnung, und die Röhre zur Herableitung der Gase auf die Hüttensohle darf nicht weniger als 7 Fuss Durchmesser haben, und ist innerlich mit Ziegeln verkleidet.

Als Gichtaufzüge werden im Cleveland-Districte alle die dafür bekannten Vorrichtungen getroffen, aber am meisten Beifall finden die hier erst in letzter Zeit eingeführten pneumatischen Apparate. Ein solcher Apparat besteht in der Hauptsache aus 36 Zoll weiten, ausgebohrten und bis zur Gichthöhe der Oefen an einander gepassten Gusseisencylindern, in welchen ein mit Leder-Liederung versehener Kolben sich befindet. Von aussen ist dieser als ein Ganzes erscheinende Cylinder von der Plattform (der Hebbühne) sogestaltet umfangen, dass der Cylinder in der Mitte derselben zu stehen kommt. Der bei 4 Tonnen schwere Kolben ist vermittelst 4, über 8 Fuss grosse (über dem Gichthorizont befindliche) Seilscheiben laufende Drahtseile, mit den 4 Ecken der Plattform in Verbindung gebracht. Wenn die Plattform mit den beladenen Gichtenwagen (gewöhnlich 4 an der Zahl) belastet ist, wiegt dieselbe bei 5 Tonnen, d. i. um eine Tonne mehr als der Kolben, wogegen dieselbe mit den entleerten Gichtenwagen beiläufig 3 Tonnen schwer ist, also um eine Tonne weniger hat, als der Kolben.

Eine neben dem Fuss des Cylinders stehende Dampfmaschine bewegt ein Paar Luftpumpen, welche nach Belieben und mit Leichtigkeit derart wirkend gemacht werden können, dass sie die Luft entweder in den Cylinder pressen, oder aus demselben saugen, verdünnen. Mit einer Luftverdünnung von 3—4 Pfd. unter den atmosphärischen Druck geht der Kolben abwärts und hebt die belastete Plattform in die Höhe, und bei ungefähr demselben Luftdrucke über dem atmosphärischen Druck, hervorgebracht durch die in den Cylinder unter den Kolben gepresste Luft, wird derselbe gehoben und somit die Plattform mit den leeren Wägen gesenkt. Wenn die Plattform die Gichthöhe erreicht, ruhet der Kolben am Boden des Cylinders, und damit bei der Ankunft des Kolbens am Boden nicht ein empfindlicher Stoss erfolgt, ist daselbst eine entsprechende polsterartige Unterlage angebracht. Die Bewegung der Plattform ist sehr ruhig und gleichförmig, und hat eine Geschwindigkeit von circa $4\frac{1}{2}$ Fuss.

Dieser Gichtenaufzug war bereits mehrere Jahre in Thätigkeit, ohne die geringste Reparatur nothwendig gemacht, oder irgend eine Störung veranlasst zu haben. Er gilt daher allgemein als die hübscheste und zugleich zweckmässigste Vorrichtung von allen den verschiedenen verticalen Gichtenaufzügen, und wie leicht einzusehen ist, kann derselbe mit der grössten Sicherheit auch dazu benützt werden, um bequem auf die Gichthöhe zu gelangen.

In Schottland, bei den weniger dichten und festen Coaks oder Kohlen, scheint sich die versuchte Erhöhung der Hohöfen nicht zu bewähren.

In Betreff der Walzwerke berichtet Herr Hewitt, dass die am meisten auffallende Veränderung bei den neuen Hütten in der Einfachheit der Maschinerie, ihren grossen Dimensionen und in deren Anordnung zum Vermindern der Arbeit in dem Handhaben der Materialien bestehen. Vor- und rückwärts laufende Walzen (Umkehrungs-Walzen) werden in England dem Drei-Walzensystem meist vorgezogen, aber zu Anzin in Frankreich ist das Drei-Walzensystem bei Erzeugung der Girders seit 1849 in Anwendung. Desgleichen ist das Drei-Walzensystem bei Plattenwalzen in Creusot angewendet; überhaupt ist dieses System in Europa allgemein bekannt, aber das System mit vor- und rückwärtslaufenden Walzen ist in der Regel vorgezogen. Direct wirkende Maschinen sind sehr beliebt; jedoch zu Crewe in England ist bei den Plattenwalzen das Schwungrad fortgelassen, dafür ein Paar Maschinen ähnlich den Locomotiv-Maschinen im Gebrauche, die sehr schnell laufen, und durch Zwischengeschüre die Geschwindigkeit in der entsprechenden Verminderung auf die Walzen übertragen. In Ebbw Vale ist eine Maschine für einen kleinen Train, die pr. Minute 250 Touren macht. In beiden diesen Fällen ist das Resultat nach Aeusserung der betreffenden Verwalter vollkommen befriedigend. — Ein anderer überraschender Charakter bei den Walzen und in einigen grossen Stahlwerken ist die Anwendung des hydraulischen Krahnes zur Bewegung der Metallmassen; und wo der hydraulische Krahn nicht zu sehen ist, wird an dessen Stelle oft der Dampfkrahn getroffen. Das Verhältniss zwischen der menschlichen Arbeit und der Qualität der zu behandelnden Materialien ist dadurch bedeutend reducirt und sichtlich auf ein Minimum gebracht, und für die Vereinigten Staaten, wo die Arbeit so theuer ist, stellt sich die Einführung dieser hydraulischen Maschinerie als eine absolute Nothwendigkeit dar. Das zu dem Ende nothwendige Arrangement ist nicht complicirt, wiewohl etwas kostspielig. Wo eine verhältnissmässige Pressung des Wassers, etwa 300 Pfund pr. Quadratzoll, von einer anliegenden Höhe beschafft werden kann, wie dies auf dem bewunderungswerthen Werke Naylor, Vickers und Comp. in Sheffield zu sehen, ist die Auslage eine geringere, und an anderen Orten ist blos nothwendig, einen Accumulator zu errichten, um durch künstliche Mittel die nöthige Pressung zu schaffen; und selbst der Accumulator kann durch die Anwendung der doppelten Dampfpumpe umgangen werden, welche in Amerika gewöhnlich gebraucht wird. Das Maschinen-Walzwerk von John Brown und Comp. und das neue Stahlwerk von Naylor, Vickers und Comp. in Sheffield sind vorzügliche Beispiele, zu welcher Vollkommenheit das hydraulische System gebracht werden kann; und im Ganzen genommen betrachtet Herr Hewitt das letztgenannte Etablissement als die gelungenste Leistung in der Hüttenmechanik, die gegenwärtig existirt.

Als einer besonderen Eigenthümlichkeit, die sehr zur Ordnung und Reinlichkeit beim Walzentrain beiträgt, wird weiters des sogenannten Begräbnissplatzes für die nicht im Gebrauche befindlichen Walzen gedacht. Diese Walzen werden in eigenen, für deren Aufnahme eingerichteten Gräbern unter dem eisernen Boden der Hütte versenkt, aus denen sie mit Krahns leicht wieder herausgehoben werden können.

Was Herr Hewitt im ferneren Verlauf über den Siemens'schen Ofen sagt, glaube ich im Allgemeinen als bekannt übergehen zu können. Zu dem, was bereits in der 1. Abtheilung bei dem Drahtwalzwerke von R. Johnson und Neffen über die bei Siemens-Oefen erlangten Resultate aufgeführt wurde, mag hier noch bemerkt werden, dass zu Crewe, bei alleiniger Benützung von Steinkohle in den Schweissöfen, durch Einführung der Siemens-Oefen der Verbrauch von 20 auf 5 Gewichtstheile gesunken sein soll, um dieselbe Arbeit zu erreichen; und bei Mitanwendung von Sägespänen sollen $2\frac{1}{2}$ Centner von diesen 1 Centner Steinkohlen ersetzen. Zu Bolton versicherte der Verwalter, dass bezüglich der Verminderung des Metallabbrandes und der Vermehrung der Production durch den Gebrauch der Siemens-Oefen nicht zu zweifeln, wohl aber die Frage betreffs Ersparung an Brennmateriale noch eine offene sei im Falle, als die Ueberhitze zur Dampferzeugung benützt werden soll. Bei den Puddlingsöfen ist die gelungene Anwendung der Siemens-Oefen erst in der neuesten Zeit erfolgt, namentlich zu Bolton in England ist man damit sehr zufrieden. In Amerika wurde der erste Siemens-Ofen erst vor wenigen Monaten auf einem Eisenwerke zum Erhitzen des Eisens eingeführt, und empfiehlt Herr Hewitt dringend, dieses Princip auch bei den Puddlingsöfen in Anwendung zu bringen. *)

Bei dem Thema über die mechanischen Puddlings-Vorrichtungen berührt Herr Hewitt vorerst die bekannte, mehrfach beschriebene Einrichtung mit dem cylindrischen, rotirenden Puddlingsherd, mit welchem namentlich zu Dowlais längere Zeit hindurch experimentirt worden ist, schliesslich aber aufgegeben werden musste, theils weil keine innere Verkleidung des rotirenden Herdes ausfindig gemacht werden konnte, die genügend haltbar gewesen wäre, und theils wegen zu schlechter Beschaffenheit des damit erzeugten Eisens. Mit welcher Beharrlichkeit die Versuche durchgeführt worden sind, ist aus dem Umstande zu entnehmen, dass über 600 Tonnen derartiges Eisen gemacht wurden. — Den mechanischen Puddler von John Griffiths schildert Herr Hewitt als empfehlenswerth, obwohl er bemerkt, dass derselbe den Beifall der Arbeiter nicht habe.

Die in England und Frankreich beobachtete Puddlingsarbeit für die Darstellung des Walzendrahtes, insbesondere die Erzeugung des Feinkorneisens, empfiehlt Herr Hewitt seinen Landsleuten zur Nachahmung. — Bezüglich der Verwendungsart der alten Rails bei Erzeugung der neuen Schienen mit harten Köpfen wird Neues nicht angeführt.

5. Processe für die Stahlerzeugung.

Da dieser Abschnitt einen der interessantesten in dem Berichte des Herrn Hewitt bildet, gebe ich ihn wörtlich hier wieder. Er lautet:

„Nach dem allgemeinen Urtheile über die gegenwärtige Industrie ist dabei am meisten auffallend der unverkennbare Fortschritt in der Erzeugung des Stahles und dessen zunehmender Ersatz für Stabeisen in allen jenen Fällen, wo Stärke und Leichtigkeit des Materials verbunden sein müssen.

In der Ausstellung waren nicht blos enorme Massen von Stahl zu sehen, sondern die dabei zu beobachtende unendliche Mannigfaltigkeit in den Formen wie in den Verwendungszwecken zwangen den denkenden Beobachter, zuzugeben, dass sich der Uebergang von der Zeit des Eisens zur Zeit des Stahles vollziehe. Desgleichen konnte es nicht fehlen bei einem umsichtigen Studium der ausgestellten Producte und ihrer Darstellungsmethoden zu einem andern Schlusse zu gelangen, dem nämlich: dass guter Stahl nur aus guten Materialien erzeugt werden kann, gleichgiltig, welcher Erzeugungs-Process dabei angewendet wird.

Für den besten Stahl behauptet der Tiegelschmelzprocess noch immer den ersten Rang; denn obgleich die Ausstellung einige sehr schöne Proben von anderen Processen aufzuweisen hatte, so war es doch klar, dass bisher noch keine andere Methode so praktisch gemacht werden konnte, um das Gebiet des Tiegelgussstahles zu betreten, für alle mehr delicaten und höheren Zwecke, für welche dieses Metall verlangt wird. Der Process der Tiegelgussstahl-Erzeugung ist zu bekannt, um hier näher darauf einzugehen, nur mag bemerkt werden, dass dieser Process, wie alle anderen Zweige der Metall-Industrie, in letzter Zeit eine immense Ausdehnung in der Grösse der Fabriken wie in den Producten erfahren hat.

In der Fabrik von Thomas Firth et Sons in Scheffield ist das alte System der Gussstahlerzeugung unverändert beibehalten und wird daselbst eine von keinem andern Fabrikanten übertroffene Qualität producirt. Und doch sah ich dort einen Gussblock von 12 Tonnen (240 Z. Ctr.) für ein Rohr einer Woolwich-Kanone aus Tiegeln giessen, von denen jeder ungefähr 50 Pfd. fasste. Um hierbei einen gesunden Block zu erhalten, ist es unerlässlich, dass das Metall in einem ununterbrochen heissen Strom in die Form gegossen werde, weil jede Unterbrechung in der Entleerung der Tiegel die Qualität schädigen würde. Die Schwierigkeit, ein derartiges Quantum in Tiegeln mit so geringen Einsätzen so vorzubereiten, dass das Ganze rechtzeitig geschmolzen wird, und das präcise Zusammenwirken der Arbeiter zur Uebertragung der heissen Tiegel zur Gussform ist Jedem einleuchtend, der mit so grossartigen Aufgaben vertraut ist. Abgesehen von den vorhandenen Stahlmassen, war der einzige Beweis, dass diese Fabrik sich für die Anforderungen der Neuzeit eingerichtet hatte, in den enormen Dampfhämmern, Oefen und Krahnen zu ersehen, welche zur Erzeugung so schwerer Gussblöcke nothwendig geworden sind. Die ganze Einrichtung war so gut getroffen, dass es schien, es mache die Handhabung dieser schweren Stahlmassen nicht mehr Schwierigkeiten, als es sonst bei den kleinsten Blöcken der Fall ist. Es wurde hier soeben, mit jeder möglichen Erleichterung für einen glücklichen Erfolg, die Fabrikation von Gussstahl-Tyres für Locomotive unternommen. Zu dem Ende ward vorerst ein cylindrischer Gussblock von solcher Grösse gemacht, um daraus 6 oder 8 Tyres erhalten zu können; dieser Block wurde sodann auf einer Drehbank in einzelne Scheiben für je einen Tyre getheilt. Die so erzeugten Stahlscheiben wurden erhitzt, unter einem schweren Dampfhammer nach allen Richtungen überschmiedet, dann abermals erhitzt und sofort unter einem anderen Dampfhammer mit einem konischen Durchschlag gelocht.

Diese Ringe werden hiernach unter wiederholter Erhitzung und Schmiedung so lange erweitert, bis sie die erforderliche Grösse für die Tyres-Walzen (Kopfwalzen) erreicht haben, und nach abermaliger Erhitzung rasch ausgewalzt, zu einem schweisslosen Tyre.

In so ferne als der relative Werth der Tyres aus Tiegelgussstahl und aus Bessemerstahl noch immer ein fraglicher Gegenstand ist, gab ich mir besondere Mühe, die Zähigkeit des Tiegelstahles, nach den abgeschnitten en

---

*) In Oesterreich, wo Siemens-Oefen schon seit ungefähr 10 Jahren, und vorerst mit Vortheil beim Schmelzen des Tiegel-Stahles mit Braunkohlen in Anwendung stehen, sind die ersten Versuche bei Puddlings- und Schweissöfen misslungen, in den letzten Jahren aber in Kärnten wie in Steiermark wieder mit besserem Erfolg aufgenommen worden, und würden dieselben bereits häufiger zur Anwendung gelangt sein, wenn nicht die etwas hoch gestellten Patenttaxen viele Fachleute von der doch noch immer mit mehr oder weniger mit Experimentkosten verbundenen Einführung abhalten würden.

Spänen der fertigen Tyres mit jenen von den Bessemer-Tyres zu vergleichen, und es konnte mir darnach die Vorzüglichkeit des Tiegelstahles nicht zweifelhaft bleiben. Damit will ich jedoch keineswegs gesagt haben, es sei der Bessemerstahl für diese Verwendung nicht gut genugund in Berücksichtigung der gegenseitigen Preise nicht mehr ökonomisch im Gebrauche.

Firth's Tyres werden per Tonne um L 45 (oder der Zollcentner um 22½ fl. ö. W. Silber) verkauft, während die aus Bessemerstahl nur L 28 (um 14 fl. ö. W. Silber) kosten.

In der Fabrik von Naylor, Vickers & Comp. war die Methode der Tyres-Erzeugung aus Tiegelstahl etwas abweichend und anscheinend minder kostspielig, und man musste wirklich überrascht sein von der bewunderungswerthen Einrichtung der dabei angewandten mechanischen Vorkehrungen, wie überhaupt von der ganzen Anordnung zur Erzeugung von grossen Massen aus Tiegelstahl.

Auch in dieser Fabrik wurde die beständig wiederkehrende Frage bezüglich des relativen Werthes des Bessemerstahles für specielle Zwecke, wie für Kurbeln, Schäfte und Locomotiv-Kurbeln und Achsen, welche daselbst in grossen Quantitäten aus Tiegelstahl producirt werden, besprochen. Bezüglich des Werthes der letzteren scheint kein Zweifel zu bestehen, nur behaupten die Producenten der ersteren, dass ihre Fabrikate gleich verlässlich bei viel geringeren Kosten seien; allein ich muss abermals bekennen, dass ich in England keinen Bessemerstahl von gleicher Zähigkeit sah, wie der dortige Tiegelstahl von den vorzüglicheren Firmen erscheint. Dagegen in der Ausstellung zu Paris waren Proben von Bessemerstahl aus Schweden und aus Oesterreich zu sehen, welche in der Qualität vollkommen jedem Tiegelstahl gleich erschienen, und diese mögen als die Vorläufer kommender Tage gelten, wenn der Tiegelgussstahl-Process ein überwundener Standpunkt sein wird, aber diese Tage sind jetzt noch nicht angekommen.

Das letzte Jahr, so kann mit Recht gesagt werden, hat über den Ersatz des Gussstahles statt Schmiedeeisen für Schiessgewehre kleineren Kalibers entschieden. Die besondere Vorzüglichkeit des sogenannten Marshall-Eisens ist zwar noch immer anerkannt, aber es ist nicht zu läugnen, dass der Gussstahl mehr frei von undichten, unreinen Streifen oder Flecken, und im Punkte der Zähigkeit gleich verlässlich ist. Wenn der Stahl zu diesem Zwecke verwendet wird, werden die Läufe nicht geschweisst, sondern, nachdem sie zur erforderlichen Länge geschmiedet sind, werden sie gebohrt.

Die Chassepot-Büchsen sind alle auf diesem Wege fabricirt, allein eine andere Methode, bekannt als die von Deahin & Johnson, ist in der Einführung begriffen und dürfte wahrscheinlich allgemeine Annahme finden. Bei dieser Methode wird der Ingot (Rohguss), nachdem er vorerst zu einer Rundstange von ungefähr 5 Zoll Stärke ausgeschmiedet wurde, in mehrere Stücke abgeschnitten, wie es das Gewicht eines einzelnen Laufes verlangt, und jedes derselben in ähnlicher Art und Weise gelocht, wie es zuvor bei der Tyresfabrikation angeführt wurde. Diese gelochten Stücke werden erhitzt und gehämmert, dann über einen Dorn auf eine Länge von etwa 1 Fuss gewalzt, hernach abermals erhitzt und wieder über einen Dorn zur ganzen Lauflänge ausgewalzt. Die Procedur ist Gegenstand eines Patentes, obgleich es schwer hält, darin irgend etwas Neues zu finden, es wäre denn die specielle Anwendung für Gewehrläufe. Der Vorgang ist bei Gussstahl wie bei Bessemerstahl anwendbar, gewöhnlich wird aber der letztere dazu verwendet.

Der Bessemerprocess, wie natürlich, ist derzeit und in der vorliegenden Abtheilung der Hauptgegenstand, und damit dieser Gegenstand in einem solchen Detail behandelt werden möge, wie es dessen Wichtigkeit verlangt, so wurde im nordamerikanischen Ausstellungs-Comité beschlossen, diesen Process zum Gegenstande eines eigenen Berichtes zu machen, und wurde damit Herr Fred. J. Slade, ein amerikanischer Ingenieur betraut, welcher bereits mehrere Monate hindurch diesen Process im Interesse des amerikanischen Patentträgers genau studirt hat. Dessen Bericht wird abgesondert später folgen, und es wird sich zeigen, dass er das Vertrauen vollkommen gerechtfertigt hat, welches das Comité bei Uebertragung dieser Pflicht in ihn gesetzt hat. Ich kann die Genauigkeit von dessen Angaben durch meine ausgedehnten Untersuchungen erhärten und es erübrigt mir blos eine oder zwei allgemeine Schlussfolgerungen beizufügen, zu welchem ich gelangt bin.

Die erste ist, dass der Bessemerprocess, entgegen Herrn Bessemer's anfänglich ausgesprochener Vermuthung, den Puddlingsprocess nicht entbehrlich machen wird, welcher im Gegentheile so wie jetzt die beste Methode bleiben wird, den bei weitem grössten Theil des gegebenen Roheisens in Stabeisen zu verwandeln, weil das meiste Roheisen von einer zu unreinen Beschaffenheit für das Bessemern ist, welches nur bei Abwesenheit von Schwefel und Phosphor absolut vollkommen wirkt.

Es ist wahr, dass gegen die zwei genannten Gifte ein Gegengift gefunden werden kann, in welchem Falle das Bereich des Bessemerns sich ausserordentlich erweitern würde; aber selbst dann noch würde eine Beschränkung von dessen allgemeiner Anwendung bestehen (und das ist meine zweite Schlussfolgerung), vermöge der Unsicherheit in der Qualität der einzelnen Chargen, welche stets eine sonderheitliche Probe nöthig macht, wenn das Product für wichtige Zwecke verwendet werden soll. Und auch dann, wenn diese Vorsicht befolgt wird, zeigt die Erfahrung bei der Fabrikation von Tyres und Gewehrläufen, dass dabei in Folge unbemerkter Ungänzen ein beträchtliches Procent von Ausschuss entsteht, welche Ungänzen namentlich bei der ungeheuren Tortur des Durchlochens mit dem Dampf-Durchschlag (punshing) nicht selten sich zeigen. Dieserwegen ist es nach meiner Beurtheilung in allen jenen Fällen nicht gerathen, Bessemer-Metall zu verwenden, wo das Leben oder die Glieder im Spiele sind, ausser wenn die Verarbeitung desselben derart ist, dass dabei nothwendig jeder Fehler des Metalls zum Vorschein kommen muss. Ich halte daher z. B. die Benützung für Tyres und Gewehrläufe nur dann für sicher, wenn diese mit einem Durchschlag gelocht (nicht gebohrt) werden, glaube aber, dass es unweise ist, das Bessemer-Metall für massive Eisenbahn-Achsen zu verwenden, wenn die auf gewöhnlichem Wege bearbeitet werden. Wenn diese letzten Artikel ebenfalls vorerst mit dem Durchschlage gelocht, also hohle Achsen erzeugt würden, der Einwand würde nicht bestehen, und ohne Zweifel würde es nicht so schwierig sein, eine Fabrikationsmethode für massive Achsen in Anwendung zu bringen, bei der gleichfalls jede Besorgniss gegen den Bessemerstahl schwinden muss.

Angesichts des unbedeutenden Quantums, das bisher an Bessemer-Metall in den Vereinigten Staaten erzeugt worden ist, wurden wir (Amerikaner) in Europa von den ausserordentlichen Vorkehrungen, so für die Anwendung dieses Metalls daselbst gemacht sind, mit Staunen erfüllt, und es ist unverkennbar, dass dieses Geschäft daselbst schon überboten ist, und, entgegen allen sonstigen Erfahrungen, haben der Erfinder und das Publicum im Grossen bei der Einführung dieses Processes auf Kosten der Fabrikanten gewonnen.

Als eines Angehörigen des Bessemer-Processes muss des Parry-Processes gedacht werden, der das Ziel verfolgt, durch Einschmelzen von Stabeisen in einem Kupolofen, welches Stabeisen bei seinem Frischen von Schwefel und Phosphor befreit worden ist, ein für das Bessemern taugliches Roheisen darzustellen. Zu diesem Zwecke wurden in Ebbw Vale (Südwales) ausgedehnte Hütten errichtet, allein sie wurden wieder abgeworfen und das diesfallsige Patent von Herrn Bessemer angekauft.

Dieser Process würde von grossem Werthe sein, wenn das Metall aus dem Kupolofen als Stahl, statt als Roheisen abgestochen werden könnte; allein dies scheint nicht ausführbar gewesen zu sein, indem man es an dessen Stelle nur bis zu einem weissen Roheisen von 2 Procent Kohlengehalt bringen konnte. Per Charge wurden bei 22 Zoll-Centner mit Einmal in Arbeit genommen, welche eine Operationszeit von 55—75 Minuten forderten und einen Verlust von 12 Procent erlitten. Möglicherweise könnte dieser Process für die Verwandlung der Enden von Bessemer-Rails in Roheisen vortheilhaft sein, wenn diese Enden je so billig zu haben sein sollten, um diese Operation zu rechtfertigen. Ingleichen könnte derselbe benützt werden, um den aus unsern reichen Erzen in Amerika durch Cementation dargestellten Metallschwamm niederzuschmelzen, aber sicherlich würde dieser Vorgang keinen Vortheil im Kostenpunkte mit sich führen, ausser das so erhaltene Product würde Eigenschaften erhalten, die es auf einem anderen Wege nicht bekäme. Die Erzeugung des Stahles im Kupolofen ist ein ungelöstes Problem, welches Aufmerksamkeit verdient, wenngleich dasselbe zunächst der Zukunft überlassen bleibt.

Ein sorgfältiges Studium der Ausstellung zeigte noch zwei andere Stahlprocesse, welche einer Notiznahme werth und die beide französische Erfindungen sind. Der eine ist Gegenstand des Patentes von A. Berard, und wurde in der Hütte zu Moutataire versucht; der andere ist für Emille und Pierre E. Martin patentirt und zu Sireuil in Anwendung. In diesen beiden Systemen wird Gussstahl im Flammofen erzeugt. In dem Processe von Berard wird gesucht, die Verwandlung des Roheisens in Stahl durch ein abwechselndes Einwirken einer entkohlenden und einer kohlenden Flamme auf das eingeschmolzene Roheisen zu erreichen, und es ist zu dem Ende die Benützung von Gebläsluft nothwendig. Er gebraucht Siemens-Oefen und benützt die periodischen Abwechslungen in der Gasströmung durch die Regeneratoren zugleich zur Veränderung der Flamme. Das Ofeninnere ist durch eine Brücke in zwei getrennte, überwölbte Herdräume getheilt, und er arbeitet so gestaltet gleichzeitig mit 2 Eisen-Chargen, wovon die eine neu eingetragen ist, während die andere schon nahe verkohltes Eisen enthält. Proben von Berard-Stahl waren ausgestellt, und obgleich diese anempfehlend aussahen, so war doch allgemein geglaubt, dass er noch nicht dahin gelangt ist, regelmässig verkäuflichen Stahl zu erzeugen.

Entgegen die Herren Martin produciren nicht allein auf ihrem eigenen Werke zu Sireuil regelmässig Stahl, sondern dieser Process ist ausserdem auf zwei der grössten Eisenhütten in Frankreich, in le Creusot und in Firminy in Anwendung, und auf mehreren anderen Fabriken in Europa ist man in der Einführung desselben begriffen, so wie Uebereinkommen bezüglich dessen allsogleicher Uebertragung nach den Vereinigten Staaten getroffen worden sind. Bei diesem Processe wird das Roheisen dadurch entkohlt, dass Stücke von Stabeisen oder Stahl entweder in Gestalt von gedrückten Puddlingsluppen oder als Abfälle hinzugegeben werden. Indessen das Quantum, so an Stabeisen erfordert wird, um den Kohlengehalt des Ganzen bis zur nöthigen Grenze zu reduciren, ist viel geringer, als nach der Menge des Kohlengehaltes im Roheisen zu gewärtigen stünde, und beträgt in Wirklichkeit nicht viel mehr als das Roheisenquantum selbst. Eine Charge von grauem Roheisen oder Spiegeleisen wird in einem Siemens-Ofen mit entsprechend vertieftem Herde eingeschmolzen und darin noch weiter durch ungefähr $^1/_2$ Stunde ruhig belassen, um das Metall in eine intensive Weisshitze zu bringen; Partien von Stabeisen, die bis zu einer hellen Rothhitze vorgewärmt wurden, werden dann successive in Chargen von beiläufig 2 Zoll-Centner, in Intervallen von 20—30 Minuten nachgetragen, indem jede Charge vollkommen eingeschmolzen sein muss, bevor die nächste eingetragen wird. Nach 2 oder 3 solcher Zugaben beginnt im Metallbade ein Aufkochen, welches bis zur gänzlichen Entfernung der Kohle anhält. Der erlangte Zustand des Metalls wird durch kleine Proben sichergestellt, welche gegen Ende der Operation nach Hinzufügung jeder neuen Stabeisen-Charge aus dem Metallbade geschöpft werden. Die Schöpfprobe wird in eine kleine Form gegossen und nach genügender Abkühlung sogleich zu einer bei $^5/_{16}$ Zoll dicken und 5 Zoll breiten Scheibe gehämmert. Wenn die Entkohlung vollkommen erreicht ist, werden diese Scheiben im kalten Zustande doppelt gebogen, und erscheinen da im Bruche ganz faserig.

Ein Quantum Roheisen, in der Regel von derselben Qualität wie das zuerst eingeschmolzene, wird sodann in solchem Verhältnisse zu der im Herde befindlichen Eisenmenge gegeben, um den im Stahle gewünschten Härtegrad, je nach dessen Bestimmung, zu erreichen. Wenn auch dieses geschmolzen ist, wird das Bad zur Sicherung der völligen Gleichartigkeit gut durchgerührt und nochmals eine Probe genommen, welche in derselben Art wie die frühere behandelt wird, und die einen verlässlichen Beweis von dem Zustande des Metalls gibt, bevor es zum Gusse gelangt. Dieser Vorgang ermöglicht die genaue Adjustirung der Qualität des geforderten Härtegrades im Stahle. Sollte er zu weich sein, wird mehr Roheisen zugesetzt, während im Falle, dass er schon zu hart wäre, das blosse Zuwarten von $^1/_4$ bis $^1/_2$ Stunde die Härte des Metalls bedeutend vermindert.

Gestützt auf dieses letztere Factum meinen die Herren Martin, dass unter dem Einflusse der so hohen Temperatur der Kohlenstoff in einem gewissen Grade freiwillig ausser Verbindung mit dem Eisen trete*) und in einem entsprechenden Masse dies zu der Thatsache beitrage, dass ein verhältnissmässig so geringes Quantum von Stabeisen zur Entkohlung des Roheisens erfordert wird. Die Bedeckung mit Glühspan, welche sich an der Oberfläche des Roheisens bei dem Vorzüglichen desselben, bevor es in den Siemens-Ofen eingetragen wird, bildet, muss gleichfalls auf die Entfernung des Kohlenstoffes wirken. Wenn das Metall in den verlangten Zustand gebracht ist, wird dasselbe an der Rückseite des Ofens in Gussformen abgestochen, welche auf einen Eisenbahn-Wagen gestellt sind und solcher Gestalt eine Form nach der anderen unter die Gosse gebracht werden kann.

Eine beträchtliche Zahl von Proben des mit diesem Processe dargestellten Stahles waren ausgestellt, die in ihrer Härte eine Reihe bildeten, angefangen mit einem Metalle zu hart, um von einem Werkzeuge angegriffen zu werden, bis zu einem wirklichen Stabeisen, welches zur Fabrikation von Panzerplatten bestimmt war. Auf der Hütte der Herren Martin zu Sireuil war der Process durch die letzten zwei Jahre in regelmässigem Gange für die Fabrikation von Gewehrläufen, und einige merkwürdige Exemplare davon waren in der Ausstellung vorhanden. So z. B. war ein Exemplar, welches, mit einer sehr grossen Pulvermenge und einem bedeutenden Gewichte an Schrot geladen, probirt wurde, und durch eine sehr fühlbare Ausbauchung gerade hinter der Bleiladung Zeugniss von der Weichheit und Dehnbarkeit des Metalles gab. An einem andern Exemplare, welches bei gleichstarker Ueberladung geborsten war, hat sich der Lauf blos auf eine bestimmte Länge geöffnet, und die dadurch gebildeten Ränder waren einfach um 180 Grade zurückgebogen, ohne irgend ein Zeichen eines weitern Risses. Ferners waren Exemplare von Werkzeugstahl mit ausgezeichnet schönem Bruche, Gussstücke für Maschinenbestandtheile und ein grosses Kanonenrohr von äusserst weichem Metalle, oder geschmolzenem Stabeisen, wie es genannt wird, zu sehen.

Die härteste Varietät dieses Metalles, von den Patentinhabern „gemischtes Metall" genannt, ist für Güsse geeignet, welche nicht weiter mit Werkzeugen bearbeitet werden müssen, die aber eine grosse Stärke verlangen, wie Hämmer und Ambosse, grosse Träger u. dgl. Durch einen späteren Annelirungs- oder Entkohlungs-Process, in einem Glasflammofen mit oxydirender Flamme ausgeführt, können diese Gussstücke weicher, hämmerbar und leicht zu bearbeitend gemacht werden, und behalten dabei den Vortheil, frei von Gussblasen zu sein. Dieses Metall wird dadurch erzeugt, dass zu dem ersten Metallbade von etwa 1.600 Pfund Roheisen 2.400 Pfund Stabeisen, und schliesslich wieder 1.200 Pfund Roheisen nachgetragen werden. Für Werkzeugstahl werden zu dem Bade von 1.600 Pfund graues Roheisen bei 2.600 Pfund Puddelstahl aus demselben Roheisen, und schliesslich noch 400 bis 500 Pfund Spiegeleisen nachgetragen. Für das sogenannte homogeneous metal (ähnlich dem Feinkorneisen) werden in Sireuil zu dem ursprünglichen Bade von 1200 Pfund Spiegeleisen 2000 Pfund weiches Eisen, von demselben Roheisen bis zum Korn gepuddelt, nachgetragen, und am Ende des Processes kommen noch 200 bis 300 Pfund desselben Roheisens dazu, um die erforderliche Menge Kohlenstoff hinein zu bringen. Das weichste Metall von allen, welches jedoch bisher kein regelmässig erzeugter Artikel ist, wird in gleicher Weise dargestellt, mit der Ausnahme jedoch, dass die letzte Zugabe aus einem sehr manganreichen Eisen besteht und davon an 5 Procent des ganzen Inhaltes des Ofens gegeben wird. Bei gewisser Sorte vom grauen Holzkohlen-Roheisen wird dieses Verhältniss jedoch bis 20 Procent erhöht, weil unter dem Einflusse der hohen Temperatur dieselben freiwillig mit grosser Rapidität raffiniren.

Das Patent der Herren Martin enthält auch den Gebrauch von Eisenerzen, die entweder mit oder an Stelle des Stabeisens oder Stahles zur Entfernung des Kohlenstoffes im Roheisen verwendet werden, und bei Anwendung derselben ist der Verlauf der Operation ein viel rascherer. Es ergibt sich dabei jedoch der Anstand, dass die gebildete Schlacke sehr stark die Ziegelwandungen des Ofens angreift, daher dieselben zu oft erneuert werden müssen.

Es hat dieser Process den grossen praktischen Vortheil, dass alle die Abfälle bei den verschiedenen Eisenfabrikationen, namentlich alle abgeschnittenen Enden, sogleich wieder in den Ofen zurückgebracht und zu nützlichen Gussblöcken verwandelt werden können.

Die Flamme im Ofen wird beständig etwas mit Gasen überladen gehalten, ein Zustand, der bei Anwendung der Siemens-Oefen leicht und sicher zu erhalten ist, und dadurch wird der Metallverlust beständig moderirt.

Für die Erzeugung des weichen, für Gewehrläufe oder für Tyres tauglichen Stahles hat dieses Metall in Europa bereits einen ansehnlichen Ruf erlangt, und in der That, wäre nicht die Qualität eine so vorzügliche, würde es nicht möglich sein, diese Procedur in Sireuil zu erhalten, wo weder Eisen noch Kohle vorhanden ist, und die letztere aus England, ersteres aus verschiedenen Theilen in Frankreich zugeführt werden muss.

Die hier aufgeführten Resultate wurden durch den mehrere Wochen dauernden Aufenthalt des Herrn Slade auf der Hütte zu Sireuil bestätigt, und die reguläre, von commerziellen Erfolgen begleitete Fabrikation ist solchergestalt ausser Frage gestellt.

Es lässt sich nicht behaupten, dass durch den Martin-Process der Stahl so billig, wie durch das Bessemern dargestellt werden kann; aber wo Tag für Tag ein Product von bestimmter Qualität dargestellt werden soll, da hat, ohne besondere Widerrede, der Martin-Process einen entschiedenen Vorzug vor dem Bessemern, und in Vergleich mit der Tiegelschmelzerei ist er zweifellos billiger. Der wesentlichste Anstand bei diesem Processe scheint in der Schwierigkeit zu liegen, den Ofen in Ordnung zu erhalten, und nur die allerbesten, feuerfesten Materialien können der hohen Temperatur wiederstehen, welche bei diesem

*) Mir erscheint dies als eine sehr bezweifelte Ansicht, zu deren Annahme in den aufgetretenen Erscheinungen auch kein Grund vorliegt, indem offenbar die Gase mehr oxydirend also entkohlend, nicht carbonisirend wirken, mithin durch ein längeres Zurückhalten des Metallbades im Ofen dasselbe nothwendig kohlenärmer, weicher werden muss, sowie ingleichen während der ganzen langen Dauer des Processes beständig eine langsame Entkohlung stattfindet. P. T.

Processe nothwendig ist. Einzelne Chargen mit einer resultirenden Stahlmenge von 5 Tonnen (100 Zoll-Ctr.) sind mit diesem Processe bereits in Ausübung, und es unterliegt keinem Anstande, die Endproducte von mehreren Oefen schliesslich zu vereinigen, wenn grosse Massen erforderlich sind, um so weniger, als die Regulirung der Hitze bei jedem einzelnen Ofen nach Bedarf geschehen kann, um sie schliesslich alle gleichzeitig genau auf denselben Standpunct gebracht zu haben. Dieser Process scheint ferners von allen das beste Lösungsmittel zu bieten, um die erfahrungsmässig schwierige Verwerthung der Enden von den Bessemer-Stahlschienen zu bewerkstelligen, indem dieselben anstatt des Puddlingseisens benützt werden, dessen Nachgabe sonst erforderlich ist. Ingleichen können auf diesem Wege die alten Rails oder irgend ein altes Abfalleisen verwerthet werden; allein die Qualität des sogeartet erzeugten Stahles hängt von der Qualität des verwendeten alten Eisens ab*).

Ein Besuch des Werkes der Herren F. F. Verdié & Comp. zu Firminy zeigte in Bestätigung der aus anderen Quellen gesammelten Thatsachen, dass die Stahlfabrikation in Frankreich, anstatt in einem hohen Grade der Vollendung zu sein, wie bei uns (in Amerika) oft geglaubt wird, nur in sehr bescheidenem Masse glücklich war. Dieses Werk wurde für die Fabrikation von Tiegelstahl und Schmiedungen in grosser Ausdehnung errichtet, aber gegenwärtig ist die Erzeugung des Stahles durch diesen Process gänzlich aufgegeben, und mit Ausnahme von etwas Puddlingsstahl wird jetzt aller Stahl daselst mit dem Martin-Process dargestellt, zu welchem Ende 3 Oefen in Thätigkeit und etliche andere in der Errichtung begriffen sind. Aehnliche Verhältnisse obwalten auf anderen Hütten und es ist sicher, dass keine sehr grosse Menge von gutem Gussstahl in Frankreich erzeugt wird.

Um eine Vergleichung zwischen dem besten schwedischen Eisen und dem Bessemerstahl von verschiedenem Kohlengehalte zu ermöglichen, sind von David Kirkaldry auf seinen bekannten Proben- und Versuchshütten in London umständliche Versuche abgeführt worden**).

6. Werke für die Erzeugung von Eisen und Stahl.

Die Beschreibung der grossen Massen von Stahl und Eisen in der Ausstellung hat zufällig zu Angaben über die Grossartigkeit der Eisenwerke von Krupp geführt***). Indessen dieser Bericht würde nicht vermögen, eine entsprechende Vorstellung von der Grossartigkeit zu geben, zu welcher die Metallindustrie in Europa bereits gelangt ist, wenn nicht auf die übrigen Hüttenwerke in den anderen Ländern Bezug genommen würde. In Frankreich sind die ausgedehntesten Hütten jene von le Creusot, nahe im Centrum des Kaiserreiches gelegen, und die im Berichte der Jury speciell der Anerkennung empfohlen wurden wegen der Organisation, durch die sich ein gutes Verständniss zwischen Herrn und Arbeiter entwickelte und wodurch die materielle wie die geistige Wohlfahrt der Arbeiter gesichert ward.

Im Jahre 1845 war die Production von le Creusot bei 60.000 Tonnen Kohlen und 4000 Tonnen Eisen. Gegenwärtig beträgt die Jahreserzeugung an 250.000 Tonnen Kohlen, 130.000 Tonnen Gusseisen und 110.000 Tonnen Stabeisen. Die Anlage erstreckt sich auf eine Fläche von 300 Acres, von welcher mehr als 50 Acres mit Gebäuden bedeckt sind, in denen mechanische Arbeiten ausgeführt werden. Die Kohlen werden in der unmittelbaren Nachbarschaft gewonnen und das Erzquantum, welches die Umgebung liefert, erscheint mit jährlichen 300.000 Tonnen angegeben; allein meines Erachtens ist darin ein grosser Antheil der aus Algier und Elba bezogenen Erze enthalten. Es befinden sich daselbst 15 grosse Hohöfen, die von 160 Coaksöfen bedient werden und denen der Wind durch 7 Gebläsemaschinen mit 1350 Pferdekräften geliefert wird, nebst 10 anderen Maschinen für anderweitige Zwecke.

Die Puddlings- und Walzhütte enthält 150 Puddlingsöfen, 85 Schweissöfen, 41 separate Walzentrains, 30 Hämmer, 58 Dampfmaschinen mit zusammen 6500 Pferdekräften. Diese Walzenlinien sind alle unter einem gemeinsamen, aus Eisen gefertigten Dache, das bei 1400 Fuss lang ist, und gilt in der Beziehung des Ansehens wie der Construction als die completeste Walzhütte. Es ist ein bemerkenswerther Beweis von der Einsicht und Entschlossenheit der Herren Schneider & Comp., der Eigenthümer, dass sie innerhalb der letzten paar Jahre wohlüberlegt ihre alten Hütten und Maschinen abgeworfen und eine ganz neue Anlage geschaffen haben, um alle die neueren Verbesserungen in den Maschinen und Processen zur Anwendung bringen zu können. Die mechanischen Werkstätten erfordern 700 Pferdekräfte für ihre Operationen und enthalten 26 Hämmer nebst 650 Arbeitsmaschinen. Die Zahl der sämmtlichen hier beschäftigten Arbeiter beträgt 9950 und es ist eine bemerkenswerthe Uebereinstimmung in der Zahl der durch sämmtliche Motoren repräsentirten Pferdekräfte*) mit der Arbeiterzahl, d. h. jeder Arbeiter beschäftigt die Maschinenkraft eines Pferdes zur Vermehrung seiner eigenen Arbeit und beweist dieses die wundervolle Ausdehnung der menschlichen Kraft, welche in der gegenwärtigen Zeit durch die Anwendung der Dampfmaschinen realisirt worden ist. An Eisenbahnen sind 45 (englische) Meilen vorhanden, und 15 Locomotive mit 500 Waggons vermitteln den localen Werkstransport, und das enorme Quantum von 1,400000 Tonnen an diversen Materialien werden jährlich in dem Central-Depot von le Creusot bewegt. Alle Theile des Werkes sind vermittelst Telegraphendrähte in Communication gesetzt. Der Gesammtwerth der jährlichen Production beträgt jetzt bei 7 Millionen Dollars in Gold. Im Ganzen kann diese Anlage als das beste Model gelten, welches Europa bietet, um das Eisengeschäft, wie es besteht,

*) Bekanntlich ist die Methode der hier angedeuteten Zugutebringung der Railsenden und ebenso der alten abgenützten wie der Ausschuss-Rails im Grossen zur Ausführung gelangt. Wenn ich nicht irre, ist darauf wieder ein sonderheitliches Patent genommen worden und, basirt auf dieses Verfahren, wurde in Floridsdorf bei Wien eine eigene Hütte angelegt, worin hauptsächlich Rails und Tyres producirt werden sollen. P. T.

**) Auf die Mittheilung der diesfälligen Resultate, welche auf 14 Tabellen nummerisch zusammengestellt sind, glaube ich hier verzichten zu sollen. P. T.

***) Es bezieht sich diese Berufung auf einen früheren Theil des Berichtes, den ich übergangen habe. Uebrigens ist die Grossartigkeit der Krupp'schen Ausstellung in der deutschen Literatur ohnedies bekannt genug. P. T.

*) Es müssen sonach noch 1400 Pferdekräfte vorhanden sein, die aber nicht speciell angeführt sind, denn die nummerisch aufgezählten betragen nur 8500 Pferdekräfte. P. T.

zu studiren, und sie gereicht nicht allein den Besitzern zur Ehre, sondern sie ist einer der hervorragendsten Glanzpuncte in Frankreich.

Die Werke von Petin, Gaudet & Comp. sind in verschiedenen Etablissements vertheilt, welche zusammen 5200 Arbeiter beschäftigen und in Dampfmaschinen an 6000 Pferdekräfte besitzen. Die Jahreserzeugung beträgt bei 50.000 Tonnen Eisen und Stahl, mit einem Gesammtwerthe von 7 Millionen Dollars in Gold.

Ausserdem existiren in Frankreich noch verschiedene andere Eisenfabriken, welche sehr nahe dieselbe Ausdehnung erreichen, und in Anbetracht der Nachtheile im Puncte des Brennmaterials und der Erze, unter denen sie im Vergleiche mit Belgien und England arbeiten müssen, erscheint die gegenwärtige Entwicklung der Eisenindustrie in Frankreich, welche jährlich an 1,200.000 Tonnen Roheisen und bei 800.000 Tonnen Stabeisen producirt, als ein sehr überraschendes Zeichen der industriellen Fortschritte in Frankreich während des laufenden Jahrhunderts.

In Belgien hat die Eisenindustrie bemerkenswerthe schnelle Fortschritte gemacht, indem die Erzeugung an Roheisen von 134.563 Tonnen des Jahres 1845 auf 449.875 Tonnen des Jahres 1864 gestiegen ist, und es sind in Belgien viele Fabriken nach einer Scala organisirt, welche mit den besten Werken anderer Länder vergleichbar ist. Die Anlage von Cockerill in Seraing, bei welcher die Regierung direct interessirt ist, producirt jährlich 50.000 Tonnen Stabeisen und 5000 Tonnen Stahl, und consumirt 80.000 Tonnen Coaks, 146.000 Tonnen Erze, und fördert bei 260.000 Tonnen Kohle.

In Preussen sind die Werke von Krupp bereits berührt worden, und es existiren in diesem Lande viele andere Anlagen, die nach den besten Principien der modernen Construction organisirt sind. Die Werke von Phönix bei Ruhrort z. B. producirten im letzten Jahre über 50.000 Tonnen Roheisen und 40.000 Tonnen Stabeisen, mit 11 Hohöfen und der correspondirenden Anzahl von Puddlingsöfen. — Die Total-Production an Eisenerzen in Preussen hat im Jahre 1865 über 1,700.000 Tonnen betragen, was einer Roheisenproduction von ungefähr 770.000 Tonnen entspricht.

In England sind viele Eisenwerke, welche sich dem Umfange von le Creusot nähern und in den einzelnen Zweigen selbst bedeutend übertreffen, wie z. B. die Hohöfen zu Barrow mehr Roheisen als Creusot erzeugen. Unter diesen mögen hier aufgeführt werden: die Anlage von Dowlais und Ebbw Vale in Südwales, jene von Bolckon, Vaughan et Comp. im Cleveland-District, die von Barrow Hematite Iron and Steel Co. zu Barrow in Furness und von John Brown et Comp. in Sheffield. Eine wöchentliche Production von 2000 Tonnen wird in jedem dieser grossen Werke erreicht. Grosse Städte sind zur Unterbringung der Arbeiter und ihrer Familien erforderlich; Hunderte von Meilen an Rails und Tausende von Waggons sind für deren specielle Benützung gewidmet. Der menschliche Verstand verliert sich in dem Wunder der Verbindung der materiellen und geistigen Elemente, welche für die Organisation und Leitung von solchen gigantischen Operationen nothwendig sind, und in Mitte der Arbeitsmaschinen, welche bestimmt zu sein scheinen, das Universum zu umformen, und deren künstliche Kraft zusammengefasst zu gross erscheint, um sie anders zu schätzen als in Vergleich mit der Kraft, so die Erde in ihrer Laufbahn bewegt. Der Triumph des Menschen über die Materie erscheint in einem Umfange realisirt, welcher in einem gewissen Grade möglich macht, die göttliche Allmacht selbst zu begreifen*).

Eine nothwendige Consequenz dieser grossartigen Ausdehnung von einzelnen Fabriken ist der allgemeine Uebergang derselben aus dem einzelnen persönlichen Besitz in den von Actien-Gesellschaften; und obgleich dieser Uebergang einerseits als nicht vortheilhaft für die Oekonomie der Fabrikation betrachtet werden muss, so erscheint doch die Ersparung, welche eine so grossartige Fabrikation anderseits mit sich bringt, die Ausgleichung der Vortheile im Kostenpunkte zu bewerkstelligen. Zudem ist diese Association im Besitze keinem einzelnen Lande eigenthümlich, sondern ist bereits zur allgemeinen Regel geworden. In England, wahrscheinlich in Folge der übergrossen Geschäftsausdehnung, kann von keiner dieser Gesellschaften gesagt werden, dass sie einen besonders glücklichen Erfolg erreicht haben, indem die Antheile von all' denselben einen bedeutenden Abzug erfuhren. Diese Thatsache erzeugt eine gründliche Unzufriedenheit auf Seite der Besitzer, und in Verbindung mit dem Gefühle der Rastlosigkeit und Unzufriedenheit mit ihrem Lohne unter den Arbeitern hat sie die Wege für die Erörterung und Besprechung geebnet, ob in diesen grossen Fabriken die richtigen Beziehungen zwischen Capital und Arbeit eingeführt sind, und in welcher Art und Weise diese Beziehungen auf einer gesünderen Basis begründet werden könnten, um den immer wiederkehrenden Streit zwischen Herrn und Arbeiter zu vermeiden, welche sich in den Strikes gipfeln, die beiden Parteien gleich nachtheilig sind. Diese Frage hat bereits die Grenzen der privativen Besprechung überschritten, und in Frankreich wie in England sind Regierungs-Commissionen eingesetzt worden zur Untersuchung der Thatsachen und der Principien, auf welchen die Organisation der Arbeit heute fasst, der Puncte, in welchen zwischen derselben und dem Capitale eine Collision besteht, und der Rechtsverletzungen, wenn solche auf einer oder der anderen Seite bestehen, mit der Absicht, solche Gesetze zu geben, um den Gang der Industrie regelmässig und für alle dabei Betheiligten profitabel zu machen. Bei einigen an dem Kohlenbergbau betheiligten Unternehmungen (ausserhalb der Eisengeschäfte) ist das System der „Mitwirkung" oder Mitbetheiligung, wie es genannt wird, mit offenbaren Vortheilen angenommen worden. Allein in allen diesen Fällen war und ist das Geschäft ein profitables, und hatte deshalb bisher nicht dem Drucke zu widerstehen, den es ertragen soll, wenn es gezwungen ist, mit Verlust statt mit Gewinn zu arbeiten. Der allgemeine Plan, wie er bei Unternehmungen nach diesem Systeme befolgt wird, so z. B. bei Crossley's grosser Teppich-Factorei in England, besteht darin, dass für das Capital ein fixes Procent an Interessen, in manchen Fällen bis zu 15 Procent betragend, vorbehalten wird; dem zunächst kommt die Bezahlung fixirter Löhnungen für die

---

*) Ich hätte nicht gedacht, dass ein Amerikaner, noch dazu ein Mann vom Fache, beim Anblicke der grossartigen Eisenwerke zu solcher dichterischen Begeisterung sich erheben könne. P. T.

Arbeiter, welche gewöhnlich in jener Höhe bestimmt werden, wie sie vor Einführung des Systems bezahlt werden mussten; was überdies noch an Gewinn sich ergibt, wird zwischen Capital und Arbeit nach der getroffenen Uebereinkunft getheilt, wobei in der Regel nach dem Verhältnisse vorgegangen wird, wie es den übrigen Jahresbeträgen der betheiligten Parteien entspricht.

Bezüglich der Anwendbarkeit dieses Systems auf das Eisengeschäft gehen die Meinungen sehr auseinander, indem besorgt wird, dass dasselbe die Proben nicht bestehen würde, welchen es in den langen Perioden des gedrückten Geschäftes unterworfen werden müsste, Perioden, wie sie beim Eisenhandel sich bisher unvermeidlich zeigten, und von denen das Mitwirkungs- oder Gegenseitigkeits-System nicht befreien könnte, weil dieselbe Concurrenz zwischen den verschiedenen Gesellschaften des Gegenseitigkeits-Systems und den verschiedenen Nationen fortbestehen würde, wie sie gegenwärtig existirt. Unter dem gegenwärtigen System ist das Capital der erste Partner, der seinen Gewinn verliert, und dann folgt die Reduction der Arbeitslöhne. Nach dem neuen Systeme würde von der Reduction zuerst die Arbeit getroffen, oder nach strenger Unparteilichkeit sollte die Reduction in gleichem Procentenausmasse den Bezug des Capitals und der Arbeit treffen. Es ist jedoch zu fürchten, dass die Arbeiter nicht ruhig zusehen würden, wenn unter solchen Umständen dem Capitale noch irgend welche Belohnung zukommen sollte, und somit würde der alte Krieg zwischen beiden Theilen erneuert werden.

Anderseits wird geglaubt, dass bei der solchergestalt eingeführten Harmonie zwischen den Interessen des Capitals und der Arbeit die letztere zur Einsicht geführt werden müsste, dass die Mitwirkung des ersteren für die Bezahlung der Arbeitslöhne absolut nothwendig ist, und daher jeder Angriff auf das Capital oder irgend welche Verminderung desselben ein directer Angriff auf die Arbeit ist, indem sie dadurch des Fondes beraubt wird, aus dem sie gezahlt werden soll, und daher die Erhaltung des Capitals als so offenbar im höchsten Interesse der Arbeiter gelegen erscheinen müsste, dass die Strikes aufhören würden und selbst in schlimmen Zeiten, vermöge der hierdurch gesicherten Beschäftigung, die Arbeit besser bezahlt würde, als unter dem gegenwärtigen System. Ueberdies wird hervorgehoben, dass das persönliche Interesse der Arbeiter, welches hierdurch erregt wird, zur grösseren Sparsamkeit in der Fabrikation führen und alle Abfälle oder Verluste derselben auf ein Minimum bringen würde, und dass es möglich würde, zwischen den Besitzern und Arbeitern der Gegenseitigkeits-Unternehmungen solche vernünftige Beziehungen herzustellen, dass die Ueberproduction durch ein gemeinschaftliches Uebereinstimmen beschränkt würde, um bei Zeiten den ernstlichen Verlusten vorzubauen, denen die Weltindustrie gegenwärtig ausgesetzt ist. Ohne Zweifel wird dieses letztere Ziel in einem unvollkommenen Grade auch bei der jetzigen Praxis erreicht. In Schottland wurde die Zahl der im Betriebe befindlichen Hohöfen im laufenden Jahre bedeutend reducirt und dadurch eine entsprechende Verminderung der enormen Eisenvorräthe erreicht, welche die Preise unter die eigenen Erzeugungskosten gedrückt haben. Desgleichen wurde in Frankreich durch einen Beschluss der Eisengewerken-Gesellschaft in der erstern Zeit des gegenwärtigen Jahres eine Verminderung von 6 Procent eingeführt, sowie überhaupt ein allgemeines Erkennen der Nothwendigkeit und Weisheit eines solchen Vorganges in Zeiten der Ueberproduction unter den Eisenfabrikanten in Europa eingetreten ist. Und es ist wohl nicht anzunehmen, dass die Vorsicht weniger angeregt oder die Abhilfe weniger rasch angewendet werden sollte, wenn der Arbeiter in solcher directer Verbindung mit dem Geschäfte steht, dass er zur Einsicht befähigt ist, dass es besser sei, um den alten Lohn weniger Tage zu arbeiten, als durch mehrere Tage mit einem reducirten Lohn, indem das pecuniäre Resultat in beiden Fällen genau dasselbe ist.

Von keinem vernünftigen Beobachter kann der allgemeine Ruf der arbeitenden Classen unbemerkt bleiben, welcher aus allen Theilen von Europa ertönt, nach einer Organisation der Beziehungen zwischen Capital und Arbeit. In England zeigt sich dies in lang dauernden Strikes, und in allen Zweigen der Geschäfte werden die Arbeiter dadurch zu Bettlern und der Gewinn des Capitals in einer solchen Ausdehnung zerstört, dass es im Drange der Selbsterhaltung sich von der Industrie abwendet und lieber unbeschäftigt bleibt, als sich in die Gefahr und Angst zu begeben, welche mit dessen Gebrauch im Geschäftsbetriebe verbunden ist.

In Frankreich, wo, wie später gezeigt werden soll, die Organisation der Strikes sehr erschwert ist, manifestirt sich dasselbe Verlangen nicht blos in der Organisation von jungen Gegenseitigkeits-Gesellschaften für die Beschaffung der Lebensmittel, die Errichtung von Wohnhäusern und die Production verschiedener Güter, sondern auch in der Literatur, welche die socialen Zustände des industriellen Lebens zu analysiren und bessere Systeme für dessen Organisation zu entwickeln sucht. Im Verlaufe dieser fast mikroskopischen Untersuchungen der socialen Beziehungen wird nicht selten das Eigenthum als Raub erklärt, der Communismus als das Hilfsmittel gegen die socialen Uebelstände bevorwortet, und die Freiheit des Individuums hat bei dem Versuche, die allgemeine Wohlfahrt der Menschheit zu fördern, alle Aussicht verloren.

In Deutschland dagegen haben sich unter der praktischen Leitung des Schultze-Delitsch bis zum Jahre 1865 180 Vereine mit beiläufig 10.000 Mitgliedern gebildet, um die Rohmaterialien für die verschiedenen Geschäftszweige der Vereinsmitglieder zum Preise des Handels im Grossen zu beschaffen. Diese Vereine bestehen principiell aus Schuhmachern, Zimmerleuten und Kleidermachern und ihr Geschäft beläuft sich auf ungefähr 2 Millionen Thaler jährlich. Es existiren weiters bei 50 Vereinsmagazine, die an 1000 Mitglieder umfassen, welche jährlich für 500.000 Thaler Geschäfte machen und den Zweck haben, die von den Mitgliedern der Vereine erzeugten Producte aus den gemeinsamen Vorräthen zu verkaufen. Ferners waren 26 Gegenseitigkeits-Vereine für die Erzeugung und den Verkauf von vollendeten Waaren auf gemeinsame Rechnung, von denen einige glücklich, andere aber nicht im Stande waren, die Erwartungen der Mitglieder zu realisiren; und nachdem dies das einzige Zeichen des Systems von Schultze-Delitsch ist, in dem es sich nicht bewährt hat, muss dabei bemerkt werden, dass alle diese Vereine unabhängig von irgend einem bestehenden Geschäfte oder Capitale organisirt worden sind, das in dessen Leitung war. Sie gehen mit der Verwaltung des Geschäftes auf der Basis vor, ohne in Verbindung mit dem Capital als solches zu stehen, und obschon die Gründer demnach erwarten, mit den auf dieser Basis gegründeten Vereinen glückliche Resultate zu erreichen, so erscheint es doch als eine zu grosse Abweichung von den menschlichen Erfahrungen zu allen Zeiten, wenn die Wachsamkeit und geduldige Untersuchung, mit welcher sich das Capital vor der Vernichtung zu bewahren weiss, unbeachtet bleiben will. An Gegenseitigkeits-Vereinen existirten in 1865 angeblich 175, diese sollen anfänglich nur langsam gediehen sein, sich aber jetzt rasch ausdehnen.

Den grössten Erfolg hat Schultze-Delitsch jedenfalls mit der Organisation seiner Credit- und Leihvereine, von denen im Jahre 1865 bereits 1300 mit mehr als 300.000 Mitgliedern existirten. Die „Creditbanken", wie sie gewöhnlich benannt, werden von den Arbeitern selbst gebildet, welche kein eigenes Capital besitzen. Das Capital der Bank wird durch die Subscriptionen der Mitglieder gebildet, in Fristen zahlbar und durch Darlehen, welche auf den Credit des Vereines contrahirt werden. Natürlich können die Capitalsbeiträge nur langsam sich sammeln, aber die Erfahrung hat gelehrt, dass die Darlehen an den Verein ganz sicher sind, weil jedes Mitglied absolut verantwortlich für alle die Schulden ist und die Mittel der Bank nur an die eigenen Mitglieder mit der Beschränkung ausgeliehen werden, wie es die Beschaffenheit des Geschäftes, welches der Borger betreibt, mit sich bringt, und unter strenger Beachtung der Sicherheit seines Charakters. Die Hauptregel in der Gebarung dieser Banken liegt im Minimum des Risico's und im Maximum der Verantwortlichkeit.

Obschon der vorliegende Bericht kein geeigneter Ort ist, in eine Geschichte oder in Details der Verwaltung dieser Creditbanken einzugehen, so will ich doch, um die Fortschritte der auf Gegenseitigkeit fussenden Bewegung in Europa zu zeigen, eine kurze Aufzählung der Geschäfte von 498 solcher Banken beifügen, deren Statistik mir zugänglich war.

Diese Banken hatten 169.595 Mitglieder und deren Gesammt-Capital während des Jahres 1865 betrug 67,569.903 Thaler oder in runder Summe 50 Millionen Dollars in Gold. Die Total-Einnahme dieser Banken, natürlich meist in den Interessen bestehend, so von den Borgern bezahlt wurden, war 1,401.896 Thaler, von welchen 699.558 Thaler von den Banken an Interessen für aufgenommene Gelder bezahlt worden sind und 316.403 Thaler wurden von den Verwaltungsauslagen absorbirt. Die Gesammtverluste haben 20.566 Thaler und der reine Gewinn hat 371.735 Thaler betragen. Das an Theilbeträgen eingezahlte Capital belief sich auf 4,442.879 Thaler, das aufgenommene Capital betrug 11,154.579 Thaler und die hinterlegten Ersparnisse der Mitglieder erreichten 6,502.179 Thaler, und ein Reservefond von 409.679 Thaler ist zur Begegnung von Verlusten angesammelt gewesen. Wenn erinnert wird, dass diese Banken von Arbeitern ohne ein Capital geschaffen wurden, und wenn weiters bedacht wird, dass die Ansammlung an Capitalien, Depositen und Reservefonds über 11 Millionen Thaler erreichte, die wohlthätigen Operationen der Principien, auf welchen dieselben gegründet sind, müssen gewürdiget und kann einigermassen daraus eine Vorstellung abgeleitet werden von der wundervollen Oekonomie, welche in die Weltindustrie eingeführt werden möchte, wenn es das Interesse eines jeden Menschen würde, nicht allein mit seiner eigenen Arbeit das bestmöglichste Resultat zu produciren, sondern zugleich darauf zu sehen, dass alle seine Mitarbeiter das Gleiche thun. Bei einer solchen Reorganisation der Industrie würde buchstäblich das Auge des Besitzers überall sein und der Verlust an Zeit wie an Materialien würde beinahe unmöglich sein. — Der Gegenstand der Gegenseitigkeit dürfte hier um so mehr am rechten Orte angeführt sein, weil in der Ausstellung allenthalben Beweise vorhanden waren, nicht allein von der Wichtigkeit derselben, sondern auch dafür, dass sie die leitende sociale Frage unserer Zeit und Generation wird. Bekanntlich war ein sonderheitlicher Preis bestimmt worden für Personen, Anstalten oder Localitäten, welche durch eine Organisation specieller Institutionen den Geist des guten Einverständnisses fördern zwischen denen, welche in derselben Aufgabe zusammenwirken, und welche die materielle, moralische und geistige Wohlfahrt der Arbeiter sichern. Obschon Schultze-Delitsch kein Aussteller war, auch kein Ansuchen für diesen Preis in seinem Interesse gemacht wurde, und die Special-Jury, welcher die diesfallsigen Anmerkungen zugewiesen waren, die Gelegenheit nicht benützt hat, sich selbst berühmt zu machen durch eine freiwillige Anerkennung des grössten Wohlthäters der Menschheit unserer Zeit, die Arbeiten von Schultze-Delitsch und der glückliche Erfolg, so sein System begleitet hat, gegründet wie es ist auf einer genauen Kenntniss der menschlichen Natur und den Gesetzen der socialen Wissenschaft, werden die Erinnerung an die Ausstellung überleben und dieses Monument in der reorganisirten Structur der modernen Gesellschaft errichten.

In den Vereinigten Staaten, es ist sonderbar genug dies sagen zu müssen, entbehren wir in der Legislative, der Nation wie des Staates, der Bestimmungen, welche es möglich machen würden, das Gegenseitigkeits-System in irgend einer in Europa erprobten Form einzuführen. Allerdings in den meisten Staaten besitzen wir die allgemeinen Gesetze über die Incorporation, allein diese haben keinen Bezug auf den Fall, in welchem ein Besitzer wünscht, den Profit mit seinen Arbeitsleuten zu theilen, ohne dieselben zu Mitbesitzern zu machen, oder ihnen in der Verwaltung der Geschäfte eine Stimme zu geben. Es ist dies ein Gegenstand, der unmittelbare Aufmerksamkeit fordert, wenn das Eisenwesen oder irgend ein anderer Industriezweig ohne die beständigen Strikes fortgesetzt werden soll, und damit die diesfallsigen Erfahrungen älterer Nationen bei uns benutzt werden können, habe ich im Anhange eine Abschrift der Gesetze von Preussen, Frankreich und England über diesen Gegenstand folgen lassen. *)

7. Production des Eisens.

Nachdem Herr Hewitt die begründete Bemerkung vorausschickt, dass nach der gegenwärtigen Anforderung der Civilisation an die Eisenproduction in Europa diese sich, abgesehen von der noch bestehenden mässigen Erzeugung mit vegetabilischem Brennstoff, wesentlich nach dem verfügbaren mineralischen Brennstoffe in den einzel-

*) Die Wiedergabe dieser Abschriften glaube ich hier unterlassen zu sollen. P. T.

nen Staaten entwickelt habe, gibt er die Eisenproduction auf der ganzen Erde vom Jahre 1866 mit folgenden Zahlen an.

Staat	Roheisen	Hämmerbares Eisen
	In Tonnen zu 20 Z.-Ctr.	
England	4,530.051	3,500.000
Frankreich	1,200.320	844.734
Vereinigte Staaten von Nord-Amerika	1,175.000	882.000
Preussen	800.000	400.000
Belgien	500.000	400.000
Russland	480.000	350.000
Oesterreich	312.000	200 000
Deutscher Zollverein, ohne Preussen	250.000	200.000
Schweden	226.676	148.292
Spanien	75.000	50.000
Italien	30.000	20.000
Schweiz	15 000	10.000
	9,522.047	7,005.026

Obschon mir diese Ziffern für 1866, namentlich die von Preussen, Belgien und Russland, zu hoch, die von Spanien zu niedrig erscheinen, so mögen sie doch als annähernde Zahlen und für den vorliegenden Zweck als genügend gelten.

Wenn zu dieser Production noch jene der nicht aufgeführten und weniger cultivirten Länder, und überdies das alljährlich aus den Abschnitten und Alteisen wieder gewonnene Quantum berücksichtiget wird, so kann gesagt werden, dass die Jahresproduction und ingleichen die Jahres-Consumtion an Eisen 9,500.000 Tonnen erreicht hat. Und wenn ferners die Bevölkerung der ganzen Erde zu 1000 Millionen angenommen wird, so stellt sich der Eisenverbrauch im grossen Durchschnitte pr. Kopf auf Zollpfunde. Mit Berücksichtigung der Ein- und Ausfuhr in den einzelnen Staaten, stellt sich der Eisenverbrauch pr. Kopf in England auf 190 Pfund, in Belgien etwas weniger, in den Vereinigten Staaten auf 100 Pfund, in Frankreich auf 70 Pfund. Wäre demnach auf der ganzen Erde die Industrie in dem Grade, wie in England entwickelt, so würde der jährliche Eisenverbrauch auf nahe 90 Millionen Tonnen steigen; oder bei einer allgemeinen Entwicklung gleich der in den Vereinigten Staaten wäre der Consum nahe 50 Millionen, oder bei einer Entwicklung wie in Frankreich ungefähr 30 Millionen Tonnen jährlich. Bei Berücksichtigung der beständigen Zunahme der Bevölkerung müssten diese Zahlen jedoch noch weiters vermehrt werden.

Herr Hewitt geht nun weiters auf eine Untersuchung ein, woher dieser vermehrte Eisenbedarf in der Zukunft kommen kann, und findet, dass die meisten der jetzt Eisen producirenden Staaten Europa's auch in Zukunft ihren eigenen wachsenden Bedarf zu decken im Stande sein werden, mit alleiniger Ausnahme von England. Bis in eine noch ziemlich entfernte Periode wird nach Hewitts Ansicht England fortfahren den wachsenden Eisenbedarf, wie bisher, zu decken, damit aber dessen reiche Quellen nicht zu bald versiegen, die Productionskosten nicht zu rasch steigen, wird England in nicht sehr langer Zeit doch nur auf die Deckung von ungefähr der Hälfte des Mehrbedarfs sich einlassen können, und die andere Hälfte wird nothwendig auf die Vereinigten Staaten von Nordamerika fallen, welche für eine grossartige Eisenproduction von Natur aus mehr begünstiget sind, als irgend ein anderes Land des Erdglobus. Nach den bisherigen Aufschlüssen allerdings scheint Nordamerika so viel der besten Steinkohle zu enthalten, dass alle die bekannten Kohlen der übrigen Staaten zusammen genommen nicht den 4. Theil davon betragen.

Bei dieser Sachlage muss es ein besonderes Interesse gewähren, eine Vergleichung der Productionskosten des Eisens zwischen den Vereinigten Staaten und den übrigen Eisen producirenden Ländern vorzunehmen. Da die Erzeugungskosten in letzter Auflösung wesentlich in Arbeitslohn bestehen, so wie überhaupt das National-Vermögen aus der Summe des existirenden Capitals und der für die Production verfügbaren Arbeitskräfte besteht, so ist es nothwendig, den Unterschied zwischen den Kosten, gemessen indirect durch den für die Arbeit bezahlten Geldbetrag, oder gemessen direct durch die Zahl der Arbeitstage, richtig aufzufassen.

Nur letzteres Mass ist das wahre, denn das erstere gibt künstliche, zufällige Kosten, von denen eine oder die andere Nation periodisch durch Einkauf oder Verkauf Nutzen ziehen kann. aber es taugt dieser Massstab eben so wenig zu einer richtigen Vergleichung der Erzeugungskosten, als beim Gelde an und für sich die Papier-Währung wieder unbrauchbarer als die Silber- oder Goldwährung sein würde.

Da von allen europäischen Staaten England, durch seine grössten und leichtest zugänglichen Vorräthe an Kohlen und Erzen, die Tonne Eisen mit der mindesten Arbeit produciren kann, so ist zunächst die Vergleichung mit England vom grössten Interesse. Und nachdem in England selbst wieder der District von Cleveland darin von Natur am meisten begünstiget ist, so soll von diesem ausgegangen werden. In diesem Districte betragen die Erzeugungskosten pr. Tonne Roheisen bei 40 Shilling, welches nach dem daselbst vorliegenden durchschnittlichen Arbeitslohne, der Arbeit von eilf Tagen, oder von eilf Arbeitern an einem Tage entspricht. Es ist möglich, dass bei ein oder zwei Hütten diese Ziffer bis auf 10 Tage sich reducirt, dafür aber auf andern bis 12 oder 13 Tage erhöht wird.

In den Vereinigten Staaten hat unter den bisher schon mit einer mehr entwickelten Eisenindustrie versehenen Districten jener am Flusse Lehigh in Pennsylvanien die günstigsten Verhältnisse, wo die Tonne Roheisen (ohne allen Gewinn für Kohle oder Erze) um 24 Dollars erzeugt werden kann, welches nach den gegenwärtigen Arbeitslöhnen einer Arbeit von circa dreizehn Tagen entspricht. Wenn jedoch das Eisengeschäft im grossen Thale von Virginia nach Alabama sich etablirt haben wird, wo das Zusammenbringen der Kohle und Erze nach Herstellung der nöthigen Communicationen viel weniger Arbeit als am Flusse Lehigh verursachet, dann wird daselbst das Eisen in beliebiger Menge mit höchstens einer gleichen Arbeitsmenge wie in Cleveland producirt werden können.

In Frankreich, Belgien und Preussen ist allenthalben eine grössere Menge menschlicher Arbeit erforderlich, um 1 Tonne Eisen zu erzeugen, als in England, und sind die Mittel zu einer Reduction nicht vorhanden, weil die Erze alle Jahre theurer werden und die Kosten der Kohlenförderung, in Folge der Grösse und des Charakters der Flötze, rascher als in England steigen müssen. Daraus folgt der Schluss, dass, wenn Frankreich, Belgien und Deutschland auf dem offenen Weltmarkte concurriren wollen, dies nur möglich ist, wenn sie den Arbeitslohn herabsetzen; oder mit andern Worten, je grösser die natürlichen Vortheile eines Landes für die Eisenproduction sind, desto höher werden die Arbeitslöhne pr. Tag bezahlt. Es lässt sich dieses an den bestehenden Verhältnissen nachweisen.

Der durchschnittliche Arbeitslohn auf dem grossen Eisenwerke Creusot beträgt pr. Tag 3.45 Franken; in England kostet die Arbeit, welche in Frankreich mit 1 Franken bezahlt wird, etwas weniges mehr als 1 Shilling — der Durchschnitt stellt sich auf circa 3 s. 6 d. und überschreitet in keinem Theile von England 4 s. pr. Tag. In Belgien sind die Löhne bedeutend niedriger als in England, und der Verkaufspreis des currenten Stabeisens loco Hütte, zu einer Zeit, wo nach dem allgemeinen Zugeständnisse kein Profit für den Fabrikanten bleibt, ist in

England

per Tonne 6 Pfd. St. 10 Sh. oder pr. Zoll-C. 3 fl. 25 kr. ö. W. in Silber;

Belgien

per Tonne 7 Pfd. St. 0 Sh. (175 Franken) oder per Z.-C. 3 fl. 50 kr. ö. W. in Silber.

Frankreich

per Tonne 8 Pfd. St. 0 Sh. (200 Franken) oder per Z.-C. 4 fl. ö. W. in Silber.

Die Differenz in den Kosten zwischen dem französischen und dem belgischen und englischen Eisen, abgesehen von den ohnedies nicht bedeutenden Transportauslagen, ist durch den Einfuhrszoll ausgeglichen, welcher 60 Franken pr. Tonne beträgt. Ohne diesen Eingangszoll, bei dem immerhin eine nicht unbedeutende Einfuhr an Eisen nach Frankreich stattfindet, würde es in Frankreich nicht möglich sein, das Eisengeschäft in einer bedeutenden Ausdehnung fortzusetzen, weil der Arbeitslohn ohnedies bereits auf dem möglichst niedrigen Punkte angelangt ist, bei dem es noch möglich bleibt, das menschliche Leben in einem für die Arbeit angemessenen Zustande zu erhalten; denn wie vorhin angegeben, beträgt der durchschnittliche Lohn eines Arbeiters der Eisenhütten 3.45 Franken pr. Tag und die gemeinen Arbeiter, Taglöhner, verdienen im Durchschnitte nur bei 2.75 Franken.

Um zu zeigen, welches Kaufvermögen für die Lebensbedürfnisse mit diesem Taglohne der französische Arbeiter erlangt, gibt Herr Hewitt die Preise der Lebensmittel im Districte von Creusot an, wie folgt:

Das englische Pfund (bei 0.8 Pfund Wiener Gewicht) kostet bei Weizenbrod 0.25 Franken, Roggenbrod 0.20 Franken, Rindfleisch 0.65 Franken, Schöpsenfleisch 0.75 Franken, Kalbfleisch 0.75 Franken, Schweinefleisch 0.75 Franken, Butter 1 Franken, ferners 1 Huhn 1 Franken, 1 Gans 3 Franken, 1 Ente 1.50 Franken, 1 Dutzend Eier 0.50 Franken, Kartoffeln per Decaliter (0.63 Wiener-Metzen = 2.6 Massel) 0.50 Franken; endlich 1 Litre (bei 0.7 Wiener Mass) Bier 0.25 Franken, und 1 Litre ordinärer Wein 0.40 Franken. Quartiere und Kleidung sind billig, Brennmaterial entgegen theuerer als in Amerika und England. *)

Hiernach folgert Hewitt, dass in Frankreich von Seite des Arbeiters die äusserste Oekonomie und die vereinte Arbeit seiner Frau und Kinder erfordert wird, um der Familie die nöthigen Subsistenzmittel zu verschaffen. Das französische Eisengeschäft existirt daher so zu sagen unter der Bedingung, dass die grössere Menge der dabei beschäftigten Arbeiter nur Einmal in der Woche Fleischnahrung geniesst. In Belgien existirt so ziemlich derselbe Zustand. In England dagegen ist die physische Existenz des Arbeiters durch den höheren Arbeitslohn bedeutend besser, und wenn er auch nicht besser boquartiert, so ist er mindestens besser genährt, und auf den Eisenwerken erhält der Arbeiter in der Regel jeden Tag Fleischnahrung. Aber doch müssen auch in England die Frauen und Kinder mit ihrer Arbeit das Einkommen der Familie ergänzen helfen, wiewohl in der Beziehung in neuester Zeit ziemlich enge Schranken durch das Gesetz gezogen worden sind; namentlich in Wales sind viele Frauen auf den Hütten beschäftigt bei Arbeiten, die in Amerika einen Mann erfordern, wofür sie einen Taglohn von $^5/_6$—$^3/_4$ Shilling, mithin weniger als die Hälfte vom Lohne eines Mannes erhalten, wiewohl sie die Arbeit ebenso gut verrichten.

Was die intellectuelle Erziehung betrifft, so sieht es, abgesehen von einzelnen rühmlichen Ausnahmen, in der grossen Masse der von grösseren Städten entfernt wohnenden Arbeiterbevölkerung in Frankreich und England kläglich aus. Nach statistischen Ausweisen vom Jahre 1866 erhellet, dass ungefähr in $^2/_3$ Theilen von ganz Frankreich die Zahl der Personen, die bei ihrer Verehelichung nicht ihren Namen schreiben können, zwischen 30 und 57 Procent variirt. Dieser bedauerliche Zustand hat in neuester Zeit die Errichtung von Schulen für erwachsene Personen (meistens Freiwilligen) herbeigeführt, von denen im gegenwärtigen Jahre (1867)

*)	England (South Staffordshire)	Belgien	Frankreich	Österreich (Steiermark)
	per Tag in österr. Währung			
Bergarbeiter . . .	1.50—2.50	1.46—2.08	1.32	0.90—2.00
Hüttenarbeiter u. z.:				
Vor-Puddler . . .	3.75—3.90	2.08—2.50	3.20	2.66—3.55
Puddlingshelfer	1.25—1.46	1.17—1.54	1.00	1.70—2.60
Luppen-Walzer und Drücker	4.50	2.10	2.00	1.77—2.66
Schweisser . . .	3.50	2.50	2.80	2.66—3.55
„ Helfer .	1.75	1.15	1.00	1.70—2.60
Vor-Walzer . . .	5.50	3.—	2.70—2.80	2.66—4.44
Walzer-Gehilfen .	2.00	1.17	1.00—2.00	1.70—2.60
Hohofen-Arbeiter	—	0.65—1.45	1.20	—
Taglöhner	1.25—1.50	0.75—1.25	1.00	0.70—1.10
Taglöhnerin . . .	0.60—0.75	—	—	0.46—0.50

Es sind also die Arbeiterlöhnungen auf den Eisenhütten in Oesterreich, mindestens in Steiermark, im Durchschnitte höher als in Belgien und in Frankreich, während die Lebensmittelpreise im ersteren Lande niedriger als in beiden letztgenannten sind. Nach den vorhin angeführten Lebensmittelpreisen von Frankreich ist zu folgern, dass dort die Preise des Brodes um nahe 50 Procent und die des Fleisches an 20 Procent höher als in Steiermark sind.

829.555, darunter 747.002 Männer, diese Schulen besuchten. Diese Thatsachen beweisen sowohl die bisherige Vernachlässigung des Schulunterrichtes, wie das ernstliche Verlangen der Arbeiterbevölkerung, das Versäumte nachzuholen.

Bei dem Umstande, dass die Arbeit in Frankreich so schlecht gezahlt ist, muss es Verwunderung erregen, dass keine stärkere Auswanderung nach Amerika stattfindet, wo die Arbeiter ungleich besser gestellt sind. Allein ausser der Verschiedenheit in der Sprache bildet noch das vorgeschriebene eigenthümliche Wanderbuch und dessen Handhabung ein wesentliches Hinderniss gegen die Auswanderung. In diesem Wanderbuche ist nämlich die Clausel enthalten, ob der betreffende Arbeiter bei seinem letzten Arbeitgeber eine Schuld hinterlassen habe oder nicht, und Niemand darf einen Arbeiter aufnehmen, der an seinen frühern Herrn durch eine Schuld gleichsam gebunden ist. Die Folge davon ist, dass die auf den grösseren Fabriken beschäftigten Arbeiter gewöhnlich beständig daselbst verbleiben müssen, und auch kaum eine Hilfe von Verbindungen zu Strikes zu erwarten ist. . . . Es ist ganz evident, dass die Bemühungen, billige Waare zu erzeugen, um sich gegenseitig im Weltmarkte verdrängen zu können, bereits dahin geführt haben, dass die berechtigten Ansprüche der Menschlichkeit in einer solchen Ausdehnung unberücksichtigt sind, dass die absolute Nothwendigkeit der Reorganisation der Arbeit in ihrem Verhältnisse zum Capital von allen denkenden Menschen gefühlt wird. — Es ist nicht möglich, dass der Zweck der menschlichen Gesellschaft blos in der Erzeugung von Reichthum besteht. Es müssen moralische Grenzen eingehalten werden, innerhalb welchen die Erzeugung eines Vermögens zu geschehen hat, und diese Grenzen wurden und werden so unverkennbar überschritten, dass ein unzufriedener Geist die ganze industrielle Welt durchdringt; und gerade in denselben Ländern, in denen die Concurrenz zu den äussersten Grenzen getrieben erscheint, hat das Capital nachgelassen lohnend zu sein, obgleich die Menschlichkeit selbst dessen Anforderungen geopfert worden ist. *)

Während nach Hewitt's Behauptung für den Unterricht der untern Classen in Amerika viel besser gesorgt ist, als in England und besonders als in Frankreich, gibt er zu, dass für die wissenschaftliche Heranbildung von Ingenieuren und Leitern der Industrie durch Schulen von Seite der Regierung viel besser, als in den Vereinigten Staaten gesorgt sei. Die Ecole centrale des Arts et Manufactures in Paris, das Conservatoire Impériale des Arts et Métiers, verschiedene grosse Ackerbau-Schulen, die Ecole Impériale des Ponts et Chaussées, die Ecole Impériale des Mines, die Ecole Impériale de Commerce in Paris, die drei Schulen des Arts et Métiers zu Chalons, Aix und Augiers, die Bergwerksschule zu St. Etienne, die Uhrmacher-Schule in Cluses, die Bergarbeiter-Schule zu Alais, die nautische Schule in Marseille, sind alle von der Regierung im Interesse der Industrie und des Handels unterhalten, und geben der französischen Industrie die Intelligenz, Wissenschaft und Geschicklichkeit, welche in der Ausstellung die allgemeine Bewunderung und das übereinstimmende Geständniss hervorrief, dass die französischen Producte, auch in der Maschinerie und Metallurgie, den höchsten Grad der Vorzüglichkeit erreichten. Aehnliche Schulen empfiehlt Herr Hewitt auch seinem Lande; inzwischen findet er aber darin Trost für die bisherige Entbehrung der höheren Schulen, dass in Amerika durch die besseren Volksschulen die Geschicklichkeit und die Individualität jedes Arbeiters mehr entwickelt und deshalb die Nothwendigkeit der höheren Schulen weniger vorhanden ist, als in Ländern, wo sich die Massen in Unwissenheit befinden.

Nachdem die Erzeugungskosten des Eisens in England, Belgien und Frankreich derzeit von 6 ½ L. bis 8 L. variiren und dazu 1 L. für Transport genügt, so kann dieses Eisen um 7 ½ L. — 9 L. in die amerikanischen Seehafen gestellt werden, während das amerikanische Eisen dahin gestellt, auf 60 Dollars in Gold d. i. über 12 L. zu stehen kommt, also nahe im Verhältniss 3 : 2 theurer ist. Diese ganze Differenz soll nach Hewitt nur allein in den höheren Arbeitslöhnen gelegen sein, da die Menge der erforderlichen Arbeit in Amerika nicht grösser als in Europa ist. Dazu kommt noch, dass das Eisengeschäft in Europa so überboten ist, dass das darin steckende Capital, mit einigen speciellen Ausnahmen, sich nur schlecht lohnt, und doch greift man nicht nach der richtigen Abhilfe (Zurückziehung der Frauen und Kinder von der Arbeit, Erhöhung des Lohnes für den Mann), sondern klagt nur auf den französischen und selbst auf den englischen Hütten, dass es nicht möglich sei, ohne den Ruin der Eisenwerke mehr für die Arbeiter zu thun, so lange der belgische Arbeiter so schlecht bezahlt und genährt ist. Ob und wann die jetzige allgemeine Discussion und Bemühung zur Verbesserung der Lage des Arbeiters zum Verlassen dieses falschen Systems führen werde, ist schwer zu sagen. Die dringende Nothwendigkeit dafür zeigt sich aber selbst in England, wenn die Armee von Armen berücksichtiget wird, welche aus öffentlichen Mitteln unterstützt werden müssen und deren Abgrenzung von der Arbeiterclasse eine fast unsichtbare ist.

Nach Parlaments-Verhandlungen von 1867 erhellet, dass in England und Wales die Zahl der Armen, welche durch öffentliche Mildthätigkeit unterstützt waren (bei einer Bevölkerung von 19,886.104) 872 620 Personen betragen hat, von denen 129.689 in Arbeitshäusern und 738.726 in ihren eigenen Häusern unterstützt waren, u. zw. war dies nicht im Winter, sondern gerade nach der Erntezeit, und vorwaltend in den Industrie-Bezirken. Sehr nahe übereinstimmend mit dieser Zahl von öffentlich unterstützten Armen ist die Anzahl der Schüler, welche in England und Wales im Jahre 1866 sich in öffentlichen Schulen befanden, welche mit 871.309 angegeben wird! Das sind die Resultate des befolgten Systems in einem Lande, wo die Natur mit Kohle und Eisenstein so gut

*) Ob der Zustand des Arbeiters in Amerika wirklich ein bedeutend besserer ist, als in England und Frankreich, ist mir natürlich völlig unbekannt. Aber das ist mir klar, dass Herr Hewitt nicht blos aus purer Menschlichkeit sich so warm der europäischen Arbeiter annimmt, sondern, wie er an einer anderen Stelle selbst zugibt, sein Wunsch nach einer bessern Bezahlung der europäischen Arbeiter zugleich von der Aussicht getragen ist, dass dadurch die Fabrikate in Europa theurer und die Concurrenz mit denselben dem amerikanischen Fabrikanten erleichtert werde. P. T.

vorgesorgt hat, und wobei allerdings in den höheren und Mittelclassen sich Capitalien angesammelt haben, wie sie bisher in der Geschichte unbekannt waren. Dass die Arbeiterclasse dabei nicht so gut belohnt wurde, war die Folge der rücksichtslosen Benützung der Naturschätze, bei welcher nur allein der unmittelbare Profit des engagirten Capitals massgebend war. Natürlich, je niedriger der Lohn, je mehr Arbeitsstunden, je mehr Frauen und Kinder beschäftiget wurden, desto billiger ward die Production, desto sicherer konnte der Weltmarkt beherrscht werden. Daher bei dem Nichtvorhandensein von beschränkenden Gesetzen und einer erleuchteten Gewissenhaftigkeit von Seite der Unternehmer, und in Gegenwart einer grossen Bevölkerung auf beschränktem Raume, so wie regiert im Interesse besonderer Classen, war es unvermeidlich, dass die vorzüglichen Naturschätze Englands mehr dahin benützt wurden, jede fremde Concurrenz zu erdrücken, als die Arbeiterclasse zu heben; und dieses Bestreben, die fremden Nationen auf ihren eigenen Märkten zu unterbieten, musste diese zu den möglichst niedrigen Löhnungen zwingen und so in der Rückwirkung auf England daselbst niedrigere Löhne hervorbringen, als mit einer wahren Menschlichkeit vereinbar ist. Uebrigens ist es ein Irrthum zu glauben, dass England durch die fremde Concurrenz zu so niedrigen Eisenpreisen gebracht wurde; denn wie vorhin gezeigt wurde, producirt Frankreich für seinen eigenen Bedarf nicht genug, und Belgien liefert blos $^1/_{10}$ so viel Eisen als England, ist daher beherrscht durch den Preis, um welchen England willig und fähig ist, die übrigen $^9/_{10}$ zu begeben.

Die massgebende Frage der Zeit ist daher, welche Politik England in der Administration seiner Kohlen- und Eisengruben befolgen werde. Beim ersten Anblick mag es scheinen, dass ein diesfallsiger Eingriff der Gesetzgebung einschränkend und gegen das von England so befürwortete Freihandel-System sei; allein die meisten Gesetze aller aufgeklärten Nationen sind nothwendiger Weise schützend und einschränkend. Der Schutz für Leben, Freiheit, Eigenthum und Ordnung der Gesellschaft, der Titel des Land- und Personalbesitzes ruhen ganz auf schützenden Gesetzen; und alle die Vorsorgen für den Schutz des Capitals und der Gesundheit, wie das Institut der Polizei, sind eben so viele Einschränkungen der natürlichen Freiheit des Individuums; und wahrlich, eine Gesetzgebung für die weiseste Benützung der nationalen Quellen, wie eine Verhinderung der fehlerhaften Verwendung der Rohproducte zum Nachtheil der Industrie und der Arbeiter-Classe, ist nicht blos ein natürlicher, sondern ein nothwendiger Schritt. Sehr viel hat die englische Gesetzgebung in dieser Beziehung schon gethan, aber ein Weiteres erübrigt darin noch zu thun, um den Arbeiter vor den Uebeln zu schützen, welche von der uneingeschränkten Concurrenz zwischen Nationen und Menschen als unzertrennlich sich erweisen.

Die Erhöhung der Arbeitslöhne in England ist ein Gegenstand, der von den dortigen Manufacturisten und Capitalisten sehr gefürchtet wird, welche besorgen, dadurch ausser Stand gesetzt zu werden, so wie bisher den Weltmarkt zu beherrschen. Indessen ist wirklich kein gerechter Grund für diese Besorgniss vorhanden, nachdem die Vorsehung nur die angelsächsische Race in Europa und Amerika so reich mit mineralischem Brennstoff versehen hat, dass nur diese im Stande sein werden, den zunehmenden Bedarf an Eisen am Weltmarkt in Zukunft zu decken, indem die anderen Länder nicht mehr thun können, als ihren eigenen Bedarf zu decken, nur werden sie dann ihre Arbeiter auch zu zahlen im Stande sein. Für die Menschheit ist es eine ermuthigende Thatsache, dass die derzeitige Agitation unter der Arbeiter-Classe augenscheinlich in England und in den Vereinigten Staaten am meisten hervortritt, welche nicht allein allen anderen Ländern im Besitze der natürlichen Industrial-Ressoursen weit voraus sind, sondern die zugleich (in Folge einer constitutionellen Regierung) in der Uebung freier Discussionen und pünktlicher Befolgung der Volksstimme am meisten bereit sein werden, die aus der strengen Logik der Erfahrung und der Thatsachen gefolgerten Schlüsse anzunehmen und ihre Gesetzgebung darnach zu richten.

Wenn in Folge einer solchen Gesetzgebung die Arbeitslöhne in England ihren normalen Zustand erreicht haben werden, dann entfällt für die Amerikaner alle Veranlassung, die Frage der protectiven oder prohibitiven Zolltarife zu erwägen, aber in der Zwischenzeit stehen dem Volke der Vereinigten Staaten (welches vermöge seines Besitzes eines jungfräulichen Bodens von der Verletzung der Principien der gesellschaftlichen Wissenschaft viel weniger als die Europäer zu leiden hat), zwei Wege offen. Es kann entweder den Vortheil aus den unnatürlichen billigen Preisen ziehen, mit welchen sein Bedarf von auswärts anzukaufen ist, so lange das gegenwärtige System besteht, indem es seine Häfen den fremden Eisen öffnet und fremde Arbeit um einen viel billigeren Preis kauft, als es Willens ist, seine eigene zu verwerthen, und somit ein Geschäft aufgibt, welches in so lange, als seine gegenwärtigen Arbeitslöhne erhalten werden, in den Vereinigten Staaten selbst nicht ohne allen Gewinn betrieben werden kann; oder es kann auf fremdes Eisen einen solchen Zoll festsetzen, um die Differenz in dem gegenwärtigen Lohnsbetrage für die Tonne Eisen, wie in Amerika bezahlt wird, nach Abzug der Transportskosten, auszugleichen. Die Entscheidung dieser Frage ist vornehmlich für die Arbeiterclasse und den grossen Körpe[r] der Landbauern von Interesse, weil in dem Falle, als da[s] Eisengeschäft in den Vereinigten Staaten dermalen au[f]gegeben wird, die dabei beschäftigten Arbeiter sich haup[t]sächlich dem Landbaue zuwenden und eine grössere Pr[o]duction an Bodenfrüchten sichern müssen. Diese Mehrerz[eu]gung von Bodenfrüchten muss seine Verwerthung am W[elt]markte suchen, und die Menschen, welche sonst diess[eits] (d. i. in Amerika) des Atlantik, werden einfach and[ers]wo genährt werden, obschon nicht so vollauf und gen[ügend]. Aber es muss bemerkt werden, dass, was immer [der] Preis des Brodes in Europa au. dem Werke sein [mag,] wo das Eisen gemacht wird, der Preis sein muss, we[lchen] dieselbe Arbeit dafür zu zahlen im Stande wäre, [wenn] die Eisenwerke dort situirt wären, wo das Korn gew[achsen] ist, und dass die Transportskosten dahin von dem [Preise] abgezogen werden müssen, welchen der Landbauer e[rhalten] haben würde, wenn das Korn in der Heimat co[nsumirt] worden wäre.

Diese Frage ist eine solche, bei welcher der [Westen] mehr als der Osten betroffen ist, weil der du[...]

Transportskosten veranlasste Verlust vom Westen grösser ist; und die schliessliche Entscheidung dieser wichtigen Frage ist daher wohl zu überlegen, insbesondere in Berücksichtigung des Punktes, ob die durch den billigen Ankauf des Eisens erzielte Ersparung den Verlust ausgleicht, den die Transportskosten des Kornes verursachen.

Es ist nicht die Aufgabe dieses Berichtes, über diesen Gegenstand einen Schluss abzuleiten, sondern er soll die Thatsachen in einer solchen Form darlegen, um von der intelligenten Gesetzgebung benützt zu werden, welche die Interessen aller Classen und vor allem die Unabhängigkeit im Auge behält, die für die Würde der amerikanischen Republik und die Wohlfahrt der Menschheit so wichtig ist. Aber in der Discussion dieser Frage und den betreffenden Gesetzen darf der grosse Unterschied nie ausser Acht gelassen werden, welcher diesbezüglich zwischen den europäischen und den Vereinigten Staaten existirt. Am europäischen Continent werden auf das Eisen Schutzzölle gelegt, um die Ueberlegenheit in den natürlichen Quellen und Vortheilen, die England besitzt, auszugleichen, nicht um höhern Arbeitslohn zu sichern; wogegen in den Vereinigten Staaten, insoferne Schutzzölle existiren, diese nicht nöthig sind zur Begleichung der Unterschiede in den natürlichen Verhältnissen, denn diese sind für die Eisenerzeugung in Amerika nicht minder günstig als in England, sondern lediglich nur, weil in erster Reihe der Arbeitslohn nach einer mehr gerechten und liberalen Scala fixirt ist und nach dem Gesetze der Gleichwerthigkeit der ganzen industriellen Kraft, die in dem grossen Werke der Production, gleichviel in welchem Zweige, beschäftigt ist.

Verlag der G. J. Manz'schen Buchhandlung.

Wien. Druck von Carl Fromme.

Lightning Source UK Ltd.
Milton Keynes UK
UKHW020123090119
334943UK00005B/581/P

9 780666 010094